지리학총서

경제지리학

[제 4 판]

이 희 연 저

法 文 社

제4판을 내면서

1988년 8월에 「경제지리학」 초판을 출간한 후 30년의 시간이 흘렀다. 초판을 발간한 지 8년 만에 부분적으로 개정하여 1996년에 2판을 출간하였고, 2011년에는 전면적으로 내용을 개정하여 3판을 출간하였다. 그리고 금년(2018년) 정년을 앞두고 있는 시점에서 다시 한번 전면적으로 개정한 제4판을 출간하게 되었다.

2008년 글로벌 금융위기를 겪으면서 경제의 세계화 속에서 새롭게 부각되고 있는 다양한 경제현상들과 이들을 추동하고 있는 핵심 요인들 및 국내·국제적 불평등과 빈부 격차 등을 보다 깊이 있게 이해할 필요성이 한층 더 커져가고 있다. 또한 제4차 산업혁명 시대에 접어들면서 세계가 초연결사회가 되고 초지능화되면서 생산 네트워크 구조도 엄청난 변화를 가져오고 있으며, 글로벌 차원에서 이루어지는 상품 공급체인 및 농식품 공급체인의 가치사슬을 통해 어떻게 수익이 창출되고 배분되는가도 큰 이슈로 부각되고 있다. 세계무역기구가 출범한 지 20여 년이 지나면서 세계 거의 모든 국가들이 WTO 회원국이 되었고 지역 블록화 규모도 더욱 거시적 차원에서 이루어지고 있다. 이러한 세계경제의 변화 양상을 설명할 수 있는 이론들과 더불어 세계경제 성장의 성과가 구체적으로 산업, 경제 부문, 지역, 국가에서 어떻게 표출되는가를 제대로 이해하기 위해서는 상세한 실증 자료들을 활용하여 분석해야만 한다. 그리고 경쟁이 심화되고 있는 글로벌 경제환경에서도 반도체산업과 자동차산업에서 두각을 나타내면서 세계 11위 경제 강국으로 부상한 우리나라의 경제성장과 국제무역 및 해외직접투자에 대한 심층적 이해도 매우 중요한 시점이다.

이러한 배경 하에서 출간하게 된 「경제지리학」 제4판은 총 14장으로 구성되었다. 제1장에서는 경제의 세계화가 어떻게 진전되고 있는가를 다양한 관점에서 이해할 수 있도록 경제현상과 관련된 실제 데이터를 바탕으로 그래프와 표를 제시하면서 설명하였다. 특히 경제의 세계화가 진전되면서 더욱 부각되고 있는 이슈들과 지구촌의 당면 과제들을 탐색해보았다. 제2장에서는 경제지리학의 발달과정과 접근방법에 대해 소개하면서, 경제지리를 연구하는 접근방법에 대한 이해의 폭을 확대시키려는 데 역점을 두었다. 다시 말하면 실제 세계에서 나타나고 있는 경제현상을 보다 적실하게 설명하고 이해하고자 할 때, 논리 실증주의 관점에서의 경제지리 현상을 바라보는 연구에서부터 구조주의 관점과 더 나아가 포스트구조주의 관점에서 경제지리 현상을 바라보는 다양한 접근방법들을 고찰해볼 필요가 있음을 강조하였다.

제3장부터 제6장까지는 경제를 추동하고 있는 핵심 요소들인 노동력, 자본과 금융, 국

가, 그리고 기술혁신에 대해서 고찰하였다. 제3장에서는 노동력의 유연화, 노동시장의 양극화 및 이주 노동, 그리고 우리나라의 국제 노동이주를 살펴보았다. 제4장은 4판에 새롭게 추가된 내용으로 자본의 순환과 금융의 세계화를 다루었다. 특히 마르크스가 최초로 제시하였던 자본의 순환 개념을 바탕으로 하비가 발전시킨 자본의 순환 개념과 모델을 고찰하였다. 그리고 글로벌 금융위기로 인해 잘 알려지게 된 금융 파생상품들과 금융의 자유화, 금융의 세계화 및 자본의 국제적 이동에 관하여 고찰하였다. 제5장도 이번 4판에서 처음으로 소개하는 내용으로 국가경제에서 국가의 역할과 국가의 기능 변화를 다루었다. 특히 국민국가의 개입과 국가의 역할 및 기능들이 어떻게, 왜 달라지고 있는지를 살펴보았고, 국민국가의 스케일 재조정에 대한 개념도 다루었다. 제6장에서는 경제의 세계화를 가져온 직접적인 동인이라고 볼 수 있는 기술혁신에 대하여 다루었다. 특히 교통부문과 정보통신부문에서의 기술혁신을 중심으로 고찰하였으며, 이러한 기술혁신들이 경제공간을 어떻게 변형시키고 있는가를 살펴보았다.

제7장과 제8장에서는 경제지리학의 이론적 기초를 소개하였다. 제7장에서는 이미 경제지리학에서 잘 알려진 전통적·고전적 입지이론들을 간략하게 소개하였다. Thünen의 농업입지론, Weber의 공업입지론, Christaller의 중심지이론을 살펴보았다. 이러한 고전적 입지이론들이 글로벌 경제현상을 설명하는 데 있어서 한계가 있음을 알 수 있도록 하였다. 제8장은 지식기반사회에서 나타나는 경제현상들을 설명하고 있는 다양한 이론들을 소개하였다. 즉, 신산업지구, 클러스터, 지역혁신체계, 그리고 창조산업과 창조도시 등에 대한 이론들을 살펴보았다.

제9장부터 제11장까지는 '미시적 차원'에서 산업 부문을 다루었다. 즉, 농업, 제조업, 서비스산업에 관한 실증적 사례들을 통해 경제의 세계화가 진전되면서 각 산업 부문별로 어떻게, 무엇이, 왜 변화되고 있는지, 또 그러한 변화가 경제공간에 어떠한 영향을 미치고 있는지를 살펴보았다. 제9장은 이번 4판에서 새롭게 소개되는 내용으로, 농업 부문에서 최근 중요한 이슈로 등장하고 있는 농업의 산업화, 기업농의 등장으로 인한 농식품의 공급체인 변화, 그리고 개발도상국과 선진국 간 농산물 무역구조 변화를 다루었다. 제10장은 경제의 세계화 특징을 가장 잘 예시해주고 있는 제조업 부문에서의 변화를 집중적으로 다루었다. 특히 선진국의 탈산업화와 신흥공업국 및 중국의 경제성장과 산업화가 세계경제에 어떠한 변화를 가져오고 있는가에 주목하였다. 특히 이번 4판에서는 제조업을 소비적 관점에서 고찰하면서 공산품 소비의 선순환 과정도 다루었다. 또한 제10장에서는 의류, 자동차, 반도체 산업에 대하여 구체적인 자료를 바탕으로 제조업에서의 경제의 세계화 양상을 심층적으로 분석하였다. 뿐만 아니라 우리나라 제조업의 성장과정과 구조적 변화 및 제조업의 공간분포 특성도 고찰하였다. 제11장에서는 서비스산업의 특성과 유통물류체계를 다루었다. 서비스 경제화가 왜 진전되는지, 또 서비스산업의 이질적 특성과 수출기반산업으로 등장하고 있는 생산자서비스업의 특성과 입지를 고찰하였다. 더 나아가

소매업의 세계화와 그와 수반되어 나타나는 물류체계의 변화 및 특성을 살펴보았다. 뿐만 아니라, 지난 30여 년간 급속하게 성장한 우리나라 서비스산업의 성장 및 공간적 집중화 현상에 대해 고찰하였다.

제12장과 제13장에서는 '거시적 차원'에서 경제현상을 고찰하였다. 제12장에서는 세계무역의 성장과 무역의 국제적 흐름 및 우리나라의 무역 성장과 구조적 변화에 대하여 살펴보았다. 경제의 세계화와 WTO 이후 국제무역이 활발하게 이루어지면서 전통적 국제무역 이론의 제한점과 새롭게 등장한 현대 무역이론을 소개하였다. 구체적인 실증 자료를 통해 국제무역이 어떻게 변화되고 있는지, 또한 왜 그러한 국제무역의 흐름이 나타나고 있으며, 자유무역협정과 지역 블록화 현상 등에 대하여 살펴보았다. 뿐만 아니라, 지난 50여 년간 괄목할 만한 성장을 보이고 있는 우리나라의 무역 성장과 무역구조 변화를 자세하게 살펴보았다. 제13장은 해외직접투자와 초국적기업의 네트워킹을 다루면서 경제의 세계화를 추동하고 있는 초국적기업 특성을 이론과 함께 경험적 관점에서 폭넓게 고찰하였다. 특히 초국적기업의 기업조직 특성 및 기업 내부와 외부와의 네트워킹 구조를 살펴보았다. 또한 해외직접투자의 흐름이 세계경제 변화에 따라 어떻게 민감하게 반응하고 있는가를 고찰하면서 해외직접투자가 투자유치국에 미치는 영향도 살펴보았다. 뿐만 아니라 우리나라의 해외직접투자와 외국인직접투자의 특성 및 그에 따른 경제공간의 변화도 살펴보았다.

제14장은 국가경제가 성장하면서 경험하게 되는 지역성장 격차와 이러한 지역격차를 줄이기 위한 지역개발 정책 및 우리나라에서의 지역개발 정책의 전개과정과 특징에 대해 고찰하였다. 지역성장 격차이론과 지역개발 정책 및 전략을 이론적 관점에서 종합적으로 살펴본 후, 우리나라에 초점을 두고 경제성장을 추진하기 위해서 수립한 국토종합개발계획 및 경제성장 과정 속에서 심각하게 야기되고 있는 지역 간 격차, 특히 수도권과 비수도권 성장 격차를 줄이기 위해 펼쳐진 지역개발 정책에 대해 폭넓게 고찰하였다.

제4판을 출간하면서 가장 많은 시간을 할애한 것은 급변하는 세계경제의 다양한 양상들을 보다 쉽게 이해하도록 하기 위하여 실시간적 데이터를 제공하는 웹사이트를 통해 최신화된 자료를 다운받아 표와 그래프로 가시화하는 작업이었다. 경제지리학이 다소 딱딱하고 지루하다는 인상을 피할 수 있도록 가능한 경제현상들을 표, 그림 또는 다이아그램으로 나타내어 가시성을 높이고 흥미를 유발하도록 노력하였다. 그리하여 이번에 전면개정한 제4판 전체 14장에 걸쳐 282개의 표와 503개의 그림이 수록되어 있다. 독자의 이해를 돕기 위해 수록된 그림의 거의 대부분은 저자가 직접 작성하였으며, 500개가 넘는 그림 작업을 위해 상당히 많은 노동시간과 에너지를 투입하여야만 했다. 또한 경제현상을 이해하는 데 필요한 개념이나 용어들에 익숙하지 않은 독자들의 이해를 돕기 위해 보조적인 정보들은 박스(box)로 따로 처리하여 참조하도록 하였다.

1988년 경제지리학 초판이 발간된 이후, 30년 동안 지속적으로 경제지리학 저서를 애

독하고 있는 독자들에게 깊은 감사를 드리며, 제4판의 원고를 정리하면서 최근 경제지리 이론과 동향 및 경제 현상에 대한 폭넓은 지식을 보다 쉽게 이해하도록 하는 데 역점을 두었다. 그러나 너무나도 급격하게 변화되고 있는 경제현상들을 적실하게 다루는 과업이 결코 쉽지 않았다. 그럼에도 불구하고 900페이지나 되는 경제지리학 제4판을 출간할 수 있도록 지혜와 명철을 주시고 건강과 열정을 부어주신 하나님께 무한한 영광을 올려 드린다. 아울러 이 책을 펴낼 수 있도록 도와주신 법문사 배효선 사장님과 컬러판으로 출판하기까지 많은 수고를 해주신 장지훈 부장님, 김명희 차장님, 배은영 편집담당자께도 깊은 감사를 드린다.

2018년 6월

정년을 앞둔 화창한 봄날 연구실에서

이 희 연 씀

차 례

제1장 급변하는 세계 경제와 경제의 세계화

제2장 경제지리학의 발달과정과 접근방법

제3장 노동의 유연화와 노동시장의 변화

제4장 자본의 순환과 금융의 세계화

제5장 국가의 역할 및 기능 변화

제6장 기술혁신과 경제공간의 변형

제 11 장 서비스산업의 성장과 유통물류체계의 변화

제12장 세계 무역의 성장과 우리나라 무역구조의 변화

제13장 해외직접투자의 성장과 초국적기업의 네트워킹

제14장 지역성장 이론과 지역개발 정책

제 1 장

급변하는 세계 경제와 경제의 세계화

1. 급변하는 세계 경제환경과 글로벌 경제활동의 특징
2. 경제의 세계화와 그에 따른 이슈들

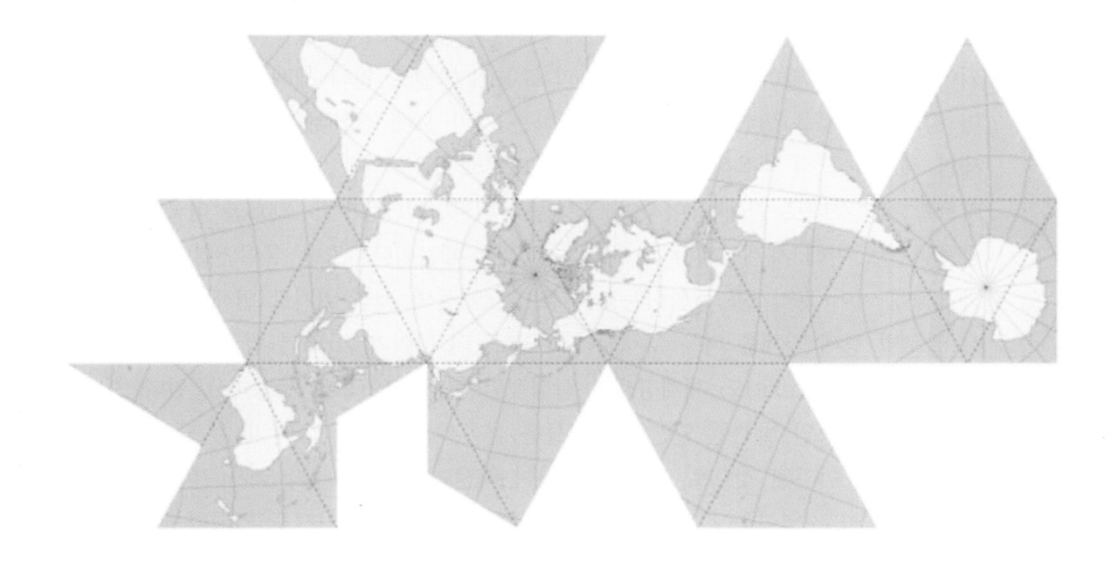

1 급변하는 세계 경제환경과 글로벌 경제활동의 특징

1) 급변하는 세계 경제환경

지난 50여 년 동안 세계경제는 수차례의 위기를 겪으면서 변화의 추이를 파악하기 어려울 정도로 급변하고 있다. 제2차 세계대전 이후 이념 대립에 의한 냉전기를 거치면서 1960년대까지 선진 자본주의 경제는 급성장하였다. 그러나 1960년대 말부터 대량생산-대량소비의 포디즘(Fordism) 체제는 위기를 맞게 되었고, 1973~79년 두 차례에 걸친 원유 파동까지 겹치면서 세계경제는 침체에 빠지게 되었다. 지속되는 경기침체를 극복하기 위해 포디즘 체제에서 유연적 생산방식에 기반을 둔 포스트포디즘(post-Fordism) 체제로 전환하였으며, 디지털 경제와 더불어 지식기반사회로 접어들게 되었다. 이 과정에서 선진국의 경우 제조업 부문에서의 절대적 또는 상대적인 고용 감소가 나타나는 이른바 탈산업화(deindustrialization)가 진행된 반면에 일부 개발도상국은 신흥공업국으로 부상하였다. 특히 1980년대는 급격한 세계경제 환경의 변화가 나타났는데, 이는 동부유럽과 소련의 경제와해로 인해 그동안 이데올로기의 대립으로 표상화되어 온 냉전시대가 끝나면서 세계는 자본주의 단일 시장체제로 통합되면서 경제전쟁이라 일컬어질 만큼 국가·지역 간 경쟁이 더욱 치열하게 되었다.

최근 경제를 논의할 때 가장 빈번하게 대두되는 용어가 바로 세계화(globalization)이다. 경제의 세계화란 각국의 경제가 세계경제로 통합되어 세계가 거대한 하나의 시장으로 되어 가는 것을 말하며, 정보통신기술과 교통의 발달로 인해 세계 각 지역 간 상호의존성이 강화되는 것을 말한다. 경제의 세계화는 이미 오래 전부터 이루어져 왔으나, 최근 경제의 세계화를 더 주목하게 되고 화두에 오르고 있는 것은 1997년 7월 태국에서 발생한 바트화 폭락사태로 인해 동아시아 국가들의 외환위기에 이어, 2008년 미국의 서브프라임 금융위기로 인해 세계경제가 다시 침체되었기 때문이다. 또한 유럽연합(EU)도 동부유럽 국가들에 이어 그리스를 포함하는 남부유럽 국가들의 재정 위기로 인해 큰 타격을 받으면서 글로벌 경제 침체를 더욱 부채질하고 있다. 더 나아가 2016년 영국의 EU 탈퇴를 지칭하는 브렉시트(Brexit)도 세계경제의 잠정적인 불안 요인으로 등장하고 있다. 이와 같이 지난 20여년 동안 발생한 일련의 사건들은 금융시장 개방과 그에 따른 자유로운 자본 이동으로 인해 야기된 것으로, 마치 전염병이 확산되는 것과 같이 국가 간 밀접한 상호 연계 속에서 서로 영향을 주고받으면서 글로벌 경제 침체를 가져오고 있다. 이러한 일련의 사태들은 세계화가 진전될수록 세계경제 환경이 얼마나 급변하고 있는가를 단적으로 보여주는 징표들이라고 볼 수 있다.

전 세계적으로 글로벌 금융위기의 여파가 커지고 확산되면서 심각한 영향을 받게 된 것은 상호의존도와 통합수준이 가장 높은 금융의 세계화가 깊이 뿌리내려 있으며, 조금이라도 더 높은 이윤을 얻을 수 있는 곳을 찾아 자본이 매우 빠른 속도로 전 세계를 회전하고 있기 때문이다. 따라서 글로벌 금융위기로 인해 더 많은 영향을 받는 기관이나 국가들은 크게 세 가지 유형으로 나눌 수 있다. 첫째, 미국 모기지 채권에 직접 투자했거나, 모기지 채권 위험에 많이 노출된 금융기관에 투자한 주로 서부유럽 국가의 금융기관들이다. 유럽의 많은 금융기관들이 리먼 브라더스(Lehman Brothers) 금융회사의 몰락 이후 자국 정부로부터 구제금융을 받을 수밖에 없었다. 둘째, 경제의 해외자본 의존도가 높은 한국을 비롯한 신흥국가들이다. 전 세계적인 신용 경색으로 인해 미국과 유럽의 금융기관들이 개발도상국에 투자했던 자금들을 회수하면서 이들 국가의 통화가치가 폭락하였고, 특히 외환 보유고가 부족한 국가들의 경우 국가 부도 위험도 높아졌다. 셋째, 국가 경제의 대외 무역의존도가 높은 국가들이다. 금융위기로 인해 선진국 소비자들의 소비가 줄어들면서 선진국으로의 수출의존도가 높은 국가들이 타격을 받게 되었으며, 수출에 의존하여 급성장한 중국이 대표적이다.

금융위기 발생 직후인 2008년 12월, 미국 정부는 기준금리를 0.00%~0.25%로 내리는 제로금리 정책을 시행하였다. 이에 따라 미국으로부터 낮은 금리로 돈을 대출 받고 비교적 높은 금리를 제공하는 기관이나 국가에 투자하여 금리 차익을 얻고자 하는 투자자들이 또 출현하고 있다. 실제로 미국의 제로금리 정책 시행 이후 수익을 쫓는 투자자로 인해 개발도상국으로 많은 자본이 유입되고 있다. 하지만 미국은 2015년 12월에 기준금리를 올려서 0.25%~0.50%로 단행하였고, 다시 2016년 말에 기준금리를 더 올려서 미국의 기준금리는 0.50%~0.75%로 높아졌다. 미국의 고용지표가 개선되고 있어 미국의 금리인상은 가속 페달을 밟을 것이라는 전망도 있다. 만일 미국의 기준금리가 또 다시 인상된다면 투자자들은 개발도상국에서 자본을 또 인출하게 될 것이며, 이로 인해 다시 1997년 외환위기와 유사한 사태가 벌어질 가능성을 전혀 배제할 수 없을 것이다.

지난 10년 사이에 두 차례(1997년 동아시아 외환위기와 2008년 글로벌 금융위기)나 겪은 우리나라의 경제 위기는 모두 외부 충격에 의한 것이었다. 1997년에 겪은 외환위기는 보다 장기적으로 우리나라 경제에 영향을 미쳤으나, 2008년 글로벌 금융위기 여파는 1997년에 비해 다소 적었다. 이는 1997년 외환위기를 겪고 난 이후 환율 및 대외 채무, 외환 보유고의 관리 및 처리능력의 향상과 경상수지가 개선되었기 때문이다. 그러나 대외의존도가 매우 높은 경제구조의 취약성 때문에 우리나라는 외부 충격(특히 향후 미국의 금리 인상)에 대한 사전 대비를 더 철저히 하여야만 한다.

한편 경제의 세계화가 진전될수록 글로벌 시장에서의 지배력 확대를 위한 경쟁이 더욱 치열해지고 있다. 특히 세계 각국은 무역을 통해 자국의 이익을 보호하기 위해 블록화 경제를 구축해 나가고 있다. 자유무역협정(FTA: Free Trade Agreement)을 통한 국가 간 소규모 지역경제권뿐만 아니라 유럽연합(EU: European Union), 북미자유무역협정(NAFTA: North American Free Trade Association) 등과 같은 거대한 경제권을 형성하고 있다. 최근 결성되고 있는 동반자협정은 이전에 비해 훨씬 더 광역적이다. 중국 중심의 RCEP, 미국과 일본 중심의 TTP, 그리고 미국과 EU 중심의 TTIP들은 모두 자유무역협정과 경제동반자협정과 같은 무역협정을 광역화하여 글로벌 시장에서의 지배력을 확보하려는 전략 하에서 추진되고 있다.

그동안 광역 FTA로 잘 알려진 ASEAN이 점차 더 광역화되어 2013년에는 ASEAN 10개국과 한국, 중국, 일본, 인도, 호주, 뉴질랜드를 하나의 FTA권으로 묶는 역내 경제동반자협정(RCEP: Regional Comprehensive Partnership)을 추진하게 되었다. 이는 종전의 FTA와는 달리 해당지역 전체에 대한 동일한 무역규범이 적용되므로 기존의 시장질서를 크게 변화시킬 수 있는 파급효과를 가져올 수 있다. 동아시아의 경제대국인 중국이 중심이 되어 시장 단일화가 이루어질 경우 중국의 시장 지배력은 한층 더 강화될 것이다. 이러한 우려 때문에 미국은 일본을 비롯한 동아시아 일부 국가들과 미주지역을 결속하는 환태평양동반자협정(TPP: Trans Pacific Strategic Economic Partnership)을 체결하게 되었다. TTP는 2006년 뉴질랜드, 싱가포르, 부르나이, 칠레와의 FTA 협정에 이어 2008년 미국, 호주, 페루가 참가하고 2010년 베트남, 말레이시아, 2012년 캐나다, 멕시코, 2013년에 일본이 참가하여 2015년 10월 협상이 완료된 환태평양권 12개 국가들의 광역 FTA이다. 환태평양동반자협정은 2015년에 협상이 타결되었으나, 아직 쟁점이 논의 중이며 자국에서의 비준이 이루어지면 늦어도 2018년 경에는 출범될 것으로 기대되고 있다. 그러나 RCEP의 경우 2012년 협상이 시작된 이후 별다른 진전이 없으며, 2015년 부산에서 10차 회의가 개최되면서 다시 논의가 되었지만 여전히 각 국가들의 입장 차이가 커서 의견 수렴이 지연되고 있다.

더 나아가 중국과의 패권 경쟁에 대응하여 미국은 EU와의 유대 강화를 목적으로 범범대서양무역투자동반자협정(TTIP: Trans atlantic Trade and Investment Partnership)을 추진하고 있다. 미국과 EU는 세계 GDP의 약 47%를 생산하고 세계 교역의 30%를 담당하고 있다. 미국과 EU 지역 간에는 상품 교역뿐만 아니라 서비스 교역 및 투자 측면에서도 긴밀한 상호 협력관계를 유지하고 있다. 특히 TTIP는 재정 및 통화 정책수단을 동원할 필요가 없는 경제 활성화 정책으로, 미국과 유럽 국가들이 경제성장과 신규 고용 창출을 하기 위한 노력이라고 볼 수 있다(손병해, 2016). 미국의 EU 서비스 수출은 미국의 총 서비스 수출의 50%를 차지하고 있고, EU로부터의 서비스 수입은 미국의 총 서비스 수입의 60%를 차지한다. 또한 미국의 해외투자기업의 약 절반이 유럽에 주재하고 있고, 미국 해외보유 자산의 60%가 유럽에 있다. 또한 유럽 해외자산의 75%가 미국에 있을 정도로 양 지역 간 거래의 긴밀도는 세계 최고 수준이라고 볼 수 있다.

2) 글로벌 경제활동에서 나타나고 있는 경제현상의 특징

(1) 생산량보다 더 빠르게 성장하고 있는 교역량

지난 수십 년 동안 전 지구적 차원에서 경제활동이 전개되면서 나타나고 있는 가장 두드러진 경제현상 중 하나는 세계 교역량의 급속한 증가이다. 경제의 세계화가 본격화되기 시작한 1980년 세계 GDP 가운데 무역(수출·입액)이 차지하는 비중은 38.9%(상품 교역은 33.1%)로 매우 높아졌다. 이러한 추세는 더욱 가속화되었고 1995년 세계무역기구의 출범 이후 교역량이 더욱 증가하면서 무역이 차지하는 비중은 세계 GDP의 43.8%(상품 교역은 33.9%)로 높아졌으며, 2008년 글로벌 금융위기 직전에는 61.1%(상품 교역은 51.8%)까지 증가하였다. 그러나 글로벌 금융위기 이후 약간 감소하였지만 2011년 이후 다시 회복되면서 무역이 차지하는 비중은 약 60%에 달하고 있다. 특히 상품 교역뿐만 아니라 서비스 부문의 교역도 상당히 활발하게 이루어지면서 서비스 교역이 차지하는 비중이 1980년대 5% 수준에서 2010년 이후 약 11%를 상회하고 있다. 또한 1980~2015년 동안 세계 GDP 평균 성장률은 2.9%인 데 비해 같은 기간 동안 수출의 평균 성장률은 5% 수준을 보이고 있어 수출 신장세가 세계 GDP 신장세보다 얼마나 빠른가를 잘 말해준다 (그림 1-1).

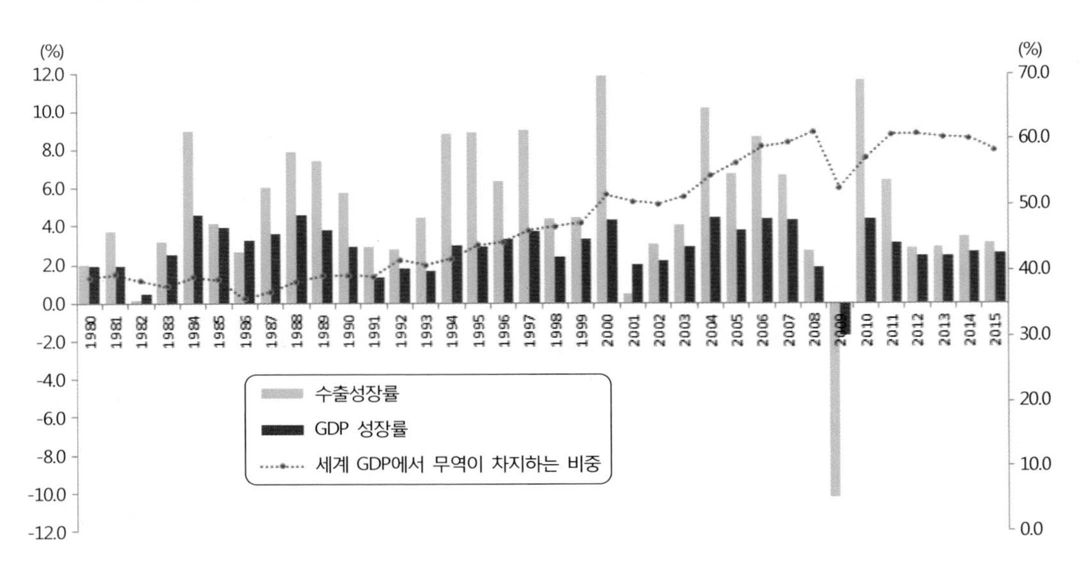

그림 1-1. 세계 GDP에서 무역이 차지하는 비중의 시계열 비교

㈜: 수출에는 상품과 서비스 부문이 포함되며, 무역에는 상품과 서비스 부문의 수출·입액을 포함한 것으로, 2010년 달러화를 불변가격으로 환산하였음.
출처: WTO, statistics database; World Bank, DataBank를 토대로 작성.

한편 1960년 이후 세계 GDP 성장과 상품 교역액 성장 추이를 비교해보면 GDP 성장 추이와 상품 교역 성장 추이가 매우 유사하게 나타나고 있다. 지난 50여년 동안 상품 교역액은 평균 약 10%의 높은 성장률을 보였으며, GDP는 평균 약 8%의 성장률을 나타내었다. 그러나 전반적으로 상품 교역의 성장 추이가 GDP 성장 추이에 비해 변동 폭이 훨씬 더 심하게 나타나고 있다(그림 1-2). 이는 상품 교역의 경우 세계 경기 변동에 민감하게 반응하기 때문으로 풀이할 수 있다. 상품 교역의 경우 원유 및 원자재 가격 변동에 영향을 받으며, 세계 경제가 침체하는 경우 상품 수요가 급격히 감소하는 반면에 경기가 좋아지면 다시 소비가 늘어나면서 상품 수요도 증가하고 있다. 특히 1993~1996년, 2003~2007년 기간 동안 상품 교역의 성장은 평균 수준보다 더 높은 신장세를 보였으나, 2008년 글로벌 금융위기를 겪으면서 상품 교역의 성장은 오히려 급감하였으며, 2011년 이후 다시 회복하면서 상품 교역액 성장은 평균 수준인 약 10%를 보이고 있다.

1973~2006년 동안 OECD 국가들을 대상으로 내구재 상품의 수출·입 변동성을 분석한 Engle & Wang(2011)의 연구 결과에 따르면 이 기간 동안 세계 GDP의 표준편차는 1.51이었다. 그러나 GDP 표준편차에 대한 수입액 표준편차의 비율은 3.25, 수출액의 경우 2.73으로 GDP 변동에 비해 수입과 수출의 변동이 약 2~3배 높게 나타나고 있다. 이는 GDP 변동에 비해 상품 교역액의 변동 폭이 훨씬 더 심하다는 것을 말해준다.

한편 같은 기간 동안 GDP와 수입액 간의 상관계수는 0.63, GDP와 수출액 간의 상관계수는 0.39로 나타났다. 이는 GDP 성장 추세와 무역 성장 추세는 양(+)의 상관관계를 갖고 있음을 말해주며, 특히 내구재 상품의 수입이 GDP 성장과 더 높은 상관성을 갖고 있다고 풀이할 수 있다. 또한 같은 기간 동안 OECD 국가들의 내구재 수출액과 수입액 간의 상관계수는 0.38로 산출되어 수출과 수입이 약한 양(+)의 상관성을 보이고 있다.

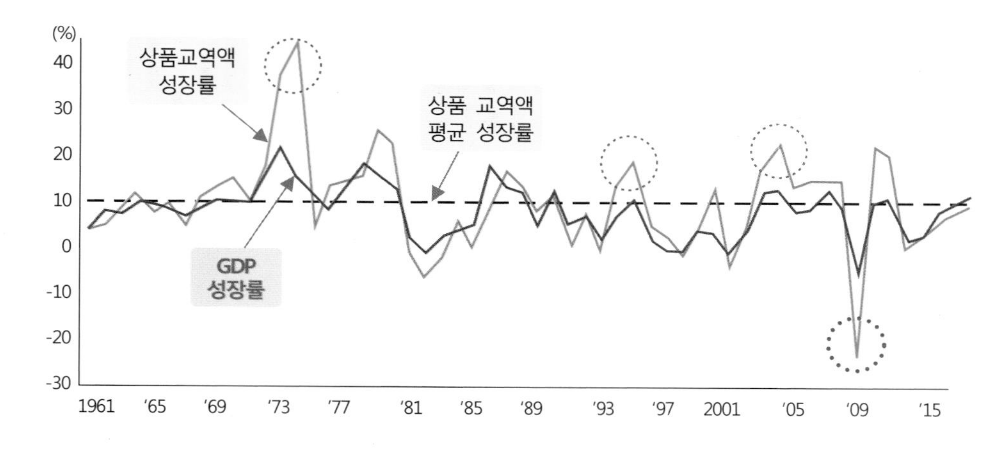

그림 1-2. 세계 GDP와 상품 교역액 성장의 시계열 비교

출처: World Bank, DataBank(http://data.worldbank.org)를 토대로 작성.

한편 GDP 성장률에 대한 무역 성장률의 비율 변화를 살펴보면 매우 흥미로운 점을 엿볼 수 있다(그림 1-3). T/G(무역 성장/GDP 성장) 비율이 1.0이라면 무역 성장률과 GDP 성장률이 동일함을 의미한다. Frankel & Romer(1999)의 연구 결과에 따르면 세계 GDP에서 무역이 차지하는 비중이 1% 증가하는 경우 1인당 소득은 1.5% 증가하는 것으로 나타났다. 이는 무역이 '성장 동력(engine of growth)'이 됨을 말해준다. 지난 60여 년 동안 T/G 비율은 평균 1.5~2.0을 보이고 있다. T/G 비율을 10년 단위별로 보면 1950년대에는 1.65를 보였으며, 1960년대에는 약간 낮아지다가 1970년대 다시 높아지면서 무역의 신장세를 보여주고 있다. 그러나 1980년대에는 경기 침체로 인해 이 비율이 크게 감소되었다가 1990년대 경기가 호전되면서 1.9까지 높아졌으며, 이러한 추세는 글로벌 금융위기를 맞기 직전인 2008년까지도 지속되었다. 그러나 글로벌 금융위기로 인해 세계경제가 침체되면서 2009년 이후 이 비율은 평균 1.1 수준을 보이고 있다. 이는 경기가 침체되면 GDP 성장과 무역 성장이 둔화되지만 특히 무역이 상대적으로 더 둔화되고 있음을 시사해준다.

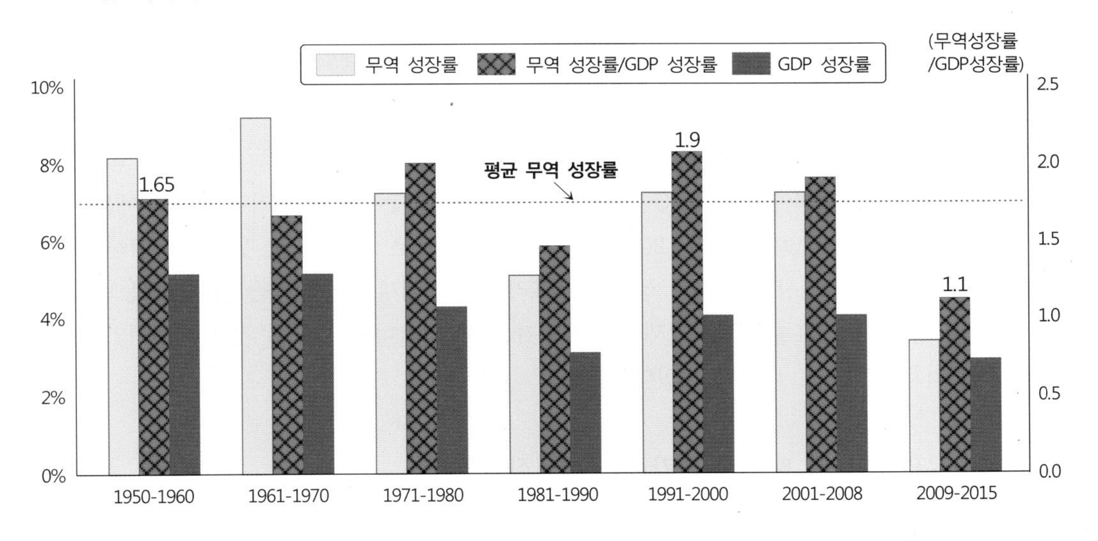

그림 1-3. 세계 GDP 성장과 무역 성장 비율의 시계열 변화

출처: ING Commercial Banking(2015), The World Trade Comeback, Figure 5.

이러한 특징을 좀 더 세부적으로 경제의 세계화가 진전된 이후 처음으로 겪었던 동아시아 외환위기 시점인 1997년부터 연도별로 GDP 성장률에 대한 수출·입 성장률 비율을 보면 경기 회복과 경기 침체에 매우 민감하게 반응하면서 비율의 변동 폭이 매우 요동치고 있음을 알 수 있다. 경기가 둔화되다가 경기가 회복되면 수출·입량이 상당히 늘어나면서 T/G 비율이 높아지지만, 2008년 글로벌 금융위기를 겪은 이후 GDP 성장률에 대한 수출입 성장률은 유례가 없을 정도로 매우 낮은 수준으로 곤두박질하고 있다.

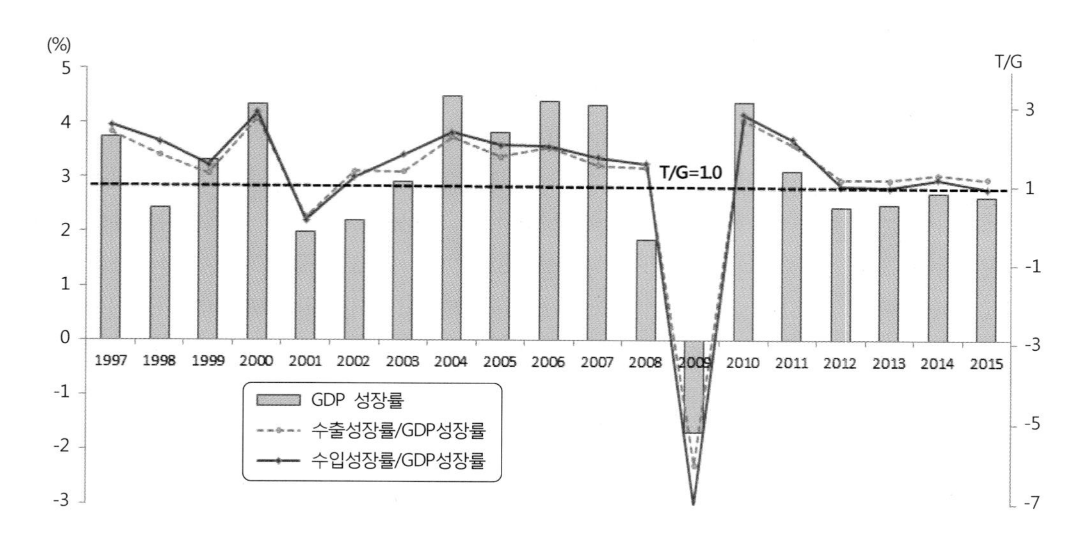

그림 1-4. 수출·입 성장률과 세계 GDP 성장률 비교, 1980-2015년

㈜: 수출(상품과 서비스)성장률/GDP성장률=1.0인 경우 수출성장률과 GDP성장률이 동일함을 말함.
출처: World Bank, DataBank(http://data.worldbank.org) 자료를 토대로 작성.

세계 경제의 침체기였던 1980~1981년 T/G 비율이 1.0 수준을 기록한 이후 30여년 만인 2012~2014년에 다시 T/G 비율은 1.1 수준으로 낮아졌다. 그러나 2015년에는 이 비율이 1.0으로 더 낮아졌으며, 2017년에는 0.8 수준으로 더 낮아질 것으로 전망하고 있다(그림 1-4). 무역 성장이 경제 성장의 예표라는 관점에서 볼 때 최근 들어 더욱 낮아지고 있는 이 비율 지표를 통해 '경제의 세계화가 이제는 끝나가고 있는 것은 아닌가?'라는 조심스러운 견해들도 나타나고 있다.

(2) 무역보다 더 빠르게 증가하는 해외직접투자

경제의 세계화가 진전되면서 나타나는 세계경제 환경의 변화 가운데 또 다른 특징은 초국적기업의 등장과 그에 따른 해외직접투자(FDI: Foreign Direct Investment)라고 볼 수 있다. '국경없는 경제'라고 일컬을 만큼 국적을 초월한 초국적기업들이 세계 방방곡곡을 찾아다니면서 생산 및 유통과 소비에 유리한 여건을 지닌 지역에 자본을 투자하면서 경제활동을 펼치고 있다. 특히 초국적기업들은 본사를 자국에 두고 생산과정을 단계별로 분리시켜 각 생산단계별로 가장 효율적인 입지를 찾아 생산 활동을 분산시키고 있다. 이렇게 초국적기업들이 세계적인 차원에서 경제활동을 펼칠 수 있게 된 것은 정보통신기술 및 항공교통의 발달이라고 볼 수 있다.

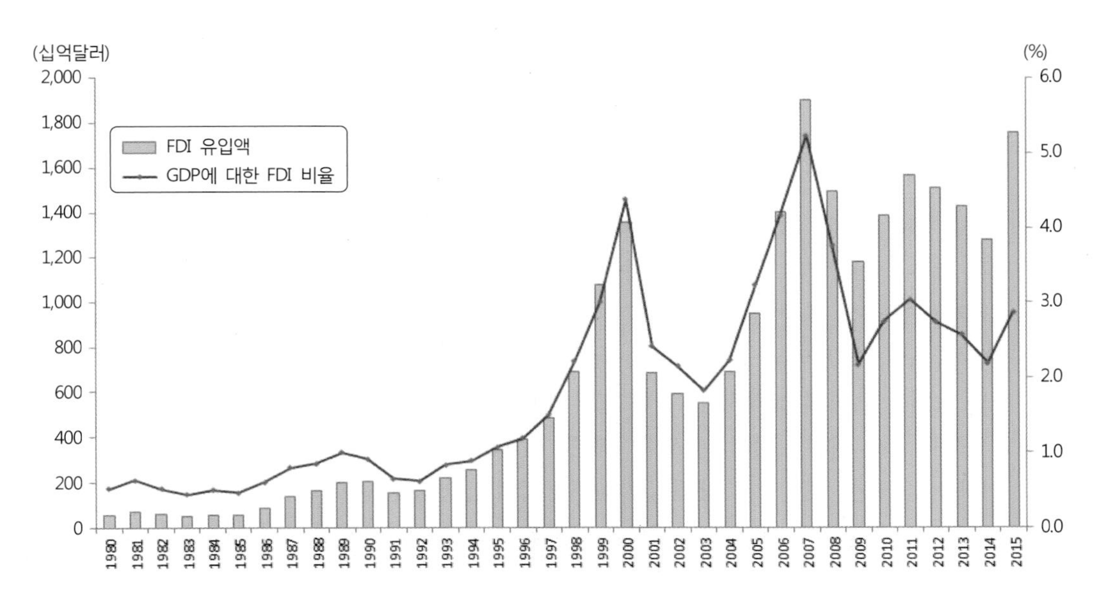

그림 1-5. FDI 유입액과 GDP에서 차지하는 비중의 시계열적 변화
출처: UNCTAD Statistics(http://unctadstat.unctad.org) 데이터를 토대로 작성.

1980년 이후부터 해외직접투자의 유입 유량액(inflow)의 성장 추세를 보면 1990년대 중반 이후 급속도로 증가하고 있음을 볼 수 있다. 1970년대와 1980년대 초반까지 수출 증가와 해외직접투자 증가 추세가 어느 정도 유사한 패턴을 보이면서 동반 성장하고 있었다. 그러나 1980년대 후반 이후 경제의 세계화가 빠르게 진전되면서 해외직접투자가 급증하여 수출 성장률보다 더 높은 성장률을 보이고 있다. 단편적인 예로 1986~1990년 동안 해외직접투자는 약 25% 증가한 반면에 수출 증가는 절반 수준인 약 12.7%에 그치고 있어, 1980년 후반 이후 세계 경기가 회복되면서 해외직접투자가 상당히 활성화되었음을 말해준다. 이는 자본시장의 개방화가 이루어지면서 선진국과 개발도상국 모두 자국 산업 및 국가경쟁력 향상을 위해 해외직접투자를 유치하기 위해 다각적인 노력을 기울인 결과라고도 볼 수 있다. 투자 진입 장벽 완화와 투자 인센티브 제공 등의 적극적인 해외직접투자 유치 정책에 힘입어 해외직접투자 규모는 1985년 558억 달러에서 1990년 2,049억 달러, 그리고 2000년에는 1조 3,590억 달러까지 급증하였다. 특히 1990년 후반부터 2000년까지 급격한 증가추세를 보였다. 이러한 성장 추세는 2000년대 초반에는 다소 낮아지다가 2007년에 1조 9,022억 달러라는 최대 유입액을 기록하였다. 그러나 글로벌 금융위기를 겪으면서 2009년에 큰 폭으로 감소하였으며, 다시 2014년에 감소 폭이 심하게 나타났다. 그러나 2015년 해외직접투자 유입액 규모는 1조 7,600억 달러로 회복세를 보이고 있다. 이와 같은 해외직접투자의 유입액 증가로 인해 해외직접투자가 세계 GDP에서 차지하는 비중도 점차적으로 증가하고 있다. 1980년대에는 해외직접투자가 GDP에서 차지하는 비중이 0.5~1.0% 수준이었으나, 2000년에는 4.4%까지 증가하였으며, 유입액 규모가 최고 수준을 기록하였던 2007년에는 그 비중이 5.2%까지 상승하였다. 하지만 다시 비중이 낮아지면서 2015년 3% 수준을 보이고 있다(그림 1-5).

한편 해외직접투자의 유입액 성장 추세를 상품 수출액 성장 추세와 비교해보면 해외직접투자가 훨씬 더 세계 경기 변화에 민감하게 반응하면서 변동 폭이 매우 심하고 변이가 매우 크게 나타나고 있음을 엿볼 수 있다(그림 1-6). 즉, 수출이나 해외직접투자 모두 세계경제 성장 또는 침체에 지대한 영향을 받지만, 수출에 비해 해외직접투자가 훨씬 더 변동 폭이 크고 매우 불규칙적인 증감 패턴을 보이고 있다. 이는 수출 성장에 영향을 주는 요인들에 비해 해외직접투자의 경우 더 다양한 요인들(예: 글로벌 경제의 취약성, 각국 정책의 불투명성, 지역 분쟁에 따른 리스크 등)의 영향을 받기 때문이다. 실제로 1990~1999년 기간 동안 해외직접투자 유입액의 연평균 증가율은 20.2%를 기록하였지만, 2000~2014년 기간 동안에는 연평균 증가율이 -0.7%로 오히려 감소하였다. 그러나 이 기간 동안에도 각 연도별로 보면 편차가 매우 크며, 변동이 심하게 나타나고 있다.

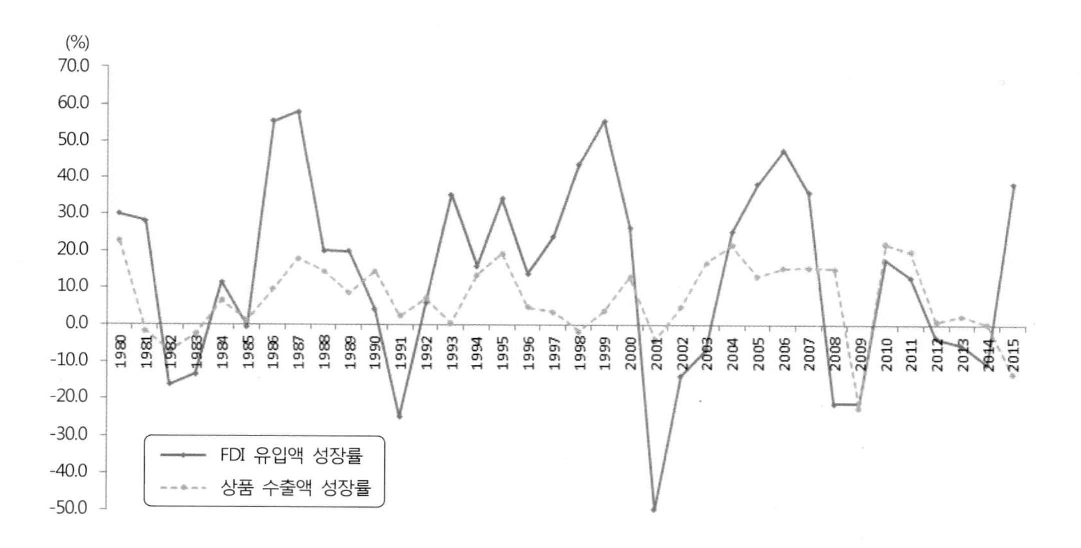

그림 1-6. 상품 수출액 성장률과 해외직접투자 유입액 성장률 비교, 1980-2015년

㈜: 성장률은 각 연도의 현시 달러화를 기준으로 전년 대비 해당 연도의 성장률을 산출한 것임. 유입액 성장률이 (-)를 보이는 것은 투자회수 또는 기업 간 채무상환 규모가 클 경우에 나타남.

출처: http://data.worldbank.org 자료, http://unctadstat.unctad.org 자료를 바탕으로 작성.

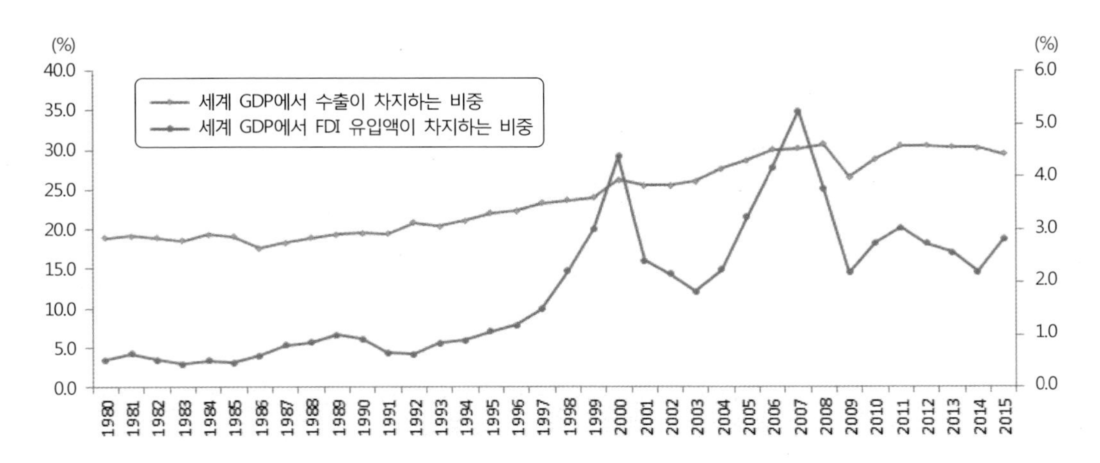

그림 1-7. 무역과 해외직접투자가 세계 GDP에서 차지하는 비중의 시계열 비교
출처: UNCTAD Statistics(http://unctadstat.unctad.org) 데이터를 토대로 작성.

지난 35년 동안 수출과 해외직접투자 유입액이 세계 GDP에서 차지하는 비중을 비교해보면 수출의 경우 상당히 안정된 성장 추세를 보이면서 비중이 지속적으로 증가하고 있다. 이는 경제의 세계화가 진전되고 WTO 출범 이후 국가 간 교역이 매우 활발하게 이루어지면서 GDP에서 차지하는 비중도 꾸준히 증가하고 있음을 말해준다. 이에 비해 해외직접투자의 경우 유입액이 급증하였던 2000년과 2007년, 그리고 급감하였던 2001년과 2009년 시점의 영향력으로 인해 세계 GDP에서 차지하는 비중도 큰 폭의 변화를 보이고 있다(그림 1-7).

한편 선진국과 개발도상국으로의 해외직접투자의 증가 추세는 상당히 많은 변화를 보이고 있다. 해외직접투자 유입 패턴을 보면 1980년대까지 선진국이 투자 중심이었으나, 1990년대 들어와 점차 개발도상국으로의 투자가 증가하였다. 그러나 1990년대 말 동아시아 외환위기로 인해 개발도상국으로의 투자가 줄어들었다가 2008년 글로벌 금융위기 이후 다시 개발도상국으로의 투자가 증가하고 있다(그림 1-8). 특히 2000~2014년 동안 개발도상국으로의 해외직접투자 유입액의 연평균 증가율은 8.0%인 데 비해 선진국으로의 유입액 연평균증가율은 -5.6%를 나타내고 있다. 이에 따라 1980년~2009년까지 해외직접투자 유입액 가운데 선진국이 차지하는 비중이 훨씬 더 높았지만, 글로벌 금융위기 이후 개발도상국으로의 유입이 증가하면서 2014년에는 개발도상국의 유입량(flow) 비중은 59.1%로 선진국으로의 유입량 비중(40.9%)을 처음으로 앞서게 되었다. 이와 같이 해외직접투자 유입량에서 개발도상국의 비중이 커지고 있는 것은 개발도상국들의 투자 자유화 조치 확대와 투자 규제 완화 등으로 개발도상국의 투자 환경이 개선된 반면에 미국의 글로벌 금융위기 및 유럽 국가들의 재정위기로 인해 선진국으로의 투자 전망이 불투명해지면서 투자가 위축된 것이라고 볼 수 있다.

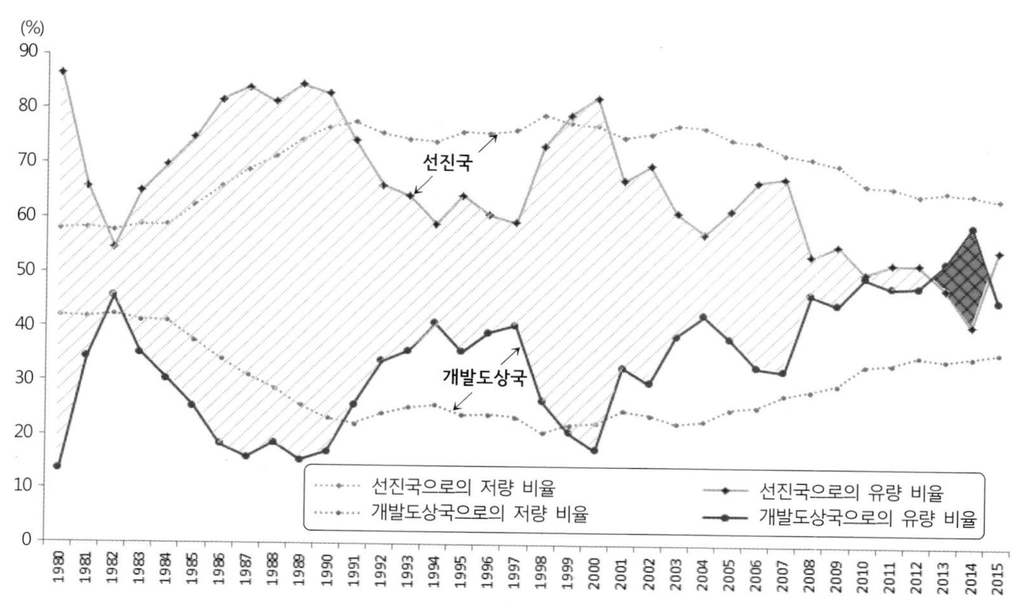

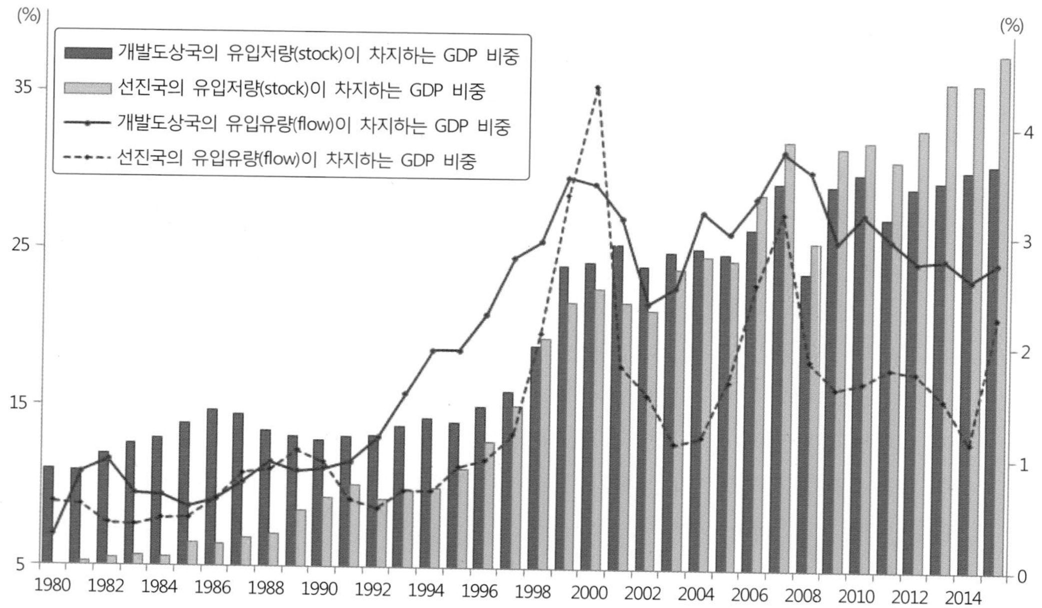

그림 1-8. 선진국과 개발도상국으로의 해외직접투자의 시계열적 비교

출처: UNCTAD Statistics(http://unctadstat.unctad.org) 데이터를 토대로 작성.

그러나 해외직접투자의 유입 저량(stock) 비율을 보면 여전히 선진국이 약 65%, 개발도상국이 약 35%를 차지하고 있어 선진국으로의 유입 저량 추세가 우세적임을 엿볼 수 있다. 여기서 FDI 저량이란 총 투자된 자산이라고 볼 수 있으며, 유량이란 1년 동안 유입된 투자액을 말한다.

한편 해외직접투자가 GDP에서 차지하는 비중을 비교해보면 개발도상국으로의 해외직접투자 유입 유량이 GDP에서 차지하는 비중이 점차적으로 높아지고 있다. 1980~1999년 기간에는 평균 1.35%를 차지하던 것이 2000~2015년 기간에는 평균 3%를 상회하고 있다. 이는 같은 기간 동안 선진국의 비중 변화(0.9%→1.95%)에 비해 상대적으로 증가하였음을 말해준다. 이는 개발도상국들의 경제성장에 해외직접투자가 미치는 영향이 상대적으로 더 큼을 시사해준다. 또한 선진국과 개발도상국 모두 해외직접투자의 유입 저량이 유입 유량에 비해 GDP에서 차지하는 비중이 훨씬 더 높게 나타나고 있는 것은 유입 저량(inward stocks)은 주어진 시점에서 해당국가에 유입된 모든 해외직접투자 규모로 비축 또는 저축량이라고 볼 수 있는 데 비해 유입 유량(inflow)은 주어진 기간 동안 유동적인 투자 자본이기 때문이다. 선진국의 경우 2000년 후반 이후 GDP에서 차지하는 유입 저량 비중은 개발도상국에 비해 상대적으로 더 높게 나타나고 있다.

(3) 글로벌 경제활동에 따른 세계경제 공간의 재편

지난 50여년 동안 전 지구적 차원에서 경제활동이 이루어지면서 세계경제 공간이 급변하고 있는데, Dicken(2015)은 그의 저서 「Global Shift(7th ed.)」에서 이러한 변화를 마치 롤러코스트에 비유하여 표현할 정도로 변화 양상의 기복이 매우 심하다. 2009년 세계은행에서 발간하는 세계개발보고서(World Development Report)가 「경제지리의 재형성(Reshaping Economic Geography)」이란 제목으로 출간될 정도로 세계경제 공간은 재편되고 있다. 이 보고서에서는 세계경제 공간의 재형성 과정을 3D(Density, Distance, Division)의 개념을 도입하여 설명하고 있다.

밀도(Density)는 집적지 또는 대도시를 대표하는 개념으로 밀도가 높아지고 도시 규모가 커질수록 경쟁력의 우위를 차지하면서 경제가 성장하고 그에 따라 공간의 변용이 나타난다는 것이다. 또한 정보통신기술과 교통수단의 발달로 인해 과거에 비해 물리적 거리(Distance)로 인한 장애는 상당히 해소되었으며, 그 결과 세계시장은 더 넓어지고 있다. 이렇게 세계시장으로의 접근성이 좋아지고 교역이 활발해지면서 재화 및 자본의 자유로운 이동을 위해 세계 각 국가들은 개방화 정책을 과감히 펼치고 있어 국가 간 제도 및 관습 등으로 인한 분리(Division)나 장벽은 점점 더 허물어지고 있다.

이렇게 대도시로의 인구 집중과 그에 따른 고밀도화, 거리감 해소로 인한 세계시장으로의 접근성 개선, 보다 자유로운 상호작용을 위한 국경의 개방화가 경제성장을 주도하고 있지만, 이러한 3D의 영향력은 지역 간에 상당한 차이를 보이고 있다. 이 보고서에서는 3D의 영향력이 지역, 국가, 세계적 차원에서 어떻게 차별화되어 나타나고 있는가를 사례를 통해 상세히 기술하고 있다. 3D의 영향력에 따른 경제공간의 재편은 북미, 서부 유럽,

일본 등 선진국에서 주로 두드러지게 나타나고 있다. 사람들과 상품 이동의 약 3/4은 북미, 서부 유럽, 동북아시아에서 이루어지고 있지만, 점차 개발도상국가들도 경제성장을 이루면서 세계시장에서의 역량을 점차 키워가고 있다.

경제의 세계화가 진전되기 시작한 1980년 이후 소득수준별 집단(국가)의 경제성장률을 비교해보면 2000년 이후 중소득국가 및 저소득국가의 경제성장률이 고소득국가의 경제성장률보다 높게 나타나고 있다(그림 1-9). 특히 세계경제가 침체되고 있는 2010년 이후의 경제성장률을 보면 고소득국가의 성장률이 가장 낮은 것으로 나타나고 있다. 중소득국가의 연평균 1인당 GDP 성장률은 2000~2009년(2008년 글로벌 금융위기 전) 동안 평균 5%에서 2009~2013년(금융위기 이후) 동안에는 4.5%로 다소 낮아졌지만, 같은 기간 고소득국가들의 경우 글로벌 금융위기 발생 이전(평균 1.5%)에 비해 금융위기 발생 이후(평균 1.3%) 더 낮아졌다. 이와 같이 2000년 이후 고소득국가들의 경제성장률과 1인당 GDP 성장률이 가장 낮으며 매우 저조하게 나타나고 있다.

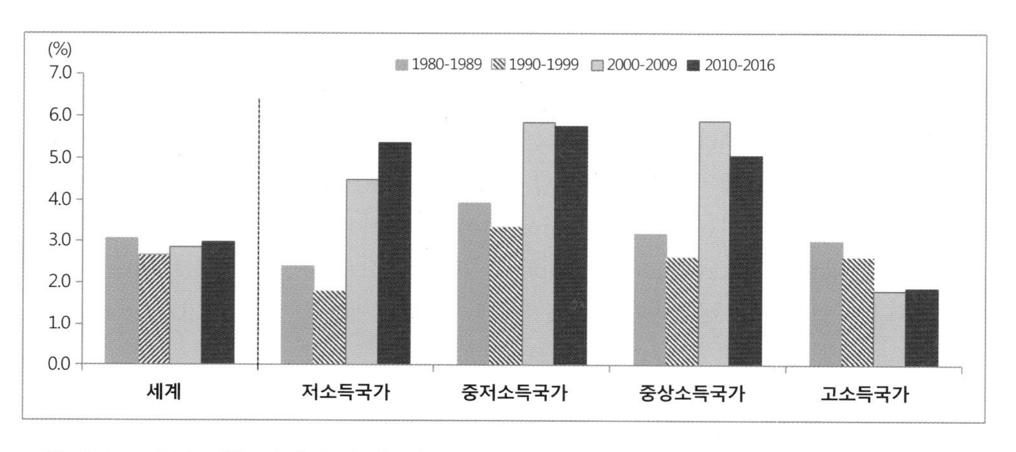

그림 1-9. 소득수준별 집단(국가)의 경제성장률 비교, 1980-2016년

㈜: 세계은행의 소득수준별 집단 분류 기준을 보면 2014년 1인당 GNI가 저소득국가 < $1,045; 중저소득국가는 $1,046~$4,125; 중고소득국가는 $4,126~$12,735; 고소득국가 > $12,736 이상임.
출처: http://data.worldbank.org 자료를 토대로 작성.

이러한 추세를 지역별로 구분하여 비교해보면 2000년대 들어와 남부아시아를 비롯한 동아시아와 태평연 연안 국가들의 경제성장이 얼마나 급속도로 이루어졌는가를 단적으로 알 수 있다(그림 1-10). 이는 아시아 신흥공업국들의 눈부신 경제성장과 특히 중국과 인도의 경제가 급성장하면서 나타난 결과라고 풀이할 수 있다. 이와 같이 글로벌 차원에서 경제활동이 전개되면서 신흥공업국의 경제성장이 눈부신 가운데 북미와 유럽연합의 경우 글로벌 금융위기를 겪으면서 상당히 경기가 침체되었고 2010년 이후에도 경기 침체에서 벗어나지 못하고 있음을 말해준다. 오히려 글로벌 금융위기 이후인 2010년대 들어와 유럽

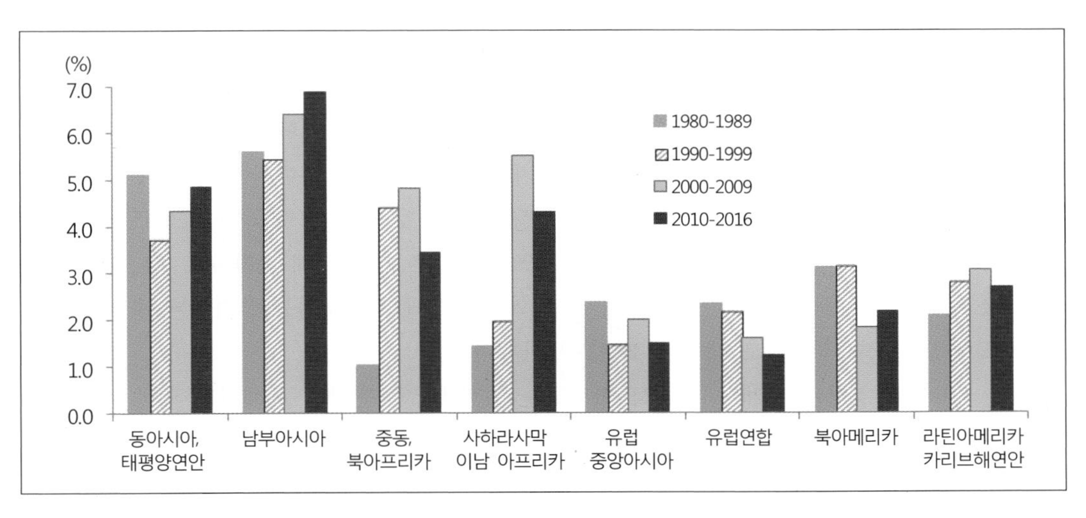

그림 1-10. 세계 각 지역들의 경제성장률 비교, 1980-2016년

㈜: 지역 구분은 세계은행에서 분류한 것임.
출처: http://data.worldbank.org 자료를 토대로 작성.

연합의 경제성장률은 가장 낮은 반면에 동부·남부 아시아 및 아프리카의 경제성장률이 상대적으로 높게 나타나고 있다. 이는 2010년대 이후 세계 경제공간이 다시 재편되어 가고 있음을 시사해준다.

실질 소득이라고 볼 수 있는 구매력 평가(PPT: Purchasing Power Parity) 지수로 환산된 1인당 소득을 기준으로 성장 추세를 비교해도 유사한 추세가 나타나고 있다. 1990년대 이후 선진국과 개발도상국의 1인당 GDP 성장률 격차가 점점 더 커지고 있으며, 특히 2000년대 이후 개발도상국의 1인당 GDP 성장률이 선진국에 비해 약 4배 높게 나타나고 있다. 이와 같은 높은 성장률은 중국과 인도가 포함되어 있는 동아시아와 남아

표 1-1. 각 지역별 구매력 평가(PPT)*로 환산한 1인당 GDP 성장률 비교

	1961~1970	1971~1980	1981~1990	1991~2000	2000~2010	2011~2015
세계	3.1	2.0	1.5	1.7	3.1	2.5
선진국	4.2	2.6	2.5	2.1	1.2	1.1
개발도상국	2.6	3.0	2.1	3.2	5.8	4.0
동아시아	3.4	4.1	6.7	5.8	9.6	6.5
남아시아	1.5	1.2	3.1	3.7	5.7	4.1
개발도상국 (동, 남, 동남 아시아 국가 제외)	2.8	2.7	-0.87	1.2	2.5	0.6

㈜ *: 국가(지역)별 1인당 GDP를 비교하는 경우 달러화를 기준으로 함: 그러나 각국의 물가수준이 다르기 때문에 실질 소득수준 비교를 위해서는 각국의 물가수준을 고려하여 환율을 적용한 구매력 평가(purchasing power parity) 지수를 토대로 1인당 GDP를 비교하는 것이 더 정확하다고 볼 수 있음.
출처: UNCTAD(2016), Trade and Development, Table 2.2.

시아에서 두드러지게 나타나고 있다. 동아시아의 경우 2000년대 1인당 GDP 평균 성장률은 9.6%, 그리고 글로벌 금융위기 이후인 2011~2015년 동안에도 6.5%라는 높은 성장세를 보이고 있다. 남부 아시아도 2000년대에는 5.7%, 2010년 이후에도 여전히 4.1%로 높은 성장률을 보이고 있다(표 1-1). 그러나 개발도상국 가운데 동아시아, 남아시아, 동남아시아 국가들을 제외할 경우 1인당 GDP 성장 추세를 보면 세계 평균치를 크게 밑돌고 있으며, 2011년 이후 1인당 GDP 성장률은 1% 미만으로 가장 낮게 나타나고 있다. 이는 저소득국가들이 다수 포함되어 있는 아프리카와 라틴아메리카 국가들의 경제는 여전히 침체되어 있고 경제성장률도 매우 저조함을 말해준다.

이러한 경향은 세계 GDP에서 차지하는 경제대국의 변화를 통해서도 엿볼 수 있다. 1990년 세계 GDP의 25%를 차지하였던 미국은 2009년 20.1%, 그리고 2016년에는 17.7%로 크게 감소하였다. 선진국 G7이 차지하던 비중의 변화를 보면 1990년 56%이던 것이 2009년 40%, 그리고 2016년에는 35%로 크게 떨어졌다. 반면에 중국의 경우 1990년 세계 GDP의 약 4%를 차지하였으나, 2009년 12.9%, 그리고 2016년에는 18%로 증가하여 미국보다 더 큰 비중을 차지하면서 세계 경제강국으로 부상하였다.

한편 경제강국들이 세계 GDP에서 차지하는 비율을 달러화를 기준으로 하는 경우와 구매력 평가지수를 기준으로 하는 경우를 비교해보면 중국이 얼마나 경제대국이 되어 가고 있는가를 잘 말해준다. 달러화를 기준으로 하는 경우 2014년 미국이 세계 GDP에서 차지하는 비율이 23%이고 중국이 13%로 두 나라 간에 약 10% 차이가 나고 있다(그림 1-11). 그러나 물가지수를 고려하여 환율을 적용한 구매력 평가지수로 환산한 경우 중국과 미국이 세계 GDP에서 차지하는 비중은 거의 동일하다. 유럽연합도 달러화를 기준으로

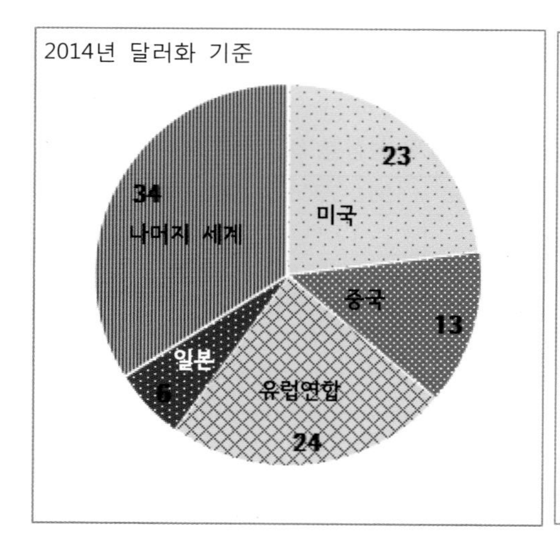

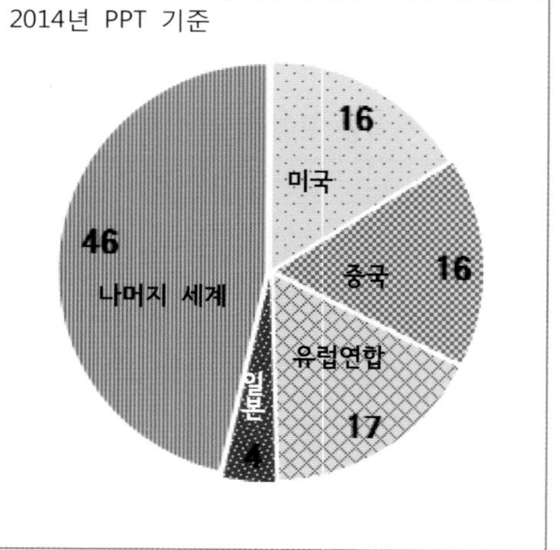

그림 1-11. 세계 GDP에서 경제강국들이 차지하는 비율 비교

출처: World Bank(2016), World Development Report, Figure 1.5.

하는 경우 세계 GDP의 약 1/4을 차지하지만 구매력평가지수를 기준으로 하는 경우 17%로 줄어들고 있다.

그러나 개발도상국의 놀랄만한 경제성장 추세에도 불구하고 여전히 고소득국가와 저소득국가 간 소득 격차는 상당히 크며, 글로벌 차원에서 볼 때 훨씬 더 특정계층에게 부(富)가 집중되고 있다. 고소득국가가 세계 GDP에서 차지하는 비율은 여전히 60%를 상회하고 있으며, 각 국가의 물가수준을 고려하여 환율을 적용한 구매력 평가지수로 비교하여도 여전히 고소득국가가 차지하는 비율은 50%를 상회하고 있다(그림 1-12). 또한 세계에서 가장 부유한 1%에 속하는 계층이 2000년에 전 세계 부의 32%를 차지하던 것이 2010년에는 46%로 상승하였다. 특히 미국의 경우 최상위 부유층 0.1%가 차지하는 비율은 1990년 12%에서 2008년 19%로, 2012년 22%로 상승하였다.

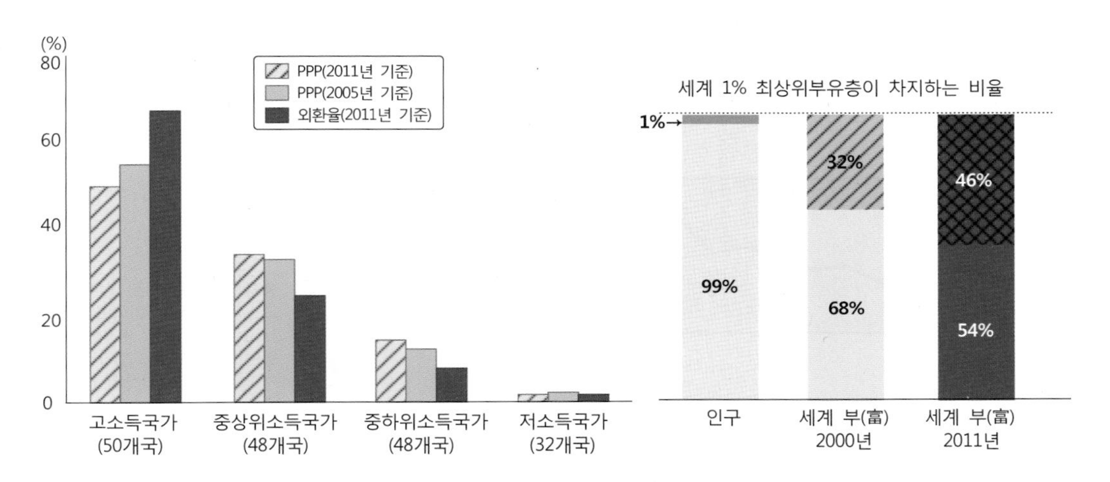

그림 1-12. 소득국가별 세계경제에서 차지하는 GDP 비율
출처: UNDP(2016), Human Development Report, Figure 1.5.

한편 글로벌 차원에서의 소득분포 양상은 샴페인 잔의 형상을 연상케한다. 하단부가 길고 가늘게 생긴 샴페인 잔과 같이 글로벌 소득분포를 보면 소득이 가장 낮은 최하위 계층에서부터 7분위에 속한 사람들 간 소득 격차는 별로 크지 않으나, 최상위 계층에 속한 사람들의 소득은 아주 평평하게 넓은 샴페인 잔의 상단부처럼 세계 부(富)의 대부분을 차지하고 있다. 이러한 소득분포 양상은 1988년에 비해 2008년에 오히려 더욱 심화된 것으로 나타나고 있다(그림 1-13).

또한 1988~2008년 동안 실질소득 성장률을 소득분위별로 비교해보면 흥미로운 점을 발견할 수 있다. 지난 20년 동안 실질소득의 증가를 경험한 계층은 최상위계층과 중하위계층에서 두드러지게 나타난다는 점이다. 선진국의 중상위계층의 실질소득 증가율은 아주 미미하며 미국과 독일의 경우 빈곤층에서의 실질소득 성장률이 더 높은 것으로 나타나고

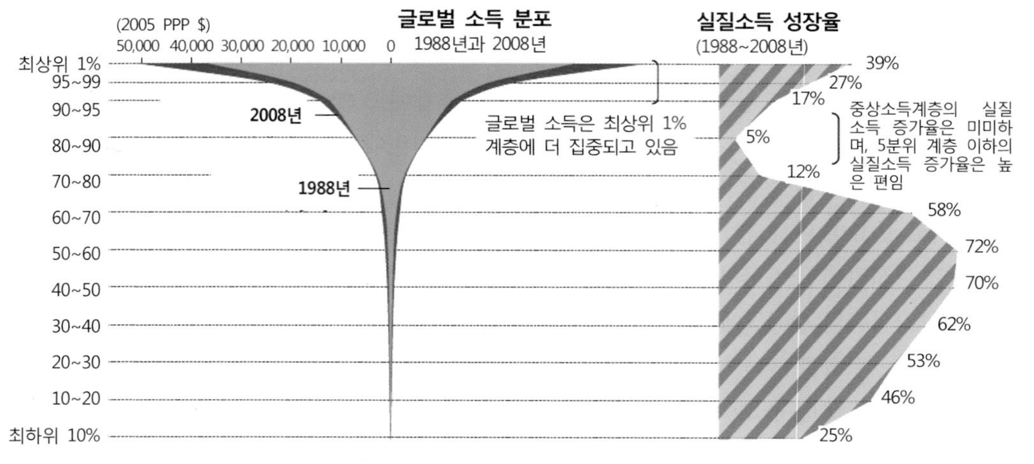

그림 1-13. 글로벌 소득분포의 변화 및 소득 불평등 수준, 1988-2008년

출처: UNDP(2016), Human Development Report, Box 2.9.

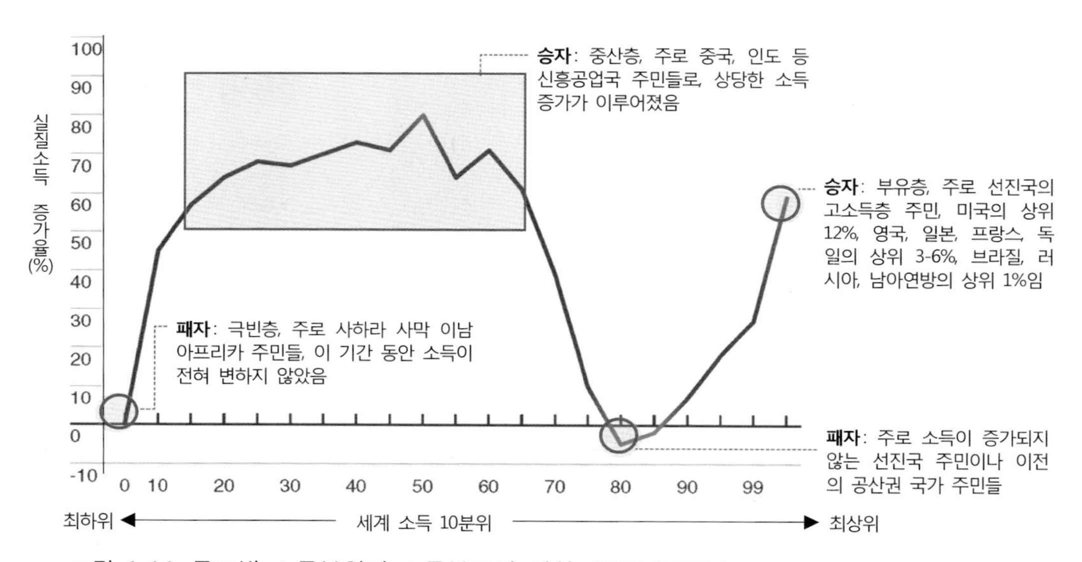

그림 1-14. 글로벌 소득분위의 소득분포의 변화, 1988-2008년

출처: US National Intelligence Council(2017), Global Trends: Paradox of Progress, p. 13.

있다. 실제로 1989~2008년 동안 세계 소득분위별 소득 변화를 구매력을 고려한 실질소득으로 분석한 결과를 보면 지난 20년 동안 소득분위별 소득 증가가 상당히 차별화되어 나타나고 있다(그림 1-14).

일반적으로 소득 불평등을 나타내는 지니계수는 특정 국가를 대상으로 소득분포를 백분위로 하여 소득분위별 소득분포의 불평등성을 측정하고 있다. 그러나 최근 지니계수는 국가 간, 그리고 더 나아가 글로벌 차원에서도 측정되고 있다. 국가 간 지니계수를 측정하는 경우 각 국가의 평균 소득을 기준으로 측정하며, 또한 글로벌 지니계수의 경우 전 세계 사람들을 대상으로 하여 소득수준별로 순위화 하였을 경우 소득분위별 소득격차를 측정한 것이다.

경제의 세계화가 진전되면서 글로벌 차원에서 지니계수를 산출하여 시계열적으로 비교해보면 소득 불평등을 나타내는 상대적 지니계수 값은 줄어들고 있어 저소득국가와 고소득국가 간 소득 격차가 점차 완화되고 있다고 풀이할 수 있다. 즉, 1975년 상대 지니계수가 0.74이던 것이 2010년에는 0.63으로 감소하였다. 이는 개발도상국 가운데 신흥공업국의 경제 성장에 힘입은 것이라고 볼 수 있다. 그러나 절대 지니계수로 비교해보면 여전히 소득 격차는 줄어들지 않고 오히려 더 심회되고 있음을 시사해준다(그림 1-15). 여기서 지칭하는 절대 지니계수란 절대소득의 변화를 말하는 것이다. 예를 들어 2000년 시점에서 저소득국가에 살고 있는 한 사람(A)이 하루에 1달러를 벌고 고소득국가의 다른 사람(B)이 하루에 10달러를 벌었다. 그러나 2015년에 A는 하루에 8달러를 벌고 B는 하루에 80달러를 벌었다고 하자. 2000년에 비해 2015년 A와 B의 소득 비율은 10배로 그 차이는 동일하므로 상대 지니계수는 변함이 없다. 그러나 절대적인 차이는 9달러에서 72달러로 엄청난 차이를 보이고 있다. 따라서 상대 지니계수와 절대 지니계수와는 상당히 다른 차원의 소득 불균형을 말해주는 지수라고 볼 수 있다. 세계은행 보고서에 따르면 2008년에 표본조사한 83개국 가운데 2013년 시점에서 34개국에서 소득 격차가 확대되었으며, 부유한 계층인 상위 60% 계층에 속한 사람들이 소득이 향상되었고 오히려 하위 40% 계층의 경우 절대적 소득 감소를 경험하였다.

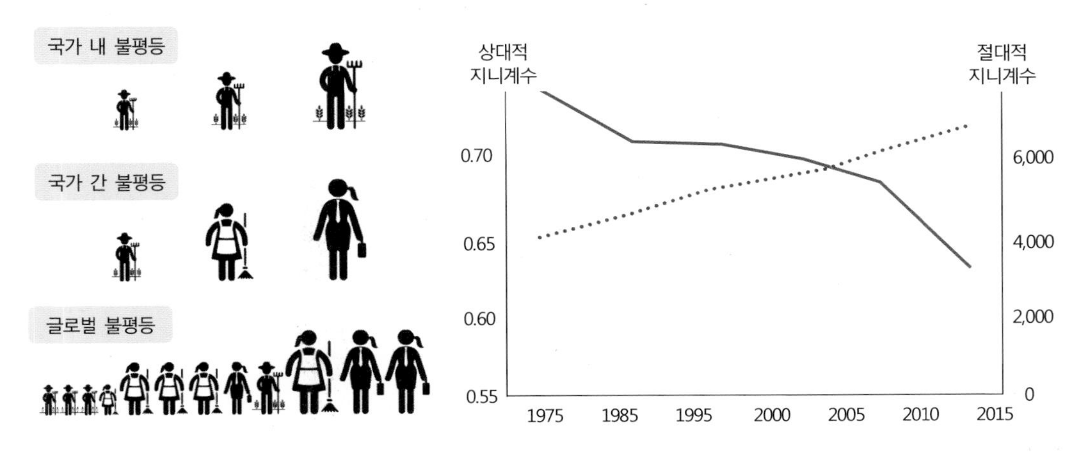

그림 1-15. 소득 불평등을 말해주는 글로벌 지니계수의 변화

㈜: 소득 불평등(국가 내, 국가 간, 글로벌 차원) 개념에 대한 모식도는 Milanvoc(2012)을 토대로 한 것임.
출처: UNDP(2016), Human Development Report, Figure 1.3.

한편 디지털 사회로 접어들면서 디지털 기기와 인터넷으로의 접근성이 경제성장에 지대한 영향을 주는 것으로 알려져 있다. 또한 디지털 사회로 진전되면서 선진국과 개발도상국 간 디지털 격차는 점점 줄어들고 있으며, 전 세계적으로 디지털 기기와의 인터넷으로의 접근성은 상당히 양호해지고 있는 것으로 나타나고 있다. 2016년 세계은행은 '디지털 배당(digital dividends)'이라는 제목으로 보고서를 발간하였다. 이 보고서에 따르면 개발도상국의 경우도 10명 중 8명이 휴대폰을 소유하고 있으며 그 수는 꾸준히 증가하고 있다. 가장 휴대폰 보급률이 낮은 사하라 이남 아프리카 지역도 휴대폰 보급률이 73%를 보이고 있어 고소득국가의 보급률(98%)과의 차이가 그다지 심한 편은 아니다. 또한 2005년 이후 세계적으로 인터넷 사용자 수가 세 배 이상 증가하였고 세계 인구의 약 40%가 인터넷에 연결되어 있는 것으로 나타났지만, 휴대폰 보급률에 비해 인터넷 사용자 비율은 국가 간 격차가 훨씬 크게 나타나고 있다. 2014년 인터넷 사용자 비율을 보면 개발도상국의 경우 31%인 데 비해 고소득국가의 경우 80%에 이르고 있으며, 아직도 인터넷을 사용할 수 없는 사람들이 약 40억 명에 달하고 있다.

이 보고서에서는 전 세계적으로 디지털 기술의 보급 속도는 매우 빠르지만 경제 성장, 일자리 창출, 서비스 개선 측면에서 '디지털 배당(digital dividend)'은 아직 불평등이 심하게 나타나고 있음을 강조하고 있다. 즉, 디지털 기술의 급격한 보급에 따른 혜택이 부유하고 전문 기술을 보유하고 있으며 새로운 기술의 활용이 유리한 계층과 국가에 편중되어 있다는 것이다.

세계에서 인터넷 사용자 수가 가장 많은 나라는 중국, 미국, 인도, 일본, 브라질 순으로 나타나고 있으며, 국가 간 인터넷 사용자 수의 격차도 매우 심한 편이다. 그러나 전 세계적으로 볼 때 디지털 격차보다 국가 간 소득격차가 훨씬 더 크고 불균등한 것으로 나타나고 있다. 그림 1-16은 세계 각국의 면적을 해당 국가의 1인당 GDP와 해당 국가의 인터넷 사용자수를 토대로 지도화한 카토그램이다. 이 지도를 보면 각 국가의 1인당 소득을 면적으로 나타낸 지도가 각 국가의 인터넷 사용자수를 면적으로 나타낸 지도에 비해 국가 간 면적 차이가 훨씬 더 크게 나타나고 있으며, 특히 저개발국가의 경우 인터넷 사용자 수로 나타낸 면적 크기보다 1인당 소득을 나타낸 면적 크기가 훨씬 더 작게 나타나고 있다. 따라서 국가 간 1인당 소득격차와 소득의 불균등 정도가 인터넷 사용자 수의 격차보다 심하게 나타나고 있음을 말해준다.

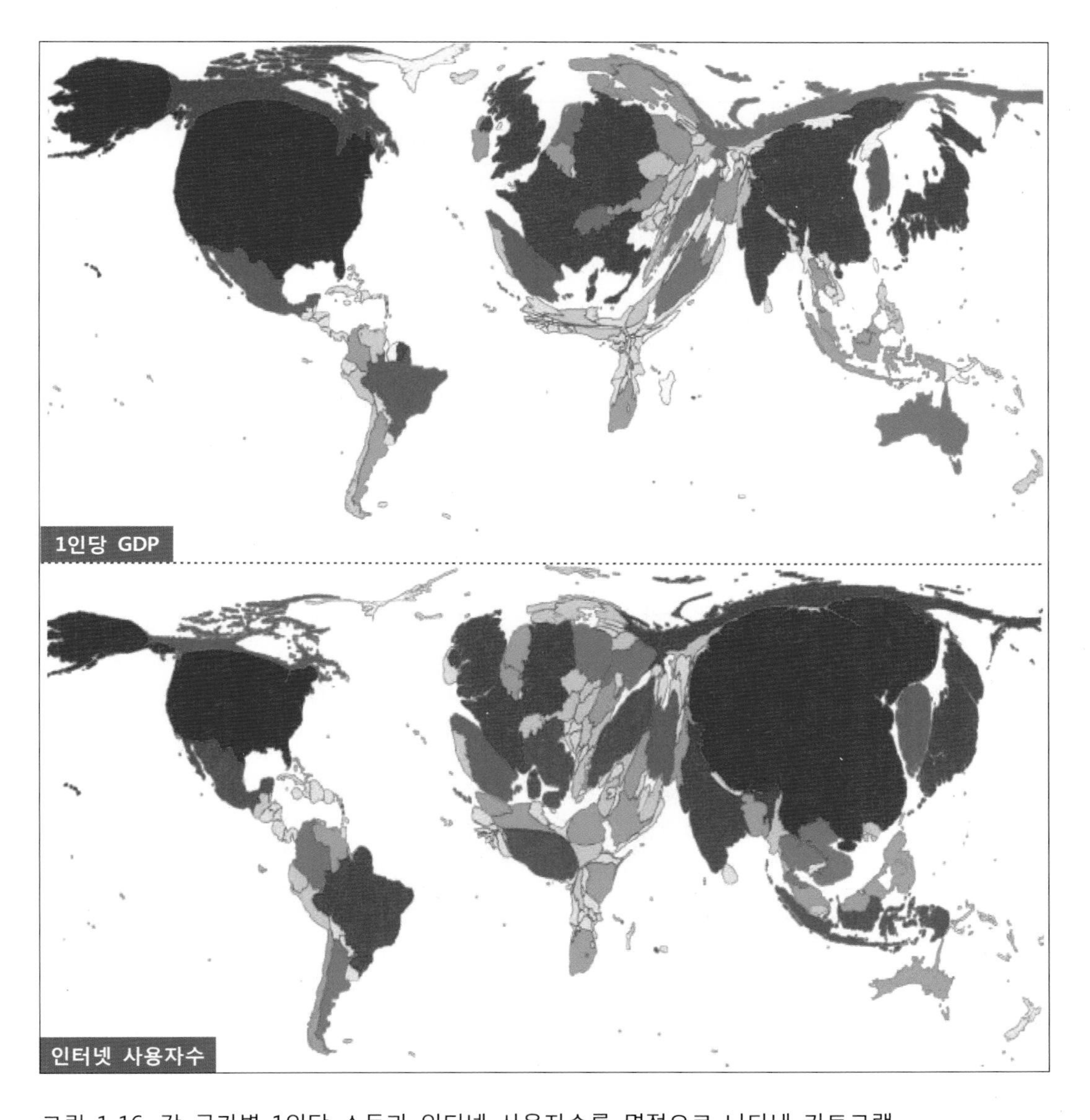

그림 1-16. 각 국가별 1인당 소득과 인터넷 사용자수를 면적으로 나타낸 카토그램

㈜: 2015년 각 국가별 GDP와 인터넷 사용자수를 토대로 국가별 크기를 카토그램으로 나타낸 것임.
출처: World Bank(2016), World Development Report, p. 7.

2 경제의 세계화와 그에 따른 이슈들

1) 경제의 세계화와 세계화에 대한 견해

(1) 경제의 세계화 개념

우리는 국경의 의미가 점차 사라지면서 지구촌으로 되어 가는 이른바 세계화 시대에 살고 있으며, 세계경제는 개방화를 통해 전 세계적인 차원에서 시장이 형성되면서 글로벌 경제라는 용어가 마치 유행어처럼 사용되고 있다(Gordon, 1988). 정보통신기술의 급속한 발달로 인해 시·공간의 압축화가 이루어지면서 거리의 제약이 극복됨에 따라 초국적기업이 경제의 세계화를 주도하고 있다. 이들은 노동·자본·기술 등의 생산요소를 최적의 조건으로 결합하기 위해 기업의 활동 영역을 범지구적으로 확대시키면서, 국가체제의 틀을 벗어나 국경 없는 경제논리에 따라 초국적 혹은 무국적 기업형태로 지구 방방곡곡을 침투하면서 경제공간을 재편하고 있다.

경제의 세계화를 한마디로 정의한다면 자본주의적 생산관계가 사회적·지리적으로 확산되면서 세계경제체제의 상호의존성과 통합 수준이 심화되어 가는 현상이라고 말할 수 있다. 즉, 경제의 세계화란 국경을 초월한 무역·투자·금융·기술·정보 등의 흐름이 활발하게 이루어질 뿐만 아니라 그 거래규모도 엄청나게 증대되면서 세계적인 차원에서 경제적 상호의존성이 고도로 심화되어 가는 현상을 말한다. 특히 최근에는 국제적 금융체계의 통합, 초국적기업의 급격한 성장, 범지구적 통신망의 구축과 그에 따른 지식과 정보의 확산, 국제기구와 국제적 연계망을 가진 NGO 등과 같은 국제공동체들이 형성되면서 다양한 차원에서의 상호연계성이 높아지고 있다.

이러한 경제의 세계화 과정을 통해 자본·기술·상품·서비스가 국경을 넘어 자유롭게 이동하면서 세계는 단일 경제권화되어 가고 있다. 가속화되고 있는 경제의 세계화로 인해 세계경제체제를 흔히 국경 없는 경제(borderless economy)라고 일컬으며, 세계적 기업 또는 세계적 기업인이란 말들이 빈번하게 사용되고 있다(Ohmae, 1990). 이미 오래 전 부터 국가들 사이에서 무역을 비롯한 경제행위의 상호작용이 이루어졌었다. 그러나 이러한 상호작용은 기본적으로는 국가에 토대로 두고 있었고, 국경의 범위를 넘어서 경제활동이 확장되었기 때문에 경제의 국제화라고 일컬어졌다. 그러나 경제의 세계화는 경제의 국제화와는 달리 지리적으로 분산된 활동들 간의 기능적 통합이 심화되어 가는 것을 의미한다(Dicken, 1998). 즉, 경제의 세계화란 국제화된 경제활동 위에 기능적 요소가 추가되어 자본주의적 생산관계가 전 세계적으로 확산되면서 교역뿐만 아니라 자본과 서비스, 그리고 노동력까지 국경을 넘어 자유롭게 드나들고 있는 현상을 말한다. 그 결과 생산과 소비는 갈수록 상호의존적으로 되어 가며, 시장이 통합되면서 국가경제의 중요성은 줄어들고 상대적으로 초국적기업의 중요성이 더욱 커지고 있다.

따라서 경제의 국제화와 경제의 세계화 현상을 구분지을 수 있는 근본적인 차이점은 기업과 국가 간의 관계 변화라고 볼 수 있다. 경제의 국제화가 국가 간의 관계가 심화되는 것을 지칭한다면, 경제의 세계화란 국제적으로 분산되어 있는 기업들의 경제활동이 기능적으로 통합되어 가는 현상을 말한다. 경쟁우위를 확보하기 위해 기업들은 그들의 기업활동을 국내에 국한시키지 않고 해외에 자회사를 배치하거나 외국 기업과의 전략적 제휴를 통해 생산 활동을 세계 각지로 분산하는 구조적 변화를 일으키고 있다. 이렇게 기업들이 국경을 초월하여 기업 활동을 확장하는 경우 기업들은 세계 각처에 분산된 자회사들을 통제하면서 초국가적으로 경영권을 발휘하게 된다.

이렇게 기업이 생산 활동을 어디에서든지 수행할 수 있는 선택권을 갖고 생산기반을 자유롭게 이전할 수 있게 되면서, 기업은 정부의 정책이 마음에 들지 않으면 더 유리한 조건을 지닌 지역으로 떠날 수 있는 역량을 갖추게 되었다. 그 결과 기업의 지위는 국가로부터 구속받는 존재에서 초국가적 존재로 바뀌고 있으며, 세계경제 구조는 초국가적으로 독자적인 영역을 확보한 기업과 국가가 공존하는 체제로 재편되고 있다. 이렇게 초국적기업은 경제활동의 공간적 영역을 끊임없이 확대해 나감으로서 경제활동에 대한 국가 단위의 규제를 약화시키고 영토 개념을 점차 허물어뜨리고 있다. 뿐만 아니라 각 국가들도 경제자유화 조치와 국가 간 투자와 무역 및 자본이동에 대한 규제를 완화하는 정책을 시행하면서 경제의 세계화는 더욱 더 가속화되고 있다.

이상에서 살펴본 바와 같이 경제의 세계화란 세계경제의 통합수준이 심화되어 가는 과정을 말하며, 국가 간 무역의 증가, 초국적기업의 급격한 성장, 해외직접투자의 활성화, 세계 금융시장의 통합화, 범지구적 차원에서의 정보통신망 구축 등을 통하여 더욱 더 경제의 시계화가 가속화되고 있다. 경제의 세계화가 얼마나 깊숙이 이루어지고 있는가를 보여주는 단적인 예는 상품의 가치사슬을 보면 잘 알 수 있다. 일례를 들면 'Lee 쿠퍼 진' 청바지를 만드는 데 가장 기초가 되는 원료와 노동집약적인 1차 제조과정은 주로 노동력이 싼 아프리카에서 이루어지고, 염색과정은 패션의 첨단을 달리는 밀라노에서 이루어지면서 하나의 청바지를 만드는 데 8개국이 관여하고 있다(그림 1-17). 이렇게 만들어진 청바지가 최종 소비자에게 판매되는 곳은 영국의 한 도시에 입지한 대형할인점이다. 이렇게 하나의 상품을 생산하는 데 필요한 부품들이 여러 국가에서 생산되고 있으며, 또 부품 조립도 여러 지역에서 이루어지고 있어 상품의 국적을 논하기 어려운 제품들이 생산되고 있다. 일례로 상품을 개발하는 데 필요한 자금은 일본에서, 기술개발은 독일에서, 부품 조달은 한국에서, 완제품 조립은 중국에서, 그리고 광고 영업은 미국에서 담당하는 식으로 무국적 상품들이 늘어가고 있다. 따라서 과거에는 상품에 대한 국가의 이름이 마케

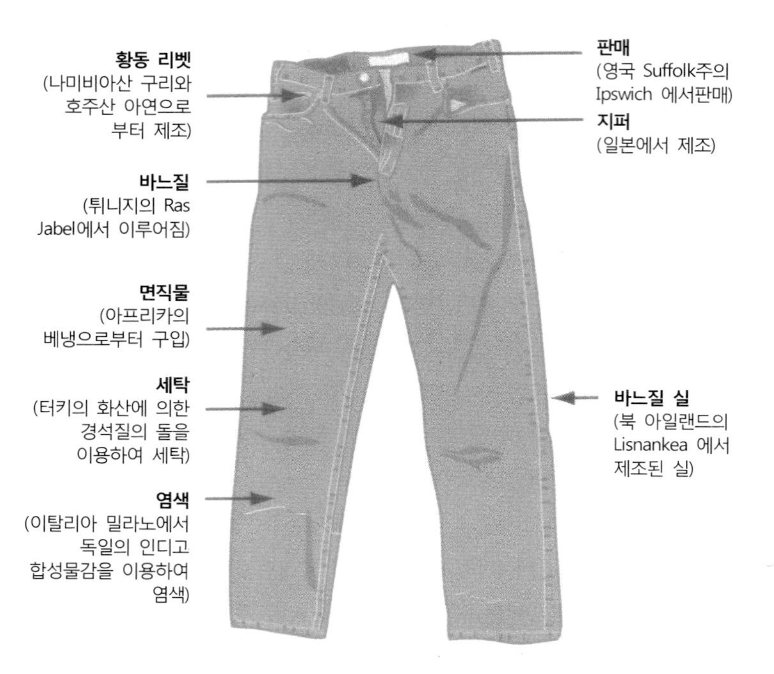

그림 1-17. 세계화가 깊이 전전되고 있음을 보여주는 일례
출처: Knox, P. and Marston, S.(2007), p. 71.

팅에 상당히 영향을 미쳤다면 현재는 기업의 브랜드가 상품 가치와 소비자 선호에 훨씬 더 영향을 미치고 있다. 이러한 추세를 타고 우리나라의 삼성이나 현대 등과 같은 대기업들도 자신의 브랜드를 부각시켜 세계적 기업이 되기 위해 노력하고 있다. 초국적기업에 의한 해외투자는 제조업 분야에서 뿐만 아니라 서비스 분야에서도 활발히 이루어지고 있다. 그 결과 고차위 서비스를 제공하는 중심지인 뉴욕, 런던, 동경과 같은 세계도시들의 영향력은 더욱 더 커지고 있다.

세계화는 과거 어느 때보다도 훨씬 더 넓은 공간영역에서 이루어지며, 보다 더 다차원적(경제, 기술, 정치, 법적, 사회적, 문화적 차원)인 연계 특성을 갖고 있다. 이렇게 경제의 세계화가 진전된 지 약 40여년이 지나면서 재화와 서비스, 자본과 정보의 흐름을 통해 새로운 가치가 전 세계적으로 확산되면서 소비자의 라이프스타일과 기호도 점차 동질화되고 있다. 즉, 세계화는 전 세계적으로 공유하는 이미지, 실행, 가치, 기호 등 세계문화도 만들어내고 있다.

(2) 경제의 세계화에 대한 견해

이와 같은 경제의 세계화 양상을 바라보는 학자들의 견해는 상당한 차이를 보이고 있다. 세계화를 매우 긍정적으로 보는 과대적 세계화(hyperglobalist), 세계화를 상당히 회의적으로 바라보는 회의적 세계화(sceptics), 그리고 중간적 입장에서 세계화를 변환되어 나가는 과정으로 보는 변환적 세계화(transformationalist)로 분류될 수 있다(Murray, 2006). 여기서는 각각의 견해에 대해 간략하게 살펴보고자 한다.

먼저 세계화를 긍정적 또는 과대적으로 바라보는 견해의 대표적 학자는 Ohmae(1990; 1995)이다. 그는 1990년 「국경없는 세계(The Borderless World)」와 1995년 「국가의 종말(The End of the Nation State)」에서 투자, 산업, 정보기술, 개개 소비자들의 이동성향을 보면서 정부 또는 국가의 개입은 더 이상 힘을 발휘할 수 없다고 주장하였다. 세계화를 긍정적으로 보는 학자들은 지리학의 종말(end of geography)을 예고하면서, 경제활동은 기반시설, 비용, 규제환경 등을 고려하여 가장 이윤이 높은 곳을 찾아 지속적으로 옮겨 다닌다는 것이다. 이러한 경제의 세계화를 통해 궁극적으로 자원이 보다 효율적으로 배분되기 때문에 경제적 부와 복지를 증진시키는 결과를 가져올 것이라고 기대한다. 이들의 견해에 따르면 세계화의 넓이(extensity)와 강도(intensity)와 속도(velocity)를 보면 전 세계는 이미 단일 시장화되고 있으며, 초국적기업과 글로벌 금융조직은 국가 수준의 경제조직을 훨씬 뛰어넘고 있다는 것이다. Friedmann(2005)은 '세계는 평평하다(the world is flat)'라고 표현할 정도로 세계 어느 곳이나 별로 차별적이지 않다는 것이다. 특히 소비자의 취향이나 문화가 특정 장소에 국한되어 있지 않고 글로벌 기업이 만든 제품들이 전 세계적으로 소비되고 있으며, 최근 스마트폰이 글로벌 시장에서 치열한 경쟁을 벌이고 있고 한류 열풍도 전 세계적으로 퍼져 나가고 있다는 점 등은 글로벌 경제활동을 통한 세계화가 얼마나 진전되었는가를 말해준다. 이와 같은 경제의 세계화는 자본주의 발달 과정에서 나타나는 필연적인 것으로, 따라서 정부의 간섭은 최소화되어야 하고 정부는 주로 기업환경을 지원하는 역할을 수행하여야 한다는 점도 강조되고 있다.

이러한 견해에 대해 반대 입장을 나타내면서 회의적으로 세계화를 바라보는 학자들의 견해에 따르면 세계화는 너무 과장되고 있으며, 더 나아가 신화(myth)라고까지 보고 있다(Firth, 2000; Gorden, 1988; Hirst & Thompson, 1999; McMichael, 2004; Weiss, 1998). 회의적인 견해를 내세우고 있는 대표적인 학자인 Hirst & Thompson(1999)은 「세계화에 대한 의문(Globalization in Question)」에서 1914년과 1995년 시점을 비교하면 프랑스, 독일, 영국, 미국, 일본, 네덜란드를 대상으로 하여 GDP 대비 교역량의 비중을 비교하면서 세계경제는 1890~1914년 기간에 오히려 더 세계화되었었음을 주장하고 있다. 즉, 일본, 네덜란드, 영국의 경우 1914년 GDP 대비 무역의 비율이 1995년보다 훨씬 높게 나타났으며, 프랑스, 독일, 미국의 경우 1995년 시점이 다소 높지만 그 차이가 매우 미미한 것으로 나타났다.

또한 G7 국가들 간 GDP 대비 자본 흐름의 비율을 시계열적으로 비교해보면 1914년 시점이 가장 높게 나타나고 있다는 점도 예시하고 있다(그림 1-18). 초국적기업도 여전히

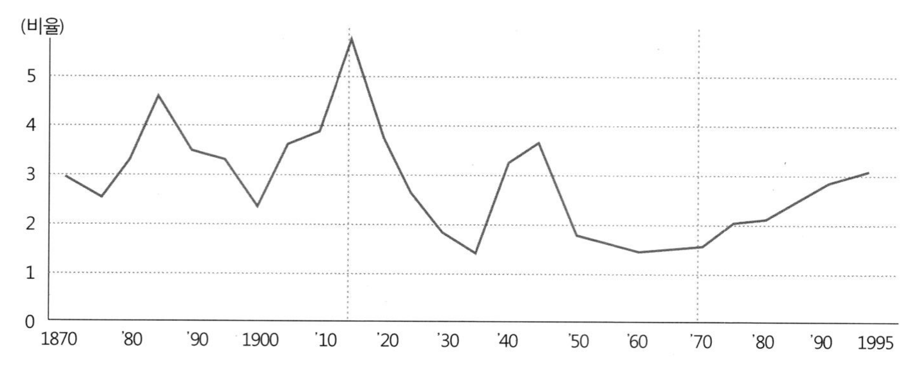

그림 1-18. G7 국가들 간 GDP 대비 자본흐름이 차지하는 비율의 시계열 변화
출처: Hirst, P. & Thompson, G.(1999), p. 28.

국가에 기반하고 있으며, 교역과 투자도 주로 선진국 간에 이루어지고 있고, 핵심부 국가들이 세계경제질서를 규제하는 힘을 가지고 있다. 따라서 세계화는 경제적 번영을 증진시키기 위해 시장 자유화를 더 강조하는 일종의 정치적 신화이며, 세계화는 빈부 격차, 남북 간 격차를 더욱 심화시킨다는 것이다. 이러한 문제점을 완화하기 위해서 시장은 보다 더 통제 또는 규제되어야 하며, 이를 위해 정부는 더 적극적으로 개입하고 새로운 국제적 제도와 국가 간의 새로운 협력이 이루어져야 한다는 주장을 피력하고 있다.

이와 같은 양 극단적 견해에 대해 중도적 입장을 취하고 있는 변환적 세계화를 주장하는 학자들의 견해를 보면 세계화는 이미 16세기 식민지 시기부터 나타난 긴 역사적 과정이며, 현재 진전되고 있는 세계화는 그 이전 시기에 비하면 질적인 차원에서 상당히 다르다는 것이다. 세계화를 역사적 변환과정으로 보는 학자들은 상당히 많은 편이며, 학자들마다 강조하는 점도 다소 차이를 보이고 있다. 앞의 두 견해와 비교해 볼 때 이들은 세계화를 경제적인 면뿐만 아니라 사회, 문화, 정치적 측면까지 고려한 총체적 관점에서 바라보고 있다(Held et al, 1999; Robertson, 1992; Rosenau, 1990; Waters, 2001).

표 1-2. Waters가 제시한 시간의 흐름에 따른 세계화

경향	16세기~19세기	19세기~20세기	21세기
	무역, 식민지, 지역적 전쟁	국제화	세계화
경제적 시장화	소유주 관리 자본주의	다국적 포디즘과 신 포디즘	라이프스타일 소비자 중심주의
정치적 자유화와 민주화	중산층의 지배/ 절대적 국가	국제적 관계 체계	국가 위상 약화/ 가치적 정치
문화적 보편화	계급/인종에 따른 문화	국가 간 무역, 국가 간 관계	세계적 이상화, 반성적 개성화

출처: Waters, M.(2001), Figure 1.1.

특히 세계화를 사회학적 관점에서 보고 있는 Waters(2001)는 삶의 영역을 경제, 정치, 문화로 나누고 사회적인 관계가 이루어지는 유형을 세 가지로 구분하였다. 즉, 물질적 교환(무역, 임금-노동, 자본의 축적이 중요시된 시대), 힘의 교환(정당, 선거, 리더십, 사회적 통치, 법치, 재분배, 국제관계 등이 중요시된 시대), 그리고 상징적 교환(기호의 교환, 의사소통, 공공 수행, 선전, 광고, 연구, 교육 등이 중요한 시대)으로 나누었다. 이 세 가지 유형의 사회적 관계는 공간에서 특정한 형태로 나타나게 된다. 즉, 물질적 교환은 국지적 차원, 힘의 교환은 국제적 차원에서, 그리고 상징적 교환은 글로벌 차원에서 이루어지며, 사회가 물질→힘→상징적 교환으로 진전되고 교환의 특징이 점차 탈물질화되면서 문화적 보편화를 가져오면서 세계화가 진전되고 있다(표 1-2).

한편 Held et al.(1999)은 세계화를 정치적 차원에서부터 생태적 차원에 이르기까지 시·공간에 걸쳐 상당한 변화를 가져온 진화적 과정이며, 세계화는 단선적이지 않으며 많은 변화와 역전 현상을 겪어왔다고 보고 있다. 이들은 세계화를 1500년 이전, 1500~1850년 기간, 1850~1945년 기간, 그리고 1945년 이후로 나누어서 각 시기에 나타난 세계화의 특징들을 비교하였다. 이러한 접근방법을 통해 이들은 세계화의 진화과정에 대해 상세하게 기술하고 있으나, 왜 최근에 들어와 세계화의 강도가 높아지고 규모가 커지며 속도가 빨라지고 있는가에 대한 이론적 토대는 약한 편이다. 이들은 세계화가 진전되면서 많은 이점도 제공해주지만 문제점도 야기시키고 있다는 점을 지적하고 있다. 즉, 사람과 지역을 연결시켜주고 상호의존성을 높여줌으로서 경제성장을 가져오지만, 새로운 형태의 불평등을 만들어내고 있다. 특히 노동의 신국제적 분업화를 통해 중국을 비롯한 일부 신흥공업국들은 상당히 급성장하고 있으나, 여전히 아프리카나 남미 국가들은 저개발 상태가 지속되고 있다는 점을 부각시키고 있다.

또한 세계화를 통해 선진국의 구산업지역은 쇠퇴하고 있는 반면에 신산업지구들은 급성장하는 등 세계화의 영향력은 장소나 지역, 국가에 따라 상당히 다르게 나타난다. 따라서 세계화는 지방적 차원에서 매우 독특하고 차별화된 경제경관을 만들어내고 있다는 것이다. 세계화에 대한 세 가지 관점과 그 특징을 요약하면 표 1-3과 같다. 이렇게 경제의 세계화를 바라보는 견해가 서로 다르다는 점을 고려해 볼 때 앞으로 세계화가 더 진전될수록 이에 대한 견해나 이론적 기틀도 더 다양하게 나타날 수 있을 것이다. 하지만 전례없는 속도로 상호의존성이 심화되는 경제의 세계화가 앞으로 어떻게 진전될지는 불확실하다. 따라서 글로벌화된 세계(globalized world)라기보다는 글로벌화되어 가는 세계(globlaizing world)라고 보아야 할 것이다.

표 1-3. 세계화를 바라보는 관점들과 각 관점의 특징

구분	과대적 세계화	회의적 세계화	변환적 세계화
강도와 범위	지구촌의 단일 시장화 (초국적기업과 금융의 세계화가 국가 수준의 경제조직을 대치 또는 우위에 있음)	세계화는 신화로 신자유주의 프로젝트임(기업은 여전히 국적을 지니고 있으며, 교역과 투자는 선진국에 집중됨)	세계화는 다양한 차원의 흐름과 상호의존성을 증가시키면서 변화를 가져오고 있음
시기	신자유주의 정책 이후 1970년대부터 본격화됨	세계경제는 1880-1914년 시기에 더 세계화되었음	세계화는 16세기부터 시작되었지만, 질적 차원에서 크게 변화됨
이익/비용	세계화는 유익을 가져옴 (정부 간섭을 줄이면서 자유무역과 시장 자유화는 장기적으로 이익을 가져옴)	세계화는 문제점을 야기함 (제한받지 않는 시장 자유화와 세계무역은 불평등과 빈곤을 더 가중시킴)	세계화는 유익과 문제점을 동시에 가져옴 (상호의존성을 높여주지만 불평등도 증가됨)
특징	세계화 시대	지역주의 강화	전례없는 상호의존성 확대
핵심적 현상	글로벌 자본주의와 거버넌스에 토대를 둔 글로벌문명	지역주의로 인해 글로벌 차원에서의 상호의존성은 19세기에 비해 덜 세계화됨	두터운(thick) 세계화; 강도, 규모, 속도에서 매우 높음
추진력	기술, 자본주의, 인간 재능	국가와 시장	조화를 추구하는 모더니즘
세계화 개념화	국경없는 세계, 완전 시장화	지역주의, 국제화, 불완전 시장	시공간 압축화로 상호작용의 스케일 변화
국가에 대한 시사점	국가의 힘은 점차 미약, 국가 개입 불필요	국가의 힘은 더 강화되어야 하고 더 적극적 개입 필요	새로운 형태의 국가와 거버넌스 패턴의 변형
역사적 경로	새로운 초국적 엘리트와 계층 그룹에 기초한 글로벌 민주화	지역 블록화와 신자유주의 아젠다를 통해 신제국주의와 문명의 충돌이 나타남	국가와 시민사회의 행위와 구축에 따라 달라지는 불확실한 상태
지리적 함축성	지리학의 종말을 가져옴 (거리와 입지는 더 이상 중요하지 않음; 지리적으로 클러스터는 형성됨)	이미 형성된 지리적 패턴을 유지(핵심부-주변부 구조는 국제적, 국가적 차원에서 강화됨)	새로운 지리적 패턴 형성 (세계화의 차별적 영향력으로 새로운 불평등 발생, 배제/차별화 패턴)
정치적 시사점	세계화는 필수 불가결함 (정부 역할과 힘은 최소화, 기업환경을 지원)	시장은 규제, 통제되어야 함 (정부가 핵심 역할 수행; 국가 간 신국제제도와 보다 새로워진 협력이 요구됨)	세계화는 보다 새로운 형태의 정책과 개입을 통하여 정부의 영향력은 조정되어야 함

출처: Murray, W. & Overton, J.(2015), pp. 30~44 내용을 정리.

세계화가 진전되면서 등장한 신조어의 하나는 세방화(glocalization)이다. 세방화란 세계화(globalization)와 지방화(localization)를 합성한 것으로 세계화시대에 가장 지방적인 것이 가장 세계적인 것이 될 수 있다는 함의를 지니고 있는 용어이다. 경제의 세계화가 진전될수록 국경의 의미가 점차 약해지고 국가의 역할도 상당히 축소되어 가지만, 세계시장에서 비교우위를 차지하기 위한 경쟁은 더욱 더 치열해지고 있다. 정보통신기술의 비약적 발달로 인해 시·공간이 수렴되면서 사람, 기업, 상품, 아이디어 등의 이동이 전 세계적으로 가능해지면서 탈영역화(de-territorialization) 현상을 통해 공간을 동질화시켜 결

국 거리의 소멸(Cairncross, 1997)과 지리학의 종말(O'Brien, 1992)을 가져올 것으로 예견되었다. 세계화란 본질적으로 국가 또는 민족이라는 지리적 스케일에서 벗어나는 탈영역적 속성을 갖고 있으며, 자본이나 인적 자원 등을 포함하는 다양한 흐름은 비고정적이고 유동적이며 탈영역적인 특징을 나타낼 것으로 전망되었다.

그러나 세계화가 진전되면서 오히려 지역·국가·계층 간 격차가 더욱 확대되는 사례들을 경험하게 되었다(Graham & Marvin, 1996; Malecki & Gorman, 2001). 반면에 세계화를 통해 인간 활동의 무대가 폐쇄공간에서 개방공간으로 열리게 되면서 고유한 특성이나 다른 지역과 차별화된 특성을 지닌 지방에 대한 관심들이 그 어느 때보다도 더 높아지고 있다. 즉, 세계화는 기능적 통합과 경제활동의 영역적 확대를 가져오면서 과거에는 고립되어 아무도 알아주지 않았던 지방의 고유성이 전 세계적으로 알려지게 되면서 세계적인 것으로 부각될 수 있는 가능성을 열어주었다. 즉, 점점 동질화되어 가는 세계화 속에서 지방의 고유한 전통과 독특한 특성을 지닌 지방적인 것이 바로 세계로 연결되고, 지역의 고유성에 대한 새로운 의미가 부여되면서 세계적으로 주목받게 되었다.

따라서 세계화는 동질화 과정이 아니며, 세계화의 수용 능력은 지역의 경제, 학습, 제도적 환경에 따라 다르고 지역의 고유성이 지역 경쟁력의 원천이 될 수도 있다는 인식을 부각시켰다. 또한 세계화와 지방화는 동전의 양면이며 세계성과 지방성은 상호 양방향적인 성격을 가진다는 세방화(glocalization)의 개념도 등장하게 된 것이다(Swyngedouw, 1997). 세방화란 지방적인 것을 기반으로 이들을 세계적인 것과 상호 연결시키는 것으로, 이런 관점에서 볼 때 세방화란 세계적인 것과 지방적인 것과의 결합이라고 볼 수 있다. 또한 세방화란 세계성을 지역의 고유성에 맞추어 토착화(embededness)하는 것이라는 주장도 나타나고 있다. 이는 선진국 중심의 자본주의 논리에 따르는 '위로부터의 세계화'가 아니라, 지역의 정체성과 고유성에 바탕을 둔 '아래로부터의 세계화'가 이루어질 수 있음도 시사해준다.

이렇게 시·공간 압축을 통해 지역을 동질화시키는 탈영역화 현상으로 이해되었던 세계화의 이면에는 지역 또는 장소의 특성을 중요하게 고려하게 되는 (장소의) 영역화(territorialization)라는 상호대립적 힘이 존재하고 있기 때문에 정보통신기술의 비약적 발전에도 불구하고 장소의 중요성은 오히려 증가하고 있다. 즉, 경제활동은 끊임없이 장소 속박을 줄여 지구적 이동성을 향상시키려고 하는 데 비해, 영역은 그들의 범역 안에 경제활동을 잡아두려는 장소 고정성의 상반된 속성을 지니고 있다(김형국, 2002). 경제활동의 이동성은 불가피하게 고정적인 교통·통신시설, 조절, 제도 등을 구축하는 '영역화'를 통해 이루어지기 때문에 경제활동은 장소(영역) 의존성을 띠게 되며 따라서 세계화는 '다투는 장소들의 폭발'이라 일컬어질 만큼 '장소 의존적'일 수밖에 없다(Brenner, 1999; Harvey, 1989). 왜냐하면 자본주의 시장체계의 제도, 조직, 관습, 법규들은 특정한 장소에서 구체적인 형상과 다양성을 가지고 구현되기 때문이다. 이렇게 경제의 세계화 과정 속에서 다양한 경제활동은 특정 장소가 지니고 있는 각종 기반시설, 제도적 환경, 그리고 어메니티와 같은 영역적 속성에 의해 상당히 영향을 받고 있다. 탈맥락화된 세계경제(decontextualized global economy)와 대비되는 영역성은 장소의 물리·제도·문화·사회적 특수성을 포함하는 특정 지방이 갖고 있는 맥락적 속성이라고 볼 수 있다. 이렇게 '장소공간'은 유동공간(space of flows) 속에서도 비교우위를 가지는 새로운 성장 핵심지로 부상하면서, 유동공간과 장소공간은 상호작용하면서 세계의 경제공간을 재편하고 있다.

이와 같이 세방화는 고유한 독특성을 가진 지방 자체가 경쟁력의 원천이 되고, 경쟁력 있는 자산을 가진 장소에 대한 중요성을 부각시켰다고 볼 수 있다. 세방화는 상대적으로 장소적 입지가 덜 중요한 요소들에 대해서는 장소적 속박을 줄여줌으로써 탈영역화를 가져오게 하는 한편, 핵심적인 경제활동은 더욱 더 장소에 의존하도록 만들면서 영역화를 강화시키고 있다(Amin, 1997; Crang et al. 2003; Thrift, 2001). 또한 공간거리의 제약이 해소됨에 따라 장소 비배태적인 입지요소의 중요성은 감소하는 반면 장소 배태적인 요소의 중요성은 증가하고 있다(Jessop, 1998; Malecki, 2002). 따라서 세방화에 대한 논의는 '영역성과 탈영역성'의 양면성과 '세계적 규모(the global)와 지방적 규모(the local)' 간의 상호작용을 고찰하여야 할 것이다.

이와 같이 대외적으로는 세계화가 진점됨에 따라 국가의 역할이 줄어들면서 경쟁의 주체로서 지방이 주목받게 되었지만, 대내적으로는 대부분의 국가에서 중앙집권적 체제에서 지방분권적 체제로 이양되면서 지방정부의 역할이 중요하게 되었고 지방의 경제 문제를 스스로 해결하여야만 하는 당면 과제를 갖게 되었다. 또한 진정한 의미의 지방화란 지금까지 지방을 단순히 국가를 구성하는 하위 구성요소로만 보던 관점에서 벗어나 국가로부터 자율적이고 독립적인 공간 단위체로서의 역할을 수행하는 것이며, 지방의 개성적 특성을 토대로 경쟁력을 확보하여야 한다는 당위성도 갖게 되었다. 이에 따라 그 지방만이 가지고 있는 잠재력과 역량을 제고시켜서 세계시장에서 경쟁 우위를 차지하고자 각 지자체들은 지방의 것을 가장 세계적인 것으로 만들어보려는 다각적인 전략을 구상하고 있다.

2) 글로벌 경제에서의 이슈들과 지구촌의 당면 과제

경제의 세계화가 진전되고 세계가 단일시장으로 통합되어 가면서 점점 더 심각하게 나타나고 있는 이슈들은 빈부 격차, 실업, 자원 부족, 환경오염, 기후변화 등 매우 다양하다. 이러한 문제들 가운데 향후 세계경제가 지속적으로 성장해 나가는 데 가장 큰 이슈가 되고 있는 것은 빈부 격차와 기후변화라고 볼 수 있다.

(1) 빈부 격차 문제

세계가 단일 시장화되고 국경 없는 경쟁이 치열해지면서 나타나는 심각한 문제 중의 하나는 선진국과 저개발국 간의 빈부 격차와 세계경제의 양극화 현상이라고 볼 수 있다. 빈부 격차는 흔히 남북 격차(north-south divide)라고 불리는데, 이는 선진국은 유럽, 북미, 동아시아 등 주로 북반구에 위치해 있는 반면에 저개발국은 아프리카, 남미 등 주로 남반구에 집중되어 있기 때문이다. 오스트레일리아와 뉴질랜드는 지리적으로 남반구에 위치하고 있지만 선진국(북)으로 분류된다.

1999년 UNDP(유엔개발계획)에서 「인간의 얼굴을 한 세계화(Globalization with a Human Face)」라는 제목으로 발간된 인간개발보고서(Human Development Report)에 따르면 세계화가 진전되고 디지털 혁명이 일어나면서 국가 간의 빈부 격차가 더 크게 벌어지고 있다는 점이다. 상위 20%에 해당되는 선진국의 1인당 국민소득과 하위 20%에 해당되는 저개발국의 1인당 국민소득이 1960년 약 30:1이던 것이 1980년에는 약 45:1로, 그리고 1997년에는 약 74:1로 그 차이가 더 커지고 있다. 또한 1960년 세계에서 소득 분위 상위 20%에 속한 계층이 세계 소득의 70%를 차지하였으나, 2000년에는 90%로 증가하였다. 반면에 소득 분위 하위 20%에 속하는 계층이 세계 소득에서 차지하는 비율은 1960년 2.3%에서 2000년에는 1.4%로 줄어들어 세계 부유층과 빈곤층 간 소득 격차는 더욱 심화되고 있다.

그러나 2010년 세계개발지수(world development Indicators)에 따르면 지난 25년 동안 하루 생계비 1.25달러 미만으로 살고 있는 극빈층 인구수는 다소 줄어든 것으로 분석되고 있다(World Bank, 2010). 그동안 극빈층의 기준을 하루 생계비 1달러로 정하였던 것을 각 국가의 구매력 수준을 고려하여 2005년에는 1.25달러로 조정한 후, 이를 기준으로 하여 1981~2005년까지 극빈층 인구수의 변화를 분석한 결과, 1981년 약 19억명에 달하던 극빈층 인구수는 1990년에는 약 18억명, 그리고 2005년에는 약 14억명으로 줄어들었으며, 2015년경에는 약 9억명으로 줄어들 것으로 예상하였다. 세계 각 지역별로 극빈층 비율의 변화 추이를 보면 사하라 이남의 아프리카 지역의 경우 극빈층의 비율이 1981년 당시에는 동아시아 지역보다 훨씬 낮게 나타났으나, 지난 20여 년간 극빈층 비율은 매우 미미하게 감소하여 세계에서 가장 빈곤층 비율이 높은 지역으로 나타나고 있다. 반면에 동아시아 및 태평양 연안 국가 및 남부 아시아의 경우 급속한 경제발전으로 인해 빈곤층 비율은 지속적으로 감소하여 2015년 극빈층의 비율은 10% 미만으로 낮아졌다. 그러나 이 지역에서의 빈곤층 비율 감소는 중국과 인도를 포함하는 아시아에서만 주로 나타나고 있는 현상이다. 특히 중국의 경우 1981년 약 84%를 차지하던 극빈층 비율이 2005년에는 약 16%로 크게 낮아졌으며, 약 6.3억명 인구가 극빈층으로부터 벗어났다. 이는 경제개발이 이루어짐에 따라 빈곤층이 줄어들 수 있음을 보여주는 대표적인 사례라고 볼 수 있다.

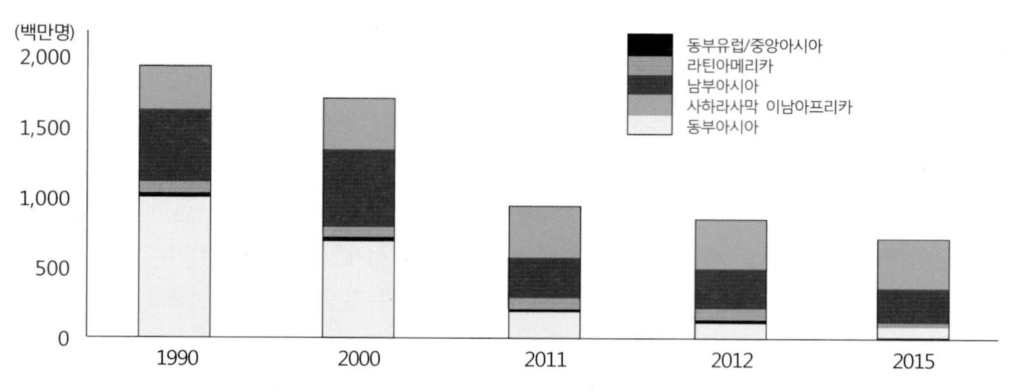

그림 1-19. 각 지역별 극빈층 인구 비율의 변화, 1990-2015년

출처: FAO(2017), The Future of food and agriculture Trends and Challenges, Figure 8.1.

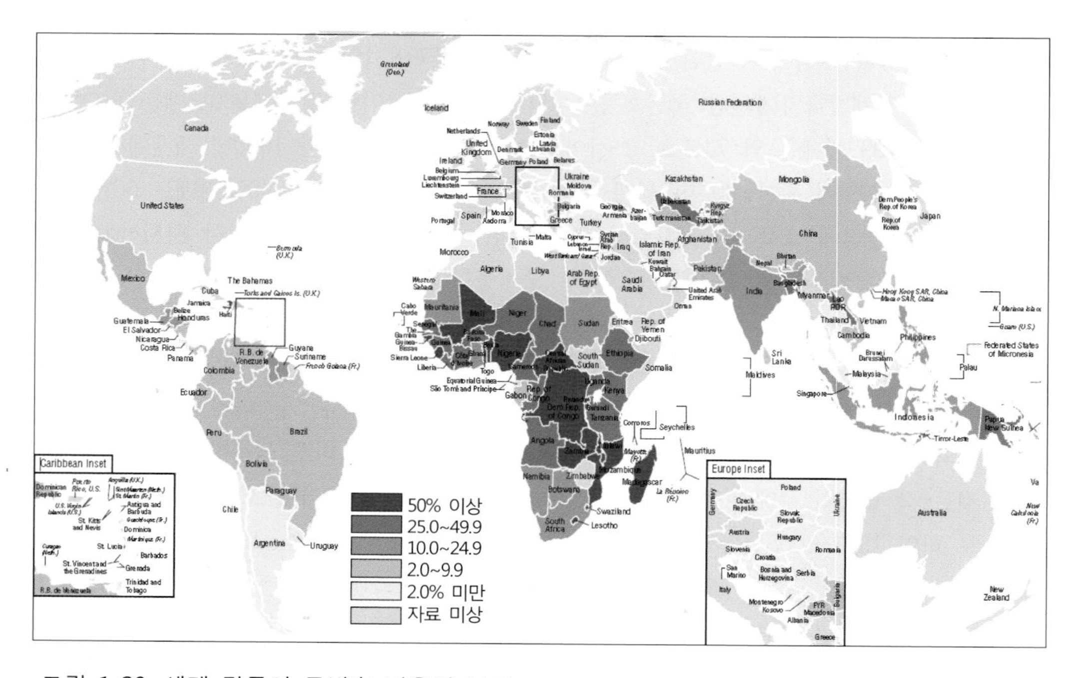

그림 1-20. 세계 각국의 극빈층 비율의 분포

㈜: 2011년 시점의 각국의 물가수준을 고려한 구매력 평가(purchasing power parity)로 2012년 하루 생계비가 $1.90 미만으로 살아가는 극빈층 인구비율을 나타낸 것임.

출처: World Bank(2016), World Development Indicator. https://data.worldbank.org/products/wdi-maps.

한편 2016년에 발간된 세계개발지수 보고서에는 극빈층 기준을 2011년 시점의 구매력 평가(PPP) 지수로 환산된 1일 생계비 1.90달러로 조정하였다. 1일 생계비 1.90달러를 극빈층 기준으로 정한 것은 세계에서 가장 빈곤한 15개국의 평균치를 산출한 것이다. 그림 1-20은 이 기준에 따라 세계 각국의 극빈층 비율의 분포를 나타낸 것으로, 이 비율은

2012년 131개 중·저소득국가의 약 87%에 달하는 약 2백만 가구를 무작위로 표본을 추출하여 산출한 것이다. 세계 각국의 극빈층 비율을 보면 남북 격차(north-south divide)를 대표적으로 잘 나타내준다고 볼 수 있다. 사하라사막 이남 아프리카와 남미 국가들의 극빈층 비율은 매우 높은 반면에 동아시아와 동남아시아의 극빈층 비율은 낮게 나타나고 있다. 국가 간 빈부 격차보다 더 심각한 것은 국가 내 소득 불평등이다. 세계 각국의 지니계수를 보면 저소득국가들의 소득 불평등이 더 심하게 나타나고 있다. 지니계수가 0.50 이상을 보이는 국가들을 보면 남미의 일부 국가를 제외하고는 아프리카 지역에서 나타나고 있다.

한편 UNDP에서는 인간발전지수(HDI: Human Development Index)를 국가별로 측정하여 매년 발표하고 있다. HDI는 각 국가의 실질소득, 교육수준, 문맹률, 평균수명 등 인간의 삶과 관련된 지표들을 바탕으로 표준화하여 합성한 지표로 각 국의 인간발전 정도와 선진화 수준을 평가하는 지수라고 볼 수 있다. 일반적으로 고소득국가들이 인간발전지수가 높게 나타나며, HDI > 0.9 이상이면 최상위인간발전국가라고 간주할 수 있다. 그림 1-21은 세계 각국의 인간발전지수의 분포를 나타낸 것이다. 북미와 서유럽 선진국가들의 경우 인간발전지수가 높게 나타나지만, 아프리카 중남부 국가들의 인간발전지수는 매우 낮음을 알 수 있다.

그러나 인간발전지수가 높은 국가라고 해서 소득 불평등 수준이 낮은 것은 아니며, 또한 인간발전지수가 낮은 나라라고 해서 소득 불평등 지수가 높은 것은 아니다. 세계 160여개 국가들을 대상으로 하여 2016년 인간발전지수와 지니계수 간 상관관계를 분석한 결과 -0.36으로 그다지 높게 나타나지 않고 있다. 또한 상위발전국가와 중위발전국가들의 경우 지니계수의 차이는 거의 없다(표 1-4 참조). 따라서 국가 내부의 소득 불평등 수준과 인간발전 수준과는 별로 상관성이 없음을 시사해준다.

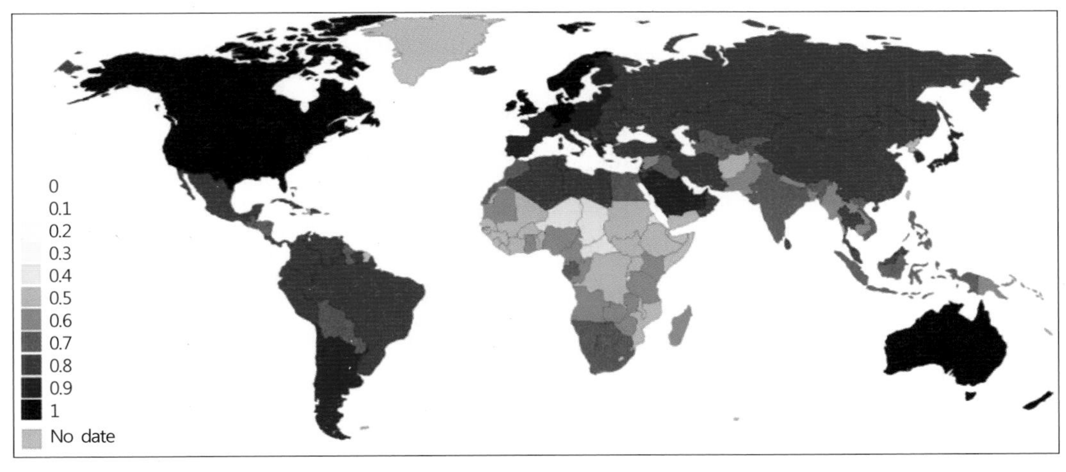

그림 1-21. 세계 각국의 인간발전지수 분포

출처: UNDP(2016), Human Development Report, Worldmap of Human Development Index.

표 1-4. 인간발전지수로 분류된 그룹별 국가들의 지니계수

구분	HDI	지니계수
최상위인간발전국가(51개국)	0.892	33.2
상위인간발전국가(54개국)	0.746	40.0
중위인간발전국가(41개국)	0.631	40.7
하위인간개발국가(41개국)	0.497	42.7

표 1-5. 인간발전지수 상위 15개 국가와 하위 15개 국가의 지니계수와 HDI 비교

최상위	국가	지니계수	HDI	최하위	국가	지니지수	HDI
1	우크라이나	24.6	0.743	1	코모로스	64.3	0.497
2	슬로베니아	25.6	0.890	2	남아프리카	63.4	0.666
3	노르웨이	25.9	**0.949**	3	나미비아	61.3	0.640
4	벨라루스	26.0	0.796	4	아이티	60.8	0.493
5	체코	26.1	0.878	5	보츠와나	60.5	0.698
6	슬로바키아	26.1	0.845	6	수리남	57.6	0.725
7	카자흐스탄	26.4	0.794	7	중앙아프리카	56.2	**0.352**
8	아이슬란드	26.9	0.921	8	잠비아	55.6	0.579
9	핀란드	27.1	0.895	9	레소토	54.2	0.497
10	루마니아	27.3	0.802	10	콜롬비아	53.5	0.727
11	스웨덴	27.3	0.913	11	벨리즈	53.3	0.706
12	키르기스스탄	27.4	0.664	12	스와질란드	51.5	0.541
13	벨기에	27.6	0.896	13	브라질	51.5	0.754
14	아프가니스탄	27.8	**0.479**	14	르완다	50.8	0.498
15	네덜란드	28.0	0.924	15	파나마	50.7	**0.788**

출처: World Bank(2016), World Development Indicator, UNDP(2016), Human Development Report.

UNDP에서는 2015년 기준 HDI가 0.80이상인 국가를 최상위인간발전국가(Very High Human Development)로 분류하고 있다. 최상위인간발전그룹(very high human development)에 속한 51개 국가들의 지니계수도 상당한 격차를 보이고 있다. 지니계수가 40 이상인 경우 소득 불균형이 매우 위험한 수준으로 평가하고 있다. 최상위인간발전그룹에 속한 나라 가운데 소득 불균형이 가장 심하게 나타난 나라는 칠레로 지니계수가 50.5로 나타났다. 이스라엘의 지니계수도 42.8로 세계 2위이며, 아르헨티나(42.7), 러시아(41.6), 미국(41.1), 카타르(41.1)가 지니계수 40 이상을 보이고 있다. 우리나라의 인간발전지수는 0.901로 세계 18위를 차지하고 있으며 지니계수 31.3으로 중간 수준을 보이고 있다. 반면 노르웨이의 지니계수가 25.9로 빈부 격차가 가장 작은 나라로 나타났으며, 슬로바키아, 체코, 아일랜드, 핀란드 등도 지니계수가 낮은 것으로 나타났다.

지니계수가 가장 낮아서 소득 불평등 수준이 가장 적다고 볼 수 있는 15개 국가와 지니계수가 가장 높아서 불평등 수준이 가장 높다고 볼 수 있는 15개 국가를 대상으로 하여 인간발전지수를 비교해보면 매우 다양한 특징이 나타나고 있다. 인간발전지수가 가장 높은 노르웨이(0.949)의 지니계수는 25.9로 나타난 반면에 아프가니스탄의 경우 지니계수는 27.8로 비교적 낮은 편이지만 인간발전지수는 0.49로 상당히 낮다. 반면에 지니계수가 상당히 높은 파나마(50.7)의 인간발전지수는 0.788로 상당히 높은 반면에 중앙아프리카공화국의 경우 지니계수(56.2)도 매우 높고 인간발전지수는 0.352로 가장 낮다.

(2) 자원 부족과 기후변화

석유 및 원자재 공급 부족으로 인해 국제 원자재 가격 상승이 가속화되면서 에너지 자원과 원료 획득을 위한 자원외교가 치열해지고 있으며, 자원을 보유한 신흥 개발도상국들과 BRICs가 급성장하고 있다. BRICs는 2000년 이후 세계경제의 질서 변화를 주도하면서 급부상한 4개국(브라질, 러시아, 인도, 중국)의 첫 자를 딴 신조어로 흔히 신흥 강대국으로 불리어지고 있다. BRICs 4개국은 인구 대국이면서 면적이 넓고 자원이 풍부한 국가이기 때문에 세계 무역량에서는 물론 자본과 노동의 생산요소 시장에서도 큰 영향력을 행사하고 있다. 이에 따라 중국의 경제성장률 변화, 인도 증시의 등락, 러시아의 에너지 자원 수급 변화, 브라질의 통상 정책 변화 등에 대해 세계 각국의 경제는 민감하게 반응하고 있다.

이렇게 희소한 석유나 천연가스와 같은 에너지 자원을 보유한 국가의 경제가 빠른 속도로 성장하면서 국제무대에서 이들의 정치적 영향력도 상당히 커지고 있다. 특히 최근 에너지 시장이 수요자 시장에서 공급자 시장으로 바뀌게 되면서 중동, 러시아, 중앙아시아, 북·서부 아프리카 국가들은 에너지 자원 강국으로 부상하면서 국제무대에서의 정치력을 키우고 있다. 최근 러시아의 우크라이나에 대한 가스 공급 중단, 이란과 베네수엘라의 석유 수출 중단 위협, 에너지 자원 확보를 위한 중앙아시아와 아프리카에 대한 중국의 적극적인 외교활동 및 투자 등이 모두 이러한 추세를 보여주는 사례라고 볼 수 있다. 이렇게 BRICs와 신흥 개발도상국의 경제가 급성장함에 따라 종전의 선진국 위주의 G7 국가들(미국, 일본, 독일, 프랑스, 영국, 이탈리아, 캐나다) 간에 이루어지던 세계경제질서에 대한 논의는 우리나라와 중국, 인도, 러시아, 브라질 등을 포함한 G20 국가들로 확대되고 있어 세계경제질서의 재편이 이루어지고 있음을 시사해준다.

1970년대 두 차례에 걸친 원유파동을 통해 에너지 자원의 희소성을 인식하는 계기가 되었으나, 1980년대 중반 이후 원유가격이 안정화되면서 에너지 소비는 다시 증가하게 되었다. 1990년대 들어와 원유가격이 점차 상승하기 시작하였으나, 2000년대로 접어들면서 전 세계 경기침체로 인한 수요 위축과 석유회사들의 재고 증가 등으로 2001년 말 원유

가격은 배럴당 20달러 이하로 떨어졌다. 하지만 2000년대 중반 이후 국제 유가는 급격하게 상승하여 2005년에는 1배럴당 50달러를 상회하였으며, 2010년대에는 유가의 불안정성을 보이면서 급락을 반복하고 있다. 중국과 인도를 포함한 신흥 개발도상국가에서의 급격한 수요 증가와 고갈되어 가는 희소한 석유자원에 대한 투기 현상이 겹쳐지면서 원유가의 변동 폭은 매우 심한 편이다.

인구증가와 소득수준이 향상되면서 더 심각하게 나타나는 문제는 자원에 대한 지속적인 수요 증가뿐만 아니라 새로운 기술혁신의 결과 이루어진 생산 방식이 생태계에 더욱 더 부정적인 영향을 주면서 대기오염, 수질오염, 토양 등 각종 환경오염을 심화시키고 있다는 점이다. 일례로 대기 중의 이산화탄소 농도의 변화를 보면 1900년에는 295ppm이던 것이 1950년에는 310-315ppm으로, 1995년에는 360ppm, 그리고 2005년에는 380ppm으로 높아졌다. 온실가스 배출 증가, 특히 연료연소에 의한 이산화탄소 배출증가로 지구의 대기 이산화탄소 농도가 급등하고 있다. 2014년 세계 대기 중 온실가스 농도는 397ppm으로서 산업화 이전(280ppm)에 비해 42% 상승하였다. 특히 연료연소에 의한 이산화탄소 배출증가로 지구의 대기 이산화탄소 농도가 급등하고 있다. 에너지 부문의 이산화탄소 배출량이 세계 온실가스 배출량의 60%를 차지하는데, 이는 경제성장에 따른 화석연료 소비증가로 인한 것이다. 기후변화에 관한 정부간협의체(IPCC: Intergovernmental Panel on Climate Change) 제5차 평가 종합보고서(2014)에 따르면, 온실가스의 감축 없이 현재와 같은 추세로 온실가스를 배출하는 경우(RCP 8.5),[1] 21세기 말(2081~2100년) 지구의 평균 온도는 1986~2005년에 비해 3.7℃, 해수면은 63cm 상승할 것으로 전망되고 있다. 만일 온실가스 감축이 상당히 실현되는 경우[2] 평균기온은 1.8℃, 해수면은 47cm 정도로 상승 폭을 완화시킬 것으로 예상하고 있다. 하지만 지금 당장 온실가스 배출을 '0'으로 줄인다고 하더라도 이미 배출된 이산화탄소의 20% 이상이 1000년 넘게 대기 중에 남아 있기 때문에 기후변화 양상은 수백 년 더 지속된다는 점도 경고하고 있다.

이와 같은 이산화탄소의 농도 증가로 인해 온실효과, 오존층의 유실, 산성비 등의 대기오염이 심각해지고 있으며, 하천, 해수, 지하수 등의 수질오염, 토양층의 유실과 사막화의 진전, 삼림황폐 등의 피해는 점점 심각해지고 있다. 최근에는 에너지 과다 사용에 의한 기후변화로 인해 세계 여러 지역에서는 전혀 경험하지 못하였던 기상재해가 발생하고

---

1) IPCC에서는 대표농도경로(RCP: Representative Concentration Pathways)는 인간 활동이 대기에 미치는 복사량으로 온실가스 농도를 측정하고 있다. 하나의 대표적인 복사강제력(온실가스 등으로 에너지의 평형을 변화시키는 영향력의 정도를 의미하는 양)에 대해 다양한 시나리오를 세울 수 있다는 의미에서 '대표(Representative)'라는 단어를, 온실가스 배출 시나리오를 시간 흐름에 따른 변화를 보기 위해 '경로(Pathways)'라는 단어를 사용한다. 여기서 RCP 2.6(최선의 시나리오: 인간 활동에 의한 영향을 지구 스스로 회복 가능한 경우), RCP 4.0~6.5(온실가스 저감 정책이 상당히~어느 정도 실현되는 경우), RCP 8.5(현재 추세(저감 없이)로 온실가스가 배출되는 경우)이다. 최악의 시나리오인 RCP 8.5인 경우 2100년 이산화탄소 농도는 936ppm에 도달할 것으로 전망된다.

2) 2100년 이산화탄소 농도가 538ppm에 도달할 경우이다.

있다. 온실효과로 인해 태평양 연안에는 엘니뇨현상이 나타나면서 지구촌 곳곳에 홍수와 사태가 나고 있으며, 오존층 파괴로 인해 생태계도 큰 피해를 입고 있다. 그러나 더 심각한 것은 과거에는 이러한 환경문제가 일부 국가에 국한되었으나 최근 전 세계적으로 영향을 미치면서 지구 자체의 자정능력을 감소시키고 있다는 점이다.

한편 인도, 브라질, 인도네시아, 말레이시아, 탄자니아 등과 같은 국가들에서는 아직도 신탄이나 목재를 주요 에너지원으로 사용하고 있고 있어 삼림황폐라는 또 다른 심각한 환경문제를 야기시키고 있다. 따라서 에너지 소비에 따른 환경문제는 부유한 국가뿐만 아니라 빈곤한 국가에서도 문제가 되고 있다. 즉, 선진국의 경우 지나친 물질적 소비풍조가 환경문제의 원인이 되는 반면에 개발도상국의 경우 환경의 수용능력을 초과하는 인구증가로 인해 삼림과 초지가 황폐되면서 인간의 생존기반이 되는 생태계가 파괴되고 있다.

기후변화에 의한 지구의 평균 기온 상승은 해수면 상승과 강수량 변화와 같이 환경에 직접적 영향을 미칠 뿐만 아니라, 지역에 따라 수자원, 에너지, 농업, 식량, 보건, 생태계 부문 등을 포함하여 인간의 삶과 관련된 다양한 부문에 지대한 영향을 준다. 특히 도시화가 진전되고 해안지역의 인구 집중화가 심화되면서 홍수와 가뭄 피해는 더욱 커지고 있다. 그러나 환경문제를 해결하는 데 있어 걸림돌이 되고 있는 것은 앞에서 살펴본 선진국과 개발도상국 간의 빈부 격차 문제이다. 지구 온난화를 방지하기 위해서 화석연료 사용을 줄이고 탄소배출량 부가세를 지불하도록 하는 움직임이 나타나고 있지만, 빈곤에서 빨리 탈피하려는 개발도상국에게 화석연료의 사용을 줄이는 것은 경제성장을 둔화시키는 것으로 받아들여지고 있다. 일반적으로 급속한 경제성장은 대체로 환경파괴적인 면이 강하며, 실제로 중국이나 인도가 급속한 경제성장을 경험하면서 엄청난 온실가스를 비롯한 환경오염물질을 배출하고 있다. 개발도상국이 경제성장에 박차를 가하기 위해 과다한 에너지를 사용하고 그에 따른 환경오염물질을 대량 배출할 것으로 예상되지만 이를 현실적으로 제제하기란 매우 어렵다. 그 결과 전 지구적으로 환경파괴는 가속화될 수밖에 없을 것으로 전망되고 있다.

기후변화에관한국제연합기본협약(UNFCCC: United Nations Framework Convention on Climate Change)에서 제시하는 기후변화 대응방안에는 기후변화의 주된 원인이 되는 인간 활동에 의한 지구 온난화 현상을 저감하는 것으로, 지구 온난화를 유발시키는 온실가스 배출을 제한하고 흡수원을 증가시키는 '완화(mitigation)'와 기후변화에 의해 초래되는 피해에 대한 취약성을 감소시키고 회복력을 증진시키는 '적응(adaptation)'의 두 가지 방법이 있다. 온실가스 감축 의무가 있는 선진국은 배출권 거래 및 해외로의 청정개발체제(CDM: Clean Development Mechanism) 사업을 통해 온실가스 배출량 감축 목표량을 달성하기 위해 '완화'에 더 치중하고 있다. 반면에 개발도상국의 경우 직접적으로 온실가스 배출량을 줄이거나 흡수하려는 감축 노력보다는 국가의 경제성장을 위해 국토개발을 수행하는 한편 기후변화로 인한 위험을 최소화하고 재해로 인한 피해에 대처하려는 '적응' 부문에 더 많은 관심을 기울이고 있다. 특히 개발수요가 매우 높은 개발도상국의 경우 탄소배출에 대한 규제와 기후변화로 인한 피해는 개발도상국의 경제개발 성과를 상쇄시킬 수 있기 때문에, '완화'와 '적응' 방안을 동시에 도입하기 매우 어렵다.

그러나 완화와 적응은 상충적이라기보다는 서로 보완적인 성격을 가지고 있으므로 동시에 추구해야 하며, 완화 및 적응 전략 간의 상호관계를 이해하면서 통합적인 정책을 수립하는 것이 바람직하다. 따라서 개발도상국의 경우 경제개발·국토개발을 수행하는 동시에, 온실가스 발생량을 완화할 수 있도록 도시의 토지이용 계획 및 교통 인프라(특히 자전거 및 대중교통 비율 증대), 에너지 절약과 함께 신재생에너지 보급 확대, 녹지화 전략을 수립하고, 기후변화로 인한 재해 방지를 위해 인프라를 구축하는 전략이 무엇보다도 필요하다.

기후변화는 단순한 지역적 차원에서 나타나는 현상이 아니라, 지구적 차원의 영향을 갖기 때문에 지구 공동체적 관점에서도 중요하게 고려되고 있다. 전 지구적 차원에서 기후변화에 대응하기 위해 선진국뿐만 아니라 개발도상국의 온실가스 배출량 감축과 기후변화 적응을 위해 다각적인 방안들이 모색되고 있다. 특히 교토의정서를 통해 선진국의 경우 1차 공약기간(2008-2012년)에 1990년 대비 5% 감축의무가 부여되었다. 또한 기후변화 문제를 해결하고자 노력하는 가운데 녹색기후기금(GCF: Green Climate Fund)이 설립되었고 2012년 말 우리나라에 GCF 사무국을 유치하게 되었다. 그러나 교토의정서 2차 공약기간(2013-2020년)에 러시아, 일본, 호주, 캐나다 등이 불참하면서 참여하는 국가가 줄어들었고 온실가스 감축체제는 한계점에 도달하였다. 특히 교토의정서는 미국이 참여하지 않았고, 개발도상국에게는 감축의무가 부여되지 않았다. 이러한 교토 체제의 한계를 극복하기 위해 2015년 12월 파리 협정(Paris Agreement)이 체결되었다. 이 협정의 경우 세계 모든 국가가 온실가스 감축에 참여한다는 점에서 세계적으로 온실가스 배출을 저감하는데 매우 중요한 역할을 할 것으로 기대된다. 특히 파리 협정의 경우 선진국과 개발도상국의 모든 국가들이 스스로 온실가스 감축 목표를 정하여 제출하는 자발적 기여(INDC: Intended Nationally Determined Contribution)를 기반으로 하고 있다. 이러한 자발적 기여가 실행될 경우 2030년의 세계 온실가스 연간 배출량은 567억tCO_2에 이를 전망이다. 그러나 파리협정의 체결에 따라 각국이 제출한 국가 기여방안이 예상대로 이행된다 할지라도 지구 온도를 2도 이내로 상승하는 것을 막을 수 있는가에 대해서는 미지수이다.

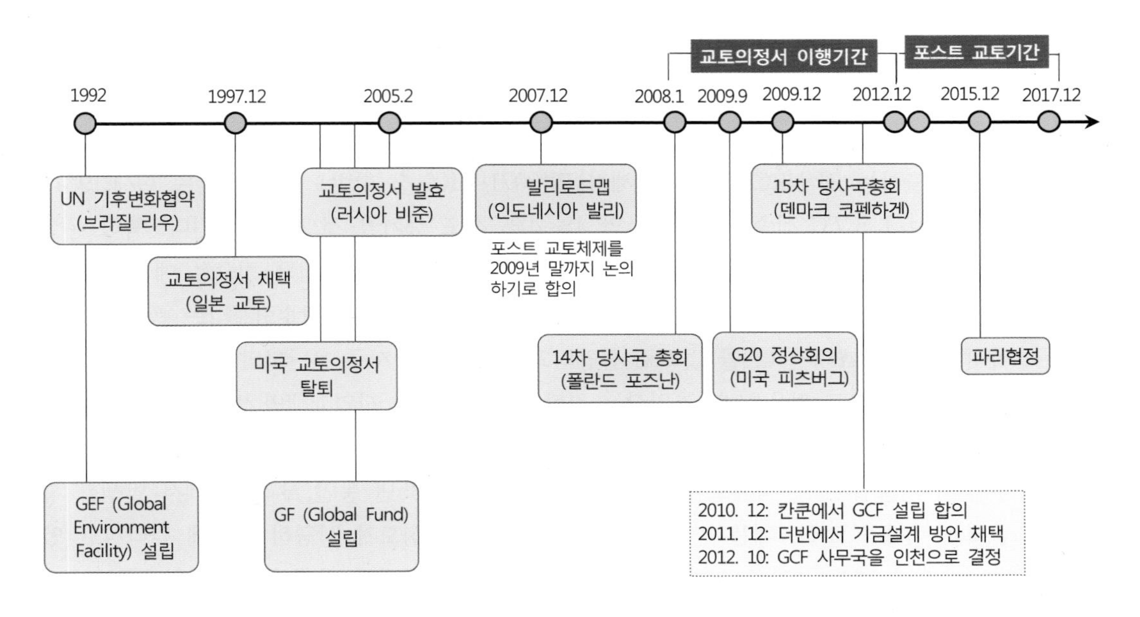

그림 1-22. 기후변화에 대응하는 국제적 움직임과 협정 과정

이와 같이 21세기는 에너지·기후 시대(ECE: Energy·Climate Era)라고 일컬어질 만큼 기후 및 에너지 문제에 대해 초점이 모아지고 있으며, 소비문화와 산업부문에서도 혁신적인 변화가 나타나고 있다. 이미 독일과 일본을 비롯한 일부 선진국에서는 에너지 효율이 높은 경제구조와 라이프스타일의 변화를 통해 녹색성장을 위해 다각적인 노력을 기울이고 있다. 특히 IT, BT, NT 기술을 융합한 녹색기술 개발을 위한 투자가 활발하게 이루어지고 있으며, 이를 통해 신재생에너지 공급 확대와 친환경산업 부문을 육성하여 글로벌 경쟁력을 높이려는 전략을 추진하고 있다. 특히 에너지 과다소비로 인한 기후변화와 에너지 자원의 희소성으로 인한 고유가 추세는 녹색성장이라는 새로운 패러다임으로의 변화를 가져오고 있다. 화석에너지 자원이 더욱 희소해지는 데 비해 중국과 인도를 포함하는 인구 대국에서의 지속적인 에너지 수요 증가로 인해 지구 온난화 현상은 상당히 심각한 수준에 이르고 있다. 이에 따라 환경 및 에너지 문제에 대응하면서 경제성장을 도모하려는 이른바 녹색뉴딜정책이라고 볼 수 있는 '녹색성장(green growth)'에 대한 관심이 커지고 있다. 녹색성장이란 환경(green)과 경제(growth)의 선순환 구조를 통해 시너지 효과를 극대화하려는 것으로, 에너지와 환경관련 기술 및 산업 부문에서 미래의 유망 신상품과 신기술을 개발하고 기존 산업과의 융합을 통해 경제성장을 촉진시키려는 신성장 개념이다. 즉, 저탄소화를 근간으로 하는 녹색 산업화를 통해 자원이용과 환경오염을 최소화시키고, 이를 다시 경제성장의 동력으로 활용하여 일자리를 창출하고 경쟁력을 높이는 것이다. 따라서 녹색성장이란 환경오염과 자원위기를 극복하고 저탄소 녹색 기술혁신을 통해 지속가

능한 발전을 지향해나가려는 새로운 움직임이라고 볼 수 있다.

기후변화로 인한 영향력은 우리나라에서도 직면하고 있는 심각한 문제이다. 기상청(2012)이 발표한 '한반도 미래기후변화 전망 보고서'에 따르면 현재 추세대로 온실가스를 계속 배출하는 경우(RCP 8.5), 21세기 말(2071~2100년) 한반도 평균기온은 현재(1981~2010년)보다 5.7℃ 상승, 강수량은 약 18~20% 정도 증가할 것으로 전망된다. 특히 온실가스 배출로 인한 기온 상승, 폭염, 열대야, 호우 증가가 더 심화될 것으로 예상되며, 만일 온실가스 감축이 이루어지는 경우 기후변화 완화는 기온과 강수량보다는 폭염과 열대야 등에서 그 효과가 더 클 것으로 전망되고 있다. 최근 지구 온난화의 영향으로 인해 여름은 더 더워지고 겨울은 더 추워지는 경향이 나타나면서 자연재해의 발생 빈도와 피해가 점점 더 커지고 있다. 자연재해 가운데 우리나라에 가장 큰 피해를 주는 것은 태풍과 호우이며, 겨울철 대설 피해도 점차 커지고 있다. 지난 35년 동안 우리나라에서 발생한 자연재해 피해를 보면, 태풍과 호우 강도에 따라 피해 정도가 상당히 다르게 나타나고 있다. 1987년 태풍 셀마로 인해 1,000명 이상의 인명 피해가 발생하였고, 1989년 홍수와 1998년 태풍으로 인해 각각 307명과 384명의 사망자 및 실종자가 발생하였다. 2000년 이후 자연재해로 인한 인명 피해자수는 줄어들고 있으나 피해액은 계속 증가하고 있다.

우리나라의 2015년 온실가스 총배출량은 690.2백만톤CO_2eq.(CO_2eq.는 모든 종류의 온실가스를 CO_2로 환산한 단위임)로서, 이는 1990년 총배출량(292.3백만톤CO_2eq.)에 비해 136.1% 증가한 것이다. 온실가스 배출량 증가는 주로 에너지, 산업공정, 농업, 폐기물 부문에서 나타났으며, LULUCF 분야[3]의 경우 온실가스 흡수량이 5년 전보다 10.0% 감소하였다. 한편 2013년 우리나라의 1인당 온실가스 총배출량은 13.8톤CO_2eq.로 1990년에 비해 102.9% 증가하였으며, 우리나라 1인당 온실가스 배출량은 지속적으로 증가하는 추세를 보이고 있다. 유엔기후변화협약의 온실가스 의무감축국들과 비교하면, 2013년도 우리나라 온실가스 총배출량 순위는 세계 6위(미국, 러시아, 일본, 독일, 캐나다 다음)이다. 의무감축국에 포함되지 않았으나 온실가스 배출량이 우리나라보다 많은 중국과 인도를 포함하면, 우리나라의 온실가스 총배출량 순위는 8위에 해당된다.

우리나라 온실가스 감축안은 2030년 BAU[4]를 기준으로 14.7~31.3% 수준의 감축 목표를 수립하였는데, 이는 2012년 실제로 배출된 온실가스 배출량에 비해 5.5~15.0% 감소되는 것이다. 정부는 2012년 기준 이산화탄소 배출 세계 7위, 온실가스 누적 배출량 세계 16위, 1인당 탄소배출량이 OECD 국가 중 6위에 해당한다는 점들을 감안하고, 특히 한국

---

3) LULUCF(Land Use-Land Use Change and Forestry)는 기후변화협약 상의 '토지이용, 토지이용 변화 및 임업을 말하며, 산림지, 경작지, 초지, 습지, 습지, 거주지, 기타 토지 등으로 분류되며, 여기서 산림은 유일하게 온실가스 흡수원의 기능을 가지고 있다.

4) BAU(Business As Usual) 배출량은 국가 감축목표 설정 시 기준선(baseline)이 되며, 과거부터 현재까지의 온실가스 감축기술발전 또는 점진적으로 강화되는 온실가스 감축 정책의 추세가 미래에도 지속된다는 것을 전제로 미래 온실가스 배출량 추이를 전망하게 된다.

의 국제적인 책임과 GCF[5] 사무국 유치 등 기후변화 대응 리더십을 고려하여 에너지 신산업 및 제조업 혁신의 기회를 삼는다는 차원에서 온실가스 감축 목표수준을 상향 조정하였으나, 국제사회 기준에 비추어보면 미흡한 감축 목표치이다. 2013년의 세계 GDP당 이산화탄소 배출량은 0.37kgCO_2/$(2005년 PPP 기준)이다. 중국이 0.64로 가장 높고 미국이 0.35, 우리나라가 0.37, 독일이 0.26, 일본이 0.30으로 우리나라는 세계 평균치이다.

(3) 지속가능한 지구촌의 미래를 향한 당면 과제

유엔의 밀레니엄 프로젝트는 전 세계에서 창의적이고 지식이 풍부한 사람들의 통찰력을 바탕으로 지구촌의 15가지 당면 과제를 매년 업데이트하면서 선정하고 있다. 밀레니엄 프로젝트 홈페이지에서 밝히고 있는 2016년 지구촌이 당면한 15가지 도전 과제를 보면 기후변화와 지속가능한 발전, 식수와 수자원 확보, 인구증가와 자원배분, 민주주의 확산, 장기적 관점의 정책 결정, 정보통신기술의 지구촌 수렴화, 빈부 격차 완화, 질병 위협 및 건강 이슈, 의사결정 역량 제고, 평화 조장과 분쟁 및 테러 감소, 여성 권익 신장, 국제범죄 조직의 확대, 에너지 수요 증가, 과학기술 발전, 지구촌 윤리이다.

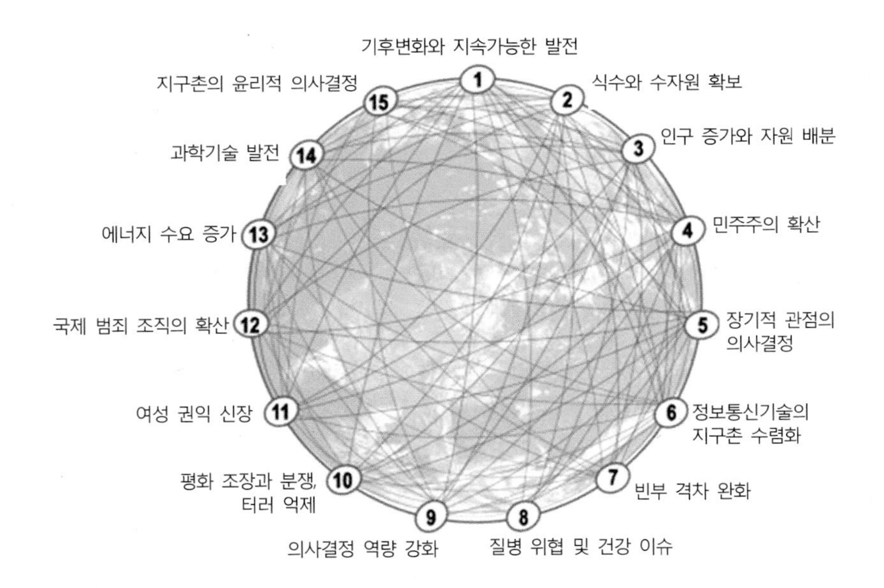

그림 1-23. 밀레니엄 프로젝트에서 제시한 지구촌의 15가지 과제들

출처: http://millennium-project.org/millennium

---

5) 녹색기후기금(GCF: Green Climate Fund)은 인천광역시 송도에 위치한 국제기구로, 선진국이 개발도상국의 온실가스 감축과 기후변화 적응을 지원하기 위해 설립되었다. 2012년 말 UN기후변화협약(UNFCCC)회의에서 GCF 사무국 유치가 인천 송도로 확정되었다. 이 기구를 통해 2020년까지 약 8,000억 달러의 기금을 조성하여 개발도상국을 지원하게 된다.

밀레니엄 프로젝트에서 사용되는 28개 미래상태지수
밀레니엄 프로젝트에서는 지속가능한 지구촌의 미래를 위해 GDP 대신 미래상태지수(28개 변수로 구성)를 도입하여 28개 변수들에 대한 동향을 모니터링하면서 당면 과제들을 추출하고 있다. 1. 1인당 GNI(2011년 PPP 기준) 2. 소득불평등 수준(최상위 10% 계층이 차지하는 소득 비중) 3. 총 실업률(세계 노동인구의 기준) 4. 빈곤층 비율($1.25/일 미만 생계비 기준) 5. 공공부문 부패 정도(0 = 매우 부패, 6 = 매우 청렴) 6. 해외직접투자 순유입액 7. GDP에서 차지하는 R&D 비중(%) 8. 연평균 인구증가율(%) 9. 평균기대수명(년) 10. 유아사망률(1,000명당) 11. 영양부족 인구 비율(%) 12. 1인당 의료비 14. 상수도 공급 인구 비율(%) 15. 1인당 수자원 가용량(1000m^3) 16. 1인당 생태용량 17. 토지면적 중 산림면적이 차지하는 비율(%) 18. 화석연료 사용과 시멘트 생산에 따른 CO_2 배출(MtC/년) 19. 에너지 효율성(단위 GDP 생산에 투입된 에너지 양) 20. 수력발전을 제외한 재생가능자원으로부터의 전기 생산량 비중(총 에너지 생산에 대한 비중) 21. 문맹률(15세 이상 인구에서 차지하는 비율) 22. 중등학교 재학 비율(총 인구에 대한 비중) 23. 고숙련근로자 비율(%) 23. 전쟁 및 분쟁 발발 수(분쟁들 중 1,000명 이상 사망자 발생) 24. 테러 발생 건수 25. 자유권('자유롭다'고 평가한 국가의 수) 27. 국회의 전체 위원 중 여성 의석 비율 28. 인터넷 사용자(인구 백명당)

밀레니엄 프로젝트에서는 세계와 국가에 대한 발전의 척도로 일상적으로 사용해온 GDP 대신에 28개 변수로 구성된 미래상태지수(SOFI: State of the Future Index)를 선정하여 매년 이 변수들의 변화를 모니터링하고 있다. 즉, 미래상태지수 28개 변수의 동향을 모니터링하면서 매년 지구촌이 당면한 가장 중요한 15가지 과제들을 추출하고 있다. 지난 20여 년 동안의 데이터를 바탕으로 미래 10년을 전망하여 미래상태지수를 보여주고 있다. 즉, SOFI를 통해 28개 변수들의 변화 방향과 강도 및 변화를 가져오는 요인들을 파악하고 요인들 간의 메커니즘을 분석하고 있다. 특히 28개 변수들 가운데 어떤 변수들이 점차적으로 개선되고 있는지 또는 오히려 더 악화되고 있는가를 모니터링하고 있다. 그림 1-24는 지난 20년 동안의 SOFI를 통해 향후 10년에 나타날 미래 변화를 추정한 결과이다. 28개 변수들 가운데 18개 변수들은 점차 개선된 반면에 10개 변수들은 더 악화되고 있음을 알 수 있다. 전반적으로 보면 경제, 교육, 의료, 건강 영역의 경우 개선 효과가 가장 많이 나타났으나, 환경 및 정치 영역의 경우 오히려 더 심화되는 경향을 보이고

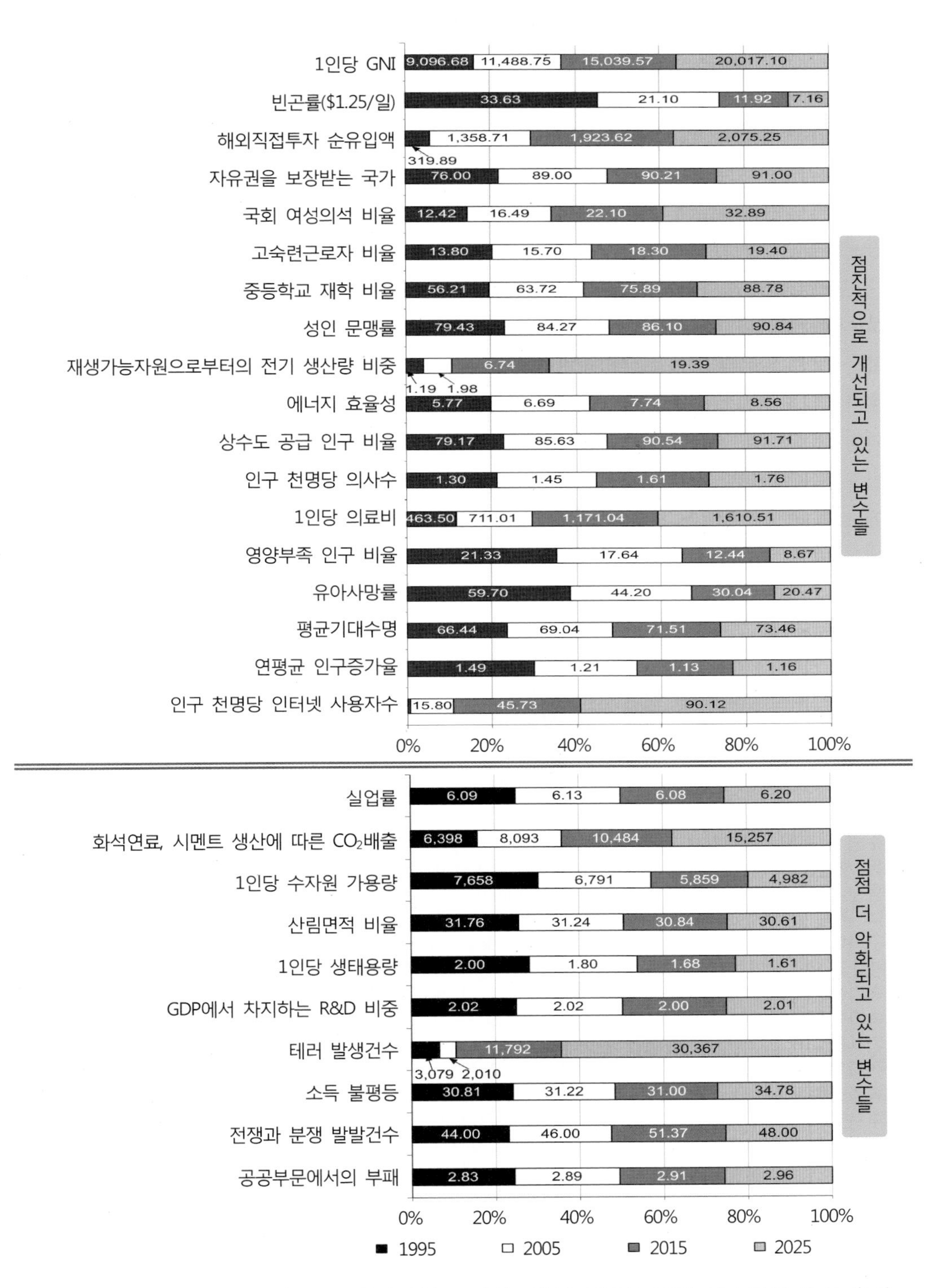

그림 1-24. 밀레니엄 프로젝트에서 선정한 28개 변수들의 변화 추세

출처: http://millennium-project.org/millennium/SOFI.html.

있다. SOFI 지수에 상당히 부정적 영향력을 미치고 있는 중요한 변수들은 테러 발생건수, 소득불평등 지수, 1인당 수자원 가용량, 에너지 효율성 등으로 나타났다. 밀레니엄 프로젝트연구팀에서는 시뮬레이션을 통해 2025년까지 에너지 효율성과 소득 불평등이 25% 개선된다고 가정하는 경우 글로벌 SOFI 지수는 5.15% 개선되는 효과가 나타날 것으로 분석되었다. 따라서 향후 에너지 효율성을 높이고 소득 불평등을 완화하려는 노력이 매우 중요함을 시사해주고 있다.

한편 2015년 10월에 열린 유엔총회에서 2030년 지속가능한 지구촌(Transforming our world: the 2030 Agenda for Sustainable Development)을 위해 제시한 17개 목표를 보면 밀레니엄 프로젝트에서 선정한 과제와 거의 유사한 과제들이 선정되었음을 알 수 있다. 이는 2000년 유엔 정상회의에서 100개국 이상의 정상들이 참여하여 빈곤 퇴치, 환경보호, 인권 보호를 위해 밀레니엄 선언으로 발표된 것을 더 발전시킨 것이다. 2000년 발표된 선언에서는 저개발국의 빈곤 감소에 너무 치중하여 소득 불평등이나 인권 침해 등에 소홀하였다는 점이 지적되었다. 이에 따라 2030년을 지향한 유엔의 지속가능발전 목표에는 빈곤뿐만 아니라 불평등, 남녀 평등 및 환경보존에도 역점을 두고 있다. 특히 사람과 환경, 번영, 평화를 추구하는 지구촌을 위해 모든 국가와 이해관계자들의 파트너십을 요구하고 있다.

지구촌의 지속가능성을 위한 목표

지속가능한 지구촌을 위해 달성하여야 할 목표(당면 과제)를 17가지로 제시하고 있다.

1. 모든 곳에서 모든 형태의 빈곤 퇴치(no poverty)
2. 굶주림 없도록 식량 확보, 영양 상태 개선, 지속가능 농업 촉진(zero hunger)
3. 모든 사람들의 건강한 삶의 보장과 복지 증진(good health & well-being)
4. 평등한 수준의 교육 보장과 평생학습 기회(quality education)
5. 남녀 평등 및 여성과 여아의 권익 보호(gender equality)
6. 누구나에게 식수 공급 및 지속적인 위생 관리(clean water & sanitation)
7 저렴하고 안정적인 현대적 에너지원으로의 접근성 확보(affordable & clean energy)
8. 지속가능한 경제성장 및 생산성있는 양질의 일자리 제공(decent work & economic growth)
9. 지속가능한 산업, 혁신 및 회복력을 갖춘 인프라 구축(industry, innovation & infrastructure)
10. 국가 내, 그리고 국가 간 불평등 완화(reduced inequalities)
11. 안전하며 포용적, 회복력을 갖춘 도시와 정주 장소 조성(sustainable cities & communities)
12. 지속가능한 소비 및 생산 패턴 확립(responsible consumption & production)
13. 기후 변화와 그에 따른 영향력을 줄이기 위한 긴급 조치 강화(climate action)
14. 지속가능한 발전을 위해 해양, 바다, 연안 보존 및 사용(life below water)
15. 지속가능한 지구를 위해 생태계 보호, 사막화, 토지 황폐화 방지(life on land)
16. 평화·정의·포괄적 사회; 모든 수준에서 포용적 제도 구축(peace, justice & strong institution)
17. 지구촌의 지속가능한 발전을 위한 글로벌 파트너십을 실행하고 강화시키는 수단 강구(partnership for the goals)

출처: https://sustainabledevelopment.un.org/post2015/transformingourworld

한편 유엔개발계획(UNDP)에서 매년 발간하는 인간개발보고서(Human Development Report)에서는 지구촌이 지향해야 하는 미래를 위한 아젠다를 선정하여 이들에 대한 이슈들을 논하고 있다. 최근에 들어와 추출되는 이슈들을 보면 거의 유사한 이슈들이 부각되고 있다. 특히 사람이 지구의 환경과 조화를 이루고 서로 간 평화와 포용을 바탕으로 지구촌의 번영을 위해 새로운 형태의 거버넌스 및 파트너십을 강조하고 있다. 그림 1-25에서 볼 수 있는 바와 같이 지구촌이 지향하는 미래를 위한 과제는 크게 사람-지구-평화-파트너십-번영의 5개 영역으로 구분되며, 각 영역에서 달성되어야 할 세부 목표를 제시하고 있다.

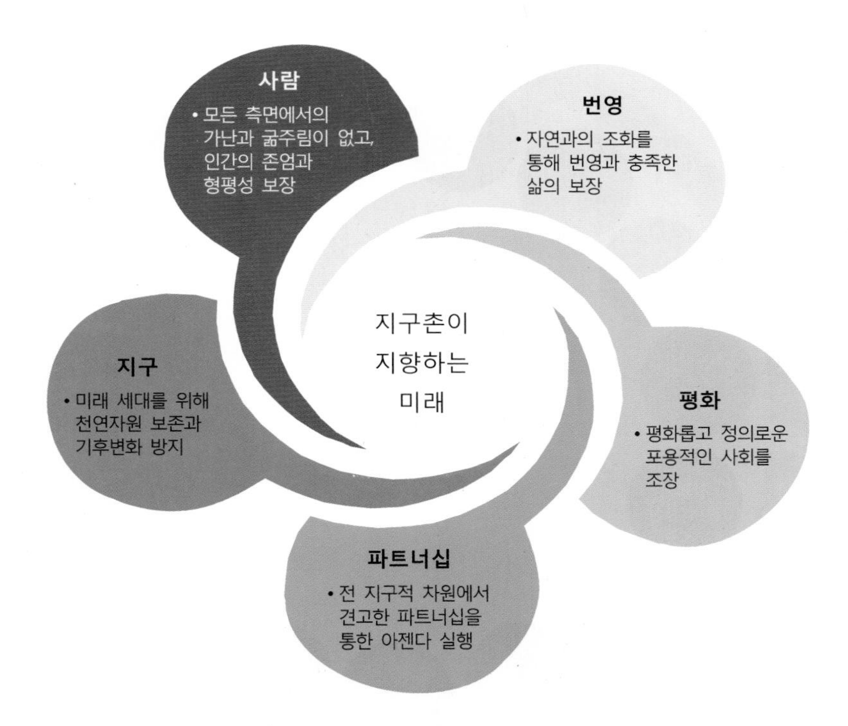

그림 1-25. 지구촌 미래를 위해 해결되어야 할 당면과제 및 목표
출처: UNDP(2016), Infographic 1.1, The World We Want.

한편 인간개발보고서에서 최근 더 강조하고 있는 것은 모든 사람들에게 적용되는 보편적 정책이 실천적으로 작동되고 실행되어야 한다는 실천성이다. 이는 지금까지 보편주의(universalism) 정책들이 펼쳐지면서, 실제로 이러한 정책들의 혜택을 받지 못하고 인권을 보장받지 못하는 소외된 계층들이 오히려 상당히 많아지고 있는 실태를 경험하고 있기 때문이다. 예를 들어, 각 국은 국민들의 건강 관리를 증진시키기 위한 정책들을 펼치면서 모든 지역에서 모든 사람이 보편적으로 이용할 수 있는 건강관리센터 또는 보건진료소를 입지시키고 있다. 하지만 이러한 시설로의 접근성은 누구에게나 동등한 것이 아니다. 특히 돌봄이 필요한 사회적 취약계층이나 소외계층들은 훨씬 더 정책 효과가 적다는 것이다. 더 나아가 장애가 있는 사람들을 위한 이동성, 사회적 참여 및 일할 수 있는 기회 측면에서 상당히 형평적이지 못하다. 따라서 소외되거나 취약계층들이 자신들의 권리를 보장받을 수 있도록 하는 포용적 사회를 만들어나가야 한다는 것이다. 그림 1-26은 소외계층이나 취약계층 등을 위한 국가 정책을 수립하여야 할 4개 영역과 각 영역별 전략을 제시한 것이다. 이러한 전략들은 향후 우리나라에서도 인간개발의 관점에서 선진화를 이루기 위해서는 관심을 두고 추진하여야 할 당면과제라고 볼 수 있다.

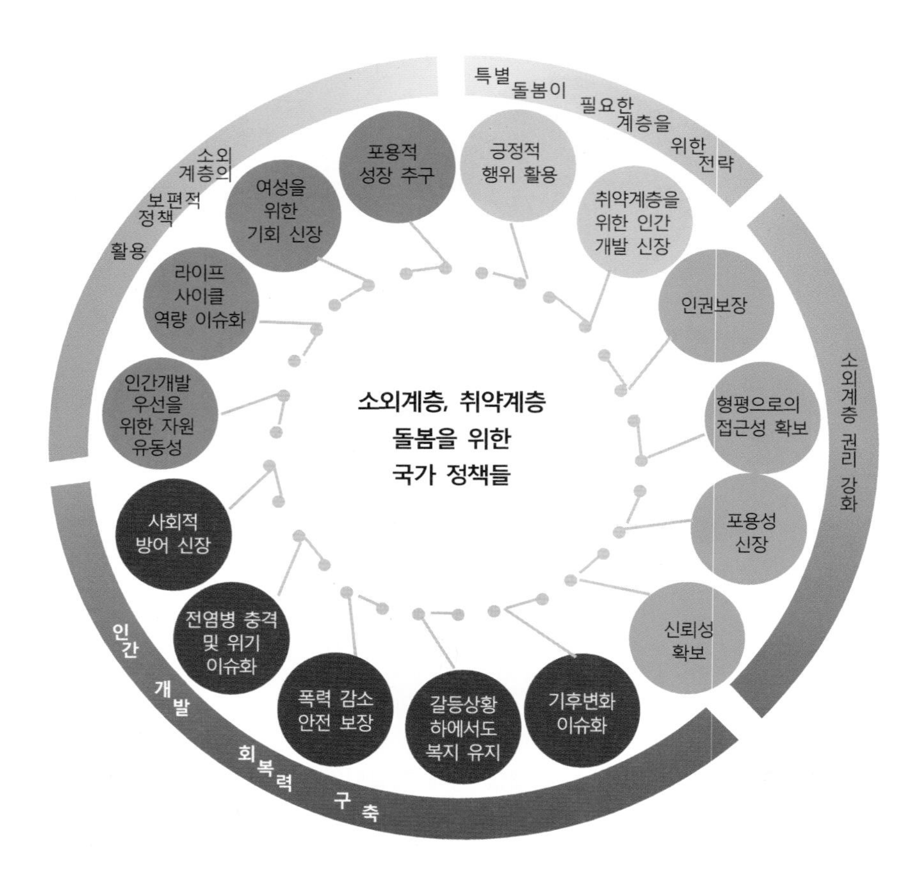

그림 1-26. 소외계층 돌봄을 위한 국가정책의 4개 영역

출처: UNDP(2016), Human Development Report, Figure 5.

제 2 장

경제지리학의 발달과정과 접근방법

1. 경제지리학의 학문적 특성
2. 경제지리학의 발달과정
3. 경제지리학 연구의 접근방법

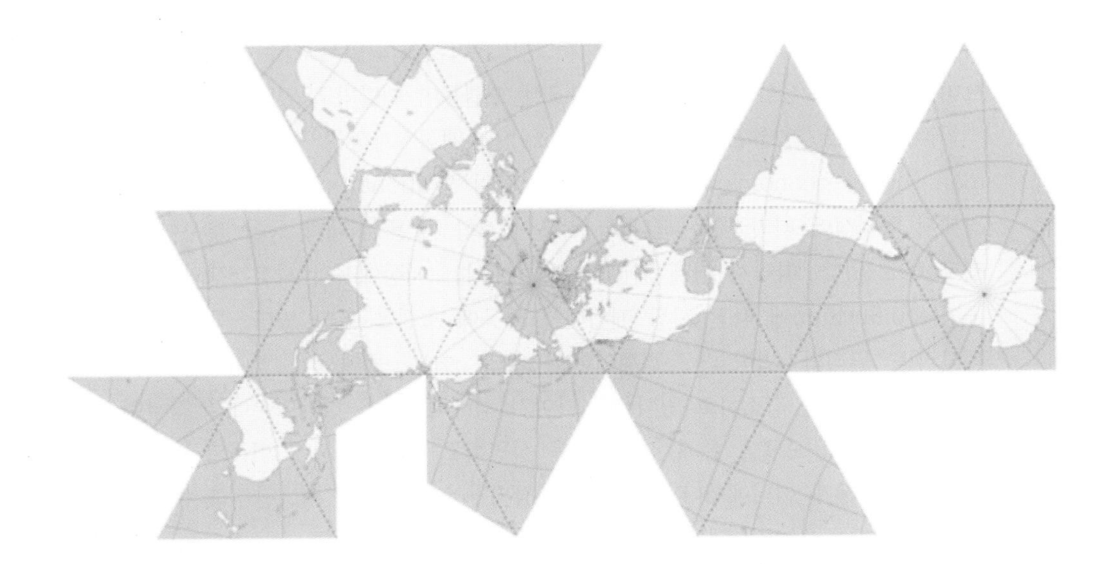

1 경제지리학의 학문적 특성

1) 경제학과 경제지리학의 학문적 특성 비교

경제학자들과 경제지리학자들 모두 경제현상에 대해 연구하고 있다. 그러나 경제현상을 연구하는 데 있어서 경제지리학자와 경제학자들의 차이는 경제현상이 어떻게 작동되어 나타나는가를 보는 관점이라고 볼 수 있다. 즉, 경제학자들은 경제현상을 비공간적 관점에서 연구하는 반면에 경제지리학자들은 경제현상을 연구하는 데 있어서 공간적 관점은 가장 필수적이다.

경제현상에 대해 연구하는 경제학자들은 주로 어떻게 경제 시스템이 움직여나가고 있는가를 정확하게 이해하기 위해 자원배분의 메커니즘, 가격의 결정과정, 소득분배, 경제성장 등에 초점을 두고 있다. 따라서 경제학자들의 연구주제는 자원이 어떻게, 누구에게 배분되고 있는가, 수요와 공급에 따른 가격결정 메커니즘 및 소득의 순환과정 등을 분석한다. 즉, 경제현상에 대해 '무엇이, 언제, 어떻게, 그리고 얼마나?'라는 질문에 대답하기 위하여 끊임없이 노력해 오고 있다. 경제학자들의 주요 언어는 수학이며, 경제이론의 정립을 위해 모델을 설정하고 관찰과 경험을 기초로 가설을 검정하는 이론추구적이다. 그러나 복잡한 실제의 경제현상에 비해 모델에 투입되는 변수들은 상당히 적으며, 또 모델을 설정할 때도 복잡한 경제세계를 단순화하기 위해 여러 가지 가정들을 내세우고 있다. 그러나 최근 컴퓨터의 도입과 계량적·수학적 방법론이 발달되면서 변수 선정도 다양화되고 있으며, 보다 실제 상황을 반영하려는 정교한 모델들이 개발되고 있다.

무엇보다도 경제학 정통성(orthodoxy)의 핵심 가정은 '인간은 경제인(economic man, homo economicus)'이며, 따라서 합리적(rational) 의사결정과 행태를 기반으로 경제적 합리성에 따라 이윤 극대화, 비용 최소화, 효용 최대화 등을 추구한다는 것을 전제로 하고 있다. 따라서 경제 원리의 기반이 되는 시장에서의 자유경쟁과 수요와 공급의 균형(equilibrium)에 따른 시장 메커니즘 작동에 초점을 두고 있다. 특히 경제현상을 작동시키는 원리와 법칙 등 경제이론은 세계 어느 곳에서나 적용가능하다는 보편성(universalism)을 강조하고 있다. 더 나아가 경제학자들은 경제이론에 입각하여 경제현상에 대한 수학적 모델을 통해 경제현상을 설명하고 예측하고자 노력하고 있다. 이렇게 경제학자들은 세계 어디에서나 보편적으로 경제원리가 적용된다고 간주하기 때문에 지리적인 특성에 따른 차이에 대해 별로 관심을 두지 않고 있다.

반면에 경제지리학자들은 모든 경제현상은 공간 상에서 이루어지기 때문에 공간을 생각하지 않고는 경제현상은 연구될 수 없다는 점을 강조하고 있다. 따라서 경제학에서 중

그림 2-1. 경제지리학과 경제학에서 경제활동의 주체인 인간을 보는 관점의 차이
출처: Sokol, M.(2011), p. 25.

요하다고 다루는 경제 원리나 법칙이 어느 곳에서나 적용가능하다는 보편성은 수용하기 어렵다는 관점이다. 더 나아가 인간이 합리성을 가진 경제인이라는 가정에 대해서도 경제지리학자들은 다른 견해를 갖고 있다. 반드시 모든 사람들이 이윤 극대화, 효용 최대화를 추구하는 것은 아니며, 사람들의 의사결정이나 행태는 사람들의 사회·경제적 계층, 성별, 문화, 관습 등 다양한 요인들에 의해 영향을 받기 때문에 사람들의 행태를 예측하는 것은 매우 어렵다. 이러한 사람들을 경제인과 대비하여 지리인(geographical man/woman; homo geographicus)이라고 명명할 수 있다(그림 2-1). 이렇게 경제인이 아니라 지리인이라고 전제하는 경우 경제학에서 구축해놓은 많은 원리나 법칙이 잘 작동되지 않을 수 있으며, 예측하기 어려워질 수 있다.

아무리 경제학자들이 정교한 수학적 모델을 구축하여 경제현상을 설명하고자 하더라도 지리인들이 살아가고 있는 실제 세계에서 나타나는 경제현상들을 충분하게 설명할 수 없다. 특히 수학적인 언어로 작동되는 경제원리는 실제 세계에서 경제현상을 작동시키는데 중요한 요인이 되고 있지만 수학적 언어로 표출되기 어려운 권력이나 사회적 관계(social relation)가 경제현상에 미치는 영향력에 대해서는 설명할 수 없다. 따라서 경제지리학자들이 경제현상을 연구할 때 사용하는 경제지리학(economic geography)과 최근 경제학자들이 경제현상을 연구하는 경우 지칭되는 지리경제학(geographical economics 또는 spatial economics)은 상당히 다르기 때문에 구별하여 명명하고 있다(그림 2-2).

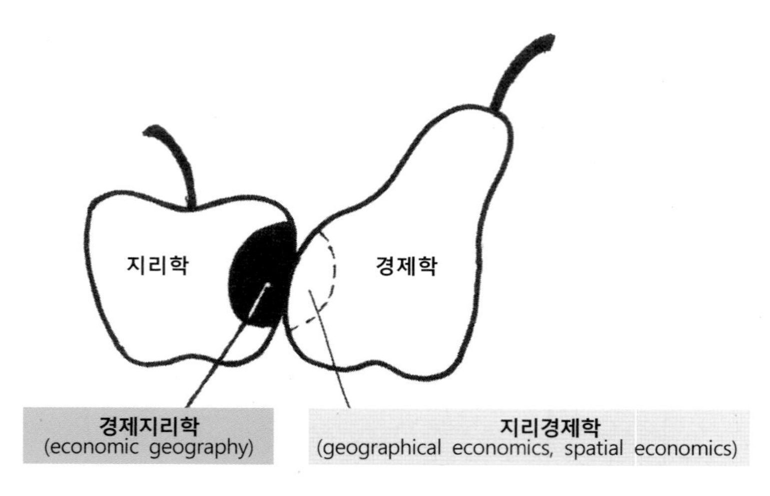

그림 2-2. 경제현상을 연구하는 경제지리학과 경제학의 학문적 영역
출처: Sokol, M.(2011), p. 23.

이와 같이 경제지리학은 경제현상의 변화와 경제활동에 따른 문제들을 공간적인 관점에서 설명하고 이해하며 더 나아가 문제해결을 위한 방안을 탐구하는 학문이라고 정의할 수 있다. 경제공간의 형성과정과 그 결과를 이해하는 데 초점을 두고 있는 경제지리학자들의 핵심 질문은 어떤 경제활동(what)이 어디에서(where) 왜(why) 일어나게 되며, 그 결과 공간상에 어떠한 변화를 가져오며(so what), 더 나아가 미래에는 어떻게 변화될 전망이며, 보다 바람직한 변화를 가져오기 위해 필요한 정책과 전략은 무엇인가를 탐구하는 것이다(Arnott & Wrigley, 2001). 부연한다면 경제활동이 왜 특정한 장소에서 전개되고 있는가? 경제활동에 필요한 투입요소들(자원, 노동력, 자본 등)은 어디에서 공급받으며, 또 산출된 생산품은 어디로 어떻게 유통되는가? 등이 경제지리학자들의 연구주제들이다. 따라서 경제지리학에서 탐구하는 첫 번째 질문은 어떠한 경제활동이 어디에서 입지하여 이루어지고 있는가를 통해 경제활동의 공간분포를 파악하는 것이다(what & where). 이러한 공간분포와 입지분석을 통한 그 다음 단계의 질문은 그러한 공간분포의 형성과정에 영향을 미친 요인들이 무엇인가를 이해하고 설명하는 것이다(why & how). 즉, 왜 특정지역에서 특정한 경제활동이 집적하여 이루어지며, 불균등한 공간분포가 형성되는 데 영향을 미친 요인들을 탐구하는 것이다. 또한 불균등한 경제활동의 분포 패턴이 역사적으로 지속되어 오는 경로의존적인 특성을 지니고 있는가도 고찰한다. 이러한 분석을 통한 세 번째 단계의 질문은 해당지역의 경제문제를 보다 바람직한 방향으로 나가기 위한 적절한 정책적 제안이나 전략을 모색하는 것이다. 즉, 너무 과도한 경제활동의 공간적 집중화로 인한 문제점을 해소하고 지역 간 경제격차를 줄이기 위해 바람직한 경제공간은 어떻게 구축되어야 하며, 이를 위해 필요한 정책을 모색하는 것이다.

2) 경제지리학의 연구영역과 경제공간

오늘날 야기되고 있는 경제활동의 불균등한 공간분포 문제는 사회적·정치적·문화적 문제들과도 복합적으로 얽혀있기 때문에 경제지리학자가 관심을 두고 있는 영역도 매우 다양해지고 있으며, 그에 따른 접근방법도 상당히 달라지고 있다. 특히 경제의 세계화가 진전되면서 급성장한 지역이 새롭게 나타나는 반면에 오히려 쇠퇴하거나 정체되는 지역들도 상당히 많이 나타나고 있다. 또한 지식기반사회가 도래하면서 경쟁력의 원천이 되는 지식창출과 기술혁신이 특정지역에서 집적되는 현상이 더욱 두드러지게 나타나고 있다. 이에 따라 경제지리학자들은 경제력과 사회·정치적 관계, 그리고 특정지역의 고유한 문화나 제도 등이 경제활동의 입지와 경제성장에 어떻게 영향을 주고 있는가에 대해서도 관심을 두고 있어 경제지리학의 연구 영역은 한층 더 넓어지고 있다.

그림 2-3에서 볼 수 있는 바와 같이 인간 활동에 의해 이루어지는 경제조직의 스케일이 세계→국제→국가→지역→국지적 차원까지 상당히 넓어지게 되자 경제지리학의 연구영역도 확장되고 있다. 특히 경제의 세계화가 진전되면서 전 세계를 대상으로 하는 거대한 스케일에서부터 유럽연합이나 아세안 등과 같은 거시적인 스케일 차원의 경우 주로 초국가적인 상호작용이 이루어진다. 반면에 미시적 스케일 차원에서는 특정한 장소(일터나 가정)까지 넓게 펼쳐져 있다. 경제지리학은 이와 같은 경제공간에서 어떠한 변화가 이루어지며, 이러한 변화를 가져오는 데 인구, 정치, 문화, 사회, 기술변화 등과 같은 요인들이 어떻게 영향을 주고 있는가를 탐구하고 있다. 특히 이러한 경제조직과 공간변화에 영향을 주는 다양한 요인들의 영향력이 미시적 차원(로컬리티)에서 어떻게 차별적으로 나타나는

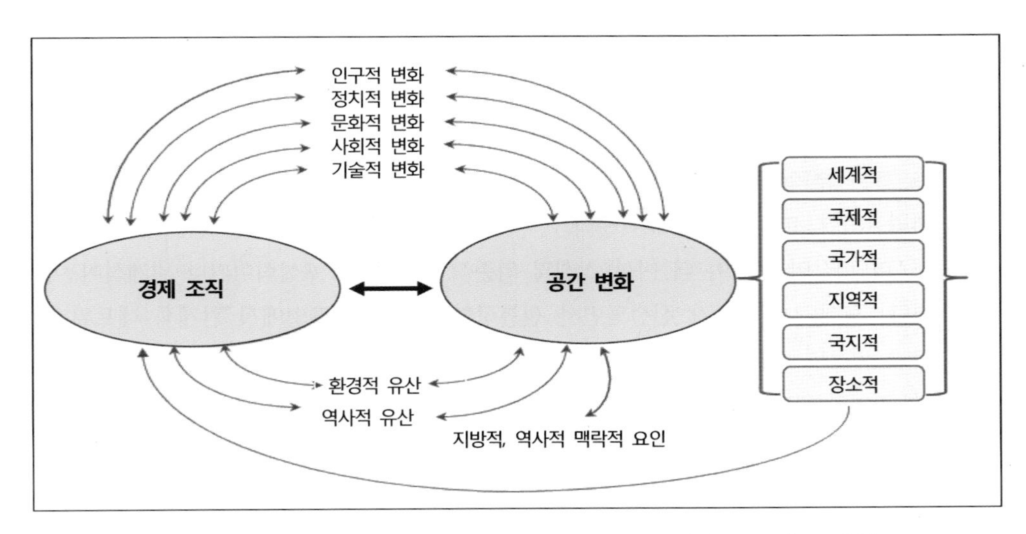

그림 2-3. 경제조직과 공간변화의 연관성과 상호작용이 이루어지는 공간 스케일
출처: Knox, P. et al.(2008), p. 5.

가를 이해하기 위해 지방(local)의 역사적 맥락과 지방의 고유성과 특정한 장소(place)에 대한 특성도 고려하고 있다. 즉, 경제의 세계화가 진전되면서 경제성장이 어떻게 지역 간에 차별적으로 나타나는가를 비교하면서, 특정 지역이 가지고 있는 독특하고 고유한 장소성에 대한 연구도 매우 중요해지고 있다. 이에 따라 경제지리학자들은 추상적인 공간 상에서 어떻게 그 장소만의 고유한 특성과 의미를 구체적으로 부여하면서 매력도를 높여서 특정한 경제활동이 집적되도록 하는가에 대한 연구에도 많은 관심을 기울이고 있다.

한편 경제의 세계화가 진전되면서 전통적인 공간에 대한 스케일(scale) 개념도 변화되고 있다. 지리학에서 스케일이라고 지칭하는 경우 글로벌 스케일, 국가적 스케일, 지역적 스케일, 국지적 스케일로 특정한 영역(territory) 또는 영역의 크기(면적)를 연상하게 되는 것이 일반적이다. 그러나 경제의 세계화가 진전되면서 전통적 스케일 개념에서 벗어나 다섯 가지 은유적인 도형으로 스케일 개념을 표출할 수 있다(그림 2-4). 사다리 형상과 동심원 형상, 인형 형상은 통념적으로 가지고 있던 실체적인 영역적 스케일 개념이라고 볼 수 있다. 가장 작은 국지적(local) 공간에서부터 가장 큰 세계적(global) 공간을 표상한 것이다. 그러나 사다리 형상의 경우 국지적 공간에서 사다리를 타고 보다 넓은 공간으로 올라와야 하지만, 세계적 공간이라고 해서 반드시 더 클 필요가 없음을 은유해준다. 동심원 형상의 경우 국지적인 스케일이 가장 중심에 놓여 있으며, 점차 외부로 그 영역이 확장되고 있다. 따라서 세계는 모든 영역을 다 포함하고 있는 매우 큰 공간이지만 반드시 상위에 놓여있을 필요가 없음을 시사해준다. 또한 러시아 인형 형상으로 표출된 스케일 개념은 위계적이면서도 하위 스케일이 상위 스케일에 포섭되어야만 전체가 조화를 이루게 됨을 시사해준다. 한편 지렁이굴과 나무뿌리 형상은 가장 혁신적인 스케일 개념이라고 볼 수 있다. 이는 전통적인 영역이나 위계를 벗어나 스케일에서 네트워크(network) 또는 연결성(flow)을 기반으로 한 스케일 개념이다. 즉, 공간 영역의 크기와 상관없이 어떻게 서로 연결되고 있는가의 중요성을 강조하고 있다. 지렁이굴 형상의 경우 서로 다른 토양층을 따라 굴이 뚫어져 있어 뚫려진 굴을 통해서만 연결되고 있으며, 나무뿌리 형상의 경우도 주된 뿌리에서 갈라져 나온 뿌리들 간에만 연결되고 있으며, 얼마나 지표층으로부터 뿌리들이 깊고 얕은가를 보여준다.

이와 같이 공간이 더 이상 스케일 의존적이 아니며, 포섭적이거나 위계적이 아닐 수도 있다. 경제의 세계화가 진전되면서 전통적인 영역적 스케일에서 관계적 네트워크로 전환되고 있으며, 네트워크와 연결성을 기반으로 하는 경우 스케일 개념도 상당히 달라져야 할 것이다. 더 나아가 공간도 사전적으로 경계지워진 절대적·고정적인 공간 개념보다는 네트워크에 의해 형성된 흐름의 공간으로 다층적이며, 유동적인 공간의 개념으로 점점 바뀌어 가고 있다.

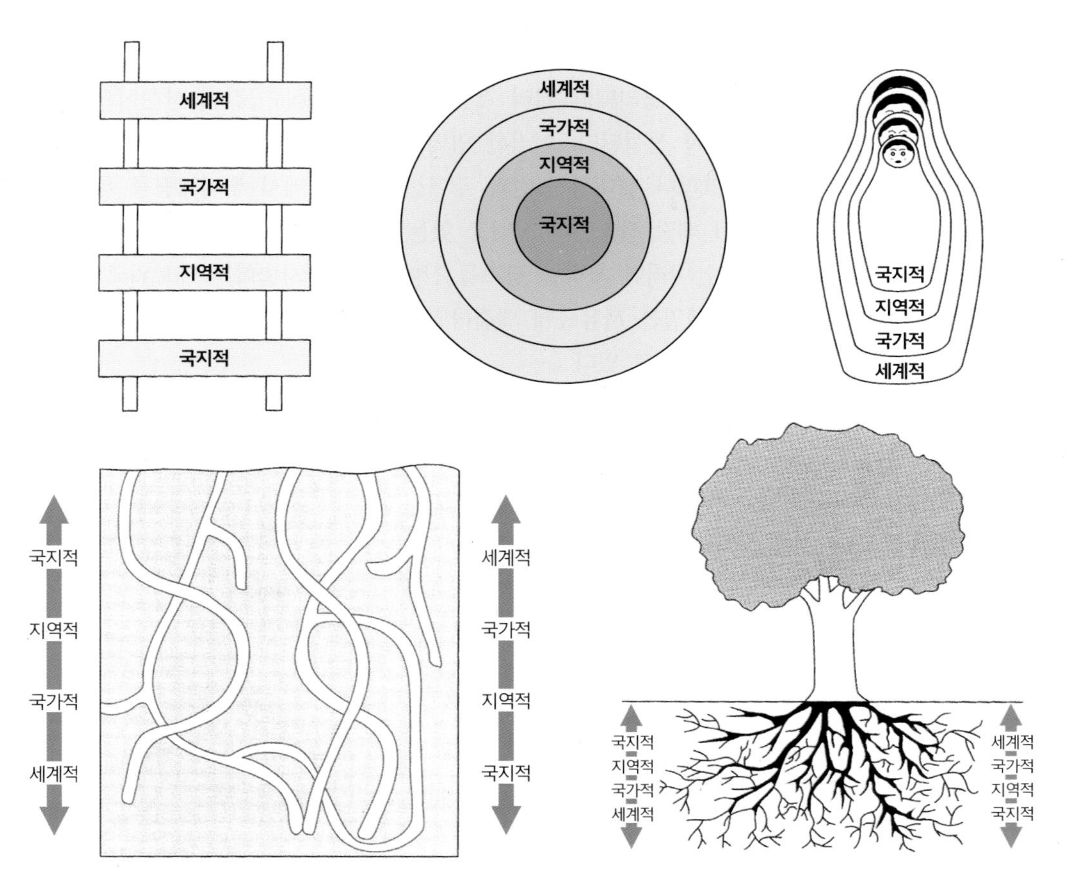

그림 2-4. 스케일에 대한 다른 개념들
출처: Murray, W. & Overton, J.(2015), p. 53.

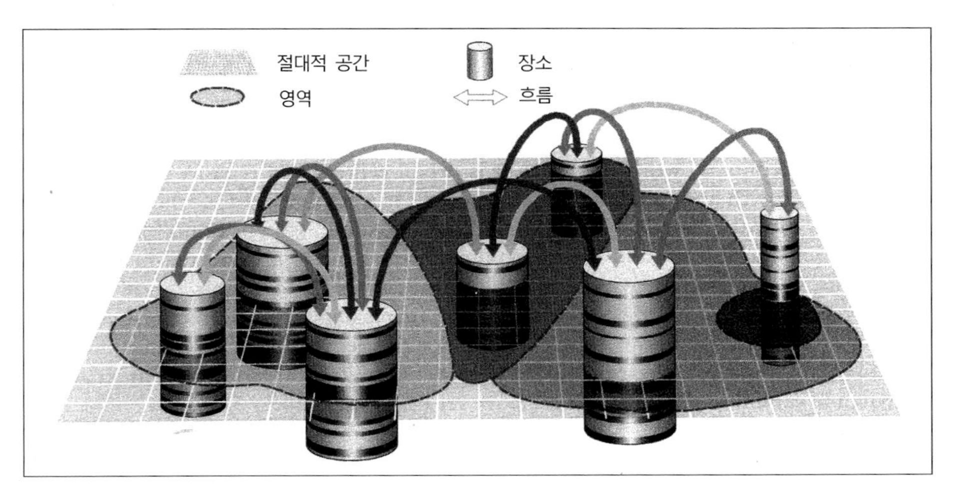

그림 2-5. 경제지리학의 기초 개념: 공간, 영역, 장소, 흐름
출처: Coe et al.(2013), p. 24.

그림 2-5는 관계적 네트워크의 중요성을 더 부각시켜주는 그림이라고 볼 수 있다. 기하학적인 절대적 공간, 즉 유클리디안 거리 개념을 가진 절대적 공간에 사전적으로 경계 지워진 특정한 영역(권역)이 설정된다. 이러한 영역은 경계 내부와 외부를 구분하는 구획화를 통해서 설정된다. 그러나 절대적 공간과 주어진 영역 속에서 뿌리내림을 통해 독특하고 고유한 특성을 지닌 해당 장소만이 지니고 있는 의미를 부여하면서 장소의 매력도를 높여가고 있다. 더 나아가 이러한 특정한 장소들 간에 형성된 차별화된 네트워크는 양 방향으로 다양한 층위의 스케일을 자유롭게 연결하면서 전 세계적 차원에서 경제활동을 펼쳐나가는 데 추동적 역할을 하고 있다.

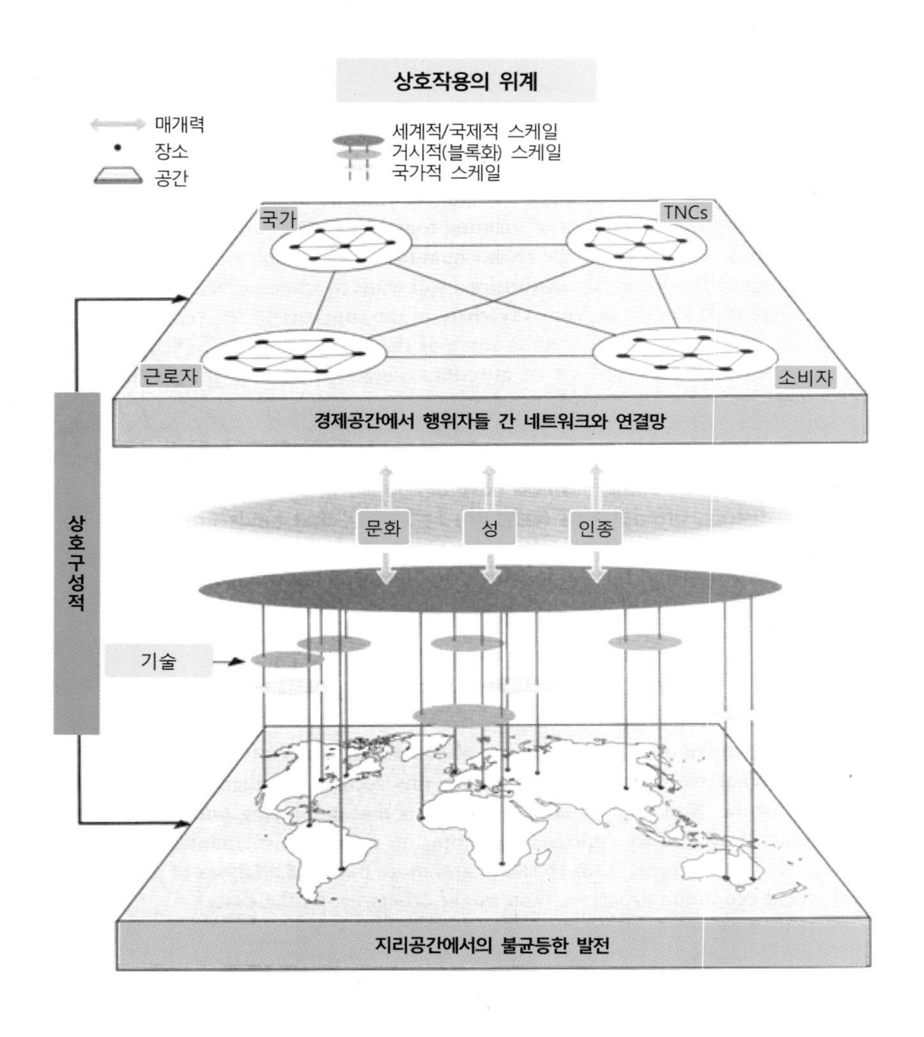

그림 2-6. 글로벌 경제에서 경제지리학의 연구 관점
출처: Coe et al.(2007), p. 26.

따라서 경제의 세계화 속에서 펼쳐지고 있는 경제활동을 연구하기 위해서는 경제지리학의 연구 관점도 상당히 확대되어야 한다. 거시적 차원에서는 특정지역으로의 경제의 집적과 재화와 서비스의 흐름을 통해 지역 간 불균등한 성장과 공간분포를 파악하는 한편, 미시적 차원에서는 이러한 불균등한 경제성장을 가져오는 경제활동의 주체가 되는 국가, 초국적 기업, 근로자, 소비자들이 경제공간에서 어떻게 상호작용하면서 네트워크를 구축해 나가고 있는가에 대해서도 고찰하여야 한다. 뿐만 아니라 특정지역의 문화, 성, 인종 등과 같은 특성도 경제활동을 영위하는 데 어떠한 영향을 미치는가에 대해서도 분석하여야 한다. 더 나아가 시·공간의 수렴화를 가져온 기술혁신의 영향력, 특히 공간적 상호작용을 추동하는 매개체로서의 기술이 특정 장소들을 어떻게 선별적으로 연계시키고 있는가에 대해서도 연구하여야 한다. 그림 2-6은 서로 다른 공간 스케일에서 경제활동이 이루어지지만 때때로 다중 스케일(multi-scale)에서 전개되고 있는 경제 현상들도 상당히 많다는 점을 고려하여 관심 대상이 되는 경제 현상을 연구하는 경우 스케일의 위계에 얽매이지 않고 글로벌 차원에서부터 국가적 차원, 지역적 차원, 특정 장소의 독특성까지 유연하게 바라볼 수 있는 관점도 키워나가야 할 것이다.

2 경제지리학의 발달과정

경제지리학은 1880년대 하나의 독립된 분야로 출발한 이후 지난 130여년 동안 많은 변화를 겪어왔다. 19세기 말경 상업지리학으로 출발한 경제지리학은 지리학 사조 변화에 많은 영향을 받으면서 발전하여 왔다. 경제지리학의 발달과정은 1880년대 말~1950년대 중반까지의 전통적인 경제지리학의 발달 시기; 1950년대 말~1970년대 초까지 공간과학으로서 경제현상의 공간분포를 설명하기 위한 법칙 추구에 관심을 둔 시기; 1970년대 중반~1980년대 말까지 정치경제학적 접근방법이 주도하는 가운데 경제지리학의 관점이 다원화된 시기; 1990년대 이후 신경제지리학이라는 새로운 흐름이 주도되고 있는 시기로, 문화와 제도적 관점에서 경제현상을 파악하고 있는 시기이다. 여기서는 경제지리학의 발전과정에 대해 자세히 살펴보고자 한다.

1) 전통적 경제지리학의 발달

(1) 상업지리학

경제지리학은 15세기 지리상의 발견과 탐험시대부터 시작하여 19세기까지에 걸쳐 발

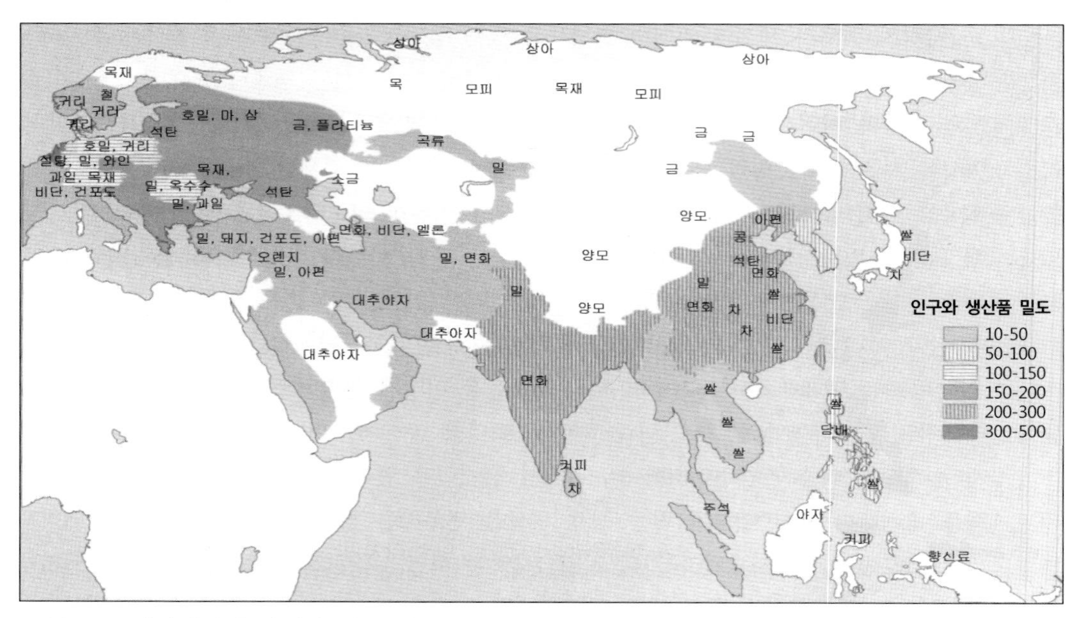

그림 2-7. 식민시기의 아시아 각 지역의 생산품의 전문화를 나타낸 분포도

출처: Chisholm, G.(1889), pp. 302-303.

달한 상업지리학에서 출발되었다. 당시 유럽제국들은 그들의 무역을 확대시키고 식민지를 확장하기 위해 노력하였으며, 그에 따라 세계 각 지역의 인구와 자원 및 지역 특성에 관한 정보를 필요로 하게 되었다. 지리학자로서는 최초로 Varenius가 상업적인 지식을 수록한 상업지리학을 저술하였으며, 그 뒤를 이어 여러 권의 상업지리책이 출판되었다.

그 이후 경제지리학의 입지이론의 효시라고 볼 수 있는 Thünen의 「고립국(Isolate State)」이 1826년에 출판되었다. 하지만 경제지리학 발달에 터전을 마련하면서 오랜 기간 널리 읽혀진 책은 Chisholm(1889)의 「상업지리 안내서(Handbook of Commercial Geography)」이다. 이 책에서 Chisholm은 상업과 관련된 지리적 사실들에 대해 학문적 흥미와 관심을 두는 것이 상업지리학의 목적이라고 밝히고 있다. 이 책은 1966년까지 제18판이 발행될 정도로 영향력 있는 책이었으며, 주로 세계 각 지역에서 생산되는 생산물 및 교역, 그리고 자연환경 요인들이 각 지역의 생산, 유통, 무역에 미치는 영향에 대해 자세히 기술하고 있다. 특히 특정 생산품이 어느 지역에서 생산되고 또 어떻게 교역되는가를 지도나 표 등을 통해 매우 시각적으로 잘 나타내고 있다. 일례로 그림 2-7에서 볼 수 있는 바와 같이 식민시기의 아시아 각 지역에서 전문화되어 생산되고 있는 상품의 공간분포를 지도화하여 자세한 정보를 제공하고 있다. Chisholm은 이 책에서 상당히 많은 지도와 그림, 표들을 통해 다양한 물품과 원료가 어떻게 세계적으로 이동되고 있는가에 대한 정보를 가시적으로 잘 표현해주었다. 지리적 사실에 대한 내용이었지만, 이를 계기로 하여 경제지리학이 하나의 독립된 학문으로 발돋움하는 데 엄청난 공헌을 하였다.

(2) 환경론적 경제지리학

상업지리학에서 경제지리학으로의 전환적 계기는 독일의 Götz(1882)가 「경제지리학의 과제(The Task of Economic Geography)」라는 논문에서 경제지리학이란 용어를 처음으로 사용한 이후이다. 그는 이 책에서 인간의 경제활동을 토지공간과 관련시켜 분석하는 과학적 방법론을 처음으로 시도하였다. 미국의 경우 '경제지리학'이란 용어가 처음 사용된 시기는 1888년이었으며, 1893년에는 Cornell 대학과 Pennsylvania 대학에서 최초로 경제지리학 강좌가 개설되었다. 또한 Semple(1900)도 「경제지리학」이란 제목으로 책을 저술하였으며, 1925년 Clark대학에서 "Economic Geography" 학술지가 창간되어 미국에서 경제지리학이 학문으로 발전해 나가는 기반을 마련하였다(Barnes, 2000).

당시 경제지리학자들은 환경주의 사상에 입각하여 그들의 사상을 발전시켜 나갔는데, 이는 당시의 지리학 전반에 걸쳐 지배되어 온 사조의 영향을 받은 것이라고 볼 수 있다. 당시 지리학은 19세기 자연철학에서 유래되어 사회과학을 지배하고 있던 환경주의 철학의 사상을 받아들여 '인간과 환경과의 관계'를 연구하는 것이 주된 목표였으며, 따라서 지리학자들은 인간생활과 자연환경과의 관계를 규명하고자 노력하였다. 이러한 환경론적 사조는 이 시기에 출판된 경제지리학 저서들에 나타난 '경제지리학'의 정의를 보면 잘 알 수 있다.

"경제지리학이란 지역에 따라 서로 다른 경제행위를 이루어 나가는 데 영향을 미치고 있는 환경의 유형에 관해 연구하는 학문이다(Dryer, C., Elementary Economic Geography, 1916, p. 11)."

"경제지리학이란 자연환경과 인간의 경제활동과의 관계를 연구하는 학문이다(Golby, C.(ed.), Source Book for the Economic Geography of North America, 1921, p. 7)."

또한 Smith(1913)는 「공업과 상업지리학(Industrial and Commercial Geography)」을 출간하면서 자연환경(특히 기후)이 인간의 경제활동과 자원 이용(특히 동력자원)을 결정짓는다는 사고를 피력하였다. Brown(1920)도 그의 저서 「경제지리학 원리(Principles of Economic Geography)」에서 각 장별로 각 지역의 기후 및 동·식물을 포함하는 생태계에 의해 영향받고 있는 인간의 생활모습을 기술하고 있으며, 생태환경이 인간의 경제활동에 미치는 영향을 분석하는 데 초점을 두었다. Jones & Whittlesey(1925)도 「경제지리학 입문(An Introduction to Economic Geography)」에서 경제지리학은 세계 각 지역의 경제활동과 자연환경과의 관계에 대한 이해를 증진시키는 것이라고 하였다. 이와 같이 1930년대 초까지 경제지리학자들이 다루었던 주제는 인간의 경제활동과 자연환경과의 관계였으며, 특히 인간의 경제활동 및 생활양식을 결정짓는 환경에 초점이 맞추어졌다.

(3) '지역의 차이점' 연구에 초점을 둔 경제지리학

환경이 인간의 경제활동을 결정짓는다는 환경결정론적 사조에 대해 점차 경제지리학자들은 비판을 가하기 시작하였는데, 이는 지리학 전반에 걸쳐 나타난 사조의 변천에 영향을 받은 것이었다. 프랑스의 Le Play(1855)는 인간의 경제활동이 환경에 의해 결정되기보다는 여러 요인들과의 복합적인 상호의존적 관계에 의해 이루어지는 것이라고 보았다. 이러한 사상은 가능론자인 프랑스의 Blache(1926)의 「인문지리학 원리(Principle of Human Geography)」에서도 잘 나타나고 있다. 즉, 인간의 생활방식은 주어진 환경과 인간이 주체가 되어 이룩해 놓은 문화와의 상호의존적 관계에 의해 이루어지는 것이며, 자연환경이란 인간의 경제활동의 범위나 활동 가능성을 어느 정도 통제하지만, 인간은 주어진 환경을 변화시키고 적응해나가고 있다는 가능론적 입장을 피력하였다.

이와 같이 환경론적 경제지리학 사조로부터 탈피하면서 대부분의 경제지리학자들은 당시 지리학 전반에 걸쳐 지배적인 사조였던 지역의 차이점의 영향을 받았다. 당시 유명한 지리학자였던 Hartshorne(1939)은 지리학이란 지역적 차이를 연구하는 학문이라고 정의하였다. 그는 모든 지역은 다 독특하며, 따라서 각 지역에서 일어나는 모든 경제현상들도 다 독특한 것이므로 이들 현상에 대한 일반화 또는 법칙추구적 시도는 별로 가치가 없다고 주장하였다. 이러한 사조의 영향을 받아 당시 경제지리학자들은 세계 각 지역의 생산, 분배, 소비에 대해 상세히 기술하려고 노력하였다. Jones(1935)의 「경제지리학(Economic Geography)」은 이와 같은 특징을 잘 나타내고 있는 대표적인 저서이며, 당시 경제지리학 강좌도 각 지역별로 경제활동의 특징을 기술하는 내용들로 구성되었다.

당시 출판된 경제지리학 저서들은 세계 각 지역의 경제활동에 대한 지식을 수록하여 백과사전식으로 집필되었기 때문에 책의 부피도 상당히 방대하였다. 또한 개개인이 방대한 지역에 대해 폭넓은 정보를 수집하여 연구하는 데 한계가 있었기 때문에 경제지리학자마다 특정 지역의 경제활동에 관심을 두게 되어 경제지리학 분야는 세부 분야로 전문화되어 갔다. 경제지리학의 세분화와 전문화 추세는 1954년에 발간된 「미국의 지리학: 회고와 전망(American Geography: Inventory and Prospect)」에 잘 나타나 있다. 이 책에서는 하나의 전문 연구분야로서의 일반 경제지리학이란 더 이상 존재하지 않으며, 점점 더 경제지리학자들의 연구영역은 세분화되어 각 분야별로 전문가들이 활동하고 있음을 언급하고 있다. 경제지리학자 자신들도 경제지리학 전반에 걸친 경제지리학자라기 보다는 토지이용 전문가, 공업지리 전문가, 교통지리 전문가 등의 세부 영역별 전문가로 인식하였다. 그러나 경제지리학의 어느 세부 분야를 연구하든지 간에 연구의 초점은 지역 간 경제활동과 그에 따른 생활양식의 유사성과 차이점을 파악하는 데 초점을 두었다.

한편 1930년대 경제공황이 나타나면서 이를 극복하기 위한 뉴딜정책이 시행되자 미국의 많은 경제지리학자들은 자원의 이용과 환경보전에 대해서도 관심을 갖기 시작하여 경제지리학의 연구영역도 응용지리적 관점으로 더 확대되어 나갔다.

그러나 일부 경제지리학자들은 경제이론이나 원리를 지리공간상에 적용하려고 노력하였다. Cater와 Dodge(1939)는 「경제지리학(Economic Geography)」이라는 저서에서 세계 각 지역에서 펼쳐지고 있는 경제활동은 어느 지역에나 보편적으로 적용할 수 있는 경제 원리에 입각하여 분석되어야 한다고 주장하였다. 이와 같은 과학적 접근의 필요성은 McCarty(1940)의 「미국인 경제생활의 지리적 기초(The Geographic Basis of American Economic Life)」에 잘 나타나있다. 그는 시장의 힘이 경제공간의 기반이 되고 있음을 강조하면서 경제학의 개념과 이론들을 경제지리학 연구에도 도입해야 한다는 주장을 펼쳤다.

2) 공간과학으로서 공간분석에 초점을 둔 경제지리학

1950년대 중반이 지나면서 지역의 차이점을 연구하는 개성기술적 접근방식(ideographic approach)에 대한 비판이 가해지기 시작하였으며, 1960년대에 들어오면서 지리학은 경험적·기술적 접근에서 벗어나 이론적·설명적 접근방식으로 패러다임이 전환되었다. 이러한 변화를 가져오게 된 계기는 Shaefer(1953)의 "지리학에 있어서 예외주의(Exceptionalism in Geography)"라는 논문이 발표되면서 부터이다. Shaefer는 개성기술적 접근방식을 예외주의라고 비판하고 지리학은 공간분포에 대한 규칙성과 이를 지배하고 있는 법칙을 연구하는 법칙추구적 접근방법(nomothetic approach)이 도입되어야 한다고 주장하였다.

그러나 과학적·법칙추구적 접근방식이 경제지리학에 도입되게 된 직접적인 동기는 제2차 세계대전 이후 군사적 목적이나 경제개발 목적을 위해 계획을 수립하게 되면서 부터라고 볼 수 있다. 계획을 수립하는 데 있어 수집가능한 한정된 자료를 토대로 실세계에 적용할 수 있는 이론적 배경이 필요하게 되었다. 이러한 요구는 당시 확률이론을 바탕으로 하는 새로운 계량적 방법의 발달과 컴퓨터 등장으로 인해 추론적 접근방법의 활용을 가능하게 하였다. 이러한 변화는 1955년 소련의 지리학계에서 가장 먼저 뚜렷하게 나타났으며, 당시 발표된 '경제지리학의 과제'에 잘 나타나 있다.

"경제지리학의 주요 연구과제는 경제활동(생산)의 지리적 분포, 노동의 공간적 분업화와 경제지역의 형성에 관한 법칙을 연구하고 천연자원에 대한 경제적 평가, 자원과 결합된 산업, 즉 농업, 공업, 교통 등에 관한 지리적 분포 및 인구지리학의 종합적 연구로서 지역을 분석하는 것이다(Konstantinov, O., "Economic Geography," Soviet Geography, Accomplishments and Tasks, 1962. p. 31)."

1960년대 이후 경제지리학의 관심사도 경제적 현상이 '어떻게(how)' 어디에 입지하였느냐라는 질문에서 벗어나 '왜(why)' 특정 경제현상이 그곳에 입지하게 되었으며, 왜 현재와 같은 그런 공간배열이 나타나게 되었는가에 관심을 두게 되었으며, 단순히 경제활동의 공간 패턴을 기술하는 것이 아니라 그러한 패턴이 형성되어 가는 과정을 밝히는 데 중점을 두게 되었다.

지리학에서 공간조직을 연구하는 사조가 펼쳐지면서 경제지리학도 개개인과 사회가 어떻게 공간을 조직화하고 있는가에 관심을 두고, 입지결정과 공간구조(예: 토지이용 패턴, 산업입지, 취락입지 등)를 분석하는 데 초점을 두게 되었다. 이러한 공간조직 사조는 계량혁명에 의해 크게 영향을 받았으며, 통계적 방법을 통해 가설 설정, 자료 수집, 이론 검정 등의 일련의 과학적 방법을 도입하는 논리 실증주의 접근방법을 도입하게 되었다. 계량혁명을 주도해온 미국의 대학들은 아이오와 대학, 위스콘신 대학, 워싱턴 대학 등이다. McCarty(1956)는 경제지리학의 핵심 기능은 지표상에서 일어나고 있는 다양한 경제활동의 입지에 관해 설명하는 것이며, 이를 위해 입지론을 발달시켜야 함을 강조하였다. 또한 1956년 Isard가 「입지와 공간경제(Location and Space Economy)」라는 책의 출간을 계기로 지역학(regional science)이라는 학문 영역이 새롭게 만들어졌다. 경제지리학자들은 과학적 방법론 도입과 계량분석에 초점을 둔 연구들을 수행하기 시작하였고, 1950년대 후반 이후 계량적 접근방법이 급속하게 경제지리 연구에 활용되었다. 1963년 Burton은 지리학에서 계량적, 이론적 혁명은 이미 끝났으며, 사실상 이론지리학이 보편화되었음을 언급하였다. 이 시기에 출간된 Bunge(1962)의 「이론지리학(Theoretical Geography)」, Haggett(1965)의 「인문지리학에서의 입지 분석(Location Analysis in Human Geography)」, 그리고 Chorley & Haggett(1966)의 「지리학에서의 모델들(Models in Geography)」 등이 이러한 변화를 잘 말해주고 있다.

당시 경제지리학자들이 주로 연구하였던 과제는 입지론과 일반체계이론의 정립이다. 입지론은 1960년대에 가장 활발하게 연구된 분야로서 Thünen, Weber, Christaller의 고전적 입지이론을 재조명하여 경제공간의 조직을 분석하는 데 역점을 두었다. 즉, 다양한 산업활동의 입지에 영향을 미치는 요인들을 규명하기 위하여 경제학자들이 구축한 이론들을 수정·보완하였으며, 이를 통해 의사결정자들의 입지결정과정을 설명하고 더 나아가 예측하려고 시도하였다. Smith(1971)는 신고전이론들을 집대성하여 「산업입지론(Industrial Location)」이라는 이론경제지리학 책을 출간하였다. 그러나 입지론 자체는 경제활동에 대한 일반화된 설명을 제시하려는 시도이며, 모든 입지결정과정이나 또는 모든 지역에 다 적용될 수 있는 것은 아니었다. 특히 복잡한 실제 현실(real world)을 단순화시키기 위해 사용된 가정(assumption)을 토대로 한 모델과 이론의 정립은 특정한 상황(가정과 부합되지 않는 상황)에는 적용할 수 없으며, 또 경제발전 수준에 따라 달라질 수 있어 고전 입지론은 계속 수정·보완되어 나갔다.

한편 일반시스템이론(general system theory)이란 모든 시스템에 적용할 수 있는 기본 원리나 법칙을 추구하려는 것으로, 경제지리학뿐만 아니라 다른 학문분야에서도 연구되고 있던 주제이다. 시스템이란 대상(objects)과 속성(attributes) 사이의 관계가 통합된 일련의 복합체로, 예를 들면 경제시스템에서 대상이란 경제행위를 수행하는 모든 활동(예: 농장, 광산, 공장, 상점, 사무실 등)을 말하며, 좀 더 거시적 수준에서의 대상이란 경제활동이 집적되어 일어나는 도시나 촌락을 가리킨다. 이들 대상들이 서로 연계되어 시스템 내에서 각종 원료와 생산품, 그리고 사람들과 다양한 정보 등이 교통과 통신을 통해 농장이나 광산, 공장, 상점, 그리고 사무실 등으로 이동되거나 전달되고 있다. 이와 같이 각 대상들의 경제활동과 그들 사이의 흐름을 하나의 통합된 시스템으로 보는 일반시스템이론을 통해 세계공간경제(world space economy)에서 각 지역의 경제활동과 각 지역 간 상호연관성을 설명하려고 시도하였다.

당시 경제지리학자들이 관심있게 다루었던 시스템 이론을 구성하는 원리는 조직(organization), 상호작용(interaction), 계층성(hierarchy), 성장(growth) 등이었다. 조직이란 지리공간을 구성하는 개개의 요소들이 서로 결합한 통합체로, 경제지리학자들은 세계공간경제란 토지이용, 산업입지, 교통, 교역에 관한 이론들이 조직화된 것으로 보고 있다. 또한 도시나 지역의 전문화·분업화 과정을 설명하기 위하여 지역 간의 상호작용을 분석하게 되며, 계층성은 시스템의 조직·상호작용과 연관된 개념으로 공간조직의 기초가 되고 있다. 지역이란 전문화된 기능을 갖추기 위한 최소한의 규모를 지닌 저차위 중심지에서 고차위 중심지까지 계층화되어 있으며, 만일 시스템의 규모가 증가하게 될 경우 고차위의 전문화된 기능이 보다 확충되어 가면서 복잡성도 더해져간다. 각 지역의 경제 시스템은 성장하기도 하며 정체되기도 하는 데, 이러한 과정 속에서 자원배분의 불균형과 저개발 문제 등이 야기되며, 경제지리학자들은 이러한 문제들을 규명하고 더 나아가 해결하기 위한 이론을 정립하려고 노력하였다.

3) 정치경제학적 관점의 경제지리학

(1) 마르크스 지리학의 태동

1960년대 이후 경제지리학의 연구사조는 다른 과학들과 마찬가지로 논리실증주의에 입각한 공간조직에 대한 일반원리나 법칙을 수립하는 이론지리학을 강조하게 되었다. 이론없는 과학이 있을 수 없듯이 경제지리학자들은 복잡한 경제세계를 보다 정확하게 이해·설명하고 더 나아가 미래의 경제공간을 예측하기 위해 모델과 이론을 정립하고 이를 검정하기 위해 다양한 계량적 방법을 도입하였다.

그러나 1970년대 들어오면서 논리실증주의 접근방법에 대한 비판이 쏟아지기 시작하였다. 이는 계량적 방법에 근거한 논리 실증주의적 접근으로는 공간조직을 만족스럽게 설명할 수 없었기 때문이었다. 특히 경제인으로서 이윤 극대화를 추구한다는 전제가 실제 세계의 복잡하고 다양한 문제를 설명할 수 없었다. 이에 따라 입지분석 시에 개개인 의사결정자의 행태적 측면(behavioral aspects)을 강조하고 실제로 어떻게 입지결정이 이루어졌는가를 분석하려는 행태주의적 접근방법이 도입되었다. 이는 불확실한 상황에서 경제인으로 이윤 극대화를 추구하기 보다는 만족자로서 지각수준과 실생활의 경험을 바탕으로 하는 '의사결정'이라는 주관적 변수를 추가하여 공간이 조직되어 나가는 과정에 대한 설명력을 보다 높여주기 위한 접근방법이라고 볼 수 있다. 그러나 행태적 접근방법도 역시 과학적 방법론, 특히 주로 확률이론을 사용하고 있었으며, 이러한 접근방법을 통해 개개인의 의사결정과정을 보다 잘 기술할 수는 있으나 집단적 의사결정과정을 기술하는 데 많은 한계점을 갖게 되었다. 이러한 행태주의 방법과는 다른 철학적 배경을 가진 인본주의적 접근방법도 이 시기에 상당히 활발하게 이루어졌다.

한편 1970년대 중반 이후 경제지리학 연구에 급진주의적 관점이 새롭게 도입되었다. 급진주의적 입장을 취하고 있는 경제지리학자들은 경제활동에 따라 야기되고 있는 각종 사회문제를 주로 마르크스 이론에 토대를 두고 해석하고자 하였다. 이들은 주로 입지와 관련된 사회적 불평등, 자원 사용 및 배분과 관련된 계급 간 불평등과 이에 따른 공간조직화 과정, 그리고 제3세계의 근대화 과정 등을 주로 다루었다. 급진적 경제지리학자들의 비판에 따르면 공간조직 이론들이 경제활동의 상부구조(superstructure)에서 일어나고 있는 현상만을 다루기 때문에 하부구조(understructure)에서 나타나고 있는 현상들은 거의 밝히지 못하고 있다. 더 나아가 이들은 사회적 관계와 경제경관의 형성과정에 관심을 두고 경제경관은 순수 경제(pure economy) 논리에 의해서 이루어지는 것이 아니라 정치경제(political economy)의 힘이 반영되어 형성된 것이라는 주장을 펼쳤다.

급진주의 지리학자들은 Clark 대학의 Peet를 중심으로 1969년에 "Antipode: A Radical Journal of Geography"를 발간한 이후 본격적인 연구 활동을 펼쳤다. 이들을 급진적(radical)이라고 부르게 된 것은 이들이 탐구하고자하는 관심사가 주로 공간조직의 사회적 모순과 사회적 갈등의 원인, 경제행위 주체들 간의 계급구조, 지역 간 불평등 등을 다루었기 때문이다. 특히 급진주의 지리학자들은 정치경제적 개념들을 토대로 하여 공간문제를 이론화하려고 시도하였다. 이들은 자본주의 경제는 사회적 관계(특히 노동자와 자본가)에 의해 형성되며, 공간경제는 사회적 재생산이 발생하고 조건화되는 배경으로 간주하고 있다(Dunford, 1988). 따라서 자본주의 경제를 자본주의적으로 만드는 본질적인 요인이 무엇인지를 밝히고자 노력하였으며, 특히 자본주의를 구성하는 실질적인 사회적 관계를 자본주의 생산방식과 자본 순환의 인과과정, 그리고 내적 메커니즘을 통해 설명하고자 하였다. 예를 들어 노동자와 자본가의 관계는 자본주의 생산양식으로 규정하지만,

개인과 집단의 행위는 주어진 시점에서 구조적 제약을 받으며, 자본주의에서의 경제활동은 사회적 관계를 기반으로 하기 때문에 자본주의 경제특성을 이해하기 위해서는 정치경제학적 접근방법을 도입하여야 한다는 주장을 펼쳤다.

대표적인 마르크스주의 지리학자라고 불리고 있는 Harvey는 지금까지 신고전적 경제이론에서 전제되어 온 균형적인 지역발전과는 대조적으로 실세계는 자본과 노동 간에 갈등 내재적 관계로 인해 경제경관은 불균등한 발전이 지속적으로 이루어질 수밖에 없음을 주장하였다. 1973년에 발표된 「사회정의와 도시(Social Justice and the City)」 논문에서 Harvey는 사용가치와 교환가치, 마르크스의 지대 개념들을 원용하여 자본주의 사회의 도시화, 특히 교외화 과정을 분석하였다. 그는 도시의 공간구조 변화가 도시인의 실질소득에 어떻게 영향을 미치고 있는가에 대한 분석을 통해 사회화 과정과 공간구조와의 관계를 규명하였다. 특히 그는 자본주의 사회에서 생성되는 공간은 특정한 생산관계(자본가와 노동자)의 산물이며, 이윤을 창출하기 위해 자연을 변형시키는데도 이러한 관계가 다양한 방식으로 개입한 결과물이라고 풀이하였다. 이러한 접근방법을 통해 Harvey는 그동안 공간이란 인간의 삶의 반영물로 수동적으로만 인식해왔던 공간이 자본주의 생산양식의 기저를 이루는 생산력의 일부분으로 상당히 능동적인 역할을 수행한다는 점을 부각시켰다.

그 후 Harvey는 토지와 지대, 인구와 자원, 도시화와 자본축적, 도시정책 및 금융제도에 따른 근린사회의 변화 등 다양한 정치경제학적 개념들을 기반으로 하는 공간이론을 펼치면서 1982년 「자본의 한계(The Limit to Capital)」라는 책을 출판하였다. 그는 마르크스의 자본론이 지녔던 한계를 시·공간적 개념화를 통해 보완하고자 하였으며, 자본이동과 공간적 조정(spatial fix)과의 관계를 분석하였다. 그는 공간상에 불균등한 발전은 자본과 노동의 지리적 이동성과 자본순환을 통해 재편성되고 있다고 보았다. 즉, 자본은 거리와 공간의 마찰을 극복하면서 매우 유동적으로 이동하지만, 일단 자본이 투자되어 건조환경(built environment)이 구축된 지역, 특히 초기의 비교우위성을 지닌 지역으로 고착된다. 그러나 자본 이동에 따른 공간적 조정은 산업구조의 변화와 경제 재구조화에 따라 실리콘 벨리와 같은 새로운 신산업공간을 만들어내기도 하고 기존의 산업지역의 쇠퇴를 가져오기도 한다.

(2) 마르크스 지리학의 발달

1980년대 들어오면서 일부 경제지리학자들은 경제의 재구조화 속에서 특정한 지역들이 어떻게 변화되고 있는가에 초점을 두게 되었으며, 자본주의 생산체제 하에서 경제공간의 급격한 변화를 설명하는 데 많은 노력을 기울였다. 특히 점점 더 유동적이고 가변적인 자본주의 경제경관을 정치경제학적 접근방법을 통해 설명하기 위해서 이들은 더 다양한 요인들을 고려하게 되었다. Massey(1984)는 「노동의 공간적 분업(Spatial Division of

Labour)」에서 영국의 산업입지 변화를 분석하면서 자원, 시장, 수송비 등의 입지요인의 중요성을 강조한 전통적 입지이론과는 달리 노동의 숙련도, 노동의 질 및 가용성 등이 입지결정에 더 중요한 영향력을 주고 있음을 밝혔다. 특히 경제 재구조화 과정에서 생산과정의 단계별 입지요인에 따라 공간적으로 입지요인의 상대적 중요성이 어떻게 달라지는가를 분석하였으며, 단편적으로 생산시설의 입지를 설명하는 경우 단순히 어디에 입지하고 있는가에 초점을 두는 것이 아니라 제품의 수명주기, 생산조직, 생산공정 및 생산방식 등을 고려하면서 입지 변화를 설명하였다. 이렇게 노동의 공간적 분업화가 기업의 경쟁전략에 있어서 필수 요소로 인식되면서 공간적 분업화를 창출하고 활용할 수 있는 기업 역량에 대한 연구도 이루어졌다. Smith(1984)도 「불균등한 발전(Uneven Development)」이라는 저서에서 경제의 세계화가 진전되어감에 따라 초기의 비교 우위성을 지닌 지역과 미개발 지역 간 격차가 왜 심화되어 가는가를 설명하는 데 역점을 두었으며, 앞으로도 사회적인 불평등과 부정의는 더욱 심화되어 갈 것으로 전망하였다. 그는 특히 자본주의의 가장 두드러진 핵심인 불균등한 발전은 구조적이며, 자본주의에 내재된 여러 가지 모순에 의해 자본주의는 주기적인 위기를 직면할 수밖에 없음을 주장하였다.

자본주의 체제 하에서의 불균등한 발전을 공간의 생산(The Production of Space)이라고 지칭한 프랑스의 Lefebvre(1974)에 따르면 공간이 주어진, 추상적, 절대적인 것으로 인식하는 것이 문제라고 주장하면서 공간은 자본과 자본주의에 의해 생산된 것이라는 주장을 펼쳤다. 공간은 모든 생산양식과 사회를 이해하는 데 핵심이라는 전제 하에서 그는 공간적 실천, 공간의 재현, 재현적 공간이라는 개념 도입을 통해 어떻게 지본주의 사회에서 공간이 생산되고 또 재생산되는가를 설명하였다. 이러한 그의 사고는 마르크스 지리학자들의 연구에 상당한 영향력을 주었으며, 공간과학자들이 공간을 단순히 사회적 관계의 수동적 무대라는 인식에서 벗어나 생산의 모든 단계마다 개입하며, 불균등한 발전 과정을 통하여 고유한 공간들을 만들어낸다는 점에 초점을 두었다.

이와 같이 경제의 세계화가 진전되고 신자유주의가 확대되면서 공간적 불평등이 심화되어 가자 불균등한 지역발전은 자본주의 발달과정에서 구조적으로 내재된 불가피한 측면으로 간주하고 규범적 차원에서 이를 해결하고자 다양한 형태의 지역정책들도 수립되고 있다. 하지만 지역격차는 여전히 해소되지 않고 있으며 오히려 지역격차가 더욱 고착화되어 가는 현실을 직시하면서 경제지리학자들은 지역문제를 누구의 입장에서 누구를 위하여 바라볼 것인지, 지역문제의 종류가 무엇인지, 지역문제의 해결책을 모색하는 데 있어 지배적인 권력을 가진 주체가 누구인가 등을 고려하면서 지역문제를 이해하려는 노력을 기울이게 되었다.

(3) 조절이론적 접근

마르크스의 정치경제학적 관점에 영향받은 조절이론(regulation theory)은 1990년대 경제지리학에도 상당한 영향을 미쳤다. 조절이론은 Aglietta(1979)의 「자본주의의 조절과 위기: 미국의 경험(A Theory of Capitalist Requestions: the US Experience)」을 시작으로 하여 프랑스 학자들을 중심으로 발전되었다. 조절이론가들은 선진국의 자본경제에서 생산과 축적이 어떻게 조절되어 왔는가에 관심을 두고 세계경제가 시간의 흐름에 따라 어떤 메커니즘을 통하여 변화되어 왔는가를 설명하려고 시도하였다. 조절이론에 따르면 자본주의의 재생산은 결코 시장 조절이나 정부 정책에 의해서만도 아니며, 사회관계들의 구체적 형태(제도)에 영향을 받고 있는 각 개인과 집단의 행동 총체에 의해 이루어진다는 점을 강조하고 있다. 이러한 점에 비추어볼 때 조절이론가들은 자본주의 경제의 현실적인 동태성을 간과하고 있는 마르크스주의 사상을 보다 더 발전시켰다고 볼 수 있다.

1970년대 자본주의의 구조적 위기를 설명하는 대안으로 나타난 조절이론은 임금, 노동과 같은 구체적인 사회적 관계의 갈등이 조절되는 제도적 타협이 각종 조절 주체의 능동적 기능과 역할에 따라 어떻게 달라지는가를 파악하는 데 초점을 두었다는 점에서 급진주의 지리학자들의 관점과는 상당히 다르다. 축적체계와 조절양식으로 자본주의 발달과정을 설명하고 있는 조절이론은 경제 변화와 사회·정치의 변화를 연결시키고 있으며, 폭넓은 사회적 조절이 자본주의 발달을 안정화시키고 지속화하는 데 있어서 얼마나 중요한 역할을 하고 있는가를 파악하는 데 역점을 두었다. 특히 자본주의에서의 노동과 임금 관계, 경쟁과 기업조직의 형태, 금융체계, 국가의 역할, 국제 제도에 초점을 두었다.

조절이론가들은 자본주의 경제현상의 동태적 측면을 설명하는 데 있어서 마르크스 주의 매개 개념인 '축적체제(regime of accumulation)'를 도입하고 있다. 여기서 축적체제란 '자본축적의 진행이 광범위하게 일관된 행태로 축적되어 가는 과정에서 나타나는 왜곡 혹은 불균형을 흡수하거나 시간적으로 지연시킬 수 있는 규칙성의 총체'를 말한다. 축적체제가 안정화되기 위해서는 경제행위자와 사회집단들의 모순적 성격에도 불구하고 이들의 행위와 기대의 일관성을 보증해주는 제도형태와 규준이 존재해야 하는데, 이러한 제도형태와 규준의 총체를 '조절양식(mode of regulation)'이라고 부른다. 또한 일정한 축적체제와 조절양식이 결합되어 발전양식(mode of development)이 이루어진다. 조절이론에 따르면 '축적체계'와 '조절양식' 사이의 조화가 자본주의 성장을 가져왔다고 간주한다.

한편 주어진 생산력 수준에서 노동과 생산을 조직해나가는 축적체계는 외연적 축적과 내포적 축적으로 구분된다. 외연적 축적은 기술과 노동생산성의 향상이 없는 생산과정의 단순 확대이며, 내포적 축적은 노동생산성의 개선을 말한다. 내포적 축적체제는 다시 대량소비가 없는 내포적 축적체제와 대량소비를 수반하는 내포적 축적체제(포드주의)로 구별된다. 또한 자본주의 조절양식도 경쟁적 조절양식과 독점적 조절양식으로 나눌 수 있다. 경쟁적 조절양식에서는 상품의 사회적 승인과 노동력의 공급이 시장에 의해 조절된다. 따라서 노동력의 수급이 시장 여건에 의해 좌우되기 때문에 노동력 재생산은 불확실성에 놓이게 되고, 상품 가치도 위험에 직면하게 된다. 반면 독점적 조절양식에서는 고용계약, 간접임금제의 발달, 신용 및 금융제도의 발달, 독점적 가격책정의 조절형태들에 의해 상품의 사회적 승인과 노동력의 공급이 안정성을 확보하게 된다.

조절이론에 따르면 외연적 축적체제는 경쟁적 조절양식에, 내포적 축적체제는 독점적 조절양식에 각각 조응하는 데, 축적체제와 조절양식 간에 조응이 잘 이루어지지 않을 경우 구조적 위기가 발생하게 된다. 구조적 위기의 대표적인 예가 1930년대의 대공황이다. 1930년대의 대공황은 대량소비가 없는 내포적 축적체제가 경쟁적 조절양식 하에서 생산성 상승과 최종 수요증대를 유발시키지 못한 유효수요 부족으로 인한 과잉생산의 위기로 풀이한다. 한편 제2차 세계대전 이후 자본주의 성장은 포드주의와 독점적 조절양식이 결합한 결과이며, 1970년대 후반의 경제 위기는 축적체제로서의 포드주의의 위기와 새로운 축적체제의 모색기라고 해석한다. 여기서 포드주의의 위기란 생산성의 상승 부분을 초과하는 임금 상승, 표준화된 상품에서 차별화된 상품으로의 소비수준의 변화, 구상과 실행의 분리 심화에 대한 노동자의 저항, 그리고 만성적인 국가의 재정 적자 등 각종 조절양식의 마비로 인해 발현된 것으로 해석하고 있다.

조절이론적 관점에 따르면 포드주의의 위기에 대응하여 나타난 새로운 축적체제가 바로 유연적 축적체제이다. 포스트포디즘의 특징이라고 불리우는 유연적 생산체계 또는 유연적 축적체계의 경우 전문기술이나 첨단산업과 관련된 부품 공급이나 그에 의존하는 하청계약에 초점을 두고 있다. 특히 전문 서비스 기능들이 발달되고 노동시장이 점차로 양극화(핵심노동집단인 숙련 고임금노동자 계층과 시간제, 임시직, 여성이나 소수 민족들인 주변 노동자 계층)되어 가는 수직적 분산을 이루게 된다. 시장에서의 치열한 경쟁과 상품의 다양화로 인해 유연성은 더욱 요구되기 때문에 생산과정에서의 수직적 분업과 사회적 노동 분업은 더욱 심화되어 간다. 포스트포디즘의 축적체계는 적시생산(Just-in-time) 체계나 사회적 노동 분업을 위한 수직적 재통합, 그리고 임시직과 단기노동계약 등 지역노동시장에서의 유연성이 핵심을 이루고 있다. 이러한 새로운 포스트포디즘 축적체계가 공간 상에 어떻게 발현되는가는 유연적 생산체제를 채택하고 있는 산업들의 행태에 달려있으며, 이들은 기존의 포디즘 생산방식의 잔재가 매우 경직되어 있는 지역을 회피하여 새로운 공간을 선호하여 입지하게 되는데 이를 신산업공간 또는 신산업지구라고 일컫는다.

그러나 1980년대 말부터 정치경제학적 접근방법에 대한 비판도 나타나기 시작하였다. 특히 개개인의 행태나 인간의 자율성, 창조성 등 행위자로서의 개인적 특성을 간과하고 있으며, 주로 계급이나 사회적 계층으로만 간주하고 있다는 점이 비판의 대상이 되고 있다.

포디즘과 포스트포디즘 비교

❐ 제2차 대전이후 1970년대 초까지 세계경제는 놀랄만한 성장을 이루하였다. 이 시기의 자본주의를 흔히 포드적 발달양식이라고 한다. '포디즘'은 미국의 포드자동차 설립자인 Ford의 기업경영 형태에서 유래된 것으로, 기존의 자동차 생산방식에서 탈피하여 어셈블리 조립라인과 노동의 분업화를 통해 대량생산체계를 수립하였다. 포드식 축적체제는 규격화된 소비재 생산, 기술적 노동분업과 조립생산라인을 연상케한다. 그러나 생산성의 향상과 대량생산은 이에 조응하는 수요 창출이 뒤따라야 한다. 따라서 포디즘은 노동자의 임금 상승과 기업의 생산성 향상을 뒷받침해주는 정부의 조절양식을 필요로 하게 되었다. 이에 따라 임금 관계(단체임금협상), 복지사회제도, 국가의 간섭(케인즈 정책) 등이 등장하게 되었다. 국가 간섭과 조절, 단체협상 등으로 제도화된 자본/노동관계, 그리고 새로운 이데올로기로서의 대중소비문화와 모더니즘의 등장 등 구조적 변화를 가져온 것이 포디즘의 특성이라고 볼 수 있다.

❐ 그러나 1970년대 들어와 포디즘의 축적체계와 조절양식의 균형이 깨지면서 포디즘의 위기가 나타났다. 조절이론가들의 견해에 따르면, 포디즘의 위기는 내재적 요인(공급측면이나 발달양식의 위기)과 동시에 외재적 요인(경제의 국제화로 인한 위기)이 작용한 것이다. 임금 상승이 생산성 증가를 초과하는 시점에서 1970년대 원유가 상승은 생산비용을 급증시켰다. 또한 내구 소비재 시장의 한계와 기술발달로 생산의 다변화가 가능하게 되자 표준화되고 규격화된 대량생산체계는 경쟁력을 잃게 된 것이다. 한편 세계 금융질서도 브레튼우드 협상 파기와 함께 달러화가 하락되면서 산업자본의 국제화가 빠르게 진행되었고, 서부 유럽과 일본의 전후 복구와 경제성장은 국제체계의 위계질서를 변화시키는 주요 요인으로 작용하였다. 포드식의 생산체계는 기술 분업과 지리적 분업을 통한 생산의 국제화를 가속화시켜서, 낮은 생산비용을 요구하는 노동집약적 업종들은 임금이 싼 제3세계에서 생산됨으로써 선진국들은 탈산업화, 제조업 고용의 감소, 실업율의 증가 등 많은 문제점을 수반하게 되었다. 또한 생산의 국제화는 케인즈식의 복지국가정책을 비효율적으로 만들고, 공공서비스 부문에 대한 지출 비용 증가로 상당한 재정적 압박을 받게 만들었다.

❐ 포디즘의 위기를 극복하기 위해 자본과 노동관계에 대한 조직변화를 추구하면서 생산과정에서의 구조적 변화가 나타났다. 즉, 저렴한 비용으로 표준화된 상품을 대량생산하는 대신 전문화된 상품 생산을 통해 수요의 안정화와 적기생산체제(just-in-time production system) 도입으로 수요의 탄력성에 대처하면서 재고를 줄이고 제품수명주기를 단축하고 상품의 질을 높이는 것이었다. 이렇게 포디즘을 위기로 몰아갔던 대량·소품종의 대량생산체제의 경직성에서 벗어나 극소전자와 정보기술을 도입하여 소량·다품종의 유연적 생산체제로의 변화가 포스트포디즘의 핵심이라고 볼 수 있다. 생산기술의 유연성뿐만 아니라 유연적 노동시장과 작업과정, 하청관계 확대를 통한 생산조직에서의 유연성도 도입되었다.

<포디즘과 포스트포디즘의 축적체계와 조절 양식>

구 분		포디즘	포스트포디즘
축적체계	기업 내	대량생산 : 규모경제 추구(Ford 형) 일관 작업라인 방식(기술적 분업) 생산품의 표준화, 긴 제품수명주기 노동의 탈기술화(단순노동) 정신노동과 육체노동의 분리	유연적 생산형태 : 규모경제 범위경제 추구 소규모 생산 단위, 제품 차별화 주문생산, 짧은 제품수명주기 사회적 분업, 노동의 재기술화
	기업 간	수평적, 수직적 통합 대기업 간 독립적 경쟁과 협력 공급자와 조립업자 간 하청	수직적 분리 : 전문화된 중소기업 기업 간·전략적 상호의존과 거래 네트워크 유연적인 하청 및 생산 공정
조절 양식		국가의 간섭(케인즈 주의) 복지국가를 지향한 사회적 서비스 완전 고용과 소득 재분배 노동력의 강력한 노동조합: 국가적인 집합적 임금협상력 미국 달러화, 통화 안정 자유무역	국가 간섭 최소화, 민영화 신자유주의(레이거니즘, 대처리즘): 복지 지출 감소 유동적, 분절된 노동시장 : 노동조합의 인식 약화 세계경제의 통합, 자유무역 강화 환율 불안, 규제완화적인 세계 금융 신용체계

또한 경제력과 사회적 관계에 너무 초점이 맞추어져 있으며, 노동계층에 기반을 둔 경제활동을 강조한 나머지 성, 인종과 같은 사회적 범주에 따른 경제활동을 무시하고, 경제력에 의해 사회적 관계가 결정되어 진다는 강한 결정론적 입장을 취하고 있기 때문에 문화나 창의적 아이디어까지도 경제활동의 산물로 취급한다는 점도 비판받고 있다.

4) 신경제지리학의 발달

(1) 경제학에서의 신경제지리학의 등장

전통적인 경제학자들의 관점을 크게 확장시킨 사람은 2008년 노벨경제학상을 수상한 Krugman이다. Krugman(1991)은 「지리학과 무역(Geography and Trade)」이라는 저서에서 공간 마찰과 그에 따른 거래비용 등과 같은 공간 개념을 도입하였으며, 그 이후 많은 경제학자들이 경제학의 균형모델을 구축하는 데 있어서 지리학적 관점을 도입하도록 이끌었다. 그가 도입한 공간에 대한 관점은 제한적이며 협소한 편이지만 새로운 접근방법으로 경제현상을 보려고 하였다는 점에서 이를 신경제지리학(NEC: New Economic Geography)이라고 명명하게 되었다. 1990년대 이후 신경제지리학이란 용어는 경제학에서 널리 사용되었으며, Krugman은 신경제지리학을 대중화시키는 데 지대한 공헌을 하였으며, 이에 따른 파급을 경제지리학의 부활이라고도 간주하고 있다(박삼옥, 2008).

이렇게 Krugman이 1990년대 신경제지리학에 대한 연구를 시작한 지 20년이 지나지 않은 2008년에 노벨경제학상을 수상하였다. 그의 학문적 공헌은 일반균형모형을 사용하여 불완전경쟁 하에서 수확체증과 금전적 외부효과의 개념을 통해 경제활동의 공간분포(집중과 분산)의 논리를 체계적으로 설명하였다는 점이다. 즉, 그동안 경제학자들이 비공간적 차원에서 경제이론을 발전시킨 것과 비교해볼 때 Krugman은 경제와 공간 간의 관계를 새로운 방식으로 재해석하였다는 점에서 높이 평가받은 것이다. 그는 불완전한 시장경쟁구조 하에서 재화와 생산요소의 지리적 이동성의 제약이 경제활동의 집적과 분산에 어떠한 영향을 미치고 있는가를 고찰하였다. 그의 새로운 접근방법은 완전경쟁과는 다른 시장구조가 나타날 경우 파생될 수 있는 상이한 외부효과의 본질과 그 차이를 인식하게 만드는 통찰력을 제공하였다. 특히 외부효과에 대한 새로운 인식, 즉 기업과 산업의 형태, 특화와 다양성의 논의 등을 통해 이들이 지역 불균등발전과 경제발전경로에 미치는 효과를 새롭게 성찰하는 계기를 제공하였다(정준호, 2008). 신경제지리학 연구의 가장 두드러진 특징은 독점적 경쟁시장이나 불완전한 경쟁시장을 전제로 하면서 무역과 장소와의 상호작용, 산업집적에서 수확체증과 외부효과, 지역발전의 경로의존성과 고착효과를 고려하여 경제공간을 이해하려고 한다는 점이다(박삼옥, 2008). 신경제지리학 접근방법에 따르면 특정 지역으로의 집적은 수확체증과 시장 지배력이 강하거나, 고객과 공급자가 지리적으로 쉽게 이동가능하거나, 교통비용이 낮은 부문에서 발생한다는 것이다. 왜냐하면 수확체증과 시장 지배력은 경쟁효과를 약화시키고 지리적으로 쉽게 이동가능한 고객과 공급자는 시장규모 효과를 확대시키기 때문이다.

Krugman의 신경제지리학은 미시적 관점에서 구축한 모형이기 때문에 공간 규모에 관계없이 동일하게 적용된다는 문제점을 안고 있다. 실제 세계에서 공간 규모에 따라 경제적 외부효과들이 상당히 차별적으로 나타날 수 있음에도 불구하고 공간 규모에 따른 상이한 외부효과에 대해 Krugman은 논의하지 않았다. 또한 공간적 전문화 또는 공간적 집적이 발생하는 역사적 기원을 우연으로 돌리고 있으며, 신경제지리학자들은 이러한 과정을 일종의 블랙박스(black box), 즉 복잡한 비시장제도의 집약된 형태로 이해하고, 그것의 본질과 역할을 규명하는 것은 주로 경제지리학자나 또는 사회학자들이 풀어나가야 할 과제로 돌리고 있다(정준호, 2008). 미시적 관점에서 구축한 신경제지리학 모델로는 지역의 사회적, 제도적 착근성을 고려한 지역경제의 다양한 발전경로를 설명하는 데 상당한 한계점이 있다.

경제학자들이 일컫는 신경제지리학은 경제지리학자들이 접근하고 있는 신경제지리학과는 매우 다르며, 일부 경제지리학자들에게 큰 비판을 받고 있다. 따라서 경제학자들의 접근을 지리경제학(geographical economics)이라고 별도로 구분한다(Martin, 1999). 특히 Martin(1999)과 Scott(2004)는 경제학에서 바라보는 신경제지리학의 한계점을 비판하

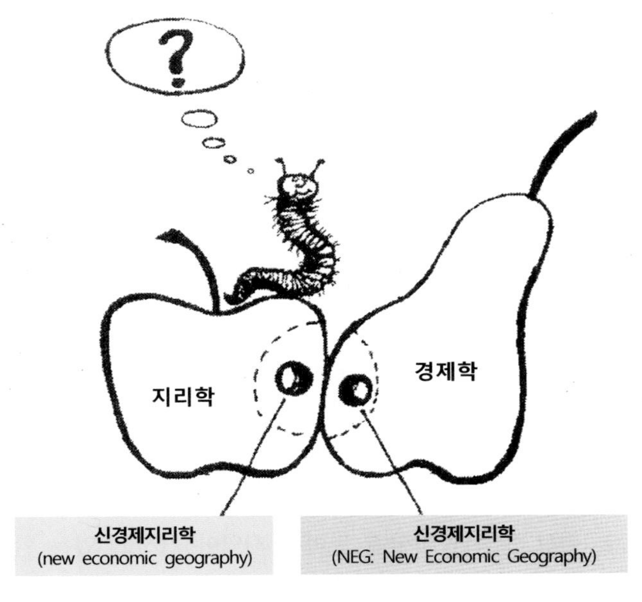

그림 2-8. 경제지리학과 경제학에서 새롭게 접근한 신경제지리학
출처: Sokol, M.(2011), p. 31.

면서 지역의 경로의존성을 이해하기 위해서는 지역의 제도, 문화, 사회구조 및 지역의 산업발전 과정을 고려하여야 함을 강조하고 있다. 그림 2-8에서 볼 수 있는 바와 같이 경제지리학자들이 연구하는 신경제지리학과 경제학자들이 연구하는 신경제지리학은 뚜렷하게 구별된다.

하지만 비공간적 차원에서 경제현상을 설명하는 이론을 정립해왔던 경제학자들에게 공간 개념을 추가하여 경제모델과 경제이론을 정립하여야 한다는 점을 부각시켰다는 점에서 비록 연구하는 내용은 상당히 다르지만 신경제지리학이라는 조어를 만들어내면서 경제지리학의 대중화를 가져왔다는 점은 매우 고무적이라고 볼 수 있다. 더 나아가 경제학자들이 접근하는 신경제지리학에 대한 경제지리학자들의 비판은 오히려 경제학자들과 경제지리학자들의 토론 및 협력의 장이 마련되는 계기가 되었다. 그 결과 2000년에는 경제지리학자와 경제학자가 공동으로 집필한 「경제지리학의 옥스퍼드 지침서(Handbook of Oxford Economic Geography)」가 발간되었으며, 2001년에는 경제지리학자와 경제학자가 공동으로 새로운 학술지 "Journal of Economic Geography"가 창간되었다. 또한 2009년에 개최된 미국지리학대회(AAG)의 경제지리학 분과에서는 Krugman의 노벨경제학 수상을 어떻게 받아들이고 경제지리학자들이 어떻게 대응해야 하는가를 놓고 토론하는 자리도 마련되었다. 토론하는 과정 속에서 자연스럽게 Krugman의 노벨경제학상 수상으로 인해 경제지리학의 지평이 넓어졌고 경제지리학의 학문적 위상이 높아졌다는 긍정적인 평가도 있었으며, 그가 남겨놓은 신경제지리학의 이론적 미완성은 앞으로 경제지리학자들이 해결해야 하는 과제임을 확인하는 자리도 되었다(이정협, 2009).

(2) 지리학에서 신경제지리학의 등장

1990년대 이후 경제활동을 이해하는 데 있어서 경제지리학자들의 지평선은 상당히 확대되어 나갔다. 특히 경제공간의 불평등이 더 심화되면서 지역 간 경제 격차를 설명하기 위해 전통적으로 고려되었던 경제적 요인이 아닌 제도와 문화의 영향력을 파악하고자 하는 시도들이 나타났다. 이러한 접근은 그 이전의 경제지리학의 관점과는 매우 다르기 때문에 신경제지리학(new economic geography)이라고 불리운다. 신경제지리학이 등장하게 된 배경에는 경제의 세계화가 진전되면서 경쟁 주체로서 지역의 중요성이 커지게 되었고, 신산업지구와 같이 클러스터가 나타나게 되면서 세계화의 영향력이 지역 간에 상당히 차별적으로 나타나게 되었기 때문이다. 특히 지식기반경제가 도래되면서 경쟁력의 원천이 되는 지식 및 혁신 창출과 확산에 있어서 지역이 가지고 있는 환경, 제도, 문화와 같은 요인들이 매우 중요해졌으며, 또한 이러한 요인들은 일시적으로 구축되는 것이 아니라 그 사회에 이미 깊이 뿌리내려 있다는 점들이 부각되고 있다.

신경제지리학 관점에서 강조하는 점은 경제활동을 영위하는 데 있어서 문화나 제도적 요인이 매우 중요한 역할을 하며, 따라서 경제활동을 분석하는 데 착근성(embeddedness), 사회적 자본(social capital), 사회연결망(social network), 공동학습(collective learning), 경로의존성(path dependence), 협력문화와 조직(collaborative culture and organization)의 개념들을 도입하고 있다(Barnes, 1996; Lee & Wills, 1997; Thrift, 1996). 이러한 관점들을 통틀어 '문화적 전환(cultural turn)'이라고 지칭하는 데, 이는 자본주의 시장 메커니즘에 뿌리박혀 있었던 사회적, 문화적 요인들을 재인식하려는 시도라고 볼 수 있으며(Sheppard, 2006), 더 나아가 그동안 발달되어 온 다양한 접근방법들을 통합화하여 보다 폭넓은 철학적 방법론적 토대를 구축하기 위한 역사적 재생이라는 주장도 힘을 얻고 있다(Martin & Sunley, 2006).

Barnes(2001)는 지금까지 경제지리학 연구에서 이론화를 가져온 가장 큰 파동으로 1960년대를 주도한 계량혁명을 통한 이론화와 문화적 전환을 통한 이론화를 손꼽았다. 그의 견해에 따르면 계량혁명을 통한 이론화는 인식론적 이론화(epidemiological theorizing)이지만, 1990년대 이후 등장한 문화적 전환에 따른 이론화는 해석학적 이론화(hermeneutics theorizing)이다. 그는 신경제지리학의 토대가 되는 해석학적 이론화의 특징으로 포용적이고 반성적(reflexive), 자유해답식(open-ended)으로 폭넓고 정해진 답이 없는 연구라는 해석학적 양식을 부각시켰다. 특히 과거의 이론지리학보다 덜 형식화되고 유연적인 특징을 가진 신경제지리학 이론은 발전해나가는 과정에 있기 때문에 이론적 사실이 절대적이거나 결정론적이지 않다. 즉, 아직 신경제지리학 이론이 확고하게 구축되어 있지 않으며, 또한 이론 자체도 계속 발달해 나가고 있다. 또한 신경제지리학은 지리학뿐만 아니라 경제학, 문화사회학 등과도 공통 영역을 갖고 있으며 접근방법이나 연구방법도 상당히 다양하고 개방적이다.

신경제지리학에서는 경제활동을 영위하는 데 있어서 주체가 되는 개인, 조직, 집합체 등과 같은 다양한 행위자들이 지역마다 서로 다른 제도적 기반 하에서 어떻게 공식적 또는 비공식적 관계를 구축하고 있는가에 초점을 두고 있다. 어떠한 제도적 환경 하에서 비공식적 관계를 통해서 신뢰적 연결망을 구축하고 이를 기반으로 한 혁신과 공동학습을 이끌어내면서 경제성장을 가져오고 있는가에 대해 큰 관심을 보이고 있다. 특히 공간적으로 근접해 있을수록 비공식적 네트워크 구축이 용이하며 그에 따라 학습을 통한 암묵적 지식이 창출될 수 있다는 연구결과들이 나타나면서 더욱 더 이러한 관점에 주목하고 있다. 일례로 실리콘밸리, 제3 이태리, 바텐-뷔르템베르크와 같은 신산업지구에 대한 연구에서 경제지리학자들은 지역 내 혁신을 가져오는 주체나 행위자들 간 이루어지는 네트워크 구축 및 제도적 역량을 파악하고 있다.

문화적 전환(cultural turn)

❐ 1970년대까지 경제지리학자들은 경제지리적 사실에 대해 연구했으며, 특히 실제 세계에서 직접적으로 관찰되고 측정될 수 있는 경제현상들(특히 입지와 공간분포)을 설명하기 위해서 공간분포에 영향을 주는 요인들 간의 인과관계를 모델을 통해 설명하고자 노력하였다. 그러면서도 공간분포에 영향을 주는 구조적 특징을 인지하고 관찰된 구조를 해석하기 위해 시스템적 사고를 도입하였다. 즉, 경제현상은 다양한 많은 요소들로 구성되어 있고, 그 요소들 간에 상호작용이 활발하게 일어나고 또 피드백도 발생하는 시스템적 접근방법을 도입하였다. 가장 대표적인 것이 중심지 이론을 바탕으로 한 계층구조를 가진 도시체계였다. 이렇게 논리실증주의 접근방법에서는 객관적으로 관찰 가능한 경제현상의 분석을 통해 경제지리적 사실을 밝히려고 노력하였다.

❐ 포스트모더니즘과 포스트구조주의 영향을 받은 문화적 전환의 특징은 문화에 대한 인식론적 의미와 중요성에 초점을 두고 있다. 문화적 전환에서 정의하는 '문화'란 사람들이 자신의 정체성을 만들고, 자신의 세계를 이해하고 자신의 가치와 신념을 정의하는 사회적 과정을 말한다. 경제지리학에서 문화적 전환을 수용하게 된 것은 논리실증주의 접근방법에서 중요시하던 경제현상의 인과관계가 실제 세계의 경제경관을 잘 설명하지 못하기 때문이다. 우리가 살아가는 세계는 인간의 의사결정을 통해 표출된 것이며 사람들은 있는 그대로의 세계를 수동적으로 받아들이는 것이아니며, 자신들의 열망에 따라 행동한다는 것이다. 즉, 사람들은 자신이 만나는 사람들과의 담론을 통해 세계에 대한 이미지를 형성하지만, 또한 자신이 살고 있는 지역의 역사적 특성에 흡수되어 자신의 가치나 신념 및 열망을 구축해 나가고 있다는 점을 강조한다.

❐ 경제지리학 연구에서 문화적 접근은 경제활동이 이루어지는 과정에 '문화'를 중요한 요소로 포함시키는 것이다. 문화에 포함되는 영역은 사람들이 자신의 삶에 의미를 부여하는 방식과 관련된 것으로, 과거로부터 내려온 관행, 노하우, 지식, 미래를 위한 계획 등이다. 문화적 전환 관점에 따르면 인간은 단순한 경제 행위자가 아니라 문화적으로 코드화된 정체성(여성, 계층, 인종 등)과 역사적, 맥락적으로 배태된 개인으로 노동시장이나 직장에서 경제행위를 펼치고 있으며, 따라서 사람들이 인지하는 경제공간은 객관적인 실체가 아니라는 점을 전제로 하고 있다. 이와 같이 단순히 경제활동의 산물로 간주하였던 문화가 경제활동의 중요한 요소로 간주되며, 개인의 사회계층이나 계급 등 주어진 구조보다는 상징, 의식, 담론 등에 더 초점을 두고 있다는 점에서 문화적 전환은 논리실증주의와 구조주의적 접근방법이 포스트구조주의적 접근방법과 어떻게 다른가를 분명하게 구분지어 준다고도 볼 수 있다.

❐ 특정 산업에서의 클러스터의 성공과 실패를 분석하는 데 있어서, 해당 클러스터에서 지식의 교환과 혁신이 어떻게 일어나는가를 파악하기 위해 문화적 전환의 사고는 매우 중요하다고 볼 수 있다. 일례로, 클러스터 분석에서 노동의 문화를 파악하는 것은 왜, 어떤 장소에서는 특정한 기술과 작업 훈련이 성공을 거두는 데 비해, 왜 다른 장소에서는 성공을 거두지 못하는가를 이해하는 데 필수적이다. 또 자본주의 문화도 매우 중요한데, 이는 세계 각 지역마다 기업과 정부의 규제와 조절양식도 매우 다르기 때문이다. 더 나아가 기업의 문화를 파악하는 것도 매우 의미있다. 왜냐하면 기업의 조직 구성원인 자본가, 경영자, 근로자들이 반드시 합리적 행동을 하는 것이 아니며, 기업에 스며들어 있는 기업문화에 개개인들은 이미 어느 정도 배태되어 왔기 때문에 자연스럽게 기업문화 관행에 따라 행동하고 인지하고 가치를 부여하게 된다. 이와 같이 장소, 문화, 경제가 공생적 관계로 특정 장소의 역사, 문화적 특성과 경제행위자 간의 상호의존 관계를 기반으로 경제현상을 파악하려는 접근이 문화적 전환의 핵심이라고 볼 수 있다.

❐ 문화적 전환의 사고를 통해 가장 잘 표출되는 것은 경제 행위에서 매우 중요한 영역인 소비이다. 전통적으로 소비자들은 자신들의 효용을 최대화하기 위해 소비하는 것으로 가정하고 있지만, 결코 소비자 개개인은 자신의 효용을 극대화하려는 합리적 소비행위를 하는 것이 아니다. 문화적 전환의 관점에서 볼 때 개개인의 소비는 문화적으로 이루어지며, 소비영역은 문화적, 상징적 산물(영화, 음악, 디자인, 광고 등)에 많은 영향을 받는다. 즉, 문화적 자본이 소비의 의사결정과정에 상당한 영향을 미치게 된다는 점을 강조하고 있다.

(3) 제도주의적 접근

신경제지리학이 등장하면서 이에 대한 논의도 활발하게 이루어졌다. 2009년 4월에 발간된 *Economic Geography*(Vol. 85, No. 2)에서 여러 편의 논문에서 '경제지리학에서의 진화(evolution in economic geography)인가 또는 진화경제지리학(evolutionary economic geography)인가?'에 대한 논의들이 이루어졌다(Grabher, 2009). 이러한 논의들을 종합해보면 신경제지리학의 특징은 크게 제도주의적 접근과 진화경제적 접근으로 구분지을 수 있다.

제도주의적 접근(institutional approach)이란 일련의 제도들이 경제활동을 영위하는 데 어떻게 영향을 주는가에 초점을 두는 것이다. 여기서 지칭하는 제도란 일정한 습관, 실행, 통상화를 통해 나타나는 사회적으로 총체화된 것으로, 경제행위자들의 행태를 형성하고 또 영향을 주는 비형식적 관습이나 규범을 포함한다. 제도주의적 접근은 경제지리학 연구의 이론적 기반을 확장시킨 것으로, 경제활동이 이루어지고 있는 지역의 사회적 제도를 무시하고는 경제공간의 형성과정을 정확하게 파악하기 어렵다는 점을 부각시키고 있다. 이에 따라 제도주의 경제지리학자들은 경제활동이 전개되는 지역마다의 고유한 사회적 제도 기반에 따라 경제경관이 어떻게 달라지는가에 초점을 두고 있다. 특히 지역 간 경제 행위의 차이를 지역 간 제도의 차이와 연관성이 있다는 가설 하에서 기업의 조직 관행, 기업 문화, 금융체제, 지방자치단체의 조례, 노동조합 등과 같은 각 지역의 독특한 제도적 구조들이 어떻게 경제행위에 영향을 주는가를 파악하고 있다. 더 나아가 지자체 당국, 개발청, 기업조직, 상공회, 노동조합 부서 및 지방행정, 정치가 그룹들이 지역경제를 발전시키기 위해 어떻게 제도를 구축하고 있으며, 또 제도를 변화시켜 나가는가에 초점을 두고 있다. Amin & Thrift(1994)는 지역경제 발전에 지대한 영향을 미치는 요인으로 제도적 밀도(institutional density) 또는 제도적 깊이(institutional thickness)의 중요성을 강조하였다.

그 밖에도 지역 경제발전에 영향을 주는 제도적 환경의 차이를 분석하기 위해 사회적 착근성, 거버넌스, 사회적 연결망 등의 개념이 도입되고 있다(Amin, 1999; Martin, 2000). 특히 경제의 세계화가 진전되면서 초국적기업의 활동이 활발해지자 지역의 경쟁력을 평가하는 데 있어 그 지역에 입지한 기업조직이나 기업문화 및 그 지역의 다른 학습환경 등에 많은 관심이 기울여지고 있다. 뿐만 아니라 신산업지구로 등장한 실리콘밸리나 제3 이탈리아 사례를 통해 특정지역의 경제발전에 제도적 환경이 얼마나 중요한가를 강조하는 연구들도 활발하게 이루어지고 있다.

이와 같은 제도주의적 관점에서는 새로운 지역연구(new regionalism) 접근이 용이하다. 왜냐하면 제도주의적 접근방법에 따를 경우 지역의 경제성장을 촉진 또는 저해하는 문화적, 제도적 조건들을 고찰하게 되는데, 이는 지역마다의 고유성과 독특성을 지니면서 경로의존적인 특징과 뿌리내림을 하고 있기 때문이다(Martin & Sunley, 2006). 특히, 특정 지역이 세계화에 어떻게 반응하는가를 연구하기 위해서는 특정 지역의 제도적 기틀과 일상화를 포함하는 사회·문화적 토대를 밝혀내고자 한다. 정치경제학적 접근이 주로 지역경제에 영향을 주는 외부적 과정에 초점을 두고 특히 자본에 의해 결정되는 수동적인 측면에서 경제발전 과정을 보았다면, 제도주의적 접근에서는 지역 내부의 조건을 강조하고 로컬리티의 고유한 특성에 따라 경제발전 과정이 달라지고 있다는 점을 고찰한다는 점에서 근본적인 차이가 있다.

(4) 진화론적 접근

진화경제지리학(Evolutionary Economic Geography)은 진화론적 개념과 방법론을 도입하여 경제활동의 집적과 특정지역에서의 경제성장과 지역격차가 어떻게 역사적으로 발전되고 변화되어 나가는가를 보려는 접근이다(Boschma & Martin, 2007; Essletzbichler & Rigby 2007; Frenken & Boschma, 2007). 진화론적 접근에서 널리 사용되는 개념은 경로의존성(path dependence)과 수확체증, 잠금(lock-in)이다. 경로의존성 개념은 특정 지역이 다른 지역과 차별화될 수 있는 국지적인 관습이나 제도를 유지하면서 지리적 관성을 나타내는 경우를 일컫는다. Arthur(1989)는 경로의존성의 개념을 규모에 대한 수확체증으로 나타나는 (+)의 피드백 과정과 오히려 특정한 축적경로에 경제주체가 의존하게 되는 잠금 현상을 통해 (-)의 피드백이 나타날 수 있음을 밝혔다. 즉, 규모에 대한 수확체증은 선점 투자와 기존의 축적경로에 의존하게 되는 효과를 초래하며, 실행에 의한 학습은 경로특수적인 지식을 창출하게 되며, 이는 쉽게 복제되는 지식이 아니므로 수확체증을 가져온다는 것이다. 사례로 실리콘밸리의 지역특수적인 지식이 그 지역에 경제행위자들에게 공유되면서 지식의 확산효과가 나타나면서 내생적 경제발전을 주도하고 있음을 예시하였다.

그러나 경로의존성이 오히려 잠금(락인)효과를 가져오는 경우도 발생될 수 있다. 경로의존적 과정의 락인 효과를 가져오는 대표적인 사례로 구산업지대의 쇠퇴를 들 수 있다. 이 지역들의 문화는 과거 산업화 시대의 산물이며, 따라서 새로운 기술이나 변화에 대한 도전에 있어서 경직되어 있고 제도들도 오래된 생산체계와 단단하게 연결되어 있어 새로운 변화나 새로운 기술을 받아들이는 것 자체를 약화시킨다. 이런 의미에서 구산업지역은 새로운 지식이나 기술을 받아들이는 데 구습과 구실행관습이 잠금 상태를 가져오게 된다는 것이다(Grabher, 1993; Setterfield, 1993). 경로의존성에 초점을 둔 연구에서는 다양한 형태의 제도적 거버넌스와 연계시키려는 시도 및 경제행위 주체가 새로운 변화를 요구하는 경제환경에 직면할 경우 대안적 발전경로를 탐색해 나가는 과정 속에서 지역의 주제들 간의 거버넌스가 어떻게 작동되어 가는가에 대한 관심을 기울이고 있다.

이상에서 살펴 본 바와 같이 경제지리학의 발달 과정과 각 시기별 경제지리학자들의 관심 주제 및 연구방법들을 간략하게 요약하면 표 2-1과 같다.

표 2-1. 경제지리학의 발달과정과 특징 비교

구분	전통적 경제지리	공간분석	정치경제	문화/제도적
철학적 배경	• 경험주의	• 논리실증주의	• 변증법적 유물론	• 후기모더니즘, 제도주의
핵심 사상	• 고전적 독일지리학, 인류학, 생물학	• 신고전적 경제학	• 마르크스 경제학, 사회학, 역사학	• 문화연구, 제도경제학, 경제사회학
경제에 대한 개념	• 해당지역의 천연자원과 문화가 통합됨	• 개인의 합리적 의사 결정에 따라 추동됨	• 생산의 사회적 관계에 의해 구조화; 경쟁과 이윤에 따라 추동	• 사회적 맥락의 중요성, 비형식적 관습, 규범이 경제행위에 영향을 줌
지리적 관점	• 세계 무역체계에 초점을 둔 상업지리 • 지역의 고유성을 강조하는 지역지리	• 폭넓은 공간조직 형태들	• 자본주의의 다양한 발달과정 및 이 과정에서의 수동적, 취약계층 강조	• 세계화 맥락 속에서 개별적 장소 강조
지역 초점	• 식민지 영역 • 뚜렷한 지역 구분 (예: 유럽, 북미, 농촌, 저개발지역)	• 북미, 영국, 독일 등의 도시지역	• 유럽과 북미 산업지역의 주요 도시들, • 개발도상국(특히 남미)의 도시 및 지역들	• 선진국의 성장 지역, 세계 금융센터, 소비의 중심 장소들
주요 연구 주제	• 생산·교역에 영향을 주는 자연환경, 세계 경제지역 구분	• 산업입지, 정주체계, 기술의 공간적 파급, 토지이용 패턴	• 도시화 과정, 선진국의 산업 재구조화, • 지구촌의 불평등과 저개발	• 경제발전에 영향을 주는 사회, 제도적 기초, 소비, 노동, 금융 서비스, 기업 문화
연구 방법	• 직접관찰과 야외조사	• 설문조사 및 데이터를 이용한 계량분석	• 마르크스 범주에 따른 2차적 데이터 재해석, 심층 인터뷰	• 인터뷰, 그룹 포커스, 맥락적 분석, 참여관찰, 민속지학(문화기술지)

출처: Mackinnnon, D. & Cumbers, A.(2014), p. 23.

3 경제지리학의 접근방법

경제지리학자들은 경제현상의 공간패턴 및 그러한 패턴이 형성되는 과정에 관심을 두어왔다. 그러나 경제의 세계화가 진전되면서 경제공간이 역동적으로 변화됨에 따라 경제지리학의 연구초점도 변화되고 있으며, 철학적 관점과 접근방법도 달라지고 있다. 경제지리학 연구는 크게 '논리실증주의, 구조주의, 포스트구조주의'의 접근방법으로 구분할 수 있다(Coe. et al., 2013). 세 가지 접근방법은 경제지리학의 탐구질문 유형과 해답을 찾아나가는 근간이 되는 서로 다른 철학적 배경을 갖고 있다. 즉, 각각의 접근방법은 경제지리학 지식에 대한 본질과 또 그 지식을 어떻게 인식하고 찾아내고자 하는가에 대한 인식론과 방법론에서 큰 차이를 보인다. 따라서 경제지리학적 지식이란 무엇이며, 어떠한 것이 가치있는 지식이 되며, 또 어떻게 그 지식을 얻게 되는가에 관한 다양한 접근방법을 이해하는 것은 매우 중요하다.

경제지리학의 핵심 개념이라고 볼 수 있는 공간과 공간구조에 대한 인식은 세 가지 접근방법에서 상당한 차이를 보이고 있다. 단적인 예로 논리실증주의(A) 접근방법의 경우 공간이란 기하학적으로 표출될 수 있는 절대적 공간(absolute space)으로 인식한다. 그러나 구조주의(B) 접근방법의 경우 공간이란 사회적 관계에 의해 만들어지는 상대적·귀속적 공간(relegated space)으로 인식한다. 더 나아가 포스트구조주의(C) 관점의 경우 공간이란 관계적 공간(relational space)으로 사람들의 일상생활 속에서 맥락적으로 인식되며, 공간구조도 사회적 구조뿐만 아니라 개인의 행동에 의해 형성된다는 인식을 갖고 있다(그림 2-9 참조).

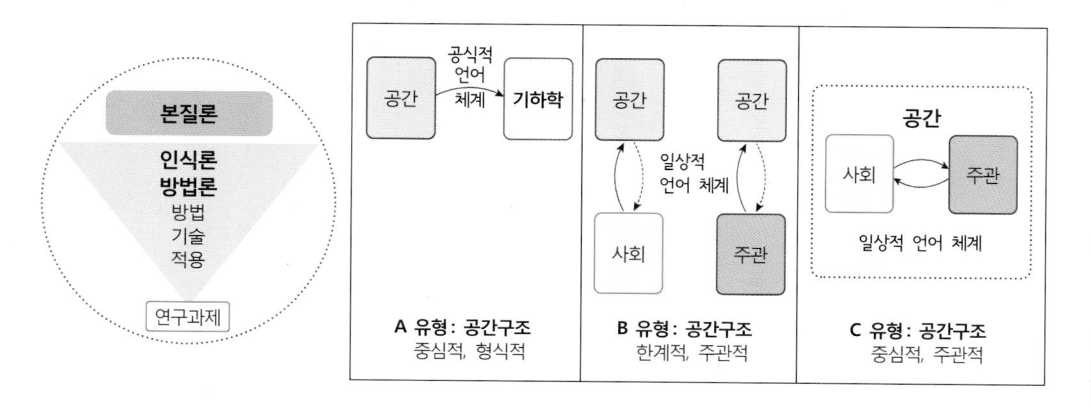

그림 2-9. 공간과 공간구조에 대한 세 가지 접근방법의 비교

출처: Holt-Jensen, A.(1999), p. 118 & p. 148.

1) 논리실증주의적 접근

경제지리학 연구에서 논리실증주의 철학 사상이 도입된 것은 1950년대 말 부터였다. 논리실증주의 철학 사상은 경제지리학뿐만 아니라 지리학 전반에 엄청난 영향을 주었다. 실증주의(positivism)는 1830년대 프랑스의 Comte에 의해 주창되었으며, 논리실증주의(logical positivism)는 1920년대 비엔나 학파에 의해 정립되었다. 논리실증주의는 질서가 내재되어 있는 객관적 세계가 존재하며, 모든 법칙은 반드시 객관적 절차를 통하여 검증되어야만 한다는 것을 전제로 하고 있다. 따라서 세계에 관한 모든 지식은 검정될 수 있고 객관적이어야 하며 실증주의 방법만이 지식을 얻는 참된 방법이라고 주장한다. 실증주의의 가장 큰 특징은 검정 원리이다. 즉, 어떤 것이 사실(참)이라는 것을 안다는 것은 그 사실을 실증하는 방법론을 알고 수용한다는 것으로, 실증주의 접근은 모든 문제들에 대한 합리적 해결책을 찾는 방법을 제공하며, 실증주의 연구는 객관적이고 가치중립적이다.

일반적으로 논리실증주의 방법론을 과학적 방법론 또는 가설적-연역적 방법론이라고 지칭한다. 지리학 연구에 논리실증주의가 도입되고 실제로 적용되기 시작한 것은 1969년 Harvey의 「지리학에서의 설명(Explanation in Geography)」이란 책이 저술된 이후부터라고 볼 수 있다. 물론 1953년 Shafer가 논리실증주의 지리학의 기초를 처음으로 제시하였고, 당시 경제지리학자들이 계량혁명을 주도하면서 통계 분석 및 모델 구축을 통한 연구들을 수행하였지만, 철학적 배경 하에서 이루어진 것은 아니었다. Harvey는 지리학에서의 이론 정립의 필요성을 역설하면서, 이론을 근거로 하여 경제현상을 설명하여야만 하며, 이론 정립을 위해 연역적-법칙추구적 접근방법을 제시하였다.

계량혁명과 논리실증주의 철학이 경제지리학 분야에 도입된 이후 나타난 가장 두드러진 점은 과학적 연구방법론의 적용이다. 특히 지리학을 공간과학(spatial science)으로 인식하고 경제현상을 설명하기 위해 법칙을 추구하고자 노력하였다. 경제공간에서 나타나는 현상들을 설명하기 위해 공간조직(spatial organization)을 연구하였고, 특히 입지와 경제공간의 형성과정에 관심을 두었다. 특히 경제공간에서 나타나는 현상을 어떻게 설명하며, 또 설명하기 위해 어떠한 법칙이 제시되어야 하는가에 초점을 두게 되었다. 더 나아가 공간과학으로서 경제지리학의 정체성을 갖기 위해서는 보편적이고 언제, 어디서나 적용될 수 있는 이론과 법칙들을 정립하여야 함을 강조하였다.

1960년대 이후 많은 경제지리학자들은 과학적 방법론에 따라서 연구를 수행하였으며, 다양한 계량적 방법을 활용하였다. 특히 계량화는 경제지리학의 과학적 방법론에서 필수불가결한 것으로 인지되었다. 과학적 방법론은 경제지리학 분야에 엄청난 영향력을 주었다. 공간조직의 모든 이론들은 '인간이 최소한의 노력으로 효율성과 효용성을 극대화'한다는 전제 하에서 공간조직을 형성하게 하는 규칙성을 탐구하였다. 특히, 공간구조란 공간

상에 특정한 분포를 이루고 있는 현상들이 질서를 이루면서 일련의 관계를 맺고 있는 입지적 배열 형태이며, 공간상에서 질서적 관계는 교통망이나 연계 경로에 따른 상호작용을 통해 이루어진다고 인식하였다.

이와 같은 논리실증주의 접근방법의 영향을 받아 경제지리학 연구에서 가장 활발하게 이루어진 영역은 개인이나 기업의 입지 결정과 관련된 연구와 토지이용 패턴, 교통망 발달, 도시성장 패턴 등이다. 입지이론은 개인이나 기업들이 경제활동을 펼치기 위한 입지를 결정하는 데 영향을 미친 요인들을 추출하여 설명하고, 더 나아가 입지 의사결정을 예측하고자 하였다. 특히 특정 경제현상의 공간분포를 파악하기 위하여 데이터를 수집하여 계량분석을 수행하였고, 공간패턴에 영향을 주는 공간과정의 결정 인자들을 선정하고 이를 검증하기 위하여 다양한 통계방법론을 활용하였다.

논리실증주의 접근방법을 도입한 경제지리학 연구는 크게 통계방법과 수학적 모델을 사용하여 공간분석에 초점을 두는 연구와, 경제학의 신고전모델(neoclassical model)을 도입하여 적용하는 연구로 구분될 수 있다. 특히 경제지리학자들은 경제학자들이 구축해놓은 다양한 신고전모델들을 활용하였다. 가장 대표적인 모델이 Thünen의 동심원 모델과 Weber의 입지삼각형 모델이다. 운송비가 농업적 토지이용 패턴을 결정짓는 중요한 요인이라는 가설 하에서 농업의 경제경관을 동심원 모델을 토대로 설명하는 농업입지이론은 당시 경제지리학자들에게 상당히 매력적이었다. 또한 원료와 제품을 수송하는 운송비와 제품을 생산하는 데 소요되는 비용들을 최소화하는 입지가 공업활동을 펼치기 위한 최적입지라는 비용 최소화 원리에 입각하여 공장 입지를 설명한 공업입지론도 상당히 과학적인 접근방법으로 인식되었다. 이와 같이 경제학자들이 구축해놓은 입지이론이나 신고전적 모델을 도입하여 경제지리학자들은 경제지리학의 연구 영역을 확고하게 다져나갔다.

논리실증주의 접근방법에 기초하여 경제제리학 연구에 지대한 영향을 미친 것은 Christaller의 중심지 이론이라고 볼 수 있다. 농업입지이론이나 공업입지이론과는 달리 중심지 이론은 지리학자에 의해 제시된 이론이었다. 실제 세계에서 나타나는 도시들의 공간분포를 도시규모의 수, 도시 분포와 간격 개념으로 설명하는 중심지 이론은 매우 연역적이고 법칙추구적이었다. 특히 재화를 구입하기 위하여 소비자는 최소 거리를 이동한다는 소비 행태에 따라 형성되는 육각형의 상권 형상이나 소도시-중도시-대도시의 계층적 포섭 원리에 따른 도시체계에 대한 관점은 경제지리학을 이론화시키는 데 크게 공헌하였으며 공간과학으로서의 위상도 상당히 높여주었다.

한편 논리실증주의 접근방법에 기초한 지역 간 이동이나 흐름을 설명하는 공간적 상호작용 모델에 대한 연구들도 활발하게 이루어졌다. 특히, 공간적 상호작용 모델(예: 중력모델을 비롯한 개입기회 모델, 엔트로피 모델 등)을 통해 지역 간 사람, 재화, 정보의 흐름을 분석하였다. 이를 통해 공간구조와 공간과정은 서로 누적적 인과성을 맺고 있으며, 구조는 과정의 결정 인자이며, 과정은 구조의 결정 인자라는 점을 부각시켰다.

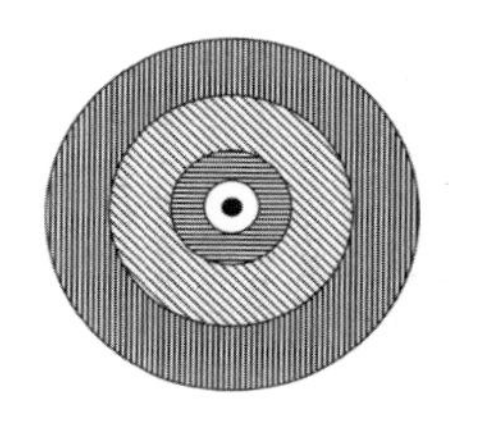

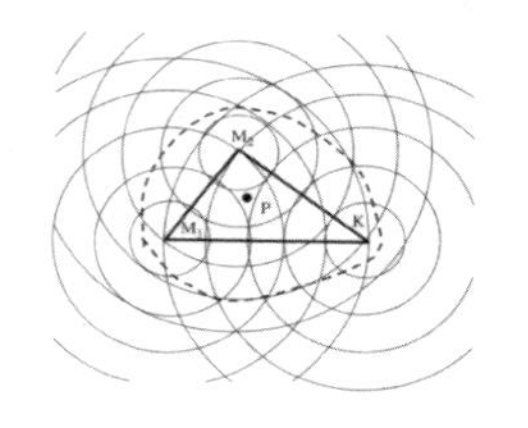

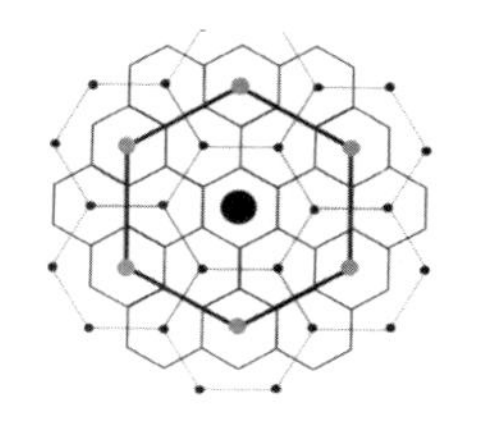

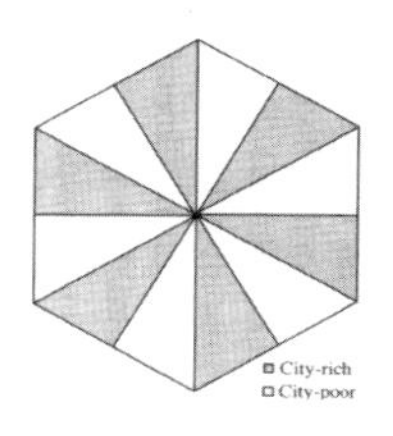

Thünen의 동심원 | Weber의 삼각형 | Christaller의 육각형 | Lösch의 육각형

그림 2-10. 고전적 입지이론에서 사용되고 있는 기하학적 형상들
출처: Essletzbichler, J.(2011), p. 31.

논리실증주의 접근방법에 기초하여 경제현상을 설명하기 위해 새롭게 등장한 방법의 하나는 그래픽 모델(graphic model, 일명 choremes라고 불리움)이라고 볼 수 있다. 그래픽 모델은 수학적, 통계적 데이터 처리를 요구하지 않으면서도 공간조직이 형성되는 요인들 간의 인과관계를 논리적으로 찾아내고 일반화된 원리를 추구하도록 유도하는 가시적 모델이라고 볼 수 있다. 특히 복잡한 실제 세계에서 나타나는 경제공간을 점, 선, 면적의 기하학적 형상으로 표현하고, 지역 간 흐름이나 이동을 화살표로 표시하는 그래픽 모델은 다소 제한적이지만 공간조직의 기초 원리를 쉽게 파악할 수 있는 가시적 모델이다. 그림 2-11에서 볼 수 있는 바와 같이 공간구조와 공간과정에 대한 다양한 개념들을 기호화하여 나타낸 것을 choreme이라고 한다. 각각의 choreme은 형태와 의미를 가진 기호로 공간조직의 형성과정을 그래픽으로 표출해주기 때문에 공간조직에 영향을 주는 요인들을 선별하는 데 도움을 주며, 따라서 지리적 지식을 표상하는 강력한 도구로 활용될 가능성이 있음을 보여준다.

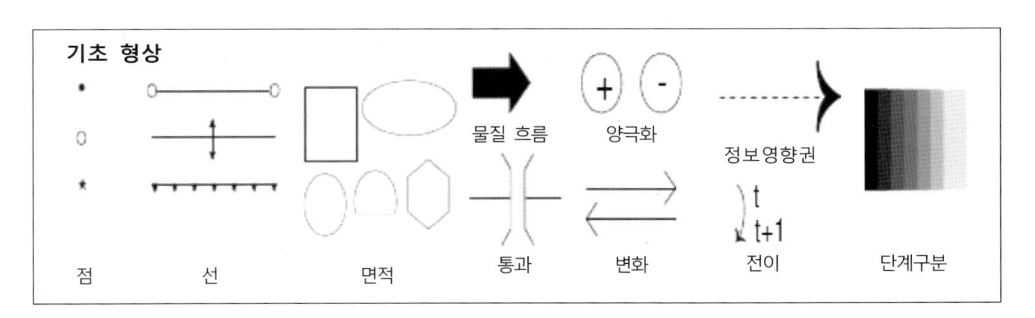

그림 2-11. 경제공간의 형상을 나타내기 위해 사용되는 그래픽 모델의 기초형상들

실제로 그래픽 모델을 통해 공간구조와 공간구조의 형성과정의 동태적 측면을 파악하는 데 필요한 개념들을 나타내기 위하여 점, 선, 면적의 기하학적 형상과 이들 형상 간의

연계를 망, 접촉, 경사, 계층으로 구조화할 뿐만 아니라 이들 간 상호작용을 유인력, 이동, 확산과 전이 등을 도입하고 있다(그림 2-12 참조). 더 나아가 이들을 조합하여 경제공간을 모델로 표출한 10가지 유형의 모델들도 제시되고 있다(그림 2-13 참조).

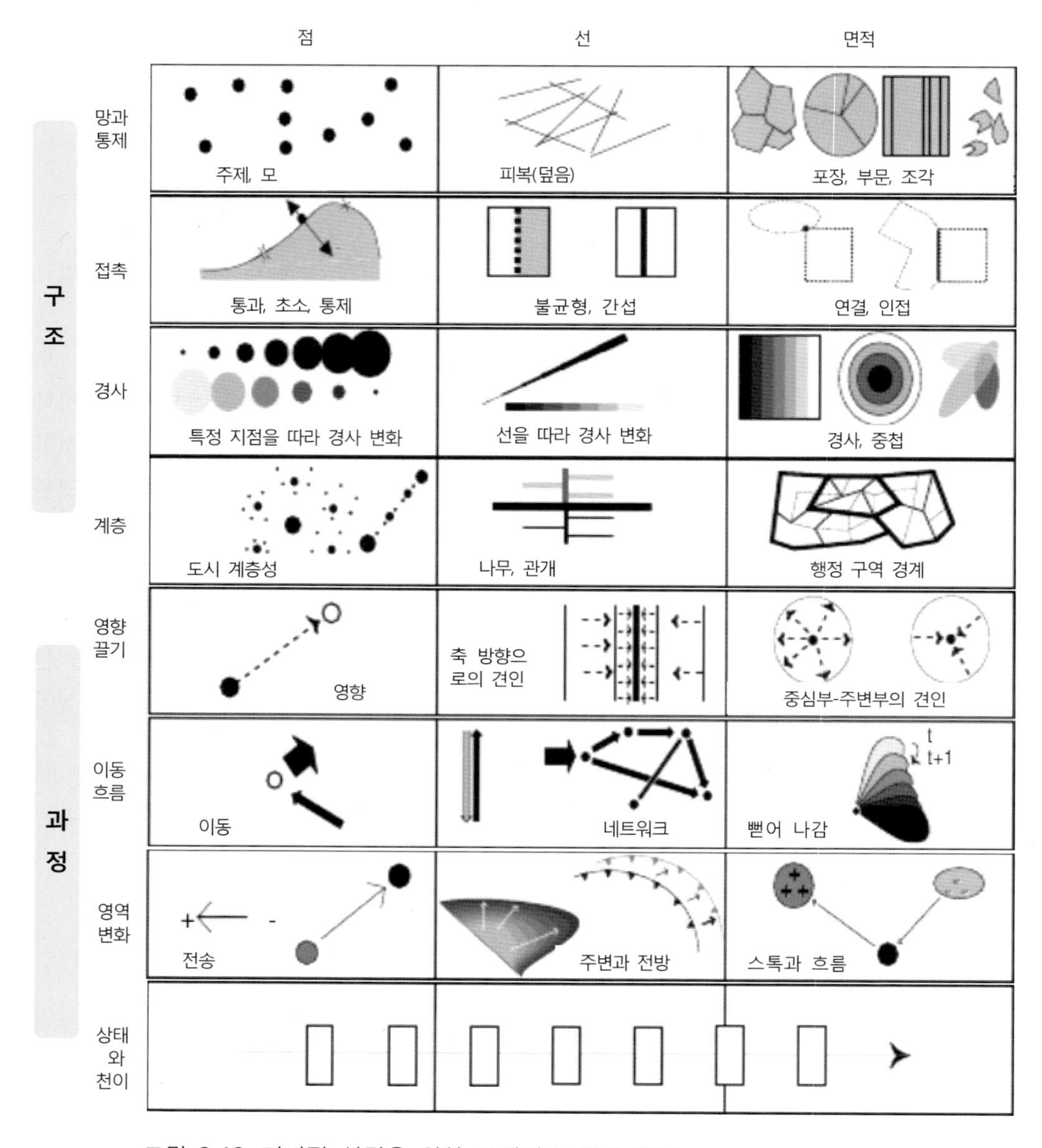

그림 2-12. 지리적 설명을 위한 그래픽 모델링 개념

출처: Klapka, P., Frantál, B., Halás, M., Kunc, J.(2010), Figure 5.

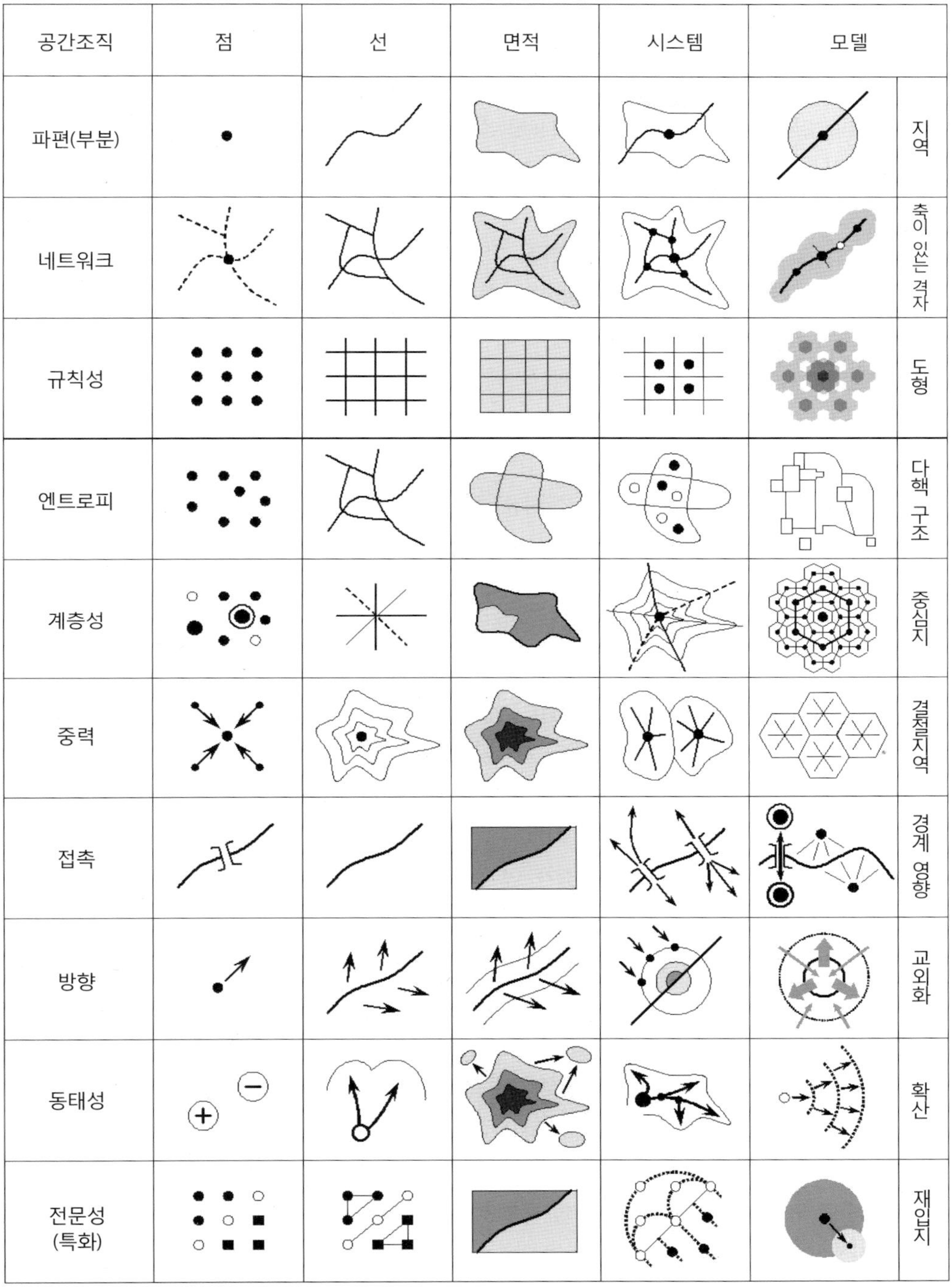

공간조직	점	선	면적	시스템	모델	
파편(부분)						지역
네트워크						축이 있는 격자
규칙성						도형
엔트로피						다핵 구조
계층성						중심지
중력						결절지역
접촉						경계 영향
방향						교외화
동태성						확산
전문성 (특화)						재입지

그림 2-13. 그래픽 모델의 다양한 유형들

출처: Halás, M., Klapka, P.(2009), p. 49.

이와 같이 논리실증주의 사조 하에서 경제공간에 대한 지식(참)들은 경제현상의 관찰과 측정을 통해서 얻어지며, 이러한 경험적 관찰로부터 원리/법칙/모델을 구축하기 위해 다양한 검정 방법을 활용한다. 뿐만 아니라 이렇게 얻어진 경제지리학적 지식은 시·공간 어디서나 일관적이며 보편적으로 적용될 수 있다고 간주한다.

그러나 1970년대 중반 이후 세계경제가 침체되면서 다양한 경제현상들이 나타났으며, 논리실증주의 접근방법을 통해서 이러한 현상들을 설명하기 매우 어려워지면서 논리실증주의 접근방법은 비판을 받게 되었다. 이에 따라 구조주의나 다른 접근방법들이 새롭게 도입되고 있다. 그러나 경제지리학 연구에서 논리실증주의적 접근방법이 단지 지나간 과거에 적용되었던 접근방법이라고 간주해서는 안 된다. 경제지리학에서 이론의 중요성을 부각시키고, 이론이 어떻게 구축되는가에 대한 기초는 논리실증주의 접근방법이었으며, 논리실증주의 접근방법의 도입으로 공간과학으로서의 경제지리학 위상이 높아졌다고도 볼 수 있다. 더 나아가 최근 경제학과 경제지리학 학문 간의 연결성을 높이면서 과거 어느 때보다도 경제지리학의 대중화를 가져온 것도 논리실증주의 접근방법이라고 볼 수 있다. 현재도 많은 경제지리학자들은 과학적 접근방법을 통해 지식을 창출하고 있으며, 특히 빅데이터를 활용하여 국제무역 패턴, 지역개발, 주택시장 및 노동시장 이슈들에 대한 연구 질문과 그에 대한 해답을 찾기 위해 노력하고 있다.

2) 구조주의적 접근(structural approach)

사회과학에서 구조주의 철학 사상은 레비-스트로스(Claude Levi-Strauss)가 구조언어학의 방법론을 도입하면서부터 시작되었다고 볼 수 있다. 경제현상의 상부구조 아래에는 이들을 지배하고 있는 하부구조가 있다는 마르크스의 주장과 맥을 같이 하여 레비-스트로스도 드러난 현상 뒤에는 이를 지배하고 규정짓는 '구조'가 있다는 전제 하에서 이 구조를 찾아내고자 하였으며, 그 방법론을 현대 언어학을 통해 알게 되었다. 이는 언어학자 쏘쉬르(Ferdinand de Saussure)의 영향을 받은 것이다. 쏘쉬르는 언어 자체를 하나의 사회현상이라고 간주하고 복잡한 언어활동의 체계를 세우려고 시도하였다. 그는 언어를 '랑그'(langue)와 '빠롤'(parole)로 구분하고 '랑그'에 대해 관심을 쏟았다. 여기서 랑그란 사회적 계약과 관습에서 유래한 것으로, 개인은 이것을 변경시킬 수 없으며 적응해야 하는 것이다. 쏘쉬르는 언어 행위보다는 언어 구조와 언어 기능에 초점을 두고 언어가 의미의 수단과 의미의 내용을 담고 있는 기호(signe)라는 점을 강조하였다. 이러한 쏘쉬르의 구조학적 언어학(언어를 구조라는 관점에서 언어를 기호로 보았다는 점)의 방법론을 레비-스트로스는 인류학에 적용하였다. 그는 고대인과 현대인, 또는 원시인과 문화인 사회의 모든 제도나 관습의 밑바닥에 놓여 있는 '사회현상의 구조적 성격'을 밝혀내고자 하였다. 그는 인류의 서로 다른 문화의 표면적 양상 하부에는 인간 사고의 내재적 패턴과 규칙들이 존재한다고 인식하였다. 따라서 비가시적이고 분명하지 않지만 이러한 구조(패턴들과 규칙)를 찾아낸다면 사람들의 다양한 삶의 방식을 설명할 수 있다고 주장하였다.

레비-스트로스는 1958년에 「구조주의 인류학(Anthrophologie structurale)」이란 저서에서 객체, 공간, 구조라는 새로운 사유를 통해 인류학을 전개하였다. 그는 사물의 심층은 합리적 구조로 되어 있고 실재는 존재의 기본 단위를 통해 설명될 수 있으며, 여러 요소들이 일정한 관계망을 형성할 때 구조가 성립한다고 주장하였다. 레비-스트로스의 구조주의 사상이 부상하게 된 것은 1960년대 당시 시대적 배경이라고 볼 수 있다. 당시 상황은 인간 능력의 한계, 표면적 갈등 이면의 구조적 모순의 존재 등으로 매우 복잡하였으며, 역사주의와 정통 마르크스주의 및 실존주의 사고의 한계 등이 부각된 시기였다.

구조주의의 핵심 개념들은 언어학에서 도입하였지만 구조주의자들은 인간의 사회·문화적 행위를 규정하는 구조적 체계와 법칙을 밝히고자 시도하였다. 구조주의 관점에 따르면 구조는 인간을 제약하는 요인이며 인간 주체는 구조의 산물이다. 따라서 인간의 의지에 의해 어떤 현상들이 결정되기보다는 그것을 제약하는 구조에 의해 결정된다고 주장한다. 구조주의 접근방법의 경우 직접적으로 관찰 가능한 실체보다 관찰 불가능한 이면의 실체를 중요시하며, 전체를 구성하는 요소들 사이의 관계에 초점을 둔다. 즉, 누구나 볼 수 있는 '드러난 것'만 보고 드러나지 않고 숨은 것을 당연하게 여기는 인식에서부터 벗어나 드러나지 않고 아래에 깔려있는 구조를 보려고 한다.

이와 같은 구조주의 접근방법을 경제지리학 연구에 도입하게 된 배경은 1970년대 세계경제가 침체되면서 도시 빈민, 사회적 분리, 젠더 불평등, 불균등한 국제개발, 탈산업화 등 사회적 이슈들이 상당히 많이 대두되었기 때문이다. 그러나 보다 더 직접적인 계기는 1973년에 발표한 Harvey의 "사회적 정의와 도시(Social Justice and City)"라는 논문이라고 볼 수 있다. 1969년 「지리학에서의 설명」이라는 책을 통해 논리실증주의를 소개하였던 Harvey는 1973년 마르크스 이론을 적용하여 어떻게 경제공간이 계층 관계에 의해 추동되는가를 분석한 논문을 발표하였다. Harvey는 미국의 볼티모어로 자신의 삶의 터전을 옮긴 이후 도시 빈곤, 인종 간 격리, 탈산업화 현상들을 직면하게 되면서 구조주의적 시각을 가지게 되었다. 그는 경제활동 자체가 균형을 이루는 것이라는 자본주의 가설을 정면으로 비판하고 자본주의 경제는 자본가와 노동자 간 갈등과 위기를 내재하고 있으며, 특히 노동의 분업화는 계급 갈등을 가져오면서 구조적 권력을 추동하고 있음을 인식하였다.

구조주의적 접근방법에 입각하여 경제현상을 연구하는 경우 관찰과 데이터를 기반으로 실제 세계의 경제활동을 분석하는 것이 아니라 직접적으로 관찰되지 않는 하부구조(underlying structure)를 파악하는 데 초점을 두고 있다. 이는 하부구조가 경제공간에서 사람들의 행동에 영향을 주거나 제약을 주며 권력의 차이를 만들어낸다고 보기 때문이다. 따라서 연구의 핵심은 자본주의 경제를 작동시키는 하부구조를 통해 경제활동이 표출되는 경제경관을 이해하며, 특히 자본주의 체제 하에서 생산력과 생산관계로 구성되는 하부구조가 어떻게 작동되어 경제공간으로 표출되는가를 보고자 한다.

구조주의 접근방법으로 활발하게 연구되고 있는 주제들은 사회적으로 이슈가 되고 있는 사회적 정의, 불평등(계층, 젠더, 인종 등), 환경의 지속가능성 등이다. 이러한 이슈들은 1960년대 말부터 세계경제가 침체기에 접어들면서 한층 더 부각되었다. 구조주의 접근방법을 통해 경제지리학자들은 이러한 현상들을 추동시키는 것은 자본주의에 내재하는 하부구조라는 인식 하에서, 이러한 현상들을 유발시키고 있는 구조를 파악하는 데 초점을 두고 있으며, 특히 진보적이고 규범적인 의제(progressive normative agenda)들을 발굴하고 있다. 즉, 관찰된 경제현상 하부에 놓여있는 구조적 과정을 이해하고, 이러한 구조를 바꾸도록 정치적 아젠다를 부각시키고 있다. 그 결과 논리실증주의 관점에서 연구되어 온 공간구조와 입지에 초점을 두었던 연구들은 상당히 줄어들었고, 생산의 사회적 관계, 계급 투쟁(자본가와 노동자) 및 권력에 초점을 둔 연구들이 활발하게 이루어졌다. 구조주의적 관점의 경우 사회적 관계는 개인의 행동으로 환원될 수 없고, 정치와 권력은 다양한 형태의 경제들과 분리될 수 없으며, 더 나아가 정치경제는 제도적 경제 영역과 밀접하다고 보고 있다. 특히, 정치경제는 정치적 매개체들, 제도적 틀(신용 규범, 기업, 개인 소유권, 법, 의회제도 등), 계층구조, 권력, 불평등, 개개인 행태에 대한 사회경제적 제약과 상호작용하고 있으며, 따라서 정치와 경제는 동전의 앞뒷면과 같다고 간주한다.

구조주의적 관점에서 관심을 갖는 또 다른 주제는 사회와 공간을 조직하는 데 누가 권력을 행사하였는가이다. 경제경관은 공간을 조직하는 권력과 부의 사회적 관계의 변화에 따른 산물이며, 현재 나타나고 있는 입지나 공간분포는 이미 역사적 과정을 통해 형성된 것이라고 인식한다. 권력은 사회 전반 또는 계층에 불평등하게 분배되므로, 상대적으로 부유하고 권력을 가지고 있는 사람들을 통해 경제공간이 형성되어 간다는 것이다.

최근 구조주의적 관점에서 수행된 연구들 가운데 주목을 받은 것은 포스트포디즘 시기에 새롭게 형성된 클러스터의 등장과 이와 관련되어 성공적인 클러스터와 실패를 겪은 클러스터를 비교하는 연구들이다. 이들 연구 결과에 따르면 특정 클러스터의 성공 요인을 해당 로컬리티의 사회적 특성과 제도로 해석하고 있다. 더 나아가 국가의 역할과 다른 중요한 제도들이 다층적 스케일에서 클러스터의 성공과 지역 경제발전에 지대한 영향을 미치는 것으로도 파악되고 있다. 더 나아가 글로벌 생산네트워크나 글로벌 상품체인 분석을 연구하는 경우 자본주의 성장을 추동하는 제도적 기반에 초점을 두고 분석하고 있다. 특히 기업들이 글로벌 경제공간을 통해 어떻게 상호작용하며, 어떻게 특정 부문에서 그들의 행위를 조직화하고 있으며, 기업조직의 제도적 형태와 국가 및 다른 조절기구들과 어떠한 연계를 갖고 있는가 등에 대해서도 연구하고 있다.

이며 활성화되어 있는 것임을 강조하고 있다.

한편 Sack(1992)은 포스트구조주의적 관점에서 공간에 대한 관계적 개념을 제시하였다. 그림 2-14에서 볼 수 있는 바와 같이 공간과 장소는 자연, 의미, 사회적 관계를 구성하고 통합하는 힘을 갖는다. 그의 견해에 따르면 세 가지 영역(자연, 의미, 사회적 관계)으로부터 나오는 힘들은 결정론적이 아니며, 우리 스스로 선택할 수 있는 힘을 갖고 있다. Sack는 이 그림에는 표출되지 않았지만 자연, 의미, 사회적 관계 영역 외에 네 번째 영역으로 매개체 영역이 존재한다고 보았다. 특히 이 매개채 영역은 다른 세 영역과 상호작용을 통해 서로 영향을 주고받게 되는데, 상호작용이 바로 공간과 장소에서 이루어진다는 것이다. Sack는 관계적 공간을 나타낸 원뿔 도형에 '어딘가에(somewhere)' 개념과 '아무 데도(nowhere)'라는 개념을 도입하였다. 여기서 '어딘가에'는 자아(ego)가 중심이 되며, 자신이 속해 있다는 내부를 의미이며, '아무데도'는 자신이 속해 있지 않은 외부로 자아 중심이 아니라 공공 또는 객관적 관점에서 바라보는 것이다. 따라서 '어딘가에'는 원뿔의 하부에 위치하며 자신과 가장 가까이 있다고 인식하는 반면에 '아무 데도'는 원뿔의 상부에 가장 멀리 떨어져 있다고 인식한다.

우리의 일상생활을 보면 somewhere에서부터 nowhere 경로까지 상당히 다양하며 서로 연관되어 있으나 서로 각기 다른 렌즈를 통해 오가고 있다. 예를 들면 자신이 가지고 있는 종교나 도덕, 가치관 렌즈는 '어딘가에'와 상당히 가깝게 있지만, 과학적, 추상적 렌

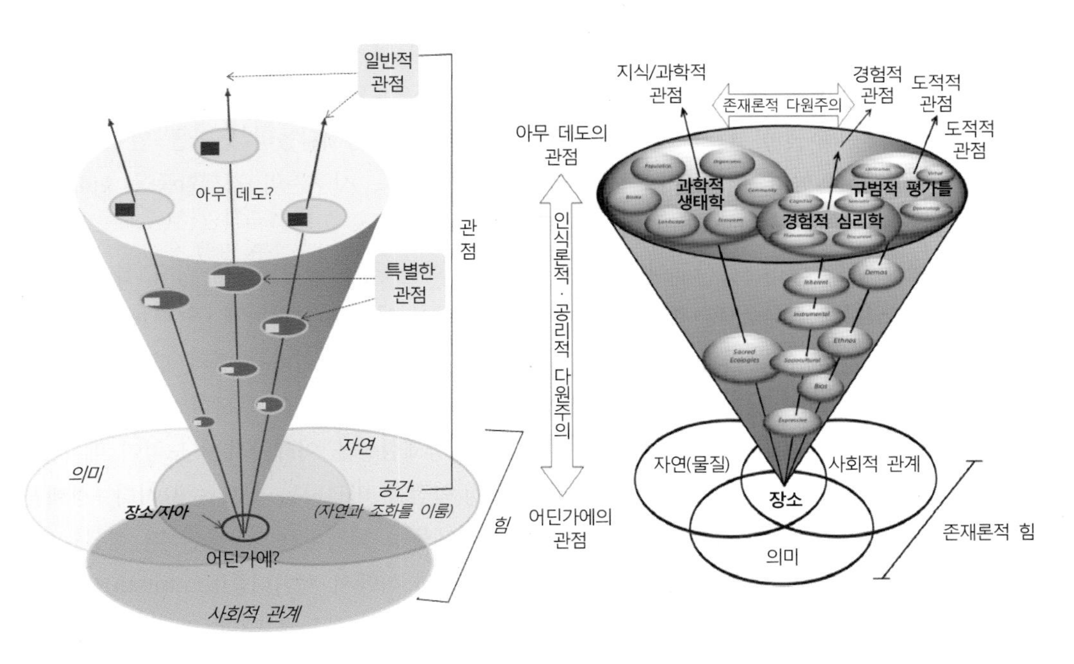

그림 2-14. 관계적 공간에 대한 개념적 틀

출처: Sack, R.(1992); Willams, D.(2014), Figure 2.

즈는 동일한 축이라도 '아무 데도'와 더 가까이 있다. 이와 같이 관계적 공간에 대한 개념은 실제 경제생활에서 자주 부각되고 있는 배제, 소외, 젠더, 분리 등의 현상을 이해하는 데 도움을 주고 있다.

그러나 포스트구조주의 접근방법에 따라 수행된 경제지리학 연구는 매우 최근이며 상당히 폭넓은 영역에서 이루어지고 있기 때문에 연구 결과의 성과를 명확하게 파악하기 어렵다. 뿐만 아니라 논리실증주의나 구조주의 접근방법을 통해 경제지리학적 지식을 찾아내려고 시도하는 것과는 달리 포스트구조주의 접근방법은 특정한 지식을 찾아내고자 하는 것이 아니다. 오히려 우리가 어떻게 경제공간을 인식하며, 또 어떤 방법으로 경제현상을 이해하여야 하며, 또 그러한 접근방법을 통한 결과가 무엇인가에 초점을 두고 있다는 점이 논리실증주의나 구조주의 접근방법과 포스트구조주의 접근방법의 근본적인 차이라고 말할 수 있다.

4) 경제지리학의 진정한 부활과 전망

경제의 세계화가 진전되면서 거리 영향의 사멸(death of distance), 지리학의 종말(end of geography)이라는 말들이 자주 사용되었다. 이는 정보통신기술의 발달과 교통체계의 혁신으로 지구촌 어디든지 접근성이 양호해지고 인터넷을 통해 다양한 수많은 정보들을 손쉽게 얻을 수 있게 되면서 세계는 점점 더 압축되어 가고 물리적 거리에 대한 제약도 크게 줄어들고 지리적 고유성이나 특성들도 점점 더 동질화되어 간다고 보았기 때문이다. 그러나 경제의 세계화가 진전될수록 특정 지역으로의 집중과 지역 간 차별화된 상호작용과 연결망 등이 나타나면서 글로벌 경제공간에서 경제활동의 변화를 연구하는 데 있어서 경제지리학의 중요성이 더욱 부각되고 있다. 즉, 지구촌의 경제활동을 이해하는 데 경제지리학의 역할이 오히려 더 중요해진 것이다.

경제지리학은 지식의 사고에 있어서 상당한 변화를 겪어 왔으며, 세 가지 접근방법이 혼재하고 있다. 입지이론과 계량적 방법론과 모델링이 여전히 활발하게 연구되는 한편 경제와 정치 영역의 구분이 모호해지고, 경제와 문화, 그리고 사회와 자연의 경계도 줄어들면서 연구의 폭도 상당히 넓어지고 있다. 따라서 실제 경제세계를 특정한 관점에서만 바라보아서는 안 되며, 서로 다른 접근방법을 통해 경제현상을 이해하려는 노력이 매우 중요하다. 특히 서로 다른 접근방법의 장·단점과 강·약점을 비교하는 것도 중요하다. 경제공간을 서로 다른 렌즈로 보는 것은 당면한 경제문제들을 해결하는 데 훨씬 더 적실할 수 있을 것이다. 최근 포스트모더니즘과 신자유주의 경제 하에서 페미니즘(feminism)에 대한 관심이 커지면서 젠더, 인종적 소수자, 게이 등 다양한 그룹들에 대한 연구도 활발하게 이루어지고 있다. 이에 따라 페미니스트 경제지리학, 노동경제지리학, 문화경제지리학, 환경경제지리학 등 다양한 영역으로 경제지리학 연구의 폭이 넓어지고 있다. 이와 같은 경제지리학의 연구 영역을 Sheppard(2006)는 간략하게 도식화하였다. 그림 2-15를 보면 서로 다른 철학적 배경을 가진 논리실증주의, 인본주의, 구조주의의 삼극 안에서 다양한 관점의 ---주의(---ism)들이 부상하고 있는 가운데 경제지리학의 연구 영역이 훨씬 더 넓어지고 있으며, 다루는 주제들도 다양화되어 가고 있다.

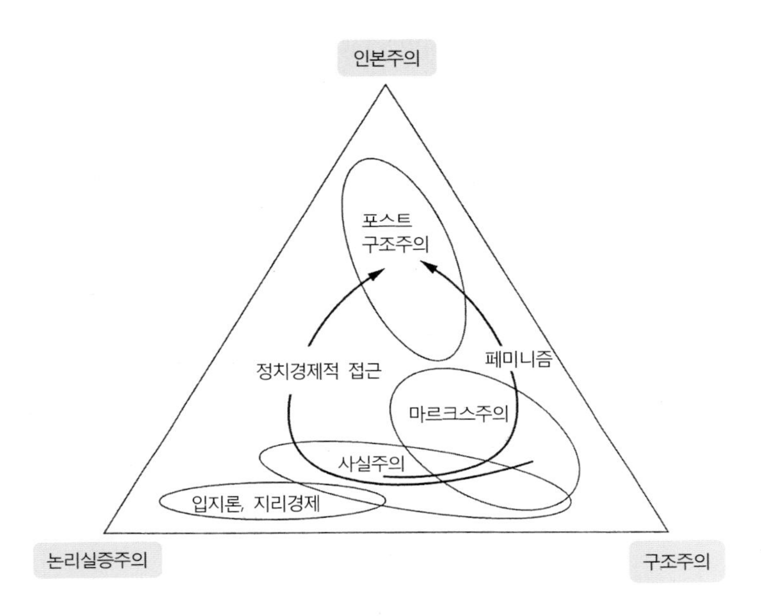

그림 2-15. 다양한 철학적 배경 하에서의 경제지리학의 연구사조
출처: Sheppard, E.(2006), p. 18.

지식기반사회로 접어들면서 경제발전의 핵심 요인인 지식 창출과 이를 뒷받침하기 위한 지역혁신이 화두에 오르면서 클러스터에 대한 관심도 점점 더 커지고 있다. 또한 지식의 파급효과가 한정된 국지적 영역에서만 나타나게 되자 지식 교류를 위한 상호작용과 경제활동에서의 지역 간, 기업 간 네트워크 구축도 지리적으로 차별화되고 선별적으로 이루어지면서 경제지리학의 탐구 영역과 연구 질문도 확대되고 있다.

경제지리학의 연구영역이 확대되고 새로운 접근방법이 도입되면서 다른 사회과학 분야와도 활발한 교류가 이루어지고 있다. 전통적으로 경제지리학은 경제학이나 물리학 등 다른 분야에서 구축해놓은 이론이나 아이디어를 도입하여 적용하여 왔으나, 1990년대 Krugman의 신경제지리학을 계기로 하여 다른 분야에서 경제지리학의 핵심 개념을 도입하고 있다. 경제지리학은 자신의 고유한 연구영역을 구축하면서 신경제지리학으로의 새로운 지평을 열어가고 있지만 아직 신경제지리학에 대한 이론 정립이 완결된 것이 아니며 지속적으로 발전시켜 나가야 할 것이다. 또한 다양한 연구영역에 걸쳐서 다른 분야와의 활발한 교류를 통해 경제지리학의 영역을 더욱 확대시켜 나가면서 진정한 경제지리학의 부활을 맞이하도록 해야 할 것이다. 더 나아가 지구촌에서 이슈로 등장하고 있는 주제들에 대해서도 관심을 기울이는 동시에 우리나라에서 현안 문제가 되고 있는 인구감소-기후변화로 인한 경제적 측면의 문제점들을 발굴하고 심도있는 연구를 통하여 경제지리학이 기초과학으로서만 아니라 응용과학으로서 사회에 공헌할 수 있도록 경제지리학의 사회적 참여도 활발하게 이루어져야 할 것이다. 특히 저출산-저성장 시대로 진입하고 있는 시점에서 인구감소와 기후변화 시대의 지역 경쟁력 향상을 위한 연구는 블루오션이라고 할 만큼 경제지리학의 새로운 연구 영역이며 사회적으로도 요구되는 연구 분야로, 경제지리 전문가들을 필요로 하는 분야로 부상하게 될 것이다.

제 3 장

노동의 유연화와 노동시장의 변화

1. 인구와 경제와의 관계
2. 노동의 재생산과 노동의 분업화
3. 노동의 유연화와 노동의 사회적 양극화
4. 이주노동의 흐름과 그에 따른 노동시장의 변화
5. 우리나라의 국제 노동 이주

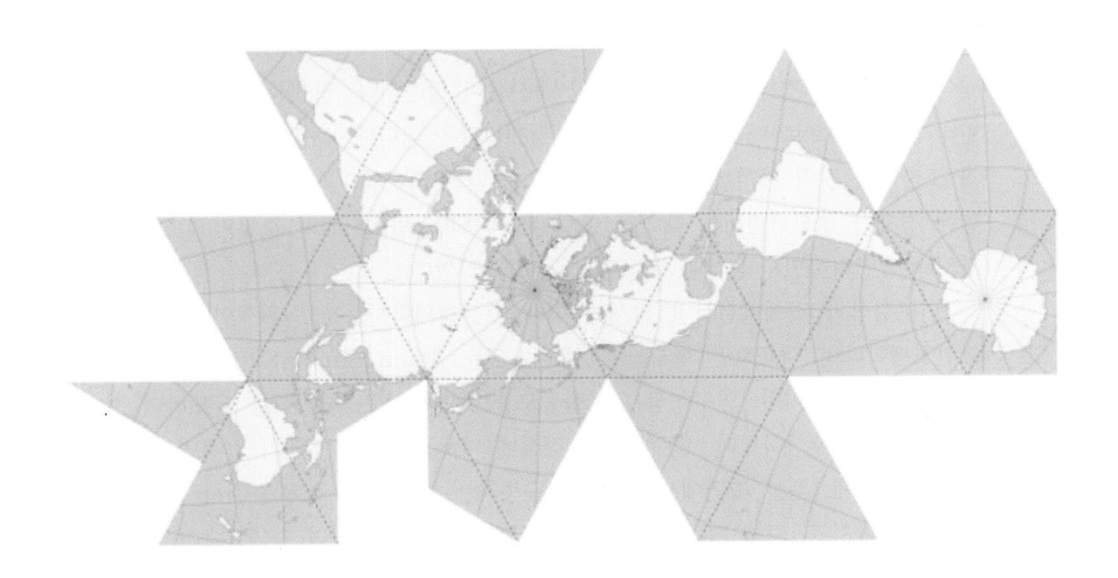

1 인구와 경제와의 관계

1) 인구성장과 경제성장

노동력은 경제활동의 기초적 생산요소 가운데 가장 핵심적 요소이다. 인간은 노동력을 제공하는 생산자인 동시에 생산된 재화와 서비스를 소비하는 소비자이다. 인구와 경제는 서로 밀접한 관계를 맺고 있으며, 특히 인구 규모와 노동력의 질은 경제성장에 지대한 영향을 미치며, 일반적으로 적정한 규모의 인구는 경제성장의 원동력이 되지만 과잉인구나 또는 과소인구는 오히려 경제발전을 저해하는 것으로 알려져 있다.

인구성장과 인구규모는 식량자원에 의해 항시 규제되어 왔다. 특히 외부지역과의 교역이 활발하지 못하였던 전근대사회에서 인구수는 식량 및 생존자원의 공급능력에 의해 항시 제한되어 왔다. 오늘날과 같이 국제교역이 활발한 경우에도 인구규모는 근본적으로 식량 공급량에 영향을 받고 있다. 따라서 인구는 경제의 함수로써 경제발전의 종속변수라고 보는 것이 일반적인 견해이다. 경제가 인구에 미치는 영향력은 세 가지 측면으로 나누어 볼 수 있다. 첫째, 경제상황에 따라 인구규모와 생활수준이 결정된다. 오늘날 국제교역과 원조에 의해서 과거보다 식량자원에 의해 인구수가 규제되는 정도는 미약하지만 아직도 인구규모는 생존자원에 의해 영향받고 있다. 둘째, 경제상황에 따라 노동 수요가 결정된다. 일반적으로 호경기일 경우에는 노동에 대한 수요가 많아지고 새로운 고용기회가 창출되지만, 불경기를 맞이하게 되면 노동 수요가 감소되어 실업자가 발생하고 실질 임금이 낮아진다. 셋째, 경제성장 수준에 따라 출산율이 달라진다. 경제성장과 출산력과의 관계는 반비례하는 것으로 나타나고 있다. 즉, 경제성장을 나타내는 지표인 1인당 국민소득 수준과 조출생률 간의 관계를 보면 1인당 소득이 낮은 국가일수록 출생률이 높게 나타나는 반면에 경제가 성장하면서 근대화가 이루어지게 되면 의료시설의 보급과 함께 자녀에 대한 가치관이 변화하면서 출생률은 상당히 낮아지고 있다.

인구성장과 경제발전과의 관계에 대해 고전경제학자들은 낙관적인 견해를 가졌었다. 고전경제학파의 대표적인 학자라고 볼 수 있는 Adam Smith나 Ricardo는 인구성장은 경제발전의 원인이며, 인구성장은 시장규모를 확대시키고, 분업화를 유도하여 경제성장을 촉진시킨다고 주장하였다. 인구증가가 경제에 미치는 영향은 네 가지 측면으로 나누어 볼 수 있다. 첫째, 생산 측면에서 볼 때 인구증가는 노동력 규모를 증대시키기 때문에 임금수준이 낮아지고, 그에 따라 상대적으로 기업 이윤이 증가되며 기업규모가 확대되기 때문에 궁극적으로 경제성장을 촉진시키게 된다. 둘째, 교환 측면에서 볼 때 인구증가는 구매력을 증가시키게 되므로 시장규모를 확대시키고 생산 활동을 자극하여 기업을 활성화시킨다. 또한 인구증가는 생산품의 양적인 증가를 유도할 뿐만 아니라 각 개인의 기호가 보다 다양화되기 때문에 다양한 종류의 상품 생산을 유도하여 경제성장을 가져온다. 셋째, 분배 측면에서 볼 때 인구증가란 주어진 국민총생산규모를 증가된 인구수로 나누게 되므로 1인당 국민소득 수준을 감소시키며 실질적인 구매력의 감소를 가져온다. 특히 사회구성원들 간에 소득격차가 심할 경우 인구증가는 경제성장의 파급효과를 감소시키며 궁극적으로 경제성장의 저해요소로 작용하게 된다. 넷째, 소비 측면에서 볼 때 인구증가는 소비수요를 확대시키지만 소비능력의 감소를 초래하기 때문에 소비수준이 낮아지면서 생활수준의 저하를 가져오게 된다.

이상에서 살펴본 바와 같이 인구와 경제는 상호 인과관계를 맺고 있다. 인구성장이 경제성장에 미치는 영향은 긍정적일 수도 있고 부정적일 수도 있다. 생산과 교환 측면에서 볼 때 인구성장은 경제성장을 촉진시키지만, 분배나 소비 측면에서 볼 때 인구증가는 오히려 경제성장을 저해시키기 때문에 총체적으로 인구증가가 경제성장에 어떠한 영향을 미치는가를 일반화하기는 매우 어렵다. 특히 급속한 인구성장으로 인해 경제성장이 문제시되었던 국가들이 주로 저개발국가였다면, 2000년대에 들어서면서 선진국뿐만 아니라 우리나라도 저출산-노령화에 따른 인구감소로 인한 노동력 공급 부족이 경제성장을 지속시켜 나가는 데 심각한 문제를 야기시킬 것으로 전망되고 있다.

인구성장률은 출산율과 교육수준, 근대적 가치관 등에 의해 영향을 받으며, 각 국의 경제성장은 자본규모와 자본 투자율 등에 의해서도 달라진다. 일반적으로 볼 때 경제성장의 초기 단계에서는 인구증가가 경제성장의 저해요소로 작용하는 경향이 있지만, 일단 경제개발이 어느 정도 진전되면 인구증가는 경제발전을 촉진시키는 것으로 알려져 있다. 그러나 저출산-고령화사회로 진전되어 생산연령층 인구가 감소하는 경우 경제성장을 침체시킬 수 있다.

하지만, 인구규모가 크거나 인구밀도가 높다고 해서 그 나라의 경제수준이나 국민의 생활수준이 반드시 낮은 것은 아니다. 한 국가의 경제수준이나 생활수준을 보다 더 정확하게 파악하기 위해서는 인구의 수용능력(carrying capacity)을 살펴보아야 한다. 인구의 수용능력이란 그 나라의 가용한 자원에 의해 지지될 수 있는 인구지지능력을 말한다. 따라서 주어진 자원으로 지지할 수 있는 인구규모보다 인구수가 더 많을 경우 그 나라는 과잉인구(overpopulation)로 인해 인구압(population pressure)을 느끼게 된다. 여기서 인구압이란 높은 인구밀도로 인해 가용한 자원에 대해 가해지는 압력으로 인구를 지지할 수 있는 자원 부족 때문에 인구성장에 압박이 가해지는 것으로 어디까지나 상대적인 의미를 지니고 있다.

그러나 같은 자원을 가진 나라일지라도 각 나라마다 인구 수용능력과 그에 따른 인구압은 달라질 수 있다. 그 이유는 그 나라의 기술진보와 국민들의 소비패턴과 가치관에 따라서 주어진 가용한 자원으로 지지할 수 있는 인구 수용능력이 달라질 수 있기 때문이다.

세계적으로 볼 때 인구 수용능력이 가장 적은 지역은 농업위주의 산업구조를 지닌 개발도상국이다. 아프리카, 라틴아메리카, 동남아시아와 남부아시아의 일부 농업국가들의 경우 대부분의 인구가 농업에 종사하고 있지만 증가하는 인구를 수용할 만한 식량을 생산하지 못하고 있다. 이는 자급자족 위주의 소규모 농업 생산방식과 기술개발 부진 등으로 인해 농업 생산량이 낮기 때문이다. 이에 비해 산업화된 선진국의 경우 과학의 발전과 기술혁신을 통한 생산성이 높은 농법을 통해 농업에 종사하는 인구비율은 낮지만 인구지지능력은 훨씬 더 높게 나타나고 있다.

이와 같이 같은 조건 하에서도 각 국가들의 적정 인구수(optimum population)는 달라질 수 있다. 적정인구란 그 나라 국민의 복지수준을 고려한 질적인 차원에서의 인구수를 의미하는 것으로, 이는 그 나라의 인구수와 자원의 효율적 이용능력에 의해 결정된다. 아무리 자원이 풍부한 나라일지라도 자원 소비량이 많은 나라의 적정인구수는 자원은 빈약하지만 자원을 절약하며 효율적으로 사용하고 있는 나라의 적정인구수보다 상대적으로 적을 수도 있다. 그러나 적정인구란 고정되어 있는 개념이 아니라 항시 유동성을 띠고 있는데, 그 이유는 인구가 증가할 때 상반되는 두 힘이 서로 작용하기 때문이다. 즉, 인구가 늘어나면 1인당 경작규모가 감소되고 그에 따라 생산량이 저하되기도 하지만, 또 한편으로는 인구 증가에 비례하여 분업화 현상이 가속화되어 효율적으로 노동할 수 있게 되므로 노동생산성이 향상되어 생산량이 증가된다. 이와 같이 적정인구 규모는 항시 유동적이며 정확하게 측정하기 어렵다. 따라서 한나라의 적정 인구규모는 인구과잉에 따른 여러 가지 현상이 나타나기 시작할 시점의 인구 규모라고 보는 경향이 있다.

일반적으로 어느 국가의 인구가 과잉되었을 때 나타나는 현상들을 보면 인구의 자연증가로 인해 국민의 생활수준이 점차 낮아지고 있으며, 노동력의 증가로 인해 노동에 종사하는 노동 투입량은 많아지나 그에 비해 노동생산성이 점차 감소되고 있다. 또한 현재 기술진보가 빠른 속도로 이루어지고 있지만 1인당 자원가용량이 거의 증가되지 않거나 오히려 감소되고 있다. 뿐만 아니라 인구 과잉으로 인구 전출현상이 나타나게 된다.

인구가 경제에 영향을 미친다고 볼 때, 인구구조는 생산연령층 인구와 노동력에 직접적인 영향을 주는 지표라고 볼 수 있다. 특히 연령별 인구구조는 경제활동 참여율에 영향을 미치며, 교육수준 및 직업과도 상관성을 가지며, 더 나아가 인구구조는 노동력의 질을 반영하는 인적자본(human capital)에도 영향을 미치는 것으로 알려져 있다.

우리나라의 경우 저출산-고령화로 인한 인구구조의 변화는 경제성장에 상당히 부정적 영향을 미치게 될 것으로 예상된다. 1960~70년 동안 2.21%로 증가하던 우리나라의 인구성장률은 계속 감소 추세를 보이면서 2060년에는 -1.0%까지 낮아질 전망이다. 이에 따라 2031년에 5,291만 명을 정점으로, 그 이후부터 인구가 지속적으로 감소하여 2045년 4,981만 명, 2060년에는 4,396만 명이 될 것으로 예상된다. 인구성장률의 감소는 곧바로 노동력 성장률의 감소로 이어지게 된다. 그림 3-1에서 볼 수 있는 바와 같이 우리나라의 생산가능인구는 2016년 3,763만 명을 정점으로 감소하게 되므로, 노동력 성장률도 (-)를 나타낼 것으로 예측되고 있다. 미래 경제를 전망하는 데 있어서 노동력 성장률 또는 생산가능인구의 비중이 중요한 이유는 이러한 현상을 단시간 내에 역전시키기 힘든 지속성을 갖고 있기 때문이다. 인구감소 추세에 따른 노동력 성장률 감소 현상은 우리나라뿐만 아니라 전 세계 주요 국가들이 겪고 있는 공통적인 현상이지만, 우리나라의 경우 그 감소폭과 감소 속도가 가장 빠르게 나타나고 있다.

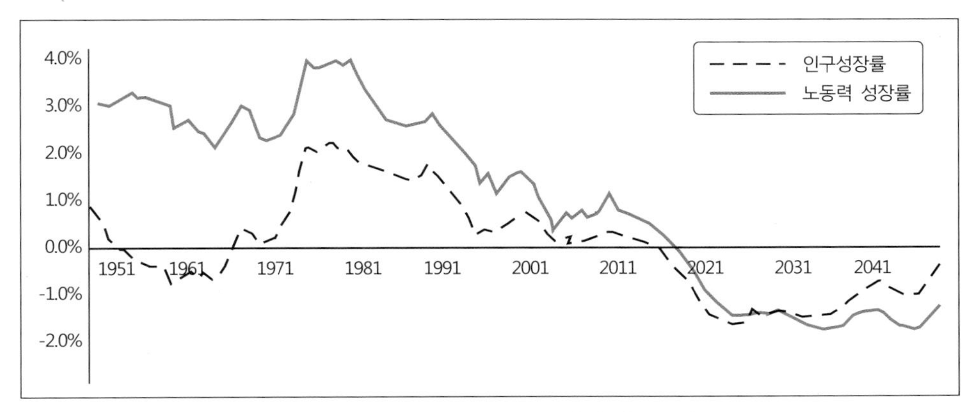

그림 3-1. 우리나라 인구성장률과 노동력성장률의 변화 추세 전망

출처: OECD(2012), Economic Survey of Korea.

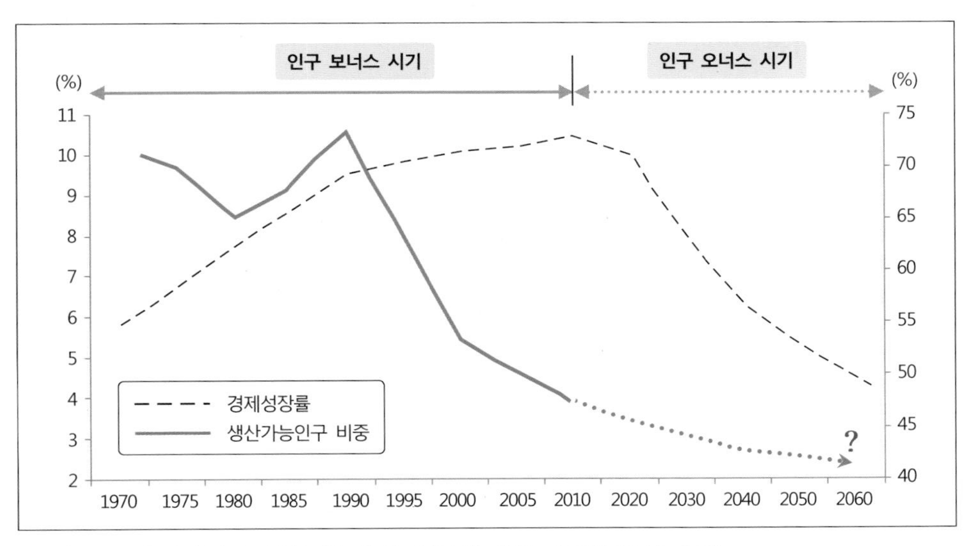

그림 3-2. 우리나라의 생산가능인구 비중과 실질 경제성장률 추이

㈜: 경제성장률은 실질 GDP성장률이며 주어진 기간의 평균치임.

출처: 한국은행, 국민소득; 통계청(2016), 장래인구추계: 2015-2065.

지난 50여년간 우리나라는 생산연령층 비중의 증가로 인해 세계경제의 불황기에도 상당한 수준의 경제성장률을 달성해왔다. 1970년대 중반부터 1990년대 중반까지 우리나라 실질 경제성장률은 8~10% 수준을 보여 왔으며, 이 기간 생산가능인구의 비중은 55%에서 70% 수준까지 높아졌다. IMF 이후 세계경제가 어려웠던 2008년을 지나면서도 4% 수준의 경제성장률을 유지할 수 있었던 것도 바로 인구 보너스 시기(demographic bonus)에 해당되었기 때문이다(그림 3-2). 인구 보너스에 의한 경제발전의 효과는 지역과 국가에 따라 다르게 나타나지만, 동아시아 국가들은 인구 보너스의 효과가 가장 크게 나타난 사례로 손꼽히고 있다(Bloom & Williamson, 1998; Bloom, et al., 2000).

그러나 1960년 42.3%를 차지하던 유소년 인구(0~14세)는 2015년 13.9%로 크게 감소한 반면에 1960년 2.9%를 차지하던 65세 이상 고령인구는 2015년 13.2%로 증가하여 유소년 인구비중과 거의 유사하다. 2017년 8월 말 65세 이상 주민등록 인구는 7,257천명으로 전체 인구의 14.0%를 차지하는 데 비해 유소년 인구는 6,825천명으로 13.2%를 차지하여 고령인구 비중이 더 높아졌다. 2015년 우리나라의 15~64세 생산연령층 인구 비중은 72.9%로 OECD 주요 국가들 가운데 가장 높은 수준(미국: 66.9, 영국: 66.0, 프랑스: 64.8, 일본: 64.0)이었지만 2060년에는 49.6%로 가장 낮은 수준(미국: 59.5, 영국: 57.7, 프랑스: 57.7, 일본: 51.1)을 보이게 될 전망이다. 이와 같이 우리나라의 경우 2016년을 정점으로 생산가능인구 비중이 줄면서 소비와 생산이 위축되고 부양해야 할 노년층이 늘어나 경제성장이 침체되는 인구 오너스(demographic onus) 시기로 접어들었다.

2) 인구이론

출생률과 사망률은 인구변화에 직접적으로 영향을 미치며 경제성장과도 직결된다. 따라서 많은 학자들은 경제가 성장해감에 따라 출생률과 사망률이 어떻게 변화하며 또 왜 변화하는가에 대해 연구하여 왔으며 인구성장과 경제발전과의 연관성을 밝히려고 노력하고 있다. 여기서는 대표적인 인구이론들에 대해 고찰해 보고자 한다.

(1) Malthus의 인구이론

Malthus의 「인구론(An Essay on the Principle of Population, 1798)」은 인구성장과 식량증산과의 관계를 보여준 것으로 이론적 기초는 두 가지 공리에서 시작되었다. 즉, 인간이 생존하는 데 식량자원이 꼭 필요하며, 남녀 간의 열정은 언제나 변함없이 일정하다는 것이다. 이러한 공리에 따르면 출산에 따라 인구는 계속 증가될 것이며, 증가하는 인구의 생존을 위해서는 식량 증가가 필수적으로 이루어져야 한다는 결론에 도달하게 된다. Malthus는 '인간의 증식력은 식량을 산출하는 토지의 힘보다 더 크다'고 전제하였다. Malthus는 수확체감의 법칙을 바탕으로 "인구는 제한되지 않으면 기하급수적으로 증가하는 데 비해 식량은 산술급수적으로 증가한다"(Malthus, 1798, p.12)라는 인구법칙을 내세워 빈곤의 필연성을 주장하였다. 이러한 인구법칙에 따를 경우 식량 증가속도보다 인구 증가속도가 더 빠르게 진행되어 인구위기(population crisis)가 일어나게 된다. 인구위기에 대해 Malthus는 전쟁이나 질병, 기근, 천재지변과 같은 적극적 억제(positive check)에 의해서 통제될 수 있다고 보았다. 그러나 「인구론」의 재판에서 Malthus는 인구증가를 둔화시키는 방법으로 적극적 억제 이외에도 예방적 억제책(prevented check)도 제안하였다. 즉, 인구증가는 생태학적 불균형에 의해서만 억제되는 것이 아니라 개개인의 의지에 따른 도덕적 절제(moral restraints)에 의해서 출생률을 저하시켜 인구증가를 억제할 수 있을 것으로 보았다. Malthus는 인구법칙이 존재하기 때문에 사회제도를 개혁하고 인위적 대책을 강구하여도 인구문제는 해결될 수 없다고 보았다. 즉, 구민법을 실시해도 빈곤은 해결될 수 없으며, 인구증가로 인해 경제발전도 저해받는 비관론적 입장을 취하였다.

하지만 Malthus는 당시 시작된 산업혁명이 농업생산에 어떠한 영향을 가져올 수 있는가를 예견하지 못하였다. 농업의 기계화로 인해 식량은 선형으로 증가한 것이 아니라 오히려 인구 증가속도를 능가하는 속도로 증가하였다(그림 3-3). 이는 인구증가로 인한 빈곤이 단지 식량생산과 직결되는 것이 아니고 다른 요인들에 의해 영향받고 있음을 말해준다. 더 나아가 Malthus는 출산력의 변화를 예견하지 못하였다. 그의 예측과는 반대로 산업혁명이 진전되면서 서유럽국가들의 경우 출산력이 떨어지는 경향을 나타내게 되었다. 이는 출산력이 생리적인 현상이 아니라 사회적인 현상임을 시사해준 것이다.

그러나 Malthus의 인구론은 여전히 개발도상국에 적용될 수 있다는 면에서 높이 평가되고 있다. 제2차 세계대전 이후 저개발국의 경우 사망률은 서구 의학의 보급으로 손쉽

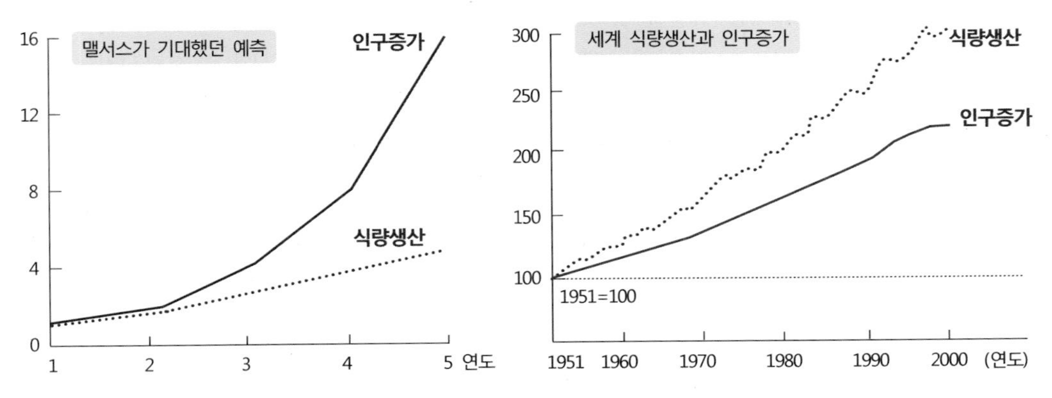

그림 3-3. 맬서스의 예측과 실세계에서의 인구증가와 식량생산증가와의 비교
출처: Stutz, F. P. & Warf, B.(2012), p. 66.

게 저하시킬 수 있었지만 출생률은 여전히 높게 나타나고 있어 맬서스적 의미의 과잉인구 문제를 직면하게 되었다. 경제개발을 위해 막대한 외국 원조까지 받아들여도 기대한 만큼의 경제개발을 이루지 못하게 되자 맬서스적 딜레마라는 용어까지 나오게 되었다. 이에 따라 경제성장과 국민복지 향상에 가장 큰 걸림돌이 되고 있는 '맬서스적 딜레마'를 어떻게 극복하느냐가 중요한 화두가 되고 있다. 즉, 저개발국의 인구문제는 Malthus 시대와 같은 상황 하에서 야기되었던 인구문제 양상이라고 볼 수 있으며, 따라서 인구증가 억제 방안을 과감하게 실천하여야만 한다는 것이다.

1960년대에 들어서면서 Malthus의 인구법칙을 새롭게 조명을 하려는 시도가 나타나게 되었다. 즉, 개발도상국의 급속한 인구증가로 인해 인구문제가 심각해지자 신맬서스주의(Neo-Malthusianism)가 나타나게 되었다. 이들은 '인구폭팔(population explosion)'이라는 표현까지 하면서 인구가 너무 많은 반면에 식량은 너무 부족하며, 그 결과 극심한 빈곤과 환경의 질이 저하되어 가고 있음을 주장하면서 산아조절의 필요성을 부각시켰다. 더 나아가 인구성장이 식량부족뿐만 아니라 토양 침식과 토양의 질적 저하를 포함한 환경에 미치는 악영향을 인지시키면서 피임법을 비롯한 다양한 산아제한 기술들을 저개발국가에 보급하고 계몽하는 데 역점을 두고 있다.

(2) Marx의 인구이론

Marx는 「자본론」과 「잉여가치이론」에서 Malthus의 인구론을 비판하고 과잉인구(overpopulation)란 개념 대신에 상대적 잉여인구(relative surplus population)의 개념을 사용하였다. Marx는 Malthus가 주장하고 있는 인구법칙은 생태학적 결정론에 근거를 둔 것으로 인간사회의 현상을 설명하는 데는 매우 부적당하다고 비판하였다.

Malthus의 이론 가운데 Marx가 가장 크게 비판하고 있는 점은 Malthus가 인구문제나 빈곤문제를 하류계층 사람들 탓으로 돌리고 있으며, 급격한 인구증가에서 비롯되는 각종 사회문제를 해결하는 길은 하류계층 사람들의 자각을 통해 출산율을 저하시키는 것이라고 주장한 점이다. 즉, 하류계층의 가난한 사람들의 경우 경제적 자립을 이룰 때까지 결혼을 연기하거나, 부양능력이 없을 경우 자녀의 수를 줄여서 보다 나은 생활을 영위하도록 스스로 노력해야 한다는 것이며, 가난한 사람들을 구제하기 위한 구민법(Poor Law)은 오히려 극빈계층의 양적 증가만을 초래한다고 보는 견해였다. 이에 대해 Marx는 빈곤, 실업 등의 문제가 발생되는 근본적인 이유는 자본주의 사회의 구조적 모순에서 비롯된다는 점을 역설하였으며, 따라서 인구문제의 근본적인 해결방안은 급진적인 사회개혁을 통해서만 가능하다고 주장하였다.

Marx는 인구성장과 인구문제에 관해 두 가지 논리를 피력하였다. 첫째, 인구지지를 위한 식량공급량은 생태학적으로 결정되는 것이 아니라 사회·경제적으로 결정된다고 보았다. 그 이유는 식량생산량은 식량생산을 위해 채택하는 사회의 경제체제나 기술에 달려 있기 때문이다. 일례로 소규모의 농가가 대규모 농장 지주보다 단위면적당 더 많은 수확량을 생산할 수 있으며, 소득의 분배 자체가 식량구입능력을 결정해 주며, 사회·문화적으로 결정되는 식량 소비관행과 소비수준에 따라 식량수급관계가 달라질 수 있다는 견해이다. 둘째, 출생률과 사망률은 경제적 전망(취업기회, 자원공급량 등)과 문화·종교적 가치에 의해 결정되는 것이며 단지 식량공급 수준에 따르는 것이 아니라는 점이다.

Marx의 주장에 의하면 순수한 과잉인구란 존재하지 않으며, 상대적 잉여인구는 본질적으로 자본주의 체제의 소산이고, 자본주의 경제체제를 유지하기 위해서는 필수적이라는 것이다. 즉, 자본가들이 최대의 이익을 올리기 위해서는 임금을 최저수준으로 동결시키야 하는데, 이를 위해서는 '실업자' 또는 '과잉인구'가 있어야만 된다는 것이다. 그는 자본주의 경제체제란 완전고용을 창출하려는 것이 아니라 오히려 과잉인구(실업자)를 창출하고 있으며, 따라서 과잉인구는 자본주의 사회에만 존재하는 것이며, 이를 상대적 잉여인구라고 보았다. 따라서 사회주의 경제체제 하에서는 결코 이러한 과잉인구가 나타나지 않는다고 주장하였다(Marx, 1906). 이와 같이 마르크스는 인구문제는 식량공급과 관련된 것이 아니라 사회·경제적 체제에서 기인하는 것이며, 따라서 사회·경제적 체제의 변혁으로 인구문제를 해결할 수 있다고 보았다.

Marx의 견해에 따르면 좀 더 균등한 식량분배를 위한 사회제도나 소득의 균등한 분배를 위한 경제체제가 이루어지면 자연히 인구문제는 해결된다는 것이다. 특히, 인구증가(출생-사망)는 사회·경제적 요인에 의해 결정되는 것으로 인구증가 자체가 인구문제를 야기시키는 것이 아니라는 것이다. 따라서 자본주의 경제체제 하에서는 인구증가에 따른 빈곤·실업문제 등을 포함하는 각종 인구문제가 해결될 수 없으며, 오히려 자본주의 경제체제를 유지하기 위해서 상대적 잉여인구란 필수적으로 나타나는 것임을 강조하였다.

그러나 Marx의 인구성장에 관한 견해는 일반적으로 어느 나라에나 적용될 수 있는 보편화된 견해라기보다는 19세기 당시 영국 사회에 적용될 수 있었다. 사실상 사회주의 국가에서도 Marx의 견해를 수용하는 데 어려움이 따랐다. 특히, Marx 자신은 인구문제란 자본주의 사회에서 나타나는 것이며, 사회주의 사회에서는 인구문제란 발생하지 않는다고 주장하였지만, 실제로 구소련이나 중국에서도 상당한 인구문제를 겪고 있었다. Marx의 인구이론에 대한 비판은 크게 세 가지로 나누어 볼 수 있다.

첫째, Marx는 맬서스의 인구이론을 체계적으로 분석·비판하지 못하였다는 점이다. 맬서스가 주장한 인구증가율과 식량증가율과의 차이에 따른 생태적 불균형은 어느 시대, 어느 사회에서도 나타날 수 있는 것이다. 사실상 인구문제가 근본적으로 일어나지 않게 된다는 Marx의 이론을 받아들인 중국과 같은 공산주의 국가에서도 심각한 인구문제를 해결하기 위해 매우 강력한 인구조절정책을 수행하였다.

둘째, 고전경제학자들이 생산성을 높이기 위해 기계 도입을 주장한 것에 대해서, Marx는 기계를 도입할 경우에 노동력을 배제하게 되어 상대적 잉여인구를 창출한다고 보았다. 그러나 이 주장은 비현실적으로 서구 자본주의 국가들의 경우 끊임없는 기계화와 기술혁신을 통해 생산성이 향상되고 생산능력이 확대되었으며, 이에 따라 임금과 고용수준은 계속 상승되어 왔다.

셋째, Marx는 상대적 잉여인구는 자본주의 경제발전의 필연적인 산물인 동시에 자본주의 존속을 위한 필수적인 조건이라고 보았으나 이 견해는 현실적으로 타당성을 잃어가고 있다. 선진 자본주의 국가들의 경우 잉여인구 현상은 나타나지 않고 있으며, 오히려 사회주의 국가에서 강력한 인구억제책을 실시하고 있는 점으로 보아 과잉인구는 자본주의 경제체제의 구조적 모순에 의해서 발생하는 것이 아님을 입증해주고 있다.

(3) 인구변천이론

① 제1차 인구변천모델

서구 이론가들은 Marx의 상대적 잉여인구이론을 거부하고 오히려 Malthus의 인구론에 동조하면서 개발도상국의 출생률이 낮아지기를 희망하여 왔다. 이러한 희망은 지난 200년간 서구유럽에서 경험한 인구학적 패턴에서 나타난 변화를 모델로 삼아 인구변천(demographic transition)이론으로 발전되었으며, 이 이론은 20세기에 들어와 인구문제를 이해하는 데 많은 도움을 주고 있다.

인구변천이론은 고출생-저사망의 인구성장에서 저출생-저사망의 인구성장패턴으로 변천한 유럽 국가들의 경험에 기초한 이론으로, 일반적으로 도시화·산업화가 진전됨에 따라

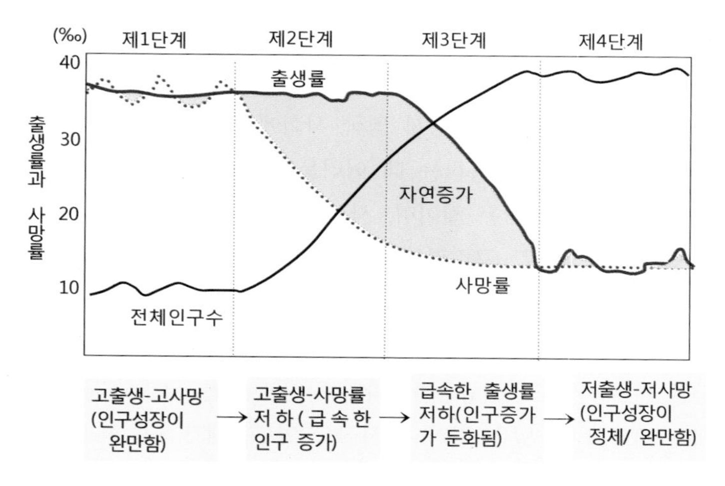

그림 3-4. 인구변천모델의 각 단계별 출산력과 사망력 특징

네 단계의 인구변천과정을 겪게 된다는 것이다. 그림 3-4에서 볼 수 있는 바와 같이 인구변천모델의 제1단계는 고출생률-고사망률을 나타내어 전통적인 안정성을 보이는 단계로 인구증가가 거의 없는 정지상태로 고위정지(high stationary) 단계라고 한다. 이 단계에서 사망률의 변동이 나타나는 이유는 전염병이나 기후변화에 따라 식량공급량이 변화되기 때문이다. 제1단계는 산업혁명이 일어나기 전 유럽국가들이 경험하였던 단계로 식량생산을 위해서 고출생률은 필수적인 것으로 여겨졌다. 제1단계에 속한 나라들은 아프리카 일부 국가들로서 조출생률도 높은 편이지만 조사망률이 20‰를 넘기 때문에 인구증가폭은 그리 크지 않은 나라로, 문맹률도 70%를 상회하며 소득이 매우 낮은 낙후된 지역들이다.

제2단계는 사망률은 급격히 감소되는 데 비해 출생률은 그대로 높은 수준을 유지하여 인구폭발현상이 나타나는 초기확장(early expanding)단계이다. 이 단계에서 사망률이 급격하게 감소되는 이유는 산업혁명 이후 의학·의술의 발달과 영양보급 및 보건위생의 개선 등에 기인한 것이다. 이 단계는 18세기 말에서 19세기 초까지 유럽과 북미 국가들이 경험한 것으로 현재는 아프리카 대부분의 국가들과 서남아시아, 그리고 일부 남부아시아와 라틴아메리카 국가들이다. 조출생률이 30‰를 상회하는 반면에 조사망률은 10~15‰로 자연증가율이 2%를 넘는 국가들이 대부분이며, 1인당 국민소득도 매우 낮은 편이다.

제3단계는 출생률이 감소되는 단계로 특히 출생률의 감소속도가 사망률의 감소속도보다 빨라서 인구증가가 둔화되는 시기로 후기확장(late expanding) 단계라고 불린다. 이 단계에서 출생률이 감소되고 있는 이유는 도시화·산업화가 진전됨에 따라 여성들이 사회·경제적 지위가 향상되어 상대적으로 결혼연령이 높아졌으며 근대화에 따라 자녀에 대한 가치관이 변화되고, 가족계획 및 피임법이 널리 보급되었기 때문이다. 특히, 노동집약적 농업 중심의 경제체제에서 도시화·산업화 경제사회로 전환되는 과정 속에서 노동의 분업화와 전문화가 이루어지게 되면서 과거 가문이나 가족규모에 의해서 평가되던 사회적 지위가 소득이나 경제적 지위에 의해서 평가되면서 소자녀 가치관으로 바뀌게 되었다. 경제개발계획을 수립하여 경제발전이 진행 중인 일부 개발도상국들이 이 단계에 속하고 있다. 제3단계에 속한 나라들은 동남아시아와 라틴아메리카 대부분의 국가들이며, 농업 위주의 경제체제에서 산업화 경제체제로 바뀌어가고 있는 나라들이다.

제4단계는 저출생률-저사망률을 보이면서 인구증가는 상당히 안정되어 저위정지(low stationary) 단계라고 불린다. 이 단계에 속한 국가들은 유럽과 북미 국가들과 일본 및 일부 신흥공업국을 포함한 후기산업사회에 진입한 국가들이다. 이 단계에서 출생률이 변동을 보이고 있는 이유는 경기변동이나 사회적 변화에 따라 자녀에 대한 가치관이 변화되기 때문이다. 제4단계에 속한 나라들은 고도로 산업화된 경제체제를 유지하고 있다. 우리나라도 4단계에 속하고 있으며, 출산율이 30‰에서 20‰ 미만으로 떨어지는 데 소요되는 기간이 약 40~80년 걸린 선진국과는 달리 우리나라의 경우 불과 15년밖에 걸리지 않아 우리나라 인구변천과정은 매우 단기간 내에 이루어졌음을 말해준다.

② 제2차 인구변천모델

제2차 인구변천모델은 최근 유럽의 여러 국가들에서 경험하고 있는 저출산 및 초저출산 추이를 설명하기 위한 모델이라고 볼 수 있다. 제2차 인구변천모델은 1986년 Lesthaeghe 와 van de Kaa에 의해서 제시된 이후 지속적으로 활발하게 연구가 이루어지고 있다 (Lesthaeghe, 1995, 2010; van de Kaa, 1994, 2001, 2002; Lesthaeghe and Surkyn, 2004). 제1차 인구변천모델이 18세기 유럽에서 나타나기 시작한 사망력과 출산력의 감소 추이를 나타낸 것이라면 제2차 인구변천모델은 1960년대 후반 이후 급격한 출산력 저하로 인한 인구감소 추이에 초점을 둔 것이다. 특히 1960년대 후반 이후 북서 유럽국가들에서 출산율이 대체수준 이하로 감소하고 있는 현상을 직면하면서 가족형성과 자녀에 대한가치가 근본적으로 바뀌고 있다는 점을 부각시킨 것이다.

제2차 인구변천모델에서 초점을 두는 점은 혼인과 출산에 대한 가치관의 변화이다 (van de Kaa, 2004). van de Kaa에 따르면 제2차 인구변천은 자아만족, 선택의 자유, 자아발전과 라이프스타일 등 개인적 가치관의 변화와 함께 출산억제와 부모가 되려는 동기 등 가족형성과 관련된 태도의 변화 등으로 인해 나타나는 양상이다. 또한 제2차 인구변천모델을 보면 외부로 부터의 인구 유입(예: 이민)이 없으면 인구가 지속적으로 감소하게 되는 한편 저출산과 평균수명의 연장으로 고령화 사회가 될 것임을 전망한다. 그 결과 제2차 인구변천모델이 시사하는 점은 가속화되는 고령화, 가족의 불안정성, 단독가구 및 미혼모의 증가, 이민자들과의 상이한 문화 통합 등으로 새로운 사회변화가 나타나게 될 것임을 주목하고 있다.

제1차 인구변천모델에서의 기본 가정은 인구증가는 사망률이 급격히 감소하는 데 비해 출산율 감소는 상대적으로 느린 속도로 감소함에 따라 급격한 인구 증가를 가져오게 된다는 점을 강조하고 있다. 그러나 제2차 인구변천모델에서의 기본 가정은 사망률이 출산율보다 더 높은 기간이 상당히 지속될 것이라는 점이다. 이는 인구의 고령화 추이에 따라 사망률이 계속 증가하는 데 비해 재생산가능 여성 인구가 상대적으로 적고 출산율도 대체수준 이하로 떨어지기 때문이다. 또한 제2차 인구변천모델에는 인구이동이 포함되어 있다. 제2차 인구변천모델에서 인구변천을 가져오는 동인으로 구조적, 문화적, 기술적 측면에서 찾아볼 수 있다(van de Kaa, 2002). 구조적 측면(근대화, 서비스 경제와 복지국가의 성장, 고등교육의 확산)은 사회경제적 변화와 진보를 포함하며, 문화적 측면(세속화, 개인주의 가치관의 확산, 자기표현과 자아만족의 중요성 등)은 인구의 문화적 특성과 가치체계에서의 변화를 의미하고, 기술적 측면(피임 채택, 새로운 정보기술의 확산)은 기술의 향상 및 응용을 포함한다. van de Kaa는 탈근대주의의 다양한 특성들과 인구학적 변수들의 관계를 밝히고 있다. 탈근대주의 시대에 살고 있는 여성들은 개인의 전문적인 활동과 학업 등에 보다 많은 시간을 보내고 싶다는 생각이 강하다는 연구결과를 보여주고 있다. 일반적으로 가치체계의 변화, 즉 물질주의에서 탈물질주의로의 변화는 자아발전과 자아성취의 생각이 강하다는 점도 제2차 인구변천을 겪고 있는 이유에 대한 중요한 단서를 제공하고 있다.

그러나 제2차 인구변천을 겪고 있는 국가들 사이에도 인구학적 상황은 큰 차이를 보인다. 예를 들어 일본은 동거, 혼외 출산 등이 비교적 낮게 나타나며, 결혼이 매우 늦어지거나 결혼 비율이 감소하는 특징을 보인다. 이에 비해 남부 유럽의 경우 출산력은 예외적으로 낮은 수준을 보이고 있는 반면 동거, 이혼, 혼외 출산은 가파르게 상승하고 있다. 따라서 제1차 인구변천에서 제2차 인구변천으로의 변화는 일정하거나 단일한 형태를 보이는 것은 아니며, 지역에 따라 다양한 특성을 보이고 있다.

제2차 인구변천모델은 대체수준 이하로 감소되고 있는 출산력 변천을 가족과 관련된 태도 및 사회적 배경을 통해 파악하였다는 점에서 의의를 찾을 수 있다. 그러나 아직 제2차 인구변천모델이 작동되는 기제가 모호하다는 비판을 받고 있으며, 인구변천을 가져오는 핵심 요소가 시간이 흐름에 따라 변화한다는 점도 상당히 모호하다. 이에 따라 제2차 인구변천이란 없으며 단지 기존의 인구변천의 연장선에서 이해할 수 있다는 주장도 피력되고 있다. 실제로 제2차 인구변천모델을 제시한 Lesthaeghe와 van de Kaa도 제2차 인구변천의 시작 시점이나 종착 시점을 정의하지는 않았으며, 이들이 주목한 점은 여러 국가들에서 나타나는 인구변천과 이들의 경로 방향이었다.

최근 우리나라에서도 인구변천에서 가장 주목받은 것은 급격한 출산력 감소이다. 1983년 합계출산율이 대체수준인 2.1명 이하로 떨어진 이후 출산력이 꾸준히 감소하여 2008년 세계에서 가장 낮은 출산 수준인 1.19를 보였으며, 현재도 OECD 국가들 가운데 가장 낮은 출산력을 보이고 있다. 그러나 제2차 인구변천모델을 우리나라에 적용한 연구는 별로 이루어지지 않았다. 김두섭(2005)은 제2차 인구변천모델에 비추어볼 때 결혼과 출산에 대한 가치관과 태도의 변화, 새로운 라이프스타일의 선택, 양성 평등 관념의 확산이 한국의 급격한 출산력 저하를 가져온 요인이라고 지적하였다. 정성호(2009)는 제2차 인구변천모델을 소개하면서 우리나라의 경우 급격한 출산력 저하는 노동시장의 불안정성으로 인해 젊은이들이 자신들의 장래에 대한 불안으로 결혼과 출산 시기를 지연하고 있음을 지적하였다. 특히 유배우자 비율의 감소와 이혼의 증가는 자기중심적 삶을 지향하는 젊은이들의 가치관에서 비롯된다고 볼 수 있으며, 이는 출산력 저하에 중요한 영향을 미친다. 제2차 인구변천모델에서 전제하고 있는 개인의 자아실현 욕구, 전통적 권위로부터의 자유와 같은 가치관이나 태도에 의해서 출산력이 저하된다는 것이다. 특히 교육과 고용 부문에서 여성차별의 감소와 자녀양육에 대한 여건 확대는 한국의 출산력 저하를 가져오는 중요한 요인으로 작용했다고 볼 수 있다.

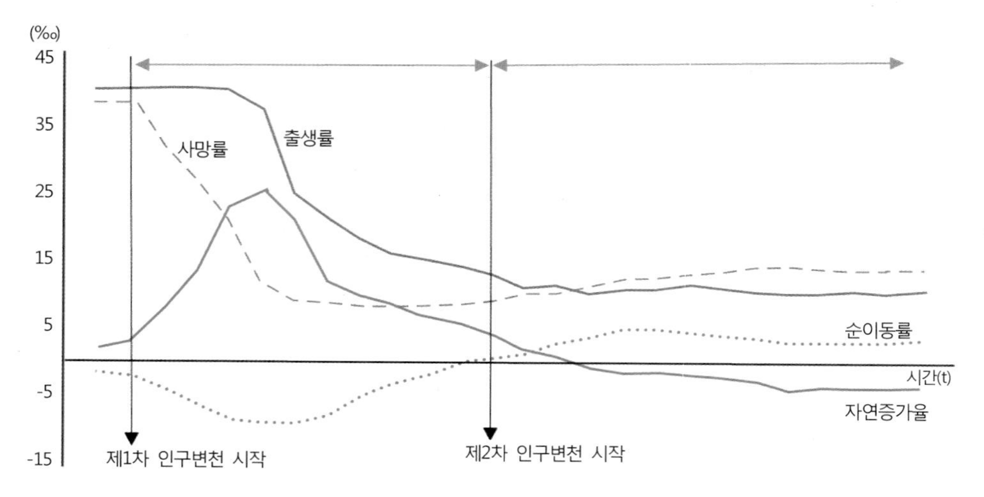

그림 3-5. 제2차 인구변천모델

출처: van de Kaa(2004), p. 6.

표 3-1. 제2차 인구변천모델의 특징과 단계

제2차 인구변천모델의 특징 (van de Kaa, 1987)	제2차 인구변천모델의 단계 (Lesthaeghe, 1995)	제2차 인구변천모델에 대한 비판에 따라 정교화되어야 할 개념
• 높은 이혼율과 동거로 인해 가족 구성으로서의 결혼에 대한 인식 약화 • 가족관계가 '부모가 있는 아이(왕)'에서 '아이가 있는 부모(왕)'로 전환 • 예방적 피임법에서 자기실현성 피임으로의 전환 • 단일 가족(형제 가족)으로부터 다원 가족으로 이동	• 1 단계(1955~1970): 이혼 증가; 출산력 감소; 피임 혁명; 결혼 연령 저하 정지 • 2 단계(1970~1985): 혼전 동거 증가. 비혼인 출산 증가 • 3 단계(1985년 이후): 이혼율 정점; 재혼 감소; 30대 출산 회복으로 출산율 상승	• 인구변천을 추동하는 변수들의 변화율 • 변수들의 발전 경로 • 마지막 단계에서의 다양한 이질성

출처: Zaidi, B. and Morgan, S.(2017), p. 24.

표 3-2. 제1차와 제2차 인구변천모델의 특징 비교

	제1차 인구변천모델	제2차 인구변천모델
결혼	• 혼인비율 증가, 초혼연령 저하 • 동거율, 이혼율 낮음 • 재혼율 높음	• 혼인비율 감소, 초혼연령 상승 • 동거율, 이혼율 높음, 조기이혼 • 재혼율 낮음
출산	• 혼인출산력의 감소 • 불충분한 피임 • 법적으로 용인되지 않은 출산 낮음 • 무자녀 가정 낮음	• 초혼 연령 증가, 추가적 혼인출산력의 감소 • 효율적인 피임 • 혼외 출산 증가 • 무자녀 가정의 증가
사회적 배경	• 결혼조건: 소득, 주택, 직장, 건강, 교육 등 • 정치적, 시민공동체 네트워크를 통한 결속력 강화 • 국가, 교회 등에 의한 규범적 규제 • 성 역할 분리, 가족모델의 정착화	• 새로운 욕구: 개인적 자율권, 자아실현, 자아만족 • 공동체 네트워크로부터 분리, 사회적 응집력 약화 • 국가의 역할 약화, 세속화 물결, • 성 역할의 균형성 증대, 여성의 경제적 자립, 다양한 라이프스타일, 열린 미래

출처: Lesthaeghe, R.(2010), p. 5.

3) 인구성장과 경제성장에 대한 쟁점

Malthus의 인구론은 고전경제학자들에게 많은 영향을 주었으며, Malthus의 유효수요 감소에 대한 견해는 케인즈의 유효수요원리의 이론적 뒷받침이 되었다. Malthus는 유효수요의 감소가 생산활동의 위축과 인구증가를 억제시키는 근본 원인이라고 보았으며, 따라서 적정수준에서의 인구증가는 투자기회를 증대시키며 고용을 늘리고 경제발전을 촉진시킬 수 있을 것으로 간주하였다. 그러나 그가 언급한 적정수준의 인구증가는 어디까지나 생태적 환경에 기초를 둔 것이었다. 한편 Marx의 인구성장에 대한 견해 가운데 인구성장은 사회·경제적 요인에 의해 결정된다는 측면과 자원의 활용과 분배의 형평성에 따라 인구 지지력이 달라져 인구문제가 해소될 수 있다는 점은 인구문제를 이해하는 데 또 다른 시각을 제공해주었다.

따라서 인구성장과 경제발전과의 관계를 이해하기 위해서는 Malthus와 Marx의 견해를 통합하여 고찰하는 것이 바람직하다고 볼 수 있다. 즉, 인구증가율과 식량생산 증가율과의 차이에서 오는 생태적 불균형에 의해 어느 정도 인구성장이 규제되지만, 사회·경제적 체제와 구조에 따라서도 인구성장이 달라진다는 점을 동시에 고려해야 한다.

한편 사회·경제적 발전에 따라 출생률이 저하되며, 출생률의 감소는 사망률의 감소가 선행된 후에 나타난다는 전제 하에서 이루어진 경험적인 제1차 인구변천모델과 대체수준 이하로 감소되고 있는 상황에 대한 제2차 인구변천모델의 가장 큰 쟁점은 과연 이 모델을 개발도상국에게 적용할 수 있느냐 하는 점이다. 더구나 개발도상국의 상황이 제1차와 제2차 인구변천단계를 겪고 있는 선진국들과 엄청나게 다르다는 점을 감안한다면 과연 개발도상국들도 인구변천모델에서 제시하는 바와 같은 단계를 밟으면서 인구가 감소하는 단계로 변천할 가능성이 있느냐 하는 질문이다. 특히, 선진국으로부터의 의료 및 공중보건기술의 도입으로 선진국에 비해 단기간 내에 사망률이 감소되어 연평균 인구증가율이 2%를 보이고 있는 개발도상국의 경우 어떻게 출산율을 낮추어 경제성장을 이루어낼 수 있는가이다.

일반적으로 세계의 경제력은 기술진보와 인구수에 따라 결정되며 인구규모 자체가 국력이 될 수 있다고 간주되고 있다. 실제로 오늘날 세계의 정치력은 인구력과 결합되어 있으며, 인구력은 항시 경제성장과 함수관계를 맺고 있다. 따라서 앞으로 세계정세가 정치력의 균형에 달려있다고 볼 경우, 세계 각국의 국력과 국가발전은 인구규모와 경제성장에 의해 크게 좌우될 것이다. 따라서 앞으로의 세계 정치적 관심사는 인구성장과 경제성장과의 관계가 아주 대조적인 양상을 보이는 선진국과 개발도상국 사이의 갈등을 어떻게 해결하느냐 하는 점일 것이다.

보다 현실적으로 부딪치는 문제는 급격한 인구증가로 인해 매우 느린 속도로 경제성장하고 있는 개발도상국의 '맬서스적 딜레마'를 어떻게 극복하느냐 하는 문제이다. 특히, 인구수용능력을 초과하는 현재의 인구규모에도 불구하고 아직도 높은 인구증가율을 보이고 있는 저개발국이 당면하고 있는 식량, 실업, 문맹, 소득격차 등의 내부적 문제들과 인구압을 어떻게 해결하는가이다. 아마도 인구변천의 제2단계를 벗어나 제3단계로 진행하도록 출생률을 저하시키고 경제발전을 촉진시키는 정책을 수립하는 것이 우선적일 것이다. 인구압은 그 자체가 저개발의 필연적 원인이 되는 것은 아니며, 경제발전과 관련지어 상대적으로 평가되고 규정되는 개념이다. 따라서 인구압의 감소와 경제성장을 위해서 개발도상국은 출생률을 저하시켜야만 할 것이다. 사망률 감소는 외부도움에 의해 저하될 수도 있으나, 출생률 감소는 그 국가의 국민과 정부 의지와 노력에 달려있으며, 내부적으로 해결해야 할 문제이다. 그러므로 국민의 교육수준을 향상시키고 근대화된 가치관을 형성하도록 유도하며 가족계획을 효과적으로 보급시키는 것이 급선무이다. 만일 이와 같은 복합적인 노력이 성공을 거둘 경우 과거 선진국들이 출생률을 저하시키는 데 걸렸던 기간보다 오히려 더 빠른 시일 내에 개발도상국들의 출생률이 저하될 가능성도 있다.

반면에 최근에 들어와 선진국 및 일부 신흥공업국에서 겪고 있는 저출산-노령화 문제도 점차 심각성을 더해 가고 있다. 너무 높은 출산율도 문제가 되지만, 너무 낮은 출산력도 지속적인 경제성장을 해 나가는 데 많은 부담을 안게 된다. 이에 따라 경제는 인구이고, 인구는 국력이라는 주장이 다시 힘을 얻고 있다. 노벨경제학상을 수상한 쿠즈네츠(Simon Kuznets)의 '인구증가는 경제성장을 오히려 촉진시킬 수 있다'는 주장이 상당히 설득력을 얻고 있다. 그의 주장에 따르면, 생산기술의 혁신이 급진전되고 있는 현시대에 인구 증가는 혁신 가능성을 높여 주며, 그 결과 1인당 GDP가 증가하고 부양가능인구가 증가한다는 것이다. 이처럼 인구 증가가 부(富)의 지도를 바꾸게 되는 시대가 도래하고 있다. 피터 드러커(Peter Druker)는 인류의 최대 혁명은 '인구가 줄어드는 혁명'이라고 지적하면서 인구감소가 매우 심각한 현상이라는 점에 경종을 울리고 있다. 저출산·고령화로 인해 생산가능인구가 줄어들면서 세금이 감소되는 데 비해, 의학의 발달에 힘입은 급속한 고령화로 인해 연금과 의료비용이 상승하면서 국가 재정이 악화되는 상황이 초래된다. 생산가능인구의 비중이 줄어들면 경제활동인구도 줄어들게 되고, 이는 노동력 부족과 노동생산성 저하로 이어지게 된다. 또한 생산가능인구 감소로 인해 수요가 감소되는 한편 노인 부양비 상승으로 소비와 저축률이 떨어지게 되고, 이에 따라 저축 감소에 의한 경상수지 악화 가능성이 높아지며 궁극적으로는 자본 축적 둔화, 국가 재정 악화, 경제 성장 침체, 성장 잠재력 저하의 악순환을 겪게 될 것이다. 이와 같이 생산가능인구의 감소가 지속되는 한 어떠한 유형의 경기부양책도 한계를 가지며 그 효과를 기대하기 매우 어렵다는 것이다.

2 노동의 재생산과 노동의 분업화

1) 노동에 대한 가치관과 노동력의 재생산

(1) 노동에 대한 가치관

노동에 의한 생산 활동 없이 경제시스템은 작동될 수 없으며 사회도 존속할 수 없다. 또한 노동력의 효율적 이용을 통하여 경제가 성장하며 생활수준이 향상된다. 이와 같이 노동은 경제활동의 기초가 되는 가장 핵심적 요소지만 노동에 대한 '의욕(willingness to work)'과 '태도(attitude)'는 경제시스템 유형에 따라 다르며, 노동에 대한 사람들의 가치관에 따라서도 큰 차이를 보이고 있다. 노동에 대한 태도 및 가치관은 노동생산성에 지대한 영향을 미치며, 더 나아가 경제성장에도 큰 영향을 미치게 된다.

노동에 대한 태도와 가치관은 자본주의 경제체제와 사회주의 경제체제, 그리고 전통적 농업을 중심으로 하는 개발도상국의 경제체제 간에 상당히 다르다. 노동에 대한 의욕은 자본주의 경제체제가 가장 높은 것으로 평가되고 있는데, 이는 노동을 단순히 생존을 위한 수단으로 생각하는 것이 아니라, 자신의 욕망을 충족시키고 보다 나은 생활을 영위하려는 수단으로 보고 있기 때문이다. 즉, 개개인의 욕구를 충족시키기 위해 일하므로 노동에 대한 의욕은 자연히 높아지게 된다. 따라서 주어진 노동시간에 보다 효율적으로 일하려고 하며, 노동에 대한 만족감도 느끼게 된다. 이와 같이 자본주의 경제체제의 경우 노동에 대한 의욕이 매우 높기 때문에 노동생산성도 높게 나타나고 있다.

이에 반해 과거 동부유럽이나 구소련, 중국과 같은 사회주의나 공산주의 경제체제 하에서 '노동'이란 국가 경제발전을 위한 수단으로 간주되어 왔다. 즉, 개개인은 국가를 위해 노동하는 것이지 개개인의 욕구충족을 위해 일하는 것이 아니라는 가치관을 갖고 있다. 따라서 노동을 통해 얻게 되는 대가는 궁극적으로 국가발전을 위한 것이며, 노동의 대가가 개인의 욕구충족이나 생활수준 향상과 직결된다고 느끼지 못하게 된다. 따라서 노동에 대한 의욕이 낮으며, 노동에 대한 만족감을 느끼지 못한 채 노동시간에 주어진 과업을 단순히 기계적으로 일하는 태도를 갖게 된다. 그 결과 상대적으로 노동생산성이 매우 낮다. 동부유럽이나 구소련이 붕괴된 이유의 하나도 바로 노동생산성 저하에 따른 경제난에서 비롯되었다고 보는 견해도 많다.

한편 아직도 산업화가 진전되지 못하고 전통적인 농업위주의 경제체제를 지니고 있는 저개발국가의 경우 생존을 위해 필수적으로 일해야 된다는 가치관을 갖고 있다. 즉, 인간의 의식주를 해결하기 위해 일을 해야 하며, 노동을 통해 의식주가 해결되면 노동에 대한 만족감을 느끼게 된다. 또한 생존을 위해 필수적인 분량의 노동을 하고 나면 더 이상 일하려는 의욕도 갖지 않는 경향이 있다. 이렇게 생활수준 향상이나 개인의 욕구충족을 위해 좀 더 오랜 시간을 일하려는 가치관이 형성되어 있지 않기 때문에 현재 상태의 생활수준은 누리지만 생활수준을 향상시키지 못하며 따라서 지속적인 경제성장을 경험하지 못한다. 이와 같이 경제체제와 문화의 차이에 따라 노동에 대한 태도와 가치관이 다르며, 그 결과 노동 생산성도 큰 차이를 보이고 있다.

(2) 노동의 재생산

노동은 노동시장에서 자본에 의해 구매된다는 점에서 볼 때 하나의 상품이라고 볼 수 있지만, 일반 상품과는 근본적으로 다르다. 노동시장에서 자본을 가지고 노동을 구입할 때 정확한 양(amount)을 구입하는 것이 아니며, 단지 근로자의 시간과 노동력(labor power)을 구매하는 것이다. 한편 개개인의 노동력은 오랜 기간 동안 교육과 훈련을 통해 내재되어 있는 것을 제공하는 것으로, 다른 상품들과는 달리 수요에 대해 비탄력적이며 보다 자율적인 특성을 지니고 있다.

한편 노동은 노동시장 밖에서 재생산(reproduction)되는 특징을 가지고 있다. 주어진 근무시간이 끝나고 나면 노동력을 제공한 근로자는 자신의 삶을 즐기기 위해 자유롭게 시간을 사용하면서 노동의 재생산을 위한 시간을 보내고 있다. 여기서 노동의 재생산이란 노동력을 유지하고 지속하기 위해 필요한 의식주 해결 및 가족이나 친구, 그리고 사회적 관계를 유지하기 위한 활동들을 포함한다. 인간이 노동력을 지속적으로 제공하기 위해서는 가정에서 의식주를 해결하기 위한 일(노동)이 이루어져야만 한다. 가정에서 이루어지는 일상적인 일들을 통해 인간의 기본 욕구가 충족되며 사회에서 필요로 하는 노동력이 매일매일 재생산되는 것이다. 더 나아가 가정에서 자녀 양육을 위한 일을 통해 미래에 필요한 노동력까지도 재생산해 준다.

그러나 노동력은 다른 상품과는 달리 주로 가정에서 재생산이 이루어지기 때문에 이러한 가사노동에 대한 대가는 지불받지 못하고 있다. 그러나 노동의 재생산 과정은 임금근로자들에게 절대적으로 중요하다. 가정에서 행해지는 노동력의 일상적인 재생산 활동인 가사노동은 여성이면 누구나 해야 하는 무보수노동으로 간주되어 왔다. 남성은 가족의 생계 부양 노동자로 여성은 전업 주부로 가정을 돌보는 가사 노동자라는 역할 분업에 따라 노동력 재생산의 주된 담당자는 여성이었으며, 따라서 가사노동은 무보수, 비상품적인 것으로 간주되었다.

그러나 최근 가정에서 노동의 재생산을 전적으로 담당해오던 여성들이 사회로 진출하는 비율이 높아지면서 노동의 재생산을 바라보는 관점도 달라지고 있다. 특히 경제의 세계화가 진전되면서 1970년대 중반 이후 노동력이 상대적으로 저렴한 개발도상국으로 노동집약적인 산업이 옮겨지기 시작하였고 이 과정에서 창출된 노동기회는 주로 저임금의 여성 노동자들이 담당하게 되었다. 이렇게 1970년대 이래 지속되어 온 노동력의 여성화 추세와 함께 1990년대 들어서면서 선진국뿐만 아니라 신흥공업국에서도 여성들의 고학력화 및 자아실현을 위한 욕구 증대로 인해 사회진출이 늘어나면서 전업주부에서 겸업주부로 전환되는 비율이 점차 늘어나고 있다. 뿐만 아니라 선진국의 경우 그동안 주로 국가가 상당 부분 담당해온 육아 보육 서비스와 노인 복지 서비스 등 공적 사회복지 서비스 부문의 지출이 줄어들면서 육아 보육이나 노인 돌봄과 관련된 가사 노동량은 상대적으로 증가하게 되었다. 그러나 맞벌이 부부가 많아지고 기혼 여성의 사회참여 증가로 인해 이러한 가족 돌봄 노동을 담당하는 것이 매우 어려워졌다.

이러한 변화는 크게 두 가지 양상으로 나타나고 있다. 첫째, 지금까지 주부의 무보수 노동에 맡겨져 온 가족 내 노동의 재생산 영역이 시장화되고 있다. 선진국 또는 신흥공업국에서 필요로 하는 가사 돌봄 노동의 일자리를 찾아 저개발국 또는 개발도상국의 많은 여성들이 국경을 넘어 이동하는 노동력의 이동이 나타나고 있다. 즉, 선진국에서 필요로 하는 노동의 재생산 영역 부문의 일자리(파트타임 포함)가 많아지면서 국제 노동력 이주의 여성화가 크게 증가하고 있다.

둘째, 가족 내에서 무급으로 이루어지거나 비공식 부문으로 간주되어 왔던 여성의 재생산 노동이 공식 부문에서 제도화되어 가고 있다. 가정에서 이루어지던 노동 재생산 영역의 시장화와 함께 노동의 재생산에 대한 인식이 바뀌면서 공공 부문에서의 참여도가 커지고 있다. 이러한 변화를 가져오게 된 직접적인 요인은 저출산 문제가 심각하게 나타나고 있기 때문이다. 여성들의 사회 참여 비율이 높아지면서 성별에 따른 가정에서의 역할 분담의 새로운 변화가 요구되었으나, 오랫동안 지속되어 온 사회적 통념이 깨지기 어려웠다. 그 결과 여성들은 직장에서의 일과 가정에서의 노동이라는 이중 노동을 부담하게 되면서 출산을 기피하게 된 것이다. 특히 저임금, 비정규직 일자리라도 가족의 생계 및 자아실현을 위해 일하는 여성들은 급증하였지만 여전히 가사노동을 담당하는 것에 대한 여성의 의무는 줄어들지 않은 상황이 저출산을 유도하게 된 주요 원인의 하나가 된 것이다. 이렇게 저출산이 사회적 이슈로 부각되면서 노동의 재생산 영역을 공공부문에서 제도적으로 뒷받침하여 일-가정을 양립하도록 하는 정책을 펼치면서 출산을 장려하고 있다.

2) 노동의 분업화와 노동의 공간적 분업

(1) 노동의 분업화

Adam Smith(1976)는 「국부론」에서 분업화는 노동생산성을 향상시켜 경제발전을 촉진시키게 된다고 주장하였다. 또한 경제가 성장함에 따라 소득이 증대되어 저축이 증가되면 투자도 늘어나게 되므로 경기는 더욱 활성화되고 경제발전은 가속화된다고 보았다. 그의 견해에 따르면 경제발전이 이루어지게 되면 다시 노동에 대한 수요가 확대되고 임금이 인상되며, 임금 상승은 새로운 기술혁신을 유도하며 그 결과 노동의 분업화와 전문화를 촉진시켜 노동생산성은 더욱 향상되는 누적적인 피드백이 나타나게 된다는 것이다.

노동의 분업화는 기술적, 사회적, 지리적 차원에서 살펴볼 수 있다. 기술적 노동의 분업화란 매우 복잡한 생산과정을 전문화된 부분으로 분화시켜 각 근로자들은 전체 공정과정 가운데 하나의 공정 과업에 집중하여 작업을 수행하는 것이다. 즉, 기술적 분업화란 생산 공정을 더 작은 부분으로 분할하여 각 공정 작업을 단순화시키는 것이다. 생산 공정을 분할하여 단순화시킬 경우 근로자는 자신이 수행할 작업 기능을 쉽게 습득하며, 작업의 기계화도 가능해진다. 그 결과 노동비가 절감되고 전체 노동과정에 대한 통제가 보다 용이해지고 생산성의 증대를 가져오게 된다. 기술적 측면에서 노동이 세분될수록 고용주는 전체 생산 공정에 대한 통제력이 커지는 반면에 근로자들은 전체 시스템의 작은 톱니바퀴처럼 파편화되고 수동화되는 경향을 갖게 된다. 기술적 측면에서 노동의 분업화가 이루어지는 경우 디자인이나 계획 구상과 같은 핵심적 과업에 종사하는 근로자들에게는 높은 보상이 주어지지만, 단순 노동에 종사하는 대부분의 근로자들의 임금은 낮게 된다.

노동의 분업화 생산방식을 기술혁신을 통해 도입한 대표적인 생산방식이 테일러리즘이다. Taylor(1911)는 처음으로 생산 공정과정을 분석하고 관리하는 과학적 관리이론을 제시하였다. 테일러리즘(Taylorism)의 핵심 원리는 첫째, 노동자로부터 숙련기술을 분리, 제거한다. 즉, 노동자 자신이 습득한 기술이나 지식으로부터 가능한 분리시키고 노동자로 하여금 경영자로부터 하달되는 지침을 따라 작업을 수행하도록 하는 것이다. 둘째, 생산과정에서 구상과 실행을 분리한다. 즉, 경영자는 구상 또는 계획을 담당하며, 노동자는 작업의 실행만을 담당한다. 셋째, 지식에 대한 독점적 힘을 바탕으로 노동자의 행위양식을 통제한다. 즉, 노동자들은 규칙이나 규정을 따르며, 단지 지시받은 단순 작업을 수행하도록 한다. 이와 같이 전체 생산 공정과정을 과학적으로 관리하는 테일러리즘의 핵심은 최대한의 기술적 분업화된 생산방식을 통해 개개 근로자들은 단순하고 반복적인 과업을 수행하며, 작업의 세분업화를 통해 작업 공정과정에서의 근로자의 힘을 배제시키면서 작업과 계획을 통제하고 조정하는 과정을 증가시키는 것이다. 더 나아가 이러한 생산방식의 도입을 통해 관리자는 근로자의 작업수행과 작업능률을 항상 모니터링할 수 있다는 특징도 갖는다. 그러나 이러한 테일러리즘은 정신노동과 육체노동을 분리하여 작업과정을 단순화시켜 인간을 기계화된 노동자로 만들어낸다는 심한 비난을 받게 되었다.

그러나 생산방식에서의 테일러리즘 기술도입으로 인해 포드 자동차 생산 공정에서 노동생산성은 크게 증대되었다. 즉, 시간 절약과 노동의 재구조화에 의한 작업을 통해 엄청난 생산성의 증대를 가져왔다. 일례로 1911~1914년 동안 자동차 생산은 약 78,000대에서 약 300,000대로 4배 이상 증가한 반면에 노동력은 단지 2배 증가하였다.

그러나 테일러리즘은 생산성 향상에만 초점을 두었고 생산된 상품의 소비에 대해서는 고려하지 않았기 때문에 1930년대 유효수요 부족으로 인해 세계 대공황을 겪게 되었다. 대량생산은 대량소비와 조화를 이룰 때 비로소 자본축적이 이루어진다는 점을 강조하면서 나타난 생산체계가 바로 포디즘이다. 포디즘 생산방식은 대량생산에 따른 대량소비를 창출하면서 시장에서의 구매력을 높이기 위해 궁극적으로 근로자의 임금과 복지수준을 향상시키는 체제라고 볼 수 있다. 포디즘 체제하에서 나타나는 특징은 작업 조직의 분업화를 통해 생산성을 높이며, 생산을 증대하여 가격을 더욱 낮추고 제품가격 인하로 판매량을 확대하며, 이를 통해 얻은 수익을 노동자의 임금에 반영하여 높은 수준의 임금을 지불하는 메커니즘을 갖고 있었다. 즉, 표준화된 제품의 대량생산-대량소비의 축적체계는 생산성 상승→실질 임금의 상승→임금 노동자의 소비수요 증대→생산 및 투자의 증대→생산성 상승이라는 자본축적의 선순환 과정을 갖고 있다.

한편 노동의 기술적 분업화는 사회 전반에 걸친 노동의 사회적 분업화를 가져오고 있다. 즉, 사회 전반에 걸쳐 다양한 직업의 전문화를 유발하면서 이에 따른 사회적 관계가 형성되고 있다. 디자인이나 계획 및 구상 등의 작업을 수행하는 고차위 직종에서부터 단순한 조립작업을 수행하는 저차위 직종으로 구분되고, 시간 당 임금수준의 차이가 매우 커지면서 노동시장에서도 노동의 수요와 공급의 서로 다른 패턴을 가져오고 있다. 즉, 서로 다른 직종에 종사하는 사람들 간에 사회적 계층과 지위가 달라지면서 계층 간 격차도 나타나고 있다. 더 나아가 과잉학력 문제도 나타나고 있는데, 이는 노동자가 자신의 학력에 적합한 직종의 일자리를 찾지 못하여 저차위 직종에서 일하게 되는 노동자들을 과잉학력 근로자라고 일컬어진다.

(2) 노동의 신국제분업화와 노동력의 여성화

경제가 발전함에 따라 노동의 전문화가 더욱 촉진되며 산업구조도 고도화된다. 전산업사회에서는 제1차 산업 위주의 산업구조였으나, 산업사회에서는 제2차 산업위주로, 그리고 후기 산업사회에서는 제3차 산업이 주축을 이루며, 더 나아가 지식기반사회로 접어들면서 제4차 산업에 속하는 정보·지식산업이 두각을 나타내고 있다. 이와 같이 경제성장에 따른 산업구조의 고도화는 각 국가별로 다르게 나타나고 있다.

각 나라마다 산업별 종사자의 비중은 다소 다르지만 개발도상국은 제1차 산업을 위주로, 선진국은 제2차와 제3차 산업을 위주로 하고 있다. 이에 따라 공산품을 생산하는 선진국과 농산물이나 광산물을 생산하는 개발도상국 간 교역이 이루어져왔다. 그러나 이와 같은 노동의 분업화로 인한 세계 무역구조는 점차 선진국과 개발도상국 간 교역의 불균형을 심화시키는 것으로 알려져왔다. 즉, 노동의 분업화를 통해 개발도상국은 분업화에 따른 혜택을 별로 누리지 못하는 반면에, 선진국의 경우 생산성을 증대시키며 국제교역을 통해 상당한 혜택을 누리고 있다는 것이다. 실제로 20세기 중반 이후 선진국과 개발도상국 간 빈부 격차는 지속적으로 커지고 있다. 선진국과 개발도상국 간 1인당 소득의 비율을 보면 1800년에는 약 2:1이었으나 1945년 약 20:1로 크게 늘어났고 1960년에는 약 30:1, 1975년에는 약 40:1, 그리고 1990년에는 약 60:1로 벌어졌다. 최근 이러한 격차는 더 심화되고 있으며, 1990년대 말에는 75:1로 늘어났으며, 2010년대에는 80:1을 훨씬 더 상회하고 있다.

그러나 경제의 세계화가 진전되면서 이와 같은 전통적인 노동의 분업화가 달라지고 있다. 선진국과 개발도상국으로 이원화되는 전통적인 국제분업이 서서히 무너지고 있으며, 제조업의 생산 활동이 세계적으로 분산되고 있다. 즉, 초국적기업이 범지구적 차원에서 경제활동을 펼치면서 노동집약적 생산 활동들은 개발도상국으로 이전되었다. 이러한 과정에서 홍콩, 싱가포르, 한국, 대만 등 아시아 국가들과 브라질, 칠레, 멕시코 등 라틴아메리카 국가들이 급부상하였다. 이들 국가들은 투자자들에 대한 세금장려와 부품 및 자본재의 무관세 수입, 임금 억제, 통화가치 상승 억제 등과 같은 정책 수단을 사용하여 초국적 기업들을 유치하였다(Walters & Blake, 1992). 이렇게 공업화로 급성장한 신흥공업국가들을 NICs(Newly Industrializing Countries) 또는 NIEs(Newly Industrializing Economies)로 불리워지고 있다. 이들 국가 가운데는 선진국과의 비교우위성을 지니는 전통적 노동집약적 품목뿐만 아니라 첨단기술을 필요로 하는 품목도 생산하면서 선진국을 위협하고 있다.

이와 같이 경제의 세계화가 진전되면서 새롭게 등장한 이론이 노동의 신국제노동의 분업(new international division of labor)이다. 선진국에서는 탈산업화가 일어나는 반면에 신흥공업국가의 급속한 공업성장은 노동의 신국제분업화 실상을 잘 말해준다. 실제로 1974~1993년 동안 선진국에서는 약 1,800만 명의 실업자가 배출된 반면에 신흥공업국가에서는 약 1,600만 명의 일자리가 늘어났다. 선진국에서 일자리 감소는 주로 1시간당 5~15달러를 받는 사람들인 데 비해 신흥공업국가에서의 일자리 증가는 주로 1시간당 2.5달러를 받는 사람들이었다(Dicken, 1998). 따라서 신흥공업국가에서의 고용 증가는 선진국에서의 일자리 감소를 대체한 것이라고 볼 수 있다. 구체적인 예를 들면 2002년 미국의 의류공장 종사자는 주당 37시간 일하면서 시간당 13달러를 받지만, 홍콩의 봉제공장에서 일하는 근로자는 주당 60시간 일하면서 시간당 4.5달러를 받는다. 또한 인도네시아의 의류 공장에 일하는 근로자는 주당 70시간 일하면서 시간당 0.15달러를 받았다.

이러한 임금의 차이는 지식기반사회로 접어들면서 제조업 생산은 신흥공업국가나 일부 개발도상국으로 이전되는 반면 선진국에서는 고도의 지식과 기술집약적인 생산자서비스와 첨단산업의 전문화가 더욱 강화되는 새로운 형태의 노동의 분업화를 조장시키고 있다. 생산자서비스나 지식집약적 서비스 기능은 새로운 지식 창출과 확산이 유리한 선진국의 핵심지역에 집중하는 한편 생산기능과 일반 서비스 기능은 주변부 국가로 분산되는 분업화가 진전되고 있다.

신국제노동의 분업화 이론에서 Fröbel 등(1980)이 초점을 두고 있는 점은 초국적기업이 단순히 개발도상국으로 공장만 이전하는 것이 아니라 제조업의 생산 공정 자체를 분리하여 범세계적인 차원에서 최적 입지를 찾아 자본과 노동을 생산 공정에 가장 적정하게 할당하고 연계시키면서 세계경제를 통합하고 있다는 것이다. 신국제노동의 분업화는 개발도상국의 저임금 노동을 이용하여 생산하는 것만이 아니라 기업의 이윤을 극대화하고 기업의 지속적 성장을 위해서 지구 방방곡곡을 찾아다니며, 생산과 판매까지도 통합시킨다는 것이다. 실제로 초국적기업은 생산비 절감이 아닌 시장 개척을 위해서도 제3세계로 진출하고 있다. 특히 1980년대에 이루어진 하청계약과 라이센스 생산, 합작 투자, 부문 합병 등을 통해 초국적기업은 초국가적으로 경제영역을 확대시켜 나가고 있다.

그러나 신국제노동의 분업화 이론에 대한 비판 중 하나는 국제분업에 참여하고 있는 각 국가는 무엇을 위해, 누구를 위해, 어떻게 생산하고 있으며, 그 국가의 임금-노동관계는 어떠한가, 어떤 축적체제가 지속적으로 유지되고 있는가? 등 아직 대답되어야 할 질문들이 많이 남아있다. 국제분업을 추진하고 있는 초국적기업들이 제3세계로 진출하는 경우 이를 단순히 생산의 세계화를 추구하는 기업논리로 해석해서는 안 된다는 것이다. 이와 같은 현상의 이면에는 초국적기업의 행위를 다양한 형태로 이용하려는 제3세계 국가들의 제도적인 측면도 내재되어 있으며, 초국적기업에 의해 이루어진 생산의 증대는 자국 내 시장 확대 및 경제주체들의 행위에 영향을 미치면서 주변부 포드주의 경제체제로 이행시키기도 한다.

이상에서 살펴본 바와 같이 경제의 세계화가 진전되면서 초국적기업들이 개발도상국의 값싼 노동력을 이용하기 위해 분공장을 설립하여 공산품을 제조, 판매하면서 이윤을 증대시키고 있다. 특히 저임금 노동력을 필요로 하는 노동집약적 경공업과 오염물질 방출로 환경공해를 일으키는 중화학공업, 그리고 에너지 소모율이 높은 제조업종들이 신흥공업국 또는 개발도상국에서 생산되고 있다. 이러한 과정 속에서 선진국에서는 제조업 부문에서의 엄청난 실업자가 배출되었으며 신흥공업국가에서는 급속한 공업성장을 경험하고 있다. 하지만 이와 같은 노동의 신국제분업화는 노동력의 지리적 차별화를 가져왔다. 각 국가의 노동비용의 차이는 초국적기업들의 입지결정에 영향을 미치면서 새로운 자본투자를 유도하여 임금이 상대적으로 저렴하면서도 투자환경이 유리한 특정지역으로 집중되었다. 그 결과 가장 두드러지게 나타나는 현상 가운데 하나는 고용의 집중화 현상이라고 볼 수 있다. 2000년대 전 세계적으로 보면 세계 임금 근로자의 약 3/4은 단지 22개국에서 집중되어 있으며, 특히 중국, 인도, 미국, 인도네시아가 세계 노동력의 약 절반 가량을 차지할 정도로 고용 노동력은 특정 공간에 상당히 집중되어 있다(World Bank, 2016).

또한 노동의 신국제분업화 과정에서 창출된 노동력의 상당 부분은 여성 노동력이 담당하고 있다. 즉, 개발도상국가의 경우 초국적기업들을 유치하기 위해 지정한 경제자유지역이나 수출자유지역에서의 제조업 생산 부문에 종사하는 근로자들은 대부분 저임금 여성 노동력이다. 실제로 1980년대 전 세계 수출가공지대에 백 만명이 넘는 근로자의 약 80%가 여성 노동자였다(Mitter, 1986). 개발도상국 내에 창출된 일자리의 대부분을 여성이 담당하게 된 이유의 하나는 여성은 가사노동과 육아노동을 책임져야 한다는 사회제도 하에 있는 개발도상국 여성의 경우 저임금의 불안정한 파트타임이나 임시직의 일자리도 만족하면서 일하기 때문이다(Standing, 1999). 그 결과 여성 노동자와 이주 노동자와 같은 저임금 노동자를 활용하는 노동시장의 재구조화를 가져오게 되었다. 즉, 노동시장에서 여성 노동력의 비율이 높아지면서 노동력의 여성화(feminization of labour force) 현상이 나타나게 되었다(Standing, 1989).

선진국의 경우 소득이 증가하고 경제의 서비스화가 진전되면서 새로운 서비스에 대한 수요가 크게 증가하고 있다. 특히 1990년대 이후 제조업 일자리는 상당히 줄어들고 있는데 비해 서비스와 관련된 새로운 일자리가 늘어났다. 일반적으로 개인 서비스 및 사적 서비스 부문에서 필요로 하는 노동력은 여성이 더 적합하며, 또한 남성에 비해 상대적으로 낮은 임금에서도 일하며, 특히 전업이 아닌 파트타임 일자리들을 여성이 차지하게 되었다(Filby, 1992). 뿐만 아니라 고령화사회로 급진전되면서 노인을 돌보아야 하는 가족노동에 대한 수요가 급증하였으나 여성의 사회 참여율이 높아지면서 노인 돌봄 노동을 담당하기 매우 어려워졌다. 이에 따라 가정의 재생산 노동으로 간주되어 왔던 가족 돌봄 노동이 상품화되면서 재생산 영역의 노동시장이 점차 확대되어 가고 있다. 노동력의 여성화는 1990년대 이후 동부유럽을 비롯한 동남아 국가들의 경제적 어려움이 가중되면서 일자리를 찾아 국경을 넘어 핵심부 지역으로 여성들이 이동하면서 더 본격적으로 나타나게 되었다. 즉, 선진국 여성의 사회적 지위 변화로 인해 발생한 가족 돌봄 노동을 제3세계 이주 여성들이 담당하게 되었다. 이와 같이 가정부, 간병인, 노인 보살핌 등의 돌봄 노동에 대한 이주 여성들이 가진 감정적 헌신과 친밀성이 점점 더 상품화되어 가고 있다(Ehrenreich & Hochschild, 2002; Hochschild, 1983; 2003).

이렇게 경제의 세계화가 진전되면서 세계적 차원에서 나타나는 국가 또는 지역 간 불균등한 발전의 심화와 서비스 산업의 확대 및 재생산 영역에서 노동시장의 상품화와 글로벌화가 나타나면서 국제 노동력의 여성화가 점점 더 활성화되고 있다. 저개발국가의 여성들은 선진국의 돌봄 노동의 공백을 메우기 위해 재생산 관련 노동을 하는 이주 노동자로, 혹은 상업적 성격을 띤 국제결혼을 통한 혼인이주 여성으로 선진국 또는 신흥공업국가로 유입되고 있다. 핵심부 국가에서 일하는 가정부, 간호사, 간병인 등은 이주의 여성화를 주도하는 대표적인 직종이며, 이는 새로운 형태의 노동의 국제 분업화라고 볼 수 있다.

(3) 노동의 공간적 분업화

세계적으로 신국제노동의 분업화 현상뿐만 아니라 국내에서도 노동의 공간적 분업화가 나타나고 있음을 영국의 Massey는 「노동의 공간적 분업화(Spatial Division of Labour(1984, 1995 2nd ed.)」에서 상세하게 설명하였다. 이 책은 탈산업화 및 경제의 재구조화가 진전되면서 나타난 영국의 지역 문제를 새로운 관점에서 재해석하였다는 평가를 받고 있다. 1970년대 영국은 지역 간 불균형이 매우 심하게 나타났으며, 경제 침체, 빈곤, 실업 등 다양한 문제들을 겪고 있는 문제 지역들이 정치적으로 주목받게 되었다. Massey는 이러한 상황을 주시하면서 '지역 문제라는 것이 무슨 의미인가(in what sense a regional problem?)'에 대해 관심을 갖게 되었다. Massey는 산업을 도산시키고 실업을 발생시키는 것은 지역 내부 자체적인 문제가 아니며, 오히려 자본주의 재구조화 과정 속에서 산업의 생산과정이 지역을 침체시킨 것이라는 점을 다양한 산업들의 생산과정들에 대한 예시를 통하여 설명하였다.

그녀의 견해에 따르면 1960년대 중반 이후 영국에서 나타난 새로운 노동의 공간적 분업화는 산업의 생산과정 변화와 관련된다는 것이다. 기업규모의 증가, 기술·통제·관리기능의 공간적 분리와 계층화, 그리고 표준화·자동화에 따른 탈숙련화, 연구·개발기능의 강화 등 일련의 생산과정의 변화가 차별화된 지리적 노동력을 활용하여 지리적으로 기능을 재배치하도록 유인하였다는 것이다. 즉, 반숙련 노동자를 고용하는 대량생산 조립공장의 입지와 아직 자동화되지 않은 조립작업으로 표준화된 제품을 생산하는 공장의 입지, 그리고 통제·기획, 경영, 연구·개발이 이루어지는 입지로 차별화되어 기능이 분산된다는 것이다. Massey는 영국의 전자산업과 전기엔지니어링산업의 지역별 고용변화에 초점을 두고 분석한 결과 이들 업종의 경우 1960년대 후반 경제위기에 대처하기 위해 숙련도, 노동조직 등 지역의 노동 특성과 정부의 재입지 유인정책을 토대로 지리적으로 차별화된 노동력을 활용하는 전략을 채택하였음을 밝히고 있다.

특히 영국의 경제위기는 기업에게 생산과정을 재구성하는 기회를 제공하였으며, 생산과정의 재조직화는 지리적으로 차별화된 노동력을 활용하면서 공간의 변용을 가져왔다. 특히 1970년대 후반 영국에서 나타난 노동의 공간적 분업화 추세는 공간구조의 변화를 가져왔다. 즉, 경영, 관리·전문직, 기술직 등은 영국 남동부, 특히 사업·금융서비스와 관련된 전문직 종사자, 경영자들은 런던에 더욱 집중되었으며, 대기업의 수직적 통합에 의한 제조업 일자리는 지방으로의 분산뿐만 아니라 일부 생산기능의 외부화 및 하청 등 기업조직까지 변화되면서 노동의 공간적 분업은 더욱 복잡해지고 있다.

Massey는 논리실증주의 관점에서의 전통적 입지이론은 이와 같이 복합적인 역사적 과정의 산물인 산업입지 공간을 설명할 수 없다고 비판하였다. 특히 Massey가 비판하는 점은 입지이론에서의 공간에 대한 인식이다. 고전적 입지이론에서 공간은 사회적 현상을 단순히 담아내는 그릇이나 배경으로 수동적 공간으로 가정되어 왔지만, 노동의 공간적 분업화 개념을 통해 공간이 사회적 과정을 매개하고 변형시키는 능동적 공간임을 Massey는 강조하였다. 이와 같이 Massey는 정치경제학적 접근을 통해 불균등한 지역발전의 구조는 생산과정에서의 변화(기술적, 조직적 변화 등)를 고려하여 생산에 필요한 요소(자원, 노동력, 접근성 등)를 새롭게 배분하는 방식으로 결합하거나 활용하게 되는데, 이러한 과정에서 공간적 불균등 패턴도 변화한다. 특히 1970년대 영국에서 나타난 지역문제는 자본이 생산요소의 지역 간 차별화를 통해 이윤을 추구하는 과정 속에서 나타나게 된 것임을 노동의 공간적 분업화 개념을 도입하여 설명한 것이다.

이상에서 살펴본 바와 같이 1970년대에 영국에서 나타난 지역 격차는 자본주의적 발전이 내재하고 있는 불균등한 발전의 공간 재구조화로 해석할 수 있다. 기업은 이동이 상대적으로 자유로운 자본을 이윤을 최대화시킬 수 있는 지역으로 이동시키며, 장소 고정적인 물리적·사회적 하부시설 및 제도 등이 유리한 지역의 상대적 이점을 다양하게 활용하고자 한다. 특히 노동은 사회계층, 문화·역사적, 정치적 여건에 의하여 차별화되어 있는데, 이러한 노동의 지리적 차별성을 활용하여 기업은 이윤을 올리고자 한다는 것이다. 차별화된 지역 노동력을 활용하는 노동의 공간적 분업화 개념을 제시한 Massey의 관점은 지역의 경제상황을 기업의 생산입지 변화와 관련시켜서 이해하는 데 새로운 시각을 제공하였다고 볼 수 있다.

3 노동의 유연화와 노동의 사회적 양극화

1) 노동의 유연화

노동력과 고용 특성도 시간의 흐름에 따라 변화된다. 산업화시대에는 기술적 분업화로 인해 단순 노동력이 주축이 되었지만, 후기 산업화 또는 탈산업화 시대에 들어오면서 노동의 재구조화가 나타나고 있다. 1960년대 말부터 노동의 파편화와 단순화로 인한 노동의 비인간화된 작업은 노동자의 작업의욕 상실 문제를 발생시켰다. 뿐만 아니라 표준화에 의한 공정과정에서의 지나친 경직성으로 인해 부품생산과 조립 간의 불균형, 부품의 과잉공급 등과 같은 문제도 나타났다.

이러한 문제를 해결하기 위해 새롭게 등장한 것이 노동의 유연화이다. 노동의 유연화는 특히 포디즘에서 포스트포디즘으로 이행되는 과정에서 나타나게 되었다. 포디즘 생산체제 하에서 나타난 노동문제를 해결하기 위해 일부에서는 자동화 생산방식을 도입하였다. 컴퓨터와 극소전자기술로 인해 산업용 로봇이 도입되고 자동화된 조립생산 및 수치제어 등을 통해 자동화를 유도하였다. 그러나 전 공정과정을 자동화하여 생산한다는 것은 매우 한계적이었다. 이러한 환경 하에서 일본의 도요타사는 자동차 생산방식에서 처음으로 노동의 유연적 생산체제를 도입하여 다품종 소량생산을 가능하게 하였다.

노동의 유연성은 노동시장에서의 유연성과 노동과정에서의 유연성으로 구분될 수 있다. 노동시장에서의 유연성이란 고용형태, 노동시간, 아웃소싱 등 노동 투입량을 유연하게 조절하는 것이다. 특히 노동시장에 대한 규제완화를 통해 정리, 해고 절차를 용이하게 하고 상용 정규직 고용을 줄이는 대신 단기 계약, 임시직 노동, 시간제 노동, 일일 고용 등 비정규직 고용형태를 확대하는 것이다. 한편 노동시간도 유연적으로 적용되어 변형 노동시간제, 다양한 형태의 교대 근무제, 야간 노동, 외주, 하청, 파견 노동제 등도 도입되었다. 뿐만 아니라 임금도 노동시장 및 기업의 상황에 따라 신축적으로 조정하고 있다. 이와 같은 노동의 유연화 생산체제가 도입되면서 노동의 세분화·파편화로 인한 소외감이나 노동의욕 상실 등으로 부터 벗어나게 되었으며, 보다 능동적으로 작업을 수행하는 과정에서 노동자들의 능력과 권한도 증진되고 있다.

이와 같은 노동시장의 변화를 가져오게 된 계기는 여러 요인들이 복합적으로 작용하였다고 볼 수 있다. 먼저 후기산업사회로 접어들면서 서비스 부문의 고용 증가가 두드러지게 나타났다. 또한 정보통신기술과 함께 세계화가 진전되면서 기업전략도 변화되었다. 특히 치열해지는 시장경쟁 속에서 기업성장을 위한 합리화 전략이 구사되면서 노동조합의 결성이 약화되었고, 신자유주의 하에서 탈규제화되면서 고용주의 권한이 다시 강화되었다. 이러한 상황들은 노동시장의 변화를 가져오게 하였으며, 특히 숙련 노동력의 중요성과 여성 노동력 비중 증가 및 임시직, 파트타임 일자리가 늘어나면서 고용의 불안정성은 상대적으로 커지게 되었다. 뿐만 아니라 숙련 노동자와 미숙련 노동자 간 임금 및 소득격차도 더 커지게 되었다. 더 나아가 노동시장이 국제화되면서 선별적인 노동이민도 활발하게 이루어졌다(그림 3-6).

노동과정에서 도입된 유연성의 가장 대표적 사례는 도요타 자동차 생산방식에서 적용한 적기생산(just-in-time)이다. 이는 불필요한 재고량을 줄이고 최소한의 부품만 보유하고 있다가 수요가 발생하는 경우 곧 바로 생산이 가능하도록 공급자들과의 지리적 인접성과 상호의존성을 높이는 것이다. 적기생산 방식은 보다 다양한 과업을 처리할 수 있으므로 생산과정의 필요에 따른 노동력의 투입도 더 유연해질 수 있다. 또한 근로자들은 협업과정을 통해 노동과정에 더 많이 참여하면서 기술과 지식이 많은 근로자들과의 상호작용을 통해 학습효과를 가지면서 작업의욕도 향상된다. 더 나아가 관리자와 근로자 간 신뢰와 협력을 바탕으로 하는 새로운 사회적 관계도 형성되고 있다. 포디즘과 포스트포디즘 생산체제 하에서의 노동시장의 특징을 비교하면 표 3-3과 같다.

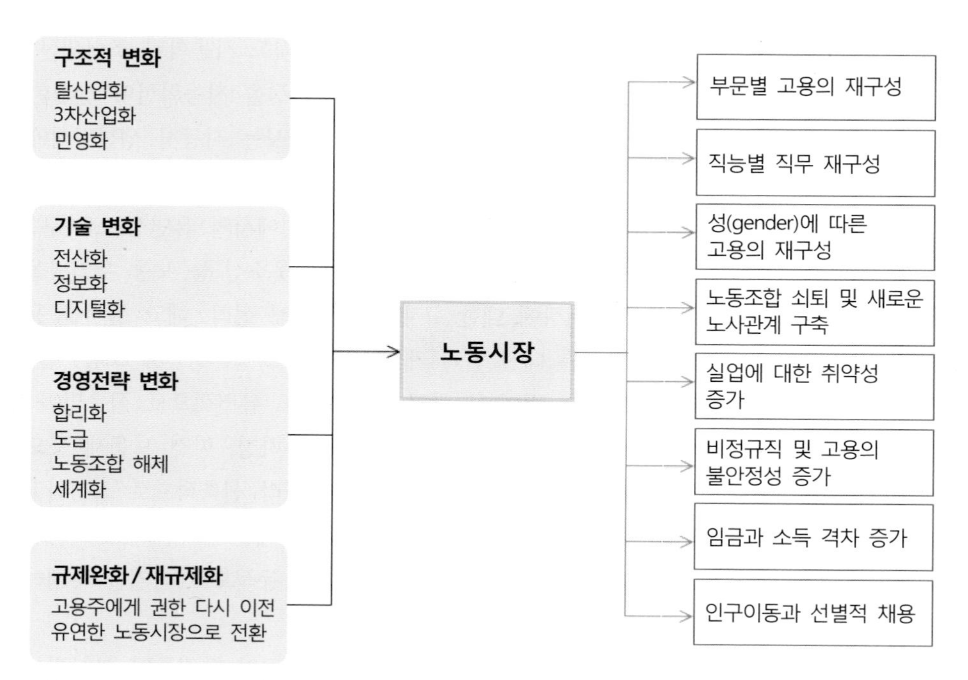

그림 3-6. 포스트포디즘 체제에서 나타난 노동시장의 변화
출처: Martin, R. & Morrison, P.(2003), Fig. 1.1.

표 3-3. 포디즘과 포스트포디즘에서의 노동시장의 특성 비교

특징	포디즘	포스트포디즘
생산조직	대량생산	유연적 생산
노동과정	비숙련, 세분화된 노동 분업화	유연적, 기능적
산업관계	강한 노동조합, 강한 노동권한	비조직화된 노동조합, 개인화된 고용관계
노동 분할	제도화, 엄격한 위계, 대규모 내부 노동시장	유동적, 핵심-주변 분리, 내부 노동시장의 와해
고용 윤리	남성, 전임근로 직업안정성, 고용보장	특권화된 적응 근로자, 고용 불안정
소득분배	실질소득 증가, 임금격차 감소	소득의 양극화와 임금의 불평등
노동시장정책	전임고용, 안정적, 남성 위주 노동시장	전임고용능력, 노동력의 적응성 확보
규모 특성	경제관리와 노동규제를 위한 국가경제의 권위화	국가의 권한 축소, 세계경제 지배, 노동 규제의 분산화
지리적 경향	분산화	집중화

출처: Peck, J.(2000), p. 139 편집.

이와 같은 유연적 생산방식이 도입되면서 기업들도 노동력을 재구조화하고 유연성을 높여가고 있다. 그 결과 전일제 노동력은 줄어들고 비표준화된 고용, 예를 들면 임시직, 파트타임, 자체 고용, 매개 고용자들이 증가되고 있다(그림 3-7). 이는 불안정한 경쟁 시장체계 하에서 생산라인을 늘리거나 줄이기 위해서는 노동력의 유연성이 요구되기 때문이

다. 또한 기업의 기능적 유연성도 이루어지고 있다. 즉, 관리자는 단기적으로는 다양한 일자리를 만들면서도 장기적으로는 기업 내 부서 간 협력이나 과업의 일부 분담 등을 통해 기업 내부 간 노동력의 이동도 유연화시키고 있다(Mackinnon & Cumbers, 2014). 뿐만 아니라 파트타임이나 임시직 고용을 확보하여 생산 변화에 대처하고 있다. 이를 통해 기업은 전임 임금 근로자에게 반드시 보장해주어야 하는 건강보험 및 사회보험 등과 같은 비용을 줄이게 되어 재정 측면에서도 유연성을 높여주고 있다.

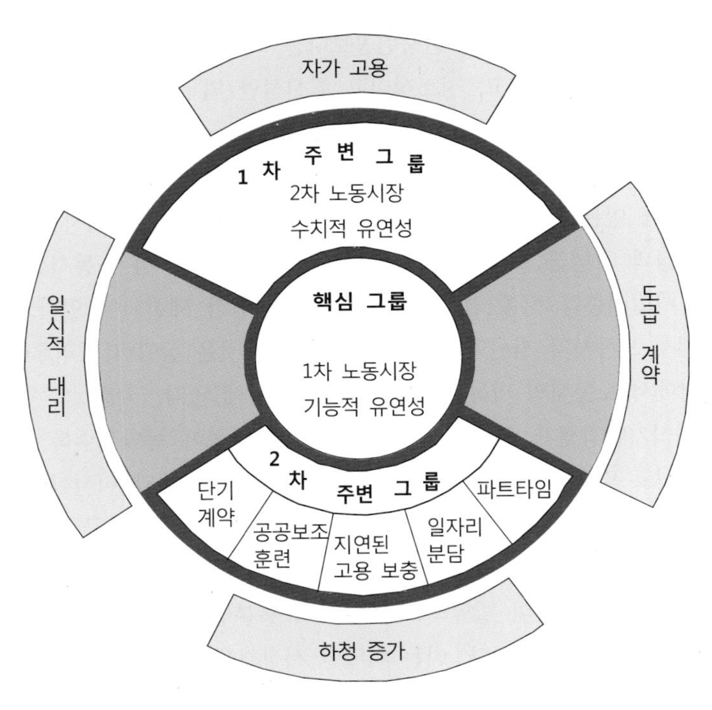

그림 3-7. 노동의 유연화를 기반으로 하는 기업 모델
출처: Allen, J. & Massey, D.(eds.)(1988), p. 202.

2) 노동의 사회적 양극화

부의 원천이 지식과 정보인 지식기반경제로 접어들면서 지식·기술집약적 직종이 상당히 중요시되고 있다. 또한 제조업 부문에서 고임금을 받던 일자리가 자동기계화되면서 단순 작업을 담당하는 저임금, 저숙련의 일자리로 변화되고 있다. 이렇게 지식기반사회로 진전되면서 선진국의 경우 지식기반 관련 직종은 늘어나는 데 비해 비지식집약적 산업은 점차 개발도상국가로 옮겨지고 있다. 즉, 제조업이나 서비스업 부문에서 일상적이고 표준화된 작업과정을 요구하는 저임금 일자리는 점차 개발도상국으로 이전되는 반면에 보다

숙련되고 고도의 지식과 기술을 필요로 하는 고임금 일자리는 선진국에서 창출되고 있다.

지식기반경제가 진전될수록 자본이 체화되어 있는 숙련 노동자의 질과 양이 생산성을 결정하고 궁극적으로 경제성장을 주도하게 된다. 따라서 자본가의 입장에서 보면 높은 임금을 지불하더라도 높은 생산성을 창출하는 보다 양질의 인적자본을 지닌 근로자를 채용하고자 한다. 한편 근로자의 입장에서는 교육 및 훈련을 통해 자신의 인적자본 축적을 위해 소요된 직접비용과 그 기간 동안 얻지 못하였던 소득인 기회비용을 임금으로 보상받기 위해 자신이 원하는 직종을 찾기 위해 노동시장의 지리적 영역을 확대시켜 나가고 있다. 이와 같이 미숙련공이나 반숙련공보다는 고도의 지식이나 기능·기술을 가진 숙련 노동자의 중요성이 부각되고, 창조적이고 혁신적인 업무를 담당하는 지식집약적 직종이 증가하면서 노동의 사회적 양극화(social polarization) 현상이 나타나고 있다. 그 결과 지식기반경제 하에서 노동시장은 질적으로 다른 두 부문으로 분절되고 있으며, 서로 다른 부문에 속해 있는 노동자들은 서로 다른 노동조건과 기회 속에서 일하고 있다. 즉, 저임금 노동시장과 고임금 노동시장으로 분절되어 있고, 따라서 노동시장은 완전 경쟁적이지 않으며, 사회계층과 직종 간 개인의 이동은 상당히 제한되어 있다. 이렇게 분절된 노동시장 내에서 노동자가 자신의 위치를 변화시키는 것은 상당히 어려우며, 따라서 양극화된 노동시장에서 노동자의 이동은 매우 제한될 수밖에 없다.

지식기반경제가 진전되고 노동시장의 유연성이 높아질수록 노동의 양극화 현상은 더 심화되고 있다(우천식 외, 2007). 특히 지식기반산업과 비지식기반산업 간 고용구조의 차이와 고용의 불안정성은 더 커지고 있으며, 이로 인한 임금 격차도 커졌지만 소득의 재분배 기능이 원활하게 작동되지 않으면서 양극화 현상은 더욱 심각해지고 있다(그림 3-8). 전문 서비스 기능이 발달되고 사회적 노동분업이 확장되면서 노동시장의 양극화는 더욱 심화될 것으로 전망된다. 이는 치열한 시장경쟁과 상품의 다양화로 인해 노동의 유연성이 더욱 더 요구되면서 지식과 혁신이 더 중요시되기 때문이다.

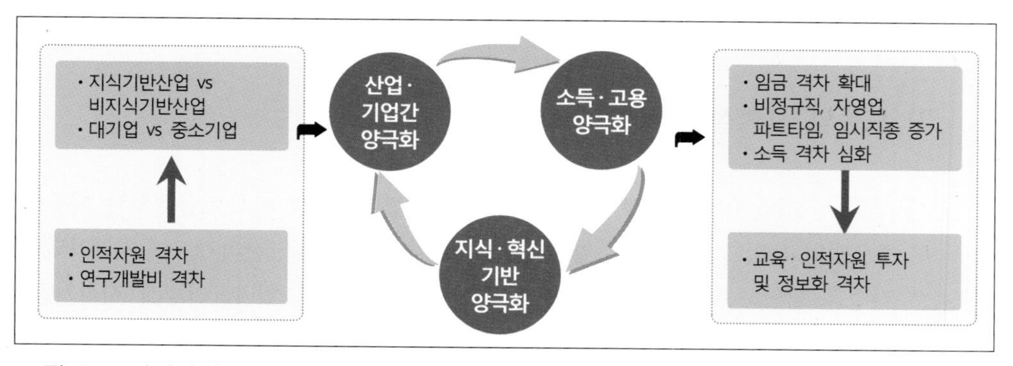

그림 3-8. 지식기반사회에서 노동의 양극화를 포함한 경제의 양극화 현상
출처: 우천식 외(2007), p. 61.

4 이주노동의 흐름과 그에 따른 노동시장의 변화

1) 노동력의 국제이동 흐름과 특징

경제의 세계화가 진전되고 정보통신기술과 교통수단의 발달로 인해 국제 이동이 용이해짐에 따라 노동력의 국제적 이동은 점차 확대되고 있다. 노동력의 국제 간 이동이 활발해지면서 많은 사람들이 모국이 아닌 다른 나라에서 이주 노동자로 살고 있다. 그 결과 국적과 실제 거주지가 다른 노동 이주자들이 상당히 증가하고 있다.

세계 각 지역의 노동력 수급 차이로 인한 노동력의 이동으로 노동력 시장체계가 새롭게 형성되고 있다. Seers(1977)는 이러한 노동력 시장체계를 핵심-주변모델을 도입하여 분석하였다. 그의 견해에 따르면, 자본이 풍부한 핵심지역은 상대적으로 노동력 부족 현상을 경험하고 있으며, 부족한 노동력을 주변국들로부터 받아들이고 있다. 반면에 자본이 부족하고 노동력이 풍부하지만 경제가 발달하지 못하여 일자리가 부족한 주변부 국가들은 핵심국가들이 필요한 노동력을 공급한다는 것이다. 실제로 선진국의 인구증가율이 둔화되면서 저임금의 노동력에 대한 수요는 커지고 있는 반면에 아직도 높은 인구증가율로 인해 인구압을 느끼고 있는 저개발국가에서는 노동력 과잉현상을 경험하고 있다. 그 결과 노동력이 부족한 서북부 유럽, 미국, 캐나다, 일본, 오스트레일리아는 아프리카, 서남부 아시아, 라틴 아메리카로, 동남아시아로 부터 많은 저임금의 노동력을 공급받아 왔다.

그러나 경제의 세계화와 함께 각국의 개방화로 인해 노동력 이동은 과거와는 다른 양상을 보이고 있다. 특히 매스컴의 발달과 정보통신기술 및 교통수단의 발달로 인해 고용기회를 찾는 노동시장의 영역이 국가 차원을 넘어 점차 국제화되고 있다. 이에 따라 전통적으로 동질적인 민족으로 구성되어 오던 노동시장은 점차 다수의 외국인 노동자의 유입으로 인해 혼합되고 있다. 특히 선진국의 경우, 소득과 생활수준이 높아지면서 제조업 부문의 일자리를 3D(Dangerous, Dirty, Difficult) 업종으로 인지하고 기피하는 현상이 확산되자 자국의 노동력으로 충당할 수 없게 되었다. 뿐만 아니라 선진국의 출산율 감소와 고령화 현상으로 인해 경제활동인구의 감소를 경험하게 되면서 외국으로부터의 노동력 유입을 더욱 추진하게 되었다.

반면에 개발도상국의 경우 경제성장 침체에 따른 실업률을 완화하고 선진 기술 습득과 외화벌이의 수단으로 선진국으로 노동력을 송출하게 되었다. 국제자본 이동을 통해 형성된 사회적 연결망을 타고 개발도상국 국민들이 적극적으로 해외 취업의 기회를 찾아 나서고 있다. 즉, 자발적 이주 노동자들은 자본투자에 의해 창출된 고용기회를 찾기 위해 국경을 넘어 이동하는 사례들이 늘어나고 있다.

이와 같은 국제노동의 흐름은 1970~1980년대 약 2% 수준이던 것이 1980~1990년대에는 약 4.3%로 증가되었으나, 1990~2000년대에는 다시 약 1.3% 수준에 머무르고 있다(World Bank, 2009). 국제 간 노동력 이동이 활발하게 일어난 1960년대부터 1980년대까지 노동력의 주요 흐름의 방향을 보면 남부유럽과 일부 북아프리카 국가에서 서부유럽(특히 독일과 프랑스)으로의 이동, 중남부 아프리카에서 남아프리카공화국으로의 이동, 남부아시아와 북아프리카에서 서남아시아 산유국으로의 이동, 중앙아메리카에서 미국으로의 이동이다. 특히 1960년대에는 서부유럽, 서남아시아, 남아프리카공화국, 미국, 아르헨티나로의 노동력 이동이 두드러지게 나타났다. 1970년대와 1980년대에도 이들 지역으로의 노동력 이동이 활발하게 이루어졌으나, 특히 서부 유럽과 중동지역으로의 노동력 이동이 현저하게 나타났다.

그러나 1990년대 이후의 국제 노동력의 이동은 다소 다른 양상을 보이고 있다. 미국으로의 노동력 이동은 여전히 활발하게 이루어지고 있으나, 걸프전 이후 중동지역으로의 노동력 이동은 상대적으로 많이 줄어들고 있다. 오히려 1990년대 들어서면서 노동이민은 동아시아의 신흥공업국인 홍콩, 한국, 말레이시아, 싱가포르, 타이완, 중국 등으로 옮겨지고 있다. 정보통신기술의 발달로 노동력의 국제 이동이 더욱 활발해지는 가운데 2000년대 들어와 가장 많은 노동이민을 송출하는 국가들을 보면 경제상황이 매우 어려운 방글라데시, 아프가니스탄, 이집트, 파키스탄뿐만 아니라 인도, 멕시코, 중국, 필리핀 등도 송출국이다. 2015년 국제 이주자 수는 전 세계 인구의 약 3.3%에 해당하는 약 2.44억명으로 집계되었는데, 이는 2000년에 비해 약 41%(7,100만명)가 증가한 셈이다. 이러한 국제 이주자들을 보면 여성이 48.2%를 차지하고 있으며, 15세 미만 아동도 10.4%, 15~29세 연령층 비중도 21.2%를 차지하고 있다.

한편 2013년 ILO 추정에 따르면, 전 세계적으로 볼 때 이주 노동자 수는 1.5억명에 달하는 것으로 나타났는데, 이는 글로벌 노동력의 약 4.4%를 차지하는 것으로 국제 이주자가 글로벌 인구에서 차지하는 비중(3.3%)보다 높다. 그림 3-9에서 볼 수 있는 바와 같이 2013년 노동 이주자의 48.5%가 북미와 서·남·북부 유럽으로의 이주하고 있으며, 아랍국가들로의 이주도 11.7%를 차지하며, 아시아로의 노동 이주도 21.9%(동남, 남부, 중앙, 동아시아)를 차지한다. 1990년 당시 노동 이주자의 약 1/3이 아랍국가였으며, 1/5이 북미, 1/6이 유럽이었던 추세에 비하면 상당히 달라진 셈이다. 2010년 이후 노동력의 국제 이동 흐름은 과거의 남→북 이동 흐름에서 점차 남→남으로의 이동으로 바뀌어가고 있다. 물론 미국, 독일, 프랑스 등 선진국들이 주요 전입국이지만, 그 이외에도 아랍국가들로의 저숙련 노동자들 전입이 크게 늘어나고 있다. 특히 아시아에서 아랍국가로의 노동 이주자들은 1990년 570만명에서 2015년 1,900만명으로 3배 이상 증가하였다(ILO, 2017).

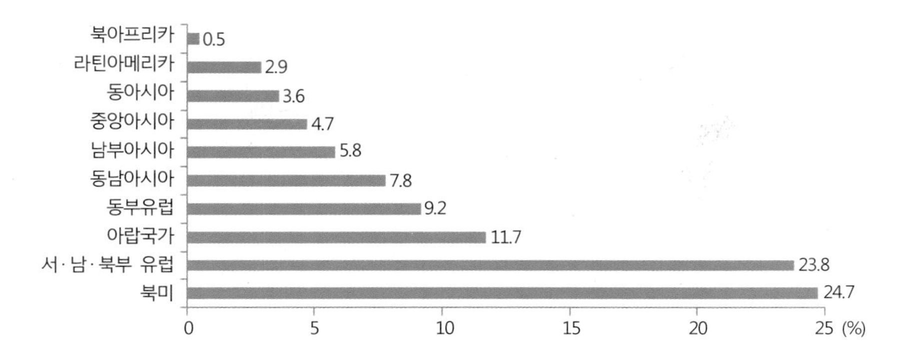

그림 3-9. 전체 이주 노동자에서 각 지역이 차지하는 비중, 2013년
출처: ILO(2017), p. 7.

국제 이주자(2.32억명) 가운데 1.5억명이 이주 노동자이며, 이주 노동자 중 1,150만명은 가사노동자(domestic worker)이며, 아직 상당히 많은 이주 노동자들이 실직 상태로 취업을 원하고 있은 것으로 알려져 있다. 이주 노동자 가운데 여성 노동 이주자의 비율이 44.3%(약 6,700만명)로 상당히 높게 나타나고 있는데, 여성의 경우 노동 이주를 하는 경우 이주하지 않을 경우에 비해 경제활동참가율이 훨씬 더 높아지고 있다(ILO, 2017). 또한 1.5억명의 이주 노동자들의 74.7%에 해당하는 1.12억명은 고소득국가로의 이주 노동자들이다(그림 3-10). 그리고 저소득국가로의 이주 노동자 비율은 2.4%에 불과하다. 그 결과 고소득국가의 경우 노동자의 1/6은 이주 노동자들이 차지하고 있다.

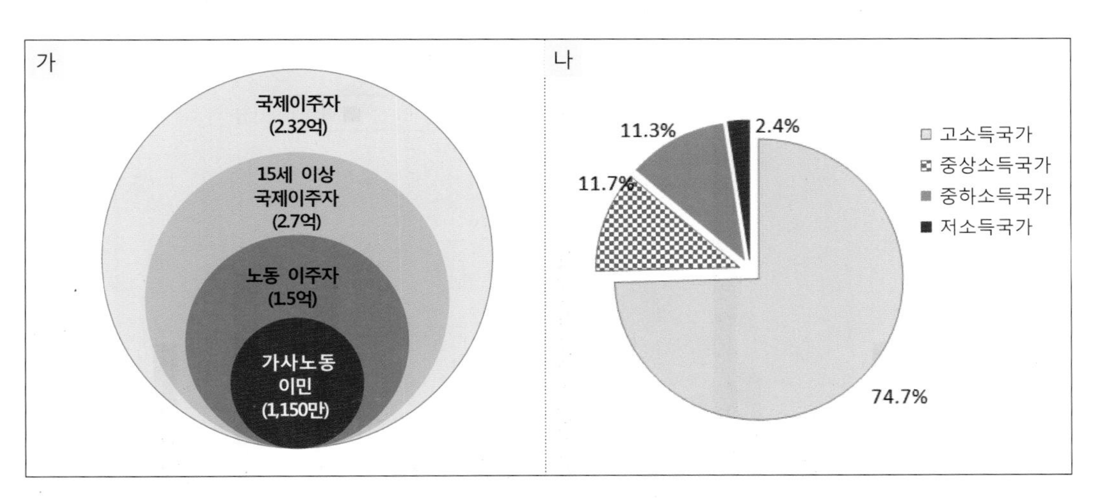

그림 3-10. 이주 노동자 규모와 소득수준별 이주 노동자들의 분포
출처: ILO(2015). p. 5; p. 10.

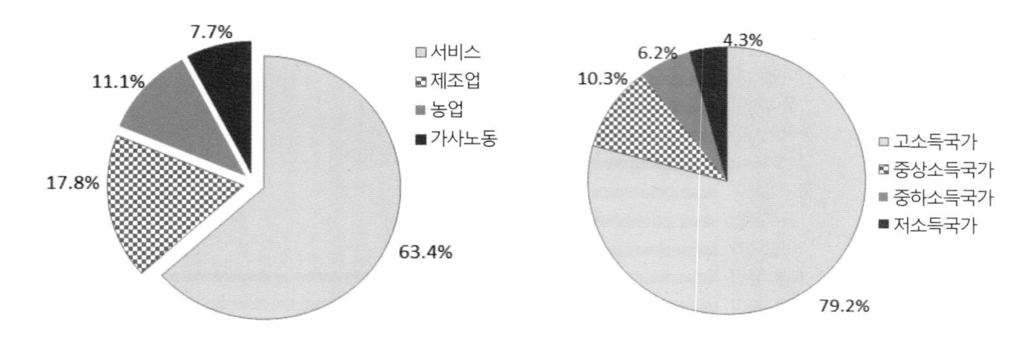

그림 3-11. 이주 노동자의 산업별 고용 비중 및 가사노동 이주자의 분포

출처: ILO(2015). p. 9; p. 11.

이주 노동자들의 산업별 취업 비율을 보면 서비스 산업 종사자가 63.4%로 가장 높으며, 제조업, 농업 부문 순으로 나타나고 있다. 가사노동자 수는 1,150만명(7.7%)으로 집계되고 있다. 이렇게 가사노동을 하고 있는 사람들의 약 80%(910만명)는 고소득국가에서 가사돌봄 노동을 하고 있다(그림 3-11). 가사노동은 비공식 고용에서 글로벌 인력의 상당 부분을 차지하며 가장 취약한 근로자들이다. 그들은 개인 고용인을 위해 일하며, 노동법의 범위에서도 제외되고 있다. 남성 가사 노동자들은 종업원, 운전자 또는 집사와 같은 일들을 하며, 여성 가사 노동자의 경우 집 청소, 요리, 세탁 및 다림질, 어린이 돌보기, 노인 또는 아픈 가족 돌보기 등 집안일들에 종사하고 있다. 이주 노동자들 가운데 가사노동 종사자가 차지하는 비중을 각 지역별로 비교해 보면 동아시아가 20.4%로 가장 높으며, 동남아시아, 아랍국가, 라틴아메리카 순으로 나타나고 있다(그림 3-12).

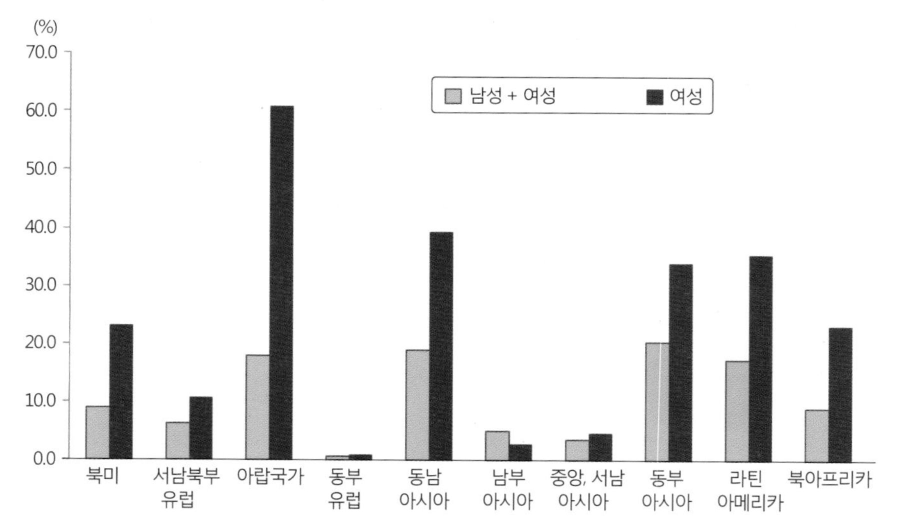

그림 3-12. 지역별 전체 이주 노동자에서 가사노동 종사자(전체, 여성)가 차지하는 비중

출처: ILO(2015). p. 16; p. 17.

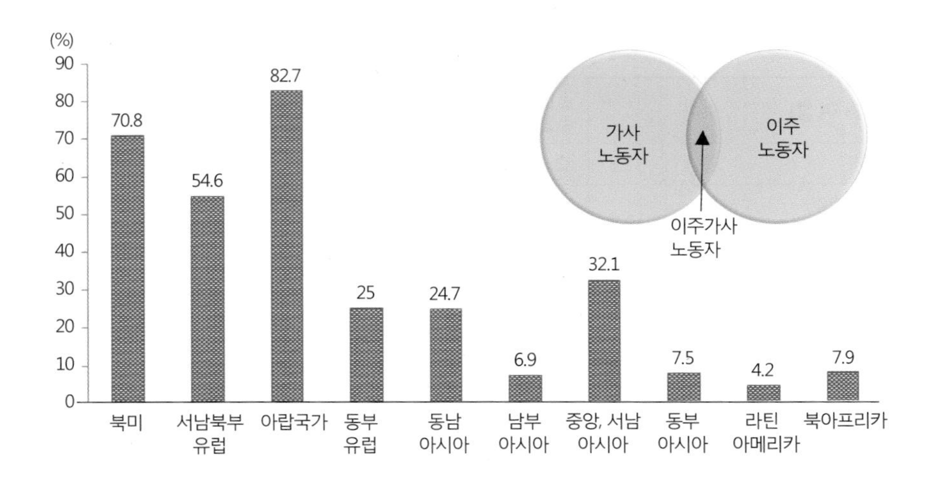

그림 3-13. 해당 지역의 전체 가사 노동자 가운데 이주 노동자가 차지하는 비중

출처: ILO(2015). p. 16.

그러나 성별로 보면 아랍국가의 비율이 가장 높다. 2013년 세계 전체 남자 가사 노동자의 50.8%는 아랍국가에서 일하고 있는데, 아랍국가의 경우 남자 이주 노동자 10명 당 1명은 가사노동에 종사하고 있다. 여성 이주 노동자 가운데 가사 노동 종사자 비율을 보면 아랍국가가 60.8%로 가장 높으며, 동남아시아가 39.2%, 라틴 아메리카가 35.3%를 차지하고 있다(그림 3-12). 이와 같이 이주 노동자들을 송출하는 필리핀, 인도, 파키스탄, 방글라데시, 아프가니스탄의 경우 국내에서 실자리가 없어 일자리를 찾기 위해 이동하는 사람들이 대다수이며, 따라서 여성의 경우 가사 노동자로 일하게 되는 비중이 매우 높다. 그러나 가사노동의 경우 정당한 임금을 받기 어려우며, 노동법도 적용되지 않아 가사노동자들의 삶 자체가 매우 궁핍한 것으로 알려져 있다. 특이한 점은 이주 노동자 가운데 가사 노동자 비중이 높은 국가들은 주로 개발도상국이라는 점이다. 이는 가사노동자들이 저숙련 단순노동력임을 말해주며, 고숙련 이주노동자들의 경우 북미와 유럽 등 고소득국가로 이주하여 정규직으로 취업하고 있음을 시사해준다.

한편 해당 지역의 가사 노동자 가운데 이주 노동자가 차지하는 비율을 보면 아랍국가가 82.7%로 가장 높으며(아랍국가의 경우 여성 가사노동의 73.1%가 이주 노동여성임), 북미의 경우도 가사노동 종사자의 70.8%가 이주 노동자이다. 이들 지역의 경우 가사 돌봄의 거의 대부분을 이주 노동자들이 담당하고 있음을 말해준다(그림 3-13, 표 3-4).

표 3-4. 이주 노동자와 가사 노동자의 지역별 비교, 2013년

(단위: 백만명, %)

전체(남성+여성)	북미	서·남·북 부유럽	동부 유럽	아랍 국가	중앙, 서남 아시아	동부 아시아	동남 아시아	남부 아시아	라틴 아메리카	세계
전체 이주 노동자	37.1	35.8	13.8	17.6	7.0	5.4	11.7	8.7	4.3	150.3
전체 종사자에서 이주 노동자가 차지하는 비중	20.2	16.4	9.2	35.6	10	0.6	3.5	1.3	1.5	4.4
전체 가사노동자 수	0.9	4.1	0.3	3.8	0.8	14.6	9.1	6.4	17.9	67.1
이주 가사노동자수	0.64	2.21	0.08	3.16	0.26	1.1	2.24	0.44	0.75	11.52
이주 가사노동자의 지역별 비중	5.5	19.2	0.7	27.4	2.2	9.5	19.4	3.8	6.5	100
전체 이주 노동자에서 가사노동자가 차지하는 비중	1.7	6.2	0.6	17.9	3.6	20.4	19	5	17.2	7.7
전체 가사노동자 중 이주 노동자가 차지하는 비중	70.8	54.6	25	82.7	32.1	7.5	24.7	6.9	4.2	17.2
여성	북미	서·남·북 부유럽	동부 유럽	아랍 국가	중앙, 서남 아시아	동부 아시아	동남 아시아	남부 아시아	라틴 아메리카	세계
전체 이주 노동자	17.5	17.7	7.6	2.6	4.0	2.9	5.2	3.7	1.9	66.6
전체 종사자에서 이주 노동자가 차지하는 비중	20.6	17.9	10.6	30	14.8	0.7	3.6	2	1.6	4.9
전체 가사노동자 수	0.8	2.8	0.3	2.2	0.5	12.9	7.5	4.1	15.7	53.8
이주 가사노동자수	0.58	1.87	0.06	1.6	0.18	0.99	2.03	0.1	0.69	8.45
이주 가사노동자의 지역별 비중	6.9	22.1	0.7	19	2.1	11.7	24	1.2	8.1	100
전체 이주 노동자에서 가사노동자가 차지하는 비중	3.3	10.6	0.8	60.9	4.5	33.9	39.2	2.8	35.3	12.7
전체 가사노동자 중 이주 노동자가 차지하는 비중	71	65.8	23.6	73.1	33.4	7.6	26.9	2.5	4.4	15.7

출처: ILO(2015). p. 12.

노동이민의 또 다른 특징은 국경을 접한 국가 간에 전입이 가장 두드러지게 나타나고 있어 이동의 근접효과(neighborhood effect)를 보여주고 있다. 미국의 경우 접경지역으로부터의 이민자가 차지하는 비율이 약 30%, 프랑스는 약 20%, 독일은 약 10%를 보이고 있는 데 비해 코트디부와르는 약 81%, 이란은 약 99%, 인도는 약 93%가 접경지역으로부터 이주한 사람들이다(World Bank, 2009). 특히 사하라 사막 이남의 아프리카 지역에서의 노동 이민은 거의 지역 내에서 이루어지고 있다. 이러한 경향은 국제 노동이동 시에 언어나 문화의 동질성이 노동 이민자의 목적지 선택에 상당한 영향을 미치고 있음을 말해준다.

한편 노동력의 이동은 크게 두 유형으로 분류할 수 있으며, 노동력의 이동 패턴도 노동자의 기술과 숙련도에 따라 차별화되어 나타나고 있다. 첫 번째 유형은 노동이민의 대

부분을 차지하고 있는 기술 수준이 낮고, 일시적 또는 비공식적인 일자리를 찾아 이동하는 유형이다. 두 번째 유형은 상당히 고급 기술과 능력을 지닌 초국적 엘리트의 이동이다. 비록 이들이 차지하는 이동 비율은 매우 낮지만 글로벌 차원에서 재정과 경영을 통제하면서 세계 경제공간을 형성하는 데 지대한 영향을 미치고 있다. 특히, 세계화가 진전되고 국제이동이 활발해지면서 인적자본이 높은 사람들의 이동이 늘어나고 있다. 이는 각 국가들의 선별적 이주정책이 숙련 노동자들의 이동을 유인하기 때문으로 풀이할 수 있다. 1980년대 말 이후 국제이동에서 숙련 노동자의 이동이 미숙련 노동자의 이동에 비해 꾸준히 증가 추세를 보이고 있다. 숙련 노동자의 이주 비율이 가장 높은 지역은 아프리카와 중동, 남부아시아, 그리고 동아시아 국가들이다. 특히 대학교육을 받은 숙련 노동자의 이주 비율이 저학력자의 이주 비율에 비해 상대적으로 높게 나타나고 있다. 이는 고급 인적자본이 점차 국제화되어 가고 있음을 말해주며, 선별적인 숙련 노동력의 해외 이주로 인해 개발도상국은 두뇌유출(brain drain)을 경험하는 반면에 선진국으로의 인적자본의 집중화 현상은 더욱 심화되어 가고 있다.

고급 숙련 노동자의 이주의 대표적인 사례로 실리콘밸리를 들 수 있다. 실리콘밸리에서 일하고 있는 과학자와 공학자의 약 1/3은 외국인 출신 근로자들(특히 중국인과 인도인)이 차지하고 있다(Saxenian, 1999). 실리콘밸리에서 중국인 경영자에 의해 운영되는 기업 수는 약 2,000여개에 달하며, 인도인 경영자에 의해 운영되는 기업 수도 약 800개로 중국인과 인도인 기업주가 차지하는 비율은 전체의 약 1/4에 달하고 있다(Coe et al., 2013). 실리콘밸리에서 아시아인들의 성공은 자국과의 기술적, 사업적 네트워크를 통해서 더욱 확장되고 있으며, 자국의 기술개발에도 긍정적인 영향을 미치고 있다.

또 다른 노동력의 국제이동의 특징은 선진국에서 그 주변의 역외지역 및 상대적으로 노동비용이 저렴한 지역으로의 노동 이동이다. 선진국의 경우 생산과정에서 보다 일상적이며 개개인을 위한 서비스 업무와 같은 작업들은 선진국과 가까운 역외지역의 저소득 또는 중소득국가로 이동되고 있다. 이러한 사례의 가장 대표적인 예로는 인도의 실리콘밸리로 불리워지고 있는 Bangalore이다. 이 지역으로 선진국의 우수한 정보통신 및 인터넷 기업들이 활발하게 투자를 하는 이유는 영어 사용권이며 우수한 인재의 활용이 가능하면서도 상대적으로 임금이 저렴하기 때문이다. 현재 이 도시는 인도의 IT산업의 중심지로서 뿐만 아니라 점차 금융회계, 컴퓨터 관리, 소프트웨어 개발업도 활발하게 이루어지고 있다. 이와 같이 인터넷 및 IT 산업의 경우 유리한 여건(저렴한 인건비나 우수한 인재 활용성)을 지닌 개발도상국으로 이전되고 있다. 이는 직접적인 숙련 노동자의 이동 흐름을 대체하여 나타나고 있는 새로운 양상이라고 볼 수 있다.

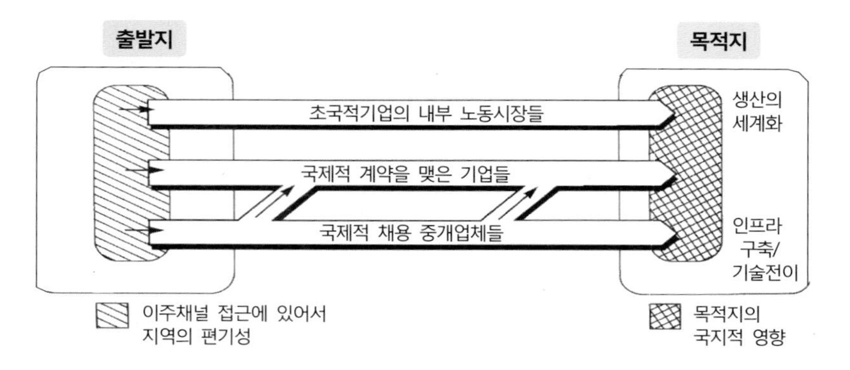

그림 3-14. 국제간 숙련 노동력의 단기 이동이 이루어지는 채널
출처: Findlay, A. and Garrick, L.(1990), p. 183.

1990년대 국제 노동이동에서 나타나는 또 다른 특징 중의 하나는 전문직 또는 숙련기술자들의 단기적 이동이다. 이들의 이동은 영구히 거주지를 이동하는 것이 아니라 일시적 또는 단기적으로 고용기간 동안 다른 나라에서 거주하는 것이다. Findlay and Garrick (1990)은 숙련 근로자들의 단기 이동이 이루어지는 채널을 크게 세 종류로 명시하고 있다 (그림 3-14). 첫 번째 채널은 초국적기업의 노동시장을 통해서이다. 초국적기업들은 세계 여러 국가의 분공장을 경영, 관리하기 위해 해외로 경영이나 또는 관리를 담당할 고급 인력을 이주시킨다. 주로 이들은 초국적기업의 본사가 있는 선진국으로부터 개발도상국으로 이주한다. 두 번째 채널은 특정 국가의 대규모 인프라(사회간접자본) 개발 사업을 위해 숙련된 근로자들이 초청받아 계약기간 동안 그 국가에서 거주하는 경우이다. 세 번째 채널은 외국 정부나 주정부 또는 개인 기업을 대신하여 채용을 중개해주는 업체들을 통해 고용 인력을 선발하여 이주하게 되는 경우이다. 이와 같은 세 가지 채널을 통해 숙련된 근로자들이 국제적으로 이동하여 일시적 또는 상당한 기간을 다른 나라에서 거주하게 된다.

2) 선진국과 개발도상국의 노동력 구조 변화

1990년부터 2015년까지 지난 25년 동안 세계 지역별 노동력의 성장을 보면 지속적으로 노동력이 성장해 왔음을 엿볼 수 있다. 전 세계적으로 보면 1990년 23.4억 명이던 근로자 수가 2015년 약 34억 명으로 약 10.5억 명이 증가하였으며, 이는 연평균 0.65%의 증가율을 보인 셈이다. 이를 지역별로 보면 동아시아와 남부아시아에서 눈부신 성장세를 보면서 전 세계 노동력 증가량의 절반 이상을 차지하고 있다(동아시아 28%, 남부아시아 23.5%). 한편 고소득국가의 경우 노동력 증가는 연평균 0.37%로 증가하여 전 세계 노동

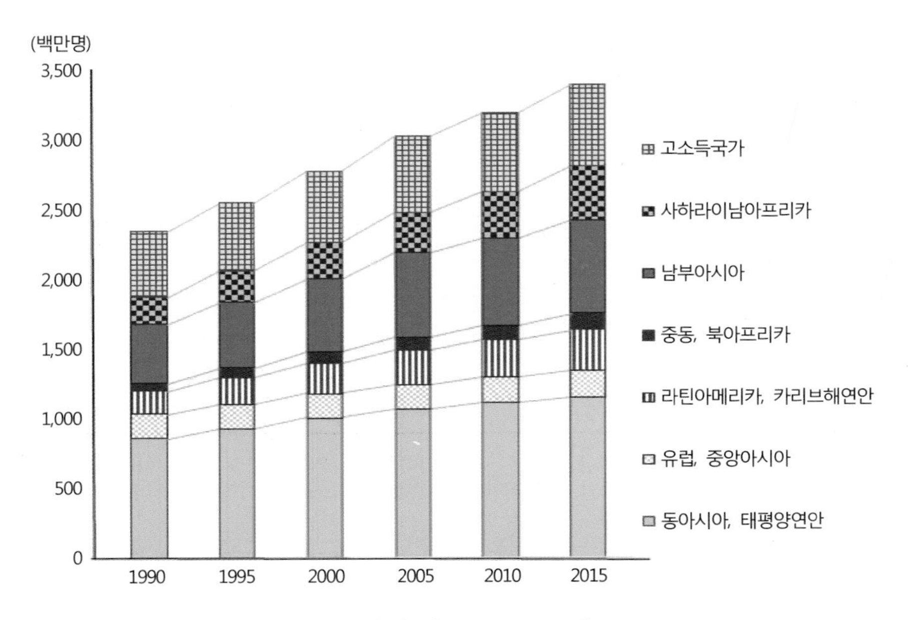

그림 3-15. 글로벌 노동력의 성장 추세, 1990-2015년

㈜: 각 지역별 분류는 세계은행 분류이며, 각 지역에서 고소득국가는 제외한 것임;
노동력은 15세~65세 미만 인구 가운데 노동력 공급이 가능한 사람 수를 나타냄.
출처: World Bank, http://data.worldbank.org 자료를 토대로 작성.

력 증가량의 약 10.4%를 차지하고 있다. 2015년 세계 노동력의 54%는 동아시아와 남부아시아에서 공급하며, 고소득국가가 차지하는 노동력은 불과 17%에 해당한다(그림 3-15).

한편 선진국의 탈산업화가 시작된 1970년부터 세계 각 지역별로 제조업에 종사하는 고용 비중의 변화를 보면 상당히 많은 변화가 이루어졌음을 알 수 있다. 선진국의 경우 1970년 26.8%를 차지하던 제조업 종사자 비율이 2011년에는 12.8%로 크게 감소하였다. 반면에 개발도상국들의 경우 1990년까지 지속적으로 제조업 종사자 비중이 꾸준하게 증가하였다. 이는 초국적기업들이 개발도상국의 값싼 노동력을 이용하기 위해 자본을 투자하면서 많은 공장들을 이전하였기 때문으로 풀이할 수 있다. 특히 우리나라를 비롯한 동부, 동남아시아로의 투자가 활발하게 이루어지면서 신흥공업국가들이 부상하게 된 시기이다(표 3-5). 우리나라의 경우 1970년 제조업 종사자 비중이 13.6%이었으나 1990년에는 27.4%로 가장 높게 나타나고 있다. 이러한 개발도상국들의 제조업 고용 비율의 증가 추세는 2000년대 들어오면서 많이 약화되고 있지만, 중국과 인도는 아직도 여전히 제조업 고용 비중이 증가하고 있다. 2000년대 들어오면서 개발도상국에서의 제조업 고용 비중 감소는 선진국들이 경험하고 있는 서비스 경제로의 전환이 시작되고 있음을 말해준다.

표 3-5. 세계 각 지역별 제조업 종사자 비중의 변화, 1970~2011년

	1970	1980	1990	2000	2007	2011
선진국	26.8	23.9	20.7	16.9	14.3	12.8
북아프리카	12.6	13.8	14.4	14	12.9	11.9
사하라 이남 아프리카	5.8	7.2	8.3	8.3	8.6	8.4
라틴 아메리카, 카리브연안	15.5	15.4	15.3	13.2	12.4	11.5
동아시아	13.9	22.5	24.3	20.9	21.2	21.5
중국	7.8	13.8	14.9	14.5	18.4	18.7
한국	13.6	22.2	27.4	20.3	17.6	18.2
동남아시아	11.4	14.4	15.6	16.3	15.4	14.0
인도	9.4	9.1	10.5	11.4	11.9	11.6

㈜: 각 지역에 속한 국가들은 다음과 같은 국가들이며, 이들 국가들을 표본으로 하여 구축한 자료임.

- 선진국: 덴마크, 프랑스, 독일, 이탈리아, 일본, 네덜란드, 스페인, 스웨덴, 영국, 미국
- 북아프리카: 이집트, 모로코
- 사하라이남 아프리카: 보츠와나, 에티오피아, 가나, 케냐, 말라위, 모리셔스, 나이지리아, 세네갈, 남아연방, 탄자니아, 잠비아
- 라틴아메리카, 카리브해 연안: 아르헨티나, 베네수엘라, 볼리비아, 브라질, 칠레, 콜롬비아, 페루 코스타리카, 멕시코
- 동아시아: 중국, 한국, 타이완
- 동남아시아: 인도네시아, 말레이시아, 필리핀, 싱가포르, 타이

출처: UNCTAD(2016), Trade and Development, Table 3.2.

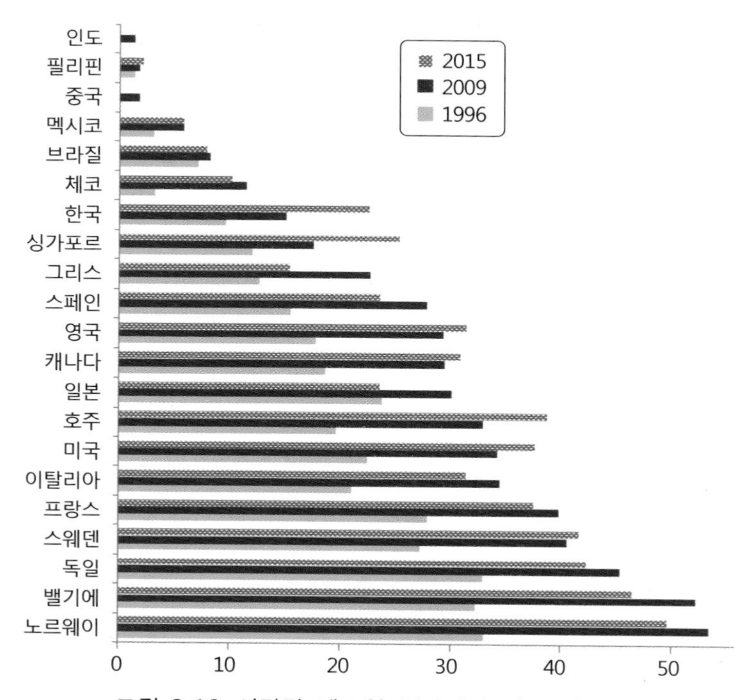

	1996	2009	2015
노르웨이	33.0	53.3	49.7
벨기에	32.3	52.1	46.6
독일	32.9	45.3	42.4
스웨덴	27.2	40.5	41.7
프랑스	27.8	39.7	37.6
이탈리아	21.0	34.4	31.5
미국	22.5	34.2	37.7
호주	19.6	32.9	38.8
일본	23.7	30.1	23.6
캐나다	18.6	29.4	30.9
영국	17.8	29.3	31.4
스페인	15.5	27.8	23.7
그리스	12.6	22.7	15.5
싱가포르	11.9	17.5	25.4
한국	9.6	15.0	22.7
체코	3.1	11.4	10.3
브라질	7.1	8.1	8.0
멕시코	3.1	5.7	5.9
중국	-	1.7	-
필리핀	1.3	1.7	2.2
인도	-	1.2	-

그림 3-16. 시간당 제조업 종사자의 임금 비교

출처: International Labor Comparisons(ILC), https://www.bls.gov.

그러나 아직까지도 개발도상국의 제조업 종사자의 평균 임금을 비교해 보면 선진국들에 비해 상당히 낮다. 2009년 시점에서 시간당 제조업 종사자의 임금을 보면 가장 임금이 낮은 국가들(인도, $1.23; 중국, $1.74; 필리핀, $1.7)에 비해 임금이 가장 높은 국가들(노르웨이, $53.34; 벨기에, $52.1)과 비교하면 약 30배 가량 차이가 나고 있다. 2015년 시점에서도 국가 간 임금격차는 여전히 20배 이상을 보이고 있다(그림 3-16). 우리나라의 경우 37개 비교 대상 국가들 가운데 임금이 15번째로 낮은 편에 속하고 있다. 이와 같은 국가 간 임금격차는 초국적기업으로 하여금 개발도상국가로 해외직접투자를 유인하는 수단으로 작용하였으며, 그 결과 개발도상국의 공업화가 빠르게 진전되었으며, 산업별 고용구조도 상당히 변화되었다.

그러나 여전히 저소득국가와 고소득국가 간 산업별 노동력의 구조를 비교해 보면 저소득국가는 농업 부문에서 고소득국가는 서비스업 부문에서의 전문화가 더욱 심화되어 가고 있음을 엿볼 수 있다. 중고소득국가들의 경우 서비스 경제화가 진전되고 있는 가운데 제조업에 종사하는 비중은 그대로 유지하고 있다. 중저소득국가의 경우 농업에 종사하는 비중은 점차 줄어들면서 서비스업에 종사하는 비중이 상대적으로 증가하는 추세를 보이고 있다(그림 3-17).

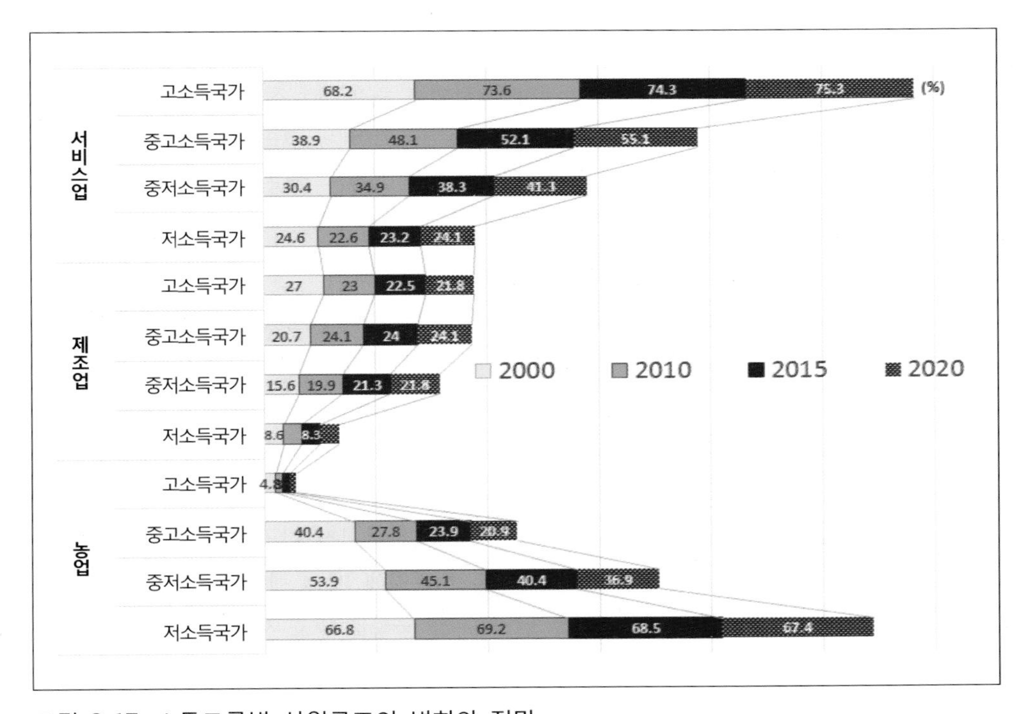

그림 3-17. 소득그룹별 산업구조의 변화와 전망

출처: http://www.ilo.org/ilostat/Employment by sector, ILO modeled estimates.

5 우리나라의 국제 노동 이주

1) 해외로의 노동 이주

우리나라는 지난 50여 년간 급속한 경제성장을 이룩하면서 상품과 자본의 수출·입 뿐만 아니라 노동력의 송출과 유입을 모두 경험하였다. 한국인 노동자들이 해외로 진출한 것은 1960년대 초 서독으로 광부와 간호사들이 계약 노동자로서 나간 것이 최초이다. 계약 노동자로서 서독으로 광부를 파견하게 된 것은 한국과 당시 서독 간의 이해관계가 서로 맞았기 때문이라고 볼 수 있다. 당시 서독은 제2차 세계대전 이후 급속한 경제발전이 이루어지면서 근무여건이 매우 열악한 3D업종의 하나인 광산에서 일할 인력을 구하기 매우 어려웠다. 서독은 이러한 3D업종의 인력난을 해결하기 위해 해외에서 인력을 충원하여야만 했다. 한편 원조와 차관에만 의존하고 있던 한국의 경우 실업률이 거의 40%에 달했으며, 1인당 국민총생산은 약 80달러로 매우 빈곤한 국가였다. 이렇게 두 나라 간에 이해관계가 맞으면서 1966년 특별고용계약을 맺고 광부 3,000명을 서독으로 파견하게 되었고, 1977년까지 독일로 건너간 광부는 총 7,932명에 달하게 되었다(국가기록원). 광부들의 노동계약은 매 3년마다 교체되었는데, 이는 다른 나라 노동자들을 채용하여 여러 가지 사회문제를 경험하였던 독일이 반정착적 정책을 처음부터 적용하였기 때문이다. 이에 따라 3,000명의 광부는 계약대로 매 3년마다 교체되었다. 그러나 당시 한국의 실업상태가 매우 심각하였기 때문에 3년 노동계약을 끝낸 사람들은 한국으로 돌아오기 보다는 제3국으로 이민가는 사람들이 더 많았으며, 일부 한국인들은 독일여성과 결혼하여 독일에서 정착하였다.

한편 1966년에 서독과 특별고용계약을 맺은 간호사들은 광부와는 상황이 아주 달랐다. 간호사들도 광부의 노동계약과 같이 3년 기한으로 규정되어 있었다. 그러나 독일병원 당사자 입장에서 볼 때 3년 간의 생활을 통해 언어와 병원생활에 익숙해진 한국 간호사들과의 계약을 연장하는 것을 강하게 주장하면서 간호사들의 독일체류는 사실상 무기한으로 허용되었다. 즉, 한국 간호사 또는 간호보조원들은 고용자, 병원 또는 양로원이 원한다면 무기한으로 독일에 체류할 수 있게 되었다. 뿐만 아니라 한국 간호사나 간호보조원과 결혼한 광부들은 그들의 부인이 체류하는 동안 독일에 계속 체류할 수 있다는 보장을 받게 되었다. 이에 따라 계약 노동자와는 달리 독일 국적을 얻고 사는 이민자로서 재독 동포가 되었다. 1966~1976년 동안 서독에 진출한 간호사 수는 10,226명이었다(국가기록원).

이렇게 서독으로 파견된 광부들과 간호사의 수입은 1970년대 한국 경제성장에 밑거름이 되었다. 광부들과 간호사들의 독일과 특별계약조건은 3년간 한국으로 돌아올 수 없고 적금과 함께 한달 봉급의 일정액은 반드시 송금해야 한다는 것이었다. 이에 따라 1963년부터 1977년까지 독일로 건너간 7,932명 광부들이 연금과 생활비를 제외한 월급의 70~90%를 가족에게 송금했다. 이들이 한국으로 송금한 돈은 연간 약 5,000만 달러로 당시 한국 GNP의 약 2%를 차지하였다. 뿐만 아니라 서독 정부는 계약 노동자들이 제공할 3년간 노동력과 그에 따라 확보하게 될 임금을 담보로 하여 1억 5,000만 마르크의 차관을 한국에 제공하였다(국가가록원).

또한 1966~1973년 동안 약 20,000명의 근로자들이 한국 기업과 함께 베트남으로 진출하였다. 특히 월남전에 참가한 수천명의 근로자가 이란에 있던 미국인 회사에 근무하면서 중동지역으로의 진출이 이루어지는 계기가 되었다. 하지만 1970년대 중동으로의 노동력 파견은 당시 한국과 중동의 이해관계가 서로 맞았기 때문으로 풀이할 수 있다. 1973년 석유파동으로 막대한 재원을 마련한 중동 국가들은 운송, 통신, 교육, 주택 등 사회간접자본시설을 확충하려고 하였으나, 필요한 인력과 기술이 절대적으로 부족한 상태였다. 당시 한국은 경제개발 5개년계획을 추진하는 과정에서 대형 공사를 시공하여 경험을 축적하였으며, 건설장비도 보유한 상태였다. 당시 경제가 침체되면서 국내 건설수요가 감소하게 되어 건설업계는 해외시장을 찾던 시점이었다. 이러한 한국의 경제상황과 중동의 상황이 맞물리면서, 국내 기업들은 중동의 건설공사를 수주하게 되었고, 건설인력들이 중동으로 진출하게 되었다. 당시 석유파동으로 인해 국내의 외환 부족과 인플레이션 등으로 경제적 어려움이 가중되었던 시점에서 중동의 건설 붐은 고용안정 효과뿐만 아니라 외화획득으로 한국의 경제발전에 큰 돌파구가 되었다. 1970년대 한국인 노동자의 중동 진출을 보면 1974년에 처음으로 395명이 진출하였으나 1975년에는 총 해외진출 인력의 약 30%를 차지할 정도였으며, 1982년에는 약 15만 명을 넘는 대규모로 증가되었다.

그러나 포디즘의 위기가 도래하면서 1970년대 말부터 시작된 세계 경기침체로 인해 1980년대 중반 이후 중동 산유국들이 원유생산을 줄이게 되었고 원유가격이 하락하면서 중동의 경기침체로 인해 중동으로의 노동력 송출 규모는 점차 줄어들어 1995년에는 약 3,600여명 수준을 보이고 있다. 특히 동남아 및 중국의 저임금 근로자들의 중동 진출이 늘어나게 되면서 한국 근로자들의 진출 기회는 더 줄어들게 되었고, 1980년대 말 이후 노사분규로 인해 국내 근로자의 임금 상승이 이루어지게 되면서 해외 취업에 대한 매력도 줄어들게 되었다.

그 밖에도 냉전체제의 붕괴로 인하여 사회주의 국가들의 문호도 개방되면서 한국에서 송출하는 노동 이민은 동부유럽과 소련, 중국으로도 진출하고 있다. 한국에서 노동이민을 송출하는 국가들은 역사적, 정치적 요인, 문화적 요인들에 영향을 받고 있다. 특히 과거의 식민지 지배 하에서 해외로 나가 있던 재외동포들과의 사회적인 연결망이 중요한 영향을 미치면서 재중동포, 재구소련 동포로 인해 중국과 러시아로의 진출 및 베트남과는 전쟁 참여로 인해 관계를 맺으면서 한국 기업의 진출과 더불어 많은 노동력이 이주하고 있다.

2) 국내로의 외국인 이주 노동

우리나라가 급속한 경제발전을 이루어가면서 1980년대 후반부터 노사분규가 나타나기 시작하였다. 특히 1987년 노사분규가 극심해지고 임금이 급상승하게 되면서 해외로의 근로자 송출은 급격하게 감소하였다. 노동자의 임금 상승은 국내 노동시장 구조변화에도 많은 영향을 주었으며, 오히려 노동집약적 제조업종, 건설업, 광업 부문과 같은 생산직 고용에서는 인력난이 발생하게 되었다. 이러한 추세는 1990년대에 들어오면서 더욱 심각하게 나타났으며, 국내 노동시장은 과거의 노동력 과잉상태에서 오히려 노동력 부족상태로 변화되었다. 이러한 국내 노동시장의 수급 변화에 따라 노동력의 해외 송출규모는 급격히 감소하게 되었다.

우리나라는 독일과 중동 등 해외 국가로 노동력을 송출하였던 국가에서 외국인 노동자들을 유입하여야만 하는 노동력 수입국으로 전환된 대표적인 국가이다. 외국인 노동자가 국내로 유입되기 시작한 시점은 1987년 심각한 노사분규를 겪으면서 근로자의 임금상승이 이루어지면서부터이다. 1980년대 말 국내 대기업의 생산직 노동자의 임금은 상당히 상승하였으나, 3D 업종에 대한 기피현상이 점차 확산되었다. 그 결과 저임금 노동력에 의존하여 왔던 3D 업종의 중소기업들은 극심한 인력난을 겪게 되었고, 이러한 만성화된 생산직 인력난 문제를 해결하기 위하여 외국인 노동자를 유입하게 되었다.

생산직종에서의 인력난이 발생하게 된 것은 복합적인 요인들이 작용하였다고 볼 수 있다. 1960년대부터 지속적으로 이루어지던 농촌에서 도시로의 인구이동으로 인해 저임금 생산노동직종의 일자리가 충당되었으나, 1990년대로 접어들면서 농촌의 지속적인 인구감소와 노령화로 인해 농촌으로부터의 유입인구는 크게 줄어들었다. 또한 노동시장에도 10대 청소년들이 진입하였으나, 국민소득이 증가하고 교육열이 높아지면서 10대 청소년의 노동인력도 크게 줄어들었다. 뿐만 아니라 높은 교육열로 인해 노동인력이 점차 고학력화되면서 노동시장에서는 저학력 단순인력의 부족 현상이 나타나게 되었고 특히 3D 업종의 노동력 부족은 더욱 심각하게 나타났다. 이렇게 제조업이나 건설업 부문에서 3D 업종의 일자리는 많으나 일하고자 하는 사람들이 크게 줄면서 중국과 동남아시아, 남부아시아 및 중앙아시아로부터의 저임금 노동력을 유입하게 되었다.

외국인 근로자의 유입에 대한 제도적 장치는 1991년 해외투자업체연수제도를 처음으로 실시하였고, 1993년에는 외국인산업연수제도를 도입하였다. 2000년에는 연수취업제도를 도입하다가 2003년에는 산업연수생제도를 폐지하고 외국인고용허가제를 시행하기에 이르렀다. 고용허가제 도입 초기에는 산업연수제도와 병행하였으나, 2007년부터 외국인고용허가제로 통합하였다. 뿐만 아니라 2007년에는 한국계 중국인에 대한 방문취업제도와 2009년 방문취업 동포 건설업 취업등록제를 시행하면서 체류 외국인은 급증하였다.

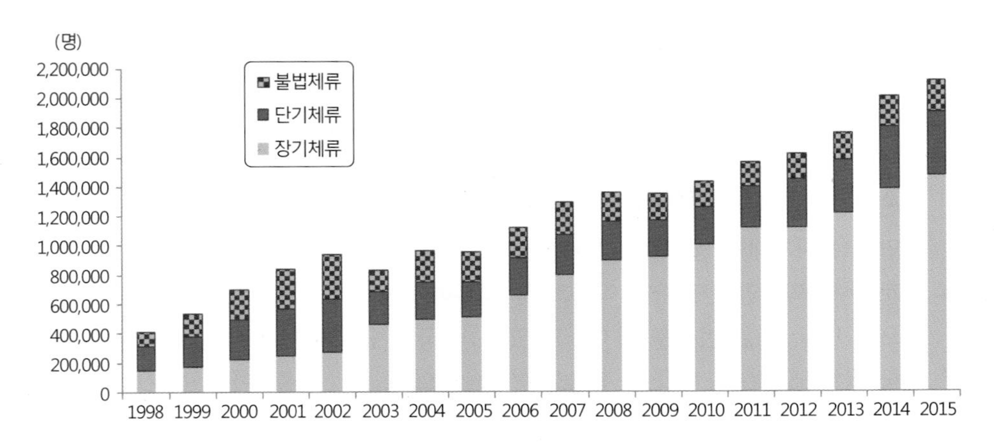

그림 3-18. 외국인 체류자의 증가추세, 1998-2015년

출처: 출입국·외국인정책본부, 자격별 외국인통계 해당연도.

외국인고용허가제도가 시행된 이후 본격적으로 외국인 근로자들이 유입되기 시작한 2005년부터 2015년까지 우리나라의 외국인 근로자의 증가 추세를 보면 그림 3-19와 같다. 2004년 고용허가제 도입 이후에도 복잡한 절차로 인해 합법적인 외국인 노동자수에 비해 불법 체류하는 고용자 수도 급속히 증가하는 경향을 보이고 있다. 따라서 공식 집계된 외국인 노동자 비율이 상대적으로 낮게 추정되고 있다. 2007년 방문취업허가제도가 도입되면서 다시 외국인 근로자는 증가하게 되었으며, 불법 체류자수도 급격하게 감소되었다. 2008년 세계적인 금융위기로 인해 경기가 침체되면서 다시 외국인 근로자 유입에 대한 각종 규제로 인해 외국인 근로자 유입의 증가세가 둔화되고 있다.

한국의 체류 외국인은 1994년 95,778명에 불과하였으나, 2005년 74.7만명으로 증가하였고, 2007년에는 100만명을 넘어섰으며, 2015년에 약 190만명으로 증가하였고, 2017년 1월말에 이미 200만명을 상회하였고, 출신국가 수도 40여개 국가로 증가하였다. 그러나 체류 외국인 가운데 불법 체류자 비중도 약 10% 내외를 차지하고 있다. 불법 체류 외국인은 2007년 이후 2011년까지 감소하였으나 2012년부터 다시 미미하지만 증가추세를 보이고 있다. 2005년 전체 체류자의 24.2%(180,792명)를 차지하던 불법 체류자는 2015년 11.3%(214,168명)으로 크게 감소하였다. 전반적으로 장기 체류자 비중이 늘어나고 있는데, 이는 국내에서 취업을 하는 근로자 비중이 늘어나고 있기 때문으로 풀이할 수 있다(그림 3-18).

외국인 체류자 가운데 2015년 말 취업비자 외국 인력은 62.5만명이며 이 가운데 비전문인력은 57.7만명이다. 비전문취업자는 2005년 11.3만 명(15.1%)에서 2015년 27.6만명(14.5%)으로 증가하였다. 비전문취업자는 2010년 이후 약 23만 명 수준을 유지하고 있으며 방문취업자는 2009년에 30.6만 명으로 가장 높은 수치를 보였으나 2012년 이후 6

만여 명이 감소하였는데 이는 정부가 방문취업 대신 재외동포 정책을 적극 활용하였기 때문으로 풀이된다. 한편 전문인력 비자인 교수, 연구, 특정 활동 체류자 수도 증가추세를 보이고 있으나, 전체 외국인 취업자에 비하면 그 비중은 매우 작은 편이다(그림 3-19).

국내에 체류하는 외국인 가운데 단순 기능인력이라고 볼 수 있는 비전문취업(E-9)과 방문취업(H-2)에 비해 전문인력 비중은 매우 미미한 편이다. 외국인 근로자를 세부적으로 보면 고용허가제와 방문취업비자를 통해 우리나라로 들어온 단순 기능인력이 약 51만 명으로 전체 외국인 근로자의 약 93%를 점유하고 있으며, 전문인력 근로자의 비율은 4.1만 명으로 매우 적은 비중을 차지하고 있다. 외국인 근로자를 국적 별로 구분해보면 한국계 중국인이 55.1%를 차지할 정도로 가장 많으며, 그 뒤를 이어 베트남(9.2%), 필리핀(5.2%), 태국(4.7%), 인도네시아(4.4%) 순으로 나타나고 있다.

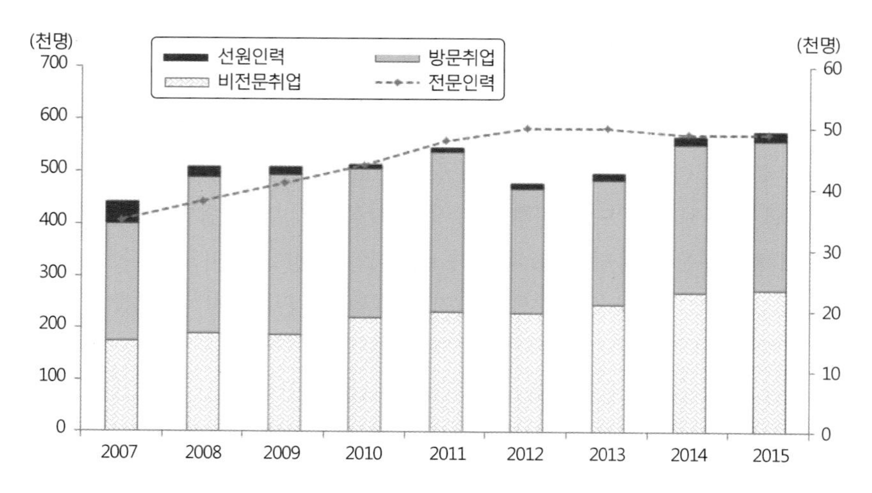

그림 3-19. 외국인 근로자 체류자격별 증가추세, 2007-2015년

출처: 출입국·외국인정책본부, 자격별 외국인통계 해당연도.

표 3-6. 산업별 외국인 취업자 비중

(단위: 천명, %)

구분	외국인 취업자	농·림·어업	광업, 제조업		건설업	도·소매, 숙박·음식업	전기, 운수, 통신, 금융	사업, 개인, 공공서비스
			전체	제조업				
합계	962 (100.0)	49 (5.1)	437 (45.4)	436 (45.3)	85 (8.8)	190 (19.7)	15 (1.6)	187 (19.4)
남자	638	34	351	350	81	62	12	98
여자	324	15	86	86	4	128	3	89

출처: 통계청(2016), 외국인고용조사 결과.

2016년 말 국내 외국인 취업자수는 약 96만 명이며, 체류자격별로 보면 비전문취업(27.1%), 방문취업(23.0%), 재외동포(20.7%) 순으로 나타나고 있다. 국내 외국인 취업자들의 업종은 광·제조업(43만 7천명, 45.4%), 도소매 및 숙박·음식점업(19만명, 19.7%), 사업·개인·공공서비스업(18만 7천명, 19.4%) 순으로 나타나고 있다(표 3-6 참조). 직업별로 보면 기능원, 기계조작 및 조립(37만 5천명, 39.0%), 단순 노무(30만 5천명, 31.7%), 서비스, 판매(12만 1천명, 12.6%), 관리자, 전문가 및 관련 종사자(10만 4천명, 10.8%) 순으로 나타나고 있다.

한편 고용허가제를 통해 국내에 체류하고 있는 외국인 근로자의 지역별 분포를 보면 경기도가 사업장수와 근로자수의 약 40%를 차지하고 있으며, 경상남도에 13.7%의 근로자가 일하고 있다. 서울의 경우 사업장수의 비중은 7.8%로 근로자 비중에 비해 훨씬 더 높은데, 이는 서울에 체류하는 외국인 근로자 개개인들이 상당히 많은 사업장에서 일하고 있음을 시사해준다(그림 3-20).

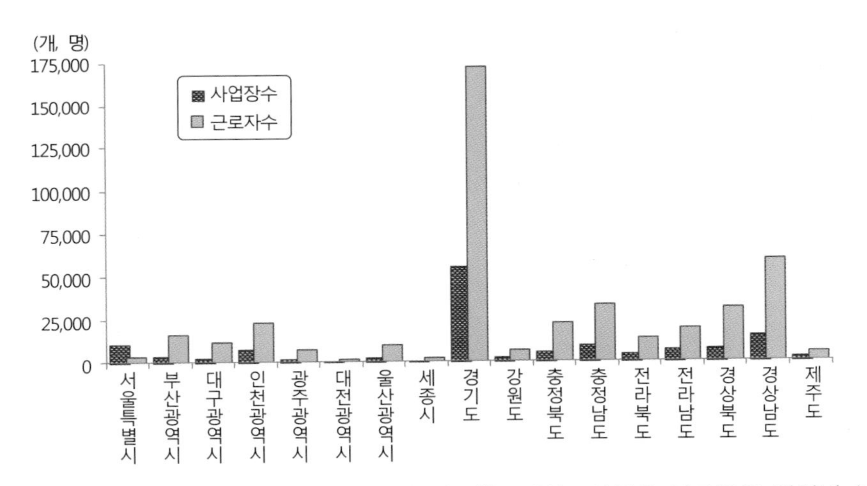

그림 3-20. 고용허가제를 통해 국내 체류하고 있는 외국인 근로자의 지역별 분포

출처: 한국고용정보원(2016), 외국인 고용관리 시스템.

저출산-노령화로 인해 인력 부족 문제를 겪고 있는 선진국들의 경우 인력 문제를 해결하기 위한 수단으로 외국인 노동자를 채용하고 있다. 일반적으로 외국인 노동자 채용은 영주권이나 시민권을 허용하지 않는 범위 내에서 단기 체류만을 허용하지만, 단순기능을 가진 외국인 노동자가 아닌 보다 전문 기능직 노동자를 채용하는 경우 영주하도록 하는 차별적인 고용정책을 시행하는 나라들도 있다. 우리나라의 경우 외국인 노동자 비율이 선진국들에 비해 상대적으로 매우 낮은데, 이는 까다로운 외국인 고용제도 및 소극적인 이민 유입정책 등으로 인해서라고 볼 수 있다. 고용허가제를 통해 국내에 체류하는 외국인 노동자들은 단기간 이주 노동자이며, 국내에 영구 정착은 근본적으로 제한하고 있다.

국내에 외국인 노동자가 유입되기 시작한 지도 벌써 30여년이 지나가고 있으며, 공식적인 외국인 노동자 수도 약 55만명을 넘고 있고 국내에 체류하는 외국인도 약 200만명에 달하고 있다. 그러나 외국인 노동자들의 거주지가 마치 게토(ghetto)와 같이 서울의 특정 지역이나 수도권에 밀집되어 있다는 점은 앞으로 도래하게 되는 다인종, 다문화 사회에서의 사회통합을 위해 보다 긍정적이고 적극적인 외국인 고용정책이 필요함을 시사해준다. 점차 심각해지는 노동력 부족 문제를 해소하고 장기적으로 노동시장의 유연성을 제고하기 위해서는 외국인 근로자의 진입 장벽을 완화하며 외국인 근로자들의 주거환경 개선도 이루어지고 외국인 근로자들도 한국인들과 잘 어울려 지낼 수 있도록 개방과 관용을 통해 다양성의 장점을 키워나가야 할 것이다.

제 4 장

자본의 순환과 금융의 세계화

1. 자본의 개념과 자본에 대한 관점
2. 자본의 순환
3. 금융의 기능과 금융제도의 변화
4. 금융의 세계화와 자본의 국제적 이동

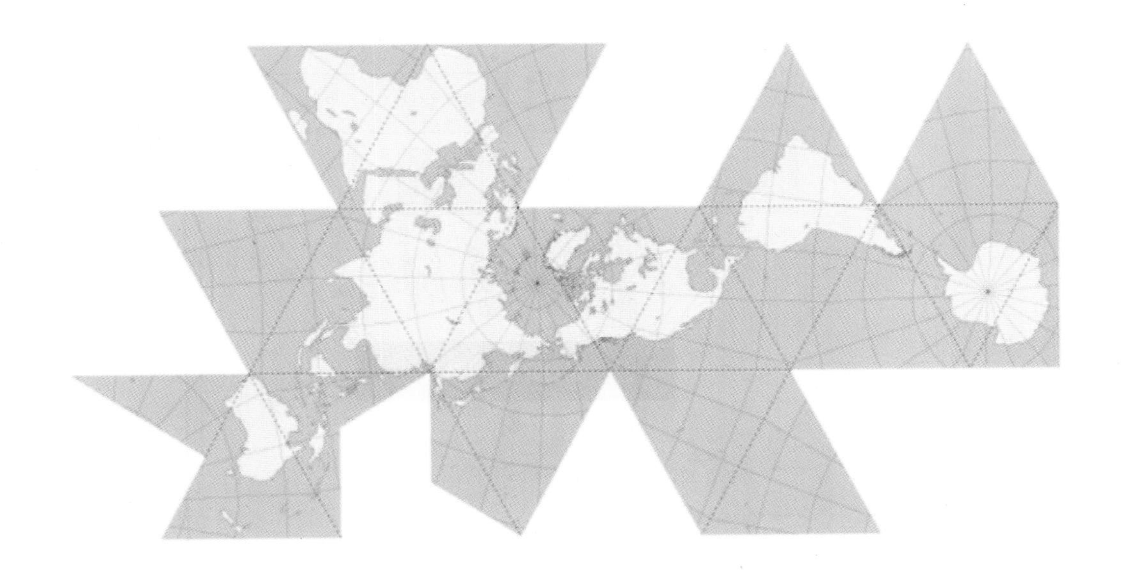

1 자본의 개념과 자본에 대한 관점

1) 생산요소로서의 자본

재화와 서비스를 생산하기 위해서는 많은 것들이 필요하다. 상품을 생산하기 위해 우선적으로 근로자를 고용해야 하고, 생산 공장과 원료들도 필요하다. 이와 같이 재화와 서비스를 생산하기 위하여 필요한 요소들을 생산요소라고 한다. 18세기 산업혁명이 일어나기 전까지는 토지, 노동, 자원이 핵심 생산요소였다. 그러나 산업화가 진행되면서 자본에 대한 중요성이 점차 커졌으며, 경제의 세계화가 진전되면서 가장 자유롭게 이동 가능한 자본의 영향과 중요성은 한층 더 커지고 있다.

가구는 소비자인 동시에 생산자로서 자신의 노동력을 기업에게 제공한다. 한편 기업은 소비재를 생산하는 데 필수적 생산요소인 노동력을 가구로부터 구입하게 되는데, 임금을 화폐 형태로 지불하게 된다. 생산요소 시장에서 생산요소와 화폐는 서로 반대방향으로 이동한다. 즉, 토지 소유자는 토지시장에 토지를 제공하고 그 대가로 토지세(지대)를 받으며, 예금주나 자본소유주는 금융시장에 자산을 내놓는 대신 이자를 받으며, 천연자원 소유자는 원료시장에 자원을 제공하고 자원 소유권에 대한 지불금을 받는다. 또한 가구는 노동시장에 노동력을 제공하는 대가로 임금을 받지만 최종 생산된 재화나 서비스에 대한 수요를 창출하는 소비자가 되기도 한다(그림 4-1).

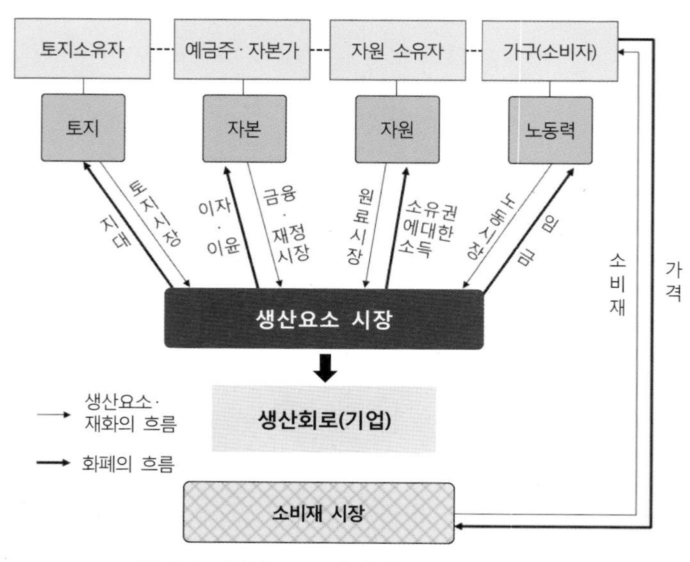

그림 4-1. 생산요소 시장의 구성요소

한편 기업부문은 다양한 생산요소들을 결합하여 소비재를 생산한 후 소비재 시장에 공급하며, 가계부문은 기업이 생산한 재화와 서비스 구입을 위해 기업에게 화폐를 지불한다. 이와 같이 가계부문의 화폐소득은 기업부문이 생산한 재화나 서비스를 구입하는 데 지출되고, 기업부문은 이를 다시 노동력이라는 생산요소를 구입하는 데 지불함으로써 화폐와 소득의 흐름은 계속 순환된다.

생산요소 시장이나 소비재 시장에서 생산자와 소비자 간 의사결정과정에 의해 가격이 결정되며, 이 과정에서 자연히 경쟁과 이해관계 대립이 발생하게 된다. 생산자에게 생산요소 가격은 생산 활동을 하는 데 있어서 비용이 되지만, 생산요소를 소유하고 있는 지주나 노동자 및 자본가에게는 생산요소 가격이 이들의 소득을 결정지어 준다. 따라서 생산요소 시장에서 생산자들은 가능한 싼 값으로 생산요소를 구입하려고 하는 반면에 지주, 노동자, 예금 소유주 및 자본가들은 그들이 갖고 있는 생산요소에 대해 가능한 높은 가격을 받으려고 한다. 또한 소비재 시장의 경우 소비재 가격은 생산자의 수입을 결정해 주는 것이므로 생산자들은 가능한 비싼 값으로 팔려고 하는 반면에 소비자들은 소비재를 값싸게 구입하려 한다. 이와 같이 생산요소 시장에서 기업은 가계로부터 생산요소를 구매하고, 가계는 기업에게 생산요소를 판매한다. 따라서 생산요소의 가격은 기업의 입장에서는 비용이 되지만 가계의 입장에서는 소득의 원천이 된다.

그러나 자본은 다른 생산요소와는 달리 매우 다양한 의미로 사용되고 있다. 기본적으로 자본은 재화를 생산하는 데 이용되는 시설, 설비, 도구, 부품, 원재료, 건물 등과 같은 생산수단을 포함하는 실물자본으로 생산에 필요한 자본재(capital goods)를 말한다. 따라서 자본재는 생산수단이며, 중간 생산물이라고도 볼 수 있다. 자본재는 다른 재화와 마찬가지로 자본재 시장에서 수요와 공급에 의해 가격과 수량이 결정된다. 특히 생산과정에 자본을 투입한다는 것은 기계나 설비, 도구 등 자본재를 구입하는 것으로, 자본재의 크기(양)는 일정 시점에서 관측될 수 있는 저량(stock)으로 나타낼 수 있다.

하지만 실제적으로 기업이 생산과정에 직접 투입하는 것은 자본재 그 자체가 아니라 자본(화폐단위로 평가한 금액)을 투자하는 것으로, 이는 자본이 제공하는 서비스(capital service)라고 볼 수 있다. 자본서비스의 투입은 주어진 일정 기간을 통해서 측정 가능한 유량(flow)으로 나타낼 수 있다. 기업이 생산요소인 자본을 투입하는 경우 생산성이 향상되며, 이를 통해 얻게 되는 수익은 오랜 기간에 걸쳐 지속적으로 발생하게 된다. 이러한 의미에서 자본은 내구성이 있으며, 생산성의 향상을 가져오는 특성도 지니고 있다. 따라서 기업의 입장에서 볼 때 생산요소로서의 자본의 투입은 미래의 일정기간에 걸쳐 예상되는 수익을 기대한 투자라고도 볼 수 있다.

자본시장은 실물자본시장(physical capital market)과 금융자본시장(financial capital market)으로 구분될 수 있다. 실물자본시장은 저량(stock)인 자본재가 거래되는 시장으로, 물리적 생산시설(예: 기계, 장비, 건물 등)을 구입하기 위한 자금이 조달되는 시장이다. 반면에 금융자본시장은 저금, 채권, 주식 등 화폐자본(money capital)인 유량(flow)이 거래되는 시장으로, 자금을 빌려주거나 자금이 필요한 사람들 간 만남의 장소라고 볼 수 있다.

최근 자본에 대한 개념이 전통적인 물적 자본(physical capital)만을 지칭하는 것이 아니라 상당히 다양한 영역에서 자본의 개념이 통용되고 있다. 기술이나 전문지식을 가진 사람들을 지칭하는 인적자본(human capital), 직접 재화를 생산하지는 않지만 간접적으로 생산 활동을 돕는 도로, 철도, 통신 등을 지칭하는 사회간접자본(social overhead capital), 사회적 신뢰를 기준으로 삼는 사회적 자본(social capital), 주어진 특정 사회에 체화된 문화 자본(cultural capital), 제도적 자본(institutional capital) 등 직접 측정하기 매우 어렵지만 경제활동에 상당히 많은 영향을 미치고 있는 이들을 자본의 영역 안에 포함하기도 한다.

2) 자본에 대한 관점

앞에서 살펴 본 자본의 개념은 자본주의 사회에서 일상적으로 사용되는 개념으로, 부의 궁극적 척도인 화폐 및 화폐로 쉽게 전환될 수 있는 증권, 채권, 파생상품 등 금융수단까지 포함한다. 이러한 자본에 대한 개념에 대해 마르크스(K. Marx)는 매우 비판적인 견해를 보이면서 자본에 대한 새로운 관점을 제시하였다. 그는 자본 자체를 단순한 생산요소의 하나로 보지 않고 사회적 관계 속에서 자본의 개념을 파악하고자 하였다. 따라서 마르크스가 의미하는 자본의 개념을 이해하기 위해서는 자본주의의 사회적 관계에 대한 이해가 우선되어야 한다.

마르크스의 자본론에서 가장 핵심이 되는 용어는 잉여가치와 자본의 순환이다. 그의 견해에 따르면 노동자가 노동력(하나의 상품이라고 간주됨)을 제공하는 대가로 받는 임금이 노동에 의해 생산된 가치보다 적을 때 노동자에 대한 자본가의 착취 속에서 잉여가치가 창출되며, 자본은 확대(가치 증식)와 순환 과정을 거치면서 축적된다는 것이다. 자본가가 상품을 생산하기 위해 다양한 생산수단과 생산과정에 꼭 필요한 노동력을 구매하여야 한다. 일반적으로 자본가가 상품을 생산하기 위해 구매하는 생산수단(투입물)의 가치는 원래 그대로의 판매가격으로 회수되는 불변자본이다. 반면에 자본가가 생산과정에 투입하는 노동력의 가치는 원래보다 더 증가한 판매가격으로 회수되는 가변자본이다. 마르크스가 강조하는 것은 바로 잉여가치(이윤)를 생산하는 가변자본인 노동력이다. 상품은 생산비용에 이윤을 덧붙인 가격으로 소비시장에서 판매된다. 자본가는 이윤 확대를 위해 생산성을 향상시키거나 생산량을 늘리려고 하며, 이 과정에서 불변자본의 양을 늘리거나 노동 강도를 강화시키며, 생산 공정의 자동화 및 기술 혁신을 시도한다.

마르크스는 자본을 자기 확대과정에 참여하는 가치라고 정의하고 자본이 노동을 고용하여 상품을 생산하는 과정에서 잉여가치가 생산되고 추가적인 잉여가치가 계속적으로 생산과정에 다시 투입하는 순환과정을 통해 자본 축적이 이루어진다고 전제하였다. 자본가가 노동자를 고용하고 생산수단을 통해 생산물을 판매하는 과정에서 다양한 형태로 가치가 창출된다. 즉, 그 가치는 처음에는 화폐 형태로, 그 다음에는 생산 투입물의 가치로, 또 그 다음에는 생산된 상품의 가치로, 마지막에는 상품이 판매된 이후 다시 화폐 가치로 나타나게 된다. 이렇게 상품의 판매를 통해 얻어진 화폐는 초기에 지출된 화폐보다 훨씬 더 크게 나타나게 되는데, 더 큰 가치를 창출하는 원천이 바로 노동력이라는 것이다.

일반적으로 생산된 상품의 구매와 판매는 구매자와 판매자 사이에서 주어진 가치를 재분배하는 데 비해 노동력은 다른 상품들과 공유할 수 없는 고유한 특성을 갖고 있다. 상품으로서의 노동력 가치는 직접적으로 표출될 수 없고 사회적으로 수용되는 임금(화폐로 지불됨)으로 나타난다. 일단 자본가가 노동력의 가치에 비례하는 합의된 임금을 노동자에게 지불하기만 하면 근로자의 노동 가치는 자본가의 것이 된다(즉, 생산수단의 사적 소유). 노동력의 사용가치는 노동 그 자체이지만, 노동력의 가치는 노동자가 구매하는 상품에 대한 임금의 구매력과 등가적인 가치로 간주된다.

마르크스의 견해에 따르면 노동력의 가치는 노동자가 생산한 가치보다 훨씬 작게 간주되며, 그 결과 잉여가치가 창출된다는 것이다. 자본가의 관점에서 보면 자본을 투입하면 반드시 이윤이 창출되어야 한다. 마르크스가 주목한 점은 어떻게 하면 이윤을 더 크게 창출할 것인가가 아니라 이윤이 창출되는 원천으로, 바로 노동에 대한 잉여가치 착취를 통해서 이윤이 창출된다는 점을 강조하였다. 따라서 마르크스는 자본주의 특성으로 자본가가 임금 노동자에 의해 창출된 잉여가치를 향유하는 계급사회라고 간주하였다.

이와 같이 마르크스는 자본가가 생산요소 시장을 통해 노동력을 제공하는 노동자들의 노동 가치를 착취하는 것이라고 전제하였기 때문에 자본이 단순히 하나의 생산요소가 아니라 생산수단의 소유 관계에서 벌어지는 계급투쟁 속에서 노동에 대한 지배와 착취를 통해 이윤이 창출하는 것으로 개념화하였다. 특히 자본이란 노동을 지배하고 부의 소유를 통해 더 많은 부를 축적하는 것으로, 자본가들이 자본 소유를 통해 이윤을 전유하고 노동을 지배하는 것이라는 인식을 강하게 부각시켰다.

2 자본의 순환

1) 마르크스의 자본의 순환

자본가는 생산에 필요한 생산수단(기계, 설비, 원료 등)과 노동력을 구매하기 위해 화폐를 지출하며, 생산과정을 통해 산출된 상품의 판매를 통해 다시 화폐를 회수한다. 이 과정에서 처음 지출한 화폐액(자본 지출액)보다 회수한 화폐액(상품 판매액)이 더 크게 나타난다. 이러한 자본의 순환을 공식화하면 화폐자본(M), 생산을 위한 투입물인 상품자본(C), 공장 내 기계, 설비, 부품 등 생산자본(P), 판매를 위한 생산물로서의 상품자본(C')의 형태를 통해 최종적으로 상품 판매를 통해 회수한 화폐(M')로 되돌아간다. 여기서 화폐자본(M)은 자본가가 생산 투입물(C)을 구매하기 위해 사용하는 화폐이고, 생산자본(P)은 실질적인 생산과정을 의미하며 '상품자본(C')은 화폐자본'(M')으로 판매되는 생산품이다. 이와 같이 자본의 순환은 하나의 연쇄과정으로 화폐(M), 상품(C), 생산(P)에서 시작하는 화폐자본의 순환, 생산자본의 순환, 상품자본의 순환으로 간주될 수 있다. 즉, 자본의 순환은 특정 시점에 합산된 총 가치로 총 자본($K=M+C+P$)은 화폐자본(M), 상품자본(C), 생산자본(P)의 합계라고 볼 수 있다.

(1) 화폐자본(money capital)의 순환 : M - C ··· P ··· C' - M'
(2) 생산자본(productive capital)의 순환 : P ··· C' - M' - C' ··· P'
(3) 상품자본(commodity capital)의 순환 : C' - M' - C' ··· P' ··· C''

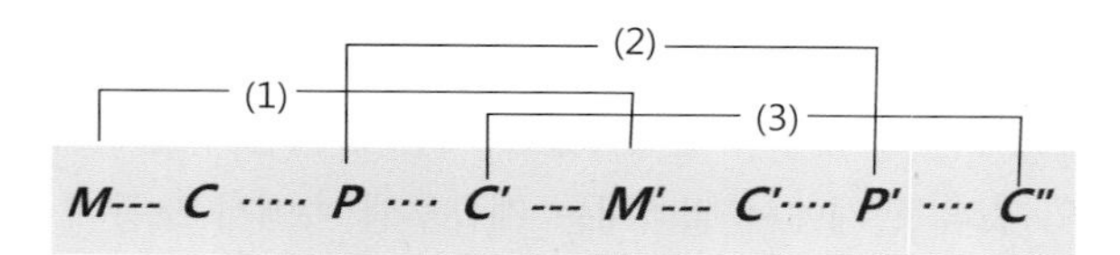

여기서 생산자본(P)의 회전속도는 상당히 다양하게 나타날 수 있다. 생산품을 생산하기 위한 원료 가치는 상품 판매과정을 통해 신속하게 다시 화폐 형태로 전환된다. 반면에 내구성이 강한 건물이나 기계 등의 가치가 화폐 형태로 전환되기까지는 상당한 기간이 소요된다. 일반적으로 이러한 회전기간(turnover time)에 따라 자본을 유동자본과 고정자본으로 구분된다. 그러나 마르크스가 정의한 가변자본과 불변자본의 기준은 생산과정과 관련된 가치증식의 관점에서의 구분이며, 자본의 회전기간에 따른 유동자본과 고정자본과는 매우 다르다. 따라서 원료를 구입하는 데 투입된 불변자본은 가변자본과 함께 유동자본으로 볼 수 있으나, 기계와 설비에 투입된 불변자본은 고정자본이라고 볼 수 있다.

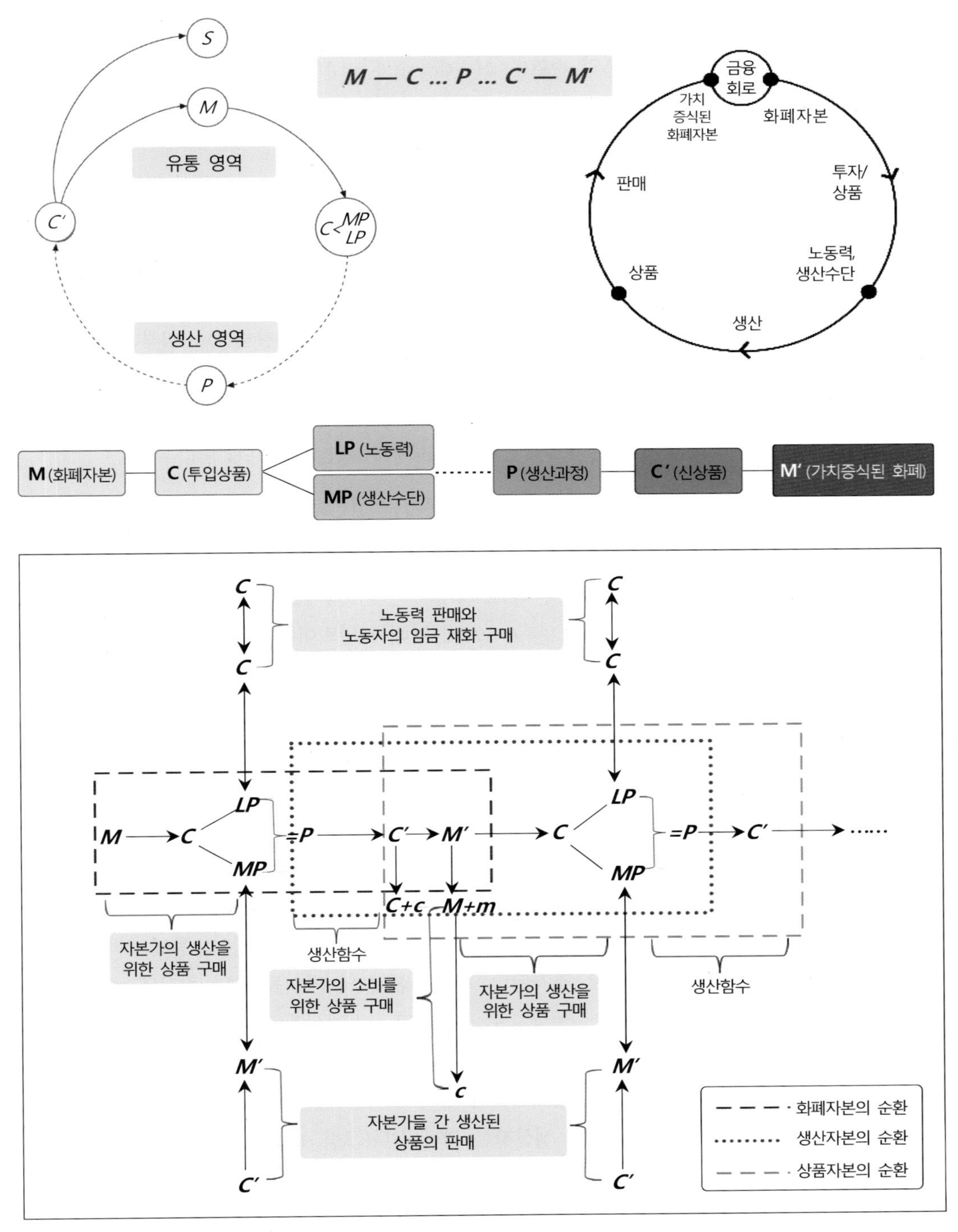

그림 4-2. 마르크스의 자본의 순환에 대한 개념과 자본의 순환 흐름도
출처: Desai, M.(1979), p. 33.

자본의 순환과정은 3단계로 진행된다. 제1단계는 생산요소 시장에서 화폐가 상품으로 전환되는 $M-C$로, 화폐자본의 순환은 $M-C \cdots\cdots C'-M'$로 나타낼 수 있다. 화폐가 상품으로 전환되는 $M-C$에서 구입되는 상품은 노동력(LP)과 생산수단(MP)이며, 구매되는 상품 총액 $C=LP+MP$이다. 이 둘은 상품시장과 노동시장에서 각각 구매되며, LP에 지불되는 화폐량과 MP에 지불되는 화폐량의 비율도 다르다. $M-LP$는 자본가 입장에서 볼 때 노동력 구매이며, 노동자 입장에서는 노동력 판매이다. $M-LP$는 노동이 임금 형태로 화폐에 의해 구매되는 자본주의 경제의 특징이라고 볼 수 있다. $LP-M$은 상품의 제1형태 변화라고 볼 수 있다. 노동력이 노동시장에서 임금을 지불하고 구매되어 생산수단과 결합하게 되면 노동력은 다른 생산수단과 마찬가지로 생산자본의 일부가 된다. 즉, $M-C$는 화폐자본(M)이 생산자본(P) 형태로 가치가 전환되면서 자본가는 생산자본을 갖게 된다. 이렇게 노동력이 생산자본으로 변화되면 노동력은 자본가의 지배를 받게 되고 자본가와 임금 노동자 간 계급관계는 $M-LP$ 속에서 서로 대립하게 된다.

이와 같이 $M-C<\dfrac{LP}{MP}$가 이루어지면 자본가는 생산요소들의 가치보다 더 큰 가치의 상품(잉여가치를 포함하는 상품)을 생산하는 데 필요한 요소들을 갖게 된다. $LP-M$은 노동력이라는 상품이 화폐형태로 전환되고, 노동자는 이 화폐를 가지고 생활용품을 구입하는 데 지출하게 된다. 한편 $M-C$는 $C-M$에 의해 보완되어야 하는데, 이는 노동력을 유지(노동의 재생산)하기 위해서는 일상적 소비가 이루어져야 하기 때문이다. $LP-M-C$ 또는 $C-M-C$를 반복하기 위해서는 노동에 대한 대가가 지불되어야 한다. 임금 노동자가 $LP-M-C$를 지속하기 위해서는 상품을 구매, 소비하여야 한다. 노동자는 노동의 대가로 받은 화폐로 자신의 욕구를 충족시키기 위한 상품을 구입하는 데 화폐를 지출하게 된다($LP-M-C \rightarrow C-M-C$).

이렇게 제1단계 과정이 완료되면, 자본가는 상품 생산에 필요한 생산수단과 노동력을 기반으로 생산요소 가치보다 더 큰 가치를 갖는 상품 생산이라는 제2단계로 접어들게 된다. 생산자본이 더 큰 가치를 갖는 상품으로 전환되는 과정에서 잉여노동에 의해 창출되는 생산물 가치는 자본 형태로 추가된다. 생산자본(P)의 가치는 C와 같은데, 이 상품의 가치는 $C+c$의 증가분으로 $C+c=C'$로 표출된다. C 대신에 C'로 표출하는 것은 가치 크기(생산자본의 가치와 비교하는 경우)가 증식되었기 때문이다. P의 가치에 생산자본에 의해 증식된 잉여가치가 추가된 것이다. 이 가치 크기는 상품에 투입된 노동량에 의해 결정된다. 즉, $C'=C+c$이고, C는 생산자본(P)과 같다(그림 4-2).

이와 같이 생산과정을 거쳐 생산된 상품은 증식된 자본 가치를 지닌 상품자본이 된다. 제3단계는 소비시장에서 상품이 화폐로 전환되는 $C-M$이다. 그러나 $M-C$와 $C-M$는 상당히 다른데, 이는 $C'(C+c)$를 투입하여 $M'(M+m)$로 가치가 증식되었기 때문이다. 즉, $C'-M'$에서 증식된 자본 가치에 잉여가치가 포함된 것으로, $M'-M=s$(잉여가치)

로 나타낼 수 있다. 이렇게 $C'-M'$은 상품형태(상품자본)로부터 화폐형태(화폐자본)로의 재전환으로 $M-C-M$의 화폐형태로의 복귀이다. 그러나 여기서 C'와 M'는 증식된 자본가치의 상이한 형태(상품형태와 화폐형태)이며 모두 가치가 증식된 자본이다. 이렇게 M'에서 자본은 다시 최초의 형태 M으로 복귀하지만 가치증식된 형태로 복귀하게 된다. 즉, $M'=M+m$은 가치증식된 형태로, 화폐가 잉여가치가 포함된 화폐를 낳은 화폐자본이다. $C'-M'=(C+c)-(M+m)$이며, 이를 보다 상세하게 나타내면 다음과 같다.

$M-C\cdots P\cdots C'-M'$로, $M-C<\dfrac{LP}{MP}\cdots P\cdots(C+c)-(M+m)$이다.

이상에서 살펴본 바와 같이 자본의 순환과정을 통해 자본은 세 차례 형태를 바꾼다. 처음 출발할 때의 자본은 화폐 형태이지만, 이 화폐는 생산수단과 노동력을 결합한 생산자본으로 바뀐다. 그리고 노동력이 투입되면서 생산물(상품)이 만들어지고 이 생산물은 시장에서 판매되는 상품자본이 된다. 이 상품자본은 소비시장에서 판매되어 다시 화폐 형태로 복귀한다. 이와 같이 자본이 순환되는 과정 속에서 나타나는 화폐자본, 생산자본, 상품자본 형태로의 전환은 모두 생산과정과 결합되어 있으며, 생산과정이 바로 잉여가치를 만들어내는 과정이라고 볼 수 있다. 이렇게 자본주의 경제 하에서 자본 축적은 잉여가치의 일부가 보존되어 자본 가치가 증가되는 것이며, 따라서 자본 축적과 생산의 확대를 위해서 노동력의 확대 공급은 필수적이다. 이런 관점에서 마르크스는 인구 증가에 대한 맬서스와 같은 고전경제학자들의 견해를 비판하게 되었으며, 과잉인구라는 용어보다는 산업예비군이라는 용어까지 사용하게 되었다.

2) 하비의 자본의 순환

Harvey는 1973년 "도시와 사회정의(Social Justice and the City)"라는 논문을 시작으로 마르크스 이론에 기초한 연구를 시작하였다. 그리고 10년간의 연구 끝에 1982년 「자본의 한계(The limits to Capital)」라는 저서를 출간하였다. 이 저서는 마르크스 이론을 조명하였지만, 마르크스주의가 별로 관심을 두지 않았던 고정자본의 총체로서 도시에 초점을 두었다는 점에서 매우 새로운 사고라고 볼 수 있다. 하비는 1970년대 후반 미국 도시에서 나타나는 문제들을 바라보고 해석하는 데 있어서 노동이 생산에 고용되는 방식과 노동력이 재생산되는 방식, 잉여가치가 상품 판매를 통해 실현되고 새로운 투자로 순환되는 방식, 그리고 자본 축적과정에서 자본가와 노동자 계급 간 갈등 등 마르크스의 자본의 순환 개념을 도입하였다.

하비는 도시의 건조환경과 교외화 현상을 자본의 축적과정과 연관시켜 파악하였다. 특히 하비는 자본의 축적과정에서 나타나는 모순과 위기들을 제3차에 걸친 자본축적의 순환모델을 통해 설명하였다. 하비에 따르면 자본의 제1차 순환은 마르크스의 자본론 핵심인 생산과정에서 나타난다. 즉, 제1차 순환은 마르크스가 강조하였던 자본의 순환으로, 모든 상품의 생산과 소비가 주어진 일정 기간 내에 이루어진다는 가정 하에서 잉여가치가 창출되는 과정이다. 이 과정에서 자본가는 노동과정에서의 혁신과 노동생산성 향상을 통해 지속적으로 초과이윤을 얻으려고 하지만 궁극적으로 과잉축적과 이윤율 저하라는 문제에 당면하게 된다. 하비에 따르면 상품 생산과정을 통해 자본이 순환하면서 공황이라는 위기국면으로 몰고 가는 모순을 안고 있었다는 점을 부각시켰다. 이러한 위기를 극복하기 위해 자본의 제2차 순환이 이어지게 된다.

자본의 제2차 순환은 노동기간 또는 자본 순환기간의 확대에 따라 고정자본과 소비기금이 형성되는 과정이다. 고정자본과 소비기금은 생산 또는 소비에 직접 투입되기보다는 이들을 촉진하는 데 비교적 장기간에 걸쳐 사용되는 자본 또는 상품들을 의미한다. 여기서 하비가 지칭하는 고정자본에는 공장의 생산라인 설비와 같은 생산물의 생산 영역뿐만 아니라, 인구가 집적하는 도시까지도 포함된다. 생산품을 생산하는 공급 측면에서 보면 내구재 생산자는 초과 이익을 얻게 된다. 즉, 감가 상각을 통해 도구 및 기계와 같은 생산자 내구재의 가치는 다른 상품의 가치로 투입된다. 또한 내구재가 사용되는 공정들은 노동생산성을 향상시키게 된다. 그러나 상품의 수요 측면에서 보면 내구 소비재 구매자들 간 경쟁은 수요를 촉발시키게 된다. 내구 소비재의 가치는 다른 상품의 가치에 직접적인 영향을 미치지는 않지만, 노동력 가치에 간접적인 영향을 준다. 즉, 노동 시간을 단축시키는 내구 소비재의 혁신은 더 큰 잉여가치로 전환된다.

한편 화폐에 의한 교환가치가 상품의 사용가치로부터 분리되고, 화폐가 자본 순환과정에 투입되는 경우 새로운 가치를 창출하고 이는 사용가치로 전환된다. 그러나 이 과정에서 교환의 전제가 되는 동등성과 이윤 증식을 위한 불평등 간 모순이 발생하게 되면 자본가와 노동자 간 갈등이 심화된다. 이런 경우 임금은 노동력의 수급에 의해서가 아니라 계급투쟁에 의해 결정되는데, 최저 임금지불과 지불된 임금이 잉여가치 실현을 위해 필요한 조건 간 모순이 나타나게 된다. 이 과정에서 고정자본의 순환과 소비기금 형성 촉진 및 자본의 집중화를 가져오게 된다. 하비에 따르면 잉여자본이 고정자본과 소비기금 형성으로 전환되는 경우 그 잉여자본은 현재 사용보다는 미래 사용지향적인 새로운 순환형태를 통해 흡수된다. 특히 하비는 도시의 건조환경(built environment)에 상당한 관심을 기울였는데, 이는 교통, 주택, 공공시설 등과 같은 건조환경은 특정한 공간적 속성을 가지고 있으며 생산, 유통, 소비를 위한 물리적 경관을 창출하기 때문이다. 도로, 공항 및 항만뿐만 아니라 전력망, 상하수도 및 가스와 같은 사회간접자본 구축을 위해 자본을 투자하는 경우 대규모적이며, 장기적이고 이윤 추구를 위한 것이 아니기 때문에 특히 금융시장과 이를 지원하는 국가 정책의 개입이 필요하게 된다.

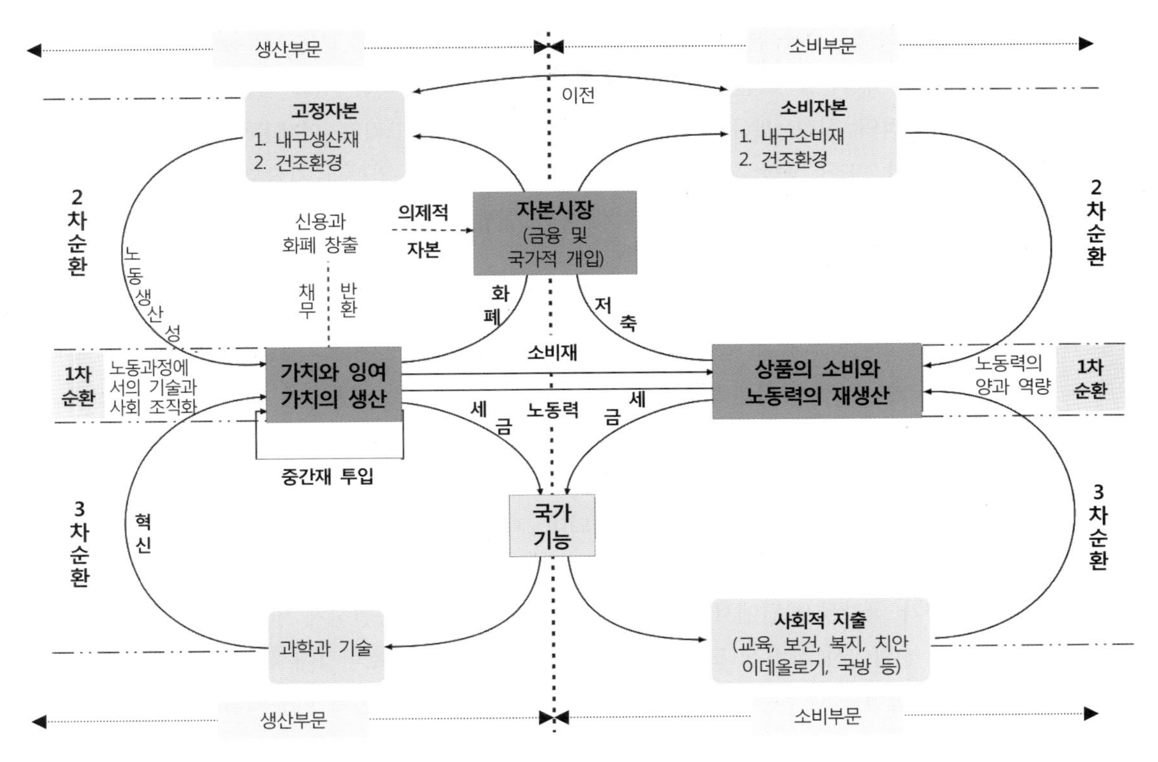

그림 4-3. 하비의 1차, 2차, 3차 자본 순환의 관계 구조

출처: Harve, D.(1982), p. 407.

하비는 자본주의 경제 하에서 금융자본의 확대로 초래하게 될 위기를 일시적으로 해소해주는 역할을 도시의 건조환경이라고 간주하였다. 즉, 과잉축적으로 인한 위기를 건조환경 구축을 위한 투자로 일시적으로 해결하려는 것으로, 일례로 교외화 과정에서 금융자본이 토지 및 주택시장에 투입되며, 이는 자본과 노동의 지리적 이동성과 자본 순환을 위한 물리적 환경의 재편성을 가져오게 된다.

하비는 이를 공간적 조정(spatial fix)이라고 명명하였으며, 이러한 공간의 재편성이 다시 자본 축적의 장으로 발전되는 모순을 나타내게 된다. 즉, 교외화 현상과 같은 공간적 조정은 다시 계급 간 갈등을 조장하면서 자본주의 모순을 더욱 심화시키게 되는 것이 바로 자본의 한계임을 하비는 강조하였다. 하비가 주목한 것은 신용화폐로서 화폐를 발행하는 금융체계와 가치의 척도로서 화폐 사용 간 대립이 발생하는 경우 금융공황과 인플레이션 위기가 발생할 수 있다는 점이었다. 하비에 따르면 생산과정과 분리된 금융자본의 자기증식과정이 금융공황을 유발하게 되며, 금융위기 발생이 제2차 국면이다. 금융위기가 발생하는 경우 아무리 국가가 개입하더라도 자본의 유동성에 의해 파생되는 위기들을 해결하기 어렵다. 이러한 위기를 극복하기 위해 자본의 제3차 순환이 이루어진다.

제3차 순환에서 자본은 사회적 생산력 향상을 위한 과학과 기술부문으로의 투자, 그리고 노동력 재생산을 위한 사회지출비용으로 투자된다. 특히 사회지출비용 부문으로의 투자는 노동력의 질적 개선을 위한 투자(교육과 보건), 그리고 이데올로기, 국방, 치안 등을 포함한다. 또한 생산 부문에서의 생산력 향상을 위한 과학과 기술부문으로의 투자를 통해 자본 축적을 위한 새로운 장을 열게 되는 한편, 소비부문에서의 사회비용 지출로 노동력의 질을 향상시키게 된다(그림 4-3).

이상에서 살펴본 바와 같이 자본의 축적과정에서 야기되는 모순들은 전체 자본의 순환 과정에 전이된다. 제1차 순환에서 자본가와 노동자 계급 사이의 모순은 과잉축적을 유발하고, 이러한 위기는 자본의 제2차 또는 제3차 순환으로 이동되어 일시적으로 위기를 극복할 수 있다. 그러나 자본의 축적과정에서 발생하는 내재적인 모순은 제2차와 제3차 자본의 순환에서 다시 위기로 표출된다. 제2차 자본 순환에서의 위기는 고정자본 및 소비기금의 자산 가치 평가 절하로 나타나게 되며, 제3차 자본 순환에서의 위기는 과학, 기술 및 사회지출비용 부문에서의 투자자금 부족에 직면하게 된다. 이러한 위기들은 금융위기 및 더 나아가 국가적 차원에서의 더 큰 위기를 자연스럽게 동반하게 된다.

자본의 순환에서 하비가 도시에 관심을 두게 된 것은 건조환경에 유입되는 대량의 자본과 사회지출비용 대부분이 인구가 밀집된 도시에서 이루어지기 때문이다. 따라서 도시에서 발생하는 문제나 위기에 대해 하비는 건조환경이 생산되는 방식과 이를 통한 가치와 잉여가치를 생산하기 위한 자원체계, 그리고 노동력의 재생산과 연관된 건조환경의 조성 및 사회비용 지출의 관점에서 해석하는 새로운 통찰력을 제공하였다. 특히 하비는 마르크스의 자본론을 확장하여 자본의 과잉축적과 공황이 공간적 영역을 어떻게 재편하는지를 밝혔다는 점에서 가장 큰 공헌을 하였다고 볼 수 있다.

3 금융의 기능과 금융제도의 변화

1) 금융의 기능과 금융시장

앞에서 살펴본 바와 같이 자본의 순환과정에서 잉여가치와 자본의 자기증식은 화폐가치를 통해 측정되고 있다. 통상적으로 화폐란 재화와 서비스의 지불 수단으로 시간을 절약시켜 거래비용을 줄여주는 교환의 매개체로서의 기능을 수행한다. 즉, 재화나 서비스를 구매한 소비자가 생산자 또는 유통업자에게 구매 대가로 돈을 지불하는 실물적인 유통수단이라는 점에서 화폐는 교환의 매개체이다.

그러나 화폐는 교환의 매개체로서의 기능뿐만 아니라 가치 저장의 수단 기능도 수행한다. 일부 자본가들은 생산과정에 직접 관여하지 않은 채 자본을 다른 산업자본가에게 빌려주고, 그 대가로 이자를 받거나 또는 배당금을 지불하는 기업의 주식을 구매한다. 생산과정에서 나타나는 자기증식적인 자본의 영역에는 증권이나 주식은 포함되지 않으므로, 마르크스와 하비는 이들을 가공자본 또는 의제적 자본(fictitious capital)이라고 지칭하였는데, 이는 채권이나 주식이 기업에 의해 판매되어 증권시장에서 거래되는 경우 그 가치는 가공적이라는 의미이다. 특히 하비는 의제적 자본인 신용거래를 통해 자본주의 생산과정에서 직면하게 되는 위기 국면을 벗어나려고 한다는 점을 부각시켰다.

자본이 부족한 경제 주체가 자본을 빌려주는 경제 주체로부터 자본을 빌리는 경우를 금융(finance)이라고 한다. 금융은 자금의 융통뿐만 아니라 이와 관련된 금융서비스까지 포함하는데, 여기서 말하는 금융서비스란 금융자본을 필요로 하는 사람이나 기관에게 대출하는 여신활동을 통해 자본의 수요자와 공급자 간의 교환을 매개해주는 서비스를 말한다. 따라서 금융기관이라고 통칭하는 경우 은행과 같은 금융기관뿐만 아니라 각종 금융서비스를 제공하는 금융 관련기관들도 포함된다. 금융의 핵심 기능은 자금의 수요자와 공급자 간 교환을 매개하는 중개 기능으로, 금융의 중개 기능을 통하여 자금 순환의 시간과 비용을 줄이고 자금을 효과적으로 배분하여 경제가 원활하게 돌아가도록 하는 역할을 수행한다. 특히 이러한 중개기능을 통하여 화폐의 유동성을 증가시키고, 자본순환에서의 시간과 비용을 절감시켜준다.

경제 규모가 커지고 복잡해질수록 금융제도(financial system)는 더욱 중요해진다. 금융제도란 경제 주체들이 금융거래를 원활하게 할 수 있도록 만들어진 시스템으로, 금융제도는 은행, 주식시장, 채권시장 등 금융기관과 다양한 금융상품 및 금융 감독제도와 감독기관 등으로 구성된다. 특히 금융제도는 주식 발행, 대출, 보험 및 보증 등을 통해 각종 위험을 관리할 수 있는 수단을 제공하며, 재화, 용역, 자산의 교환이 가능하도록 지급 결제(계좌이체, 지로, 신용카드, 직불카드 등)와 어음 교환의 기능도 포함한다. 더 나아가 소규모 가계 자금으로 대규모 사업이나 투자에 참여할 수 있도록 투자수단(공모주 청약, 채권투자 펀드, 주식투자 펀드 등)을 제공하는 기능도 있다.

금융제도 = 금융시장(직접금융) + 금융중개기관(간접금융)
+ 금융하부구조(중앙은행제도 + 지급결제제도 + 금융감독제도 + 예금보험제도 등)

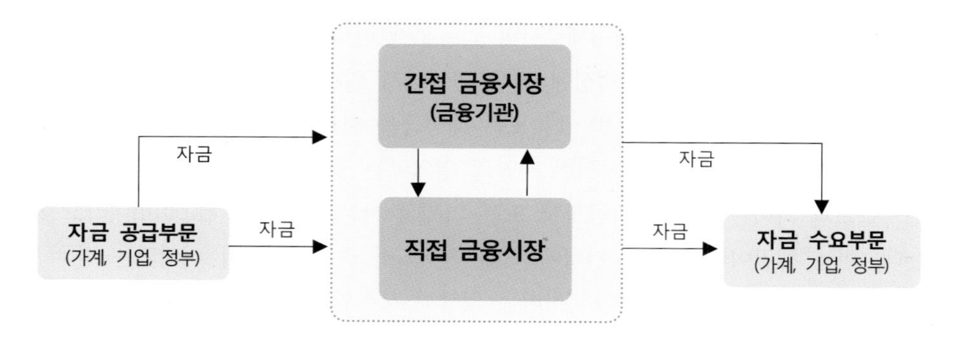

그림 4-4. 직접 금융과 간접 금융
출처: 한국은행(2016), p. 2.

일반적으로 금융권은 제1금융권, 제2금융권, 제3금융권으로 나눠진다. 제1금융권은 은행을 말하며, 예금으로 조달된 자금을 단기 대출로 운용한다. 은행을 제외한 모든 금융회사를 제2금융권(상호저축은행, 우체국 예금, 종합금융회사, 증권회사, 보험회사, 투자신탁회사 등)이라고 하며 제1금융권에 비해 돈을 빌리기는 쉽지만 금리가 훨씬 높다. 제1금융권과 제2금융권을 제도금융권이라고도 하며, 제도권 밖의 사적 금융권(대부업체나 사채업체들)을 제3금융권이라고 한다. 이외에도 금융 중개를 보조해 주는 기관으로 신용보증기관, 신용평가회사, 예금보험공사, 금융결제원, 증권선물거래소 등이 있다.

또한 금융거래도 직접 금융과 간접 금융이 있다. 직접 금융(direct financing)이란 금융시장에서 자금 공급자와 자금 수요자 간에 자금이 직접 거래되는 것이다. 직접 금융의 경우 자금의 최종 수요자가 발행한 채무증서나 회사채 등의 직접증권을 자금 공급자가 직접 매입한다. 반면에 간접 금융이란 차입자와 대부자 사이에 은행이나 자산운용회사와 같은 금융 중개기관이 개입하는 것이다. 즉, 금융 중개기관이 자기 이름(간접증권)과 책임 하에서 대부자로부터 여유 자금을 빌려서 차입자에게 자금을 제공하는 것이다. 따라서 금융 중개기관이 예금증서나 수익증권을 발행하여 자금을 조달하고 이를 이용하여 자금의 최종 수요자가 발행하는 직접 증권을 매입하는 방식으로 금융거래가 이루어진다(그림 4-4).

한편 금융시장이란 자금의 공급자와 수요자가 집합적으로 거래가격을 결정할 수 있도록 하는 가격 탐색의 장으로, 자금 거래가 이루어지는 장소다. 금융시장에는 증권거래소와 같이 구체적인 형체를 지닌 시장과 금융거래가 반복적으로 이루어지는 장외시장도 포함된다. 또한 금융시장에는 예금 및 대출시장(금융 중개기관을 통해 예금 상품 및 대출 상품이 거래되는 시장), 단기 금융시장(만기 1년 미만의 단기자금이 조달이 이루어지는 시장), 자본시장(장기자금 조달수단인 주식 및 채권 거래가 이루어지는 시장), 외환시장(외국과의 무역 및 자본 거래 결제를 위해 서로 다른 통화를 교환하는 시장), 그리고 파생금융상품시장(derivative market)이 있다. 파생금융상품시장은 통화, 채권, 주식 등 금융자산

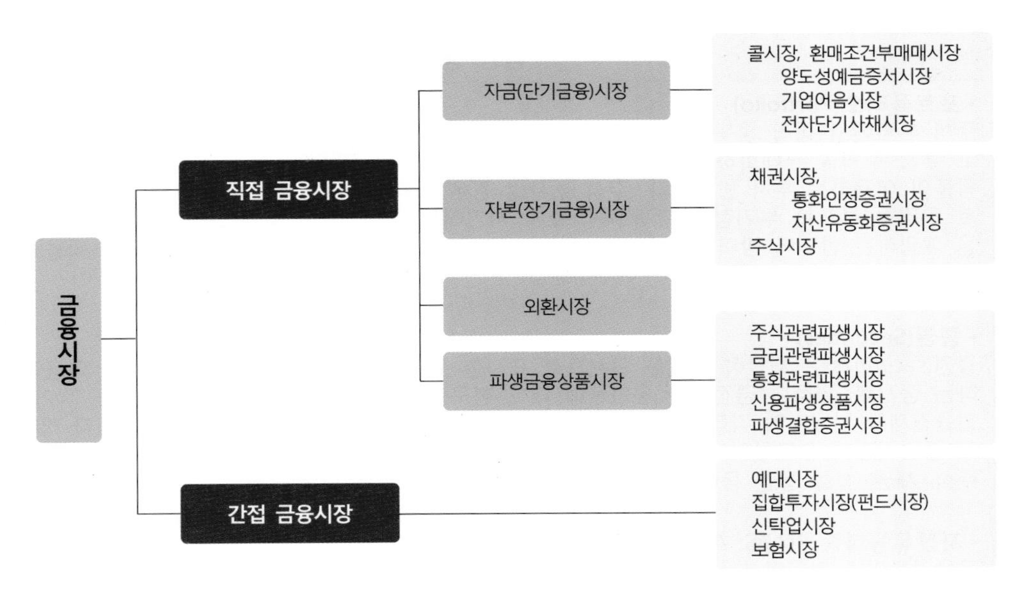

그림 4-5. 금융시장의 구조
출처: 한국은행(2016), p. 6.

의 가치 변동에 의해 결정되는 일종의 금융계약인 파생금융상품이 거래되는 시장으로 다양한 금융수단을 보유하는 데에 따르는 금리, 주가, 환율 등 가격변동의 위험을 줄여줄 수 있는 수단으로 선물이나 옵션 등이 포함된다(그림 4-5).

일상적으로 자금시장(money market)과 자본시장(capital market)을 금융시장이라고 지칭한다. 자금시장은 재정증권, 양도성 예금증서(CD: Certificate of Deposit), 콜 자금 등 단기(1년 미만) 증권들이 거래되는 시장으로, 자금의 안전성과 유동성은 높으나 수익성은 낮은 편이다. 반면에 자본시장은 장기 증권(보통 만기 기간이 없거나 만기가 1년 이상)이 거래되는 시장으로, 주식, 회사채, 정부나 공공기관의 장기국공채, 자산유동화증권 등이 거래되는 시장으로, 자금의 안전성과 유동성은 낮으나 수익성은 높다. 원칙적으로 증권(자산)의 가치(가격)은 그 증권을 발행한 기업과 관련된 모든 정보들(기업의 수익성, 예상된 미래소득, 배당 등)을 가격에 반영시켜야 한다. 그러나 금융시장의 문제점은 금융거래를 하는 당사자가 상대방(예: 기업)에 대해 완전한 정보를 갖고 있지 못하는 정보의 비대칭성이다. 즉, 돈을 빌려주는 당사자의 경우 돈을 빌려줄 것인지의 여부를 결정하는 과정에서 돈을 빌리는 상대방에 대한 정보가 불확실하다는 점이다. 더 나아가 이러한 문제점을 잘 알고 있기 때문에 돈을 빌린 사람이 최선을 다하여 자금을 효율적으로 운용하지 않고 방만하게 운용하는 도덕적 해이가 유발될 수 있다.

금융 용어

• 포트폴리오(Portfolio)
주식 투자에서 여러 종목에 분산 투자함으로써 한 곳에 투자할 경우 생길 수 있는 위험을 피하고 투자 수익을 극대화하기 위한 방법으로, 투자 자산의 집합을 말한다. 직접투자에 자신없는 사람들이 이용하는 투자 방법이다. 주식 투자의 경우 공격형 투자와 방어형 투자가 있다. 일반적으로 공격적 투자는 투기형에 가까우며, 호황 시기에는 주식 70%, 채권 30% 비율로 공격형 주식을 매입하는 반면에 방어형은 투자는 경기가 불투명한 시기에 채권 50%, 주식 50% 비율로 안정주를 중심으로 하는 분산투자가 이루어진다.

• 증권(Securities)
증권(securities)은 재산적 가치를 가격으로 표시한 것으로서 재산권의 원활한 유통과 이용을 도모하는 증서로, 일정한 금전이나 유가물에 대해 청구할 수 있는 권리가 표시되어 있다. 유가증권은 신용경제가 발달함에 따라 재산상의 권리 변동을 원활하게 처리하기 위해 생긴 것이다. 일반적으로 증권시장에서 다루어지는 유가증권(예: 상장되어 있는 주식 및 채권 등)을 지칭하며, 증권에는 주식, 채권, 선물 옵션 등이 포함되며, 가치를 평가받을 수 있다(현금화할 수 있다).

• 자산유동화증권(ABS: Asset-Backed Securities)
금융기관이나 기업이 보유하고 있는 대출 관련 자산을 담보로 유동화증권을 발행하여 자금을 조달하고, 기초 자산으로부터 나오는 수익으로 유동화증권의 이자 및 원금을 지급하는 증권으로, 자산담보부채권이라고도 불려지고 있다. 여기서 기초자산은 주로 매출채권, 신용카드채권, 주택담보대출, 부동산 등이 해당된다. 자산 보유자의 입장에서는 만기가 안 된 대출채권을 투자자에게 팔 수 있는 증권화를 통해 대출금을 빨리 회수할 수 있다.

• 부채담보부증권(CDOs: Collateralized Debt Obligations)
비교적 신용도가 낮은 회사채나 기업 대출을 모아서 자산의 현금 흐름에 근거하여 유동화증권을 발행하는 것이다. CDO 발행의 기본 전제는 해당자산 풀의 평균 수익률이 발행 유동화 증권의 수익률에 비해 높고, 분산된 자산의 집합을 통해서 전체 자산 풀의 채무불이행을 적정하게 통제할 수 있다는 것이다.

• 회사채담보부증권(CBO: Collateralized Bond Obligation)
금융기관이 가지고 있는 채권의 투기성 등급물을 담보로 발행하는 유동화증권이다. 현금이 아니지만 장래에 현금으로 전환할 수 있는 자산(대출채권, 부동산, 할부대출 등)을 담보로 발행된다. 자산담보부증권(ABS)의 일종으로 '채권담보부증권'이라고도 한다. 선진국에서는 보편화되어 있으며, 유동성 위험을 방지할 목적으로 발행한다. 이를 통해 기업은 현금 유동성을 확보할 수 있고, 투자자는 외상 매출금으로 원금과 이자를 지급 받는다는 점에서 발행기업의 일반 채권보다 높은 신용등급을 받는다.

• 통화스와프(currency swap)
둘 또는 그 이상의 거래기관이 사전에 정해진 만기와 환율에 의거하여 상이한 통화로 차입한 자금의 원리금 상환을 상호 교환하는 거래로, 환리스크 헤지 및 필요 통화의 자금을 조달하는 수단으로 이용된다. 특정시장의 외환규제나 조세차별 등에 효과적으로 대처할 수 있어 다국적기업이나 금융기관들에 의해 이용되고 있다. 세계은행이 발행한 유로달러 채권과 IBM이 발행한 스위스 프랑 및 독일 마르크 채권을 맞바꾼 것이 통화스왑의 효시이다.

• 서브프라임모기지(Subprime Mortgage)
서브프라임모기지는 낮은 신용등급을 받는 차입자들을 위한 주택담보대출이다. 서브프라임 대출을 이용하는 차입자들은 낮은 신용등급을 받고 있는 사람들이기 때문에, 대출기관에서도 서브프라임 대출을 위험한(risky) 자산으로 간주한다. 낮은 신용등급의 차입자들의 경우 부도위험이 높기 때문에, 따라서 대출기관은 서브프라임 대출에 더 높은 금리를 부과하고 있다.

금융 용어

• 신용부도스와프(CDS: Credit Default Swap)
신용부도스와프란 신용파생상품의 가장 기본적인 형태로 채권이나 대출금 등 기초자산의 신용위험을 전가하고자 하는 보장매입자가 일정한 수수료를 지급하는 대가로 기초자산의 채무불이행 등 신용사건이 발생하는 경우 신용위험을 떠안은 보장매도자로부터 손실액 또는 일정금액을 보전받기로 약정하는 거래이다. 즉, 채무불이행 위험을 서로 교환(swap)한다는 것이다. 파생상품이 발전함에 따라 채권자는 신용부도스와프(CDS)를 발행하면서 채권에 대한 권리와 채무불이행에 대한 위험을 분리하여 발행을 통해 위험을 분리하게 되었다. 채권자가 가지고 있는 채권의 채무불이행 위험을 따로 분리함으로써 채권자는 일정의 비용을 지불하지만 원금을 보장을 받는 이익을 가지게 되고 CDS 매입자는 채권의 신용위험을 가지게 되지만 별다른 문제가 없을 경우 이익을 취하는 거래이다. 채권을 보유한 주체가 동 채권의 채무 불이행에 대비하여 일종의 보험에 가입하는 것과 유사하다고 볼 수 있다. CDS 약정시 보장매입자가 신용위험을 이전한 대가로 지급하는 수수료를 CDS 프리미엄이라고 하는데, CDS 프리미엄은 기초자산의 신용위험이 커질수록 상승한다. 즉, 기초자산의 채무불이행 가능성이 높아질수록 이를 커버하기 위해서 더 많은 비용을 지불해야 하는 것이다. 따라서 국제금융시장에서는 각국의 정부가 발행한 외화표시 채권에 대한 CDS 프리미엄을 해당 국가의 신용등급이 반영된 지표로 활용하고 있다.

• 파생상품(derivative)
파생상품은 환율이나 금리, 주가 등의 시세변동에 따른 손실 위험을 줄이기 위해 일정 시점에 일정한 가격으로 주식과 채권 같은 전통적인 금융상품을 기초자산으로 하여, 새로운 현금흐름을 가져다주는 증권을 말한다. 파생금융상품은 기초자산의 가치변동에 따른 위험을 회피하기 위해 고안된 금융상품이다. 파생상품의 주요 목적은 위험을 감소시키는 헤지기능이나, 레버리지기능, 파생상품을 합성하여 새로운 금융상품을 만들어내는 신금융상품을 창조하는 기능들이 있다. 거래기법에 따라 선도, 선물, 옵션, 스와프 등으로, 기초자산에 따라 통화, 금리, 주식, 신용관련 상품 등으로 분류된다. 또한 거래장소에 따라 장내거래와 장외거래로도 구분된다. 파생금융상품시장이 빠르게 발전한 것은 국제 자본이동 확대로 금융거래가 크게 증가하는 가운데 금융상품의 가격변동폭이 확대됨에 따라 그 위험을 헤지(hedge)할 필요가 생겼기 때문이다. 파생상품은 정확하게는 원래 상품으로부터 떨어져 나온 또 다른 상품을 의미하지만, 하이 리스크 하이 리턴 도박과 같이 새로운 현금 흐름을 가져다 줄 수 있는 금융상품이다. 파생상품이란 근원자산을 거래하는 행위 그 자체를 상품화한 것이므로, 파생상품을 토대로 다른 파생상품이 탄생할 수도 있다.

• 헤지펀드(Hedge Fund)
개인을 모집하여 조성한 자금을 국제증권시장이나 국제외환시장에 투자하여 단기 이익을 기대하여 신탁하는 개인투자신탁이다. 투자지역이나 투자대상 등 당국의 규제를 받지 않고 고수익을 노리지만 투자 위험도 높은 투기성 자본이다. 헤지란 본래 위험을 회피 분산시킨다는 의미이지만 헤지펀드는 위험회피보다는 투기적인 성격이 더 강하다. 헤지펀드는 소수의 고액투자자를 대상으로 하는 사모 투자자본으로, 고위험, 고수익 상품에 적극 투자한다.

금융시장은 재화시장보다 훨씬 더 불안정적하며, 자금에 대한 수요와 공급 모두 매우 신축적이고 가변적이며, 투기적 성향도 매우 강하다. 또한 금융시장은 재화시장에 비해 훨씬 더 밀접한 연관성을 갖는다. 재화시장 간 연관성은 주로 경쟁재나 보완재의 경우에만 국한되지만, 금융시장의 경우 모든 상품이 수익률과 직접적으로 연계되기 때문에 금융시장 간 연관성은 매우 긴밀하다. 이러한 긴밀한 연관성으로 인해 특정 금융시장이 붕괴되거나 문제가 발생하는 경우 연쇄적·폭발적으로 문제가 증폭되는 구조를 갖게 된다.

금융제도는 지속적으로 변화되면서 다양화되고 있다. 18세기와 19세기 산업화 초기에는 산업 혁신을 위해 필요한 자금을 주로 해당지역 은행을 통해 공급받았다. 그러나 자본주의가 성장하면서 금융의 역할이 커지게 되자 국가 차원에서의 금융제도가 등장하게 되었다. 특히 은행은 국내뿐만 아니라 해외에서의 수익을 위한 투자 기회를 이용하고자 하는 금융의 국제화를 가져왔다. 1970년대 후반 이후 탈산업화와 함께 경제의 세계화가 본격적으로 진전되면서 금융제도는 커다란 변화를 일으키면서 해당 국가의 금융시장은 글로벌 금융시장과 통합되는 금융의 세계화를 경험하고 있다. 이러한 금융제도의 성장과 변화로 인해 금융부문은 생산 활동을 주로 하는 실물경제와 점점 더 분리되었고 금융파생상품과 투기성 자금 및 다양한 펀드를 새롭게 만들어내면서 금융의 중개기능보다는 투자 기능이 한층 더 강화되고 있다(표 4-1).

표 4-1. 금융제도의 시기별 발달 과정과 특징

구 분	지 역	국 가	세 계
시기	· 18세기~19세기 초	· 19세기 후반~1970년대	· 1970년대 이후~현재
성장기간	· 산업화	· 서비스 경제화	· 후기 산업화, · 흐름의 경제, · 하이퍼-자본주의 발달
금융의 목적	· 지역의 제조업체	· 국가기업 및 국제적 투자 증가	· 금융부문과실물경제와 분리, · 금융파생상품 등장 · 자산유동화전문회사의 성장
금융 특징	· 지역은행과 국가 은행 등장	· 국가차원에서 은행의 집중화와 통합, · 자본시장의 성장	· 은행의 국제화, · 헤지 펀드의 등장
금융·자본의 유형	· 대출, 투자 자본, 금리	· 자본 지분의 중요성 증가	· 자금시장과 신용시장

출처: Mackinnon, D. and Cumbers, A.(2014), p. 206.

2) 금융제도의 변화와 금융의 자유화

(1) 국제통화제도의 변화

국제통화제도는 금본위제도가 시작된 1870년대 후반부터 현재까지 상당한 진통을 겪으면서 다양한 형태로 변화되고 있다. 1870년대 후반부터 제1차 세계대전 이전까지 국제통화제도의 근간은 금본위제였다. 금본위제(gold standard)란 금을 유일한 국제준비자산으로 보유하는 것으로, 자국통화로 표시된 일정 중량의 금 가격을 고정시키고, 자국 통화와 금을 자유롭게 교환할 수 있는 태환성(convertibility)이 보장되는 제도이다. 또한 금본위제는 모든 국가의 통화 가치를 일정량의 금에 고정시키고, 이를 통해 국가 간 통화의 교환비율이 결정되는 고정환율제도이다. 따라서 금본위제도 하에서 각국 정부는 자국통화와 금의 교환비율인 주조평가(mint parity)를 일정하게 유지시켜야 하기 때문에 금 보유량 수준으로만 통화량을 유지한다. 금본위제가 제1차 세계대전 전까지 안정적으로 유지될 수 있었던 것은 당시 막강한 힘을 가진 영국이 국제통화제도의 기본 규칙 준수 여부를 감시하는 역할을 잘 수행하였기 때문이었다.

그러나 제1차 세계대전 이후 대공황의 여파로 금본위제는 흔들리게 되었고, 세계 각국들은 관세장벽을 높이고, 수입할당제나 수입허가제 등 보호주의적 성격의 무역규제 수단을 도입하게 되었다. 더 나아가 일부 국가들이 환율의 평가절하를 단행하여 국제경제의 불안정성은 상당히 커져갔다. 1940년대에 들어서면서 국제 유동성 부족으로 금본위제가 붕괴되자 국제통화제도는 위기에 직면하게 되었다. 이에 따라 새로운 국제통화제도에 대한 논의가 시작되었고, 1944년 7월 미국 뉴햄프셔주 브레턴우즈(Bretton Woods)에서 열린 통화금융회의에서 44개국 대표들이 브레턴우즈 협정을 체결하였고 1945년 12월 30개국이 서명함으로써 브레턴우즈 체제가 정식 출범하게 되었다. 제2차 세계대전 동안 여러 나라에서 경험한 변동환율제도가 경기 침체, 보호무역, 인플레이션 및 불안정적인 투기를 유발하였다고 간주하였기 때문에 브레턴우즈 체제는 고정환율제도이지만 조정가능한 금환본위제를 채택하게 되었다. 금환본위제란 미국이 은행국으로의 역할을 담당하고, 달러를 기축통화(key currency)로 지정하여 금 1온스(31.1g)당 35달러로 고정시키고, 각국은 자국통화를 금 또는 달러에 고정시키는 것이다. 이와 같이 각국이 보유한 달러에 대한 금태환을 미국이 보장하므로, 브레턴우즈 체제 하에서 국제 유동성의 공급은 금 산출량과 달러의 공급 수준에 전적으로 의존하게 되었다. 미국이 독점적으로 금태환을 실시하고, 다른 국가들의 통화는 모두 달러와의 환전을 통해 간접적으로 금과 연결되는 금환본위제를 받아들이게 된 것은 제2차 세계대전 동안 유럽 각국이 미국의 물자를 금으로 구입하고 패전국들이 금으로 전쟁 배상금을 지불하면서, 당시 미국은 전 세계 금의 약 70%를 보유하고 있었기 때문이다. 더 나아가 브레턴우즈 체제에서의 목표는 외환 및 금융시장을 안정화시키고, 보호주의적 성격의 각종 무역규제 철폐를 통해 무역을 활성화시키며, 전쟁 관련국의 전후 부흥과 개발도상국의 개발 지원을 핵심으로 하고 있다. 이러한 목표를 달성하기 위해 관세 및 무역에 관한 일반협정(GATT), 국제통화기금(IMF), 그리고 국제부흥개발은행(IBRD)도 출범시켰다.

그러나 브레턴우즈 체제는 국제 유동성과 신뢰성의 상충적 문제를 내재하고 있었다. 브레턴우즈 체제 하에서 국제 유동성의 공급은 화폐용 금의 추가적 공급과 기축통화국의 국제수지 적자, 국제통화기금에 의한 신용창출에 의해서만 가능하다. 여기서 화폐용 금의 산출량과 국제통화기금에 의한 신용창출에 의한 유동성은 제한적이기 때문에, 미국의 국제수지 적자에 의존하는 부분이 가장 클 수밖에 없었다. 즉, 국제 유동성을 지속적으로 유지 또는 증가시키기 위해서는 기축통화국인 미국의 국제수지 적자를 통해 달러를 공급해야만 한다. 그러나 미국의 국제수지 적자가 누적되면 달러에 대한 신뢰성은 하락할 수밖에 없다. 이와 같이 미국의 경제 상황에 따라 기축통화인 달러의 평가가치가 영향 받는다는 본질적인 문제가 내재되어 있었다.

금환본위제 하에서 국제경제가 성장하여 기축통화에 대한 수요가 늘어나는 경우 그 수요를 충족시키기 위해서는 금태환이 보장된 달러나 금을 국제준비자산으로 보유하여야 하기 때문에 미국의 달러화가 국제시장으로 유입되어야만 한다. 그러나 1965년 미국의 베트남 참전과 미국의 해외 주둔에 따른 군비 지출 등으로 인해 미국의 국제수지 적자가 심각해지고 경제 침체와 함께 무역적자를 보이면서 달러화가 유출되지 못하면서 달러화에 대한 신뢰가 크게 떨어졌다. 당시 미국의 국제수지 적자가 크게 악화된 것은 경제적 요인 이외에도 아시아와 유럽에 군대를 주둔시키고 베트남 전쟁을 수행하는 데 소요된 막대한 비용(1965년 29억달러였던 군비지출이 1967년에는 43억달러로 증가) 때문이었다. 미국은 자본 유출을 막기 위해 이자율을 높이는 방법을 채택하였으며, 특히 단기 국채의 이자율을 높이는 조치를 단행하였다. 또한 1963년에는 미국인이 외국의 금융자산에 투자할 경우 세금을 부과하는 법까지 제정하였다.

그러나 미국의 무역적자가 커지면서 달러화를 외환으로 보유하고 있던 나라들에서 금을 선호하는 경향이 높아졌으며, 달러화 가치가 더 떨어질 가능성에 대비하여 투기적 성격의 금을 보유하려는 수요가 크게 늘면서 금 가격이 오르게 되었다. 이에 따라 1960년대 중반 각국이 금을 내다 파는 형태로 금 시장에 개입함으로써 금 가격을 안정시키려는 금풀(gold pool)에 합의하게 되었다. 그러나 금풀의 효과는 기대만큼 크지 않았고, 1967년 영국은 파운드화의 평가절하를 단행했고, 프랑스도 1965~1966년 보유한 달러를 금으로 바꾸었고 금풀에서도 탈퇴하였다.

한편 국제시장에서 달러 공급의 부족으로 인한 유동성을 보완하기 위해 국제통화기금의 대출 기능이 확대되었다. IMF는 참여국들의 돈으로 기금을 만들어서 필요한 회원국에게 기금을 빌려주는 기능을 담당하고 있었으며, 따라서 각국의 출연금을 늘려서 유동성 문제를 해결하고자 하였다. 1969년 IMF는 특별인출권(SDR: Special Drawing Rights) 제도를 시행하게 되었다. 즉, IMF 가맹국의 국제수지가 악화되는 경우 담보없이 필요한 만큼의 외화를 인출할 수 있는 권리를 마련하여 IMF에 출연한 기금만큼 IMF로부터 돈을 인출하여 달러화로 인정하는 것이었다(당시 SDR의 가치는 달러화와 동일하게 정해짐). 그러나 1970년에 실효된 SDR이 미국의 달러화 문제를 해결하기에 시기적으로 너무 늦었으며, 1971년 서독은 달러화에 자국 통화가치를 고정시키지 않게 되자 독일 마르크화 가치는 크게 상승하였고 당시 금 가격도 1온스당 44달러로 치솟았다. 1971년 8월 15일 미국의 닉슨 대통령은 달러화의 금태환을 정지시켰고, IMF가 새로운 국제통화제도를 창출하도록 요청했다. 이로써 브레턴우즈 체제와 함께 금환본위제는 막을 내리게 되었으며, 1973년 완전자유변동환율제가 채택되었다. 그러나 일부 국가에서는 자유변동환율제가 아닌 관리변동환율제를 채택하였다. 이는 시장원리와 고정환율제의 장점을 합친 것으로, 장기적으로는 시장의 수급에 의존하지만 단기적으로는 환율 차의 혼란을 막기 위해 중앙은행의 개입을 허용하는 유연적 환율제도라고 볼 수 있다(표 4-2).

이와 같이 급변하는 글로벌 경제환경에 대응하지 못한 브레턴우즈 체제가 붕괴되면서 새로운 국제경제질서에 대한 논의가 활발하게 이루어지고 있다. 그러나 전 세계 GDP가 세계 금 매장량 가치보다 훨씬 더 크고 금이 원자재로도 사용되고 있기 때문에 금본위제를 다시 도입할 수 없는 상황이다. 또한 1990년대 말부터 동아시아, 러시아, 브라질, 아르헨티나에 이어 2008년 글로벌 금융위기를 겪으면서 변동환율제로 인한 문제들도 매우 심각하다. 글로벌 경제위기의 여파가 더욱 심화되면서 새로운 국제경제질서에 대한 요구도 더욱 높아지고 있다. 브레턴우즈 체제를 대체할 새로운 국제통화제도 및 글로벌 경제관리체제의 필요성은 모두 공감하지만, 새로운 기구의 설립 및 금융 규제의 강도, 범위, 규제 주체 등에 대한 각국의 다양한 이해관계를 만족시킬 만한 합의를 이끌어내는 것은 상당히 어려우며, 따라서 당분간 금융 국제질서의 혼란을 피하기는 어려울 것이다.

브레턴우즈 체제에서 출범한 기구

• **IMF**(International Monetary Fund): 1945년 세계 거시경제 및 국제무역 환경을 안정시키기 위한 목적으로 설립된 국제금융기구로 외환시세 안정, 외환규제 제거, 자금 공여 등을 주요 활동으로 하고 있다. IMF는 외화가 부족해진 회원국들에게 외화를 대출해 주고, 필요한 자금을 조성하기 위해 각 회원국에게 쿼터를 배정해 주었다. 이 쿼터 배정량은 회원국의 경제규모와 부존자원에 따라 달라지며, 쿼터량에 비례하여 IMF의 결정에 대한 투표권이 부여된다. 협정문에 명기된 중요 사안에 관한 투표권은 전체 투표권의 70~85%가 요구되는데, 미국은 17% 이상의 가중치를 가지고 있어 85% 이상의 찬성을 요구하는 사안의 경우 사실상 거부권을 갖고 있는 셈이다. 2017년 현재 회원국은 190개국이며, 우리나라는 1955년 8월에 가입하였다.

• **IBRD**(International Bank for Reconstruction and Development): 1945년 12월에 출범한 국제부흥개발은행은 세계은행 그룹을 구성하는 5개 기구 중 하나이다. 즉, IBRD를 비롯해 IDA(국제개발협회), IFC(국제금융공사), MIGA(국제투자보장기구), ICSID(국제투자분쟁해결본부) 등을 합해 세계은행 그룹이라고 하며, IBRD는 세계은행으로 더 통칭되고 있다. 본래 제2차 세계대전 이후 황폐된 국가들의 재건 비용을 조달해주기 위해 만들어진 기구였으나, 그 역할이 확대되어 회원국들의 경제발전과 사회발전 및 개발도상국가들을 위해 자금 및 기술 원조를 하고 있다. 특히 IBRD는 운송 및 인프라, 교육, 환경, 에너지 투자, 건강, 식량, 위생시설 접근성을 개선하고자 하는 프로젝트에 자금을 지원한다. IBRD의 재원은 회원국의 출자금(회원국들은 가입 시 배정된 주식을 인수하고 그에 해당하는 금액을 출자함)과 대외 차입으로 구성된다. 회원국의 투표권은 기본표와 비례표(출자 주식당 1표)로 구성되어 있는데, 미국이 16.4%로 가장 비중이 높다. 또한 미국은 유일하게 거부권을 행사할 수 있는 권한을 가지고 있으며, 세계은행 총재도 미국 대통령이 임명하고 있다. IBRD는 국가와 공기업에 자금을 대출해 주는데 반드시 정부(주권국)의 보증이 따라야 한다. 이러한 대출 자금은 일차적으로 국제자금시장에서 융통되는 세계은행 채권으로 이루어지며 연간 120~150억달러 수준이다. 이러한 채권들은 AAA(최상위)로 평가되는데, 이는 IBRD 회원국에 의해 후원되며 채무국의 보증이 있기 때문이다. 이러한 IBRD의 높은 신용등급으로 인해 저금리로 자금을 대출할 수 있다. 그러나 신용 등급이 낮은 대다수 개발도상국들에게 IBRD는 운영상 간접비를 포함하여 1% 수준의 추가 이율을 적용하여 자금을 대출해주고 있다.

표 4-2. 금융제도와 금융규제의 변화 및 특징

시 기	규제 제도	특 징
1870년 ~1920년대	국제 금본위	-국가의 통화가치는 국가의 중앙은행의 금 보유량에 의해 보장됨 (자국 통화와 금을 자유롭게 교환할 수 있는 태환성 보장)
1945년 ~1973년	브레턴우즈 체제	-미국을 제외한 다른 나라들의 경우 중앙은행이 달러화와 자국 통화 간 고정환율제(달러화를 기축으로 한 금환본위제)
1970년대 중반 ~1980년대	국제적 탈규제화	-브레턴우즈 체제 붕괴, -탈규제화(1975년 뉴욕 주식거래; 1978년 영국 정부) -금융의 혁신환경이 조성 및 위험관리 금융도구들이 나타남
1980년대 후반 ~2008년	새로운 재규제화, 화폐 통합	-바젤은행협약이 발휘되어 최소 자기자본비율 규제를 통해 국제금융제도의 안정성과 유동성을 보장 -파생상품으로부터 오는 위험성 증가 및 동아시아 금융위기를 겪으면서 글로벌 재규제화에 대한 요구 증대 -유럽연합이 유로화로 단일화되고 유럽중앙은행(ECA)이 출범함
2008년 이후 ~현재	새로운 글로벌 금융질서?	-담보부 채무와 복잡한 금융파생상품 붕괴로 체계적 위험 직면 -미국, 영국, 독일 등에서 주요 은행의 국유화 -부채 및 채권 보유의 글로벌 불균형으로 인해 잠재적 통화전쟁 및 주권적 부채 위기 발생

출처: Coe et al.(2013), Table 7.1, p. 204 편집.

(2) 탈규제화와 금융의 자유화

브레턴우즈 체제가 종식되면서 자본시장의 힘이 더 이상 통제될 수 없게 되자 금융거래가 폭발적으로 증가되었고 금융시장의 탈규제화가 진전되고 있다. 금융부문은 공적(public)인 성격과 사적(private)인 성격을 동시에 공유하고 있어 전형적으로 정부의 규제 및 보호 대상이었으며, 1970년대까지 금융부문은 가장 규제가 심한 부문으로 인지되었고, 금융서비스 시장도 국가정부로부터 매우 엄격한 규제를 받아왔다.

그러나 1970년대 들어와 세계경제가 침체되면서 그동안 케인즈의 경제원리에 따라 시행된 국가 개입 정책들이 흔들리게 되었다. 국가 부채와 재정 적자 누적으로 인한 인플레이션과 생산 부문의 투자가 매우 둔화되면서 야기된 여러 가지 문제들을 더 이상 국가가 개입하여 해결할 수 없게 되었으며, 이에 따라 국가 개입에 대한 비효율성에 대한 논의가 부상하였다. 이러한 국면을 맞이하면서 1979년과 1980년에 각각 당선된 영국의 대처 수상과 미국의 레이건 대통령은 새로운 경제정책으로 '작은 정부'를 내세우며 국가 개입을 최소화하는 정책을 펼치게 되었다. 즉, 신자유주의에 기초한 시장경제의 논리를 내세우면서 국가의 시장개입 축소, 공기업의 민영화, 각종 복지정책 축소 등을 골자로 하는 탈규제화와 자유화를 과감하게 단행하였다. 특히 공기업을 민영화하고 경제 자유를 저해하는 규제를 철폐하고, 무역과 자본거래를 자유화하며, 국경없는 시장의 세계화 등을 지향하는 신자유주의적 제도들이 후속적으로 시행되었다. 영국의 경우 민영화와 함께 국가의 경제 개입을 축소하고 시장원리의 강화 및 시장 친화적 정책을 통해 경제적 효율성을 증진시킨다는 목표 하에서 3P 탈규제(deregulation) 정책이 도입되었다. 즉, 이자율(price), 영업지역(place), 업무 분야(product)에 대한 규제를 철폐하였으며, 이러한 탈규제 정책 가운데 가장 특징적인 규제완화가 금융부문이었다. 환율 통제 등 외환과 관련된 관리 규정을 완전히 철폐하고 국제적 자본이동을 자유화시켰다. 이에 따라 영국의 금융기관들은 전 세계의 금융자산을 자유롭게 매매할 수 있게 되어 영국으로부터 방대한 자본이 유출되는 동시에 영국으로 유입되는 해외자본도 급증하였다. 이러한 탈규제화는 국내 금융시장에 대한 국제 금융시장의 경쟁적 압력을 강화시켜 이른바 '빅뱅'으로 불리는 대대적인 금융부문의 개혁이 단행되었다. 영국 금융시장의 세계적인 지위 회복과 금융부문의 경쟁력을 강화시킨다는 목표 하에서 1986년 10월에 시행된 영국 금융부문의 개혁은 증권유통에서 브로커와 증권거래소 중개자 구분을 철폐하고 거래소의 회원권 개방, 주식 매매의 무인화, 중개업자의 재편 등이 이루어졌다.

영국의 이러한 탈규제화와 금융 자유화 추세는 전 세계적으로 확산되었으며, 특히 1993년에 출범한 유럽단일시장에서 국가 간 상품, 자본, 서비스 이동에 방해가 되는 모든 규제들을 완화하였다. 더 나아가 1995년에 출범한 세계무역기구도 보다 자유롭고 공정한 국제무역이 이루어지도록 하는 발판을 마련하였다.

영국의 금융개혁 빅뱅(Big Bang)

1986년 당시 영국은 세계 금융환경 변화에 적절히 대응하지 못하여 국제금융시장에서 영국의 지위가 약화되었다. 증권매매 위탁수수료가 상대적으로 높았으며, 외국계 금융기관에 비해서 영업력이나 자본력도 취약하였다. 이러한 문제를 해결하기 위해 영국 정부는 1986년 10월에 금융 서비스법(Financial Serves Act)을 제정하고 수수료 자유화와 겸업을 허용하는 빅뱅 프로그램을 추진하였다. 즉, 증권시장의 효율성과 국제 경쟁력 강화를 위해 런던 증권거래제도의 대대적인 개혁을 단행하였다. 특히 은행과 증권업의 분리 제도 폐지와 증권매매 위탁수수료 자율화를 시행하여 은행과 증권업자 간 장벽을 철폐하였으며, 증권거래소 가입 자격을 완전 자유화하고, 외국 금융기관의 자유로운 참여를 허용하며, 새로운 매매시장의 채택 등 증권시장의 활성화도 추진하였다. 그 결과 세계의 주요 금융기관들이 런던에 국제투자업무 거점을 구축하게 되었으며, 선진 금융기법 도입과 함께 증권거래비용이 크게 감소하여 중개의 효율성이 제고되었다. 빅뱅 결과 외국에서 거래되던 주식 거래의 많은 부분이 런던으로 회귀하였다. 위탁수수료 및 거래세가 대폭 인하되어 거래가활성화되었으나, 증권회사들은 살 길을 찾아 특화하거나 다른 회사와 합병하는 등 대대적인 개편이 진행되었다. 특히 일부 증권회사는 위탁매매, 투자자문, 인수·합병 등 복합 업무를 수행하는 증권회사로 변신하는데 성공했으나 대부분 1990년대 들어와 외국의 대형증권회사에 합병되었다. 그러나 영국 은행들과 증권사들이 보험, 연기금, 투자신탁 등 다양한 업종의 자회사를 거느린 대형 금융그룹으로 성장하는 계기도 되었다. 또한 2000년 금융서비스 및 시장법이 추가로 제정되면서 영국 금융부문의 개혁은 한층 더 강화되었다. 이러한 일련의 금융개혁으로 인해 런던은 세계 1위의 국제금융센터로서의 지위를 갖추게 되었다.

금융의 자유화는 선진국은 물론 많은 개발도상국에서도 이루어졌다. 금융 자유화는 금융시장에서의 이자율 결정을 자유화하고 금융 업무에 대한 정부의 간섭을 최소화하여 저축을 증대시키고 자금 배분을 효율적으로 운영한다는 목표 하에서 시행된 것이었다. 특히 금융부문에 대한 정부의 간섭을 배제하고 시장원리에 따라 금융시장의 가격이나 업무가 결정되도록 하는 것을 핵심으로 하는 금융 자유화에 따라 이자율 최고한도 제한, 업무영역 제한, 금융기관 진입 제한, 신용배분에 대한 정부 개입 등이 완화되거나 제거되었다.

그러나 1970~1980년대 여러 나라들에서 단행된 금융 자유화는 자금 동원의 증가나 자금 배분의 효율성 대신 금융부문의 취약성과 금융공황 및 더 나아가 경제 불안정성을 가속화시키는 결과를 초래하였다고 평가되고 있다. 1970년대 금융 자유화를 추진했던 중남미의 많은 나라들이 은행 파산과 금융공황을 경험했으며, 1980년대와 1990년대 금융 자유화를 추진했던 동아시아 국가들도 금융공황을 겪었다. 금융 자유화 이후 금융공황을 겪었던 나라들은 1980년대에는 아르헨티나, 브라질, 칠레, 말레이시아, 멕시코, 페루, 필리핀, 스페인, 태국, 우루과이 등이 있으며, 1990년대에는 덴마크, 핀란드, 노르웨이, 터키, 베네수엘라, 인도네시아, 말레이시아, 필리핀, 태국, 한국 등이 있다. 물론, 이러한 금융공황의 발생이 전적으로 금융 자유화 때문이라고 말할 수 없으나, 이들 나라들에서 발생한 금융공황은 거의 대부분 금융 자유화가 시행된 이후 금융부문의 취약성 증가와 함께 발생하였다(Kaminsky and Reinhart, 1999).

금융 자유화는 은행을 비롯한 금융기관 수의 급격한 증가와 금융서비스 성장을 가져왔으며, 상당히 많은 금융서비스는 재산권에 대한 투기나 소비를 위한 대출로 연결되었다. 인도네시아, 태국, 말레이시아, 한국 등 동아시아 국가들은 그 이전부터 금융 자유화를 추진해왔지만, 본격적인 금융 자유화는 1990년대 들어와 과감하게 단행하였다. 태국은 1987~1993년에 걸쳐 이자율에 대한 통제를 대부분 제거했으며, 1991~1992년에는 금융기관의 자산 구성에 대한 통제 해제, 1992~1994년에는 금융기관의 업무 영역에 대한 통제도 해제하여 업무 영역의 범위를 대폭 확대하였다. 이러한 금융 자유화는 즉각적으로 대출 붐을 불러일으켰다. 태국, 말레이시아, 한국의 경우 민간부문에서의 대출액이 1990년에 GDP의 100%에서 1996년에는 GDP의 140%까지 증가했다. 제조업 부문의 투자를 위한 대출도 높은 수준이었지만 민간부문의 대출 증가 수준보다는 상대적으로 낮았다. 오히려 태국 한국, 필리핀, 인도네시아의 경우 제조업 부문에 대한 대출은 1990~1996년 기간에는 약간 줄어들었으며, 금융과 부동산, 서비스산업에 대한 대출과 소비자 신용은 같은 기간에 상대적으로 크게 증가하였다. 이와 같이 금융 자유화가 투자성 대출보다는 소비성 또는 투기성 대출로 이어지면서 금융부문의 취약성을 증가시켰다. 즉, 금융 자유화에 따른 금융서비스 증가와 대출 증가는 생산시설 확충을 위한 투자보다는 주식이나 부동산과 같은 투기적 투자로 집중되면서 생산적 투자의 증가를 통한 경제성장 촉진보다는 재산 증식을 위한 투자를 증대시켜 금융부문의 취약성을 증대시키는 결과를 가져왔다.

금융 자유화에 따른 대출 증가와 대출자금이 부동산이나 주식투자로 유입되면서 금융기관의 채권은 상당히 높은 위험에 직면하게 되었다. 이 과정에서 자산가치의 거품과 붕괴가 동아시아 금융기관의 부실을 초래하고 금융공황을 발생시키는 중요한 역할을 하게 된 것이다. 특히 남미나 동아시아에서의 금융 자유화는 이자율 자유화에도 불구하고 국내 저축의 증가를 이끌어내지 못하였고, 오히려 금융서비스의 증가와 대출 증가뿐만 아니라 자본계정의 자유화에 따른 해외 자본의 대량 유입을 초래하였다. 그러나 해외로부터 유입된 자금이 갑작스럽게 다시 유출되는 경우 해외 자본을 차입했던 은행 등 금융기관의 재무 상태는 급격히 악화되며, 실제로 이는 동아시아의 금융공황과 외환위기에 결정적인 역할을 하였다.

최근 국제 금융시장 규모가 확대되면서 금융시장 자체도 상당한 변화를 경험하고 있다. 첫 번째 변화는 금융 자유화로 인해 자본이동이 커지면서 금융시장이 점차 통합되어 가고 있다. 특히 1980년대 이후 국제 간 자본이동이 급증하면서 각국의 금융시장이 동조화 경향을 보이고 있다. 이러한 현상은 자본거래에 대한 규제 완화와 더불어 정보통신기술의 발달로 금융거래비용이 대폭 절감되었기 때문으로 풀이할 수 있다. 그 결과 대외자산과 대외부채가 동시에 증가하고 있으며, 국제 간 자본이동이 경상수지 불균형 보전보다 포트폴리오 투자 관리에 더 초점이 맞추어져 있다. 더 나아가 금융기관 간 업무 영역의 자유화와 국제 금융시장의 통합화로 인해 새로운 금융서비스들도 개발되고 있다.

두 번째 변화는 금융의 탈중개화와 증권화(securitization)이다. 은행들은 예금을 받아 조성한 자금으로 대출을 통해 수익을 창출하며, 금융기관은 예금과 대출이 이루어지는 과정에서 중개 역할을 한다. 반면에 자금이 필요한 기업들이 금융시장에서 주식이나 채권 같은 금융상품을 발행하고 투자자가 이를 직접 사들이는 방법을 통해 자금이 운용되는 경우를 직접금융(또는 금융의 탈중개화)이라고 한다. 최근 간접금융보다 직접금융을 통한 자본조달 규모가 증대되고 있다. 특히 전자거래시장의 경우 은행이라는 중개기관이 없이 매도자와 매수자가 직접 거래하고 있다. 또한 금융시장에서 자금 조달 및 운용에 있어서 금융기관의 중개 매개에 의한 방식이 줄고 주식이나 채권 등 증권을 통한 자금 조달 및 운영이 확대되는 금융의 증권화 현상이 더욱 확대되고 있다. 금융 자유화로 인해 국가 감독당국이 각종 규제를 완화하자 금융회사들은 수익기회를 창출하기 위한 다각적인 전략을 구사하면서 부동산, 유가증권, 대출채권, 외상매출금 등 유동성이 낮은 다양한 종류의 자산(기초 자산)을 담보로 새로운 증권을 만들어 매각하고 있다.

세 번째 변화는 금융기관의 대형화이다. 국제 금융시장 환경이 급변하면서 세계 금융시장에서 주도권을 장악하기 위한 금융재편이 가속화되고 있다. 금융재편의 가장 큰 특징은 금융기관의 대형화라고 할 수 있다. 금융의 증권화가 확대되면서 일반 상업은행 업무가 한계에 달하게 되자 금융기관들이 투자은행 업무, 자산운용 업무를 강화하고 있다. 더 나아가 업무의 겸업화 및 금융기관들 간 인수·합병을 통해 새로운 업무 영역을 추가, 확대해 나가고 있다. 미국의 체이스맨해튼은행과 케미컬은행의 합병과 일본의 미쓰비시 은행과 도쿄은행의 합병, 그리고 더 나아가 도이체방크가 미국의 뱅커스트러스트를 인수하는 등 국경을 넘어 금융기관들 간 인수·합병을 통해 금융기관들이 대형화되고 있다. 우리나라도 1997년 금융위기를 겪으면서 금융기관의 구조조정과 함께 은행들 간 인수·합병을 통해 은행들이 대형화되었다.

네 번째 변화는 금융위기의 증대라고 볼 수 있다. 국제 간 자본이동이 증대되고 금융시장이 점차 통합되면서 세계 각국은 외부적 충격에 쉽게 노출되고 있다. 특히 글로벌 차원에서 자본이동량 증가와 함께 자본이동의 변동성도 커지면서 금융위기의 발생 가능성을 증대시키고 있다. 또한 해당 국가의 금융위기가 주변국가들로 확대되는 전염효과도 더 크게 나타나고 있다. 1997년 태국에서 발생한 외환위기가 동아시아 국가들의 외환위기로 파급되었고, 2008년 미국에서 발생한 서브프라임 금융위기는 글로벌 차원에서의 금융위기로 파급된 현상들이 이를 잘 말해준다.

이상에서 살펴본 바와 같이 금융시스템의 발달 단계와 각 단계별 특징을 요약하여 비교하면 표 4-3과 같다.

표 4-3. 금융시스템의 발달 단계와 각 단계별 특징

단계	금융시스템의 발달	은행과 공간	신용과 공간
1 단계	· **순수 금융중개자** -예금 대출 -실물화폐 지불 -은행의 승수효과 없음 -저축행위가 투자활동에 선행됨	-지역 커뮤니티를 대상으로 서비스 제공 -자산기반, 미래금융센터로서 토대 마련	-중개활동만 수행
2 단계	· **화폐가 은행예금으로 이용** -지불수단으로 지폐 이용 -은행지급준비금의 유출 감소 -승수효과 가능 -일부 지급준비금을 이용하여 은행신용창조 -투자가 저축행위보다 선행 가능	-금융시장이 은행가들이 보유한 신용정도에 좌우	-신용은 지역의 고객 예치율에 의해 제한 -신용창조는 지역 커뮤니티에 초점
3 단계	· **은행 간 대부** -신용창조는 지급준비금에 의해 제한됨 -지급준비금의 손실 위험성은 은행 간 대부를 통해 상쇄함 -승수효과는 더 빠르게 발생 -은행들이 더 낮은 지급준비금을 보유하면서 승수효과가 더 커짐	-은행 시스템이 국가적 차원에서 발달	-예치금 제한이 다소 완화되어 대출이 더 넓은 지역으로 확대
4 단계	· **최종대출자 기관** -은행제도 신뢰를 위해 중앙은행의 필요성 -은행 간 대부가 부적합할 경우 최종 대출자 기관이 제공 -지급준비금은 수요에 대응 -신용창조는 지급준비금 제약조건에서 벗어남	-중앙은행이 국가 금융시스템을 감독 -신용거래를 제한하는 힘은 제한됨	-은행이 지급준비금에 얽매이지 않고 신용 수요에 자유롭게 대응 -국가경제 내에서 신용의 양과 분배를 결정
5 단계	· **자산부채관리업무** -비은행 금융중개자들과의 경쟁으로 인해 시장점유율 확보에 어려움을 겪음 -은행이 신용 공급, 예금 유치 활동 시행 -신용 팽창과 실물경제활동의 불일치	-국가적 차원에서 은행이 비은행금융기관들과 경쟁	-신용창조가 투기적 시장에서 시장점유율과 기회를 얻기 위한 경쟁과정을 통해 결정됨 -전체 신용이 통제되지 않음
6 단계	· **금융증권화** -신용거래를 축소시키고자 자기자본 비율 도입 -과도한 대출로 인해 은행은 악성 대출 비율이 높아짐 -은행자산의 증권화 -부외거래 활동의 증가 -유동성 확보의 움직임	-국제경쟁을 위해 탈규제화 시행 -일부 금융중심지로의 집중화 현상	-신용보다는 증권을 매개로 직접거래하는 서비스 업무가 중요해짐 -신용 결정은 금융센터에 집중됨 -전체 신용은 자본의 이용가능성, 즉 중앙자본시장에 의해 결정됨
	?	?	?
7 단계	· **2008년 금융위기에 대응** -은행 업무들 간 경계를 변경할 가능성	-국가/국제적 차원에서 재규제화 가능성	-국내 대출자에게 돈을 빌려주는 업무에 다시 초점을 둠

출처: Dicken, P.(2015), p. 514.

동아시아 외환위기(1997년)[1]

1997년 7월 태국의 바트화 가치 폭락으로 시작된 동아시아 외환위기는 위기가 발생하기 직전까지 아무도 곧 닥쳐올 위기를 예측하지 못하였다. 그러나 태국의 외환위기는 말레이시아, 인도네시아, 대만, 홍콩을 거쳐 한국 등 동북아시아 국가들을 외환위기에 휘말리게 하였다. 더 나아가 러시아를 대외지급불능에 빠지게 하였으며, 브라질, 베네수엘라, 멕시코 등 남미 국가로도 외환위기가 전염되었으며, 2008년 미국의 금융위기에도 간접적인 영향을 미친 것으로 알려져 있다. 동아시아에서 발생한 외환위기의 원인은 아시아 국가 내부의 금융부문의 취약성도 있지만 금융시장 개방에 따른 자유로운 자본 이동 때문으로 보는 시각이 보편적이다.

국가 간 상품, 서비스 및 자본 이동의 자유화가 촉진될수록 세계경제가 성장하게 될 것이라는 전제 하에서 IMF는 동아시아 국가들의 금융시장 개방을 지속적으로 요구해왔다. 이에 따라 동아시아 국가들의 금융 개방화가 이루어지게 되었고, 동아시아 기업들과 종합금융회사(종금사)들은 외국계 은행으로부터 많은 자금을 빌리면서 엄청난 자본 유입이 이루어졌다. 그러나 이들이 빌린 자금은 '만기가 짧은(단기)', '외국통화로 표기된 부채'(외채)였다. 외국계 은행에서 빌린 자금으로 기업들은 투자를 증가시켰고, 종금사들은 낮은 금리로 빌린 자금을 국내에서 높은 금리로 대출하여 차익을 챙겼다. 그러던 와중에 1997년 7월, 태국에서 바트화 가치가 폭락하고 금융시스템이 마비되는 사건이 일어났다. 이 금융위기는 갑작스런 상환 요구로 인한 유동성 위기였다. 동아시아 기업들과 종금사들의 '상환 능력'을 의심하게 된 외국계 은행들은 만기연장을 해주지 않고 상환을 요구하면서 자금 회수에 나서자 기업들은 유동성 위기를 겪게 되었고, 결국 파산하게 된 것이다. 그동안 국가 간 자본 이동이 이처럼 활발하게 이루어진 전례가 없었기 때문에 자본유출·입과 단기 외채의 상환요구가 개발도상국의 외환위기를 가져올 것이라고 아무도 예측하지 못하였다.

우리나라의 외환위기도 같은 맥락에서 겪게 된 것이다. 당시 우리나라 기업들과 종금사들은 외국계 은행으로부터 빌린 단기 자금을 투자하거나 장기로 돈을 빌려주었다. 그러나 외국계 은행이 만기연장을 해주지 않고 단기 부채 상환을 요구하자 유동성 문제가 발생한 것이다. 원화가 아닌 외채를 빌렸기 때문에 원화로 갚을 수 없었고 급작스러운 자본 유출로 인해 원화 가치는 크게 하락(환율 상승)하게 되었다(1997년 6월 당시 환율은 1달러당 1,000원 미만이었으나, 1997년 12월 환율은 1달러당 2,000원 수준으로 상승함). 달러로 부채를 상환하게 되자 한국은행은 원화 가치 하락을 막기 위해 달러화를 팔면서 외환 보유고가 바닥나게 되었다. 외채를 갚을 수도 없고, 원화 가치 하락을 막을 수도 없었던 상황에서 달러화가 필요한 한국 정부는 IMF에 구제금융을 요청하게 된 것이다. 이와 같이 달러화가 부족하여 외환위기(Currency Crisis)를 겪게 된 것이다. 당시 한국이 외환위기를 겪은 이유는 금융 감독기능의 부재라고도 할 수 있다. 금융시장 전체를 총괄하는 감독기능이 없었기 때문에 기업들과 종금사들이 어디에서 얼마나 돈을 빌리는지, 또 빌린 돈을 국내 기업들에게 얼마만큼 어떻게 재대출하는지 알지 못하였다.

동아시아에서 발생한 외환위기는 러시아, 브라질, 아르헨티나 그리고 미국에까지도 영향을 미쳤다. 석유, 가스 등 원자재 수출에 의존하고 있었던 러시아의 경우 외환위기를 겪는 동아시아 국가들의 원자재 수요가 크게 감소되면서 루블화(러시아 통화) 가치가 하락하였고, 1998년 8월 러시아 정부는 채무불이행(디폴트)을 선언하였다. 동아시아의 외환위기를 본 브라질은 자본 유출을 막기 위해 고정환율제를 유지시키며 금리인상을 단행하였다. 그러나 고정환율제가 지속되지 못하였고, 브라질 통화가치의 하락과 함께 외환 보유고가 바닥나면서 1998년 브라질도 IMF에 구제금융을 요청하게 되었다. 고정환율제를 유지하였던 아르헨티나도 페소화 가치가 크게 하락하고 외환 보유고는 바닥나면서 경제 침체를 겪게 되었다. 1997년 동아시아 외환위기는 2008년 미국에서 발생한 글로벌 금융위기를 가져온 요인 중 하나로 지목되고 있다.

---

1) 박번순(2010), 이제민(2016), 정연승(2004), 최두열(1998) 등을 참조하였음.

글로벌 금융위기(2008년)[2]

1998년 러시아 경제위기로 인해 다량의 러시아 국채를 보유하였던 미국의 헤지펀드 회사 LTCM(Long Term Capital Management)는 큰 손실을 보게 되었고, 미국의 금융기관들은 이 회사에게 약 3조원의 자금을 지원하게 되었다. 이 사태를 겪으면서 미국 정부는 향후 금융위기 발생 가능성을 우려하여 1998년 10월에 선제적으로 기준금리를 인하하였다. 기준금리 인하로 미국 주가지수는 크게 상승하였고, 특히 IT 기업들의 주식가격이 가장 크게 올랐다. 그러나 1999년부터 2000년까지 다시 기준금리를 인상하자 미국 주가가 하락하고 IT 버블이 꺼지면서 IT 기업들은 파산상태에 이르고 2001년 미국은 경기침체에 빠지게 되었다. 이에 따라 미국 정부는 기준금리를 6.50%에서 1.75%(4.75%)로 크게 인하하였고 1%라는 초저금리정책을 2004년까지 유지하였다. 그러나 이러한 저금리정책은 또 다른 버블인 부동산가격의 급등을 가져왔다. 부동산가격 상승기를 만난 미국인들은 대출을 받아서라도 주택을 구매한 뒤 매각하여 시세 차익을 올리고자 하였다. 또한 이 시기에 외환을 벌어들인 개발도상국들의 자본도 미국 부동산시장으로 유입되었다.

미국의 경우 구입할 주택을 담보로 하여 은행에서 돈을 빌려 주택을 사고, 원리금을 30년에 걸쳐 갚아나가는 모기지 대출이 일반적이다. 미국 정부는 1995년 저소득층의 주택 마련 지원을 위해 모기지 대출금리보다 약간 높은 서브프라임 모기지 대출을 위한 주택저당증권(MBS: mortgage-backed securities) 매입을 허용하게 되었다. 이로 인해 서브프라임 모기지 시장이 활성화되면서 주택 수요 증가와 함께 주택가격이 상승하게 되었다. 주택경기 호황에 힘입어 서브프라임 모기지 업체들은 많은 수익을 누리게 되었고 대형은행들도 서브프라임 모기지 시장에 가담하게 되었다. 그러나 미국연방제도이사회는 2004년 6월부터 2006년 6월까지 0.25%씩 17차례 금리인상을 단행하여 기준금리가 5.25%로 다시 상승하게 되었다. 이렇게 기준금리가 오르자 모기지 이자율도 오르면서 모기지 연체율이 증가하게 되었다. 특히 저신용자들의 대출연체율이 급증하고 주택담보대출을 상환하지 못하여 채무불이행 상태에 빠지는 서브프라임 모기지 사태가 벌어진 것이다. 이러한 상황은 은행위기로만으로 끝날 수도 있었다. 하지만 미국의 금융시스템 전체를 마비시키게 된 원인은 증권화 상품 때문이었다. 금융회사들은 서로 다른 주택담보대출 채권들을 쪼갠 뒤 다시 결합하는 복잡한 형태의 증권화상품과 파생금융상품(부채담보부 증권, 유동화증권)들을 만들어냈다. 즉, 주택담보대출 채권이 쪼개졌다 다시 뭉쳐지고, 다른 금융회사들에게 이전되는 과정을 거치면서 부실채권 여부를 판단할 수 없게 되었으며, 따라서 증권화상품에 등급을 매겨주는 신용평가회사들의 신용 등급에 의존할 수밖에 없게 되었다. 그러나 이 과정에서 채권발행사와 신용평가회사 간 유착관계가 발생하였다.

2007년 2월 7일, 미국 최대 모기지 전문 대출회사인 New Century Financial은 부채로 인해 파산보호신청을 하였다. 부동산 관련 금융상품에 엄청난 투자를 하였던 대형 투자은행인 Lehman Brothers도 모기지 시장의 위기로 인해 파산위기를 맞게 되었다. 2008년 9월 15일은 전 세계적으로 충격을 준 잊지 못할 날이었다. Lehman Brothers가 파산보호신청을 하고 Merrill Lynch가 Bank of America에 팔리었고 글로벌 금융위기가 발발한 역사적인 날이다. 글로벌 금융위기의 원인은 2000년대 미국의 초저금리의 장기화, 미국 정부의 저소득층 주택장려책과 미국 주택시장과 세계 자본시장의 연계, 모기지 회사들의 과다 경쟁에 따른 방만한 대출 확대와 금융의 증권화, 파생금융상품의 등장, 그리고 금융기관, 가계, 신용평가기관 등 여러 당사자들의 도덕적 해이 등이 복합적으로 작용한 결과라고 볼 수 있다. 그러나 인위적인 주택시장 부양과 장기적인 저금리정책 및 주택가격 상승을 기대하여 차익을 남기려는 는 사람들의 탐욕과 수익을 위한 금융회사들의 파생금융상품 개발 및 더 나아가 신자유주의 및 세계화에 따른 영향으로 보는 견해들도 있다.

2) 글로벌금융위기극복백서편찬위원회(2012), 이윤석(2009), 허찬국(2009), 최혁(2009) 등을 참조하였음.

미국의 자본 순환이 우리나라 경제에 미치는 영향 시뮬레이션[3)]

아시아미래인재연구소 소장이자 미래학자 최윤식 박사는 「2030 대담한 도전」에서 미국의 금리 인상 시나리오와 달러의 순환이 만들어내는 세계 경제의 7단계 변화 패턴을 제시하였다.

달러의 탈 미국 단계 → 세계 경제 호황기 단계 → 전 세계 인플레이션 단계 → 달러화 위기 단계 → 미국 기준금리 인상 단계 → 세계 경제 대위기 단계 → 미국 및 세계 경제 회복 단계

미국 기준금리 인상이 한국 경제에 미치는 영향을 시스템 사고를 바탕으로 인과지도로 나타내면 아래 그림과 같다. 파란색 선은 증가를 나타내고, 붉은색 선은 감소를 나타낸다. 또한 선의 굵기는 중요도의 차이를 나타낸다.

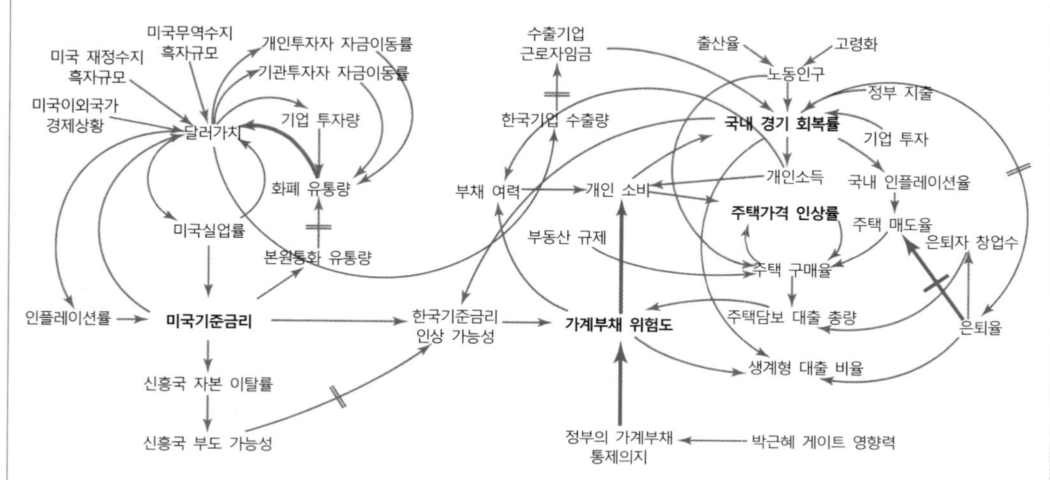

<미국의 기준금리 인상이 한국 경제에 미치는 영향들을 구조화한 인과지도>

미국의 기준금리 인상이 한국 경제에 미치는 영향은 우리나라의 금리 인상에 따른 경제현상들 간의 인과 관계에 달려있다. 인과지도를 통해 미국의 경기 회복에 따른 기준금리 인상의 후폭풍과 달러 강세가 겹치면 한국은 위기에 빠져들 것이라는 예측이 가능하다. 1997년에 겪었던 외환위기는 기업과 은행의 부채가 주요 원인이었지만 앞으로 겪을 수 있는 금융위기는 가계부채 증가와 정부의 재정적자 및 총 부채의 위기로 그 성격이 다르다는 점이다. 부동산 버블의 급격한 붕괴, 정부부채의 증가, 가계부채의 증가, 무역수지 흑자 폭의 감소, 기존 산업의 성장 한계로 인한 잠재성장률 급락과 불안정한 일자리, 저출산·고령화 등이 한꺼번에 몰리면 어떻게 될까? 미국은 인플레이션 2%, 실업률 6% 수준을 목표로 하고 있으며, 이 목표가 달성되면 당연히 금리가 인상된다. 금리가 다시 인상되는 경우 한국의 부동산 버블이 붕괴되거나, 부채가 많은 기업과 개인 파산되고, 은행권 도산이 속출한다. 미국이 금리를 인상하면 영국은 이에 동조할 것이다.

이럴 경우 우리나라 자본이 미국과 영국으로 이탈하는 것을 막기 위해서는 미국이나 영국보다 더 큰 폭으로 금리를 인상해야 한다. 그런데 한국은행은 최근 금리를 추가로 낮추었고 우리나라의 가계부채는 점점 더 증가하고 있다. 개인들의 부채의 80~90%가량은 금리 인상에 취약한 변동금리 대출이다. 이런 상황에서 미국의 기준금리 인상이 전격적으로 단행되면 한국 경제는 또 다른 금융위기를 경험할 가능성이 크다. 대한상공회의소의 분석에 의하면 미국의 기준금리가 3%만 올라도 우리나라는 -0.92%의 경제성장률을 기록하고, 수입은 49억달러가 줄고, 수출도 16.2억 달러가 준다고 한다. 환율은 2.6% 하락하고, 주가도 4.6% 하락한다. 미국의 금리 인상에 철저한 대비를 개인, 기업, 국가 차원에서 해야 한다고 저자는 강조하고 있다.

---

3) 최윤식(2016), 「2030 대담한 도전」의 일부 내용을 요약한 것임.

신용파생상품의 구조와 서브프라임 모기지의 증권화[4)]

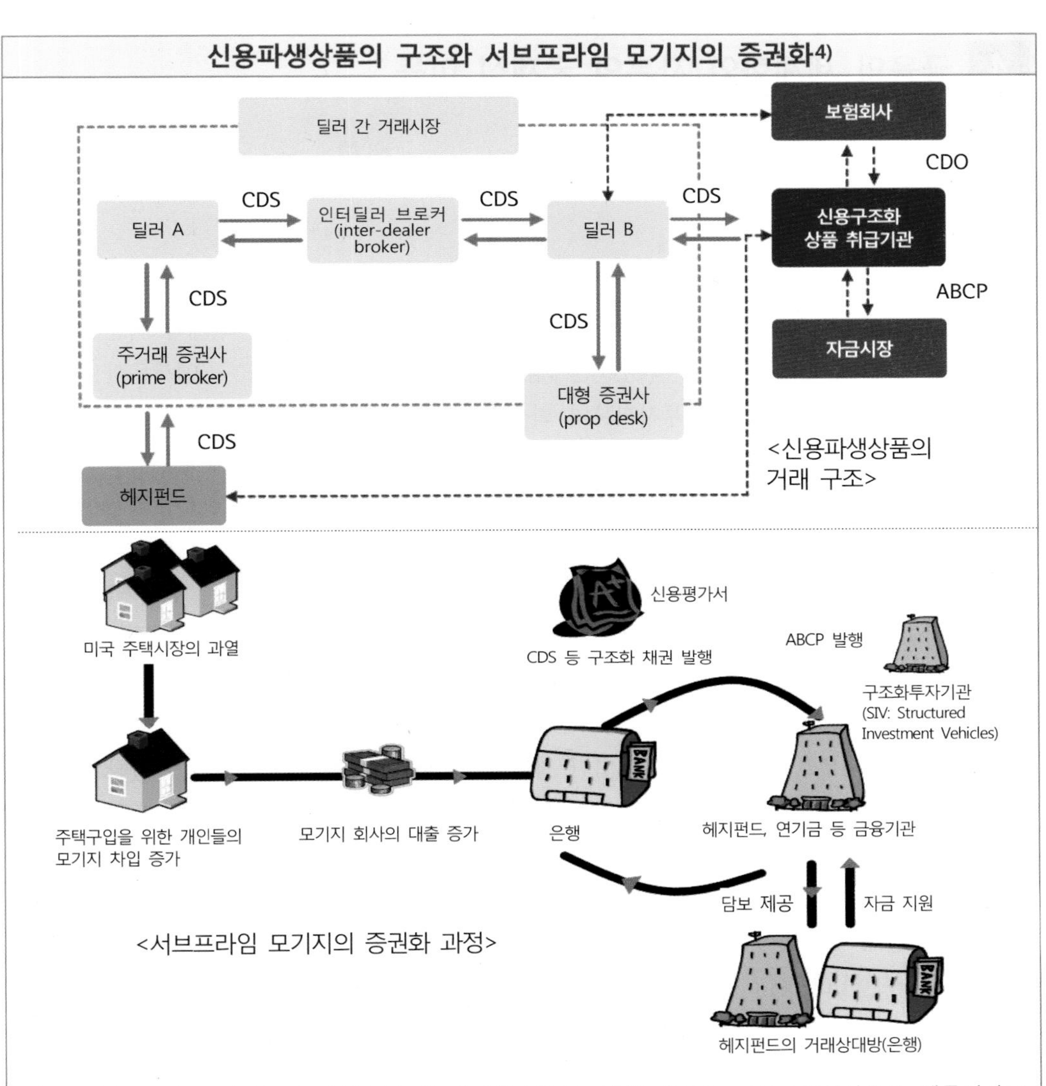

서브프라임 모기지 사태는 모기지 대출이 증권화 과정을 거친 새로운 신용구조화상품들 때문이라고 보는 견해가 지배적이다. 신용파생상품의 전형적인 신용부도스와프 CDS(Credit Default Swap)는 보장매입자가 보장매도자에게 정기적으로 일정한 수수료를 지불하는 대신, 신용사건이 발생할 경우 약정된 금액을 지급받는 것으로, 보장매도자는 자기자금의 부담 없이 수수료 수익과 포트폴리오의 신용위험을 함께 인수하는 것으로 보험상품과 유사하다. 한편 자산담보부증권 또는 부채담보부증권(CDO: Collateralized Debt Obligations)는 일반대출이나 채권을 기초자산으로 하여 발행된 증권이다. 이는 신용도가 낮은 회사채나 기업 대출을 모아서 자산의 현금흐름에 근거하여 발행한 유동화증권이다. CDO 발행은 해당자산 풀의 평균 수익률이 발행 유동화증권의 수익률에 비해 높고, 분산된 자산의 집합을 통해서 전체 자산 풀의 채무불이행을 적정하게 통제될 수 있다는 전제 하에서 이루어진 것이다. 서브프라임 모기지의 경우 포트폴리오를 담보로 합성 CDO를 발행하였다. 헤지펀드와 같은 적극적인 투자자들이 이를 매입하였고, 거래은행으로부터 담보차입을 하는 레버지리 투자(빚을 이용한 투자)를 활용한 것이다. 또한 투자은행들이 설립한 구조화투자기관(SIV: Structured Investment Vehicle)이 발행하는 자산담보부기업어음(ABCP: Asset-Backed Commercial Paper)을 담보로 한 CDO도 활용되었다.

---

4) 한국증권연구원(2008), 「세계 신용파생상품시장의 혁신과 시사점」, p. 22; p. 25를 편집하였음.

4 금융의 세계화와 자본의 국제적 이동

1) 금융의 세계화

1980년대 이후 금융시장의 탈규제화와 금융 자유화로 인해 금융의 세계화가 급진전되면서 금융서비스 시장은 점점 더 급변하고 있다. 글로벌 차원에서 화폐와 자본의 통합이 이루어지고, 다양한 금융주체 간 연계성도 강화되고 있으며, 어느 곳에서든지 실시간적 은행거래가 가능해지면서 투자자본의 회수나 순환 속도가 상당히 빨라졌다. 또한 전자자금결제망이 확대되고 금융정보망을 위한 국제계약통신회선 구축 및 세계인터뱅크금융통신협회(SWIFT: Society for Worldwide Inter-Bank Financial Telecommunication)가 조직되었다. 더 나아가 많은 사람들이 상장기업의 주식이나 채권을 사고 팔 수 있는 증권거래소와는 달리, 컴퓨터 통신망을 이용해 장외거래 주식을 매매하는 전자거래시스템인 미국의 증권회사간자동매매시스템(NASDAQ: National Association of Securities Dealers Automated Quotations)이나 한국의 코스닥(KOSDAQ: KOrea Securities Dealers Automated Quotation) 등이 등장하면서 금융자본의 유동성은 한층 더 증대되었다. 뿐만 아니라 증권발행업무와 증권중개업이 사이버화가 되면서 온라인 계좌가 급증하고 수수료가 인하되면서 금융기관들 간 경쟁도 더욱 심화되고 있다. 이와 같이 정보통신기술 발달로 국제금융센터를 중심으로 글로벌 차원에서 금융거래가 끊이지 않고 이루어지면서 전자금융거래는 물리적 거리 제약보다는 금융정보망으로의 접근성에 따라 영향을 받고 있다.

금융의 세계화와 금융의 탈규제화는 동전의 앞·뒷면과 같으며, 탈규제화가 금융 자유화를 촉진하고 금융 자유화가 금융의 세계화를 가속화시키고 있다. 특히 금융시장에서의 경쟁력을 강화하기 위해 해외 지점망 확대 및 금융기관 간 인수·합병(M&A: Merger and Acquisition)이 보편화되고 있다. 1980년대 금융산업의 경쟁이 심화되면서 일부 은행이 도산되자 이를 해결하기 위한 방안으로 은행 간 인수·합병이 진행되었다. 그러나 1990년대 들어서는 국제 금융활동의 주도권 확보를 위해 전략적으로 은행 간 합병을 통해 은행의 대형화를 추진하고 있다. 세계적으로 거대한 금융기관들 간의 인수·합병으로 인해 세계 10위에 속하는 금융기관의 자산규모는 엄청나게 커지고 있으며, 일부 은행으로의 자산 집중화도 심화되고 있다. 2017년 총 자산규모 순위 세계 100대 은행을 보면 10개국에 100대 은행의 약 80%가 집중되어 있다. 세계 100위에 속하는 은행을 가장 많이 갖고 있는 국가는 중국과 미국이며, 그 다음으로 일본, 프랑스, 영국, 독일, 한국, 캐나다 순으로 나타나고 있다. 특히 중국은 금융부문의 비약적 발전을 이루면서 2017년 100대 은행 가운데 약 1/5이 중국 은행으로 부상할 정도로 엄청난 성장을 하였다(표 4-4).

표 4-4. 글로벌 상위 100대 은행이 속한 상위 10개 국가별 분포

2017년		2015년		경제 순위*
국가	100대	국가	100대	
중국	19	미국	20	1
미국	10	중국	10	2
일본	9	캐나다	6	10
프랑스	7	한국	6	11
영국	6	독일	5	4
독일	6	일본	5	3
한국	6	스페인	5	14
캐나다	5	영국	5	5
브라질	5	오스트레일리아	4	13
오스트레일리아	4	브라질	4	9

㈜: 경제순위는 2015년 기준 명목 GDP 규모에 따름.
출처: https://knoema.com/atlas/sources/Relbanks.

우리나라의 경우 2015년에 비해 순위는 떨어졌지만 경제 순위와 비교하면 은행의 대형화로 인해 세계 100대 은행 가운데 6개(KB금융, 신한금융, 하나금융, 우리금융, 농협지주, 산업은행)의 우리나라 은행이 포함되어 있다. 그러나 세계 50위 은행 가운데 우리나라 은행은 전혀 없다. 이는 우리나라 은행들도 고객의 해외 금융 수요 및 글로벌 은행으로의 성장 기반 마련을 위해 해외 진출을 확대할 필요가 있음을 시사해준다. 은행의 국제화는 외화자금 조달 기반을 구축할 수 있기 때문에 국내 금융시장의 외환위기에 대처하여 금융시장의 안정화에 기여할 수 있고 해외진출 확대를 통해 수익 기반도 다각화시킬 수 있다.

한편 총자산 규모로 본 세계 10대 은행들을 보면 1위부터 3위가 중국 은행들이다. 그 뒤를 이어 일본의 미쓰비시, 미국의 JP모건체이스, 영국의 HSBC 순으로 나타나고 있다. 세계 10대 은행에 중국 은행이 4개, 미국이 3개, 일본, 영국, 프랑스가 각각 1개씩 포함되어 있다. 그러나 시가총액으로 세계 10위 은행을 보면 미국의 JP모건체이스, 웰스파고, 중국의 공상은행 순으로 나타나고 있다. 10위권 내에 미국과 중국이 각 4개씩 속해 있으며, 영국과 호주가 1개씩 차지한다(표 4-5). 이렇게 금융기관의 대형화를 통해 세계시장을 확대하는 동시에 국지적인 지역시장 확보도 추구하고 있다. 스위스 은행인 UBS는 'You & Us=UBS'라는 브랜드 이미지 전략과 고객이 있는 곳은 어디든지 서비스가 따라간다는 'one-stop shop' 전략을 추구하고 있다. 또한 시티그룹도 소매은행, 기업은행 업무 등 고객에 따라 다양한 업무를 수행하면서 선진국뿐만 아니라 개발도상국의 금융시장도 침투하고 있다. 이와 같은 단순한 은행 서비스만 제공하는 것이 아니라, 고객이 요구하는 다양한 서비스 상품 개발과 새로운 시장개발을 통해 범위경제(economies of scope)와 규모경제(economies of scope)를 동시에 추구하고 있다. 즉, 특정지역에 맞는 다양한 상품을 개발하여 범위경제를 추구하는 동시에 은행의 대형화를 통한 규모경제를 동시에 추구하고 있다.

표 4-5. 총자산과 시가총액으로 본 글로벌 상위 10대 은행, 2017년

순위	은행명	국가	총자산 ($10억)	순위	은행명	국가	시가 총액 (2018년1월12일) ($10억)
1	중국공상은행(ICBC)	중국	4,005	1	JP모건체이스	미국	391
2	중국건설은행	중국	3,397	2	중국공상은행(ICBC)	미국	345
3	중국농업은행	중국	3,233	3	뱅크 오브 아메리카(BoA)	중국	325
4	중국은행	중국	2,989	4	웰스파고(Wells Fargo)	미국	308
5	미쓰비시 UFJ	일본	2,774	5	중국건설은행	중국	257
6	JP모건체이스	미국	2,534	6	HSBC 홀딩스	영국	219
7	HSBC 홀딩스	영국	2,522	7	중국농업은행	미국	203
8	BNP 파리바(Paribas)	프랑스	2,348	8	씨티그룹	중국	203
9	뱅크 오브 아메리카(BoA)	미국	2,281	9	중국은행	중국	181
10	국가개발은행	중국	2,201	10	중국상인은행(招商银行)	중국	123

출처: https://www.relbanks.com/worlds-top-banks/market-cap(시가총액),
https://www.relbanks.com/worlds-top-banks/assets(총자산).

은행의 인수·합병 사례

• 일본의 미쓰비시은행+뱅크오브도쿄은행+UFJ은행이 합병하여 미쓰비시 UFJ은행으로 초대형화!
1997년 소매기업금융에 강점을 지닌 미쓰비시은행과 외국환 업무에 강점을 지닌 도쿄은행이 합병하여 도쿄미쓰비시은행으로 출범하면서 점포망, 자산, 예금규모, 대출액, 수익 면에서 일본 1위를 차지하게 되었다. 그러나 여기에 머물지 않고 도쿄미쓰비시은행은 2006년 UFJ은행과 합병하여 미쓰비시도쿄 UFJ은행이 되었다. 2018년 4월부터는 도쿄가 빠진 미쓰비시 UFJ은행으로 이름을 변경하였다. 이렇게 합병하면서 미쓰비시 UFJ은행은 총 자산규모 기준으로 세계 5위를 차지하는 글로벌 은행으로 부상하였다.

• 체이스맨해튼은행+케미컬은행+JP모건 기업이 합병하여 JP모건체이스 종합금융지주회사로!
1996년 미국에서 4위를 차지하고 있던 캐미컬은행과 6위를 차지하던 체이스맨해튼은행이 합병하여 미국 최대의 거대 은행이 되었다. 그러나 여기서 머물지 않고 체이스맨해튼은 2000년에 JP모건을 인수하여 초대형 종합금융그룹인 JP모건체이스가 출범하게 되었다. 이와 같이 JP모건체이스 지주회사로 합병되면서 JP모건은 투자은행으로 특화되고 체이스는 소매금융을 전담하는 체제를 구축하면서 자산 규모 기준으로는 세계 6위이지만, 시가총액 기준으로 보면 세계 1위를 차지하는 글로벌 금융회사로 부상하였다.

• 뱅크 오브 아메리카+네이션스뱅크가 합병하여 미국의 대표적 상업은행인 뱅크 오브 아메리카로!
1904년에 설립된 뱅크 오브 아메리카(Bank of America)는 1988년 네이션스뱅크(NationsBank)를 합병하여 뱅크 오브 아메리카(Bank of America, BoA, BofA)로 미국의 대표적인 상업은행이 되었다. 두 은행의 합병효과는 1998년 자기자본 규모로 볼 때 459억 달러에 이르러 당시 세계 1위 은행이 되었다. 미국의 서브프라임 모기지 금융위기 시점에 뱅크 오브 아메리카는 그 당시 손실이 매우 컸던 시기에 메릴린치를 인수하였다.

• 스위스의 UBS+SBC 합병
1997년 12월 스위스 유니온 은행(UBS: Union Bank of Switzerland)과 스위스 은행(SBC: Swiss Bank Corp)이 합병하여 스위스 유나이티드은행(UBS: United Bank of Switzerland)이 출범하였다. 합병으로 인해 UBS의 총 자산은 6,250억 달러, 운용자산은 9,261억 달러로 당시 세계 최고 자산운용 금융기관으로 부상하였다. UBS는 사업영역을 다각화하는 전략을 취한 반면, SBC는 세계적인 경쟁력을 갖고 있는 회사들을 점차적으로 인수해 나갔다. UBS PB는 M&A를 통해 168개 지점의 글로벌 네트워크를 구축하여 주식이나 채권 판매에서도 두각을 나타내고 있다.

우리나라 은행의 인수·합병[5)]

• 우리나라는 1997년 말 외환위기를 겪으면서 이를 극복하는 과정에서 대대적인 금융구조 조정이 이루어졌다. 특히 구조조정 과정을 통해 은행의 인수·합병 및 금융지주회사가 설립되었다. 그 결과 1997년 말 28개이던 은행 수가 2008년에는 시중은행 7개, 지방은행 3개로 감소하였다. 이러한 은행의 인수합병을 통해 금융기관이 대형화되었고 자산규모도 크게 증가하였다. 2017년 세계 100대 은행 가운데 우리나라의 6개 은행(KB금융, 신한금융, 하나금융, 우리금융, 농협지주, 산업은행)이 포함되어 있다.

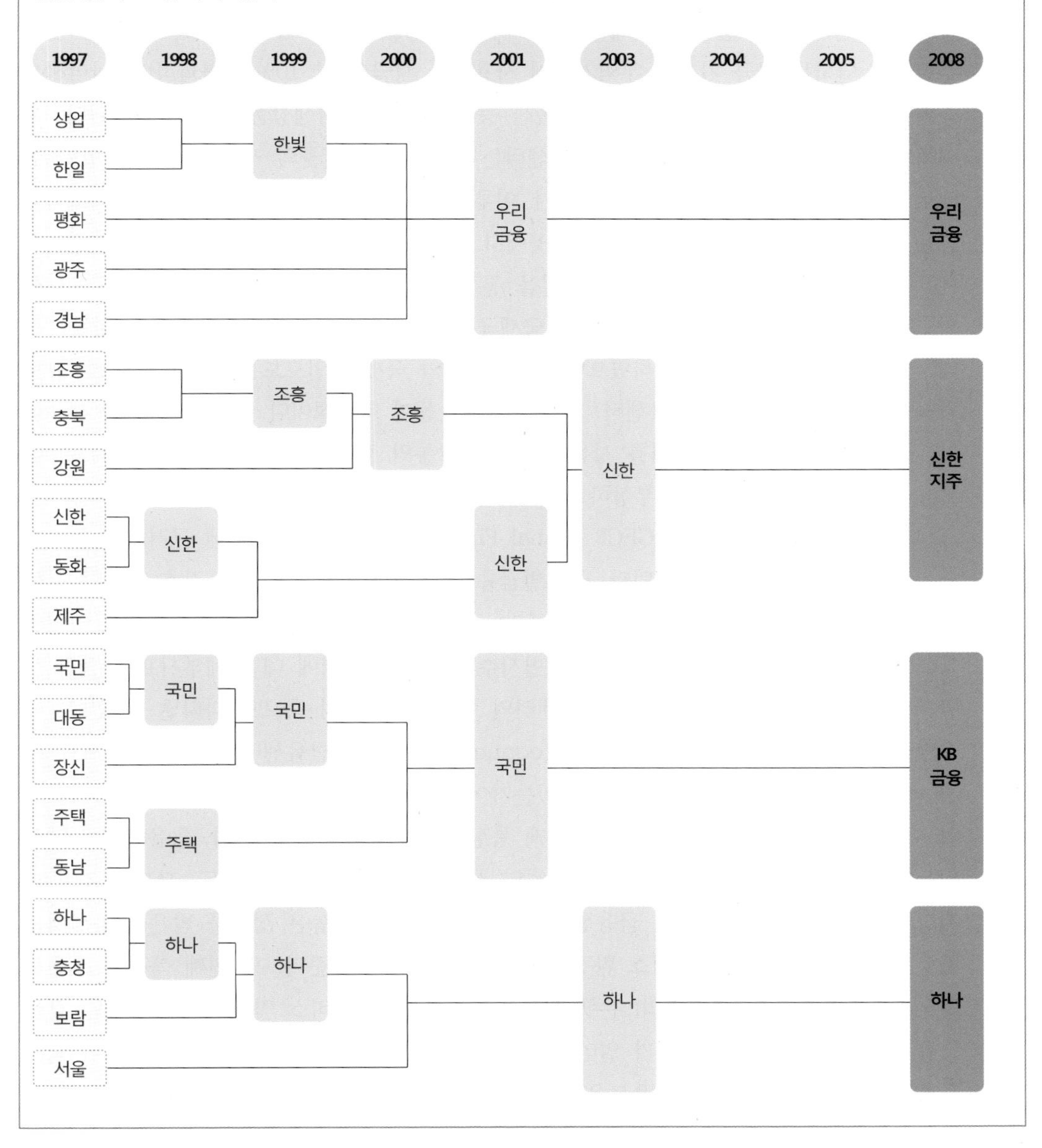

5) MERITZ(No. 2008-7), 은행 M&A 전개와 전망, 메리츠증권 리서치, p. 28을 편집함.

2) 국제금융센터와 역외금융기지

(1) 국제금융센터(International Financial Center)

금융의 세계화가 이루어졌지만, 실제 국제 금융거래는 소수의 국제금융센터들을 중심으로 이루어지고 있다. 국제금융센터가 있는 도시들은 금융 관련 업무 수수료와 인건비 등으로 높은 수익을 올리면서 세계도시로 부상하고 있다. 전 세계적으로 거래되는 하루 수천억에 달하는 자금 가운데 무역거래에 사용되는 자금은 약 10%에 불과하며, 나머지는 증권이나 외환시장에서 스와프, 선물, 옵션 등 복잡한 금융파생상품 형태로 거래된다. 국제적으로 널리 인식되어 있는 국제금융센터는 각국 금융기관들의 지점 또는 현지법인 형태로 영업망을 집중시켜 국제금융거래가 이루어지는 장소로, 특히 초국적기업과 초국적 금융기관들 간 금융중개가 이루어지는 곳이다. 따라서 국제금융센터는 국제 외환시장, 국제 단기금융시장, 국제 자본시장의 역할을 통해 초국적기업의 투자자금 융통과 금융혁신의 중심지 역할을 수행한다. 전통적인 국제금융센터(traditional financial center)는 국내 금융시장을 바탕으로 성장하였으며, 자국 통화의 국제 신인도도 높고 상대적으로 규모가 큰 런던금융센터, 뉴욕금융센터, 도쿄금융센터 등이 대표적이다. 그러나 금융의 세계화가 급속하게 진전되면서 영어를 사용하며, 항공교통의 접근성이 매우 양호한 싱가포르나 홍콩 등도 국제금융센터로 급부상하고 있다.

매년 글로벌금융센터지수(GFCI: Global Financial Center Index)에 근거하여 글로벌 금융센터의 순위가 발표되고 있다. 글로벌금융센터지수는 금융센터로서 갖추어야 할 경쟁력을 5개 영역(기업환경, 인적 자본, 인프라, 금융부문 발달, 명성)으로 나누어 각 영역의 102개 세부지표 측정을 통해 산출된 종합지수이다. 5개 영역에 대한 세부지표들 간의 상관분석과 인자분석을 통해 글로벌금융센터의 특징을 세 개의 축으로 나타낼 수 있다. 글로벌금융센터의 첫 번째 특징은 연결성(connectivity)이다. 금융센터가 전 세계적으로 다른 금융센터들과 얼마나 잘 연결되어 있는가이다. 여기서 금융센터의 연결성은 인바운드와 아웃 바운드 모두를 고려한다. 두 번째 특징은 다양성(diversity)이다. 금융센터의 핵심 기능인 금융부문의 양적 규모와 금융산업의 폭(예: 금융업체들의 밀집도, 자본의 가용성, 시장 유동성, 수익성 등)이다. 금융센터의 다양성 영역에서 높은 점수를 받은 금융센터는 매우 폭넓고 풍요로운 비즈니스 환경을 가지고 있음을 말해준다. 세 번째 특징은 전문성(speciality)이다. 즉, 투자관리, 은행업무, 보험, 금융전문서비스 및 정부 및 규제와 같은 금융 관련 부문에서 금융센터가 얼마나 전문성(depth)을 가지고 있는가를 파악한다. 국제금융센터가 되려면 영어의 자유로운 사용과 고급 인력 및 편리한 거래 조건 등이 갖추어져야 한다(그림 4-6). 글로벌금융센터지수를 기준으로 상위 1위~5위까지 도시들(런던, 뉴욕, 싱가포르, 홍콩, 도쿄 순임)의 순위는 거의 변동이 없을 정도로 막강한 지위를 차지

표 4-6. 글로벌금융센터지수(GFCI)에 따른 글로벌금융센터 순위

글로벌 차원			아시아/태평양 지역		
순위	도시명	지수	순위	도시명	지수
1	런던	780	1	홍콩	744
2	뉴욕	756	2	싱가포르	742
3	홍콩	744	3	도쿄	725
4	싱가포르	742	4	상하이	711
5	도쿄	725	5	시드니	707
6	상하이	711	6	베이징	703
7	토론토	710	7	멜버른	696
8	시드니	707	8	심천	689
9	취리히	704	9	오사카	688
10	베이징	703	10	서울	686
11	프랑크푸르트	701	11	타이베이	677
12	몬트리올	697	12	광저우	668
13	멜버른	696	13	웰링턴	661
14	룩셈부르크	695	14	칭다오	649
15	제네바	694	15	쿠알라룸푸르	640

출처: Financial Center Future(2017), The Global Financial Centres Index 22.

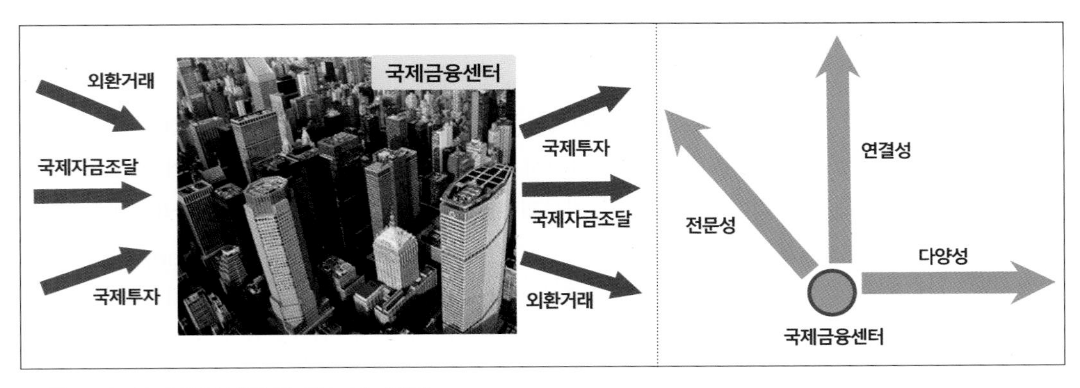

그림 4-6. 국제금융센터의 기능과 특징

하고 있다. 서울의 글로벌금융센터지수는 686으로 세계 22위를 차지하는 것으로 나타났다(1위인 런던의 지수는 780임). 아시아·태평양 지역만을 대상으로 하여도 서울의 글로벌금융센터지수 순위는 10위에 머물고 있다. 중국의 상하이, 베이징, 심천보다도 순위가 낮게 나타나고 있어 금융부문에서 서울의 국제경쟁력이 높지 않음을 말해준다(표 4-6).

Castells(1989)이 제시한 유량공간(space of flow)에서 중요한 것은 지점과 지점과의 거리가 아니라 네트워크 상의 결절점이다. 유량공간은 정보고속도로와 통신네트워크로 연결되어 있으며, 24시간 뉴욕, 런던, 프랑크푸르트, 홍콩, 싱가포르, 도쿄 등의 금융시장과도 연결되어 있다. 금융서비스 업무는 고객을 상대로 하는 프론트 오피스(front office)

또는 영업지점(retail office)과 프론트 오피스에서 요구하는 정보를 처리하는 백오피스(back office) 기능으로 나누어진다. 금융거래에서 일상적 업무를 단순히 전산처리하는 백오피스 기능은 낮은 사무자동화율과 노동집약적 성격을 가지기 때문에 노동비가 저렴한 지역에 집중되고 있다. 정보통신기술의 발달로 일상적 업무는 공간적으로 분산하지만, 새로운 금융상품 개발 등과 같은 전문 노동력을 요구하는 금융활동은 소수의 대도시로 집중된다. 즉, 프론트 오피스 기능은 최고차위 의사결정중심지인 대도시에 집중되어 있지만, 백오피스 기능의 입지는 비교적 자유로우며 상당히 분산된 패턴을 보이고 있다. 고객을 상대로 하는 프론트 오피스 기능의 경우 변화하는 현실에 능동적으로 반응하여야 하므로 정보순환이 용이하고 쉽게 거래망을 형성할 수 있는 의사결정 중심지에 입지하는 것을 선호하지만, 금융거래에서 발생하는 대량의 정보를 처리하는 백오피스 기능은 지가가 낮고 노동력이 풍부하여 임금이 저렴한 지역을 선호하기 때문에 프론트 오피스 기능의 입지와는 매우 다르다. 따라서 국제금융센터의 경우 은행의 고차위 의사결정기능들은 거대도시에 입지시키고, 영업망은 인구규모를 반영하여 고객들과의 접근성이 양호한 입지를 선정하고 있으며, 자료 처리 등의 백오피스 기능은 풍부한 인적자원이 있는 도시외곽이나 인건비가 저렴한 해외로 분산하는 노동의 공간적 분업화를 이루고 있다.

(2) 역외금융기지

금융의 세계화가 진전되면서 역외금융기지 또는 역외금융센터(offshore financial center)가 활발하게 조성되고 있다. 여기서 '역외(offshore)'란 의미는 해외라는 의미로, 특정 화폐나 대용 화폐가 해당국가의 법률과 규제를 받지 않는 지역이라는 의미에서 역외라고 지칭한다. 이렇게 역외금융기지가 조성되는 것은 신용화폐(credit money)의 등장으로 인한 것이라고 볼 수 있다. 신용화폐란 인위적으로 가치가 창출된 가상자본으로, 아직 존재하지 않은 생산 활동을 담보로 미래 이용을 위해 적은 실물화폐를 기초로 만들어진 것이다. 따라서 가상화폐는 신뢰성을 기반으로 하고 있으며, 신속한 정보거래를 토대로 이루어지기 때문에 전자정보기술을 통한 금융 거래망은 매우 중요하다. 세계적으로 가상화폐는 1960년대와 1970년대 형성되었으나, 1980년대 유로시장이 확대되면서 본격적인 거래가 이루어졌으며, 역외금융기지까지 탄생시켰다.

역외금융기지는 국제 금융거래망 구축의 필요성에 의해 시작되었으나, 세계 주요 금융중심지 주변지역들이 경제개발을 위한 수단으로 역외금융기지 역할을 선택하였기 때문에 활발하게 조성되었다. 국제민간금융(IPB: International Private Banking) 활동은 각종 수수료에 기반을 두는 감세 서비스나 신용 서비스가 주요 업무이다. 역외금융기지가 다루는 자금이 합법적인 것인지 비합법적인 것인지 구별하기 매우 힘들며, 은행들이 개인 비밀보장을 전제로 하고 있기 때문에 역외금융기지는 비합법적 자금의 돈세탁 장소가 될 가능성을 안고 있다.

일반적으로 역외금융기지들의 대부분은 우편함과 직원 또는 신탁관리자 담당자만 두고 운영된다. 모든 업무는 전 세계적 온라인망에 의해 연결된 컴퓨터가 담당하며, 돈을 주고받는 모든 실질적 작업은 은행과 기업 간에 설치된 컴퓨터 통신망을 통해 이루어진다. 이러한 작업이 이루어지는 중심지는 미국, 일본, 영국, 프랑스, 독일과 같은 국가이며 이들은 컴퓨터 하드디스크에 저장된 내용을 간단하게 역외금융기지로 전송하고 있다.

현재 전 세계적으로 백여 개가 넘는 역외금융기지들이 있으며, 주로 카리브 해안에서 리히텐슈타인을 거쳐 싱가포르에 이르기까지 상당히 넓게 펼쳐져 있다(그림 4-7). 역외금융기지는 세계 금융중심지인 뉴욕, 도쿄, 런던의 주변부에 입지하여 세계 금융중심지와 동일한 업무 시간대를 유지하고 있다. 북미 및 뉴욕과 연결되는 역외금융기지로는 카리브해 연안의 바하마, 버뮤다, 케이만군도가 있다. 또한 런던을 중심으로 하는 유럽 및 아프리카 지역의 역외금융기지로는 스위스, 룩셈부르크, 몰타, 지브롤터, 키프로스, 모나코, 리히텐슈타인, 안도라 등이 있다. 특히 유럽과 아프리카 사이에 놓여있는 지브롤터 해협 일대는 최근 '세금 오아시스'라고 불리울 정도로 새로운 역외금융기지들이 조성되고 있다. 이밖에도 호주와 뉴질랜드를 중심으로 하여 남태평양 역외금융기지인 바누아투, 쿡제도, 나우루, 통가, 서사모아 등이 새로운 역외금융기지로 부상하고 있다. 아시아의 역외금융기지로는 홍콩, 타이베이, 마닐라 등이 서로 경쟁을 벌이고 있다. 바레인의 경우 유럽과 아시아 시간 대의 중간에 걸쳐있는 유일한 역외금융기지라는 입지적 여건을 활용하여 중동의 금융자본들의 유입이 매우 중요한 부분을 차지하고 있다.

역외금융기지들의 대다수는 경제성장 기반이 미약한 주변부 국가들로 섬이나 소규모 국가들이다. 역외금융기지는 소규모 국가나 지역의 경제성장을 위한 좋은 모델로 받아들여지고 있는데, 이는 금융 관련 서비스뿐만 아니라 각종 등록비 및 외국기업이 상주함으로써 얻어지는 고용효과, 국제외환거래에서 파생되는 부수적인 비용, 초국적기업이나 외국은행의 활동에 필요한 생활용품 공급, 관광수입 등을 부가적으로 얻을 수 있기 때문이다. 주로 비거주자로부터 자금을 조달하고, 비거주자를 대상으로 운영하기 때문에 경제규모가 작은 국가들이 해외 금융기관을 유치하기 위한 전략 하에서 조성된 금융센터들이다(예: 싱가포르, 홍콩, 룩셈부르크 등). 더 나아가 기장역외금융센터(booking offshore financial center)도 있다. 이는 금융규제 회피, 거래비밀 보장 등의 목적으로 단순히 거래내역의 기장처리(booking)만을 하는 금융센터이다(예: 카리브해지역의 금융센터). 이들의 경우 금융서비스의 기본 여건은 미흡하지만 자금에 대한 세금 회피 및 비밀 금융거래를 보장해준다는 특징 때문에 어느 정도의 해외 금융이 유입되어 금융센터로서의 기반을 가지고 있다. 미국 플로리다 마이애미에서 약 480마일 떨어져 있는 가장 대표적인 역외금융기지인 카리브해 연안의 영연방케이만군도는 여의도 면적의 4.5배(약 4백만 평)로 인구는 약 14,000여명이다. 케이만군도의 주요 산업은 관광산업과 역외금융산업으로, 케이만

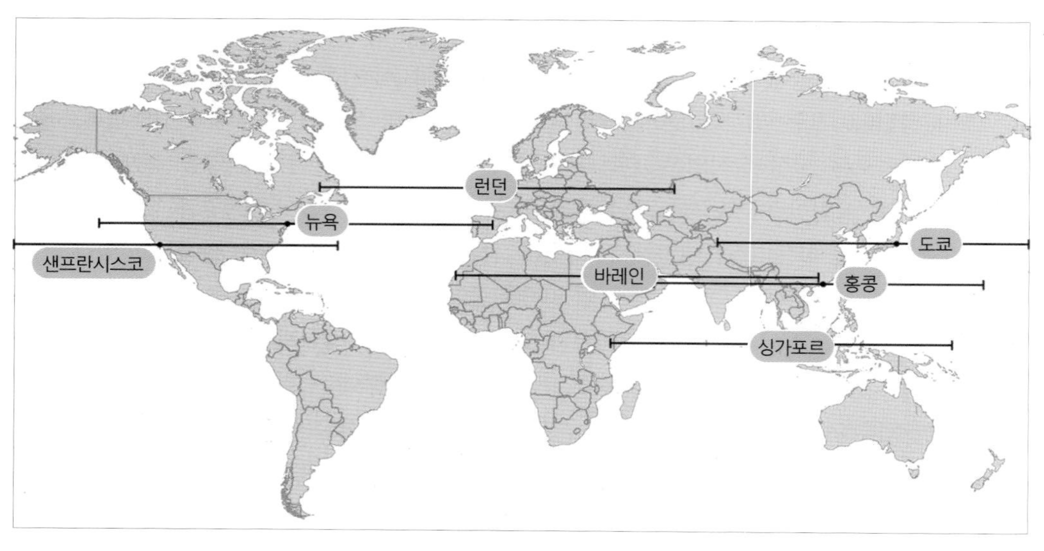

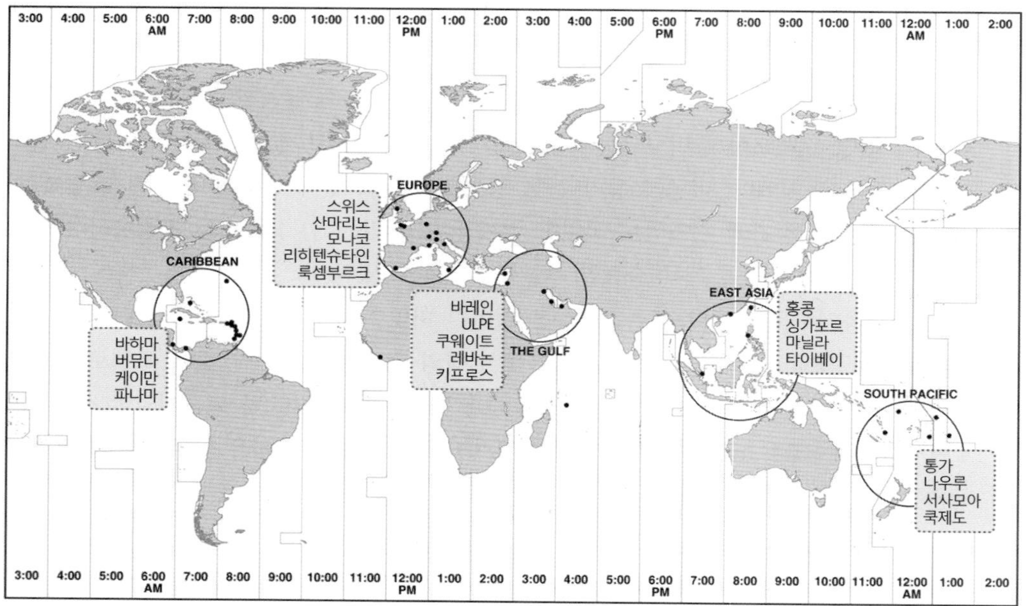

그림 4-7. 세계 금융중심지의 영업시간과 그 주변의 역외금융기지 분포
출처: Stutz, F. & Warf, B.(2012), p. 237.

군도는 카리브해 연안에서 1인당 GDP가 가장 높으며, 수도인 조지타운에는 약 540개의 금융기관, 약 24,000개가 넘는 등록기업, 그리고 350개 이상의 보험회사들이 입지해 있다. 그러나 약 60%의 은행과 기업은 회사 간판만 걸고 있는 이른바 '동판 영업(brass plate operation)'을 하고 있다. 즉, 케이만군도는 실제 금융 관련 영업활동을 하는 것이 아니라 서류상으로만 영업을 하고 있다. 최근 케이만군도는 다른 역외금융기지들과 경쟁하기 위해 정치적 안정성과 좋은 평판을 유지하기 위해 노력하고 있으며, 특히 케이만군도 정부는 음성자본 및 돈세탁 장소라는 이미지를 탈피하여 건전한 역외금융기지 이미지 창출을 위해 노력하고 있다.

2) 자본의 국제적 이동

정보통신기술의 발달과 금융의 자유화로 인해 자본이 매우 활발하게 이동하고 있는 가운데 자본이동자유화규약(Code of Liberalization of Capital Movements)과 국제투자 및 초국적기업에 관한 선언(Declaration on International Investment and Multilateral Enterprises)으로 자본이동은 더욱 활발해지고 있다. 그러나 하루에도 수천억 달러에 이르는 자본이 전 세계로 이동되면서 자본의 유출·입에 따른 자본의 변동성(volatility)이 점점 더 커지면서 여러 국가들의 금융·재정환경에 상당한 영향을 미치고 있다. 자본은 화폐, 상품, 기계 등 매우 다양한 형태를 취할 수 있고 노동력보다 쉽고 빠르게 어느 곳으로나 이

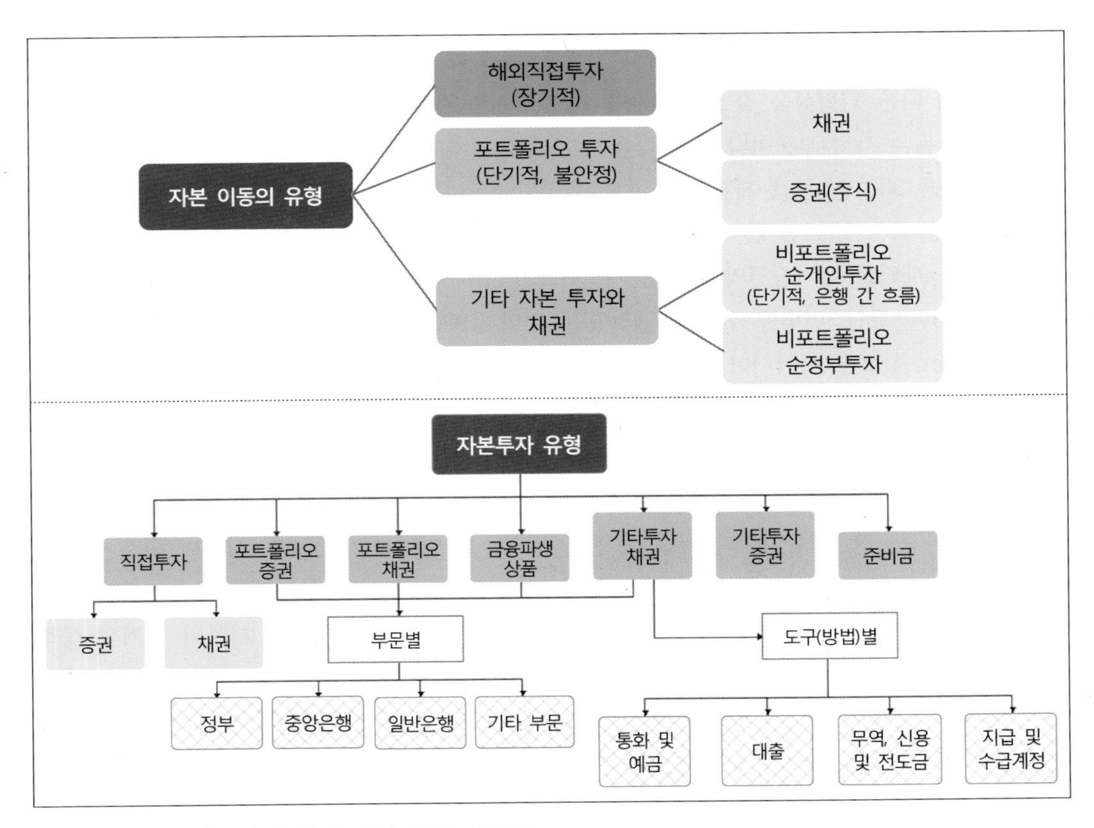

그림 4-8. 자본이동의 유형과 자본 투자 유형화
출처: Mukharaev, A.(2017), p. 12를 참조하여 편집.

동할 수 있기 때문에 이자율이 높거나 투자에 대한 기대 수익이 가장 많이 창출될 수 있는 장소를 향하여 자본은 이동한다. 일반적으로 자본이 풍부한 나라에서 부족한 나라로 자본이 이동되기도 하고 자본의 수익률이 낮은 나라에서 높은 나라로 이동하기도 한다. 그러나 최근 생산 활동과는 무관한 투기 목적의 금융자본이 투자 수익뿐만 아니라 환율 및 금리 차액을 얻기 위해서 전 세계적으로 이동하고 있다. 국제적 자본이동은 직접투자(direct investment), 포트폴리오 투자(portfolio investment), 기타 투자로 구분된다. 포트폴리오 투자란 증권투자를 말하며 채권투자와 주식투자를 모두 포함하며, 기타 투자는 주로 은행에 의한 해외 차입(혹은 대부)을 말한다(그림 4-8). 이러한 자본이동 유형 가운데 기업이 주도하여 이루어지는 해외직접투자의 경우 경영을 목적으로 하는 투자이며, 해당 기업의 주식 지분을 일정 비율 이상 소유할 때 경영권 행사가 가능하다. 해외직접투자는 자본과 인력뿐만 아니라 무형의 경영관리 경험과 지식, 노하우, 기술 등의 생산요소를 해외에 이전시키며, 보다 장기적인 투자라고 볼 수 있다. 반면에 단기적 투자의 가장 전형적 유형인 포트폴리오 투자는 기업이 경영에 직접 참여하지 않고 배당 수익이나 이자 수익, 시세 차익 등을 기대하고 투자하는 것이다. 특히 국내보다 해외의 투자 수익률이 더 높을 경우 해외에 투자한다. 투자자 입장에서 볼 때 여러 국가에 분산하여 투자하면 자본투자에 따른 위험성을 줄일 뿐만 아니라 더 높은 수익을 기대할 수 있다. 이러한 유형의 자본이동은 사적 부문이나 공공 부문 모두에서 이루어지고 있다(그림 4-8).

지난 30여년 동안 자본이동 규모는 엄청나게 증가하였다. 1991년 5,360억 달러이던 자본이동액은 1995년에는 1조 2,580억 달러로 늘어났다. 이러한 자본이동액 가운데 직접투자를 제외한 유가증권의 유동성 자산규모는 상대적으로 더 크게 증가하였다. 즉, 1986~1990년 동안 연평균 262억 달러였던 것이 1996년에는 2,500억 달러를 상회하였다(Brittan, 1997). 동아시아 금융위기 직전인 1998년 세계 주요 외환시장에서 1일 동안 거래된 외환규모는 1조 달러에 이르렀으며 국제 자본거래량도 1조 5,000억 달러에 육박했던 것으로 집계되었다.

국제적으로 이동되는 자본은 주로 산업 현장에 직·간접적으로 투자되는 자금이거나 국가·금융기관 간, 금융기관과 기업 간 돈을 빌려주고 빌리는 자금이다. 자본이 희소한 국가의 경우 해외로 부터의 자본 유입을 통해 자본 부족을 완화시키고 자본 투자 및 자본 이용의 효율성을 높여 경제를 성장시키고 있다. 그러나 만일 유입되는 자본이 투기적 성격을 지닌 유동성 자금 투자일 경우 당사국의 외환위기 및 금융위기를 초래할 수도 있다. 1994년 12월에 발생된 멕시코 외환위기와 1997년 동아시아 금융위기는 투기성 외국 자본이 일시적으로 한꺼번에 유출되었기 때문에 벌어진 금융위기였다.

1980년 이후 지난 약 30여년 동안 글로벌 차원에서의 이루어진 자본이동을 살펴보면 자본이동 총액뿐만 아니라 자본이동의 유형도 상당히 달라졌다. 1983년 글로벌 GDP에서 국제 자본이동이 차지하는 비중은 약 3%에 불과하였으나, 20년이 지난 2004년에 그 비중

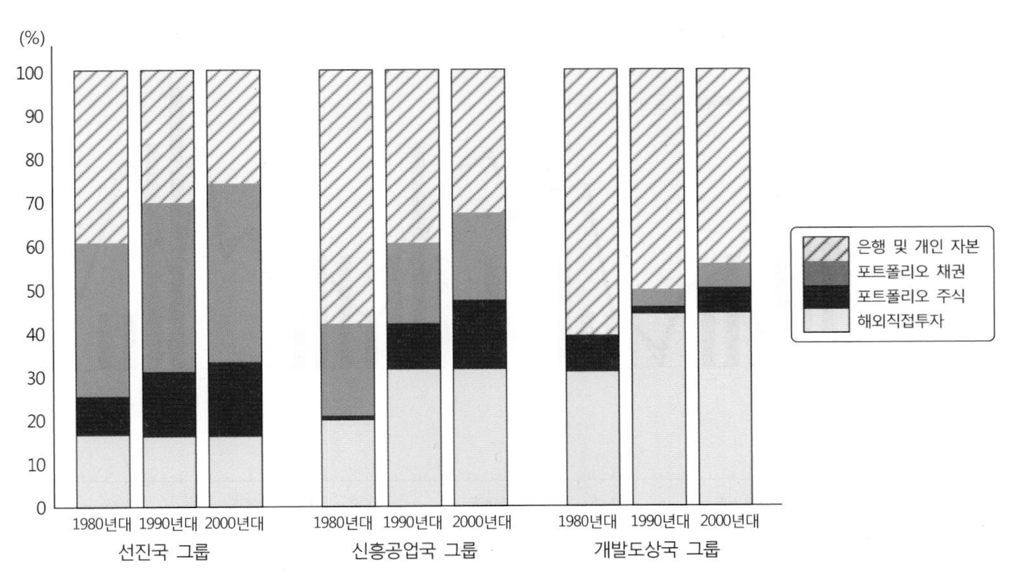

그림 4-9. 1980년대 이후 국가 그룹별 자본 흐름 유형의 상대적 중요도 변화
출처: Coe et al.(2014), p. 202; World Economic Outlook Database(www.imf.org) 참조.

이 14%를 차지할 정도로 자본이동량이 급증하였다. 또한 자본이동의 유형도 은행이나 개인자본의 이동은 급격하게 줄어든 반면에 포트폴리오 투자 유형의 자본이동이 상대적으로 크게 증가하였다. 특히 선진국에서 포트폴리오 채권 형태의 자본이동이 급격하게 증가하였는데, 이는 금융의 증권화가 진전되었기 때문이다. 신흥공업국들도 이와 유사한 경향을 보이고 있다. 은행의 중개역할을 통한 자본이동보다는 포트폴리오 채권과 주식을 통한 자본이동이 훨씬 더 빠르게 성장하고 있다(그림 4-9). 그러나 기타 개발도상국들의 경우 아직까지 해외직접투자 형태의 자본이동이 가장 큰 비중을 차지하고 있다. 이와 같이 금융의 세계화가 진전되면서 자본이동은 점차 증권화된 자본의 비중이 늘어나고 있으며, 자본이동 총액 규모도 상당히 증가하고 있다.

한편 지난 40년 동안 신흥공업국으로의 순 자본유입을 보면 주기적 순환 패턴을 보이면서 순 자본유입이 이루어져 왔다(그림 4-10). 이러한 자본 유입에 힘입어 신흥공업국들의 경제도 괄목할 만한 성장을 나타내었다. 1980년 신흥공업국이 세계 GDP에서 차지하는 비율은 약 21%였으나, 2015년에는 36%로 증가하였다. 또한 신흥공업국이 세계 무역에서 차지하는 비중도 1980년 약 27%에서 2015년에는 약 44%를 차지할 정도로 신흥공업국이 차지하는 비중은 상당히 높아지고 있다. 그러나 2008년 글로벌 금융위기 이후 신흥공업국으로의 순 자본유입은 줄어들고 있으며, 특히 2013년 이후 신흥공업국으로의 순 자본유입은 (-)로 나타날 정도로 자본유입이 크게 줄고 있다. 이는 신흥공업국의 경제 침체로 인해 유입된 해외자금에 대한 부채 위험성이 높아지고 있기 때문으로 풀이할 수 있다.

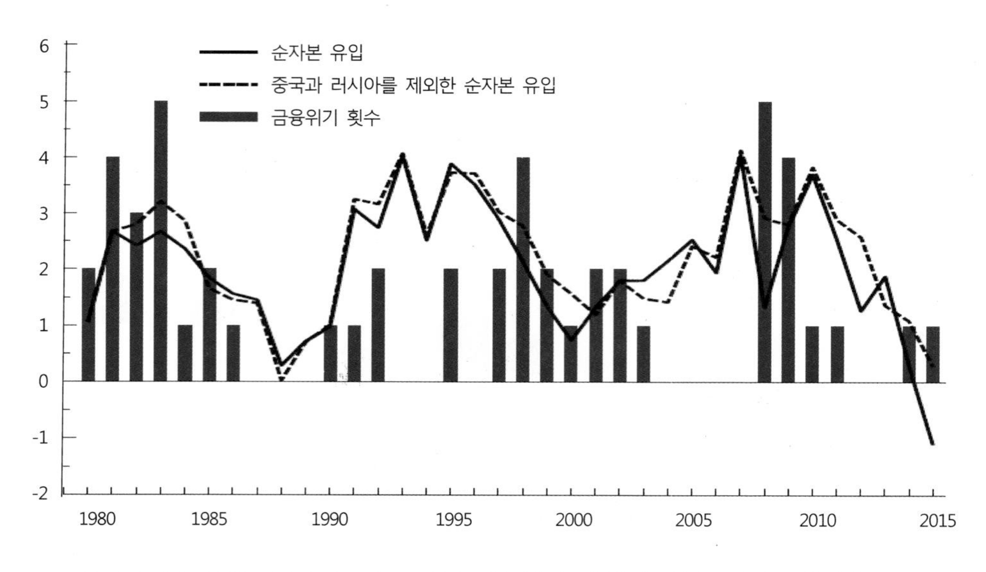

그림 4-10. 신흥공업국으로의 순 자본유입과 부채위기 회수, 1980-2015년

㈜: IMF에서 분류한 45개 신흥공업국(emerging market economies)을 대상으로 함.
출처: IMF(2016), Figure 2-1.

선진국과 신흥공업국으로의 자본이동이 GDP에서 차지하는 비중의 변화를 시기별로 비교해보면 그림 4-11과 같다. 글로벌 금융위기를 겪고 난 이후 수년 동안 FDI 부채(여기서 부채라고 부르는 것은 타인 자본이기 때문임)는 신흥공업국으로의 자본 유입 총액의 약 절반을 차지하고 있으며, 그 나머지는 포트폴리오 투자와 기타 투자 유형으로 나타나고 있다. 특히 신흥공업국의 채권 시장이 성장하면서 포트폴리오 투자 유형의 자본 유입이 글로벌 금융위기 이전에 비해 두 배 정도 증가하였다. 전반적으로 신흥공업국으로의 자본유입 총액이 GDP에서 차지하는 비중은 약 4%를 상회하고 있다.

반면 선진국으로의 자본유입의 유형별 구성비를 보면 1990년대 말, 2008년 글로벌 금융위기, 그리고 2014~2015년 동안 상당한 변이를 보이고 있다. 특히 선진국으로의 자본이동 유형은 2008년 글로벌 금융위기 이후 상당히 변화되었다. 금융위기 직전까지 기타 투자유형의 자본 유입이 가장 큰 비중을 차지하였지만, 최근 포트폴리오 투자와 FDI 유형이 거의 대부분을 차지하고 있다. 이렇게 기타 투자의 감소는 자국 시장에서의 은행 역할과 가능의 축소 때문이라고도 볼 수 있다. 포트폴리오 유형의 자본 유입은 글로벌 금융위기 이전보다는 약간 낮은 수준이지만 서서히 회복되고 있으며, FDI 유형의 자본 유입은 비교적 안정적으로 지속되고 있다. 그러나 이러한 자본유입 총액이 GDP에서 차지하는 비중은 1990년대 말 약 10%를 상회하였으나, 2015년에는 약 7.5%로 상당히 낮아졌다.

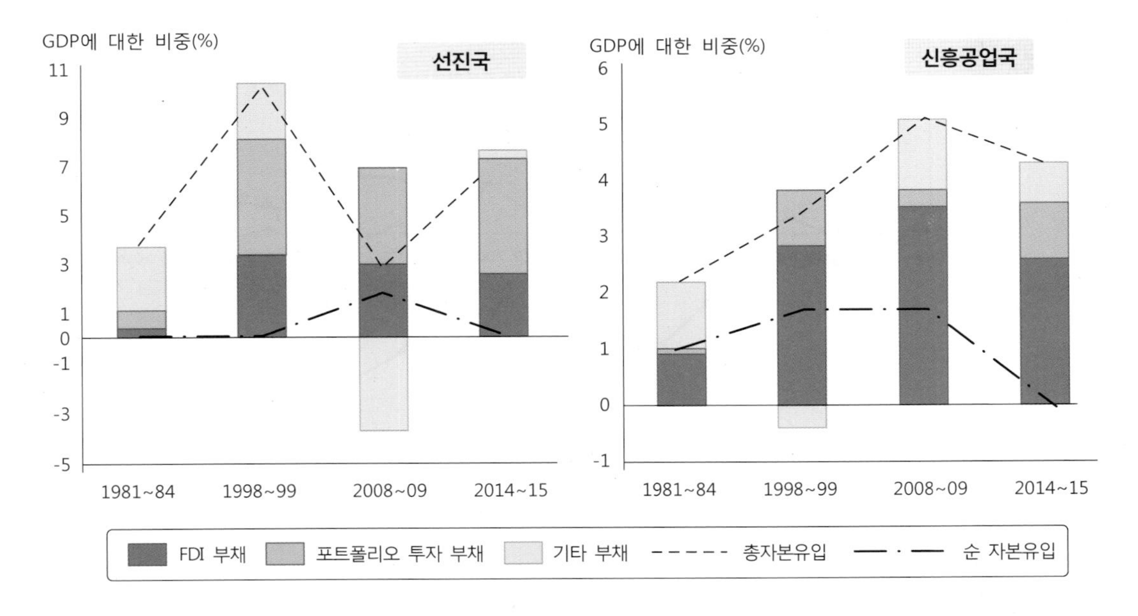

그림 4-11. 자본유입 유형이 GDP에서 차지하는 비율의 시기별 변화 비교
㈜: 선진국에는 24개 국가, 신흥공업국에는 43개 국가(중국이 제외됨)가 포함됨.
출처: European Central Bank(2016), p. 10.

한편 자본유입의 유형별 자금 변동성(volatility)을 시기별로 비교해보면 선진국의 경우 1998~1999년 기간에는 자본의 변동성이 0.90로 나타났다. 그러나 2008~2009년 기간에는 총 자본유입의 변동성은 3.42로 상당히 높아졌다가 2014~2015년 기간의 변동성은 0.88로 다시 낮아지고 있다. 반면에 신흥공업국의 경우 같은 기간 동안의 자본 변동성을 보면 0.69 → 1.29 → 0.52로 선진국에 비해 자본의 변동성은 상대적으로 낮게 나타나고 있다 (Euro Central Bank, 2016).

한편 전 세계적으로 심각한 금융위기를 겪었던 1997년 이후부터 현재까지 선진국과 신흥공업국으로의 순 자본이동의 유형과 그에 따른 금융계정수지와 비축자금(준비금)의 변화를 비교해보면 그림 4-12와 같다. 이 그림을 통해 글로벌 경제에서 선진국과 신흥공업국 간에 자본이동이 서로 얼마나 밀접하게 연계되어 있는가를 잘 알 수 있다. 2008년 글로벌 금융위기 직전까지 선진국으로부터 포트폴리오 투자 형태의 자본유출이 상당히 크게 나타났지만, 2012년 이후 다시 자국 내로의 포트폴리오 투자가 증가되어 전체적으로 포트폴리오 투자는 순 유입으로 나타나고 있다. 또한 금융파생상품들에 대한 투자도 2008년 금융위기 전까지 상당히 활발하게 이루어졌으나, 그 이후 금융파생상품 투자는 급격히 감소하고 있다. 그러나 선진국의 경우 FDI 유형의 자본 흐름은 여전히 순 유입으로 나타나고 있다.

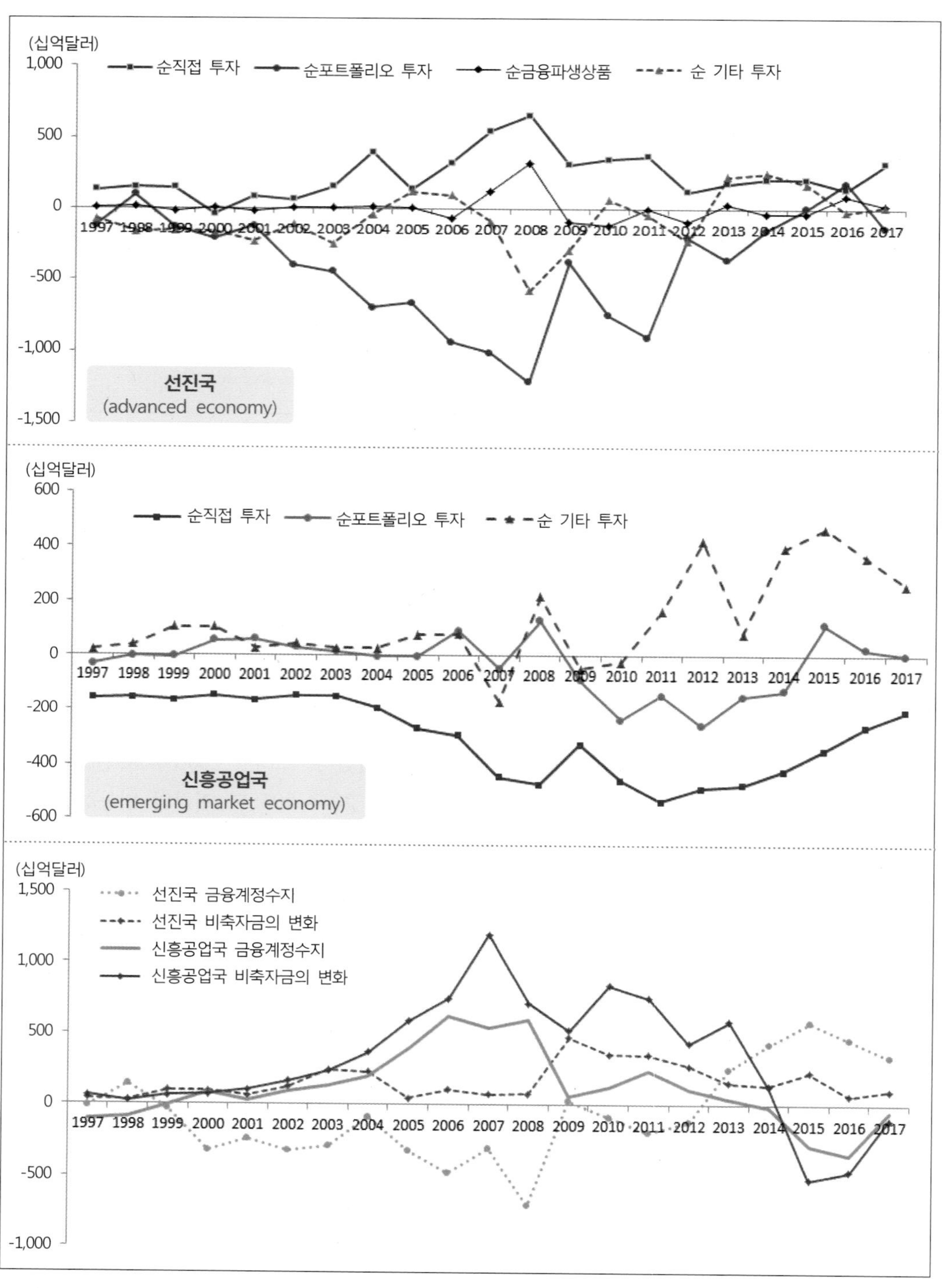

그림 4-12. 선진국과 신흥공업국으로의 순자본이동 유형의 변화 비교, 1997-2017년
출처: www.imf.org의 World Economic Outlook Database에서 추출하였음.

반면에 신흥공업국의 경우 선진국과는 달리 FDI 유형의 자본이동은 지속적으로 (-)로 나타나고 있어 외국인직접투자의 자본 유출이 상당히 이루어지고 있음을 말해준다. 또한 2008년 글로벌 금융위기 이후 신흥공업국으로의 기타 투자 유형의 자본 유입은 크게 늘어나고 있으나 포트폴리오 투자 유형의 자본 유입은 상대적으로 적게 나타나고 있다.

이와 같은 국제 간 자본이동과 경제성장의 차이로 인해 선진국과 신흥공업국의 금융계정수지와 준비금(비축자금)의 변화는 매우 대조를 이루고 있다. 2008년 글로벌 금융위기 전까지 신흥공업국의 경우 준비금이 지속적으로 증가하는 추세를 보이면서 2007~2008년 약 1.2조 달러의 준비금이 비축되었다. 그러나 이 비축자금은 글로벌 금융위기 이후 감소 추세를 보이면서 2014년 이후 약 5,000억 달러의 부채를 보이고 있다. 그 결과 금융계정수지도 악화되어 2016년에는 약 3,500억 달러의 적자 수지를 나타내었다. 반면 선진국의 경우 글로벌 금융위기를 겪은 이후 다시 안정을 찾아가고 있다. 그 결과 2013년 이후 금융계정은 흑자를 보이고 있으며, 비축자금도 상당히 증가하고 있다(그림 4-12).

한편 전 세계적으로 2005년 이후 자본이동의 변동성(volatility of capital flow)이 훨씬 더 증가한 것으로 나타나고 있는데, 이는 실물경제(GDP)에 비해 국제 금융거래 규모가 더 빠르게 증가하였기 때문이다. 특히 2008년 글로벌 금융위기와 그 이후 유럽국가들의 재정위기로 인해 자본이동의 변동성은 더욱 높아지고 있다. 포트폴리오 투자(주로 증권투자)의 변동성이 가장 높고 기타 투자(주로 은행차입)의 변동성이 그 다음으로 높으며, 해외직접투자의 변동성이 가장 낮게 나타나고 있다. 선진국의 경우 2008년 글로벌 금융위기 이후 자본이동의 변동 폭은 줄어드는 경향을 보이지만, 신흥공업국의 경우 자본이동의 변동성은 여전히 높게 나타나고 있다. 자본유출·입이 불안정하여 나타나는 자본이동의 변동성은 여러 측면에서 경제적 비용을 수반할 수 있다. 자본이동의 변동성이 높으면 자본 유입에 따른 자산가격의 등락이 발생하며 환율 변동성도 높아지게 되어 경제 전반의 안정성을 저해한다. 특히 자본 변동성이 높으면 실물투자도 위축되고, 외국인 자본이 단기간에 대규모로 유출될 경우 외환보유고 고갈로 외환위기가 발생할 수도 있다.

우리나라의 자본유출·입의 변화를 보면 1995~1997년 11월 이전까지의 자본의 유입기에는 해외로부터 781억 달러가 유입되었다. 그러나 1997년말 금융위기를 겪으면서 불과 5개월 동안 약 214억 달러가 유출되었다. IMF 금융위기를 겪고 난 이후 대대적인 금융구조 개혁과 금융 자유화가 이루어지면서 다시 해외로부터의 자금 유입이 이루어지고 있다. 이러한 추세는 2008년 글로벌 금융위기 직전까지 지속되어 10년 5개월 동안 약 2,200억 달러가 유입되었다. 그러나 2008년 글로벌 금융위기로 인해 4개월 동안 다시 695억 달러의 자본이 유출되었다. 2009년에 다시 자금 유입이 이루어지면서 2010년 4월까지 불과 1년 4개월 동안 816억 달러의 자금이 유입되었다(그림 4-13).

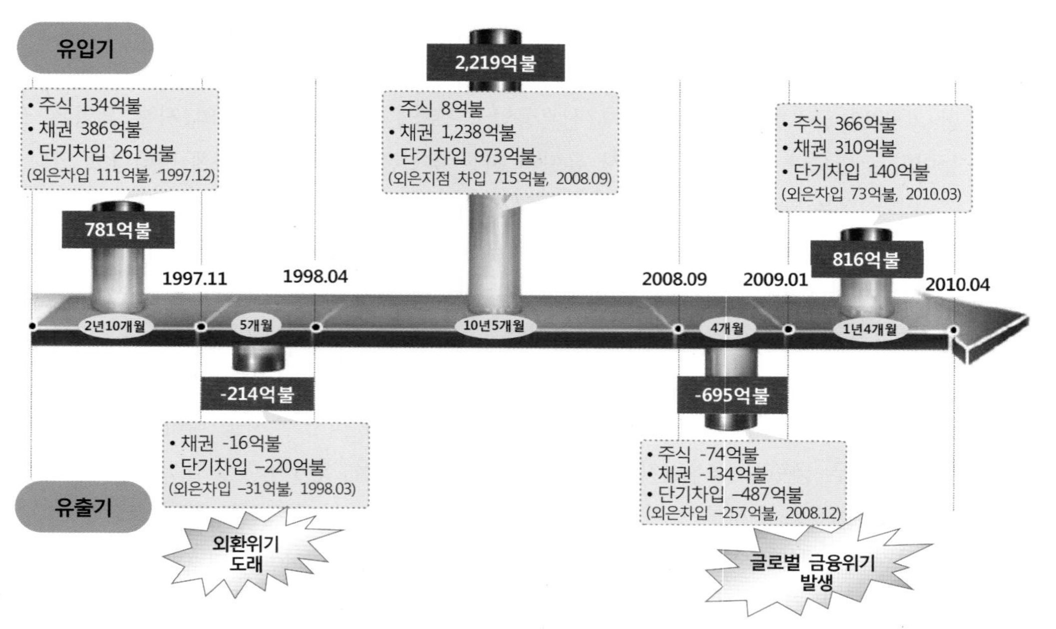

그림 4-13. 우리나라로의 자본 유출·입액의 시계열적 변이
출처: 하혁진(2013), p. 11.

우리나라의 경우 자본이동의 변동성이 상대적으로 큰 편이다. 해외직접투자와 포트폴리오 증권투자의 변동성은 다소 낮은 편이지만, 기타 투자(주로 은행 차입)의 변동성은 높은 수준이다. 이는 우리나라의 경우 경기 상승기에 외국은행으로부터의 차입이 증가했다가 경기 침체 및 금융 불안정성이 높아지면 대규모 상환요구를 하기 때문으로 풀이할 수 있다. 이와 같은 기타 투자의 변동성은 우리나라 자본 흐름을 불안하게 하는 주요 요인이라고 볼 수 있다. 우리나라의 자본 변동성은 2008년 이후에도 다른 국가에 비해 증가하는 특징을 보이는데, 이는 우리나라가 금융위기에 취약함을 말해준다. 2008년 이후 우리나라의 자본 변동성은 선진국의 2배 이상으로 나타나고 있다(대외경제정책연구원, 2011). 금융개방도와 무역의존도가 높을수록 자본흐름의 변동성이 높아진다. 특히 우리나라는 외국인 자본유출입 쏠림현상이 다른 나라에 비해 심하기 때문에 환율과 주가 등 금융자산가격의 변동성도 높을 뿐만 아니라, 경제 전반의 불안정성을 가져오고 있다. 외국인 자본의 급격한 유출로 인해 1997년에 외환위기를 경험하였으며, 2008년에도 외환보유고가 급격히 감소하는 상황에 직면하였다.

제 5 장

국가의 역할 및 기능 변화

1. 국민국가의 개념과 국민국가의 성장
2. 국가경제에서 국민국가의 개입과 역할
3. 국민국가의 진화와 특성 변화
4. 국민국가의 스케일 재조정

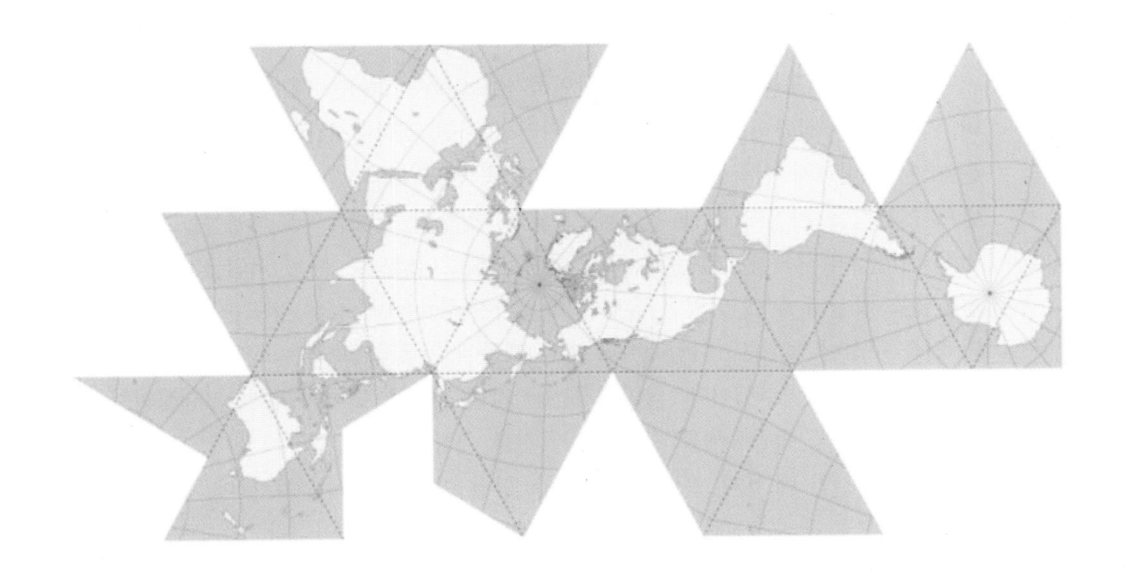

1 국민국가의 개념과 국민국가의 성장

1) 국가, 국민, 국민국가의 개념적 정의

국가(國家: state)라는 용어를 사용하는 경우 일반적으로 주어진 영토(지리적 영역, territory)에서 그 영토에 대한 주권(sovereign) 및 대내외적으로 자주권을 행사하는 경우를 말한다. 즉, 국가란 명확하게 경계가 획정된 일정한 영토를 갖고 있으며, 단일한 통치 하에서 살고 있는 사람들로 이루어진 정치적 실체로, 일반적으로 영토, 인구, 주권이 국가 구성의 3요소라고 볼 수 있다. 국가는 하나의 정치적 단위이기 때문에 국민이 해당 국가의 통치를 받지 못하는 경우 국가라고 부르지 않는다. 마찬가지로 주권을 행사하는 영토를 갖고 있지 못하거나 그에 상응하는 국민이 존재하지 않을 경우도 국가라고 칭할 수 없다.

한편 국민(國民: nation)은 국가를 구성하는 인적 요소로 국가의 통치권(주권)에 따라야 할 의무를 가진 개개인의 전체 집합을 말한다. 국민이란 국가 질서를 전제로 한 법적 개념으로, 혈연을 기초로 한 문화적 개념인 민족과 구별된다. 일반적으로 민족(民族: ethnic group)은 인종, 문화, 언어, 역사, 종교 또는 유전적 측면에서 공유하는 정체성을 갖는 집단을 말한다. 즉, 민족은 혈연을 토대로 공동의 역사 인식을 가지고 있으며, 언어를 통해 문화를 공유하는 인종·언어·문화적 동질성을 가지는 것을 전제로 하며, 세계에는 약 3,000여개의 민족이 있다.

국가와 국민(또는 민족)을 합친 국민국가(nation state)는 때로는 민족국가라고 불려지며, 두 용어는 상당히 혼용되고 있다. 따라서 어떤 맥락에서 국민국가라고 지칭하는지 또는 어떤 의미에서 민족국가라고 지칭하는가를 먼저 파악하는 것이 필요하다. 국민국가는 반드시 사람들 사이에 강한 언어적, 종교적, 상징적 일체감 및 정체성을 공유하고 있는 민족국가를 의미하지는 않는다. 또한 국민주권을 이념으로 하는 국민국가는 국가 권력의 정통성을 왕실에 두고 있었던 유럽의 왕조국가(dynasty state)와도 다르다. 최근 국민들의 민족 구성이 점점 더 다양해지고 있기 때문에 민족국가보다는 국민국가라는 용어를 좀 더 많이 사용하는 추세이다. 국민국가는 국가를 기반으로 하여 민족을 재정의하는 데 비해 민족국가는 민족공동체를 기반으로 국가를 재정의한다고 볼 수 있다. 대한민국은 순수하게 민족국가인 데 비해 프랑스는 프랑스 혁명 이후 프랑스 영토 내에 있는 사람들을 프랑스 민족으로 삼았기 때문에 엄밀하게 말하면 민족국가가 아니다. 즉, 프랑스 혁명 이후 탄생된 프랑스는 프랑스 국민이라는 민족을 재정의하여 국민국가를 형성하였다. 따라서 민족국가라고 지칭하는 경우 영토를 기반으로 하는 것은 적합하지 않으며, 문화적으로 동질성을 갖는 경우 민족국가라는 용어가 더 적합하다. 우리나라의 경우 대한민국과 조선민주주의인민공화국이 별개의 주권을 갖고 있지만 같은 민족이며, 더 나아가 다른 주권 하에 있는 재일·재중·재미 동포들도 역시 한민족이라고 인지하고 있다.

2018년 세계는 195개 국가가 존재하는 것으로 알려져 있지만, 유엔에서는 바티칸과 팔레스타인을 제외한 193개 국가로만 보고 있다. 그러나 주권을 갖지 못한 나라들까지 합치면 지구상에는 237개국(산마리노, 바티칸, 모나코를 나라로 인정하고, 러시아 내부에 있는 많은 공화국들을 나라로 인정하는 경우임)이 있다. 세계은행(World Bank)의 통계 자료는 229개 국가에 대한 자료다. 이와 같이 '국가'라는 정의에 비추어 보는 경우와 '나라'라고 일컫는 경우는 다르다. 또한 193개 유엔 회원국 가운데 한 민족이 전체 인구의 절대다수를 차지하는 단일 민족국가(개별 민족이 차지하는 비율이 90%를 넘는 경우)는 약 20개국에 불과하다. 가장 대표적인 단일 민족국가는 이집트이며(이집트인이 이집트 전체 인구의 99%를 차지함), 한국과 일본도 대표적인 단일 민족국가이다. 반면에 중국과 미국은 여러 민족으로 구성된 다민족국가이다. 특히 다국민국가는 한 국가 내에 언어, 문화, 풍습, 역사 등 정체성이 다른 민족들이 정치적 단일체를 형성하고 있기 때문에 민족·인종·종교·문화적 갈등을 일으키는 사례들이 많다(예: 르완다, 체첸, 보스니아 등).

2) 국민국가의 성장

베스트팔렌 조약(웨스트팔리아 조약이라고도 불리움)은 국가 주권에 기반을 둔 새로운 질서를 세운 조약으로, 종교전쟁에 종지부를 찍고 근대 국가체제의 초석을 마련하였다. 이는 신성로마제국에서 일어난 30년 전쟁(1618~48년)과 에스파냐와 네덜란드 공화국 간의 80년 전쟁을 끝내면서 에스파냐, 프랑스, 스웨덴, 네덜란드의 신성로마제국 황제 페르디난트 3세와 각 동맹국 제후들과 신성로마제국 내 자유도시들이 참여하여 이 조약을 맺게 되었다. 1648년 베스트팔렌 조약을 통해 국가 간 관계에서 국가의 권리와 의무를 규정하는 국제법의 핵심 규칙들이 제정되었고, 종교의 자유와 함께 개신교 국가들이 가톨릭교의 탄압에서 벗어나게 되었다.

그러나 영국, 프랑스, 네덜란드, 스페인을 비롯한 유럽 국가들이 아시아와 아프리카 여러 지역들을 식민지화하면서 1900년대 중반까지 유럽 국가들은 국가 세력을 세계적으로 펼치면서 전성기를 맞이하였다. 그러나 제2차 세계대전 이후 아시아와 아프리카의 식민지 국가들이 독립하면서 탈식민지화가 이루어졌다. 1947년 인도와 파키스탄의 독립을 시작으로 약 20여년에 걸쳐 아시아와 아프리카의 식민지들 대부분이 독립하여 주권국가를 형성하면서 유엔의 회원국이 되었다. 이에 따라 국가 수는 50여개 국가에서 160여개 국가로 크게 증가하였다. 이렇게 유럽 제국의 식민지로부터 독립된 아시아와 아프리카 국가들을 제3세계 국가라고 불리어지고 있다. 제2차 세계대전 이후 미소 냉전 상황에서 세계는 미국과 서부유럽을 중심으로 한 서방의 민주주의 국가를 제1세계, 소련과 공산권을 중심으로 한 동방의 공산주의 국가를 제2세계, 그리고 어디에도 포함되지 않는 비동맹국가를 제3세계라고 부르게 되었다. 제3세계는 100여개국과 30억 가까운 인구를 가지고 국제정치 무대에서 강력한 발언권을 행사하고 있다. 유엔 회원국의 약 3/4분을 차지하고 있는 제3세계 국가들의 공통점은 정치적 독립은 이루어졌지만, 아직 경제 성장이 부진하여 경제발전을 추구하고 있다는 점이다.

한편 1986년 4월 체르노빌 원자력 발전소 사고를 계기로 하여 소비에트 연방은 정치적, 사회적으로 많은 문제들이 야기되면서 1988년말 리투아니아, 에스토니아, 라트비아의 발트 3국은 자치를 선언했고, 벨라루스, 카자흐스탄, 투르크메니스탄과 같은 소비에트연방 내의 다른 공화국들도 자치를 요구하게 되었다. 소비에트 사회주의 공화국 연방은 공식적으로 1991년 12월 26일에 해체를 선언했으며 소련으로부터 독립한 15개 신생 공화국이 새로이 국민국가로 등장하였다(그림 5-1). 정치적으로 독립한 15개 국가들의 경우 우크라이나, 몰도바, 키르기스스탄, 발트 3국, 조지아, 아르메니아는 부분적으로는 민주주의 체제인 반면에, 아제르바이잔, 투르크메니스탄, 타지키스탄, 카자흐스탄, 우즈베키스탄, 벨라루스, 러시아는 권위주의적 국가로 되어가는 양상을 보인다. 소비에트 사회주의 공화국 연방의 붕괴로 공산 진영 자체가 무너지며 사실상 제1세계와 제2세계 구도의 냉전이 종료되었다고 볼 수 있다. 이렇게 제2세계가 무너지면서 제1세계와 제3세계 관계의 불균형이 지속되고 있으며, 특히 아프리카 국가들이 정치적으로는 독립을 이루었으나 독립 이후에도 신식민지주의가 지속되고 있다는 주장도 제기되었다. 한편, 독립을 이룬 아시아와 아프리카의 여러 나라들은 인종, 종교, 자원, 이념 등의 이유로 내전에 휘말리고 있다. 특히 냉전 기간 동안 베트남 전쟁, 아프가니스탄 전쟁과 같은 전쟁들이 발발되었다.

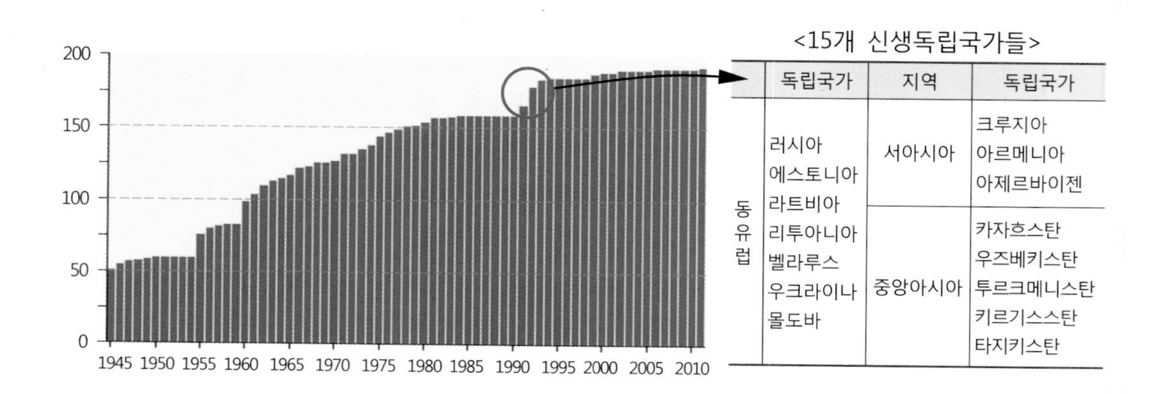

<15개 신생독립국가들>

	독립국가	지역	독립국가
동유럽	러시아 에스토니아 라트비아 리투아니아 벨라루스 우크라이나 몰도바	서아시아	크루지아 아르메니아 아제르바이젠
		중앙아시아	카자흐스탄 우즈베키스탄 투르크메니스탄 키르기스스탄 타지키스탄

그림 5-1. 국민국가로 인정받은 유엔 회원국의 성장추이
출처: Dicken, P.(2015), p. 176.

2 국가경제에서 국민국가의 개입과 역할

1) 국가경제에서 국민국가 개입의 당위성

자본주의 체제에서 국가의 시장 개입은 필연적일 수밖에 없다는 관점이 지배적이다. 물론 어떤 방식으로 국가가 개입하는가는 상당히 다를 수 있지만 국가가 국가경제에 개입하여 수행하여야 하는 역할과 기능에 대해서는 당위적인 것으로 간주되고 있다. 지난 수십 년 동안 국가가 경제에 개입하는 정도는 달라졌지만, 자본주의 발전 과정에서 경제활동을 원활하게 하기 위한 제도들을 만들고 유지시키는 데 있어서 국가의 역할은 필수적이었다.

Polany(1944)는 그의 저서 「거대한 전환」에서 자본주의 체제 자체가 내재하고 있는 불안정 요인들을 밝히면서, 자본주의 시장경제가 자유방임주의 주창자들의 견해와 같이 잘 작동되지 않는다는 점을 강조하였다. 그는 인간과 자연환경의 운명이 순전히 시장 메커니즘에 좌우된다면 결국 사회는 완전히 폐허가 될 것이라고 전망하였다. 폴라니는 시장이 자기조정능력(self-regulation)이 없다는 점을 여러 사례들을 통해 제시하였다. 구빈법의 철폐, 금본위제의 시행, 곡물법 철폐 등이 시장경제의 가치를 실현하려 했던 조치들이었다. 더 나아가 그는 공황과 세계대전과 같은 엄청난 사건들이 시장경제가 만들어 낸 문제들을 해결하기 위한 기제로 일어났다고도 주장하였다. 그는 왜 시장경제는 존재할 수 없는 것인가에 대한 자신의 견해를 다음과 같이 피력하고 있다. 자기조정능력을 가진 시장경제가 제대로 작동하려면 인간(노동)과 자연(토지)이 모두 상품으로 전환될 경우에만 가능하지만, 이는 원천적으로 불가능한데, 이는 토지, 노동, 화폐는 시장에서 판매 목적을 위해 만들어진 허구상품(fictitious commodity)이기 때문이다.

근본적으로 노동은 인간의 육체적, 정신적 활동이며 따라서 인간은 상품처럼 다루어지거나 취급될 수 없다. 또한 토지는 상품이라기보다는 자연물이고 인간의 생존기반이며, 더 나아가 화폐는 필연적인 정부 정책의 결과물이다. 허구 상품은 그 속성상 결코 실제 상품과 같을 수 없으며, 허구 상품을 실제 상품처럼 취급하는 것은 도덕적·규범적으로도 타당하지 못하다. 그의 주장에 따르면 산업화시대의 핵심적 생산요소인 자본, 노동, 토지 등이 상품화되었기 때문에 자본주의 세계경제가 불안과 위기에 빠져들게 되었으며, 따라서 가상적(허구적) 상품에 대한 시장 메커니즘의 수요-공급 간 균형을 유지하기 위해 국가의 역할은 필수적이며, 국가는 다양한 수단과 프로그램을 도입하여 시장경제가 원활하게 작동되도록 개입하게 된다는 것이다.

Polany의 거대한 전환-우리 시대의 정치, 경제적 기원[1]

신고전경제학에서 인간은 경제인으로 간주하며, 수요와 공급의 상호조정을 통해 시장 메커니즘이 합리적으로 작동된다고 전제하고 있다. 폴라니는 경제인과 시장 메커니즘에 대한 개념을 반박하면서 「거대한 전환」이라는 책을 출간하게 되었다. 이 책의 초반부에는 산업화와 시장경제가 서구사회를 지배하게 되는 19세기 '거대한 전환'의 국제체제 등장을 설명하였다. 그는 왜 1914년까지 번성하였던 서구사회(유럽)가 갑자기 세계대전과 대공황, 경제위기를 겪게 되었는가?라는 질문에 대한 해답을 찾기 위하여 시장경제의 흥망 성쇠를 자세히 기술하였다. 폴라니는 「거대한 전환」을 통해 토지, 노동, 화폐를 상품으로 보는 것과 사회와 경제를 분리하는 사고의 오류를 밝히고자 노력하였다.

변화 속도와 이에 대한 사람들의 적응 속도의 비율이 그 변화의 최종 결과를 결정한다. 그런데 자기조정 시장이 존재한다는 것이 먼저 증명되지 않는 한, 시장경제의 여러 법칙이 작동하고 있을 것이라고 가정해서는 결코 안 된다(p. 172).

아리스토텔레스는 화폐에 대한 욕망은 한계도 경계도 없으므로 이익을 위한 생산이라는 원리는 "인간에게 자연적이지 못한 것"이라고 비난했다. 그러면서 그는 사실상 결정적인 논점을 겨냥했다. 즉, 사람이 돈을 얼마만큼 가져야 하는가의 한계는 그가 살고 있는 사회관계에 내재하는 것이다(p. 199).

자기조정 시장이라는 것은 사회를 제도적으로 정치 영역과 경제 영역으로 분리하도록 엄청난 것을 요구한다. ... 부족사회, 봉건사회, 또는 중상주의 사회에서도 정치와 경제 체제가 분리된 적은 없었다(p. 241).

시장경제는 노동, 토지, 화폐를 포함한 산업의 모든 요소를 포괄해야 한다. 하지만 노동이나 토지가 의미하는 바가 무엇인가? 그것들은 사회를 구성하는 인간 자체이며 또 사회가 그 안에 존재하는 자연환경인 것이다(p. 242). ... 노동, 토지, 화폐의 공급을 조직하는 방법은 단 하나, 즉 구매로 얻는 것뿐이다. 따라서 이 세 가지는 시장에서의 판매를 위해 조직되어야만 했으며, 곧 상품이 되어야만 했다(p. 247).

폴라니는 경제도 사회의 일부분으로서 바라보아야 한다고 주장하고 있다. 즉, 경제를 사회와의 관계 속에서 접근하고 이해해야 한다. 시장경제도 사회의 목적을 달성하기 위한 도구이며, 따라서 경제를 사회로부터 분리하려는 순간, 시장도 사회도 제대로 볼 수 없게 된다. 폴라니가 경제를 사회의 일부분으로 보아야 한다고 강조한 가장 큰 이유는 시장경제가 가져오는 황폐화와 그에 대한 반작용 때문이었다. 폴라니는 자기조정적인 시장 실패에 대한 유일한 해법으로 민주정치에 의한 사회주의를 제안하였다. 민주정치를 통해 시장으로부터 시민들을 보호할 수 있을 것이라는 낙관적인 입장을 가졌다.

「거대한 전환」을 축약한다면 경제와 사회의 자유이다. 「거대한 전환」의 출간 시점이 1944년 제2차 세계대전이 막바지였던 때였다. 전쟁 이후 당시 서구에도 신자유주의 사고가 퍼져있었기 때문에 폴라니의 주장은 주목받지 못했다. 그러나 최근 글로벌 시대가 도래하면서 세계경제를 거시적으로 분석한 폴라니의 견해가 상당히 통찰력 있는 설명이며 현실적인 대안이라는 점에서 조명받고 있다. 폴라니의 견해는 최근 개발도상국들이 직면하고 있는 문제들뿐만 아니라 2008년 미국에서 나타난 금융위기 등 세계경제의 위기에 대한 설득력있는 견해라는 평가를 받고 있다. 특히 폴라니의 이론이 1990년대 이후 신자유주의에 반대하는 사람들의 주장과도 상당 부분 일치하는 것도 이와 같은 이유에서다.

---

1) 홍기빈(역)(2009). 거대한 전환; 베리타스알파(2013). 필독서 따라잡기-거대한 전환; 문우진 서평 등을 참조하여 정리하였음.

물론 국가의 간섭과 개입은 시장경제를 움직여나가는 초국적기업, 금융기관, 기업 조직, 노동조합, 소비자 그룹 등 다양한 비국가적 관계자들과 때때로 갈등을 야기하게 될 수도 있다. 하지만 국민국가에서 국가는 자본주의 시장경제 체제에서 활동하고 있는 다양한 경제주체들과의 조정과 협력을 통해 지속적으로 변화해 나가는 실체이다.

특히 경제의 세계화와 신자유주의 사조가 지배적인 현 시점에서도 국가의 개입은 지속되고 있으며, 국가의 개입 형태와 개입 기능들이 재구조화되면서 국가의 경제 개입은 더욱 세련되고 점점 더 포괄적으로 변화되고 있다. 더 나아가 국가 자체가 경제의 세계화와 경제 재구조화 과정에서 중요한 경제 행위자로서의 역할을 수행하고 있다. 뿐만 아니라 국가는 강력한 경제력을 가진 초국적기업 활동이나 세계 금융시장 움직임에 신속하게 대응하고 있다. 점점 더 지구촌으로 연계가 심화되고 있는 세계화 과정에서 무역 장벽을 줄이거나 자본 이동의 통제를 자유화하는 다양한 도구들을 통원하면서 자국의 경제를 활성화시키고 국가 경제를 이끌어나가는 주도적 역할을 수행하고 있다.

2) 국가경제에서 국민국가의 역할과 기능

일반적으로 국가 경제에서 국민국가의 역할은 국가의 신용을 대표하는 보증자, 국가 경제를 관리하는 관리자, 그리고 국민에게 공공재와 공공서비스를 제공하는 자로 대별할 수 있다(Coe et al., 2013; Dicken, 2015).

(1) 보증자로서의 국가

국가는 국가경제의 신용을 보증하고 특히 금융위기가 초래되는 경우를 막기 위해 대처하는 중요한 기능을 수행한다. 국민국가는 국제 금융시장에서의 신용도를 보증한다. 특히 자국의 통화가 국제적으로 통용되고 가치를 지닐 수 있도록 보증하며, 국채를 발행하기도 한다. 더 나아가 충분한 외환 보유고를 확보하여 화폐가치 하락을 방어하여 금융위기 사태가 발생하지 않도록 조정하고 있다. 또한 파산 위기에 있는 금융기관이나 기업들에게 공적 자금을 지원하여 경제를 안정시키는 역할도 수행한다. 뿐만 아니라 국민국가들은 다른 나라와의 교역을 위해 자유무역협정을 체결하며, 해외에서 활동하는 자국 기업들을 보호하기 위해 쌍무적 투자보증협정(bilateral investment guarantee pact)도 체결하는 등 보증자로서의 역할을 수행한다.

한편 국민국가는 법률체계를 통해 사유재산권을 보호한다. 사유재산권은 개인이 재산(특히 토지나 건물)을 소유하고 그것을 사용, 처분할 권리와 이 과정에서 발생하는 이득을 소유할 권리를 말한다. 더 나아가 개인의 신체적 안전에 대한 보호까지 포함한다. 따라서 사유재산권 보호를 위해 국가는 국방, 사법, 치안 등의 공공서비스를 제공한다. 특히, 개인의 재산과 생명을 보호하고 개인 간 분쟁을 해결해 주는 사법제도는 사유재산권 보호에서 핵심 역할을 한다. 또한 사유재산권의 일종인 지적재산권을 보호하기 위한 특허권, 지적 재산권 및 상표 등록권 제도가 거의 모든 나라에서 시행되고 있다.

(2) 조정 · 규제 · 관리자로서의 국가

국민국가는 지속적인 경제발전을 위해 산업 및 무역 부문에서 전략적인 정책을 수행하면서 국가 경제를 관리하고 있으며, 그 가운데 국가 재정정책은 매우 중요하다. 개인과 기업의 세율을 결정하고 조정하는 기능을 통해 정부의 공공지출과 전반적인 경제활력에 영향을 주기도 한다. 특히 거시경제의 안정화를 위한 국가는 통화, 환율, 재정 정책들을 운용하며, 단기적 안정화보다는 중장기적으로 물가 및 환율의 안정과 재정건전성을 위해 개입한다. 국가의 통화정책과 금리 조절은 경제활동에 상당히 민감한 영향력을 주게 되며, 더 나아가 환율 변동 및 수출입 비용에도 영향을 미치게 된다.

또한 국민국가의 대외 경쟁력을 강화하고 경쟁 우위를 확보하기 위한 전략적 차원에서 산업, 투자, 무역, 해외직접투자, 외국인투자유치 측면에서 다양한 정책을 수립, 시행하고 있다. 특히 무역을 통한 국가 경제성장을 도모하기 위해 수입대체 정책에서 수출지향정책으로 전환하기도 하며, 필요한 경우 수출자유지역을 설정하기도 하고, 관세 조절 및 비과세장벽을 활용하기도 한다. 외국 기업의 국내 유치를 위한 다양한 인센티브 제공을 위한 정책도 시행한다. 특히 동아시아 국가들의 경우 국가가 전략산업을 육성하기 위해 직접적으로 자원을 통제하고 배분하는 산업정책을 과감히 수행하고 있다. 투자조정, 유치산업 보호, 수출촉진, 투자친화적 거시경제 정책, 국내 금융 흐름과 환율 통제 등이 산업정책의 핵심이다. 또한 전략산업 보호를 위한 보조금 지급, 저금리 정책, 임금 억제, 환율 통제 등도 단행한다.

한편 국민국가는 경제활동이 원활하게 이루어질 수 있도록 필요한 경우 다양한 규제를 시행한다. 특히 시장경제 및 기업 활동에 따른 부정적 영향으로부터 국민을 보호하기 위해 경제적, 사회적, 환경적 측면에서의 규제를 수립하고 있다. 그 가운데 가장 중요한 것은 시장 메커니즘의 공정성을 위한 규제이다. 시장경쟁의 독점화를 막고 시장 경쟁을 활성화시키기 위해 필요한 규제를 단행한다. 더 나아가 국경을 넘어서 이루어지는 상품과 노동력 이동 및 금융자본 흐름에 대해서도 자국의 경제 상황에 부합되도록 각종 규제를 시행한다. 반면에 금융 및 공공사업 분야에서의 규제 완화를 통해 국가의 경쟁력을 확보하며, 국유 기업을 민영화하여 효율성을 높이기도 한다. 지역균형발전을 위해 낙후된 지역의 경제발전을 위한 다각적인 지역발전 정책도 구사하고 있다.

(3) 공공서비스 제공자로서의 국가

국민국가는 민간 기업이 담당할 수 없는 수익성이 없거나 위험부담이 큰 국민의 안보와 복지를 위해 필요한 공공재를 제공한다. 특히 도로, 항만, 공항, 전기, 통신, 상하수도 서비스를 위한 기반시설 및 인프라와 공공 주택, 보건 및 교육 서비스를 제공한다. 그러나 이러한 공공서비스 공급도 민간위탁 등을 통해 공급하는 사례가 점차 늘어나고 있다.

세계은행이 각국 정부가 경제 부문에서 수행하여야 하는 역할이 변화되고 있다는 점을 강조하면서 국민국가가 수행하여야 하는 기능을 두 가지 차원에서 분류하고 국가의 개입 수준을 3단계로 구분하였다(그림 5-2). 특히 시장 메커니즘 실패에 따라 나타나는 문제들에 대응하는 정부의 역할에 따라 작은 정부, 중간 정부, 큰 정부로 구분하였다. 또한 국민의 형평성 제고를 위해 국가가 해야 하는 기능과 개입 수준에 따라서도 작은 정부 또는 큰 정부가 될 수 있다.

	시장 실패에 대한 대응			형평성 제고
최소 기능	❑ 순수 공공재 제공 • 국방, 법과 질서, 사유재산권 보호, 거시경제 관리, 공중보건			❑ 빈곤계층 보호 • 빈곤방지 프로그램 • 재난 구제
중간 기능	❑ 외부효과 강구 • 기초 교육 • 환경 보호	❑ 독점 규제 • 공공사업 규제 • 반독점 정책	❑ 정보 불완전성 극복 • 보험(의료, 생명, 연금) • 금융규제, 소비자보호	❑ 사회보험 제공 • 소득재분배적 연금 • 가족수당, 실업보험
적극적 기능	❑ 민간부문 경제활동 조정 • 시장 기능 촉진 • 유인체계 활성화			❑ 소득재분배 • 자산 재분배

그림 5-2. 경제에 대한 국가의 기능

출처: World Bank(1997), World Development Report, p. 27.

국민국가의 역할과 기능에 대해 O'Neill(1997)은 질적 국가(qualitative state)라는 개념을 사용하면서 다음과 같은 세 가지 특징을 기술하고 있다. 첫째, 국가는 하나의 단일화되고 고정된 중앙집권적 구조를 가진 실체가 아니라 국가와 관련된 다양한 행위자들이나 기업조직들과의 상호작용을 통해 변화하고 재구조화되는 실체이다. 둘째, 국가는 시장경제가 잘 작동하고 운용되도록 하는 데 있어서 가장 핵심적인 역할을 수행한다. 특히 국내뿐만 아니라 국제환경도 고려하면서 국가경제 활성화를 위한 다각적인 노력을 펼쳐나가면서 국가 경제를 관리하는 실체이다. 때로는 국가 소유의 기업인 전기 및 통신사업을 민영화하기도 하며, WTO 무역환경 하에서 자국의 경쟁력 확보 및 무역 장벽을 줄이기 위한 노력을 펼치면서 국가 경제를 관리한다. 셋째, 세계화와 신자유주의로 인해 점차 약화되고 있는 국민국가의 힘을 극복하기 위하여 새로운 방향에서 국민국가의 권력을 강화시키고 있다. 예를 들면 완전고용이나 보편적 건강 돌봄과 같은 폭넓은 사회보장이나 국민기본권 확장을 위한 사회적 목표를 달성하기 위해 시장경제를 규제하기도 한다.

현대국가 경제에서 질적 국가의 역할들
❑ **재산권에 제도 유지** - 개인재산권 유지 - 제도적 재산권 인식 - 생산자산 활용과 소유권을 위한 기초 규칙 - 자연자원 채굴을 위한 기초 규칙 - 재산권 이전(개인, 가구, 기관, 세대 등)을 위한 규칙들
❑ **영역 경계 관리** - 군사력 유지 - 화폐, 재화, 서비스, 노동력, 무형재 흐름에 대한 관리를 통한 경제 보호 - 격리 보호
❑ **경제협력을 최대화하기 위한 법적 기틀** - 파트너십과 법인 설립 - 지적 재산권 보호 - 가족, 노사, 토지소유주와 임차인, 매수매도인 간에 이루어지는 경제 관계 협치
❑ **사회적 협력을 확보하기 위한 프로젝트들** - 법과 질서 유지 - 국가 이미지 구축 과정 - 기타 강제적 전략들
❑ **기초 인프라 공급** - 교통, 통신시스템, 에너지, 상하수도의 원할한 공급 - 커뮤니케이션 미디어 수행 및 조립 - 공공 정보의 산출 및 확산 - 토지이용 계획 및 규제

출처: O'Neill, P.(1997), Table. 1.

3 국민국가의 진화와 특성 변화

1) 케인즈식 복지국가

(1) 케인즈의 유효수요 이론

1930년대 전 세계가 공황에 빠져있던 당시 고전경제학파가 주류를 이루고 있었고 특히 공급은 스스로의 수요를 창조한다는 세이의 법칙(Say's Law)이 지배적이었다. 따라서 초과수요나 초과공급 현상은 일시적으로 나타나는 것으로, 이러한 불균형은 곧 해소가 될 것이라는 견해가 지배적이었다. 고전경제학자들 대다수가 임금은 노동자들에 의한 노동 공급과 고용주에 의한 노동 수요에 따라 결정되며, 당시 발생하였던 '실업' 문제는 일부 노동자가 임금을 너무 높게 요구하고 있기 때문이라고 간주하였다.

그러나 케인즈는 실업의 주된 원인은 자본주의가 성장하면서 자본의 축적과정에서 한계소비성향이 하락하면서 소비 수요가 감소되었기 때문이라는 주장을 피력하였다. 케인즈는 재화와 서비스에 대한 유효수요 부족으로 인해 실업이 발생하고 있다고 보았다. 더 나아가 케인즈는 자본주의 자체가 실업을 해결할 수 있는 메커니즘을 갖고 있지 못하며, 자본주의 경제 하에서 실업은 비자발적인 것으로, 임금이 낮아진다고 하더라도 실업 문제는 여전히 발생할 것이라고 전제하였다. 그의 견해에 따르면 실업이 발생하는 것은 임금이 너무 높아서 생기는 것이 아니라, 재화와 서비스에 대한 수요가 불충분하기 때문임을 부각시켰다.

케인즈(1936)의 「고용, 이자 및 화폐의 일반 이론(The General Theory of Employment, Interest and Money」에서 제시된 유효수요이론(effective demand theory)을 간략하게 살펴보면 다음과 같다. 고용수준은 유효수요에 의해 결정되며, 완전고용 수준에서 저축이 투자를 초과하는 경우 총 수요는 완전고용을 유지하기 어려워진다. 또한 저축이 투자를 초과하면 이자율이 하락하는 것이 아니라 고용과 소득의 감소로 이어져 저축이 투자와 일치하게 된다. 더 나아가 저축이 증가한다고 해도 이자율이 불변할 수 있다. 이자율이 낮아져서 유동성 투자 공급의 증대가 있더라도 이자율이 더 이상 낮아질 수 없는 한계점이 존재할 수 있고, 경기침체가 지속된다면 이자율이 하락하더라도 투자가 증가하지 못하면 완전고용을 달성할 수 없다. 그는 소득의 근원이 임금이고 산출물에 대한 수요의 상당 부분이 임금에 의해 뒷받침되므로 고임금→수요 증가→산출물 증가→고용 증가→실업 감소로 이어질 것이라고 전망하였다. 따라서 실업을 줄이기 위해서는 정부가 총수요 관리를 위해 적극적으로 개입해야 한다고 주장했다. 케인즈에 의하면 필요한 경우 정부는 더 적극적으로 지출을 늘리거나 조세 감면 등 인위적인 정책을 통해 재화나 서비스에 대한 수요를 증가시키는 정책을 과감히 펼쳐야 한다. 특히 완전고용을 이루기 위해서는 공공투자 증대는 불가피하며, 주어진 소비성향 하에서 공공 및 민간부문의 투자가 증가하는 경우 총 수요 및 고용은 더 큰 비율로 증가한다는 케인즈의 승수효과(multiplier effect) 개념까지 제시하였다.

(2) 케인즈식 복지국가의 특징

대량생산과 대량소비의 균형을 둔 포디즘 체계 하에서 경제성장을 위해 케인즈식 복지국가 정부는 다양한 규제와 지원정책을 펼치고 있다. 케인즈식 복지국가는 국민국가를 경제조직 단위로 보고 있으며, 국가 경제는 국제무역이나 국제 금융흐름에 대해서는 폐쇄적이며, 주로 자국 내에서 산출되는 재화 공급과 조화를 이루도록 수요를 증대시키는데 초점을 두고 있다. 따라서 국가는 세제나 정부 지출 등 재정 정책을 통해 국가 경제를 관리하는 역할을 한다. 특히 국가 경제 전반적으로 재화와 서비스에 대한 총 수요를 관리하거나 개인이나 기업이 지출을 통해 재화나 서비스를 구입하도록 하는 정책을 펼쳐 나간다. 또한 높은 수준의 지출과 소비가 유지·관리될 수 있도록 정부 지출(공공 근로와 고용 창출을 위한 건설 및 도로 확충)을 늘리고 세율을 감소시켜 소비를 조장하는 정책을 시행한다. 이와 같은 다양한 정책을 통해 고용과 소득을 증대시켜 추가 수요 창출을 유도한다. 특히 정부는 시민의 편익생활에 대한 개입 증대, 근로자를 위한 사회보험 확대, 복지급여 수급자 증가, 복지관리기구 및 사회복지전달체계 확대를 위해 국가 재정을 늘려서 지출한다. 그러나 경제가 호경기일 경우 국가는 오히려 세율을 높이고 정부 지출을 줄여서 인플레이션을 방지하면서 수요를 억제시키기도 한다. 이와 같은 케인즈식 복지국가의 특징을 요약하면 표 5-1과 같다.

표 5-1. 케인즈식 복지국가의 특징

공간 스케일	경제 정책	사회 정책	지역 정책
• 국가적 - 중앙집권적 규제 - 국가경제 관리 - 복지서비스 지방화	• 완전고용, 수요관리 - 대량생산 - 대량소비를 위한 인프라 공급	• 집합적 단체교섭 - 대량소비 확대를 조장하기 위한 국가 보조복지 및 재분배 정책 확대	• 지역균형 및 공간통합 목표 - 지역 간 격차를 줄이기 위한 자원 재배분
범 국가적	**케인즈 이론**	**복지**	**공간적 케인즈주의**

출처: Mackinnon, D. & Cumbers, A.(2014), p. 94.

표 5-2. 장기적 경제성장 지표 비교

시기	생산량	인구 당 생산량	고정 자본 스톡	수출량
1820 ~ 1870년	2.2	1.0	-	4.0
1870 ~ 1913년	2.5	1.4	2.9	3.9
1913 ~ 1950년	1.9	1.2	1.7	1.0
1950 ~ 1973년	4.9	3.8	5.5	8.6

㈜: 선진 자본주의 국가들(미국, 영국, 독일, 이탈리아, 프랑스, 일본, 캐나다)의 평균치임.
출처: Armstrong et al.(1991), p. 118.

포디즘 체제 하에서 케인즈식 복지주의 국가 정책은 1970년대 초반까지 상당히 성공적이었다는 평가를 받고 있다. 이 시기의 성과를 보면 새로운 제조 방식과 신기술 도입을 통해 생산성이 크게 증가하였으며, 고용 증가에 비해 산출물 증가가 더 높게 나타났다. 1950년대 후반~1970년대 초까지 세계 경제는 자본주의의 황금기였다. 선진 자본주의 국가들의 생산성이 급증하였고, 제조업의 이윤율 상승과 함께 실질 임금도 상승하였다(표 5-2). 특히 1950~1973년을 보면 괄목할 만한 성장을 보이고 있다. 1950~1973년 선진 자본주의 국가의 연평균 성장률은 4.9%로 1913~1950년의 1.9%에 비해 두 배 이상 증가하였다. 1950~1973년 동안 고용 증가는 29%였으나, 연간 생산성은 연평균 3.3%로 증가하였다. 생산성 증가는 자본 스톡 증가로 인한 것이었으며, 생산수단의 스톡은 1950년에 비해 1973년 2.5배 증가하였다. 제조업의 이윤율도 지난 20여년 동안 20% 이상을 유지하였고, 실질 임금과 생산성이 연평균 3%를 유지하였다. 그 결과 근로자들의 소비 지출도 크게 늘어났다. 흥미로운 점은 1950년에서 1973년 동안 GDP에서 소비가 차지하는 비율은 62.9%에서 59.5%로 오히려 감소하였다. 그러나 임금 상승으로 인해 임금에 의해 조달되는 소비는 1970년 GDP의 약 45%를 차지하였다.

케인즈식 복지국가의 경우 국가의 집합적 단체교섭이 수반되었다. 고용주, 노동조합, 정부가 매년 협상을 통해 임금과 성과금에 대한 합의를 이루어냈으며, 기업의 생산성이 높아질수록 근로자의 임금도 높아졌다. 특히 근로자는 생산자인 동시에 소비지로서 인식하고 수요의 창출원으로 국가경제의 건전성에 도움을 준다고 간주하였다. 더 나아가 사회복지의 확대는 최소 소득수준을 유지하도록 보장함으로써 대량소비를 가져왔으며, 복지정책은 누진 소득세율 적용을 통해 소득의 재분배가 이루어지도록 하였다.

한편 케인즈식 복지국가의 경우 지역정책도 공간적 케인즈 주의를 도입하였다. 잘 사는 지역과 못사는 지역 간 격차를 줄이는 데 초점을 두었다. 특히 하향식 지역정책(top-down)으로 핵심지역으로 부터의 재원을 주변지역으로 재분배시키며, 공장이나 사무실을 주변지역으로 입지하도록 다양한 인센티브나 규제를 적용하였다. 또한 직접적으로 낙후지역의 경제성장을 위한 재정적 지원도 병행하였다.

이렇게 자본주의 황금기를 통해 세계경제가 성장하면서 정부의 복지제도가 확대되었고 특히 국민들에게 교육과 의료 혜택의 확대되고 실업수당과 연금이 제공되었으며, 저렴한 주택 공급 및 저소득층을 지원하는 다양한 정책들도 펼쳐졌다.

케인즈식 복지국가는 당시 보편적인 남성 가장과 여성 전업주부로 이루어진 전형적인 핵가족의 복지 수요를 전제로 하였으며, 근로자의 근로환경 및 생활이 어느 정도 표준화 되어 있었기 때문에 복지 수요를 충당할 수 있었다. 또한 케인즈식 복지국가는 노동조합의 강력한 지지를 받았고, 노동과 자본 간 사회적 타협을 통해 지지기반이 탄탄하였다. 그 결과 보편적 복지급여와 복지서비스 제공이 가능했고, 필요한 재원을 조세로 충당하는 것도 정치적으로도 수용되었다. 복지국가를 지향한 정부의 이러한 개입 정책들이 1930년대 후반~1970년대 초반까지 장기간 추진해올 수 있었던 것은 당시 시대적 상황이 뒷받침되었기 때문이었다. 특히 제2차 세계대전 이후 자본주의 축적체제로 자리잡은 포디즘 하에서 세계경제의 호황으로 인해 국가 정부는 복지 서비스를 제공할 충분한 재정적 여유를 가질 수 있었다.

(3) 케인즈식 복지국가의 문제 및 붕괴

케인즈식 복지국가는 1970년대 중반 이후 탈산업화 과정을 겪으면서 엄청난 타격을 받게 되었다. 원유 가격 상승과 함께 포디즘이 위기를 맞이하면서 세계경제가 침체되고 불황기를 맞게 되었다. 유효수요의 창출을 통한 경기 활성화라는 케인즈식 복지국가 정책은 점점 심각해지고 있는 인플레이션과 경기 침체에 직면하여 더 이상 효과를 거둘 수 없게 되었다. 특히 제조업 중심에서 서비스 경제로의 전환은 완전고용과 정부의 재정 뒷받침을 매우 어렵게 만들었는데, 이는 생산성 및 고용 측면에서 서비스 산업과 제조업과는 상당히 다르기 때문이었다. 케인즈식 복지국가 정책이 실효를 거두지 못하게 된 배경들을 보면 다음과 같다.

첫째, 서비스 경제로 접어들면서 여성 노동인구 비율이 높아지고 여성들의 경제활동 참여율도 크게 높아졌다. 또한 인구의 고령화로 인해 연금과 건강 서비스 같은 사회서비스 비용이 크게 상승하면서 재정적 부담이 매우 커졌다. 특히 여성이 무급노동으로 전담하였던 노인과 육아 돌봄을 국가가 분담 또는 지원해야 하는 재정 부담이 훨씬 더 늘어나게 되었다.

둘째, 제조업 중심의 산업사회의 경우 비숙련·저숙련직 근로자도 안정적인 일자리와 임금을 보장받을 수 있었다. 그러나 지식기반사회로 진전되면서 비숙련·저숙련 직종 비율 자체가 크게 감소되었고, 저임금직과 임시직, 비정규직이라는 불안정한 노동시장에서의 변화가 나타나면서 사회보장 및 연금 수혜에도 부정적 영향을 미치게 되었다.

이와 같이 고령화, 산업구조의 변화, 여성노동참가율의 증가, 가족구조의 변화 등 복합적인 요인들 모두 복지수요를 증대시키고 국가의 재정에 압박을 가하게 되었다. 그러나 1990년대 서구 선진 자본주의 국가들의 경우 지식기반사회의 특징이라고 볼 수 있는 '일자리를 동반하지 않는 성장'으로 인한 실업 문제가 심각하게 나타났으며, 여성의 경제활동참가율이 높아지면서 이로 인해 실업률이 한층 더 높아졌다. 특히 아동수당, 아동보호와 같은 가족 지원비 지출, 연금 및 의료 지출비 등 고령자를 위한 사회서비스 비용 및 점점 더 증가하는 복지수요 충족을 위한 재정 압박은 더욱 커지게 되었다. 이와 같이 급증하는 복지수요에 비해 정부의 재정 능력 한계로 인해 복지·사회지출비용을 감당하는 것이 어려워지면서 경제성장에 따른 복지국가의 선순환적 관계가 무너지게 되었다. 그 결과 복지제도를 수정하여 현실 상황에 부합되는 방향으로 사회복지정책을 재편할 수밖에 없게 되었다.

2) 동아시아 발전주의 국가

(1) 동아시아 발전 모델

1997년 아시아 외환위기가 발생하기 직전까지 지난 30여 년간 '동아시아의 기적'이라고 불릴 만큼 동아시아 국가들은 괄목할 만한 경제성장을 이룩하였다. 1965~1994년까지 고도성장을 경험한 동아시아 8개 국가들의 연평균 경제성장률은 5.5%로, 이는 OECD 국가들의 2배, 라틴아메리카, 남부 아시아 국가들의 3배, 사하라 이남 아프리카 국가들의 5배 정도 높은 성장률이다(Word Bank, 1995), 경제성장과 국가 발전은 세계 모든 국가들의 공통 목표이지만, 경제성장을 이룩하기 위해 펼치는 정책들은 다양하다. 이러한 맥락에서 동아시아 신흥공업국들의 눈부신 경제성장에 대한 논쟁은 상당한 주목을 받게 되었으며, '동아시아 발전 모델'로 표상화되었다.

동아시아 발전 모델의 가장 두드러진 특징은 정부가 경제발전을 위해 적극적으로 시장에 개입하여 산업정책을 수립하고 경제성장을 추동하였다는 점이다. 동아시아 발전국가는 유효수요 관리를 위해서나 소득 재분배를 위해 정부가 시장에 개입하는 케인즈식 복지국가와도 매우 다르며, 작은 정부, 큰 시장을 지향하는 신자유주의적 국가와도 상당히 다르다.

일반적으로 동아시아 발전 모델의 특징으로 4가지 요소를 들고 있다(구종서, 1996). 즉, 동아시아 발전모델이란 유교문화를 사회적·정신적 바탕으로 하여 발전체제로서의 개발독재형 권위주의 정치체제를 확립하고 경제발전에 필요한 여건을 확보하여 국가주도형 수출지향적 공업화전략을 통하여 경제성장을 이룩한 후, 유보되었던 민주화를 실현해 나가는 발전 형태라고 요약할 수 있다. 즉, 동아시아 발전 모델은 이데올로기로서의 유교주의, 정치적 리더십으로서의 개발독재체제, 경제적 발전전략으로서의 국가주도형 수출지향 공업화, 그리고 민주화를 유보한 채 산업화에 기반한 경제발전 전략으로 경제발전을 이루는 선 경제-후 정치의 발전 유형이다.

특히 동아시아 발전 모델의 핵심인 발전국가의 특징은 국가주도형 산업정책을 강력하게 추진하는 것이다. 국가가 전략산업을 보호·육성하기 위해 기업들의 투자를 조정하고 시장에 대한 정부의 개입과 규제 및 금융시장에 대해 강력한 통제를 가한다. 아시아 국가들 가운데 중국, 대만, 홍콩, 싱가포르, 한국 등은 유교적 정신을 바탕으로 경제성장을 이루어나갔기 때문에 유교 자본주의라고도 일컬어지고 있다. 유교가 동아시아 경제발전에 기여한 점으로 교육과 근로, 상하 관계, 집단주의 관념이라고 볼 수 있다. 유교는 교육을 중시하는 학력사회이며, 동아시아 국가 부모들의 교육열은 세계적이며, 따라서 우수한 인적자원 확보가 용이하였다. 또한 유교는 부지런히 일하는 근로정신을 바탕으로 가부장적인 질서 의식과 상하 관계를 중시하며, 개인의 권익보다 집단에 대한 의무를 중요시 여기는 풍토를 조성하기 때문에 생산성을 높이며, 노사관계도 비교적 원만하였다. 더 나아가 권위주의적인 국가 관료의 역할을 수용하고 자신들의 의무와 충성, 그리고 책임감을 중시하는 유교적 가치관이 경제발전을 이끌어낸 문화적 요소라고 간주되고 있다(Mackinnon & Combes, 2014).

한편 경제발전을 이룩하기 위해 종합적인 개발정책 수립 및 이를 추진해 나가기 위한 강력한 정치 리더십이 필요하다. 1960년대 이후 동아시아와 라틴 아메리카 국가에서 등장한 체계가 바로 개발독재(development dictatorship) 체제이다. 이 체제는 경제발전을 최대 목표로 삼고 사회 안정을 근간으로 경제발전을 달성한다는 전제 하에서 정치 안정은 군부가 책임지고 경제발전은 주로 행정부의 기술 관료가 담당하였다. 중앙정부의 권력 집중, 관료의 통제와 지배를 받는 권위주의적인 개발독재체계는 사회적 기반이 열악하고 국제 경쟁력이 취약하였던 동아시아 국가들의 경제성장을 이룩하는 데 성공적이었다고 평가되고 있다. 동아시아 국가들의 개발독재체제를 보면 짧게는 20년에서 길게는 50년 동안 통치하였다(표 5-3). 뿐만 아니라 50여년 동안 일당 독재로 지배해온 일본의 자민당 체제, 공산당이 60여년 동안 지배해온 중국 정치체제 모두 권위주의의 서로 다른 형태들이라고 볼 수 있다. 민주주의보다는 권위주의 개발독재 정치제제 하에서 동아시아 국가들은 산업정책 실행을 통해 괄목할 만한 경제성장을 이루었다. 이는 서구 자본주의 역사에서 절대왕정 독재체제 하에서 자본 축적과 초기 산업화를 촉진한 것과 유사하다고 볼 수 있다. 그러나 경제성장을 이루어낸 개발독재체제 하에서 국민소득이 점차 증가하여 중산계층이 형성되고 국민들의 교육수준이 높아지자 민주화에 대한 열망이 고조되었고, 대다수 국가에서 군부 독재체계가 붕괴되고 서서히 민주화가 이루어지고 있다.

표 5-3. 동아시아의 대표적 개발독재정권

국가	집권자	존속 기간	종말
한국	박정희	1961 ~ 1979(18년)	피살
필리핀	마르코스	1965 ~ 1986(21년)	추출
인도네시아	수하르토	1967 ~ 1998(31년)	사망
싱가포르	이광요	1959 ~ 1990(31년)	사임
대만	국민당	1949 ~ 2000(51년)	비집권

출처: 구종서(1996), p. 214를 참조.

(2) 동아시아 발전주의 국가의 특징

발전주의 국가(developmental state)란 국가가 자율성을 가지고 핵심기구를 통해 경제발전기획을 수립하고 재정을 통제하면서 산업정책을 실시하여 국내·외 자원동원과 발전전략을 실행 및 조정하는 국가라고 정의할 수 있다. 발전주의 국가라는 용어는 미국의 Johnson(1982)이 저술한 「통산산업성과 일본의 기적(Ministry of international Trade and Industry and the Japanese Miracle)」에서 처음으로 사용된 것으로, 국가가 적극적으로 산업화를 주도하여 성공한 측면을 강조하면서 당시 미국 정부의 소극적 역할을 비판한 책이라고 볼 수 있다(김순양, 2015). 그는 일본의 성공사례를 분석하면서 국가와 기업의 밀접한 관계 속에서 발전을 최우선 목표로 하고 목표 달성을 위해 자원 동원과 배분을 시장 메커니즘에 맡기지 않고 국가가 적극 개입하는 국가를 '발전주의 국가'라고 개념화하였다. 특히 신고전주의 경제이론에 따라 국가 개입을 최소한으로 하는 규제국가와는 달리 발전국가의 경우 국가가 적극적으로 개입하여 전략산업을 선별하여 육성하고 국내산업을 보호하는 역할을 통해 국제 경쟁력을 제고시킨다. 따라서 발전국가는 국가가 시장에 강력하게 개입한다는 점에서 탈규제를 통한 자유시장을 지향하는 신자유주의 국가와도 구분된다.

발전국가의 공통적 특징으로는 첫째, 발전지향적 국가 관료가 있으며, 국가 관료의 산업정책 추진을 뒷받침해주는 제도가 구축되어 있다는 점이다. 발전지향적 국가 관료란 우수한 관리자적 능력을 갖춘 관료집단으로, 자율성을 가지고 정책 목표를 달성할 수 있는 관료 능력 보유가 매우 중요하다. 일본과 우리나라의 경우 우수한 인재들이 경쟁시험을 거쳐 국가의 핵심 부문에서 일하고 있다. 또한 발전지향적 관료들이 전략산업 육성을 통한 산업구조 고도화 정책 목표를 달성하도록 정부 차원에서 다양한 정책 수단(금융, 재정, 조세 인센티브 등)과 지원을 뒷받침해주고 있다. 발전국가들이 도입한 제도들은 선별적 산업정책을 위한 것으로, 수출보조금 지급, 세제 감면, 관세 등을 이용한 국내시장 보호,

기업의 진입과 퇴출 금지, 재정·금융 지원 등이다.

둘째, 발전국가는 국가 경제발전 전략을 주도하는 선도기관의 역할이 매우 성공적이었다. 산업정책의 조정기관인 일본의 통상산업성(MITI), 한국의 경제기획원, 중국의 국가발전계획위원회(NDPC), 대만의 경제계획발전위원회 등이 대표적인 선도기관이었다. 이들은 핵심 전략산업 선별과 대규모 프로젝트 추진과 같은 장기 계획을 수립하고 추진하는 데 있어서 자율성을 가지고 강력한 정책수단을 동원하여 산업정책을 효과적으로 추진하였다. 특히 산업정책의 우선순위와 정책 목표를 결정하는 데 있어서 선도기관들은 상당한 수준의 정책적 자율성을 누린 것으로 알려져 있다. 1980년대 이후 외채의 악순환으로 발전이 좌절된 라틴아메리카의 브라질과 멕시코 등에 비해 동아시아 국가들이 지속적인 경제성장을 유지하고 있는 것은 선도기관이 주도적으로 일련의 경제계획을 수립·추진하면서 산업구조 변화와 경제성장을 추동하였기 때문으로 평가되고 있다. 특히 한국 경제발전 선도기관인 경제기획원의 경우 장관이 부총리를 겸임함으로써 경제정책조정 역할을 수행했으며, 그에 따라 계획, 예산, 외자 배분기능 등 실질적인 정책수단을 동원할 수 있는 제도적 뒷받침이 이루어졌다.

산업정책의 핵심은 정부가 기업들의 투자를 조정하는 것으로 발전국가의 경우 정부가 의도적으로 가격 왜곡을 통하여 기업들을 부양하였다고 간주되고 있다. Evans(1995)는 「연계된 자율성(Embedded Autonomy)」이라는 저서를 통해 이러한 점을 부각시켰다. 그는 정부 개입이 산업 전반에 걸쳐 성공적인 성과를 거둘 수 있었던 것은 연계된 제도의 자율성이 필수 요소로 작동하였음을 지적하였다. 그가 주장하는 연계성이란 국가와 사회의 연계성 및 국가 경제발전을 위한 제도 구축과정에서 사회 내 공유하는 특정 집단(기업)과 맺는 협력관계를 말한다.

셋째, 동아시아 발전국가의 또 다른 특징은 기업부문, 금융부문, 노동부문으로부터 상대적 자율성을 가졌다는 점이다. 동아시아의 발전국가들의 경우 경제를 관리하기 위하여 은행을 국유화였다. 국가 소유의 은행은 수입을 줄이고 투자를 늘리기 위한 정책을 추진하는 데 있어서 전략적인 도구가 되었다. 일본에서는 주거래은행(메인 뱅크)을 통해 한국에서는 정책금융을 통해, 중국에서는 국영은행의 국가금융을 통해 기업에 장기 저리대출을 해주었다. 국가는 국가계획에 따라 사기업들에게 선택적으로 특혜 대출을 해주는 방식으로 사기업들의 경제활동을 통제할 수 있었다. 국가는 공공금융기관과 자원의 독점으로 계획경제를 추진하는데 가장 강력한 수단을 보유하게 되었고, 특히 금융은 산업자본의 투자활동을 뒷받침하는 조력자 역할을 하였다. 국가는 전략산업 부문에 투자 확대를 위하여 이자율을 높여 저축을 장려하였다. 한국의 경우 1970~1980년대 저축 이자율은 9~22.8%, 대만의 경우 4.25~15%로 상당히 높았으며, 높은 이자율은 저축률을 높이는 유인 도구로서의 결정적인 기여를 하였다.

넷째, 동아시아 발전국가들은 수출주도형 산업화를 추진해왔다. 동아시아 국가들의 경우 수입대체정책을 통한 경제성장에 머무르지 않고 과감하게 수출지향정책을 채택하였다. 노동력이 풍부할 경우 노동집약적 수출산업을 육성하여 무역을 촉진하고 고용을 창출하여 소득을 증대시켰다. 또한 적극적으로 해외시장을 개척하여 자국 상품을 수출하는 정책으로 경제성장을 지속시켜 나갔다. 한국이나 대만의 무역정책은 단순한 수입개방과 시장자유화가 아니라 수출금융과 세금혜택 등 인센티브 제공에 기초한 수출촉진 정책이었으며, 유아산업 보호를 위해 수입대체전략도 함께 병행되었다. 수출을 촉진하기 위하여 보호관세, 수업통제, 복합 환율제도, 수출 목표 설정 등의 정책을 실시하면서 수출기업에 특혜금융을 제공하였다. 특히 시간과 자본이 많이 드는 독자적 기술개발 대신에 선진국의 발달된 기술을 적극 도입하는 개방정책을 통하여 개발기간을 단축하는 압축 성장을 하였다(이강국, 2005).

동아시아 발전국가의 경우 국가기구 능력이나 경제성장 조건은 다양한 요인들에 의해 다르게 나타나며, 그에 따른 실효성도 달라지며, 각 국가별로 발전모델은 변형되어 나타나고 있다. 발전국가들의 국가 개입의 당위성과 전략산업 육성책이라는 공통점에도 불구하고 1970년대 선진국의 보호주의 무역정책 강화와 석유파동으로 경제 위기에 직면했을 때, 동아시아 국가들의 경제성장 전략들은 뚜렷한 차이를 보이고 있다. 그 대표적인 사례가 한국과 대만이다. 한국은 대자본가를 형성·발전시켜 경제성장을 추구한 반면, 대만은 중소 자본가를 중심으로 경제성장을 추구하였다. 한국의 경우 국내 자본가들의 국제 경쟁력을 높이기 위하여 국가가 민간기업에게 금융지원, 외국차관 알선, 수입면허 제공 등의 방법을 동원하였다. 이와 같은 국가의 적극적인 지원으로 단기간에 세계적 대자본가로 성장한 것이 한국의 재벌이다.

동아시아 발전국가들의 발전 모델의 변형을 일본, 한국, 중국과 비교하면 표 5-4와 같다. 세 나라 모두 기업의 성공을 기업 차원보다는 정부의 후원 하에서 성장하였기 때문에 주식회사라고 지칭한다. 일본 모델의 특징은 온건한 발전국가와 철의 삼각형 성장연합, 게이레츠 지배와 주거래은행 소유, 온건한 자본통제로 볼 수 있다. 한국 모델의 특징으로는 강한 발전국가와 개발독재, 재벌지배, 국유은행과 정책금융, 엄격한 자본통제와 차관도입을 들 수 있다. 한편 중국 모델의 특징으로는 아주 강한 발전국가와 지역-국가 코포라티즘, 국영기업 지배와 국가소유, 국유은행과 국가금융, 아주 엄격한 자본통제와 외국인직접투자 유입을 들 수 있다. 즉, 일본모델은 기업주의 조절양식을 가진 조정시장경제, 한국모델은 국가주의 조절양식을 가진 규제시장경제, 중국모델은 국가주의 조절양식을 가진 사회주의 시장경제로 각각 규정할 수 있다(김형기, 2016).

표 5-4. 동아시아 발전 모델의 변형

구 분	일본 모델 (1960~1970년대)	한국 모델 (1970~1980년대)	중국 모델 (1980~1990년대)
정책 패러다임	발전국가, 성장연합 일본주식회사	강한 발전국가, 개발독재 한국주식회사	강한 발전국가, 지역국가 중국주식회사
산업 정책	MITI (Ministry of International Trade and Industry) 의 집중 조정	경제기획원에 의한 유도 지배	SDPC(State Development Planning Commission)의 지배적 계획
기업체계/ 제품시장	게이레츠의 지배 주거래은행 소유	재벌의 지배 가족 소유	국영기업의 지배 국가 소유
금융시스템/ 금융시장	주거래은행체계 관계 금융	국유 은행 정책 금융	국유 은행 국가 금융
노동체계/ 노동시장	반테일러주의 노동과정 종신고용 연공임금제도	테일러주의 노동 과정 장기 고용 연공임금제도	테일러주의 노동과정 계약노동제도 저임금
무역체계/ 세계시장	온건한 자본 통제 외국 기술 수입	엄격한 자본 통제 외국 차관과 기술 도입	아주 엄격한 자본 통제 해외직접투자 유입
조절 양식	기업주의 조정시장경제	국가주의 규제시장경제	국가주의 사회주의 시장경제

출처: 김형기(2016), p. 15.

한국의 경우 군사정권 이후 행정개혁을 통해 발전국가의 제도화가 이루어졌다. 유교주의가 한국의 사회적·정신적 바탕이 되었고, 강력한 개발독재형 군사 권위주의 체제를 확립하여 민주화를 유보하고 경제성장에 주력하였다. 경제기획위원회를 주축으로 하여 1962~1992년까지 제1차부터 제5차 경제개발 5개년 계획을 수립하고 시행하였다. 수출지향정책을 기저로 하여 값싼 노동력을 활용한 경공업 중심으로 공업화가 시작되었다. 그러나 1970년대 중반 이후 경공업 중심에서 중화학공업화 중심으로 전환하게 되었는데, 이는 안보, 국방문제와 직결되었기 때문이다. 특히 철강, 자동차, 반도체, 기계, 조선 분야에 집중되었다. 이 시기에 유신체제가 등장하고 강력한 권위주의적 발전주의 국가가 형성되었다. 이와 같이 정부의 적극적 주도하에 경제개발계획을 수립하고, 민간기업을 참여시켜 육성·보호하면서 고도의 경제성장을 이룩하였다. 그러나 경제발전이 어느 정도 이루어지고 중산계층이 형성되고 민주화 운동이 일어나면서 점차 민주화를 달성하고 있다. 특히 1997년 IMF를 겪으면서 정부의 규제완화와 시장개방을 적극적으로 시행하고 있다. 한국은 동아시아 발전 모델의 구성 요소들(유교, 개발독재, 국가주도 수출지향 공업화, 선 경제-후 정치 발전)을 모두 갖추었고, 동아시아 모델이 밟아온 발전단계(독재정권수립→경제정책 주력→민주화→개방화)를 거친 동아시아 발전모델의 대표적인 국가라고 평가되고 있다(구종서, 1996).

어렵다. 국가 주도 하에서 경제발전을 이룩한 동아시아 발전국가들도 외환위기에 직면하여 국가의 경제관리 능력이 무너졌다. 반면에 전 세계 방방곡곡으로 이동하고 있는 자본을 유치하기 위해 각국 정부는 세금 감면, 규제 완화 등 다양한 인센티브를 더 많이 제공하고 있다.

이와 같이 신자유주의 체제 하에서 경제의 세계화가 진전될수록 국민국가의 국가의 경제관리 능력은 사실상 한정되고 각국 정부가 경제발전을 위해 수행할 수 있는 여러 개입 수단들의 실효성도 점점 낮아지고 있다(표 5-5). 특히 동아시아 발전국가들에서 수행하였던 각종 정책들은 WTO 체제 하에서 상당한 제제를 받고 있다. 즉, 국내산업 육성을 위한 보조금 지원 제한 및 무역 관련 투자협정 규정 등이 마련되었기 때문에 외국 자본에 대한 규제나 차별이 불가능해지고 있다. 신자유주의 세계질서 하에서 국가의 주권적 통제 능력이 약화되고 국가의 경계가 무의미해지면서, 점점 세계-지역-국가-지방이라는 계층적 수준에서 다양한 경제활동의 통합과 분업화가 나타나고 있다. 따라서 경제의 세계화는 국가의 위상을 탈영토화시키고 국민경제 실체를 허물고 있다고 간주할 수 있다(김진철, 2003). 특히 신자유주의 세계질서 하에서 자본은 국민경제 개념을 붕괴시켰고, 정치적 공동체로서의 국민국가마저도 무기력하게 만들고 있다. 신자유주의는 주권국가 시대의 종말을 앞당기고 있는 듯하며, 국민국가 대신에 지역국가나 EU와 같은 새로운 정치 기구가 나타날 것이라는 전망도 나오고 있다. 즉, EU, NAFTA처럼 국민국가의 법적 주권이 초국가적 차원으로 이양되는 정치체제의 탈국가화도 나타나고 있다. 유럽의 단일시장 구축과 화폐 통합 및 정치 부문에서까지도 통합의 박차가 가해지면서 유럽연합은 국가성이 해체되는 가장 대표적인 지역이라고 볼 수 있다.

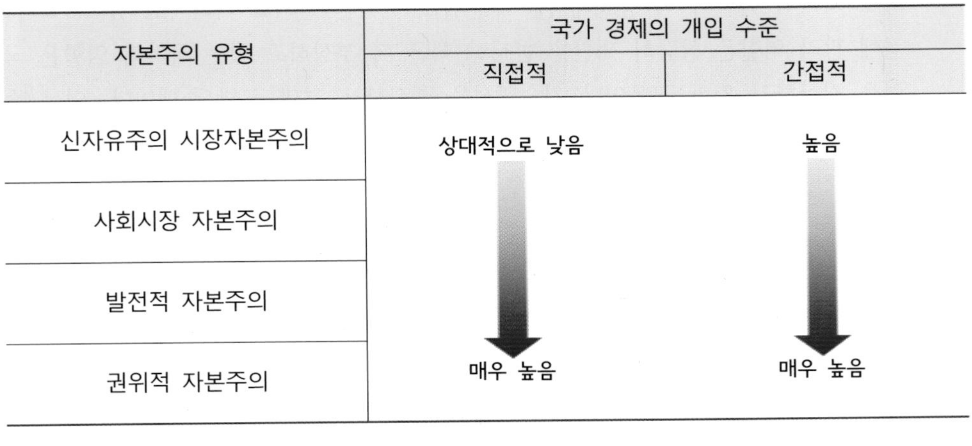

자본주의 유형	국가 경제의 개입 수준	
	직접적	간접적
신자유주의 시장자본주의	상대적으로 낮음 ↓	높음 ↓
사회시장 자본주의		
발전적 자본주의		
권위적 자본주의	매우 높음	매우 높음

그림 5-3. 자본주의 유형별 국가 개입 비교
출처: Dicken, P.(2015), p. 185.

표 5-5. 자본주의 발달과정에서 시장과 정부의 역할 변화

자본주의 발달단계	시기	지배적 이데올로기	시장 및 정부 역할
산업 자본주의	18세기말~ 19세기 중반	고전학파 (아담 스미스의 보이지 않는 손)	• 자유방임적 경제정책 - 자유무역정책, 고용자유화 정책
독점 자본주의	19세기 후반~ 20세기 초	신고전학파	• 정부 역할 필요성 대두 - 국내시장 보호(수입관세 인상) - 독점 규제(1890년 셔먼법)
수정 자본주의	1930년대 이후	케인즈 학파	• 정부의 개입 확대(큰 정부) - 시장 실패 보완
	1960년대 이후	신고전파 종합	• 정부(완전고용), 시장(자원배분)
		통화주의 학파	• 정부의 개입 최소화 - 통화의 안정적 공급 - 정부 실패 주장
현대 자본주의	1980년대 이후	신자유주의 (합리적 기대학파, 신제도학파 등)	• 시장 기능 강화를 통한 구조개혁 - 민영화, 규제완화 등 시장보완적 국가 지향 - 경쟁 인프라 확충, 위기대응체제 구축, 기업의 글로벌 경쟁 지원
		신케인즈 학파	• 조정 실패 해소를 위한 정부 역할 강조

출처: 이병호(2000), p. 33.

한편 세계화가 진전되면서 국민국가의 역할이 축소 혹은 약화되는 부문이 있지만, 반대로 국가의 역할이 더 중요해지는 부문들도 있다는 견해도 나타나고 있다. 국가의 거시경제 관리 역할은 상당히 제한을 받지만 최근 더 부상하고 있는 국가의 역할은 국가경쟁력을 강화하기 위한 교육이나 기술혁신을 촉진하는 경제 정책 수행이다. 이는 슘페터가 주장한 바와 같이 국제 경쟁력 강화를 위한 혁신주도형 경제성장을 추진하는 데 있어서 국민국가들이 새로운 정책을 도입·추진하고 있다. 이는 국가의 역할이나 사회적 책임이 약화되는 것이 아니라 오히려 또 다른 영역에서의 국가 역할이 증대되고 있음을 시사해준다. 또한 국민국가는 경제적 조절능력은 약화되었지만 세계경제에서의 계급 재생산을 위한 정치적 기구로서의 역할은 그대로 담당하고 있다(김진철, 2000).

(3) 복지국가에서 근로복지국가로의 전환

서구 선진국의 국민국가는 포디즘 시기의 케인즈식 복지국가(welfare state)에서 포스트포디즘 시기의 슘페터리안 근로국가(Schumpeterian Workfare State)로 변모하고 있

표 5-6. 케인즈주의적 복지국가와 슘페터주의적 복지국가 비교

	케인즈주의적 복지국가	슘페터주의적 복지국가
생산체계 성격	포드주의	포스트포드주의
경제체계 성격	폐쇄적 국가경제	개방적 세계경제
정책 목표	완전고용 달성 및 유지	경제의 구조적 경쟁력 제고
기본 정책 수단	총 수요관리	공급측면 개입
사회정책 vs 경제정책	상보적 관계	경제정책에 사회정책 종속
복지체계 성격	welfare state	workfare state

출처: 김종일(2002), p. 31.

다(Jessop, 1993). 즉, 국가의 역할이 유효수요 관리와 사회복지 제공이라는 케인즈적 역할에서 경제혁신을 강조하고 국민의 근로의욕을 고취하는 슘페터적인 역할로 변모하고 있다. 1970년대 중반까지 경제성장율 보다 훨씬 높은 비율로 사회복지비용이 지출되었는데, 이는 사회복지제도가 성숙하여 급여자격조건을 완화시켜 수급자 수가 늘어나고, 높아진 생활수준에 맞추어 급여액도 증가하였기 때문이다. 그동안 IMF와 World Bank의 주도 하에서 국가경제의 탈규제화, 공공부문의 민영화, 금융시장의 시장화와 같은 신자유주의적 경제개혁을 추진하였다. 그러나 글로벌 금융위기를 겪으면서 노동과 복지가 결합된 슘페터주의 노동복지국가(Schumpeterian workfare state)로의 이행을 추동하고 있다(표 5-6).

복지개혁과 관련하여 가장 큰 영향력을 준 Giddens(1998)는 그의 저서 「제3의 길(the Third Way)」에서 사회복지의 목적이 복지수혜자들의 노동력을 다시 활용하는 데 맞추어져야 한다고 주장하였다. 기든스는 기존의 복지국가 대신에 복지사회를 대안으로 제시했다. 복지국가가 국가의 과도한 개입으로 개인의 복지의존성을 심화시키고 시민사회의 발전을 막고 도덕적 해이를 가져왔다고 비판하였다. 국가가 개입하여 실업수당을 받도록 하는 것이 아니라 진정한 근로복지는 일자리를 창출하고 노동자 재교육, 직업훈련 등을 통해 근로자들이 노동시장에서 이탈하지 않도록 노동을 장려하는 것이다. 이러한 변화를 케인즈주의의 복지국가(welfare state)로부터 근로와 복지가 결합된 슘페터주의적인 근로연계복지국가(workfare state)로의 이행이라고 부르기도 한다(표 5-7). Giddens는 새로운 정치이념으로 '제3의 길'을 제시하면서, 유럽에서 1970년대 중반까지 지배적이었던 사회민주주의나 1980년대 신자유주의 모두 사회·경제적 변화에 대응하지 못하였음을 지적하였다.

표 5-7. 신자유주의와 슘페터주의에서 국가와 경제, 국가와 사회 관계

구 분	국가·경제 관계	국가·사회 관계
신자유주의 국가프로젝트	• 탈규제화, 민영화, 자유시장(자유방임) 야경국가	• 최소의 복지 공급, 내부 시장 조세유인으로 민간부문 공급 촉진 미발달한 시민사회
슘페터주의 국가프로젝트	• 혁신, 경쟁, 구조적 경쟁력, 노동시장 유연성 경쟁력 강화를 위한 공급측면 개입	• 경쟁력과 유연성의 급박함으로 복지종속 숙련기술 다양성에 대한 자극 근로국가, 발달한 시민사회

출처: Hay, C.(1996), p. 171.

기존의 케인즈주의적 복지국가는 더 이상 유지될 수 없으며, 현재의 복지국가도 질병, 실업 등 사회적 위험에 대해서는 어느 정도 안전망 역할을 하지만 어디까지나 수동적이며, 빈곤 퇴치나 부의 재분배 역할은 잘 수행하지 못하고 있다고 간주하였다. 기든스의 견해에 따르면 국가는 국민 평등과 민주주의 증진을 위해 개입해야 하지만, 케인즈식 복지국가와 같은 형태의 직접적 소득 재분배가 아니라 고용의 재분배, 교육과 노동력의 재훈련 등을 통한 '기회의 재분배'가 되어야 한다. 또한 국가의 역할도 사람들로 하여금 안심하고 기회에 도전할 수 있도록 도와주는 '적극적 복지'(positive welfare)를 제공할 수 있어야 한다. 기든스가 주장하는 복지개혁의 핵심은 '복지에서 노동으로'(welfare to work), '결과의 평등에서 기회의 평등'으로 전환시키는 것이다. 특히 생활보장이라는 사회적 성격으로부터 근로연계복지정책으로 전환하여 노동유연성이라는 고용촉진적 성격으로 복지국가를 재편하는 전략과 동시에 공공지출의 축소를 유도하여야 한다.

'제3의 길'이 주장하는 복지정책은 위기에 처해 있는 복지국가의 실천가능한 대안이 될 수 있을 것이라는 전제 하에서 구상되었으며, 복지정책의 새로운 돌파구로 인적자본에 대한 투자와 취업기회 제공을 강조하고 있다. 특히 '제3의 길'은 신자유주의와 사회민주주의의 이념을 포섭하여 현대 사회가 당면하고 있는 문제들에 대한 해결책을 모색하고자 한 것이다. 기든스가 주장하고 있는 '제3의 길' 정책의 핵심은 국가, 시장, 시민사회 3자의 관계를 재정립하고 신자유주의가 주장하는 최소국가론이 아니라 강한 국가이다. 그가 주장하는 강한 국가란 거시경제를 안정시키고 지식경제기반을 구축하며, 교육과 훈련에 대한 투자를 촉진하여 경쟁력을 강화하고, 불평등 확대를 막으며 개인의 자기실현 기회를 보장하는 국가를 말한다. 또한 시장이 공공재 공급에 부적절하고, 환경오염과 같은 외부불경제를 초래하며, 윤리적 가치를 창조·유지하는 것이 아니기 때문에 시장의 실패를 묵과해서는 안 된다는 것이다. 이를 위해 국가와 시장과의 균형을 이루는 시민사회의 성장이 필수적이며, 시민사회 활성화하기 위해 상호유대감 형성을 위한 소집단 활동, 제3부문(비영리, 비정부 조직을 망라하는)의 참여, 지방공동체 주도의 개발사업 등을 제시하고 있다.

한편 노동연계복지를 지칭하는 용어인 'workfare'는 1967년 미국에서 노동인센티브 프로그램(WIN: Work Incentive Program)이 실시되면서 사용되었다. 'workfare'는 노동 중심적인 복지정책 전반을 아우르는 개념이라고 볼 수 있다. 'welfare'와의 혼돈성 때문에 'workfare'가 공식 용어로 잘 사용되지 않으며, 'welfare to work'가 보다 공식 용어로 사용되고 있다. 영국을 비롯한 유럽국가들은 근로연계복지정책을 가리켜 'welfare to work'라고 표현한다. 미국에서 기원한 'workfare'는 복지 수급자에게 근로를 의무화하는 개념을 바탕으로 하고 있으나, 유럽국가들이 사용하고 있는 'welfare to work'는 노동시장에 복귀할 수 있는, 즉, 자립할 수 있도록 지원하는 복지라는 개념을 바탕으로 하고 있다(Trickery and Lødemel, 2000; Walker, 1999). 영국에서도 1997년 (신)노동당정부가 뉴딜 프로그램을 도입하면서 이 용어를 처음 사용하였다. 당시 뉴딜 프로그램도 노동시장으로의 편입을 강조하면서 뉴딜 참여자들의 근로 의무가 강조되었다(김태성 외, 2005; 정의룡, 2010).

블레어 정부가 추진한 복지개혁도 일할 수 있는 사람에게는 일하게 하고, 일할 능력이 없는 사람들에게는 사회보장을 제고하는 것으로 집약할 수 있다. 이와 같은 복지개혁의 원칙을 통해 블레어 정부는 '권리중심적인 복지수급 자격'에서 권리와 의무 간의 상호주의를 강조하는 이른바 '계약주의적 복지수급 자격'으로서의 변화를 시도하고 있다. 이는 구직, 훈련 및 고용관련 서비스의 기회를 정부의 의무로 제공하고 복지수급자는 급여 수급 조건을 이행하는 등 국가와 시민 간의 새로운 계약으로 구체화되고 있다. 그 예로 적극적 고용프로그램을 확장한 뉴딜 프로그램과 취업유인 프로그램으로서 일을 하는 것이 유리한 정책 등은 권리와 의무 간의 상호주의에 기초한 블레어 정부의 대표적인 복지개혁 조치들이다(김태성 외, 2005). 실직자에게 실업급여를 지급하여 실직자의 생계를 유지해주는 수동적 복지체제에서 실업 예방과 조기취업 유도 활동을 지원하는 능동적이고 적극적인 근로연계복지정책이다. 복지 수급을 노동 의무와 연계하는 이른바 노동연계복지 정책에는 고용창출에 방해되는 여러 보호 장치를 제거 또는 완화하고 고용 비용을 낮추기 위해 노력하고 있다.

한편 우리나라의 근로연계복지정책은 1999년에 근로능력자에 대한 복지급여를 조건으로 근로연계복지제도를 결합하는 제도를 처음 마련하였다. 그러나 근로능력이 있는 모든 실업자들을 근로연계복지정책의 대상으로 하였고(미국은 아동을 부양하고 있는 빈곤가정; 영국은 청년실업자계층이 대상임), 소득을 기준으로 하되 부양능력을 보유하고 있는 경우 수급대상에서 제외하도록 하는 점 등은 다른 선진국들과 큰 차이를 보이고 있다.

4 국민국가의 스케일 재조정

1) 거대 국민국가와 지역 통합

경제의 세계화가 진전되면서 각국의 국민국가는 세계적, 거시적 측면에서 부터 자국 내 지역적, 국지적 스케일에 이르기까지 거버넌스의 구조적 변화를 겪고 있는데, 이를 스케일 재조정(rescaling)이라고 지칭한다(Coe et al., 2013). 즉, 국민국가는 세계적(global) 규모로부터 자국 내 국지적(local) 스케일에 이르기까지 정책 거버넌스 제도를 재구성하는 과정에서 가장 상위의 지리적 스케일과 가장 하위의 지리적 스케일이 부합·조화되도록 국가경제와 관련된 권한을 조정, 이양하고 있다.

전통적으로 국민국가는 국가적 스케일에서 경제관리 및 조절 기능을 수행해왔다. 국가의 경제정책과 수단은 국가 영토 전체에 걸쳐 적용되었다. 그러나 경제의 세계화가 진전되고 국제적 또는 거시지역적 기구가 부상하면서 국가 간 경제협력 조정과 국제 협력의 중요성이 한층 더 증대되고 있다. 국제적, 거시 지역적 기구는 크게 두 가지 유형으로 구분될 수 있다. 첫째, WTO, IMF, World Bank, OECD, UN 등과 같은 국제기구이다. 둘째, EU, APEC, NAFTA, ASEAN, NEPAD, SAARC, CARICOM, MERCOSUR 등과 같은 거시 지역적 기구이다(이들 기구에 대한 내용은 12장에서 자세히 소개함).

국제기구들 중에서 유엔은 가장 역사가 길면서도 업무와 범위 측면에서 볼 때 가장 포괄적인 국제기구이다. 그러나 UN이 글로벌 차원에서 경제 거버넌스에 미치는 영향력은 매우 제한적이다. 세계적 규모의 막강한 경제 거버넌스를 가지고 있는 기구는 IMF이다. IMF는 국제금융시스템 부문, 특히 국제통화체제의 중심 기구로 세계 금융체제의 안정성과 효율성을 책임지고 있다. IMF는 개별 국가에서 발생한 재정적자 문제에 개입하지만, 단지 돈을 빌려주는 것으로 그치지 않고 국가경제의 재구조화를 위한 구조 조정 프로그램 이행을 요구한다. 특히 국가의 역할을 축소시키고 국가 예산의 감축 및 신자유주의 시장경제로의 전환을 추동하고 있다. IMF가 요구하는 정책들은 가격 및 통화 통제, 국고 보조금 철수, 무역 자유화, 민영화 등으로 상당히 충격적이다.

또 다른 국제기구로 World Bank(세계은행)를 들 수 있다. 세계은행은 1994년에 설립되었고 190여개 회원국을 가지고 있다. 이 기구는 100여개 개발도상국 원조를 주로 담당한다. 원조 프로그램에는 보건, 교육, 빈곤 퇴치, 공공서비스 제공, 환경 보호, 거시경제 재편 및 사회 개발 등 다양하다. 세계은행의 원조를 받은 일부 국가들의 경우(예: 전후 독일, 일본, 아시아 신흥공업국가들) 성공적으로 경제 발전을 이루었다. 그러나 IMF와 World Bank로부터의 원조와 지원의 불균등한 수혜로 인해 개발도상국가들 간의 경제발전 격차를 추동하였다는 비판도 받고 있다.

한편 1995년 설립된 세계무역기구(WTO)는 1947년에 설립된 관세 및 무역에 관한 일반협정(GATT)을 계승한 것으로, 보다 공정하고 자유로운 세계무역을 위한 다자간 협약이라고 볼 수 있다. WTO는 세계 무역의 97%를 차지하며, 164개 회원국을 보유하고 있다. 무역협정을 관리하고 무역분쟁 처리, 국가 무역정책 모니터링, 개발도상국을 위해 다양한 기술을 지원한다. 그러나 개발도상국은 WTO 규정으로 인해 보호무역정책을 유지하기 어려워졌지만, 선진국(특히 미국과 유럽연합)은 철강, 의류 및 농업 분야에서 자국 생산자를 보호하기 위한 정책을 여전히 펼쳐 나가고 있다. 따라서 WTO 하에서 무역 자유화가 모든 국가들에게 공평하지 않으며 각국이 차별적 이익을 얻고 있다는 비판도 받고 있다. WTO를 통한 국가 간 정책 조율의 확대 기능은 국민국가가 독자적이고 재량적으로 시장에 개입할 여지를 상당히 축소시키고 있다. WTO는 국가 간 협상 대상을 공산품 교역으로부터 농산물, 서비스업(통신·금융 등), 직접투자 등으로 확대시키고 있으며, 더 나아가 산업지원, 노동, 경쟁 정책, 과학기술, 환경 등 국내 정책까지도 협상의제로 거론하고 있다. 이에 따라 공정하고 자유로운 WTO 국제교역 규범을 따르고 국제적 기준에 맞추기 위해 각 국가들은 과거에 펼쳤던 수출지원정책이나 산업지원정책의 많은 부분을 수정하고 있다.

뿐만 아니라 1976년에 설립된 G7은 캐나다, 프랑스, 독일, 이탈리아, 일본, 영국, 미국으로 구성되었으며, 1997년에 러시아가 추가되어 G8이 되었다. 그러나 1990년대 후반 국제금융위기에 대응하여 유럽연합 및 주요 개발도상국(아르헨티나, 브라질, 중국, 인도, 남아프리카공화국, 한국)이 포함되어 1999년에 G20이 되었다. G20 국가들의 비중을 보면 세계 총생산의 90%, 세계무역 및 세계인구의 2/3를 차지하고 있다. 따라서 사실상 G20은 세계 최고의 포럼이라고 볼 수 있으며, 세계경제 안정과 관련된 주요 쟁점들에 관해 논의하고 있다.

이러한 국제기구와는 달리 경제적 통합을 목적으로 조직된 거시적 지역경제블록들이 상당히 많다. 초기의 거시적 지역조직은 주로 무역장벽을 줄이고 역내 무역을 활발하게 하려는 시도에서 구축되었다. 그러나 경제의 세계화가 진전될수록 글로벌 시장에서의 지배력 확대를 위한 경쟁이 치열해지면서 세계 각국은 무역을 통해 자국의 이익을 보호하기 위해 지역경제블록화를 더욱 활성화시키고 있다. 최근 결성되고 있는 동반자협정은 이전에 비해 훨씬 더 광역적이다. 중국 중심의 RCEP, 미국과 일본 중심의 TTP, 그리고 미국과 EU 중심의 TTIP들은 모두 자유무역협정과 경제동반자협정과 같은 무역협정을 광역화하여 글로벌 시장에서의 지배력을 확보하려는 목적에서 조직되고 있다.

그동안 광역 FTA로 잘 알려진 ASEAN이 점차 더 광역화되어 2013년에는 ASEAN 10개국과 한국, 중국, 일본, 인도, 호주, 뉴질랜드를 하나의 FTA권으로 묶는 역내 경제동반자협정(RCEP: Regional Comprehensive Partnership)을 추진하게 되었다. 이는 종전의 FTA와는 달리 해당지역 전체에 대한 동일한 무역규범이 적용되므로 기존의 시장질서를 크게 변화시킬 수 있는 파급효과를 가져올 수 있다. 동아시아의 경제대국인 중국이 중심이 되어 시장 단일화가 이루어질 경우 중국의 시장 지배력은 한층 더 강화될 것이다. 이러한 우려 때문에 미국은 일본을 비롯한 동아시아 일부 국가들과 미주지역을 결속하는 환태평양동반자협정(TPP: Trans Pacific Strategic Economic Partnership)을 체결하게 되었다. TTP는 2006년 뉴질랜드, 싱가포르, 부루나이, 칠레의 FTA 협정에 이어 2008년 미국, 호주, 페루가 참가하고 2010년 베트남, 말레이시아, 2012년 캐나다, 멕시코, 2013년에 일본이 참가하여 2015년 10월 협상이 완료된 환태평양권 12개 국가들의 광역 FTA이다. TTP는 2015년에 협상이 타결되었으며, 아직 쟁점이 논의 중이지만 자국에서의 비준이 이루어지면 늦어도 2018년 경 출범될 것으로 기대되고 있다. 더 나아가 미국은 EU와의 유대 강화를 목적으로 범대서양 무역투자동반자협정(TTIP: Trans atlantic Trade and Investment Partnership)을 추진하고 있다. 미국과 EU 두 지역 간에는 상품 교역뿐만 아니라 서비스 교역 및 투자 측면에서도 긴밀한 상호 협력관계를 유지하고 있다. 특히 TTIP는 미국과 유럽 국가들이 경제성장과 신규 고용 창출하기 위한 노력이라고 볼 수 있다(손병해, 2016).

2) 중앙정부와 지방정부 간 거버넌스와 지방자치제

2008년 글로벌 금융위기를 겪으면서 국민국가의 기능과 역할이 점차 달라지고 있다. 특히 국민국가가 수행하던 기능들 가운데 일부는 다른 기구나 조직이 담당하고 있으며, 지방자치제도가 시행되면서 지방정부의 역할도 한층 강화되고 있다. 국제적 차원에서만 스케일 조정이 이루어지는 것이 아니라 국가 내에서 스케일 조정이 이루어지고 있다(Coe et al., 2013).

국가의 역할을 축소하는 과정에서 영국과 미국의 경우 새로운 기구와 조직들이 출현하였다. 특히 최근 민-관 파트너십과 민간 부문의 비국가적 조직들이 부상하면서 거버먼트(goverment)에서 거버넌스(goverance)로 전환되고 있다. 영국의 경우 투자 인센티브, 인적자원 개발 및 도시재생사업의 경우 지역 단위에서 관할하는 지역숙련파트너십(RSPs: Regional Skills Partnerships)과 지역개발청(RDAs: Regional Development Agency)이 지방의 경제정책을 추진하게 되었다. 이와 같이 지방정부 주도 하에서 이루어지는 경제 거버넌스의 재구성 및 스케일 하향 조정은 대처 수상이 신자유주의 프로젝트의 일환으로 시행한 것이었다. 1980년대 시작된 스케일 하향 정책은 경제적 측면의 의사결정 및 투자 동기유발을 위한 지방정부의 자치권이 점차 강화되고 있다. 대표적인 사례로 웰일스 지역개발청(Welsh Development Agency)와 잉글랜드 북동부지역개발청(OneNorthEast)은 해외 투자자들(예: 한국의 LG와 독일의 지멘스) 유치를 위한 엄청난 양의 공적 자금을 자율적으로 결정하였다.

한편 연방정부 통치체제를 갖고 있는 미국과 독일의 경우 전통적으로 주정부가 실질적인 자치권을 가지고 경제정책을 수행하고 있다. 그러나 1990년대 미국에서는 도시를 경제성장극(growth pole)으로 간주하는 도시 기업가주의(urban entrepreneurialism) 사고가 지배적이었다. 이에 따라 각 주지사 및 시장들은 투자 유치를 촉진하기 위한 다각적인 정책을 입안하고 지역경제 활성화를 위한 정책들을 과감히 시행하면서 기업친화적 행정가로서의 역량을 키워나가고 있다. 이로 인해 도시 간 경쟁이 심화되고 다양한 장소 마켓팅 전략들과 기업 유치를 위한 도시계획적 전략들도 구사되고 있다.

선진국뿐만 아니라 중국도 1978년 이후 점진적으로 개방화되면서 경제적 의사결정에서의 지방 분권화를 시행하였다. 이러한 지방 분권화 의사결정과정의 결과 중국 연안에 위치한 지방정부(예: 광동 및 양쯔강 하류지역)는 외국인 투자를 적극적으로 유치하려는 독자적인 노력을 펼치면서 지역경제를 활성화시켰다.

국민국가의 스케일 상·하향 조정뿐만 아니라 국가 자체의 기능도 점차 변화되고 재구성되어 가고 있다. 특히 국가경제를 관리하는 데 있어서 민간 영역이 더 깊게 관여하고 있다. 민-관 파트너십 및 국영기업의 민영화를 통해 국가경제 관리는 더 이상 국가만이 아닌 국가와 민간 부문이 공동 책임지는 형태로 바뀌어 가고 있다. 국영기업의 민영화는 소유권을 민간 부문에 단지 이양하는 것만이 아니라 경제 권리와 거버넌스 권리가 공공부문에서 민간 부문으로 이양되는 것이다. 우리나라의 경우 한국통신이 민영화되면서 독점이 아닌 경쟁적 시장 환경에 적응하면서 새로운 형태의 서비스 및 가격 전략을 효율적으로 과감히 펼쳐 나가게 되었다. 민영화된 사업에 외국기업이 진입하는 경우 더욱 민간기업들 간 경쟁우위를 점유하기 위한 다양한 전략과 정책들이 펼쳐지게 된다. 비공식이지만 국가가 승인한 QUANGOS(준자치 비정부기구), 시민사회 단체(NGO: 비정부기구) 및 국가의 권한위임을 담당하는 민간단체까지도 지역경제의 의사결정에 관여하는 경우가 점차 많아지고 있다.

더 나아가 국가의 법률체제 영역에서도 국가의 역할이 줄어들고 있다. 과거에는 국가가 기업의 재무 건전성에 대한 규제를 중앙은행 또는 재무부에서 관할하였다. 그러나 글로벌 경제 하에서 등장한 신용평가기관(예: Moody's, Standard & Poor's), 기관 투자가(예: Goldman Sachs 및 JP Morgan) 및 연금기금 및 회계법인과 같은 민간의 기능이 더 중요해지고 있다. 특히 국가 금융시장의 질서와 투명성 보장은 국민국가보다는 이러한 기관에 의해서 이루어지고 있다. 초국적기업의 경우 자국 국가기관의 평가보다 Standard & Poor's의 신용등급과 Goldman Sachs의 주식 매입·매도 조언을 더 신뢰하고 있다. 이는 이들 기관의 신용평가 결과에 따라 개별 기업의 주가가 달라질 가능성이 매우 높기 때문이다. 또한 비즈니스와 관련된 언론 매체도 중요한 역할을 수행하고 있다. 비즈니스 잡지 포브스, 포춘, 비즈니스 위크와 월스트리트 저널과 같은 경제신문들은 비즈니스 업계의 모니터링 역할을 수행한다. 이러한 언론 매체에 기업의 스캔들이 알려지게 되면 엄청난 타격을 받게 된다.

이러한 민간기구 이외에도 국제적 차원에서 특정 경제활동을 규제하기 위한 준 민간기구들이 있다. 예를 들면 기업 및 산업협회 감시 기구, 환경단체 및 민간 재단들이다. 이들의 공통점은 과거 국가가 담당하였던 규제와 조정 기능을 점차 대신하여 수행하고 있다. 가장 대표적인 기구가 1973년에 설립된 국제회계표준위원회(IASC: International Accounting Standards Committee)와 2001년에 세워진 국제회계표준원(IASB: International Accounting Standards Board)이다(Coe et al., 2013).

이와 같이 경제의 세계화가 진전되면서 글로벌 거버넌스에 대한 이슈가 화두에 오르고 있다. 특히 글로벌 차원에서 해결해야 하는 복잡하고 다양한 문제들을 협치를 통해 각 국가들의 이해관계를 조정하고 협력적 기반을 조성하는 것이 그 어느 때보다도 절실하게 요구되고 있다. 이러한 맥락에서 G20은 가장 강력한 세계경제를 이끌어가는 영향력있는 조직이라고 볼 수 있다.

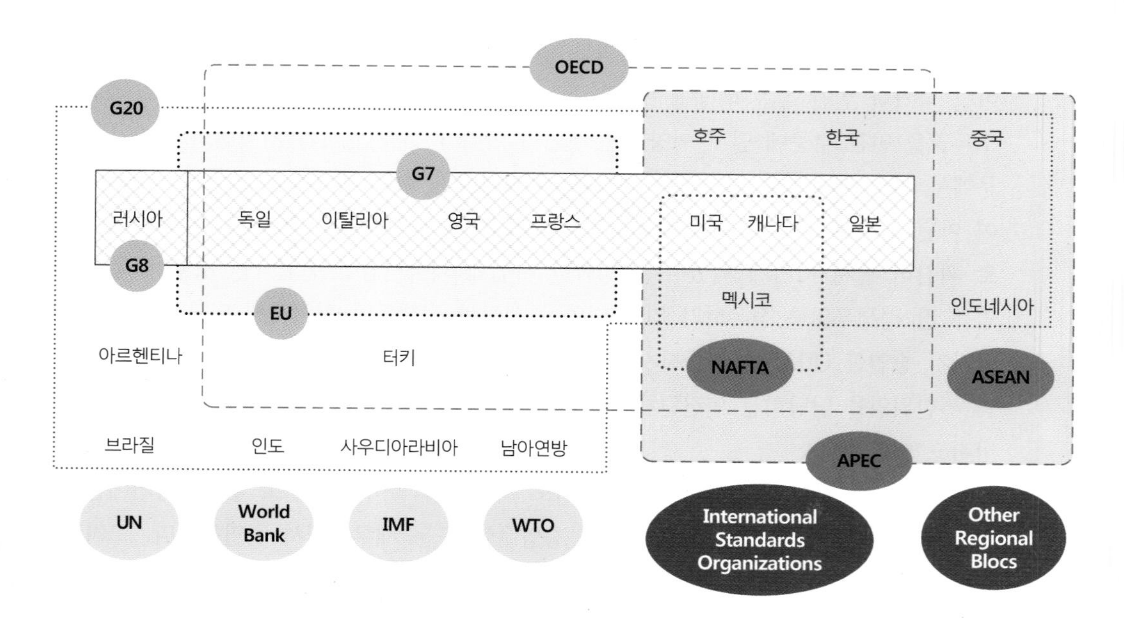

그림 5-4. 글로벌 거버넌스를 움직이는 조직들
출처: Dicken, P.(2015), p. 53.

G20

❐ G20(Group of 20)은 세계경제를 이끌던 G7과 유럽연합(EU) 의장국에 12개의 신흥국들을 더한 20개 국가의 모임을 지칭하는 용어이다. 아시아 금융위기 이후 금융, 외환 등과 관련된 국제적 위기에 대한 대처 시스템 부재가 문제점으로 지적되면서, 1999년 9월 IMF 총회가 개최된 당시 G8 재무장관회의에서 G8 국가와 주요 신흥공업국가들이 참여하는 G20 창설에 합의하였다.

❐ 1999년 12월 독일 베를린에서 처음으로 국제사회의 주요 경제·금융 이슈를 논의하는 G20 재무장관회의가 개최되었다. 그 이후 G20은 매년 정기적으로 회원국 재무장관과 중앙은행 총재들의 모임으로 회의를 주도해오다가 2008년 11월 글로벌 금융위기가 발발하면서 위기 극복을 위해 선진국과 신흥공업국가들 간의 공조 필요성이 크게 대두되면서 정상급 회의로 격상되었다.

❐ G20 정상회의는 미국 워싱턴 D.C.에서 처음으로 개최되었다. 우리나라에서도 이명박 정부 시기에 제5차 G20 정상회의를 개최했다. 현재 G20 국가들의 인구를 합치면 전 세계 인구의 약 2/3에 달하며, GDP는 전 세계의 84%를 차지하며, 세계 교역량의 79%를 차지하고 있다. 따라서 G20 정상회담은 사실상 글로벌 거버넌스의 가장 강력한 조직이라고 볼 수 있으며, 여기서 결정되는 현안들이 글로벌 경제에 미치는 영향력은 상당히 크다고 볼 수 있다.

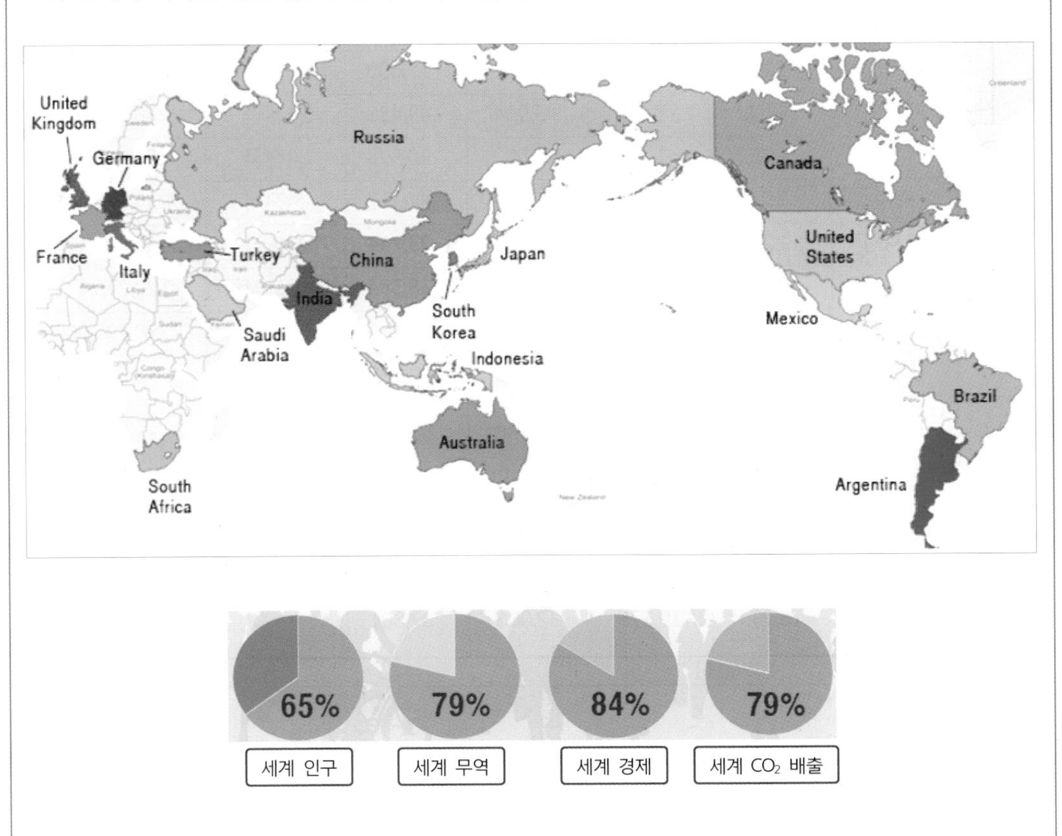

<G20 국가들이 세계에서 차지하는 비중>

G20

<G20 국가들의 국민소득과 1인당 실질소득 비교>

(2016년 말 기준)

G20	국가	명목 GDP(10억)	GDP(PPP) 10억	1인당 명목 GDP	1인당 PPPGDP	회원국 분류	인구
1	미국	17,968	17,968	55,904	55,904	선진국	323,969,000
2	중국	11,384	19,509	8,280	14,189	개발도상국	1,377,469,164
3	일본	4,116	4,842	32,480	38,210	선진국	126,960,000
4	독일	3,371	3,842	41,267	47,033	선진국	81,770,900
5	영국	2,864	2,659	44,117	40,958	선진국	65,110,000
6	프랑스	2,422	2,646	37,728	41,221	선진국	66,710,000
7	인도	2,182	8,027	1,688	6,209	개발도상국	1,291,875,497
8	이탈리아	1,819	2,173	29,847	35,664	선진국	60,665,551
9	브라질	1,799	3,207	8,802	15,690	개발도상국	206,149,411
10	캐나다	1,572	1,628	43,934	45,488	선진국	36,155,487
11	한국	1,392	1,849	27,512	36,528	선진국	50,801,405
12	호주	1,240	1,136	51,641	47,317	선진국	24,119,805
13	러시아	1,235	3,473	8,447	23,744	개발도상국	146,599,183
14	멕시코	1,161	2,220	9,592	18,334	개발도상국	122,273,473
15	인도네시아	872	3,415	2,838	11,111	개발도상국	258,705,000
16	터키	722	1,576	9,290	20,276	개발도상국	78,741,053
17	사우디아라비아	632	1,681	20,138	53,564	개발도상국	32,248,200
18	아르헨티나	578	964	13,428	22,375	개발도상국	43,590,400
19	남아프리카공화국	317	724	5,783	13,197	개발도상국	55,653,654
20	유럽연합(의장국)	16,265	19,176	32,006	37,801	-	510,056,111

제 6 장

기술혁신과 경제공간의 변형

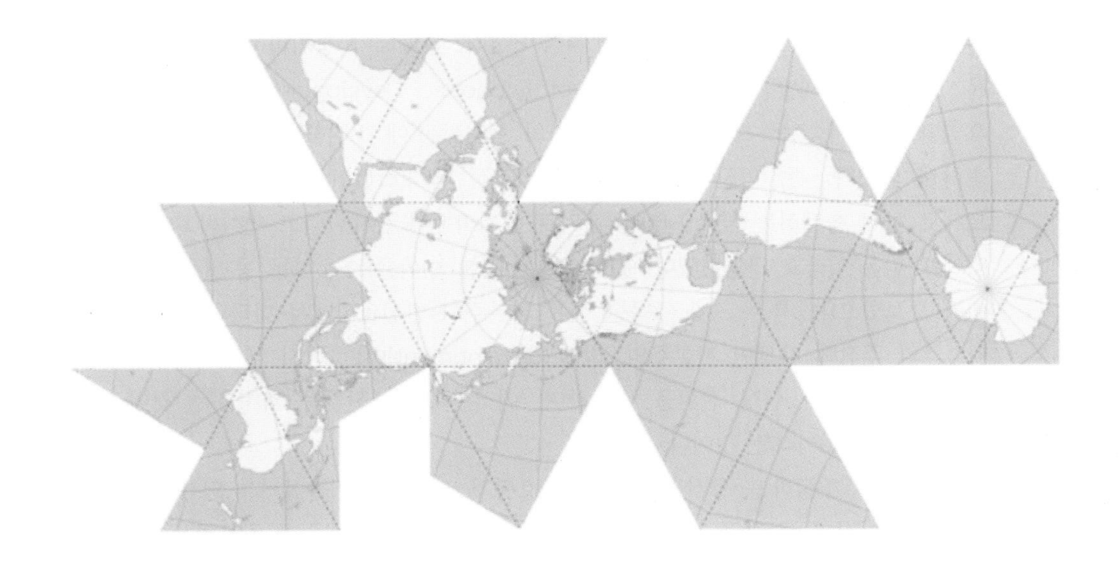

1 기술혁신 과정과 특징

1) 장기파동 이론

러시아의 경제학자 콘드라티예프(Kondratiev)는 1790~1920년 동안 물가, 이자율, 임금, 생산량 등과 같은 경제지표들의 변화를 분석한 결과 경제 변화가 약 50년을 주기로 파동과 같이 나타나게 된다는 것을 1925년에 처음으로 발표하였다. 콘드라티예프는 자본주의 경기순환 주기를 연구하면서 마르크스를 비롯한 당시 여러 경제학자들이 주목하였던 약 10년 내·외의 주기와는 다른 약 50년의 장기 순환주기가 존재하고 있음을 발견하였다. 특히 그는 기술 변화, 전쟁과 혁명, 세계경제에서의 새로운 국가들의 부상, 금 생산 파동 등이 나타나게 된 것은 외생적인 요인에 의한 것이 아니라 내생적인 요인들에 의한 것이라고 전제하였다. 그가 주목한 것은 18세기 말 산업혁명을 주도하면서 자본주의 중심지로 부상한 영국의 부 축적과정, 19세기 말~20세기 초 전기와 내연기관 발명과 세계 제국주의 형성, 그리고 제2차 세계대전 이후 전자와 석유화학산업의 발달과 미국 중심의 새로운 자본주의 질서 및 냉전체제 성립 등 일련의 국제질서 재편과 자본주의 발달과정을 보면 신산업과 신기술 등장 시기가 상당히 일치하고 있는데, 이는 우연적인 것이 아니라 서로 밀접한 인과관계를 갖고 있다는 가설 하에서 장기파동 이론을 내세우게 되었다.

이와 같이 콘드라티예프가 장기파동 이론의 단초를 제공하였지만, 장기파동 이론의 기반은 슘페터(Schumpeter)에 의해서 이루어졌다. 슘페터가 장기파동설을 접하게 된 시점은 1934년 「경제발전론(the Theory of Economic Development)」이란 저서를 완성한 후였다. 따라서 그는 자연스럽게 '창업가의 혁신활동'에 초점을 두고 장기파동 이론을 구축하게 되었다. 즉, 혁신(Innovation)과 창조적 파괴(creative destruction)라는 개념을 토대로 하여 슘페터는 약 50~60년 주기로 장기파동이 존재한다고 인식하고, 이를 '콘드라티예프 파동'이라고 명명하였다. 슘페터는 이러한 변화를 추동하는 동인(動因)을 기술혁신이라고 보았으며, 특히 그가 주목한 점은 자본주의 발전과정에서 나타난 혁신의 역할이었다. 그의 주장에 따르면 자본주의 '발전'(development)이란 단지 부의 양적 증가만이 아니라, 생산에서의 질적 전환을 내포하며, 이러한 질적 전환을 가져오는 것이 바로 '혁신'(innovation)이라는 것이다.

슘페터가 주장하는 장기순환 주기는 호황기→침체기→불황기→회복기의 4개 국면으로 이루어지며, 각각의 장기파동은 각기 서로 다른 핵심기술과 주도하는 산업이 있다. 그가 지칭하는 혁신은 완만하게 연속적으로 나타나는 것이 아니라 창업가의 혁신 동기 및 강도에 따라 특정 시기에 '군집'되어 불연속적으로 나타나며, 이것이 경기순환 주기를 유도하게 된다. 따라서 자본주의 경제발전이란 단선적, 연속적 과정이 아니라 순환주기적 과정이며, 한 단계 발전의 파괴적 교란이 새로운 장기 호황의 발전을 위한 창조적 혁신의 필수 전제조건이 된다는 것이다. 슘페터는 창조적 파괴(creative destruction) 과정을 통해 자본주의 경제발전이 이루어졌다고 간주하였으며, 따라서, 혁신과 창조적 파괴 개념에 기초하여 장기파동 이론을 구축하였다.

장기파동 이론에 따르면 18세기 산업혁명 이후부터 현재까지 5차에 걸친 파동이 나타나고 있다. 1차 파동은 18세기 말부터 19세기 중반까지의 산업혁명기로 섬유공업과 증기기관이 주도한 시기이다. 2차 파동은 19세기 중반부터 19세기 말까지 철도와 제철공업의 기술혁신이 주도한 시기이다. 3차 파동은 19세기 말부터 2차 세계대전까지 전기와 내연기관 기술혁신이 주도한 시기이다. 4차 파동은 1940년 말부터 1970년대 말까지 전자와 석유화학 기술혁신이 주도한 시기이며, 5차 파동은 1980년대 초부터 현재까지 극소전자기술이 주도하고 있는 시기라고 볼 수 있다. 역사적으로 볼 때 자본주의 경기 침체시점을 보면 1814~1815년, 1864~1865년, 1919~1920년, 1980~1981년에 각각 나타났다. 장기파동 이론에 의하면 이와 같은 경기 침체에서 벗어나 경기 상승을 가져온 추동력이 바로 기술혁신이다. 즉, 신기술의 발달(예: 증기선, 전기, 자동차, 컴퓨터, 전자)이나 주요 인프라(사회간접자본)의 건설(예: 운하, 철도, 전차, 고속도로, 항공로 등) 등이 자본주의 생산양식의 변화를 가져오면서 경기가 상승하게 된 것이다. 뿐만 아니라 각 파동에서 나타난 특정한 기술혁신은 이에 대응하는 사회적 적용과 밀접한 연관을 맺고 있다(그림 6-1).

1970년대 후반에 들어와 장기파동 이론이 크게 주목을 받고 부각된 것은 1970년대 중반 이후 포디즘이 위기를 맞았기 때문이다. 제2차 세계대전 이후 약 30여년에 걸쳐 장기 호황을 누리던 선진 자본주의 경제가 1973년과 1979년 두 차례에 걸친 석유파동을 겪으면서 경기 침체와 실업 사태가 심각하게 나타났다. 이는 1929년 대공황 시기를 통해 이미 경험하였던 세계경제 침체와 불황기가 또 닥쳐온 것이라는 강한 인식을 주게 되었다. 즉, 1970년대 후반 자본주의 경제가 새로운 위기를 맞으면서 약 50년을 주기로 나타나는 '장기파동'으로 연상하게 된 것이다. 1930년대 직면하였던 경기 침체와 불황에 대해 슘페터는 콘드라티예프 파동으로 설명하고자 하였다. 그러나 당시에는 그의 주장이 설득력이 없었으며, 따라서 장기파동 이론은 받아들여지지 않았고, 오히려 제2차 세계대전 이후 자본주의는 성장기를 맞이하였다.

한편 Freeman(1987a)은 콘드라티예프 장기파동을 기술-경제 패러다임의 이동으로 이해하고, 산업혁명 이후 약 50년 주기로 기술-경제패러다임이 변하여 세계적 불황을 극복하는 계기가 되었다는 견해를 피력하였다. 즉, 경제발전은 각각의 장기파동의 기반을 형성하는 기술적, 제도적 변화에 의해 발생하며, 오랜 시간에 걸쳐 점진적으로 산업화 과정을 겪게 된다. 이러한 산업화는 변화를 촉진하는 각각의 특징적인 경제적 위기와 함께 경제적 위기를 극복할 수 있는 경제적 변화가 나타나게 하는 핵심 동인이라고 보았다.

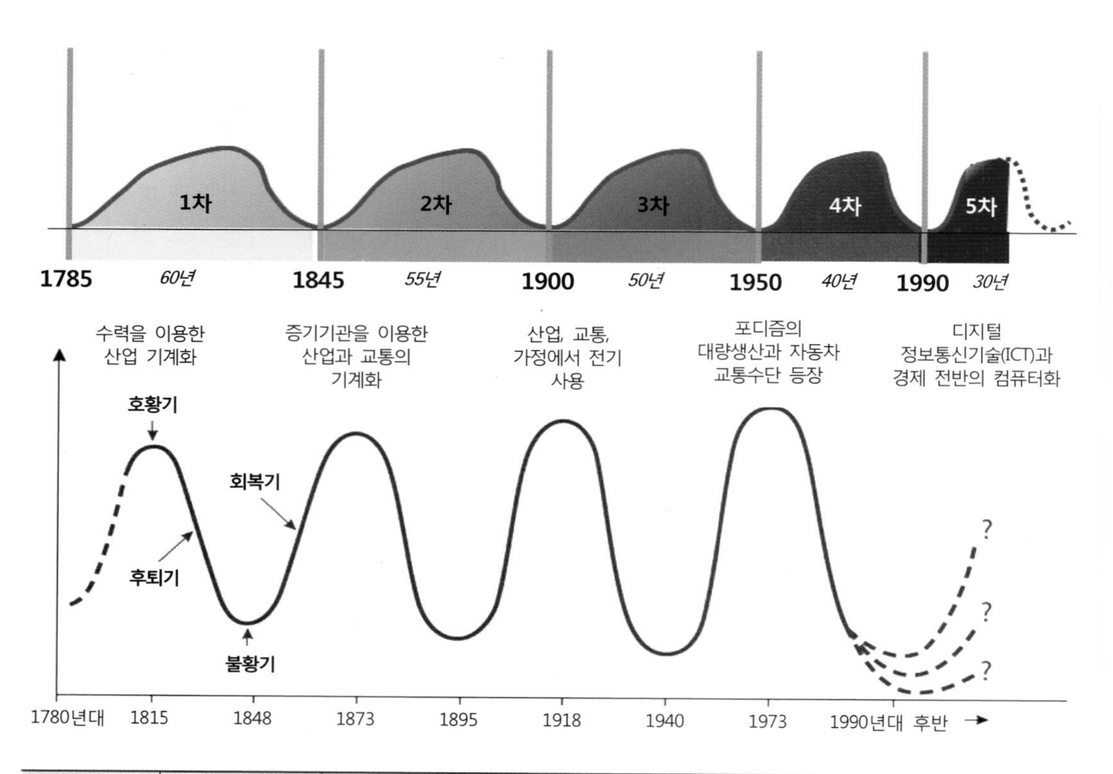

구분	*K1*	*K2*	*K3*	*K4*	*K5*
주요 선도 부문	섬유, 섬유화학, 섬유산업기계화, 철강 주조 수력, 도자기	증기기관, 증기선, 전동 공구, 철과 강철, 철도 시설	전기공학, 전기기계, 케이블, 와이어, 중공업/군수산업, 강철선박, 중화학, 합성염료	자동차, 트럭, 트랙터, 탱크, 항공기, 내구 소비재, 공정 공장, 합성원료, 석유화학	컴퓨터, 디지털 정보기술, 인터넷, 소프트웨어, 통신, 광섬유, 로봇, 세라믹, 나노기술, 생명공학
주요 원료 및 산출물	철강, 원면, 석탄	철강, 석탄	강철, 구리, 금속 합금	석유, 천연가스, 합성원료	칩(집적회로)
교통, 통신 인프라	운하, 유로도로, 범선	철도, 항만	전력 공급과 배송	고속도로, 공항/항공기	디지털 네트워트, 위성
기업조직 및 협력과 경쟁 형태	공장시스템, 중소기업(100명 이만) 간 경쟁, 파트너십 구조에 따른 기술혁신자와 재무관리자의 협력, 국지적 자본과 개인적 부	소기업들 간의 경쟁 심화, 대기업 등장(수천명 종사자) 기업과 시장 성장에 따른 유한회사, 공동출자회사로 인해 위험 감수 및 소유권 패턴 변화	거대 기업, 카르텔, 트러스트, 합병, 독점과 과점이 전형적이 됨. '자연'독점과 공공사업 규제 및 국가 소유, 은행과 금융자본 집중, 대기업에서 전문화된 중간관리 계층 등장	포디즘, 대량생산과 대량소비, 과점적 경쟁, 해외직접투자와 다공장입지의 초국적기업, 하청 및 수직적 통합, 집중화, 분업화, 위계적 통제 증가, 대기업에서 테크노구조	대기업과 중소기업 간 네트워크(기술, 품질 관리, 훈련, 투자계획, 생산계획(적기생산)에서 컴퓨터 네트워킹과 긴밀한 협력 강화)
주요 중심 지역	영국	영국(유럽 및 미국으로 확대)	영국을 앞서는 미국과 독일	미국(독일과 함께)이 세계주도권을 가짐, 유럽으로 확대	미국(유럽과 아시아로 확산)

그림 6-1. 장기파동의 시기와 각 파동의 특징
출처: Dicken, P.(2015), p. 78, 79.

이렇게 30여년이나 거의 잊혀져왔던 장기파동 이론이 1970년대 후반에 다시 주목을 받으면서 5차 파동에 초점이 모아졌다. 대량생산과 대량소비를 기반으로 성장하였던 포디즘의 경기 침체에서 다시 경기가 상승하도록 추동한 정보통신기술(ICT: information communication technologies)에 많은 관심이 기울여졌다. 특히 컴퓨터와 정보통신기술을 통해 새롭게 등장한 유연적 생산양식과 적기 생산체제를 기반으로 하는 포스트포디즘으로 이행되면서 세계경제는 다시 회복되었다. 자본주의 경제구조의 변화를 장기파동 이론으로 설명하고자 하는 학자들의 견해에 따르면 자본주의 체제는 기술-경제적 체제와 사회-제도적 체제로 나누어 볼 수 있는데, 이 둘은 서로 밀접하게 상호작용을 하고 있다. 따라서 기술-경제적 영역에서의 변화는 필연적으로 사회-제도적 체계에서의 변화를 야기시키게 된다.

그러나 장기파동 이론은 장기파동이 발생되는 메커니즘에 대해서 충분히 설명해주지 못하고 있으며, 단지 기술혁신이 경제 변화를 가져오는 핵심 요인임을 강조하고 있다. 이에 따라 장기파동 이론은 자유주의 경제학자들에 의해 비판을 받게 되었으며, 장기파동 이론도 점차 발전되어 나갔다. 특히 장기파동의 상승국면과 하강국면의 전환을 '기술혁신의 역동성'으로 이해하려는 슘페터의 이론은 신슘페터주의(Neo-Schumpeterian)학자들에 의해 더욱 심화·확대되어 나가고 있다. 신슘페터주의 장기파동 이론가들은 슘페터의 관점을 따르면서도 그의 이론이 지닌 불완전성을 보완, 수정하거나 이론 자체를 재구성하려는 시도들을 하고 있다. 특히 이들은 장기파동에서 어떻게 주도적인 신기술, 산업 및 새로운 국가들이 부상하고 또 교체되어 가는가에 초점을 맞추고 있다.

한편 2007~2009년에 나타난 글로벌 금융위기는 세계경제에 심각한 영향을 미치게 되었고, 이를 계기로 5차 장기파동이 끝나가고 있다고 보는 시각도 늘어나고 있다. 특히 전 세계적인 경기 침체, 거의 제로에 가까운 이자율, 소비자 이익보다 금융사의 이익을 앞세우는 도덕적 해이 현상 등은 장기파동의 후퇴기에 경험하였던 징조들이라고 인식되고 있다. 이에 따라 닥쳐올 미래는 이제까지 인류가 경험하지 못했던 새로운 위기를 맞이하게 될 것이라는 조심스러운 전망까지 있다. 현재 나타나고 있는 생산·소비시스템의 한계, 환경 및 자원에 대한 오·남용, 기후변화, 토양침식, 물 부족, 에너지 부족, 열대림 파괴, 생물 다양성 저하 등은 지구의 수용 한계를 넘어선 것처럼 보이고 있다. 이에 따라 미래학자들의 관심사는 5차 장기파동을 주도하였던 정보통신기술의 역할을 앞으로 나타나게 될 6차 파동에서는 무엇이 대체하게 될 것이며, 6차 장기파동을 주도할 새로운 기술혁신이 과연 나타날 것인가에 대해서도 관심을 두고 있다.

Schumpeter의 일대기와 사상1)

❒ 하버드대 경제학과 교수 서머스는 2009년 백악관 발표문에서 '21세기는 조지프 슘페터의 세기'라 명명하였는데, 이는 경제 불황의 그늘에서 벗어날 수 있는 궁극적인 해법은 슘페터의 혁신과 기업가 정신에 있다고 간주하였기 때문이다. 슘페터 사상의 핵심은 혁신, 기업가정신, 창조적 파괴이다. 슘페터는 사회적 비전을 가지고 있었으며, 그 비전을 구체화시키기 위해 세밀한 분석을 수행하였다. "자본주의, 사회주의, 민주주의", "경제발전의 이론"이 그의 거작이다. 우리는 슘페터 세기에 살고 있지만, 슘페터의 일생 및 그의 삶의 태도에 대해서는 잘 모르고 있다. 하버드 경영대학의 토마스 맥크로우 교수는 2012년에 「혁신의 예언자」(약 500쪽)라는 저서에서 슘페터를 소개하였다. 이 책은 혁신, 창조적 파괴, 기업가정신 등 자본주의가 지니고 있는 본성에 대한 뛰어난 통찰을 남긴 슘페터의 전기라고 볼 수 있다. 이 책에 나타난 슘페터의 일대기와 사상은 5가지로 요약해볼 수 있다.

❑ **슘페터는 기업가였다:** 슘페터의 일생은 케인즈와 대비된다. 평범한 집안에 태어났고, 4살 때 아버지가 사망하자 그의 어머니는 아들 교육을 위해 자신보다 30살이나 연상인 퇴역장성과 결혼한다. 이 양아버지의 후원으로 슘페터는 빈 대학에서 박사학위를 받는다. 슘페터의 내면에는 평범한 자신의 출생배경과 비범한 삶을 살고자 하는 열망이 공존했다. 그래서 강사 시절부터 정규 교수직까지 사다리를 타고 오르기보다는 각국의 주요 경제학자들을 만나는 길을 택했고, 이 과정에서 영국의 상류층 여성을 만나 결혼한다. 그는 자신이 태어난 대로 사는 게 아니라 자신이 살고자 하는 삶을 살기 위해서 노력했다는 점에서 기업가라고 간주되고 있다.

❑ **결핍이 열정을, 고난이 헌신을 만들다:** 경제학자가 되겠다는 결심과 자본주의를 연구하겠다는 목표는 이미 정했지만, 슘페터는 이를 완숙하는 데 일생이 걸렸다. 그는 변호사에서 대학 교수로, 대학 교수가 된 뒤에도 오스트리아 재무장관을 지냈다. 학문에 전념하고 대학 교수로서의 정체성을 확립한 후 그는 오스트리아, 독일, 미국으로 거처를 옮겨야 했다. 개인적 삶도 평탄하지 않았다. 슘페터는 세 번 결혼했으며, 가장 사랑했던 두 번째 아내는 출산하는 과정에서 목숨을 잃었다. 슘페터는 어머니를 잃은 고통과 함께 아내와의 이별로 인해 평생 이 상처를 안고 우울증에 시달렸다. 아마도 슘페터를 헌신적으로 일생 동안 보조했던 세 번째 아내의 도움이 없었다면 그는 중간에 꺾이고 말았을 것이다.

❑ **사회과학은 사회적 문제를 푸는 지적 기술이다:** 슘페터의 방대한 내용과 다양한 주제가 통일된 사고체계를 통해 정리될 수 있었던 것은 슘페터에게 사회과학은 사회적 문제를 푸는 지적 기술로 다가왔기 때문이다. 그는 경제학자였지만, 자본주의의 역동성을 이해하는 데 도움이 된다면 사회학, 역사학, 심리학 등에서 새로운 지식과 관점을 가져오는 데 주저하지 않았다. 수학을 중요시하되 수학에 얽매이지 않았고 사회과학 전 분야에 유산을 남긴 역량있는 학자로 성장했다. 그는 경제학자로서의 확고한 정체성을 갖고 있었지만 자신이 풀고자 하는 문제를 더 잘 풀 수 있는 방법이 있다면 그 방법이 무엇이든, 누구의 것이든 망설이지 않고 수용하였다. 그러나 슘페터는 유연한 만큼 지적으로 강한 학자였고, 강한 만큼 창의적인 학자였다. 이런 개방적 태도를 기반으로 하여 슘페터 자신 스스로 학문체계에서 혁신을 실현하고 있었다.

❑ **슘페터는 통합된 사회 비전을 가지고 있었다:** 슘페터의 꿈은 자본주의는 움직이기 때문에 존재한다는 것을 증명하는 것이었다. 기업가란 자본주의를 움직이게 하는 것으로, 기업가정신이란 기업가의 덕목이었고, 혁신은 기업가의 도구였고, 신용은 기업가가 혁신을 진행하기 위한 자원이었다. 슘페터의 가장 유명한 저서인 「자본주의, 사회주의, 민주주의」는 슘페터의 자본주의에 대한 이해를 바탕으로 자본주의가 사회주의, 민주주의와 어떤 관계를 맺고 있는지 분석한 책이다. 슘페터는 거의 모든 현상에 대해 관심을 가지고 있었고, 자본주의란 경직된 체제가 아니라 약동하고 변화하는 대상으로 파악하였다. 슘페터는 기업가 최대의 적은 기업가라고 인식하였는데, 이는 창조적 파괴가 파괴하는 대상은 이전의 기업가이기 때문이다. 마찬가지로 슘페터의 최대의 적도 슘페터였다. 그의 통합된 사회적 비전은 자신 안의 모순을 극복하는 과정에서 역사학 등 새로운 사상과 도구를 수용해가며 성장시켜 나갔다.

❑ **주는 사람만이 지속가능한 업적을 남길 수 있다:** 슘페터는 항상 합리적이고, 포용적이고, 관대한 사람이었다. 아무리 분주해도 동료 학자들을 돕고 후진을 양성하는 데 시간과 노력을 아끼지 않았다. 이건 훌륭한 투자였다. 슘페터가 독일과 미국에서 대학 교수직을 확보하려 했을 때 결정적인 도움을 준 것은 바로 이런 친구들이었다. 또한 어머니와 아내들의 헌신을 빼놓고 슘페터의 삶과 성공을 설명하기 어렵다. 이렇게 인적 네트워크가 상당히 탄탄하게 구축되었기 때문에 슘페터는 그의 인생의 수많은 고난과 비극에도 불구하고 주요한 연구 활동을 지속할 수 있었다.

---

1) 김재연(2013), '21세기에 다시 읽는 조지프 슘페터', 블로거의 글을 정리하였음.

캐나다 토론토 대학의 Homer-Dixon(2006)의 주장에 따르면 인류 문명의 흥망성쇠는 에너지 투자 수익률(EROEI: Energy Return On Energy Investment)과 밀접한 관계를 가지고 있다. 여기서 에너지 투자 수익률이란 단위 에너지를 생산하기 위해 투입해야 하는 에너지의 양으로, 에너지 투자에 대한 수익 지표라고 볼 수 있다. 일례로 에너지 비용이 높은 배터리를 생산하기 위해 더 많은 양의 화석연료를 소비하기 때문에 더 많은 이산화탄소를 배출하게 된다. 이와 같이 산출물(예: 배터리)의 에너지 비용이 너무 높으면 풍력이나 태양단지의 환경적 장점을 희석시키며, 지구온난화에 더 부정적 영향을 줄 수도 있다. 또 다른 사례로, 원유가 점차 고갈되어 심해저에서 유정을 개발해야 하는 경우 원유 단위량을 생산하기 위해 이전보다 더 많은 에너지를 투입하여야만 한다.

핀란드의 미래학자 Wilenius(2014)는 자원 생산성(resource productivity)이 향후 가장 중요한 이슈이며, 결국 에너지와 원자재 부족 문제를 해결하는 기술혁신이 6차 장기파동을 추동하게 될 것이라고 언급하였다. 그는 자원 생산성을 높이기 위한 연구가 적실하게 이루어져야 함을 강조하고 있다. 특히 자원 생산성 연구를 사회변화 궤도, 핵심 메가트랜드, 핵심 혁신 플랫폼 영역으로 구분하고 각각의 영역에서 향후 전망되는 9개 요인들을 열거하였다(그림 6-2). 따라서 이러한 요인들의 변화 추세를 고려하여 자원 생산성을 향상시키는 연구가 수행된다면 향후 40년 후인 2050년 경에는 새로운 경제와 생산 시스템으로의 패러다임 전환이 가능하며, 더 나아가 지구촌에서 직면하게 될 다양한 문제들을 해결할 수 있다는 견해를 피력하고 있다.

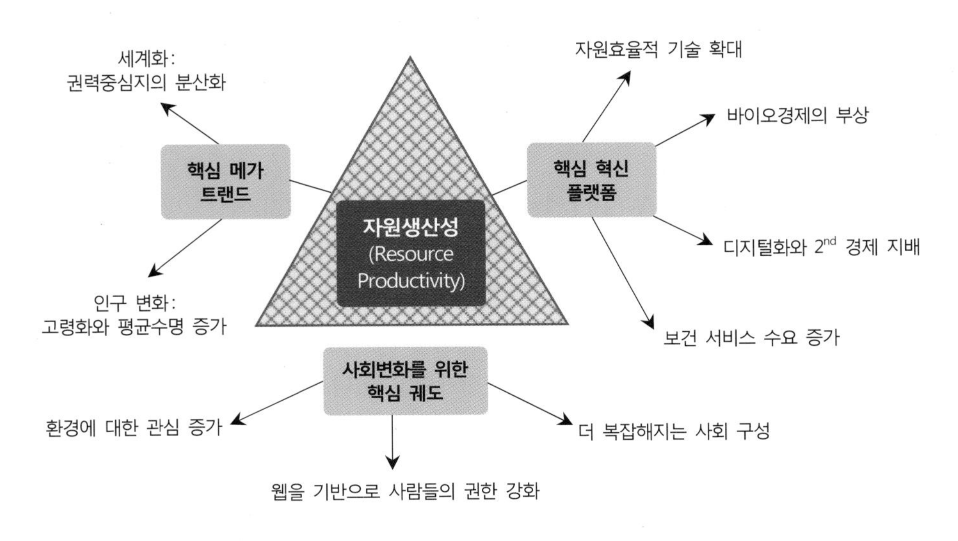

그림 6-2. 웰레니우스가 제안하고 있는 6차 파동의 핵심인 자원 생산성 개념
출처: Wilenius, M.(2014), Figure 2를 참조하여 작성.

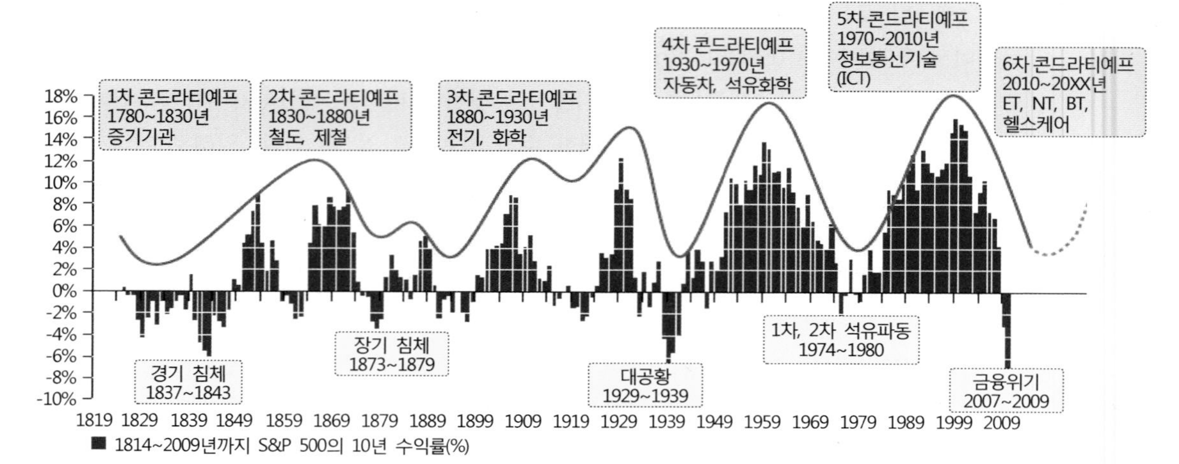

그림 6-3. 6차 장기파동에 대한 전망
출처: Allianz Global Investors(2010), p. 6.

그러나 6차 장기파동은 지금까지 경험하였던 1차~5차 파동과는 전혀 다른 양상으로 발전할 것으로 전망되고 있다(그림 6-3). 현재 전 세계 휴대폰 가입자 수는 약 70억 명이며 휴대폰 보급률이 이미 95%에 이르고 있다. 따라서 새로운 기술혁신을 전파하기 위한 기본 인프라는 갖추어졌다고 볼 수 있다. 6차 장기파동을 주도할 기술혁신은 아마도 5차 장기파동을 주도한 ICT가 더 진화하여 모든 사물, 사람들의 연결이 가능한 초연결시대와 초지능시대를 이끌어 갈 것이다. 6차 콘드라티예프 파동은 환경·나노·바이오 기술, 보건의료기술이 혁신을 주도할 것으로 전망되고 있다(박병원, 2013).

2) 4차 산업혁명

제46차 세계경제포럼(WEF) 연차 총회(이하 다보스포럼)에서 세계경제포럼 회장인 Schwab은 2016년 핵심 주제로 '제4차 산업혁명의 이해(Mastering the Fourth Industrial Revolution)'를 선정하면서 4차 산업혁명이란 용어가 유행어처럼 확산되고 있다. 슈밥 회장은 산업혁명이란 신기술이 경제체제와 사회구조를 급격하게 전면적으로 변화시키는 것이라고 전제하면서 현재 4차 산업혁명이 전개되고 있다고 언급하였다. 그가 생각하는 4차 산업혁명은 물리적 세계, 디지털 세계, 생물학적 세계의 3자를 융합한 신기술이 주도하는 것이다. 따라서 4차 산업혁명을 주도하는 신기술은 유비쿼터스 인터넷, 더 저렴하면서 작고 강력해진 센서, 인공지능과 기계학습 등 디지털 기술이 토대를 이루고 그 위에 4차 산업혁명을 이끄는 3개 기술 분야를 추가하였다. 즉, 물리학 기술에서는 자율주행자동차와 드론을 포함한 무인운송수단, 3D 프린팅, 첨단 로봇공학; 디지털 기술에서는 사물인터넷, 블록체인, 공유경제(혹은 온디맨드 경제); 생물학 기술에서는 유전공학, 합성생물학, 바이오프린팅 등이다.

한편 3차 산업혁명을 기반으로 한 디지털과 바이오산업, 물리학 등의 경계를 융합하는 기술 혁명으로 '4차 산업혁명(인더스트리 4.0)'도 등장하고 있다. 1차 산업혁명이 수력과 증기를 사용하여 기계를 사용한 '공장(工場)' 제조를 가능하게 하였다. 따라서 1차 산업혁명을 18세기 중반 증기기관의 등장으로 가내 수공업 생산체제가 공장생산체제로 변화된 '기계 혁명'이라고 불리운다. 농경 사회에서 산업·도시사회로 전환된 시기였다. 철강 산업도 1차 산업혁명에서 핵심 역할을 수행했다. 공장에서 대량생산된 제품을 구매하고 증기기관을 이용하여 상업과 무역이 확대되면서 자본주의가 싹트게 되었다.

2차 산업혁명은 전기의 등장으로 '에너지 혁명'이라고도 불리며 '전기분해'와 '전기제련'이 가능해지면서 중화학공업의 기반이 마련되었다. 1870년~1914년 제1차 세계대전 직전까지의 2차 산업혁명은 철강, 석유 및 전기 분야와 같은 신규 산업과 분업화, 작업 자동화와 대량생산체제가 가능해진 시기이다. 또한 디젤 기술과 결합한 중공업의 발전은 제국주의와 국제정치의 중요성을 부각시키는 결과도 가져왔다.

3차 산업혁명은 컴퓨터 및 정보통신기술의 발달로 정보화·자동화 체제가 구축되어 '디지털 혁명'이라고 불려진다. 3차 산업혁명은 아날로그 전자 및 기계 장치에서 디지털 기술로의 발전으로, 컴퓨터와 로봇 기술을 활용, 분업화된 생산모듈의 자동화를 실현하였고, 인터넷 발달은 물리적 공간 한계를 극복하며 국제 무역과 금융산업 발전을 이끌었다.

이와 같이 1~3차에 걸친 산업혁명을 통해 경험한 바와 같이 기술 발전이 사회적, 경제적 측면에 상당한 영향을 미치며 경제공간의 변형도 가져왔다. 따라서 4차 산업혁명이 사회와 경제 및 경제공간에 어떠한 영향을 미치게 되는가에 대해 더 많은 관심이 기울여지고 있다. 4차 산업혁명은 기존의 산업혁명과는 비교할 수 없을 정도로 지대한 영향력을 미치게 될 것으로 전망된다. 특히 정보통신기술을 비롯한 인공지능(AI), 로봇, 사물인터넷(IoT) 등이 다양한 산업들과 결합하며 새로운 형태의 제품과 서비스, 비즈니스를 만들어낼 것으로 예상하고 있다(그림 6-4). 4차 산업혁명을 일으키는 동인은 기술적 측면에서의 변화 동인과 사회·경제적 측면에서의 변화 동인으로 구분할 수 있다. 특히 업무환경 및 방식의 변화, 신흥시장에서의 중산층 등장, 기후변화 등이 사회·경제적 측면에서의 주요 변화 동인이고, 과학기술적 측면에서는 모바일 인터넷, 클라우드 기술, 빅데이터, 사물인터넷 및 인공지능 등이 주요 변화 동인이 될 것으로 보고 있다. 특히 과학기술적 측면에서는 클라우드 서비스, 사물인터넷, 빅데이터, 인공지능 및 로봇기술 등이 변화 동인으로 제시되고 있다(CEDA, 2015).

그러나 일부 학자들은 4차 산업혁명은 새로운 개념이 아니며, 3차 산업혁명의 연장선상에 있다는 주장을 펼치고 있다. 더 나아가 4차 산업혁명의 내용은 2011년 리프킨의 저서 「3차 산업혁명」이나 2006년 토플러가 주장했던 「제4의 물결」과도 일맥상통하다고 간주하고 있다.

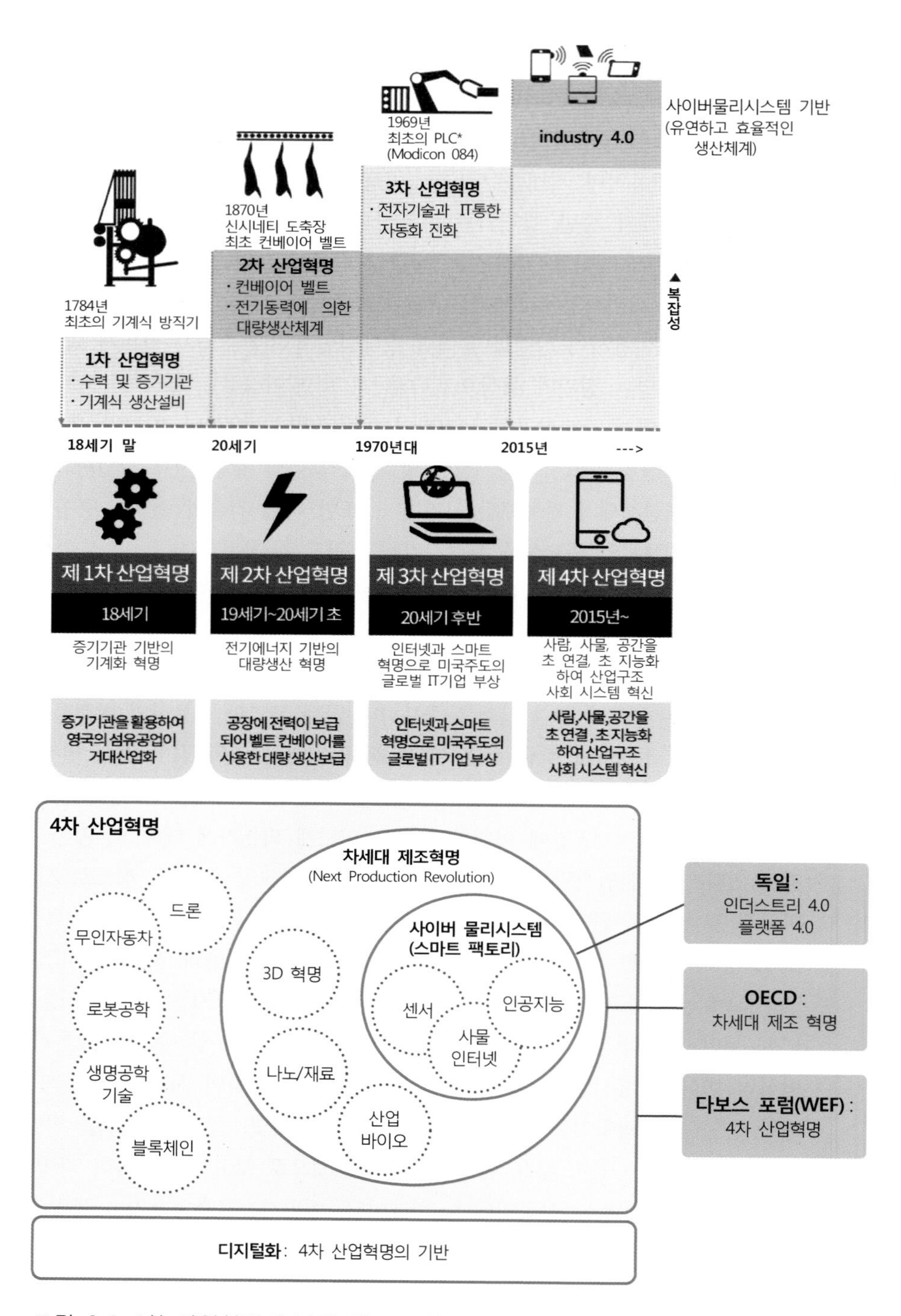

그림 6-4. 4차 산업혁명의 특징 및 주도하는 기술

출처: 장필성(2016), DFKI(독일 인공지능연구소)(2011), 한국정보화진흥원(2014), 포스코경영연구소(2014) 등을 참조하여 재구성함.

4차 산업혁명[2)]은 초연결성(Hyper-Connected), 초지능화(Hyper-Intelligent) 특성을 가지고 있고, 이를 통해 모든 것이 상호 연결되고 보다 지능화된 사회로 변화시킬 것으로 전망된다. 초연결(Hyper-connectivity) 사회 개념은 2008년 미국 시장조사업체 가트너(Gartner)가 모바일시대를 맞아 새 트렌드를 강조하기 위해 사람과 사람, 사람과 사물, 사물과 사물이 연결된 상황을 지칭하는 용어로 처음 사용했다. 그 이후 2011년 서울디지털포럼에서 '초연결사회, 함께하는 미래를 향하여'를 주제로 기술 진보와 사회 변화를 논의하였으며, 2012년 세계경제포럼(WEF)에서도 글로벌 경제사회의 변화와 쟁점, 위기대응 방안으로 초연결성에 집중하였다. 사물인터넷, 클라우드 등 정보통신기술의 발전과 확산은 인간과 인간, 인간과 사물, 사물과 사물 간의 연결성을 기하급수적으로 확대시키고 있고, 이를 통해 초연결성이 강화되고 있다. 또한 인터넷과 연결된 사물의 수가 2015년 182억 개에서 2020년 501억 개로 증가하고, M2M(Machine to Machine) 시장 규모도 2015년 5조 2000억 원에서 2020년 16조 5000억 원 규모로 성장할 것으로 전망되고 있다. 이러한 시장 전망은 초연결성이 제4차 산업혁명이 도래하는 미래사회에서 가장 중요한 특성임을 보여주고 있다.

또한 4차 산업혁명은 초지능화라는 특성을 가진다. 즉 제4차 산업혁명의 주요 변화동인인 인공지능과 빅데이터의 연계 및 융합으로 인해 기술 및 산업구조가 초지능화된다는 것이다. 2016년 3월에 초지능화 사회로 진입하고 있음을 경험하였다. 인간 '이세돌'과 인공지능 컴퓨터 '알파고(Alphago)'와의 바둑 대결에서 알파고의 승리는 초지능화 사회의 시작을 알리는 단초가 되었고, 많은 사람들이 인공지능과 미래사회 변화에 대해 관심을 갖게 되었다. 그러나 2011년에 이미 인공지능과 인간과의 대결이 있었다. 미국 ABC 방송국의 인기 퀴즈쇼인 '제퍼디(Jeopardy)'에서 인간과 IBM의 인공지능 컴퓨터 왓슨(Watson)과의 퀴즈 대결이 있었는데, 최종 라운드에서 왓슨은 인간을 압도적인 차이로 따돌리며 우승하였다. 산업시장에서도 딥 러닝(Deep Learning) 등 기계학습과 빅데이터에 기반한 인공지능과 관련된 시장이 급성장할 것으로 전망되고 있다. 인공지능 시스템 시장은 2015년 2억 달러 수준에서 2024년 111억 달러 수준으로 급성장할 것으로 예측되고 있고(Tractica, 2015), 인공지능이 탑재된 스마트 머신의 시장규모가 2024년 412억 달러 규모가 될 것으로 보고 있다(BCC Research, 2014). 이러한 기술발전 속도와 시장 성장 규모는 '초지능화'가 제4차 산업혁명 시대의 또 하나의 특성이라는 점을 말해주고 있다.

기술·산업적 측면에서 4차 산업혁명은 기술·산업 간 융합을 통해 산업구조를 변화시키고 새로운 스마트 비즈니스 모델을 창출시킬 것으로 예상된다. 초연결성과 초지능화는 사이버물리시스템 기반의 스마트 팩토리(Smart Factory) 등과 같은 새로운 구조의 산업생

---

2) 4차 산업혁명의 특징에 대한 내용은 김진하(2016), 제4차 산업혁명 시대, 미래사회 변화에 대한 전략적 대응방안 모색, KISTPEP InI(15호)를 발췌하여 요약한 것임.

태계를 만들어낼 것으로 전망된다. 독일은 4차 산업혁명에 대비하여 사이버물리시스템 기반의 '인더스트리 4.0(Industry 4.0)' 전략을 제시하였다. 인더스트리 4.0은 사물인터넷, 빅데이터, 3D프린팅 등 그 동안 발전해온 IT와 물리분야 기술들을 모두 활용하여 생산방식을 전면적으로 재편하는 것이다. 인더스트리 4.0이 지향하는 최종목표는 스마트 공장이다. 스마트 공장은 공장 내부뿐만 아니라 전후방 관련기업들을 모두 포함하여 가치사슬에 참여한 모든 기업들과도 정보를 교환하여 최적의 생산을 지향한다. 사이버물리시스템은 생산과정의 주체를 바꾸게 되는데, 기존에는 부품·제품을 만드는 기계설비가 생산과정의 주체였다면 이제는 부품·제품이 주체가 되어 기계설비의 서비스를 받아가며 스스로 생산과정을 거치는 형태의 산업구조로 변화한다는 것이다. 산업인터넷(industrial internet)은 산업현장의 기계들에 센서를 내장하고 제품 진단 소프트웨어와 분석 솔루션을 결합해 기계와 기계, 기계와 사람을 연결시켜 기존 설비나 운영체계를 최적화하는 기술을 말한다. 현재 산업인터넷의 가장 큰 효과는 장비의 결함을 발견하고 예상치 못한 고장을 미연에 방지하는 데서 나타난다. 그 밖에도 장비에서 제공되는 실시간 정보들을 자동으로 분석하는 모니터링 시스템을 통해 효율을 제고할 수 있다. 흥미로운 사실은 GE가 자신의 회사에 적용한 산업인터넷 기술을 판매도 한다는 것이다. 2013년에는 소프트웨어를 팔아 3억 달러의 매출과 4억 달러의 수주를 기록하였다. 사물인터넷이 기반이 된 미국과 독일의 생산관리시스템의 전면 재편은 4차 산업혁명 시대의 새로운 생산모델로서 빠른 속도로 산업 전체로 확산될 것으로 예상된다.

이미 제조업 분야에서 '리쇼어링(Reshoring: 해외에 나가 있는 기업들이 자국으로 다시 들어오는 현상)'이 나타나는 등 산업생태계가 변화하기 시작했다. 보스톤컨설팅그룹(BCG)은 2013년 보고서에서 미국이 다시 생산기지로 적합해지고 있다고 진단하였다. 이미 제너럴일렉트릭(General Electric Corp.)은 세탁기와 냉장고, 난방기 제조공장을 중국에서 미국의 켄터기 루이빌로 이전하였고, 구글도 미디어 플레이어인 넥서스를 캘리포니아 주 세너제이에 만들고 있다. 일본의 파나소닉도 중국에서 전량 생산하던 전자레인지 공장을 일본 고베에서, 세탁기와 에어컨은 일본의 시즈오카와 시가현에서 생산하도록 추진하고 있다. 또한 사물인터넷 및 클라우드 등 초연결성에 기반을 둔 플랫폼 기술의 발전으로 O2O(Online to Offline) 등 새로운 스마트 비즈니스 모델이 등장하고 있다. 4차 산업혁명의 주요 변화 동인이자 기술 분야인 빅데이터, 사물인터넷, 인공지능 및 자율주행 자동차 등의 기술개발 수준 및 주기를 고려할 때 향후 본격적 상용화로 인해 새로운 시장이 나타날 것으로 예상하고 있다(김진하, 2016).

2 교통 부문에서의 기술혁신과 시·공간의 수렴화

1) 교통의 발달과 교통수단의 혁신

교통은 인간생활과 경제활동에서 가장 큰 장애가 되고 있는 거리를 극복해주며, 지역 간 상호작용을 원활하게 해주는 중요한 사회간접자본이다. 교통망 구조와 교통수단 특성에 따라 공간구조가 형성되며 교통망 체계의 발달은 지역성장과도 직결된다. 지난 200여 년 동안 이루어진 교통수단의 혁신과 다양화로 인해 지역 간 여객과 화물 이동이 저렴하면서도 신속하게 이루어지고 있다.

교통수단의 발달과정을 시기별로 보면, 산업혁명 이전까지 주된 육상 교통수단은 우마차였다. 우마차를 이용하여 물품을 수송하는 데 상당히 많은 비용과 시간이 걸렸기 때문에 이동거리는 매우 제약을 받았다. 그러나 1765년 증기기관이 발명되어 증기기관을 이용한 증기선이 등장하게 되면서 육로보다 훨씬 비용이 적게 드는 운하나 수로를 통해 물자를 운반하였고, 세계 교역도 해상교통수단을 이용하여 이루어졌다. 이에 따라 운하는 철도가 등장하기 전까지 가장 중요한 운송수단이 되어 왔다. 특히 1869년에 홍해와 지중해를 연결하는 총연장 161km의 수에즈 운하가 개통되면서 유럽, 인도, 아시아를 오가는 배들이 남아프리카 케이프타운을 돌아야만 하던 운항거리가 크게 단축되었다. 또한 1914년 파나마 운하가 개통됨으로써 대서양-태평양 간 이동에서도 마젤란-드레이크 해협을 거쳐야 했던 운항거리도 상당히 단축되었다. 이렇게 1800년대 중반까지 운하가 가장 중요한 교통수단으로 급속도로 성장하였다.

또한 1829년에 증기기관차 발명 이후 값싼 수송시대가 열리기 시작하였다. 증기선은 수운을 이용할 경우 수송비를 절감시키는 효과만을 가져왔지만 증기기관차의 등장은 육상 교통수단에 큰 변화를 가져왔다. 철로를 통해 여러 지역들이 연결되었으며 대륙횡단철도와 대륙종단철도가 건설됨으로써 장거리 수송도 가능해졌다. 개발도상국의 경우 선진국과의 교역이 이루어지는 항구와 배후 원료지를 연결하는 철도가 건설되어 원료 수송이 원활하게 이루어지게 되었다. 특히 증기기관차의 등장은 주요 도시들의 교통망 골격을 이루는 교통축을 형성하게 되었다. 철도가 등장한 이래 운하는 사양길에 접어들었으며, 철도는 도로교통이 발달하기 전까지 약 50여 년간 주요 교통수단이었다.

1900년대 초 자동차와 항공기의 등장은 교통수단의 큰 혁신을 일으켰다. 철로를 따라서만 이동 가능하였던 것이 자동차가 등장하면서 어느 방향으로든지 쉽게 이동할 수 있게 되었고, 철로로 연결되지 않았던 지역들의 접근성이 향상되면서 지역 간 거리는 상당히 축소되었다. 그 후 고속도로가 건설되고 제1차 세계대전 이후 항공기가 본격적으로 상업

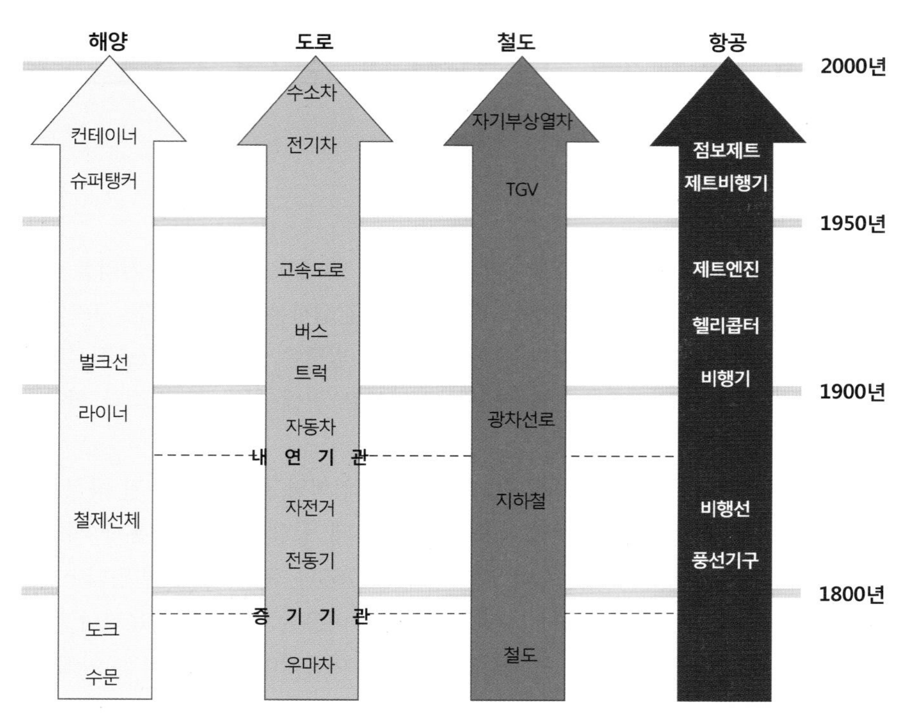

그림 6-5. 교통수단의 기술혁신과 새로운 교통수단의 등장
출처: Hoyle, B. & Knowles, R.(1992), pp. 257-270.

화되면서 거리는 획기적으로 단축되었으며 교통수단 간 경쟁도 심화되었다. 1990년대 이후 고속열차 TGV 운행이 보편화되었으며, 2000년대에는 자기부상열차와 전기차도 새로이 등장하고 있다. 새로운 교통수단이 등장할 때마다 기존의 우위를 차지하던 교통수단은 새로운 교통수단과의 경쟁을 통해 우위성이 약화되고 있다. 그 이유는 새로운 교통수단의 등장은 종래의 교통수단에 비해 속도나 서비스 면에서 훨씬 개선되었으며, 거리 극복효과도 훨씬 더 크기 때문이다. 지난 2세기 동안 등장한 해상과 육상, 항공에서의 새로운 교통수단의 등장과 각 교통수단의 점유시기 및 성장 속도를 비교하면 그림 6-5와 같다.

한편 교통수단 간의 경쟁이 심화되면서 각 교통수단이 지니고 있는 이점을 살린 수송의 전문화가 나타나고 있다. 제1차 세계대전 전까지는 철도는 장거리, 단거리 수송, 여객과 화물 수송, 저가품의 부피가 큰 화물이나 고가품의 제조품 등 거의 모든 종류의 물자 수송을 담당하였다. 그러나 현재는 단거리 수송은 트럭에 의해 운반되고, 부피가 큰 장거리 수송은 내륙수로를 이용하여 운반되며, 단거리 여객수송은 자동차가, 장거리 여객수송은 항공기가 담당하고 있다. 교통수단 가운데서 가장 경쟁이 심한 것은 철도교통과 자동차교통이다. 특히 고속도로 건설로 인해 자동차교통의 이점이 우세해지게 되자 철도교통에도 많은 혁신이 나타나면서 운송비도 저렴해지면서 고속화되고 있다(그림 6-6).

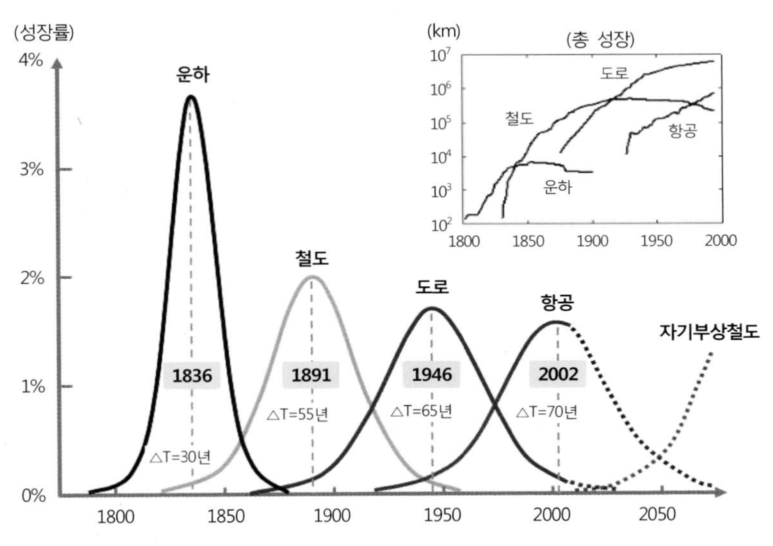

그림 6-6. 각 교통수단별 성장시기와 성장률 비교
출처: Ausubel et al.(1998), p. 144.

이상에서 살펴본 바와 같이 기술혁신에 따른 여러 교통수단 간의 경쟁을 통해 전반적으로 운송비는 저렴해지고 있으며, 국가적인 차원뿐만 아니라 지역적인 차원에서도 접근성이 크게 향상되었다. 이와 같은 교통수단의 혁신은 지역 간 전문화를 촉진시켰으며 그 결과 지역 간의 상호교류는 더욱 더 활발해지고 있다.

향후 자율주행차, 수소연료전지자동차 및 초소형자동차가 등장할 것으로 예상된다. 대중교통수단도 무가선트램과 수소버스도 등장하게 될 것이다. 미래에는 도보, 자전거 등 비동력화된 이동수단에 대한 선호도가 높아질 전망이다. 미래 이동수요를 적절하게 수용하기 위해서는 이동수단 선택의 다양성을 확대하고 각종 이동수단을 유기적으로 연결하는 것이 무엇보다 중요하다. 따라서 현재 카 셰어링(car-sharing, 자동차 공동이용제) 서비스나 저니플래너(journey planner)와 같은 교통정보시스템이 더욱 각광받을 것이다.

미래 이동성 발전에 있어 주목해야 할 변화는 새로운 이동 인프라의 등장이다. 대체에너지 기술이 발전하면서 미래 이동수단도 변화될 전망이며, 이는 이동 인프라의 혁신을 유발할 것이다. 따라서 물리적 도로 증설 중심의 인프라 개발에서 벗어나 연료 공급, 유지·보수, 도로환경 측면에서 새로운 고도화된 인프라가 등장할 것으로 예상된다. 또한 정보통신기술과의 접목을 통해 교통운영체계에서도 새로운 교통혁신기술과 산업이 등장하고 있다. 디지털 혁명에 힘입어 등장한 우버, 카카오택시 등 공유형 개인 교통서비스가 그 대표적이다.

비행기보다 빠른 초고속열차 '하이퍼루프'의 계획이 수십년 전만 해도 터무니없는 것으로 받아들여졌으나, 현실화도 가능한 것으로 예측되고 있다. 하이퍼루프 외에도 배와 비행기, 비행기와 기차 등 교통수단들이 결합된 새로운 유형도 등장할 것으로 전망되어 미래 교통수단은 육·해·공 경계가 점차 사라질 것이다. 차고에 들어갈 수 있는 크기에 이륙 때 활주로가 필요없어 사용이 간편한 제트기 엔진을 장착해 하늘을 날 수 있는 자동차도 등장하게 될 것이다. 이러한 미래의 다양한 교통수단들이 모두 현실화될지는 미지수이지만, 고정관념을 깨고 인류의 새로운 미래를 제시할 수 있는 혁신적인 교통수단의 발명은 지속될 것이다.

2) 교통 부문의 기술혁신에 따른 시·공간의 수렴화

새로운 교통수단의 등장과 효율적인 교통체계로 인해 운송비가 저렴해지면서 멀리 떨어진 지역과도 상호작용이 활발하게 이루어지고 있다. 교통수단의 발달은 단지 비용절감만을 가져온 것이 아니다. 19세기 중반부터 새로운 교통수단이 등장할 때마다 주행속도가 급속도로 증가되었으며, 거리 극복효과가 커지면서 지역 간 상대적 거리(시간 거리)는 아주 짧아졌다. 이에 따라 세계는 점점 좁아지게 되었는데 이러한 현상을 Jannelle(1969)은 시·공간의 수렴화라고 정의하였다. 그는 영국의 Edinburgh에서 London까지의 통행시간이 1658년부터 1966년까지 약 300년 동안 새로이 등장한 교통수단에 따라 어떻게 변화되어왔는가를 측정하였다. 1658년 우마차를 이용하던 당시 20,000분이 소요되던 것이 1840년대 증기기관차가 등장하면서 이동시간은 800분으로 단축되었다. 자동차와 항공기가 등장하면서 통행시간이 크게 줄어들면서 현재 항공기를 이용하면 60여분의 통행시간이 소요된다.

교통수단의 기술혁신으로 인해 속도가 빨라지면서 시간이 단축되어 지구가 점점 더 작아지면서 지구촌(global village) 시대가 열리고 있다(그림 6-7). 1850년 이전 우마차나 범선이 주요 교통수단이었을 당시 주행속도는 시속 50km 이내였다. 철도와 자동차가 등장하면서 시속 100km를 넘기 시작하였으며, 초고속열차와 프로펠러 항공기의 등장 및 제트비행기의 등장은 시속 300~1,000km를 보이고 있다. 특히 항공기의 기술혁신은 시·공간의 수렴화를 가져오는데 가장 큰 공헌을 하였다. 1950년에 개발된 DC7의 평균 시속은 563km이었으나 1960년대 말 Boeing747의 시속은 1,030km였다. 한편 1976년에 Supersonic Concorde가 개발되어 시속 2,173km까지 가능한 초음속 항공기가 등장하였다. 앞으로 2000년대에 액체수소를 연료로 사용하는 Hyper Sonic항공기(HST)가 개발되면 시속 6,437km까지도 가능할 것으로 전망되며, 이는 파리에서 뉴욕까지 2시간 정도 걸리게 된다. 이는 1620년대 메이플라워 배를 타고 대서양을 횡단하는 데 걸린 67일에 비하며 800배 이상 빠른 것이다.

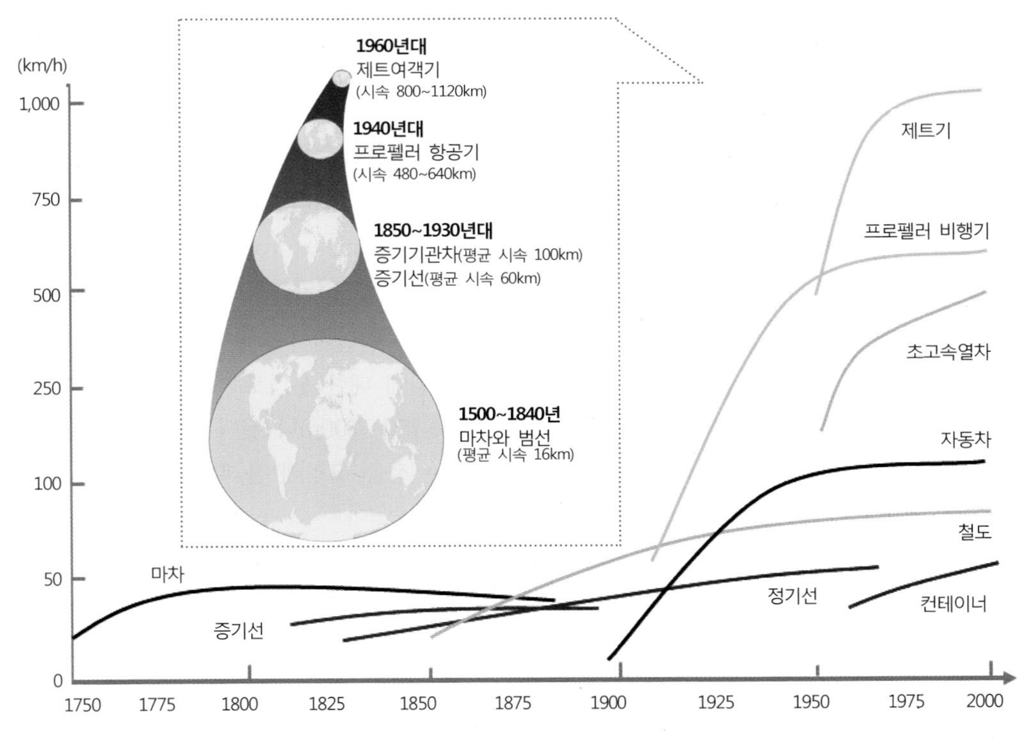

그림 6-7. 새로운 교통수단의 등장과 시속 비교
출처: McHale, J.(1969), Figure 1 & Rodrigue, J. et al.(2009), p. 85.

최근 육상교통 부문에서도 에너지 효율성이 높고 자동차나 제트 여객기에 비해 공해가 적은 고속전철에 대한 투자가 상당히 활발하게 이루어지고 있다. 1964년 일본에서 최초로 신칸센이 개통된 이후 프랑스, 독일 등에서 계속 고속전철 기술을 개선시켜왔다. 그 결과 시속 210km의 신칸센보다 빠른 TGV-SE가 1981년에 등장하였고 시험운행에서 최고속도 시속 318km를 기록했다. 1989년에 시속 300km의 선로를 개량하면서 신칸센보다 속도 경쟁력을 더욱 높일 수 있었다. 2007년 4월에 TGV POS는 시속 574.8km로 세계 최고 기록을 수립했다. 한국도 KTX 고속철도 개통으로 서울에서 부산까지 가는데 2시간 20분, 서울에서 강릉까지 1시간 30분이 소요되어 전국이 반나절 생활권이 되었다.

한편 수에즈 운하와 파나마 운하의 건설로 태평양, 대서양, 인도양의 해상을 항해하는 시간을 크게 단축시켰다. 최근 도버해협의 해저터널로 인해 런던과 파리를 이어주는 유로스타는 엄청난 시·공간의 수렴화를 가져오고 있다. 런던 세인트판크라스역과 파리역과 브뤼셀역을 연결하는 고속열차인 유로스타를 타는 경우 역에서 간단한 출입국 절차만 밟으면 3시간에 런던에서 파리로 갈 수 있기 때문에 비행기보다도 편리하다. 이는 영국 켄트와 프랑스 칼레를 바다 밑으로 연결한 길이 50.5km의 유로터널 덕분이다. 1994년에 완공된 유로터널로 인해 페리호를 타고 2시간 이상 걸리던 것이 기차로 20분 정도면 갈 수 있게 되었다. 세계에서 가장 긴 해저터널인 53.9km의 세이칸(靑函)터널도 1988년 홋카이도와 혼슈 북단 아오모리 사이에 쓰가루해협을 관통하고 있다.

향후 해저터널을 이용한 시·공간의 수렴화는 더욱 진전될 예정이다. 러시아 추코트카와 미국 알래스카를 연결하기 위해 베링해협 아래에 해저터널을 건설하는 경우 길이가 102km로 세계 최장 해저터널이 된다. 해저터널은 철도가 지나가게 될 메인 터널 2개(직경 12~14m)와 송전선, 송유관, 가스관과 광통신망이 들어갈 서비스 터널 1개(직경 7~9m)로 구성될 예정이다. 해저터널이 완성되면 러시아와 미국 양쪽에서 철도와 도로 등을 신설하여 연결한다는 계획이다. 이 해저터널이 완공되면 런던에서 뉴욕까지 기차로 가는 것도 가능하다. 또한 한국과 일본을 연결하는 해저터널에 대한 논의도 이루어지고 있다. 한·일 해저터널의 길이가 200km가 넘고 바다 깊이도 150～200m나 된다는 어려움이 있지만 노르웨이 아이크순터널은 해저 287m에 위치한다는 점을 고려해 볼 때 불가능한 일이 아닐 수 있다.

이상에서 살펴본 바와 같이 교통수단의 혁신으로 거리마찰 효과는 크게 감소하고 있다. 그러나 이로 인한 시·공간의 수렴화는 모든 지역에서 균등하게 나타나는 것은 아니며, 어떤 지역은 다른 지역보다 시·공간의 수렴화에 따르는 혜택을 더 많이 누리고 있다. 차별적인 시·공간의 수렴화는 지역발전에도 크게 영향을 미치게 되는데, 특히 개발도상국 내의 지역 격차 원인을 유발하기도 한다. 개발도상국의 경우 식민지 시기에 교통망이 구축되었고 주요 항구도시나 원료산지 간에 교통망이 구축되었다. 또한 외국자본에 의해 생산 활동이 일어나고 있는 도시들을 중심으로 교통망이 구축되었기 때문에 도로나 철도가 단지 통과하거나 접근성이 불량한 지역은 쇠퇴하거나 정체상태에 놓여 있다.

한편 제조업 중심의 산업구조에서 점차 서비스 산업 및 지식기반경제로 접어들고 경제의 세계화가 진전됨에 따라 각 교통수단별 경제적 기회도 상당히 달라지고 있다. 즉, 산업구조가 고도화되면서 경제성장을 가져오는 요인들의 중요성이 달라지면서 이를 뒷받침할 수 있는 교통수단의 경쟁적 우위도 변화되고 있다. 그림 6-8에서 볼 수 있는 바와 같이 1900년 이전 시기에는 운하가 가장 경제적 기회를 제공해주는 교통수단이었다. 그러나 경제의 세계화가 진전되면서 정보통신의 비교우위성이 가장 두드러지는 가운데 항공운송도 매우 중요해지고 있다. 이와 같이 각 교통수단별로 경제적 기회가 차별화되고 경제성장에 따라 비교우위를 지니고 있는 교통수단이 달라지고 있다.

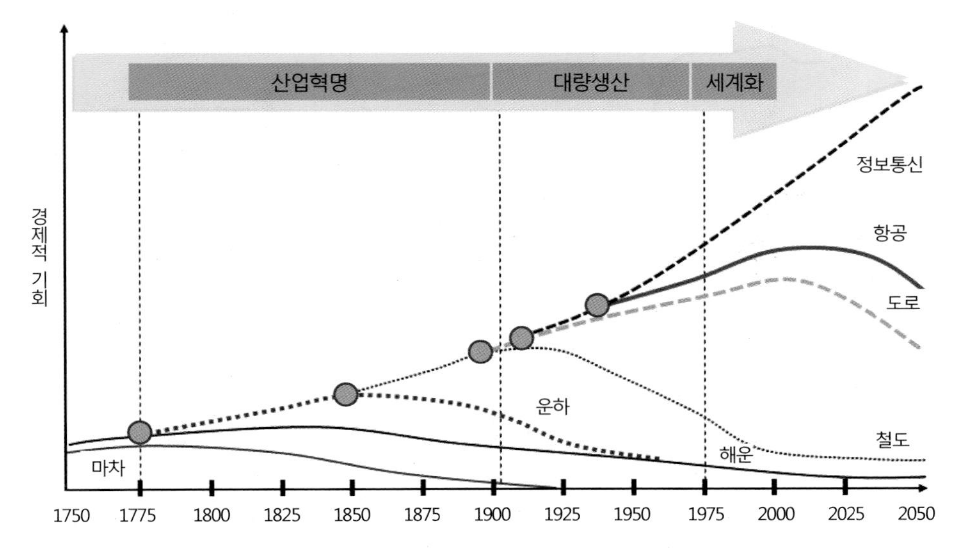

그림 6-8. 경제의 세계화에 따른 교통수단별 경제적 기회의 차별화
출처: Rodrigue, J., et al.(2009), p. 85.

3) 교통망 구조와 접근성

(1) 교통망 구조

교통망이란 수요지와 공급지 간에 여객과 화물 이동을 연결시켜주는 네트워크로, 교통망 구조를 분석하기 위해 그래프 이론과 GIS 방법이 도입되면서 교통망의 구조적 특징을 잘 파악할 수 있게 되었다. 교통망 구조를 단순화시키기 위해 모든 도시는 결절점으로 나타내고, 각 결절점을 연결하는 교통로는 선으로 표시한다. 그러나 그래프 상에 나타나는 결절점은 도시의 기능이나 규모 등은 고려되지 않으며, 노선의 경우도 건설비, 노폭과 용량, 노면의 굴곡과 경사들은 고려되지 않는다. 단지 교통망은 점과 선으로 구성된 기하학적 도형으로 단순화된다. 즉, 결절점의 위치는 그래프 상에 상대적으로 위치만을 나타내며, 결절점 간의 노선도 실제 노선길이가 아니라 간격만을 나타낸다(그림 6-9).

이렇게 교통망을 분석하는 경우 점과 선의 수만을 고려하게 된다. 결절점(v: node)을 연결시키는 데 필요한 최소한의 노선(e: edge)의 수는 결절점 수에서 1을 뺀 것과 같다($e = v - 1$). 그래프 상의 점과 선은 교통망의 결절점과 노선에 해당하며, 교통망 구조를 통해 교통망 전체의 연결성이나 각 결절점의 접근성을 파악할 수 있다.

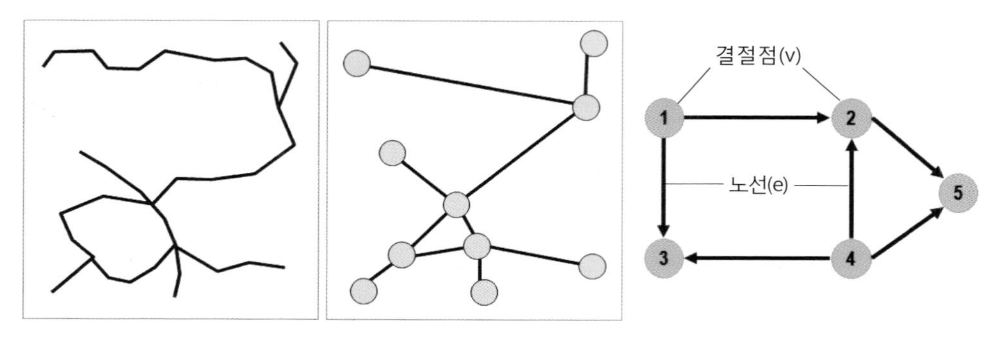

그림 6-9. 그래프로 표현되는 교통망

(2) 교통망의 연결도

교통망 구조를 파악하기 위해 교통망의 연결도(connectivity)를 측정하고 있다. 연결도는 교통망의 구조적 특징을 말해주는 중요한 지표이다. 주어진 교통망의 연결도를 측정함으로써 다른 교통망들과 비교하여 연결도 수준이 어느 정도인가를 파악할 수 있으며, 또한 시간의 흐름에 따른 연결도의 변화를 비교함으로써 교통망의 발달정도도 분석할 수 있다. 특히, 결절점 간의 노선을 확장시키거나 연결시키는 경우 운송시설에 대한 수요에 영향을 주기 때문에 교통망의 연결도는 해당 지역의 공간구조를 나타내주는 하나의 지표라고 볼 수 있다.

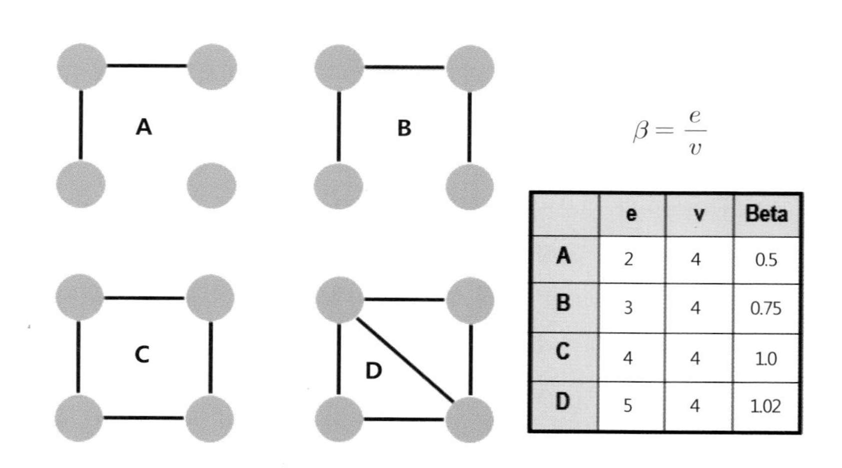

	e	v	Beta
A	2	4	0.5
B	3	4	0.75
C	4	4	1.0
D	5	4	1.02

그림 6-10. 교통망의 연결도를 측정하는 베타 지수의 예
출처: Rodrigue, J. et al.(2009), p. 30.

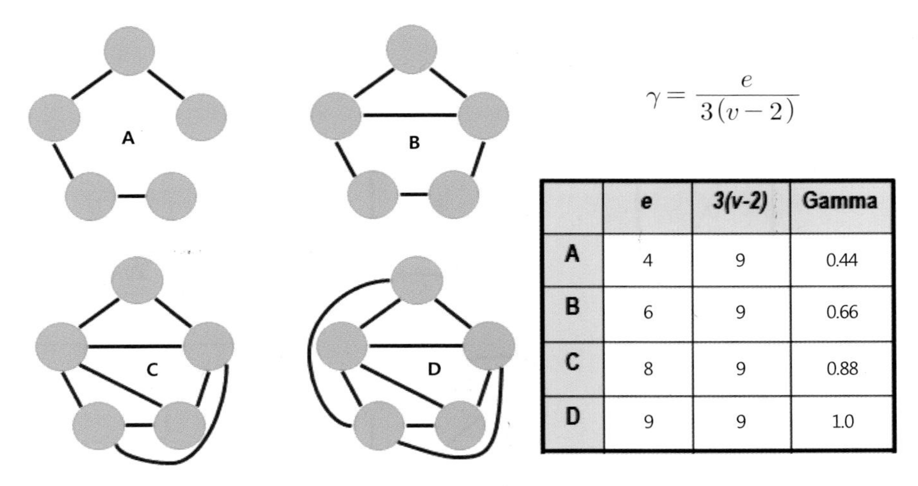

	e	3(v-2)	Gamma
A	4	9	0.44
B	6	9	0.66
C	8	9	0.88
D	9	9	1.0

그림 6-11. 교통망의 연결도를 측정하는 감마 지수의 예
출처: Rodrigue, J. et al.(2009), p. 31.

교통망의 연결도 지표로는 알파, 감마, 베타 지수들이 있다. 베타(Beta)지수는 결절점의 수와 결절점을 연결하는 노선 수 간의 관계를 측정하는 가장 간단한 지표이다. 단순하게 연결된 교통망일수록 베타지수는 낮게 되며 완전하게 연결된 교통망의 경우 베타지수는 높게 된다. 그림 6-10에서 볼 수 있는 바와 같이 D가 베타지수가 가장 높아 연결성이 가장 양호함을 말해준다.

한편 감마(Gamma)지수는 교통망의 연결도를 최대화할 수 있는 노선 수에 대한실제 노선수를 측정하는 것이다($\gamma = \frac{e}{3(v-2)}$). 연결도를 최대화할 수 있는 노선의 수는 결절점과 노선으로부터 산출할 수 있다. 즉, 하나의 결절점이 추가될 때마다 최대노선의 수는 3의 배수로 증가된다. 따라서 최대 노선수는 $3(v-2)$로 나타낼 수 있다 따라서 감마지수는 0과 1 사이의 값을 갖게 된다(그림 6-11).

알파(Alpha)지수는 결절점들을 가능한 연결될 수 있는 최대한의 우회노선(loop or circuit) 수와 실제 우회노선 수를 비율로 나타낸 것이다. 우회노선이 많을수록 연결도는 증가되며, 혼잡할 경우 우회노선을 이용할 수 있다. 교통망이 최소한도로 연결되는 경우 결절점과 노선과의 관계는 $e=v-1$로 나타내진다. 그러나 우회노선이 존재할 경우 $e>v-1$이 된다. 우회노선의 수는 실제노선의 수에서 최소한도로 연결하는데 필요한 노선의 수를 뺀 것이 될 것이다. 따라서 $e-(v-1)=e-v+1$이 된다. 교통망의 최대 우회노선 수는 결절점의 수와 그들 사이를 최소한으로 연결하는 데 필요한 노선의 수의 함수로 나타낼 수 있다. 최대 노선수는 $3(v-2)$이므로 최대 우회노선 수는 $3(v-2)-(v-1)=2v-5$가 된다. 최소한으로 연결되어 우회노선이 없을 경우 알파지수는 0이 되며 최대한으로 연결되어 최대의 우회노선수를 가진 경우 알파지수는 1이 된다. 알파지수의 산출식은 그림 6-12와 같다.

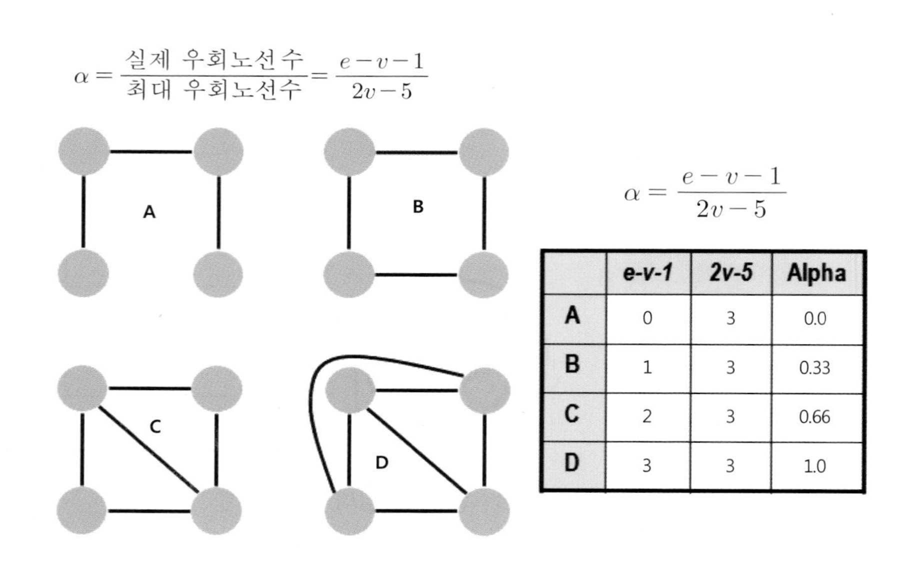

	e-v-1	2v-5	Alpha
A	0	3	0.0
B	1	3	0.33
C	2	3	0.66
D	3	3	1.0

그림 6-12. 교통망의 연결도를 측정하는 알파지수의 예
출처: Rodrigue, J. et al.(2009), p. 31.

(3) 결절점의 접근성

연결도는 교통망 체계를 구성하고 있는 각 결절점들이 어느 정도 연결되었는가를 분석하는 지표이다. 따라서 연결도를 통해 전체 교통망이 얼마나 잘 연결되어 있는가를 파악할 수 있으나, 각 결절점들이 얼마나 접근성이 좋은가에 대한 정보는 알 수 없다. 결절점의 접근성이란 전체 교통망 구조에서 각 결절점들의 상대적인 접근도 수준을 파악하는 지표이다.

각 결절점의 접근도를 파악하기 위해서는 우선 교통망을 그래프로 단순화시킨 다음 이를 토대로 하여 연결행렬표(connection matrix)를 작성해야 한다. 연결행렬이란 종축과 횡축에 각 결점점을 기입하고 두 결점이 직접 연결되면 '1', 그렇지 않으면 '0'을 기입하는 행렬을 말한다. 이렇게 구축되는 연결행렬은 각 결절점 간의 직접적인 연결만을 나타내며, 다른 결절점을 경유하여 간접적으로 연결되는 경우를 고려하지 못하고 있다. 따라서 두 결절점 간의 간접적으로 연결되는 노선 수는 행렬을 승산함으로써 산출된다. 만일 하나의 결절점을 경유하여 연결되는 2단 연결선의 행렬표를 구하려면 연결행렬을 제곱하면 된다. 즉 $C_{ij}^2 = \sum_{k=1}^{n} C_{ik} \cdot C_{kj}$로 나타난다.

이 C^2행렬은 두 결절점이 1개의 결절점을 거쳐서 간접적으로 연결되는 경우를 나타낸 것으로 만일 1개의 결절점을 거쳐서도 연결이 되지 않는 경우 3단 연결선의 행렬표를 작성하게 된다. 두 개의 결절점을 경유하여야만 연결되는 행렬표를 구하는 경우 C행렬과 C^2행렬을 곱하여 C^3행렬표를 구축하게 된다. 이와 같은 행렬곱셈은 가장 거리가 멀리 떨어져 있는 두 결절점간에 간접적으로 연결되는 노선의 수(diameter)만큼 행렬곱셈을 반복한다. 이렇게 C행렬을 반복하여서 합계한 T_{ij}의 횡렬 합산치가 각 결절점의 접근도를 나타내게 된다.

$$C = C, C^2, C^3, \cdots\cdots - C^n$$

$$T^n = C + C^2 + C^3 + \cdots\cdots + C^n$$

$$T_i = T_{i1} + T_{i2} + T_{i3} + \cdots\cdots + T_{in} = \sum_{j=1}^{n} T_{ij}$$

여기서 T_i 수치가 클수록 결절점의 접근성이 높음을 말해주며, T_i 수치가 작을수록 결절점의 접근성이 상대적으로 낮음을 말한다. 따라서 T_i의 값을 기준으로 결절점 간의 접근성의 우위를 상대적으로 비교할 수 있으며, 접근성 값의 순위와 크기에 따라 도시계층성도 분석할 수 있다.

그림 6-13에 주어진 교통망 구조에서 각 결절지점의 접근성을 산출해보자. 먼저 직접 결절점 간의 연결을 나타내는 C^1행렬을 구축한 다음 2단 연결선 수를 나타내는 C^2행렬을 작성한다. 이 그림에서 두 지점이 연결될 수 있는 직경(diameter)은 2개 노선이므로

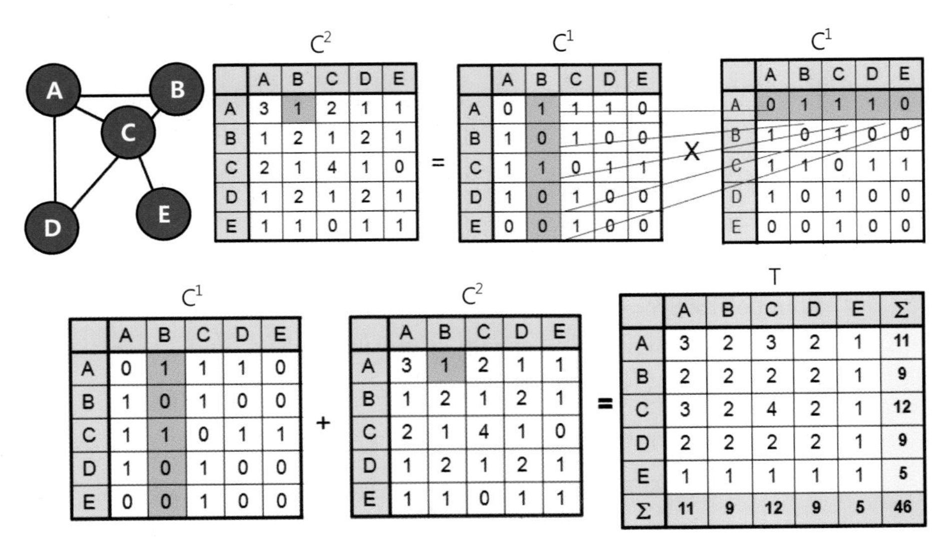

C²

	A	B	C	D	E
A	3	1	2	1	1
B	1	2	1	2	1
C	2	1	4	1	0
D	1	2	1	2	1
E	1	1	0	1	1

C¹

	A	B	C	D	E
A	0	1	1	1	0
B	1	0	1	0	0
C	1	1	0	1	1
D	1	0	1	0	0
E	0	0	1	0	0

T

	A	B	C	D	E	Σ
A	3	2	3	2	1	11
B	2	2	2	2	1	9
C	3	2	4	2	1	12
D	2	2	2	2	1	9
E	1	1	1	1	1	5
Σ	11	9	12	9	5	46

그림 6-13. 각 결절점의 접근도 산출과정의 예
출처: Rodrigue, J. et al.(2009), p. 70.

C^2까지의 행렬곱셈을 구하면 된다. 각 행렬들을 더하여 얻은 행렬표가 $T(T = C^1 + C^2)$이며, T행렬의 횡렬 합계가 각 결절점의 접근도가 된다. 주어진 교통망에서는 C의 접근도가 12로 가장 높으며, E의 접근도가 5로 가장 낮아 가장 접근성이 불량하다고 말할 수 있다.

그러나 이러한 방식에 의해 산출된 접근도 수치는 몇 가지 문제점을 안고 있다. 접근성이란 실제로 직접적으로 연결되는 것이 더 중요한 의미를 갖는 데 비해 2개의 노선이나 3개의 노선에 의해 간접적으로 연결되는 경우도 직접적으로 연결되는 경우와 마찬가지로 동일하게 취급되고 있다는 점이다. 또한 실제로 접근성이란 노선의 질적 차이에 의해 크게 영향을 받게 되는데 이 방법에서는 모든 노선의 질이 동일한 것으로 간주되고 있다. 이러한 문제점들을 해결하기 위해서 T행렬을 수정하는 여러 가지 방안이 모색되었다.

① Garrison의 수정 모형

Garrison(1960)은 앞에서 언급된 문제점을 해결하기 위해 적은 수의 노선으로 결절점이 연결될수록 접근성이 높게 산출되도록 직접 연결되는 노선에 가중치를 부여하였다. Garrison은 미국의 주간 고속도로망에서 각 결절점의 접근성을 산출하기 위해 S에 0.3이라는 가중치(임피디언스)를 부여하였다. 즉, 직접 연결성이 0.3의 비중을 가진다고 할 경우 한 개의 결절점을 경유하는 간접 연결선(C^2)은 0.3^2=0.09의 효과를 가지며 C^3는 0.3^3=0.027의 효과를 가지도록 접근도 산출식을 수정하였다.

$$T_i = ST_{i1} + S^2 T_{i2} + S^3 T_{i3} + \cdots\cdots + S^n T_{in} = \sum_{j=1}^{n} S^n T_{ij} \text{(단 } 0 < S < 1)$$

이 방법을 적용하는 경우 행렬의 차위가 높아질수록 각 결절점의 접근성에 미치는 가중치의 영향력이 작아지기 때문에 여러 노선을 통해 간접적으로 연결되는 결절점의 접근도 수치는 낮게 산출된다. 그러나 Garrison은 S의 값을 왜 0.3으로 결정했는가에 대한 뚜렷한 이유를 제시하지 않아, S값은 연구자에 따라 다르게 설정될 수 있다.

② Shimbel의 수정 모형

Shimbel(1958)의 수정 모형은 앞에서 제기된 문제점을 해결하기 위해서 T행렬을 수정한 것이다. Shimbel의 방법에 의해 산출되는 접근성은 최단노선 접근성(shortest path accessibility)이라고 불리워지고 있는데 산출 방법은 다음과 같다.

먼저 연결행렬 C^1을 구축한 후 이를 토대로 하여 새로운 행렬 D^1을 만든다. D^1행렬의 특징은 결절점 자신과의 접근성은 0으로 표시하며, 하나의 노선으로 직접 연결되지 않는 결절점 간에는 줄표(-)로 나타낸다. 그리고 직접 연결되는 결절점 간에만 한 개의 노선으로 연결된다는 의미에서 '1'로 표시한다. C^1행렬을 제곱하여 C^2행렬을 만들고 이를 토대로 새로운 행렬 D^2를 만든다. D^2행렬에서도 결절점 자신과의 접근성(대각선 부분)은 0

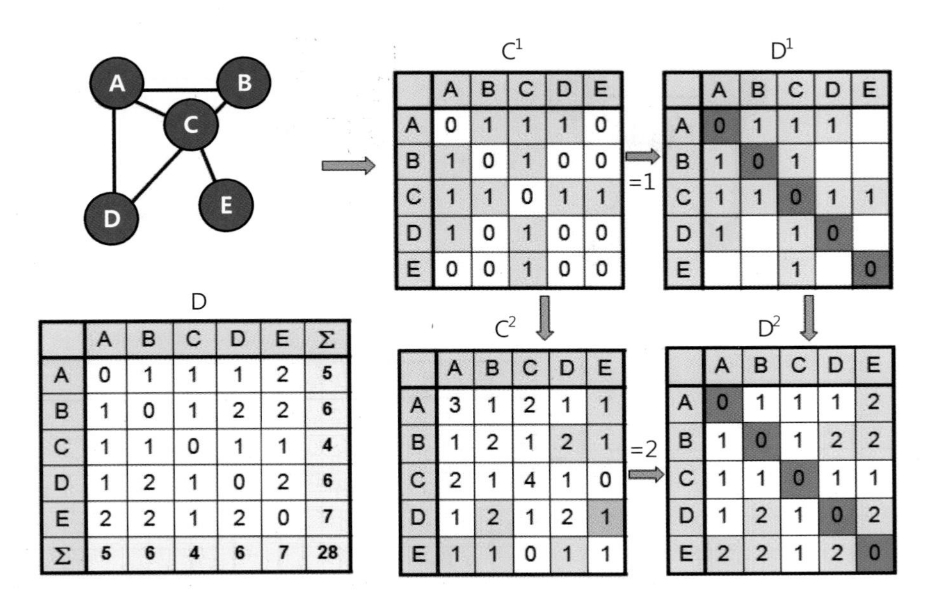

그림 6-14. Shimbel의 방법에 따른 결절점의 접근도 산출과정의 예
출처: Rodrigue, J. et al.(2009), p. 71.

으로 표시하며, D^1행렬에서 줄표로 표시된 곳 중에서 C^2행렬에서 두 개의 노선으로 연결되는 곳은 2로 표시한다. 이와 같은 곱셈과정을 그래프의 직경(diameter) 수만큼 수행하게 되면 행렬표 안에 공란이 없어지게 된다. 이렇게 해서 최종적으로 만들어진 행렬 D_i에서 결절점 i의 최단거리 접근성(A_i)은 D_i의 횡렬합계($\sum_{i=1}^{n} d_{ij}$)가 된다. 이를 다시 합산한 값이 Shimbel지수($D(G)=\sum_{i=1}^{n}\sum_{j=1}^{n} d_{ij}$)이다. A_i와 $D(G)$지수는 모두 수치가 작을수록 접근도와 연결도가 양호함을 나타낸다(그림 6-14). 이 방법을 사용하면 도시 간의 최단노선 경로를 산출할 수 있으므로 접근도 수치를 토대로 주어진 교통망 체계에서 접근성이 높은 결절점일수록 도시체계에서 계층성이 높은 도시라고 볼 수 있다.

③ 수치 그래프를 이용한 접근성 산출

지금까지 교통망 분석에서 결절점 간의 거리는 연결되는 노선의 수로만 나타내었다. 그러나 결절점의 접근성을 산출하는 데 있어서 실제 거리를 반영한다면 보다 현실적일 것이다. 수치 그래프(value graph)는 결절점을 연결하는 노선에 실제 거리를 반영한 것이며, 결절점 간에 직접 연결되는 노선이 없을 때는 무한대(∞)값을 기입한다. L행렬의 곱셈법은 지금까지 계산해 온 C행렬과는 다르다. 즉, 횡렬과 종렬을 곱하는 대신 덧셈을 하며 ($x \cdot y = x + y$), 곱셈한 결과를 다 더하는 것이 아니라 덧셈 값 중 최소치를 행렬표의

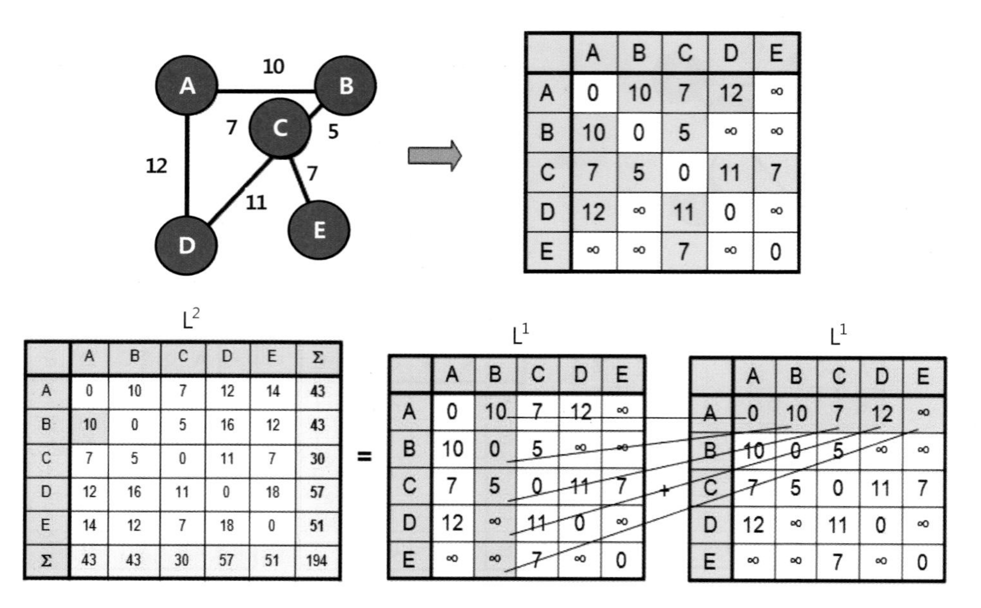

	A	B	C	D	E
A	0	10	7	12	∞
B	10	0	5	∞	∞
C	7	5	0	11	7
D	12	∞	11	0	∞
E	∞	∞	7	∞	0

L^2

	A	B	C	D	E	Σ
A	0	10	7	12	14	43
B	10	0	5	16	12	43
C	7	5	0	11	7	30
D	12	16	11	0	18	57
E	14	12	7	18	0	51
Σ	43	43	30	57	51	194

L^1

	A	B	C	D	E
A	0	10	7	12	∞
B	10	0	5	∞	∞
C	7	5	0	11	7
D	12	∞	11	0	∞
E	∞	∞	7	∞	0

L^1

	A	B	C	D	E
A	0	10	7	12	∞
B	10	0	5	∞	∞
C	7	5	0	11	7
D	12	∞	11	0	∞
E	∞	∞	7	∞	0

그림 6-15. 수치그래프 방법에 따른 결절점의 접근도 산출과정의 예
출처: Rodrigue, J. et al.(2009), p. 71.

해당란에 입력한다$\{(x+y=\min(x \cdot y)\}$. L_{ij} 행렬은 $L_{ij}=\sum_{i=1}^{n} l_{ik} \cdot l_{ij}=\min(l_{ik}+l_{ij})$가 된다. 수치 그래프의 경우 행렬덧셈이 끝난 최종 행렬(L_n)의 횡렬합계가 작을수록 접근도가 높음을 의미한다(그림 6-15). 수치 그래프는 주간 고속도로나 철도노선에 대한 중심도시들의 상대적 접근성을 비교하는 데 유용한 방법이다.

이상과 같이 다양한 분석방법을 통해 각 결절점의 접근성을 비교할 수 있다. 또한 산출된 각 결절점의 접근도 값을 기준으로 등치선을 그릴 경우 대상지역 전체의 접근도 구조를 파악할 수 있다. 그림 6-16은 서울의 각 지하철역의 접근도를 지도화한 것이다. Garrison의 방법에 따라서 지하철 역의 접근도를 산출한 것이다. 새로운 지하철 노선이 신설되고 환승역이 늘어나면서 각 지하철역의 상대적인 접근도는 달라지게 된다. 서울시의 경우 지하철 제1기 노선(1호선-4호선)만이 건설되었을 경우 충무로역이 가장 접근성이 높게 산출되었다. 그러나 지하철 제2기 노선(5호선-8호선)이 추가됨에 따라 전체적으로 접근도는 상당히 증가되었으며, 가장 접근성이 높은 역은 종로3가역으로 나타났다. 하지만 지하철 9호선과 신분당선이 개통되면서 지하철역의 접근도는 상당히 변화되고 있으며, 을지로 3가역이 가장 접근도가 높게 나타나는 가운데 특히 강북에 비해 강남에 위치한 지하철역들의 접근도가 상대적으로 높아지고 있다. 이와 같이 지하철 노선이 신설 또는 추가되는 경우 환승이 가능한 역들의 증가하면서 접근도가 증가하게 된다.

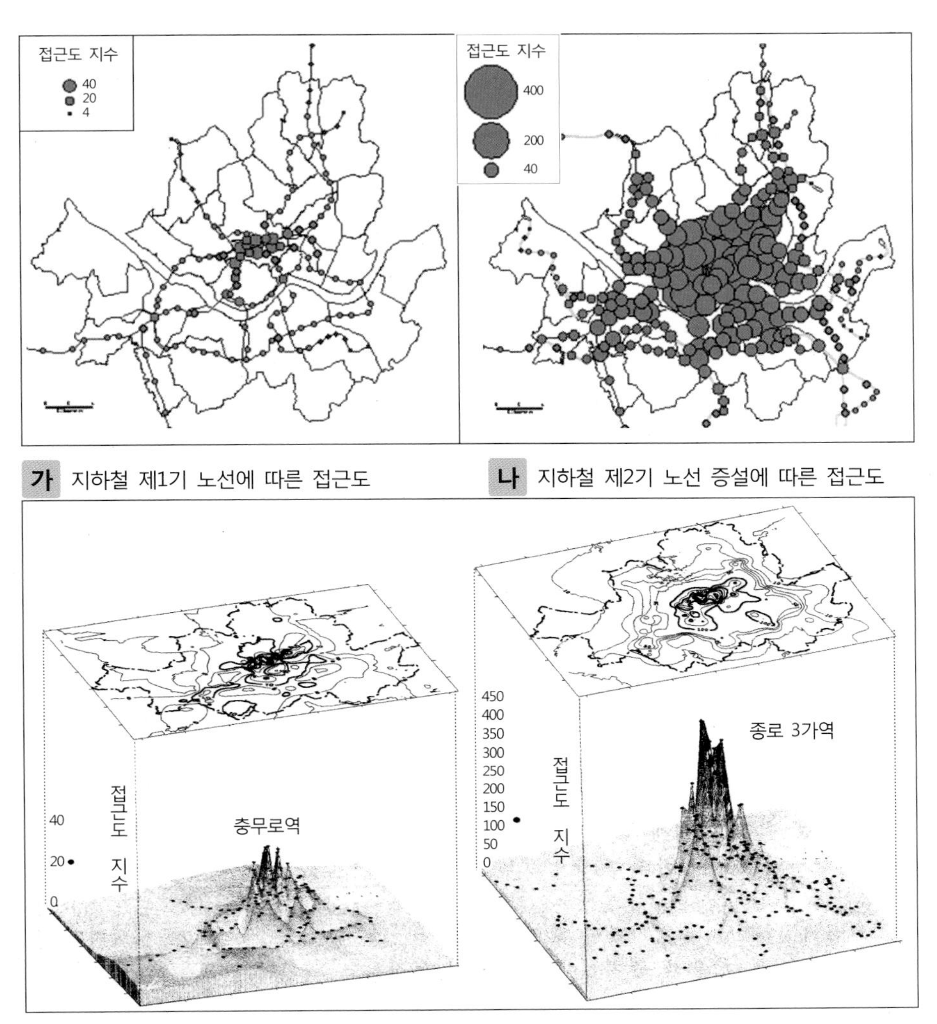

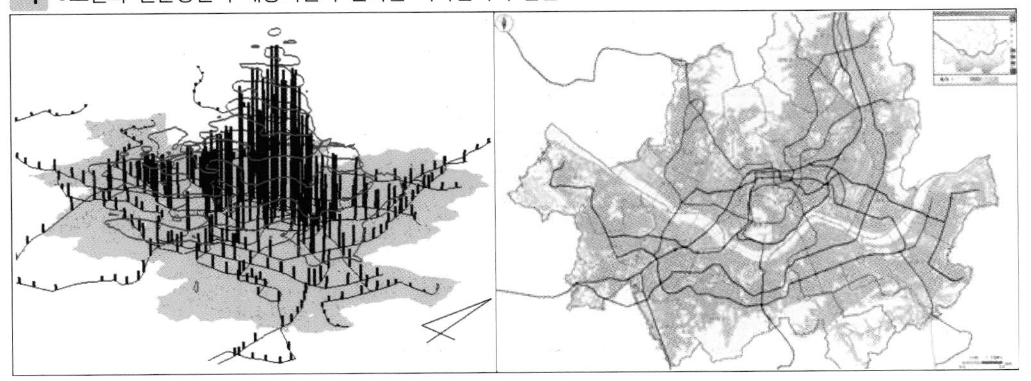

그림 6-16. 서울시의 지하철 추가 건설에 따른 각 지하철역의 접근도 변화의 예시
출처: 이금숙·이희연(1998), 최요한수(2009)를 토대로 재구성함.

④ 잠재적 접근성 산출

잠재적 접근성은 앞에서 살펴본 결절점의 접근성 개념을 더 확장시킨 것이다. 각 결절점의 접근성뿐만 아니라 각 결절점의 속성(매력도)을 고려하여 주변의 다른 결절점들에 비해 상대적으로 얼마나 더 흡인력을 갖고 있는가를 측정하는 지표라고 볼 수 있다. 접근도가 동일하다고 해서 모든 결절점이 다 중요한 것이 아니며, 어떤 결절점은 다른 결절점에 비해 더 매력도를 갖고 있으며, 다른 지점으로부터 많은 통행수요를 유발할 수 있다. 이러한 점을 고려하여 산출되는 지표가 잠재적 접근성이다. 잠재적 접근성 $A(P)$은 실제 노선을 고려한 L행렬에 각 결절점의 매력도를 나타내는 P행렬을 반영하여 산출된다. 횡렬의 합계가 가장 큰 지점이 가장 잠재적 접근성이 높은 지점이다. 잠재적 접근성이 가장 높은 결절점 C의 흡인력은 2525.7로 나타나고 있는데, 이는 C에서 다른 결절점으로의 배출력(2121.3)보다 훨씬 더 크다. 반면에 결절점 B의 경우 흡인력은 1266.1인데 비해 배출력은 1358.7로 흡인력보다 배출력이 더 커서 매력도가 낮은 지점임을 시사해준다.

$$A(P) = \sum_{i}^{n} P_i + \sum_{j}^{n} P_j / d_{ij}$$

여기서 $A(P)$: 잠재력 행렬 P_j: j의 매력도 n: 입지

d_{ij} : i와 j 간의 최단경로거리(L행렬 기준)

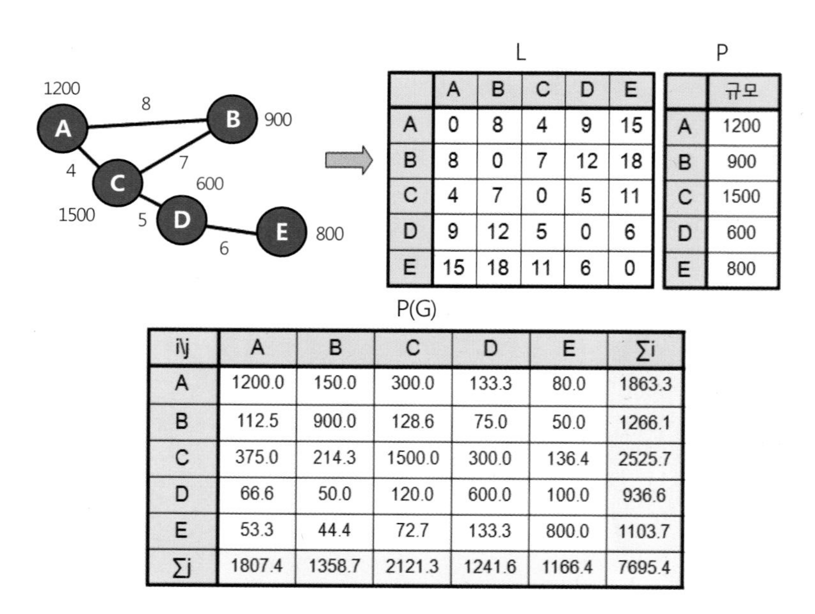

L

	A	B	C	D	E
A	0	8	4	9	15
B	8	0	7	12	18
C	4	7	0	5	11
D	9	12	5	0	6
E	15	18	11	6	0

P

	규모
A	1200
B	900
C	1500
D	600
E	800

P(G)

i\j	A	B	C	D	E	∑i
A	1200.0	150.0	300.0	133.3	80.0	1863.3
B	112.5	900.0	128.6	75.0	50.0	1266.1
C	375.0	214.3	1500.0	300.0	136.4	2525.7
D	66.6	50.0	120.0	600.0	100.0	936.6
E	53.3	44.4	72.7	133.3	800.0	1103.7
∑j	1807.4	1358.7	2121.3	1241.6	1166.4	7695.4

그림 6-17. 잠재적 접근성의 산출방법의 일례
출처: Rodrigue, J. et al.(2009), p. 72.

3 정보통신 부문에서의 기술혁신과 공간적 차별화

1) 정보통신 부문에서의 기술혁신

(1) 새로운 사회간접자본으로서의 정보통신망

교통의 발달과 더불어 경제의 세계화를 가져온 중요한 동인은 컴퓨터와 통신이 결합한 정보통신기술(ICT: Information & Communication Technology)이다. 1965년 최초로 통신위성이 발사된 이후 현재까지 수십만 회선을 동시에 연결하는 정보통신기술로 인해 시·공간의 수렴화가 이루어지고 있다. 사람과 물자의 이동을 위한 도로, 운하, 철도, 항공과 같은 교통체계를 제1 사회간접자본, 에너지를 이동시키기 위한 송유관, 전선 및 가스관을 제2 사회간접자본, 그리고 전화, 텔렉스, 팩스, 라디오, TV 등을 제3 사회간접자본이라고 한다. 오늘날 컴퓨터와 통신이 결합된 정보통신망은 음성뿐만 아니라 문자나 화상 등의 다양한 정보를 동시에 주고받는다는 점에서 이전의 사회간접자본들과는 전혀 다른 새로운 사회간접자본이라고 볼 수 있다.

사회간접자본의 각 시기별 역할을 보면 18세기에는 운하, 19세기에는 철도, 20세기 초에는 전기, 1950년대에는 자동차 및 고속도로였으며, 21세기에는 정보통신이 그 역할을 담당하고 있다. 컴퓨터의 발달과 정보통신기술이 결합하여 정보의 생산, 축척, 처리, 전달 기능이 획기적으로 개선되면서 사회·경제적으로 엄청난 변화를 가져오고 있다. 정보전달수단도 원격통신기술에 의하여 시·공간에 제약 없이 실시간으로 전달 가능한 네트워크가 구축되면서 사람들이 필요한 시기에 적절한 정보를 쉽게 이용할 수 있게 되었다.

정보통신기술의 급격한 혁신과 관련 제품 및 서비스의 가격 하락은 인터넷의 확산을 가져오는 원동력이 되었고 네트워크를 통해 최신의 풍부한 정보의 생산·처리·유통·축적이 효율적으로 이루어지는 정보화사회로 이끌었다. 인터넷을 통해 전달되는 정보의 속도와 양은 생산성 향상과 정치, 사회, 문화 등 모든 삶의 영역에 영향을 미치고 있다. 특히 인터넷을 통해 언제, 어디서나, 누구와도 대량의 정보를 교환하는 것이 가능해지자 인터넷을 활용한 마케팅 전략이 등장하였으며, 인터넷을 통한 비즈니스가 발달하고 전자정부도 출현하고 있다.

새로운 사회간접자본으로 등장한 정보통신기술의 특징을 보면, 대규모 집적회로, 광섬유, 위성통신 등의 기술과 컴퓨터 네트워크, 통합정보서비스 등 네트워크 기술의 발달이다. 특히 정보통신기술로 인해 지금까지 일방형 의사전달체계에서 쌍방형 실시간 의사전달이 가능하게 되었고, 유·무선 광대역까지 다양한 방법을 통해 시간과 위치의 한계를 극복하고 전 세계를 연결해주면서 지구촌을 하나의 생활권으로 묶고 있다. 이렇게 전 세계 어느 곳에서도 네트워크를 통해 저렴한 비용으로 의사소통이 가능하며, 많은 양의 정보를 순식간에 처리, 전달할 수 있게 되면서 새로운 차원의 가상세계가 가상공간(cyber space)에서 전개되고 있다.

또한 정보통신기술이 도로, 철도, 항만, 공항 등 물리적 사회간접시설에서도 도입되면서 효율성을 크게 높여주고 있다. 정보통신기술은 육상 및 해상부문에서 화물 및 여객선의 효율적인 관리, 세관 처리에서도 이용되고 있으며, 항공기의 이·착륙 관리, 그리고 원활한 고속도로 및 시내교통을 위해 지능형 차량 및 고속도로 관리시스템(IVHHS: Intelegent Vehicle and Highway System)에도 활용되고 있다.

(2) 통신기술의 발달

통신기술의 발달과정을 보면 1837년 모리슨이 전신기기를 발명하였고 1844년 Morse의 전보 발명을 계기로 1886년에는 국제 간 전보망이 구축되었다. 또한 1876년에 벨이 전화를 발명하여 지역 간 상호작용에 큰 공헌을 하였다. 그러나 1920년대까지 전화 서비스는 매우 저조한 상태였으나, 점차 전화 서비스가 개선되면서 제2차 세계대전 이후 텔렉스 이용이 가능해졌다. 1960년대까지 국내는 전보에 의해서 국제 간에는 텔렉스에 의존해오던 것이 1970년대 들어오면서 팩스가 등장하게 되었다. 최근 무선통신망으로 확대되면서 이동전화가 급증하고 있다.

지구통신체제의 획기적 변화를 가져온 것은 1965년 상업용 통신위성이 발사되면서 부터이다. 대서양 위를 돌고 있는 통신위성으로 인해 240개 전화회선과 2개의 TV채널을 동시에 연결하는 것이 가능하게 되었다. 그 후 통신위성이 계속 발사되면서 통신의 수용능력도 크게 확대되었다. 1989년에 발사된 인공위성의 경우 약 120,000개 양방향 회선을 가능하게 하였으며, 2000년대에는 700,000개 동시 회선이 가능하게 되었다. 최근 광섬유와 해저통신을 이용한 통신망이 구축되어 미국 동북부와 유럽 서부지역, 미국 서부와 아시아 간에 상당히 많은 통신이 이루어지고 있다. 통신망 설치가 용이한 대도시의 경우 광섬유 통신서비스를 제공하며, 저밀도 지역의 경우 설치비용을 고려하여 위성통신을 이용하고 있다. 최근 위성통신을 통해 제공되는 서비스도 국제전화 및 팩스를 비롯하여 국제 디지털 전송 서비스, 방송 중계 서비스, 위성 이동통신 서비스, 초고속인터넷서비스 등 범위가 상당히 넓어지고 있다. 각 국가들도 정보고속도로 건설에 주력하고 있다. 대학, 연구기관, 기업체를 중심으로 근거리통신망(LAN: Local Area Network)과 원거리 통신망(WAN: Wide Area Network)도 구축하고 있다. 이러한 정보고속도로는 광케이블을 통한 초고속정보통신망으로 전 지구적인 차원에서도 구축되고 있다(그림 6-18).

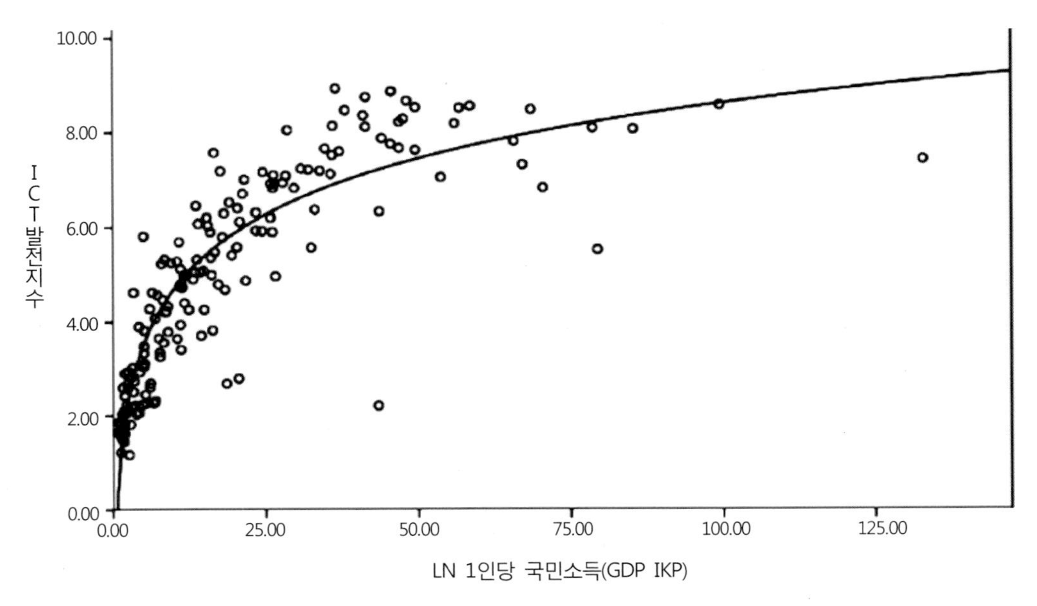

그림 6-30. 국가 경제성장과 정보통신기술 발달 간의 관계
출처: Mensikovs, V. et al.(2017), p. 597.

정보화 수준은 국가 경쟁력을 강화하면서 경제성장에 견인차 역할을 하고 있다. 정보통신기술이 경제성장(GDP)에 미치는 영향력을 시계열별로 비교해본 결과 전반적으로 선진국이 개발도상국에 비해 ICT 자본 투자효과가 기타 다른 모든 요소들을 투입한 효과에 비해 경제성장률에 더 큰 영향을 주는 것으로 나타났다(그림 6-31).

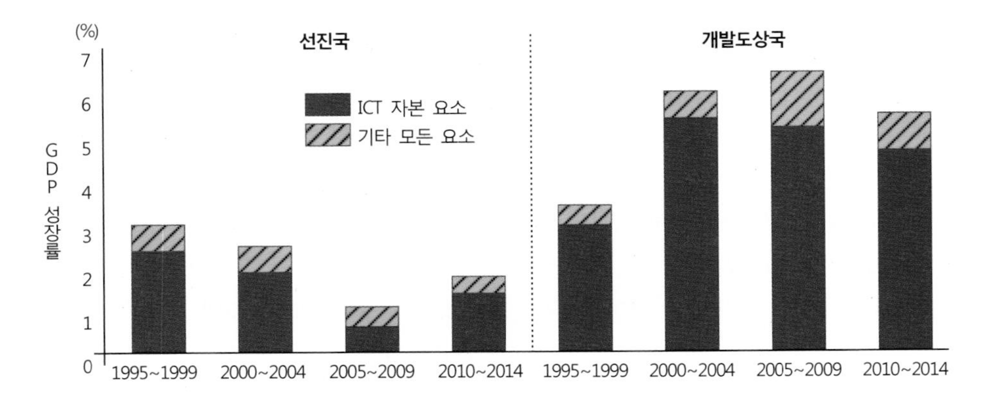

그림 6-31. GDP 성장을 가져온 정보통신기술의 영향력 비교
출처: World Bank(2016), World Development Report, p. 13.

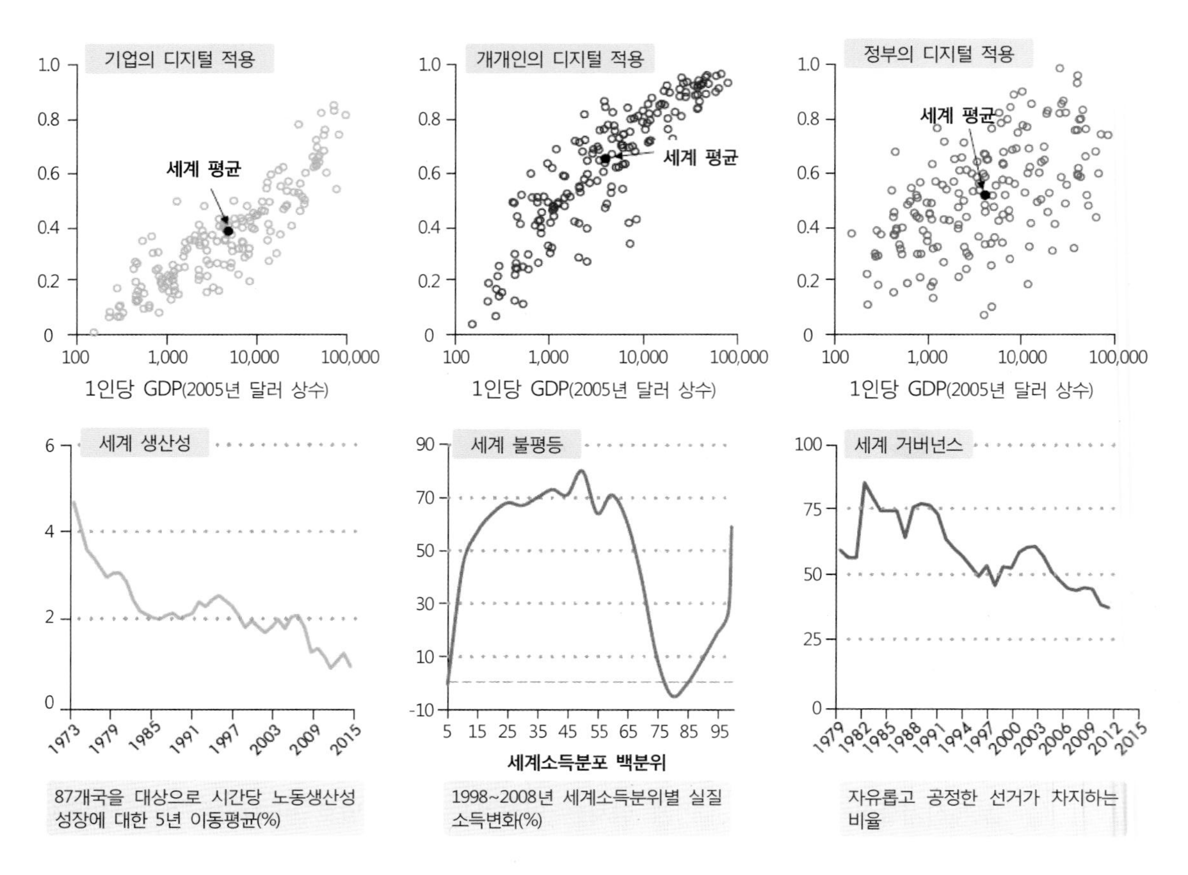

그림 6-32. 디지털 기술의 활용 비교 및 디지털 기술 영향력의 부정적 측면의 예시
출처: World Bank(2016), World Development Report, p. 3.

전 세계적으로 볼 때 1인당 국민소득 수준은 기업, 개인, 정부 차원에서 디지털 기술 도입과 매우 높은 상관성을 보이는 것으로 나타나고 있다. 그러나 디지털 기술이 보급되고 기업, 개인, 정부의 각 영역에서 디지털 기술의 활용으로 인한 혜택이 상당히 가시적으로 나타나고 있음에도 불구하고 세계 전체적으로 볼 때 상당히 회의적인 측면을 보여주고 있다. 2016년 세계발전보고서의 분석 결과에 따르면 시간당 노동생산성이 계속 감소추세를 보이고 있으며, 각 국가별로 보다 자유롭고 공정한 선거가 이루어지는 비율도 감소되고 있다는 점이다. 뿐만 아니라 저소득층 그룹에서의 소득의 불평등 수준도 상당히 심각하게 나타나고 있다. 이는 아직도 디지털 기술의 활용에 따른 효율성과 포용성 등과 같은 긍정적 측면의 영향력이 불평등, 통제력, 권력의 중심성 등의 위험인자들을 줄일 수 있는 수준까지는 미치고 못하고 있음을 말해준다(그림 6-32).

최근 스마트폰이 인터넷에 연결되면서 모바일 플랫폼 시대로 접어들고 있다. 우리나라의 경우 스마트폰 가입자 수가 4,000만 명을 돌파하여 국민 5명 가운데 4명이 스마트폰을 이용하고 있음을 말해준다. 스마트폰의 대중화와 무선 인터넷망의 발달로 모바일에 특화된 사회연결망(SNS: social network system)이 새로운 상호작용 매체로 각광받게 되었다. 이마케터닷컴에 따르면, 2014년 전 세계 인구의 25.3%가 SNS를 이용하고 있지만, 우리나라는 전체 인구의 57%가 SNS를 이용하고 있다. 데스크톱보다 모바일 기기(스마트폰)로 SNS를 더 많이 이용하는 것은 모바일이 갖는 개인성, 이동성, 즉시성 때문이라고 볼 수 있다. 모바일 활용이 급속도로 증가할수록 그 효용가치는 엄청나게 커지게 될 것이다. 더구나 앞으로는 모든 장소와 사물에 컴퓨터나 전자칩을 내장하여 사람과 사람, 사람과 사물, 사물과 사물 간의 의사소통이 시·공간을 넘어서 자유롭게 이루어지는 시공자재 세상이 열리게 될 것이기 때문이다. 우리가 원하면 언제라도 전 세계 모든 곳에 손쉽게 접속할 수 있는 정보시대가 열리고 실시간 정보 전달, 쌍방향 커뮤니케이션, 멀티미디어 활용 등이 보편화될 것이며, 홍보나 마케팅 분야에 일대 혁신을 일으킬 것으로 예상하고 있다. 이렇게 네트워크 사회로 진전됨에 따라 다양한 새로운 기회도 발생하지만, 정보 과잉 문제, 사회 갈등의 구조 및 새로운 형태의 배제와 사회적, 문화적 불평등 확대를 가져올 수도 있다. 정보 공간은 물리적 공간에 비해 관성은 약한 반면에 변화의 속도와 양은 기하급수적으로 증가하기 때문에 정보 격차에 따른 상대적 박탈감이 크며 넷맹, 컴맹 등 정보소외 계층의 발생과 정보격차로 인한 빈부 차의 심화가 우려된다. 반면에 정보화 수준이 매우 높은 나라들의 경우 해커, 개인정보의 불법유통 등 인터넷상의 신흥 범죄도 증가하고 있다.

4 교통 · 정보통신 기술발달에 따른 경제공간의 변형

1) 교통·정보통신의 발달이 경제활동에 미치는 영향력

(1) 교역에서의 변화

교통과 정보통신부문에서 이루어진 기술혁신은 생산활동의 입지 변화와 교역의 전문화를 확대시키고 있다. 1970년대 이후 지속적으로 하락한 운송비는 세계 교역량의 증가뿐만 아니라 교역패턴의 변화도 가져오고 있다. 가설적으로 보면 운송비가 하락되면 보다 멀리 떨어진 지역으로의 무역이 확대될 것이라고 예상할 수 있다. 그러나 1970년대 이후 나타난 운송비의 하락은 오히려 인접한 지역 간에 교역량이 증가하는 것으로 나타났다. 이는 운송비의 하락이 물리적 거리의 중요성과 천연자원의 혜택의 중요성을 약화시키고 있는 반면에 전문화를 통한 규모경제가 더 중요해지고 있음을 시사해준다. 즉, 운송비가 하락하면서 소득수준이 유사한 지역 간 상품별 전문화를 통해 교역이 더 활발해지고 있다. 그 이유는 인접한 지역일수록 사람들의 상품에 대한 기호나 선호도를 반영하면서도 각 지역마다 상품별 전문화를 통한 규모경제를 누리기 용이하기 때문이라고 풀이할 수 있다. 일례로 다양한 소비자들의 기호를 충족시키기 위해 서로 다른 브랜드의 맥주나 자동차 부품(바퀴나 핸들 등)의 교역이 활발해지고 있다. 실제로 일본의 도요타사와 스웨덴의 볼보 자동차 회사 간의 교역은 소비자들의 다양성을 충족시키기 위한 전략의 대표적 사례이며, 이는 수송비가 하락하였기 때문에 가능해진 것이다(World Bank, 2009). 이렇게 운송비가 하락하면서 인접지역 또는 경제수준이 유사한 지역 소비자들의 다양한 상품에 대한 기호를 충족시키면서도 각 지역별로 특정 상품에 대한 전문화를 통해 규모경제를 누리려는 새로운 유형의 국제교역이 이루어지고 있다.

운송비 하락에 따른 또 다른 특징으로는 동종산업 내에서의 교역(intra-industry trade)이 활발해지고 있다는 점이다. 특히 1970년대 후반부터 유사한 제품 간 교역량이 상당히 증가되면서, 동종산업 간 이루어지는 교역이 전체 교역량의 절반 이상을 차지하고 있다(그림 6-33). 예를 들면 삼성, 모토로라, 노키아 제품 간 교역이 대표적인 사례라고 볼 수 있다. 동종산업 내에서 이루어지는 교역은 원유나 천연가스와 같은 1차 생산물뿐 아니라 자동차 부품 등과 같은 중간재와 최종생산물에서도 증가하는 추세를 보이고 있다.

한편 운송비 자체가 교역량에도 상당한 영향을 미치고 있다. 운송비가 10% 상승하는 경우 교역량은 약 20% 줄어드는 것으로 분석되고 있다(World Bank, 2009). 특히 중간재

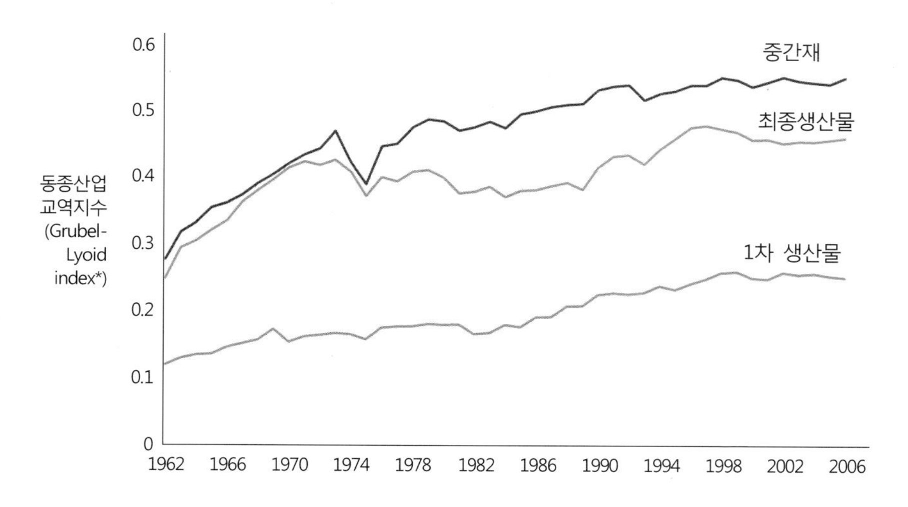

그림 6-33. 동종산업 내에서 이루어지는 교역량의 증가 추이

㈜: 동종산업 교역지수(Grubel-Lloyd 지수)는 전체 교역량 중 동종산업 간 이루어지는 교역량의 비율임.

출처: World Bank(2009), p. 171.

를 수입하여 최종 생산품을 만드는 경우 운송비 변화에 매우 민감하게 반응하며, 그 결과 교역량과 교역 흐름에 상당한 영향을 미치는 교역 마찰효과를 갖는다. 그러나 교역량이 많고 용량이 큰 상품의 경우 오히려 운송비의 규모경제를 유도하면서 운송비의 절감효과를 이용하기도 한다. 따라서 규모경제를 통한 운송비의 감소는 다시 교역량의 증가로 이어지는 선순환적인 인과관계를 갖고 있다. 이러한 운송비와 교역량과의 선순환적이고 상호강화적인 관계로 인해 세계 교역의 흐름은 북반구를 중심으로 더욱 집중화된 패턴을 보이고 있다.

세계 교역 화물의 약 90%는 컨테이너화되어 운송되고 있으며, 항구와 선박(컨테이너)의 수송능력에 따라 해운을 통한 교역의 흐름도 달라지고 있다. 컨테이너를 이용한 해운수송은 환태평양, 환대서양, 그리고 유럽과 동북아시아 지역 간에 이루어지고 있으며, 세계 20대 컨테이너 항구들도 이들 지역에 입지하고 있다(그림 6-34). 특히 최근 중국의 컨테이너 화물 수송량이 크게 늘어나면서 세계 상위 10위 내에 중국의 컨테이너 항구가 7개나 포함되어 있다. 부산항은 컨테이너 처리 물량으로 볼 때 세계 6위를 차지하고 있다(그림 6-35).

한편 우리나라 컨테이너 항의 물동량을 보면 수출 물동량은 광양항과 울산항이 주도하고 있는 반면에 환적 물동량은 거의 부산항에서 이루어지고 있다. 그러나 거의 전적으로 수입에 의존하고 있는 곡류 물동량의 경우 우리나라 컨테이너항 모두에서 분산되어 수입되고 있다.

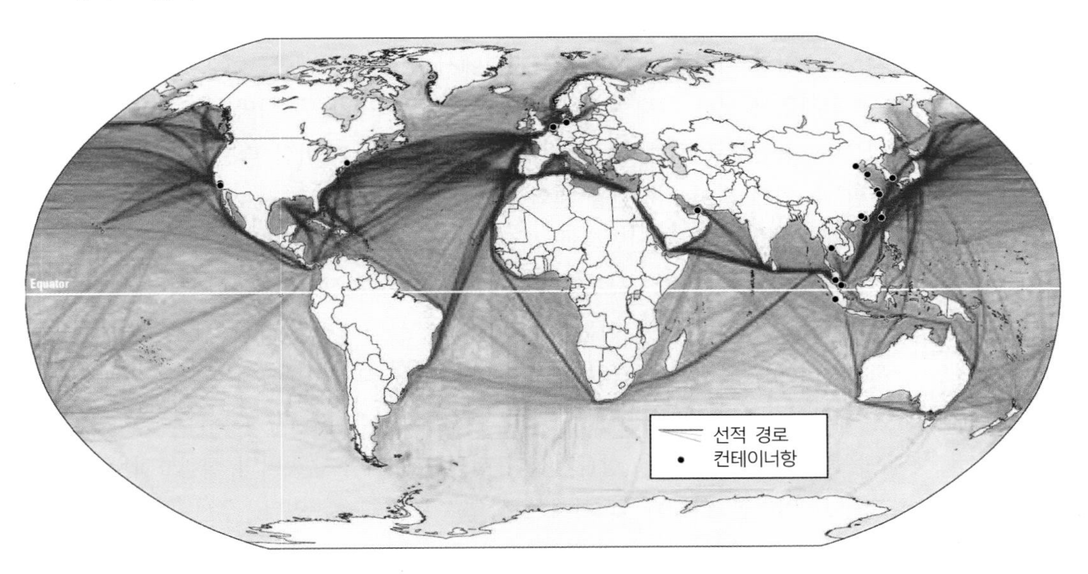

그림 6-34. 세계 주요 컨테이너항의 분포와 선적 경로
출처: World Bank(2009), World Development Report, p. 172.

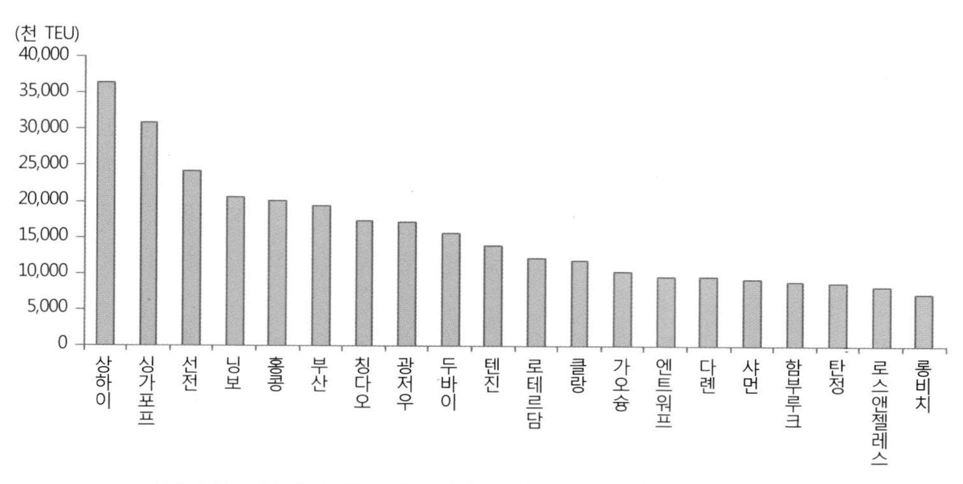

그림 6-35. 세계 상위 20위 컨테이너항의 물동량
출처: www.lloydslist.com, 2016 Top 100 Container Ports.

(2) 생산활동에서의 변화

교통수단과 정보통신기술의 혁신으로 인해 거리의 개념이 약화되면서 지리학의 종말이라는 말까지 대두되었다. 그러나 교통수단의 발달과 정보통신기술 혁신 및 그에 따른 운송비와 정보통신비의 하락은 경제공간을 재구축하게 하는 추동력이 되고 있다.

교통수단이 발달하면서 거리에 따른 운송비 절감 효과가 생산활동에 미치는 영향을 보면 첫째, 운송비가 저렴해지면서 다른 지역에서 생산되는 재화를 보다 많이 얻을 수 있게 되었다. 일례로 신선한 야채 공급이 부족할 경우 거리가 먼 지역으로부터도 구입할 수 있게 되었으며, 흉년으로 인해 식량이 부족할 경우 멀리 떨어진 다른 지역으로부터도 식량을 구입할 수 있게 되어 식량난을 완화할 수 있게 되었다.

둘째, 운송비의 절감은 생산면적과 시장면적을 확대시키고 있다. 시장에 재화를 공급하는 기업의 경우 운송비 절감으로 이윤의 한계지점이 확장되어 시장면적이 늘어나고 있다. 또한 특정작물 재배에 대한 이윤의 한계면적도 늘어나게 된다. 일례로 미국에서 철도운임이 절감되어 나타난 곡물가격의 하락은 영국의 농부나 지주들에게까지 곡물가격 하락의 영향을 체감하도록 하였다.

셋째, 운송비가 절감될 경우 상품가격이 저렴하게 되어 운송비의 절감효과가 소비자들에게 전가된다. 이러한 이유는 몇 가지 관점으로 분석될 수 있다. 우선 운송비의 절감은 원료 구입비와 최종 생산물을 소비자에게까지 공급하는 데 드는 배달비용을 줄여주게 된다. 또한 국가적·국제적으로 노동의 공간적 분업화가 크게 활성화된다. 즉, 각 지역마다 가장 유리한 생산조건을 가진 상품만을 전문화하여 생산한 후 상호 교류하는 경향이 더욱 강화된다. 한편 수송비가 저렴해질 경우 대량생산을 촉진시켜 규모경제를 통해 가격을 낮출 수 있게 되는데 그 이유는 보다 먼 곳으로부터 원료를 구입해올 수 있고 또한 제품시장도 확대시킬 수 있기 때문이다.

교통수단별 운송비의 하락은 새로운 입지패턴을 만들어내고 있다. 미국에서 유럽으로의 컨테이너를 통한 해상수송은 2~3주, 유럽에서 아시아로의 수송은 약 5주 소요되고 있다. 그러나 항공화물의 경우 1일 이내에 수송이 가능해지면서 보다 시간을 요하거나 수요가 불확실한 물품의 경우 항공을 이용한 운송이 증가되고 있다. 이렇게 항공료의 하락은 제품가격의 하락을 가져오면서 최근 속도(시간)가 중요해지는 물품들, 예를 들면 패션, 전자제품, 핸드폰 등 소비자의 선호 변화에 가능한 빨리 반응하기 위해 과거 저임금지역에서 생산하던 입지를 가능한 소비지 가까운 곳으로 이전하려는 경향이 나타나고 있다. 즉, 미국 의류의 경우 과거 동남아에 입지하였던 공장을 최근에는 다소 임금이 비싸더라고 멕시코나 중미로 이전하고 있다. 특히 제품수명주기가 매우 짧고 불확실한 수요이거나 소비자의 기호가 급변하는 제품들일수록 초국적기업은 가능한 공급지를 가까운 곳에 입지시키려고 한다. 첨단산업체의 경우 다양한 투입요소들이 세계 각지로부터 공급되고 있고 최종상품의 가격도 고가이므로 공항과의 접근성이 좋은 지역에 입지하려는 경향까지 보이고 있다. 특히 최종 소비지들도 각국에 흩어져 있기 때문에 교통비용뿐만 아니라 통과시간도 매우 중요하기 때문에 국제적인 공항 근처에 입지하려고 한다. 반면에 예측가능한 수요를 가진 제품이나 상대적인 이점을 충분히 누리고 있는 제품의 경우에는 생산의 국제화를 더 촉진시키고 있다. 즉, 노동력 이점을 이용하는 부품생산이나 연구개발, 조립 기능들을 세계적인 차원에서 분업화시키고 있다.

이러한 운송비의 하락보다 정보통신기술의 발달은 경제공간의 재편에 더 큰 영향을 미치고 있다. 정보통신비용의 하락은 국제적인 생산의 통제를 용이하게 하여 생산활동의 세계화를 가져오고 있다(그림 6-36). 컴퓨터를 활용하고 온라인상에서 제품 공정의 조정과 통제가 가능해지면서 생산의 국제화는 가속화시키면서 미국이나 유럽의 시장규모를 확대시키고 있다. 정보통신비용이 하락하면서 보다 값싼 노동력을 이용할 수 있는 기능들(콜센터, 회계 처리, 데이터 처리 등)은 중미나 인도 등지로 이전되고 있다. 즉, 백오피스 기능들은 해외로 또는 비도시지역으로 이전되고 있다. 이렇게 일상적인 업무나 데이터 처리 등과 같은 사무기능들은 분산화되거나 제3세계의 저임금지역으로 이전되고 있다.

그러나 아무리 정보통신기술이 발달하여도 대면접촉의 필요성은 그대로 유지되고 있다. 특히 형식화된 지식보다 암묵적 지식의 전달은 대면접촉의 필요성을 한층 부각시키면서 통제 및 관리 기능들은 더욱 더 특정 공간에 집중되고 있다. 일례로 고소득층과 화이트 칼라, 관리 및 통제기능은 도심부나 핵심도시로 더 집중화되는 경향을 보이고 있다. 이와 같이 정보통신기술의 발달과 정보통신비용의 하락은 경제활동의 집중화와 분산화를 모두 유발하고 있다.

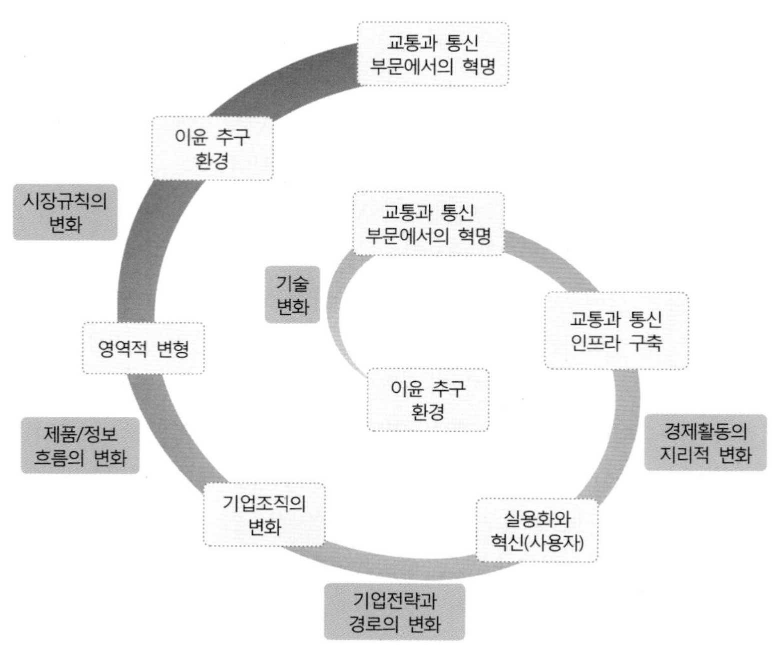

그림 6-36. 교통과 정보통신 부문에서의 혁신이 경제공간에 미치는 영향
출처: Fields, G.(2004), Figure. 2.1.

한편 국내적인 차원에서 볼 때 운송비가 절감되고 대량생산과 노동의 공간적 분업화가 이루어지면서 대도시가 상대적으로 더 빠르게 성장하는 것으로 알려져 있다. 낙후지역 개발을 위해 교통 인프라를 확충하는 경우 오히려 핵심지역으로의 생산의 집중화를 가져오기도 한다. 이는 각종 인프라 시설과 다양한 서비스 제공을 통한 이익이 집중에 따른 혼잡비용을 뛰어넘기 때문이며, 특히 지식기반경제의 핵심 원동력인 인적자원의 밀집에 따른 외부효과를 누릴 수 있기 때문이다. 이러한 경향은 대도시일수록 다양한 수요에 따른 제품 생산이 가능하며, 소득이 높은 지역으로의 인구 전입으로 인해 상대적으로 임금이 하락하는 이점도 누릴 수 있다. 대규모 노동시장에서 기술적 노하우를 가진 인력, 숙련된 고용자에서 체화된 지식의 확산은 생산성을 비선형으로 향상시키는 것으로 알려져 있다. 이는 지식생산에 필수적인 정보의 양과 정보의 질의 접근은 상호신뢰가 이루어지는 대면접촉을 통해 비공식적 채널에서 이루어지고 있기 때문이다. 따라서 운송비의 하락은 비공식적인 네트워크를 더 활성화시키고 네트워크 규모를 확대시키고 있다.

이상에서 살펴 본 바와 같이 정보통신과 교통부문에서의 기술혁신은 경제공간에 상당한 영향을 주고 있다. 정보통신부문에서의 기술혁신은 기업의 통제기능을 신속하고 용이하게 해주는 일종의 혁신을 가져왔으며, 기업에게 이윤을 창출할 수 있는 전략 및 환경의 변화를 촉진시키고 있다. 즉, 세계 어디에서 생산활동이 이루어지든지 간에 실시간적인 통제가 가능해지면서 과거보다 훨씬 더 물리적인 공간의 제약을 받지 않고 기업이 효율성과 이윤을 극대화하는 전략을 구사할 수 있게 되었다. 이렇게 기업의 통제력이 강화되고 생산의 세계화가 이루어지게 되자 기업조직도 변화되고 기업전략과 기업이 추구해나가는 경로도 달라지고 있다. 특히 혁신기업의 경우 이윤을 창출하는데 있어서 정보통신기술 활용을 통해 보다 새로운 경로를 창출하고 있으며, 경제공간의 재구조화를 형성하고 있다. 이렇게 경제공간이 재구조화되는 경우 새로운 지역에 교통과 정보통신 인프라 공급이 이루어지게 되고, 이는 다시 기업의 이윤창출 전략에 변화를 가져오는 순환적인 과정을 거치면서 경제공간을 재편해나가고 있다.

2) 교통·정보통신기술이 공간구조 변화에 미치는 영향

(1) 교통망의 발달과 도시성장

교통망의 발달은 하루 아침에 이루어지는 것이 아니다. 경제가 성장함에 따라서 지역간 상호작용이 활발하게 이루어지고 교통의 수요가 증대되고 교통수단이 개선되면서 교통망이 계층적으로 조직화되어 간다. 따라서 교통망의 발달은 정주화·도시화를 반영하며 공간구조를 형성하는 중요한 요인이라고 볼 수 있다. 교통망 발달과 도시 공간구조 형성에 관해 Taaffe 외(1963)는 개발도상국을 사례로 교통망의 발달과정과 그에 따른 공간조직 모델을 제시하였다. 교통망이 발달하기 시작하는 첫 단계는 주로 해안에서부터 구축되어 점차 내륙으로 뻗어나간다. 교통로가 해안에 건설되는 이유는 식민지 시기에 내륙에서 산출되는 광산물과 농산물 수출을 위해 해안에 도시가 형성되고 교통로가 구축되기 때문이다.

이 모델은 교통망과 도시성장이 어떻게 서로 상호작용하면서 발달해 나가는가를 6단계에 거쳐 설명해 주고 있다. 첫 번째 단계는 해안을 따라 소규모의 항구들이 분산되어 입지하고 있는 단계이다. 각 항구들의 배후지 규모가 매우 작기 때문에 교통로의 발달은 극히 미약하다. 두 번째 단계는 두 개의 노선이 내륙으로 확장되어 항구도시와 배후 내륙도시와 연결된다. 주요 항구도시 주변에는 지선이 발달하고 내륙과 연결된 항구도시는 집적경제를 이루면서 경쟁력이 강화되어 주변의 소규모 항구도시는 쇠퇴하는 경향이 나타난다. 세 번째 단계는 주요 항구도시와 내륙도시를 연결하는 교통축을 따라 신도시가 형성되고 각 도시와 배후지 간에 지선도 발달한다. 도시 규모와 배후지 규모에 따라 도시 계층성이 나타나기 시작한다. 네 번째 단계는 주요 항구도시와 내륙도시들의 경쟁력을 강화시키기 위해 횡축 노선이 발달하게 된다. 또한 교통축을 따라 성장하였던 결절점들이 지선망을 따라 성장하면서 교통축을 따라 형성된 소규모 도시들의 배후지까지 침투하여 영향권역을 넓히고 있다. 다섯 번째 단계는 모든 주요 중심지를 연결시키는 교통망이 형성되는 단계이다. 주요 중심지를 연결하는 간선도로와 소도시들을 연결시키는 지선의 발달이 현저하게 이루어진다. 이와 같은 상호연결성이 증가됨에 따라 지역 간 전문화가 이

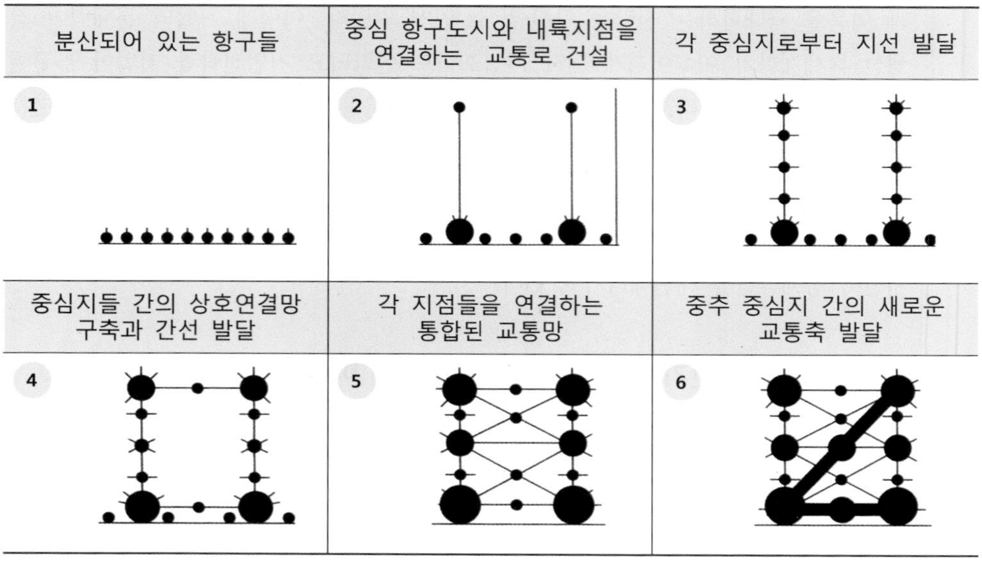

분산되어 있는 항구들	중심 항구도시와 내륙지점을 연결하는 교통로 건설	각 중심지로부터 지선 발달
1	2	3
중심지들 간의 상호연결망 구축과 간선 발달	각 지점들을 연결하는 통합된 교통망	중추 중심지 간의 새로운 교통축 발달
4	5	6

그림 6-37. 교통망의 발달 단계 모델
출처: Taaffe, E. et al.(1973), p. 504.

루어지며, 각 도시마다 영향권역을 확대시키려고 하며 그에 따라 도시 간의 경쟁이 심화된다. 주요 대도시들은 집적경제를 누리면서 확충된 교통로를 따라 시장수요를 확대시키고 있다. 마지막 단계는 대도시 간 접근성을 향상시켜주는 고속화도로나 고속도로와 같은 교통축이 발달하여 대도시는 더욱 빠르게 성장하게 된다. 그 결과 대도시들이 경제경관을 지배하는 계층구조가 이루어진다. 또한 새롭게 구축된 교통축은 교통량이 많고 효율적인 교통로로서의 기능을 수행하게 된다. 이러한 도시들 간의 접근성 수준이 차별적으로 달라지고 그에 따른 도시 계층구조도 형성된다(그림 6-37).

실제로 이 모델을 동북 아프리카 지역에 적용해 본 결과 1500년경에는 주로 중세기에 교역을 위한 항구와 그 경로들이 분산되어있던 것이 1850년경에는 아랍지역과 교역이 이루어지면서 소수의 노선이 내륙으로 확장되어 주요 항구와 그 배후의 내륙도시가 연결되어졌다. 그러던 것이 1900년대 초 철도가 개설되고 점차 항구도시와 내륙도시를 연결하는 교통축을 따라서 지선이 발달하게 되면서 배후도시 간의 상호작용이 점차 활발해져 교통망은 통합되고 도시 간 계층성이 형성되는 것으로 분석되었다. 따라서 교통망 발달 모델을 통해 공간구조가 어떻게 형성되는가를 부분적으로 설명할 수 있다. 즉, 초기에 입지우위성을 지니고 있어 선정된 도시는 계속해서 다른 지역들과의 경쟁을 통해 더욱 이점을 누리면서 성장하는 누적적 인과과정을 경험하게 된다. 따라서 핵심지역으로의 인구와 산업은 더욱 집중화되고 주변지역의 성장력은 점차 감소됨을 엿볼 수 있다.

그러나 실세계에서 교통망이 발달해 나갈 때 종착점이 어느 지점이 되는가는 매우 불확실하며, 각 단계마다의 특징적인 패턴이 일단 형성된 후 연속적으로 그 다음 발전단계로 교통망이 구축되어 나가기보다는 여러 단계의 패턴이 동시에 나타나는 경우가 흔하게 관찰되고 있다.

(2) 공간의 재조직화

교통망이 발달되면서 각 결절점의 접근성은 상당히 달라지며, 접근성이 향상되는 경우 경제활동을 영위하는 데 있어서 입지적 우위성을 갖게 된다. 이런 경우 접근성이 향상된 결절점의 매력도는 높아지며, 그 결과 경제활동이 집중하게 된다. Jannelle(1969)은 교통망의 발달과 경제활동의 집중화와 분산화 과정에 대한 모델을 제시하였다. 그는 통행시간과 각 결절점의 접근도가 공간을 재조직화하는 핵심적 요소이며 생산활동의 전문화를 유도하는 상대적 척도라고 전제하였다. 그는 공간이 재조직화되는 과정을 10단계로 제시하였다(그림 6-38).

① **접근성에 대한 수요(demand for accessibility):** 접근성이란 장소나 지역 간에 발생되는 운송(이동)의 용이도(시간, 비용 및 노력)를 측정하는 것이다. 만일 접근성에 대한 수요가 발생되었다면 이는 입지적 효용성을 증가시키려는 것으로 운송노력을 줄이려는 시도를 유도한다고 볼 수 있다.

② **교통혁신(transport innovation):** 교통혁신이란 장소 간의 접근성을 증가시키기 위한 새로운 기술이나 또는 주어진 단위시간 내에 화물량이나 여객수를 증가시킬 수 있도록 하는 기술을 말한다. 접근성을 높이려는 수요가 발생되면 교통혁신이 일어나게 마련이다. 그 결과 새롭고 보다 고속화된 교통수단이 등장하거나 교통로의 개선, 노선의 굴곡성 수정, 야간통행을 위한 조명 개선 등등 다양한 교통혁신이 일어나게 된다.

③ **시·공간의 수렴화(time-space convergence):** 교통혁신이 일어나게 되면 지역 간의 통행시간이 단축되고 거리마찰 효과가 감소된다. 이를 시·공간의 수렴화라고 하며, 이는 인간이 공간을 효율적으로 이용하기 위한 공간의 조직화에 큰 영향을 미치게 된다.

④ **공간상의 집중화·전문화(centralization and specialization):** 시·공간의 수렴화를 통해 공간조직이 변화될 경우 인간은 집중화(centralization)와 전문화(specialization)를 통해 공간을 재조직하려고 시도하게 된다. 집중화란 특정 지역에 경제활동이 집중되는 것으로, 특히 제2차, 제3차 산업활동이 도시에 집중되면 도시는 급성장하게 된다. 그 결과 도시의 세력권은 확장되고 배후지와 경제·문화·정치적으로도 통합된다. 또한 도시가 성장하여 규모가 커지면 규모경제를 누리면서 단위생산가격도 절감된다. 한편 전문화란 어떤 특정 장소나 지역에서 특정한 활동만을 하는 경우를 말한다. 어떤 주어진 경제활동이 가장 집약적으로 집중화되면 다른 지역에 비해 그 활동은 상대적 우위를 누리게 된다. 이런 경우 그 지역은 비교우위성이 있는 생산활동만 하게 되어 지역 간 전문화가 이루어진다. 경

제활동의 집중화·전문화가 증가될수록 보다 효율적인 교통수단을 필요로 하게 되고 입지적 효율성을 증가시키려는 욕구가 발생하게 된다.

⑤ **상호작용**(interaction): 집중화와 전문화가 높아질수록 지역 간 상호작용은 더욱 활발해진다. 특히 특정 지역에 산업활동이 집중화되거나 전문화되면 생산, 서비스, 정보교환 등이 배후지뿐만 아니라 다른 중심지들과도 활발하게 이루어진다.

⑥ **교통혼잡과 노선 불량화**(traffic congestion and route deterioration): 공간을 조직화하는 인간의 행태는 항시 합리적인 것은 아니므로 입지적 효율성을 극대화하는 것만은 아니다. 때때로 합리적인 행태를 할 수 없는 경우도 발생한다. 따라서 상호작용이 증가되는 경우라도 접근성을 높이기 위한 수요가 발생되지 않거나 접근성에 대한 수요를 충족시킬 수 있는 교통의 기술혁신이 이루어지지 않을 수도 있다. 이런 경우 교통혼잡이나 도로상태가 불량해지는 경우가 된다.

⑦ **시·공간의 발산화**(time-space divergence): 지역 간 상호작용이 증가되지만 이를 수용할 만한 새로운 교통수단이나 도로시설 개선 등이 이루어지지 않을 경우 교통혼잡 현상이 야기된다. 교통량 증가로 인해 초래된 교통혼잡은 통행시간을 증가시키게 되고 또한 도로 자체가 불량해지고 악화된다. 이렇게 되면 각 지역들은 보다 더 멀리 떨어져 있으려고 하는 시·공간상의 발산현상이 나타나게 된다.

⑧ **공간에 대한 수요**(demand for space): 시·공간상의 수렴화에 따라 나타난 공간조직의 집중화와 전문화는 시간의 흐름에 따라 분산화(decentralization) 과정을 겪게 된다. 즉, 도심에 입지해 있던 공장이나 창고업, 도·소매업 등이 규모경제를 시도하려는 경우 도심의 지가가 엄청나게 비싸며, 또 구입할 수 있는 토지가 희소하기 때문에 비교적 저렴한 값으로 쉽게 토지를 구입할 수 있는 도시 주변지역으로 이동하게 된다. 이와 같은 산업활동의 분산화는 교외지에 새로운 고용기회를 창출시키므로 인구이동을 유도하게 된다. 인구와 산업의 분산화는 결국 교외지의 토지에 대한 수요를 증가시키게 되고, 시끄럽고 혼잡한 도심을 떠나 보다 쾌적한 환경에서 살기를 원하는 경우 도심과의 접근성이 양호한 교외지에 대한 토지 수요는 더욱 증대된다. 반면에 도심 내부에서도 토지수요를 충족시키기 위한 방안으로 토지이용의 수직적 집약화가 나타나게 되어 건물들이 고층화된다.

⑨ **분산화된 집중화**(decentralized centralization): 도시 주변부로 이동한 산업활동과 인구는 재화와 서비스에 대한 수요가 높아지며, 따라서 교외지에도 재화와 서비스를 공급하는 새로운 기업들이 입지하게 된다. 그 결과 교외지에 상업과 서비스 기능을 갖춘 쇼핑센터와 공업단지들이 밀집하게 된다. 이와 같이 공간상에 분산화된 집중현상은 재화나 서비스를 얻기 위한 통행이나 이동을 최소한 줄이려는 인간의 행태에서 비롯되는 것이라고 볼 수 있다. 즉, 한 지역에 많은 기능이 집중되어 있어야 집적경제효과를 누릴 수 있으므로 특정 교외지에 각종 생산활동과 인구가 집적하여 하나의 중심지를 형성하면서 도시는 다핵화되고 공간구조가 재조직되어 간다. 이러한 과정이 계속 진행될 경우 도심과 교외지

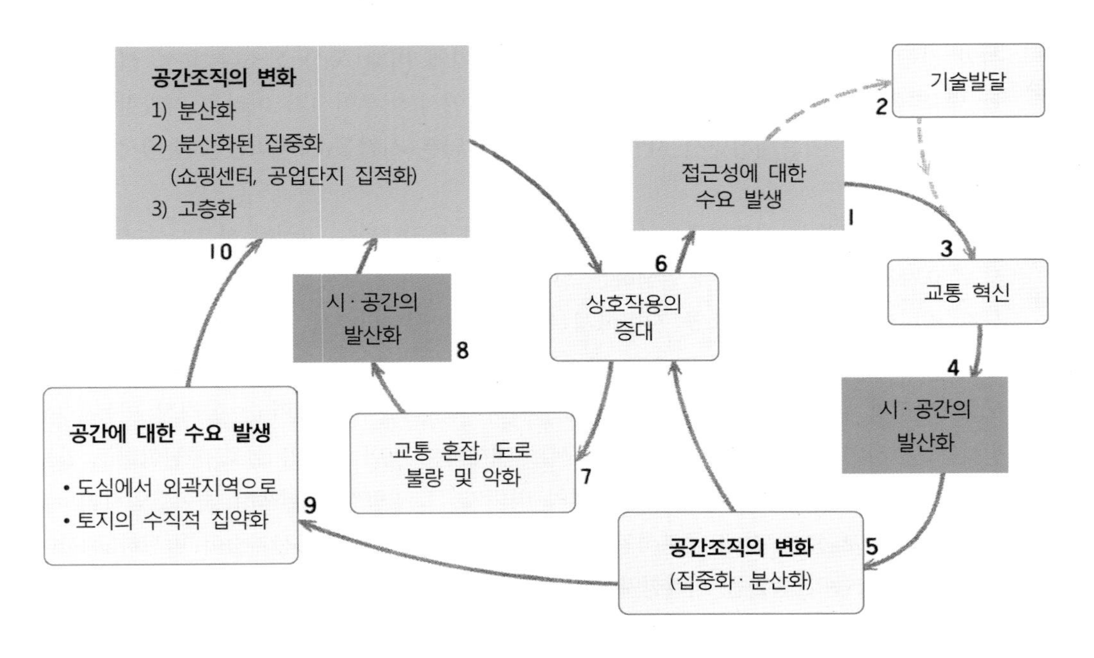

그림 6-38. Janells의 공간의 재구조화 모델
출처: Janelle, D.(1969), p. 350.

에 발달한 신시가지들은 점차 통합화되어 하나의 거대도시로 성장하게 된다. 이상과 같이 공간이 재조직화되어 갈 경우 생산활동의 집중화·전문화가 이루어지는 지역은 다른 지역보다 접근성이 양호하므로 더 빨리 성장하게 된다. 특히 도심에서부터 외곽지로 뻗어나간 고속화도로나 전철이 지나가는 접근성이 양호한 결절점에는 쇼핑센터와 공장들이 밀집하게 된다.

공간의 재조직화 모델에서 제시하고 있는 바와 같이 교통수단의 혁신은 공간을 재조직화하는데 결정적인 역할을 하고 있으며, 교통수단의 혁신에 따른 시·공간의 수렴화는 생산활동을 특정지역으로 집중화·전문화를 유도하며, 때로는 분산화된 집중패턴을 촉진시키기도 한다. 이와 같이 공간은 계속적으로 재조직화되고 있으며, 특히 접근성이 양호한 지역일수록 공간의 재조직화 과정이 두드러지게 나타난다.

(3) 대도시의 차별적 성장과 도시 내부의 파편화

정보통신기술의 비약적 발전으로 공간을 초월한 네트워크가 구축되어 세계적인 차원에서 상호작용이 이루어지면서, 거리의 소멸, 또는 지리학의 종말이 나타날 것으로 예상되었다(Cairncross, 1997). 이는 인터넷을 통해 시·공간의 압축이 이루어지면서 원거리

지역 간에도 실시간적으로 정보가 유통되고, 과거에 비해 특정 장소나 특정 시간에 훨씬 덜 의존하게 되었기 때문이다. 또한 현실공간에서 이루어지기 어려운 다양한 활동이 사이버공간에서 가능해지면서 사람들은 점점 더 많은 시간을 사이버공간 속에서 보내고 있다.

그러나 정보통신 네트워크는 물리적 공간 속에 뿌리내리는 고정된 하부시설이며, 따라서 수요가 많고 이윤이 많이 발생하는 장소를 선호하여 정보통신망이 구축되므로 정보통신기술의 발달은 특정 장소를 지향하게 된다. 이는 사이버공간 상에서 이동하는 무형의 정보 흐름도 장소에 기반한 요소를 가지고 있음을 시사해준다. 즉, 정보통신망의 발달은 도로, 철도와 같은 물리적 네트워크의 수용력과 효율성을 향상시키고, 물리적 이동을 촉진하는 등 사이버공간과 물리적 공간은 서로 대체하는 것이 아니라 상호 공진화하고 있음을 말해준다. 정보사회에서 물리적 거리의 의미와 그 영향력은 현저히 줄어들었지만, 물질 이동과 정보 흐름 간에 근본적인 차이가 있고, 아무리 정보통신기술이 발전하고 사이버공간이 사람들의 생활을 지배한다고 하더라도 물리적 거리가 완전히 소멸될 수는 없으며, 지리학의 종말을 가져오는 것도 결코 아니다. 정보통신기술의 발달이 물리적 거리의 중요성을 소멸시키고 지리적 장소성을 무의미하게 만들 것이라고 예측했으나, 오히려 국가·지역 간 정보 격차를 심화시키면서 세계도시들의 위상을 강화시키고 있다.

정보통신기술이 발달하면서 어느 장소에서나 인터넷 연결이 가능해졌지만, 정보 이용에서 중요한 점은 누가 정보 흐름을 통제하고 또 연계하는가에 달려있다. 초국적기업의 본사들이 집중해 있는 세계도시에서 정보통신 서비스업이 급성장하는 이유는 전 세계 각지에서 생산활동을 하고 있는 초국적기업의 자회사 및 계열사들을 통제, 조정, 관리하는데 필요한 실시간적 정보를 제공받고자 하는 수요가 매우 높기 때문이다. 이렇게 세계도시들은 정보의 생산 및 소비의 중심지 역할을 하는 동시에 정보흐름을 통제하는 장소로서의 기능도 수행하고 있다. 이렇게 세계경제가 재구조화되면서 초국적기업의 본사나 관련기관의 중추기능들은 금융 및 다양한 정보활동을 편리하게 할 수 있는 정보환경이 갖춰진 특정 도시들을 선호하여 더욱 집중하고 있다. 이와 같이 금융기관, 생산자서비스기업, 초국적기업의 본사들이 소수의 특정 대도시로 집중하게 되자, 전문화된 서비스업과 첨단 기반시설 및 텔레커뮤니케이션 시설들도 집중하게 되면서 세계도시가 등장하게 되었다.

원래 세계도시라는 용어는 런던, 파리, 비엔나, 베를린 등과 같이 과거 제국주의시대를 주도하던 대도시의 문화적 영향력을 서술하기 위해 사용되었다. 그러나 세계화가 진전되면서 Friedmann(1986)이 세계도시의 개념을 추상적으로 정의하였으며, Sassen(1991)이 세계도시 연구에서 도시연구의 학문적 영역을 확대시켰다. 세계도시란 세계경제 구조재편에 따라 등장한 도시로, 세계 자본이 집중되고 축적되어 초국적기업, 금융활동 등 경제, 사회, 문화, 정치력이 상호 결합한 세계경제의 의사결정이 이루어지는 장소라고 볼 수 있다. 최상위급의 세계도시는 국경을 초월하여 전 세계적인 배후지를 가지고 영향력을 행사하는 뉴욕, 런던, 도쿄이며, 이들 도시은 모두 각 국가의 수위도시로 다른 도시들에 비해 월등한 수준의 경제력과 지배력을 가지고 있는 도시들이다. 세계도시체계의 관점에서 2차위에 속한 세계도시로는 파리, 프랑크푸르트, 취리히, 암스테르담, 로스앤젤레스, 싱가포르 등이 있으며, 서울, 시드니, 홍콩 등은 3차위 세계도시에 포함된다. 초국적기업의 중추기능은 최첨단 정보통신시설과 고급 인적자원의 확보가 용이한 최상위 세계도시에 입지함으로서 경쟁력 우위를 극대화하고 있다.

한편 다양한 업체들이 집중된 대도시일수록 시장경쟁이 매우 심하다. 특히 빠르게 변화하는 소비자 수요에 대처하기 위해 새로운 정보에 대한 수요가 큰 기업일수록 인터넷을 통한 정보획득 및 정보교환의 우위성을 누릴 수 있는 도시로 집적하게 된다. 또한 정보생산자와 소비자들 간에 정보를 유통하는 통로인 인터넷 기간망도 정보집약적 산업과 지식기반산업이 집적되어 있는 지역에 집중적으로 구축되고, 인터넷서비스 접근성이 양호한 곳으로 정보집약적 산업과 지식기반산업이 집적하여 기간망 투자와 수요를 더욱 유발하는 상호 인과과정을 통해 대도시는 지속적으로 경제성장을 누리고 있다.

한편 정보사회가 진전되면서 대도시 내부의 공간구조는 상당한 변화를 일으키고 있으며, 도시 내부의 이중적 구조까지도 나타나고 있다. 노동, 자본과 같은 생산요소들은 더 높은 이익을 얻을 수 있는 지역을 찾아 자유롭게 이동한다. 특히 온라인 쇼핑과 전자상거래가 보편화되면서 교통망의 결절지에 집중해 있던 쇼핑센터가 배달시간 단축을 위해 주거지 근처에 입지하는 경향도 보이고 있다. 더 나아가 기성 시가지의 중심업무지역에 입지하였던 기업의 본사나 사무실도 정보통신 인프라가 잘 발달한 지역으로 이전하려는 탈집중화 현상도 나타나고 있다.

반면에 도심이 재개발되면서 도심도 경쟁력이 있는 업종을 중심으로 재편되고 있다. 특히 도심에는 전문직 엘리트나 고급 외국인 근로자들이 근무하는 국제 금융센터, 첨단업무단지들이 입지하고 그 주변에는 고급 인력들의 집단 거주지가 형성되면서 도심 재활성화가 이루어지고 도심으로의 재집중화 현상도 나타나고 있다. 이러한 과정에서 저소득층이나 하급 외국인 노동자들은 도시 변두리에 집중 거주하는 도시의 양극화 현상이 나타나게 된다. 즉, 정보사회가 점점 더 진전되고 경제의 재구조화가 이루어지면서 사회적, 공간적 양극화 현상이 더욱 심화되고 도시 내부의 불평등과 갈등이 존재하는 이중구조가 형성되고 있다. 이들 도시들의 경우 사회·경제적 측면의 이중구조뿐만 아니라 인종 또는 성별에 따른 공간적 분리현상까지 나타나면서 거주자 이외의 외부인의 출입을 통제하는 사유화된 공간을 지칭하는 빗장도시(gated community)가 형성되기도 한다(Graham & Marvin, 2001).

이와 같이 정보통신기술의 발달은 도시 내부구조의 파편화를 심화시키는 것으로 알려져 있다. 정보의 생산과 소비의 차이에 따른 대도시의 공간변화는 엘리트 계층을 위한 문화공간이 특정 도심부에 형성되면서 도시공간은 더욱 파편화되어 간다. 중심업무지구역 내에 밀집되어 있는 첨단 인텔리전트 빌딩은 엘리트 계층의 사회적 관계가 이루어지는 공간을 조성하면서, 대도시의 다른 지구와는 구별되는 공간을 형성하게 된다. 중심업무지구 내에 문화, 오락, 스포츠 등을 위한 새로운 문화공간이 조성되며, 이들 문화공간은 주로 비슷한 계층에 속한 사람들이 이용하는 경향을 보이고 있다.

3) 네트워크 도시와 스마트 도시의 등장

네트워크 사회에서는 사람이나 기업들이 반드시 공간적으로 근접해야만 하는 것은 아니지만, 구축된 네트워크로 접근 가능하여야 한다. 네트워크의 행위 주체는 사람, 기업뿐만 아니라 도시들도 포함된다. 네트워크 사회가 도래되면서 도시의 입지와 접근성 개념 자체가 달라지고 있으며, 해당 도시의 발전은 도시 규모나 입지보다는 세계경제 네트워크에 어떻게 연결되어 있으며, 또 네트워크 상에서 어떠한 위치를 차지하며, 어떠한 역할을 수행하는가에 따라 상당한 영향을 받고 있다.

네트워크 도시(network city)는 Batten(1995)의 연구를 시작으로 하여 지난 20여년 동안 많은 관심을 받아 왔다. 네트워크 도시는 교통, 통신시설 등으로 연결된 2개 이상의 도시들이 상호 협력·보완관계를 통해 시너지를 발생하는 도시라고 정의할 수 있다(Batten, 1995). 정보통신기술이 발달하고 경제의 세계화가 진전되면서 인구 규모에 따른 중심지 계층성보다는 네크워크 도시의 결절지 특성이 부각되고 있다. 이는 정보통신기술의 발달로 인해 공간적 인접성과 도시의 상대적 규모나 인구수가 과거보다 덜 중요하게 되었으며, 오히려 도시 간 네트워크를 통한 연계성이 더 중요해지고 있기 때문이다. 도시 간의 상호작용은 위계를 가진 도시들의 중심성에 의해 결정되기 보다는 각 도시 간에 상호보완성에 따라 달라질 수 있다. 작은 규모의 도시도 전문화된 기능이나 고차원적인 기능을 수행할 수 있다. 중심지 모델의 경우 도시 간 위계에 따른 수직적 관계만을 전제로 하고 있는데 비해, 네트워크 도시는 상호보완성을 기반으로 도시 간 수직적·수평적이고 쌍방향적 흐름 관계도 이루어진다.

네트워크 도시는 각기 독립성을 갖춘 도시들이 기능적으로 다른 도시에 종속되거나 인접한 소수 도시들이 연담화된 도시와도 구별된다. 네트워크 도시체계에 따르면 도시 간 상호작용은 중심지 계층성에 의해 결정되기보다는 도시들 간 상호보완성에 의해 구축된 네트워크 강도와 빈도에 의해 영향을 받는다. 즉, 네트워크 도시체계 하에서 각 도시들은 차별화된 전문화를 통해 다른 도시들과의 수평적이고 보완적인 협력관계를 구축하여 효율성을 높여 서로 공생할 수 있는 시너지 효과를 창출하여 경쟁력을 확보하고자 한다.

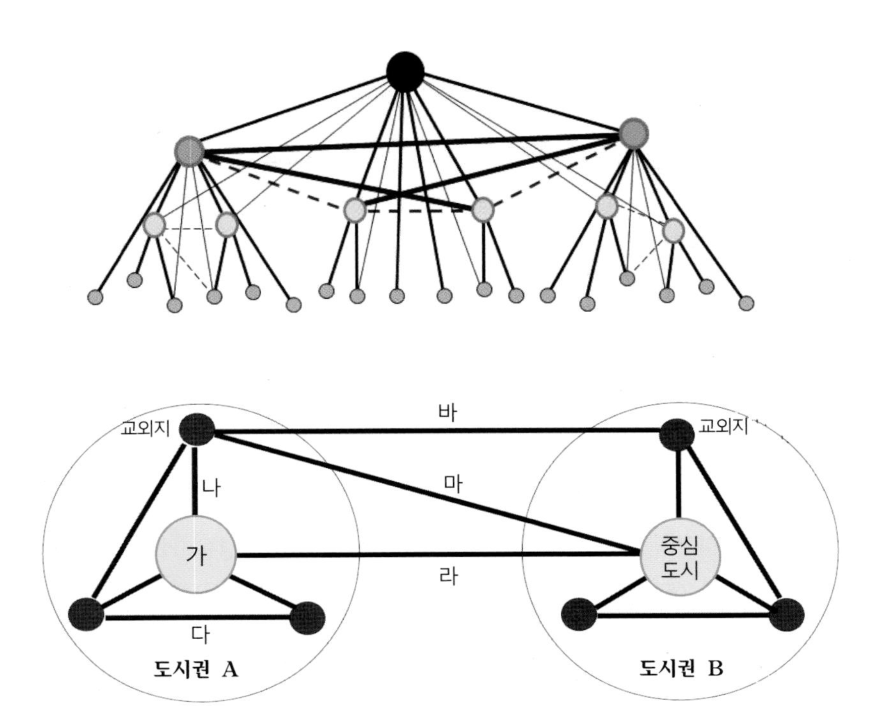

그림 6-39. 네트워크 도시에서의 상호의존성에 기반한 다양한 네트워킹 유형
출처: van Oort et al.(2010), p. 738.

네트워크 도시체계에서는 다양한 유형의 연계성 및 상호의존성이 나타날 수 있다. 즉, 도시 내에서의 연계→도시권 내에서의 연계→도시권 간의 연계로 네트워킹이 이루어지는 영역이 점차 확대될 수 있다. 즉, 도시 내에서의 연계(가), 도시권 내 중심지-주변부 간의 연계(나), 교외지 간의 연계(다), 도시권 간 중심도시 간 연계(라), 도시권의 중심도시와 다른 도시권의 교외지 간의 연계(마), 그리고 각 도시권의 교외지와 교외지 간의 연계(바) 등 다양한 유형의 네트워킹이 이루어질 수 있다(그림 6-39).

1990년대 이후 경쟁력의 공간단위로서 단순한 행정구역상의 도시나 지역의 범주를 벗어난 세계도시권(global city-region), 메가지역, 메가시티지역(mega city-region), 슈퍼지역(super region), 도시지역(city-region) 등의 용어들이 등장하고 있다. 이는 치열해지는 세계경쟁 속에서 경쟁력을 갖춘 집적경제의 공간단위에 대한 필요성과 그 규모에 대한 관심이 높아지고 있음을 말해준다. 세계가 단일 시장경제로 통합되면서 글로벌 경영체제를 갖춘 초국적기업들은 경쟁력이 있는 곳이면 어디든지 찾아다니지만, 이들은 어느 특정 국가를 직접 상대하기보다는 투자 매력도가 높은 특정 대도시와 그 주변지역을 비교하면서 입지를 선정하고 있다.

네트워크 도시체계가 형성되면서 경쟁력의 공간단위로 새롭게 도시지역(city-region)

이 부상하고 있는 이유 중의 하나는 지식기반사회로 접어들면서 지식의 중요성이 크게 증대되었으며, 지식의 외부효과와 학습지역 형성은 경제 주체자들 간에 네트워크를 통해 이루어지는 공간 영역은 단일 도시나 국지적 규모를 넘어 다수의 도시와 배후지역을 포함하는 보다 광역적인 범위에서 구축되고 있기 때문이다. 이에 따라 도시들 간의 교통·통신시설 및 인터넷, 스마트폰 등의 정보매체를 통해 중심도시와 주변의 중소도시 및 배후 농촌지역들이 하나의 생활권을 형성하는 거대한 도시권이 세계경제에서 경쟁력 우위를 차지하고 있다. 실제로 세계경제 체제에서 최상위 경쟁력을 가진 메가시티지역(mega city-region)의 경우 도시 내부에서 도시 간 상호보완성을 기반으로 하는 기능적 연계를 통한 네트워킹이 매우 활발하게 이루어지고 있다. 네트워크 도시체계의 경우 비슷한 인구규모를 가진 도시들이 다소 분산되어 있지만 연계성이 강한 공간구조를 갖는 다핵지역(polynuclear urban region)도 형성되며, 대표적인 사례가 네덜란드의 란트슈타트이다.

Petrella(1995)에 따르면 2025년경에는 세계적으로 국경을 초월한 30개의 도시지역(city-regions)이 현재의 G7 국가를 대신하여 세계경제 체제의 핵심주체로 등장할 것이라고 전망하면서 이를 'CR-30'체계라고 일컬었다. 고도로 발전된 첨단기술을 통해 'CR-30' 간의 상호 연계성은 자국 내의 다른 도시들과의 연계성보다 더욱 더 밀접하게 구축될 것이라고 보았다. 특히 세계적인 핵심 도시지역은 초국적기업과 대도시 정부가 연합하여 글로벌 기업의 경쟁력을 지원하면서 세계경제에 영향력을 행사하게 될 것이라는 전망이다. Petrella가 제시하는 도시지역의 인구규모는 약 800만~1,200만명이며, 대표적인 지역으로는 로테르담/암스테르담, 뮌헨-바이에른 런던-남동부 잉글랜드, 뉴욕지역, 도쿄지역, 파리대도시권, 몬트리올 - 토론토 - 시카고, 시드니, 상파울로 등을 예시하였다. Scott(2001)도 인구 1,000만명을 상회하는 20여개의 도시지역(city-regions)이 세계경제의 핵심 거점으로서의 역할이 증대될 것으로 전망하였다. 특히 Scott는 세계화의 위협과 기회에 대처할 수 있는 공간 영역으로 행정조직을 통합한 광역권의 연합(region-wide coalition)이 필요하며, 이를 위해 지역 간, 공공 - 민간 부문 간 새로운 거버넌스의 중요성을 강조하였다.

한편 유비쿼터스 컴퓨팅, 정보통신기술을 바탕으로 도시의 제반 영역을 지능적으로 관리하는 U-City도 등장하고 있다. U-City는 'U'와 'City'의 합성어이다. 'U(유비쿼터스: ubiquitous)'라는 용어는 라틴어의 ubique(God exists everywhere at the same time)에서 유래한 것으로, 시공자재(時空自在: 시간과 공간이 자유롭고 자재하다)라는 뜻이다. 따라서 유비쿼터스화는 실물공간에 지능적 역할을 부여하는 실물공간의 전자공간화를 의미한다. 이는 정보통신기술의 발달로 시·공간의 제약이 없이 자유롭게 정보에 접근, 이용, 통제할 수 있는 환경을 말한다. 유비쿼터스 도시란 도시의 경쟁력과 삶의 질의 향상을 위하여 유비쿼터스 도시기반시설이 구축되어 언제 어디서나 유비쿼터스 도시 서비스를 제공하는 도시라고 정의될 수 있다. U-City가 도입된 배경은 도시의 성장과 과밀화 등으로 안전, 재난, 교통 등의 도시문제가 발생함에 따라 이를 해결하기 위한 목적에서 시도되었다. 그동안 각종 재난관리시스템, 지능형 교통시스템, 지하시설물관리시스템 등이 개별적으로 운영됨에 따라 긴급상황이 발생할 경우 유기적이고 신속한 대처가 어렵고, 도시관리도 비체계적, 분산적으로 운영되어 오던 문제점을 해결하기 위해 U-City를 건설하게 된 것이다.

이와 같이 정보통신기술을 근간으로 하여 도시 인프라를 구축하고 이를 활용한 질 높은 서비스 제공을 통해 도시관리 비용의 절감과 도시민의 편익 향상을 목적으로 유비쿼터스 도시를 구현하고자 한 것이다. 이미 많은 도시들이 광케이블, 초고속 인터넷 등의 정보통신기술과 첨단 정보통신인프라를 구축하여 언제 어디서 누구나 다양한 서비스를 이용 가능하도록 하는 U-City를 지향해 나가기 위해 많은 투자와 노력을 기울이고 있다.

최근 4차 산업혁명의 도래와 함께 거론되고 있는 것이 스마트 도시이다. 우리나라의 경우 U-City법을 스마트도시법으로 개정하여 범위를 기존 시가지로까지 확대하였다. 특히 「스마트도시 조성 및 산업진흥 등에 관한 법률(스마트도시법)」로 전면 개정하였는데, 이는 스마트 시티가 성공적으로 정착하기 위해서는 기술, 인프라 부문과 새로운 융·복합 서비스 및 사업들이 원활하게 운영될 수 있는 시스템 구축이 필요하기 때문이다. 특히 저출산, 고령화 및 환경오염 등과 같은 사회문제가 도시문제로 이어지면서 도시문제 해결 및 도시 경쟁력 제고를 위한 방안으로 스마트 시티가 각광받고 있다. 즉, 4차 산업혁명 시대로 진입하면서 스마트 시티가 도시문제를 해결하고 도시경쟁력 및 삶의 질을 향상시킬 수 있는 지속가능한 도시모델로 주목받게 된 것이다.

스마트시티는 4차 산업혁명의 핵심인 초연결성을 활용하여 도시 인프라의 효율화 및 도시관리의 효율화에 초점을 두고 있다. 아직까지 스마트 시티에 대한 개념이 명확하게 규정되어 있지 않지만, 물리적 도시시설 및 공간이 인터넷과 실시간 연결되는 IoT와 ICT가 접목되어 이용자들에게 실시간 다양한 각종 도시 서비스를 제공할 수 있는 도시를 구상한다. 기존 도시는 자원 활용이 평면적으로 이루어져 데이터 및 기능 공유의 어려움으로 인해 자원이 낭비되었다. 대다수 도시들이 기후변화와 에너지 위기를 인식하고 자원 사용의 효율성 제고와 탄소 배출량 감소를 위해 노력하고 있다. 미래 에너지 공급량의 부족 또는 에너지 비용의 증가 문제와 지구 온난화를 해결하는 데 있어 스마트 시티는 획기적인 기여를 할 수 있을 것으로 기대되고 있다. 이미 스마트 그리드(Smart Grid)는 기존의 도시 에너지 공급시스템에 정보통신기술을 결합하여 에너지 효율성을 높이고, 에너지 낭비를 줄이며, 분산전원 시스템을 가능하게 하여 신재생에너지 사용을 증가시키고 있다. 도시가 당면한 과제는 도시 공공서비스의 효율성 제고와 시민과 함께하는 거버넌스의 발전, 그리고 기후변화에 대응하는 친환경 도시로의 변화이다. 개발도상국의 경우 급속한 도시화에 적실하게 대응하는 토지이용과 자연지역의 보호, 경제발전과 빈곤 감소라는 과제가 더 추가된다.

이와 같이 스마트 도시란 도시가 당면한 과제를 효율적이며 효과적으로 신속하게 해결할 수 있는 도시로, 기존의 네트워크와 서비스에 디지털 기술을 결합하여 다양한 측면에서 기존 도시의 효율성을 더 증진시키는 동시에 도시의 지속가능성과 거버넌스 시스템을 획기적으로 개선하는 도시가 될 것으로 기대되고 있다. 스마트 도시의 경우 디지털 기술을 활용하여 시민에게 더 나은 공공서비스를 제공하고, 자원을 효율적으로 사용하며, 탄소배출을 감소하여 환경에 미치는 영향을 줄이는 차원을 넘어설 것으로 기대하고 있다. 기존 인프라와 친환경기술, 그리고 정보통신기술을 결합한다면 도시의 연료 소비량을 줄이고 온실가스를 감축하여 지구 온난화를 어느 정도 지체시킬 수 있다. 에너지 분야뿐만 아니라 교통이나 상하수도 분야에서도 정보통신기술이 결합되어 효율성을 높이고 낭비를 줄일 수 있다. 보다 더 스마트한 교통, 상하수도, 냉난방, 도시 안전, 고령친화적이며, 궁극적으로 시민의 삶의 질을 향상시키고 도시의 지속가능성을 높여 줄 것이다.

현재 정보통신 기술혁신이 주도하지만 미래에 또 다른 신기술이 등장하여 도시를 한 차원 높인다면 '스마트 도시'도 또 다른 차원에서 더 똑똑해질 수 있을 것이다. 그런 의미에서 스마트 도시가 정보통신기술을 활용하는 도시로 한정할 필요가 없다. 가용한 신기술을 도입하고 활용하여 도시가 당면한 과제를 성공적으로 해결하고 도시를 미래지향적으로 발전시키는 도시를 스마트 도시라고 일컫는 것이 오히려 더 적합할 것이다. 이러한 '스마트 도시'가 하루 빨리 조성되기를 기대해보자.

제 7 장

고전적·전통적 입지이론

1. Thünen의 토지이용 이론과 도시 내부의 토지이용
2. 제조업의 입지요인과 Weber의 공업입지론
3. 중심지 이론과 도시체계

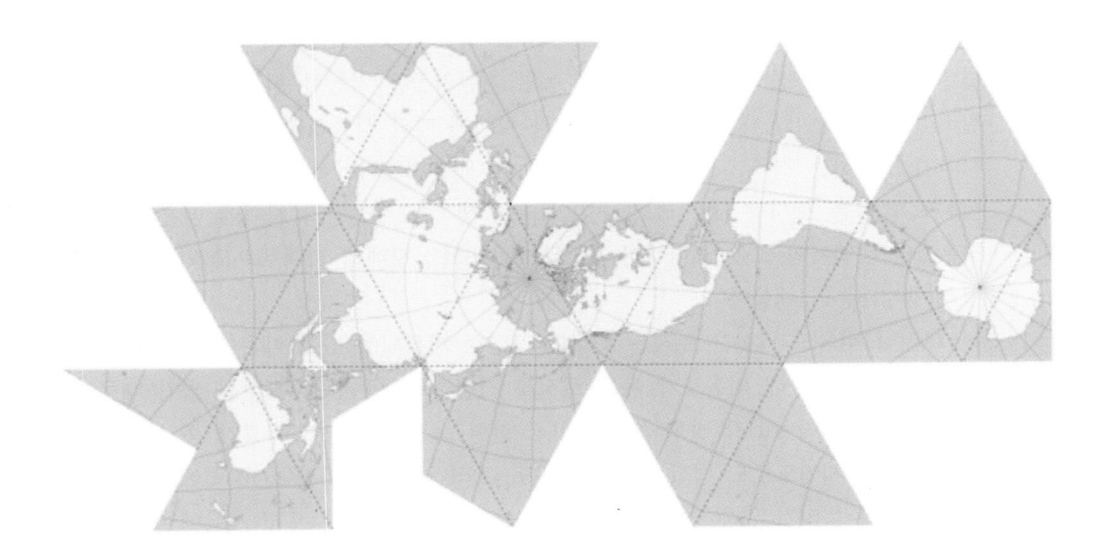

1 Thünen의 토지이용 이론과 도시 내부의 토지이용

1) Thünen의 토지이용의 원리와 이론

(1) 입지지대의 개념

지대(rent)란 용어는 경제학에서 뿐만 아니라 일상생활에서도 많이 사용되고 있다. 그러나 우리가 흔히 사용하고 있는 지대는 주택 또는 건물에 대한 임대료로 지불하는 계약지대(contract rent)를 지칭하는 것으로, 토지로부터 발생하는 경제적 수입으로서의 경제지대(economic rent)와는 상당히 다른 개념이다.

경제지대란 토지 소유자가 토지를 임대해주는 대가로 토지 사용자에게 징수하는 금액이라고 할 수 있다. 그렇다면 빌려주는 대가로 받는 지대의 발생 원천은 무엇이며, 또 얼마나 받아야만 하는가는 중요한 관건이 될 것이다. 흔히 지대는 이용되고 있는 토지와 관련되어 발생하며, 그 원천은 적어도 생산에 투입한 여러 생산요소들의 공급가격을 초과하는 소득이라고 간주되고 있다.

Ricardo(1821)는 처음으로 지대의 발생원천을 차액지대 개념을 도입하여 설명하였다. 그는 농업부문에서의 생산은 토지의 비옥도가 높은 지역으로부터 비옥도가 낮은 지역으로 점차 확대되며, 자본주의 체제 하에서 농업 자본가는 지주로부터 토지를 빌리고 노동자를 고용하여 농업활동을 전개한다고 가정하였다. 일반적으로 비옥도가 높은 토지는 비옥도가 낮은 토지보다 생산량이 많기 때문에 농업 자본가들은 가능한 한 비옥도가 높은 토지를 빌리려고 할 것이다. Ricardo는 비옥도의 차이에 따라 작물의 생산량이 달라져 순소득의 차이가 발생하는 경우 그 차액은 지주에게 지대로 지불되어야 한다는 주장을 펼쳤다. 즉, 비옥도가 높은 토지와 낮은 토지 사이에서 발생하는 생산량의 차이에 따른 차액은 농업 자본가나 경영가의 소득이 아니며, 따라서 토지 소유자에게 지대로 지불되어야 한다는 것이 차액지대론의 핵심이다.

그러나 비옥도가 높은 토지는 면적이 상당히 한정되어 있기 때문에 공급량은 매우 한계적이다. 이에 반해 비옥도가 높은 토지를 사용하고자 하는 수요자는 많기 때문에 독점지대(monopoly rent)가 발생되기도 한다. 한편 농산물에 대한 수요가 증가하는 경우 비옥도가 낮은 지역으로도 경작지가 확장된다. 그러나 비옥하지 못한 지역에서 경작하는 경우 생산량을 늘리기 위해 많은 생산비용이 들게 된다. 그러나 토지 사용에 대한 절대지대(absolute rent)를 지불해야 되기 때문에 이윤이 발생되지 않을 수도 있다. 이러한 경우 비옥도가 낮은 토지는 그대로 버려두게 된다.

Ricardo의 차액지대의 개념을 나타내면 그림 7-1과 같다. 여기서 등비용선은 1ha당 작물을 생산하는 데 드는 비용을 말한다. 이 그림에서 볼 수 있는 바와 같이 어떤 특정작물의 최적지(가장 비옥한 지역)로부터 외곽으로 멀어짐에 따라 비옥도가 낮아지므로 1ha당 생산비용이 점차 증가하게 된다. 따라서 특정 작물에 대한 시장가격이 결정되면 자연히 그 작물의 생산을 통해 이윤을 얻을 가능성이 있는 이윤의 공간적 한계지점(spatial margin to profitability)이 설정된다. 일례로 만일 1ha당 재배되는 농작물의 시장가격이 70만원이라고 할 경우 이 가격선과 공간적 등비용곡선과 만나는 지점이 바로 이윤의 한계지점이 된다. 따라서 등비용곡선이 70만원을 상회하는 지역에서는 수익보다 비용이 많이 들게 되므로 작물을 재배하지 않게 되며, 반면에 최적지에 가까울수록 수익이 높아져 경제지대는 증가하게 된다. 그러나 만일 시장가격이 100만원으로 오를 경우 이윤의 공간적 한계지점은 더 외곽으로 확대되며, 이전에 버려둔 땅이 다시 경작되고, 높은 지대를 지불하고 있던 지역에서는 더욱 더 집약적으로 토지를 이용하려는 경향이 나타나게 된다. 마찬가지로 시장가격이 60만원으로 하락할 경우 이윤의 공간적 한계지점의 면적은 줄어들게 되며, 비옥도가 좋지 못한 지역의 땅은 버려지게 되고 비옥도가 좋은 땅도 예전보다 토지이용의 집약도가 낮아지게 된다.

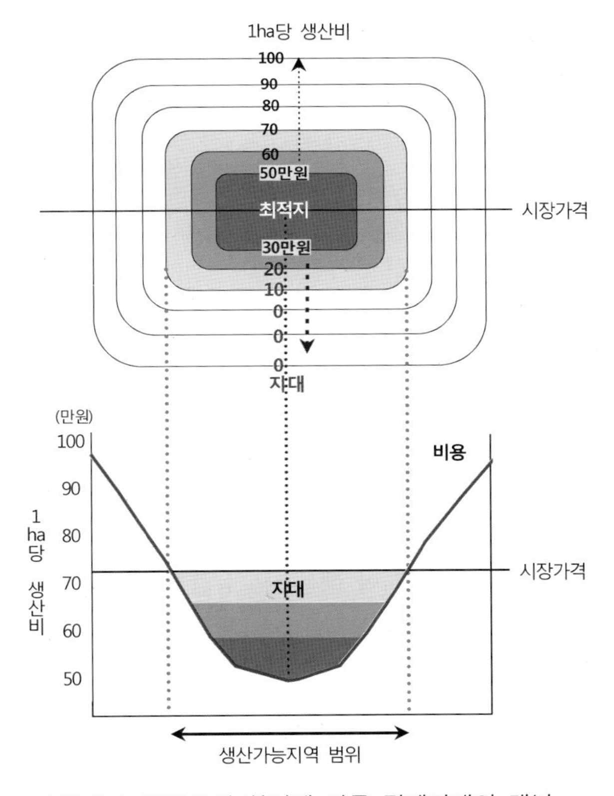

그림 7-1. 비옥도의 차이에 따른 경제지대의 개념

토지의 비옥도 차이에 따라 차액지대가 발생한다고 주장한 Ricardo와 같은 시대에 활동하였던 경제학자 von Thünen은 비옥도가 같은 지역 내에서도 지대는 발생할 수 있다고 주장하였다. Thünen은 중심시장으로부터의 거리에 따른 운송비의 차이가 지대를 발생시키는 요인으로 보았다. 운송비는 시장으로부터 거리가 멀어질수록 증가하기 때문에 시장과 거리가 가까운 지역은 상대적으로 운송비가 적게 든다. 따라서 시장과 가장 가까운 거리에 입지해 있는 지역의 지대가 가장 높게 되며, 시장으로부터 거리가 멀어짐에 따라 지대가 감소되고 경작의 한계지점에서는 지대가 발생하지 않는다는 주장을 폈다.

중심시장으로부터의 거리에 따라 운송비가 달라져서 차액지대가 발생하는 지대를 입지지대(location rent)라고 한다. 운송비와 입지지대와의 관계를 나타내면 그림 7-2와 같다. 중심시장으로부터 거리가 멀어질수록 운송비가 증가하며, 따라서 각 지점에서 발생되는 지대는 시장가격에서 생산비와 운송비를 뺀 것이 된다. 그 결과 지대곡선은 중심시장에서 가장 높으며 거리가 증가함에 따라 반비례하여 나타난다.

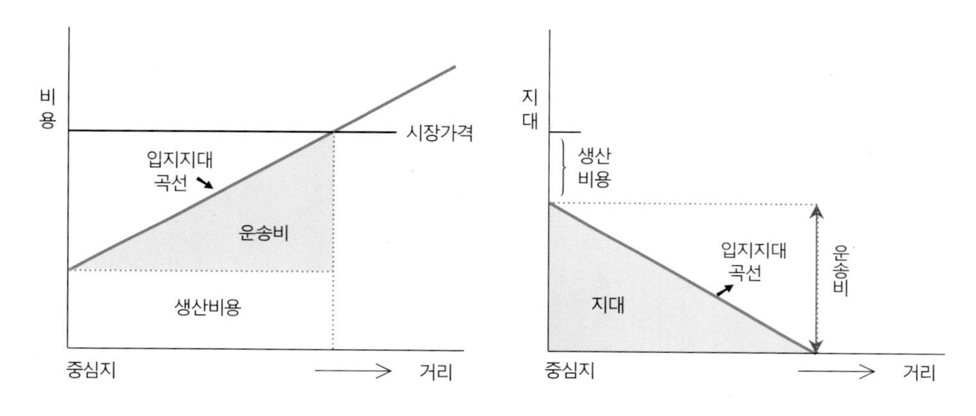

그림 7-2. 운송비에 따른 입지지대의 개념

(2) Thünen의 농업입지 이론

Thünen은 발트해 연안의 Rostock 남동쪽에 위치한 Tellow에 넓은 농장을 소유하고 임금 노동자들을 고용하여 직접 농장을 경영하였던 지주였다. 그는 자신의 경험을 토대로 하여 특정한 농작물만을 전문화하여 생산하는 농업지대(zone)가 나타나는 이유는 무엇이며, 또 특정 지역에 대한 지대(rent)는 어떻게 결정되는가에 초점을 두고 농업적 토지이용에 관한 이론을 전개하였다. 1826년에 출판한 「고립국(The Isolate State)」에서 Thünen은 농업활동의 공간조직에 관한 이론을 최초로 제시하였다.

① 농업입지 이론의 전개과정

Thünen은 주어진 토지를 가장 효율적(이윤 극대화)으로 이용하는 원리를 밝히기 위하여 먼저 현실세계를 보다 단순화시킨 정태적이고 추상적인 고립국 모델을 구상하였다. 그가 제시한 고립국의 상황과 가정을 보면 다음과 같다. 고립국은 원형으로 되어 있고 그 중심부에는 하나의 소비도시를 갖고 있다. 또한 고립국의 외부지역은 삼림이 무성하게 덮여있고 외부세계와는 교역이 전혀 이루어지지 않는다. 고립국 내부는 동질적인 평원이어서 환경적 요인(토양의 비옥도, 지형, 기후 등)이 동질적이며, 운송비는 시장으로부터의 거리에 비례하여 증가한다. 또한 농산물 가격은 중심도시에서 결정되며, 항시 안정되어 있고 개인이나 집단에 의해 농산물의 가격이 변동되는 상황은 일어나지 않는다. 농부는 완전한 지식을 갖고 있으며 항시 이윤을 극대화하려는 합리적 경제인이며, 생산자는 그들의 상품을 시장에 내다 팔기 위해 유일한 교통수단인 우마차를 이용한다고 가정하였다.

이와 같이 가정한 고립국 내에서 농작물의 경작패턴이 어떻게 나타나며, 왜 농업지대가 형성되는가를 설명하는 입지이론을 전개시키는 데 있어 Thünen은 지주로서 자신의 농장 경영의 경험과 관찰을 토대로 하였다. 그는 농산물 가치에 비해 무게가 무겁거나, 부피가 크거나, 또는 상하기 쉬운 농작물은 도시와 인접한 지역에서 재배하게 될 것이며, 시장으로부터 거리가 멀어질수록 비교적 운송비가 저렴한 작물을 재배하게 될 것임을 추론하였으며, 운송비는 토지이용 패턴을 형성하는데 가장 핵심적인 요인이라고 전제하였다.

Thünen의 이론에 따르면 상업적 농업체제 하에서 환경조건들이 동일할 경우 주어진 토지에서 경작되는 작물은 여러 작물과의 경합을 통해서 가장 많은 이윤을 산출할 수 있는 작물이 선정된다는 것이다. 즉, 기대되는 높은 수익률과 그에 따라 높은 지대를 지불할 수 있는 작물이 주어진 지역에서 경작된다는 농업적 토지이용의 핵심을 정립하였다.

고립국 내의 환경적인 조건, 특히 비옥도가 같을 경우 단위면적당 생산비용은 동일하다. 그러나 농산물을 시장으로 내다 팔기 위해서 농부는 운송비를 지불해야 하는데, 운송비는 중심시장으로부터의 거리에 비례하여 증가하게 된다. 한편 농산물의 가격은 중심시장에서 결정되며, 가격은 고정되어 있다고 가정하였기 때문에, 중심시장으로부터 거리가 멀리 떨어진 곳에 위치한 농부의 경우 운송비를 더 많이 지불하여야 하기 때문에 이윤은 감소하게 된다. 이렇게 운송비의 차이에 따라 발생하는 이윤을 지대라고 하며, 운송비가 증가할수록 지대는 감소하게 된다. 이러한 관계를 식으로 나타내면 그림 7-3과 같다.

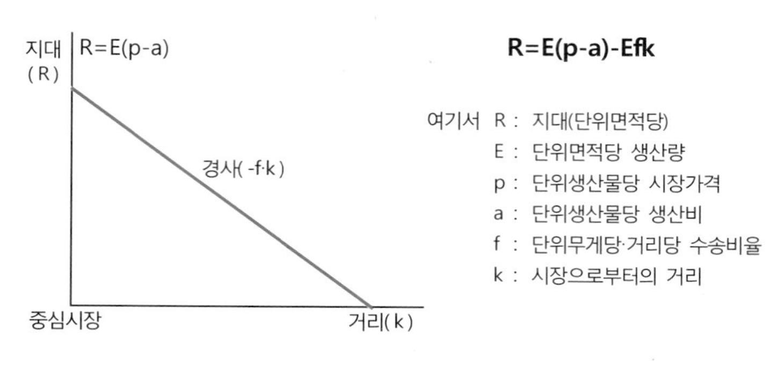

그림 7-3. 거리에 따라 감소하는 입지지대곡선 산출식

일례로 어느 농부가 작물A를 경작하는데 1ha당 생산비가 40만원이 들고, 1ha당 작물A의 시장가격이 100만원이라고 하면 농부가 시장에 입지할 경우 순소득은 60만원이 될 것이다. 작물A 1ha당 생산량을 1km 운반하는 데 5만원의 운송비가 든다면 작물A의 입지지대 곡선은 (100-40)-5·k가 되며 따라서 작물A의 경작한계지점은 12km가 될 것이다. 이런 경우 작물A의 지대곡선과 재배면적을 나타내면 그림 7-4와 같다. 이 그림에서 알 수 있는 바와 같이 지대란 순소득(net income)으로 운송비를 뺀 차액이 된다. 즉, 지대란 운송비로 지불되지 않아 남은 이윤이라고 할 수 있다.

이와 같이 Thünen은 운송비의 차이에 따라서 차액지대가 발생된다는 사실을 연역적 방법으로 전개하였다. 시장에 인접한 지역일수록 운송비가 훨씬 적게 들기 때문에 농부들은 서로 시장 가까이에 있는 토지를 얻으려고 경쟁하게 되며 이러한 경쟁을 통해 입지지대함수가 구축되며, 이 함수의 기울기에 따라 농부는 각 지점에서 지불되어야 할 지대를 지주에게 지불하게 된다. 입지지대함수의 기울기는 중심시장에서부터 거리가 멀어짐에 따라 점차 감소하며, 이 지대곡선을 360° 회전시키면 특정작물을 경작하는 조방적 경작의 한계구역이 설정된다.

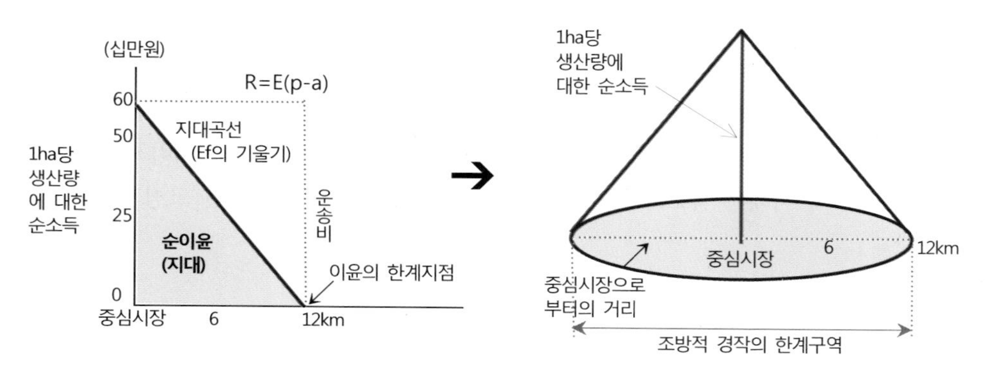

그림 7-4. 지대곡선과 그에 따른 조방적 경작의 한계구역

한편 중심시장과 가까운 거리에 있는 토지는 원거리에 있는 토지에 비해 운송비가 절감되기 때문에 지대가 높게 발생하며, 따라서 농부는 토지 소유주에게 높은 지대를 지불해야 한다. 이렇게 높은 지대를 지불한 농부는 가능한 주어진 면적에서 많은 생산량을 올리기 위하여 생산요소(자본과 노동)를 계속 투입하게 된다. 그러나 추가로 투입된 생산요소는 수확체감의 법칙에 따라 어느 시점에 이르면 한계생산성이 감소된다. 따라서 농부는 투입요소를 한 단위 더 투입하였을 때 얻어지는 순소득이 증가된 생산량을 운송하는데 드는 운송비를 지불할 수 있거나 또는 그 이상의 소득을 올릴 수 있게 된다면 계속적으로 생산요소를 투입하여 더 집약적인 농업을 하려고 할 것이다. 그 결과 중심시장과 가까운 거리에 있는 토지는 훨씬 집약적으로 이용되는 '최대유효·이용원리(the principle of highest and best use)'가 성립된다. 즉, 높은 지가를 지불하는 토지일수록 보다 집약적이고 효율적으로 이용된다. 그 결과 그림 7-5-가에서 볼 수 있는 바와 같이 단일작물이라 하더라도 중심시장과의 거리에 따라 서로 다른 집약도 수준을 갖게 된다. 집약적 생산방식의 경우 지대곡선의 기울기는 급하지만 집약도가 낮은 지대곡선의 경사는 상대적으로 완만하다. 이렇게 집약도의 차이에 따른 두 지대곡선이 서로 경합되는 지역이 집약적-조방적 농업의 경계가 된다고 볼 수 있다.

농업적 토지이용의 패턴을 결정짓는 최대유효이용의 원리는 단일작물의 지대곡선을 결정짓는 것만이 아니라 여러 작물이 경합하는 경우에도 적용된다. 서로 다른 작물들은 운송비를 절감할 수 있는 입지를 차지하기 위해 서로 경쟁하게 되지만 결국 주어진 토지는 가장 높은 입지지대를 지불할 능력이 있는 작물에게 할당된다. 즉, 서로 다른 작물들간의 입찰경쟁 속에서 최대유효·이용원리에 따라 토지이용 패턴이 결정된다. 일례로 농업적 토지이용 패턴이 어떻게 형성되는가를 이해하기 위해 야채, 우유, 곡물, 육류의 네 가지 농산물이 고립국 내에서 생산되는 경우를 가정해보자. 각 농산물의 생산비는 다르며, 소비 수요에 의해 결정되는 시장가격도 각기 다르다. 또한 각 농산물의 특성에 따라 운송비도 달라진다. 일반적으로 작물의 가치에 비해 부피가 크거나 상하기 쉬운 경우 또는 조심스럽게 운반되어야 하는 작물에 대한 운송비는 상대적으로 비싸다. 따라서 거리가 증가함에 따라 감소하는 입지지대 곡선의 기울기는 각 농작물의 운송비 특성에 따라 달라진다. 또한 지대경사곡선의 절편(높이)은 시장에서의 입지지대를 말하는 것으로 이는 생산비용과 시장가격과의 차이에 의해 결정된다. 따라서 네 농산물의 입지지대곡선은 서로 다르게 나타나며, 그림 7-5-나에서 볼 수 있는 바와 같이 네 가지 농산물의 지대곡선이 서로 중복되어 나타난다. 이윤을 극대화하려는 농부는 주어진 토지에서 가장 높은 입지지대를 지불할 수 있는 농산물을 재배하려고 할 것이다. 그 결과 시장과 가장 가까운 거리에 있는 지대에서는 가장 높은 지대를 지불할 능력이 있는 작물이 재배되며, 경합과정에서 주어진 토지에서 더 높은 지대를 발생하는 작물을 재배하게 된다.

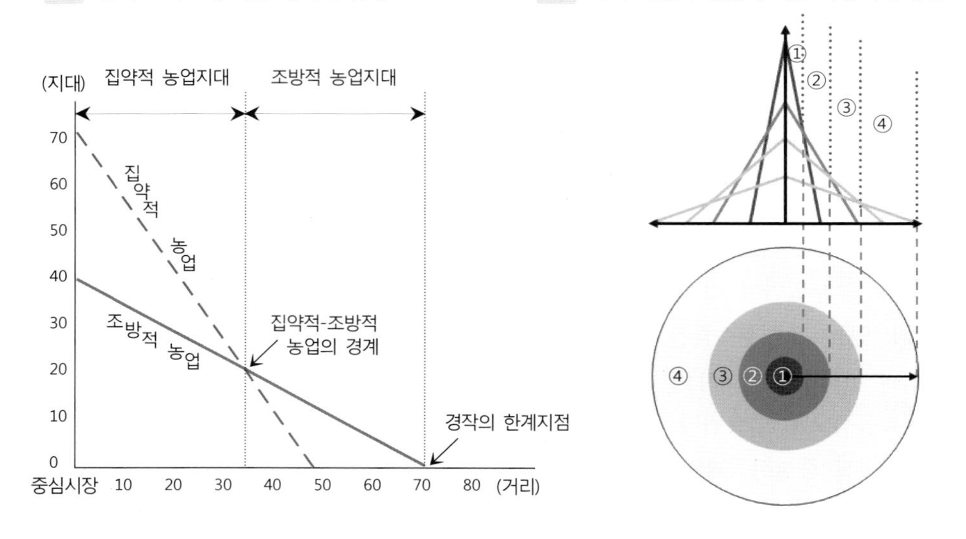

그림 7-5. 집약도에 따른 경작 한계와 여러 작물의 경합에 따른 작물지대 형성

② 고립국의 토지이용패턴

Thünen은 고립국 내에서 중심도시 주위에 6개의 연속적인 동심원으로 배열된 토지 이용 모델을 제시하였다. 중심도시와 가장 가까운 거리에 있는 토지에서는 주로 상하기 쉽거나(우유, 야채), 농작물 가격에 비해 무겁거나 부피가 커서 운송비가 비싼 작물이 생산되며, 시장으로부터 거리가 멀어질수록 자본 투입을 크게 필요로 하지 않고 또한 넓은 토지를 필요로 하는 목축이 행해진다는 것이다. Thünen이 제시한 고립국 내에서의 농업적 토지이용 모델을 보면 시장과 거리가 가까운 지역일수록 집약적인 농업이 행해지며, 시장으로부터 거리가 멀어짐에 따라 토지는 조방적으로 이용된다.

고립국 내 토지이용 패턴을 보면 표 7-1에서 볼 수 있는 바와 같이 중심도시에 가장 인접한 지역으로부터 거리가 멀어짐에 따라 상품농업(원예와 낙농) → 임업 → 윤재식 → 곡초식 → 삼포식 → 목축 순으로 토지가 이용되고 있다. 고립국 모델에서 임업이 도시 가까운 지역에서 이루어지게 되는 이유는 그 당시(19세기) 독일에서는 목재가 주요 에너지원으로 이용되었으며 건축재로도 상당히 많이 이용되어 목재에 대한 수요가 매우 높았다. 목재의 경우 단위무게당 시장가격은 비교적 저렴한 편이지만 단위무게당 운송비는 상대적으로 비싸므로 장거리 운송을 할 경우 시장가격에서 운송비를 지불하고 나면 순소득이 거의 없기 때문에 가능한 한 운송비를 적게 지불할 수 있는 도시 가까운 지역에 입지하게 된 것이다. Thünen의 모델은 19세기 당시의 토지이용 패턴을 예시한 것이다.

표 7-1. 고립국 내의 농업지대와 농산물 생산체계

지대	전체면적에 대한 비율	중심도시로 부터의 거리(마일)	토지이용 유형	생산되는 농산물	생 산 체 계
0	< 0.1	~0.1	도시·공업적	공산품	고립국의 중심지
1	1	0.1~0.6	낙농업	우유·야채	집약적 낙농과 원예농업, 휴경기간 없음
2	3.0	0.6~3.5	임업	연료	계속적으로 생산하는 임업
3	3.0	3.5~4.6	집약적	호밀·감자	6년의 윤재식 농업(호밀 2년, 클로버 1년, 보리 1년, 사료용 작물 1년), 휴경기간 없음
4	30	4.6~34	조방적	호밀·축산물	7년의 곡초식 시스템 (목축 3년, 호밀 1년, 보리 1년, 귀리 1년, 휴경기간 1년)
5	25	34~44	조방적	호밀·축산	3포식 시스템 (호밀 1년, 목장 1년, 휴경기간 1년)
6	38	44~100	방목	축산물	매우 조방적인 가축 사육

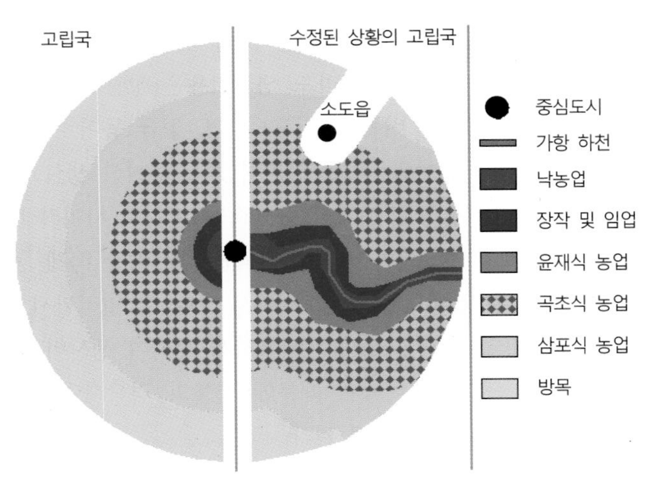

그림 7-6. 고립국의 토지이용 패턴 수정

출처: Haggett, P.(1965), p. 165.

그러나 Thünen 자신도 현실세계의 상황이 고립국의 이상적인 조건과는 자연환경이나 문화, 경제, 정치, 기술수준 등 여러 측면에서 다르며, 상당히 복잡한 요인들의 상호작용에 의해 토지이용 패턴이 나타나게 될 것임을 인지하였다. 따라서 현실세계의 여러 요인들을 고려할 경우 동심원적인 토지이용 패턴은 다소 수정될 것이라고 예상하였다. 그는 보다 현실적 조건에 부합되는 토지이용 패턴을 제시하기 위해 그가 가정하였던 조건들을 완화하였다. 그는 고립국 내부에 가항하천이 관통하고 있는 경우 하천을 이용하여 생산품을 운반하는 것이 마차를 이용하는 경우보다 훨씬 운송비가 적게 들 것이라는 점을 고려하였다. 따라서 이윤을 극대화하려는 농부는 생산지에서 가항하천을 이용할 수 있는 지점까지는 훨씬 운송비가 적게 드는 수운을 이용하려고 하며, 이런 경우 동심원의 토지이용 패턴은 하천을 따라 타원형으로 바뀌게 된다.

그러나 도시와 가장 인접한 지역의 경우 생산품이 비교적 신속한 수송을 요구하는 물품(신선한 야채, 우유)이며 운송거리가 짧기 때문에 수운을 이용하는 것이 크게 도움이 되지 않는다. 특히 수운은 육상교통수단에 비해 운송시간이 오래 걸리기 때문에 이 지역의 농부들은 주로 육상교통수단을 이용하게 되어 중심도시와 가까운 거리에 있는 지역에서는 동심원적 형태의 토지이용이 거의 변하지 않는다. 수운을 이용하게 될 경우 토지이용의 형태에 있어 가장 크게 변화되는 지대는 목재생산이 이루어지는 두 번째 동심원 지대이다. 목재생산의 경우 수상교통수단을 이용함으로써 운송비 부담을 줄일 수 있기 때문에 가능한 한 도시에서 멀리 떨어진 지역으로 그 생산지를 이동하는 한편 종전까지 목재를 생산하였던 지역의 토지는 집약도가 상대적으로 높은 작물들을 재배하게 된다.

한편 Thünen은 고립국 내에 중심도시 이외에 소규모의 또 다른 도시가 있을 경우 각 도시를 중심으로 하는 동심원의 농업지대가 형성되는데 동심원의 규모는 도시의 인구규모에 의해 결정된다고 보았다. 또한 Thünen은 고립국 내의 모든 지역이 동질적인 자연조건을 갖고 있지 않을 경우 동일 작물이라도 생산비용은 상당히 차이가 나타날 것임을 주시하였다. 그는 지역마다 토지의 비옥도, 기후, 지형, 임금 등이 서로 다를 경우에 동심원적 토지이용 패턴이 어떻게 변형되는가를 고려하였다. 주어진 생산요소의 차이에 따라 동일 작물의 생산비용이 달라질 경우 지역 간 순 소득(지대)도 차이가 나게 될 것이다. 일례로 토지의 비옥도가 서로 다를 경우 비옥한 지역은 생산비가 적게 들기 때문에 상대적으로 운송비를 더 지불할 수 있으므로 중심도시에서 보다 더 멀리까지 작물경작이 가능하게 되어 경작지역이 확장된다. 반면에 토지가 비옥하지 못하여 생산비가 상대적으로 많이 들 경우 운송비를 지불할 능력이 줄어들기 때문에 작물의 경작지역은 줄어들어 중심도시를 향해 밀착된 토지이용 패턴이 나타나게 된다.

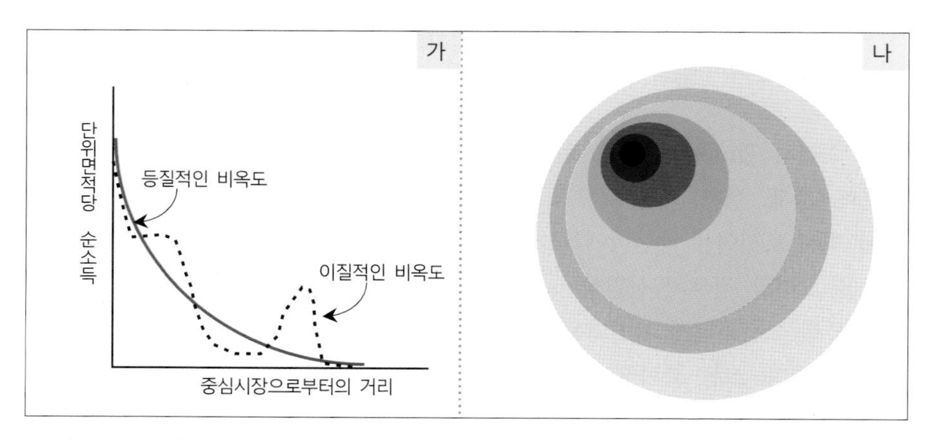

그림 7-7. 토지의 비옥도가 다를 경우의 지대곡선과 동심원의 변형

그림 7-7-가에서 볼 수 있는 바와 같이 비옥도의 차이에 따라 순 소득이 달라지므로 지대곡선은 동질적인 비옥도의 경우에 비해 상당히 변이가 심하며, 지대곡선은 거리에 따라서 반비례하지 않는다. 또한 그림 7-7-나의 동심원의 간격을 통해 알 수 있는 바와 같이 북서쪽으로 갈수록 비옥도가 상당히 낮은 반면에 남동쪽으로 갈수록 토지는 비옥하다는 것을 알 수 있다. 따라서 집약적인 농업지대의 면적이 북서쪽으로 갈수록 상대적으로 매우 작게 나타나는 반면에 남동쪽 특히 도시와 가까운 지역의 경우 비옥도가 높기 때문에 집약적인 경작면적이 넓게 나타나고 있다.

더 나아가 Thünen은 중심도시로부터 방사상으로 교통망이 발달되어 있을 경우를 고려하였으나, 구체적으로 동심원 토지이용 패턴이 어떻게 수정되는가에 대해서 기술하지는 않았다. 교통축을 따라 결절점에 도시가 입지하는 경우 각 도시들은 각각의 상권을 확보하기 위해 경쟁하게 될 것이다. 이런 경우 토지이용 패턴은 각 도시를 중심으로 교통축을 따라 별모양의 패턴이 형성될 것이다. 따라서 규모가 작은 도시는 그 도시를 중심으로 하여 보다 작은 별모양의 토지이용 패턴이 이루어지며, 가장 큰 중심도시의 주변에는 가장 큰 규모의 별모양의 토지이용 패턴이 형성될 것이다.

(3) Thünen의 모델에 대한 반증적 연구

1967년 Sinclair는 Thünen의 모델과 상충되는 토지이용 모델을 제시하였다. 그는 도시화가 급속도로 진행되고 있는 경우 도시 주변에 입지한 근교 농촌의 토지이용 패턴은 Thünen의 동심원 모델과는 매우 다르게 나타날 것이라고 전제하였다. 이는 도시화가 진전되는 경우 도시의 외연적 팽창으로 인해 도시 주변부의 지가 상승을 유도하기 때문이다. 즉, 도시화가 진전되고 있는 인접지역(Thünen의 제1동심원 지대)의 토지는 농업적 이용에 따른 토지 가치보다는 입지에 따른 토지 자체의 자산 가치가 더 중요하다. 그 결과 농업활동이 적극적으로 이루어지지 않게 된다. 특히 대도시에 가까운 토지의 경우 토지 세율이 높고 각종 공해에 대한 규제가 심하며, 상대적으로 농업 노동자의 임금이 비싼 편이다. 특히 교통이 발달함에 따라 원거리 지역과의 작물 경합에 있어서도 비교우위성도 떨어지므로, 토지를 투기의 목적으로 소유하는 경향이 높아지며, 그 결과 작물 생산으로서의 토지가치는 상당히 떨어지게 되어 조방적으로 이용된다.

반면에 도시 성장의 영향력이 미치지 않는 거리에 입지한 토지는 오히려 집약적으로 이용된다. 따라서 그림 7-8에서 볼 수 있는 바와 같이 도시로부터 거리가 멀리 떨어진 지역일수록 토지이용의 집약도가 증가된다. 농업용 토지의 가치가 집약도를 기준으로 평가된다고 볼 때 집약도가 가장 낮게 나타나는 도시와 인접한 지역의 토지 가치는 가장 낮으며, 도시에서 멀어질수록 집약도가 증가되므로 토지의 농업적 가치는 증가된다. 그러나 도시화의 진전이 거의 기대되지 않는 지점부터는 집약도가 거의 변하지 않고 일정하기 때문에 지가곡선의 기울기도 수평을 유지하게 된다.

이와 같은 Sinclair의 가설에 따른 토지이용 패턴을 보면 제1동심원 지대는 도시 교외에서 흔히 볼 수 있는 소규모 원예농업이 산발적으로 이루어지고 있다. 주로 토지 투기자들이 토지를 소유하고 있다. 제2동심원 지대는 공한지이거나 일시적으로 목축이 이루어지고 있는 지대이다. 이 지대에 토지를 갖고 있는 농부는 적절한 시기에 토지를 매매하려고 하기 때문에 농업에 투자하는 것을 기피한다. 제3동심원 지대에서는 경종농업과 목축이 행해지고 있다. 이 지대의 토지도 농업용으로 이용되고 있으나 미래의 도시화를 기대하고 있기 때문에 조방적으로 이용되고 있는 전환적 농업지대라고 볼 수 있다. 제4동심원 지대에 들어와서야 비로소 낙농업과 경종농업이 이루어진다. 그러나 이 지역도 도시성장의 영향을 감안하고 있어 집약도가 낮은 환금작물을 재배하는 경향이 나타난다. 제5동심원 지대는 도시 성장의 영향력이 미치지 않는 혼합농업이 이루어지는 농업지대이다.

이상에서 살펴본 바와 같이 Thünen의 모델이 운송비에 의해 토지이용 패턴이 결정된다는 관점에 비해 Sinclair의 모델은 도시의 외연적 팽창 가능성으로 인해 중심도시와의 입지와 거리가 토지이용 패턴에 영향을 준다는 점을 강조하고 있다. 그 결과 운송비에 따른 토지이용 패턴과는 매우 상반되는 패턴이 나타나게 된다. 그러나 Sinclair의 모델은 미국 중서부 지역에서 관찰된 것이므로 경제 여건이 상당히 다른 개발도상국의 경우 이와 같은 토지이용 패턴이 나타나지는 않을 것이다. 따라서 중심도시로부터 거리가 멀어짐에 따라 나타나는 토지이용패턴이 Thünen의 모델에 더 부합되는 패턴인지 아니면 Sinclair의 모델에 더 가까운 것인가는 주어진 대상지역의 특성을 고려하여야 할 것이다.

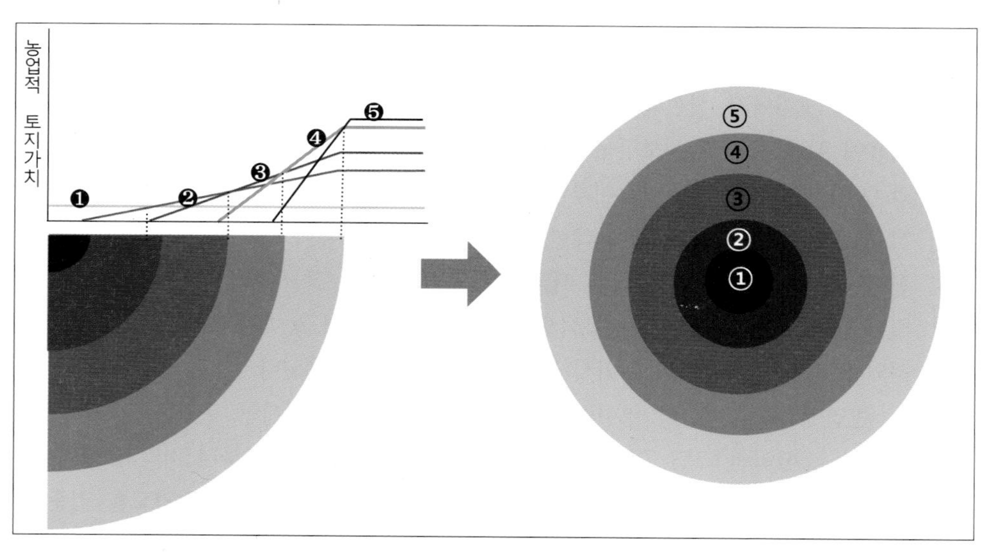

그림 7-8. Sinclair의 토지이용 모델

출처: Sinclair, R.(1967), p. 80.

2) 지불용의지대 곡선과 도시 내부의 토지이용

(1) 지불용의지대 곡선

Thünen의 모델은 토지 공급이 완전히 비탄력적이라는 가정 하에서 주어진 토지에서 가장 높은 토지 임대료(지대)를 지불할 수 있는 생산자에게 토지가 할당되며, 생산자는 주어진 토지에서 가장 많은 수익을 창출하기 위해 토지를 집약적으로 이용한다는 원리를 통해 토지이용 패턴의 형성과정을 설명하였다. Thünen의 모델은 토지 임대료는 다른 생산요소 비용을 제외한 나머지로 간주하였고, 토지와 비토지 생산요소들 간의 투입비율은 고정적이며 상호 대체가 불가능한 것이라고 전제하였다.

그러나 1960년대 들어와 Alonso(1964), Mills(1969), Muth(1969), Evans(1973) 등은 토지와 비토지 생산요소들 간의 대체 가능성을 기반으로 하는 지불용의지대 모델을 발전시켰다. 지불용의지대 모델의 경우 토지와 비토지 생산요소 간 투입비율은 고정된 것이 아니며 상호 대체가능한 것으로 전제하고 있다. 투입되는 생산요소들 간의 대체가 가능한 경우 합리적인 생산자라면 특정한 생산요소의 가격이 상승되는 경우 주어진 등생산곡선에서 비싼 생산요소의 투입을 줄이고 상대적으로 저렴한 생산요소를 더 많이 투입하려고 하기 때문에 투입되는 생산요소들 간의 비율은 가변성을 갖게 된다.

투입요소들 간의 비율이 고정되는 경우 모든 입지에서 동일한 생산요소 비율이 적용되므로 지불용의지대 함수는 중심지로부터 거리가 멀어짐에 따라 운송비가 증가하므로 순소득이 줄어드는 선형의 감소함수로 나타나게 된다. 그러나 생산요소들 간의 대체가 가능한 경우 토지 임대료가 상대적으로 비싼 부지일 경우 비싼 토지 대신에 비토지 생산요소(노동이나 자본, 원료 등)로 대체하고자 할 것이다. 이렇게 생산요소들 간의 대체가 가능한 경우 생산자는 더 적은 토지면적에서도 동일한 생산물을 산출할 수 있게 된다. 바꾸어 말하면 시장에 가까이 입지하는 생산자의 경우 토지 가격이 비싸기 때문에 토지 대신에 비토지 생산요소를 대체하려는 성향으로 인해 토지를 절약하게 되는 반면에 시장으로부터 멀리 떨어질수록 토지 가격이 싸기 때문에 생산자는 오히려 토지를 비토지 생산요소로 대체하려는 성향을 나타내면서 토지를 더 많이 소비하게 된다.

이렇게 생산자가 중심지로부터 거리가 멀어짐에 따라 비토지 생산요소 대비 토지의 비율은 낮아지게 되지만, 중심지와 가까이 입지할수록 비토지 생산요소 대비 토지 비율이 높아지므로 지불용의지대 함수는 볼록형의 곡선을 보이게 된다. 즉, 고정된 생산요소비율이 모든 입지마다 적용되는 경우 지불용의지대 곡선은 거리에 따른 운송비의 차이만 나타내는 선형의 감소함수로 나타나는 데 비해 생산요소가 대체가능한 지불용의지대 곡선의 경우 시장에 가까이 입지할수록 운송비도 절감되지만 생산요소 대체(비토지요소/토지의 비율의 감소)로 인해 생산비용도 절약되므로 지대곡선의 기울기는 중심지에 가까울수록 더 경사가 급해지는 볼록형으로 나타나게 된다(그림 7-9). 따라서 생산요소를 대체할 수 없는 생산자와 생산요소를 대체할 수 있는 생산자가 경쟁한다면, 어느 지점에서든지 생산요소를 대체할 수 있는 생산자의 지불용의지대가 더 높기 때문에 토지는 생산요소를 유연적으로 대체하는 생산자에게 할당된다. 즉, 생산요소들 간의 대체가 불가능한 생산자의 지불용의지대 함수는 직선으로 나타나지만, 생산요소들 간의 대체가 가능한 생산자의 지불용의지대 함수는 볼록형의 곡선으로 나타나면서 지불용의지대가 상대적으로 높기 때문에 토지는 당연히 유연적인 생산요소 대체비율을 적용하는 생산자에게 할당된다.

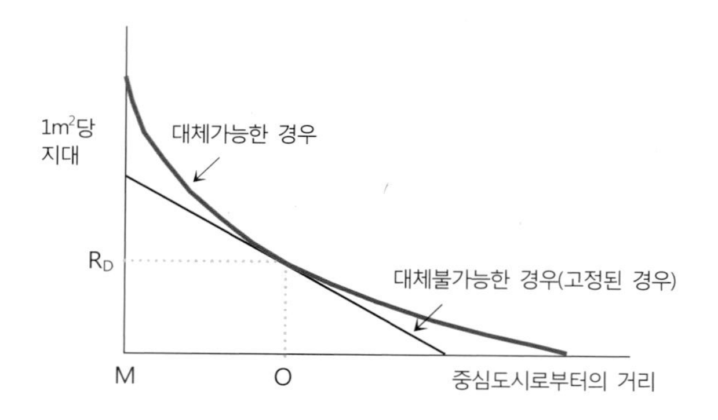

그림 7-9. 생산요소 간 비율이 고정/대체가능한 경우 지불용의지대 곡선
출처: McCann, P.(2001), p. 103.

그러나 만일 어떤 위치에서든지 토지 공급량이 완전 비탄력적일 경우 주어진 토지는 가장 높은 토지 임대료를 지불할 수 있는 생산자에게 할당된다. 만일 단일도시로 중심업무지구에 모든 경제활동이 집중되어 있는 경우 제조업, 서비스업, 소매업, 물류업 간에 주어진 토지를 차지하기 위한 경합이 나타나는 경우를 살펴보자. 네 업종 가운데 서비스업(특히 생산자서비스업)이 중심업무지구에 대한 접근성을 가장 중요하게 여기며, 소매업, 제조업, 물류업 순으로 접근성의 중요도가 낮아진다고 볼 수 있다. 이런 경우 서비스업의 지불용의지대 곡선이 가장 가파르게 나타나며, 물류업이 가장 완만하게 나타날 것이다. 업종별로 주어진 토지를 할당받기 위해 경합하는 경우 주어진 지점에서 가장 높은 지대를 지불하는 업종에게 할당되므로, 도심부에서 가장 가까운 곳에는 서비스업이 입지하고, 소매업, 제조업, 그리고 물류업 순으로 토지가 할당되어 동심원의 토지이용 패턴이 형성될 것이다(그림 7-10).

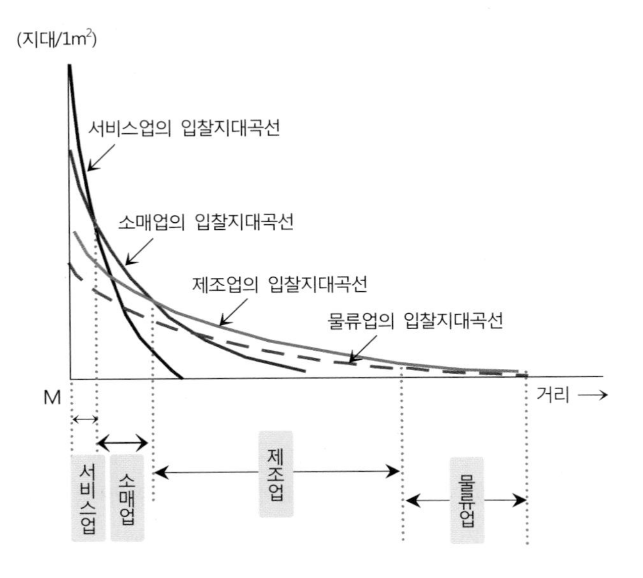

그림 7-10. 서로 다른 업종 간 경합에 따른 토지이용 패턴
출처: McCann, P.(2001), p. 106.

한편 토지가 한정된 양만이 공급되는 완전 비탄력적인 상황에서 가구주가 주거입지를 결정하는 경우 해당 지점에서 가장 높은 주택가격을 감당할 수 있는 가구주에게 할당될 것이다. 즉, 도시 내 주어진 지점에서 가구주가 어느 정도의 주택가격을 지불할 용의가 있는가에 따라 주택가격 함수가 구축된다. 만일 소비자 대체가 없다고 가정하는 경우 도심부로부터 멀리 떨어질수록 통근비가 많이 지출되므로 도심부에 대한 입지 선호도가 높아지며 그 결과 주택가격은 도심부와 가까울수록 비싸지며, 도심에서 멀어질수록 주택가격이 감소하게 된다.

그러나 가구주의 소비재 대체가 가능하다고 전제하는 경우 도심부 가까이 입지하는 경우 높은 주택가격을 지불하여야 하는 가구주는 주택을 비주택 재화로 대체하려고 할 것이다. 즉, 보다 작은 주택을 점유하는 대신에 도심의 위락시설이나 문화시설 등으로 대체하려고 할 것이다. 이렇게 소비재 대체가 가능한 경우 도심부에 가까울수록 주택가격과 주택소비는 급경사를 나타내게 되며 도심에서 멀어질수록 주택가격이 상대적으로 저렴하므로 주택소비가 늘어나게 되므로 지불용의지대 곡선은 볼록형으로 나타나게 된다(그림 7-11).

한편 중심업무지구에 모든 경제활동이 집중되어 있어 사람들은 중심지구로 모두 통근하여야 하며, 주어진 소득의 제약 하에서 가구주는 효용을 극대화하려는 합리적인 소비자라는 가정 하에서 소득계층에 따른 가구들이 서로 경합하는 경우를 살펴보자. 가구주는 토지와 비토지 소비로부터 효용을 얻으며, 이 둘 간 대체가능하다고 전제하는 경우 소득

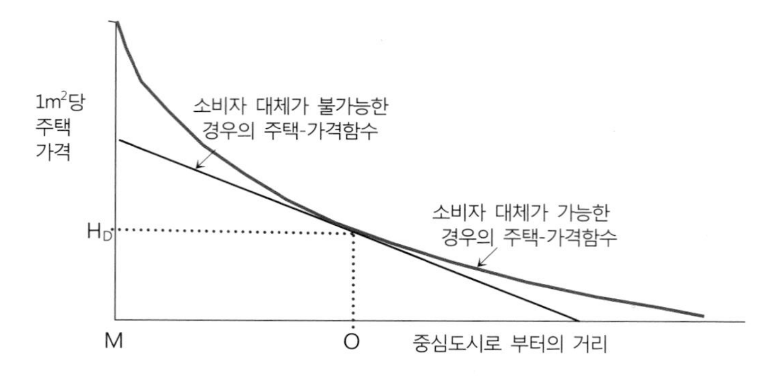

그림 7-11. 소비재 대체가 가능한 경우의 주택-가격 지불용의지대 곡선

이 높을수록 더 넓은 공간에 대한 수요가 크며 통근비 지불능력이 충분하기 때문에 토지 소비에 대한 수요 탄력성이 통근시간 감소에 대한 수요 탄력성보다 훨씬 크게 나타난다. 따라서 고소득층일수록 거리에 따른 지불용의지대 곡선의 기울기는 완만하게 된다. 반면에 저소득층일수록 통근비에 대한 지불능력 한계가 있기 때문에 중심지로의 접근성을 훨씬 더 중요하게 인식하게 되므로 도심지에 가까이에 입지하려고 하기 때문에 저소득층의 거리에 따른 지불용의지대 곡선의 기울기는 가파르게 나타난다. 그 결과 고소득층이 도시 외곽에 입지하며 저소득층이 도심 가까이, 그리고 중소득층은 저소득층과 고소득층의 중간 지역에 거주하게 된다(그림 7-12).

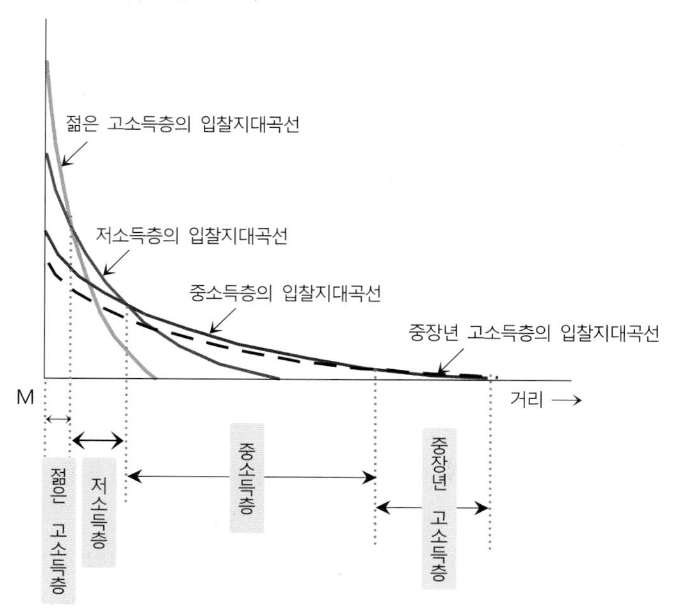

그림 7-12. 가구의 소득계층에 따른 지불용의지대곡선의 차이
출처: McCann, P.(2001), p. 112.

한편 연령층별로 거주 선호도에 따른 토지이용 패턴을 보면, 일반적으로 젊은 고소득층은 부양가족이 없는 싱글족이나 맞벌이 부부이므로 자녀가 있는 고소득층에 비해 넓은 공간에 대한 수요가 상대적으로 크지 않으며, 중심지구에 입지한 일자리로의 접근성을 중요하게 인식하여 중심지구 가까운 곳에 거주하려는 성향을 보인다. 그 결과 젊은 고소득층이 중심지구와 가장 가까운 지역에 거주하게 되고 그 다음으로 저소득층→중소득층→고소득층 순으로 주거지가 분화되는 토지이용 패턴이 형성된다. 이렇게 젊은 고소득층이 중심지구와 가장 가까운 지대를 점유하게 되면 상대적으로 저소득층들이 거주하는 면적이 감소하게 되므로 저소득층의 주거밀도는 증가하게 되어 저소득층 주거지역에 대한 효용은 감소하게 된다.

지금까지는 모든 위치의 토지가 동질적이고 단지 위치만이 다르다는 것을 가정했지만, 실제로 토지는 위치에 따라 환경의 질 또는 환경적 어메니티의 차이가 날 수 있다. 만일 환경적 요소들이 토지 임대료에 영향을 주게 되는 경우 지불용의지대 곡선은 상당히 달라질 것이다. 만일 도심부가 과밀에 의해 혼잡한 차량과 매연 등으로 대기오염이 심할 경우 소득계층별로 지불용의지대 곡선이 어떻게 변화되는가를 살펴보자. 저소득층은 도심으로부터 거리가 멀어질수록 교통비 지불능력의 한계로 인해 이동의 제약을 받기 때문에 지불용의지대 곡선은 크게 변하지 않을 것이다. 그러나 중소득층이나 고소득층의 경우 대기오염을 피해서 도심으로부터 떨어진 지역에 거주하려고 하기 때문에 지불용의지대 곡선은 달라지게 된다. 즉, 중소득층과 고소득층은 도심지 가까운 곳에 거주하는 것을 피하고 어느 정도 공해가 완화된 지점에서부터 지불용의지대가 증가하는 볼록한 형태의 곡선을 보이게 된다. 그 결과 소득층별 가구주의 지불용의지대 곡선은 A-B-C-D-E로 나타나고 B-D구간은 볼록한 형태, A-B와 D-E구간은 오목한 형태를 보이게 될 것이다(그림 7-13).

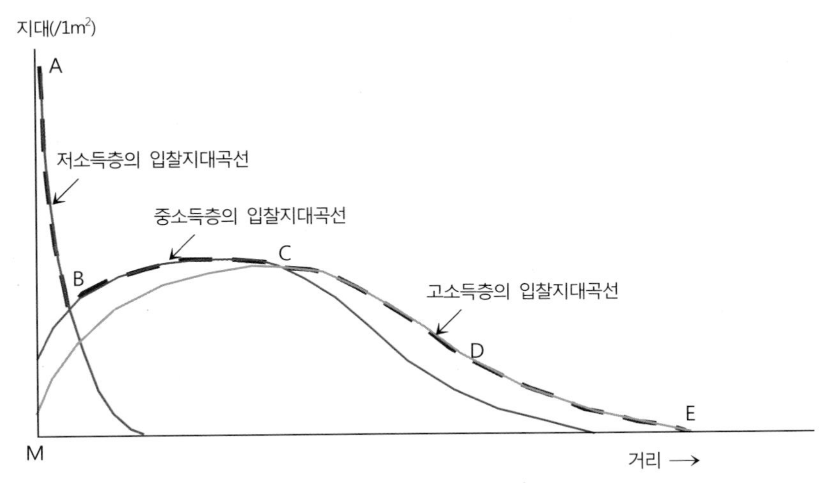

그림 7-13. 환경오염이 있는 경우 소득계층별 지불용의지대 곡선 비교
출처: McCann, P.(2001), p. 114.

(2) 도시 내부의 토지이용 패턴

도시에서는 업무, 상업, 공업, 주거 등 다양한 활동들이 이루어지고 있다. 이러한 활동들이 어디에 입지하는가에 따라 토지이용 패턴이 결정되고 교통 흐름이 유발된다. 도시 내부의 토지이용 패턴을 결정짓는 가장 중요한 요인은 도심으로의 접근성(accessibility)과 주어진 장소에 대한 경쟁이라고 볼 수 있다. 접근성이란 주어진 위치가 도시의 다른 장소들과 어느 정도 상호작용이 용이하게 일어나는가를 말해주는 척도라고 볼 수 있다. 따라서 접근성은 장소들 간의 거리 마찰정도를 반영하며 거리, 비용, 시간으로 측정될 수 있다. 도시 내부에서 접근성이 가장 좋은 장소란 최소의 비용으로 모든 장소들과의 상호작용을 가장 활발하게 할 수 있는 곳이라고 볼 수 있다. 일반적으로 도시 내에서 가장 접근성이 좋은 장소는 간선도로가 수렴, 교차하며 전철 또는 지하철과 같은 대중교통으로의 접근성이 좋은 결절지점으로 중심업무지구(CBD: Central Business District)가 가장 접근성이 좋은 지구로 알려져 있다.

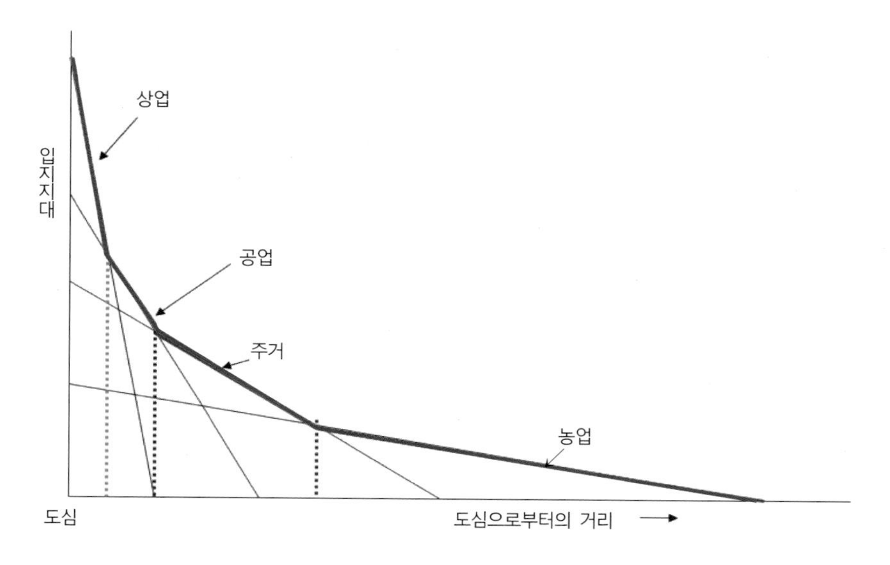

그림 7-14. 도시 내부의 각 용도별 지불용의지대 곡선에 따른 토지이용 패턴

그러나 접근성이 양호한 지점은 매우 한정되어 있기 때문에 접근도가 높은 토지를 이용하기 위하여 서로 경쟁하게 되며 그 결과 접근성이 높은 곳일수록 지가가 높아지게 된다. 한편 가장 높은 지대를 지불하려는 토지 이용자는 그 지점에 입지할 경우 예상되는 이윤이 매우 높을 것이라는 기대 하에서 높은 지대를 기꺼이 지불하고자 한다. 즉, 높은 지가를 지불하더라도 접근성이 높은 토지를 할당받게 되면 접근성이 양호하기 때문에 많은 고객들이 방문할 가능성이 상대적으로 높아 보다 높은 수익을 기대할 수 있다.

도심으로부터 거리가 멀어짐에 따라 접근도가 낮아지면 지가도 낮아지고 토지이용의 집약도도 낮아지게 된다. 즉, 서로 다른 목적으로 토지를 이용하려는 경쟁자들 간에 주어진 지점에 대해 기꺼이 지불하려는 지대가 달라지며, 이러한 지불용의지대 곡선에 따라 도시 내부의 토지이용 패턴이 결정된다. 따라서 도시 내부의 토지이용 패턴은 서로 다른 활동들 간의 지불용의지대 곡선의 경합에 따라 나타난 결과이며, 이러한 과정을 통해 다양한 활동에 따른 토지이용 패턴과 도시 공간구조가 형성된다. 만일 도시적 용도와 농업적 용도가 혼합되는 경우 농업용도의 토지는 넓은 면적을 요구하므로 상대적으로 지가가 저렴한 외곽으로 밀려나게 되며 높은 지대를 지불할 용의가 있는 상업이 도심과 가장 가까운 곳에 입지하게 된다(그림 7-14).

한편 다양한 업종들이 경합하는 경우 나타나는 토지이용 패턴을 보면 가장 접근성을 중요하게 인지하는 소매업의 경우 높은 지대를 지불하더라도 도심에서 가장 가까운 곳에 입지한 토지를 할당받으려고 하는 반면에 상대적으로 넓은 토지를 필요로 하는 단독 주거지의 경우 도심으로부터 거리가 떨어져 지가가 저렴한 도시 외곽의 토지를 점유한다. 서로 다른 기울기를 가진 지불용의지대 곡선의 경합 결과 도심으로부터 소매업, 상업, 공업, 아파트 주거지, 단독주택 주거지 순으로 토지가 할당된다. 특히 고밀도 아파트 주거단지의 지대곡선의 기울기가 단독주택 주거지의 지대곡선 기울기보다 더 가파르기 때문에 도심에 가까운 주거지일수록 고밀화되는 경향을 보이게 된다. 이러한 토지이용 패턴은 도심부에 모든 경제활동이 집중되어 있는 단핵도시에서 나타나는 패턴이라고 볼 수 있다.

그러나 도시가 성장하면서 다핵화되고 교외화가 진행되어 공업기능이 분산되거나 신시가지가 조성되는 경우 도시 내부의 토지이용 패턴은 복잡한 형태를 보이게 되고 인구밀

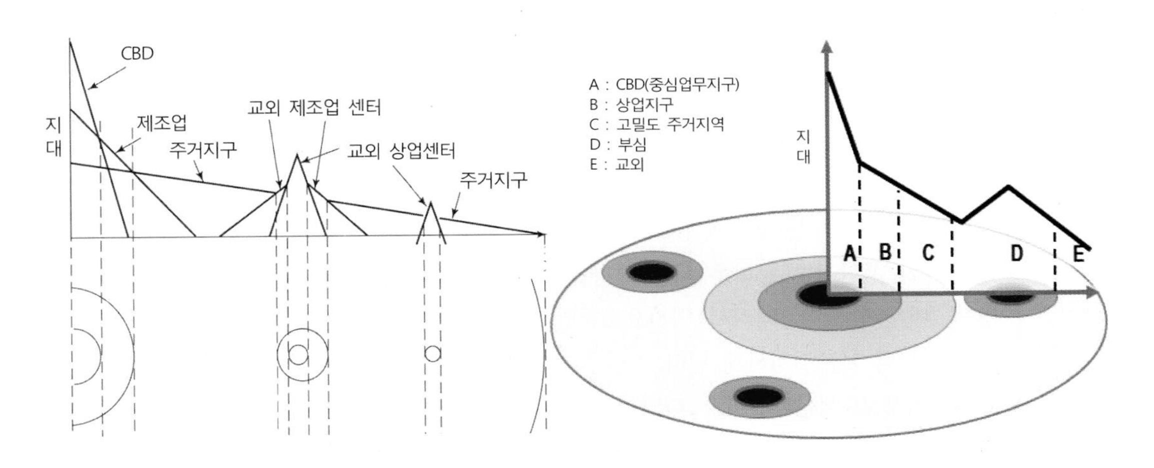

그림 7-15. 도시 성장에 따라 다핵구조로 변화되어 가는 도시 공간구조
출처: Stutz, F. & Warf, B.(2007), p. 335.

도 경사 패턴도 달라지게 된다. 특히 교외화가 진전되는 경우 도심부에서 떨어진 접근성이 양호한 교외지에 공업지구나 상업지구가 형성된다. 이렇게 교외지에 상업지구가 형성되면 지가의 상승을 가져오게 되고, 지가 상승에 따른 지불용의곡선이 달라지면서 다양한 기능들이 분화되는 복잡한 토지이용 패턴을 보이게 된다(그림 7-15).

2 제조업의 입지요인과 Weber의 공업입지론

1) 제조업 입지에 영향을 미치는 요인들

제조업은 원료를 구입한 후 노동력, 자본 등의 생산요소를 결합하여 부가가치가 높은 생산물로 변형시켜 소비시장에 판매하는 것이다. 제조업체 기업가는 재화에 대한 소비자의 수요 분석과 미래의 수요 전망을 예측하고, 그러한 수요를 충족시킬 수 있는 기업 자체의 생산 능력을 평가한 후 어떤 제품을 생산할 것인가를 결정하게 된다. 이렇게 무엇(제품)을 생산할 것인가를 결정하고 나면 그 다음 단계는 얼마나 많은 양을 생산하고 또 시장에 공급하는 가격은 얼마로 할 것인가 등을 결정하는 생산규모(scale of operation)와 제품을 생산하기 위해 사용되는 투입요소(노동과 자본 등)의 결합과 관련된 생산기술(techniques), 그리고 생산 활동이 이루어지는 입지(location)를 결정한다.

생산규모의 결정은 원료, 에너지, 자본, 노동력 등 생산요소 공급지로부터의 접근성과 소비시장과의 접근성에 영향을 미치게 되며, 규모에 따라 생산비용도 달라지게 되므로 입지선정 시에 고려되는 중요한 요인이다. 특히, 시장지향적 입지가 중요시되면서 소비시장과의 거리에 따라 최적 입지가 달라질 수 있으므로 입지를 결정할 때 시장규모를 고려하여 생산규모를 결정하는 경향이 일반적이다.

한편 투입요소에 따라서도 최적 입지가 달라질 수 있다. 만일 노동집약적인 생산방식을 도입할 경우 노동력이 풍부하고 임금이 저렴한 지역이 최적 입지가 될 것이다. 또한 생산규모와 생산기술 방식은 서로 영향을 미치며, 이들의 영향력은 입지 선정에도 상당한 영향을 미치게 된다. 따라서 입지요소뿐만 아니라 생산규모, 생산기술 방식을 함께 고려하여 최적 입지를 결정하게 된다.

일반적으로 생산과정이란 다양한 생산요소를 결합하여 소비자의 수요를 충족시키기 위한 재화를 창출하는 과정으로, 생산에 투입된 생산비는 기업가의 비용이 되며, 최종 생산품은 기업가의 소득원이 된다. 따라서 투입요소 구입을 위해 지출된 비용은 기회비용으로 측정될 수 있다. 이는 투입요소의 구입을 위해 일단 지출된 비용은 더 좋은 대안적인 용도로 사용될 수 없기 때문이다. 그러므로 기업가는 이윤을 얻을 수 있는 여러 입지들 가운데 총 소득과 기회비용과의 차이가 가장 크게 나타나는 지역을 선정하여 이윤을 극대화하고자 할 것이다.

제조업의 입지에 영향을 주는 요인들은 상당히 많으며, 여러 입지요인들이 복합적으로 작용하여 입지가 결정된다. 또한 업종의 특성에 따라 입지요인들의 상대적 중요도가 달라지며, 기술 혁신과 기업조직에 따라서도 입지요인들의 중요도가 달라지고 있다. 여기서는 제조업 입지에 영향을 주는 요인들 가운데 가장 기본이 되는 생산요소와 소비(수요) 시장, 기타 입지에 영향을 미치는 요인을 살펴보고자 한다.

(1) 생산요소

제조업 생산에 필요한 생산요소들은 원료(자원), 노동력, 자본, 토지 등이며, 이들은 생산현장에서 다양한 방법으로 조합되어 제품을 생산하게 된다. 그 밖에도 용수, 동력 등 사회간접자본들도 제조업의 입지 선정에 영향을 미치고 있다.

① 원료(raw materials)

모든 제품을 만들기 위해서는 원료를 필요로 한다. 원료의 종류에는 철광석, 목재 등과 같이 직접 자연상태에서 얻을 수 있는 것과 제1차 제조과정을 통해 생산된 중간재로 구분될 수 있다. 또한 제품에 따라서 투입되는 원료가 매우 다양하며, 몇 가지 원료만을 필요로 하는 경우도 있는 반면에 수백 가지의 원료를 필요로 하는 제품도 있다.

원료는 지구상에 편재되어 있기 때문에 원료의 분포는 제조업 입지를 1차적으로 결정짓는 요인으로 작용한다. 그러나 기술혁신과 교통수단이 발달하면서 원료 입지의 중요성은 점차 감소되고 있다. 또한 사용되는 원료의 특성과 원료 무게, 운송비율, 무게 감량비율, 원료의 부패 가능성 등에 따라서도 원료가 입지 선정에 미치는 영향력은 상당히 달라질 수 있다. 예를 들면 부패하기 쉬운 원료라든가 또는 공정과정에서 무게가 많이 감량되는 원료를 이용하는 업종의 경우 원료지향적 입지경향이 두드러지게 나타난다. 또한 원거리 운송이 용이해지고 운송비가 절감되면서 원료 공급지로부터의 거리나 운송비보다는 원료 생산지에서의 채굴비용과 원료의 질(품위)에 따라 원료지향적 입지가 달라지고 있다. 그러나 하나의 생산품을 만들기 위해 투입되는 원료의 종류가 많아질수록 입지 결정요인으로서의 원료의 역할은 줄어들고 있으며, 기술 발달로 원료의 대체화가 가능해지고 원료의 재순환이 이루어지면서 원료가 입지 선정에 미치는 영향력은 더욱 줄어들고 있다.

② 노동력

노동력은 거의 모든 산업에 있어서 입지를 결정하는 핵심 역할을 하는 생산요소라고 볼 수 있다. 기업이 입지를 결정하려고 할 때 노동력의 양, 노동생산성, 숙련도 및 기술력을 고려하게 된다. 그러나 업종의 종류나 생산기술에 따라서 필요로 하는 노동의 양과 질은 상당히 다르다. 일례로 첨단산업의 경우 숙련된 고급 노동력을 필요로 하는 반면에 방직이나 조립업종의 경우 미숙련 노동력이 요구된다. 또한 섬유공업과 같이 노동비가 차지하는 비중이 매우 높은 업종이 있는 반면에 석유화학공업과 같이 노동비가 차지하는 비중이 매우 낮은 업종도 있다. 더 나아가 기술집약적 업종과 노동집약적 업종 간에 필요로 하는 노동력의 특성도 매우 다르다.

전문화되고 숙련된 노동력을 필요로 하는 첨단산업이나 지식기반산업의 경우 고급 노동력이 풍부한 도시에 입지하려는 경향이 큰 반면에 값싼 노동력을 필요로 하는 업종의 경우 노동력이 풍부하면서도 노동비가 저렴한 소도시나 제3 세계로 입지하려는 경향을 나타내게 된다. 노동에 대한 수요도 제품을 만들어내는 생산방식이 노동집약적인가 또는 자본집약적인가에 따라서도 달라진다. 자본집약적인 업종의 경우 노동비는 입지결정에 별로 영향을 미치지 않으며, 점차 모든 업종에서 노동력을 자본으로 대체해가고 있다. 노동력의 공급량은 노동비에 영향을 미치며, 노동력 공급량이 많을 경우 노동비는 낮아지게 된다. 선진국의 경우 낮은 출산력으로 인해 노동비가 상대적으로 비싼 편이기 때문에 기업들은 자본집약적 생산방식으로 전환시켜 나가고 있다.

노동은 자본에 비해 비유동적이지만, 경제의 세계화가 진전되면서 지역 간 또는 국제 간 노동력의 이동이 증가되고 있다. 노동력의 이동을 통해 지역 간 노동력 수·급의 차이는 점차 균형화되어 간다고 간주되고 있다. 노동력에 대한 수요가 높을 경우 임금이 상승하게 되며, 이는 노동력의 유입을 가져와 임금이 다시 낮아지게 된다. 이러한 경향은 국제적으로도 나타나고 있어 임금이 저렴한 제3 세계 국가에서 임금이 상대적으로 비싼 선진국으로의 노동력 이동이 일어나고 있다.

그러나 기업들은 낮은 노동비보다 더 중요하게 고려하는 것은 노동생산성이다. 노동생산성은 주어진 시간에 생산된 생산량과 생산품의 질을 평가하는 지표로, 일반적으로 노동생산성과 임금은 비례한다. 특히 노동생산성은 단기간에 높아질 수 있는 것이 아니며, 오랫동안 교육과 훈련을 통해 체화된 인적자본이라고 볼 수 있다. 따라서 기업가는 높은 노동생산성을 나타내는 근로자에게 높은 임금을 기꺼이 지불하려고 한다. 따라서 근로자 자신의 기술 수준 및 지적 능력은 노동시장에 상당히 영향을 미친다. 높은 숙련도를 지닌 근로자의 노동시장은 광역적인 반면에 미숙련 근로자의 노동시장은 상대적으로 국지적이다. 특히 최근 인적자본의 외부효과와 지식의 파급효과가 상당히 중요해지면서 고학력 근로자들이 밀집해 있는 지역의 생산성이 높아지는 결과가 나타나고 있어 고학력 근로자들이 선호하는 대도시로의 입지 성향이 더 높아지고 있다.

이상에서 살펴본 바와 같이 지역 간 임금격차, 숙련 노동력과 노동력 공급량 차이, 노동에 대한 태도의 지역적 차이는 입지 결정에 영향을 미치는 요소들이라고 볼 수 있다. 그러나 노동력 자체가 제조업 입지에 미치는 영향을 일반화하여 평가하기는 매우 어렵다.

특히, 임금이 상승할 경우 자본으로 대체화시키려는 경향이 나타나고 기계화·자동화 생산 기술이 도입되기 때문에 노동력의 중요성은 점차 감소되고 있다. 하지만 지식기반경제로 진전되면서 숙련노동력이나 고급 인재들에 대한 수요는 더 높아지고 있으며, 창조계층들이 살기 좋아하는 지역으로의 입지 성향도 나타나고 있다.

③ 자본

자본은 노동력과 마찬가지로 제조업 생산 활동에 필요한 핵심요소이다. 자본이란 창업이나 운영상 필요한 유동자본뿐만 아니라 건물, 기계 등의 자본장비를 의미하는 고정자본도 포함한다. 고정자본은 일정한 생산기간에 투자된 자본가치 중 일부만이 생산물에 이전되고 나머지 부분은 생산과정에 그대로 남게 되는 것으로, 한 번에 많은 자본이 투자되는 공장, 기계설비, 건물 등이 이에 속한다. 고정자본은 일시에 대량으로 투자되지만 일단 투자된 자본의 이동이 상당히 제한되어 있다. 반면에 원료나 보조 재료 등을 구입하기 위해 투입되는 유동자본은 이동성이 높아 이윤이 많은 곳으로 이동하려는 성향을 갖는다.

자본집약도(capital intensity)란 노동자 1인당 투자된 자본재 가치액으로 노동의 자본장비율이라고도 부른다. 이는 노동에 대한 자본의 비율로, 자본이 생산에 미치는 영향력을 나타내주는 지표이다. 선진국일수록 자본집약도가 높으며, 따라서 생산성 향상과 기술진보가 상대적으로 더 빠르게 나타난다. 즉, 기계의 발명 및 기계 설비의 개선을 통해 생산능력과 효율성을 높이려는 방향으로 기술혁신이 나타나고 있어 생산요소로서의 자본의 중요성은 더욱 커지고 있다. 자본의 축적은 노동생산성을 높여주며, 특히 연구개발비를 통해 나타나는 기술혁신은 경제발전의 원동력이 되고 있다. 첨단산업과 지식기반산업의 경우 투자재원을 확보할 수 있는 지역으로의 입지성향이 더욱 강화되고 있다.

자본은 모든 생산요소들 가운데 가장 유동성이 높지만 지역 간 자본의 공급량도 큰 격차를 보인다. 일반적으로 공업화의 역사가 길고 산업이 고도화된 지역의 경우 고정자본과 사회간접자본이 이미 스톡(stock) 형태로 축적되어 있을 뿐만 아니라 기업의 이윤과 임금으로부터 유도된 저축 및 투자자금이 매우 풍부하다. 이러한 지역들은 외부 지역으로부터 자금이 유입되어 자본집약도를 더 높이면서 높은 수익률을 경험하게 된다.

반면에 저개발지역이나 개발도상국의 경우 주민의 소득 자체가 낮기 때문에 투자자본이 거의 형성되지 못하여 자본의 공급은 매우 한정되어 있다. 이들 지역의 경우 생산활동을 위한 기반시설 확충 수요가 매우 커서 자본의 공급이 가장 필요하다. 이렇게 자본이 부족한 지역의 경우 자본이 풍부한 지역에 비해 이자율이 훨씬 높지만, 투자에 대한 위험부담률이 높기 때문에 이미 자본이 축적되어 있는 지역으로 투자자금이 유입되는 경향을 보인다. 따라서 이미 자본이 축적되어 있는 산업화된 지역일수록 자본 공급이 풍부하여 기업가들에게 매우 유리한 입지조건을 제공하게 된다.

④ 토지

공업용지로서의 토지는 제조업 생산을 위한 장소이므로, 기후, 지형 등과 같은 자연적 특성도 중요하지만, 장소의 상대적 위치(situation)에 따라 지가가 달라지며 토지의 가치도 달라진다. 특히, 토지의 상대적 위치는 생산 활동에 있어서 매우 중요한 요소이며, 교통망이 잘 구축되어 시장이나 원료 공급지와의 접근성이 높은 곳일수록 생산성 및 수익에 영향을 미치게 된다.

주어진 장소의 접근성이란 다른 지점들과의 상호작용에 드는 시간적·경제적 비용을 나타내는 것으로, 접근성이 좋은 장소일수록 지가가 높아지며 그 토지를 이용하려는 경쟁도 심화된다. 그러나 토지의 공급이 토지의 수요를 따를 수 없게 될수록 토지자원의 희소성은 더욱 커지게 되어 지가는 상승하게 되고 토지는 더욱 집약적으로 이용된다. 지가는 제조업 생산에 영향을 미치는 생산요소로 작용하지만, 제조기술의 발달로 수평적 조립라인이 도입되면서 보다 넓은 용지를 필요로 하는 업종의 경우 값싼 용지를 얻기 위해 교외로 이전하는 공장들이 늘어나게 되었다. 고속도로나 자동차 전용도로 등의 건설로 인해 교외로의 접근성이 좋아지면서 도시 내부보다 환경적으로 더 매력적인 교외지로의 공장 이전은 가속화되었다. 최근 교외지뿐만 아니라 비도시지역에도 공장이 설립되고 있다. 특히 해외로 진출한 초국적기업의 경우 기존 공업지역에 입지하는 경우 지가가 워낙 비싸기 때문에 비도시지역이나 자연녹지지역(green field)에 입지하는 경우도 나타나고 있다.

(2) 시장 및 기타 요소

① 시장

기업이 생산한 제품은 판매되어야 하므로 기업이 입지를 결정할 때 시장의 규모와 구매력, 시장과의 거리 등은 매우 중요하게 고려된다. 시장 규모가 클수록 구매력이 커지고 제품 판매가 많아져서 수익을 높일 수 있으며, 시장과의 거리가 가까울수록 운송비가 저렴해지고 소비자의 기호 변화에 빠르게 대처할 수 있다는 이점이 있다. 최근 시장지향적 입지 경향을 나타내는 업종들이 상당히 늘고 있는데, 이는 대규모 시장에 입지하는 경우 구매력이 크기 때문에 기업 성장에 유리할 뿐만 아니라 노동의 풀(pool)도 풍부하여 숙련된 노동력을 쉽게 얻을 수 있고 각종 편익시설을 누릴 수 있기 때문이다.

또한 상품 광고 등을 통한 시장판매 전략을 통해 소비자의 수요를 창출하려는 전략이 높아지면서 기업들은 소득수준이 높고 잠재적 소비 성향을 갖고 있는 시장으로의 입지선호도는 더욱 높아지고 있다. 특히 소비자의 취향이나 유행에 민감한 반응을 보이는 업종의 경우 시장 정보를 신속하게 수집할 수 있는 대규모 소비시장에 입지할 경우 판매량을 증가시킬 수 있기 때문에 규모경제 효과도 누리게 된다. 즉, 생산비나 운송비 면에서 시장에 입지하는 것이 다소 불리할지라도 규모경제로 인한 비용절감과 총 수입이 증가되어 기업이 성장하게 되므로 기업들은 더욱 시장지향적인 입지 선호를 보이게 된다.

그러나 시장지향적인 입지가 항상 비용을 최소화하는 입지는 아니다. 오히려 대도시에 입지할 경우 임금과 지대가 비싸므로 생산비가 증가될 수도 있고 교통혼잡과 대기오염 등 환경 측면에서 대규모 시장에 입지하는 것이 오히려 불리해지는 경우도 나타날 수 있다.

② 환경요인과 위락요인

최근 제조업 생산의 입지 선정에 영향을 미치는 요인으로 환경요인과 위락요인이 상당히 중요해지고 있다. 특히 환경오염을 줄이기 위한 규제가 강화되면서 환경규제정책은 입지 선정에 상당히 큰 영향력을 미치고 있다. 녹색성장을 추진해 나가면서 기업들에게 저탄소배출의무를 강화시키자 기업들은 환경규제가 덜 심한 지역으로 공장을 이전하는 사례도 나타나고 있다.

환경규제가 심해질수록 기업이 생산규모를 확대할 경우 새로운 지역으로 입지하기 보다는 기존 지역에서 공장을 증축하려는 경향을 보인다. 이는 환경규제가 강화됨에 따라 폐수처리시설이나 하수종말처리장 등의 시설을 갖추는 데 드는 추가적인 비용이 매우 크기 때문이다. 따라서 기존 공장에 증축함으로서 환경규제에 따른 추가비용을 줄일 수 있으며 오염방지를 위한 단위비용도 줄일 수 있다. 뿐만 아니라 환경규제가 강화되면서 입지 선정의 의사결정과정에서 환경요인의 중요도를 높이 평가하면서 입지 후보지들에 대한 폐기물 처리, 수질관리, 대기오염 수준 등에 대한 정보를 수집하고 이들을 비교, 분석한 후에 최종적으로 입지를 선정하고 있다. 이렇게 환경 요인에 대한 평가를 바탕으로 다른 입지요인들과 결합시킨 후 여러 후보지 가운데 최적 입지를 선정하기 때문에 제조업의 입지 패턴은 보다 좋은 환경지향적인 입지를 선정하는 경향이 나타나게 될 것이다.

한편 제조업의 입지를 선정할 때 점차 중요하게 고려되고 있는 요인의 하나가 위락경관(site amenity) 요인이다. 이는 삶의 질에 대한 관심이 높아지면서 보다 좋은 자연경관이나 위락시설을 갖춘 지역에 대한 선호도가 높아지면서 나타난 경향이라고 볼 수 있다. 특히 과학자, 공학자, 숙련 노동자들을 필요로 하는 첨단산업이나 지식기반산업 및 연구개발업의 경우 문화적·위락적 환경을 지닌 지역으로의 입지 선호도가 매우 강하게 나타나고 있다.

③ 행태 및 우연적 요인

제조업의 입지를 선정하는 경우 기업가의 의사결정이 무엇보다도 중요하게 작용한다. 기업가의 의사결정에 대한 행태가 상당히 합리적인 것으로 보이지만, 기업가 개인의 행태에 따라 우연적이거나 특정한 개인적 요인에 의해 입지가 결정된 사례들도 많다. 제조업의 입지가 경제적인 관점에서 볼 때 최적 입지라고 평가되지 못하는 것은 의사결정과정에서 기업가의 행태가 합리적인 경제인으로서의 행태와는 다르게 작용한 결과라고 풀이할 수 있다.

특정 기업이 특정 지역에 입지하게 된 동기를 보면 다분히 우연적인 요인에 의해 이루어지고 있는 경우도 있다. 예를 들면 창업가의 출생지라든지, 그 기업만이 관련되어 있는 사건들에 의해 입지가 결정되기도 하며, 기업가의 심리적·문화적 요인 등 비경제적 요인들에 의해서도 입지가 결정되기도 한다. 그러나 개인적 동기나 우연적 요인들이 입지 선정에 어떻게 영향을 미치는가를 일반화하기는 매우 어렵다. 입지 선정과정에서 차선적(준 최적적) 의사결정이나 이윤 극대화보다는 기업가 자신의 만족을 얻으려는 비경제적 요인들에 의해서도 입지가 선정되는 사례들이 있다.

④ 정부의 영향력

정부의 정책, 특히 산업활동과 관련된 법이나 제도 등은 입지 선정에 상당한 영향을 미친다. 공공 이익을 위한 정부의 토지이용 정책이나 규제들은 입지 선정의 자유성을 규제하거나 촉진하는 역할을 한다. 개발도상국의 경우 공업화를 촉진시키기 위한 산업개발 정책은 입지 선정에 지대한 영향을 주며, 선진국에서도 낙후지역이나 침체된 지역의 활성화를 위한 정부의 입지정책은 해당 지역으로 공장을 유치시키는 결정적인 역할을 하고 있다. 특히, 정부가 제공하는 각종 인센티브 가운데 부지 제공이나 세제 혜택은 상당히 중요한 유인 요소로 작용하고 있다. 특정지역으로의 공장을 입지시키기 위해 조세 및 지방세를 감면해주거나 공장 설립에 필요한 자금을 저렴하게 대출해주는 정책들이 대표적이다. 우리나라의 경우 정부가 지정한 공업단지에 입지하는 경우 저렴한 부지 분양가 및 각종 세제 혜택을 제공하였으며, 이는 기업들을 유치하는 데 결정적인 역할을 하였다.

이와 같은 직접적인 정부 개입에 따른 요인뿐만 아니라 간접적으로도 정부가 입지 선정에 영향을 미친다. 일례로 정부의 기간산업이나 사회간접자본 투자가 집중적으로 이루어진 지역의 경우 접근성이 양호하기 때문에 입지 매력도는 상당히 높아지게 된다. 그 밖에도 정부의 거시경제적인 정책들(예: 외환정책, 무역이나 해외투자 등과 같은 정책)도 제조업의 입지 선정에 간접적으로 영향을 준다.

(4) 집적경제와 규모경제가 입지에 미치는 영향

① 집적경제

집적경제는 동종 혹은 이종의 업종이 특정지역에 집적함으로서 얻게 되는 경제적 이익을 말한다. 기업이 집적하는 경우 노동력과 원료를 쉽고 값싸게 구입하고, 시장 판매 효과를 올리며, 공동의 기술혁신과 학습과정을 통해 생산비용을 절감할 수 있다는 의미에서 외부경제(external economies)라고도 불리운다. 즉, 개개의 기업들이 분산되어 입지하는 것보다 집적하여 입지하는 경우 많은 혜택을 누릴 수 있기 때문에 집적경제는 입지 선정 시에 영향을 미치는 매우 중요한 요인이 되고 있다.

집적경제는 크게 국지화 경제(localization economies)와 도시화 경제(urbanization economies)로 구분할 수 있다. 국지화 경제는 동종 업종이나 연계성(자원 공급이나 시장)이 큰 업종들이 함께 집적하는 경우로, 국지화 경제를 통해 얻게 되는 이익은 동종 기업 간 생산, 서비스, 시장 연계성으로 인해 나타난다.

생산 연계성(production linkage)이 큰 업종들이 집적하는 경우 원료를 대량으로 구입하거나 시장으로 함께 제품을 운송할 수 있어 원료 운송비나 제품 운송비가 크게 절감된다. 일례로 금속가공업이나 기계 제조업체들은 제철공장 근처에 입지함으로써 원료 구입비용을 줄일 수 있으며, 코크스 부산물을 이용하는 화학공업의 경우도 운송비를 절감할 수 있다. 일반적으로 산업단지(industrial complex)는 연계성이 큰 업종끼리 집적함으로써 운송비의 절감을 가져오는 가장 대표적인 예이다.

특정 지역에 같은 업종에 종사하는 업체들이 집적하여 있는 경우 필요한 각종 서비스를 저렴하게 공급받을 수 있는 경우 서비스 연계성(service linkage)에 의해서도 비용을 절감하게 된다. 즉, 같은 업종끼리 집적해 있는 경우 그 업종에서만 필요로 하는 기계 조립, 기계수선, 부품 공급 등 다양한 서비스를 전문으로 제공하는 업종들을 유치시킬 수 있어 이윤을 얻게 되고 비용 절감을 가져올 수 있다. 일례로 뉴욕의 중심가에 의류산업이 집적되어 있는 경우이다. 의류업체들은 상당히 전문화된 서비스와 수선 작업(예: 재봉틀 수선이나 재봉 용구 및 의류 관련 부품 등)을 항시 필요로 한다. 그러나 개개 업체만으로는 전문화된 서비스 업종(수선, 부품)을 유치시킬 수 있을 만큼의 수요를 발생시키지 못한다. 그러나 다수의 소규모 업체들이 집적하여 있을 경우 전문화된 서비스 업종들을 유치시킬 수 있는 수요가 형성되므로 비용을 절감할 수 있다.

또한 같은 업종들이 집적되어 있는 경우 판매효과를 더 높일 수 있는 시장 연계성(market linkage)으로 인해 이익을 얻을 수 있다. 즉, 같은 업종들이 한 지역이 집적되어 특정한 제품들만을 전문화하여 상권을 형성할 경우 서로 경쟁하는 가운데서도 많은 소비자들을 유인할 수 있다. 일례로 세계적인 대도시에서 많이 나타나고 있는 패션산업의 집적은 많은 소비자들을 끌어들여서 다양한 상품들을 비교하는 가운데 구매행위를 유도하고 있다. 뿐만 아니라 광고업체, 쇼윈도, 구매자 목록제작 등 의류 판매를 촉진시키는 서비스를 함께 제공받을 수 있다는 이점도 있다. 서울의 경우 용산 전자상가의 형성이나 가구단지의 집적도 시장 연계성을 통한 집적경제 효과를 누리기 위해서라고 볼 수 있다.

또 다른 집적경제의 유형은 서로 다른 종류의 업종들이 대도시에 집적함으로서 이익을 얻게 되는 도시화 경제(urban economies)이다. 이는 기업이 대도시에 입지함으로서 도로 및 교통망, 상하수도 등과 같은 사회간접자본의 혜택과 공공보건, 치안, 화재 등 각종 공공서비스를 제공받음으로써 누리는 혜택이다. 특히, 대도시에 입지하는 경우 생산비용뿐만 아니라 운송비용과 판매비용까지 절감할 수 있으므로 기업들은 대도시에 입지하려는 경향을 보이게 된다. 더 나아가 대도시에 입지할 경우 소비시장의 규모와 풍부한 노동력을 제공받을 수 있을 뿐만 아니라 새로운 상품과 생산방식에서의 기술혁신을 일으킬 가능성도 높다. 대규모 소비시장에 입지하는 경우 소비자의 욕구를 충족시킬 수 있는 생산기술혁신을 유도할 가능성이 높아지며, 기술혁신이 진행될수록 생산비용이 절감되며, 시장이 확대되어 이윤이 증대되는 이점을 누리게 된다.

② 규모경제

기업의 생산규모는 기업의 설립 시에 결정하는 중요한 요인이다. 이는 생산규모에 따라 단위생산비용이 달라지며, 또 규모 자체가 수요를 창출시키기 때문이다. 이윤 극대화를 추구하는 기업의 경우 총 수입과 총 비용의 차이가 가장 극대화되는 규모까지 생산하고자 한다. 그러나 총 생산량이 증가하면 이윤도 증가하지만, 어느 단계에 이르면 이윤은 감소되기 시작한다. 이와 같이 생산규모가 증가함에 따라 단위 생산비가 감소하여 생기는 경제적 이익을 규모경제(economies of scale)라고 한다. 규모경제는 투입되는 생산요소의 변화에 따라 발생되는 이윤의 변화로, 규모경제가 이루어지는 범위 내에서 평균 생산비가 감소하게 된다. 그러나 생산규모가 너무 커지게 되면 추가적인 생산설비가 요구되어 평균 생산비용이 증가되어 오히려 규모의 비경제(diseconomies of scale)가 나타난다.

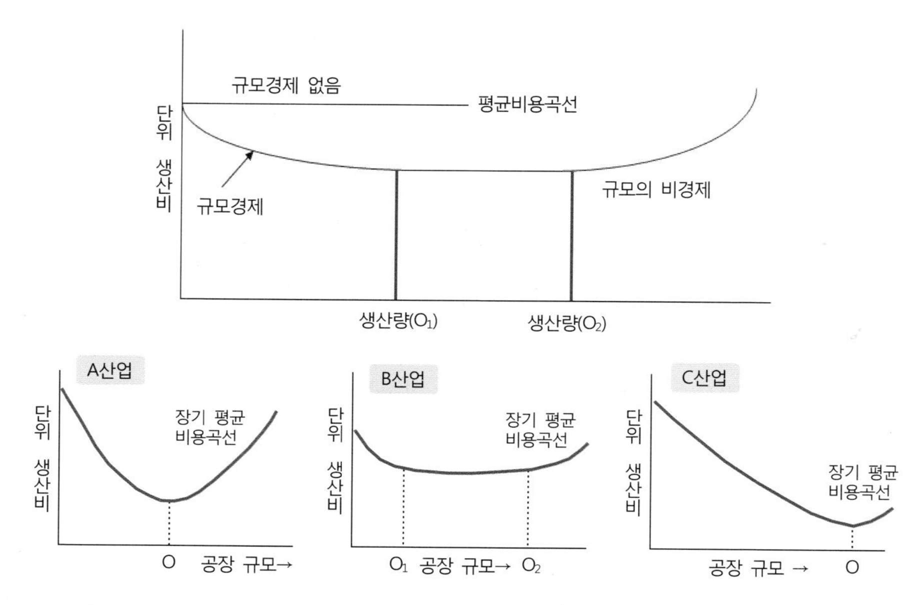

그림 7-16. 규모경제 개념과 기업 특성에 따른 규모경제의 차별화

출처: Stutz, F. & Warf, B.(2012), p. 141.

일반적으로 공장의 적정 생산규모는 생산단위 증가에 따른 장기 평균비용곡선을 통해 알 수 있다. 그러나 각 공장의 적정 규모는 생산 활동에 따라 다양하게 나타난다. 규모경제의 개념은 기업이 성장함에 따라 현재의 생산규모를 확대하고자 할 경우 어떤 방식으로 확장하는 것이 합리적인가에 대한 단서를 제공해준다(그림 7-16). 예를 들면 적정규모가 작은 A산업의 경우 생산규모를 확대하기 위해 또 다른 분공장을 다른 지역에 세우는 것이 합리적이며(현재 입지에서 규모를 확대할 경우 규모의 비경제성이 나타남), 적정규모가 상당히 넓은 범위에 있는 C산업의 경우 현재 입지에서 규모를 확대하는 것이 비용을 절감하는 더 합리적인 방법이다.

생산량이 증가되면서 장기 평균비용 절감을 가져오는 규모경제 효과가 어떻게 나타나게 되는가는 네 가지 측면에서 설명할 수 있다. 첫째, 대규모 생산의 경우 분업을 통하여 효율적인 생산이 가능해지기 때문이다. 즉, 분업화는 생산을 촉진시키고 작업이 단순하기 때문에 미숙련노동력을 이용할 수 있어 노동비도 적게 든다. 또한 대규모 생산을 하기 위해서는 전문화된 기계설비와 운영이 필수적이므로 생산의 효율성이 높아지며, 이러한 과정에서 단위 생산비용이 낮아지게 된다.

둘째, 대규모 생산을 하는 경우 원료의 대량구입이 가능하므로 원료 구입비가 상대적으로 절감된다. 일반적으로 대기업은 중소기업에 비해 한꺼번에 원료를 구입하기 때문에 단위 수송비가 적게 든다.

셋째, 대규모 생산을 하는 경우 시설 규모가 크기 때문에 불필요한 비용을 줄일 수 있다. 대기업은 중소기업에 비해 재고량을 적게 필요로 하기 때문에 생산비용을 줄일 수 있다. 소규모 기업의 경우 하나의 기계가 고장나는 경우 다른 생산라인까지 영향을 미치게 되므로 각 부품에 대한 재고량을 항시 많이 가지고 있어야 한다. 그러나 대기업의 경우 가동되는 기계 수가 많기 때문에 동시에 그 기계들이 전부 고장날 확률이 매우 적으므로 재고량을 많이 비축해둘 필요가 없다. 이와 같이 자본 설비규모가 클수록 필요한 재고량이 상대적으로 줄어들기 때문에 그만큼 생산비용이 절감될 수 있다.

넷째, 여러 부품을 조립하여 하나의 완성품을 만드는 경우 단위시간당 생산되는 부품의 산출량(개수)이 서로 다를 수 있다(단위시간에 어떤 부품은 너무 많이 생산되는 반면에 또 다른 부품은 적게 생산되는 등 부품들의 수량이 서로 다르게 생산될 수 있음). 이런 경우 소규모 완제품을 만드는 것이 상당히 비효율적일 수 있다. 그러나 대규모로 생산하는 경우 단위시간당 산출되는 서로 다른 부품들을 다 흡수할 수 있는 생산규모를 갖추어 제품을 생산할 수 있기 때문에 훨씬 더 효율성을 높일 수 있다.

그러나 기업의 성장전략이 단지 생산량만을 증가시켜 규모경제 효과를 추구하는 것만은 아니다. 처음에 소규모로 출발한 단일공장기업이 혁신적인 활동을 통해 성장하여 기업의 규모가 커지게 되는 경우 기업은 매우 다양한 성장전략을 모색하게 된다. 기업의 생산규모를 증가시키는 대신에 생산라인에 있는 기업들을 통합하는 수직적 통합을 통해 기업의 규모를 확대시키기도 한다. 즉, 수직적 통합(vertical integration)을 통해 생산활동의 전 과정을 계열화하는 것이다. 원료의 공급과 생산품의 판매를 통합하는 수직적 통합이 이루어지는 경우 이윤이 증대되면서 기업의 규모는 훨씬 더 확대된다. 대표적인 예가 자동차산업과 석유정제업이다. 자동차산업은 철광석과 석탄의 채굴과정에서부터 제철생산과 자동차 조립과정 및 자동차의 시장 판매 및 운송과 수리 및 서비스까지를 계열화하여 한 지역에 집적하여 전체 생산라인을 통합하고 있다.

또 다른 기업의 성장전략으로는 같은 업종의 기업들을 인수·합병하는 수평적 통합을 들 수 있다. 수평적 통합(horizontal integration)이란 주로 같은 업종에 종사하는 기업끼리 통합하는 것으로, 수평적 통합의 결과 특정 산업에 종사하는 업체 수가 줄게 되므로 시장가격을 상승시키거나 경우에 따라서는 독점화를 가져올 가능성도 있다.

이러한 수직적·수평적 통합뿐만 아니라 오늘날 세계기업들의 경우 하나의 제품만 생산하는 것이 아니라 다양한 제품의 생산과 판매까지를 통제하는 다각적 통합(conglomerate merger)을 하고 있다. 이러한 다각적 통합은 한 제품에 대한 수요 변화에 따르는 위험을 분산시키고 보다 이윤을 증대시킬 수 있기 때문에 기업이 성장해갈수록 다각화 추세는 더욱 두드러지게 나타나고 있다.

2) Weber의 공업입지론 및 고전적 산업입지론의 발달

앞에서 살펴본 입지요인들이 실제 제조업의 분포패턴을 설명하는 데 있어서 어떻게 서로 연계되어 있는가를 논리적으로 설명하는 것이 입지론이라고 볼 수 있다. 즉, 입지론이란 실제 세계에서 일어나고 있는 생산활동의 공간분포를 설명하는 것이다. 그러나 입지론을 정립하기 위해 복잡한 실제 세계를 가정을 통해 단순화시켰기 때문에 실제 세계의 복잡한 모든 상황들을 다 고려하지 못한다는 한계점을 갖고 있다. 그러나 이론적 배경이 없이 어디에서 어떻게 생산활동이 일어나고 있는가에 대한 일반화된 설명을 할 수 없다.

여기서는 경제의 세계화가 진전되기 전 단일공장기업 중심의 제조업의 입지를 설명하는 고전적 공업입지론에 대해 살펴보고자 한다. 특히 Weber의 공업입지론과 그의 이론을 수정, 보완시켜 나간 고전적 산업입지론에 대해 간략하게 살펴보고자 한다.

(1) Weber의 입지삼각형

공업입지론의 토대를 마련한 독일의 경제학자 Alfred Weber는 유명한 사회학자 Max Weber의 동생이다. Weber는 자본주의 경제체제 하에서 제조업의 생산 활동이 공간상에서 어떻게 이루어지고 있는가를 설명하려고 시도하였다. 그는 중공업의 경우 총 생산비

가운데 원료 운송비가 차지하는 비중이 상당히 크다는 점과 공업원료가 상당히 지역적으로 편재되어 있고, 시장도 균등하게 분포되어 있지 못한 실제 세계 상황을 관찰한 후, 기업이 이윤을 극대화하기 위한 최적지점은 운송비가 최소되는 지점에 입지하는 것이라는 가설을 세운 후 이를 검증하기 위해 연역적인 접근방법을 통해 입지론을 전개하였다.

Weber(1909)는 자신의 이론을 전개하기 위해 먼저 5가지 공리를 내세웠다. 즉, 생산자는 항시 비용을 최소화하려고 하고, 원료와 시장은 특정한 장소에 편재되어 있으며, 운송비는 제품 생산에 있어 매우 중요한 요소이고, 제품 생산을 위해서는 운송비 외에도 노동력, 동력, 지대 등의 비용도 필요하다는 점과 집적경제가 나타날 수 있다는 공리를 내세웠다. 또한 실제 세계의 복잡성을 단순화하기 위해 다음과 같은 가정을 내세웠다.

첫째, 등질적 평면상에서 운송비는 거리에 비례한다.
둘째, 주어진 가격에서 수요는 무한하며 제품에 대한 시장가격은 고정되어 있다.
셋째, 생산자는 합리적 경제인으로 항시 이윤을 극대화하려고 한다.
넷째, 생산기술수준은 고정되어 있고, 노동력은 비유동적이지만 주어진 임금 하에서는 무한하게 공급된다.

이러한 가정 하에서 그는 공업입지에 영향을 미치는 요인으로 운송비를 우선적으로 고려하여 운송비가 최소되는 지점을 조사한 후, 해당 지점이 임금(노동비)의 지역적 차이에 의해 어떻게 변화되는가를 살펴본 후, 마지막으로 집적경제의 이점에 의해 최적지점이 어떻게 달라지는가를 고찰하였다.

① 최소 운송비의 원리

Weber는 모든 생산요소에 대한 비용의 지역적 차이가 없다고 가정할 경우 총 운송비가 최소되는 지점에 입지하는 것이 최적 입지(optimal location)라고 전제하였다. 운송되어야 하는 원료와 제품의 무게, 그리고 원료와 제품의 운송 거리에 의해 운송비가 결정되므로 운송비의 단위는 무게-거리(ton-km)로 나타낼 수 있다. 따라서 최적 입지지점은 원료를 구입하여 제조한 후 제품을 시장에 파는 데 드는 총 운송비가 최소되는 지점이 된다.

Weber는 원료 운송비에 따른 입지효과를 분석하기 위해 원료를 어디에서나 얻을 수 있는 보편적 원료와 특정 지역에 편재되어 있는 원료로 구분한 후, 편재되어 있는 원료를 이용할 경우 이동거리에 따라 운송비가 증가된다는 점과 제조과정에서 무게가 감소되는 경우와 오히려 무게가 증가되는 경우에 따라 운송비가 크게 달라진다는 점을 주목하였다. 그는 최종 생산물 무게에 대한 투입된 원료의 무게 비율을 말하는 원료지수(MI: Material Index) 개념을 도입하여 원료의 특성이 입지에 미치는 영향력에 대한 가설을 수립하였다.

$$원료지수(MI) = \frac{사용된\ 편재원료\ 무게}{최종\ 생산물의\ 무게}$$

여기서 $MI > 1$: 제조과정에서 원료의 무게가 감소되는 경우

$MI < 1$: 제조과정에서 무게가 늘어나는 경우

만일 제조과정에서 원료가 상당히 감량되는 경우(제련, 식품가공, 목재가공) 원료산지에 공장이 입지(원료지향적 입지)하는 것이 유리하며, 제조과정에서 무게가 증가되거나(음료나 부피가 크게 늘어나는 가전제품), 원료가 쉽게 부패되는 상품의 경우 시장에 입지(시장지향적 입지)하는 것이 유리하다(그림 7-17). 그러나 원료지수가 1인 경우(제조과정에서 무게의 변화가 없음) 이론적으로 보면 원료지나 시장, 또는 중간 지점에 입지하여도 운송비의 차이는 없다고 볼 수 있다.

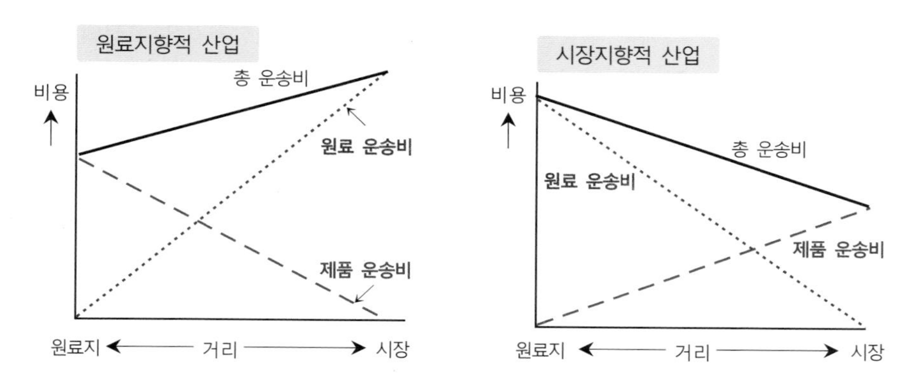

그림 7-17. 총 운송비에 따른 원료지향적 산업과 시장지향적 산업 비교

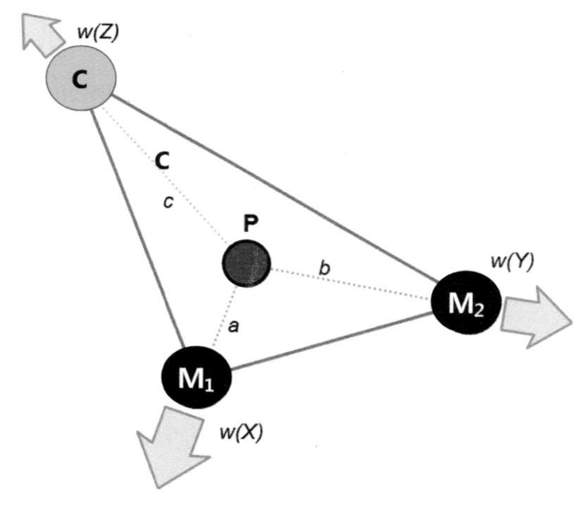

그림 7-18. Weber의 입지 삼각형 개념

Weber의 입지론을 입지 삼각형을 통해 최적 지점을 찾는 방법이라고도 한다. 입지 삼각형이란 하나의 소비시장(C)과 2개의 원료산지(M_1, M_2)가 있을 경우 원료의 무게와 시장까지 이동되어야 하는 거리와의 관계 속에서 최적 지점이 결정된다(그림 7-18). 만일 1 단위의 제품을 생산하기 위해 X톤의 원료 M_1과 Y톤의 원료 M_2를 필요로 하고 Z톤의 최종 생산품을 시장(C)에 팔아야 하는 경우 최적 입지(P)는 원료산지와 시장까지의 거리인 a, b, c와 원료와 최종 생산품의 무게인 X, Y, Z와 결합된 함수에서 운송비가 최소되는 지점($\sum_{\min} Xa + Yb + Zc$)이며, 이 최적 지점은 항시 삼각형 내부에 입지하게 된다.

그러나 무게가 감량되는 여러 원료들이 투입되거나 시장이 여러 지역에 산재해 있는 경우 최적 입지를 찾아내는 과정은 매우 복잡해진다. Weber는 이렇게 복잡한 상황에서 최적 입지를 선정하는 방법으로 각각의 원료산지와 시장과의 거리, 그리고 단위 제품을 생산하는 데 드는 각 원료의 무게와 원료지수를 토대로 하여 도르래 원리를 이용한 무게 중심점이 최적 입지가 된다는 베리뇽 틀(Variognon Frame)을 제시하였다(그림 7-19).

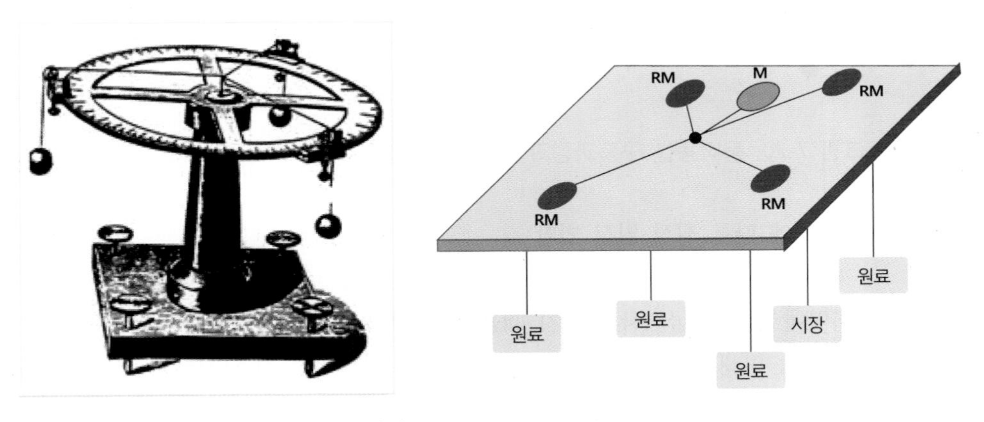

그림 7-19. Weber의 베리뇽 틀 개념

한편 Weber는 최소비용 이론을 전개하면서 등비용선(isodapane)이라는 개념을 도입하였다. 등비용선이란 원료 운송비나 제품 운송비를 고려한 총 운송비가 동일한 지점들을 연결한 선이다. 각각의 원료산지나 시장에서 단위무게-거리를 이동하는 데 드는 등운송비선(isotim)을 먼저 구축한 후, 각 지점에서 원료와 제품을 운송하는 데 드는 총 운송비를 합치면 비용 표면도가 구축된다. 즉, 각 지점의 총 운송비를 산출하고 총 운송비가 같은 지점들을 등치선으로 연결하면 마치 등고선과 같은 비용 표면도가 구축되며 가장 비용이 적게 드는 지점을 알 수 있다(그림 7-20). 예를 들어 P지점의 경우 원료 A를 운송하는 데 2,000원이 들며, 원료 B를 운송하는 데 3,000원, 그리고 제품을 운송하는 데 4,000원이 들면 총 운송비는 9,000원이 들게 된다. 이와 같이 각 지점의 총 운송비를 산출하여 총 운송비가 같은 지점을 연결하여 등비용선이 만들어지면 최소 운송비 지점이 결정된다.

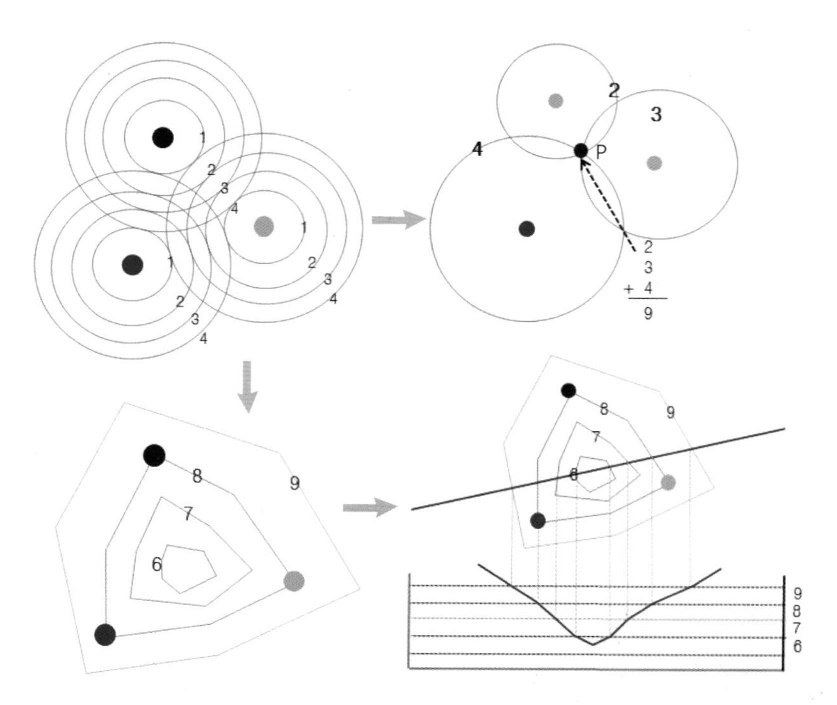

그림 7-20. 등비용선 구축과정과 최적 지점 결정

② **노동비에 따른 최적 입지 변화**

Weber는 운송비 이외에도 최적 입지에 영향을 주는 요소로 임금(노동비)을 고려하였다. 지역에 따라 임금격차가 크기 때문에 생산비 가운데 임금이 차지하는 비중이 매우 높은 산업(예: 인쇄, 출판, 섬유, 신발 등)의 경우 운송비가 최소되는 지점이 최적 입지가 아닐 수도 있다. 그는 노동비의 지역 간 차이가 최소 운송비 원리에 따라 선정된 최적입지에 어떠한 영향을 미치는가를 한계등비용선(critical isodapane) 개념을 도입하여 설명하였다. 먼저 등비용선을 이용하여 P_1이 운송비가 최소인 최적 지점으로 선정되었다고 하자. 만일 L_1지점이 노동비가 매우 저렴하여 P_1보다 3,000원의 노동비가 절감된다고 하자. L_1은 3,000원의 등비용선 지점 내부에 입지하여 있어 공장이 P_1에서 L_1으로 이동하여도 그에 따른 추가 운송비용은 3,000원보다 적게 든다. 즉, L_1과 P_1 간의 총 운송비의 차이가 3,000원보다 적기 때문에 총 운송비와 노동비를 합친 총비용은 L_1이 P_1보다 더 작으므로 최적 지점은 L_1이 된다. Weber는 이와 같이 노동비의 절감에 따른 이윤과 똑같은 등비용선을 한계등비용선이라고 정의하였다. 따라서 값싼 노동비를 제공하는 지점이 한계등비용선 내부에 입지한다면 그 지점(L_1)은 최소 운송비 지점(P_1)보다 이윤이 더 높은 최적 지점이 될 것이다. 그러나 L_2지점의 경우 한계등비용선 외부에 입지하여 있기 때문에 P_1이 최적 지점이 된다(그림 7-21). 실제로 업종 간 노동비가 차지하는 비중이 상당히 다르며, 단위제품을 만드는 데 드는 평균 노동비를 말하는 노동비 지수로 각 업종별로 노동의 상대적 중요도를 측정하고 있다. 노동비 지수가 높을수록 최적 입지는 최소 운송비 지점에서 벗어나 값싼 노동력을 제공하는 지점으로의 강한 입지경향을 보일 것이다.

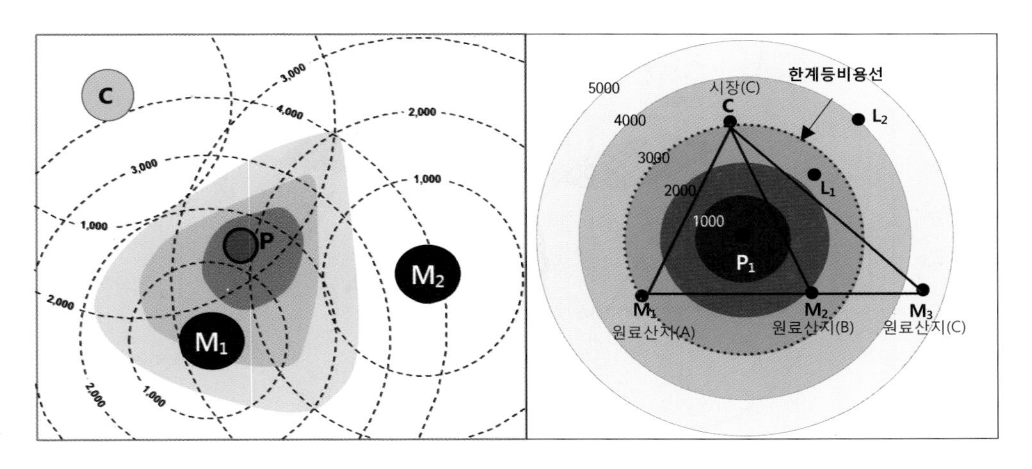

그림 7-21. 한계 등비용선과 노동비를 고려한 경우 최적 지점의 선정

③ 집적경제에 따른 최적 지점의 변화

지역 간 임금격차에 따라 최적 입지가 달라지는 것과 마찬가지로 Weber는 집적경제 효과도 총 운송비를 기준으로 하여 선정된 최적 입지에 영향을 주는 요소로 보았다. 그가 고려한 집적경제 개념은 매우 개념적이고 추상적인 차원에서 도입한 것으로 오늘날 이루어지고 있는 집적경제의 특성을 충분히 파악하지 못하였다. 하지만 그는 서로 다른 기업이 한 지점에 집적함으로써 생산비용을 절감할 수 있기 때문에 최소 운송비를 기준으로 선정된 최적 지점이 변화될 수 있다고 보았다. 그림 7-22에서 볼 수 있는 바와 같이 가, 나, 다, 라, 마 5개의 기업이 각각의 입지 삼각형 내에 최적 지점에 입지하는 것보다 최소 3개 기업이 같은 지역에 입지할 경우 집적경제의 효과가 나타나 생산비를 20만원씩 절감할 수 있게 됨을 제시하였다. 이런 경우 각 기업이 입지한 최적 지점에서 집적지로 이동하는 데 추가로 드는 운송비가 20만원 미만이라면 기업들은 한 지점에 집적함으로서 생산비용을 절감하여 총 비용이 줄게 되므로 최적 지점은 집적지가 된다. 따라서 다, 라, 마 기업은 집적지로 이동하는 것이 최적 지점이 되지만, 가, 나 기업의 경우 집적지로 이동하는데 드는 운송비가 20만원을 초과하기 때문에 집적경제의 이익을 누릴 수 없다.

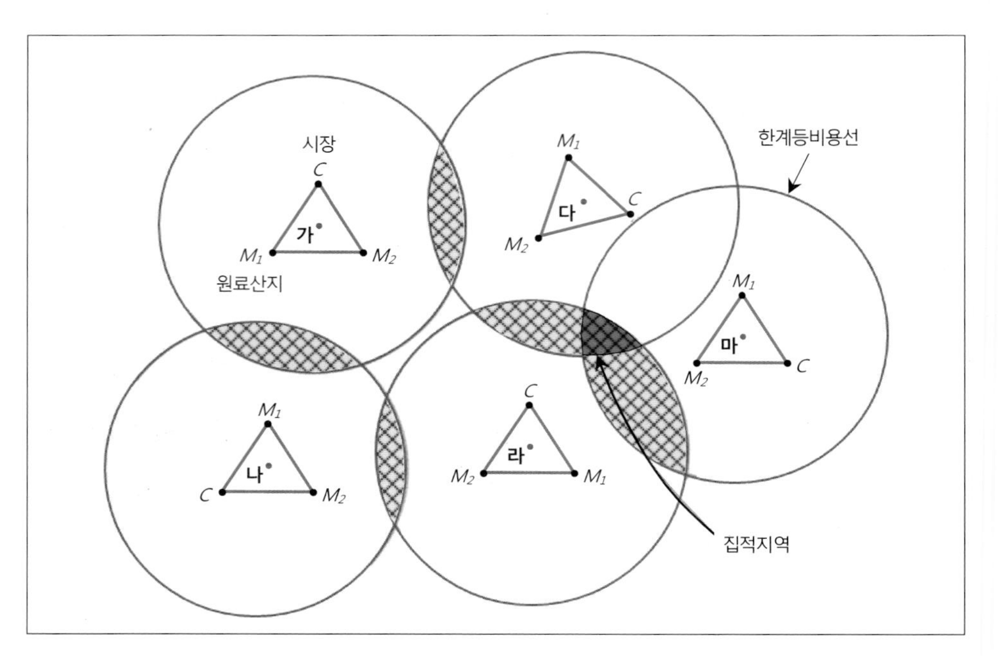

그림 7-22. Weber가 제시한 집적경제의 개념

(2) Weber 이론의 수정 및 확대

① Hoover의 입지론

Weber가 전제한 운송비 구조는 상당히 비현실적인 측면이 많았다. 운송비가 거리에 비례한다는 가정과 원료와 제품 운송 시에 필요한 선적비, 하역비, 취급비 등의 터미널 비용(terminal cost)을 고려하지 않았다. Hoover는 1937년 「입지이론과 신발 및 가죽공업(The Location Theory and the Shoe and Leather Industries)」, 1948년 「경제활동 입지(The Location of Economic Activity)」에서 터미널 비용과 장거리 운송효과 개념을 도입하면서 Weber의 입지론을 확대시켰다. 터미널 비용을 고려할 경우 원료 산지나 시장이 아닌 중간의 어느 지점도 최적 지점이 될 수 없다. 왜냐하면 중간지점에 입지할 경우 원료나 제품 운송에 드는 터미널 비용이 두 배가 들기 때문이다.

그러나 Hoover는 소비시장과 원료산지 사이에 이적지점(transshipment point, break-of-bulk point)이 있을 경우 이적지점이 최적 입지가 될 수 있음을 예시하였다. 즉, 원료지에서부터 소비시장으로 오는 도중에 운송수단을 바꾸어야 할 경우(예: 배에서 트럭, 기차로부터 트럭, 기차로부터 배 등) 이적지점이 오히려 터미널 비용이 적게 들기 때문에 최적 지점이 된다는 것이다. 즉, 원료지와 시장사이에 교통수단을 바꾸는 경우 원료지에서는 원료를, 시장에서는 제품을 각각 하역하는 데 터미널 비용이 들게 되며, 운송수단을 바꾸어야 하는 지점에서도 또 하역하고 이를 다시 선적하는 데 터미널 비용이 들게 된다. 그러나 이적지점에 공장이 입지하는 경우 하역하고 이를 다시 선적하는 별도의 터미널 비용이 들지 않기 때문에 총 운송비 면에서 볼 때 최적 지점이 된다(그림 7-23). 실제로 원료를 해외에 의존하여 이루어지는 업종의 경우 항구도시가 최적 입지가 되는 것은 바로 이러한 원리 때문이다. 이와 같이 Hoover는 Weber의 이론을 보다 확장시키면서 실세계의 운송비 구조를 더 반영하였으나, 운송비가 입지에 결정적인 영향력을 미치는 요인으로 간주한 비용에 초점을 둔 이론이다.

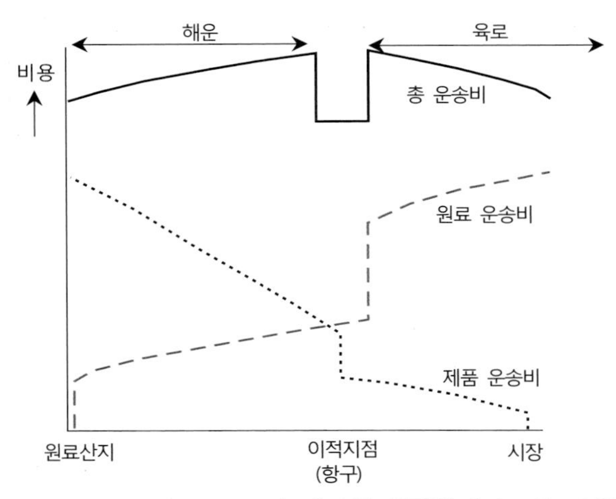

그림 7-23. Hoover가 제시한 최적입지가 되는 이적지점

② Isard의 이론

공간경제와 지역과학 분야에 가장 큰 공헌을 한 Isard는 1956년 「입지와 공간경제(Location and Space Economy)」, 1960년 「지역분석방법(Methods of Regional Analysis)」을 통해 그의 이론을 정립하였다. 그는 고전경제학자들의 이론을 바탕으로 최소비용 이론과 최대수요 이론을 결합시키려고 노력하였으며, 특히 대체원리(substitution principle)를 입지론에 적용시켰다. 그는 최적 입지에 영향을 주는 요인과 관련된 다양한 생산요소들의 비용을 대체시킴으로써 최적 입지 의사결정과정에 보다 유연적인 관점을 도입하였다.

Isard 이론의 가장 핵심 개념은 자본이 노동력을 대체할 수 있는 것처럼 여러 입지 후보지들 가운데 최적 입지에 영향을 주는 생산요소 비용들을 대체시킴으로써 최적 입지가 달라질 수 있다는 것이다. 그는 자신의 이론을 펼치기 위해 변형곡선(transformation line) 개념을 도입하였다. 여기서 변형곡선이란 원료나 제품의 단위 무게를 단위 거리(kg/km)를 운송하는 데 드는 운송투입비가 대체될 수 있는 가능한 지점들을 연결한 선이다.

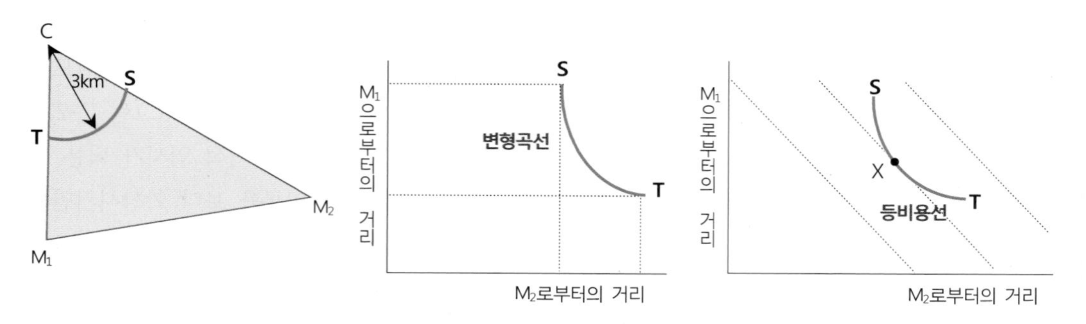

그림 7-24. Isard의 대체원리에 따른 최적입지 선정

원료산지 M_1, M_2와 소비시장(C)이 위치해 있는 경우 최적 입지는 입지 삼각형 내의 한 지점이 된다. 만일 최적 지점이 시장으로부터 3km 떨어진 어느 지점이라고 할 경우 입지 후보지점들은 T-S 호에 위치할 것이다. T-S호는 M_1, M_2를 Y축과 X축으로 하는 좌표 상에 변형시켜 나타낼 수 있다. M_1축과 M_2축 상에 그려진 S-T호를 변형곡선이라고 한다. S지점에서 변형곡선을 따라 T지점까지 이동할 경우 M_1으로부터 단위거리를 이동하는 데 드는 운송투입비는 M_2지점으로부터 단위거리를 이동하는 데 드는 운송투입비와 대체시킬 수 있다. 변형곡선 S-T 선상에 있는 후보지점 가운데 최적 입지를 결정하기 위해서는 등비용선을 구축하여야 한다. 이 등비용선은 두 원료지로부터 원료를 운송하는 데 드는 비용이 같은 지점을 연결한 선이다. 따라서 최적 지점은 변형곡선 S-T가 등비용선과 만나는 X지점이 되며, 이는 소비시장으로부터 3km 떨어진 입지가능한 지점 중에 원료산지 M_1, M_2로부터 원료를 운송하는 데 가장 비용이 적게 드는 지점이다. 이와 같이 Isard는 대체원리를 적용시켜 기존의 입지론을 보다 일반화하였다. 그러나 그의 이론적 토대도 어디까지나 비용에 기반을 두었다.

③ Smith의 이론

지금까지의 입지론들은 주로 경제학자들에 의해 발달되어 왔다. 지리학자로는 처음으로 Smith는 1966년에 고전 입지이론들을 종합하여 비용과 수입의 공간적 상호작용에 의해 최적 입지가 결정된다는 견해를 제시하였다. 그는 생산 활동에 필요한 비용은 어디에 입지하든지 동일하게 드는 기본비용과 지역에 따라 차이가 나는 입지비용인 가변비용모델(variable cost model)을 제시하였다. 기본비용과 입지비용을 합한 총 비용이 최소되는 지점은 생산비용의 지역적 차이에 따라 가변적이며, 특히 운송비는 거리에 따라 달라지지만, 노동력, 동력, 자본, 경영기술 등의 비용은 거리와 상관없이 공간적으로 상당한 차이를 보일 수 있다. 또한 규모경제를 통해 생산비용은 감소되지만, 이는 거리와는 무관한 비공간적 비용이라고 보았다. 따라서 제조업 생산활동의 최적 입지는 모든 생산비용을 산출한 총비용을 기준으로 선정되어야 한다.

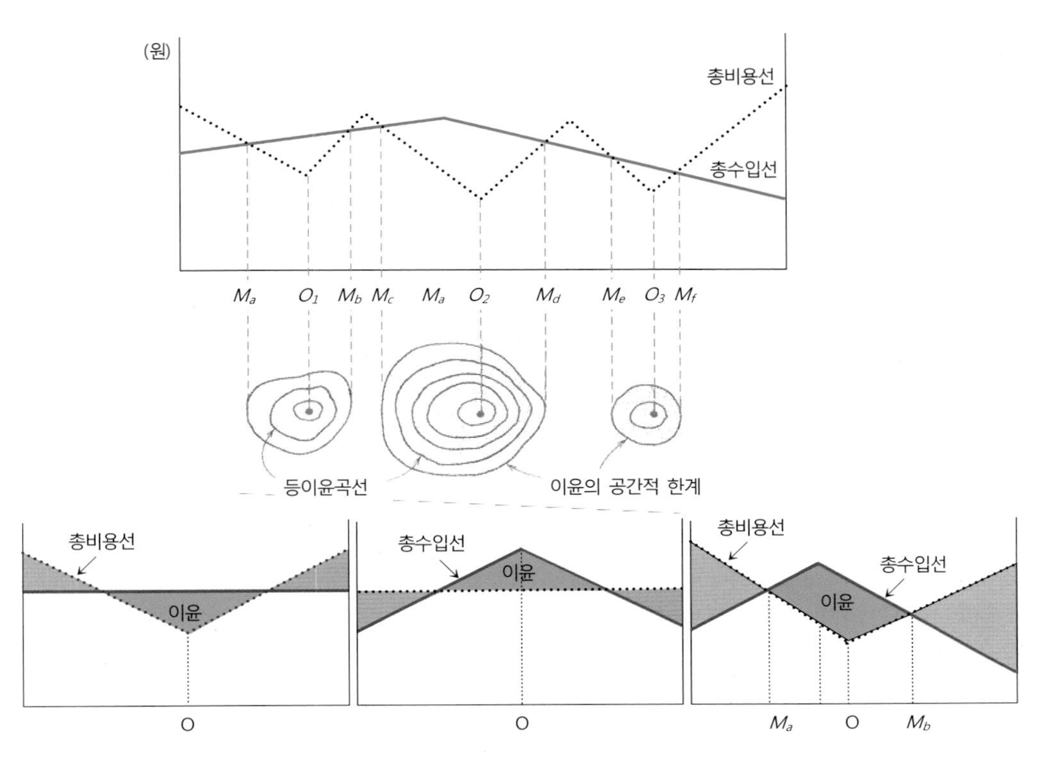

그림 7-25. Smith의 이윤의 공간적 한계구역과 준최적 입지 개념

한편 수요도 지역마다 다르기 때문에 가격도 달라지며, 따라서 총 수입도 공간적 변이를 보이게 된다. 이와 같이 총 수입과 총 비용이 지역에 따라 다르기 때문에 이윤 극대화 지점은 총 수익과 총 비용의 차이가 가장 크게 나타나는 지점이 될 것이다. 그러나 Smith는 총 수입곡선과 총 비용곡선이 만나는 지역 내에는 항시 이윤이 발생한다고 보고 이윤의 공간적 한계(spatial margin of profitability) 개념을 도입하였다. 이 개념은 종래의 입지론이 최적 지점만을 찾는 데 비해 Smith는 최적 지점이 아니더라도 이윤을 창출할 수 있는 공간적 한계구역 내에서는 공장이 입지할 수 있음을 보여주는 준최적(suboptimal) 입지론을 제시하였다. 이는 기업가의 의사결정이 경제적 요인에 의해서만 이루어지는 것은 아니며, 이윤이 발생하는 공간적 한계구역 내에서는 비경제적 요인이나 개인적 만족감에 의해서도 입지가 비교적 자유롭게 결정될 수 있음을 시사해주었다.

총 비용과 총 수익의 차이를 고려하는 경우 최적 입지만이 아니라 이윤이 발생하여 기업운영이 가능한 이윤의 공간적 한계 내에는 어디든지 입지할 수 있다. 즉, 수요(총 수익)가 공간적으로 동일하다고 가정할 때 최적 지점(O)으로부터 거리가 멀어짐에 따라 입지비용이 증가한다. 비용이 수요보다 큰 곳에서는 손실이 발생하고 수요가 비용보다 큰 곳에서는 이윤이 발생된다. 이 양자의 경계가 되는 곳이 이윤의 공간적 한계가 된다. 반대로 비용이 공간적으로 동일하고 수요가 최적 지점(O)으로부터 멀어짐에 따라 감소할 경우에도 이윤의 공간적 한계가 결정된다. 비용과 수요가 함께 변화하는 경우에도 이윤의 공간 한계(M_a~M_b)가 결정된다(그림 7-25).

이와 같이 Smith는 인간이 항상 효율성을 추구하여 합리적인 의사결정만을 내리는 경제인(economic man)이 아니라, 다양한 환경에서 준최적 경제행태를 보일 수 있으며, 이러한 의사결정을 통해 개별 기업의 입지가 결정하게 된다는 점을 강조하였다. 따라서 Smith의 이론은 기업가의 준최적 행태를 도입시켜 현실 세계에서의 입지패턴을 설명하는 데 보다 유연성을 보여주며, 특히 비경제적 요인도 입지 선정에 영향을 미치고 있음을 제시해 주었다는 점에서 높이 평가되고 있다.

④ 행태주의적 입지론

고전적 입지론에서 의사결정자인 인간은 합리적 경제인으로 가정하고 이론을 전개하기 때문에 실제 세계에서의 제조업의 입지 패턴을 잘 설명해주지 못하는 것으로 평가되고 있다. 이에 따라 입지결정자의 행태와 입지결정과정을 중요시하는 행태주의적 입지론(behaviour location theory)이 1960년대 후반에 도입되기 시작하였다. 즉, 입지결정자가 입지를 선정하는 데 필요한 완전한 정보를 갖고 있으며 또 이윤을 극대화하려고 한다는 전제조건이 현실과는 매우 다르다는 인식 하에서 행태적 접근방법이 도입되었다.

행태주의 접근방법에 따르면 고전적 입지론이 현실 세계의 입지패턴을 잘 설명하지 못하는 이유를 두 가지 측면에서 기술하고 있다. 첫째, 의사결정자들은 입지 선정에 필요한 완전한 정보를 가질 수도 없고 또 주어진 정보를 합리적으로 활용할 수도 없다는 점이다. 물론 정보가 많을수록 최적 지점을 선택할 가능성도 높아지지만, 정보를 빈약하게 가진 기업가도 최적 입지를 선택할 가능성도 있다. 물론 기업가는 자신이 수집한 정보의 한도 내에서 가능한 합리적 결정을 내리려고 하므로 정보가 부족할 경우 선정된 입지는 최적 입지가 되지 못할 가능성은 더 높아진다. 하지만, 인간의 인지수준은 개인적 태도에 의해 상당히 영향을 받기 때문에 기업가가 선정한 입지에서 이윤을 얻고 있는 한 기업가는 자신이 상당히 좋은 입지를 선택하였다고 인식하게 된다.

둘째, 완벽한 정보를 가진 기업가라고 하더라도 최적 입지에서 벗어난 지점에 입지할 수 있는데, 이는 기업가가 반드시 이윤을 극대화하려는 목표를 추구하지 않을 수 있기 때문이다. 일례로 기업가 자신의 고향이나 또는 자신과 관련된 다른 사회적, 환경적 요소를 고려하여 특정 지역을 선호할 수 있으며, 이런 경우 이윤 극대화보다는 이윤을 창출할 가능성을 고려하게 된다. 즉, 이윤 극대화보다는 위험 최소화나 기업의 안정성 및 성장 최대화를 위해 입지를 선정할 수 있으며, 때로는 정부의 정책적 유인 요소들에 영향을 받을 수도 있다.

이렇게 개인의 동기, 가치, 선호도, 인지 등이 입지 의사결정과정에 영향을 준다는 점을 강조하고 있는 행태주의적 접근을 처음 도입한 Smith(1955)는 경제행위에 있어 인간의 행태를 세 가지 유형으로 구분하였다. 제한된 합리적 행태(bounded rational behavior), 비경제적 목적을 추구하는 합리적 행태(rational behavior of persuiting non-economic goals), 그리고 우연적 행태(random behaviour)로 구분하였다. 또한 인간은 합리적 의사결정을 내리는데 필요한 완전한 정보를 갖고 있지도 못하며, 또한 주어진 정보를 가지고 합리적 결정을 내릴 수 있는 능력도 부족하다고 보았다. 더 나아가 인간은 최적자(optimizer)라기보다는 만족자(satisfier)에 더 가깝다고 보았다.

입지이론에 행태주의적 접근을 시도한 지리학자는 Pred(1967)이다. 그는 입지결정은 의사결정자의 능력과 수집한 정보량에 의해 이루어진다는 전제 하에서 입지 분석을 위한 행태행렬(behaviroal matrix)을 제시하였다. 그림 7-26에서 볼 수 있는 바와 같이 개별 기업가는 자신이 지닌 능력과 정보량에 따라 좌표 상에 배열될 수 있다. 즉, 정보사용능력(X축)과 수집된 정보량(Y축)에 따라 기업가의 위치가 결정된다. 행태행렬의 오른쪽 하단부에 있는 기업가는 입지결정에 필요한 많은 정보도 갖고 있고 또한 정보를 이용하여 합리적인 결정을 내릴 수 있는 능력도 많기 때문에 보다 합리적인 입지를 선정할 수 있는 가능성이 매우 높다. 반면에 왼쪽 상단부에 있는 기업가의 경우 입지결정에 필요한 정보량도 적고 정보를 이용할 능력도 부족하기 때문에 합리적인 최적 입지를 선택할 가능성이 낮다.

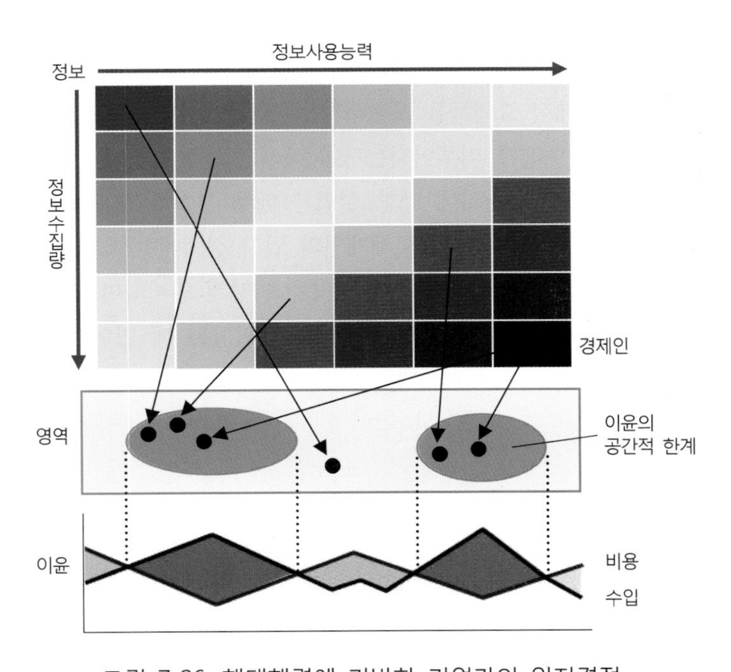

그림 7-26. 행태행렬에 기반한 기업가의 입지결정

출처: Pred, A.(1967), p. 97; Rodrigue, Jean-Paul(2017)를 토대로 편집.

그러나 Pred의 행태행렬에서 나타나는 최적 입지의 선택 가능성은 어디까지나 확률적인 것이며, 정보량도 많고 정보사용 능력이 있는 기업가라고 해서 반드시 최적 입지를 선정하게 된다는 결정론적인 것은 아니다. 따라서 정보도 적고 능력도 부족한 기업가라 할지라도 운이 좋을 경우 최적 입지를 선택할 수도 있다.

Pred는 행태행렬의 개념과 이윤의 공간적 한계 개념을 결합하여 입지유형을 나타내는 모형을 도식화한 그림 7-26에서 볼 수 있는 바와 같이 행태행렬 상에 서로 다른 위치에 놓여있는 기업가들이 선정한 입지를 보면 오른쪽 하단부에 있는 기업일수록 비교적 최적 지점과 가까운 입지를 선정하는 경향을 나타내는 반면에 왼쪽 상단부에 있는 기업들 가운데는 이윤의 공간적 한계구역을 벗어난 지점에 입지하는 경우가 많다. 한편 시간이 흐름에 따라 기업가는 보다 많은 정보와 능력을 갖추게 되므로 점차 최적 입지에 가까운 지점으로 이동할 가능성도 높아진다.

Pred의 행태주의적 접근방법은 지금까지 결정론적인 입지론을 확률론적인 개념으로 설명하였다는 점과 인간이 경제인이라는 가정에서 벗어나 지식이나 능력의 한계를 인정한 제한된 합리적 인간 또는 만족자로서 입지를 선정할 수 있다는 점들을 부각시켜 입지론을 발달시키는 데 큰 공헌을 하였다고 볼 수 있다. 그러나 그의 행태행렬의 개념은 가설적으로만 제시되었을 뿐 경험적 검증은 거의 이루어지지 못하였다. 이는 각 기업들을 행태행렬 메트릭스 상에 배치시키는 것이 사실상 매우 어렵기 때문이었다.

이러한 불완전한 정보에 기반을 둔 기업의 의사결정과정을 분석하기 위해 게임이론이 도입되기도 하였다. 그러나 의사결정과정에 확률개념을 도입한 게임이론도 의사결정행위에 영향을 미치는 전제적 요인들을 도출하지는 못하고 있다. 행태주의적 접근방법은 기업가의 의사결정과정이 어떻게 이루어지는가에 대해 강조하였을 뿐 실제로 각기 특정한 입지를 어떻게 선정하게 되었는가에 대한 설명은 매우 부족하였다. 또한 개개 기업가의 행태에 대한 분석은 강조되었지만 너무 개개인의 입지 선택에만 초점을 두었기 때문에 실제로 각 기업가들이 그들을 둘러싼 환경적 제약을 어떻게 인지하여 행태하는가에 대한 구체적인 설명이 매우 부족하다. 그 결과 입지론을 정립하는 데 있어서 행태주의적 접근방법의 공헌도는 그다지 크지 못한 편이다.

3 중심지 이론과 도시체계

1) 중심지 이론의 기초 개념과 원리

(1) 재화의 도달거리와 최소요구치

서비스 산업의 최적 입지는 상품이나 서비스를 구입하려는 소비자 수가 가장 많으리라고 예상되는 지점이라고 볼 수 있다. 만일 기업을 운영하는 데 드는 비용보다 매출액이 적을 경우 기업은 영업을 유지하기 어렵게 될 것이다. 따라서 기업의 이윤이 발생될 수 있는 최소한의 수요 수준(매출액)이 확보되어야 한다. 최소요구치(threshold)란 이윤을 발생시키는 최소한의 수요수준을 말한다. 일단 최소요구치가 확보된 기업의 경우 기업의 이윤은 소비자들의 구매행위에 따라 형성되는 시장면적(상권)에 의해 달라진다. 일반적으로 상점의 상권범위는 상품 가격과 상품을 구입하기 위해서 소비자가 기꺼이 상점까지 오는 데 드는 교통비에 의해 결정된다. 상점으로부터 거리가 멀어짐에 따라 소비자가 상품을 구입하는 데 드는 교통비가 증가되므로 실질적인 상품의 구입 가격은 오르게 된다. 가격이 오를 경우 수요량은 줄어들게 되므로, 상점으로부터 거리가 멀어짐에 따라 가격이 증가되면 수요는 줄어들어 결국 어느 지점에 이르러서는 수요가 발생하지 않는다. 이 지점을 재화의 도달거리(range of a good)라고 하며, 이 도달거리(R)를 반경으로 회전하면 상점의 상권이 형성된다.

이와 같이 최소요구치는 상점을 유지하는 데 필요한 최소한의 수요수준이며 재화의 도달거리는 소비자가 상품 구입을 위해 기꺼이 교통비를 지불하고 오는 거리로 고객에게 재화를 제공하는 최대한의 거리이다. 따라서 최소요구치는 재화의 도달거리 내에 있어야 하며, 만일 최소요구치가 재화의 도달거리보다 클 경우 상점은 적자로 인해 문을 닫게 될 것이다.

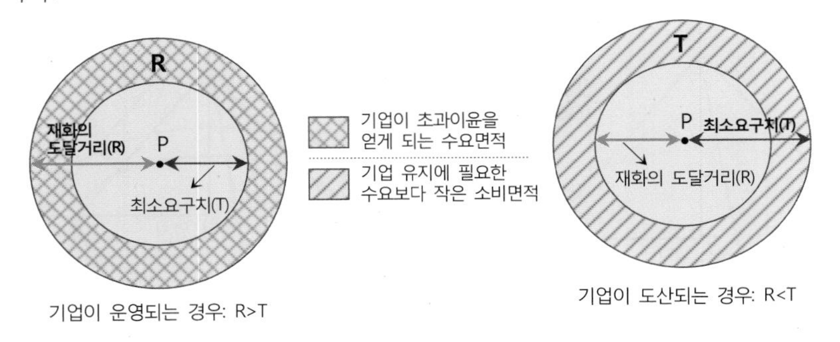

그림 7-27. 재화의 도달거리와 최소요구치와의 관계

한편 재화에 대한 수요는 가격에 따라 민감하게 변하는 경우도 있으며, 그 반대로 가격 변화에 별로 민감하게 반응하지 않는 경우도 있다. 생활필수품과 같은 재화는 수요의 탄력성이 낮은 비탄력적 재화이지만, 사치품이나 기호품은 가격이 변하면 수요도 상당히 변하는 수요의 탄력성이 높은 재화이다. 따라서 재화의 도달거리의 변화는 가격 상승에 따른 수요의 탄력성 수준에 따라서도 달라진다. 상점에서의 상품 가격이 오르면 재화의 도달거리도 줄어들고 상권도 줄어드는 결과를 가져오게 된다(그림 7-28).

특정 기업이 특정 상품을 공급할 수 있는 범위는 한정되어 있으므로 같은 상품을 제공하는 다른 기업들과 경쟁하게 된다. 동일한 상품의 경우 최소요구치와 재화의 도달거리는 동일하므로 새로운 기업이 입지하고자 하는 경우 이미 기존에 입지한 다른 기업들의 상권과 중복되지 않는 지점에 입지하려고 할 것이다. 그러나 기업이 초과 이윤을 크게 얻게 되면 더 많은 기업들이 서로 경쟁하게 되어 상권은 중복된다. 이와 같은 상황 하에서 소비자와 기업가 모두에게 가장 합리적인 해결 방안은 중복된 상권지역을 양분하는 것이며, 그 결과 원형의 상권은 육각형의 상권 형태로 변형된다. 이러한 결과는 모든 소비자는 재화를 구입하기 위하여 가능한 한 가장 가까운 거리를 통행한다는 소비자의 행태에 기초를 둔 것이다. 따라서 같은 재화를 공급하고 있는 기업들이 많을 경우 같은 크기의 상권을 가진 육각형망의 공간조직이 형성된다.

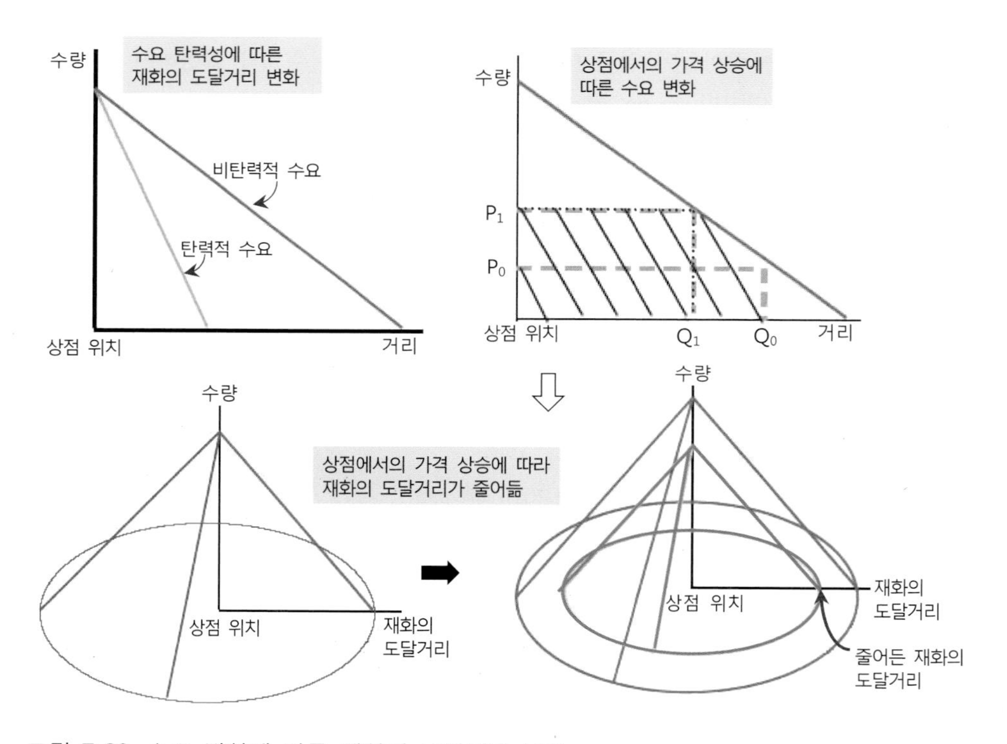

그림 7-28. 수요 변화에 따른 재화의 도달거리 변화

최소요구치와 재화의 도달거리 사이에 있는 면적은 이윤이 발생하는 면적이다. 자유 시장경쟁 하에서 이윤의 발생면적이 존재하는 한 새로운 기업들이 계속 등장하게 된다. 즉, 이윤이 발생하는 경우 새로운 기업들이 계속 늘어나게 되며 그에 따라 시장면적은 점차 줄어들게 되고, 결국 최소요구치를 기준으로 하는 상권이 형성된다. 만일 이 규모보다 더 상권이 줄어들게 될 경우 기업은 최소한의 수요도 유지하지 못하게 되므로 문을 닫게 될 것이다. 기업가와 소비자에게 모두 가장 적정한 상권은 최소요구치를 기준으로 한 육각형망의 공간구조이다. 이런 경우 모든 기업가는 모두 같은 이윤을 얻게 되며, 모든 소비자들은 가장 저렴한 가격으로 재화를 공급받게 된다. 특히 재화의 도달거리를 기준으로 형성된 상권 크기에 비하면 최소요구치를 기준으로 한 상권의 면적은 훨씬 줄어들게 된다(그림 7-29). 반면에 주어진 공간 상에 분포된 기업의 수는 훨씬 더 늘어나게 되어 소비자는 상대적으로 더 짧은 거리를 이동하여 재화를 공급받을 수 있게 된다.

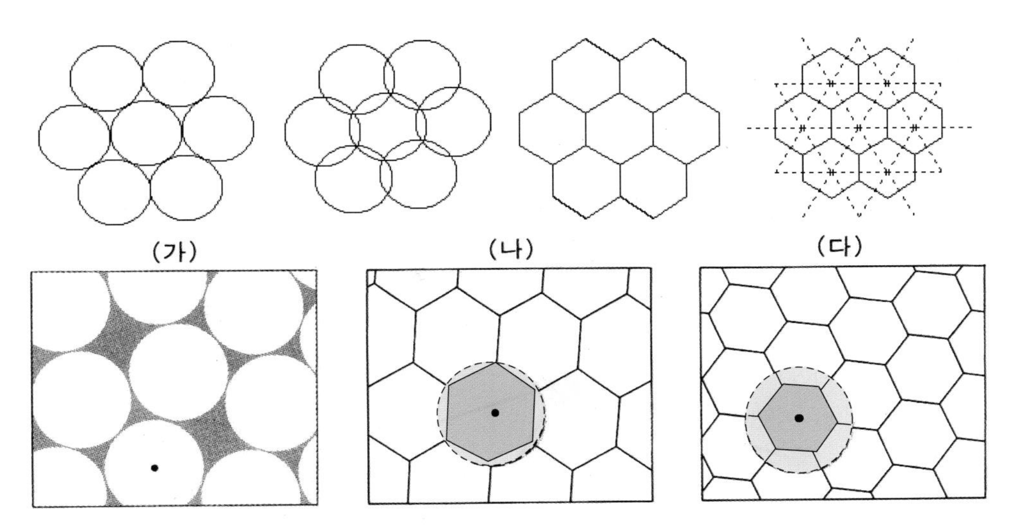

그림 7-29. 시장경쟁에 따른 상권과 이윤발생 면적의 변화

(2) 재화의 순위와 중심지의 계층성

소비자들이 필요로 하는 재화와 서비스는 매우 다양하며 각각의 재화와 서비스는 각기 특정한 최소요구치와 재화의 도달거리를 갖고 있다. 재화에 대한 최소요구치와 도달거리는 재화의 기본 가격(생산비+운송비 포함)과 그 재화를 필요로 하는 빈도에 따라 달라진다. 일례로 빵이나 우유, 신선한 야채 등은 자주 구입하여야 하며 가격도 비교적 저렴하다. 따라서 이런 재화를 취급하는 상점의 경우 인근 지역 주민들만을 대상으로 재화를 공급하게 된다. 반면에 자동차나 대형 전자제품 및 대형 가구 등은 매우 드물게 구입하는 상품이며 가격도 매우 비싼 편이다. 따라서 소비자들은 이런 종류의 재화를 구입하는 경

우 다소 멀리 떨어져 있더라도 다양한 종류의 상품을 갖추고 있는 상점까지 기꺼이 통행하여 보다 좋은 상품을 구입하고자 한다. 이와 같이 소비자들이 필요로 하는 재화나 서비스는 일상생활에서 자주 빈번하게 구입하게 되는 재화에서부터 빈도수가 적고 가격이 비싼 재화까지 순차적으로 배열될 수 있다.

일반적으로 최소요구치가 낮아서 상권의 면적이 작은 재화를 저차위 재화(low order goods)라고 하며, 반면에 넓은 면적의 상권을 갖는 재화를 고차위 재화(high order goods)라고 한다. 따라서 저차위 재화를 제공하는 상점 수는 매우 많아서 도처에서 쉽게 찾아볼 수 있지만, 재화의 차위가 증가될수록 그 재화를 제공하고 있는 상점 수는 점차 적어지게 되며 공간 상에 나타나는 빈도 수도 줄게 된다. 특히 가장 고차위 재화를 제공하는 상점 수는 극히 적으며 대도시에서만 찾아볼 수 있다.

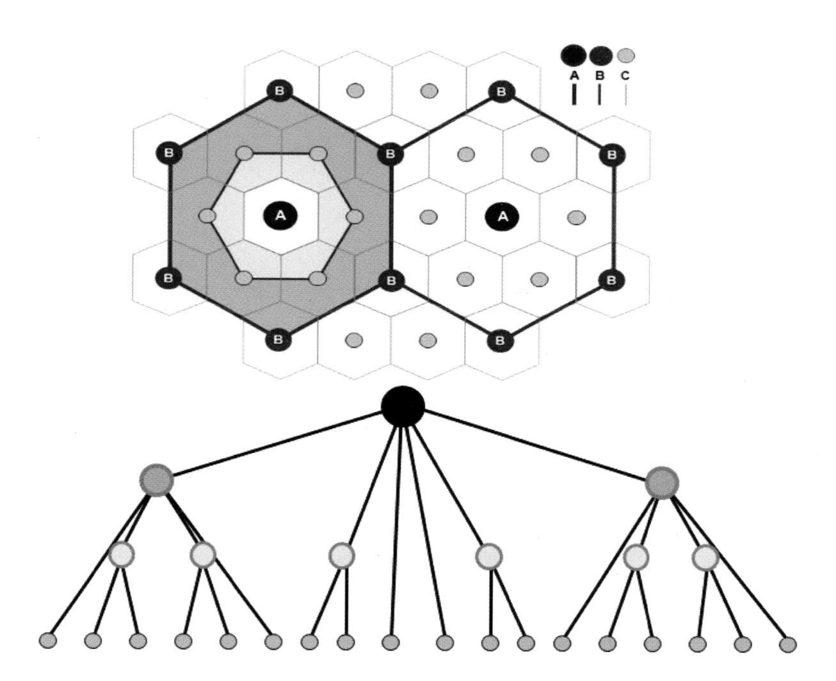

그림 7-30. 저차위 중심지와 고차위 중심지의 계층성과 시장면적

서로 다른 재화를 제공하는 상점들은 특정 지역에 밀집하게 되는데 이러한 밀집지역을 중심지(central place)라고 부른다. 중심지의 기능은 주변 배후지역에 재화와 서비스를 제공하는 것으로, 중심지의 상대적 중요성은 중심지에서 제공하는 재화와 서비스의 수, 그리고 재화의 순위에 의해 결정된다. 즉, 중심지의 중심성이란 중심지의 인구규모에 의해 결정되기 보다는 중심지가 제공하는 재화의 수와 재화의 종류에 의해 결정된다. 저차위 재화들을 주로 제공하는 중심지는 저차위중심지가 되고 저차위 재화부터 중차위 재

화를 제공하는 중심지는 중차위 중심지가 된다. 그리고 저차위 재화부터 최고차위 재화를 제공하는 중심지는 고차위 중심지가 되며, 이들 중심지 간에는 계층성(hierarchy)이 형성된다. 즉, 고차위 중심지가 가장 계층성이 높으며, 저차위 중심지가 가장 계층성이 낮다. 고차위 중심지일수록 최소요구치가 크기 때문에 넓은 시장면적이 요구되어 상권 규모는 크지만 고차위 중심지들 간의 간격도 상대적으로 넓고 중심지의 수는 적다. 반면에 저차위 중심지는 최소요구치가 작으므로 시장면적도 작아 저차위 중심지들 간 간격이 좁고 상대적으로 중심지 수는 많게 된다. 이와 같이 저차위→중차위→고차위 중심지의 수를 보면 피라미드 형태의 패턴을 나타내게 되는데 이를 중심지의 계층성이라고 한다.

중심지의 공간조직이 형성되는 과정과 원리는 다음과 같이 일반화할 수 있다. 첫째, 고차위 중심지일수록 시장규모가 크고 다양한 중심기능을 갖고 있다. 둘째, 고차위 중심지일수록 중심지 간의 거리가 멀리 떨어져 있으며, 저차위 중심지로 내려갈수록 중심지들이 서로 근접하여 입지한다. 셋째, 중심지의 차위가 올라갈수록 중심지의 수는 점차 줄어들게 되어 저차위 중심지의 수는 상당히 많은 반면에 고차위 중심지의 수는 매우 적다.

2) Christaller의 중심지 이론 및 중심지 이론의 발달

(1) Christaller의 중심지 이론

1933년 독일의 경제지리학자 Christaller는 남부 독일지방을 사례로 중심지 이론을 처음으로 정립하였다. 그는 도시경관에서 나타나는 중심지의 규모, 중심지의 수, 그리고 중심지의 공간분포를 설명할 수 있는 이론을 연역적 접근방법을 통해 구축하였다. Christaller는 중심지 이론을 전개하기 위하여 복잡한 현실 세계를 가정을 통하여 단순화시켰다. 그는 등질적 평면(isotropic surface)이라는 가정 하에서 중심지에서 어느 방향으로 이동하든지 간에 이동의 장애물이 없으며 운송비는 같은 비율로 증가하며, 인구는 균등하게 분포되어 있고 소득과 기호도 같으며 재화와 서비스에 대한 수요도 동일하다고 가정하였다. 또한 중심지는 배후지에 있는 모든 사람들에게 재화나 서비스를 공급하기 위해 등질평면 상에 삼각격자 유형의 분포를 이루고 있다고 가정하였다. 더 나아가 생산자와 소비자 모두 완전한 지식을 갖고 있으며 합리적인 의사결정을 내리는 최적자(optimizer)이며, 따라서 소비자는 가장 가까운 거리를 이동하여 재화를 구입한다고 가정하였다.

위와 같은 가정 하에서 Christaller는 다음과 같은 가설을 내세웠다. 각 중심지에서는 서로 다른 재화의 도달거리를 갖고 있는 다양한 재화들을 제공하고 있으며, 따라서 중심지 간에는 중심지의 중심성에 의해 계층성이 형성된다. 또한 모든 공급자는 가능한 이윤을 많이 올리기 위해 넓은 시장(상권)을 확보하려고 하기 때문에 최소한의 적은 수의 중심지로 재화를 공급하려는 경향이 나타나며, 그 결과 중심지들은 분산되어 분포하게 될 것이라고 전제하였다.

이러한 가설을 토대로 Christaller는 중심지의 계층성에 관한 포섭원리(nested principle)를 내세웠다. 중심지 계층의 포섭원리란 고차위 중심지의 영향권 내에 보다 차위가 낮은 중심지들이 어떻게 포섭되고 있는가를 설명하는 것이다. 중심지 계층의 포섭원리는 K-수치로 나타내고 있다. Christaller는 K=3, K=4, K=7의 포섭원리를 제시하였다. 그가 가장 강조한 시장원리(marketing principle)는 가능한 한 적은 수의 중심지에서 보다 넓은 배후지로 재화와 서비스를 공급하려고 한다는 가설 하에서 형성된 중심지의 공간조직이다. 고차위 중심지 시장면적 안에는 1개의 저차위 시장면적과 그 주변에 둘러싸인 저차위 시장면적의 1/3에 해당하는 면적이 6개 포함되어 있다[1개+(6×1/3)개= 3개]. 이와 같이 저차위 중심지에서부터 고차위 중심지로 상향될수록 순차적으로 K=3의 계층구조가 형성되는데 이를 K=3 체계라고 부른다. 저차위 중심지로부터 고차위 중심지로 올라갈수록 계층번호를 $i=1,2,3,\cdots n$이라고 하면 i계층 중심지의 영향권 내에 속해 있는 저차위 중심지와 배후 보완구역 수는 다음과 같이 나타낼 수 있다. 예를 들어 K=3 체계에서 i에 따라 $n_0=3^0=1$(A중심지), $n_1=3^1=3$(B중심지), $n_2=3^2=9$(C중심지)…가 된다.

$$n_i = K^i \ (i \geq 0)$$

여기서 i: 계층번호 K: K 값

n_i: i계층에 속하는 $(i-1)$중심지의 수

한편 교통원리(traffic principle)란 도시들을 연결하는 교통로 상에 가능한 중심지들이 많이 배열되도록 하는 원리로, 이 원리에 따를 경우 가장 효율적으로 교통망을 건설할 수 있다. 시장원리에 따라 중심지가 배열되는 경우 저차위 중심지와 고차위 중심지가 동일한 도로선상에 입지하지 않게 되며, 따라서 저차위 중심지의 접근성을 높이기 위해서는 더 많은 도로를 구축해야 한다. 그러나 교통원리는 중심지들 간 연결성을 최대화시키면서 도로연장을 최소화하기 위해 중심지들을 동일한 도로선상에 입지시키는 것이다. 교통원리에 따르면 고차위 중심지들 사이의 중앙에 저차위 중심지를 입지하도록 하여 접근도와 연결성을 최대화시키면서도 총 도로연장이 최소화되도록 중심지를 배열하는 것이다(그림 7-31). 이 경우 고차위 중심지의 영향권 내에는 1개의 저차위 중심지와 그 주위를 둘러싼 저차위 시장면적의 1/2에 해당하는 면적이 6개가 포함되어 있다[1개+(6×1/2)개= 4개]. 따라서 교통원리에서는 K=4 체계가 형성되며, 고차위 중심지부터 차위가 낮아질수록 중심지 수는 1: 4: 16: 64 …으로 기하급수적으로 증가한다. 따라서 시장원리에 입각한 중심지의 공간배열에 비해 더 많은 수의 중심지가 공간 상에 배열된다. 이는 교통원리 자체가 효율적인 교통체계를 구축하여 최소한의 비용으로 재화를 제공하려는 데 있기 때문이다.

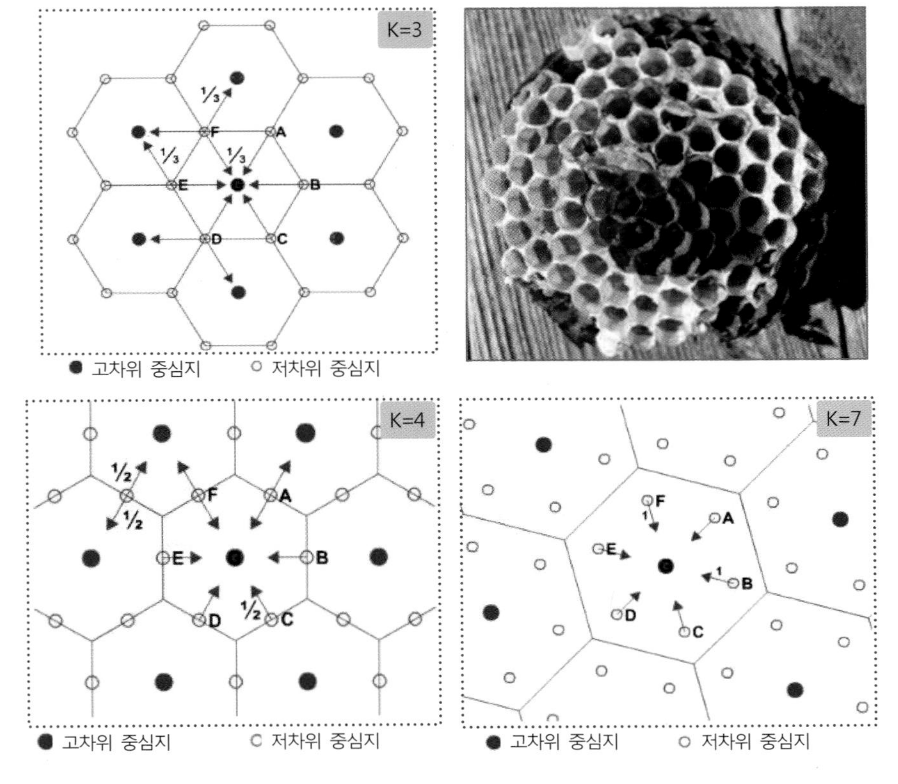

그림 7-31. Christaller의 K체계에 따른 중심지 배열과 분포

행정원리(administrative principle)는 경제적 관점에서 추론된 원리가 아니라 행정적 측면에서 유도된 중심지의 공간배열이다. 행정적 측면에서 볼 때 개개의 중심지의 영향권이 세분될 필요가 없으며, 고차위 중심지의 시장면적 내에 6개의 저차위 중심지가 포섭되도록 한 K=7 체계이다. 따라서 저차위 중심지로 갈수록 중심지의 수는 1: 7: 49: 343…으로 기하급수적으로 증가된다. K=7 체계 하에서 각 중심지의 배후면적은 K=3이나 K=4의 배후면적보다 훨씬 넓기 때문에 소비자는 더 먼 거리를 이동해야 한다. 그러나 행정적 관점에서 볼 때 고차위 중심지에서 각종 행정업무를 담당하게 하고 저차위 중심지들의 행정적 기능을 최소화하는 것이 효율적이라고 평가되어 나타난 공간조직이다. 우리나라의 경우 군청 소재지에서 핵심적인 행정업무를 담당하고 군청의 관할 하에 있는 읍·면 소재지에서의 행정 기능을 최소화시키는 것은 행정원리에 따른 것이라고도 볼 수 있다. Christaller는 중심지 모델을 남부 독일지방에 적용하여 7개의 중심지 계층이 나타나고 있음을 보여주었다. 가장 저차위인 Market Hamlet에서부터 가장 고차위인 Regional Capital City까지 7계층으로 나누고 각 중심지 간의 거리와 인구수, 그리고 배후 시장면적과 배후 인구수를 조사하였다. 그 결과 각 중심지의 배후면적 규모와 각 중심지 간 거

리는 중심지의 차위가 증가할수록 늘어나고 있었다. 또한 가장 고차위인 Regional Capital City의 상권은 그 다음 차위인 Provincial Head City의 상권의 3배나 되는 시장 면적을 갖고 있었으며 인구수도 3배나 더 크게 나타나고 있어 K=3의 시장원리가 적용됨을 실증적으로 보여주었다. 뿐만 아니라 같은 계층의 중심지 간 거리는 저차위 중심지 간의 거리보다 $\sqrt{3}$ 만큼의 간격으로 나타나고 있는 것도 밝혔다. 즉, 가장 저차위 중심지인 Market Hamlet 간의 거리를 7km(1시간 동안의 도보거리)로 보았을 때 두 번째 차위인 Township Center 간 거리는 $7 \times \sqrt{3}$ =12km의 간격으로 나타나고 있음을 밝혔다. Christaller가 가설적, 이론적으로 제시한 중심지의 계층성에 따른 공간패턴과 남부 독일에서 나타난 중심지의 계층성에 따른 공간패턴은 어느 정도 일치하고 있음을 엿볼 수 있다.

표 7-2. 남부 독일의 중심지 계층성

중심지 계층	중심지			배후지	
	중심지 수	중심지 간 거리	인구(천명)	면적(km^2)	인구(천명)
Marekt hamlet(Markort)	486	7	0.8	45	2.7
Towmship center(Amtsort)	162	12	1.5	135	8.1
County seat(Kreistadt)	54	21	3.5	400	24
Distict city(Bezirksstadt)	18	36	9.0	1,200	75
Small state capital(Gaustadt)	6	62	27.0	3,600	225
Privincal head city (Provinzhaupstadt)	2	108	90.0	10,800	675
Regional capital city (Laundeshaupstadt)	1	186	300.0	32,400	2,025

출처: Ulmam, E.(1941), p. 857.

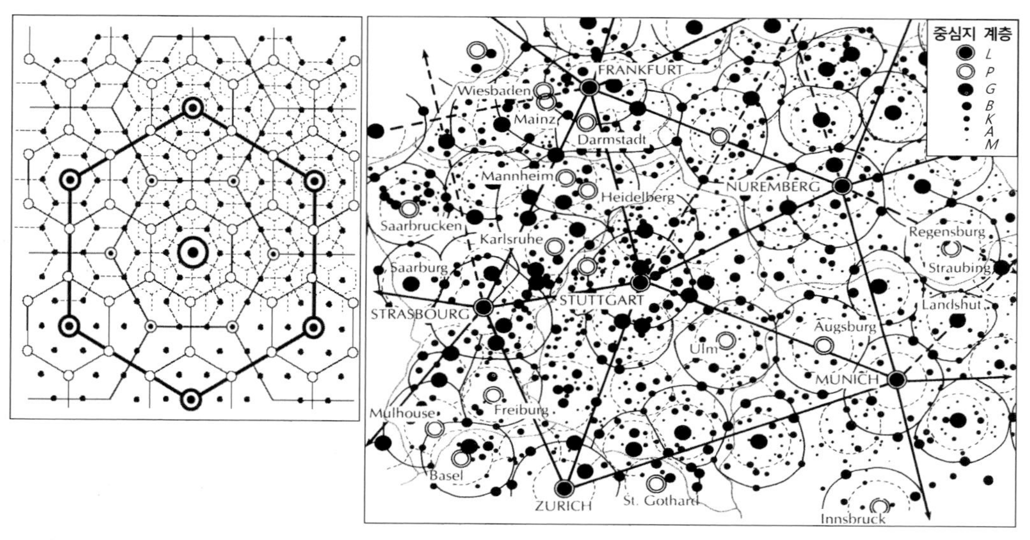

그림 7-32. 이상적인 중심지 분포패턴과 남부 독일지방의 중심지 분포패턴 비교
출처: Dickinson, R.(1964), p. 75.

(2) Lösch의 중심지 이론

Christaller의 중심지 모델이 발표된 후 여러 학자들이 중심지 이론을 수정하고 확대시켰으며, 가장 대표적인 경제학자가 Lösch라고 볼 수 있다. 그는 기업의 입지론에 기초를 두고 경제지역(economic region)의 특성을 이해하려 하였으며, 경제지역의 최적 형태가 정육각형망이라고 전제하였다. Lösch의 가장 큰 공헌은 Christaller의 시장원리, 교통원리, 행정원리와 같은 고정적인 공간구조를 유동적이고 포괄적으로 확대시켰다는 점이다.

Lösch도 소비자는 효율성을 극대화하려고 하고 생산자는 이윤을 극대화하려고 한다는 점과, 생산자와 소비자 모두 무한히 많으며 어떠한 개인 또는 집단행동이나 힘들이 시장가격 결정에 영향을 미치지 못한다는 공리를 내세웠다. 또한 이윤이 발생되는 한 기업은 어떠한 장애도 받지 않고 자유롭게 시장경쟁에 참여할 수 있으며, 상품가격은 공장에서의 생산가격과 운송비에 의해 결정되고, 집적경제가 나타날 수도 있으며, 그 효과는 매우 중요하다는 가설을 내세웠다. Christaller와 마찬가지로 Lösch도 등질적 평면을 가정하여 운송비는 중심지로부터 모든 방향으로 동일하며 거리에 따라 비례하고, 소비자와 구매력은 공간 상에 균등하게 분포되어 있으며, 모든 공급자와 수요자의 기호나 선호도 등도 동일하다는 가정을 내세웠다.

Christaller가 시장원리에 입각하여 재화의 도달거리를 기초로 중심지의 공간배열 패턴을 구축한 데 비해 Lösch는 자유 시장경쟁 하에서 이윤이 발생되는 한 많은 기업가가 시장경쟁에 참여한다고 보았기 때문에 최소요구치를 기준으로 각 중심지의 상권이 구축된다고 보았다. 따라서 Lösch의 중심지 모델은 Christaller 모델보다 훨씬 중심지들 간의 간격이 밀착되어 나타나게 된다.

Lösch는 균일하게 분포되어 있는 소비자들에게 재화를 공급하는 기업가들이 최대 이윤을 얻을 수 있는 공간분포 패턴을 연역적으로 구상하고, 그러한 분포패턴이 어떻게 형성되어야 하는가를 규범적 측면에서 중심지 이론을 전개하였다. 또한 Lösch는 기업들이 집적경제 효과를 누리기 위해 특정지점으로 밀집하게 되므로 적어도 하나의 대도시(metropolis)가 형성된다고 전제하였다.

Lösch는 K=3 체계만이 아니라 K=4, 7, 9, 12, 13…의 시장규모를 갖는 체계도 가능하다고 보고 Christaller보다 융통성 있게 중심지 체계의 공간조직을 정립하였다. 그 결과 Lösch의 중심지 체계는 계층적이라기보다는 연속적인 계층구조로 나타난다. 그는 실제로 150여개 재화에 대한 최소요구치를 기준으로 하여 육각형망의 시장면적을 배열화하였다. 가장 저차위 재화의 시장규모를 K=3으로 하고 그 다음 차위의 시장규모를 K=4로 하여 순차적으로 K=7, 9, 12, 13, 16, 19, 21, 25의 체계에 따른 각기 서로 다른 육각형망의 공간조직을 구축하였다. 즉, 다양한 중심지 계층체계 모델을 토대로 Lösch는 한 지점(원

점)을 중심으로 하여 저차위 육각형망부터 하나씩 순차적으로 포개어서 K=25 체계의 육각형망까지 모두 중첩시킨 후, 원점을 중심으로 계속 회전시켜 가능한 한 모든 육각형망의 중심지들이 중첩되도록 하였다. 그 결과 그림 7-33에서 볼 수 있는 바와 같이 대도시(A)를 중심으로 회전된 12개의 육각형망의 배열이 나타났는데 Lösch는 이를 경제경관(economic landscapes)이라고 명명하였다.

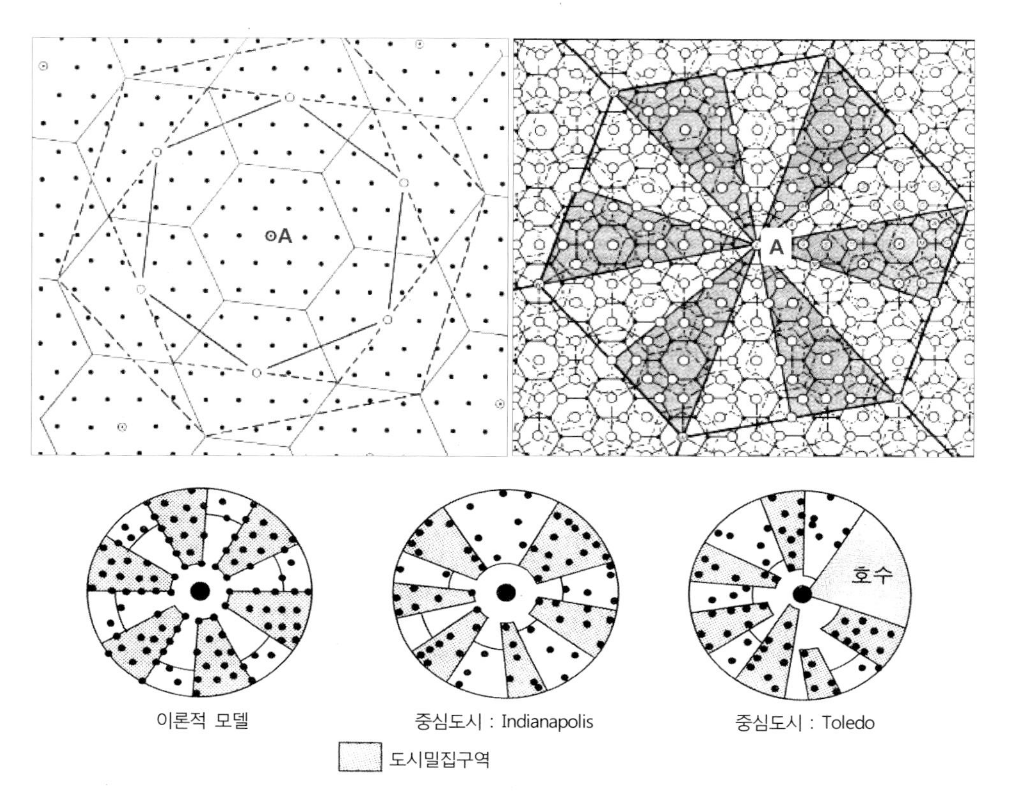

그림 7-33. Lösch의 경제경관 모델과 실증 사례

경제경관 모델의 가장 큰 특징은 중심지의 공간조직이 섹터(sector)별로 구분되어 나타난다는 점이다. 즉, 많은 수의 중심지가 집적해 있는 도시밀집구역(city-rich sector)과 중심지가 분산되어 있는 도시희박구역(city-poor sector)으로 나누어진다. 도시밀집구역은 구매력도 크고 중심지 수도 많으며 중심지들 간 거리도 최단거리로 연결되어 있어 도로연장이 최소화된 지역이다. 경제경관 모델에서는 교통축 상에 중심지가 밀집되어 나타나고 있는데 이는 인간이 공간을 조직화하는 데 있어서 최소노력의 원리(principle of least effort)를 따르고 있음을 반영하는 것이라고 Lösch는 주장하였다. 즉, 중심지 체계란 최소한의 비용을 들여서 공간적 상호작용을 최대화하고 정치·경제·사회적 활동을 전개하는 데 있어서 거리 마찰을 최소화하려는 노력의 결과 나타나는 경관이라는 것이다.

Lösch는 실제로 대도시를 중심으로 방사상의 교통망 구조를 갖고 있는 미국의 Indianapolis와 Toleo에 자신의 경제경관 모델을 적용시켜 실증 분석하였다. 즉, 두 도시를 중심으로 반경 100km 이내 지역 내에 도시의 분포패턴을 분석한 결과 이론적 모델과 유사하게 나타나고 있음을 밝혔다. 하지만 Lösch는 그의 이론을 실제 경제경관에 적용시켜 분석할 경우 자신의 이론이 상당히 제약이 있음을 인지하였다. Lösch는 육각형망의 공간조직 및 경제경관의 이론적 모델과 실제 세계의 경제경관이 차이가 나는 이유는 실제 세계의 경제경관은 역사적인 과정을 겪어오면서 이루어졌고, 자원의 편재성과 불규칙성으로 인해 이론적 모델이 변형된 것이라고 주장하였다.

그러나 Lösch의 이론은 어디까지나 규범적 이론으로, 주어진 상황 하에서 인간이 경제인으로 행동하고 의사결정을 내릴 경우에 나타나는 최적 입지모델을 결정론적으로 제시한 것이며, 실제 세계의 경제활동의 입지를 설명하기 위해 이론을 구축한 것이 아니었다. 즉, Lösch는 현실 세계의 경제활동의 입지와 그에 따른 공간조직을 설명하려는 시도보다는 그의 이론적 모델에 비추어 현실 세계의 경제경관을 어떻게 개선할 수 있는가에 더 많은 관심을 기울였다.

(3) Isard의 중심지 모델 수정

Isard(1956)는 「입지와 공간경제(Location and Space Economy)」에서 정육각형망의 규칙적인 공간조직 패턴은 실제 경제경관에서는 나타나지 않는다고 비판하였다. Lösch의 중심지 체계는 균등한 인구분포를 토대로 형성된 것이기 때문에 집적경제 효과에 따른 중심지 체계를 반영하지 못하고 있다고 평가하였다. 그는 집적경제 효과가 나타나는 중심지의 경우 정육각형망의 공간조직은 변형된다고 보았다.

일반적으로 대도시에 가까울수록 인구밀도가 높은 반면에 대도시로부터 거리가 멀어질수록 인구밀도가 낮다는 경험적 사실을 통해 Isard는 다양한 크기의 시장규모를 가진 중심지 체계를 구상하였다. 그는 인구밀도가 높은 핵심지역일수록 도시경제 효과로 인해 재화의 최소요구치가 훨씬 작게 나타나는 반면에 주변지역으로 갈수록 인구밀도가 희박하여 최소요구치가 크게 나타난다고 간주하였다. Isard는 대도시 중심지를 향해 시장면적이 점차로 작아지는 불규칙한 육각형망의 중심지 체계를 그림 7-34와 같이 표출하였다. 또한 Lösch가 도시구역의 경계를 따라 교통축이 발달한다고 본 점과는 달리 Isard는 집적경제가 일어나고 있는 지역의 한 가운데를 교통축이 관통한다고 보았다. 그 이유는 도시경제의 중요성과 교통망 체계의 효율성을 고려하는 경우 도로망이 개개의 중심지를 통과하는 것이 합리적이라고 보았기 때문이다. 그러나 Isard는 중심지 체계 모델을 그림으로만 나타내었을 뿐 자신이 제시한 모델의 구축 과정에 대한 분석적인 접근은 시도하지 않았다.

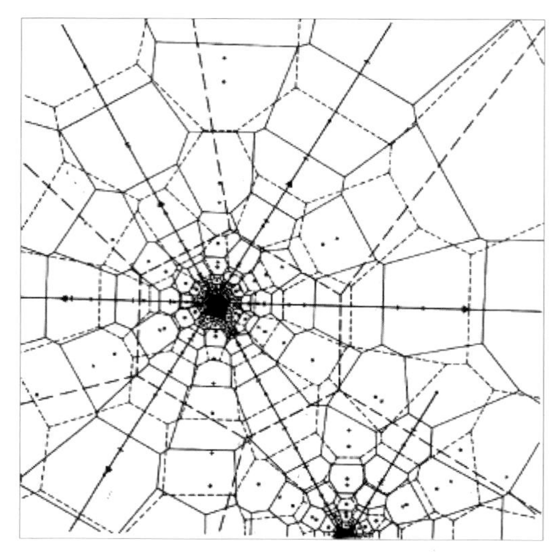

그림 7-34. Isard의 도시경제효과를 고려한 중심지체계 모델

(4) 중심지 이론에 대한 평가

등질적 평면에서 형성되는 정육각형의 중심지 체계는 현실 상황에 비추어 상당히 맞지 않는 것으로 나타나면서 중심지 이론은 비판을 받게 되었다. 특히, 중심지 모델이 현실의 경제공간조직과 다르다는 점 때문에 이론의 적용성 여부도 문제시 되었다. 그러나 어느 이론이든지 현실 세계의 복잡한 공간조직을 만족스럽게 설명해주지는 못한다는 점을 고려할 때 중심지 이론은 중심지의 규모, 중심지의 수, 중심지의 간격을 나타내는 일반원리 및 중심지 기능에 따른 계층성 원리는 어느 지역에나 적용될 수 있으며, 인간의 행태에 따른 공간조직의 일반적 패턴을 설명해주고 있다는 점에서 중심지 이론의 유용성을 찾을 수 있다. 중심지 이론의 타당성은 정육각형의 중심지 체계가 실제로 나타나고 있는가를 검증하는 데 있는 것이 아니라 서비스 산업의 입지에 대한 다음과 같은 일반화된 원리를 제공해주고 있다는 점에서 높이 평가될 수 있다.

첫째, 서비스산업에 종사하는 기업들은 그들이 입지한 지역의 잠재적 소비자들을 대상으로 각종 재화를 공급하며, 독자적인 상권(시장면적)을 갖기를 원하고 있다.

둘째, 자연환경과 인문·경제환경이 유사한 지역의 경우 유사한 기능을 지닌 중심지들은 공간 상에 규칙적으로 배열되어 나타난다.

셋째, 소비자들은 각기 다양한 재화나 서비스를 제공받기 위한 이동거리를 가능한 한(항상은 아님) 최소화하려는 경향이 있다.

넷째, 소비자들은 다양한 재화를 구입하기 위해서는 서로 다른 규모의 중심지를 이용하기 때문에 중심지의 계층성이 나타나게 된다.

턴을 분석하였다. 그 결과 개발도상국의 경우 경제발전 초기에는 종주도시 분포 패턴이 강하게 나타나다가 어느 정도 경제가 발전되면 대수 정규분포(log-normal distribution) 형태로 변화하고 있음을 보여주었다.

Berry(1971)는 도시 규모-순위 분포와 경제발전 수준과는 밀접한 상관관계가 있다고 보고 3단계로 도시체계의 발전모형을 제시하였다. 제1단계는 도시화·산업화가 거의 이루어지지 않은 전통적인 농업국가로 소도시들이 분산되어 있으며 계층적 도시발달이 미약한 단계이다. 이런 경우 규모-순위 분포는 유사 대수 정규분포패턴을 보이고 있다. 그러나 경제발전이 시작되면서 도시화가 진행되고 있는 국가의 경우 비교우위성이 높은 소수의 대도시들이 선별적으로 급성장하여 제2단계는 종주도시 분포 패턴이 형성된다. 특히 식민지를 겪어온 개발도상국의 경우 소수의 특정도시들은 외부 국가들과의 연계성은 밀접하지만, 자국 내 다른 도시들과의 접근성은 불량한 편이며, 수위도시로의 인구과밀현상이 심화되고 있다. 이렇게 종주화에 따른 도시 간 성장 격차가 심화되는 경우 국가적인 차원에서 균형적인 지역발전과 도시규모 분포를 구축하기 위하여 다각적인 정책을 펼치는 제3단계로 접어들게 된다. 상대적으로 낙후된 중차위 도시들의 성장을 촉진하는 정책과 동시에 수위도시의 인구 및 산업의 분산화 정책을 실시하게 되어 결국 종주도시 분포패턴이 대수 정규분포 패턴으로 변화되어 간다는 것이다.

이와 같은 Berry의 가설은 El-Shake(1972)와 Wheaton & Shishido(1981)의 사례연구를 통해 검정되었으며, 이들은 종주화 현상과 경제발전 간에는 '∩자형' 관계가 성립되고 있음을 보여주었다. 즉, 저개발국가에서는 종주지수가 낮은 반면에 경제가 발전해 감에 따라 종주지수가 높아지지만, 어느 정도 경제수준이 이루어지면 종주지수가 다시 낮아지면서 대수 정규분포를 나타내게 된다는 것이다. 이러한 결과는 Williamson(1965)의 경제발전과 지역 간 불균형(소득격차)과의 관계도 '∩자형' 패턴을 보인다는 주장과 일맥상통하다. 이와 같은 경험적 연구결과들은 어느 국가든지 이상적인 도시규모 분포는 대수 정규분포임을 시사해주고 있다.

Johnson(1980)과 Ettlinger(1981)의 연구도 유사한 결과를 보이고 있다. 특히 개발도상국가의 경우 종주도시와 다른 국가들과의 접근성은 양호한 반면에 국가의 도시체계가 발달되지 못하여 종주도시와 다른 도시들과의 연계성이 미약하며, 종주도시의 성장에 따른 파급 효과가 차위 도시들에게 확산되지 못하고 있음을 지적하였다. 이런 경우 차하위 지방중심도시들을 중심으로 지역적인 차원에서 독자적인 준도시체계(subsystem)가 형성되기도 한다. 그 결과 국가적인 차원에서 도시규모 분포패턴과 혼합된 S유형의 패턴이 나타나기도 한다.

한편 Sheppard(1980)는 지금까지 연구되어온 종주화 현상과 경제발전과의 관계에서 대수 정규분포를 지향하는 도시체계 구축에 대한 견해를 반박하였다. 그는 경제발전과 순위-규모 법칙과의 관계를 보여준 기존 사례연구들의 한계점을 제시하고, 보다 포괄적이고 다양한 자료를 사용하여 대수 정규분포패턴과 경제발전 지표와의 관계를 분석하였다. 55개 국가를 대상으로 하여 분석한 Sheppard의 연구 결과에 따르면 El-Shake의 모델을 뒷받침 해줄 만한 어떠한 실증적 결과도 찾을 수 없으며, 오히려 순위-규모 규칙을 반박하였던 Rosing(1966)의 주장을 뒷받침해주었다. 경험적인 사실에 기반을 두고 대수 정규분포가 이상적인 도시체계라는 견해는 이론적 타당성이 매우 부족하다. 따라서 대수 정규분포 패턴을 규범적 도시규모 분포 패턴으로 간주하고 도시규모의 적정 배치나 국가 정주계획을 수립하는 것은 바람직하지 못하다. Sheppard의 주장에 따르면 도시규모 분포패턴은 단순히 도시체계의 일면만을 보여주는 것으로, 각 도시의 지리적 위치나 각 도시들의 사회·경제적 특성을 반영하지 못한다. 특히 한 국가의 국토공간 상에서 각 도시들의 상대적 입지와 도시들 간의 상호작용을 전혀 반영하지 못하기 때문에 도시체계가 어떻게 발달해 갈 것인가도 예측해주지 못한다.

더구나 선진국의 도시규모 분포가 순위-규모 규칙에 잘 부합되고 있으며 대수 정규분포가 바람직하고 이상적인 도시체계라고 간주하여 개발도상국들의 도시체계도 순위-규모 규칙에 부합되는 대수 정규분포 패턴이 되도록 국가 도시체계 및 도시계획을 수립해 나간다면 바림직하지 못한 결과를 가져올 수도 있다. 실제로 특정 국가의 국토공간에서 도시체계가 형성되어온 과정을 보면 역사·정치·경제·사회·문화·지리적 위치 등 수많은 변인들이 상호작용하는 가운데 각각의 도시들이 성장, 또는 쇠퇴하여 현재와 같은 도시규모 분포 패턴을 이루어 도시체계가 구축된 것이다.

도시 규모는 인구 성장에 따른 것으로 도시 인구는 출생, 사망, 인구이동에 의해 영향을 받으며, 특히 인구의 동태적 측면은 해당 도시의 소득, 취업기회, 역사, 문화, 지리적 여건 등에 의해 지대한 영향을 받고 있다. 또한 급격하게 도시화가 이루어지는 과정에서 농촌으로부터 유입된 인구에 의해 도시규모가 결정되기도 한다. 따라서 도시규모 분포 유형에 관한 일반화된 원리를 수립하기 위해서는 각 도시들의 사회·경제적 특성과 도시들 간의 공간적 상호의존성에 대한 연구가 선행되어야 한다.

Sheppard(1980)는 사회·경제활동의 공간분포 패턴이 균형적으로 이루어지고 있는지 또는 불균형이 심화되고 있는지의 여부는 각 도시들의 비교우위성에 따른 입지 패턴과 도시들 간 상호작용의 동태성에 의해 결정되는 것이며, 따라서 각 나라마다 공간적 관점에서의 도시체계 형성 과정과 도시규모 분포 패턴은 다양하게 나타날 것으로 추론하였다. Richardson(1973)도 통계적으로 볼 때 가장 확률이 높은 대수 정규분포라든가 또는 선진국에서 주로 나타나고 있는 대수 정규분포가 반드시 최적 분포(optimal distrbution)가 아닐 수 있음을 강조하였다. 또한 종주분포나 대수 정규분포 모두 파레토 분포 유형에 속하는 편중된 분포 유형이라는 점도 피력하였다. 따라서 아직까지 가장 바람직하고 효율적인 도시체계와 도시규모 분포 패턴은 어떠한 유형인가에 대해서는 규명되지 못한 편이다.

(3) 우리나라의 도시체계 변화

우리나라는 1960년대 이후 급속도로 도시화가 진전되면서 서울을 비롯한 소수 대도시로의 인구이동이 활발하게 이루어졌다. 그 결과 도시 순위-규모 관계를 대수 그래프로 나타내면 1970년대 이후 종주화 현상이 나타나면서 q값이 증가하고 있으며, 소수의 상위계층 도시들이 성장하고 있음을 보여주고 있다.

우리나라의 경우 도시규모 분포의 기울기 q값은 1980년 1.281을 정점으로 하여 감소 추세를 보이고 있으나, 여전히 1995년 이전까지 1 이상을 나타내고 있다. 1995년 행정구역 개편이 이루어지면서 도농통합시(인접한 군과 시가 하나의 행정구역으로 통합)가 등장함에 따라 인구 10만 미만의 소도시 수는 줄어들고 인구 10~50만의 중도시 18개가 증가함에 따라 q값이 약간 감소하였다. 더 나아가 대도시 주변으로 신도시가 개발되고 대도시의 광역화가 이루어지면서 1995년부터 서울의 인구가 감소하기 시작하였고, 2000년에는 부산의 인구가 감소를 보였고, 2005년에는 대구시의 인구도 감소하였기 때문에 q값은 미미하지만 감소 추세를 보여왔다. 그러나 2010년부터 다시 q값이 약간 증가하고 있는 것은 10~25만의 지방 중소도시들의 인구 감소가 이루어지면서 인구 10만 미만의 소도시로 되었기 때문이다.

표 7-3. 우리나라 도시규모 분포에서 q값의 변화

연 도	1960	1970	1980	1990
q*	1.158	1.145	1.281	1.279
PI	1.10	1.53	1.43	1.35

연 도	1995	2000	2005	2010	2015
q**	1.09	1.05	1.06	1.08	1.08
PI	1.19	1.15	1.16	1.14	1.15

㈜ q*: 1960~1990년까지의 계수는 권용우(1998)의 연구 결과임.
q**: 1995년에 행정구역 개편(도농통합시)이 이루어졌기 때문에 그 이전 시기의 q값과 직접 비교하기 어려움: 1995년~2015년의 계수는 이현욱(2017) 연구 결과임.

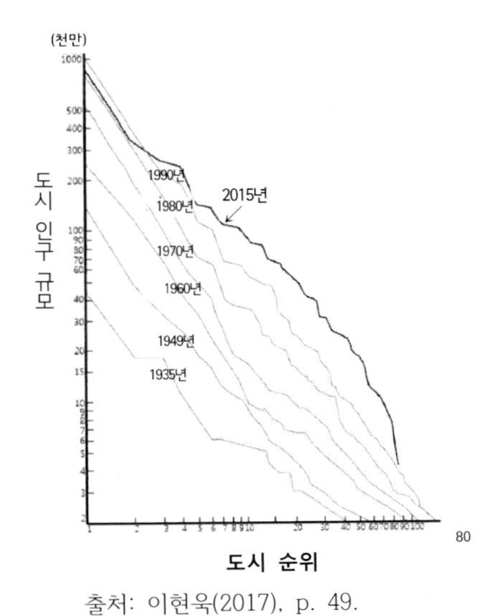

출처: 이현욱(2017), p. 49.

이와 같은 결과에 비추어본다면 우리나라의 도시규모 분포는 종주분포가 아니며, 종주지수도 계속 감소하고 있다. 또한 서울이 전국에서 차지하는 인구 비중도 1995년 26%에서 2015년에는 21%로 감소하였다. 따라서 순위-규모 규칙에 따라 산출된 q값을 기준으로 하여 도시체계 및 서울의 종주성을 판정하는 것과 실제로 체감하고 있는 서울의 종주성과는 상당히 차이가 나고 있음을 엿볼 수 있다. 이는 순위-규모 규칙이 연역적 법칙이 아니며, 경험적 자료를 통해 일반화된 귀납적 법칙이기 때문에 모든 나라들에게 다 동일하게 적용할 수 없음을 말해준다. 특히 각 국가별로 형성된 도시체계는 상당히 긴 역사적 과정 속에서, 그리고 지연환경 및 산업화에 따라 형성된 것인데 비해 순위-규모 규칙의 경우 각 도시들의 지리적 입지를 전혀 고려하지 못하고 있다는 근본적인 문제점을 잘 말해준다. 따라서 단순히 도시규모-순위법칙에서 대수 정규분포의 기울기 q값을 기준으로 도시체계를 해석하는 것은 한계가 있음을 주지하여야 한다.

제 8 장

지식기반사회에서 경제지리의 이론적 기초

1. 지식의 경제적 의미와 인적 자본의 외부 효과
2. 산업지구의 발달과 신산업입지론
3. 클러스터와 지역혁신체계
4. 창조산업과 창조도시

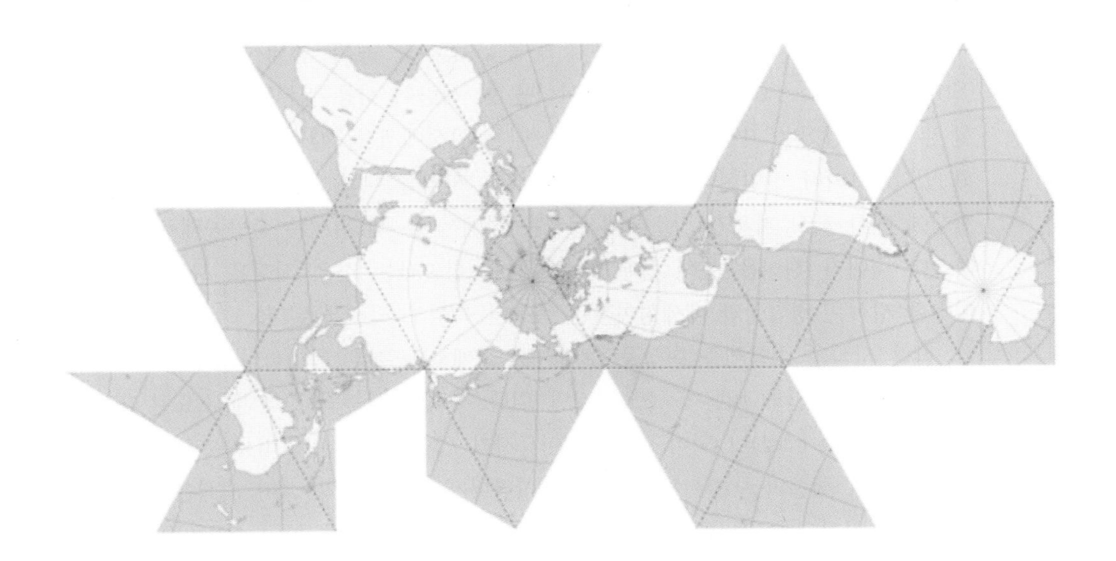

1 지식의 경제적 의미와 인적 자본의 외부 효과

1) 지식의 경제적 의미와 지식의 이전

(1) 지식기반경제에서의 지적 자본의 의미

1970년대 후반 포디즘에서 포스트포디즘으로 패러다임이 바뀌면서 지식이 경제발전의 원동력이 되는 지식기반경제(knowledge based economy)로 접어들게 되었다. 지식기반경제로 진전되면서 경쟁력과 부의 원천이 되는 지식의 창출뿐만 아니라 경제성장의 동력이 되고 있는 혁신에 대한 관심도 높아지고 있다. 그동안 신고전경제학자들은 노동과 자본에 의해 생산성이 결정되며, 단지 기술은 외부에서 주어지는 것으로 간주하여 왔다. 그러나 최근 신고전경제학에서 거의 주목받지 않았던 지식이 핵심 생산요소로 부상하고 있다. 이는 자본, 토지, 천연자원과 같은 전형적인 생산요소 투입에 따른 생산성 향상에 한계가 나타나게 되었을 뿐만 아니라, 경제성장률이 노동과 자본 투입에 의해 설명되지 않는 부분들이 상당히 나타나게 되었기 때문이다.

이렇게 지식기반경제로 접어들면서 노동과 자본과 같은 전통적인 생산요소 이외에 지식이 중요한 생산요소로서 부각되면서 지식에 대한 경제적 의미도 변화되고 있다. 지식이란 부를 창출하는 인간의 능력(human capabilities), 리더십, 경험, 기술, 정보, 협력관계, 지적 소유권, 학습 및 활용능력 등을 포함하는 보다 광역적으로 정의할 수 있다(Shapira et al., 2006). 또한 특정 지식을 한 사람이 사용한다고 해서 다른 사람이 사용할 수 있는 양이나 가치가 줄어들지 않는다는 관점에서 볼 때 지식은 공공재적 특성을 갖고 있다. 그러나 산업현장에서 기업이 보유한 지식을 다른 기업들이 사용하는 경우 해당 지식에 대한 시장 가치가 감소하게 된다는 점에서 볼 때 지식은 준공공재로 간주될 수 있다. 더 나아가 지식을 통해 높은 부가가치를 창출하는 경우 지식은 사유재로 취급되며, 이러한 지식은 경합성과 배제성이라는 독특한 특성도 지니게 된다.

한편 지식은 수확체증 현상을 보인다는 점에서도 매우 특이하다. 처음 지식을 생산할 때까지 많은 시간과 비용이 소요되지만 일단 지식이 창출되고 나면 소요된 비용은 전부 매몰비용(sunk cost)이 되며, 지식의 이용자가 많아질수록 단위비용은 체감되며 지식 단위당 수익이 체증되는 수확체증 현상이 나타나게 된다. 이와 같이 지식은 다양한 특성을 내포하고 있기 때문에 일반적으로 지식은 형식지(codified knowledge)와 암묵지(tatic knowledge)로 구분되고 있다(Polanyi, 1958). 형식지는 이미 코드화되어서 누구에게나 보편적으로 알려져 있고 대중매체를 통해 접근 가능한 지식을 말한다. 특히 책이나 보고서, 인터넷을 통해 접하게 되는 코드화된 지식은 사람들에게 쉽게 이전되며 이전비용도 매우 낮다. 또한 코드화된 지식은 대면 접촉이 없이도 쉽게 충분히 전달 가능하다.

반면에 암묵적 지식은 무형적인 지식으로, 재능이나 경험, 능력으로부터 유래되며 아직 정형화되지 않았기 때문에 대면접촉을 통해야만 지식의 모호함을 극복할 수 있으며, 따라서 이전비용이 많이 소요된다. 그러나 아직 코드화되지 않은 채 개인의 머릿속에 저장된 암묵지는 학습이나 상호거래를 통해 신지식으로 창출될 가능성이 매우 높다. 또한 암묵적 지식은 사람에게 체화되거나, 비공식적인 작업 과정에 내재하거나, 외부와의 관계를 통하여 획득된다.

일반적으로 코드화된 지식은 정보(know-what)라고 일컬으며, 암묵적 지식은 노하우(know-how)라고 불리어진다(Stevens, 1998). 또한 지식은 4개의 범주('know-what', 'know-why', 'know-how', 'know-who')로 구분된다. know-what는 어떤 사실에 대한 지식이며, know-why는 자연현상이나 사회현상을 규율하는 법칙에 대한 지식을 말한다. 따라서 know-what과 know-why 범주에 속하는 지식은 코드화되기 쉬운 지식이라고 볼 수 있다. 그러나 know-how와 know-who의 범주에 속하는 지식은 암묵적 지식의 성격이 강하며, 코드화되지 않은 지식이므로 공식적인 채널을 통해 전달되거나 배포되기 어렵다(Lundvall & Johnson, 1994). know-how는 무엇인가를 하기 위한 기술 또는 능력으로, 전문가들이 소유하거나 개인 및 기업의 경험에 의해 획득되는 지식으로, 이러한 지식에 대한 접근은 매우 제한되어 있으며, 지식의 이전도 어렵다. 또한 know-who는 '누가 무엇을 알고 있는지(who knows what)', '무엇을 어떻게 해야 하는지를 누가 알고 있는지(who knows how to do what)'에 대한 지식을 말한다. 이러한 4가지 범주의 지식은 상이한 채널을 통해 습득된다. know-what과 know-why는 책을 읽고, 강의에 참석하고, 인터넷을 통해 얻을 수 있지만. know-how와 know-who는 실제 경험을 통해 습득된다. 특히 know-how와 know-who는 일상생활 속에서나 전문화된 교육환경 속에서 습득되며, 공식적인 정보 채널로 이전될 수 없는 사회적으로 체화된 지식이다.

한편 지식이 경제적 부와 생산요소의 핵심으로 자리잡게 되면서 지식자산(knowledge assets)이라는 개념이 등장하고 있다. 지식의 스톡을 의미하는 지식자산 이외에도 지식자본, 지적 자산, 지적 재산, 지적 자본, 지적 재산권, 지식재산권과 같은 용어들이 혼용되고 있다. 지식자본(knowledge capital), 인적 자본(human capital), 지적 자본(intellectual capital) 등은 지식기반경제에서 통용되는 용어들이다. 일반적으로 지적 자본을 지적 자원(intellectual resources)과 지적 자산(intellectual assets)으로 구분하고 있으나, Sullivan(1998)은 이를 더 발전시켜서 인적 자본을 더 추가시켰다(그림 8-1).

지적 자본 가운데 인적 자본은 사람에게 체화된 암묵적 지식을 의미한다. 즉, 인적 자본이란 가치창출 활동을 하는 데 있어서 투입되는 인간에 체화된 지식, 지혜, 전문성, 직관, 능력을 포함하는 개념이다. 기업의 경우 근로자에게 체화된 인적 자본이란 근로자의

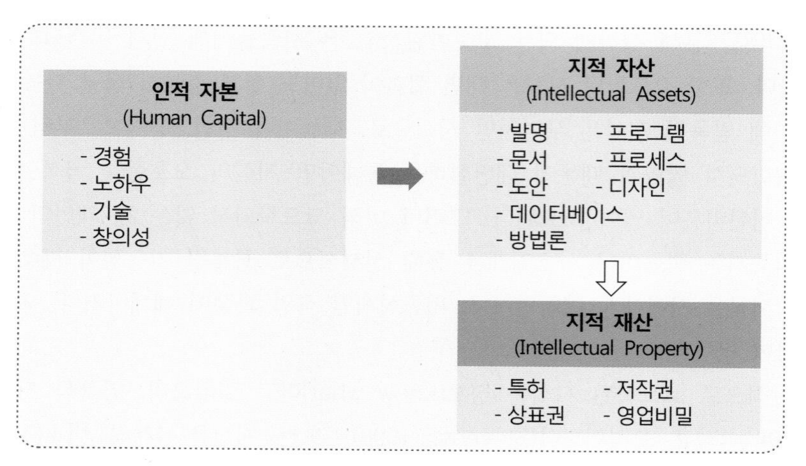

그림 8-1. 지적 자본(intellectual capital)의 구성
출처: Sullivan, P.(1998), p. 22.

전문성, 창의성, 문제해결능력, 리더십, 기업가적 능력, 경영가적 능력 등으로 측정될 수 있다. 이러한 인적 자본은 근로자의 두뇌에 체화되어 있기 때문에 시장을 통해 공식적으로 거래될 수 없다. 이러한 인적 자본을 통해 산출되는 문서, 도안, 프로그램, 디자인 등 코드화된 지식을 지적 자산(intellectual assets)이라고 하며, 이러한 지적 자산 가운데 특허권, 저작권, 상표권, 영업비밀, 반도체 배치설계 등의 형태로 법에 의해 보호되는 것을 지적 재산(intellectual property)으로 분류한다. 지식기반경제에서 핵심 고급인력(인적 자본)들은 정규직으로 장기고용을 보장받는 경향이 높은 데 비해 단순 사무직이나 생산직과 같은 비핵심 인력의 경우 계약직 또는 비정규직 대우를 받는 경향이 커지고 있다.

(2) 지식의 이전과 집단 학습

인터넷의 발달로 인해 코드화된 지식은 세계적 공공재로 인식되고 있으며, 인터넷을 통해 지식을 얻는 것은 어느 지역에서나 보편화되고 있다. 특히 정보통신기술이 발달하면서 지구촌 어디에서나 코드화된 지식이 이전되는 데 드는 한계비용은 거의 '0'에 가까워지고 있다. 그러나 고도로 맥락적인 지식(contextual knowledge)이나 불확실한 지식 등은 대면 접촉과 반복적인 상호작용을 통해 전달되며, 암묵지나 신지식은 지식 공급자와의 거래를 통해서만 접근 가능하다. 특히 사유재적 특성을 갖는 지식의 창출 활동은 특정 지역에서 집적하여 이루어지는 것으로 알려져 있는데, 이는 정형화된 전달매체보다는 지식 보유자 간 비공식적 대면접촉을 통해 암묵지 교류가 이루어지기 때문이다. 지식창출뿐만 아니라 지식의 이전도 지식 생산지 인근지역으로만 확산되는 국지성을 갖고 있다.

이와 같이 지식이 특정 지역으로 집적하여 누적적 효과를 보이는 이유는 불확실성을 지닌 고유한 개인적 암묵지는 개인들 간의 반복된 접촉 및 상호관계를 필요로 하기 때문이며, 따라서 상호접촉이 용이한 근접지역 내에서 지식의 이전(spillovers)이 이루어지게 된다. 대면접촉이 필요한 암묵지의 교류가 만일 원거리 간에 이루어지는 경우 그만큼 기회비용이 크기 때문에 암묵지의 지식 이전은 국지적인 영역 내에서 이루어진다. 지식기반경제에서 지역 간 혁신역량과 경쟁력의 차이는 각 지역에 존재하는 암묵지의 양과 이러한 지식을 활용하여 혁신을 창출하는 환경에 달려있다는 점을 고려해 볼 때 지식기반경제에서 지리적 근접성(geographical proximity)은 더욱 더 중요해지고 있다.

그러나 지리적 근접성이 행위자 간의 의사소통을 자극할 수는 있지만 필요조건이지 충분조건은 아니다. 지리적 근접성만으로 행위자 간의 상호작용이 자연스럽게 반드시 이루어지는 것은 아니다. 즉, 행위자들 간 상호작용이 이루어지기 위해서는 물리적 근접성보다는 사회적 근접성(연령, 직업, 언어, 공동의 가치관 등에서의 유사성)과 조직의 근접성(기업 내·기업 간 네트워크 구조)이 더 중요하다. 뿐만 아니라 암묵적 지식의 상호학습이 이루어지기 위해서는 지리적 근접성 이외에도 지식을 창출해 내도록 지원하는 제도적 역량이 갖추어져야 한다는 주장도 있다.

이와 같이 학습과정이나 지식 이전은 상당히 국지화되어 있으며, 혁신 과정의 중요한 요소들도 특정지역 내에 체화되어 있는 것으로 나타나고 있다. Storper(1997)에 의하면 공통의 지식 기반을 갖고 있는 지역사회 속에서 혁신의 역량이 커지게 된다. 즉, 특정 지역에 내재되어 있는 특정자원이 혁신 역량과 경쟁력 강화에 매우 중요한 영향을 미친다. Camagni(1991)도 특정 지역 내에서 비공식 사회적 관계의 집합 또는 네트워킹을 통해 지역의 혁신 역량이 제고된다는 견해를 피력하였다. 비공식적인 사회적 관계 속에서 생겨나는 무형의 자산, 특히 사회자본과 신뢰는 구성원들 간의 비공식적 지식의 흐름을 촉진시키고 호혜적인 거래 관계를 유지하는 데 도움을 준다는 것이다.

경제 주체자들 간에 이루어지는 상호작용을 통해 암묵적 지식이 전달되고 혁신 활동이 이루어지는 영역이 상당히 국지적이라는 개념에 토대를 둔 학습지역(learning region)과 집단학습(collective learning)과 관련된 연구들도 활발하게 이루어지고 있다(Keeble, et al., 1999; Lundvall et al., 1994; 2006). 지식기반경제에서 학습조직(learning organization)과 조직의 학습능력(learning capability)이 강조되고 있는 이유는 심화되어 가는 시장경쟁에서 기업이 살아남기 위해서는 끊임없는 변화와 혁신이 필수적이며, 혁신을 통한 경쟁우위를 확보하기 위해서는 코드화된 지식과 더불어 암묵지의 창출이 필요하기 때문이다. 특히 암묵지를 가진 사람들 간의 긴밀한 관계를 통해 개인들이 소유한 암묵지를 공유하고, 이를 혁신으로 만들어내는 집단학습이 특히 주목받고 있다. 기업은 혁신을 창출하기 위해 방대한 정보를 교환하고 지식을 재생산하는 학습과정을 수행하고 있으며, 기업 내·외부에서 끊임없이 암묵적 지식을 창출하고 집단학습을 통해 이러한 지식을 축적해 나간다. 여기서 의미하는 집단학습이란 개별기업의 범위를 벗어나 산업지구 내부에 존재하는 공통된 지식을 창출하고 이전하는 활동을 말한다. 기업 간 경쟁이 심화되고 제품주기가 단축될수록 기업은 점점 더 기업 외부에 있는 정보와 지식을 적극적으로 활용하려고 한다. 또한 특정 기업의 혁신은 다른 기업들과의 상호작용 속에서 더 강화되고, 학습 행위자들이 공간적으로 근접할수록 빈번한 교류가 이루어져 학습지역을 형성할 가능성이 더욱 높아진다. 일반적으로 대기업은 기업의 내부적 자원에 의존하는 경향이 강한 반면에 중소기업은 기업 외부와의 집단학습을 통해 혁신을 추구하려는 경향이 높은 것으로 알려져 있다.

Capello(1999)는 집단학습이 활발하게 이루어져 시너지 효과를 얻기 위한 조건으로 산업지구 내에서의 높은 전직률, 공급 기업 및 수요자 간의 혁신 협력, 지역 내 높은 분리 창업률에 초점을 두었다. 또한 집단학습이 지속적으로 유지되기 위해서는 지역 노동력의 외부 유출이 낮으며, 공급 기업 및 수요자 간의 긴밀한 네트워킹이 원활하게 이루어져야 함도 강조하였다.

(3) 인적 자본의 외부 효과

지식기반사회에서 경제성장의 원동력으로 인적 자본(human capital)의 중요성이 부각되면서 인적 자본의 외부효과에 대한 관심도 매우 높아지고 있다(Glaeser et al., 2001; Lucas, 1988; Moretti, 2004). 이는 고등교육을 받은 인적 자본이 특정지구나 도시에 밀집하게 되면 지식의 창조와 확산, 교환 및 축적이 활발해지고, 이로 인해 생산성이 증대되는 인적 자본의 외부효과가 나타나는 것으로 알려졌기 때문이다. 인적 자본의 외부효과(human capital externalities)란 교육수준이 높거나 숙련된 인재들이 서로 대면접촉을 통해 대화를 나누고 새로운 아이디어를 주고 받는 상호작용을 통해 아무런 대가를 지불하지 않고서도 생산성의 증대를 누리게 되는 것을 말한다(Lucas, 1988). 따라서 인적 자본의 외부효과는 지역경제의 성장 동력의 하나로 손꼽히고 있다. 특히 교육수준이 높은 인력들이 도시에 밀집하는 경우 지식 축적이 활발해지고, 지식 확산(knowledge spillovers)이 일어나는 것으로도 알려져 있다. 이에 따라 사람들은 지식 확산을 경험할 수 있는 도시로 이동하고 싶은 강한 동기를 느끼게 되며, 이렇게 모여든 인적 자본은 도시에서 높은 생산성을 나타내면서 더 많은 보상을 받고 있다(Glaeser et al., 2001). 즉, 교육수준이 높은 사람이 신기술을 먼저 받아들이고 이를 확산시켜 주변의 다른 사람들도 신기술을 받아들이면서 생산성도 높아지는 인적 자본의 외부효과는 공공교육이나 의무교육의 당위성으로 이어지고 있다. 더 나아가 인적 자본의 외부효과는 경제성장을 도모하기 위한 정책의 일환으로 교육에 많은 국가적 자원을 투입하도록 하고 있으며, 인재양성을 위해 많은 정책적 노력을 기울이도록 유인하고 있다.

1980년대 후반부터 1990년대에 걸쳐 이루어진 인적 자본의 외부효과에 관한 연구들의 경우 주로 인적 자본의 외부효과가 실제 존재하는가에 초점이 맞추어졌다(Lucas, 1988; Rauch, 1993). Lucas는 1909년부터 1957년 동안 미국의 시계열 자료를 이용해서 평균교육수준이 1년 증가할 경우 총 생산성이 약 3% 증가한다고 추정하였고, Rauch는 도시의 평균 인적 자본이 1년 증가함으로써 개인의 임금이 약 3% 증가한다고 추정하였다. 인적 자본의 외부효과가 검증된 이후 2000년대 이후 이루어진 연구들은 주로 인적 자본의 외부효과 규모를 정확하게 측정하는 데 관심이 집중되었다(Acemoglu et al., 2000; Moretti, 2004). 인적 자본의 외부효과 규모를 측정할 때 발생하는 편의를 줄이기 위해 Rauch(1993)가 제시한 임금 추정 모형을 기반으로 다양한 분석방법론을 적용한 연구들이 이루어졌다. Rosenthal(2008)의 연구 결과에 따르면 인적 자본의 외부효과는 매우 제한된 공간에서 발생하는 국지적인 현상으로, 반경 5마일 이내에서 대졸자수가 10만 명 증가하면 시간당 임금이 약 7.8% 증가하지만, 5마일을 벗어난 범위에서 대졸자가 증가하면, 그 효과는 2.2%로 줄어들고 있음을 밝혔다. Fu(2007)도 인적 자본의 외부효과가 상당히 국지성을 갖고 있음을 실증분석을 통해 예시하면서, 노동자 상호 간에 일어나는 공식적 또는 비공식적 상호접촉을 통해 지식과 기술의 상호 공유되기 때문에 인적 자본의 외부효과가 제한된 공간영역 내에서만 나타나는 것이라고 풀이하였다.

최근에 이루어진 해외 연구에서는 인적 자본의 외부효과 크기를 고학력자 그룹과 저학력자 그룹의 비교를 통해 인적 자본의 외부효과가 고학력자 그룹에게 더 크게 나타난다는 실증 분석 결과를 보여주고 있다(Halfdanarson et al., 2008; Rosenthal, 2008). 이는 고학력자들이 지식을 받아들이고 학습하는 능력이 월등히 높기 때문에 지역 노동시장의 수요 불완전 대체 관계에서 비롯되는 부정적인 영향을 상쇄하고도 남을 만큼 지식 확산의 강도가 훨씬 높음을 말해주고 있다. 이는 특히 학력그룹 간에서 지식 확산의 강도가 상당히 차별적으로 나타나고 있음을 시사해주고 있다.

한편 국내에서 처음으로 인적 자본의 외부효과를 분석한 장수명 외(2001)에 따르면 인적 자본의 외부효과는 시간당 임금을 2.9% 상승시키는 것으로 나타났다. 이번송 외(2004)에서는 인적 자본의 외부효과가 4.8%로 산출되었으며, 특히 이 연구에서는 평균 인적 자본이 높은 지역에서 일하는 근로자들의 경우 인적 자본의 외부효과로 인해 다른 지역의 근로자들 보다 높은 임금을 받기 때문에 근로자들이 높은 전세값 또는 주택 값을 지불하면서도 인적 자본이 높은 도시로 집중하는가에 대한 이유를 설명해주고 있다. 박정호·이희연(2008)의 연구에서는 근로자들의 상호작용에 따른 인적 자본의 외부효과를 학력수준별로 비교하였다. 고졸 이하 그룹과 전문대와 4년제 대졸 그룹으로 분류하여 비교한 결과 고학력자 그룹의 인적 자본의 외부효과가 가장 크게 나타났으며, 이러한 결과는 독일과 미국에서 수행된 연구 결과와도 유사하다. 고졸 이하 그룹과 대졸 이상 그룹으로 분류한 경우 인적 자본의 외부효과는 각각 3.0%와 5.2%로 나타나 고등교육을 이수한 근로자들의 외부효과가 2.2% 더 높음을 알 수 있다.

지식기반경제에서 경제성장의 원동력이 되고 있는 인적 자본 자체뿐만 아니라 인적 자본의 외부효과도 매우 중요하다. 특히 학력수준별 인적 자본의 외부효과가 상이하게 나타나며, 고학력으로 갈수록 외부효과가 상대적으로 더 커지고 있다. 또한 지식창출뿐만 아니라 지식 확산도 생산성 향상에 상당한 영향을 미친다는 점을 고려해볼 때 고학력 근로자와 저학력 근로자가 단순히 같은 직장에서 함께 근무하는 물리적 측면의 근접만이 아니라 지식 확산이나 정보 교류가 활발하게 일어날 수 있도록 사회·경제적 측면의 근접을 위한 네트워크 환경 조성도 매우 중요하다.

2) 지식기반경제에서 사회적 자본과 제도적 집약의 중요성

(1) 네트워킹과 사회적 자본

시장 수요의 불확실성이 커지고 있는 경제의 세계화 속에서 기업은 경쟁력을 유지하고 지속적인 성장을 위해 생산체계를 수직적·수평적으로 분화하고 있다. 이렇게 생산체계가 세분화될수록 다양한 경제주체들과의 네트워킹의 중요성이 부각되고 있다. 즉, 경쟁이 심화될수록 기업은 특정 기능에서 전문화를 추구하는 동시에 보완성을 가진 다른 기업들과의 네트워킹을 통해 경쟁력을 확보·강화하려는 전략을 취하는 경향이 높아지고 있다.

네트워킹이란 생산의 가치사슬에서 상호의존적 관계를 갖는 경제주체들 간에 지식의 공유·교환을 위해 지속적인 거래관계를 갖는 것을 말한다. 원래 수직적으로 분리된 생산체계 내에서 분업을 수행하는 전문화된 소기업들 간에 이루어지던 네트워킹 개념이 최근 초국적기업의 공간적 분업화에 따른 기업조직 내에서 이루어지는 네트워킹까지도 포함하고 있다. 즉, 기업조직 내부에서 이루어지는 네트워킹뿐만 아니라 기업활동과 관련된 다른 기업들과의 관계까지 포함하는 보다 광의적인 개념으로 확대되고 있다. 네트워킹은 기업 간 대등한 관계 속에서 이루어질 뿐만 아니라, 원자재 조달, 부품 생산, 연구개발, 조립 판매 등의 여러 영역에서 공동의 목적을 위해 분업·협력하는 형태로도 이루어진다. 네트워킹이 지식기반경제에서 중요하게 인식되고 있는 것은 혁신 활동이 이루어지기 위해서는 지식의 이전과 집단학습이 필요하며, 이는 경제주체들 간의 네트워킹이 없이는 불가능하기 때문이다.

다양한 경제주체들 간에 일정기간 지속적인 거래관계를 갖는 네트워킹 원리는 시장원리와는 달리 신용을 기반으로 이루어진다. 이렇게 경제주체들 간의 호혜성과 상호의존성을 바탕으로 이루어지는 네트워킹은 비공식적이고 암묵적이며 해체와 재결합이 가능한 느슨한 형태를 갖게 된다. 따라서 기업들은 장기적 거래를 통해 상호신뢰를 쌓고 학습과정을 통해 사회적 자본을 형성하면서 보다 견고한 네트워킹을 구축하고 있다. 그 결과 보다 국지적인 영역 내에서 네트워킹이 구축되는 경향이 높아지며, 동질적인 문화와 역사성이나 관성을 지닌 지역의 특수성도 결속력을 가진 네트워킹을 구축하는 데 중요한 영향력을 미친다.

이러한 이유로 인해 지식기반경제에서 사회적 자본은 점점 더 중요해지고 있다. 사회적 자본이란 사회 모든 관계망에 퍼져있는 의식, 규범, 질서, 제도 등을 총칭하는 개념으로, 국가 및 지역 경쟁력을 높이는 데 영향을 주는 것으로 알려져 있다. Coleman(1998)은 자본을 물적 자본(도구, 기계 생산, 설비 등), 인적 자본(개인 안에 체화된 기술이나 지식 등), 사회적 자본으로 분류하고, 신뢰하는 사람들 간의 네트워크에 의해 발현되는 사회적 자본에 초점을 두고 연구하였다. Putnam(1995)도 사회적 자본이란 네트워크, 규범, 신뢰라는 사회적 삶의 특징으로 구성되며, 참여자들로 하여금 공동의 목적을 보다 효과적으로 추구할 수 있게 하는 자본이라고 정의하였다. 신뢰의 형성은 기업의 생산성, 학습, 혁신 등을 용이하게 하며, 거래비용, 유연성, 정보의 질 또는 지식의 흐름에 지대한 영향을 주는 것으로 알려져 있다. 이와 같이 지역의 경쟁력이 경제적 측면뿐만 아니라 사회적 자본에 의해서도 상당히 영향을 받는다는 인식이 확산되면서 사회적 관계를 통해 구축되는 신뢰가 기업 및 지역 경쟁력을 강화시키는 매우 중요한 원천으로 부상하고 있다.

World Bank(2007)의 「국부는 어디에 있는가?(Where is the Wealth of Nations?)」라는 보고서에 따르면 '무형 자산'으로 불리는 사회적 자본이 전체 국부 창출의 약 80% 기여하고 있다. 세계은행이 25개 국가를 대상으로 사회적 자본을 추정한 결과 스위스가 1인당 사회적 자본이 54.2만 달러로 1위를 보이고 있는데, 이는 스위스의 법과 제도가 올바르게 정착되어 있고, 부정부패가 거의 없는 성숙한 시민의식과 신뢰가 깊게 뿌리내려 있는 나라임을 보여주고 있다. 미국은 5위로 사회적 자본이 41.8만 달러였고 프랑스도 40.4만 달러, 일본이 34.1만 달러로 나타났으며, 우리나라는 10.8만 달러로 22위를 차지하였다. 이 보고서에서는 우호적 인간관계, 제도에 대한 믿음, 준법의식 등 고도의 사회적 자본은 '보이지 않는 손'으로 생산요소의 생산성을 높여주는 역할을 하며, 사회적 자본이 풍부한 경제는 투명성과 예측 가능성이 높아져서 거래비용이 감소하고 생산성이 증대된다. 반면에 법, 제도, 신뢰 등이 제대로 갖추어지지 않았거나 지켜지지 않을 경우 경제주체들은 자원들을 전적으로 생산에 투입하지 못하는 경우가 많아진다는 것이다.

이와 같이 사회적 자본이란 개인과 기업의 합리적 선택에 의한 사회제도의 생산적 상호작용을 통해 구축되며, 사회적 자본은 공통의 신뢰와 암묵적 규범의 네트워크를 통해 확대되고 재생산된다(Granovetter, 1985). 사회적 자본이 풍부한 국가나 지역은 윤리적 자산과 시민의 참여, 깊은 신뢰를 기반으로 하는 성숙한 시민사회라고 볼 수 있다. 다양한 형태의 교류활동을 통해 지식이 교환되고 혁신적인 아이디어가 창출되기 위해서는 공급업자, 구매자 협회, 교육기관, 관련 산업, 지원 산업 등 다양한 주체들 간의 네트워킹이 긴밀하게 이루어져야 하며, 이러한 네트워킹 구축은 사회적 자본이 잘 형성되어 있는 지역에서 쉽게 이루어진다. 즉, 사회적 자본이 풍부한 지역에서는 기업 간 상호 신뢰관계를 기반으로 집단학습이 원활하게 이루어지며, 이로 인해 경쟁우위를 누리게 된다. 특히 사회적 자본이 풍부한 지역의 경우 다양한 유형의 네트워킹을 통해 지식 창출 및 지식 축적을 위해 필요한 매몰비용(sunk cost)이 자연스럽게 흡수되기 때문에 비용 측면에서도 기업의 경쟁력 향상에 긍정적인 영향을 주게 된다.

(2) 착근성과 제도적 집약

지식기반경제에서 등장하는 또 다른 새로운 개념이 착근성(着根性)과 제도적 집약이다. 이 두 개념은 기업을 둘러싼 비경제적 관계를 말하는 것으로, 다소 의미가 다르지만 동일한 현상을 다른 차원에서 설명하는 것이라고도 볼 수 있다. 뿌리내림 혹은 '배태'로 해석되는 착근성(embeddedness)이란 용어는 Polanyi(1957)가 처음으로 사용하였으며, Granovetter(1985)가 이 개념을 더욱 확대시켰다. Granovetter는 인간의 경제행위를 분석하는 데 있어서 신고전경제학과는 구별되는 시각을 제공하였다. 그에 따르면 인간의 경제적 행위는 개인의 이익추구과정으로만 설명될 수 없으며, 개인의 행위는 각각의 개인이 맺고 있는 사회관계 혹은 인간관계의 연결망(network)에 배태되어 있다. 착근성이란 기업 간의 관계가 사회적 관계구조 속에 고착되는 것을 의미하며, 사회관계의 공공화로 인해 기업들 간에 신뢰관계가 형성되면 이것이 기업 간 정보 및 지식 이전에 소요되는 시간과 강도를 변화시켜 경제발전을 가져오게 된다는 관점이다. 따라서 착근성은 지리적으로 근접한 기업들 간에 비공식적 및 개별 접촉이 반복되고 지속되는 과정을 거쳐서 자연스럽게 신뢰가 구축되면서 사회적 자본이 더욱 풍부해진다는 개념으로 풀이될 수 있다. 이와 같이 착근성은 특정 지역의 사회·문화적 특성에 의해서도 영향을 받고 있으며, 기업 간 네트워킹을 구축하는 데도 영향을 미치게 된다.

최근 착근성 개념이 점점 더 중요시되는 이유는 거래관계를 갖는 기업의 경제적 행동 및 그 결과가 해당지역의 사회·문화적 특성에 의해 영향을 받는 것으로 나타났기 때문이다. 착근성도 지리적으로 근접해 있는 경우 개별 접촉을 빈번하게 해주며, 빈번한 접촉은 상호작용과 신뢰를 용이하게 해준다는 점에서 근접성 개념도 내포하고 있다. 특정 지역에서 기업 간 생산연계가 형성되고 산업집적에 의한 이점 때문에 새로운 기업이 창업되어 그 지역에 뿌리(국지적 뿌리내림)를 내리게 되면 그 지역은 경쟁력을 지니게 된다. 즉, 특정 지역에서 기업 간 관계가 사회적 관계구조 속에 고착되어 뿌리내리게 되면 사회관계의 공공화로 인해 기업 간 신뢰가 형성되기 때문에 기업 간 정보 및 지식 이전이 보다 활성화되어 경쟁력이 강화된다.

한편 제도적 집약이란 사회관계의 총체적 특성으로 다양한 연관조직(기업, 금융, 상공회의소, 교육, 무역, 지방정부, 개발기구, 혁신지구, 회계 등)의 제도적 존재와 이러한 제도의 네트워킹을 통한 통합 결과 사회관계 속에서 형성된 지배적 통제구조와 기업의 공동체 상호인식 등을 의미한다(Amin & Thrift, 1994). 특히, 개별 기업의 이해에 대한 집단 표출이나 비용의 사회화 또는 통제를 위한 연합이나 지배구조에 대해 공통적으로 상호인식하는 수준이 깊어질 경우 기업들의 혁신활동은 매우 용이해진다.

제도에는 규칙, 법, 조직 등과 같은 공식적 제도와 개인의 습관, 집단의 습관, 사회적 규범이나 가치와 같은 비공식적 제도가 있다. 제도적 집약이 이루어진 산업지구에서는 다양한 기능을 수행하는 기관들이 각자의 역할을 원활하게 수행할 수 있고, 암묵적 지식의 공동 풀(pool)이 형성되며, 집단학습 능력이 신장되고 신뢰와 상호관계를 확장할 수 있는 가능성이 높아지며, 공감대 형성이 원활하여 기업 간 공동 프로젝트를 수행하는 것이 매우 용이해진다(Amin & Thrift, 1994). 따라서 제도가 지역의 경제발전에 지대한 영향을 미치게 되는데, 이를 제도적 집약이라고 일컫는다. 이 개념은 Storper(1995)가 제시한 사회적 관습(convention)이라는 개념과도 일맥상통한다. 그는 관습을 비교역적 상호의존성(untraded interdependencies)으로 보고, 지속적인 학습과정에서 비교역적 상호의존성이 긴밀해지면 해당지역의 혁신활동이 왕성해지고 경제성장을 가져온다고 보았다.

이렇게 제도적 집약에 대한 관심이 높아지게 된 또 다른 이유는 특정 지역의 경제성장을 설명하는 데 있어서 기존의 생산요소들 간의 메커니즘보다는 지역의 정체성이나 사회적 관습, 문화나 제도, 거버넌스로 설명되어야 하는 사례들이 많이 나타나게 되었기 때문이다. 창의적인 사업 아이디어가 경제적 성과로 전환되기 위해서는 무엇보다도 기업 내·외에서의 학습 결과를 수익 창출로 전환할 수 있도록 하는 불확실성과 위험을 감수하려는 문화적·제도적 기반이 필수적이며, 이는 해당지역의 제도적 집약에 따라 상당히 달라진다. GREMI(Groupe de Recherche Europ en sur les Milieux Innovateurs)에 따르면 혁신환경에서 나타나는 네트워킹을 통해 정보 수집과 지식 이전비용의 하락 및 집단학습과정의 역량이 커져가고 있다. 또한 지역 네트워킹을 통해 축적된 지식은 암묵적 속성 때문에 그 지역의 혁신능력을 다른 지역의 경제주체들이 쉽게 모방하지 못하게 한다. 이와 같이 특정 지역의 제도적 집약은 혁신에 지대한 영향을 주며, 특히 혁신적 요소들 간의 긴밀한 네트워킹과 상호작용을 통해 혁신의 시너지 효과를 발생시키기도 한다. 이와 같이 제도가 중요하지만, 오히려 제도가 경제성장을 제한하는 경우도 발생한다. 현재 생산체제에 부합한 물리적, 사회적, 제도적, 문화적 하부구조가 미래의 변화에 잘 적응하지 못하는 경우 경제발전에 오히려 장애가 될 수 있으며, 지역적 고착(luck in) 효과를 일으킬 수도 있다.

2 산업지구의 발달과정과 신산업입지론

1) 산업지구의 발달과 입지요인의 중요도 변화

Capello(1999)는 산업지구의 성장단계에 따라 입지요인들의 영향력과 중요도가 다를 것이라는 전제 하에서 단순 집적지에서부터 혁신지구로 발달하는 과정 속에서 어떤 입지 요인들이 어떻게 영향을 미치는가를 모델화하였다. 특히 그는 국지화, 네트워킹, 착근성 및 제도적 집약, 집단학습, 혁신 시너지의 형성 정도에 따라 단순집적지, 전문화 지구, 산업지구, 학습지구, 혁신지구로 발달해 나가는 모델을 제시하였다.

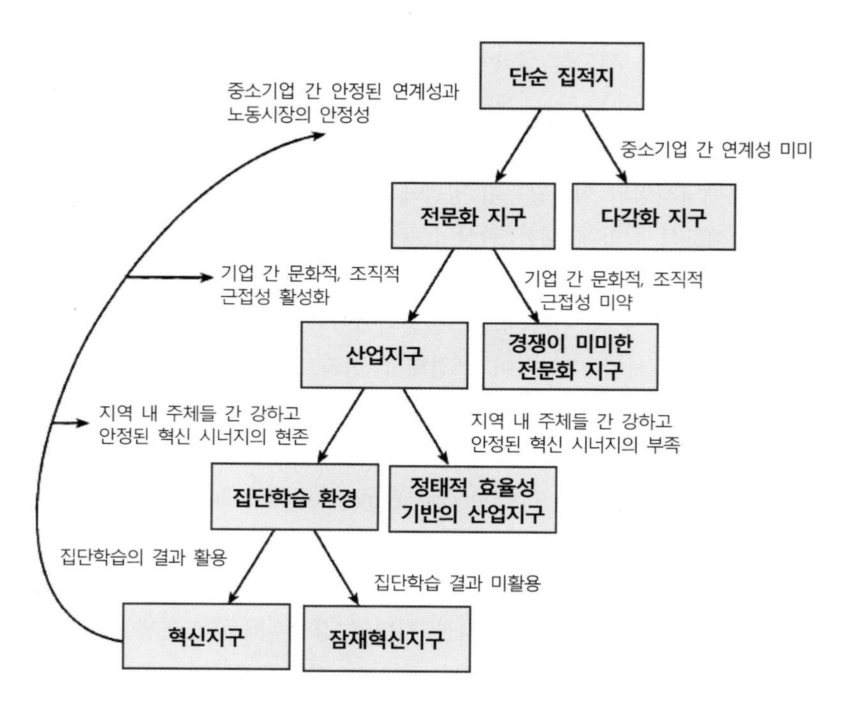

그림 8-2. 단순 집적지로부터 혁신지구로의 발달단계와 추동 요인들
출처: Capello, R.(1999), p. 358.

먼저 단순집적지가 전문화 지구(specialized area)로 발달하기 위해서는 유관산업이 집적되고 안정된 노동시장의 형성, 거래비용 감소 등 국지화 경제가 이루어져야 한다고 보았다. 이렇게 전문화 지구로 성장한 지역이 산업지구(industrialized district)로 발전되기 위해서는 국지화 경제 및 기업 간 조직적 근접성과 네트워킹이 잘 구축되어야 한다.

또한 지원 서비스의 발달, 기업-사회 간의 문화적 근접성, 비공식적 정보 교류 등의 착근성과 제도적 집약도 밑받침이 되어야 한다.

이렇게 발달한 산업지구가 지속적인 성장을 하려면 지역 내 다양한 경제주체들 간에 새로운 기술과 혁신에 대한 집단학습과 기업 간 기술인력의 이전 등을 통해 집단학습 능력을 갖추어야 한다. 이렇게 집단학습 능력이 갖추어지면 그 산업지구는 학습지구(혹은 잠재적 혁신지구)가 된다. 이 학습지구가 성숙한 혁신지구로 발달하기 위해서는 집단학습을 통하여 형성된 잠재적 혁신능력이 수익성을 창출할 수 있도록 혁신 시너지를 만들어내어야 한다. 이를 위해 지역 내 유관조직 및 창업과 혁신을 창출할 수 있는 메커니즘이 잘 구축되어야 하며, 이를 지원하는 각종 혁신지원체계가 지원되어야만 한다.

이와 같은 산업지구 발전 모델은 하나의 단순집적지에서부터 혁신지구로 발달하기 위해서 어떠한 요소들이 어떻게 확충·지원되는가에 따라 어느 단계에 머물러 있는 집적지인가를 파악하는 데 중요한 단서를 주고 있다. 그러나 각 단계별 산업지구들도 단 기간 내에 형성된 것이 아니므로 어느 수준에 도달해 있는지 정확하게 판단하기 어려우며, 또 한 단계 다른 수준으로 도약하기 위해서는 어떠한 정책적 수단을 강구해야 하는가에 대한 정보는 매우 부족한 편이다.

2) 신산업입지론

(1) 신산업입지론의 발달과정

포디즘의 생산방식과 그에 따른 노동의 세계적 분업화가 1970년대 후반 이후 경쟁력을 잃게 되면서 1980년대 포스트포디즘 생산체제로 바뀌면서 중소기업 중심의 유연적 생산체제를 갖추고 특정지구에 집적하여 생산활동을 펼치는 새로운 현상이 나타나게 되었다. 이렇게 새롭게 등장한 집적지를 신산업지구(new industrial district)라고 일컫는데, 이는 19세기 말 Marshall이 제시한 산업지구(industrial district)의 특성을 갖고 있기 때문이다.

Weber가 내세운 집적경제 개념은 정태적인 것으로, 기업 또는 전문화된 자원들이 상대적으로 밀집하여 입지하면서 물자의 투입과 판매의 연계성을 통해 단위생산비용이 낮아지는 경우를 의미하였다. 이에 비해 마샬이 내세운 국지화 경제(localization economies)란 동종 또는 유사 기업들이 한 장소에 집적함으로써 얻어지는 경제적 이익으로, 외부환경으로부터 얻어지는 것이기 때문에 외부 효과라고도 불리어진다. 이는 다양한 업종들이 도시에 집적함으로써 각종 인프라와 지원시설, 노동풀(pool)로의 접근기회 등을 누리는 도시화 경제와도 구별되는 개념이다.

마샬이 1890년에 산업지구 이론을 제시한 후 오랫동안 이에 대한 논의가 이루어지지 않았으나, 1980년대 들어와 중소기업들이 집적한 제3이탈리아를 비롯하여 실리콘밸리 및 각 국가마다 새로운 산업지구들이 나타나게 되면서 마샬의 산업지구론을 새롭게 조명하게 된 것이다. 특히, 새로운 산업지구들은 특정 상품이나 공정만을 전문적으로 담당하는 특화성, 짧은 생산주기, 긴밀한 하청관계와 탄력 있는 노동관계를 바탕으로 한 유연성, 비용 절감이 아닌 품질로 경쟁하는 비교 우위, 생산기술개발과 상품개선을 위한 혁신성 등을 바탕으로 하여 급성장하고 있었다. 이러한 집적지 내부에서 기업들은 물자, 정보, 인적 자원, 기반시설 등을 공유하고, 상호신뢰를 기반으로 긴밀한 거래와 집단학습 과정을 통해 독특한 지역산업문화를 형성하면서 지역의 경쟁력을 제고시키는 것으로도 알려져 있다.

구 분	자원기반경제		지식기반경제 (20세기 후반 이후)
	17-19세기 초	19-20세기 후반	
핵심 생산요소	토지 자본	산업자본, 천연자원	인적 자본
기반기술	농업기술	산업기술	정보통신기술
입지결정요인	경제적 요인 (지대)	경제적 요인 (최소비용, 최대수요, 효용극대화)	사회·문화적 요인 (사회적 자본, 제도적 자본)
입지이론	농업입지론	공업입지론 중심지이론	신산업지구론 클러스터이론 지역혁신체계

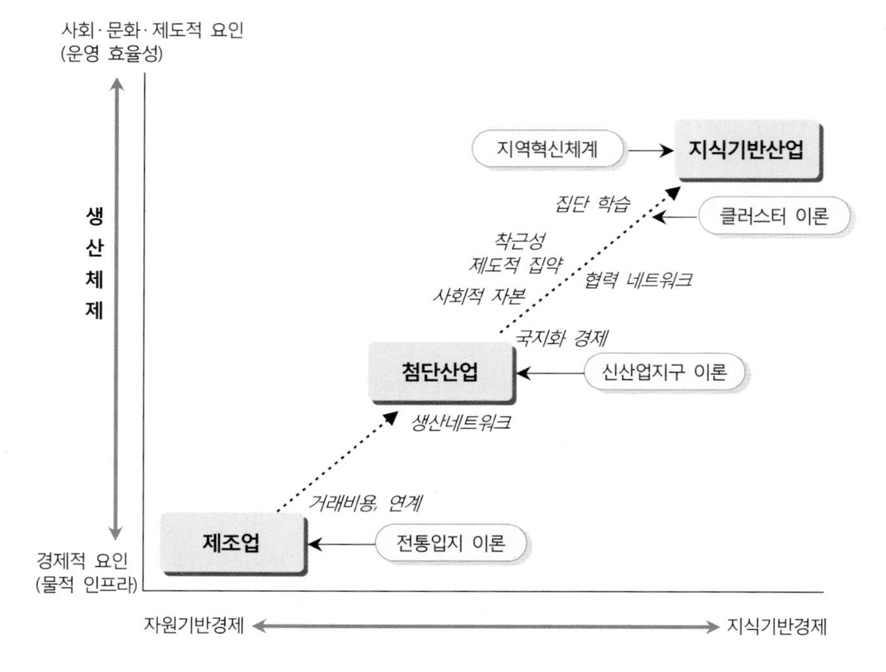

그림 8-3. 지식기반경제로 전환되면서 등장한 산업입지론 및 생산요소

이러한 집적지의 등장에 대해 전통적인 입지론으로는 설명할 수 없게 되었고 이러한 현상을 설명하려는 새로운 시도들이 나타나는데, 이들을 신산업입지론이라고 지칭한다.

1980년대 이후 경제경관 상에 새롭게 나타난 산업집적지를 설명하고자 하는 이론들은 여러 학자들에 의해 제시되었다. Lagendijk(1997)는 신산업입지론과 관련된 이론으로 신산업공간이론(new industrial spaces theory), 지구이론(district theory), 혁신환경 이론(milieux innovateur), 클러스터(cluster) 이론, 지역혁신체제(regional innovation system) 등을 들고 있다. 신산업입지론과 관련된 이론들의 특성과 발달과정을 X축과 Y축을 기준으로 하여 배치시켜 보면 그림 8-3과 같다. X축은 자원기반경제에서부터 지식기반경제로의 진전을 나타낸다. 즉, 산업단지 조성이나 도로와 같은 물리적 하부구조가 중요시되었던 제조업 중심의 자원기반경제하에서 지식기반사회로 접어들면서 점차 인력, 정보, 지식, 혁신 등의 비가시적 요인이 중요시되는 과정을 X축 상에 나타내었다.

한편 Y축은 생산체제 변화로 경제적 요인이 중요시되고 생산요소로서 물적 인프라가 강조되었던 전통적 입지론에서, 기업 간 생산연계를 통한 거래비용의 감소 및 불확실성에 대응하려는 시기를 지나, 지식기반사회로 접어들면서 기업 간 신뢰와 지역사회와의 밀착성, 제도, 문화 등 비경제적 요인들이 중요하게 평가되는 과정을 나타낸 것이다. 이렇게 두 축을 토대로 신산업입지론에서 다루는 중요한 입지요소 및 핵심 개념들을 나타내면 그림 8-3과 같다. 이 그림은 각 이론들을 정확하게 배치하는 데 목적을 둔 것이 아니며, 각 이론들이 강조하고 있는 요인들과 새롭게 등장한 개념들과의 관계를 예시하는 데 목적을 둔 것이다.

운송비 요인을 강조하는 고전적 입지이론이나 거래비용의 절감을 강조하는 신산업공간이 중요하게 간주하는 집적이론은 비용 측면에 초점을 두고 있다. 그러나 신산업입지론은 혁신과 지식 요인을 중요시하면서 기업 간 사회적 분업 및 국지적 생산체계, 신뢰, 협력 네트워크, 사회적 자본, 문화·제도적 기반을 강조한다.

한편 Porter가 제시한 클러스터의 가장 핵심적 특징은 특정지역에 특정기업이 집적되어 있는 것만이 아니라 제도적 밀집이 나타나는 집적지이다. 혁신과 지식의 국지적 창출과정과 그 메커니즘에 초점을 둔 지역혁신체계에서는 근접한 지역 내에서의 상호작용적 학습, 암묵적 지식과 혁신 창출을 강조하면서 이를 위한 제도적 집약과 거버넌스를 중요시하고 있다.

신산업입지론이 전통적 입지론과 가장 대비되는 점은 지역의 특수성을 강조하고 있으며, 지역이 부여받은 생산요소와 같은 경제적 요인보다는 규범이나 관습과 같은 제도적 환경을 중시하고 있다는 점이다. 또한 기업 간 거래비용을 낮출 수 있는 강한 신뢰관계를 유지하기 위한 공식적, 비공식적 네트워킹과 암묵지의 교환 및 혁신창출을 위해 지리적 근접성에 기반을 둔 집단학습과 혁신 시너지의 중요성을 강조하고 있다. 여기서는 1980년대 이후 등장한 새로운 산업입지론 가운데 신산업지구에 대해 간략하게 살펴보고자 한다.

(2) 신산업지구

마샬로부터 유래된 산업지구(industrial district)는 특정 장소에 유사한 성격을 가진 많은 중소기업들이 집적하여 국지화 경제를 이루고 있는 지구를 일컫는다. 마샬은 지리적으로 제한된 지구 내에서 중소기업들 간의 협업적 생산이 대기업의 규모경제를 능가할 수 있다고 보았다. 마샬은 산업들이 집적하여 산업지구를 형성하는 원천을 국지화 경제 때문으로 풀이하였다. 마샬은 국지화 경제가 나타나는 이유를 전문적 기능, 숙련 노동력, 전문화된 기계 등의 생산요소를 공동으로 활용하고, 공급자 및 고객들과의 근접성에 따라 거래비용이 감소되기 때문으로 보았다(박삼옥, 1994; 2006). 또한 동종 및 유관산업이 특정 지구에 밀집되어 있기 때문에 어느 정도의 시장규모를 형성하며, 비전문적인 기업들에 의해 수행되었던 생산과정의 일부분을 전문화된 기업이 수행하게 되면서 분업화를 촉진시킨다는 점도 강조하고 있다. 예컨대, 특정 부품의 생산이 전문화되거나, 기업 내부에서 수행되던 시장조사나 컨설팅 등의 기능들이 전문기업에 의해 수행되며, 더 나아가 유연적 생산체계 도입으로 소비자의 기호를 반영하는 제품 생산 및 생산 공정의 변화를 가능하게 하는 것도 국지화 경제의 효과라고 볼 수 있다. 이와 같이 국지화 경제는 지속적인 기업 간 연계와 안정된 노동시장을 형성시켜주기 때문에 지역 경쟁력을 지속적으로 유지하는 데 필요한 기술력과 노하우를 축적할 수 있는 역량도 신장시켜준다.

이와 같이 산업지구란 특정한 국지적 영역에 중소기업들이 집적하여 상호신뢰를 바탕으로 밀접한 연계를 맺으면서 생산과 분배의 각 단계에서 전문화·분업화를 기반으로 생산활동이 이루어지는 집적지구라고 정의내릴 수 있다. 산업지구에서 주도적 역할을 하는 경제주체는 중소기업가들과 지원 제도이다. 지원 제도에는 기술 표준, 시장 접근성, 그리고 재원조달 등과 같은 외부 정보뿐만 아니라 산업지구 내부에서의 의사소통을 원활하게 하는 관련 서비스도 포함된다. 산업지구론은 거래비용 관점보다는 네트워킹을 기반으로 한 사회적 관점에 초점을 맞추고 있다. 특히, 특정 장소에서 수많은 소규모 동종 업종들이 집적하여 외부경제를 향유하기 위해 기업들 간 협력과 상호의존 및 신뢰를 쌓고 있다. 이러한 기업들 간의 관계가 정보 흐름을 촉진하면서 혁신을 유발하게 된다. 지역의 관습과 협력적 전통도 중소기업들 간 공식적, 비공식적 관계, 그리고 경쟁과 조율 및 거래관계를 안정화시키는 데 중요한 역할을 한다. 기업 간 신뢰가 유연적이고 역동적인 생산양식을 만들어가고 있기 때문에 산업지구를 조직하는 기본 요소는 거래비용보다는 사회적 관계와 네트워크이며, 시장 주도적인 인센티브보다는 집합적 재화에 대한 믿음과 상호 신뢰의 형성이 중요하다. 이와 같이 신산업지구의 경우 기존의 경제적 입지요인뿐만 아니라 사회·문화·제도적 요인에 관심을 두고 있다는 점이 가장 두드러진다. 더 나아가 기업들 간의 상호신뢰를 바탕으로 한 의사소통과 네트워킹이 이루어질 수 있는 지역 내 사회·문화적 환경도 중요시되고 있다.

산업지구는 네트워크 관계 유형을 토대로 마샬(marshall)형, 허브와 스포크(hub and spoke)형, 위성(satellite)형, 첨단기술(technopolis)형 등으로 구분할 수 있다(박삼옥, 1994; Markusen, 1996). 첫 번째 마샬형 산업지구의 특징은 공급자 연계와 고객 연계에서 국지적 네트워크는 강한 반면에 다른 지역과의 네트워킹은 다소 제한적인 유형이다(그림 8-4-가). 국지적 기반을 가진 소기업들이 중심이 되어 공급자와 소비자를 서로 연계시키면서 유연적 생산체계, 기업분화와 창업, 기업 간 하청관계가 이루어진다. 이러한 기업분화와 하청관계는 생산과정의 수직적 분화로 이루어진다. 마샬형 산업지구의 경우 주도적인 기업이 없고 소기업들의 위계적 계층도 존재하지 않는다. 소기업들은 국지화 경제하에서 서로 긴밀한 협력관계를 형성·유지하고 있다. 지방정부, 공공기관, 무역단체, 대학은 산업지구를 유지하고 발전시키기 위한 사업서비스, 훈련, 마케팅을 지원하고 있다.

두 번째 허브·스포크형 산업지구는 선도기업(허브)과 소기업(스포크)들 간에 긴밀한 네트워킹을 구축하고 있는 것이 특징이다(그림 8-4-나). 생산 네트워크의 경우 허브는 공급자 또는 고객이다. 허브는 지역경제에서 중심 역할을 하며 국지적·비국지적 네트워크를 통한 강한 연계성을 기반으로 하고 있다. 산업지구 내부에 있는 소기업들 사이에는 위계적 계층성이 존재한다. 이러한 허브와 스포크형 산업지구에서는 유연적 생산체계와 대량생산체계가 동시에 존재하며, 산업지구 내부의 소기업들 간 협력관계보다는 선도기업과 소기업들 간의 협력관계가 훨씬 더 강하다. 허브·스포크형 산업지구의 경우 국지적·비국지적 산업기반 모두 중요하지만 산업체계가 성숙됨에 따라 국지적 기반이 더욱 중요해진다.

세 번째 위성형 산업지구는 국지적 네트워크는 제한적인 데 비해 공급자와 고객 간 비국지적 네트워크는 강하게 나타난다. 위성형 산업지구는 개발도상국과 선진국의 주변부 지역에서 나타나며, 주로 초국적기업 자회사의 생산시설이 입지하는 경우에 형성되는 산업지구이다(그림 8-4-다). 위성형 산업지구의 경우 대량생산체계가 지배적이고 유연적 생산체계는 매우 미비하다. 개발도상국의 중앙정부는 위성형 산업지구 형성과 발전에 매우 중요한 역할을 하며, 인프라 제공, 훈련 프로그램 운영, 노동력 공급, 조세 감면, 저렴한 공장부지 제공은 외부기업의 고정비용을 절감하는 데 매우 중요하다. 생산연계가 국지적이고 대부분의 기업가와 경영자가 외부 지역 출신이기 때문에 국지적 기반은 거의 중요하지 않은 반면 비국지적 기반은 상당히 중요시되고 있다.

네 번째 첨단기술형 산업지구의 경우 공급자와 고객을 연결하는 국지적·비국지적 네트워킹이 완벽하게 잘 구축되어 있다. 세계적인 차원에서 생산뿐만 아니라 기업활동을 위한 서비스와 기술개발에서도 네트워킹이 이루어지고 있다. 모든 소규모 생산단위와 대규모 생산단위에서 유연적 생산체계가 시행되며, 국지적 기반은 첨단기술형 산업지구를 형성하는 데 중요한 토대가 된다. 기업 간 협력 네트워크를 통해 공동 연구개발, 생산과 서비스의 합작투자, 노동력의 공동 이용, 전략적 제휴가 자주 이루어진다. 대기업과 소기업이 공존하지만, 기업의 계층성은 거의 없다. 산업협회와 지방공공기관은 기업 간 공동작업을 조정하고 사업서비스를 제공하는 역할을 한다. 이러한 첨단기술 산업지구의 대표적인 사례가 캘리포니아의 실리콘밸리이다.

위와 같은 여러 유형의 산업지구는 고정된 형태를 유지하기보다는 생산기술과 산업연계를 통해 다른 유형으로 변화하거나 새로운 유형으로 발전할 수 있다. 마샬형 산업지구는 허브·스포크형 산업지구로 발전할 수 있다. 또한 기업과 산업연계의 변화에 따라 허브·스포크형 산업지구가 위성형 산업지구로도 변할 수 있다. 그러나 마샬형 산업지구가 생산력이 저하되고 경쟁 우위를 유지하는 데 실패하게 되면 쇠퇴할 수도 있다. 허브·스포크형 산업지구와 위성형 산업지구도 국지적 네트워크를 통한 지속적인 시너지 효과가 창출되지 않으면 경제 변화에 적응하지 못하고 쇠퇴할 수도 있다.

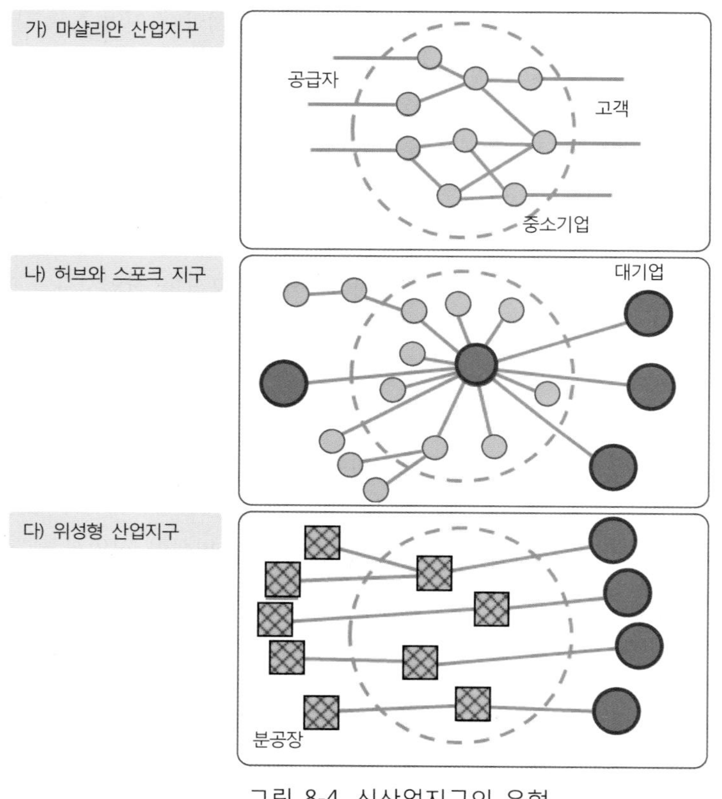

그림 8-4. 신산업지구의 유형

출처: Markusen, A.(1996), p. 297.

3 클러스터와 지역혁신체계

1) 지식기반경제에서 경쟁적 우위를 추동하는 요인들

경제의 세계화가 진전되면서 기업들은 글로벌 차원에서 생산 활동에 필요한 생산요소들(원료, 노동력, 자본)을 조달할 수 있게 되었다. 그 결과 생산요소들이 입지 선정에 미치는 영향력은 크게 줄어들고 있으며, 부존자원이 풍부한 지역의 값싼 원료와 운송비 절감으로 인한 비교 우위성도 점차 약해지고 있다. 따라서 생산요소의 최소 비용에 토대를 둔 전통적, 고전적 입지이론의 설명력도 매우 줄어들고 있다. 전통적 입지이론의 경우 지역의 부존자원에 따른 비교우위성이 중요시되었으나, 부존자원에 기반을 둔 비교우위가 지역의 경제성장에 미치는 기여도는 줄어들고 있다.

Porter(1990)는 「국가의 경쟁적 우위(The Competitive Advantage of Nations)」라는 저서에서 세계 주요 국가들의 무역패턴을 분석하면서 특정 국가의 특정 지역과 특정 업종이 다른 지역들보다 훨씬 더 경쟁력을 지니고 있는 점에 주목하면서 특히 기업의 경쟁적 우위가 국가나 지역경제 발전에 중요한 역할을 하고 있다는 점을 강조하였다. 그는 지역이나 국가의 비교우위를 제공하는 경쟁적 우위요소들(factors for competitive advantages)을 설명하면서 전통적 입지이론에서 초점을 두었던 토지, 상대적 입지, 천연자원, 노동력, 시장(인구 규모) 등은 주어진 천부적 요소(factors endowments)로 지역의 경제발전의 기회를 제공하는 수동적인 요소라고 보았다. Porter는 지속적인 경제성장은 단지 부여받은 생산요소들에 의해 이루어지는 것이 아니며, 전통적 생산 요소들의 풍부함이 오히려 경쟁적 우위를 감소시킬 수도 있음을 언급하였다. 그는 비교우위 개념 대신에 생산성에 영향을 주는 경쟁우위의 개념을 제시하면서, 생산요소의 비교우위보다는 경쟁우위 창출이 훨씬 더 중요함을 강조하였다.

Porter는 지역이나 국가의 경제성장과 경제공간의 변화에 결정적인 영향을 미치고 있는 '경쟁우위(compatitive advantage)' 개념을 내세웠다. 특히 그는 특정 국가에서 특정 산업이 경쟁적 우위를 차지하고 있는 이유를 분석하면서 국가의 정책과 선택에 따라 경쟁우위가 창출될 수 있다고 제안하였다. Porter는 기업들이 어떻게 서로 경쟁하느냐에 대해 관심을 두었으며, 비용 최소화에 근거하여 부여받은 생산요소의 비교우위가 경쟁력을 결정하는 1차적인 요인으로 간주하였다. 그러나 Porter는 세계화가 진전되고 많은 국가들이 세계경제로 통합됨에 따라 부여받은 천부적 요소들의 중요성이 감소되는 상황을 직시하면서 혁신과 전략을 통해 창출되는 경쟁우위 개념은 매우 동태적이라고 보았다.

Porter는 지식기반경제에서 기업의 생산성 향상에 영향을 미치는 네 가지 경쟁우위

요소들을 제시하였다. 그는 10개 국가를 사례로 하여 왜 특정 국가에서 특정 산업이 경쟁적 우위를 차지하게 되었는가를 분석하면서 기업, 공급자, 연관산업, 제도 등이 상호연계된 다이아몬드 모형을 통해 경쟁우위 개념을 설명하였다.

(1) 요소 조건

Porter는 요소 조건으로 전통적인 생산요소들을 손꼽았다. 즉, 토지, 자원, 노동력, 자본들을 포함하여 자연자원, 인적 자원, 자본자원, 물리적 인프라, 행정 인프라, 정보 인프라, 과학·기술 인프라로 유형화하였다. 여기서 자연자원이란 토지, 광물, 목재, 용수 등의 질과 양, 접근성, 비용뿐만 아니라 입지와 기후까지도 고려하고 있다.

인적 자원에도 인력 규모, 기술 수준, 임금, 작업윤리에 영향을 미치는 문화적 요소들도 포함시켰다. 자본자원이란 금융 발달을 위한 자본의 양과 비용 등을 말하여 저축률, 자본 시장구조, 통화 공급과 이자율에 영향을 미치는 정부의 금융정책 등이 포함된다. 한편 물리적 인프라에는 통신과 교통체계 확충과 질적 측면 및 이용 비용이 포함된다. 과학·기술 인프라는 국가에서 공급되는 과학기술에 관한 지식과 실제적인 기술능력을 말한다. 특히 그는 자연자원, 인구, 기후, 위치 등은 기초 요소(basic factors)로 분류하고 교육수준이 높은 인력, 연구개발 능력, 정보통신 하부구조 수준 등은 고차위 요소(advanced factors)로 구분하였다. 지식기반사회로 진전되면서 기초요소의 중요도는 약화되는 반면에 고차위 요소는 경쟁우위를 가져오는 데 중요한 역할을 하는 것으로 보았다.

더 나아가 Porter는 어느 기업이나 쉽게 접근 가능한 미숙련 노동자, 원자재 등과는 달리 숙련 노동자, 자본, 정보통신 인프라를 포함하는 특화요인(specialized factors)이 경쟁우위를 창출한다고 전제하였다. 그러나 이러한 요인들이 특화되기까지 상당한 시간과 지속적인 투자가 요구되며, 특화요인들은 쉽게 복제하기 어렵기 때문에 특화요인을 갖추지 못한 기업에 비해 경쟁우위를 누릴 수 있게 된다고 보았다.

(2) 수요 조건

다이아몬드 모형에서 Porter가 제시하고 있는 수요 조건이란 국내(지역)시장의 특성과 관련된 것으로, 구매자의 수요 특성, 국내시장 유형과 시장의 성장, 국내 소비자의 선호도가 해외시장에 미치는 영향력 등을 포함한다. 특히 Porter는 국내 수요시장의 중요성을 강조하였는데, 이는 자국에서 특정 상품에 대한 수요가 매우 높을 경우 기술혁신을 통해 신상품 개발이나 품질 향상을 통해 지속적으로 경쟁력을 향상시키기 때문이다. 그 결과 국내에서 수요가 높은 제품을 생산하는 기업일수록 세계적으로도 경쟁우위를 지닐 가능성이 높아지며, 특정 기업이 세계적인 차원에서 경쟁우위를 가지는 데 있어서 이러한 수요 조건은 매우 중요하다.

(3) 연관산업과 지원산업

Porter는 특정 지역에 해당 산업과 연관성이 높은 업종이나 또는 지원 산업이 발달하는 경우 집적경제 이점을 누리게 되며, 이는 특정 기업에게 경쟁우위를 누리게 되는 기회를 제공한다고 보았다. 특히 전·후방 연계산업들이 공간적으로 근접해 입지하는 경우 정보교환이 용이하고 아이디어와 혁신의 상호교류를 촉진시켜 기술혁신이 빠르게 이루어지게 된다. 전·후방 연계산업이 집적해 있어 경쟁우위를 누리고 있는 대표적인 사례로 실리콘밸리를 들 수 있다. 실리콘밸리에는 반도체, 컴퓨터, 항공산업 등과 같은 연관산업이 입지해 있으며, 이들을 지원하는 대학과 연구기관과의 연계 속에서 지속적인 기술혁신을 통해 세계적인 첨단산업의 집적지로 발달하고 있다. 따라서 특정 지역이 경쟁우위를 누리기 위해서는 경쟁력 있는 특정 산업의 입지 및 연관된 산업과 지원 산업의 집적이 필수적이다. 일례로 인터넷 산업이 발달하기 위해 광섬유 산업의 발달이 뒷받침되어야 하며, 컴퓨터 산업이 발달하기 위해서는 반도체 산업과의 연계성도 필수적이다.

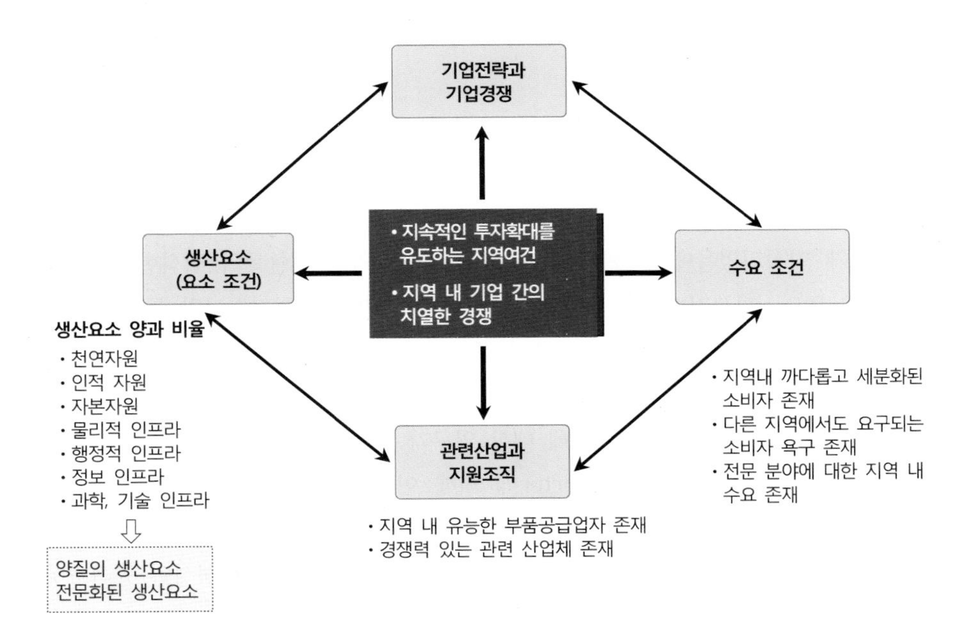

그림 8-5. Porter가 제시한 입지적 경쟁우위를 가져오는 요소들
출처: Porter, M.(2000), p. 258.

(4) 기업의 전략 및 경쟁

Porter는 경쟁우위를 창출하는 데 있어 기업의 중요성을 강조하였다 특히, 기업의 비전과 목표, 경영체계 등은 기업의 경쟁력을 확보하는 데 매우 중요한 요소가 된다고 보았다. 그의 견해에 따르면 기업의 단기적·장기적인 전략, 기업의 외부화·내부화 구조 및 기업의 경쟁 상태도 매우 중요하다. 기업이 매우 치열한 경쟁 환경에 놓이게 될 경우 기업은 살아남기 위해 생산성과 혁신을 높이기 위한 강한 압박을 받게 되며, 이는 기업의 자구적 노력을 유발하게 되어 궁극적으로 기업은 경쟁적 우위를 차지하게 된다는 것이다.

Porter의 다이아몬드 모델에서 정부는 촉매제 또는 도전자로서의 역할을 수행하게 된다. 정부는 심화되어 가는 경쟁 환경에서 기업이 높은 수준의 성과를 낼 수 있도록 독려하거나 때로는 압력을 가할 수 있다. 정부는 기업이 성과를 향상시킬 수 있는 환경을 조성하기 위해 첨단제품에 대한 초기 수요를 자극하거나 특화 요인을 창출하도록 격려하고 불공정거래를 규제함으로써 공정한 시장 환경에서 기업 간 경쟁관계를 자극하고 기업들을 독려한다. Porter는 국가나 지역의 경쟁우위는 앞에서 기술한 네 가지 상호연계된 경쟁요인과 다이아몬드 클러스터 내에 있는 기업 활동에 의해 좌우되지만, 정부의 정책이나 유인 전략 등도 영향을 미친다고 보았다.

2) 클러스터의 구성 요소와 클러스터의 역동성

(1) 클러스터의 개념과 구성 요소

정보통신기술의 발달로 거리 마찰과 교통비가 상당히 줄어들면서 전 세계적으로 접근성이 크게 향상되었음에도 불구하고 특정 지역으로의 경제활동의 집적현상이 두드러지게 나타나고 있다. 지식기반경제에서 나타난 가장 큰 변화는 클러스터의 등장이다. 클러스터에 대한 관심은 1970년대 말부터 유럽 산업지구에 대한 관심에서 시작되었고, 1980년대 들어와 제3이탈리아, 실리콘밸리, 바덴-뷔르템베르크를 비롯하여 각 국가마다 독특한 새로운 산업지구들이 형성되면서 이에 대한 연구가 활성화되었다.

클러스터의 이론적 토대는 Porter에 의해 이루어졌다고 볼 수 있다. Porter는 특정 국가에서 특정 산업의 성공 요인이 무엇인가를 밝히는 과정에서 상호보완성을 기반으로 연계되어 있는 연관기업들과 관련 기구들이 지리적으로 인접하여 형성된 클러스터가 경쟁력의 원천이라고 평가하였다. Porter의 클러스터 이론은 다이아몬드 모형으로 표출되었다. Porter의 견해에 따르면 경쟁우위는 주어지는 것이 아니라 창출되는 것이며, 국가 및 지역의 정책과 선택에 따라서도 경쟁우위도 달라진다. '클러스터'는 특정 산업과 상호 연관된 기업들과 기관들이 근접하여 집적된 지구로, 특히 산업클러스터는 연계 기업들과 함께 부품, 기계, 서비스, 인프라 공급자들, 그리고 정부 부문과 대학, 연구소, 교육훈련기관 및 제도적 환경이 갖추어져 있다. 즉, 클러스터는 특정 혹은 연관 산업분야의 기업들과 관련 활동들이 집적지구 내에서 분업 및 상호 연계가 고도화되어 있는 경우를 지칭한다(권오혁, 2017). 이렇게 특정 분야에서 연관된 산업 및 기관들이 공간적으로 집적하여 서로 경쟁하면서 유기적인 협력관계 구축을 통해 혁신의 창출, 활용, 확산이 용이해지는 집적지를 클러스터라고 정의할 수 있다. 클러스터의 지리적 범위는 상당히 다양할 수 있으며, 경제주체도 전략산업 및 전후방 연관기업, 전문 공급자, 대학, 싱크탱크, 연구개발기관, 사업서비스기업, 직업훈련소, 연구 및 기술을 지원하는 정부기관도 포함된다.

일단 클러스터가 형성되면 양질의 투입요소와 적절한 서비스를 전문화된 공급업체로부터 공급받을 수 있으며, 암묵적 지식과 기술의 교환을 통해 혁신 창출과 제품 개선이 이루어지게 되며, 클러스터 내부 기업들은 집합적 부를 공유하면서 경쟁력을 향상시키게 된다. 특히 클러스터는 단순한 경제활동의 집적이 아니라 다양한 경제주제들 간 네트워킹을 통해 생산비용과 거래비용을 절감할 뿐만 아니라 정보, 기술, 지식이전, 집단학습 등을 통해 역동성을 키워가는 집적지이다. 이런 관점에서 볼 때 Porter의 클러스터 개념은 산업 집적지구와 관련된 다양한 개념들 가운데 가장 포괄적이며, 광의적이라고 볼 수 있다.

클러스터 구성요소는 세 가지 영역으로 구분하여 볼 수 있다. 첫째, 가장 핵심을 이루는 요소는 지역전략산업 및 연관산업 혹은 지식기반산업이 입지하여야 한다. 둘째, 지역의 지식기반환경 및 혁신환경으로, 지식 및 기술 인프라, 공식적·비공식적 모임, 기업지원제도 및 시설, 물리적 인프라가 잘 구축되어야 한다. 셋째, 전략산업과 혁신환경이 상호연계되어 시너지를 창출하기 위한 공식적·비공식적 네트워킹이 활성화되어야 한다.

Porter(2000)는 다이아몬드 모형을 구성하는 네 가지 요인을 추동시키고 클러스터의 발전과 방향에 영향을 주는 민간 부문과 공공 부문의 역할도 상당히 강조하였다(그림 8-6). 클러스터의 경쟁력 향상을 위해 민간부문과 공공부문에서 담당할 수 있는 역할들을 보면 다이아몬드의 네 가지 요인 모두에서 필요로 하고 있다. OECD(1999)에서는 클러스터의 형성 배경과 요인에 대해서 다음과 같이 기술하고 있다. 클러스터는 단 기간 내에 형성되는 것이 아니라 장기간 축적과정을 거쳐 형성되기 때문에 지역의 특수적이고 맥락적인 특성이 매우 중요하다. 또한 다수의 기업이 존재하고 기업가 정신과 규모경제 및 범위경제를 달성할 수 있는 업체들이 존재하여야 한다. 그리고 해당지역에 다양하고 세분화된 수요자(소비자)가 충분히 존재하여야 한다. 특히 적정한 구매력은 기술혁신을 유발하는 요인으로 작동하게 된다. 또한 경제주체들 간 경쟁과 협력의 균형을 이루어져야 하며, 소재, 부품, 자본재 등에서 연계성이 높은 공급업체가 존재하고, 유연한 조직과 경영문화, 우수한 인력을 공급하는 대학 및 지원기관들과의 협력도 필수적이다.

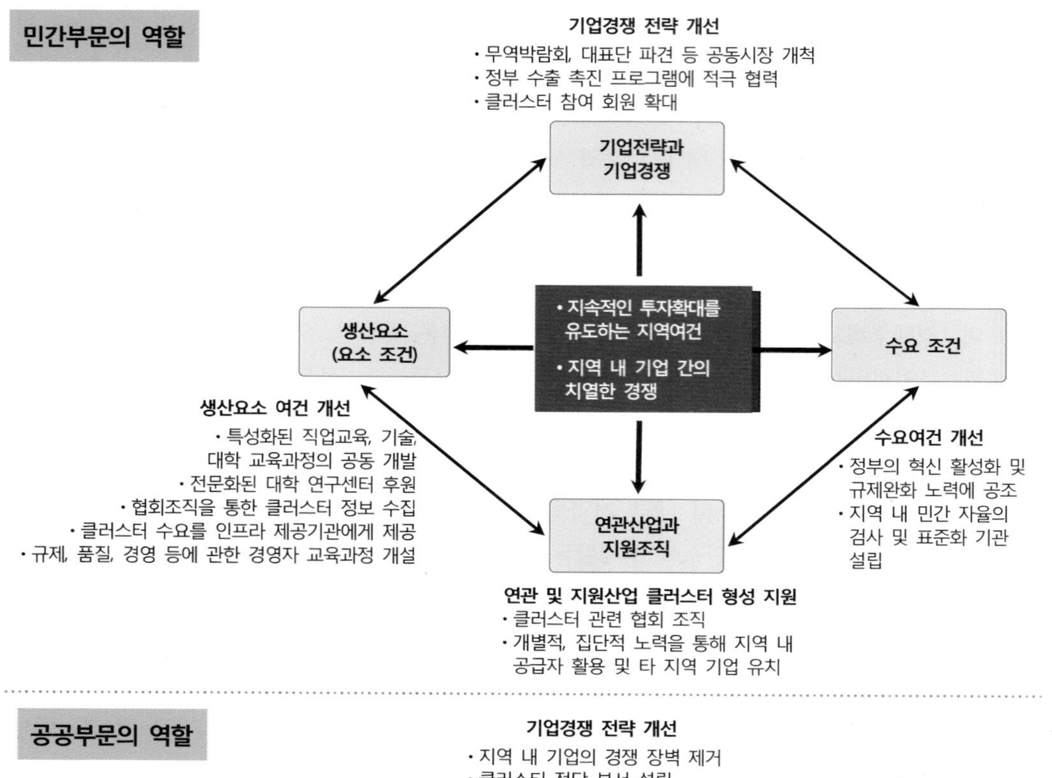

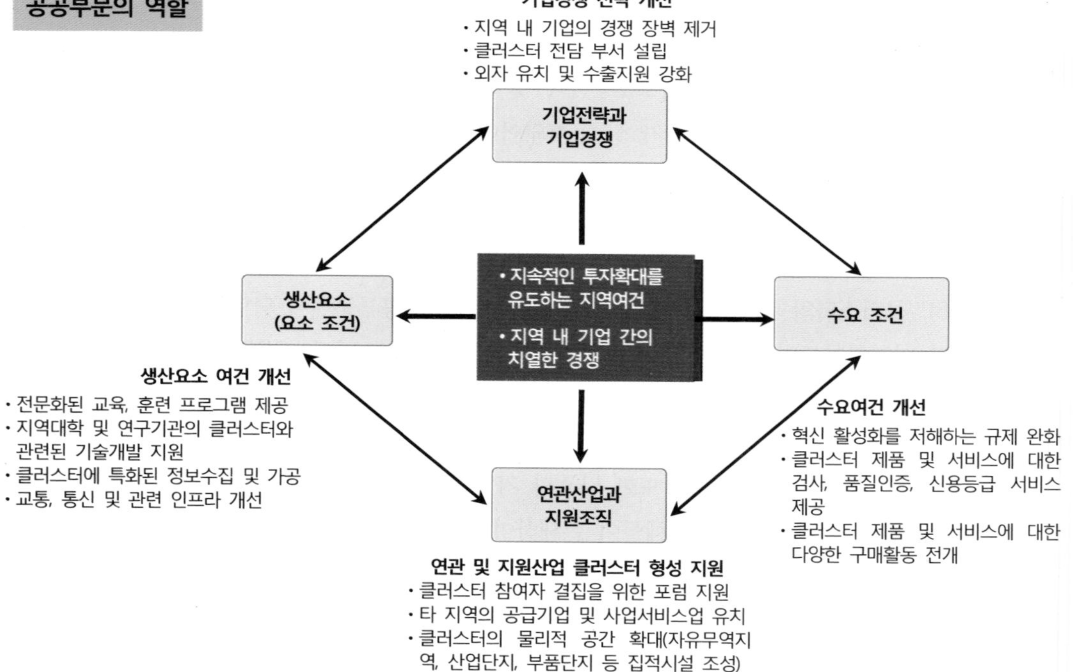

그림 8-6. 클러스터 활성화를 위한 민간, 공공부문의 역할
출처: Porter, M.(2000), pp. 269-270 내용을 정리.

(2) 클러스터의 유형

클러스터를 유형화하려는 연구들이 상당히 이루어졌으나, 아직까지 클러스터유형을 분류하기 위한 세부적 기준은 마련되지 못한 편이다. Gordon & McCann(2000)은 산업클러스터의 유형을 순수집적형(pure agglomeration), 산업단지형(industrial complex), 사회 네트워크형(social network)으로 나누었다. 장재홍(2003)도 산업집적, 산업클러스터, 혁신클러스터로 구분하였다. 클러스터 유형 분류에서 공통적으로 나타나고 있는 중요한 기준은 네트워크 수준이다. 즉, 클러스터 내에서 기업 및 유관기관들 간에 이루어지는 네트워크의 강도와 밀집 정도에 따라 클러스터를 유형화하고 있다(표 8-1 참조).

산업클러스터의 특징을 보면 특정 제품군의 공급체인과 관련 산업들이 특정 공간에 집적하여 이들 산업 간에 네트워킹뿐만 아니라 이들 산업을 지원하는 다양한 관련 주체들(지원서비스 제공 기업, 협회, 연구소, 대학, 정부기관 등) 간에 공식적·비공식적 네트워킹과 협력관계가 형성되어 기업들의 혁신능력과 경쟁력이 상호 상승적으로 성장하거나 성장잠재력을 갖고 있다. 한편 혁신클러스터는 지역 내 경제주체 간 새로운 기술과 혁신에 대한 집단학습 및 기업 간 기술인력의 이전 등을 통해 조직적·문화적 근접성이 학습능력으로 발전하고, 집단학습을 통해 형성된 잠재적 혁신능력이 실질적인 성과로 전환할 수 있도록 지원하는 각종 혁신지원체계가 구축되어 있는 경우에 해당된다. 따라서 산업클러스터가 혁신클러스터로 발전하기 위해서는 집단학습과 혁신지원체계 구축이 무엇보다도 우선시되어야 함을 시사해준다.

표 8-1. 산업집적지, 산업클러스터, 혁신클러스터의 비교

구 분	개 념
산업집적지 (industrial agglomeration)	특정 산업 내의 가치사슬(원료 및 중간재 공급업체와 제품 수요 업체 간의 수급관계)이나 산업 간의 유기적인 연관관계가 형성되어 있지 않은 상태로 다수의 기업들이 일정지역에 단순하게 입지해 있는 상태
산업클러스터 (industrial cluster)	특정 산업 내의 가치사슬과 관련 산업 간의 연관관계 속에서 상호 유기적인 분업 및 협력관계를 맺고 있는 다수의 기업들이 일정지역에 입지해 있는 상태
혁신클러스터 (innovative cluster)	혁신 관련 행위주체들, 즉 기업뿐만 아니라 연구소, 대학, 기업지원기관, 금융기관 등이 일정 공간 또는 지역 내에 입지하여 상호 협력 시스템을 구축한 상태

출처: 장재홍(2005), p. 80.

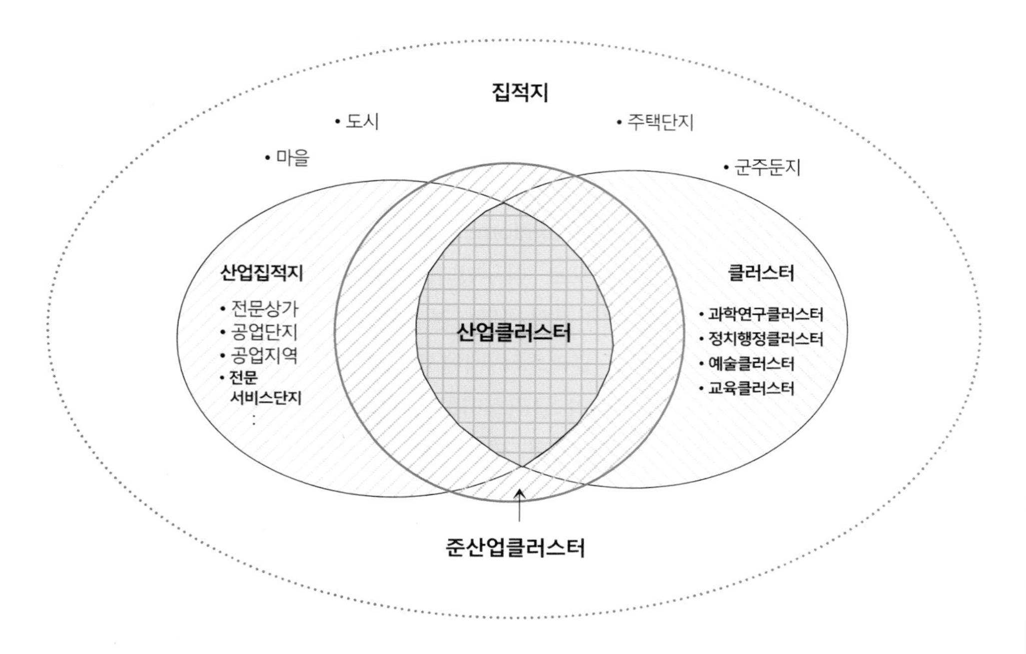

그림 8-7. 산업클러스터와 산업집적지, 각종 클러스터와의 관계
출처: 권오혁(2017), p. 68.

산업집적지와 산업클러스터, 그리고 각종 클러스터와의 관계를 도식화하면 그림 8-7과 같다. 클러스터는 단순히 모여있는 산업집적지에 포함되지만, 공업단지나 공업지구들과의 가장 큰 차이점은 기업 간 연계성이 크며, 높은 수준의 상호 분업 및 제도적 착근성이 뿌리내려 있다. 공업단지의 경우 대규모 토지개발을 통한 산업용지 공급과 인프라 제공 등을 통해 규모경제와 집적경제를 통해 비용 절감을 가져오지만, 연관 산업들 간에 물적, 기술적, 인적 연계성은 다소 낮은 편이다. 또한 산업클러스터는 특정 분야의 활동들이 지리적으로 집적하여 긴밀한 네트워크를 이루고 있는 다양한 클러스터(과학연구, 정치행정, 예술, 교육 클러스터)와도 구분된다. 한편 산업집적지로서 전문화 강도가 높지 않고 기업 간 연계와 분업이 덜 활성화된 경우 준산업클러스터라고 볼 수 있다(권오혁, 2017).

그러나 Porter가 제시한 클러스터 개념은 매우 다층적이며 애매모호한 면이 있고, 클러스터 이론의 핵심 개념인 경쟁우위도 지나치게 일반적이며, 클러스터의 다양성에 대한 관점이 매우 부족하다는 비판을 받고 있다(Martin & Sunley, 2003). 또한 클러스터 모델은 기술발전의 원천, 생산의 사회적 뿌리내림, 그리고 네트워크 연계성 등과 같은 복합적이고 비가시적인 관점보다는 가시적으로 나타나는 부문에만 초점을 두고 있으며, 주로 상당한 성과를 거두고 있는 클러스터 사례들만 부각시키고 있다는 점도 비판의 대상이 되고 있다(Yla-Anttila, 1994).

(3) 클러스터의 역동성과 진화

클러스터에 대한 연구가 활발하게 이루어지기 시작한 1990년대 초반 클러스터와 관련된 이슈는 성공 사례에 초점을 두고 클러스터의 형성 과정 및 성공 요인을 파악하는 것이었다. 그러나 1990년대 후반부터 클러스터 관련 연구는 클러스터의 성장뿐만 아니라 쇠퇴에도 관심을 가지기 시작하였다. 이는 성공적인 클러스터로 간주되었던 독일의 바덴-뷔르템베르크와 미국의 Route 128과 같은 클러스터들이 쇠퇴하는 현상이 관찰되었기 때문이다(Grabher, 1993; Saxenian, 1994).

클러스터의 형성과정과 클러스터의 성장과 쇠퇴에 관심을 갖게 되면서 진화론적 접근 방법이 주목을 받고 있다. 진화경제학이 경제지리학에 도입된 이후 진화론적 접근은 Boschma & Lambooy(1999a), Hassink(1997) 등에 의해 산업입지에 적용되기 시작하였다. 특히 Hassink(1997)는 새롭게 형성된 클러스터도 시간이 지나면서 초기의 전문화되고 잘 갖추어진 인프라, 조밀한 네트워크, 정책적 지원, 산업문화와 분위기 등의 이점이 유지, 지속되지 못하면서 진화과정을 거치게 된다는 견해를 처음으로 피력하였다. 클러스터 쇠퇴 연구에서 진화론적 관점을 도입하는 이유는 클러스터 쇠퇴의 핵심 원인을 제시하고 있을 뿐만 아니라 새로운 발전경로 방향도 제시하기 때문이다. Capello(1999)도 혁신과정은 안정적 노동시장과 중소기업 간 연계로 인하여 긍정적인 피드백은 지속되며 혁신의 시너지가 강화되는 경향을 나타내지만, 지식의 동질성이 좁고 특수 경로의 기술궤적으로 인해 고착화될 위험요소가 있음을 언급하였다.

Martin & Sunley(2011)은 적응주기모델(adaptive cycle model)을 이용하여 클러스터의 역동성과 클러스터의 진화 과정을 설명하였다(그림 8-8). 클러스터의 성장과 발전은 핵심자원(생산자본, 지식자본, 제도자본 및 관련 연구기관 등)의 축적을 통해 이루어지며, 이를 통해 시스템 구성요소들 간 연결성(클러스터 내 기업들 간 거래/비거래 상호의존성)이 증가하고 지역에 기반을 둔 기업들 및 유관기관들과의 상호의존성이 증가한다. 하지만 상호의존성이 일정수준 이상으로 증가되고, 지나친 분업화가 발생하게 되면 클러스터의 회복력(기업이 클러스터의 내·외부 충격에 유연하게 대응할 수 있는 능력)을 약화시키게 된다. 이러한 상황에서 외부충격이 가해지는 경우 해당 클러스터는 적응하지 못하고 해체(폐업, 투자 중단, 정체 등)되면서 클러스터가 쇠퇴하게 된다는 것이다.

그러나 클러스터는 해체 이후 3가지 경로로 진화될 수 있다. 그림 8-9에서 볼 수 있는 바와 같이 클러스터가 쇠퇴하면서 새로운 로컬 클러스터가 나타나지 않고 사라지는 경로(A), 살아남은 기업을 중심으로 혁신을 통해 제품 및 생산성 향상으로 구조조정에 성공하는 경로(B), 남은 자원을 기반으로 새로운 클러스터로 대체되어 다른 유형의 전문성을 가진 새로운 기업들이 출현하는 경로(C)로 나갈 수 있다(그림 8-9).

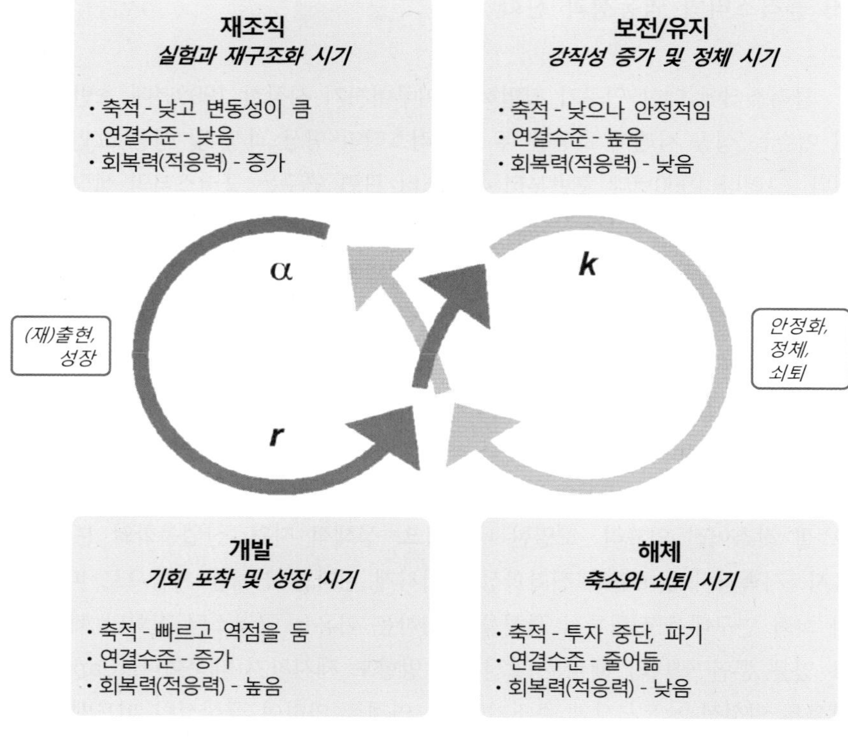

그림 8-8. 복잡체계진화의 적응주기 모델
출처: Martin, R. & Sunley, P.(2011), p. 1307.

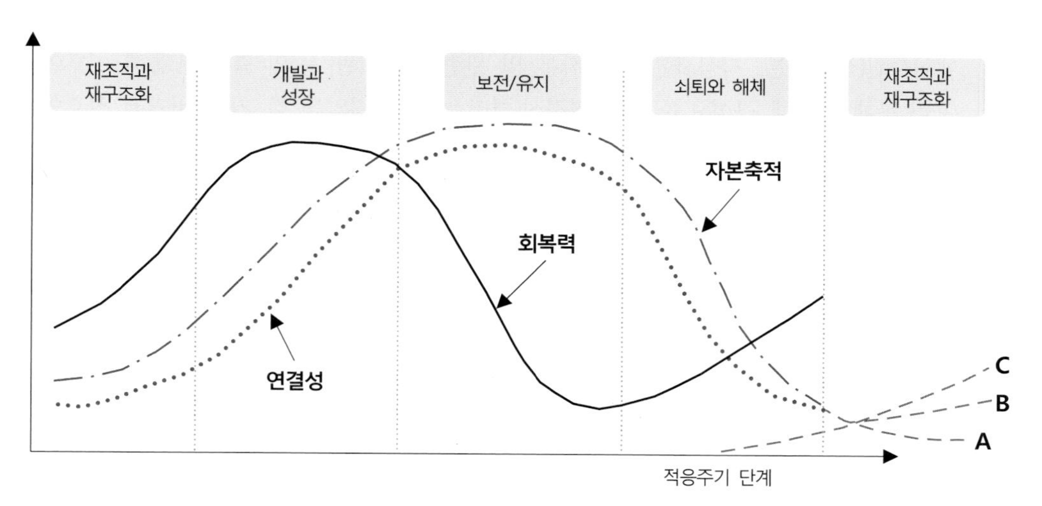

그림 8-9. 클러스터의 적응주기에서 자본축적, 연결성, 회복력의 진화 과정
출처: Martin, R. & Sunley, P.(2011), p. 1307.

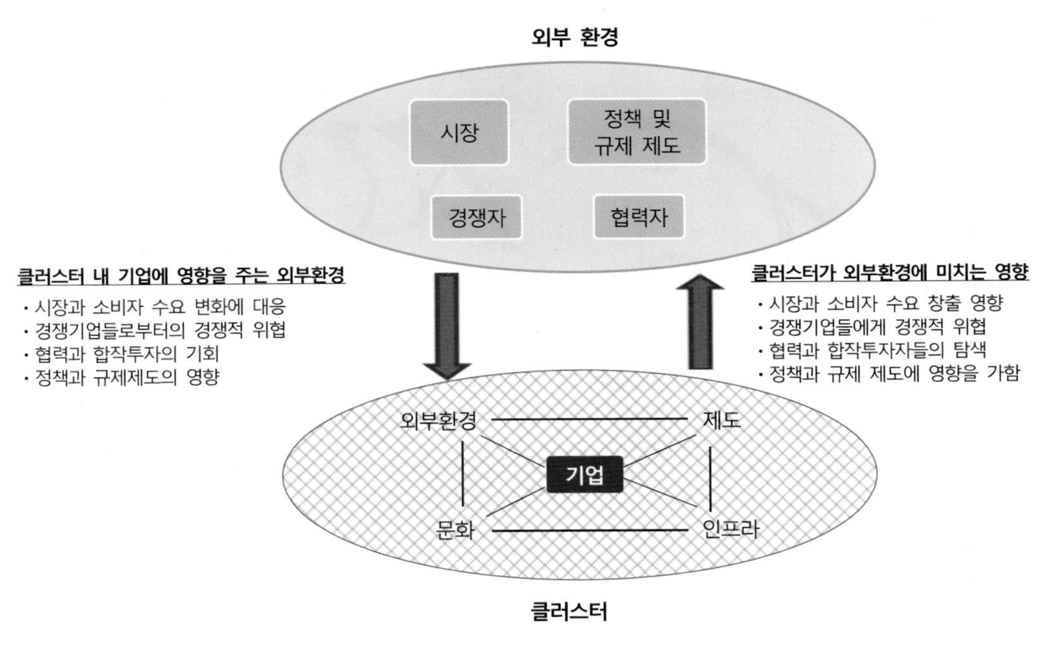

그림 8-10. 클러스터와 외부 환경과의 상호 작용
출처: Martin, R. & Sunley, P.(2011), p. 1311.

클러스터는 외부환경에 영향받을 뿐만 아니라 해당 기업의 활동이 외부환경에 영향을 미칠 수 있다. 해당 클러스터가 영향받게 되는 외부 환경은 생산되는 제품 또는 서비스에 대한 글로벌시장과 소비자의 수요 변화, 경쟁기업들과의 경쟁, 협력과 합작투자의 기회 포착, 다양한 정책(국가적 및 국제적 수준의 무역 및 경제 정책) 등이다. 반면에 해당 클러스터에 입지한 기업들도 역방향으로 외부 환경과 상호작용하게 된다. 이와 같이 클러스터와 외부환경과의 관계는 양방향의 복잡한 적응시스템이라고 볼 수 있다(그림 8-10).

Martin & Sunley(2011)는 클러스터와 외부 환경 간의 양방향 상호작용이 일어나는 경우 클러스터의 발달과정은 다소 복잡한 6가지 경로의 진화 궤적을 지니는 진화모델로 수정하였다(그림 8-11). 수정된 진화모델에 따르면 클러스터는 차별화된 발전궤적을 보일 수 있으며, 지속적인 적응과 변이를 거치고 혁신을 통해 쇠퇴주기로 넘어가지 않는 안정화 궤적을 유지할 수 있다($\alpha-r-k-\Omega$). 또한 클러스터의 안정화 단계 이후도 다양한 발전궤적으로 나갈 수 있다. 즉, 안정화 단계 이후 회복력과 유연성을 유지하며 쇠퇴 발생 전 구조조정에 성공하여 새로운 알파(α)단계에 진입하는 경우; 쇠퇴단계로 진입하여 과도한 상호연결과 락-인으로 인해 클러스터가 소멸단계로 진입하는 경우; 쇠퇴단계에 진입하지만 락-인 문제를 극복하고 성공하여 알파단계에 진입하는 경우이다. 이와 같이 클러스터의 발전 경로는 적응력에 따라 상당히 다른 궤적을 갈 수 있음을 시사해준다.

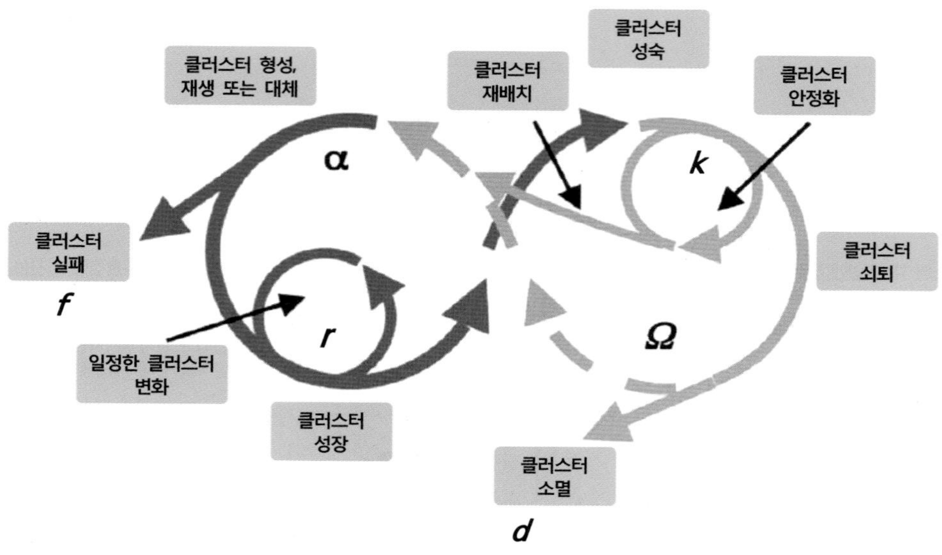

그림 8-11. 수정된 클러스터 적응주기 모델
출처: Martin, R. & Sunley, P.(2011), p. 1312.

이와 같은 진화론적 관점에서 클러스터에 대한 논의는 두 가지로 요약될 수 있다. 첫째, 클러스터는 쇠퇴하지만 쇠퇴 이후에 구조조정이 가능하다. 둘째, 클러스터의 형성에서부터 쇠퇴에 이르는 과정은 경로의존적이고 특수성을 지니며, 클러스터 진화과정에서 경제주체들의 네트워크가 중요한 역할을 담당한다. 특히 클러스터의 쇠퇴는 경로의존성(path-dependency)과 락-인(lock-in)의 개념을 통해 설명되고 있다. 만약 혁신이 제품보다 생산 공정에 치우치거나 다양성이 적고 특정기업의 영향력이 강한 경우 기존의 네트워크 구조를 고착화시켜 적응능력을 떨어뜨리게 된다는 점을 강조하고 있다.

경로의존성은 진화경제학에서 클러스터의 쇠퇴를 설명하는 핵심으로, 구조조정의 접근방향을 제시해주는 개념이다. 여기서 발전경로란 특정 행위자들의 선택경로를 다른 행위자들의 반복적 사용과 피드백을 통해 만들어지는 자기강화 프로세스를 가지는 것을 말하며, 따라서 외부 개입요인이 없이는 해당 경로에서 탈출하기 어려운 상태에 도달하게 된다(Greco & Di Fabbio, 2014). 만일 클러스터가 집단학습을 통한 암묵지의 교환과 지식의 축적이 기존 경로에 과도하게 집중되는 경우 지식, 기술, 시장, 공급자, 네트워크가 동질화되어 구조조정 및 새로운 발전경로를 창출하지 못하게 되는 경우 경로의존성이 강하다고 볼 수 있다(Boschma & Ramboov, 1999b). 특히 기술적인 경로의존성이 강할 경우 효과적인 대안이 있음에도 불구하고 기존의 기술을 계속 이용하게 되며, 산업입지상의 경로의존성이 강한 경우 지역 내 투자 및 학습과 협력에 있어 기존의 방식을 고수하게 된다. 따라서 이러한 경로의존성은 외부 환경과의 상호작용 속에서 나타나며, 해당 클러스터의 역사적이고 장소특수적인 특징을 갖는다.

3) 지역혁신체계론

(1) 지역혁신체계의 등장 배경

경제의 세계화는 기업·지역·국가 간 경쟁을 가속화시키고 있으며, 경쟁이 심화되면서 기존의 요소투입형 경제성장에서 혁신지향적 경제성장으로 전환되고 있다. 지식기반경제에서 지역 경쟁력의 원천은 혁신의 창출에 달려있으며, 혁신은 기업 간, 기업과 연구소와 대학 간, 기업과 공공부문 간의 상호작용 및 학습과정에서 이루어지는 것으로 알려지고 있다. 이에 따라 지역혁신체계(regional innovation system)를 구축하려는 시도들이 나타나게 되었다. 지역혁신체계는 지식을 창출하는 혁신주체의 역량 확충, 혁신 인프라 구축, 효율적인 거버넌스 형성 등을 기반으로 혁신에 체계적으로 접근하고자 하는 것이라고 볼 수 있다. 즉, 지역혁신체계 구축은 혁신을 강조하고 지역 내 체계적인 혁신을 가능하도록 추동하는 제도적·문화적 환경을 구축하여 혁신 잠재력을 높이려는 데 목적을 두고 정책적 차원에서 이루어지고 있다. 특히 지역 내 혁신 창출을 위한 제도적 장치를 잘 마련해준다면 지역의 혁신 잠재력과 혁신 역량이 높아져 지역 경쟁력을 강화할 수 있을 것이라는 기대 하에서 적극적으로 도입하기 위한 노력을 기울이고 있다.

지역혁신체계를 정책 도구로 활용하게 된 것은 특정 부문에 대한 생산요소 투입에 의해서 생산성이 향상되고 경제가 성장하는 것이 아니며, 지역 내 혁신주체들 간 네트워킹을 통한 공동 집단학습을 통해 혁신이 이루어지면 경제성장을 추진하게 된다는 매력 때문이라고도 볼 수 있다. 1990년대 후반 산업 집적 및 클러스터 이론과 혁신체제론은 네트워크 이론을 강조하면서 지역혁신체계론으로 발전하였다. 즉, 클러스터 이론과 혁신체제론이 결합되고 클러스터 발전을 위한 제도적 틀로서 지역혁신체계가 등장하였다(김선배, 2001). 지역혁신체계론이 형성되기까지 이와 관련된 이론들을 보면 그림 8-12와 같다. 1990년대 이후 클러스터 이론과 혁신체계론은 네크워크론을 매개로 하여 결합하여 지역혁신체계로 발전하였다. 이 그림에서 볼 수 있는 바와 같이 지역혁신체계론은 지금까지 제시되었던 각종 산업입지론과 핵심 개념들이 통합적으로 총체화되어 나타난 이론이라고 볼 수 있다. 특히 산업클러스터를 효율적으로 작동하기 위한 제도적 틀로서 지역혁신체계가 중요시되고 있다. 산업클러스터의 효율적 작동에 필요한 혁신체계는 상호의존적 특성을 갖고 있기 때문에 지역 차원에서 노동시장, 관습, 규범 및 가치 등의 제도적 틀을 지역 단위에서 구축하고자 하는 것이다.

그러나 지역혁신체계보다 먼저 혁신시스템을 국가경제정책에 도입하려는 국가혁신시스템이 등장하였다(Lundvall, 1992; Nelson, 1993). 국가혁신체계는 지식의 창출, 확산, 활용을 효율적으로 하도록 국가 차원에서 제도적인 뒷받침을 하려는 데 그 목적을 두었다.

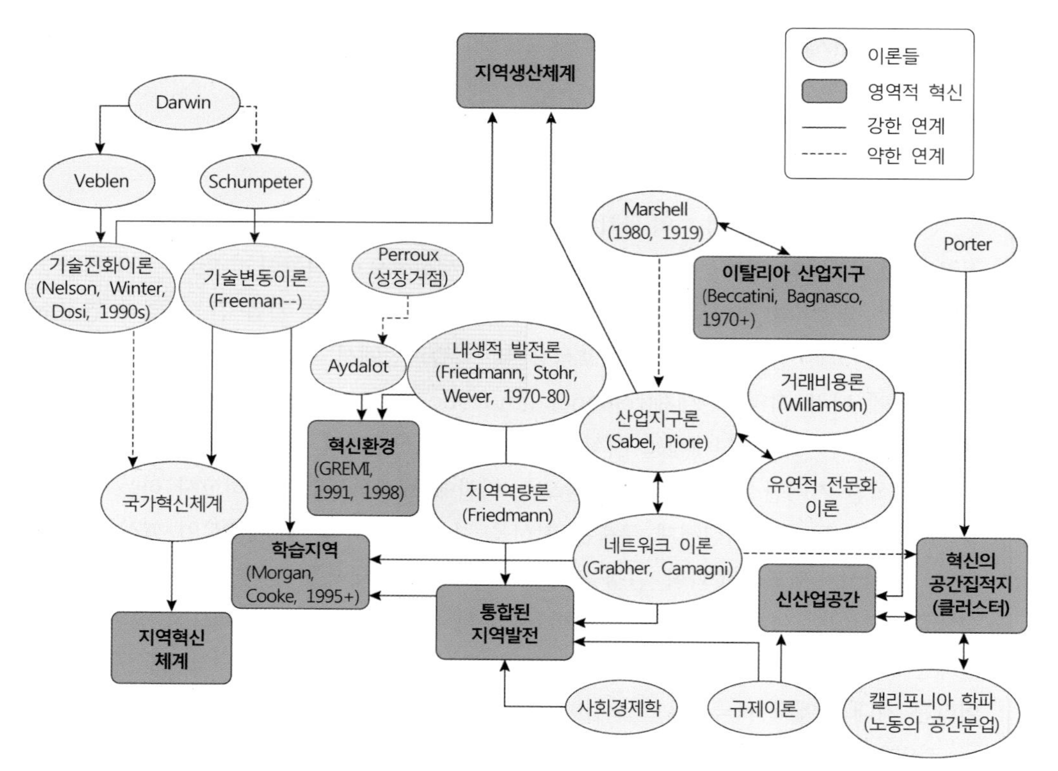

그림 8-12. 지역혁신체계론에 대한 이론적 기초와 발달과정
출처: Moulaert. F. & Sekia. F.(2003), p. 295.

즉, 한 국가 내에 있는 대학, 연구소, 기업 등 지식활동주체들이 얼마나 효과적으로 지식을 획득하고 새로운 지식을 창출하고 있으며, 또한 창출된 지식이 이를 필요로 하는 사회의 다른 부문에 효과적으로 확산되어 활용되는가에 초점을 두고 있다. 따라서 국가혁신체계에서는 국가를 하나의 동질적 구성체로 보고 국가단위에서의 혁신시스템을 구축하고 활성화하려는 정책을 펼치고 있다. 국가혁신체계의 경우 경제정책의 적정한 단위를 국민국가로 보고 있는데, 이는 국가 간에 문화, 제도, 역사적 전통 등 혁신의 배경이 되는 여건들이 다르기 때문이다(Freeman, 1987; 1995).

그러나 1990년대 초반 Cooke(1998)을 비롯한 여러 학자들이 비동질적 지역들의 집합체인 국가를 하나의 단위로 하여 혁신시스템을 구축하는 것은 비현실적이라는 비판을 하게 되었다. 특히 암묵지의 교환이나 비교역적 상호의존 관계를 구축하기 위해서는 경제주체 간 지리적 근접성이 중요하다는 점이 인식되면서, 상호 신뢰관계 구축과 혁신네트워크의 형성을 위해 보다 적합한 공간 영역은 국가가 아닌 지역이라는 점이 강조되면서 지역혁신체계가 등장하게 되었다.

지역혁신체계 구축을 통해 경쟁우위를 창출하도록 하는 정책 수립이 특히 주목을 받게 된 것은 지역 경쟁력이 경제주체들과의 긴밀한 연계를 통해 암묵적 지식과 정보를 창출, 확산, 활용할 수 있는 능력에 좌우된다는 이론들이 뒷받침하기 때문이라고 볼 수 있다. 따라서 지역혁신체계의 경우 지역경제에 파급효과가 큰 특정산업을 중심으로 개별 기업의 발전을 도모하기보다는 지역의 경쟁력을 높이기 위해 대기업과 중소기업, 중소기업과 중소기업, 공공부문과 민간부문의 파트너십을 강화시키는 데 역점을 두고 있다.

(2) 지역혁신체계의 개념과 특징

지역혁신체계란 혁신에 기반을 둔 집단학습 및 지식의 창출과 확산 등 혁신과정의 단위로 지역이 가장 적합하다는 전제 하에서, 지역 내 혁신주체들이 연구개발, 생산과정 등 다양한 분야에서 상호협력하고, 공동학습을 통해 혁신을 창출하여 지역발전을 도모하기 위한 유기적인 시스템이라고 정의할 수 있다(김윤희, 2006). 즉, 지역 내 혁신주체들 간의 신뢰를 토대로 지식의 창출, 확산, 활용도를 높이기 위한 일련의 협력시스템이다. 따라서 지역혁신체계는 그림 8-13에서 볼 수 있는 바와 같이 산업클러스터를 포함한 금융 및 제도적 환경, 지식하부구조, 생산의 특화구조, 수요구조 등을 바탕으로 다양한 경제주체들이 지역의 생산과정이나 새로운 기술과 지식의 창출, 교류, 확산과정에서 상호 협력함으로써 혁신을 가능케 하는 집합적 시스템이라고 볼 수 있다. 이와 같이 지역혁신체계란 지역의 혁신능력을 증가시키기 위하여 적실한 제도적 조건들을 창출하고 기업, 연구기관, 대학, 혁신지원기관, 중앙 관련부처, 은행, 지방정부가 지역의 내재화된 제도적 환경을 통해서 상호작용적 학습에 참여하는 체제이다.

지역혁신체계론의 주창자인 Cooke(1998)은 '지역혁신체계'란 기업과 다른 조직들이 뿌리내림에 의해 특징지어진 제도적 환경을 기반으로 상호작용적 학습을 통해 제품, 공정, 지식의 상업화를 촉진하는 기업과 제도들의 네트워크라고 정의하면서, 지역혁신체계의 구성요소를 상부구조와 하부구조로 구분하였다. 하부구조란 혁신을 위한 구체적인 지원체계를 의미하는 것으로, 도로, 공항, 통신망 같은 물리적 하부구조와 함께, 대학, 연구소, 금융기관, 교육훈련기관, 지방정부 등과 같은 사회적 하부구조가 포함된다. 여기서 중요한 것은 사회적 하부구조의 존재 여부가 아니라 이들이 지역 내에서 혁신활동을 위해 얼마나 효율적으로 운용되고 있는가의 여부이다. 상부구조란 지역의 제도, 문화, 분위기, 규범 및 조직 등이 포함된다. 이러한 상부구조의 요소들은 신뢰와 협력의 문화를 지속시킬 수 있는 통제와 조정력을 잘 발휘하도록 하여 혁신 네트워크 형성을 강화하는 기능을 수행한다.

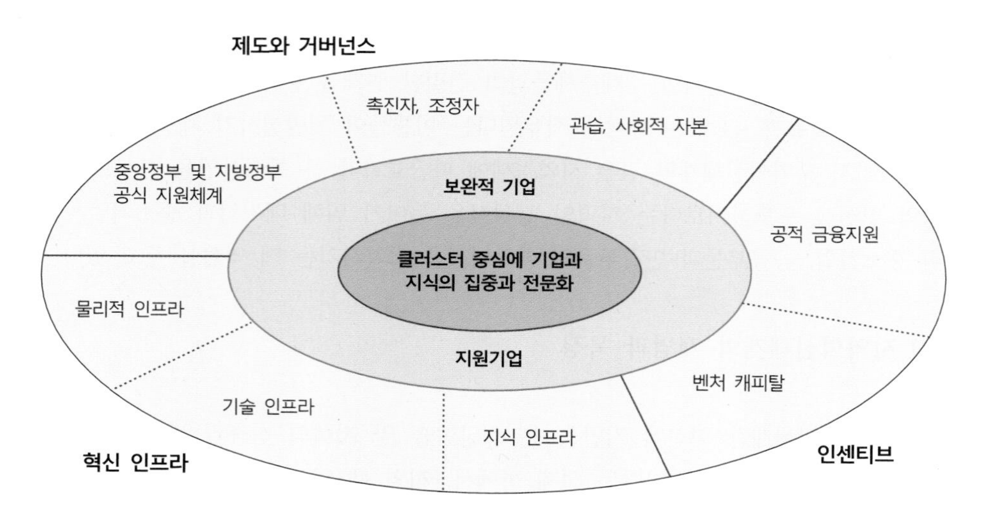

그림 8-13. 지역혁신체계의 구성요소
출처: Andersson, M. & Karlsson, C.(2004), p. 12.

지역혁신체계는 전통적인 입지론에서 강조하는 물리적 하부구조와 혁신 창출과 연관된 조직적 실체인 사회적 하부구조(기업, 대학, 연구기관, 지방정부, 협회, 노동조합)와 이러한 사회적 하부구조와의 상호작용적 학습과 혁신을 촉진하는 상부구조(제도, 문화, 규범, 관행 등)로 구성된다(그림 8-13). 지역혁신체계 구축에 있어 기업, 대학, 연구기관, 지방정부 등 지역혁신의 사회적 인프라의 존재를 필요조건이라고 한다면, 지역에 암묵적 지식의 흐름과 공유를 촉진하는 제도, 즉 지역혁신주체들 사이에 공유되는 관습, 태도, 규범, 가치 등 지역혁신의 상부구조의 존재를 충분조건이라고 볼 수 있다(이철우, 2004).

한편 지역혁신체계를 구성하는 시스템도 해당지역의 내부 시스템과 외부 시스템으로 구분할 수 있다(이공래, 2000). 내부 시스템의 구성요소로는 공공 연구기관, 기초연구를 수행하는 대학과 연구기관, 지방정부 및 지원기관 등 혁신 주체와 기업 및 기업의 네트워크, 산업클러스터 등을 들 수 있다. 한편 지역혁신체계의 외부 시스템 구성요소는 중앙정부의 거시경제정책 및 규제, 정보통신 하부구조, 교육 및 훈련 시스템, 제품시장 조건, 요소시장 조건 등이 포함된다(그림 8-14 참조).

그러나 지역혁신체계에 어떤 하위 시스템이나 제도가 포함되어야 하는가는 지역경제 및 지역산업의 역사적 진화과정을 고려하여야 한다. 지역혁신체제의 내부 구성요소와 외부 구성요소들이 기업의 혁신 수행능력에 영향을 미치고 궁극적으로 지역의 경제 성장, 고용 창출, 국제경쟁력 등 지역혁신체계의 성과를 결정하게 된다. 지역혁신체계에서 혁신주체들 간 상호작용적 학습이 혁신성과를 좌우하므로, 혁신의 실질적 주체는 기업이지만 지식의 창출·확산·활용 주체들 모두 혁신주체라고 할 수 있다.

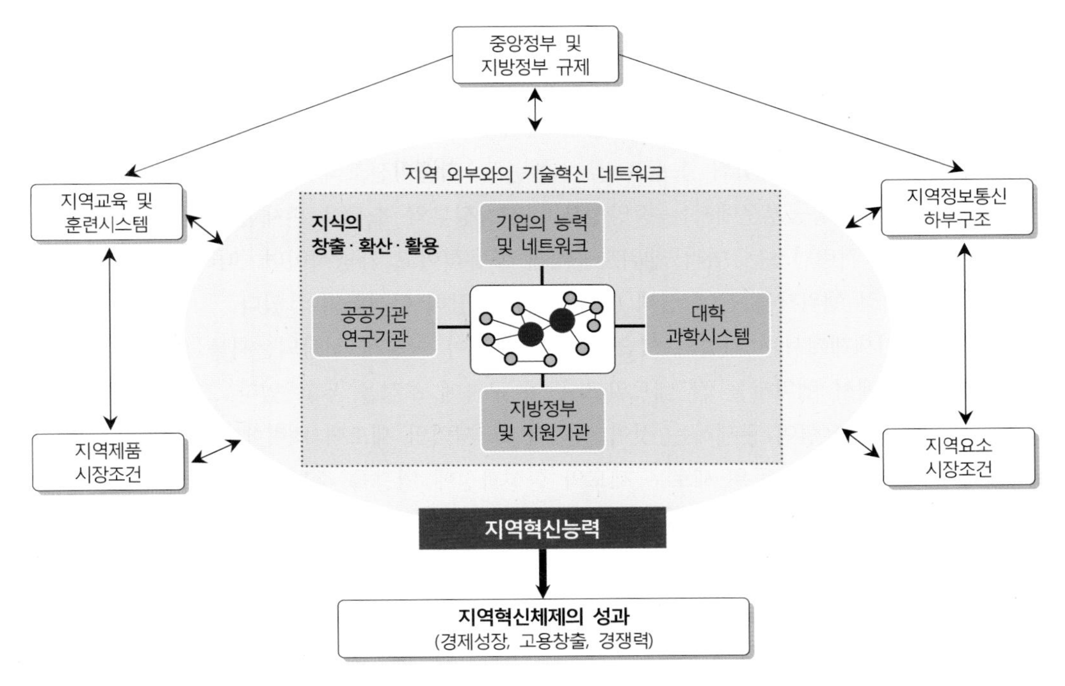

그림 8-14. 지역혁신체계의 구성요소와 지역혁신능력의 결정요인들
출처: 이공래(2000), p. 150.

지역혁신체계 구축의 궁극적 목적은 혁신주체 간 상호작용적 학습의 활성화를 통해 혁신성과를 높이는 것이기 때문에, 지역 내 혁신주체들 간의 신뢰기반을 형성하고 협력 네트워크를 구축하는 것이 관건이라고 할 수 있다. 특히 지역 단위에서 혁신을 유발하기 위해서는 구성원들 간의 유형·무형의 조직화된 연계체계와 집단학습이 이루어지는 데 토대가 되는 지역특수적인 제도 등 지역의 고유한 특성이 상당한 영향을 미치게 된다. 기업들의 혁신능력 및 경쟁력은 생산체계뿐만 아니라 지역의 사회·문화·제도적 환경에 달려있기 때문에 지역혁신체계의 성공 여부는 혁신주체들 간의 물리적 근접성뿐만 아니라 사회·문화적 근접성도 매우 중요하다. 이렇게 지리적 근접성이 더욱 중요시되는 이유는 암묵적 지식을 교환하는 사람들 사이에 신뢰기반이 구축되어야 하기 때문이며, 신뢰 구축은 주로 대면접촉을 통해서 이루어지기 때문이다(Amin and Cohendet, 2004).

지역혁신체계는 지역 전체에 소재하는 기업이나 혁신 유관기관들 간의 상호작용관계를 중시한다. 하나의 지역혁신체계에는 다수의 산업클러스터 또는 혁신클러스터가 존재할 수 있으며, 클러스터 내부적으로는 다시 하나 이상의 하위 혁신시스템을 가질 수 있다. 산업클러스터 연구를 둘러싸고 다양한 이론들이 등장하고 있으며, 보는 관점과 주장하는 초점도 다소 다르다.

한편 지역혁신체계는 지역의 거버넌스 수준에 따라서도 달라질 수 있다. 거버넌스란 경제 재구조화 과정에서 나타난 특수한 지방적 이해관계를 갖는 행위자들의 새로운 관계 패턴이라고 할 수 있으며, 대표적인 제도로 민-관합동이나 통치연합 등을 들 수 있다. 지역혁신체계에서 거버넌스는 지방정부뿐만 아니라 민간부문과 공공 부문까지를 모두 포함한다. 상공회의소, 무역협회, 노동조합, 컨설턴트, 기술이전조직 등과 같은 결사체적 거버넌스도 있으며, 공공부문에서는 중앙정부나 지방정부의 조직이 존재한다. 혁신 잠재력이 높은 지역의 거버넌스는 여러 행위자들에게 포용적이고 개방적이며, 따라서 혁신과정에 참여하는 여러 행위자들 간에 정책 네트워크도 상당히 활성화되어 있다.

지역혁신체계에서는 기업의 학습 및 혁신능력이 어떻게 신장되는지를 고찰하기 위해 제도적 관점에서 행위자들 간 네트워크 관계 구축에 초점을 두고 있다. 그러나 지역혁신체계는 정해진 유형이 존재하는 것이 아니라 그 지역의 제도적 맥락에 따라 다르게 나타난다. 특히 이전 제도들은 새로운 제도의 형성과정에 영향을 주는 경로의존성을 갖고 있다. 즉, 제도의 형성과 발전과정은 경로의존성을 유지하면서 진화하기 때문에 기존 제도에 대한 경로의존성으로부터 탈피하여 제도적인 전환을 시도하는 것은 쉽지 않다. 경로의존성이 존재하는 상황에서 환경변화에 맞추어 기존 제도를 변화시키는 것은 매우 어렵다. 특히, 형성된 제도들이 상당 기간 동안 성공적인 결과를 가져왔을 경우에는 더욱 제도의 전환은 어려워진다. 과거에 성공적인 결과를 가져왔기 때문에 행위자들은 과거 패턴에 따라 움직이게 되며 당연히 그것은 앞으로도 성공적인 결과를 가져올 것으로 생각하기 때문이다. 그러나 제도의 형성과 실행과정이 계속 재생산되는 것은 아니다. 환경이 바뀌었음에도 불구하고 특정분야에서 성공했기 때문에 그 분야에서 활용되던 문제해결 방식과 조직 운영방식을 계속해서 고수하게 되면 환경변화에 대한 대응력을 상실하여 실패할 수도 있다.

실제로 Saxenian(1994)은 실리콘밸리와 보스턴 128의 클러스터의 성과를 비교 연구한 결과 두 지역에 뿌리내린 기업문화와 제도, 지원체계 등에 의해 클러스터의 기능과 특성이 달라짐을 보여주었다. 이러한 결과는 지역혁신체계를 구축하는 데 있어서 경제적 요인보다는 사회·제도적 요인들이 더 중요하며, 지식기반사회에서 지역 경쟁력을 강화시키는 것은 점점 더 어려워지고 있음을 시사해주고 있다. 왜냐하면 기존의 전통적 산업입지에서 중요시되었던 자원이나 토지 및 물리적 인프라 환경을 구축하는 것에 비해 비가시적인 지역공동체의 문화, 사회적 규범, 생산을 둘러싼 제도적 환경을 마련하는 것은 훨씬 더 어렵기 때문이다. 따라서 경제적 요인에 의해서만 결정되는 것이 아니며, 다양한 사회·문화·역사적 요인들에 의해 영향을 받는 지식기반경제 하에서 지역경제를 활성화시키고 지역경쟁력을 강화하기 위한 산업입지 정책을 수립하는 것은 상당히 어렵고 복잡하며, 정책의 실효성을 거두기도 그만큼 어려워지고 있음을 말해준다.

4 창조산업과 창조도시

1) 창조산업의 개념과 특성

(1) 창조산업의 정의와 개념

혁신(innovation)의 물결이 휩쓸고 지나간 자리를 창조성(creativity)이 대신 자리 잡으면서, 창조경제(creative economy), 창조계급(creative class), 창조산업(creative industries) 등의 용어가 유행하고 있다. 이는 창조경제의 도래와 창조성이 부상하고 있음을 말해준다. '창조경제'가 특히 선진국에서 부각되고 있는 이유는 탈산업화와 탈물질적 가치체계 확산에 따른 결과라고 볼 수 있으며, 노동집약적 산업은 물론 첨단 제조업까지 신흥공업국가 및 개발도상국에 자리를 내어주고 있는 상황에서 신경제를 주도하게 될 것으로 예상되고 있는 창조경제로의 전환은 필연적이라고도 볼 수 있다.

창조산업에 대한 정의는 1998년 영국의 문화·미디어·스포츠부(DCMS: Department for Culture, Media and Sport)에서 내려졌다. 즉, 창조산업이란 개인의 창의성과 기술, 재능 등을 이용하여 지적재산권을 창출하고, 이를 소득과 고용 창출의 원천으로 삼는 산업이다. 이러한 정의에 기초하여 여러 학자들에 의해 창조산업에 대한 논의들이 활발하게 이루어졌다(Caves, 2004; Hartley, 2005; Howkins, 2002).

한편 '창조경제'라는 용어가 처음 사용된 것은 Coy(2000)가 비즈니스위크지에 '창조경제: 어떤 기업이 다가오는 미래에 살아남을 수 있는가?'라는 제목으로 글을 게재하면서부터였다. 그는 기업가들을 대상으로 설문조사한 결과를 바탕으로 '아이디어를 최상의 가치로 두는 기업이 미래에 생존할 기업이며, 특히 아이디어를 생산요소로 활용하여 무형의 가치(virtual value)를 생산하는 기업이 살아남을 수 있는 경제가 바로 창조경제라고 주장하였고, 창조산업이란 개인의 창의력과 아이디어가 생산요소로 투입되어 무형의 가치를 생산하는 산업이라고 간주하였다.

한편 Howkins(2002)는 「창조경제(The Creative Economy)」라는 저서를 통해 창조경제는 지적재산권에 관계된 법을 중심으로 구축될 것이며, 특허, 카피라이트, 등록상표, 디자인에 관계된 지적재산권을 창조경제의 핵심 제도로 규정하고 구체적인 형태에 대해 논의하였다. 그는 창의성으로부터 창출되는 경제적 가치를 지닌 모든 상품과 서비스에 관한 활동이 창조산업이라고 상당히 광의적으로 정의하였다. 반면에 Drake(2003)는 창조산업이란 산출물에 대한 소비의 주된 동기가 상품 자체의 고유 특성이나 기능에 있기보다는 소비자 개인의 상징가치를 충족시키는 산업이라고 협의적으로 정의하였다. 또한 UNCTAD

(United Conference on Trade and Development)에서도 창조산업이란 '예술, 기업, 기술이 교차하는 지식기반 활동'이라고 정의하고, 기술발달에 따라 창조산업에 포함되는 범위가 가변적일 수 있다고 전제하였다(UNCTAD, 2004).

이와 같이 창조산업에 대한 정의를 보면 학자마다 다소 차이를 보이고 있는데, 이는 '창조성' 개념 자체가 모호하기 때문이라고도 볼 수 있다. 창조산업에 대한 합의된 정의가 내려지지 않은 상황에서 창조산업을 문화산업(cultural industry)과 동일시하여 사용하는 경우도 빈번하게 나타나고 있다. 그러나 문화산업과 창조산업의 가장 큰 차이는 발의된 목적과 특성이다. 문화산업은 문화예술의 대중화 또는 저속화를 염려하는 독일 프랑크푸르트의 학자들에 의해 처음 거론된 후 유네스코에 의해 이 개념이 널리 보급되면서 정책적인 주목을 받았다. 따라서 문화산업은 문화의 저급화 방지를 목적으로 한 것으로 예술에 보다 치중하고 있다고 볼 수 있다.

반면에 창조산업은 도시의 경쟁력 제고라는 정책적 목적을 가지고 정부에 의해 발의되었으며, 문화산업에 비해 소프트웨어, 컴퓨터 관련 서비스 등 기술 영역을 매우 중요시한다(Roodhouse, 2006). 문화산업과 창조산업 모두 무형의 지적 자산을 중요하게 여기고 있으나, 문화산업은 상징적 가치를 지닌 문화상품과 서비스 생산 활동에 초점을 두고 있다. 반면에 창조산업의 경우 '창조성'을 새로운 부가가치 창출을 위한 투입요소로 보고 있으며, 예술적 창의력에만 국한하지 않는다.

한편 창조산업이 문화산업으로 부터 발전되어 왔다는 견해를 보이는 학자들의 경우 창조산업을 상당히 포괄적으로 보고 있다(Raham, 2005). Cunningham(2002)은 창조산업이란 정치, 문화, 기술영역을 포함하며, 문화의 핵심은 창조성이며, 창조성은 생산, 배포, 소비, 향유된다는 점을 강조하면서 문화산업과 창조산업을 모두 포괄하여 정의하였다. 또한 Lazzeretti et al.(2008)은 엔터테인먼트 산업과 같은 문화산업 영역에 정보통신기술과 새로운 생산물이 결합되면서 자연스럽게 구조적 변화를 거쳐 창조산업으로 진화되고 있다는 견해를 보이고 있다.

창조산업을 보다 명확하게 명시한 것은 호주의 NOIE(National Office for the Information Economy, 2003) 보고서이다. 이 보고서에서는 창조산업과 혼동될 수 있는 저작권산업, 콘텐츠 산업, 문화산업, 디지털콘텐츠산업을 비교하고 있다(표 8-2). 콘텐츠 산업은 산업생산에 초점을, 문화산업은 공공정책의 기능과 재정, 디지털콘텐츠산업은 기술과 산업생산의 결합, 그리고 저작권산업은 자산의 특징과 산업의 산출물이라는 관점에서 정의하고 있다. 창조산업과 저작권산업을 구분하기 위해 저작권산업이 거론된 배경을 강조하고 있다. 저작권산업은 세계저작권연맹이 지적재산권의 부당한 경제적 피해를 알릴 목적으로 발기되었기 때문에 저작권산업은 '저작권 보호가 되는 대상물을 창작, 생산, 제조, 공연, 방송, 통신, 전시, 판매 등을 포함하는 모든 활동'으로 정의되고 있으며(WIPO 2003), 지적재산권과 관련된 모든 활동을 포함하면서 법적인 구속력을 강조하고 있다.

표 8-2. 창조산업과 유사 산업과의 비교

	창조산업	저작권 산업	콘텐츠 산업	문화 산업	디지털 콘텐츠
정의 기준	개인의 창조성이 생산요소로 투입하여 산출물을 생성	자산의 특징과 산업의 산출물로 정의	산업 생산에 초점을 맞추어 정의	공공 정책의 기능과 재정에 의해 정의	기술과 산업 생산의 결합에 의해 정의
산업 범위	광고, 건축, 디자인, 양방향 소프트웨어, 영화, 방송, 음악, 출판, 공연예술	상업 예술, 출판, 영화, 순수 미술, 비디오, 음악, 저작물, 데이터 처리, 소프트웨어	음악 녹음, 음반 판매, 방송과 영화, 소프트웨어, 멀티미디어 서비스	박물관, 미술관, 공예, 비주얼 아트, 방송,영화, 음악, 공연예술, 문학, 도서관	상업예술, 방송, 영화, 비디오, 사진, 전자게임, 녹음, 정보 저장 및 검색

출처: NOIE(2003)을 참조; 이희연·황은정(2008), p. 75.

경제성장에 중요한 생산요소로 창조성에 대한 논의들이 전개되면서, 창조성이란 단순히 새로운 아이디어나 새로운 기술 및 상품을 만들어내는 것만을 지칭하는 것이 아니며, 기존의 생각과 기술 속에서도 창의적 요소를 끌어내고 이를 통해 생산성을 높이는 요소로 평가되고 있다. 즉, 창조성은 경제부문 전체에 걸쳐 투입되는 생산성을 높이고 생산성의 변화를 가져오는 새로운 핵심요소로, '지식과 정보'는 창조성의 도구 및 재료이며, '혁신'은 창조성의 산물이라고 간주되고 있다. 따라서 새로움에 대한 동기의 원천이 신제품의 생산이나 신기술로 변환되는 생산요소로서의 창조성이야말로 지식기반사회에서 경제발전의 새로운 동력이라고 볼 수 있다(이희연·황은정, 2008).

(2) 창조산업의 특성

예술, 기술, 경제가 접합하는 영역에 있는 창조산업은 개인의 창의성, 상징적 가치에 대한 시장의 평가와 사회적 시스템에 크게 의존하는 산업이라고 볼 수 있다. 또한 부가가치의 원천이 무형의 지적재산권에 있다는 점에서 제조업보다 서비스업에 가깝다고 볼 수 있지만, 창조산업은 서비스업과도 다른 특성을 갖고 있다. 또한 정부의 세제혜택과 자금지원 등으로 생산 활동을 촉진할 수 있는 다른 산업과는 달리 창조산업은 창조산출물에 대한 내용까지도 정부의 제제 대상이 될 수 있다.

창조산업의 특징은 크게 6가지로 요약할 수 있다. 첫째, 창조산업은 산출물에 대한 수요가 불확실하다는 특징을 갖고 있다. 문화예술과 경제의 양면을 갖고 있는 창조산업은 실용적 기능뿐만 아니라 심미적인 가치를 갖는 산출물을 생산한다. 이렇게 생산된 창조산출물에 대한 수요는 전적으로 소비자 자신의 취향에 좌우된다. 그러나 창조산출물은 '경험재(experience good)'이므로 소비자들의 심미적 가치기준을 측정 또는 예측할 수 없어, 상품에 대한 소비자의 가치평가를 '아무도 알 수 없다(nobody knows property)'는 특징을 갖는다. 뿐만 아니라 창조산업의 종사자는 자신의 지적 열정 또는 창의적 열의를 금전적 이유보다 우선하기 때문에 창조산업 종사자들은 상업성과 거리가 먼 창조산출물을 제작할 가능성이 높다.

둘째, 창조산업은 생산 투입요소가 상호대체 가능한 다른 산업과는 달리 창조산출물을 만들어내는데 핵심 인력은 다른 생산요소나 다른 인력으로 대체하기 어렵다는 특징을 갖고 있다. 대부분의 창조산출물은 다양하고 전문화된 노동력을 필요로 하지만, 이들의 노동력은 대체하기 매우 어렵다. 따라서 창조산업은 Kremer(1993)가 제시한 '생산의 0이론(0-ring theory of production)'처럼 반드시 필요한 생산요소가 투입되지 않으면 생산이 이루어지지 않거나, 설사 생산되더라도 아무런 가치가 없게 된다.

셋째, 창조산업은 그 산출물이 무한한 다양성(infinite variety property)을 갖는다는 특징을 갖고 있다. 창조산업 산출물은 같은 유형의 상품이라 할지라도 절대적인 질적 차이(수직적 차별화)를 보일 뿐만 아니라 수평적 차별화가 함께 나타나 소비의 유형을 결정한다는 점이다. 즉, 소비자의 취향이 산출물의 가치 판단의 기준이 되기 때문에 질이나 특성으로 볼 때 두 편의 영화나 노래가 유사할 수는 있지만 절대 동일할 수 없다.

넷째, 창조산업은 수확체감의 법칙 혹은 한계생산성 체감의 법칙을 따르지 않는다는 특징을 갖는다. 경제학자 Arthur(1994)의 주장처럼 수확체증(increasing returns) 현상이 나타난다. 일부 순수 예술분야를 제외하고는 창조산업의 산출물은 대부분 디지털화되고 초경량화되고 있다. 따라서 창조산출물의 원판 비용은 엄청나게 높은 반면에 생성된 원판을 복제하거나 재생산하는 비용은 매우 낮아 한계생산이 제로화(zero)되고 있다. 또한 상품간 호환성의 중요성이 높아짐에 따라 어떤 특정 제품에 대한 소비자의 선택이 그 제품의 품질 뿐만 아니라 그 제품을 이미 사용하고 있는 고객의 수에 영향을 받게 되는 네트워크 효과와 생산자가 한 제품의 생산을 오랫동안 지속함에 따라 지식 생산성이 높아지는 생산자 학습 효과와 사용자가 제품으로 바꿔 소비하기 힘들어지는 소비자 학습효과 등으로 인해 수확체증을 더 높힐 수 있다. 이와 같은 특성으로 인하여 지속적으로 생산성이 높아지고, 끊임없는 새로운 지식의 생성과 이를 통한 혁신에 의해 지속적인 성장이 가능해진다는 특성을 지니고 있다(권오혁, 1999).

다섯째, 창조산업은 생산과정에서도 제조업이나 서비스업과 달리 표준화가 어렵다는 특징을 갖는다. 자동차나 전자제품은 표준 제품을 설정하고 이를 기준으로 다양한 모델을 생산하여 공급할 수 있으나 창조산업은 급변하는 소비자들의 기호에 맞춰 빠르게 적응하는 유연적 생산이 그 성패를 좌우하므로 표준화가 매우 어렵다. 산출물의 표준화는 곧 직무내용의 표준화와도 밀접한 관련을 맺는다. 창조산업은 창조적 인력의 창작력에 의존하기 때문에 직무가 명확하지 않고 직무의 보편성이 낮아 근로양식이나 근로시간도 다른 산업과 그 양상이 다르다.

마지막 창조산업의 특징은 지금까지의 생산방식과는 다른 조직 형태를 갖는다는 점이다. 일과 생활을 따로 생각하지 않는 작업방식은 제조업이나 서비스업과는 매우 다르다. 창조산업체는 다국적 기업에서부터 소규모의 기업 및 더 나아가 한시적 조직체계인 프로젝트 기반 조직에 이르기까지 다양한 기업 및 조직 형태를 가지고 있다. 또한 종사자도 어느 한 사업체나 기관에 고용되어 있을 수 있지만, 많은 경우에 프로젝트별로 고용을 체결하여 한시적인 고용형태를 갖는다. 한시적인 조직체계인 프로젝트팀은 비용과 시간의 제약 하에서 주어진 목표를 달성하거나 특정 과업을 수행하기 위해 필요한 다양한 전문가들로 구성된다. 창조산업 생산시스템이 프로젝트 조직에 기반하는 것은 불확실성과 시장의 위험에 대응하고 고정비용을 절감하기 위해 인력 조직을 탄력적으로 운영함으로써 효율성을 제고시키려는 전략에서 비롯되었다고 볼 수 있다(이희연·황은정, 2008).

(3) 창조산업의 분류

창조산업이 도시 경제성장을 위한 전략으로 그 중요성이 더해감에 따라 각국 정부는 창조산업의 분류체계를 마련하고 창조산업에 대한 연구를 수행하고 있다. 그러나 아직 세계적으로 창조산업에 대한 분류기준이 마련되어 있지 못하여 각 국가마다 산업구조의 특성을 반영하여 창조산업을 분류하고 있다. 창조산업을 분류할 때 가장 어려운 점은 분류기준에 부합되는 데이터의 가용성이다. 기존의 산업분류체계는 투입된 원료를 기준으로 하여 산업을 분류화하고 있는 데 비해, 창조산업은 최종 산출물을 기준으로 분류되기 때문에 기존의 산업분류체계에 따라 구축된 업종들 가운데 창조산업에 속한 업종을 정확하게 추출하기 어렵다는 문제점을 안고 있다(Pratt, 2004; Roodhouse, 2006).

창조산업을 최초로 정의하고 분류한 영국의 경우 광고, 건축, 미술 및 골동품, 공예, 디자인, 패션, 영화 및 비디오, 오락 소프트웨어, 음악, 공연예술, 출판, 소프트웨어 및 컴퓨터 서비스의 13개 부문을 창조산업에 포함시키고 있다(DCMS, 1998). 한편 호주의 경우 창조산업을 핵심 창조산업(core creative industry)과 부분 창조산업(partial creative industry)으로 나누고 영화, 음악, 방송, 출판, 게임, 양방향 미디어, 디자인은 핵심 창조산업으로, 소프트웨어, 광고, 건축 등은 부분 창조산업으로 분류한다. 네덜란드의 경우 미술, 공예, 패션, 산업디자인, 건축, 정보통신기술, 웹 디자인을 핵심 창조산업으로 분류하는 한편 창조산업과 연련된 조직, 유통, 기반산업들을 관련 창조산업으로 분류하고 있다. 한편 국가 차원에서 창조산업을 육성하고 있는 홍콩, 싱가포르, 대만 등도 창조산업에 대한 분류체계를 구축하고 있다. 홍콩의 경우 영국에서 정의한 창조산업을 거의 그대로 사용하지만, 디자인 산업이 발달한 영국은 패션과 디자인을 분리시킨 데 비해 이들을 한 부문으로 묶고 있다. 또한 창조산업의 경제적 파급효과에 초점을 두고 있는 싱가포르의 경우 창조산업을 기초 예술산업과 응용 예술산업으로 분류하고 예술 관련산업에 역점을 두고 있다(CISG, 2003). 이와 같이 창조산업은 매우 복합적이고 다양한 부문으로 구성되어

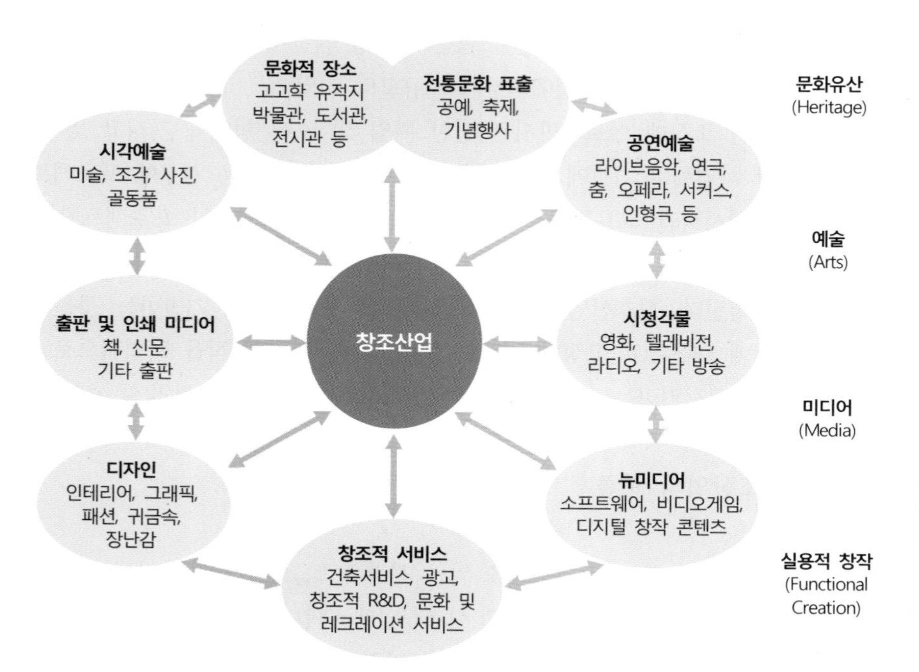

그림 8-15. 창조산업의 구성
출처: 송미령(2013), p. 23.

있으며, 또한 각 국가마다 역점을 두고 육성하고자 하는 창조산업도 매우 다르다(그림 8-15 참조).

일반적으로 어떤 산출물이든지 생산→분배→교환→소비에 이르는 일련의 생산체인 과정을 겪게 되며, 각 단계별로 변형과 부가가치가 생성된다. Poter(1985)는 이러한 부가가치 창출구조를 가치사슬(value chain)이라고 정의하였다. 경영학 분야에서 활용된 가치사슬 개념은 기업이 제품을 설계, 생산, 판매, 지원하기 위하여 수행하는 기업의 프로세스 또는 일련의 활동을 지칭하였지만, 최근 보다 넓은 의미로 확대되어 원재료 생산자 또는 부품공급자로부터 완성된 제품의 최종 사용자에 이르기까지 모든 과정을 가치창출에 기여하는 활동으로 해석하고 있다.

창조산업은 창조적 인재들의 창조성이 생산요소로 투입되지만, 최종 산출물을 만들어 내고, 만들어진 산출물을 상품화하고 유통하는 과정도 매우 중요하다. 따라서 창조산업은 가치사슬 과정을 거치지 않고서는 창조 산출물을 만들기는 매우 어렵고, 가치사슬 내에서 생산되는 부가가치는 각각의 활동에 따라 상당히 달라진다(Hartley, 2004). 일례로 한 편의 드라마를 만들기 위해 극본가, 연출가, 배우와 같은 창조적 인재들뿐만 아니라 카메라 렌즈와 같은 제조업의 뒷받침도 필수적이며, 방송국이라는 송출과 최종 소비가 이루어지는 매체나 장소가 없다면 창조적 산출물을 경험할 수 없다. 이렇게 창조산업의 생산 시스템은 다양한 창조물이 생성되고 유통되어 최종 수요자에게 소비되는 하나의 가치창출의 연결고리라고 볼 수 있다.

Pratt(2004)는 창조산업의 가치사슬 구조를 4단계로 구분하였다. 즉, 창작(creation) → 제작(manufacture) → 재제작과 유통(mass production and distribution) → 소비 및 교환(exchange)으로 보았다. 가치사슬의 첫 단계인 창작은 창의적 활동의 결과물이 상품이나 서비스로 전환되기 이전 단계로, 창작 소재와 지적재산권이 발생하고 만들어지는 과정이며, 창조산업에서 가장 핵심 단계이다.

두 번째 단계인 상품화 또는 제작에서는 대량생산 또는 재제작을 위한 프로토타입 모형(one-off, prototype)이 이루어진다. 즉, 지적재산권을 가진 창작소재가 다양한 생산요소와 결합하고 가공되어 최종적으로 소비자에게 전달될 수 있도록 형상화하는 과정이다. 이 단계에서 카메라나 악기 등과 같은 다양한 도구와 재료 및 하부시설을 필요로 하게 된다. 창작단계가 지적재산권을 산출한다면 이 단계에서는 그와 연관된 저작 인접권이나 상품화 권리가 생성되는 단계라고 할 수 있다.

세 번째 단계인 재제작과 유통에서는 제작된 창조 산출물을 물리적 매체나 각종 전달수단을 통해 소비자에게 전달하는 과정이다. 이 단계에서는 CD제작과 같은 재생산과 유통뿐만 아니라 새로운 디지털 형태의 유통과 방송까지 포함한다. 이 단계에서 기존의 대량생산방식과 디지털 형식이 접합되면서 생산과 유통의 경계가 모호해지기도 한다.

마지막 소비 및 교환 단계는 최종 소비자들이 창조 산출물을 구입하여 체험하는 과정으로 산출물 공급자들은 소비자에게 최적의 서비스를 제공하면서 부가가치가 창출된다. 따라서 서점, 콘서트 홀, 공연장 및 전시관과 같은 장소를 필요로 하는 활동들이 포함된다. 이 단계에서 도시의 거리는 새로운 창조 산출물의 소비가 일어나는 매우 중요한 장소이며, 비공식적인 모임을 통해 창조 산출물이 간접적으로 소비되기도 한다.

이와 같은 창조산업의 생산시스템은 생산에서부터 소비에 이르는 단계를 거치면서 부가가치를 산출하는 가치사슬 구조를 갖고 있다. 창조산업의 가치사슬 과정에는 제조업 및 기반활동과도 연계되고 있다. 여기서 기반활동이란 문서의 보존과 보관, 생산자와 사용자 모두의 교육 등을 포함한다. 따라서 창조산업의 생산체계는 창조업체와 조직, 이들과 관련된 활동들의 연결망으로 구성되며, 따라서 창조산업 생산체계는 선형의 사슬이 아니라 네트워크로 이해해야 한다. 창조산업이 프로젝트에 기반하여 기업체들 간의 한시적인 네트워크를 구축하지만, 너무나 잘 구축된 사회적 자본이나 긴밀한 사회적 연결망이 때로는 창조활동을 하는 데 장애가 될 수 있다(Florida, 2005; Pratt, 2004).

2) 창조도시의 개념과 창조도시 전략[1)]

(1) 창조도시의 개념과 특징

창조도시가 도시성장 전략으로 등장하게 된 시발점은 영국 정부가 도시의 경쟁력 향상을 위한 정책으로 1998년에 발의한 '창조산업 전략보고서(the creative industries mapping document)'라고 볼 수 있다. 이 보고서에서 창조산업이 경제성장의 원동력이 될 것이라는 전망을 제시하였다. 그 이후 영국과 미국을 비롯한 선진국에서 창조도시가 화두로 떠오르면서 광범위한 연구가 진행되고 있으며, 도시의 경쟁력 향상을 위한 새로운 전략으로 창조경제와 창조성에 관한 논의가 활발하게 이루어지고 있다.

창조도시를 한마디로 정의한다면 창조적 인재가 창조성을 발휘할 수 있는 환경을 갖춘 도시라고 말할 수 있다. 즉, 창조도시란 도시의 창조성을 이끌어가는 창조적 인재들이 도시 내에서 활동하면서 예술적 영감과 그들이 지닌 창조성을 충분히 발휘할 수 있을 정도로 문화 및 거주환경의 창조성이 풍부하며, 동시에 혁신적이고 유연한 도시경제 시스템을 갖춘 도시라고 말할 수 있다. 창조적 인재들의 경우 그들이 선호하는 주변환경에 노출되어질 때 그들의 창조성이 자극받게 되므로, 자유롭게 창조활동을 할 수 있는 문화적, 제도적, 물리적 인프라가 갖추어진 도시가 매우 중요하다.

그러나 이러한 창조도시에 대한 개념은 결코 새로운 것은 아니다. 이미 Park et al.(1925), Jacobs(1961, 1984), Thompson(1965)에 이르는 동안 도시는 창조와 혁신 및 새로운 산업의 인큐베이터로서의 역할을 수행하는 것으로 알려져 왔다. 특히 「미국 대도시의 죽음과 삶(The Death and Life Of Great American Cities)」의 저자인 Jacobs는 창조도시에 관한 논의를 상당히 구체적으로 다루었다. 그녀가 본 도시는 다양성과 개성, 창의와 혁신의 가마솥이었다. 대부분의 경제학자들이 관심을 가졌던 '다양성' 개념은 기업과 산업의 다양성인 데 비해 그녀가 주장한 것은 도시의 혁신과 성장에 영향을 줄 수 있는 기업과 사람 모두를 포함하는 다양성이었다. 따라서 도시가 다양한 배경을 가진 사람들을 받아들이고, 그들의 넘치는 에너지와 아이디어에 기인하여 혁신과 창조활동이 일어날 수 있다고 보았다. 제이콥스가 주목했던 창조도시는 뉴욕이나 런던, 파리와 같은 세계도시가 아니라 비교적 작은 도시인 볼로냐와 피렌체를 꼽았었는데, 이는 숙련된 기술과 장인정신을 지닌 전문화된 중소기업의 클러스터 형성을 통한 혁신에 주목했기 때문이다.

Hall(1998)도 창조도시란 안정적이고 쾌적한 모든 것이 갖추어진 도시가 아니라 기존의 질서가 창조적 집단에 의해 끊임없이 위협받고 있는 도시라고 보았다. 또한 창조도시에 대한 연구를 선두해온 Landary(2000)는 예술과 문화가 지닌 창조적인 힘에 착안하여,

1) 이희연(2008), "창조도시: 개념과 전략", 「국토」, p. 322, 6-15를 요약하였음.

자유롭게 창조적 문화 활동을 영위할 수 있도록 문화적 인프라가 갖추어진 도시를 창조도시라고 보았다. Landary(2000)는 일부 도시의 특수한 성공사례와 도시계획가로서 자신의 경험을 종합하여 「창조도시(The Creative City)」라는 책을 통해 창조도시를 개념화하였다. 이 책에서 그는 도시의 창조적 환경(creative milieu)을 어떻게 만들고 어떻게 운영하고, 또 어떻게 지속시켜 나가는가에 대한 실천적 정책을 피력하였다. 특히 그는 세계화와 지식기반사회에서 도시경쟁력을 제고하고 살아남기 위해서 창조도시로의 전략은 필수적이라고 강조하고, 창조적 환경이 갖추어진 도시가 창조적 인재들을 끌어들이게 되고, 이는 다시 혁신을 일으키는 기술집약적, 지식집약적 기업을 도시로 유인할 수 있게 된다고 주장하였다.

Florida(2002)는 창조경제의 핵심으로 창조계층(creative class)이라는 독특한 개념을 제시하였다. 그는 창조경제에서 창조적 아이디어를 고안하는 창조적 인재들이 핵심이라는 전제 하에서 창조계층을 핵심적 창조계층(super-creative core)과 창조적 전문가(creative class)로 구분하였다. 핵심적 창조계층에는 과학자, 기술자, 대학교수, 시인, 소설가, 예술가, 연예인, 배우, 디자이너, 건축가, 작가, 논평가, 프로그래머, 영화 제작자 등이 포함되며, 창조적 전문가에는 관리직, 사업과 재정관련 운영직, 법률 관련직, 판매관리직 등이 포함된다. 이에 따라 도시 성장과 발전이 도시 내에 입지한 기업의 역할과 특히, 핵심기업들이 어디에 얼마나 클러스터하고 있는가에 모여지던 초점이 창조성을 지닌 사람들(창조계층)에게 주목되면서, 창조계층이 모여드는 장소 또는 살기 원하는 도시에 대한 관심도 높아지고 있다. 이러한 맥락에서 창조계층을 유인하기 위한 환경 조성 및 장소의 명성을 드높이기 위한 전략을 포함하는 창조도시 육성 정책과 구체적인 전략이 수립되었다. 창조성 담론에서 도시가 주목받고 도시의 역할이 더 중요하게 부각되고 있는 이유는 창조경제의 호순환을 만드는 데 필요한 핵심적 구성요소 대부분이 '도시'라는 환경에 이미 배태되어 있기 때문이다.

Florida(2005)는 도시의 창조성 지수로 기술(Technology), 인재(Talent), 관용적 분위기(Tolerance)의 3T를 들었다. 전통적으로 경제학에서는 기술과 인재를 강조했으나, 플로리다는 3T 모두가 필요하고 특히 그 중에서도 관용적 사회 풍토가 중요하다고 주장하였다. 그가 기술, 인재와 함께 관용적 분위기를 강조한 이유로는 세계 각국이 창조적 인재를 끌어들이기 위해서는 국적, 인종에 상관없이 그들을 포용할 수 있는 도시의 관용성이 무엇보다 중요하다고 판단하였기 때문이다. 더 나아가 플로리다는 창조계급이 선호하는 입지요인으로 두터운 노동시장, 소란스러운(buzz) 볼 거리가 많고 개방적인 풍토, 진입비용이 그다지 높지 않은 사회적 상호작용, 시각적·청각적 경관을 포함한 도시의 진본성(authenticity)을 손꼽았다.

이와 같이 창조도시나 창조계층에 대한 담론이 펼쳐지면서 도시 경쟁력 확보를 위해 각 국가의 지방정부들이 창조도시를 육성하려는 전략들을 시행하고 있다. 창조도시 담론에서는 창의성의 원천이 되는 창조적 인재들이 모여들면 도시 성장이 이루어지며, 기업들이 창조적 인재들을 좇아서 이동한다고 전제한다. 이러한 맥락에서 창조계층들이 어떤 특징을 가진 도시를 선호하여 모여드는 것인가에 초점이 맞추어지고 있다. Florida는 도시의 경제성장은 도시로 몰려든 창조계층들이 얼마나 신제품 개발이나 새로운 아이디어 제공 및 하이테크 기업 창업과 같은 경제 성과를 수행하는데 그들의 능력을 발휘하는가에 달려있다고 보았다. 그는 도시의 이러한 창조능력을 평가하기 위해 창조계층 비율, 혁신지수, 하이테크 지수, 다양성지수로 구성된 창조지수(creative index)를 제시하였다. 그가 제시한 다양성 지수에는 게이지수와 보헤미안 지수(작가를 비롯한 디자이너, 음악가, 배우 등 개인의 창의력으로 부가가치를 창출하는 인재)를 포함하고 있다. 여기서 첨단기술이나 신제품이 보헤미안이나 동성애적 성향을 가진 사람들에 의해 창조된다는 것을 의미하는 것이 아니며, 예술가, 음악가, 동성애자와 창조계층이 함께 공존한다면 도시가 배타적이지 않으며, 진입장벽이 낮고 관용성이 크다는 것을 반영하기 위해서이다.

그는 미국 도시들을 대상으로 하여 도시 성장 잠재력을 나타내는 지표로 각 도시의 창조지수를 산출하였다. 그 결과 미국의 창조 중심지로는 창조계층 비율이 35% 이상을 차지하고 있는 워싱톤 DC가 가장 높게 나왔으며, 샌프란시스코, 보스턴, 오스틴, 시애틀이 상위를 차지하였다. 반면에 라스베이거스, 올란도, 멤피스 등의 경우 창조지수가 상당히 낮게 나타났다. 흥미로운 점은 세인트루이스, 볼티모어, 피츠버그와 같은 도시의 경우 기술수준과 세계적으로 유명한 대학도 있음에도 불구하고 경제성장이 이루어지지 못한 이유는 관용성이 낮기 때문으로 풀이하고 있다. 즉, 이들 도시는 관대하고 개방적인 분위기가 아니기 때문에 창조계층을 끌어들이지 못하였다는 것이다. 한편 마이애미와 뉴올리언스 등의 경우 다양한 라이프스타일을 갖추었음에도 불구하고 기술기반이 잘 갖추어지지 않아 경제성장을 이루지 못하였다는 것이다. 이러한 결과를 통해 Florida는 창조도시의 경제성장을 이끄는 3T 요소들은 개별적으로는 큰 의미를 갖지 못하며, 세 요소가 함께 공존할 때 창조적 능력이 신장된다는 점을 강조하였다.

한편 창조도시의 가장 두드러진 특징으로 개방성(openness), 관용성(tolerance), 다양성(diversity)을 들고 있다. 즉, 창조도시의 특징은 다른 삶의 방식과 문화 배경을 지닌 사람들을 환영하는 도시, 길거리 문화(street level culture)와 소규모 하위문화활동이 풍부한 도시, 관용적이고 수용적인 사회 풍토와 분위기를 가진 도시라는 것이다. 따라서 대부분의 도시가 전통적으로 중요하게 여겨왔던 물리적인 매력도가 창조적인 사람들에게는 매력적이 아닐 수도 있다. 창조적 인재들이 찾는 것은 흥미로운 작업환경, 충분히 다양한 체험을 즐길 수 있는 장소는 물론 냉정함과 흥분적(cool & exciting)인 삶이 공존하는 장소를 선호한다. 특히 창조적 인재들 스스로가 있는 그대로(be themselves) 자연스럽게 느낄 수 있는 문화적, 사회적, 기술적 어메니티를 지닌 장소를 찾아다닌다.

보다 개방적이고 다양한 환경과 관용성이 있는 사회가 창조계층을 유인하고 또 그들을 통해 생산성을 높이게 되는 메커니즘에 대한 관심도 높아지고 있다. 보다 개방적이어서 진입장벽이 낮은 도시일수록 다양한 배경의 사람들을 만나게 되는 기회를 더 갖게 되고, 보다 관용적이어서 자유롭게 활동할수록 창조적 인재들이 자신이 가진 창조능력을 마음껏 발휘하게 되기 때문에 혁신을 만들어내어 생산성을 높이고 궁극적으로는 경제성장을 가져오게 된다는 것이 일반적인 견해이다.

(3) 창조도시 환경조성과 창조도시 육성 전략

창조도시 담론의 핵심은 개방적이고 다양하고 관대한 풍토를 지닌 도시를 선호하여 창조계층이 모여들면 자연스럽게 창조자본이 형성되고, 이러한 도시로 창조기업이 몰려들면서 도시가 역동적으로 성장한다는 것이다. 그러나 창조도시란 짧은 시간 내에 자발적으로 형성되는 것은 아니며, 창조도시로 성장하기 위해서는 선결조건으로 창조환경이 조성되어야 한다.

Landary(2000)는 도시의 창조성이 뿌리내림이 되어 유전자 코드로 바뀌기 위한 창조환경 조성을 위한 7가지 선결조건을 제시하였다. 즉, '개인의 자질, 의지와 리더십, 다양한 재능을 가진 사람들과의 접근성, 조직화된 문화, 지역정체성, 도시 공공공간과 시설, 네트워킹의 동태성'을 창조도시가 되기 위한 선결조건이라고 전제하고, 이러한 창조환경이 갖추어지지 않을 때에도 창조성이 발휘되는가를 검증할 수 있다고 보았다.

Landary가 제시한 창조환경은 크게 하드웨어적 인프라와 소프트웨어적 인프라로 나누어볼 수 있는데, 소프트웨어적 인프라가 거의 대부분을 차지한다. 그가 제시한 선결조건 가운데 첫 번째로 손꼽은 것은 개인의 자질이다. 이는 아마도 창조적 인재 없이 창조도시란 있을 수 없기 때문이다. 또한 그는 창조적 인재들이 전략적 위치에서 자신의 역할을 수행할 수 있도록 하는 것이 매우 중요하다고 보았다. 창조도시의 모든 사람들이 창조적일 필요는 없지만 창조적 인재들이 전략적 위치에서 그들의 영향력을 발휘할 수 있다면 도시의 운명이 바뀌어질 수 있음을 예시하였다(예: 바르셀로나, 글래스고의 도시재생은 10명 이내의 소수로부터 출발하였음). 그러나 아무리 창조적 인재들이 창조도시를 만드는 원동력이라 하더라도 도시의 삶 속에서 창조적 아이디어가 발휘될 수 있는 환경이 제공되지 않는다면 창조성이 결실을 맺지 못하게 된다. 이러한 맥락에서 다양한 도시환경과 다양한 재능을 지닌 인재로의 접근성은 매우 중요한 창조환경이라고 볼 수 있다. 역사적으로 볼 때 아웃사이더와 이민자들을 대폭적으로 수용한 도시들의 창조성이 상대적으로 높으며, 아웃사이더들이 창조도시를 만드는 데도 중요한 역할을 수행한 것으로 알려져 있다(예: 콘스탄티노플, 암스테르담, 파리, 런던, 베를린, 비엔나 등). 이는 대부분의 인사이더들이 도시의 문제를 습관이나 관습, 내재된 문화 속에서 바라보는 데 비해 아웃사이더들은 전통적 방식에서 자유롭고 그들이 지닌 다른 기술, 재능, 문화적 가치에 기반한 통찰력을 통해 신선함을 제공하는 것으로 알려져 있다. 이렇게 도시가 다양한 사람들로 넘치고 또한 이들이 제공하는 새로운 아이디어와 풍부한 환경 자체가 창조적 인재의 창조성을 자극하게 된다.

또 다른 창조도시의 선결조건으로 손꼽는 것은 창조성을 성공적으로 이끌려는 의지와 새로운 아이디어가 생산성을 높이는 데 작동될 수 있도록 조율하는 비전을 가진 리더십, 그리고 신뢰를 바탕으로 한 암묵적 지식 교환이 활성화될 수 있는 혁신적 조직 문화이다. 창조도시는 민간과 공공, 기업과 시민단체에서 다양한 유형의 리더십를 가지고 있어야 한다. 다양한 유형의 리더십은 다양한 부문에서의 변화를 가져온다. 일례로 도덕적 리더십은 부패를 변화시키며, 지적인 리더십은 근본적 해답을 만들어내고, 감성적 리더십은 고무시키며, 효과적인 리더십은 신뢰를 구축하게 된다. 또한 혁신적 조직 문화는 지속적으로 새로운 아이디어에 사람들을 노출시키고, 그것을 테스트하고, 실용화로 발전시키는 데 매우 중요하다. 특히 팀워크(team work)를 강조하고, 현장 스태프에게 권한을 주며, 광범위에서 개인에게 권위와 허용권을 주는 조직 문화는 끊임없는 발전경로를 통해 개인의 창조능력을 신장시키며, 나아가 지속적으로 학습하는 도시를 만들게 된다. 학습하는 도시사회는 학습의 아이디어가 모든 장소와 조직에 퍼져 있어 탄탄한 조직적 역량을 갖기 때문에 도시의 창조 자원을 충분히 활용할 수 있게 된다.

더 나아가 네트워크 시대가 전개되면서 창조도시로의 선결조건에 도시공간에 배태된 물리적·사회적 네트워크의 역동성도 강조되고 있다. 도시란 중첩되어 있는 수많은 커뮤니티와 그들 간의 네트워킹이 깊이 뿌리박혀 있는 장소이며, 공식·비공식 단체들 간의 모임, 비즈니스 클럽, 다양한 동호인들의 모임이나 협회를 통해 사회적 네트워킹이 활발하게 일어나고 있다. 그러나 Landary가 언급한 네트워킹은 도시의 창조성에 별로 기여하지 못하는 전통적인 네트워킹이 아니라, 단 기간에 복제하기 어려운 뿌리깊은 역동성을 지닌 네트워킹이다. 공공과 민간의 파트너십 형성 및 긴밀한 네트워킹을 통해 새로운 아이디어나 도시의 창조성 아젠다가 발굴되기 위해서는 기존의 아마추어리즘 네트워킹에서 프로페셔널리즘네트워킹으로의 전환, 그리고 단순 친목도모의 네트워킹에서 이해 당사자들 간의 광범위한 공공이익을 확보하기 위한 네트워킹으로의 전환이 이루어져야 한다. 일반적으로 네트워크와 창조성은 공생관계에 있는 것으로 알려져 있지만, 실제로 네트워킹을 통해 창조성이 뿌리내리고 더 나아가 도시의 유전자 코드로까지 변환될 수 있는가는 네트워킹을 통한 커뮤니케이션의 역동성과 토론 및 만남의 문화에 따라서 상당히 좌우될 것이다.

한편 하드웨어적인 창조환경으로 중요시되는 것은 도시 공공공간의 확충과 문화시설의 다양화이다. 도시 공공공간은 혁신환경의 심장이라 불리어질 만큼 다양한 상호작용이 이루어지는 커뮤니케이션 공간으로 중요한 역할을 한다. 특히 도심의 공공공간은 서로 다른 연령층, 사회계급, 종교와 인종, 라이프스타일이 비공식, 비계획적으로 혼합되고 뒤섞이는 장소로서, 사람들이 편안하고 느긋한 가운데 이질적인 환경과 자연스럽게 접하는 곳이다. 이렇게 도시 공공공간에서 공식적, 비공식적인 만남이 이루어지고, 공공공간에서 회의, 공개강의, 세미나, 토론문화가 활성화되는 경우 다른 사람들과의 자유로운 토론을 통해 자연스럽게 아이디어 교환이 일어나고 새로운 아이디어나 정보에 접하게 되면서 자극을 받거나 도전감을 느끼게 된다. 이를 통해 자신의 사고 영역을 확장시키게 되고 더 나아가 창조적 아이디어가 싹트게 된다. 실제로 런던이나 파리에서는 수많은 토론 클럽이 붐을 이루고 있으며, 특히 파리에서는 살롱문화를 계승한 철학카페가 인기를 이루면서 도시의 창조성 개발에 큰 도움을 주는 것으로 알려져 있다. 또한 다양한 문화 활동을 즐길 수 있는 복합적인 문화시설을 가진 장소는 창조적 인재들이 창의성과 영감을 가질 수 있는 기회를 제공할 뿐만 아니라 장소로서의 독특한 이미지를 창출해낸다.

세계적으로 창조도시에 대한 관심이 높아지면서 지난 수년 동안 창조도시 육성을 위한 다양한 전략을 수립하고 있는 도시들이 급격하게 늘어나고 있다. 하지만, 창조도시란 단기간 내에 만들어지는 것이 아니기 때문에 어떠한 전략이 창조도시 육성을 위해 효과적이었는가에 대한 평가를 내리기 어렵다. 다행히도 북미 19개 도시와 유럽 및 기타지역의 13개 도시들이 창조도시 육성을 위해 펼친 프로젝트들에 대한 평가를 종합한 "창조도시를 위한 전략(Strategies for Creative Spaces& Cities, 2006)" 보고서에서 창조도시 육성정책으로 얻어낸 경험적인 교훈들을 말해주고 있다.

이들 사례도시들이 창조도시 육성을 위해 시행한 전략은 세 부문으로 첫째, 창조기업의 혁신성 향상, 둘째, 창조인재 육성을 위한 교육 프로그램 구축, 셋째, 창조환경 조성 및 창조활동 지원을 위한 기반시설의 조직화 및 연계성 강화였다. 특히 창조산업 발전을 위해 창조기업에 대한 지원과 함께 창조적 생산부문이 클러스터를 형성하도록 융합센터(convergence center) 건립 및 양질의 물리적 공공공간과 다양한 편익시설을 제공하는 것이 효과적이었음을 말해주고 있다. 그러나 이들 도시로부터 배울 수 있는 가장 핵심적인 교훈은 창조도시로 나가기 위해서는 창조계층-창조산업-창조활동이 서로 역동적으로 작동될 수 있도록 적절하게 전략을 수립, 배치해야 한다는 점이다. 특히 도시의 창조성을 키워나간 유럽도시들을 경우 도시가 위기와 도전을 받고 있다는 스스로의 자각과 함께 문제를 예견하고 도전의식을 고취시켜 해결해 나가려고 하는 목적에서 창조도시 전략이 수립되었으며, 강한 리더십을 바탕으로 비전을 실현화시키기 위해 공공과 민간이 함께 주도하면서 긴밀한 네트워킹을 통해 목표를 달성해 나갔다.

창조도시란 인위적으로 만들어지는 것이 아니며, 도시의 창조적 잠재성을 개발하고 창조도시로 만들기 위해서는 각 도시마다 고유의 역사를 가지고 특화된 경제, 사회, 문화 및 지리적 환경을 고려하여야 한다. 또한 각 지자체는 경제, 사회, 문화, 정치, 환경의 다층적 관점에서 도시생활의 모든 측면을 포함하는 통합적 프로세스를 파악하고 면밀한 고찰을 통해 창조계층-창조산업-창조환경의 역동성이 최대화되도록 유도하기 위한 선결조건들이 무엇인가를 밝혀내어야 할 것이다. 따라서 기존의 전통적인 공간정책 및 물리적 설비투자가 선결조건이 되지 않을 수 있으며, 각 도시마다 선결조건도 다를 수 있다. 따라서 각 지자체는 각 도시마다의 고유성과 독특성을 살려가면서 선결조건을 충족시키기 위해서는 창조적 전략방법을 수립하여야 할 것이다.

고급인재들이 많은 데 비해 물리적인 공간이나 환경조성이 미비하다면 공공 스페이스를 디자인하고 만남과 모임의 공공장소를 만들어주며, 품격 높은 주거환경과 휴식공간 그리고 다양한 문화시설 및 공공을 위한 어메니티(공연장, 갤러리, 쇼룸)를 제공해주어 도시에 활기가 넘치도록 해주는 전략이 아마도 도시의 창조성을 높이는 데 효과적일 것이다. 한편 다양한 경제구조를 가지고 있는 도시라면 창조산업을 육성시키는 전략이 보다 더 성과를 거둘 수 있다. 일반적으로 창조산업이 지역의 핵심 산업과 연계될 때 파급효과가 크며, 경제구조가 다양할수록 연계성이 커지는 것으로 알려져 있다. 이럴 경우 기존의 획일화된 업무지구와 공업지구의 용도 분리는 적절하지 않을 수 있으며, 주거와 직장 그리고 라이프스타일의 다양성을 함께 누릴 수 있도록 혼합개발을 통해 다양한 공간을 제공해주는 것도 효과적일 수 있을 것이다.

우리나라의 경우 일부 도시에서 창조도시를 육성하기 위한 정책을 수립하고 이를 시행하고 있다. 그러나 창조도시로 성장해 나가기 위해서 무엇보다도 고심해야 하는 점은 도시의 개방성과 관용성을 바탕으로 한 도시의 다양성을 극대화하는 것이다. 우리나라도 이제 다민족국가라고 불리어지고 있지만, 여전히 서구 도시들에 비하면 개방적이지 못한 편이며 관용적인 편도 아니다. 다양한 국적과 환경, 문화적 배경을 가진 사람들을 관용적으로 수용할 수 있는 분위기, 높은 신뢰를 바탕으로 한 유연적인 조직 문화와 사회적 제도 구축이 무엇보다도 시급하다. 이러한 소프트웨어 기반의 창조환경이 갖추어져 비공식적이고 자발적인 커뮤니케이션이 활발하게 이루어지는 네트워크 구축이 잘 이루어질 때 창조적 역량이 높아지며 도시의 진본성과 활력도 넘치게 될 것이다. 이런 도시로 창조적 인재가 모여들고 창조자본이 형성되면 기술력과 혁신력을 지닌 창조기업도 끌어들이게 되면서 자연스럽게 도시의 창조성은 신장될 것이다.

제 9 장

농산물의 무역구조와 농식품의 공급체인

1. 세계 농업의 생산 체계
2. 농산물의 수급 추이와 농산물의 무역구조 변화
3. 농업의 산업화와 농식품의 공급체인

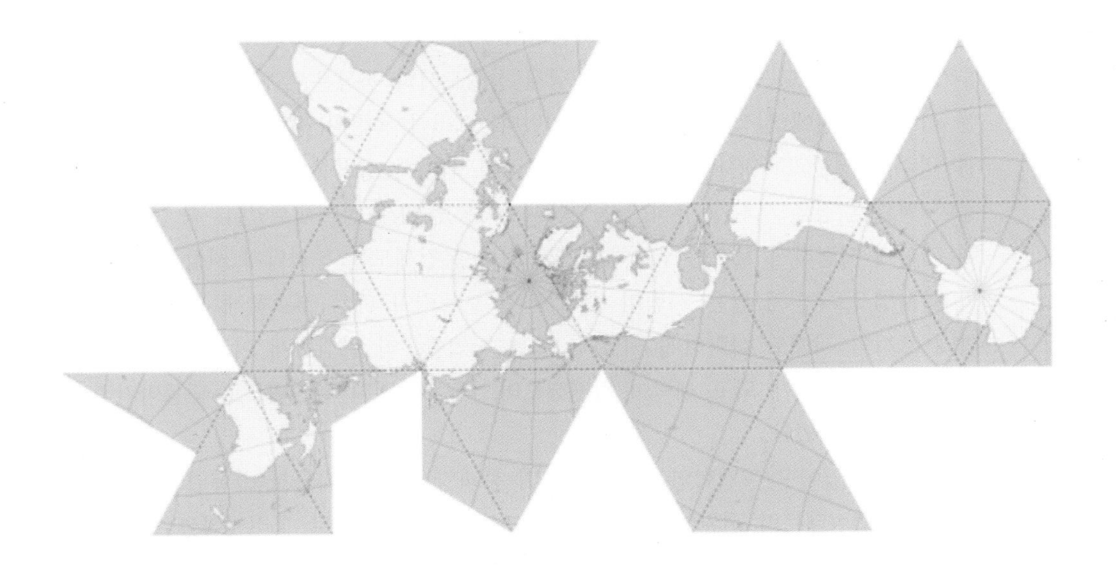

1 세계 농업의 생산 체계

1) 농업에서의 기술혁신과 농업의 확산

(1) 농업에서의 기술혁신과 농업혁명

일찍부터 사람들은 토양, 습도, 온도 등에 따라 얻을 수 있는 식량이 다르다는 것을 알게 되었고, 수렵과 채취 생활에서 점차 정착하여 살면서 늘어나는 인구를 지탱하기 위해 작물화와 가축화하는 방법을 습득하게 되었다. 정착농업이 언제부터 이루어졌는가에 대해서는 정확히 알 수 없으나, 아마도 제1차 농업혁명이라고 볼 수 있는 정착농업은 약 10000년 전 중동의 메소포타미아 지역에서 시작되었을 것으로 추측되고 있다. 이 지역은 물이 풍부하고 토양이 비옥하여 작물화가 가장 먼저 일어난 지역으로 알려져 있다. 식량을 안정적으로 공급할 수 있게 되면서 새로운 생활양식도 등장하였고 예술과 공예활동도 가능하게 되었다. 당시 면화, 비단, 베, 털 등으로부터 옷감을 짜고 염색하는 기술도 발달하였고 수공업도 발달하였다. 그리고 점차 흩어져 살던 사람들이 모여 살면서 공동체 의식도 갖게 되었고 마을과 도시가 형성되고 상업활동도 이루어졌다.

이와 같은 농업활동과 삶의 방식은 중세기에 들어서면서 특히 유럽에 커다란 혁신을 가져오게 되었다. 봉건제도 하에서 말 대신에 소를 사용하게 되었고 경사가 낮은 삼림지대를 개간하여 농경지로 이용하며, 개방경작체제(open field system)와 삼포식 농업이 이루어졌으며 취락도 발달하게 되었다. 당시 상업도시의 성장은 주변지역으로부터의 공급되는 식량과 자원에 전적으로 의존하고 있었다. 그러나 농촌의 경우 상업 활동과 시장 영역은 영주의 권한과는 분리되어 있었다. 따라서 영주가 공산품이나 물품을 구입하기 위해 돈이 필요할 경우 자기 소유의 땅을 농부(소작농)들에게 임대해주었다. 즉, 종래의 노동지대 대신에 저렴하게 토지를 임대해주면서 점차 봉건제도는 붕괴되기 시작하였고 백년전쟁과 흑사병으로 인해 많은 사람이 죽게 되어 노동력이 매우 부족하게 되자, 임금 인상과 함께 토지의 지대도 하락하게 되었다. 한편 상업활동이 왕성하게 이루어지면서 농민들의 일부는 부를 누리게 되고 세력이 강해졌으며, 다시 봉건적 장원제도로 되돌아가려는 영주들과 맞서게 되었다.

두 번째 일어난 농업혁명은 장원제도의 붕괴와 더불어 자급자족 농업형태에서 시장지향적인 농업형태로의 전환이다. 개방식 경지는 담이나 벽으로 둘러싸여졌고 중세 삼포식 농업에서 벗어나 윤작이 이루어지게 되었다. 씨앗과 가축의 품종이 개선되었고 새로운 농업지역으로 아메리카가 등장하게 되었다. 농업방식에서도 인력과 축력을 대체하여 농기계를 이용하게 되었다. 이에 따라 생산성이 상당히 높아지게 되면서 자연스럽게 자급자족적 농업에서 상업적 농업으로 전환하게 되었다.

세 번째 농업혁명은 1920년대 말에 일어난 산업적 농업(industrial agriculture)이다. 세 번째 농업혁명으로 인해 전통적 농업경제와 농촌의 이미지는 크게 변모하게 되었다. 산업적 농업은 자본집약적, 기술집약적 농업으로 에너지 투입량 증가 및 기계화로 인해 단위면적당 생산량이 증가하고 생산비용도 절감시켰다. 특히 농경지 확대를 통해 식량을 증산하는 방법에는 한계가 있었기 때문에 단위면적당 수확량을 증대시키는 방법을 채택하게 된 것이다. 즉, 화학비료의 사용, 살충제보급, 관개시설의 확충 및 신품종 개발 등으로 생산량을 증대시키면서 농업의 산업화가 이루어졌다.

1960년대 식량생산 증대에 획기적인 변화를 가져온 것은 녹색혁명이었다. 1943년경 전쟁 이후에 나타날 식량난을 대비하여 록펠러재단에서 멕시코를 실험연구지로 선정하여 신품종 옥수수와 밀을 재배하는 데 성공하였다. 이 신품종은 냉량하고 건조한 기후에도 잘 적응하고 질병에 대한 저항력이 강하며, 재래품종보다 훨씬 더 수확량이 많았다. 1960년대 이 신품종은 '기적의 씨앗'으로 알려지면서 세계 각지로 전파되었다. 그 이후 록펠러재단과 포드재단의 공동 지원으로 필리핀에 국제미작연구소가 세워졌고 약 10년에 걸친 연구 끝에 신품종 볍씨 IR-5와 IR-8을 만들어 내게 되었다. IR-8은 1966년에 우리나라에도 도입되었는데 일반 볍씨에 비해 생산량이 약 30% 이상 많았다. 기적의 씨앗이라고 불리어진 밀과 쌀의 신품종은 인도, 파키스탄, 필리핀, 인도네시아 등으로 보급되었고, 단위면적당 수확량이 증가되면서 당시 식량난을 해소하는 데 큰 도움을 줄 것으로 기대되었다.

녹색혁명은 여러 기술혁명 가운데 가장 짧은 시일 내에 식량 공급 및 사람들의 복지수준을 향상시키는 데 큰 공헌을 하였다고 간주되고 있다. 그러나 이 신품종을 수확하기 위해서는 관개시설이 필수적이며, 적절한 비료와 살충제 보급도 요구되었다. 따라서 이러한 투입물을 손쉽게 구입할 수 있는 부유한 농부들에게만 신품종 개발은 소득 향상에 큰 도움이 되었다. 더 나아가 파키스탄의 경우 옥수수 신품종 도입으로 인해 증산된 옥수수의 상당한 양은 도시민들을 위한 청량음료수를 만드는 데 이용되었으며, 콜롬비아도 신품종 볍씨 도입으로 인해 증산된 쌀 수확량의 2/3는 주조공장에서 술을 제조하는 데 사용되었다. 따라서 녹색혁명이 개발도상국의 식량난을 해결하고 굶주림을 이겨내는 데 승리한 것은 결코 아니었다는 비판도 받고 있다(Stutz & Warf, 2012).

한편 산업적 농업은 농업에 종사하는 노동력을 크게 줄이면서도 단위면적당 생산량은 크게 증가시켰다. 그러나 이러한 현대 산업적 농업은 물과 토양자원 고갈 및 황폐화, 환경오염 등 자연환경을 파괴하고 있으며, 농촌 주민들의 삶과 생활양식에 부정적 영향력을 준 것으로도 알려져 있다.

(2) 농업활동의 확산

세계 여러 지역에서 국지적으로 고립되어 이루어지고 있던 작물화와 가축화는 점차 다른 지역들로 서서히 확산되기 시작하였다. 이동식 경작(shifting cultivation)이 다뉴브강과 라인강 유역까지 확산되는 데 약 5000년(BC 8000년~BC 3000년경)이 걸렸으며, 영국의 남부에서 정착농업이 이루어지는 데도 거의 1000년이 걸렸다.

AD 1500년경 지리상의 탐험시대가 열리기 전까지 세계 농업은 유럽, 중동, 북아프리카, 중앙아시아, 중국과 인도에서 곡물농업과 원예농업이 주로 이루어지고 있었다. 그러나 지리상의 발견 이후 유럽인들이 대서양을 가로질러 항해하여 정착한 신대륙, 특히 중앙아메리카에서 옥수수, 콩, 호박 등의 농작물이 재배되었다.

지리상의 발견시대부터 17세기 중엽까지 유럽인들이 신대륙에 정착하면서 두 가지 유형의 농업활동을 전개하였다. 첫 번째 유형은 북아메리카, 오스트레일리아, 뉴질랜드, 남아프리카 중위도 지역에서 이루어진 가족 노동력을 중심으로 하는 식민지 농업형태이다. 식민지형 농업은 주로 이민해온 유럽인들에 의해 이루어졌고 국지적인 시장을 대상으로 한 것이었기 때문에 농업기술, 경지패턴, 주택유형들은 거의 유럽인들 양식 그대로 들여왔고 필요한 경우 일부를 변경하였다.

두 번째 유형은 아프리카, 아시아, 라틴아메리카 열대지역에서 행해진 플랜테이션 농업이다. 플랜테이션 농업의 경우 해외 수출시장의 판매를 목표로 한 대규모 기업농으로 특정 작물만을 재배하였다. 주로 향료, 티, 카카오, 커피, 사탕수수, 공업용 원료(면화, 사이잘 삼, 황마 등) 등을 재배하였다. 이러한 작물들은 유럽으로 운반하기 쉬운 해안가 가까운 지역에서 재배되었으며, 관개 또는 삼림을 개간하여 플랜테이션 농업이 이루어졌다. 플랜테이션 농업은 식민지역 원주민의 값싼 노동력을 이용하였기 때문에 기계 사용은 거의 이루어지지 않았으며, 노동력 수요가 더 필요하게 되면 다른 지역으로부터 노동력을 수입하였다.

이와 같이 유럽인들의 식민개척이 활발해지면서 세계 농업패턴은 재조직화되었으며, 상업적 농업체계가 거의 전 세계적으로 확산되었다. 이에 따라 수렵과 채취에 의존하는 원시적 농업은 사라져 갔으며, 초원과 물을 찾아다니며 가축을 키우던 유목도 크게 감소되었다. 그러나 아프리카나 아시아 저개발국가 농촌의 경우 여전히 자급자족을 위한 재래식, 전통적 농업이 이루어지고 있으며, 자급자족할 만큼 충분한 식량을 생산하지 못하기 때문에 농민들은 매우 가난한 삶을 영위하고 있다.

(3) 토지에 대한 인간의 영향력

초기 문명시대에서 인구가 급속히 성장하고 도시화가 진전될 수 있었던 것은 농업 발달로 인해 식량 공급이 가능하였기 때문이었다. 그러나 인구가 점차 증가함에 따라 식량 수요가 늘어나면서 토지의 생산능력이 저하되고 황폐화되는 등 자연환경의 파괴와 환경오염을 동반하게 되었다. 특히 삼림을 벌채하고 그것을 태운 후에 비료를 주지 않고 수년간 농작물을 재배하는 이동식 경작(shifting cultivation)의 경우 비옥도가 떨어지고 땅이 척박해지면 버려두고 다른 곳으로 이동한다. 이동식 경작 농법은 지력을 회복할 수 있는 시간을 자연에게 충분히 줄 경우(보통 15~20년), 자연을 파괴시키지 않고 비옥도를 그대로 유지하면서 농경을 계속할 수 있다. 그러나 만일 토지 생산력을 회복할 수 있는 충분한 시간이 주어지지 않은 채(예: 급격한 인구 증가로 인해 식량이 부족할 경우) 계속 경작한다면 토지는 원상태의 비옥도로 회복되지 못한 채 계속 지력이 소모되므로 결국 척박한 토지로 변하게 된다.

자연환경 파괴 일면을 잘 보여주는 또 다른 사례로 비옥한 토지를 가지고 있던 티그리스강과 유프라테스강 유역이 사막화되어버린 것이다. 이 지역의 사막화 원인은 건조지역에서의 농업 확대를 위해 실시한 개간사업이 토양침식을 초래하였고 잘못된 관개방법에 의해 염분이 토양에 축적되었기 때문이다. 아시아와 유럽의 많은 지역들도 산림황폐를 경험하고 있으며, 북부 아프리카의 반건조지역도 과도한 목축과 토지 오용으로 인해 더욱 황폐화되고 있다. 이와 같이 전통적 농업에서도 농업이 발달하면서 그에 따른 토양침식, 초지 손실, 삼림황폐로 인해 되풀이되는 홍수 피해 등은 인류가 오래 전부터 직면하여온 문제들이다.

2) 세계의 농업지역

농업활동이 이루어지고 있는 세계 각 지역들을 보면 경작되고 있는 작물의 종류나 농업 생산방식이 매우 다양하게 나타나고 있다. 세계 각 지역에서 생산되고 있는 작물의 종류는 수백 종에 달하며 서로 다른 농업생산 체제 하에서 이루어지고 있고 농업 활동의 목적도 다양하다. 따라서 세계의 농업지역을 분류하기 위해서는 다양한 변수들을 고려한 분류기준 설정이 매우 중요하다. 그동안 여러 학자들이 각기 나름대로의 분류기준을 설정하여 농업지역을 구분하였으나 다양한 여러 조건들을 종합적으로 반영하여 농업지역을 분류하는 것은 상당히 어렵기 때문에 세계 농업지역 패턴 분류는 다소 차이가 나고 있다. 여기서는 일반적으로 활용되고 있는 농업지대 분류 기준에 대해 살펴보고자 한다.

(1) 농업활동에 영향을 미치는 요인들

농업적 토지이용은 해당 지역의 기후, 지형, 토양 등 자연조건에 의해 어느 정도 결정되지만, 자본, 노동력, 기술 등 문화적 조건에 의해서도 크게 달라지며, 또한 식생활 습관에 따라서도 차이가 난다. 상업적 농업이 행해지기 전까지는 농업적 토지이용에 영향을 미친 요인은 주로 자연적 요인과 문화적 요인이었다. 그러나 상업적 농업으로 전환되고 교통망이 발달하면서 소비시장까지의 거리가 단축되자 농업은 점차 전문화되었으며, 경제적 요인(예: 시장까지의 접근도)이 중요한 요인으로 등장하게 되었다. 따라서 농업지역 분류는 자연적, 문화적, 경제적 그리고 비경제적 요인(인간의 행태적 요인) 등이 복합적으로 작용하여 이루어진 결과라고 풀이할 수 있다.

① 자연적 요인(physical conditions)

지형, 토양의 질, 강수(강도, 계절적 변이), 기온, 성장기간 등은 직접적으로 농작물 분포와 생산량, 그리고 생산비용에 영향을 미치며, 농업지역을 분류하는 1차적 기준이 될 수 있다. 대부분의 작물은 다양한 자연조건에 잘 순응하지만 특정 작물의 최대 생산량을 얻을 수 있는 가장 적합한 자연조건은 상당히 국한되어 있다. 즉, 작물마다 생산비를 최소화시키고 수확량을 최대로 올릴 수 있는 최적의 자연조건은 다르다. 또한 어떤 지역은 여러 작물들의 성장조건에 아주 적합한 환경을 지니고 있는 반면에 어떤 지역은 단지 소수 작물만이 성장하기 유리한 자연조건을 지니고 있으며, 또 어떤 지역은 농작물이 성장하는 데 아주 불리한 자연조건을 지니고 있다.

일반적으로 농업에 가장 적합한 자연조건은 양질의 토양, 충분한 강수량, 그리고 비교적 긴 성장기간이라고 볼 수 있다. 자연조건 가운데 가장 큰 제약요소는 기온, 강수, 토양이다. 이러한 요소들이 잘 갖추어진 최적 지역으로부터 멀어질수록 기후조건이 불리하여 생산량이 감소된다. 자연적 제약조건을 극복하기 위해서 관개시설, 비료 사용, 비닐하우스를 활용하는 경우 생산비가 상당히 증가하게 된다. 그러나 이러한 현대농법은 과거 전통적 농업에서 거의 사용하지 않았던 불리한 지역을 농업 생산에 수익성 있는 지역으로 바꾸어 놓기도 한다.

② 농작물의 특성 및 문화적 요인

어떤 작물은 다른 작물보다 더 선호도나 높거나 가치가 높게 평가되며, 또 작물마다 생산비용도 다르다. 작물의 선호도 및 비용에 영향을 미치는 요인은 작물 자체의 내재적인 생산성(단위투입량에 대한 생산량), 노동력, 신선도, 수송, 기계화 용이성 등을 들 수 있다. 동일한 자연조건 하에서도 야채류는 곡물보다 단위면적당 더 많은 양(부피로 볼 경우)이 생산된다. 따라서 수요가 충분하다면 야채를 재배하는 것이 곡물을 재배하는 것보다 더 경제적일 수 있다. 한편 낙농제품은 가격은 비싼 편이지만 야채류보다는 수송하기 편리하고 신선도가 보다 오래 지속되므로 시장과 바로 인접한 지역보다는 지가가 저렴하면서 시장과의 접근성이 양호한 지역을 선호하여 재배된다. 밀이나 곡물들은 수송비가 싸고 상할 염려가 없기 때문에 시장에서 멀리 떨어진 비교적 지가가 싼 지역에서 재배된다.

한편 문화에 따라 식품 선호도가 달라져서 주어진 토지에서 생산되고 있는 작물이 달라질 수 있다. 특히 종교와 관련되어 어떤 식품을 금기화(taboos)하고 있는 지역의 경우 금기작물이나 금기된 가축은 사육되지 않는다. 반면에 특정한 식품에 대한 선호도가 높을 경우 주어진 토지에서도 특정 작물만 재배하게 된다. 더 나아가 주어진 토지를 이용하는 데 영향을 미치는 요소의 하나는 주어진 환경에 대한 주민의 인지수준이다. 사람들은 그들의 고유한 문화를 통해 주어진 환경을 평가하기 때문에 문화에 따라 자연환경을 이용하는 방식도 달라진다. 일례로, 미국을 처음으로 개척하였던 앵글로색슨족의 경우 나무가 무성하고 습윤한 환경에서 살아왔기 때문에 뉴잉글랜드 지방을 개척하는 데는 아무 어려움에 없었다. 그러나 서부지역을 개척하면서 펼쳐지는 중서부 프레리 지역은 풀만 자라고 있는 비옥하지 못한 'Great American Desert'라고 인식하고 더 이상 개척하지 못하였다. 그러나 19세기 말 동부유럽의 초원지대에서 살다가 이주해 온 유럽인들의 경우 서부의 초원지역을 비옥한 땅으로 인지하였고 오늘날 'Great American Breadbasket'으로 바꾸어 놓았다(Stutz & Warf, 2012). 이와 같이 주어진 환경에 대한 인지수준에 따라 농업활동이 달라질 수도 있다.

③ 생산체제

농업생산체제는 농업적 토지이용에 지대한 영향을 주는 또 다른 요소이다. 공업과 마찬가지로 농업활동도 자급농, 상업적 기업농, 사회주의 협업농으로 구분될 수 있다. 세 유형의 생산체제는 농장규모와 기계화 정도, 유통과정 등에서 큰 차이를 나타내고 있으며, 그에 따라 농업 생산성과 경작하는 농작물도 달라진다.

자급자족 농업의 경우 자본과 기술 투입이 매우 적으며, 생계를 유지할 정도로 경작하며, 직거래나 소규모 시장에서 판매된다. 대부분 가족 노동력에 의해 이루어지는 자급농의 경우 주어진 토지에서 많은 수확량을 얻기 위해 노동집약적인 농사를 짓기 때문에 협업농에 비해 단위면적당 수확량이 훨씬 높다. 상업적 기업농의 경우 자본집약적이며 기술투입과 대규모 시장을 대상으로 이윤추구를 목적으로 하고 있다. 특히 밭갈이, 씨뿌리기, 비료 공급, 수확을 하는 데 전문화된 기계 사용으로 농업 생산성이 매우 높다. 또한 대규모 기업농의 경우 규모가 크기 때문에 규모경제를 통해 많은 이윤을 얻고 있으며, 특히 농작물의 생산과정부터 식품가공, 유통 및 소비단계까지 수직적 통합을 통해 세계 농산물 가격과 가공된 식품 가격을 통제하고 있다. 반면에 사회주의 집단농장체제 하에서는 생산수단이 개인 소유화되지 못하고 생산에 따른 이윤이 국가로 환원되기 때문에 수익성이 높은 작물만을 선정하려는 성취동기나 의욕이 매우 저조한 편이다. 따라서 농업 생산성이 매우 낮으며 자급농이나 기업농에 비해 영농방식이 매우 비효율적이다.

④ 경제적 요인

상업적 농업이 발달하면서부터 자연조건에 기초한 농업적 토지이용패턴을 설명하기 어려운 사례들이 상당히 나타나고 있다. 특히 동일한 자연조건 하에서 재배될 수 있는 적정한 농작물들이 여러 종류일 경우 왜 특정한 작물이 그 지역에서 재배되고 있는가를 설명하기 어렵다. 자연조건 이외에도 농업적 토지이용에 영향을 미치는 요인으로 경제적 요인을 들 수 있다. 최대 이윤을 올릴 수 있는 지점으로부터 외곽으로 멀어짐에 따라 순소득이 점차 줄어들어 경제적 관점에서의 특정 작물의 한계구역이 설정된다. 해당 지역이 소비시장과 얼마나 떨어져 있으며, 어떠한 교통수단 이용이 가능한가에 따라 운송비가 달라지고 이윤이 달라지며, 농업적 토지이용 패턴도 달라진다.

그 밖에도 농산물에 대한 소비자 수요에 따라서도 경제적 최적 지역과 한계 지역의 범위가 달라질 수 있다. 즉, 어떤 농산품의 가격이 생산비보다 훨씬 높을 경우 특정 작물의 재배면적은 늘어나게 된다. 일례로 육류에 대한 수요 증가는 곡물경작지대를 점차 가축사육을 위한 사료작물 지대로 전환시키고 있다. 이와 같이 시장가격의 변동은 주어진 작물의 재배면적을 증가 또는 감소시키는 결과를 가져온다.

그러나 실제로 농업적 토지이용 패턴이 형성되는 과정을 보면 앞에서 언급한 여러 요인들의 상호복합적 작용에 의해 토지이용이 결정되며, 주어진 토지가 어떻게 이용되고 있는가를 설명하기 위해서는 농업활동의 주체자인 인간의 의사결정 과정에 대한 연구가 이루어져야 한다. 이는 인간의 의사결정과정에는 비경제적 요인이 작동되기 때문이다. 특히 인간은 경제인으로 항시 합리적인 의사결정을 내리고 있다는 것을 전제로 현실상황을 보다 단순화한 농업입지이론과 실제 농업활동은 매우 다르게 나타나는 경우들이 많다.

따라서 세계 농업적 토지이용 패턴을 형성하는 요인들은 경제적 요인 이외에도 자연환경의 변이, 기술수준, 정부 정책, 그리고 비경제적인 인간의 행태 등에 의해 영향을 받고 있다는 점을 주지해야 한다. 더 나아가 토지이용 유형이 결정된 이후에도 수익성을 반영하게 되며, 따라서 만일 수익성이 떨어지는 경우 경작패턴을 바꾸거나 새로운 영농방식이나 기술혁신이 도입된다.

(2) 농업활동에 따른 세계 농업지역 분류

Whittlesey(1936)는 세계 각 지역의 농업활동을 집약도, 상업성, 작물 전문화를 분류기준으로 세계 농업지역을 13개 지역으로 분류하였다. 일반적으로 농업지역 분류를 위해 사용되고 있는 기준은 근대화 수준과 작물-가축 결합상태이다. 즉, 가로축은 농업방식의 근대화 수준을 나타내는 지표로 전통적 농업→산업적 농업→후기 산업화 농업으로 세분화하고, 세로축은 작물의 전문화 정도를 구분하는 지표로 주곡생산→혼합농업→유축농업으로 세분화한다. 따라서 가장 왼쪽 하단에 속한 농업체계는 주로 자급자족을 목적으로 하는 전통적 농업방식으로 1인당 농업생산성이 매우 낮은 유목을 위주로 하는 지역이다. 반면에 가장 오른쪽 상단에 속한 농업체계는 새로운 농법과 기술방식을 도입한 영농방식으로, 1인당 농업생산성이 매우 높은 원예와 야채, 플랜테이션 농업 등이 이에 속한다. 자급자족적 농업지역은 열대지방의 이동경작, 북아프리카와 중동지역의 목가적 유목, 그리고 남동부아시아의 집약적 자급자족 농업지역으로 세분되며, 상업적 농업지역의 경우 혼합농업, 낙농업, 곡물농업, 방목, 지중해식 경작, 원예, 과수농업지역으로 세분화된다.

① 자급자족적 농업지역

이동경작 농업지역은 주로 중앙아프리카 콩고강 유역, 남아메리카의 아마존강 유역, 그리고 동남아시아, 인도네시아, 뉴기니아의 열대우림지역에서 이루어지고 있다. 이들 지역은 강수량이 매우 많고 식생이 무성하지만 토양은 상대적으로 비옥하지 못하다. 이동경작농업은 나무를 베어내고 불을 태운 후 개간하여 농사짓기 때문에 이동식 경작(Slash & burn)이라고도 한다. 세계 인구의 약 5% 정도가 이동식 경작 농업에 종사하고 있지만 세계 육지면적의 25%를 차지할 정도로 넓은 면적에서 이루어지고 있다. 주로 재배되는 작물은 남아메리카에서는 옥수수, 카사바, 동남아시아에서는 벼, 아프리카에서는 수수, 기장 등이 재배되며 얌, 사탕수수도 재배된다.

한편 북아프리카와 중동지역, 중앙아시아, 중국의 동부 고원지대, 아프리카 동부의 캐냐와 탄자니아에서는 목가적 유목이 행해지고 있다. 유목에 종사하고 있는 인구는 약 1,500만명 가량으로 예상되며, 지구 육지면적의 20%를 차지하고 있다. 따라서 이동경작과 유목지역이 세계 육지면적의 약 절반을 차지한다. 유목이 행해지는 지역의 기후는 열대우림지역과는 아주 대조적으로 연 강수량이 25㎜ 이내의 건조지역이다. 따라서 농작물에 의존하기 보다는 유목민들이 필요한 일상품(우유, 고기, 의복, 신발, 텐트 등)을 주로 목축에서 얻고 있다. 유목민들이 주로 기르는 동물은 건조지역에서 잘 견디어 낼 수 있는 낙타나 몸집이 작아서 매우 적은 양의 물을 필요로 하는 염소 그리고 털과 고기를 얻기에 좋은 양이다.

② 집약적 자급자족 농업지역

동부아시아, 남부아시아, 동남아시아, 중앙 아메리카, 남부 아메리카의 비교적 인구가 조밀한 개발도상국에서 집약적 자급자족 농업이 행해진다. 이들 지역은 벼를 집약적으로 경작하는 지역과 벼 이외에 다른 작물을 경작하는 지역으로 세분화된다. 대부분 기계화는 이루어지지 않고 주로 사람의 노동력과 축력에 의해서 농업이 이루어지고 있다. 또한 1인당 소유 경작면적이 매우 작으므로 많은 인구를 부양하기 위해서 노동력을 상대적으로 많이 투입하는 집약적 농업을 하기 때문에 단위면적당 수확량은 상당히 높다.

③ 상업적 농업지역

상업적 농업지역에는 혼합, 낙농업, 상업적 곡물, 지중해식 농업, 방목 등이 포함된다. 혼합농업은 상업적 농업의 가장 대표적인 농업형태로, 유럽, 러시아, 우크라이나, 북아메리카, 남아프리카, 라틴 아메리카, 오스트레일리아 등에서 이루어진다. 혼합농업의 주된 소득원은 가축이며 작물 생산의 목적이 가축 먹이를 위한 사료작물이라는 점이다. 토양의 비옥도를 유지시키기 위하여 매년 다른 작물을 심는 윤작 체계를 갖는 경우가 많다.

한편 낙농업지역은 주로 미국 북동부지역과 북서 유럽에서 행해진다. 낙농업 생산물은 전체 상업적 농산물의 약 20%를 차지한다. 세계 우유 공급량의 90%를 이들 지역에서 생산한다. 낙농업제품들은 상하기 쉽기 때문에 도시근교에서 집약적으로 이루어지며, 대부분 냉동트럭을 이용하여 운반되고 있다. 도시에서 보다 멀리 떨어진 낙농가에서는 부가가치가 높고 덜 상하기 쉽고 운반하기 쉬운 치즈나 버터를 생산한다.

상업적 곡물농업은 기후조건이 낙농업이나 혼합농업에 보다 적합하지 않은 더 건조한 지역에서 행해진다. 상업적 혼합농업이 이루어지는 지역은 주로 중국, 미국, 캐나다, 러시아, 아르헨티나, 오스트레일리아 등이다. 밀이 주요 곡물이며, 보리, 오트밀, 귀리, 수수 등이 재배된다.

방목은 곡물농업을 하기에도 부적절한 환경, 즉 강우량이 부족하여 매우 건조한 환경에서 이루어지고 있다. 방목은 매우 조방적 농업으로 상당히 넓은 초지를 필요로 한다. 남아메리카, 아르헨티나, 우루과이, 브라질, 오스트레일리아, 뉴질랜드 등에서 행해진다.

지중해식 농업은 지중해 기후지역에서 행해지는 농업으로 토양과 습도에 따라 전문화된 농작물을 경작한다. 지중해 연안, 남부 캘리포니아 지역, 칠레 중부, 남아프리카, 남부 오스트레일리아에서 여름에 건조하고 덥고 겨울에 따뜻하고 습윤한 조건에서 자라는 포도, 올리브 등을 재배한다. 원예·과수 농업은 기온과 토양조건이 허락하는 한 대도시 근교에서 이루어지고 있다. 단위면적당 부가가치가 매우 높기 때문에 집약적으로 행해진다. 미국의 대서양연안 지역은 신선한 야채와 과일을 재배하여 트럭으로 운반하여 파는 농업방식이 성행하고 있다. 노동력이 상당히 필요하므로 값싼 노동력을 공급받기 위해 근교지역에서 이루어지기도 한다.

2 농산물의 수급 추이와 농산물의 무역구조 변화

1) 농산물의 수요-공급 변화 추이

(1) 농산물의 수요 변화 추이

미래의 지구촌 식량 수급에 대한 관심이 고조되고 있는 가운데 지구 온난화에 의한 기후변화와 에너지 가격 변동 등으로 인해 세계 식량 수급은 점점 더 어려움을 겪게 될 것으로 전망되고 있다. 미래 식량 수요에 지대한 영향을 주는 요인은 인구 증가와 식품의 소비패턴 변화라고 볼 수 있다.

① 미래 인구 증가 추이

미래 식량 수요에 가장 지대한 영향을 주는 요인은 인구 증가 추세이다. 2018년 4월 세계 인구는 약 76억명이며, 향후 연평균 1.2% 수준으로 증가할 것으로 예상된다. 이에 따라지구촌의 인구는 2030년에는 85억명, 2050년에는 거의 100억명에 달할 것으로 추정되고 있다(UN, 2015). 이러한 인구 증가는 개발도상국(주로 아프리카와 아시아)에서 나타나게 되며, 2015~2030년 동안 증가되는 인구(약 11.5억명)의 46%가 아시아, 42.8%가 아프리카에서 차지하며, 유럽은 오히려 인구 감소를 보일 전망이고, 라틴아메리카, 북아메리카, 오세아니아는 미미한 인구 증가가 예상된다(그림 9-1).

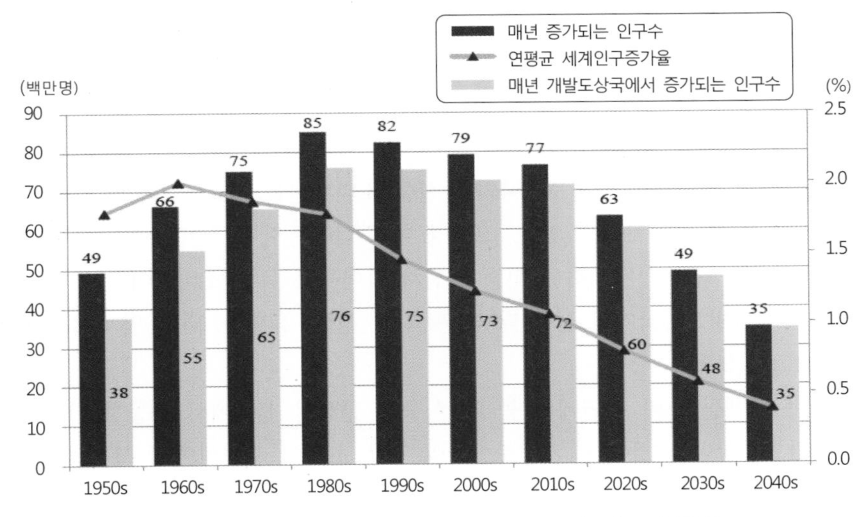

그림 9-1. 2040년대까지 매년 증가되는 인구수와 인구 성장률
출처: Alexandratos, N. and Bruinsma. J.(2012), p. 30.

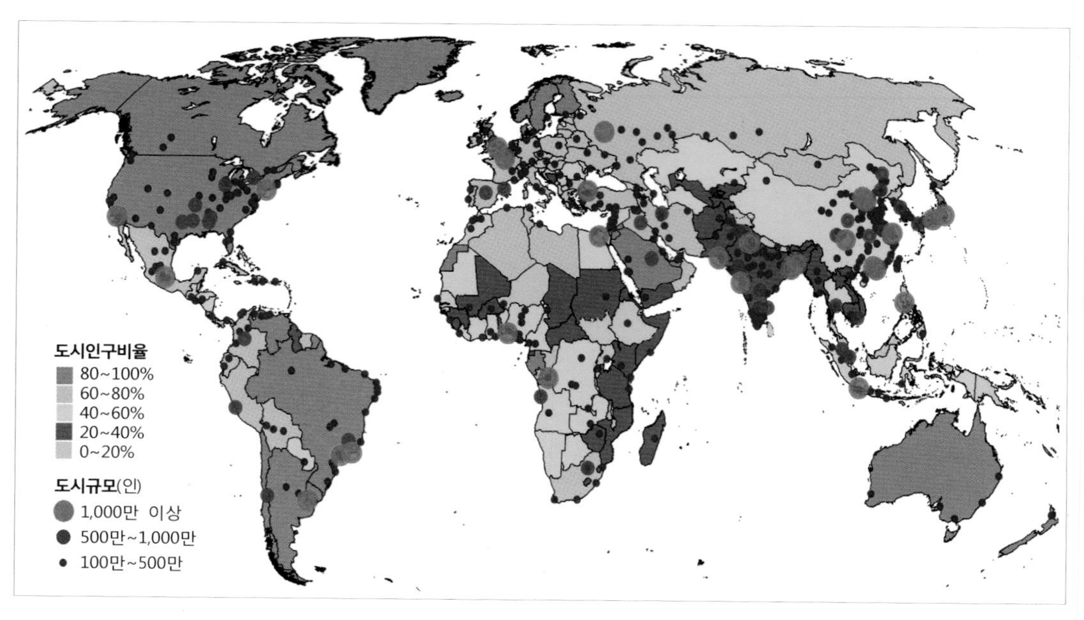

그림 9-2. 세계 각국의 도시화 비율과 도시인구 분포, 2015년
출처: https://esa.un.org/unpd/wup/Maps/.

② 식품의 소비패턴 변화

이렇게 증가되는 인구뿐만 아니라 식품 소비패턴에도 변화가 나타날 것으로 전망된다. 특히 개발도상국가들이 식품의 소비패턴 변화를 주도하게 될 것으로 예상되는 데, 이는 개발도상국의 소득 증가와 도시화에 기인한다. 세계 도시화 비율이 현재 약 50% 수준이지만, 개발도상국에서의 도시화가 가속화될 것으로 예상되어 2050년에는 도시화 비율이 70% 수준으로 높아질 것으로 전망된다(그림 9-2). 도시화는 사람들의 라이프스타일뿐만 아니라 식품 소비패턴에도 상당한 영향을 미칠 것으로 예상되고 있다.

가장 중요한 곡물인 쌀과 밀이 세계식량 소비의 약 60%를 차지하고 있다. 1971~2001년 동안 선진국과 개발도상국의 농산물 소비패턴을 비교해보면 육류 및 유제품 소비에서 상당한 차이를 보이고 있다. 그러나 어느 나라든지 소득이 증가함에 따라 전체 음식물 섭취량 중 곡류가 차지하는 비중이 점차 줄어들고 육류 소비량이 늘어나게 된다. 따라서 앞으로 개발도상국에서 점점 더 많은 육류, 생선, 유제품, 과일 및 채소를 소비하게 될 것이다(그림 9-3).

또한 단백질 소비 측면에서 볼 때 식물성 단백질 섭취에서 동물성 단백질 섭취 비율이 점점 더 높아질 것이다. 개발도상국의 경우 소득이 증가하면서 식물성 단백질에 대한 수요가 증가하지만, 점차 소득 증가에 따라 동물성 단백질 식품에 대한 선호도가 더 높아지고 소비량도 그만큼 증가하게 될 것이다(그림 9-4).

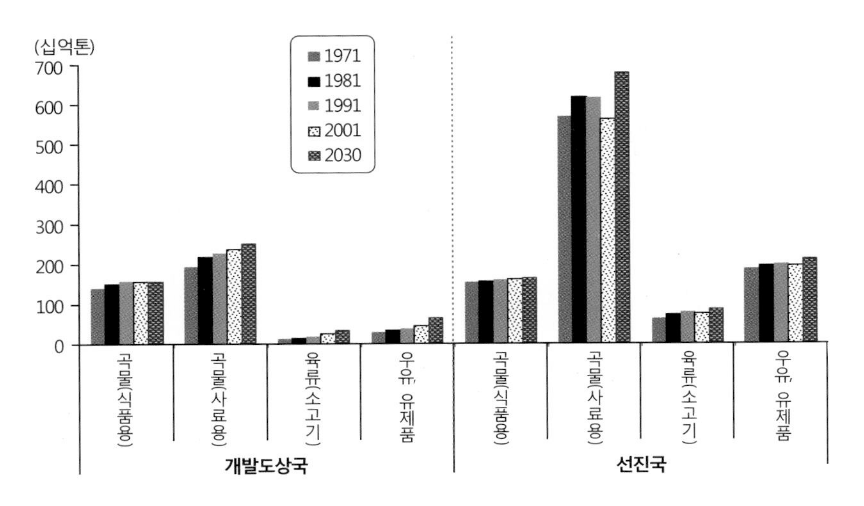

그림 9-3. 선진국과 개발도상국의 농산물 소비 변화 추이
출처: OECD/FAO(2017), OECD-FAO Agricultural Outlook, http://dx.doi.org/10.1787/agr-data-en.

한편 육류 및 유제품 소비의 증가는 사료작물과 종자(oilseed)에 대한 수요를 증가시키게 되며, 이는 다른 농산물들의 수요에도 영향을 미치게 된다. 동물성 단백질 식품에 대한 수요 증가가 가져올 영향력은 먹이연쇄에 의한 열역학 제2법칙에서 찾아볼 수 있다. 먹이연쇄에서 제1차 생산자는 녹색식물이다. 태양에너지를 흡수하여 광합성을 일으키는 녹색식물은 모든 식량의 근원이다. 먹이연쇄에서 제1차 소비자는 초식동물이고, 제2차 소비자는 육식동물이며, 사람이 곡물을 먹을 경우 제1차 소비자이지만, 동물성 식품을 먹을 경우 제2차 소비자가 된다. 열역학 제2법칙에 의하면 각 먹이연쇄 단계에서 에너지 손실이 나타나게 된다. 즉, 자연 상태에서 동물이 먹는 사료 중 10%만 육류로 변하기 때문에

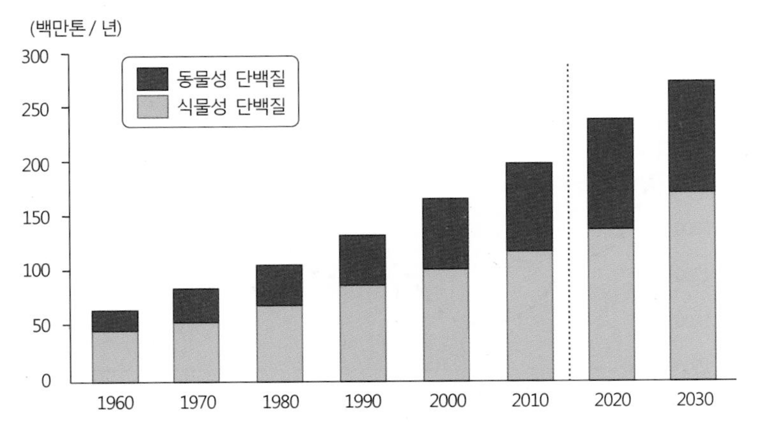

그림 9-4. 식물성 단백질과 동물성 단백질 섭취량 추이
출처: Alexandratos, N. and Bruinsma. J.(2012), p. 5.

사료에 간직되어 있던 90%의 에너지는 손실되어 없어진다. 젖소는 그 비율이 다소 높아 먹는 사료의 25%를 우유로 만든다. 따라서 인간이 곡물에 식량을 의존할 경우 동물성 식품을 먹는 경우보다 훨씬 더 많은 인구를 지지할 수 있다. 그러나 인간이 건강을 유지하기 위해서는 곡물 위주의 열량 공급만으로는 어려우며, 적어도 1일 60g의 단백질 식품을 섭취해야 한다. 따라서 육류 소비에 대한 수요 증가는 당연한 것이지만 만일 사료작물 수요가 급증하는 경우 다른 농작물 수요에도 영향을 미치게 되기 때문에 미래 식량 수급에 부정적 영향을 가져올 수도 있다.

(2) 농산물 생산 공급의 변화 추이

미래 곡물 수요 증가는 인구 증가로 인해 약 70%, 소득 증가로 인해 22%, 기타 요인으로 인해 8% 증가할 것으로 예상되고 있다. 세계적 차원에서 식량 공급량을 보면 2050년 시점에 필요로 하는 식량 수요를 감당할 수 있는 수준으로 증가될 것으로 전망되고 있다. 지난 40년 동안 식량 공급률은 매년 2.2% 증가해 왔으며, 2007~2050년 기간에는 매년 약 1.1%씩 증가할 것으로 전망하고 있다. 이에 따라 2050년 곡물 생산량은 약 30억톤으로 전망되는데, 이는 2005~2007년 기준 시점에 비해 약 9.4억톤 증가한 생산량이다.

한편 1990년대 후반부터 곡물 생산량의 변화와 곡물 가격의 변동을 보면 그림 9-5와 같다. 1996~2003년 기간은 곡물 생산의 정체기라고 볼 수 있을 정도로 연간 성장률은 -0.1% 수준을 나타내고 있다. 이는 곡물 가격이 지속적인 하락추세를 보였기 때문으로

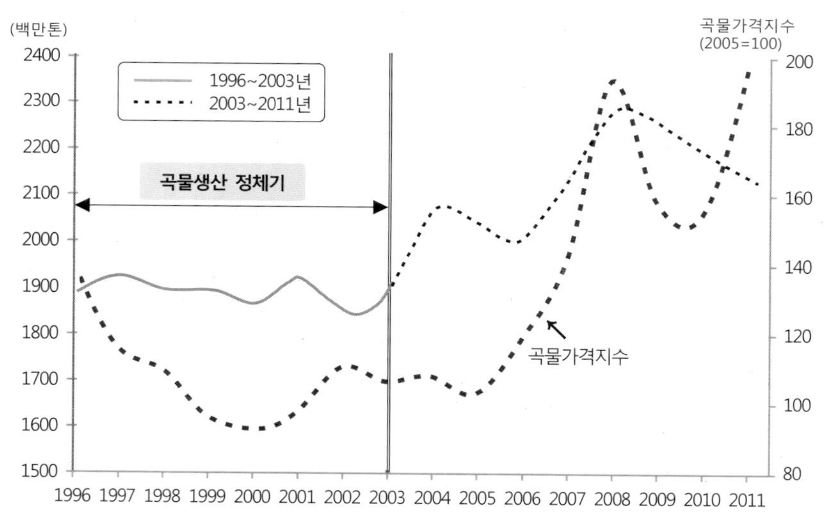

그림 9-5. 세계 곡물생산과 곡물 가격 변화, 1996-2011년
출처: FAOSTAT(2012), World Bank, Commodity Price Data.

풀이된다. 그러나 2003~2010년 기간의 곡물 생산 증가율은 2.3%로 상승하였고 곡물 가격도 급상승하였다(그림 9-5). 곡물 생산 증가율이 상승한 것은 중국의 곡물 수입 증가 및 기상변화로 인해 세계 곡물 생산국들의 곡물 재고량이 줄어들고, 바이오 연료로 인한 곡물 수요가 증가하였기 때문으로 풀이된다. 특히 중국의 영향력이 매우 컸다(중국의 경우 곡물 소비량이 급증하면서 1999년 3.9억톤이던 곡물 재고량이 2005년에는 1.5억톤으로 감소하였음). 특히 2007~2008년의 곡물 가격이 급상승하면서 곡물 생산량 증가가 두드러지게 나타났다. 최근에 나타나고 있는 곡물 생산량 증가는 장기간 곡물 생산의 정체기로부터의 회복이라고도 볼 수 있다.

1960년대 중반 이후 지난 50년 동안 주요 곡물의 생산량 증가율을 보면 곡물 종류별로 상당한 변이를 보이고 있다. 특히 1990년대 중반 이후 쌀, 밀, 옥수수 생산량의 증가율은 1%를 약간 상회하고 있는 데 비해 콩과 사탕수수의 증가율은 1% 미만으로 상당히 낮다(그림 9-6). 전반적으로 곡물 생산량 증가율은 1960년대보다 훨씬 낮은 수준이다. 이는 녹색혁명이 이루어진 이후 농업 생산량을 증가시켰던 신품종 도입, 관개시설 및 농약 사용에 따른 부정적인 영향력이 나타났기 때문으로 풀이할 수 있다. 즉, 토지 황폐화를 포함한 관개지의 염분 과다 축적, 해충 저항성과 생물 다양성의 감소 등으로 농업 환경기반에 부정적 영향을 주는 요인들이 점점 더 증가하고 있다. 더 나아가 삼림 벌채, 온실가스 및 비료 사용으로 인한 수질 오염 등으로 농업환경은 점점 더 악화되고 있다.

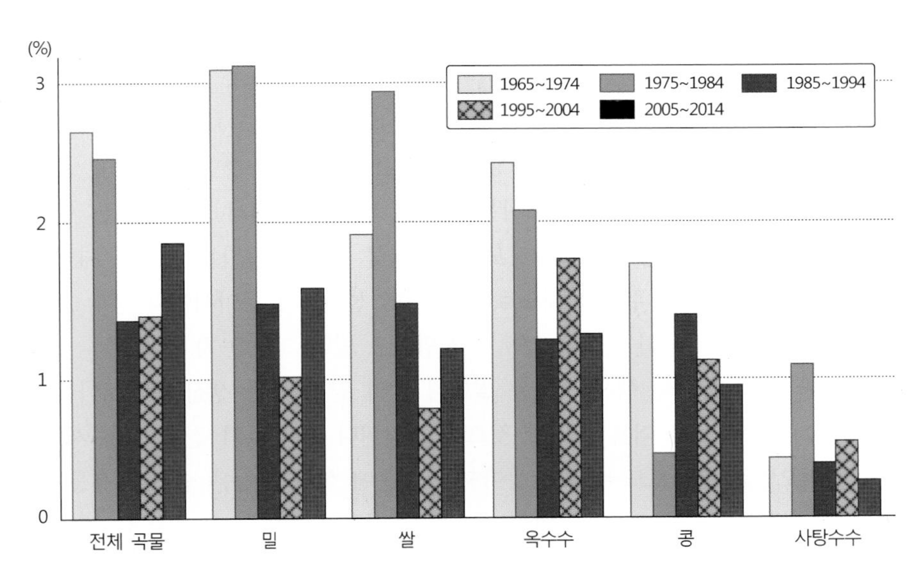

그림 9-6. 주요 곡물 생산량의 시기별 연평균 증가율
출처: FAO(2017a). The Future of Food and Agriculture: Trends & Challenges, Figure 5.1.

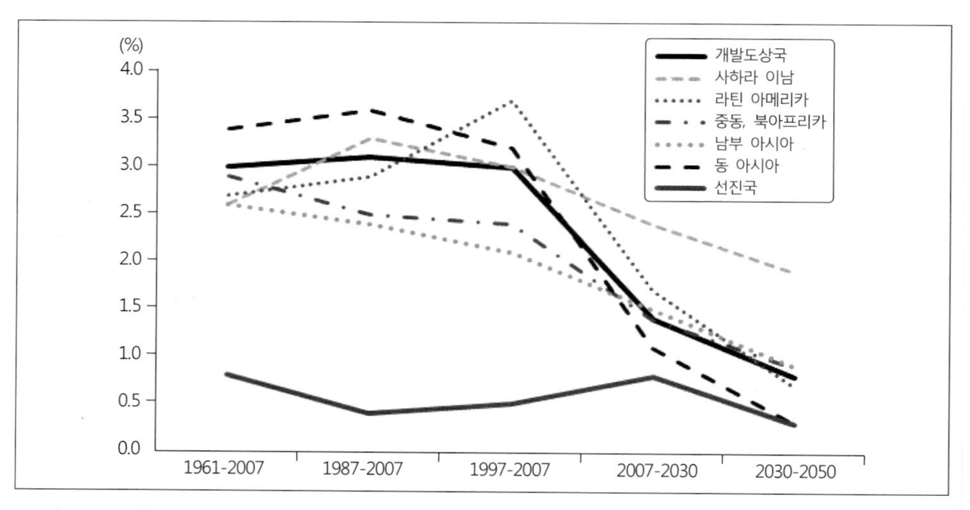

그림 9-7. 세계 각 지역의 연평균 농업 생산량 변화 추이
출처: Alexandratos, N. and Bruinsma. J.(2012), Table 4.2 참조.

세계 농업 생산의 연간 성장률을 예상해 보면 1990년~2010년 동안 연평균 2.2%를 보이던 것이 2010~2030년에는 1.3%로, 2030~2050년에는 0.8%로 떨어질 것으로 추정되고 있다. 그러나 이렇게 낮은 증가율이지만, 절대 생산량은 증가하여 2050년까지 곡물 생산량은 9.4억톤(약 46%) 증가하고 육류 생산량은 약 2억톤(약 76%)이 증가할 것으로 예상된다. 문제는 육류 생산량의 증가는 사료작물을 위한 생산량 증가를 수반한다는 점이다. 따라서 2050년까지 연간 생산되는 옥수수(4.5억톤)의 약 60%는 동물사료(바이오연료용은 약 23%)가 될 것이며 콩 생산량(3.9억톤)의 약 80%도 사료용으로 소비될 것이다.

이러한 곡물 생산량 증가의 약 90%는 개발도상국에서 충당하게 되며, 그 결과 개발도상국이 세계 곡물 생산에서 차지하는 비중은 현재 67%에서 2050년에는 약 74%로 증가될 전망이다. 개발도상국 가운데서도 미래 곡물 생산량 증가는 사하라 사막 이남 아프리카와 라틴아메리카가 주도할 것으로 예상되며, 선진국과 동아시아의 경우 오히려 곡물 생산 증가 추세가 상당히 둔화될 것으로 전망되고 있다(그림 9-7).

한편 미래 농산물 생산 증가는 쌀이나 밀과 같은 곡물 생산 증가보다는 가축 사료용인 옥수수 증가율이 더욱 높아질 것으로 전망된다. 옥수수의 경우 가축 사료용뿐만 아니라 바이오연료 용도로도 수요가 높아지기 때문에 상당히 높은 증가 추세를 보이게 될 전망이다. 생산된 곡물이 바이오연료 용도로 소비되기 전까지 세계 곡물 생산량 증가는 세계 식량 수요 증가를 충족시키기에 충분하였다. 실제로 곡물 수요에 대응한 곡물 공급량이 충분하였기 때문에 1980년대 중반까지 곡물의 실질 가격은 하락 추세를 보였으며, 2005년까지도 곡물 가격은 거의 변동이 없었다. 그러나 바이오연료 생산을 위해 곡물 일부가 소비되면서 곡물 수요에 대한 곡물 공급량 부족 현상을 가져오면서 곡물 가격의 인상 요인으로 작용하고 있다. 일례로 미국의 경우 지난 10년 동안 에탄올 생산을 위해 소비된 옥수수는 급격하게 증가되어 세계 생산량의 40.6%를 차지하고 있다. 브라질의 경우도 생산된 사탕수수의 54%가 에탄올 생산에 사용되었는데, 이는 세계 사탕수수 생산의 23%를 차지한다. 그리고 유럽연합의 경우도 약 900만톤의 식물성 기름 종자가 바이오 디젤 생산을 위해 소비되었고 에탄올 생산을 위해서도 유사한 양의 곡물이 소비되고 있다. 바이오 연료 공급원으로서 소비되는 농작물 수요의 상당 부분은 생산량 증가로 충족되었지만, 사탕수수와 옥수수 가격의 인상을 초래하였다. 이는 다른 농작물 및 축산물 가격을 인상시키는 간접적인 효과도 가져온 것으로 알려져 있다(그림 9-9).

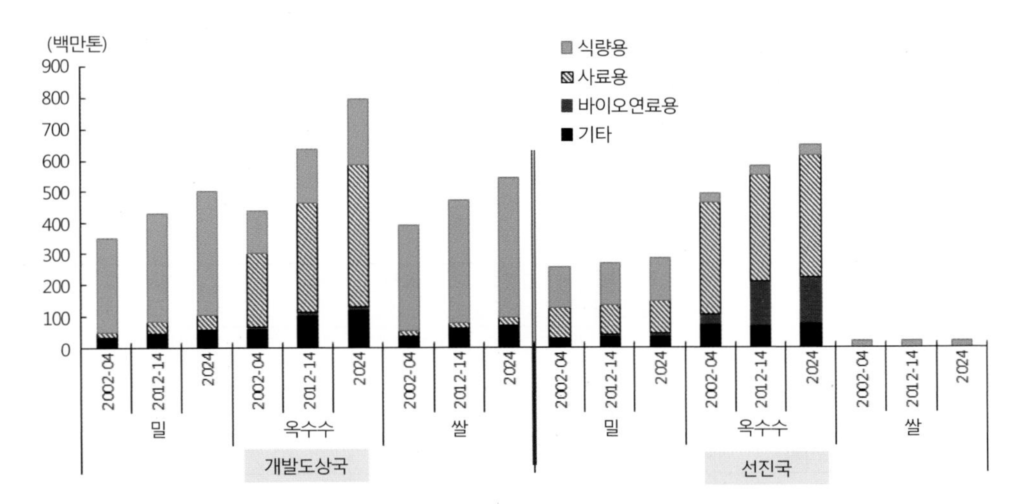

그림 9-8. 선진국과 개발도상국의 생산된 곡물의 용도 변화 추이, 2002-2024년

출처: OECD/FAO(2017), OECD-FAO Agricultural Outlook, http://dx.doi.org/10.1787/agr-data-en.

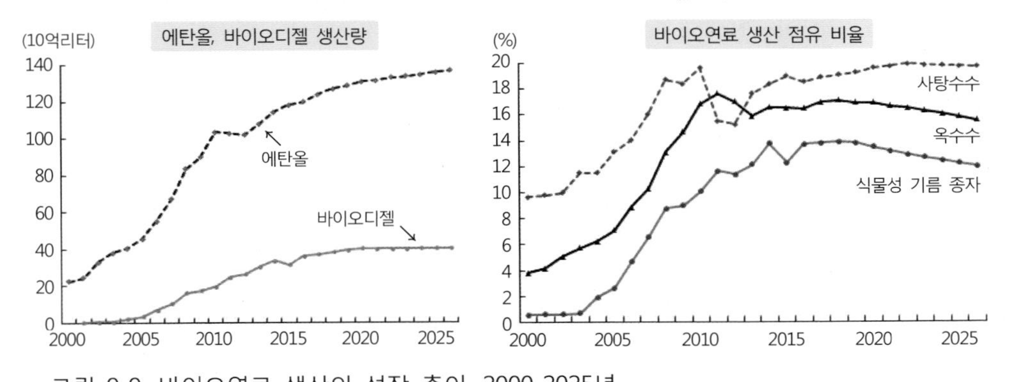

그림 9-9. 바이오연료 생산의 성장 추이, 2000-2025년

출처: OECD/FAO(2017), OECD-FAO Agricultural Outlook, http://dx.doi.org/10.1787/agr-data-en.

(3) 농작물 생산 증가를 가져올 요인들에 대한 미래 전망

세계적 차원에서 볼 때 식량 수요에 대응한 식량 생산 증가도 이루어질 것으로 전망되고 있다. 2015~2030년 동안 곡물의 경우 18%, 사탕수수의 경우 21%, 식물성 기름, 육류의 경우 25%, 유제품은 22% 수준의 생산량이 증가될 것으로 예상되고 있다. 하지만, 이와 같은 식량 생산량 증가 전망은 농작물 생산 증가를 가져올 요인들(특히 농경지 확대 가능성, 농업 생산성 증대, 농업 부문에 대한 투자 등)에 달려있다. 개발도상국의 경우 2007~2050년 기간 동안 농작물 생산량 증가 요인들을 보면 약 73%는 집약도를 높여서 이루어지는 생산량 증가이며, 수확량이 높은 작물 대체로 인한 증가가 6%, 그리고 경작지 확장으로 인한 증가가 21%를 차지하게 될 것으로 예상되고 있다. 경작지 확장은 라틴 아메리카와 사하라 사막 이남 아프리카에서 농작물 생산 증가를 가져올 중요한 요인이라고 볼 수 있으며, 경작지 확장이 매우 적을 것으로 예상되는 남부 아시아와 동부 아시아에서의 생산량 증가 요인은 집약적 농법에 따라 이루어질 것으로 예상되고 있다(표 9-1).

표 9-1. 미래 농작물 생산의 구성요인별 성장률 추세

(단위: %)

	경작지 확장에 따른 생산량 증가		고수확작물 선택에 의한 생산량 증가		집약도 수준에 따른 생산량 증가	
	1961-2007	2007-2050	1961-2007	2007-2050	1961-2007	2007-2050
개발도상국	23	21	8	6	70	73
사하라 이남 아프리카	31	20	31	6	38	74
중동, 북아프리카	17	0	22	20	62	80
라틴 아메리카	40	40	7	7	53	53
남부아시아	6	6	12	2	82	92
동아시아	28	0	-6	15	77	85
세계 전체	14	10	9	10	77	80

출처: Alexandratos, N. and Bruinsma. J.(2012), Table 4.4를 참조하여 작성함.

① 농경지 확대 전망

세계 육지면적 가운데 농경지로 이용되는 면적은 매우 한정되어 있다. 육지 면적의 40%는 한대와 건조지역에 속하여 농경지로 부적당하며, 20%는 해발고도가 너무 높아 농경과 인간생활에 불리한 지역이며, 또 10%는 여러 가지 이유로 인해 불모지화된 지역이다. 따라서 실제로 경작가능한 면적은 전체 육지면적의 30% 정도이며, 이 가운데 20%는 초지로 이용되고 있어 실제 농업에 이용되는 경지는 10%에 불과하다. 그러나 경작가능한 토지면적도 불충분한 물의 공급과 질병 및 병충해 등으로 인해 생산성이 감소되고 있다.

따라서 농경지 면적의 확장을 통해 충당되는 미래 농작물 생산량 증가 비율은 매우 미미할 것으로 전망된다. 세계식량농업기구(FAO)에서는 105개 국가를 대상으로 자연 강

수에 의한 경작지 면적과 관개에 의한 경작지 면적 및 농경지로서의 적합도 수준을 구분하고 34개 작물에 대한 수확량을 예측하였다. 연구 결과에 따르면 2005~2007년 기준 시점에서 지구 전체 육지면적(133억ha)의 약 12%(약 15.6억ha)만 농경지로 분류될 수 있었다. 그러나 가용한 육지면적 가운데 28%(44.9억ha)는 농경지로서 우량 또는 보통 등급의 토지로 분류되었지만, 이러한 면적 가운데 현재 농경지로 사용되고 있는 면적은 12.6억ha이다. 따라서 약 32.3억ha에 달하는 토지가 잠재 농경지라고 볼 수 있다. 그러나 어러한 잠재 농경지 면적 가운데 농경지로 사용 불가능(시가지 및 삼림, 보호지역)할 것으로 예상되는 18.2억ha를 제외한 나머지 14.1억ha만 잠재경지면적이라고 볼 수 있다. 따라서 지구 전체적으로 보면 아직 농작물 생산을 위한 잠재경지면적이 상당히 남아 있음을 말해준다(표 9-2).

표 9-2. 미래의 잠재적인 농경지 확대 면적

(단위: 백만ha)

구분		전체	농작물 재배 적합도에 따른 면적			한계경지	불가경지
			전체 면적	우량	보통		
전체 면적		**13,295**	**4,495**	**1,315**	**3,180**	**2,738**	**6,061**
농경지 면적		**1,559**	**1,260**	**442**	**817**	**224**	**75**
구분	강수지	1,283	1,063	381	682	177	43
	관개지	276	197	61	135	47	32
총 잠재경지면적		-	**3,235**	**873**	**2,363**	**2,514**	-
경지로 불가용 면적		*4,526*	*1,824*	*524*	*1,299*	*992*	*1,710*
용도	삼림	3,736	1,601	453	1,147	872	1,263
	보호지	638	107	30	77	98	432
	시가지	152	116	41	75	22	15
순 잠재경지면적		-	**1,411**	**349**	**1,064**	**1,522**	-

출처: Alexandratos, N. and Bruinsma. J.(2012), Table 4.6.

한편 육지 면적을 우량 경작지-보통 경작지-한계 경작지의 3개 유형으로 세분하여 보면 농작물 재배에 적합한 우량 토지는 13.15억ha, 보통 토지는 31.8억ha, 한계 토지는 27.38억ha로 분류된다(Fisher et al., 2011). 또한 현재 농경지 면적 가운데 관개에 의존하는 농경지는 전체 농경지의 약 16%를 차지하고 있지만, 농작물 총 생산의 44%, 곡물 생산의 약 42%가 관개 농경지에서 생산되고 있다는 점에서 관개 농업이 매우 중요함을 말해준다(그림 9-10).

미래 농작물 생산을 위한 잠재 경지면적을 세분하여 보면 약 52%의 잠재 경지는 한계 토지이다. 즉, 농경지 확대를 통해 미래 식량 증산을 위해 가용한 면적의 절반은 농작물 재배에는 그다지 적합하지 않은 한계 경지이며, 우량 토지면적 비율은 불과 12%에 지

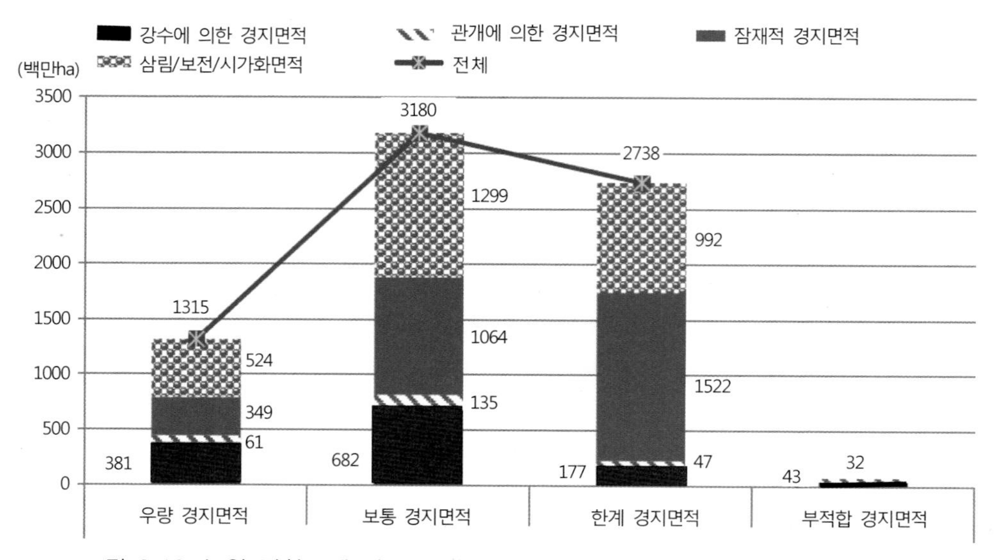

그림 9-10. 농업 적합도에 따른 토지면적 분류
출처: Alexandratos, N. and Bruinsma. J.(2012), Figure 1.6.

나지 않는다. 또한 현재 농경지 면적 가운데서도 관개에 의해 농작물을 재배하는 경지 비율도 약 16%(2.44억ha)에 달하고 있다.

현재 경지면적은 15.6억ha이지만, 2030년까지 약 5,200만ha 경지가 더 추가될 것으로 전망되고 있는데, 이는 향후 20년 동안 농경지 면적이 약 3.4% 증가됨을 말해준다. 새롭게 추가되는 농경지는 사하라사막 이남 아프리카(5,200만ha), 중남미(3,100만ha), 오세아니아(500만ha)에서 추가될 것이다. 그러나 농경지가 황폐화되어 더 이상 경지로 사용되지 못하는 북미(3,200만ha), 유럽(1,400만ha), 남부 아시아(1,400만ha) 지역들도 있다. 선진국의 경우 경작지 면적이 1960년대 후반에 이미 정점에 이르렀고, 오히려 1980년대 이후 농경지 면적의 감소 추세까지 보이고 있다. 따라서 농경지 확장을 통한 미래 식량수요 증가 폭은 상당히 제한적이라고 볼 수 있다(그림 9-11).

선진국의 경우 기후변화에 대응한 다양한 기술을 개발해 왔기 때문에 기후변화에 따른 농작물 생산량 변이는 상대적으로 적은 편이다. 문제는 개발도상국의 농경지 가운데 기후변화에 취약한 경지들이 상당히 많다는 점이다. 즉, 개발도상국의 농경지 대부분이 기온, 강수량, 자연재해 등에 매우 취약한 경지들이기 때문에 농작물 생산량이 매우 가변적이다. 또한 기후변화 영향을 더 받으며, 기후변화에 취약한 농경지들이 우량경지들이라는 점이다. 기후변화에 따른 농경지의 취약성은 미래 식량 공급량을 더 가변적으로, 농산물 가격 변동성을 더 크게 만들 수 있다. 농업기술을 향상시킬 수 없거나 농업 생산성을 지속적으로 증가시키지 못하는 경우 농산물 가격 변동성은 더욱 커지게 될 것이다.

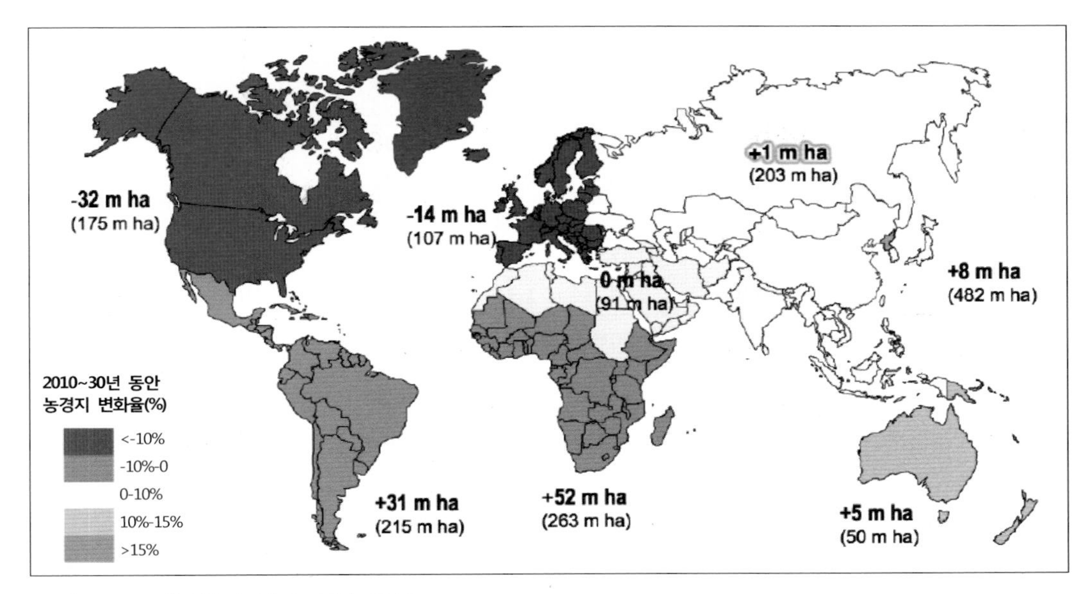

그림 9-11. 대륙별 농경지 확장 추세
출처: Yves Madre & Pieter Devuyst(2015), Figure 3.

② 생산성 향상 전망

농경지 확대를 통해 식량 생산량을 증가시키는 방법은 분명히 한계가 있을 뿐만 아니라 경지에 적합하지 못한 토지를 관개에 의존하는 경우 경제적·환경적인 측면에서도 문제가 될 수 있다. 따라서 미래 식량증산을 위한 방법으로 단위면적당 수확량을 증가시키는 방법에 더 의존할 수밖에 없다. 즉, 화학비료 사용, 살충제 보급, 신품종 개발 등으로 단위면적당 수확량을 증가시키는 것이다. 지난 40여년 동안 화학비료를 이용함으로써 농업 생산성이 크게 향상되었다. 그러나 앞으로 화학비료를 사용함으로써 식량 증산을 어느 정도 기대할 수 있는가의 문제는 화학비료의 가격이라고 볼 수 있다. 화학비료의 가격은 수요 증가로 인해 계속 오름세를 보이고 있으며, 화학비료를 생산해 내는 데 상당한 에너지 자원이 소요된다. 따라서 화학비료 생산에 필요한 에너지 자원이 해결될 때 화학비료의 생산도 가능하게 되고 단위면적당 수확량 증가도 가능하다.

토지, 노동, 기계 등 투입요소에 대한 산출량을 나타내는 총요소생산성(TFP: total factor productivity) 지표가 주어진 경지면적당 수확량을 증가시키는 요인으로 주목받고 있다. FAO에 따르면 2050년까지 총요소생산성은 연평균 2% 수준으로 증가되며, 그 결과 2050년까지 식량 공급량은 약 50% 증가될 것으로 예상하고 있다. 그러나 1961~2007년 동안 세계 총요소생산성은 연평균 0.99%의 낮은 증가율을 보여왔으며, 거의 모든 지역에서 총요소생산성 증가는 2%보다 훨씬 낮은 수준을 보이고 있다. 따라서 과연 2050년 시점까지 2% 수준의 총요소생산성 증가가 실현될 수 있는가는 상당히 의문이다(표 9-3).

표 9-3. 세계 농업의 생산성 지표 추이

시기별 연평균성장율(%)	산출량	투입량	총요소 생산성	노동 생산성	경지면적당 산출량	곡물 생산량 (톤/ha)
1961~1969	2.81	2.31	**0.49**	0.96	2.39	2.84
1970~1979	2.23	1.60	**0.63**	1.46	2.21	2.62
1980~1989	2.13	1.2	**0.92**	0.97	1.72	2.00
1990~1999	2.01	0.47	**1.54**	1.15	1.74	1.61
2000~2009	2.04	0.74	**1.34**	1.72	2.10	1.01

출처: Yves Madre & Pieter Devuyst(2015), Table 5.

1961~2010년 동안 농업 생산량 증가의 약 40%는 총요소생산성에 의해서 이루어졌다. 또한 향후 인류가 필요한 식량 수요의 상당 부분은 단위면적당 수확량 증가를 통해 충족될 것이다. 그러나 선진국과 개발도상국 간에 수확량 증가를 가져오는 요인들이 상당히 다르게 나타나고 있다. 고소득국가의 경우 총요소생산성 증가가 농업 생산량 증가를 가져오는 매우 중요한 요인인 데 비해 저소득 국가는 주로 농경지 확장을 통해 식량 증가가 이루어졌다(그림 9-12). 이러한 추세는 미래에도 그대로 반영될 것으로 전망된다.

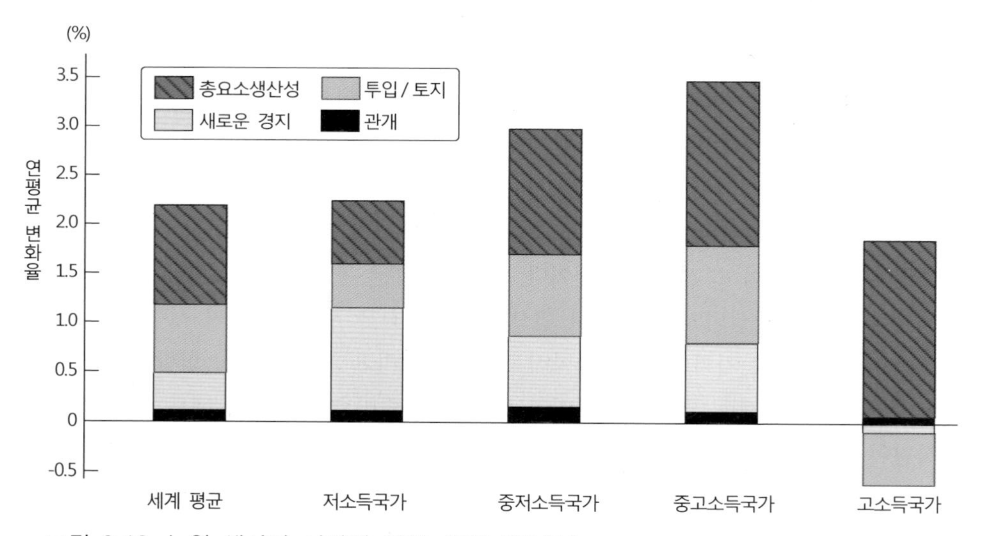

그림 9-12. 농업 생산량 성장의 원천, 1961-2010년

출처: FAO(2017a). The Future of Food and Agriculture: Trends & Challenges, Figure 5.2.

단위경지면적당 수확량이 증가함에 따라 그동안 지구촌의 인구를 지지할 수 있었다. FAO에 따르면 단위면적당 생산성 증가로 인해 1ha당 증가된 생산량은 1960년 이후 매 10년마다 0.4명에게 식량을 추가적으로 공급해준 것이다. 이러한 추세는 앞으로도 계속될 것으로 전망되어, 2010년에는 1ha당 증가된 생산량은 4.5명에게, 2020년에는 4.5명, 2030년에는 5.3명에게 추가적 식량 공급이 가능할 것으로 전망되고 있다(그림 9-13).

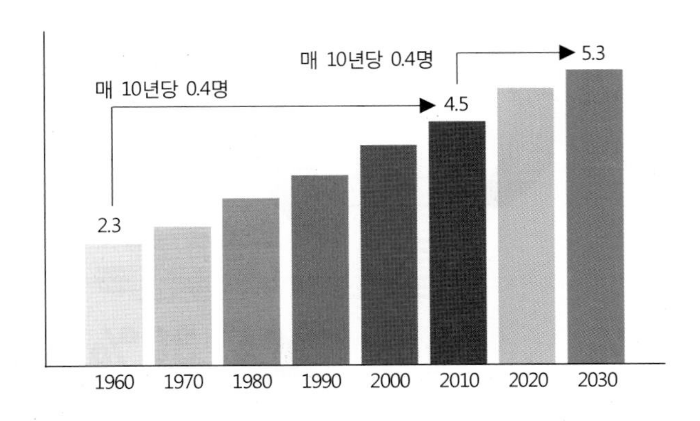

그림 9-13. 농경지 1ha당 생산량 증가로 인해 지지되는 인구수 추이
출처: Yves Madre & Pieter Devuyst(2015), Figure 5.

또한 지난 반세기 동안 농업부문에서의 R&D 투자는 농업 생산성을 높이고 지구촌의 빈곤을 줄여온 것으로 알려져 있다. 그러나 최근 여러 국가들에서 농업부문의 R&D 투자가 줄고 있다. 농업부문에서의 연구개발비가 계속 줄어든다면 농업 생산성 증가도 둔화될 것이다. 만일 증가하는 식량 수요를 충족시키지 못할 경우 식품 가격 상승에 대한 압박과 가장 취약한 빈곤한 사람들에게 주는 스트레스도 한층 더 커지게 될 것이다.

(4) 식량 낭비와 식량 손실

미래 세계 식량 수급에 영향을 미치는 또 다른 요인은 식량 낭비와 식량 손실이다. 즉, 농산물의 생산 및 가공 단계에서 발생하는 '식량 손실'과 농산물 유통 및 소비단계에서 나타나는 '음식물 쓰레기'이다. FAO에 따르면 2011년 생산된 식품의 1/3(연간 13억 톤)이 손실되거나 낭비되었으며, 특히 유제품과 육류의 경우 20%, 곡류와 어류의 경우 30%, 과일과 채소의 거의 절반이 음식물로 섭취되지 못하고 손실되었다(그림 9-14).

식량 손실문제는 곡물을 수송하고, 저장하고, 시장에 상품화하는 과정에서 야기되는 문제들로 주로 아프리카, 라틴아메리카 등 개발도상국에서 겪고 있는 문제이다. 개발도상국의 경우 인프라 부족, 저장시설 부족 및 기술역량 부족으로 식량 손실이 발생하여 전체 곡물 생산량과 실제 사람들이 소비하는 생산량과는 상당한 차이를 보이고 있다. 특히 양곡보관시설과 유통시설이 제대로 마련되지 못하여 보관과 유통과정에서 곡물이 부패되거나 곤충이나 동물(특히 쥐)들에게 빼앗기게 되는 경우가 발생되고 있다.

반면에, 음식물 쓰레기는 주로 유럽, 북미, 동아시아 등 선진국의 식당, 가정 및 상점에서 발생하는데, 이는 남긴 음식을 버리기 때문이다. 이러한 음식물 쓰레기는 윤리적 문제뿐만 아니라 천연자원(토지, 물, 토양)의 낭비로 이어지며, 기후변화와 지구온난화를 야기시키는 불필요한 온실가스 배출까지 연계된다. 음식물 쓰레기를 줄인다면 식량 수요를

그림 9-14. 품목별 농산물 손실과 낭비

출처: Yves Madre & Pieter Devuyst(2015), Figure 11.

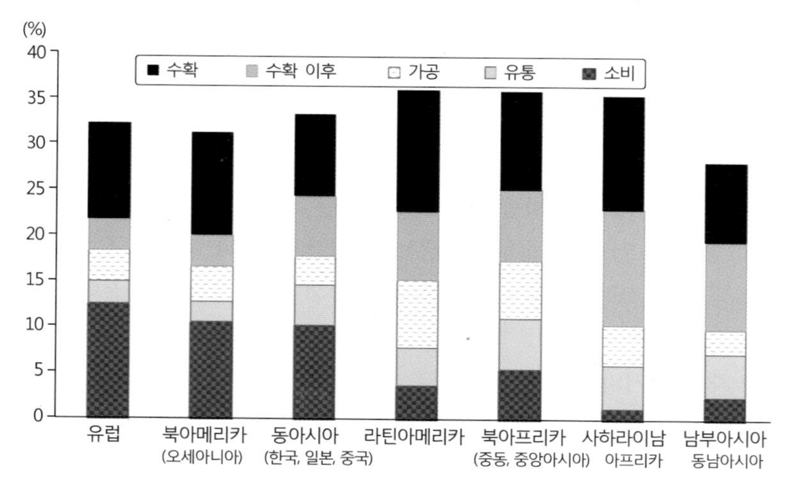

그림 9-15. 지역별 식품 공급체인에 따른 식품 손실과 음식물 쓰레기 발생 비율

출처: FAO(2017a). The Future of Food and Agriculture: Trends & Challenges, Figure 13.1.

충족시키기 위한 식량 증가량도 줄어들게 될 것이다(그림 9-15). 2050년까지 음식물 쓰레기의 절반을 줄이면 농산물 생산량은 25% 수준으로 증가하여 수요를 충족시킬 수 있을 것으로 전망된다. 음식물 쓰레기와 음식 손실을 줄이면 식량 안보와 환경에 대한 압력도 감소시킬 것이다. 따라서 음식을 생산하고 가공하는 행위자들에 대한 책임(농민과 식품가공업체), 소비영역(소매업체), 그리고 소비자들의 행동 변화가 수반되어야 하며, 개발도상국의 경우 식량 손실을 줄이기 위한 인프라 투자도 이루어져야 한다.

(5) 농산물의 가격 변화 추이

1960년 이후 국제 농산물 가격 변화를 보면 1970년대 원유파동 시기를 제외하고는 상당히 장기간 하락추세를 보여 왔다. 특히 쌀과 밀의 실질가격은 1970년대 후반 이후 꾸준히 하락하고 있다. 2006년 여름에 농산물 가격이 일시적으로 상승하였지만, 2008년 중반에 다시 안정적인 수준으로 낮아졌다. 그러나 2011년 이후 다시 농산물 가격은 상승 추세를 보이고 있다(그림 9-16). 전반적으로 1970년대 중반 이후 장기간 식량 가격의 하락 추세가 나타나면서 대다수 국가들에서 농업 관련 정책들은 소홀하게 다루어졌다.

그러나 농산물 가격은 다른 공산품들의 가격보다 변동 폭이 큰 편이다. 2006~2008년의 식량 위기, 2010~2011년의 곡물가격 급등 및 2012~2013년 미국의 혹한 가뭄으로 인해 2012년 가을에 식량 가격은 최고치를 보였지만, 그 다음 해에는 다시 실질가격이 하락하였다. 2010년 중반~2011년 초반의 식량가격의 급등은 2006~2007년과는 달리 주로 사탕수수, 밀, 옥수수 작물에서 나타났는데, 이는 가뭄과 산불로 어려움을 겪은 러시아에서의 생산량이 급감하였기 때문이었다. 하지만 최근 석유 및 기타 원자재 가격 하락으로 비료와 연료 가격이 낮아지면서 2014~2015년에 다시 국제 곡물가격은 낮은 수준으로 안정화되고 있다(그림 9-17). 그러나 일시적일지라도 식량 가격의 급등은 식량 안보 및 취약계층의 영양 공급에 상당히 부정적인 영향을 안겨주고 있다.

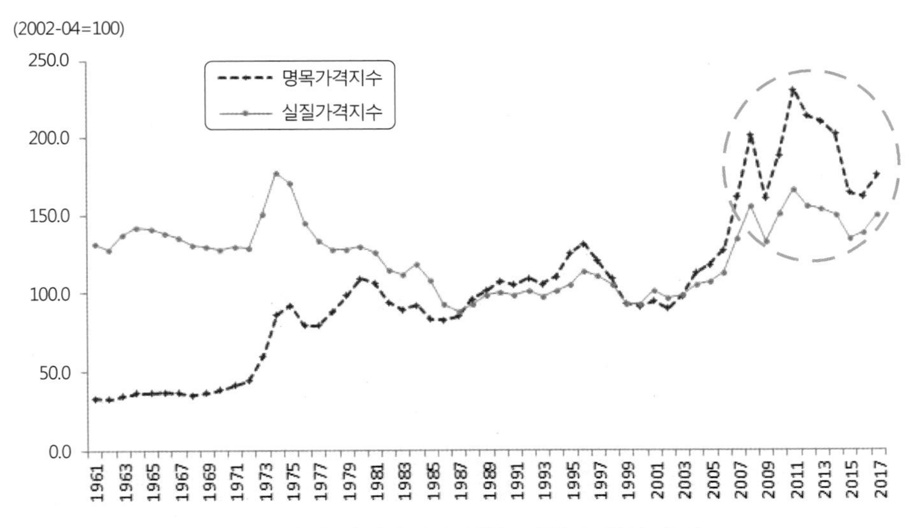

그림 9-16. 농산물의 실질가격과 명목 가격의 변화 추이
출처: FAO Food Price Index, http://www.fao.org/worldfoodsituation/FoodPricesIndex.

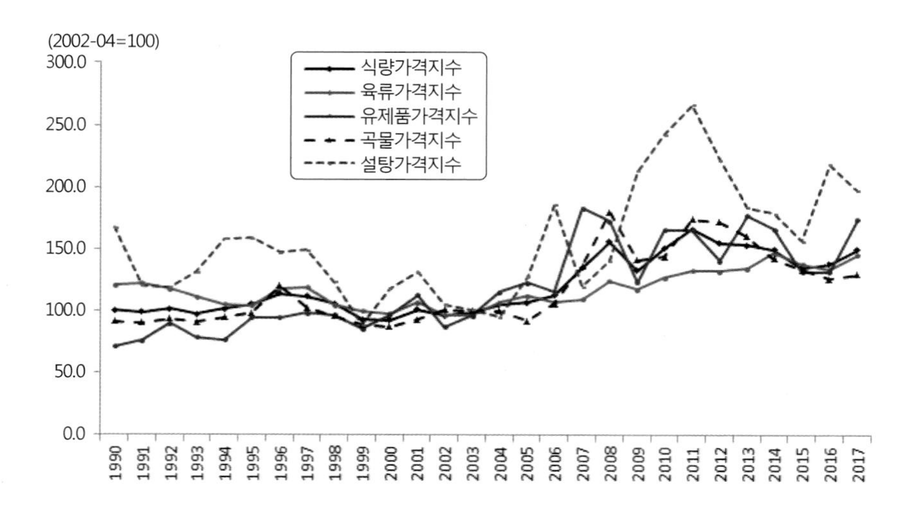

그림 9-17. 농산물 품목별 가격의 변화 추이
출처: FAO Food Price Index, http://www.fao.org/worldfoodsituation/FoodPricesIndex.

농산물의 가격 변동은 기상변화에 따라 직접적인 영향을 받는데, 이는 농업 활동 자체가 기상변화에 매우 의존적이기 때문이다. 지난 30년 동안 기상재해의 강도와 횟수가 증가하고 있으며, 특히 일부 지역의 경우 과우, 홍수, 가뭄의 피해가 더 심하게 나타나고 있다. 일례로, 2015~2016년에는 엘니뇨 현상이 가장 강하게 나타났으며, 열대성 저기압은 태평양 제도와 동남아시아 국가들에게 지대한 영향을 미쳤고, 긴 가뭄은 아열대 지방 및 중·저위도 지역에서 더 심하게 나타났다(그림 9-18). 2014년에 비해 2015년 평균 기온은 훨씬 높았으며, 2016년 7월은 기상관측 이래 가장 뜨거운 여름으로 기록되었다.

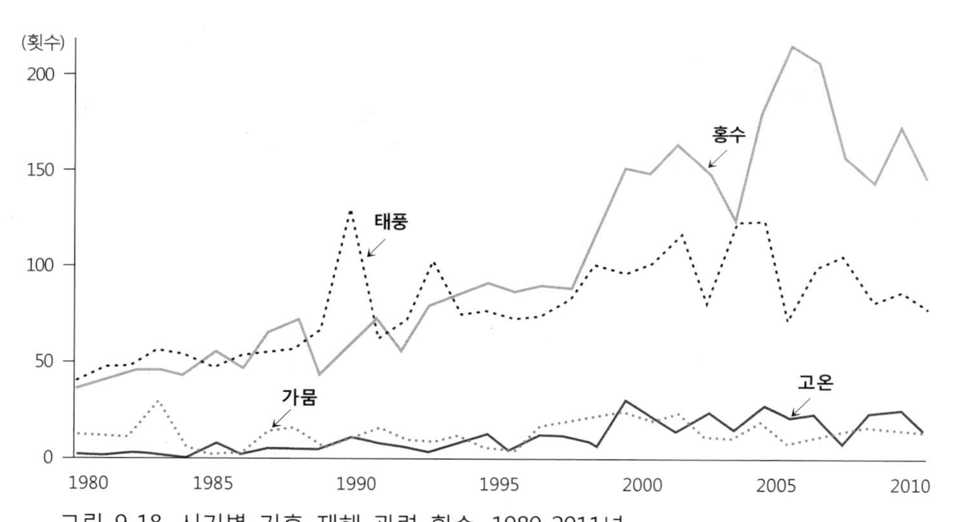

그림 9-18. 시기별 기후 재해 관련 횟수, 1980-2011년
출처: FAO(2017a), The Future of Food and Agriculture: Trends & Challenges, Figure 7.2.

이러한 기상이변은 곡물 가격에 상당히 영향을 준 것으로 나타나고 있다. 기상재해가 발생하였던 시기에 곡물 생산량이 큰 폭으로 감소하였다. 특히 주요 곡물인 밀과 쌀, 그리고 최근 사료 작물 및 바이오연료로 사용되는 옥수수와 콩의 생산량은 기상재해로 인해 생산량이 급감하였다. 생산량 감소는 곡물 가격 인상에도 상당한 영향을 주었는데, 이는 곡물가격 지수 변화를 보면 잘 나타나고 있다(그림 9-19).

작물	사례 연도	생산량 감소율	생산량감소량(백만톤)
옥수수	1988	12%	55.9
콩	1988-1989	8.5%	8.9
밀	2003	6%	36.6
쌀	2002-2003	4%	21.7

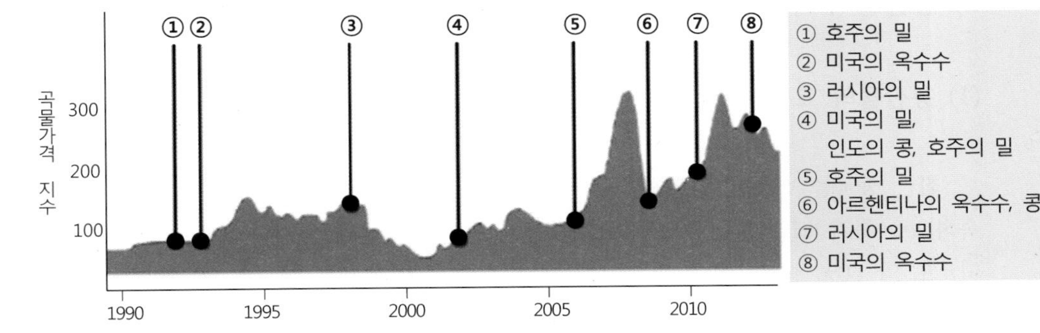

그림 9-19. 기상변화로 인한 농작물 생산량 감소에 따른 가격 변동
출처: Kray, H.(2011), Figure 7; UNFCCC (2014), 2014 보고서 참조.

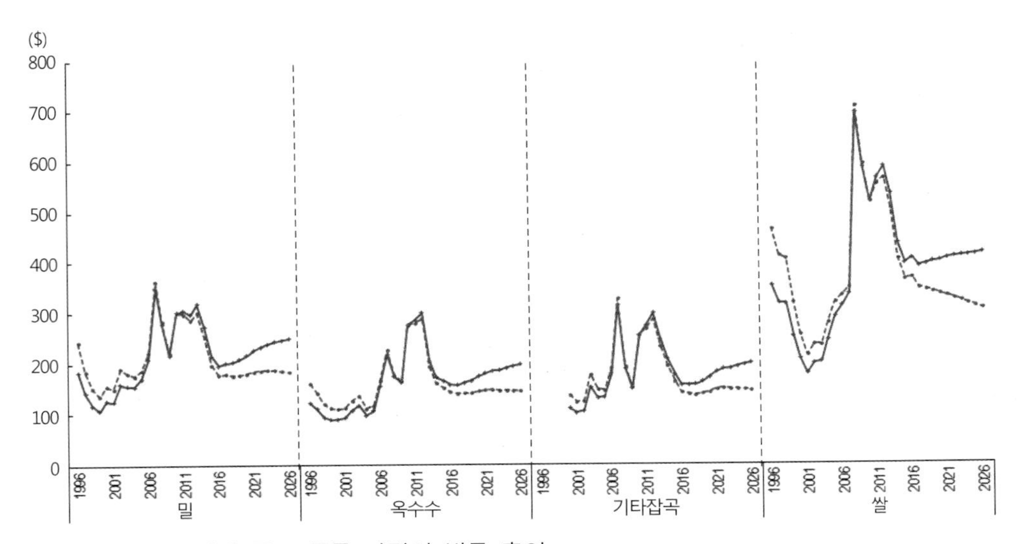

그림 9-20. 세계 주요 곡물 가격의 변동 추이
출처: OECD/FAO(2017), OECD-FAO Agricultural Outlook; http://dx.doi.org/10.1787/agr-data.

농산물의 가격 상승을 가져오는 또 다른 요인은 에너지 가격이다. 특히 에너지 가격 상승으로 인해 비료와 농약 가격이 상승하게 되면 농작물 생산비용도 높아지고 운송비도 상승하게 되어 곡물 가격을 상승시키게 된다. 원유 가격이 2004~2011년 동안 400% 이상 상승하자 여러 나라들에서는 유가 상승에 대비하여 사탕수수를 이용한 바이오연료 생산을 위한 정책을 시행하였다. 이렇게 바이오연료 생산을 위한 작물 수요가 증가되면서 농작물 생산 경작지도 변화되었다(그림 9-20). 옥수수와 콩 생산을 위해 증가된 경작지는 기존의 밀을 생산하였던 경작지가 대체되었으며, 그 결과 밀, 옥수수, 콩 가격이 상승하였다. 또한 중국의 경제성장과 농업 정책 변화로 인해 콩 수입이 크게 증가하게 되자 일부 개발도상국의 경우 곡물 수출 금지 및 제한 정책들까지도 등장하였다.

2) 농산물의 무역구조 변화

(1) 농산물의 교역 증가 추이

최근 중국을 비롯한 신흥공업국의 식량 수요가 급증하면서 세계 농산물 교역량은 지속적으로 증가하고 있다. 2000~2012년 동안 농산물 수출액은 거의 3배가 증가하였고 부피로도 약 60% 증가하였다. 농산물에 대한 수요 증가 추세는 앞으로 20~30년 동안 계속될 것으로 예상된다. 그러나 지역 간 농산물의 무역구조는 점점 더 많은 차이를 보이게 될 것으로 전망된다.

1970년대 후반부터 개발도상국의 곡물 무역수지는 순 적자로 전환되었다. 식량난을 겪고 있는 대다수 개발도상국의 경우 1940년대까지만 해도 식량을 수출했던 국가들이었다. 그러나 식량 생산 증가가 식량 수요를 충족시키지 못하고 있어 식량 수입량이 계속 증가하고 있다. 특히 저개발국가의 경우 농산물 가격이 급상승한 시기에도 식량 수입량이 큰 폭으로 증가하고 있어, 저개발국가의 빈곤 상태가 더 심화되어 가고 있음을 엿볼 수 있다. 지난 20년 동안 개발도상국 대부분이 농업에 종사하는 비율이 감소하였지만, 여전히 사하라사막 이남 아프리카의 경우 농업에 종사하는 비율은 40%를 상회하고 있다(그림 9-21). 이렇게 농업 종사자 비율이 높고 식량과 생계를 빈약한 농업자원에 의존하고 있는 저개발국의 곡물 무역수지는 앞으로도 더욱 더 악화될 것으로 전망되고 있다(그림 9-22).

2030년 시점까지 개발도상국의 곡물 수입량은 지속적으로 증가될 것이다. 일부 개발도상국들의 경우 곡물 순 수출국으로 유지되지만, 대다수 개발도상국의 곡물 수입량이 큰 폭으로 증가하게 되어 개발도상국 전체적으로 보면 곡물 수입량은 더 급증하게 된다. 따라서 개발도상국들의 경우 식량에 대한 무역의존도도 더 심화될 것으로 예상된다(그림 9-23).

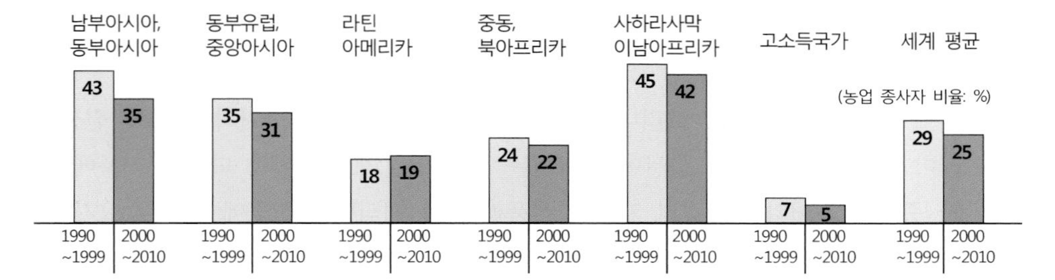

그림 9-21. 각 지역의 농업 종사자 비율 변화, 1990-2010년
출처: FAO(2017a). The Future of Food and Agriculture: Trends & Challenges, Figure 10.2.

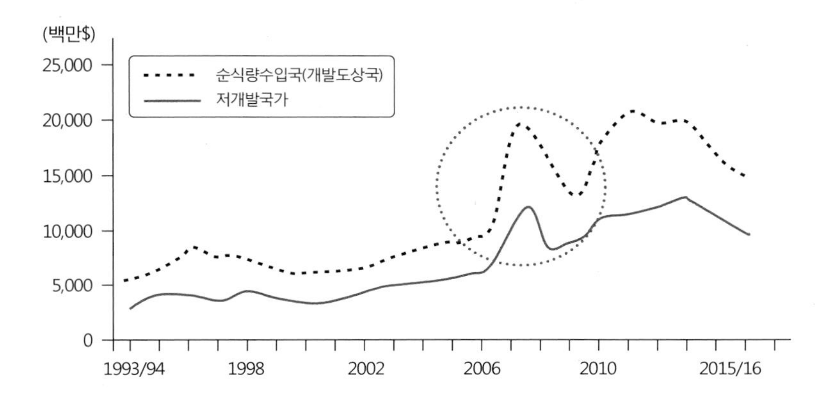

그림 9-22. 개발도상국과 저개발국의 식량 순수입 추이, 1993~2016년
출처: OECD/FAO(2017), OECD-FAO Agricultural Outlook; http://dx.doi.org/10.1787/agr-data.

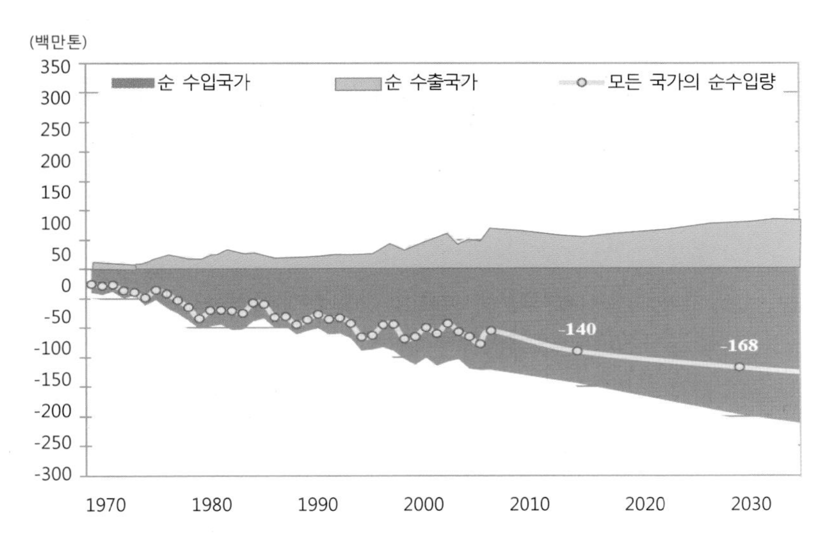

그림 9-23. 개발도상국의 곡물 무역 순수지 변화 추이 전망
출처: Alexandratos, N. and Bruinsma. J.(2012), Figure 1.5.

한편 식품 소비패턴의 변화도 농산물 무역구조에 영향을 미치게 될 것이다. 선진국의 경우 1인당 동물성 단백질 소비량은 거의 정점에 달하였고 개발도상국의 곡물 소비량도 어느 정도 안정적이다. 그러나 앞으로 개발도상국의 소득 증가와 도시화 진전으로 인해 라이프스타일과 식생활 습관이 변화되는 경우 양질의 단백질과 다양한 식품에 대한 수요가 증가할 것이다. 그 결과 가공된 식품과 사전 처리된 농산물에 대한 수요가 크게 증가할 것이다.

2026년 시점에서 농산물의 무역 거래 비중을 품목별로 보면 상당한 차이를 보이게 될 것으로 전망된다. 전반적으로 보면 1990년에 비해 2010년에 훨씬 더 농산물 교역 비율이 높아졌다. 향후 소득 증대와 도시화 추세로 인한 식습관의 변화는 가공된 식품, 육류, 유제품, 식물성 기름종자, 설탕 등의 교역이 증가될 것이다. 2026년 시점에서 밀의 경우 총 생산량의 23%가 교역될 것으로 전망되는 데 비해 쌀은 총 생산량의 9% 정도만이 교역될 전망이다. 그러나 식물성 기름종자와 콩의 경우 총 생산량의 약 40%가 교역될 것으로 예상된다. 또한 설탕과 면화도 총 생산량의 약 30% 정도는 무역을 통해 거래될 전망이다(그림 9-24).

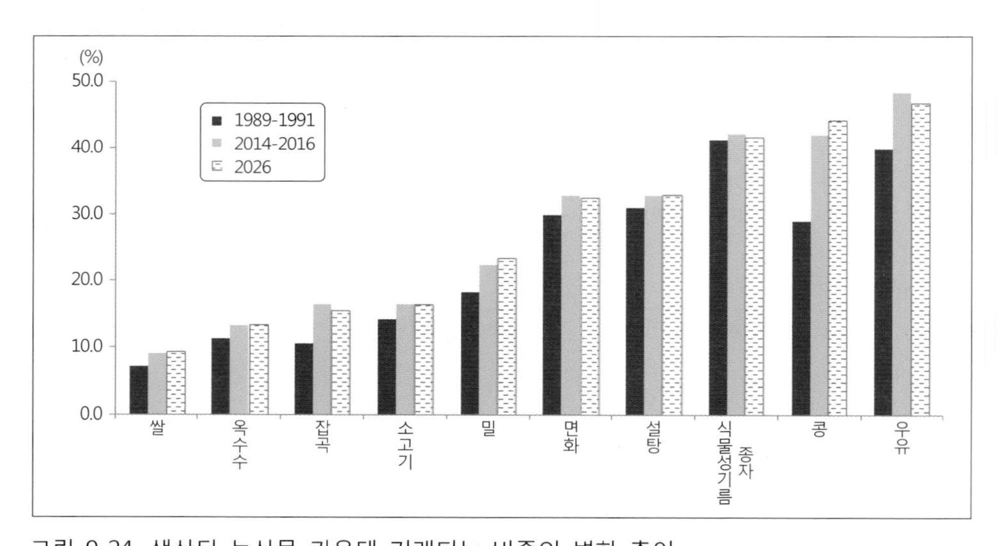

그림 9-24. 생산된 농산물 가운데 거래되는 비중의 변화 추이

출처: OECD/FAO(2017), OECD-FAO Agricultural Outlook; http://dx.doi.org/10.1787/agr-data.

한편 각 지역별로 거래되는 곡물의 무역구조 추이를 보면 상당한 차이를 엿볼 수 있다. 중동 및 북아프리카 국가들의 곡물 무역수지가 가장 크게 악화될 것으로 전망되며, 특히 사하라사막 이남의 아프리카, 중동 및 북 아프리카는 인구 증가로 인해 순 수입국이 될 것이다. 중동지역은 인구 증가와 소득 증가로 인해 곡물 순 수입지역으로 더욱 부상하게 될 것이다. 대조적으로, 라틴아메리카 국가들의 경우 식량 수요보다는 식량 생산이 더 많아 라틴아메리카는 매우 중요한 순 식량 수출국이 될 것이다. 동아시아 국가의 경우 경제성장으로 인한 소득 증가로 모든 농산물의 주요 수입국이지만 쌀 소비량 감소로 인해 쌀은 수출하게 될 전망이다. 동아시아의 경우 2007년 이후 중국이 식량 순 수입국으로 부상하면서 가장 빠르게 성장하는 식량 순 수입지역이다(그림 9-25).

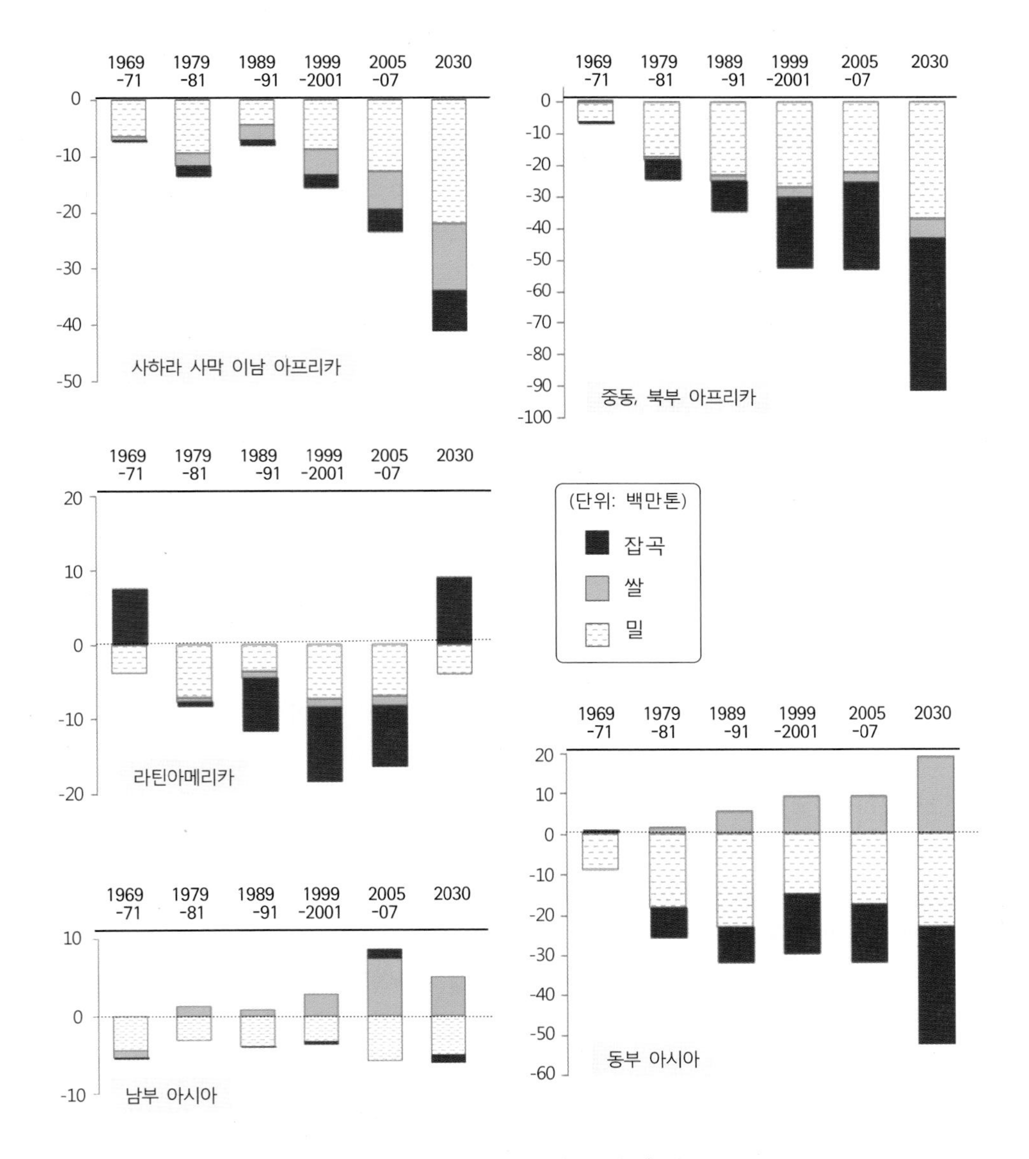

그림 9-25. 개발도상국 지역별 곡물 교역수지 변화 추이

출처: Briones, R. and Rakotoarisoa, M.(2013), Table 3.3.

(2) 농산물의 주요 수출국과 주요 수입국

전통적으로 농산물 수출은 농작물 생산에 유리한 자연환경(특히 지형 및 기후 조건)과 인프라를 갖춘 일부 국가에 한정되어 왔으며, 이러한 추세는 앞으로 더 심화될 전망이다. 농산물 수출국 대부분이 경지면적이 넓은 나라들이며 기후조건도 농작물 재배에 유리한 조건을 지녔다고 볼 수 있다. 이는 농업이 다른 경제활동에 비해 기후, 지형, 토양 등 자연환경적인 요인에 상당히 영향을 받고 있음을 말해준다. 그러나 농업기술, 영농방식, 농업 발전을 위한 연구개발비 등도 농업 생산에 큰 영향력을 미치고 있다.

농산물의 주요 수출국은 미국, 유럽연합(EU), 브라질 등이다. 브라질은 세계 사탕수수 수출량의 절반 이상을 차지하고 있으며, 잡곡과 돼지고기는 미국이 세계 수출시장의 약 1/3을 차지한다. 러시아, 카자흐스탄 및 우크라이나는 세계 밀 수출량의 약 22%를 차지하고 있다(표 9-4). 이렇게 세계 농산물 수출이 일부 국가에게 집중되어 있기 때문에 만약 일부 국가들로부터의 농산물 수출이 원활하게 이루어지지 않을 경우 농산물 수급 및 곡물 가격 변동에 상당히 부정적인 영향을 가져올 가능성이 높다.

2026년 시점을 전망하여 농산물 품목별로 상위 5위 수출국가의 수출 점유율을 비교해 보면 그림 9-26과 같다. 상위 5위 수출국가의 점유율은 약 70%를 상회하고 있으며, 특히 브라질과 미국에 의해 주도되고 있는 콩의 경우 상위 5위 수출국이 차지하는 비중은 약 95%에 이를 것으로 전망된다. 상위 5위 수출국 비중이 가장 낮은 것은 어류로 50% 수준이지만 중국은 총 어류 수출의 23%를 차지하는 수출국이며, 베트남, 노르웨이도 어류의 주요 수출국이다. 가장 큰 수출국인 미국은 세계 수출의 약 1/3을 차지하며, 쇠고기는 브라질이, 밀은 유럽연합이 세계 수출의 약 20%를 차지하게 될 것으로 전망되고 있다. 특히 치즈, 분유와 같은 유제품의 상위 5위 수출국의 비중은 더욱 더 높아질 것으로 예상되며, 유럽연합이 주도하게 될 것이다.

한편 농산물의 수입국들을 보면 수출 무역구조에 비해 상당히 여러 나라들에 분산되어 있다. 여전히 유럽연합이 가장 큰 수입 비중을 차지하지만, 국가별로 보면 중국이 세계에서 가장 높은 비중을 차지하는 농산물 수입국이다. 그 뒤를 이어 미국, 일본, 캐나다, 한국 순으로 나타나고 있다(표 9-5). 농산물 품목별로 상위 5위 수입국이 차지하는 비중을 보면 일부 품목(콩, 잡곡)의 경우 소수 수입국가에게 집중되어 있다. 중국의 경우 주요 농산물 수입을 주도하고 있지만, 특히 콩의 경우 세계 전체 콩 수입량의 65%를 차지하고 있다. 따라서 미국과 브라질이 콩의 총 수출량의 78%를 차지하고 있으며, 중국은 총 수입량의 2/3를 차지하고 있다. 따라서 세계적으로 거래되는 농작물 가운데 콩은 가장 집중도가 높은 품목이라고 볼 수 있다(그림 9-27). 또한 식물성 기름 종자와 면화도 소수 수입 국가들에게 집중되어 있다.

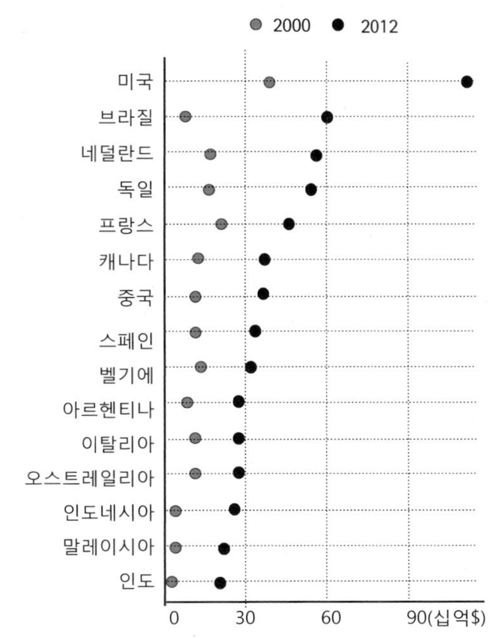

표 9-4. 농산물의 주요 수출국과 점유 비율

국 가	2015년 수출액 (십억$)	세계 수출액에서 차지하는 비중(%)			
		1980	1990	2000	2015
EU(28개국)	585	-	-	41.9	37.1
미 국	163	17.0	14.3	13.0	10.4
브라질	80	3.4	2.4	2.8	5.1
중 국	73	1.5	2.4	3.0	4.6
캐나다	63	5.0	5.4	6.3	4.0
인도네시아	39	1.6	1.0	1.4	2.5
태국	36	1.2	1.9	2.2	2.3
호 주	36	3.3	2.9	3.0	2.3
인 도	35	1.0	0.8	1.1	2.2
아르헨티나	35	1.9	1.8	2.2	2.2
10위 점유율	**1,146**	**-**	**-**	**76.9**	**72.7**

FAO(2015b), FAO Statistical Pocketbook.

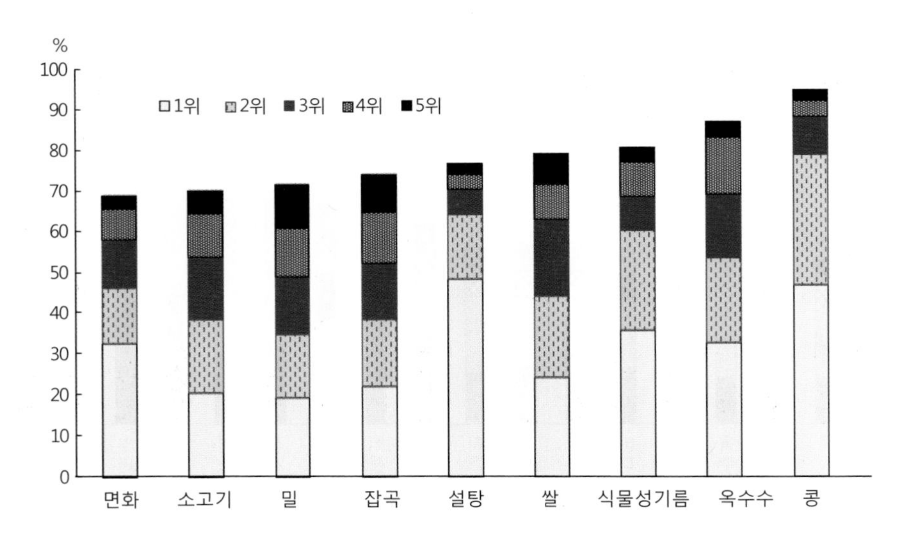

그림 9-26. 주요 농산물 품목별 상위 5위 수출국가의 점유 비율 전망, 2026년
출처: OECD/FAO(2017c), OECD-FAO Agricultural Outlook, http://dx.doi.org/10.1787/agr-data-en.

● 2000 ● 2012

중국
미국
독일
일본
영국
네덜란드
프랑스
이탈리아
러시아
벨기에
캐나다
스페인
멕시코
사우디아라비아
한국

0 25 50 75 100(십억$)

표 9-5. 농산물의 주요 수입국과 점유 비율

국 가	2015년 수입액 (십억$)	세계 총 수입액에서 차지하는 비중(%)			
		1980	1990	2000	2015
유럽연합	590	-	-	42.7	35.0
중 국	160	2.1	1.8	3.3	9.5
미 국	149	8.7	9.0	11.6	8.8
일 본	74	9.6	11.5	10.4	4.4
캐나다	38	1.8	2.0	2.6	2.3
한 국	33	1.5	2.2	2.2	2.0
인 도	28	0.5	0.4	0.7	1.6
멕시코	28	1.2	1.2	1.8	1.6
러시아	28	-	-	1.3	1.6
기타 수입국	18	1.0	1.0	1.1	1.1
10위 점유율	**1,145**	**-**	**-**	**77.6**	**67.9**

출처: FAO(2015b), FAO Statistical Pocketbook.

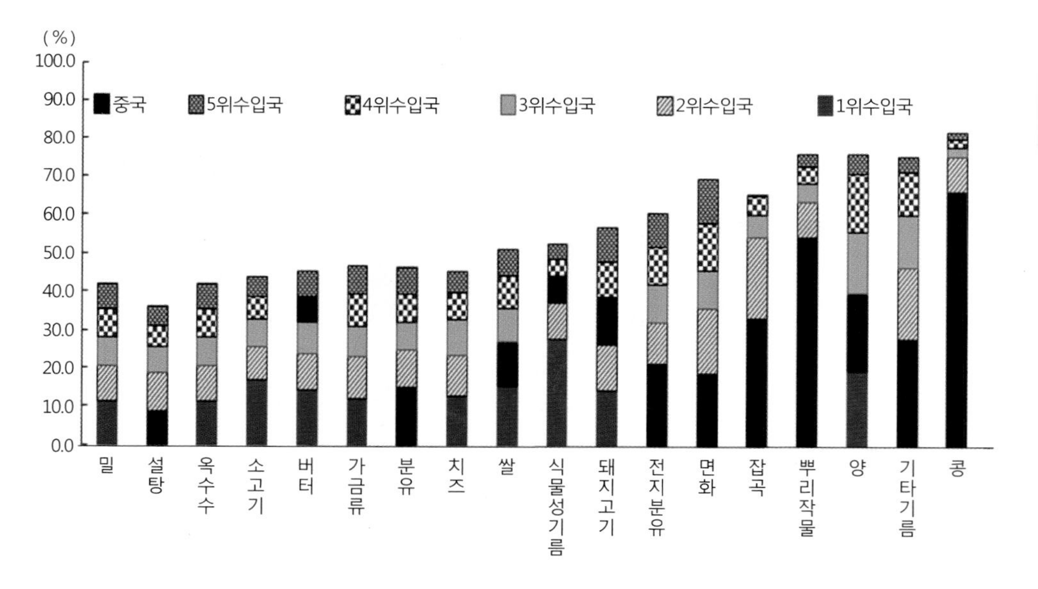

그림 9-27. 주요 농산물 품목별 상위 5위 수입국가의 점유 비율 전망, 2026년

㈜: 중국이 주요 농산물의 수입국으로서 부상될 것이므로, 중국을 따로 구분하였음.

출처: OECD/FAO(2017c), OECD-FAO Agricultural Outlook; http://dx.doi.org/10.1787/agr-data.

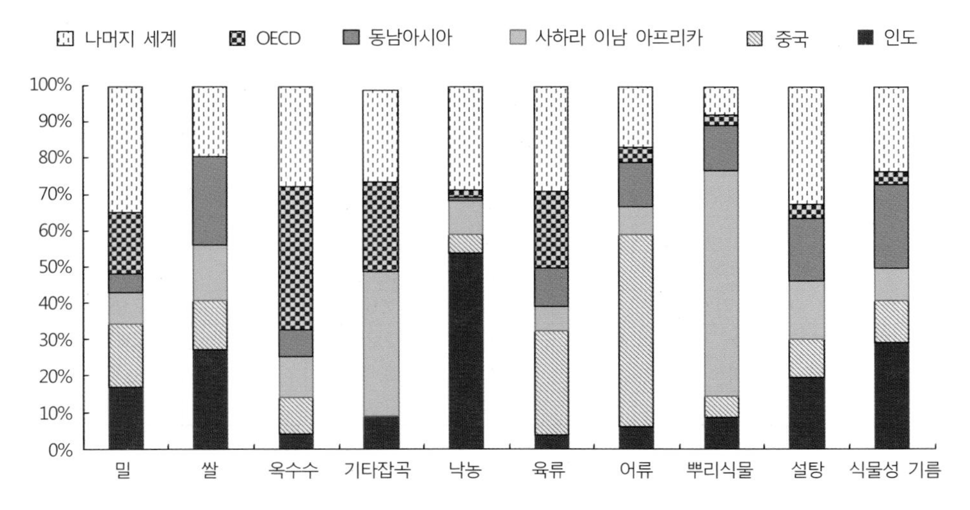

그림 9-28. 2016-2026년 동안 품목별 농산물에 대한 추가 소비를 주도하는 지역

㈜: 수요 증가율은 2014-2016년 평균치를 기준으로 하여 추정한 것임.

출처: OECD/FAO(2017), OECD-FAO Agricultural Outlook; http://dx.doi.org/10.1787/agr-data.

한편 2016~2026년 10년 동안 농산물 품목별 추가 수요를 주도하는 지역들을 보면 인도와 사하라사막 이남 아프리카의 경우 미래 인구 증가 규모가 크기 때문에 세계 식량 수요 증가분의 상당 부분을 차지하게 될 것이며, 중국도 계속해서 식량 추가 수요가 증가될 것이다. 곡물의 경우 총 소비량은 3.38억톤(약 38%)이 증가할 것으로 예상되는데, 이는 주로 중국, 인도 및 사하라사막 이남의 아프리카에서 창출되는 수요이다. 잡곡도 주로 사하라사막 이남의 아프리카에서 세계 총 소비증가량의 41%를 차지할 것이다. 중국은 육류의 추가 소비량의 29%, 어류의 추가 소비량의 53%를 점유하게 될 전망이다. 인도의 경우 향후 10년 동안 추가적인 유제품 소비량의 54%, 추가되는 식물성 기름 소비량의 29%를 차지하게 될 것으로 전망된다(그림 9-28).

한편 지난 30년(1971~2001년) 동안 세계적으로 보면 1인당 하루 섭취하는 음식물 칼로리가 2,373kcal에서 2,719kcal로 증가했으며, 2015년에는 2,860kcal까지 증가하였다. 2030년에는 2,960kcal를 섭취하게 될 것으로 전망되고 있다(표 9-6). 이렇게 지구촌 전체적으로 보면 섭취하게 될 음식물 칼로리는 상당히 증가하지만 여전히 개발도상국과 선진국 국민들 간에 섭취하는 음식물 칼로리는 약 500~600kcal 정도 차이가 나게 될 것이다. 지금도 지구 상에는 하루에 2,500kcal 이하를 섭취하는 인구가 23억명, 2,000kcal 미만을 섭취하는 영양실조에 있는 인구도 5억명에 달하고 있다. 반면에 약 19억 인구는 하루에 3,000kcal 이상의 음식물을 섭취하고 있어 비만의 위험을 안고 있다.

표 9-6. 세계 각 지역별 섭취하는 음식물 칼로리 변화 추이

(단위: kcal)

	1971	1981	1991	2001	2015	2030
세계	2,373	2,497	2,634	2,719	2,860	2,960
개발도상국	2,055	2,236	2,429	2,572	2,740	2,860
남부아시아 제외	2,049	2,316	2,497	2,680	2,870	2,970
사하라사막 이남	2,031	2,021	2,051	2,136	2,360	2,530
중동, 북아프리카	2,355	2,804	3,003	2,975	3,070	3,130
라틴 아메리카	2,442	2,674	2,664	2,802	2,990	3,090
남부아시아	2,072	2,024	2,254	2,303	2,420	2,590
동부 아시아	1,907	2,216	2,487	2,770	3,000	3,130
선진국	3,138	3,223	3,288	3,251	3,390	3,430

출처: Briones, R. and Rakotoarisoa, M.(2013), Table 4.1.

(3) 주요 농산물 품목별 수출·입 구조

① 쌀

쌀은 주로 북반구에서 생산되며, 기상변화에 상당히 많은 영향을 받는다. 2017년 쌀 생산량은 5.1억톤으로 이 가운데 약 9%인 4,500만톤이 교역되었다. 중국과 인도가 세계 쌀 생산량의 약 절반을 차지하며, 인도네시아, 베트남, 태국도 주요 쌀 생산국이다. 쌀의 주요 수출국은 태국, 베트남, 파키스탄, 인도 순으로 나타나고 있으며, 쌀의 주요 수입국은 중국, 나이지리아, 필리핀 등이다. 전 세계적으로 쌀의 재고량은 비교적 많은 편으로 비축비율도 33%에 달하고 있다(표 9-7).

표 9-7. 쌀의 주요 생산국과 주요 수출 · 입국가

생산량 (백만톤)	교역량 (백만톤)	소비량(백만톤)				재고량 (백만톤)	1인당 소비량(kg/년)		비축 비율 (재고율: %)
			식용	사료	기타		세계	개발도상국	
501.0	45.0	497.8	400.9	-		168.5	53.7	55.1	33.5

순위	쌀		수출		수입	
	국가	생산량	국가	수출량	국가	수입량
1	중국	142.9	태국	8.5	중국	4.7
2	인도	110.2	베트남	6.5	나이지리아	3.0
3	인도네시아	45.6	파키스탄	3.8	필리핀	1.8
4	베트남	28.3	인도	2.2	이란	1.6
5	태국	21.6	캄보디아	0.85	인도네시아	1.6
6	미얀마	17.1	우루과이	0.7	사우디아라비아	1.55
7	필리핀	12.1	중국	0.6	유럽연합	1.5
8	일본	7.7	이집트	0.6	이라크	1.2
9	브라질	7.2	아르헨티나	0.5	세네갈	1.1
10	미국	7.1	브라질	0.4	말레이시아	1.0

출처: FAO(2017c), Food Outlook, pp. 28-32.

② 밀

2017년 세계 밀 생산량은 7.6억톤으로 이 가운데 약 23%인 1.77억톤이 거래되고 있다. 유럽연합, 중국, 인도, 러시아, 미국, 호주가 세계적인 밀 생산국이다. 밀의 재고량은 중국의 비축 비율이 높아지면서 약 33%에 달하고 있다. 밀의 주요 수출국은 러시아, 유럽연합, 미국, 캐나다, 호주, 우크라이나, 아르헨티나 등이며, 밀의 주요 수입국은 이집트, 인도네시아, 알제리, 브라질, 일본 등이다(표 9-8).

표 9-8. 밀의 주요 생산국과 주요 수출입국

생산량 (백만톤)	교역량 (백만톤)	소비량(백만톤)				재고량 (백만톤)	1인당 소비량(kg/년)		비축 비율 (재고율: %)
			식용	사료	기타		세계	개발도상국	
760.2	177.4	732.8	497.7	136.3	98.8	245.2	66.7	52.9	33.2

순위	밀 생산		수출		수입	
	국가	생산량	국가	수출량	국가	수입량
1	유럽연합	144.5	러시아	25.0	이집트	11.6
2	중국	128.9	유럽연합	31.3	인도네시아	9.0
3	인도	92.3	미국	24.6	알제리	8.2
4	러시아	73.3	캐나다	22.4	브라질	6.5
5	미국	62.8	호주	18.2	일본	5.8
6	호주	35.0	우크라이나	15.6	방글라데시	4.6
7	캐나다	31.7	아르헨티나	8.2	베트남	3.6
8	우크라이나	26.0	카자흐스탄	6.8	필리핀	5.1
9	파키스탄	25.5	터키	4.2	터키	4.9
10	터키	20.6	멕시코	1.2	유럽연합	5.7
	소계	640.6	소계	157.5	소계	65.0
	비중	84.3%	비중	88.5%	비중	36.8%

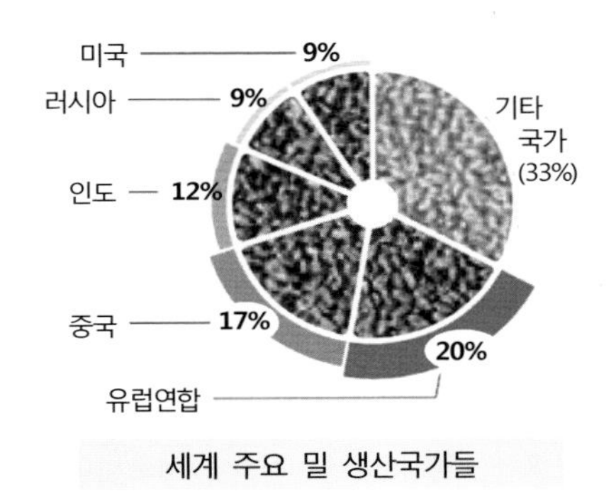

세계 주요 밀 생산국가들

출처: FAO(2017c), Food Outlook, pp. 11-14.

③ 잡곡

잡곡에는 옥수수, 보리, 사탕수수, 귀리, 호밀 등이 포함되며 이 가운데 옥수수와 콩이 잡곡 교역을 주도하고 있다. 2017년 세계 잡곡 생산량은 13.5억톤으로 이 가운데 약 13.5%인 1.8억톤이 거래되고 있다(표 9-9). 잡곡 생산량은 지속적으로 증가하고 있으며, 대부분은 남부 아프리카, 남아메리카에서 옥수수가 잡곡 증가의 상당 부분을 차지하고 있다. 특히 사료용으로의 수요가 크게 늘어남에 따라 잡곡 생산량이 증가하고 있다. 중국과 미국의 경우 사료용으로 보리와 사탕수수 비중이 줄어드는 반면에 바이오연료 생산을 위한 옥수수 소비 비중은 증가되고 있다. 옥수수와 보리 비축량은 브라질이 주도하게 될 것으로 예상된다. 세계적으로 볼 때 잡곡 생산량이 증가하고 있으며, 잡곡 수요도 지속적으로 증가하고 있어 잡곡의 세계 무역 거래량은 지속적으로 증가될 것으로 전망된다.

표 9-9. 잡곡의 주요 생산국과 주요 수출입국가

생산량 (백만톤)	교역량 (백만톤)	잡곡 소비량(백만톤)				재고량 (백만톤)	1인당 소비량(kg/년)		비축 비율 (재고율: %)
			식용	사료	기타		세계	개발도상국	
1346.3	181.9	1338.0	204.5	750.6	382.9	289.1	27.4	38.3	21.4

순위	잡곡 생산		잡곡 수출		수입	
	국가	생산량	국가	수출량	국가	수입량
1	미국	402.9	미국	68.1	중국	19.5
2	중국	229.2	아르헨티나	26.0	일본	17.3
3	유럽연합	153.2	우크라이나	26.2	멕시코	15.7
4	브라질	65.8	브라질	12.8	유럽연합	14.5
5	아르헨티나	47.0	러시아	9.0	사우디아라비아	13.8
6	인도	43.9	호주	10.0	한국	9.6
7	러시아	43.4	유럽연합	8.5	이란	9.2
8	우크라이나	39.4	캐나다	4.8	베트남	8.8
9	멕시코	33.5	세르비아	2.4	이집트	8.3
10	캐나다	25.9	에티오피아	1.9	콜롬비아	5.2

순위	옥수수 생산		옥수수 수출		옥수수 수입	
	국가	생산량	국가	수출량	국가	수입량
1	미국	384.8	미국	61.8	유럽연합	12.1
2	중국	219.6	아르헨티나	22.6	멕시코	13.0
3	브라질	63.4	우크라이나	20.7	일본	15.0
4	유럽연합	61.0	브라질	12.8	한국	9.9
5	아르헨티나	39.8	러시아	5.5	베트남	7.4
6	우크라이나	28.1	유럽연합	2.6	이란	6.7
7	멕시코	27.6	세르비아	2.4	이집트	8.2
8	인도	26.3	캐나다	1.6	콜롬비아	4.7
9	인도네시아	20.0	멕시코	1.0	알제리	4.3
10	러시아	15.3	남아프리카	0.8	중국	4.2

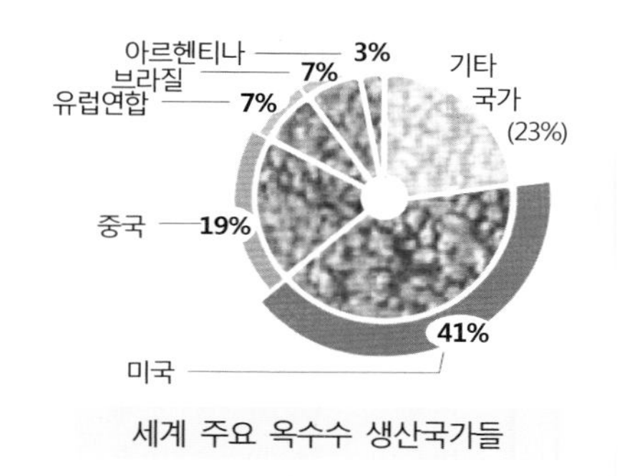

세계 주요 옥수수 생산국가들

출처: FAO(2017c), Food Outlook, pp. 19-22.

④ 육류

2017년 세계 육류 생산량은 3.2억톤으로 소, 돼지, 양고기 및 가금류 생산이 지속적으로 증가하고 있다. 중국이 세계 육류 생산의 1위를 차지하며, 미국, 브라질, 러시아, 멕시코, 인도, 아르헨티나, 터키도 주요 육류 생산국이다(표 9-10). 최근 육류 생산은 소와 돼지의 구제역, 가금류는 병원성 조류 인플루엔자(HPAI) 등의 질병과 전염병으로 인해 생산량의 변이가 매우 심하다.

육류 가운데 상대적으로 가격이 비싼 소고기가 가장 활발하게 교역되고 있다. 미국, 브라질, 유럽연합, 호주, 캐나다, 아르헨티나, 우크라이나 등이 주요 육류 수출국이다. 한편 육류 수요 증가로 인해 육류를 수입하고 있는 국가들은 중국, 일본, 미국, 멕시코, 대한민국, 베트남 등이다.

표 9-10. 육류의 주요 생산국과 주요 수출입국

생산량 (백만톤)	교역량 (백만톤)	1인당 소비량(kg/년)		교역비율
		세계	LDCs	
321.3	31.2	43.0	-	9.7

순위	생산		수출		수입	
	국가	생산량	국가	수출량	국가	수입량
1	중국	81,942	미국	7,166	중국	5,776
2	유럽연합	48,063	브라질	6,896	일본	3,292
3	미국	44,629	유럽연합	5,002	미국	2,078
4	브라질	26,356	호주	1,852	멕시코	2,063
5	러시아	9,634	캐나다	1,838	베트남	1,550
6	인도	6,987	인도	1,665	유럽연합	1,337
7	멕시코	6,614	태국	1,020	한국	1,239
8	아르헨티나	5,352	뉴질랜드	958	사우디아라비아	1,092
9	베트남	4,895	중국	538	러시아	1,073
10	캐나다	4,595	아르헨티나	454	캐나다	735

출처: FAO(2017c). Food Outlook. Statistical Appendix Tables 참조.

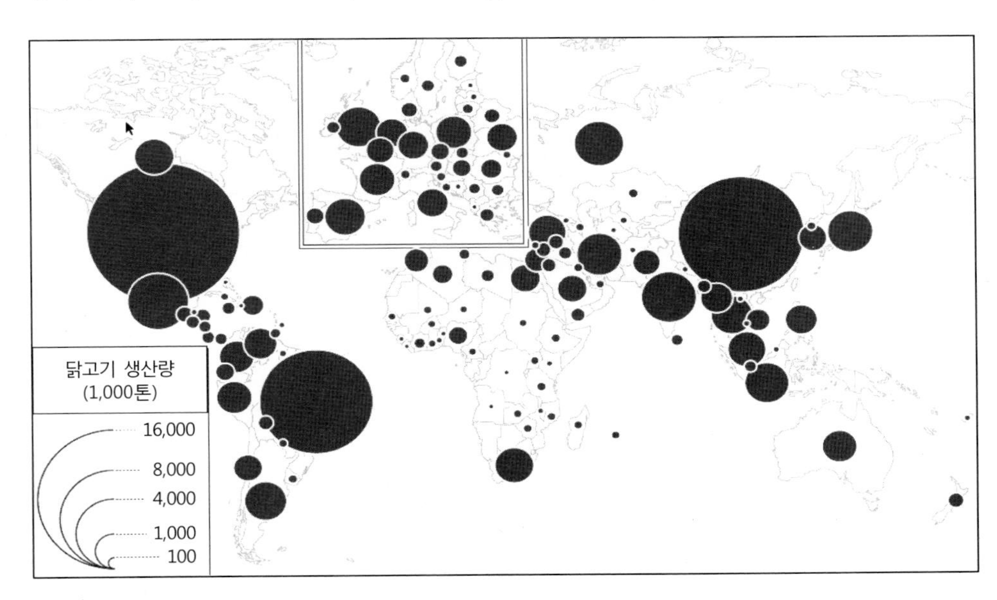

그림 9-29. 세계적인 닭 생산국가의 분포
출처: Dicken, P.(2015), p. 429.

또한 가장 세계적으로 거래량이 가장 많은 육류 품목은 닭이다. 그러나 닭의 생산은 일부 국가에 한정되어 있는 편으로, 미국, 브라질, 중국이 세계 닭 생산의 약 60%를 차지하며, 인도, 러시아, 멕시코, 아르헨티나, 터키, 태국, 인도네시아도 주요 생산국이다(그림 9-29).

⑤ 커피

커피는 적도를 중심으로 북위 25도에서 남위 25도 지역에 커피 생산국가들이 몰려있다(표 9-11). 커피는 고도, 지형, 강수, 기후, 토양 등 자연환경에 많은 영향을 받으며 이러한 요인들이 합쳐져 커피의 향미에 영향을 주게 된다. 커피는 아라비카와 로부스타 원두로 구분되어 생산된다. 커피 생산량은 브라질, 베트남, 콜롬비아, 인도네시아 순으로 생산되며, 커피 수출국의 대부분은 남반구에 위치하는 데 비해 커피 주요 수입국들은 북반구에 위치하여 있다(그림 9-30). 커피의 경우 생산-유통-가공-소매에 이르는 공급체인에서 창출되는 수익 배분 문제로 인해 공정무역 품목 1위를 차지하고 있다.

표 9-11. 커피의 주요 생산국과 주요 수출입국

순위	생산		수출		수입	
	국가	생산량	국가	수출량	국가	수입량
1	브라질	3,067	브라질	20,500	유럽연합	42,604
2	베트남	2,158	인도네시아	4,500	미국	25,336
3	콜롬비아	1,012	에티오피아	3,700	일본	7,790
4	인도네시아	651	필리핀	3,000	러시아	4,303
5	페루	619	멕시코	2,354	캐나다	3,595
6	인도	407	베트남	2,300	알제리	2,282
7	우간다	209	인도	2,250	한국	2,161
8	에티오피아	262	콜롬비아	1,672	호주	1,720
9	콰테말라	200	베네수엘라	1,650	사우디아라비아	1,566
10	온두라스	158	태국	1,300	우크라이나	1,124

출처: FAO(2017c), Food Outlook Statistics.

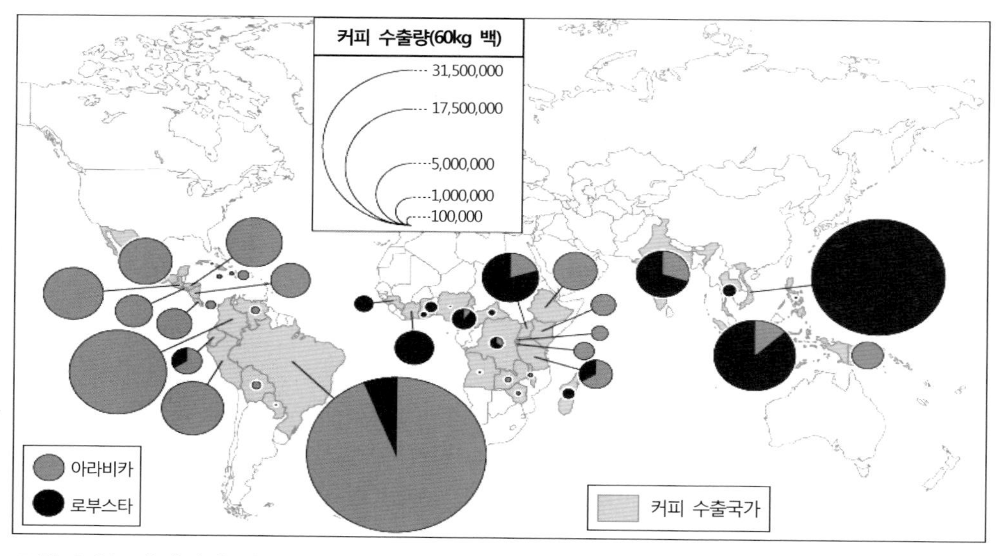

그림 9-30. 세계적인 커피 수출국의 분포
출처: Dicken, P.(2015), p. 432.

3 농업의 산업화와 농식품의 공급체인

1) 농업의 산업화와 기업농의 성장

(1) 농업의 산업화

농업과 농식품 시스템(agro-food system)은 인간의 생존에 필요한 식품 수요를 충족시키기 위한 일련의 활동이라고 볼 수 있으며, 농식품 시스템은 농작물 재배, 수확, 가공, 포장, 운송, 판매, 소비에 이르기까지 서로 연계되어 있는 다양한 활동들로 구성된다. 농식품 시스템에 포함되는 영역을 구분하면 농업관련 기술산업, 농업 활동, 농식품 제조업, 유통·소매업, 그리고 안전하고 위생적인 식품을 소비하도록 규제하는 영역으로 나누어질 수 있다(그림 9-31).

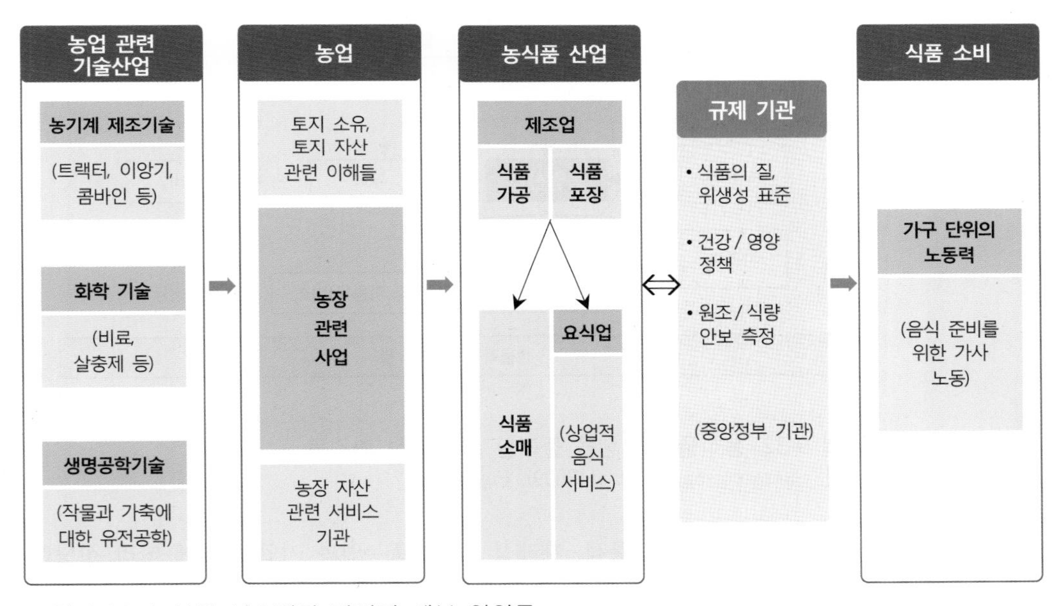

그림 9-31. 농식품 시스템과 관련된 세부 영역들

이렇게 원산지에서부터 소비자의 식단에 이르기까지 관련된 모든 활동들을 포함하는 농식품 시스템의 핵심 구성요소는 투입요소 공급, 농산물 재배, 식품제조업, 유통, 소매, 최종 소비이며, 세부 각 영역에서 필요로 하는 투입요소와 산출물들로 구성된다. 더 나아가 이러한 구성요소들은 이들을 둘러싼 환경(예: 기술, 지원, 금융서비스, 생산 서비스, 정책 및 제도 등)과 연계되어 있다. 또한 농식품 시스템은 해당 국가나 지역의 사회적, 정치적, 경제적 및 환경적 맥락 속에서 작동되며 영향을 받는다. 뿐만 아니라 농식품 시스템을 구성하는 요소들 가운데 하나의 구성요소에서의 변화(가격, 공급량, 질, 규제 등)는 다른 구성요소에도 지대한 영향을 미치게 된다. 특히 농작물을 직접 생산하는 농업활동의 구성요소들 가운데 중요한 투입요소들(종자, 비료, 농기계 및 각종 생산에 필요한 기술 및 금융 서비스 등)은 농식품 시스템의 다른 부문과 연계될 뿐만 아니라, 이들 연계는 국제적·거시적 환경(일례: 국가 간 무역협정) 변화에도 영향을 받게 된다. 국내적으로도 세금, 관세, 신용거래, 투자 인센티브 등과 같은 제도나 규제 정책, 과학기술 보급 등에 따라서도 영향을 받는다. 이러한 국제적, 국내적 환경은 농업과 식품제조업에 영향을 미치며, 더 나아가 천연자원 관리와도 연계된다(그림 9-32).

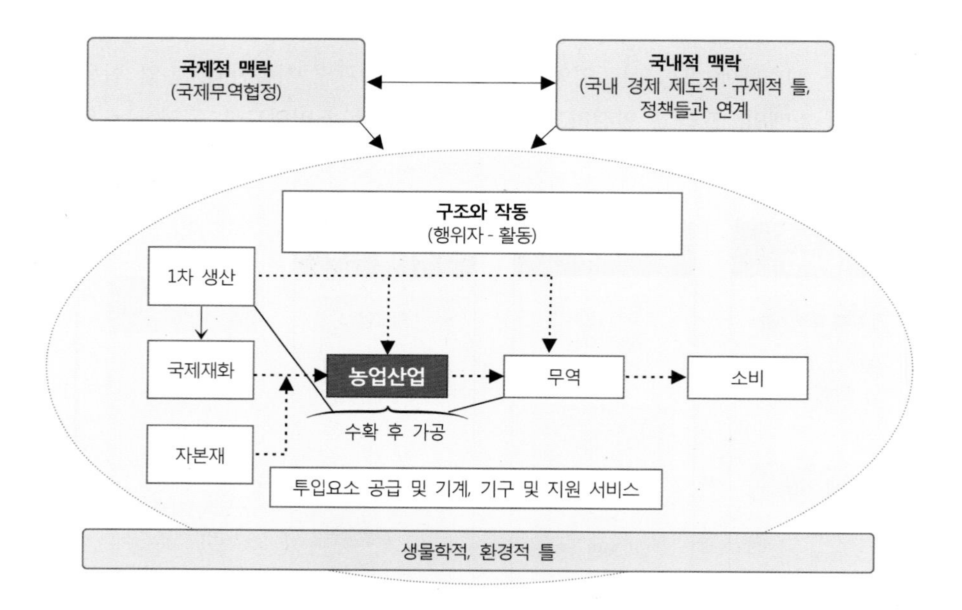

그림 9-32. 농식품 시스템을 둘러싼 외적·내적 환경들
출처: Santacoloma, P. et al.(2009), Figure 1.

이러한 농식품 시스템도 전통적, 재래식 자급자족농업과 기업 농업에 따라 상당한 차이를 보이게 된다. 전통적 자급자족 농업의 경우 사람과 가축 노동력을 사용하여 가족 생계를 위해 필요한 곡물을 재배하고 가축을 사육한다. 전통적 자급자족농업도 집약적 농법을 도입하는 경우 단위면적당 수확량을 높이기 위해 노동력, 축력, 농약, 농업용수 등의 투입량을 증가시키며, 생산된 농산물을 국지적 수준에서 판매한다. 전통적 자급자족농업의 경우 종자, 비료, 사료 및 가축 등 농업에 필요한 투입요소들은 자체적으로 공급한다. 즉, 생산된 농산물의 일부를 비축하여 다음 해에 투입하는 자원순환형 농업으로, 따라서 해마다 구입하는 투입요소 비율은 20% 수준이다(그림 9-33).

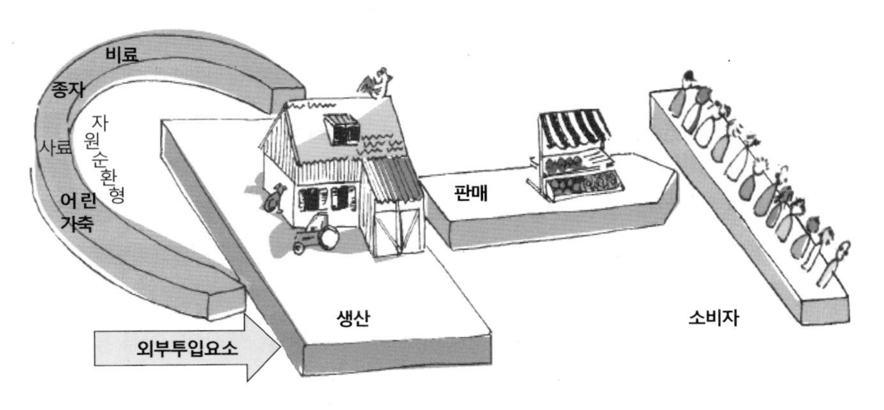

그림 9-33. 전통적 농업 시스템의 특성
출처: EcoNexus(2013), AGROPOLY, p. 3.

그러나 농업이 점차 산업화되면서 농산물 생산, 교역, 식품 가공, 유통, 소비 영역이 긴밀하게 연계되고 있다. 농업의 산업화로 인해 전통적 자급자족 농업체계에 기반하여 주창하였던 맬서스의 인구위기도 벗어날 수 있었다. 인류 역사상 식량 공급량을 획기적으로 증가시킨 것은 녹색혁명이라고 볼 수 있다. 이는 유전공학적 방법으로 개발한 벼, 밀, 옥수수의 다수확 신품종을 개발한 것이다. 또한 신품종의 수확량을 증가시키기 위해 비료와 농약, 농업용수, 관개시설 확충 등도 수반되었다. 따라서 신품종 재배를 위해 농기계, 화학비료, 농약, 관개를 위해 많은 화석연료를 필요로 하게 되었고, 농업 부문에서 세계 원유 생산의 8%를 사용하는 것으로 알려져 있다. 또한 상업용 에너지의 약 17%가 농업 부문에서 소비되는데, 특히 농축산물 생산, 저장, 가공, 포장, 수송, 냉장, 조리하는 데 쓰이는 에너지까지 고려하면 엄청난 재생불가능한 화석연료가 농식품 시스템 내에서 사용되고 있다.

농업의 산업화가 진전될수록 자연환경에 미치는 부정적 영향은 더욱 심각해지고 있다. 농업이 산업화될수록 전통적 농업보다 농작물 단위생산량을 생산하는 데 훨씬 더 많은 에너지를 사용하고 있다. 기업 농업의 경우, '1'kcal의 식량을 생산하기 위해서 5~10kcal의 에너지를 투입해야 하는 반면에 전통적·재래식 농업의 경우 '1'kcal의 에너지를 투입하여 5~50kcal의 식량을 생산해 낼 수 있다. 다시 말하면 전통적·재래식 농업이 '1'kcal의 식량을 생산해 내는 데 약 25배 더 적은 에너지를 투입하고 있는 셈이다.

(2) 농업 관련사업의 성장과 기업농의 영향력

농업 관련사업(agribusiness)이란 용어는 미국의 Davis와 Goldberg(1957)에 의해 처음 소개되었다. 이들은 "농업 관련사업의 개념(A Concept of Agribusiness)"이란 논문을 통해서 농업경제를 연구하는 새로운 접근법을 제시하였으며, 농업의 산업화에 따라 부각된 농업 관련사업 연구의 토대를 마련하였다. 이들이 제시한 농업 관련사업의 개념을 보면 농장에서 생산된 농산물의 가공 및 유통과 관련된 모든 활동의 총합으로, 농산물의 생산, 저장, 가공, 운송 및 판매 등 농업 관련 활동을 포함하고 있다. 이와 같이 농업 관련사업은 매우 포괄적으로, 농업 및 식품 산업을 위한 투입요소 공급(전문 기계, 화학, 에너지 등), 농업의 1차 생산, 사료 생산, 농업 및 식품 산업 서비스(공급, 구매, 유지 보수, 개선 및 종자 생산, 육종 서비스, 응용 연구, 교육, 컨설팅 등), 식품가공산업, 식품 무역 및 음식 서비스 등이 포함된다(그림 9-34). 최근 농산물 생산이 이루어지기 전 단계에서 수행되는 유전공학 및 생물학적 영역이 중요해지면서 농업 관련사업에 대한 정의도 달라지고 있다. Sonka and Hudson(1999)은 유전자 및 종자 제조 및 기타 동식물 공급 영역까지 포함시켜 보다 광의적으로 농업 관련사업을 정의하였다.

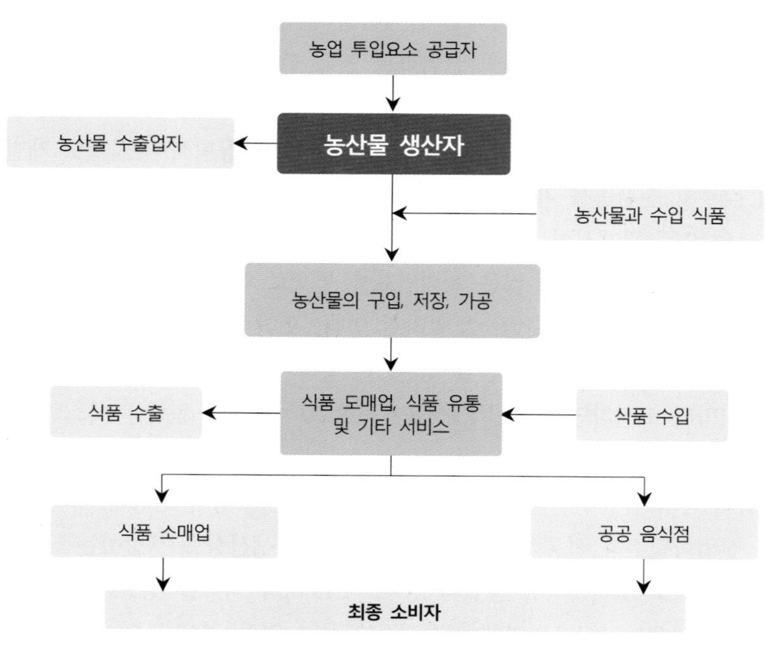

그림 9-34. 농업 관련사업의 기본 구조
출처: Bečvářová(2002 & 2005)를 토대로 작성.

이와 같이 농업 관련사업은 식량 생산부터 소비에 이르는 영역을 모두 포함하고 있기 때문에 이에 대한 연구도 매우 광범위하며 접근하기 어렵다. 농업의 산업화가 진전되면서 나타난 기업 농업은 식량 생산의 전 과정(천연자원에서부터 농산물을 생산하고 이를 부가가치를 높여 소비자에게 공급하는 과정)에서 다양한 요소들의 생산성을 높이고 효율화하면서 전통적 농업에 비해 상당히 경쟁 우위를 누리고 있다(그림 9-35).

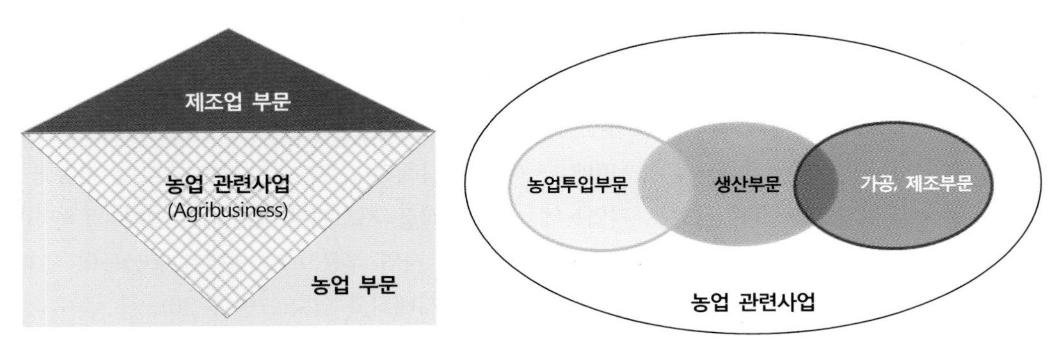

그림 9-35. 농업 관련사업의 영역

농업 관련사업의 경우 농산물 생산을 위한 원자재 공급에서 부터 최종 소비자들에게 식품을 판매하는 일련의 모든 과정에서 공급업자와 구매자 간에 긴밀한 관계가 이루어지며, 특히 생산, 가공, 유통, 소매 단계에서 가치사슬을 통해 수익을 창출하게 된다. 최근 기업농업이 활발해지면서 농식품 전체 시스템에서 수평적·수직적 네트워크와 가치사슬을 통해 점점 더 수익을 높여가고 있다.

농업 관련사업을 하는 기업(기업농이라고 지칭함)[1)]의 등장은 제2차 세계대전 이후 미국에서 처음으로 등장하였는데, 이는 당시 유럽과 동아시아 국가들에 대한 농산물 원조를 위해 시작되었다. 미국은 자국의 잉여농산물을 처리하는 수단으로 농산물을 원조하기 시작하였으며, 가장 대표적인 사례가 1954년 '농산물무역개발원조법(일명 PL480호)'에 의한 식량 원조였다. PL480호에 따라서 개발도상국에 대한 식량 원조를 위해 곡물상사와 식품가공기업(예: 곡물제분회사)을 비롯한 농업 관련 기업들이 해외에서 활동하였으며, 당시 식량원조 업무의 대부분을 거대 곡물상사가 담당하였다. 그 이후에도 미국 정부는 농산물의 상업적 수출 확대를 위한 정책으로 거대 곡물상사의 해외 활동을 적극 지원하였다. 더 나아가 1960년대부터 1970년대에 걸쳐 선진국 정부와 세계은행을 비롯한 국제기구가 주도하여 개발도상국의 농업개발 목적을 위해 농업 관련기업의 현지 진출을 적극 추진하였고, 특히 녹색혁명의 파급효과를 확대해 나가도록 지원하였다.

녹색혁명으로 인해 개발도상국들은 농산물 생산의 획기적인 증가를 경험하게 되었지만, 농산물 생산을 위한 투입요소들을 사전에 구입하여야만 했다. 이는 농업 투입요소 시장을 겨냥한 다국적 기업농의 역할과 권한을 강화시켰다. 즉, 개발도상국 농민들은 화학비료, 농약, 농기계, 관개시설 장비와 관련된 투입 원자재를 다국적 기업농으로부터 구입하여야만 했다. 이 과정에서 식품가공 및 판매가 핵심사업 분야였던 세계 곡물기업들은 종자 생산과 유전공학, 농기계, 화학비료, 농약 등의 부문까지 진출하여 농식품 시스템 전

1) 한국농촌경제연구원(2004) 보고서에 따르면 기업이란 '영리를 목적으로 하여 사업을 경영하는 사업'이라는 맥락에서 기업농이란 기업적으로 농업을 경영하는 사업체라고 정의하였음(p. 3).

과정을 지배하게 되었다.

농식품 산업(agro-food industry)은 최근 들어 더욱 집중화되고 통합화되어 가고 있다. 전통적으로 개개 농부나 소규모 기업들이 낮은 자본집약도와 저기술을 바탕으로 농식품 시스템의 생산, 가공, 유통, 판매, 소매를 담당해왔다. 그러나 점차 고도의 기술과 높은 자본집약도를 가진 대규모 기업농에 의해 농식품 시스템이 작동되고 있다. 특히 국제 시장에서 농식품 유통은 가장 집중화된 기업농의 사업 부문으로, 생산된 농산물의 세계적인 유통과 물류 교역은 소수의 유통기업에 의해 지배되고 있다(그림 9-36).

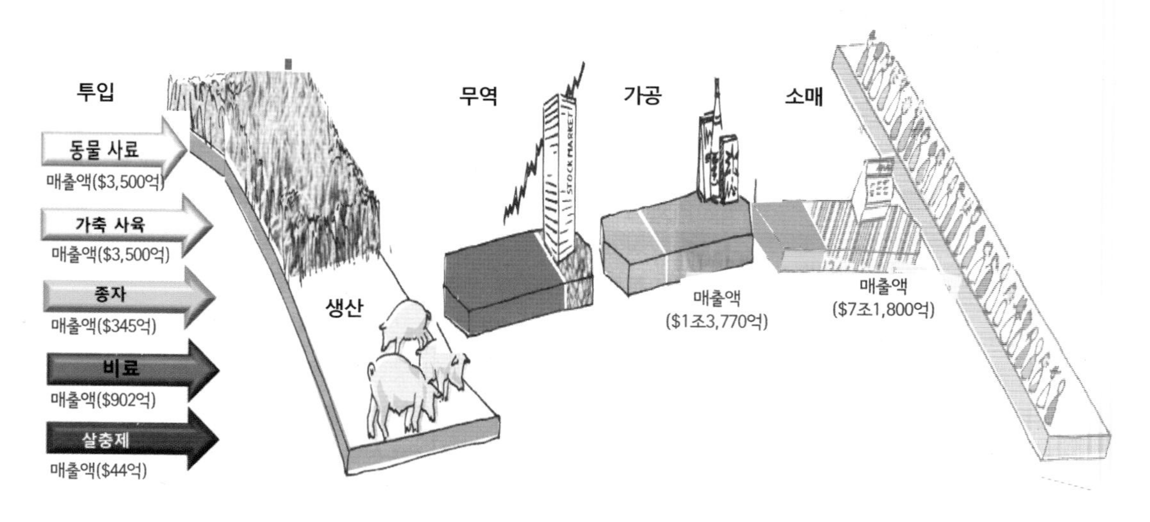

부문		시장 점유율	부문	시장 점유율
투입 영역	동물 사료	상위 10위 기업 15.5%	무역	상위 4위 기업 75%
	가축 사육	상위 4위 기업 99%	가공	상위 10위 기업 28%
	종자	상위 10위 기업 75%	소매	상위 10위 기업 10.5%
	비료	상위 10위 기업 55%	농업종사자 최종소비자	10억 농장+농부 4.5억+농업노동자 4.5억, 약 60억 인구
	살충제	상위 10위 기업 97.8%		

그림 9-36. 기업농의 단계별 시장 점유율과 가치사슬에서 창출되는 부가가치
출처: EcoNexus(2013). AGROPOLY. p. 3.

이러한 초국적 기업농의 활동이 이슈화된 계기는 1980년대 중반에 시작된 우루과이라운드의 농업 협상이었다. 당시 카길, 몬산토, 노비스코 등 거대 기업농들은 정부와 밀착하여 1986년에 농업정책개발그룹을 결성하였으며, 미국 측이 우루과이 협정에서 제안한 내용의 상당 부분은 기업농들에 의해 제안된 것으로, 주로 농가에 대한 정부 보조금을 줄이고 생산량 조절을 없애자는 것이었다.

초국적 기업농들은 지구상에서 가장 값싸게 농산물을 구매할 수 있는 곳을 찾아서 구매해고, 이를 가공한 후에는 가장 비싼 값으로 판매할 곳을 찾으며, 농식품 시스템의 각 단계별로 각국의 여건에 부합되도록 효율적으로 분담시키는 작업을 진행시키면서 수익을 올리고 있다. 공산품과는 달리 농식품의 경우 국제적 생산공정을 일괄적으로 설계하는 것이 어렵기 때문에 현지 생산과 현지 소비형 전략까지 구사하면서 시장 점유율을 높여가고 있다.

기업농의 경우 수직적 통합화와 수평적 집중화를 강화시키면서 집적경제와 규모경제의 혜택을 누리고 있다. 이러한 기업농의 성장 전략을 추동하는 요인들은 크게 4가지로 분류할 수 있다. 첫째, 공급 추동 요인으로 정보통신발달로 농산물의 재고량을 모니터링하고 물류 시스템을 통해 적시에 공급하게 되었다. 뿐만 아니라, 농산물 생산 및 가공기술의 발달과 생물학적 유전공학 발달로 인한 신품종 개발 등으로 농산물 공급이 매우 효율적으로 이루어지고 있다. 둘째, 수요 추동 요인으로 소득 수준 향상과 도시화 진전으로 인해 다양한 식품에 대한 선호도가 증가하였고, 식품 안전에 대한 소비자들의 인식 강화, 고품질의 식품 및 차별화된 식품에 대한 선호도 증가 등으로 보다 다양한 농산품 생산과 가공 및 유통체계 발달을 유도하고 있다. 셋째, 정책적 추동 요인으로 농산물 교역량 증가, 해외 농산물 시장 개척, 해외직접투자의 자유화, 해외시장을 포함한 민간 영역의 개방화 등이다. 넷째, 제도적 추동 요인으로 하청 및 계약, 품질 표준화, 유통의 규격화 등은 개개 농부에 비해 기업농들이 훨씬 경쟁력이 있다.

기업농의 사업 영역이 확대되면서 점점 더 초국적으로 사업을 펼쳐나가고 있다. 실제로 1981~2005년 동안 해외직접투자 부문을 보면 농업과 어업 부문에 대한 투자는 거의 변화가 없는 데 비해 농산물을 이용한 식품제조업 부문의 해외직접투자는 증가 추세를 보이고 있다(그림 9-37). 이는 농산물 생산과 교역보다는 식품제조업 단계에서 가치사슬을 통한 수익이 훨씬 더 크기 때문으로 풀이할 수 있다.

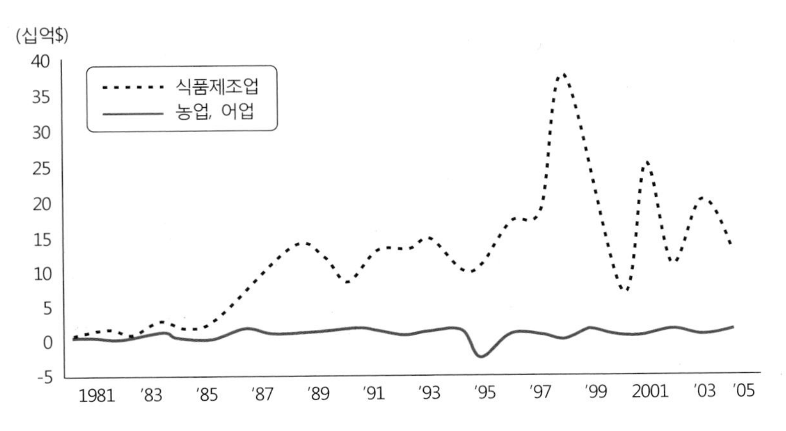

그림 9-37. 기업농에 의한 식품제조업의 해외직접투자의 증가 추세

출처: da Silva, C. et al.(2009), Figure 8.

기업농의 초국적 활동은 특정 작물 재배 및 가축의 특화를 심화시키고 있으며, 이는 유전적 자원의 다양성을 감소시키고 있다. 또한 표준화된 농산물 공급을 확대시키고, 농업 생산의 획일화를 유도하고 있어 장기적인 관점에서 보면 농업의 지속가능성에 위협을 주고 있을 뿐만 아니라 재생가능한 농업의 자연 순환을 파괴하는 왜곡된 방향으로 유도하고 있다. 특히 단일 곡물 생산으로 인해 더 많은 살충제와 비료를 사용하는 결과를 초래하고 있다. 농업의 산업화와 기업농의 활동으로 인해 농약의 남용을 가져오고, 농작물의 다양성을 감소시키고, 더 나아가 전통적인 농촌사회를 파괴시킨다는 비판도 받고 있다.

미국 농무부(USDA: United States Department of Agriculture)에 따르면 2000년 미국의 농업 생산량은 GDP의 2% 정도를 차지하며, 농업 부문에 전체 고용자의 약 3%가 종사하고 있는 것으로 파악되었다. 그러나 기업농이 차지하는 비율을 보면 미국 GDP의 약 18% 수준이다. 이들 기업농에 약 2,100만 명의 근로자가 종사하고 있는데, 이는 미국의 노동 인구의 약 18.5%에 해당한다. 이와 같이 기업농은 농업 부문만이 아니라 농업 관련산업 전반에 걸쳐서 사업 영역을 확대시켜 나가면서 상당한 수익을 올리고 있다.

농업은 세계 인구의 절반이 농촌에서 농업에 종사하고 있으며, 가계 소득의 절반 이상을 농업 부문에서 얻고 있다. 아직까지 개발도상국의 인구 약 27억명(세계 인구의 42%)은 가족 노동력에 의한 전통적 재래식 농업에 종사하고 있다. 또한 세계 농장의 약 85%(약 4.5억개)는 소규모 농장이며, 여기에서 세계 식량의 절반 정도를 생산한다.

반면에 전 세계적으로 약 4.5억명의 농업 노동자가 대규모 플랜테이션 농장에서 노동을 통해 소득을 얻고 있다. 개발도상국의 경우 개인 또는 소규모 기업에 의한 농업과 대규모 기업농이 혼재되어 있다. 약 85%에 달하는 농가가 2ha 미만의 소규모 경지에서 농작물을 재배하고 있는 반면에 일부 기업농에 의해 농식품 시스템이 통제되고 있다. 개발도상국 전체적으로 볼 때 가족농에 대한 기업농의 비율은 0.56으로 나타나고 있다. 만일

표 9-12. 개발도상국에서 가족농과 기업농이 GDP에서 차지하는 비율

국가	전통적 농업(A)	기업농(B)	비율 (B/A)
카메룬	40	17	0.43
코티디부와르	28	26	0.93
에티오피아	56	30	0.54
가나	44	19	0.43
나이지리아	42	16	0.38
인도네시아	20	33	1.65
태국	11	43	3.91
필리핀	12	15	1.25
농업기반 국가 평균	**39**	**22**	**0.56**

출처: Briones, R. & Rakotoarisoa, M.(2013), Table 1 & Figure 1.

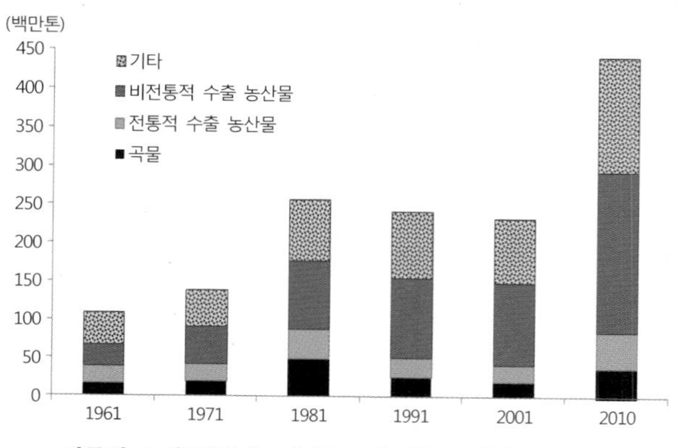

*전통적 농산물(커피, 카카오, 티, 향료, 천연고무, 설탕 등)
*비전통적 농산물(과일, 야채, 우유 및 육류 제품, 사료 등)

그림 9-38. 세계 농산물 수출구조의 변화 추이

이 비율이 '2' 미만이면 전환기 개발도상국, '3' 이상이면 도시화된 개발도상국으로 간주된다(표 9-12). 이는 기업농의 비율이 높아질수록 농업의 산업화가 진전되고 있음을 말해준다. 미국의 경우 이 비율이 13으로 기업농이 미국의 농업을 주도하고 있다. 특히 기업농의 경우 유전적으로 특정한 종의 가축 및 단일 농작물 대량생산을 위해 화석연료, 농기계, 농업용수, 비료, 농약을 대량 사용하고 있다.

2) 농식품의 공급체인과 단계별 가치사슬 창출

(1) 농식품의 공급체인

농업 관련사업에서 각 부문 사업 간 연계성은 농산물 생산에서부터 가공, 유통, 소비 과정을 포함하는 모든 공급체인에서 나타날 수 있다(그림 9-39). 농식품 공급체인(food supply chain)은 농식품 시스템의 각 단계별로 사업을 수행하는 기업농들이 서로 다른 시장에서 다양한 농산물과 식품을 판매하는 과정을 통해 파악할 수 있다. 거시적 관점에서 농식품에 대한 정책 및 규제들은 농업 생산부문에서부터 소매부문에 이르는 모든 식품 공급체인에 영향을 미친다. 또한 식품 공급체인 단계별로 거대 기업농들이 점유하는 시장 비율도 다르며, 기업농들이 지배력을 갖고 통제하는 시장에 따라서 주요 생산자와의 계약 관계 및 농산물 가격 상승분을 소비자 물가에 전가하는 수준도 차별화되어 나타나고 매우 복잡한 구조를 가지고 있다.

농식품 공급체인은 크게 농업 부문, 식품 가공부문, 유통 부문(도매 및 소매)의 세 가지 핵심 부문들의 연계라고 볼 수 있다. 그러나 농산물이 생산되어 최종 소비자에게 이르기까지 다양한 중간재도 생산된다. 농식품 공급체인에 대한 개념도는 각 단계별 공급체인을 따라 어떻게 가격이 형성되는지를 이해하는 데 도움을 줄 수 있으며, 어느 단계에서 어떻게 수익이 창출되는가도 파악할 수 있다.

농식품 공급체인의 첫 번째 단계인 농업 부문은 농작물 생산과 가축 사육이 핵심이다. 농산물의 경우 품목에 따라 유통 채널이 달라진다. 농업 부문 사업을 펼치는 기업농의 경우 식품가공업(동물 사료)뿐만 아니라 소매업자, 최종 소비자 또는 대체 시장(예: 바이오 연료)에까지 생산된 농산물을 판매한다.

두 번째 단계인 식품가공 부문은 매우 이질적이며 다수의 다양한 활동들, 예를 들면 정제(설탕), 분쇄(시리얼), 청소, 절단 또는 건조(과일 및 야채) 및 도살 및 해체(가축)가 포함된다. 이 부문의 경우 투입된 서로 다른 농산물들은 연속적인 단계를 거치면서 처리·가공되고 유통업체나 음식점에 판매된다. 더 나아가 식품제조 부문 사업을 주로 하는 기업농의 경우 새로운 시장판로 개척 및 신제품 개발을 위한 연구도 수행하고 있다.

세 번째 단계인 유통 부문(특히 소매 부문)은 식품 공급체인의 최종 연결고리로 최종 소비자와 직접 거래한다. 이 부문의 주요 활동은 식품 판매이며, 소매업체는 식품제조업체들을 위한 서비스도 수행한다. 식품 가공과정에서 생산된 중간재들은 특정 도매상을 통해 소비자에게 판매되기도 한다. 유통 과정에서 기업농들은 시장 지배력을 행사하게 되며, 농식품의 저장과 물류 비용 등을 최종 식품판매 가격에 포함시키게 된다. 따라서 최종 소비자가 지불하는 식품 가격 중 농산물 생산을 위한 직접 비용은 일부이며, 여러 다른 비용(운송비, 에너지 및 노동력)들이 추가된 것이다. 더 나아가 식량 공급체인에서 각 단계별로 다양한 외부 요인들(규제, 공공 정책 및 거시 경제 환경)에 의해서도 영향을 받으며, 이는 최종적으로 식품 가격에도 반영된다.

한편 농식품에 대한 무역도 해당 지역, 또는 국가의 경제변수들에 직접적인 영향을 미치며, 이들 경제변수의 변화는 식량 공급, 가계 소득, 정부 서비스의 3개 영역의 중개 단계를 거쳐서 최종적으로 식량안보 지표(가용성, 접근성, 이용성, 안정성)에 영향을 미치게 된다. 농산물 생산 및 순 무역수지는 국내의 식량 공급량을 결정하며, 이는 식량안보 지표인 '가용성'과도 연계된다. 또한 농산물 공급은 농산물 생산성의 변화, 농산물 생산 구성비, 시장구조 및 무역에 영향을 주며, 궁극적으로 식품 가격에도 영향을 미치면서 가구 소득을 통해 식량안보 지표인 '접근성'과 연계된다. 한편 정부 재정 및 제도적 역량은 식

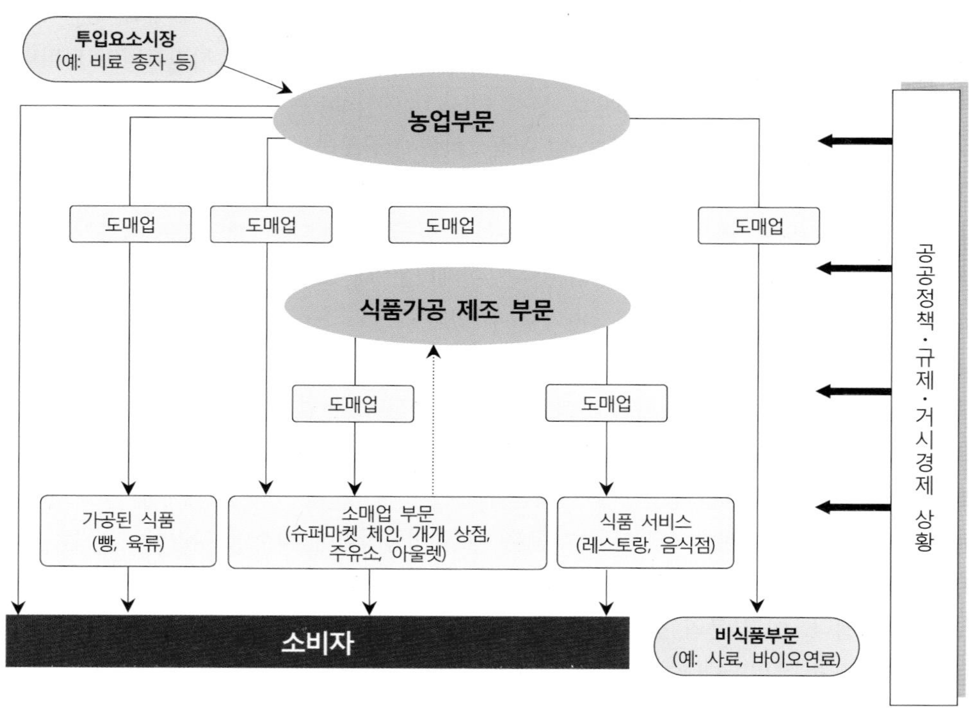

그림 9-39. 농식품 공급체인 구조

출처: Bukeviciute, L. et al.(2009), Figure 1.

량안보 계획 이행에 필요한 분배 메커니즘과 자원 가용성을 결정한다. 특히 소비자를 대상으로 하는 사회보장, 교육 및 기타 기초 서비스 제공과 생산자를 대상으로 하는 정부의 구매 및 식량 재고 보유, 농촌의 인프라 및 기타 지원 서비스 수준까지도 영향을 미치게 된다. 정부의 소득 재분배정책을 통한 빈곤 퇴치와 농업발전 정책은 식량안보 지표인 가용성과 접근성에 영향을 미치게 된다. 뿐만 아니라 정부 차원의 식품 안전 및 소비자 권리를 위한 각종 서비스는 식량안보 지표인 '이용'에 지대한 영향을 주게 된다. 식량안보 지표인 '안정성'은 가용성, 접근성, 이용 지표를 장기간 지속가능하고 일관되게 하는 것이다. 기상변이와 시장가격 변동 등 외부요인의 충격에도 잘 적응하는 것도 식량안보 지표인 안정성에 영향을 주게 된다(그림 9-40).

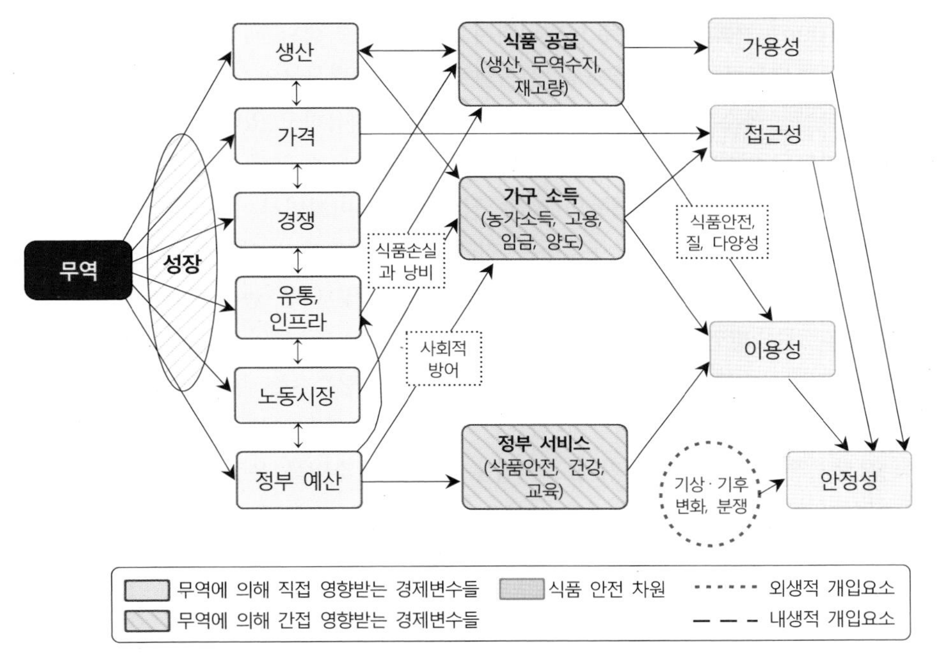

그림 9-40. 농식품 교역이 식량안보 지표에 미치는 영향을 나타낸 흐름도
출처: FAO(2015a), The State of Agricultural Commodity Markets, 2015~16, Figure 13.

(2) 식품의 공급체인에서 창출되는 가치사슬에 따른 수익과 수혜자

Porter가 기업이 경쟁우위를 차지하는 데 있어서 가치사슬 개념을 소개한 이후 다양한 분야에서 이 개념이 적용되고 있다. 농식품 분야에서의 가치사슬은 농산물 생산에서부터 최종 소비자가 식품을 소비하는 식품의 공급체인의 각 단계별로 기업농들이 어떻게 가치사슬을 구축하고, 부가가치를 창출하는가를 이해하는 데 매우 필요한 개념이다.

① 농산물 생산을 위한 투입요소 단계와 농산물 생산 단계

농산물 생산을 위해 사전에 구입하여야 하는 투입요소들은 종자, 농기계, 비료, 농약 등 여러 가지이다. 또한 가축 사육을 하는 축산 농가의 경우 어린 가축을 구매하고 이들에게 필요한 사료도 구입해야 한다.

❒ 종자

1996년 세계 상위 10대 종자생산 기업의 시장 점유율은 30% 미만이었으나, 2010년대에 들어와 3대 종자생산 기업의 시장 점유율은 약 50%를 차지하고 있을 정도로 종자생산 분야에서의 기업농의 집중화는 심화되고 있다. 특히 종자 시장의 경우 기업 간 통합이 이루어지면서 거대 기업농의 시장 점유율이 점점 더 높아지고 있다. 1996~2008년 동안 200여개 기업들이 인수·합병되면서 종자시장은 점차 과점화되고 있다. 3대 종자생산 기업이 차지하는 시장점유율을 품목별로 보면 사탕무우의 시장 점유율이 90% 수준으로 가장 높고, 옥수수는 57%, 그리고 콩은 55%를 점유하고 있다(그림 9-41). 또한 상위 3대 종자생산 기업들은 농약 및 살충제도 생산하여 이들에 대한 시장 점유율도 높다.

종자를 생산하는 기업농의 시장 점유율이 높아지면서 종자의 품종은 점점 줄어들고 가격은 비싸지고 있으며, 농부들은 거대 기업농들로부터 상당한 압력을 받고 있다. 특히 농부들의 경우 자신들이 생산한 콩, 밀, 옥수수 및 다른 농산물들에 대해서는 낮은 판매가격을 받는 반면에 종자, 살충제, 비료, 동물 사료 등 투입물에 대해서는 높은 가격을 지불하고 있다. 세계 곡물시장에서 콩, 옥수수, 사탕수수는 투기적으로 거래될 수 있으며, 곡물 가격은 기업농의 전략에 상당한 영향을 받는 취약성을 갖고 있다. 실제로 2008년 농산물 가격이 급등한 시기에도 기업농은 막대한 수익을 올린 반면에 소농민들은 별로 수익을 올리지 못하였다. 종자를 생산을 하는 기업농의 경우 수평적 통합 이외에도 생산부터 가공, 유통까지 수직적 통합도 병행하고 있다. 그 결과 기업농들은 식품 공급체인의 각 단계별로 창출되는 가치사슬로부터 엄청난 수익을 올리고 있다.

전통적·재래식 농업의 경우 자원순환경제에 기반하고 있어 농부들은 다음 해에 사용하기 위해 수확한 종자의 일부는 따로 보관하여 저장하였다가 그 이듬해에 투입한다. 그러나 녹색혁명 이후 수확량 증가를 위해 개발된 신품종의 경우 유전자 변형 종자로 단회성 종자이기 때문에 매년마다 종자를 구입하여야만 한다. 또한 이들 종자에 대한 특허권과 종자의 저장을 금지하는 지적재산권 및 농부들 간에 종자 교환을 금지하고 있기 때문에 농부들은 파종시기마다 종자를 구입하여야만 한다. 세계 3대 종자생산 기업(몬산토, 듀폰, 신젠타)들이 종자와 관련된 특허의 거의 절반을 소유하고 있다. 탄자니아의 경우 종자의 90%가 농민들에 의해 생산되고 있는 반면에 스위스의 경우 밀 종자의 10% 미만이 농민들에 의해 생산되며, 나머지 90%는 매년 기업농들로부터 종자를 구입하여 농작물을 재배하고 있다.

종자 시장의 점유율이 가장 높은 초국적기업 '몬산토'의 성장과 시장 지배력
• 1901년 몬산토는 미주리주 세인트루이스에서 화학회사로 창립하였다. 설립자는 제약회사에 근무하였던 John Francis Queeny였다. 그는 소프트드링크 판매를 위해 인공감미료 사카린을 제조하였다. Queeny의 아들은 1926년 일리노이주 몬산토(현재는 Sauget)에 회사를 설립하였다. 몬산토는 1944년에 DDT를 생산하였고 모기를 전염시키는 말라리아 퇴치에 공헌하였다. 1954년 독일의 바이엘사와 제휴하였고, 1960년대와 1970년대 몬산토는 베트남에서 에이전트 오렌지(Agent Orange)를 생산한 기업이다. 이 화학물질은 베트남 전쟁 중 미군에 의해 사용된 고엽제의 하나이다. 미국 국방부 의뢰로 몬산토와 다우케미컬에서 제조되었다. 제초제를 살포하여 당시 베트콩 게릴라에게 식량 지원을 하지 못하도록 하려는 목적에서 개발되었다. 그러나 에이전트 오렌지가 상당한 독성물질이었기 때문에 많은 사망자와 장애인, 기형아 등 치명적인 피해를 준 것으로 알려져 있다. • 1980~1989년 농업생명공학 분야의 기업농으로 성장 몬산토 기업의 과학자들은 1983년부터 식물세포의 유전자 조작 실험을 시작으로, 유전자 조작 작물 생산을 통해 농업생명공학 분야의 선구자가 되었다. 1985년 몬산토는 의약품, 농업 및 동물 건강에 중점을 둔 생명과학회사인 화이자(Pfizers)의 자회사인 GD Searle를 인수하였고, 2002년에는 제약회사 화이자까지 인수하였다. • 1990~1999년 종자 생산과 농식품 사업의 통합화 1991년 몬산토는 생명공학회사인 아그라카투스를 인수했으며, 1996년에부터 유전자 변형 종자인 면화, 대두, 땅콩 등을 생산했다. 또한 몬산토는 1998년에 카길사의 국제 종자사업을 인수하여 51개국에 입지해 있는 판매 및 유통시설을 이용할 수 있게 되었다. 2005년에는 야채와 과일 종자 생산회사인 세미니스(Seminis) 기업을 인수하여 세계 최대의 종자생산 기업이 되었다.

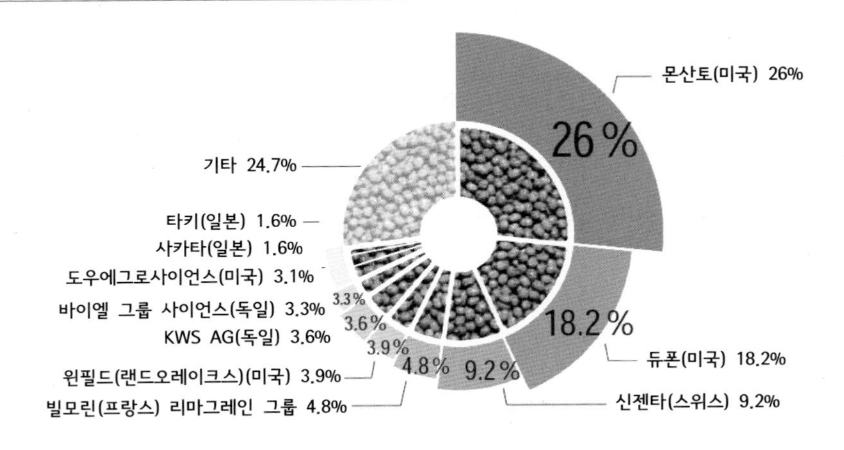

그림 9-41. 세계 종자생산을 주도하는 주요 기업들의 시장 점유율
출처: EcoNexus(2013), AGROPOLY. p. 10.

한편 유전자 변형 종자개발로 인해 품종의 다양성이 사라져가고 있다. 일례로, 필리핀의 경우 녹색혁명 이전에 약 3,000여개의 벼 품종이 있었지만, 20여년이 지나면서 단지 2개의 벼 품종이 필리핀 전체 벼 재배면적의 98%를 차지하고 있다. 유전자 변형 종자 개발로 인한 농작물 품종의 다양성은 이미 상당히 파괴된 것으로 알려져 있다.

유전자 변형 GMO 종자의 특징과 문제점[2]

• 유전자 변형기술이란 동·식물을 대상으로 해충 저항성, 제초제 내성, 내한성, 바이러스 저항성 등 다양한 유전자들을 인위적으로 재조합한 DNA를 바탕으로 신품종을 만드는 기술이다. 이 기술을 적용하여 개발한 종자와 식품을 유전자변형식품(GMO: Genetically Modified Organisms)이라고 지칭한다. 특히 병충해에 잘 견디는 다수확품종 및 제초제에도 잘 죽지 않는 신품종들이 개발되었다. 이러한 신품종 개발을 통해 단위면적당 수확량을 획기적으로 증대시키는 성과를 이루어냈으며, 우량종을 개발하던 종래의 육종법 대신 인공적으로 유전자 형질을 바꾸는 방법으로 신품종 개발에 소요되던 시간도 상당히 단축시켰다.

• 1996년 병충해 내성을 목적으로 몬산토가 개발한 대두와 노바티스가 개발한 옥수수가 본격적인 GMO 농산물의 시작이었다. 새로 개발된 GMO는 인체 안전성과 환경 위해성 등의 평가를 거쳐야 품종 등록 및 허가를 받아 상품화된다. 2008년 33종이던 GMO 종자 수가 2015년 124종으로 증가했다. 현재 GMO 작물을 재배하는 경작지 비율을 보면 콩의 경우 73%, 옥수수는 30%, 카놀라는 25%로 알려져 있다. 특히 미국의 경우 콩의 94%, 옥수수의 88%, 면화의 90%가 GMO 작물을 재배하는 경작지들이다.

• GMO를 가장 많이 소비하는 미국의 경우 아직까지 인체에 해롭다는 이상 증세들이 발견되지는 않고 있다. 일부에서는 GMO 자체가 육종기술의 일부이며, 교배에 의한 재래적 육종법도 유전자 변형의 일종이기 때문에 GMO 종자라고 해서 인체에 직접적인 영향을 미칠 가능성이 크지 않다고 주장한다. 유전자 변형식품의 부작용이 현재까지 알려진 바가 없다고 해서 병·해충에 독성을 나타내는 물질이 인체에 남아 있을 경우에 어떤 해독성도 전혀 주지 않을 것이라고 확신할 수도 없다. GMO 종자가 병충해 저항성, 내한성, 번식력, 환경 적응력 등이 뛰어나다는 점에서 GMO 신품종이 선호되고 있다.

• GMO 종자의 특허권을 몬산토, 바이엘 등 소수 거대기업이 독점하고 있어 가격을 통제하며, 종자를 파종 때마다 구입해야 하고, 수확한 씨앗을 농민이 재파종할 수 없다는 문제점을 갖고 있다. 따라서 유전자 변형 종자 생산을 통해 가장 많은 수익을 얻고 있는 것은 GMO 종자 생산과 농약을 팔고 있는 거대 기업농들이다. GM 작물 재배지의 70% 이상이 미국과 아르헨티나에 집중되어 있으며, 유전자 변형 종자를 통해 생산량이 증가되었지만, 이들은 동물 사료나 바이오연료 제조에 사용되고 있다. 따라서 신품종 개발에 따른 곡물 생산량 증가가 가장 빈곤한 아프리카 주민들의 빈곤을 극복해주지 못하고 있다.

• 살충제에 내성을 가지는 'Bt 옥수수'는 방재 대상인 병충해로 전달되어 유전자 변형 종자 도입 효과를 사라지게 하는 사례도 나타나고 있다. 제초제에 대한 저항성을 갖도록 유전자를 조작한 농산물이 같은 종의 잡초에게 자신의 유전자를 전파시켜 제초제 저항성을 갖는 '수퍼 잡초'를 양산해 낸다는 보도도 있다. 해충 저항성 GM 종자의 재배 기간이 늘어날수록 해충에 돌연변이가 발생하여 농약에 대한 내성이 오히려 증가한다는 우려도 제기되고 있다.

GMO 종자들

---

2) 유전자변형식품, GMO는 위험한가?-중앙일보 조인스 J 플러스 news.joins.com/article/20513695; 사이언스온-[특집] GMO 안전성 과연 문제없나-하정철 박사 scienceon.hani.co.kr.

❒ 사료

2017년 세계 사료 생산량은 10.32억톤으로, 이는 6년 전에 비해 1.6억톤(19%) 증가한 것이다. 매년 약 10억톤에 달하는 사료 생산의 판매액은 4천억 달러가 넘는다. 세계 10대 사료기업의 시장 점유율은 2009년 약 16%를 차지하고 있다(그림 9-42). 거대 사료기업의 경우 농산물 공급체인의 수직적 통합을 구축하여 가치사슬을 통해 엄청난 수익을 창출하고 있다. 일례로, 세계 최대 곡물 무역상사인 카길은 세계 최대 농산물 구매자이다. 또한 세계 최대 사료제조업체 CP(Charoen Pokphand)는 돼지고기와 새우의 최대 생산자이다. 이들 기업은 식품 공급체인의 가치사슬을 통제하며, 특정한 사료 시장을 개척하고 있다. 대표적 사례로 세계 연어 사료의 90%를 3개 사료회사가 생산하고 있으며, 사료 제조업자들은 연어 생산자들과의 계약을 통해 연어 판매가격을 인상시키는 것으로도 알려져 있다.

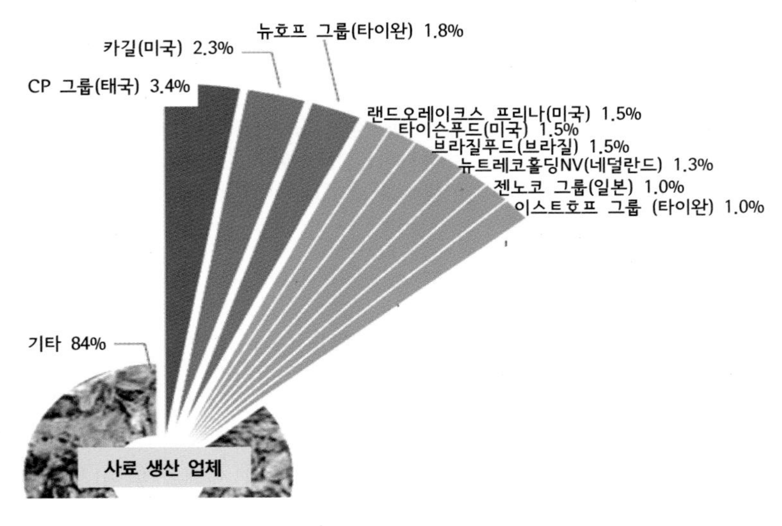

그림 9-42. 세계 주요 사료 생산기업들의 시장 점유율
출처: EcoNexus(2013), AGROPOLY, p. 6.

육류 1kg을 생산하는 데 콩을 비롯한 곡물이 평균 3kg이 소요된다. 따라서 동물 사료용으로 쓰이는 곡물은 약 35억명 인구에게 식량을 공급할 수 있다. 육류에 대한 소비 증가는 더 많은 사료를 필요로 하며, 그 결과 전 세계적으로 생산된 콩의 90%, 옥수수의 약 2/3가 사료용으로 소비된다. 이에 따라 사료 생산을 위한 경지 면적은 세계 농경지 면적의 약 1/3을 차지하고 있다. 콩 재배 면적이 확대되면서 남아메리카의 삼림 벌채로 자연환경이 파괴되고 있다. 뿐만 아니라 사료 작물 재배를 위해 사용된 비료와 농약으로 인해 지구 상에 배출된 아산화질소의 약 2/3은 대기 중에 100년 이상 머무르고 있어 기후변화에도 상당한 영향을 미칠 것으로 예상되고 있다(자연적인 방목에 의한 가축 사육의 경우 배출되는 메탄은 8년이 지나면 분해되는 것으로 알려져 있음).

사료 생산의 시장 점유율이 가장 높은 초국적기업 'CP'의 성장

• CP(Charoen Pokphand)는 방콕에 있는 태국 최대의 민간기업으로 사업 분야를 보면 농업, 식품 가공, 소매 및 유통 등 상당히 다각화되어 있다. 30여개 국가에서 약 10만명을 고용하고 있는 초국적 기업농이다. 1921년에 방콕의 차이나타운에서 조그만 씨앗가게로 출발한 이 기업은 중국으로부터 씨앗과 채소를 수입하였고 돼지고기와 달걀을 홍콩으로 수출했다. 점차 가축 사료생산으로 사업을 확대하여, 축산업과 유통사업을 더 통합하였다. 1970년대 이 회사는 수직적 통합을 통해 가축 사육농장, 도축장, 가공식품 생산 및 자체 소매업 체인까지 구축하였고, 태국에서 닭고기와 계란 공급에 대한 실질적인 독점권을 가지게 되었다. CP는 1972년에 인도네시아에서 사료 공장을 가동하였고, 1976년에 싱가포르로 옮기면서 초국적 기업농으로 성장하였다.

• CP 그룹은 1978년 중국이 경제를 개방했을 때 중국 심천경제특구에 투자한 최초의 외국기업이었다. 현재 중국에 약 200개의 자회사를 가지고 있을 정도로 엄청나게 중국에 투자하였고, 닭을 포함한 가금류 생산을 하면서 가금류 소비를 유도하여 중국의 경우 가금류의 1인당 소비량이 10년 동안 2배 이상 증가하였다. 또한 이 회사는 중국에 투자한 거대 소매업자들(혼다, 월마트, 테스코)과 파트너십을 맺고 기업의 사업 영역을 넓혀 나갔다. 1989년 CP는 벨기에의 폴리염화비닐 제조업체, 1990년에는 미국의 통신회사와 제휴하여 통신사업 중 광섬유 전화망을 구축하기 시작했다. 1993년부터 태국 증권거래소와 홍콩, 상하이 증권거래소에 기업이 상장되면서 공식적인 거대 기업으로 급성장하였다. 1997년부터 CP는 식품(CP 식품), 소매(seven-Eleven), 텔레커뮤니케이션(True) 부문에서 각자의 고유 브랜드 이름으로 두각을 나타내고 있다. 현재 세계 최대의 사료 및 새우, 돼지고기 생산자로 이들 소비시장을 점유하고 있으며, 동남아시아 소매업체로 8,000개 이상의 Seven Eleven 매장과 Siam Makro를 운영하고 있다.

❐ 가축 사육

생명공학의 발달과 육종기관이 민영화되면서 새로운 사육 종자를 만들어 내는 가축 유전 기술로 인해 전통적인 소, 돼지, 닭 사육이 크게 변하고 있다. 특히 농작물에서 신품종 종자가 개발된 이후 가축에서도 유전공학이 적용되면서 더 빠르게 성장하고 살이 찌는 가축을 유전학적으로 개발하게 되었다. 이에 따라 재래종 닭이나 돼지 사육 농민 및 소기업들은 상업화된 축산농과 경쟁할 수 없게 되었다. 그 결과 1989년~2006년 동안 세계적으로 식용 가금류를 공급하는 기업 수가 11개에서 4개로 감소하였고, 산란을 목적으로 하는 닭 사육 기업도 10개에서 3개로 줄어들었으며, 칠면조의 경우 3개, 오리는 2개 기업이 담당하고 있다.

산업화된 돼지 사육과 돼지고기 생산은 수직적 통합을 통해 연계되어 있다. 먼저 사육자는 농장주들에게 어린 돼지와 유전공학적 정액을 공급하여 돼지의 번식을 높이도록 한다. 그러나 농장주가 유전공학적으로 성장한 돼지의 정액을 추출하여 다시 새끼돼지 번식을 하는 것은 금지되어 있다. 따라서 돼지 농장주들은 새끼 돼지와 정액을 지속적으로 공급받아 살찐 어미돼지로 키우며, 이렇게 사육한 어미돼지는 식품 가공회사와의 계약을 통해 전량 판매한다. 이 과정에서 식품 가공업체와 유전공학적 기술을 보유한 기업은 공급체인의 가치사슬을 통해 상대적으로 많은 수익을 창출하게 된다.

2005년 세계 최대 돼지 축산기업과 소 축산기업이 합병하여 제네스 기업(Genus plc)이 출범하였다. 이 기업은 더 좋은 품질의 육류와 우유를 생산할 수 있도록 유전공학적 기술을 통해 소와 돼지 사육 가축 사업을 펼치고 있다. 특히 돼지의 혼종 번식으로 많은 수익을 올리고 있는데, 이는 돼지 사육 농장주들은 어린 돼지와 육종 정액을 지속적으로 구입하기 때문이다. 이와 같이 축산업도 산업화되면서 유전공학적 기술과 사료 공급으로 살찐 가축, 높은 수확량(우유 또는 계란)을 가져다주지만, 점점 더 소수 기업농에게 더 많은 수익을 창출해주고 있다.

그러나 산업화된 가축 사육이 전통적 가축 사육에 비해 장점만 지닌 것은 아니다. 산업화된 방식으로 사육되는 가축의 경우 가축들의 운동량 부족으로 인해 질병에 취약하게 만들었으며, 질병으로 인해 항생제 투여도 증가하고 있다. 그 결과 축산업 매출액의 약 17%가 가축 전염병을 예방하는 비용에 투입되는 것으로 알려져 있다. 개발도상국의 경우 가축 질병에 투입되는 비용은 전체 축산 비용의 약 35~50%를 차지할 정도로 높다. 세계은행에 따르면 조류 독감으로 인해 투입된 비용은 전 세계적으로 1조 2500억 달러(이는 세계 GNP의 3.1%에 해당됨)에 달한 것으로 파악되었다. 독일의 경우 판매된 항생제의 1/3이, 중국의 경우 1/2이 동물에게 투약되는 것으로 알려져 있다. 미국의 경우 병원보다 농장에서 사용되는 항생제가 8배 더 많은 것으로 나타나고 있다. 그러나 항생제 투여는 항생제 저항성 박테리아를 계속 증가시키고 있다. 더 나아가 가축 사육에서의 유전공학적 기술과 축산업의 산업화로 인해 유전학적으로 점점 더 동일해지는 소수 품종으로 바뀌고 있기 때문에 가축의 다양성을 감소시키며, 따라서 가축의 유전적 다양성은 상당히 상실되고 있다.

❒ 비료

1996~2008년 동안 세계 비료시장은 사료 및 바이오연료 수요 증가로 인해 생산량이 31% 증가하였다. 세계 10대 비료생산 기업의 시장 점유율은 2009년 약 55%를 차지하고 있다(그림 9-43). 2010년 비료생산을 위해 질소는 약 1억톤, 인산염은 3,900만톤, 그리고 칼륨이 약 3천만톤이 투입되었다. 화학비료가 사용되기 이전의 전통적 농업의 경우 동물(및 인간)의 배설물로 만들어진 인산염을 주로 사용하였으나, 화학비료가 사용되면서 토양의 인산염 축적은 점차 줄어들고 있다.

2008년 Science지에 발표된 논문에 따르면 전 세계적으로 약 400여개 해안(영국 크기의 면적)에서 화학비료 유입으로 인해 해양의 산소 결핍 현상이 나타나면서 해양 생태계가 파괴되고 있다. 화학비료가 해양 생태계에 부정적 영향을 주는 것은 화학비료 성분 가운데 질소의 일부만 농작물이 흡수하고 나머지는 배출되어 토양과 물을 오염시키기 때문이다. 해양으로 유입된 비료 성분들은 해양의 산소 부족을 가져와 수중 생물을 위협하고 더 나아가 해양 생태계를 교란시키는 문제를 가져온다(그림 9-44). 뿐만 아니라 과도하게 투입된 비료에 대한 적응력이 낮은 식물들은 멸종되고 있다. 최근 방목에서도 화학 비료를 사용하게 되면서 화학비료 생산을 위해 투입된 원유량은 전 세계 원유 소비의 2%를 차지할 정도로 증가되었다. 이와 같이 육류 소비 증가로 인한 사료생산과 화학비료 생산 및 사용은 기후와 환경 문제를 야기시킬 뿐만 아니라 지구 상의 빈곤한 사람들의 식량 공급량까지 감소시키는 문제들을 안고 있다.

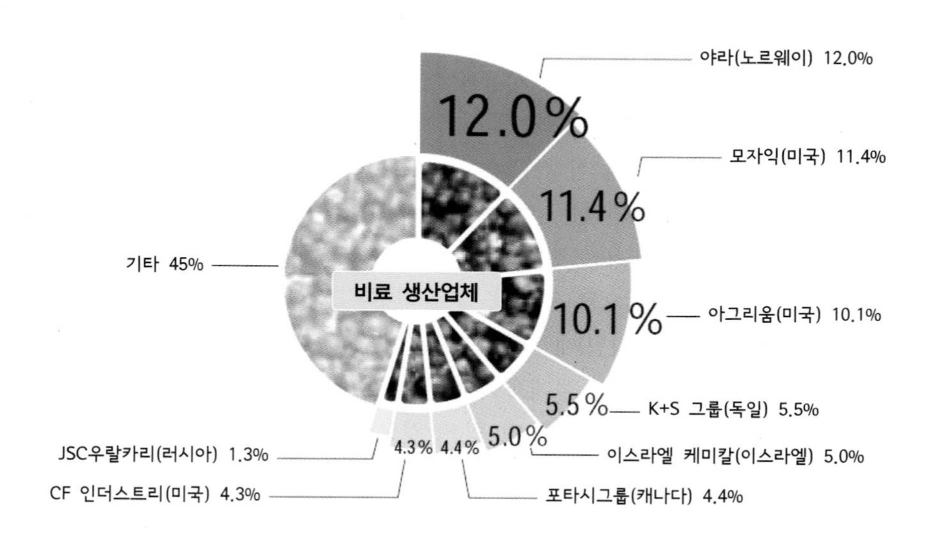

그림 9-43. 세계 비료 생산의 거대기업들의 시장 점유율
출처: EcoNexus(2013), AGROPOLY, p. 11.

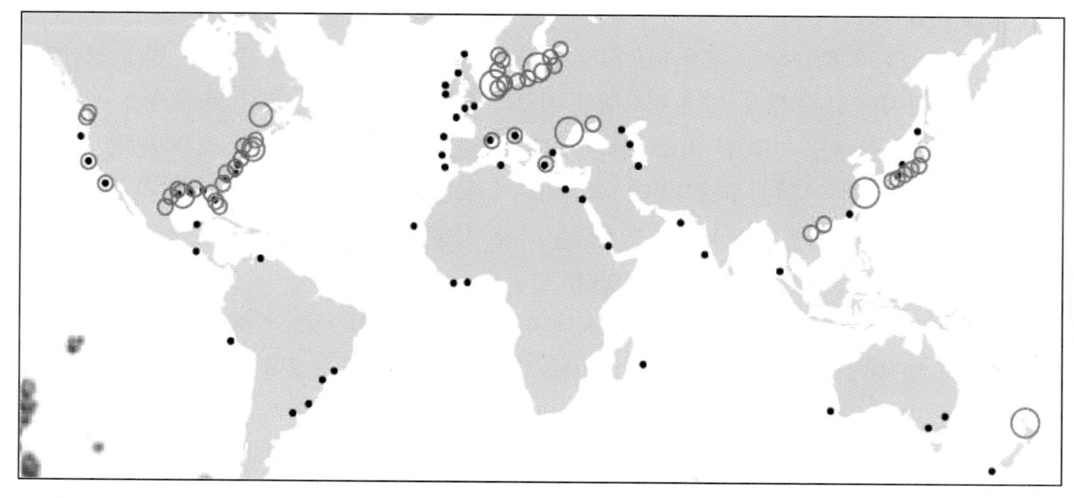

그림 9-44. 해안의 생태계 위험을 받는 세계 해안들의 분포
출처: EcoNexus(2013), AGROPOLY, p. 11.

비료 생산의 시장 점유율이 가장 높은 초국적기업 'Yara'의 성장

• 야라(Yara International ASA)는 1905년 세계 최초 질소비료 생산업체인 Norsk Hydro라는 기업으로 설립되었으나 2004년 Yara International ASA로 통합되었으며, 질소 비료 및 질산염, 암모니아 및 기타 화학물질을 생하고 있다. 1969년 카타르와 합작 투자를 시작으로 중동의 전략적 입지를 확보하였으며, 1970년대 후반부터 1980년대 중반까지 프랑스, 독일, 네덜란드, 영국의 주요 비료회사를 인수하면서 급성장하였다. 노르웨이 오슬로에 본사를 두고 있는 야라는 아프리카, 북미 및 남미 기업들을 인수하거나 합작 투자를 통해 50여개 국가에서 약 13,000명이 근무하고 있는 초국적기업이다. 하지만 노르웨이 정부가 야라 주식의 1/3 이상을 소유하고 있다. 야라는 광물 비료생산에 이어 석유 및 금속광물 사업으로 사업 영역을 확장하고 있다.

• 야라는 2006년 브라질에서 질소와 인산염 비료의 가장 큰 생산자인 Fertibras를 인수하였다. 이로 인해 야라는 브라질의 암석광산업을 운영하며 브라질의 인산염 제품을 생산하는 Fosfertil 지분의 15% 이상을 얻게 되었다(이는 Fertibras기업이 Fosfertil 지분의 15%를 소유하고 있었기 때문임). 브라질은 아직 농업 잠재력이 풍부하여 가장 빠르게 성장하는 비료 소비시장 중 하나이기 때문에 야라 기업의 성장은 가시적으로 나타나게 될 것이다. 2013년 야라는 콜롬비아 및 라틴아메리카 전역의 유통회사를 인수하였다. 최근 야라는 아프리카에도 진출하여 화학비료를 사용한 농업을 확산시키고 있다.

❒ 농약

농약은 농작물의 성장, 재배, 저장 과정에서 발생하는 병, 해충, 잡초를 방제하는 데 필수적으로 사용되며, 농작물의 생산성 증가 및 농업의 산업화를 가져온 동인이라고도 볼 수 있다. 농약의 경우 다른 부문에 비해 세계 10대 기업의 시장 점유율이 약 95%로 가장 높다. 특히 신젠타, 바이엘, 바스프 3개 기업이 약 50%의 농약 시장을 점유하고 있다(그림 9-45). 녹색혁명과 함께 비료와 농약 사용의 증가로 인한 부작용이 상당히 나타나고 있다. 농작물에 피해를 주는 해충들을 죽이기 위해 살충제를 투입하는 경우 해당 살충제에 대한 저항력이 커지고 내성이 생겨서 농약의 효과가 떨어지게 되면 또 새로운 살충제를 개발하고, 또 저항력이 커지면 여러 살충제를 조합하는 등 지속적으로 신제품이 개발되고 있다.

한편 농약제조 기업들은 수직적 통합을 통해 종자 시장에도 관여하고 있다. 따라서 살충제를 투여해도 잘 견디는 종자를 유전자 변형기술을 통해 개발하고 있다. 결국 농업의 산업화가 진전될수록 비료와 농약에 의존도가 높은 유전공학적 혼종 품종을 만드는 악순환을 가져오고 있으며, 농약의 해독성은 더욱 심해지고 있다.

농약의 사용량이 늘어갈수록 농산물의 생산은 증가되었으나 농약이 일단 살포되면 많은 부분이 토양에 흡수되거나 바다로 유입된다. 살충제인 DDT나 PCP 등에 함유된 유해물질이 육상생물과 수중생물에 이르는 먹이사슬을 통해 생물체 내에 농축되어 나타나는 피해는 이미 널리 잘 알려져 있다. 이와 같이 식량의 양과 질을 증가시키기 위해 투입되는 화학비료, 살충제, 잡초제거제 등의 사용이 증가될수록 화석연료인 석유자원 고갈을 촉진시키는 한편, 토질, 대기질, 수질 등 자연환경까지 오염시키고 있다.

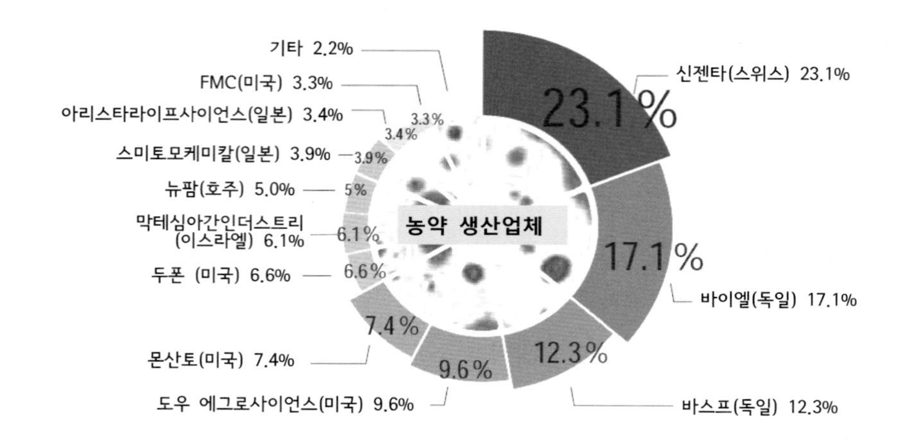

그림 9-45. 세계 농약 생산의 주요 기업들의 시장 점유율
출처: EcoNexus(2013), AGROPOLY, p. 12.

농약 생산의 시장 점유율이 가장 높은 초국적기업 'Syngenta'의 성장

• 신젠타(Syngenta AG)는 세계 1위의 농약 제조기업인 동시에 세계 3위의 종자생산 기업이다. 스위스 바젤에 본사를 둔 신젠타는 2000년 Novartis 기업과 Zeneca 기업의 합병으로 설립되었다. 2015년 신젠타 기업의 매출액은 약 134억 달러로, 그 가운데 77%가 농약 판매액이다. 신젠타는 90여개 국가에서 약 28,000명이 근무하는 초국적기업이다. 1942년에 DDT를 시장에 소개하여 살충제로서 큰 성공을 거두었으나, 수많은 희생자들도 나타났다. 신젠타의 농약 제품의 일부는 인체 해독성으로 인해 EU와 스위스에서 금지되고 있다. 여전히 코스타리카 또는 부르키나파소 농민들 가운데 많은 자살자들이 이 회사가 제조한 농약을 마시고 있다.

• 신젠타는 전 세계에서 개발, 판매하는 농약 및 살충제의 주요 제품군을 보유하고 있으며, 옥수수와 콩 및 채소 종자도 생산, 판매한다. 또한 신젠타는 바이오연료 분야에도 사업을 펼치고 있다. 2011년에는 에탄올 생산을 위한 신품종 옥수수를 개발하였으며, 재생 가능한 에너지원으로 바이오연료 생산을 위한 품종 개발에도 박차를 가하고 있다.

농약의 또 다른 문제는 개발도상국의 수백만 농민과 농업 노동자들이 매년 농약에 의해 중독되고 있으며, 그 가운데 약 40,000명이 치명적인 것으로 보도되고 있다. 이들 대부분은 유독성 농약 사용에 따른 방어 및 적절한 보호를 할 수 없는 취약한 지역의 사람들이다. 많은 농약들(특히 살충제)은 인체의 내분비 방해 물질이나 발암성 물질 또는 지방조직에 축적하는 등 인체에 매우 유해하다. 뿐만 아니라 농약은 자살의 수단으로도 사용되고 있다. 가난과 부채로 인해 매년 약 37만명에 달하는 개발도상국 농촌의 농민들이 농약을 사용하여 자살하는 것으로도 알려져 있다.

종자, 농약, 농기계, 사료를 생산하는 거대 기업농의 시장 점유율을 나타내는 집중도 지수의 변화를 보면 지난 15년 동안 세계 상위 8위 기업의 시장 점유율이 상승하면서 세계적인 기업농들의 집중도도 높아지고 있다(표 9-13).

표 9-13. 종자, 비료, 농약 생산의 세계적인 기업들과 시장 점유 집중도 변화

기업명	국가	총자산(백만달러)	해외매출(백만달러)	해외매출 비율(%)
바스프	독일	44,633	49,520	58
바이엘	독일	24,573	24,746	52
다우캐미칼	미국	23,071	35,242	66
디어	미국	13,160	7,894	33
듀폰	미국	9,938	18,101	62
신젠타	스위스	9,065	9,281	95
야라	노르웨이	8,009	9,939	95
포테시	캐나다	6,079	3,698	66
쿠보타	일본	5,575	4,146	43
몬산토	미국	4,040	3,718	43

상위 8대 기업들의 집중도

집중도(CR8)	1994	2009
농약	28.5	53.0
종자	21.1	53.9
사료	32.4	50.6
농기계	28.1	50.1

출처: Briones, R. and Rakotoarisoa, M.(2013), Table 5 & Table 6.

② 농산물의 교역과 유통 단계

세계 4대 곡물 무역기업(ABCD: **A**rcher Daniels Midland, **B**unge, **C**argill, **D**reyfus)은 세계 곡물 거래시장의 약 75%를 점유하고 있다. 2004년 이들은 세계 전체 옥수수 수확량의 75%, 밀의 62%, 콩의 80%를 교역하였다. 이들 기업의 경우 종자생산과 농약 제조기업들과 합작 투자 및 전략적 제휴를 통해 식품 공급체인의 가치사슬로부터 상당한 수익을 올리고 있다.

Archer Daniels Midland(**미국**)
Bunge(**미국, 남미**)
Cargill(**미국**)
Louis **D**reyfus Commodities(**프랑스**)

각 회사의 이름에서 한 글자씩을 따서 ABCD라고 불리우는 세계 거대 4대 곡물유통업체는 전 세계 곡물 교역량의 약 80%를 취급하고 있다.

육류 수요가 증가하면서 이에 대응하는 사료 생산과 사료 작물(특히 콩) 교역으로 인해 곡물상사들은 막대한 이윤을 창출하였다. 특히 중국이 대량으로 콩과 옥수수를 수입하고 2010년 러시아와 아르헨티나의 가뭄으로 인해 곡물 생산량이 감소되면서 수요에 비해 공급량 부족으로 세계 곡물가격이 급등한 시기에도 이들 기업은 곡물 무역을 통해 엄청난 수익을 올렸다. 더 나아가 바이오연료 수요 증가로 옥수수 교역이 커지면서 이들 기업은 급성장하고 있다.

100년 이상의 역사를 가진 이들 기업은 세계 각처에서 곡물의 생산, 저장, 유통, 수송 등을 담당하고 있는데, 특히 곡물 저장과 선적 능력에서 경쟁 우위를 점하고 있다. 생산된 곡물을 건조, 저장, 분류, 유통하는 시설인 곡물 엘리베이터를 통해 주로 철도나 다른

운송시설이 가까운 곡물산지나 해안가에 입지하여 운송비 절감을 가져오고 있다. 뿐만 아니라 소형 엘리베이터를 통해 수집된 곡물을 선박을 이용하여 초대형 수출 엘리베이터로 직접 이송하고 있다.

세계 4대 곡물상사의 경우 58개 수출 엘리베이터 가운데 북미에 21개 엘리베이터를 입지시키고 있다. 이들의 곡물 저장 용량은 세계 전체의 41.2%를 차지하며, 선적량은 약 43.1%를 차지하고 있다. 세계 최대 곡물상사 카길의 저장능력은 138만톤이며, ADM(99만톤), LDC(65만톤), 벙기(38만톤) 순으로 나타나고 있다. 카길은 세계 최대 곡물 무역기업으로 북미 및 남미에 입지한 저장 창고뿐만 아니라 항구 시설까지 관리하고 있다. 또한 식품 생산자 및 소매업자에게 중간재 식품 및 에너지 부문의 제품을 공급한다. ADM은 60여개 국가에서 27,000명을 고용하면서 세계적으로 270개 이상의 생산지를 소유하고 있으며, 곡물과 오일 종자를 가공하여 식품, 음료, 공업용 제품 및 사료 제품을 생산한다. 벙기는 세계 최대 콩 무역업자로 베트남에서 콩 가공업을 특화시키고 있으며, 최근 사탕수수를 구매하여 브라질에서 에탄올을 생산한다. 루이 드레퓌스는 면화와 쌀 교역을 다루는 가장 큰 무역회사로, 설탕 및 바이오연료 교역량은 세계 2위를 차지하며, 밀, 옥수수, 오렌지 주스는 3위, 종자 교역은 5위를 차지하는 교역상이다.

최근 곡물 상사들은 외부 기업들과의 전략적 제휴를 통해 종자, 비료, 식품가공, 유통, 금융 컨설팅, 바이오연료 생산 등 다양한 부문으로 사업을 확대해 나가고 있다. 카길은 몬산토 기업과, ADM은 노바티스와 합작을 통해 종자 생산에 참여하고 있다. 또한 ADM은 옥수수를 이용한 바이오연료 생산에도 참여하고 있으며, 벙기도 사탕수수를 주원료로 한 바이오연료 생산에 참여하고 있다. 카길은 식품 재료와 제약 부문에까지 진출해 있다. 4대 곡물 상사들은 금융 자회사를 설립하여 곡물과 식품사업을 금융과 결합하는 상품화를 통해 수익을 극대화하고 있다(표 9-14). 이들은 풍부한 자본을 토대로 농식품 공급체인의 거의 모든 단계를 지배하고 있어 이들의 시장 점유율은 더 높아지고 있으며, 수익을 극대화하는 전략을 수립하고 있어 소비자나 농가에 부담을 줄 가능성도 커지고 있다.

이밖에도 일본의 젠노가 북미에 약 10만톤의 저장용량과 3,200톤의 선적이 가능한 수출 엘리베이터를 보유하고 있으며, 아시아에서 가장 오랜 전통과 전문성을 보유한 일본의 마루베니 기업도 2013년 미국 곡물회사 가비론을 인수하며 24만톤의 저장용량과 2,000톤의 선적능력을 확보하고 있다. 또한 최근 곡물 소비량이 급증하는 아시아를 주 무대로 하는 중국의 국영식품무역업체 코프코(COFCO) 기업도 등장하였다. 이 기업은 네덜란드 곡물 무역업체인 니데라(Nidera)를 인수하였다(니데라는 1920년 네덜란드·인도·독일·영국·러시아·아르헨티나 6개국에 거점을 둔 거대 곡물유통기업임). 코프코가 니데라 기업을 인수한 이후 홍콩의 노블그룹과도 설탕과 콩 생산 및 유통을 위한 합작투자를 설립하였다.

표 9-14. 농산물 교역의 세계 상위 기업들의 매출액과 사업 활동

	매출액 (백만달러)	활동 및 특징
카길 (1865년)	120	곡물 교역, 농업관련서비스, 가공, 가축 사육, 금융서비스, 제조품목(소금, 밀가루, 철강)
ADM (1902년)	70	곡물 및 종자기름 교역, 곡물과 종자기름, 에탄올의 최대 가공사, 밀가루, 옥수수 가루 및 기타 품목 교역
벙기 (1818년)	38	콩과 종자기름 교역 및 가공, 소비사 식품, 바이오연료, 비료 생산, 인삼염 채광
컨티넨탈 그레인 (1813년)	-	곡물 교역, 사료 생산, 가축 및 가금류 생산 및 가공
윌마 인터네셔널 (1991년)	29	라우린 기름의 최대 생산 및 가공자, 바이오디젤, 기름야자 재배, 소비자용 식품
CHS (1931년)	21	곡물 교역, 사료, 식품 첨가물, 금융 및 관리 서비스, 석유 정제 및 유통, 소매식품
루이 드레퓌스 (1851년)	20	곡물, 종자기름, 커피, 면화, 금속, 벌크 품목의 교역, 오렌지쥬스 생산

출처: Briones, R. and Rakotoarisoa, M.(2013), Table 10.

세계 곡물 유통의 최대 기업 'Cargill'의 성장

- 카길(Cargill)은 개인 소유의 다국적기업으로, 윌리엄 카길이 1865년에 미국 미니애폴리스에 설립하였다. 설립 당시에는 농가로부터 곡물을 구입하여 대도시에 직접 팔거나 위탁 판매를 하는 조그만 회사였다. 카길은 1954년부터 1970년대까지 국가적 차원에서 이루어졌던 미국의 식량원조 프로그램을 위탁받아 수행하면서 급성장하였다.

- 카길은 야자유를 포함한 농산물을 구매하여 유통시키고 있으며, 농약의 세계적인 생산자이면서 유통업자로도 손꼽히고 있다. 특히 가공식품, 화장품 및 팜오일을 대량 판매하는데, 대부분의 야자기름은 인도네시아 수마트라와 보르네오의 농원으로부터 구입한다. 가축 사육과 사료 생산은 물론 전분 및 포도당 시럽, 식물성 유지 및 산업용 지방 식품까지 생산한다. 최근 카길은 곡물 교역시장에서 재정적 위험을 관리하는 금융서비스 부문으로도 사업을 확대하였다.

- 카길은 66여개 국가에서 14만명을 고용하고 있는 초국적기업으로 2016년 1367억 달러의 매출액과 23.3억 달러의 수익을 달성하였다. 미국 곡물 수출량의 25%를 담당하며, 미국 육류시장의 약 22%를 공급하고 있다. 태국의 가장 큰 가금류 생산업체이기도 한 카길은 미국의 맥도널드 패스트푸드에서 사용되는 모든 계란을 공급하고 있다.

- 2003년 카길은 브라질 아마존 유역에서 콩 생산 재배를 위해 열대우림의 삼림벌채를 가속화시켰다는 비난을 받고 있다. 특히 삼림벌채로 인해 침팬지, 코끼리 및 다른 야생생물들의 서식지를 파괴하여 이들의 생존과 번식에 부정적 영향을 주었다는 비난까지 받고 있다.

③ 농식품 가공에서 식품 소매 단계

❐ 식품 가공

세계 10대 식품가공 기업의 시장 점유율을 판매량으로 보면 약 28%를 차지한다. 그러나 음료 생산기업의 경우 총 이윤이 약 15~20%에 달하고 있어 농식품 공급체인에서

나타나는 가치사슬로 인해 가장 높은 부가가치를 창출한다고 볼 수 있다(그림 9-46). 대형 식품회사들은 인구가 많은 신흥공업국가인 브라질, 중국, 인도, 인도네시아의 중산층을 겨냥하거나 고급 브랜드를 통해 소득층이 높은 소비자층을 겨냥하여 식품을 개발, 판매한다. 2008년 글로벌금융위기에도 식품가공회사들은 다른 회사들을 인수하면서 성장했다. 2010년 Kraft사는 영국 초콜렛 시장을 주도한 Cadbury기업을 인수하였고 Nestlé사는 Pfizer기업을 인수하였다.

세계 거대 식품기업들은 자신들의 시장 지배력을 이용하여 생산자에게 압력을 가하는 사례들이 보도되고 있다. 예를 들면 남아프리카공화국의 경우 거대 식품기업들이 우유 가격 담합을 주도하면서 이들과 계약을 맺은 농민들에게 저렴한 값으로 우유를 판매하도록 하는 압력을 행사하였다. 브라질에서는 Nestlé와 파마라트가 협동조합을 통해 농민이 생산한 우유를 구매하는 유통 채널을 구축하여 농민들이 다른 판로를 개척하지 못하도록 하였다. 중국에서는 Nestlé가 정부를 설득하여 학교 학생들에게 우유를 마시도록 하는 프로그램을 도입하도록 하였다. 스위스에 본사를 둔 Nestlé는 세계 최대 식품기업으로, 연 매출액은 1,030억 달러에 이르고 있다. 우유 제품, 부드러운 음료, 과자, 편의 식품, 애완동물 사료 및 건강 제품 등을 세계 거의 모든 국가에서 판매한다. Nestlé는 라틴아메리카 유아식 시장의 약 60%를, 브라질 분유시장의 91%까지 점유하고 있다. Nestlé는 유전자 변형 작물 사용, 코코아 구매 정책 및 커피, 콜롬비아 노동조합의 탄압, 그리고 에티오피아의 기근 기간에 Nestlé의 자회사 국유화에 대한 과도하게 높은 보상금 등 기업의 윤리적인 측면에서 여러 가지 문제를 야기시키는 것으로 알려져 있다.

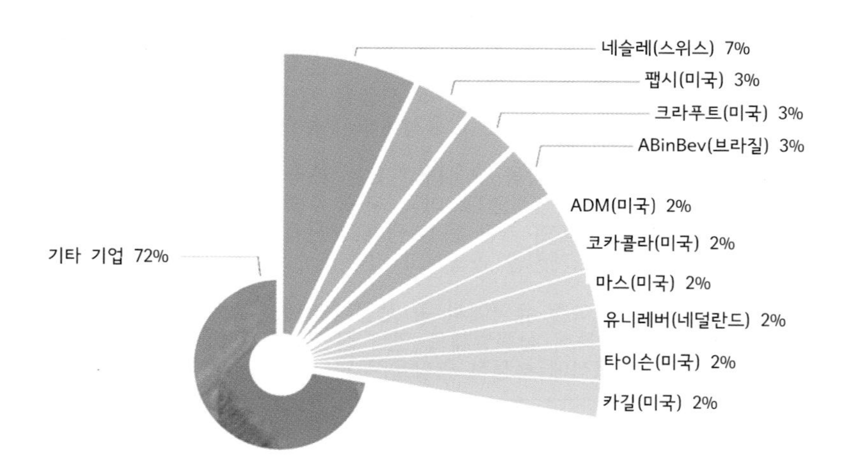

그림 9-46. 세계 주요 식품가공 기업들의 시장 점유율
출처: EcoNexus(2013), AGROPOLY, p. 15.

인수와 합병을 통해 초국적기업으로의 성장한 기업농의 시장 점유율[3)]

지난 수십 년 동안 기업농들의 전략의 가장 두드러진 현상은 기업들 간의 인수와 합병이다.

❐ 가장 대표적 사례: 미국 담배제조사 필립 모리스(Philip Morris)
1985년 필립 모리스는 제네럴 푸드(General Foods)를 인수하였고, 1988년에는 크라푸트 푸드(Kraft General Foods)를 인수하여, 1989년에는 미국에서 가장 큰 크라프트 제네랄 푸드로 통합하였다. 2000년에 나비스코 홀딩스(Nabisco Holdings)를 인수하였고, 나비스코브랜드를 통합하였다. 2007년 크라프트 푸드 사업은 매각되었지만 세계에서 세 번째로 큰 식품 회사가 되었고, 2010년 크라프트는 영국의 캐드버리(Cadbury)를 인수하였다.

❐ 유니레버(Unilever)는 세계 최고의 차(tea) 생산 기업이 되기 위하여 1984년 부르크 본드(Brooke Bond)를 인수하고, 2000년에 Ben & Jerry's 아이스크림사와 미국 식품회사 Bestfoods를 인수하였다. 또한 2007년에는 인도네시아의 활력 드링크 브랜드 부아비타(Buavita)와 러시아의 아이스크림 회사 인마르코(Inmarko)를 인수했다.

❐ 세계에서 가장 큰 가금류 회사인 타이슨 푸드(Tyson's Foods)는 1963년 개럿(Garrett) 가금류사 인수를 시작으로 1966년부터 1989년 동안 19건의 인수를 수행하였다. 1995년에 타이슨은 카길의 미국 육계 운영권을 구입했고, 2001년 세계에서 유명한 쇠고기 및 돼지고기 가공업사인 IBP를 인수하여 닭고기뿐만 아니라 육류의 가장 큰 유통업자, 가공업자로 지위를 굳혔다.

❐ 이러한 인수와 합병은 초국적 식품소매업체에서도 잘 나타나고 있다. 가장 큰 소매업체인 Wal-Mart는 영국의 슈퍼마켓 체인 아스다(Asda)와 합병하고, 독일 체인의 베르트카우프(Wertkauf)와 일본의 세이유(Seiyu)를 인수하였다. 소매업의 경우 소상공인 보호를 위한 국가 규제로 인해 현지 파트너와의 합작 투자를 하는데, 대표적인 예가 테스코와 삼성과의 제휴이다.

농식품의 브랜드 전략: 글로벌 브랜드와 로컬 브랜드 통합

농식품 산업에서 브랜드 제품을 갖는 것은 기업에게 매우 중요하다. 특히 소비자들은 브랜드를 통해 식품의 차별성(품질, 신뢰성, 안전성 등)을 갖게 되어 구매한다. 이로 인해 브랜딩 전략은 다른 산업에 비해 농식품 산업에서 훨씬 더 영향이 크다.

❐ 브랜딩을 통해 성공한 초국적기업인 Nestlé는 최대 20,000개의 품목에 약 8,000의 브랜드를 갖고 있다. 브랜드 포트폴리오는 인수와 합병뿐만 아니라 일부 브랜드를 다른 회사에 판매하여 브랜드 포트폴리오를 구축한다. 그러나 식품은 현지인의 취향과 선호도에 크게 영향을 받기 때문에 글로벌 브랜드 창출과 함께 현지 소비자에게 맞춤형 브랜드를 만들어내야 한다. Nestlé는 글로벌 브랜드와 함께 매우 강한 국지적 브랜드를 창출하여 경쟁력을 유지하고 있다. 현지 회사를 인수하고 현지 기업의 브랜드 정체성을 유지한다. 현재 Nestlé는 80여개 국가에서 25만명을 고용하고 있다. '음식, 영양, 건강 및 웰빙'이라는 브랜드를 토대로 지리적 환경 특성에 적응하고 있다. 필리핀의 경우 아침 시리얼 생산 센터 설립, 말레이시아의 초콜릿과 제과, 태국의 크림 대용품 센터, 싱가포르의 장유 센터, 인도네시아의 인스턴트 커피 센터를 설립하는 등 글로벌 스케일에서 국지적 스케일에 이르기까지 유연하게 맞춤형으로 판매전략을 구축하고 있다.

❐ 유니레버는 네슬레와 유사한 전략을 구사해 오고 있다. 1990년대 말 유니레버는 약 300개의 식품공장을 운영했으며, Bestfoods를 인수하여 60개국에 약 70개 공장을 추가로 설립하면서 전체 생산 및 공급망을 획기적으로 합리화하고 재구성했다. 식품과 가정용품 및 개인 생활용품으로 분류하고 훨씬 적은 수의 브랜드로 관리하였다. 그러나 200여개 분공장과 약 150개의 주요 공장에서 생산되는 제품은 현지 시장에 대응하는 수익성 있는 제품을 생산하고 있다.

---

3) Dicken, P.(2015)의 pp. 442~444를 참조하여 정리하였음.

❒ 식품 소매

식품 소매부문을 담당하는 초국적기업의 시장 점유율은 농식품 공급체인의 다른 부문과 비교하면 훨씬 낮은 편이지만, 식품 판매액 자체는 상당히 큰 규모이다. 2004년 100대 슈퍼마켓 기업이 세계 식품 소매 판매액에서 차지하는 비중은 24%였으나, 2007년 35%까지 증가했다(그림 9-47). 2012년 영국의 4대 식품 소매기업이 전체 소매업 매출의 76% 차지하였다(테스코가 29.5%, 아스다 17.5%, 세인즈베리 16.7%, 모리슨 12.3%를 각각 차지함). 2000~2010년 동안 영국의 우유 생산가격 상승율은 우유 소매가격 상승율보다 훨씬 낮았으며, 이 기간 동안 많은 우유 생산업자들은 생산을 중단했다. 이는 거대 소매기업들이 요구하는 우유 납품가격이 우유 생산비용보다 더 낮았기 때문인 것으로 알려져 있다. 이와 같이 거대 소매기업들은 농산물 생산업체나 공급업체들에게 압력을 가하거나 이들로부터 값싼 가격으로 농산물이나 식품을 구매하여 높은 소매가격으로 판매하는 방식을 통해 엄청난 수익을 올리고 있다.

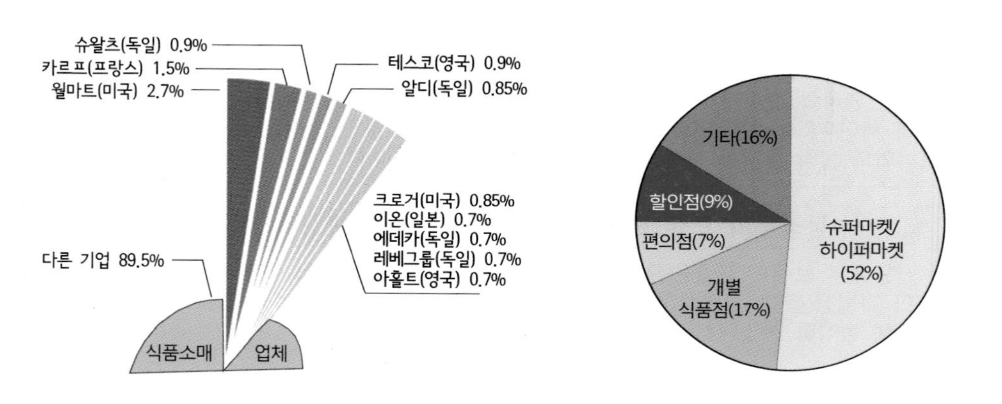

그림 9-47. 세계 주요 식품소매기업들의 시장 점유율
출처: EcoNexus(2013), AGROPOLY, p. 16.

라틴아메리카, 북부와 중부 유럽 및 동아시아(일본 및 중국 이외 지역)에서 1990년 슈퍼마켓이 식품 소매업에서 차지하는 비중은 불과 10~20%였으나, 2000년대 초반에는 그 비율이 50% 수준으로 증가하였다. 또한 상위 15위 슈퍼마켓 소매기업의 시장 점유율은 74%에 달하고 있으며, 편의점의 점유율은 69%, 할인점은 58%를 차지하고 있다. 대형 소매기업들은 해외직접투자를 통해 해당 국가에 투자하고 이로부터 수익을 창출한다. 해외에서의 소매업 판매수익이 가장 큰 업체는 Metro(59%), Ahol(55%), 까르푸(54%) 순으로 나타나고 있다. 그러나 세계 최대 유통업체인 월마트(Wal-Mart)의 경우 국내 시장 점유율이 워낙 상대적으로 더 높지만, 해외 매출액도 전체 매출액의 약 1/4을 차지한다.

그러나 세계 각 지역별로 식품 소매를 담당하는 소매업체들이 서로 상이하게 나타나고 있다. 북아메리카는 주로 대형 슈퍼마켓이 주도적인 데 비해, 아프리카, 라틴아메리카는 전통적인 구멍가게들이 주도한다. 유럽의 경우 할인점이 식품소매를 주도하고 있으나 최근 편의점의 비중도 점차 늘어나고 있는 추세이다(그림 9-48).

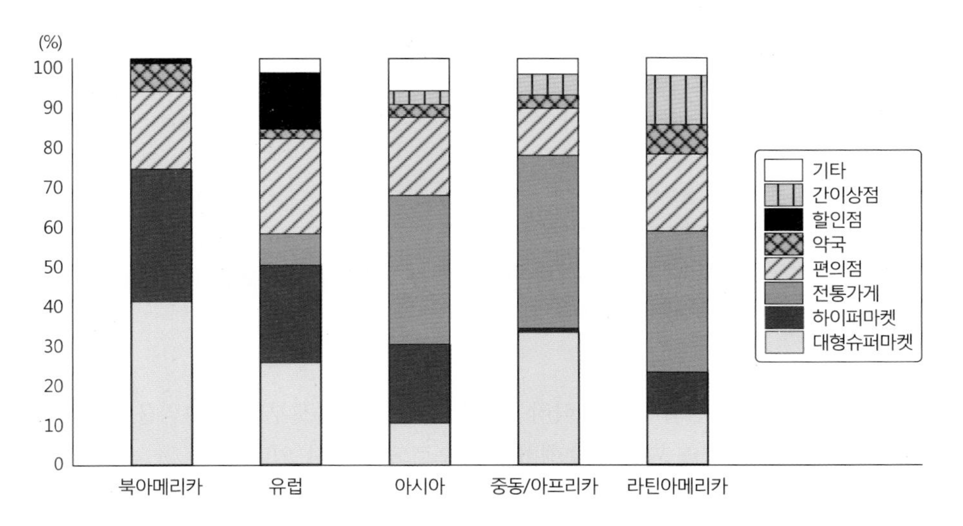

그림 9-48. 지역별 식품소매 유통 채널 비중 비교
출처: FAO(2017a), The Future of Food and Agriculture: Trends & Challenges, Figure 12.1.

(3) 농업의 산업화 및 식품의 세계화와 관련된 이슈들

① 가치사슬로부터 창출된 수익의 수혜자는 누구인가?

농업의 산업화와 농식품의 세계화가 진전되면서 개발도상국의 참여도도 높아졌지만, 거대 초국적기업들의 시장 점유율이 점점 더 높아지면서 과점 현상도 나타나고 있다. 농식품 관련 교역은 선진국과 개발도상국의 고소득과 중소득층 소비자의 차별적 선호도에 대응하면서 증가 추세를 보이고 있으며, 식품 공급체인도 더욱 확대되고 있다. 이에 따라 기업농들의 수평적 통합과 수직적 통합이 더욱 활발해지면서 농산물 교역에서의 기업농의 집중화가 더욱 심화되고 있다.

이와 같이 농산품 교역에서 거대 기업농들의 시장 점유율 비중 및 집중화가 심화되면서 식품 공급체인의 단계별 가치사슬에서 창출되는 수익과 혜택이 누구에게로 돌아가는가에 대해 상당히 많은 이슈들이 부각되고 있다. 특히 생산된 농산물의 구매가격과 실제 소매가격의 격차가 벌어지면서 선진국의 식품가공 또는 반가공 업체들이 과도하게 수익을 올리고 있는 것으로 파악되고 있다. 기업농들의 시장 지배력이 더 강화될수록 시장 집중

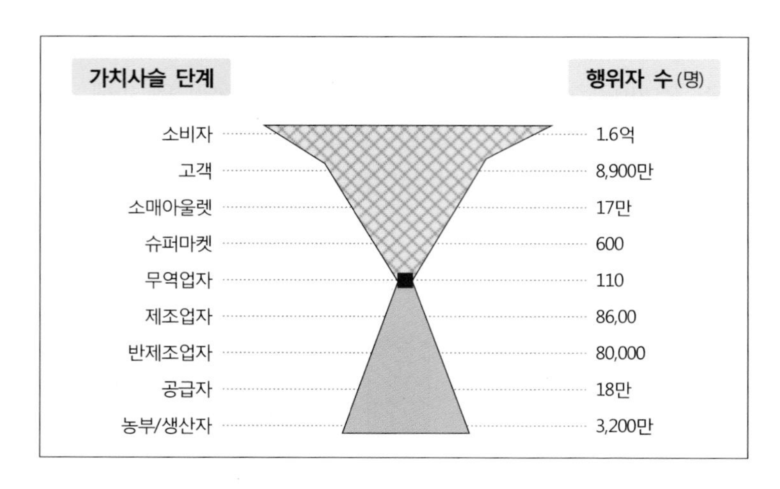

그림 9-49. 식품 공급체인의 단계별 가치사슬 및 행위자수 분포
출처: Grievink, J.(2002) p. 35.

도를 활용하여 식품 공급체인을 따라 창출되는 가치사슬로부터의 수익을 더 증가시키기 위한 권력 행사 및 기술 혁신을 수행하는 것으로도 알려져 있다.

식품의 공급체인에 따른 가치사슬 단계별로 이해 관계자 및 행위자의 수를 보면 가장 가운데 핵심 부분에 식품 유통업자들이 자리잡고 있다. 가장 하단에서 농업활동을 펼치고 있는 농부 및 생산자들로부터 생산된 농산물을 공급받아서 가공하는 식품제조업자들과 이들 식품을 유통시키고 거래를 담당하는 무역업자들, 그리고 식품을 최종 소비자들에게 판매하는 수많은 소매업체들이 연계되어 있다(그림 9-49). 이러한 식품의 공급체인 단계별 가치사슬에 따라 창출되는 수익이 상당히 다르며, 궁극적으로 누가 가치사슬로부터 창출되는 수익의 수혜자인가에 대해 주목하게 되면서 최근 공정무역에 대한 관심도 높아지고 사회운동으로까지 전개되고 있다(그림 9-50).

무역을 통해 선진국과 개발도상국의 불평등을 해소하기 위한 민간 차원에서 시작된 공정무역은 생산 가격과 판매량, 생산 방법(유기농 재배, 친환경적 재배), 노동(아동 노동 금지 등), 인증과 라벨 부착 등을 통해 생산자와 소비자 모두에게 유익을 주려는 목적 하에서 이루어지게 되었다. 특히 공정무역의 취지는 공정한 분배를 통해 개발도상국의 지역사회발전을 가져오고자 하였다. 공정무역과 관련된 생산 및 거래 단체는 유럽에 1,276개, 북아메리카에 160개, 라틴아메리카에 936개, 아프리카에 537개, 아시아에 584개, 오세아니아에 25개가 분포한다. 또한 가장 대표적인 공정무역 제품인 커피 생산자 및 종사자 수가 약 60만명에 이르며, 차와 코코아의 생산자 및 관련 종사자도 약 10만명을 상회하고 있다. 1942년 영국 옥스퍼드에서 공정무역을 시작했던 옥스팜은 현재 94개 국가에서 활동하고 있으며, 관련 종사자가 약 26,000명의 대규모 단체로 성장하였다(이용균, 2017).

공정무역이 사회운동으로 까지 확산되고 있음에도 불구하고, 전 세계 커피 수출에서 공정무역 커피가 차지하는 비율은 불과 2% 미만이다. 초기에는 윤리적 소비라는 차원에서 공정무역 제품을 소비하였으나 상대적으로 비싼 가격으로 인해 소비자들의 지속적인 구매를 이끌어내지 못하게 되었고, 점차 공정무역에 대한 관심과 호의가 줄어들고 있다.

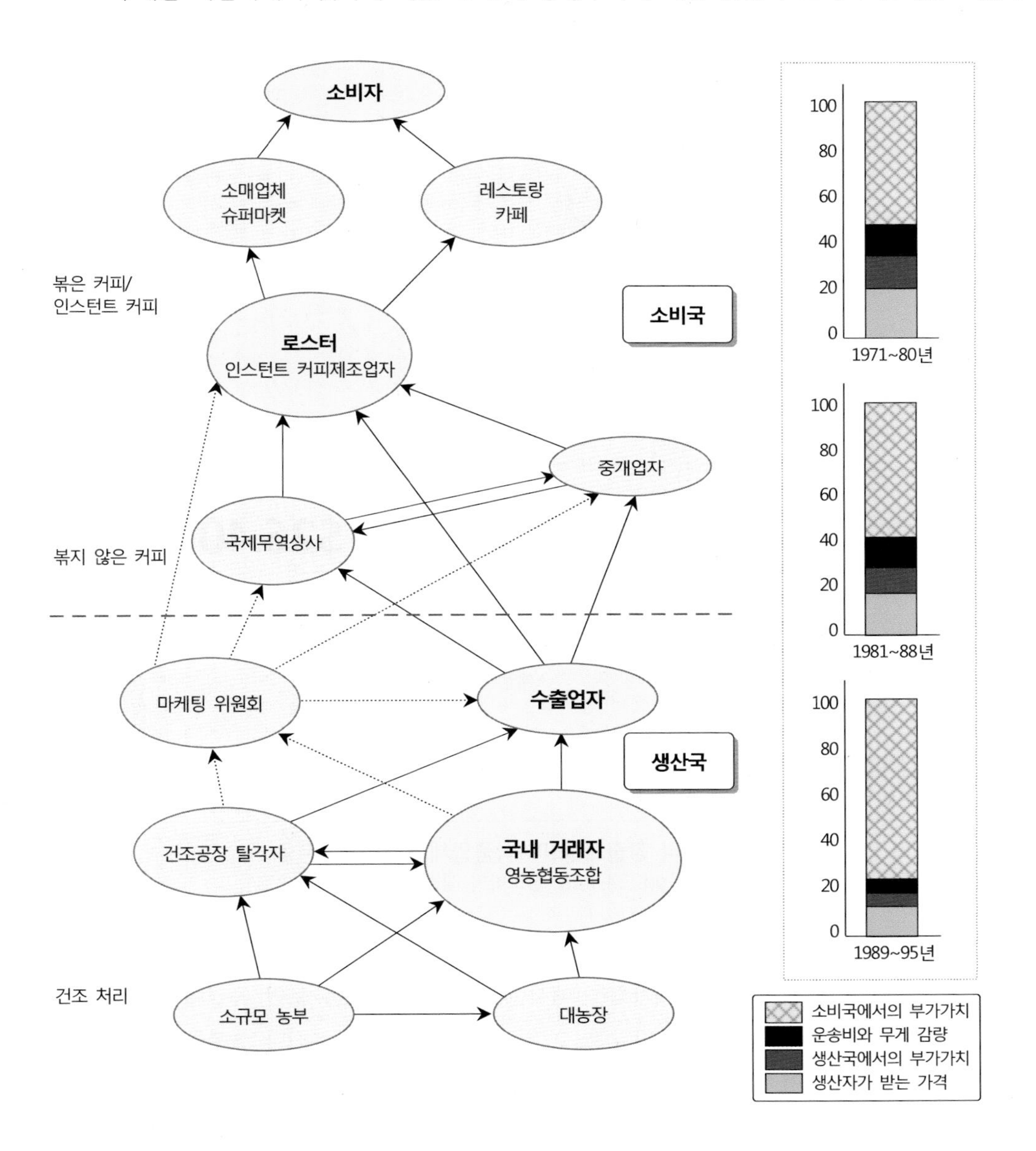

그림 9-50. 세계 커피시장의 공급체인 구조와 가치사슬을 통한 부가가치의 시기별 변화

㈜: 시장 자유화로 인해 점선으로 표시된 흐름은 사라지게 되었음.

출처: Ponte, S.(2002), p. 1002 & p. 1006을 참조하여 작성.

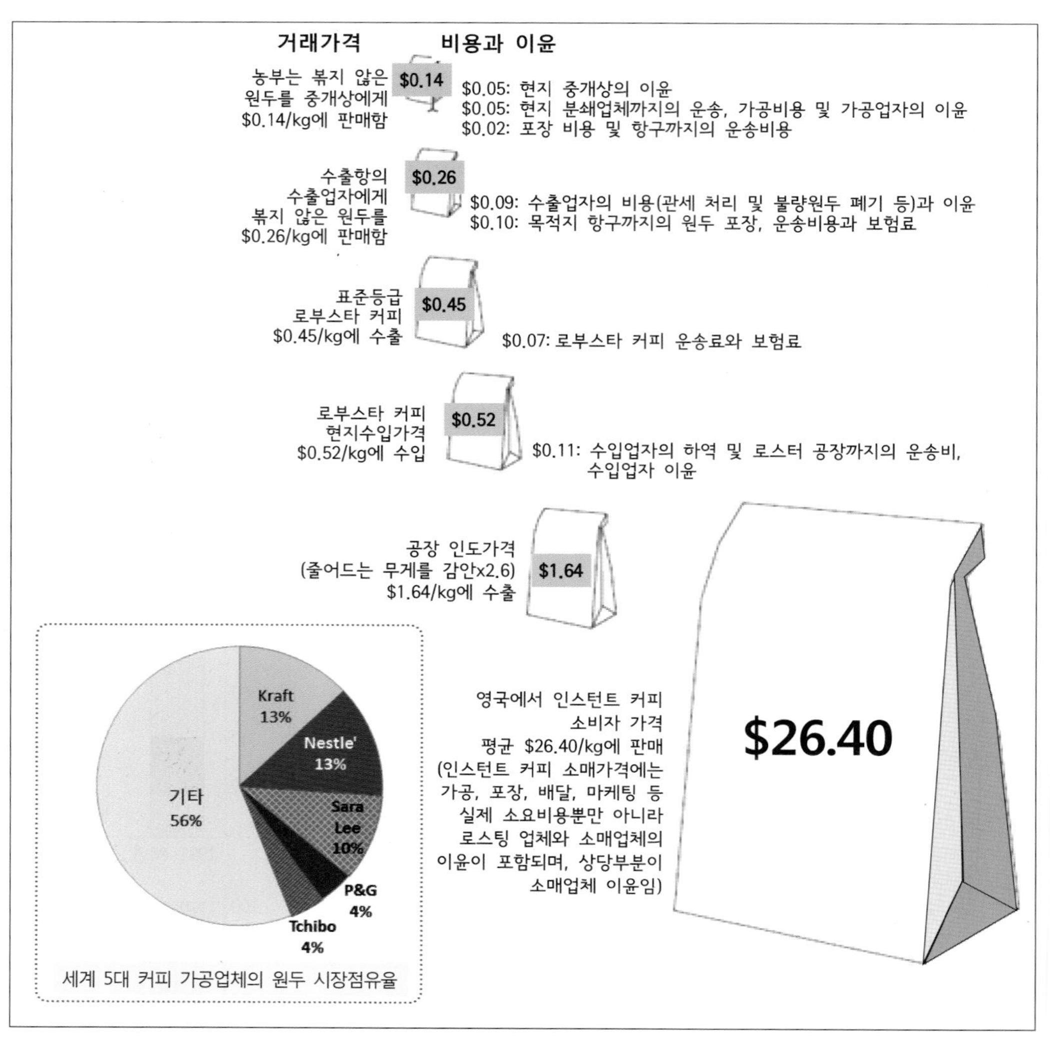

그림 9-51. 커피 가치사슬에 따른 수익 창출과 커피 식품업체의 시장 점유율
출처: Gresser, C. and Tickell, S.(2002), pp. 24~25를 참조하여 작성.

일례로 우간다의 캄팔라 항구에서 인도양을 거쳐 영국으로 커피가 수출되어 영국 소비자들에게 판매되는 커피 소매가격을 예시한 커피 공급체인을 보면 공급체인 단계별 가치사슬로부터 창출되는 수익을 파악할 수 있다. 그림 9-51은 우간다 농부들에 의해 생산된 원두가 수출되어 유통→가공→소비 단계에서 창출되는 수익이 누구에게 얼마나 돌아가고 있는가를 단적으로 보여준다. 특히 인스턴트 커피를 제조하여 판매하는 거대 식품가공기업들의 시장 점유율을 보면 모리스와 네슬레 두 기업이 거의 1/4을 점유하고 있으며, 5대 기업의 시장 점유율이 약 50%에 달한다. 이렇게 원두커피 생산에서부터 최종 소비자들에게 판매되는 공급체인의 가치사슬에서 가장 많은 수익을 누리는 것은 거대 식품가공

기업임을 잘 말해준다. 이들 기업의 경우 시장 점유율이 높기 때문에 시장 가격 형성에도 상당한 지배력을 가지고 있을 것임을 시사해준다.

공정무역의 배경과 현황

• 공정무역은 1950년대 후반 구호단체와 종교단체들의 빈민 원조활동에서 시작되었으며, 1970년대 사회운동으로 발전되어 유럽으로 확산되었다. 그러나 공정무역이 글로벌 무역의 형태로 확대된 것은 1990년대 부터이다. 초기 공정무역은 자선단체가 주도하는 구호활동이 중심이었고, 1980년에 전문 공정무역 단체가 등장하였으며, 2000년대 접어들어 공정무역을 추진하는 선진국의 자선단체가 급격히 증가하면서 커피를 비롯한 초콜릿, 화훼, 수공예품 등 공정무역의 거래 범위와 규모가 증가하였다. 공정무역은 막스 하벨라르(Max Havelaar) 재단에서 멕시코산 커피에 인증마크를 붙이면서 본격화되었다. 특히 공정무역의 인증제 도입과 라벨 부착은 공정무역의 수요가 확대되는 데 큰 영향을 미쳤다. 1990년대 세계 공정무역연합, 유럽공정무역연합, 유럽세계상점네트워크, 국제공정무역인증기구 등 공정무역과 관련된 조직들이 다양하게 결성되었다.

• 공정무역은 선진국과 개발도상국 간 불공정한 무역으로 발생하는 구조적인 빈곤문제를 해결하기 위해 농민들의 지속가능한 생산을 위한 '최저비용'을 보장하는 '가이드'를 제시하는 것이 주요 목적이다. 커피, 초콜릿, 설탕, 홍차, 면화는 공정무역의 5대 상품이다. 이들은 플랜테이션 농업의 대표적인 작물로, 저개발국가 농민들이 낮은 임금과 열악한 환경에서 재배하고 있으나, 소수의 다국적기업이 수익의 대부분을 차지하고 있다. 세계 5~7위 초국적기업이 초콜릿, 커피, 차 생산과 교역의 대부분을 담당한다. 따라서 가치사슬로부터 창출되는 수익도 이들 기업들에게 돌아가는데, 커피 이윤의 90%는 무역업자와 소매업자들이 취하고 있는 데 비해, 커피 농민에게는 불과 3%에 해당하는 수익이 돌아간다. 특히 수익의 절반 이상이 커피 5대 거대기업에게로 돌아간다.

• 이에 따라 공정무역은 생산자들과 직접 구매하여 중간상인 수를 줄임으로써 농민들이 더 많은 수익을 받을 수 있도록 하며, 특히 믿을 수 있는 제품을 만든 생산자들에게 정당한 몫을 지불하고 그들이 자립할 수 있도록 한다. 공정무역에선 5~10%의 공동체 발전기금(공정무역 프리미엄)을 지불하여, 다양한 사회적 서비스에 투자하도록 하여 지역사회 발전에 기여하고자 한다. 이렇게 공정무역은 제3세계 농가에서 생산한 농산물에 정당한 가격을 지불하도록 하여 농민들이 자립할 수 있도록 하는 사회운동으로 확산되고 있다. 생산자들은 공정한 가격을, 소비자들에게는 생산자의 자립을 도울 수 있는 기회를 제공해줌으로써 윤리적인 측면에서 호응을 받고 있다.

• 기업은 가능한 낮은 가격으로 생산자로부터 구매하고자 하며, 소비자들은 가능한 값싸게 구입하고자 하기 때문에 공정무역을 시행하기 어려우며, 대다수 소비자들이 공정무역의 필요성을 느끼지 못하는 경우가 많다. 판매되는 초콜릿 제품의 원가는 10% 수준이다. 공정무역으로 좀 더 높은 가격으로 구입하였을 경우에도 여전히 차액은 기업이 가져간다. 그러나 어떤 상품의 가격이 '공정하다/공정하지 못하다'를 판단하는 기준이 아직 없기 때문에 커피 무역처럼 명백한 노동착취가 일어나는 무역과 그렇지 않은 무역의 경계가 명확하지 못한 편이다.

• 공정무역의 경우 생산자들이 공정무역 인증을 받기 위해 충족시켜야 할 사항들과, 생산자 및 근로자를 위한 투자를 독려할 수 있는 개발 요건들을 수립하고 있다. 그러나 공정무역이 열악한 현지의 산업기반을 오히려 무너뜨릴 수도 있다는 우려도 나타나고 있다. 개발도상국의 핵심 산업은 농업인데 공정무역을 적용한다면 해당 작물(예: 카카오, 커피 등)을 재배한 농민들과 그렇지 않은 농작물을 재배하는 농민들 간의 차별화로 인해 다른 농작물 생산 자체를 포기해버리고 공정무역작물만 재배하게 될 가능성도 높다. 이런 경우 당연히 공정무역 작물의 공급 과잉이 일어나게 되며, 공정무역으로 거래되는 양은 한정되어 있기 때문에 공급 과잉으로 인해 오히려 농작물의 실질 가격은 떨어지게 될 수도 있다. 더 나아가 여분의 곡물량은 공정무역을 하지 않는 구매자에게 값싸게 판매·처분되기 때문에 현지 농부들의 수익이 별로 증가하지 않으며, 공정무역 상품에 집중하는 경우 다른 산업의 공백으로 인해 물가 상승이 야기되는 악순환도 이어질 수 있다.

② 농업 부문의 보조금 지급 문제

농업 및 농식품의 교역환경에 대한 각 국가별 대응정책은 매우 다양하게 나타나고 있다. 농산물과 농식품 산업은 자국민의 식량안보와 건강에 직결되기 때문에 다른 경제활동에 비해 국가로부터 가장 많은 규제를 받고 있을 뿐만 아니라 상당한 보조금도 지급되고 있다.

농업이 산업화되고 농식품 교역이 세계화되기 이전에는 식량 생산의 90% 정도가 생산국에서 주로 소비되었다. 따라서 정부의 규제나 정책이 별로 필요하지 않았다. 그러나 1970년대 이후 세계적으로 농식품이 거래되고 농산물 가격 변동이 심하게 나타남에 따라 식량 규제 및 식품 안전에 관한 이슈들이 부각되고 있다. 대표적인 사례가 유전자 변형 종자의 거래 및 그에 따른 식품 안전성에 대한 입장이 국가별로 차이가 나고 있다. 또한 식량안보 차원에서 자국의 농업활동을 지속적으로 유지하도록 하기 위해 농민들에게 직접적인 재정지원(보조금)도 하고 있다. 국가가 자국 농부들에게 보조금을 지원한 최초 사례는 1930년대 미국의 뉴딜정책을 통해 이루어졌다. 현재도 자국의 농식품 산업을 보호하고 육성시키기 위하여 농부들에게 보조금을 여전히 지급하고 있다. 우리나라도 쌀 생산에 대해 정부가 농업 보조금을 지원하고 있는 대표적인 국가이다. 이러한 정부의 보조금 지원은 세계무역기구에서도 상당히 논란이 되고 있으며, 보다 공정하고 자유로운 무역이 이루어지는 데 상당한 저해요소로 간주되고 있다. WTO의 재제 조치가 이행되고 있으나, 여전히 OECD 국가들에서 농산물을 보호하기 위한 보조금 지원 정책이 시행되고 있다.

WTO에서 가장 이슈가 되었던 농식품 산업에 대한 정부의 보조금 지급 문제는 여전히 해결되지 못한 채 남아있다. 특히 쌀 생산 농가를 보호하기 위한 보조금 지급 문제는 해결하기 어려운 문제로 떠오르고 있다. 농업 보조금 문제는 WTO에서 다루는 이슈들 가운데 가장 논쟁이 심하며, 도하개발라운드(DDA: Doha Development Round)[4]에서 합의를 이끌어내기 어려운 이유도 바로 보조금 지원 정책 때문이라고도 볼 수 있다.

더 나아가 거대 식품 소매기업들의 활동이 점점 더 초국적화되면서 해당지역별 맞춤형 전략으로 시장 침투율이 높아지고 있다. 이에 따라 각국 정부는 식품소매상의 사업 범위를 규제하거나 외국계 소매업체 진입을 규제하는 정책들을 수립하여 자국 내 식품소매업체들을 보호하고 자국 내 식품산업 육성을 위한 정책을 펼치고 있다.

---

4) 무역장벽 제거를 목적으로 2001년 11월 세계무역기구가 주최한 다자간 무역협상이다. 카타르 도하에서 출범한 WTO DDA 협상의 출범 배경으로는 무엇보다도 우루과이 라운드 협상 결과를 이행하면서 드러난 많은 문제점을 해결하기 위해서였다. 도하개발라운드에서 특히 난항을 겪었던 농작물 분야의 협상은 자유무역 추진을 원하는 국가들, 미국이 주도하는 농산물 수출국가들, 보조금을 많이 사용하는 유럽연합, 국내 식량안보에 민감한 국가들, 그리고 특별보호 요청을 하고 있는 개발도상국가들 간의 대립되고 복잡한 이해관계로 인해 여전히 교착 상태에 놓여 있다.

③ 농업의 산업화가 환경(특히 기후 변화)에 미치는 부정적 영향

앞에서 살펴본 바와 같이 농업의 산업화가 진전되고 식품의 세계화가 가속화되면서 전통적 농업에 비해 훨씬 더 많은 에너지를 투입하고 있으며, 그에 따른 온실가스 배출량도 증가하고 있다. 전체 온실가스 배출량 가운데 농업 부문에서 배출되는 비중은 약 13%이며, 토지이용 변화로 인해 배출되는 온실가스 비중도 11%에 달하고 있다. 농업 부문에서 배출되는 13%의 온실가스를 세부적으로 분류해보면 가축 사육에서 방출되는 온실가스 비중이 62%, 비료 사용이 16%, 벼 농사가 10%를 차지하고 있다(그림 9-52).

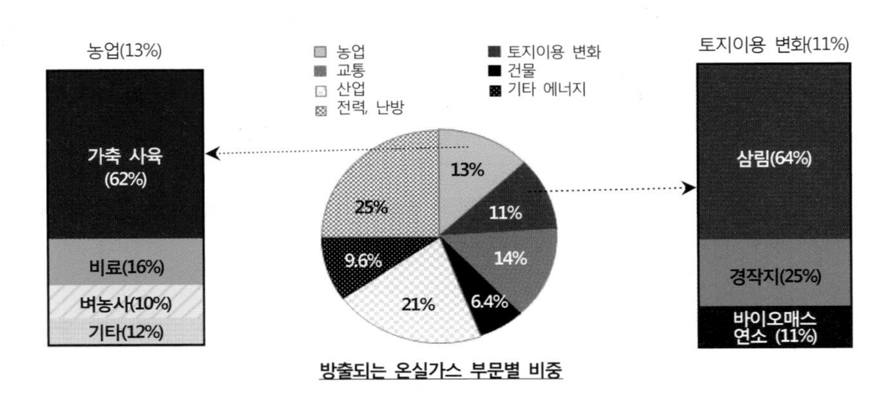

그림 9-52. 부문별 온실가스 방출 비중 및 세부 영역들

출처: Kray, H.(2011), Farming for the Future 발표자료 p. 8.

온실가스 방출로 인해 지표면 온도는 지난 세기보다 섭씨 약 0.6도 상승한 것으로 나타나고 있다. 대기 중 이산화탄소 및 기타 온실가스 농도 증가는 전적으로 인간의 경제활동에 따른 결과라고 볼 수 있다. 각 국가별 온실가스 배출량을 보면 세계적으로 가장 가난하고, 가장 식량이 불안정하고, 가장 취약한 국가들에서의 배출량이 상대적으로 많게 나타나고 있다. 특히 온실가스 배출량이 상대적으로 많은 국가들은 이미 농경지와 물(수자원)이 매우 부족하고 희소한 지역들이며, 온실가스 배출로 인해 예상되는 기후변화에 대응할 수 있는 기술 및 재정적 지원이 거의 없는 지역들이 대부분이다. 따라서 농업의 산업화로 인해 야기되는 환경의 부정적 영향을 가장 많이 받게 될 지역들은 온실가스 배출량이 상대적으로 많은 빈곤한 국가들이라고 볼 수 있다.

한편 농업 부문에서 에너지를 가장 많이 소비하는 상위 5위 국가들을 보면 농업 생산량이 상대적으로 많은 토지면적이 넓은 중국, 미국, 인도, 러시아, 브라질 순으로 나타나고 있다(그림 9-53). 그 결과 농업부문에서의 온실가스 배출량도 중국이 가장 많으며 인도, 브라질, 미국, 호주, 인도네시아 순으로 나타나고 있다. 특히 중국은 다른 나라들에 비해 배출되는 온실가스 증가량이 상대적으로 훨씬 더 많은 편이다(그림 9-54).

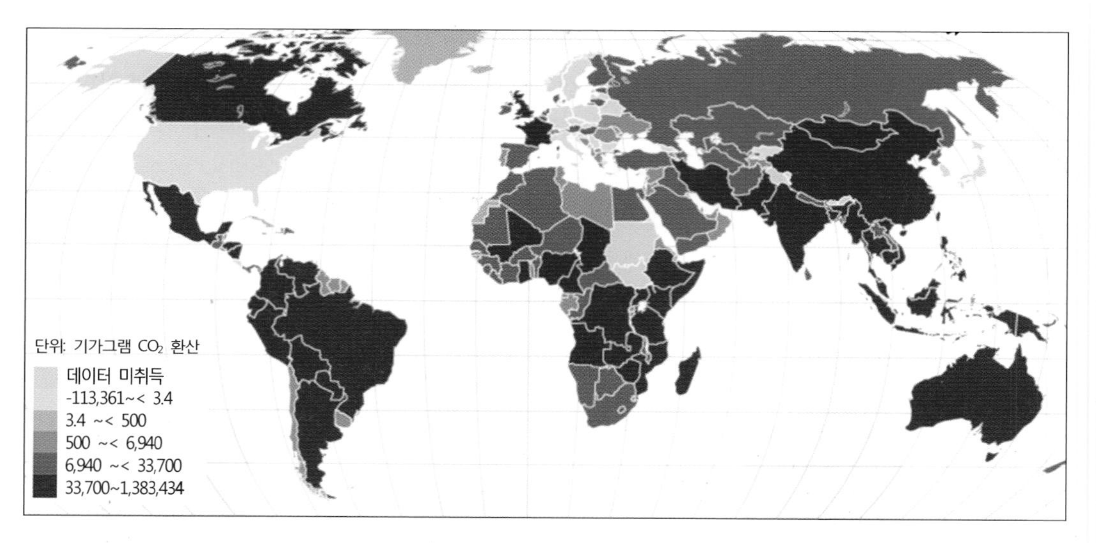

그림 9-53. 농업, 삼림 및 기타 토지용도로부터 방출되는 온실가스 배출량 분포, 2012년
출처: FAO(2015b), Statistical Pocketbook, Figure 21.

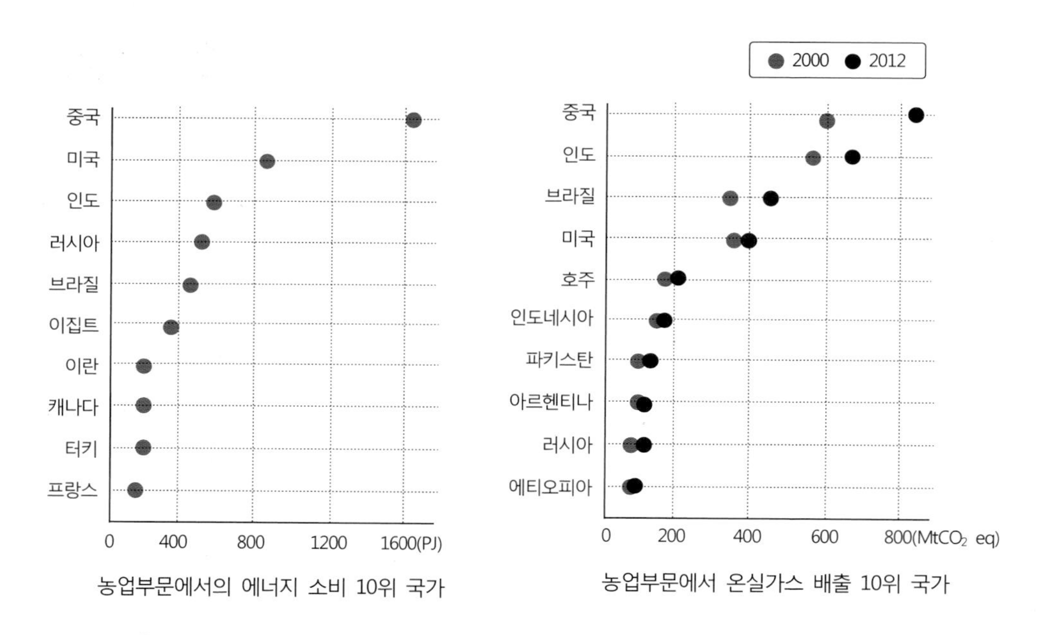

그림 9-54. 농업부문에서의 에너지 소비와 온실가스 배출량의 분포
출처: FAO(2015b), Statistical Pocketbook, Chart 68 & Chart 76.

제 10 장

세계화되어 가는 제조업과 제조업의 경쟁력 변화

1. 세계화되어 가는 제조업
2. 공산품 소비의 선순환 과정
3. 제조업의 국가 간 기술 격차와 경쟁력 비교
4. 세계화되고 있는 제조업종 사례
5. 우리나라 제조업의 구조적 변화와 입지 특성

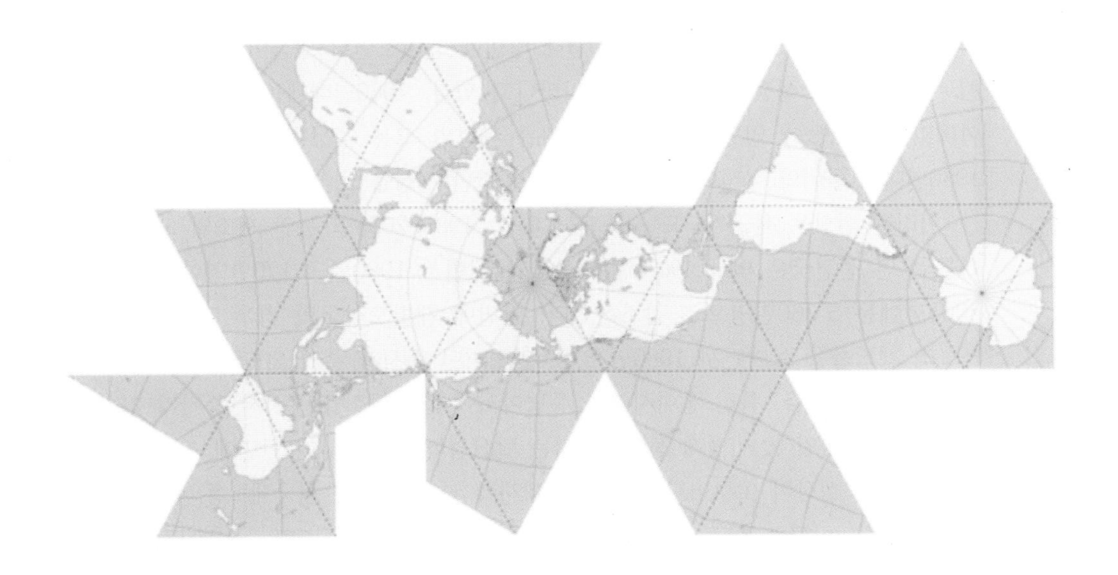

1 세계화되어 가는 제조업

1) 탈산업화되고 있는 선진국과 신흥공업국의 등장

1970년대 원유파동과 세계 경제침체는 선진국의 산업구조에 커다란 변화를 가져왔다. 가장 가시적으로 나타난 현상이 탈산업화(deindustrialization)이다. 탈산업화란 제조업 종사자 수와 제조업 생산량의 점유율이 상대적으로 감소되거나 또는 절대적으로 감소되며, 제조업 부문에서의 생산과 수출 경쟁력이 크게 약화되는 현상을 말한다. 대다수 선진국의 경우 1980년대 이후 전형적인 공업중심지역에서 제조업체들의 휴·폐업, 공장 이전, 고용 감소를 경험하게 되었다. 반면에 한국을 포함한 신흥공업국의 경우 제조업 생산량이 급속하게 증가하면서 세계 상품 교역에서 차지하는 비중도 상당히 증가하였다.

선진국의 탈산업화 현상은 제조업의 성장률에서 잘 나타나고 있다. 1960년대 선진국의 제조업 성장률은 연평균 약 5~8%를 기록하였으나, 1970년대 들어오면서 성장속도가 상당히 둔화되었으며, 영국의 경우 절대적인 생산량의 감소까지 나타나게 되었다. 특히, 세계경제 침체기였던 1970년대 말~1980년대 초 선진국의 제조업 종사자 수는 현저하게 줄어들었다. 일례로 영국과 벨기에의 경우 1974년~1983년 동안 제조업 종사자의 28%가 감소되었고 독일은 같은 기간 동안에 16%, 프랑스가 14%, 미국이 8%의 감소를 보였다. 미국 북동부 공업지역의 경우 1975~1982년 동안 약 11%의 제조업 고용자 수가 감소된 것으로 나타나고 있다. 반면에 1960년대 후반에 들어오면서 임금이 저렴한 개발도상국에서 제조업 고용 성장이 두드러지게 나타나고 있다. 1960년대에는 주로 남부유럽과 라틴 아메리카 국가들이 연평균 5~11%의 빠른 제조업 고용 성장률을 보였으나, 1970년대와 1980년대에 들어와 아시아 국가들이 괄목할 만한 성장을 보이고 있다.

이러한 현상은 최근까지도 지속되고 있다. 1980~2005년 동안 제조업 고용자 수의 변화를 보면 선진국은 약 8.1%의 감소율을 보이면서 1980년 6,170만명이던 종사자 수가 2005년에는 5,360만명으로 감소하였다. 반면에 개발도상국의 경우 같은 기간 동안 약 39%의 성장률을 보이면서 1980년 8,420만명이던 종사자 수가 2005년에는 1억 3,330만명으로 증가하였다. 특히 동아시아와 동남아시아에서 제조업 종사자 증가가 가장 두드러지게 나타나고 있다. 이렇게 선진국에서는 탈산업화가 나타나는 반면에 신흥공업국에서는 급속한 공업 성장이 이루어지는 경제의 세계화 과정 속에서 신국제노동의 분업화가 이루어지고 있다. 실제로 1974~2000년 동안 선진국에서는 2,400만명의 실업자가 배출된 반면에 신흥공업국에서는 1,900만명의 일자리가 늘어났다. 선진국의 경우 시간당 9~31달러를 받는 일자리가 감소되었으나, 신흥공업국에서의 일자리의 증가는 시간당 8달러를 받는 일

표 10-1. 선진국과 개발도상국에서의 제조업 종사자수 변화 추이, 1980-2005년

(단위: 백만명, %)

지역/국가	1980년	1995년	2005년	변화율
미국, 캐나다	21.4	20.3	18.5	-2.9
일본	12.1	11.9	11.4	-0.7
서부유럽[1]	28.2	25.9	23.7	-4.5
선진국 소계	**61.7**	**58.1**	**53.6**	**-8.1**
남부아시아[2]	6.9	8.9	10.5	+3.6
동남아시아·동아시아[3]	68.6	115.3	96.7	+28.1
라틴 아메리카[4]	8.7	9.1	16.2	+7.5
개발도상국 소계	**84.2**	**133.3**	**123.4**	**+39.2**

㈜: 1) 오스트리아, 벨기에, 프랑스, 독일, 이탈리아, 네덜란드, 포르투갈, 스페인, 스웨덴, 영국
2) 방글라데시, 인도, 스리랑카
3) 중국, 홍콩, 말레이시아, 필리핀, 싱가포르, 한국, 타이완, 태국
4) 브라질, 멕시코, 베네수엘라

출처: Knox, P. et al.(2008), p. 284.

자리였다. 따라서 신흥공업국에서의 제조업 고용자 수의 증가는 선진국에서의 일자리의 감소를 상쇄시킨 것이라고 볼 수 있다(표 10-1).

이렇게 선진국(핵심지역)에서는 지식집약적인 산업이 발달하는 반면에 저숙련 노동력을 필요로 하는 표준화된 생산활동은 임금이 저렴한 개발도상국(주변지역)으로 이전되는 신국제노동의 분업화 현상이 더욱 강화되고 있다. 이러한 현상은 초국적기업의 활동이 커지면서 자본의 세계화로 인해 나타나는 현상이라고도 풀이할 수 있다. 즉, 세계적인 차원에서 제조업의 공간적 분업화와 그에 따른 제조업의 재구조화는 임금 격차를 이용하려는 자본 이동에 의한 것이라고도 볼 수 있다.

제조업의 경우 부가가치(value added)는 제조업의 생산성 및 경쟁력을 보여주는 매우 중요한 지표라고 볼 수 있다. 특히 임금 인상, 원자재 가격 상승 등으로 생산비용이 빠르게 증가하는 상황 속에서 제조업의 경쟁력과 생산성(부가가치/생산비용)을 높이기 위해서는 제조업의 부가가치를 높이는 것이 매우 중요하다. 경제의 세계화가 진전되면서 개발도상국(신흥공업국 포함)의 경우 1960년 세계 제조업 부가가치의 8.2%를 차지하던 것이 1980년에는 14.4%로, 2005년에는 29.8%로 증가하였고 2010년에는 30%를 상회하고 있다. 지난 50여년 동안 GDP에서 제조업 부가가치가 차지하는 비중을 선진국과 개발도상국을 비교해보면 제조업이 세계화되어 가는 현상을 잘 엿볼 수 있다. 선진국의 경우 1970년대 초반 제조업이 GDP에서 차지하는 비중은 24%였으나, 1990년대에는 18.7%, 2010년대에는 13.3%까지 낮아졌다. 반면에 개발도상국의 경우 1970년대 초반 21.1%였으나, 1990년대 이후 지속적으로 20% 수준을 유지하고 있다. 또한 선진국의 경우 제조업 종사자 비율이 1970년대 25.6%에서 2010년대 13.3%로 감소한 반면에 개발도상국의 경우 1970년대 12.2%에서 2010년대에는 14.3%를 보이고 있다(표 10-2).

표 10-2. 선진국과 개발도상국의 제조업 부가가치 비중과 고용 비율의 시계열적 변화

(단위: %)

구 분		1970~1974	1975~1979	1980~1984	1985~1989	1990~1994	1995~1999	2000~2004	2005~2009	2010~2014
제조업 부가가치가 GDP에서 차지하는 비율	세계	23.4	22.0	20.3	20.5	19.0	18.0	16.5	15.7	15.8
	선진국	24.0	22.6	20.9	20.3	18.7	17.5	15.5	14.0	13.3
	개발도상국	21.1	20.1	18.7	21.5	20.2	19.8	20.1	19.9	20.1
제조업 종사자가 전산업 고용에서 차지하는 비중	세계	14.8	15.6	15.6	15.6	14.7	14.2	13.3	14.0	14.2
	선진국	25.6	23.8	22.4	20.2	18.7	16.9	14.9	14.1	13.3
	개발도상국	12.2	13.7	14.0	14.7	14.0	13.7	13.0	13.9	14.3

출처: http://data.worldbank.org 자료를 토대로 작성.

1990년 이후 세계 제조업의 부가가치 성장 추이를 보면 개발도상국(특히 신흥공업국)이 주도하는 것으로 나타나고 있다. 1990~2016년 동안 세계 제조업의 부가가치는 두 배 이상 증가하여 2016년에는 12,316억 달러(2010년 불변가격 기준)를 보이고 있다. 선진국의 경우 2009년 글로벌 금융위기를 겪으면서 일시적으로 감소하였으며, 전반적으로 상당히 둔화되고 있는 반면에 개발도상국과 신흥공업국들의 경우 제조업 부가가치가 크게 증가하였다. 그 결과 세계 제조업 부가가치에서 개발도상국이 차지하는 비율은 1990년 21.7%에서 2016년 44.6%(5,494억 달러)로 상당히 증가하였다(그림 10-1).

세계적으로 1990~2000년 동안 제조업 부가가치는 연평균 2.9%의 성장률을 보였으며, 2000~2016년에는 3.1%로 약간 상승했다. 그러나 선진국의 경우 같은 기간에 2.3%에서 1.3%로 둔화했으며, 개발도상국의 경우 5.0%에서 6.5%로 크게 상승하였다(표 10-3). 특히 신흥공업국의 경우 높은 부가가치 성장률을 보이면서 급속한 경제성장을 하고 있다.

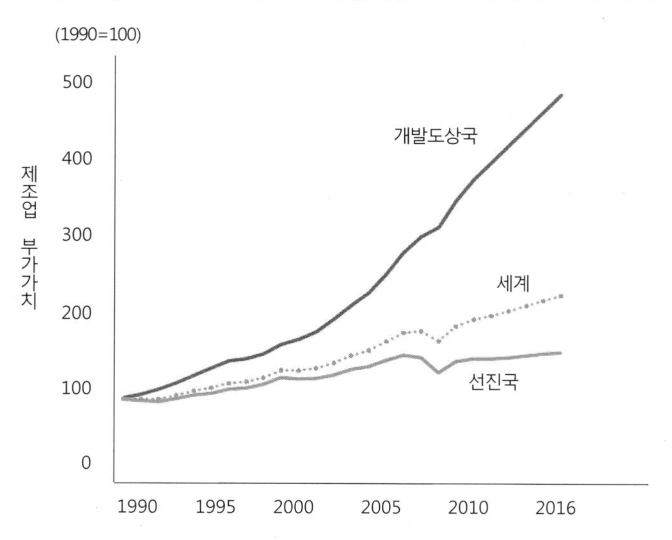

그림 10-1. 제조업의 부가가치 성장 추이

출처: UNIDO(2017), Industrial Development Report 2018, Figure 7.1.

표 10-3. 선진국과 개발도상국의 제조업 부가가치 성장과 비중 변화

구 분	제조업 부가가치 (십억달러, 2010년 불변가격)			제조업 부가가치 비중(%)		
	1990년	2000년	2016년	1990년	2000년	2016년
세계	5,643	7,535	12,316	100	100	100
선진국	4,417	5,539	6,822	78.3	73.5	55.4
개발도상국	1,226	1,997	5,494	21.7	26.5	44.6
신흥공업국	1,017	1,738	4,926	83.0	87.0	89.7
기타 개발도상국	179	228	478	14.6	11.4	1.6
저개발국	30	30	91	2.4	1.5	8.7

	연평균 제조업 부가가치 성장률(%)	
	1990-2000년	2000-2016년
세계	2.9	3.1
선진국	2.3	1.3
개발도상국	5.0	6.5
신흥공업국	5.5	6.7
기타 개발도상국	2.4	4.7
저개발국	0.2	7.1

출처: UNIDO(2017), Industrial Development Report 2018, Table 7.1 & Table 7.2.

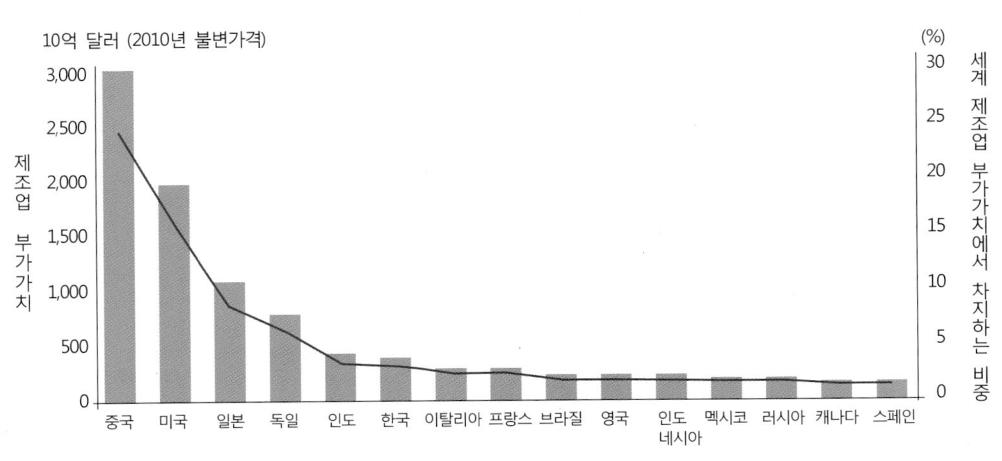

그림 10-2. 제조업 생산 상위 15개국의 부가가치와 이들이 차지하는 비중, 2016년

출처: UNIDO(2017), Industrial Development Report 2018, Figure 7.2.

유엔산업개발기구(UNIDO: United Nations Industrial Development Report)에 따르면 중국은 지난 20년 동안 증가된 개발도상국의 부가가치의 약 절반을 차지하였다. 중국의 제조업 부가가치 성장률을 보면 1990~2000년 기간에 12.8%, 그리고 2000~2016년 동안에도 10.3%로 높은 증가율을 보이고 있다. 그 결과 중국이 세계 제조업 부가가치에서 차지하는 비중은 2006년 12.6%에서 2016년 24.4%로 증가하면서 세계 1위를 보이고 있다(그림 10-2). 반면에 미국은 같은 기간 동안 20%에서 16%로 감소하였다.

세계 제조업 부가가치 총액은 개발도상국의 높은 부가가치 성장으로 인해 세계 GDP보다 더 빠르게 성장하고 있다. 그러나 선진국의 경우 제조업에서 창출하는 부가가치가 전체 GDP에서 차지하는 비중은 1991년 14.7%에서 2014년 13.9%로 감소했다. 반면에 개발도상국의 경우 그 비중이 15.4%에서 20.3%로 증가했다(그림 10-3). 이는 선진국의 제조업 생산공장들이 개발도상국으로 상당히 이전되었음을 시사해주며, 이는 제조업의 경우 글로벌 차원에서 생산연계성이 강화되면서 점점 더 세계화되어 가고 있음을 말해준다.

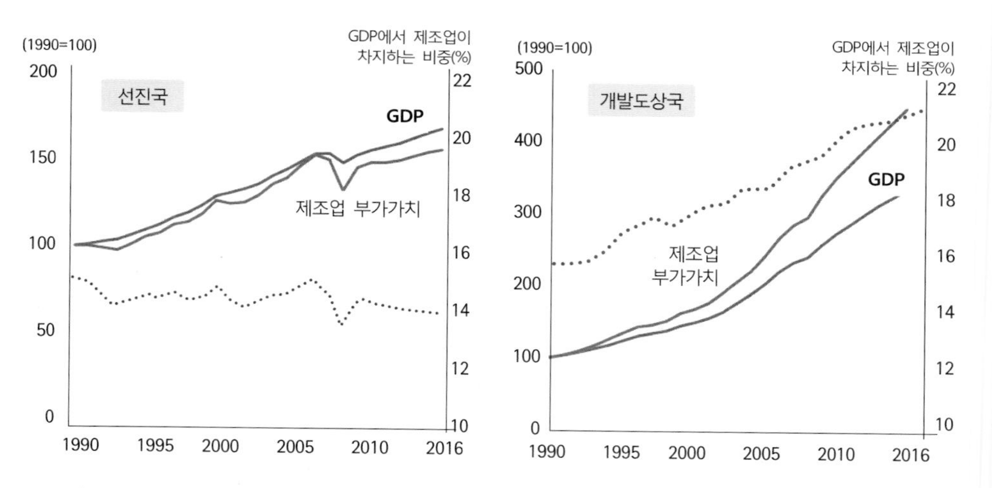

그림 10-3. 선진국과 개발도상국의 제조업 성장과 GDP에서 차지하는 비중 추이
출처: UNIDO(2017), Industrial Development Report 2018, Figure 7.5 & 7.6.

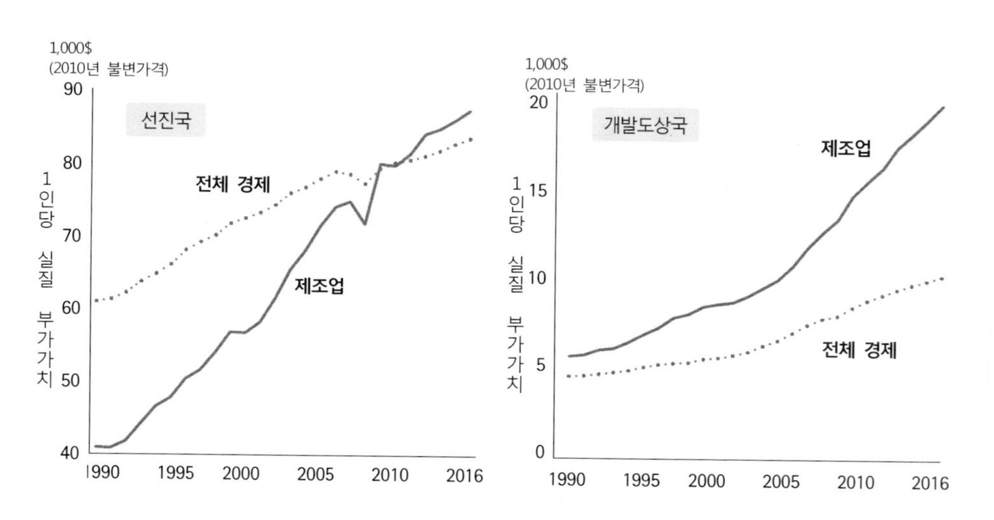

그림 10-4. 선진국과 개발도상국의 1인당 제조업 부가가치 추이, 1990-2016년
출처: UNIDO(2017), Industrial Development Report 2018, Figure 7.16.

한편 지난 15년 동안 제조업에서 창출된 1인당 실질 부가가치와 1인당 실질 GDP를 비교해보면 선진국과 개발도상국 간에 상당한 차이를 보이고 있다. 선진국의 경우 1990~2010년 동안에는 1인당 GDP가 1인당 제조업 부가가치보다 더 높았었다. 그러나 2010년 이후 1인당 GDP가 1인당 제조업 부가가치보다 오히려 낮게 나타나고 있다. 반면에 개발도상국의 경우 1990~2016년 동안 1인당 제조업 부가가치는 1인당 GDP보다 훨씬 더 높게 나타나고 있으며, 그 차이는 점점 더 커지고 있다(그림 10-4).

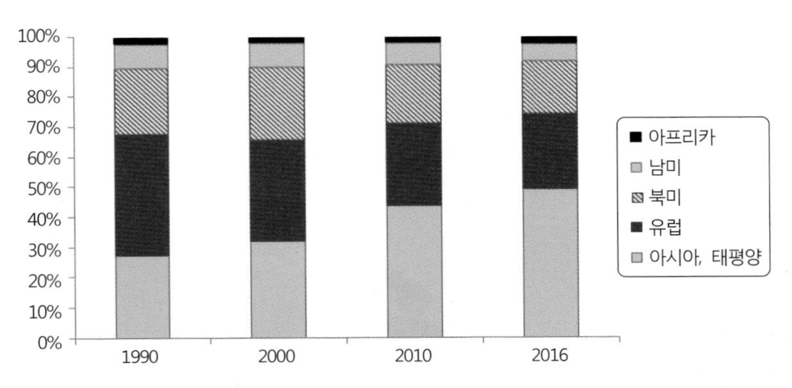

그림 10-5. 세계 제조업 성장을 주도하는 지역 비중 변화 추세

출처: UNIDO(2017), Industrial Development Report 2018, Figure 7.7.

지난 20여년 동안 제조업의 성장을 주도해온 지역들을 보면 1990년대에는 유럽이 주도하였으나, 2010년 이후 아시아·태평양 지역이 주도하고 있다. 그 결과, 1990년 27.6%를 차지하던 아시아·태평양 지역의 비중이 2016년에는 49.5%로 증가하여, 세계 제조업 부가가치 생산량의 거의 절반을 아시아·태평양 지역에서 창출하고 있음을 보여준다. 반면에 유럽의 경우 세계 제조업 부가가치에서 차지하는 비중이 1990년 40.3%에서 2016년 25.1%로 거의 절반으로 줄어들었으며, 북미의 경우도 같은 기간에 21.7%에서 17.4%로 감소하였다(그림 10-5).

또한 2016년 시점에서 세계 각 국가별 제조업 부가가치가 GDP에서 차지하는 비중을 비교해보면 아시아 국가들, 특히 신흥공업국들의 경우 제조업이 차지하는 비중이 상당히 높게 나타나는데 비해 선진국의 경우 제조업 부가가치가 GDP에서 차지하는 비중이 상대적으로 낮음을 엿볼 수 있다(그림 10-6). 미국과 일본을 비롯한 선진국들의 경우 제조업 부가가치가 GDP에서 차지하는 비중은 15~20% 미만으로 낮게 나타나고 있다. 우리나라의 경우 제조업 부가가치가 GDP에서 차지하는 비중은 상당히 높은 편으로 25~30% 수준을 보이고 있다.

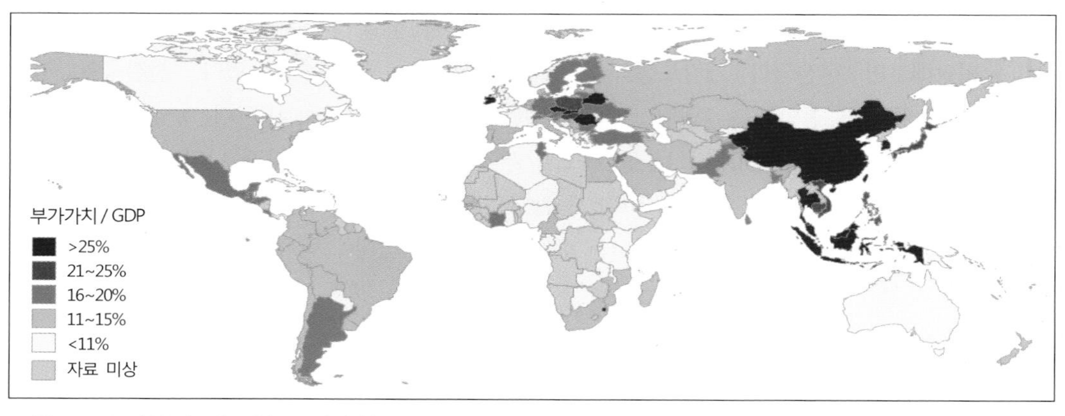

그림 10-6 각국의 제조업 부가가치가 GDP에서 차지하는 비중, 2016년
출처: https://www.unido.org/data1/Statistics/Research/cip.html.

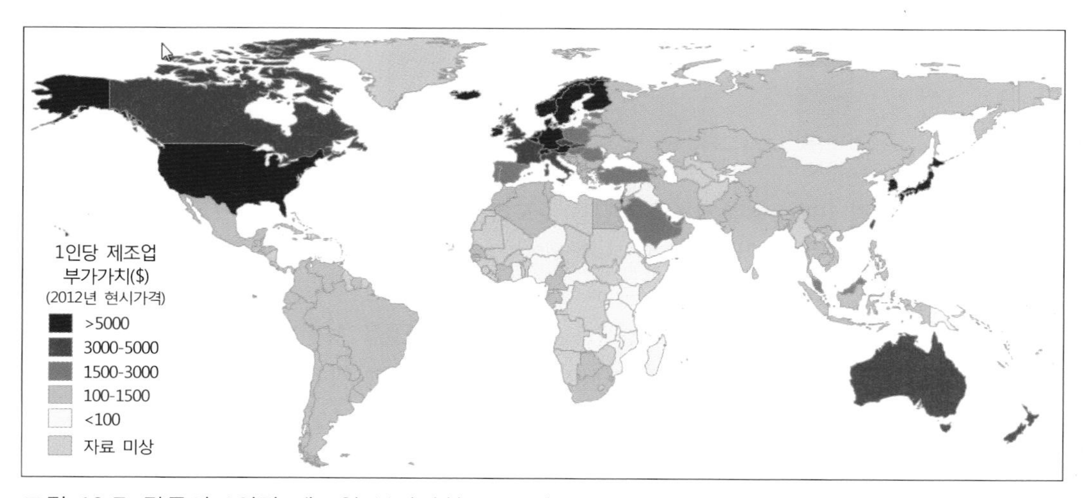

그림 10-7. 각국의 1인당 제조업 부가가치, 2016년
출처: https://www.unido.org/data1/Statistics/Research/cip.html.

그러나 각 국가별 1인당 제조업 부가가치를 비교해보면 상당히 다르게 나타나고 있다. 이는 인구가 많은 국가일수록 1인당 제조업 부가가치 창출량이 상대적으로 작게 나타나기 때문이라고 풀이할 수 있다. 그 결과 미국과 유럽 국가들, 일본, 그리고 우리나라의 1인당 제조업 부가가치는 상당히 높게 나타나는 반면에 중국, 인도 및 동남아시아 국가들의 1인당 제조업 부가가치는 낮게 나타나고 있다(그림 10-7).

한편 제조업에서의 일자리 창출도 매우 중요하다. 전 세계적으로 보면 제조업 부문에서의 고용은 1991~2016년 동안 연평균 0.4%씩 증가하여, 2016년 세계 제조업 부문의 종사자수는 약 3.6억명을 보이고 있다. 그러나 전 산업 총 고용자에 대한 제조업 고용자 비중은 점차 감소하여 1991년 14.4%에서 2016년 11.1%로 낮아졌다. 그러나 이러한 추세는 선진국과 개발도상국 간에 상당히 다르게 나타나고 있다. 선진국의 경우 1991년 1.07억명에서 2016년 7,800만명으로 감소하여 제조업이 차지하는 고용 비율도 21.7%에서 13.2%로 줄어들었다(그림 10-8). 또한 선진국의 제조업 고용이 세계 고용에서 차지하는 비중도 1991년 5%에서 2.2%로 감소했다. 2016년 제조업 고용자 수 규모로 보면 시점에서 미국, 일본, 독일, 한국, 이탈리아 순으로 나타나고 있다. 미국은 선진국 중에서 제조업 고용자 수가 가장 많으나, 2016년 미국 내에서의 제조업 고용 비중은 9.6%로 매우 낮다. 그러나 독일의 경우 자국에서의 제조업 고용 비중은 19.2%로 상당히 높은 편이다.

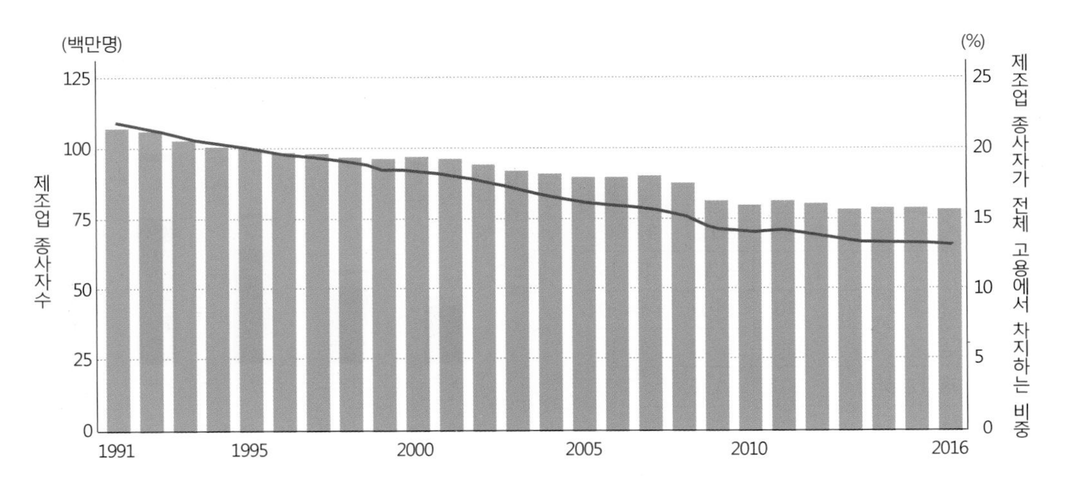

그림 10-8. 선진국의 제조업 종사자와 종사자 비중의 감소 추이
출처: UNIDO(2017), Industrial Development Report 2018, Figure 7.12.

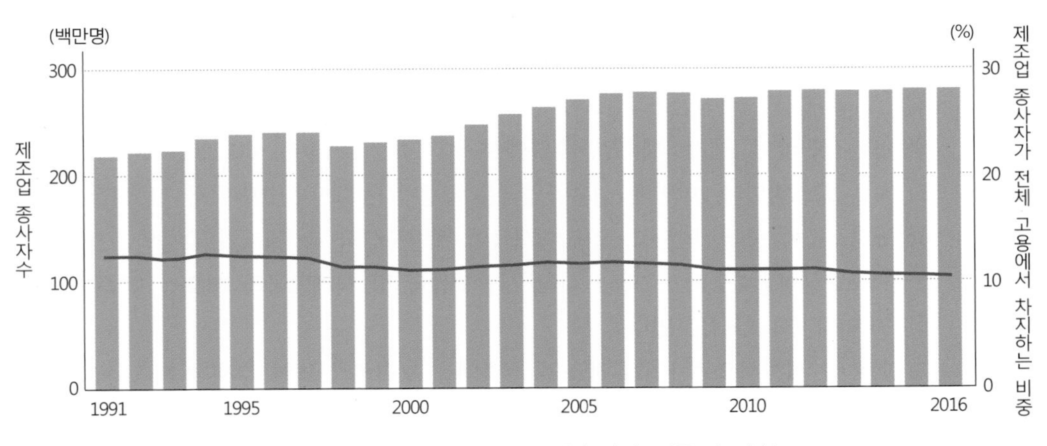

그림 10-9. 개발도상국의 제조업 종사자수 증가추세와 비중의 변화
출처: UNIDO(2017), Industrial Development Report 2018, Figure 7.14.

개발도상국의 경우 제조업 종사자는 1991년 2.1억명에서 2016년 2.8억명으로 증가했으나, 전 산업 종사자에서 제조업 종사자가 차지하는 비중은 12.4%에서 10.5%로 낮아졌다(그림 10-9). 2016년 개발도상국의 제조업 고용자 수는 세계 전체 고용자의 8.5%를 차지하고 있다. 개발도상국의 2016년 제조업 고용자 규모 순위를 보면 중국, 인도, 브라질, 인도네시아, 멕시코 순으로 나타나며, 5개 국가의 제조업 고용자 비중이 개발도상국 전체의 63.2%를 차지한다. 개발도상국 가운데 제조업 고용자 수가 가장 많은 중국은 2016년 약 8천만명이 제조업에 종사하고 있으나, 제조업이 전 산업 부문의 고용에서 차지하는 비율은 1991년 13.9%에서 2016년 10.4%로 오히려 낮아졌다.

표 10-4. 제조업 수출 규모의 변화

(단위: 십억, 현시 가격)

	제조업 수출액		
	1996	2005	2015
세계	3,648	8,125	12,845
선진국	3,227	6,208	8,395
개발도상국	370	1,916	4,459
신흥공업국	366	1,715	4,025
기타 개발도상국	3.0	176	371
저개발국	1.0	25	63

출처: UNIDO(2017), Table 7.7.

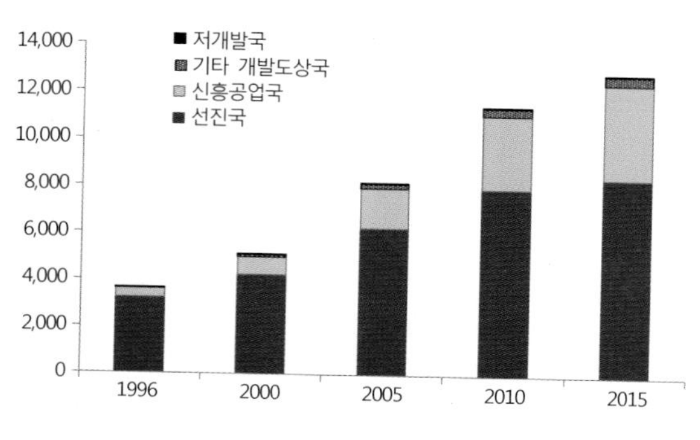

그림 10-10. 선진국과 개발도상국의 제조업 수출액 추이, 1996-2015년

한편 제조업 수출은 2008년 글로벌 금융위기를 지나 활발해지면서 2014년 세계 제조업 수출액은 14.23억 달러로 최고치를 기록하였으나, 2015년에는 12.85억 달러로 약간 감소하였다(표 10-4). 1996~2015년 동안 선진국과 개발도상국의 제조업 수출량 증가 추세를 비교해보면 선진국이 주도하지만, 신흥공업국의 제조업 수출이 크게 늘고 있다. 1996년 선진국이 세계 제조업 수출에서 차지하는 비중은 88.5%였으나, 2015년에는 65.3%로 감소하였다. 반면에 신흥공업국은 같은 기간에 약 10%에서 31.3%로 3배나 증가하였다. 특히 중국, 멕시코, 인도 3개국이 개발도상국 총 제조업 수출의 71.0%를 차지할 정도로 급성장하였다. 그러나 기타 개발도상국 및 저개발국의 제조업 수출량의 증가는 매우 미미하게 나타나고 있다.

한편 전 세계적으로 1인당 제조업 수출액을 보면 탈산업화 추세가 지속되면서 2013년 1,969달러에서 2015년에는 1,753달러로 떨어졌다. 이는 특히 선진국에서의 낮은 제조업 수출 추세로 인해서 나타난 결과라고도 볼 수 있다. 선진국의 경우 2000~2015년 1인당 제조업 수출은 연평균 4.2% 성장률을 보인 데 비해 같은 기간의 개발도상국의 경우 선진국보다 약 2.5배 높은 연평균 10.2%의 성장률을 나타내었다. 이는 특히 신흥공업국의 급속한 공업화와 이로 인한 제조업 수출이 크게 늘었기 때문으로 풀이할 수 있다.

그러나 개발도상국의 1인당 제조업 수출액은 2015년 732달러로 선진국의 1인당 제조업 수출액 6,778달러에 비하면 상당히 낮은 수준이다. 각 국가별 1인당 제조업 수출액을 나타낸 그림 10-11을 보면 이러한 차이를 실감나게 엿볼 수 있다. 이렇게 선진국과 개발도상국 간에 1인당 제조업 수출액이 크게 차이가 나고 있는 것은 선진국의 경우 주로 부가가치가 높은 첨단기술 공산품을 수출하는 데 비해 개발도상국의 경우 기술 수준이 상대적으로 낮은 저부가가치의 공산품을 수출하기 때문으로 풀이할 수 있다(그림 10-12).

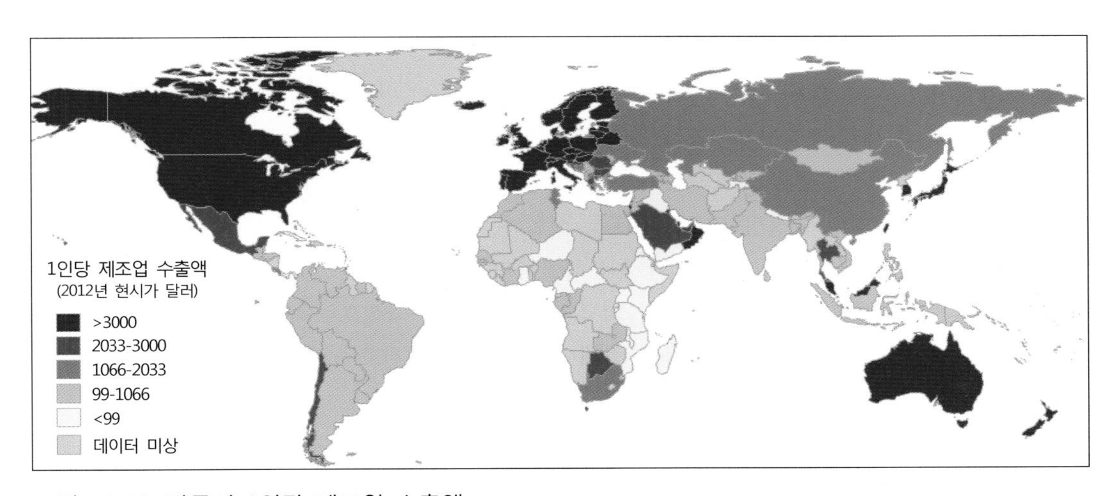

그림 10-11. 각국의 1인당 제조업 수출액
출처: https://www.unido.org/data1/Statistics/Research/cip.html.

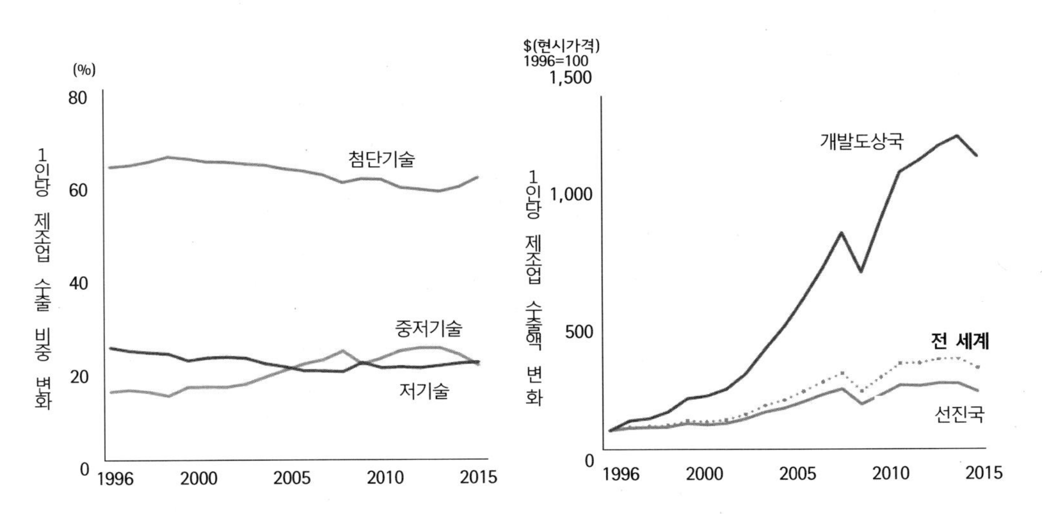

그림 10-12. 기술수준별 제조업 수출 추이와 1인당 제조업 수출 추이, 1996-2015년
출처: UNIDO(2017), Industrial Development Report 2018, Figure 7.19 & Figure 7.20.

앞에서 살펴본 바와 같이 선진국에서는 탈산업화가 이루어지면서 서비스업 특히, 지식서비스업에 종사하는 고용 비중이 크게 증가되는 산업구조의 변화를 겪고 있다. 탈산업화의 원인은 국가마다 다양하며 복잡한 요인들에 의해 이루어지지만, 전반적으로 볼 때 초국적기업의 경제활동이 이를 추동하는 것으로 알려져 있다. 특히 높은 제조업 성장률을 보이고 있는 중국, 싱가포르, 멕시코, 한국의 경우 수출지향적 정책을 시도하면서 수출자유지역(free trade zone), 수출가공지역(export process zone), 경제자유구역(free economic zone) 등을 지정하여 외국인 기업을 유치하기 위한 다양한 인센티브를 제공하였다. 세계적으로 수출자유지역의 수는 급속하게 증가하여 1975년 79개이던 것이 2006년에는 3,500개로 증가하였다. 수출자유지역을 지정해 놓은 국가 수도 1975년에는 불과 25개국이었으나 2006년에는 130개 국가에서 약 6,600만명의 사람들이 일하고 있다(표 10-5). 전 세계 수출자유지역 노동자의 약 85% 이상을 아시아가 차지하고 있다.

특히 중국의 경우 1980년대와 1990년대에 걸쳐 세계에서 가장 높은 경제성장률을 보이면서 제조업이 급성장하였다. 10%를 상회하는 연평균 경제증가율을 보이게 된 이유 중에 하나는 접근성이 양호한 해안가에 특별경제구역(special economic zone)들을 지정하고 다양한 인센티브 제공을 통해 외국인 기업들을 적극적으로 유치하였기 때문이며, 그 결과 상당히 많은 초국적기업들이 경제자유구역에 입지하고 있다. 중국에만 약 4천만명의 근로자가 경제자유구역에서 일하고 있는 것으로 알려져 있다.

1979년 중국이 개방화되면서 중국 전역에 4개의 경제자유구역을 지정하였는데 3곳이 광동지역에 입지해 있다. 광동 지역은 홍콩과 타이완에 가까이 입지하고 있어 자본 유치가 용이하다는 이점을 토대로 제조업이 급성장하였다. 1980년대에는 주로 의류, 섬유, 신발, 전자조립, 장난감 등과 같이 노동집약적 제품 생산이 이루어졌으나, 1990년대 이후 첨단기술 제품 생산비중이 늘어나고 있다. 2000년 광동지방에서의 수출 비중은 중국 전체의 약 40%를 차지할 정도로 상당히 중요한 중국의 제조업 지역으로 성장하고 있다.

표 10-5. 세계 수출자유구역의 성장 추이

구 분	1975	1986	1997	2002	2006
수출자유구역을 가지고 있는 국가	25	47	93	116	130
수출자유구역의 수	79	176	845	3,000	3,500
고용자 수(백만명)	-	-	22.5	43	66

출처: UNIDO(2009), Industrial Development Report, p. 73.

2) 기술 발달과 기업 성장에 따른 제조업의 입지 변화

(1) 기술 발달에 따른 입지 변화

제조업의 경우 제련업, 정제업과 식품가공업, 목재·제지업 등은 원료 수송비가 상대적으로 비싸며, 단위무게당 시장가격이 저렴하거나 제조과정에서 무게나 부피가 상당히 감소되기 때문에 원료산지에 입지하고 있다. 반면에 음료·양조, 의복, 가구, 제빙, 제과, 낙농제품업과 같이 제조과정에서 무게나 부피가 늘어나서 제품 수송비가 많이 들거나, 운반과정에서 상하기 쉽거나 취급하기 어려운 경우 단위무게당 운송비가 비싸기 때문에 소비시장에 입지하는 경향이 크다.

그러나 원료 공급지가 여러 지역에 분산되어 있고, 소비시장도 여러 곳에 분산되어 있는 경우 최적 입지를 선정하는 것은 쉽지 않다. 이런 경우 총비용이 최소되는 지점은 원료산지나 소비시장이 될 수도 있다. 그러나 생산과정에서의 기술혁신으로 인해 기존의 제조업 입지에 영향을 주었던 요인들의 중요도가 약화되면서 새로운 지역으로 입지하면서 제조업 입지패턴의 변화가 나타나고 있다. 여기서는 대표적인 사례로 제철공업의 입지변화에 대해 살펴보고자 한다.

제철공업은 국가 기간산업으로 다른 업종과 상당히 연계성이 높은 산업이다. 제철공업의 경우 제철을 생산하기 위해 투입되는 원료의 양이 다양하고 또한 소비시장도 넓기 때문에 최적 입지 선정은 매우 복잡하다. 제철공업에 필요한 주요 원료는 철광석, 코크스, 석회석이며 고철이 대체원료로 이용되기도 하고 코크스 대신 다른 동력원이 이용될 수도 있다. 제철공업은 자본집약적 업종이지만 투입원료 특성 및 운송비가 많이 들기 때문에 전형적인 Weber의 입지 이론을 적용하기 좋은 사례라고 볼 수 있다. 그러나 제철공업의 입지는 생산기술혁신과 연료대체화에 따라 상당히 변해왔다. 제철공업의 입지변화 과정은 3단계로 나누어 볼 수 있는데, 각 단계마다 최적 입지가 달라지고 있다.

제1단계는 1600년대~1850년대까지로 목탄이 주된 연료로 사용되었던 시기이다. 당시 8~9톤의 제철을 얻기 위해서는 1에이커의 삼림면적이 필요할 정도로 목재를 많이 필요하였다. 따라서 제철공장이 입지하기 위해서는 최소한 반경 20~25km의 삼림지대가 있는 곳이어야만 했으며, 이에 따라 제철공장은 소규모 생산시설을 갖춘 분산된 입지패턴을 보였다. 하지만 1750년경 원시냉각식 용광로의 출현으로 목탄 대신 석탄을 이용하게 되면서 제철공장은 석탄산지에 입지하게 되었는데, 그 대표적인 지역이 영국의 남부 웨일즈, 버밍햄과 미국의 피츠버그이다.

제2단계는 1850년~1910년경까지로 베세머전로(bessemer converter)가 발명되어 대량으로 선철을 생산할 수 있게 된 시기이다. 베세머전로를 이용할 경우 1톤의 제철을 생산하기 위해서는 1½톤의 철광석, 8톤의 역청탄, 1/2톤의 석회석을 필요로 한다. 따라서 제철공업은 원료 비중이 가장 커서 운송비가 많이 드는 역청탄 산지에 입지하게 되었다. 따라서 품질 좋은 역청탄이 풍부하게 매장되어 있는 애팔래치아 탄전 주변 지역에서 제철공업이 발달하게 되었다. 한편 새로운 제강법이 발명됨에 따라 양질의 철광석 수요도 증가하게 되었다. 영국의 경우 해외로부터 원광석을 수입하게 되면서 해안지역으로 제철공업이 입지하는 패턴도 나타났다. 미국에서는 슈피리어호 근처에서 세계 최대 철광산지가 발견되어 오대호 수운을 이용하여 값싸게 원료를 운반할 수 있게 되자 오대호 연안을 따라 제철공업이 발달하게 되었다. 즉, 슈피리어호 연안에서 채굴되는 철광석은 수운을 이용하여 각 제철소에 운반되고 애팔래치아 탄전의 코크스가 철도로 운반되면서 오대호 연안에 게리, 클리블랜드, 버펄로에 새로운 제철소가 들어서게 되었다.

제3단계는 1910년 이후 시기로 연료절감오븐(byproduct oven)이 발명되어 종전보다 연료 사용량이 크게 줄어들게 되었다. 종전까지 1톤의 제철을 생산하기 위해 8톤의 역청탄이 필요했던 것이 2톤 정도만 소요되는 연료절감 기술혁신이 이루어진 것이다. 또한 평로(open hearth furnace)의 도입으로 원광석 대신에 고철을 다시 사용할 수 있게 되면서 제철공업의 입지는 매우 다양화되었으며, 양질의 철광산지가 고갈되면서 원거리에 입지한 철광산 개발도 이루어졌다. 더 나아가 저품위 철광석을 사용할 수 있는 기술혁신이 이루어지게 되자 저품위 광산도 개발되기 시작하였다.

이와 같은 제철공업의 기술혁신은 제철공업의 입지를 다양화시키면서 전 세계적으로 볼 때 제철공업의 입지패턴의 변화를 가져오고 있다. 세계 제철공업의 입지는 크게 세 유형으로 나누어 볼 수 있다(그림 10-13). 첫 번째 유형은 석탄산지나 철광산지에 입지하는 원료지향적 입지이다. 이 유형에 속하는 철광산지 입지형으로는 미국의 덜루스(메사비), 러시아의 마그니토고르스크, 유럽의 메츠·낭시(로렌), 중국의 안산, 브라질, 베네수엘라 등이며, 석탄산지 입지형으로는 미국의 피츠버그, 러시아의 돈바스, 쿠즈네츠크, 유럽의 에센(루우르탄전), 벨기에의 리에지, 독일의 자르브뤼켄, 폴란드의 슐레지엔, 일본의 기타큐슈 등을 들 수 있다.

두 번째 유형은 철광석이나 석탄 등의 원료를 주로 해외에 의존하여 해안지역이나 이적지점 등 수송비의 이점이 있는 지역에 입지하는 교통입지형이다. 특히 새로 건설되는 제철공장은 항구를 끼고 발달하는 경우가 많았다. 미국의 클리블랜드, 버펄로, 볼티모어, 영국과 일본의 연안 공업지대, 한국의 포항, 광양제철소가 이에 속한다.

세 번째 유형은 고철 이용이 증가되고 제철과정에서 화학공업의 원료로 이용되는 부산물이 늘어나면서 나타난 시장지향적 입지이다. 시장지향적 입지경향이 나타나게 된 주요 원인은 원료보다는 가공품을 운반하는 데 더 높은 운송비를 부과하고 있는 운송비 구조 및 많은 양의 고철을 쉽게 얻을 수 있는 장점이 있기 때문이다. 또한 기술혁신을 통해 투입원료 중량이 감소되었고 용광로의 개발로 연료소비 절감도 이루어졌기 때문이다.

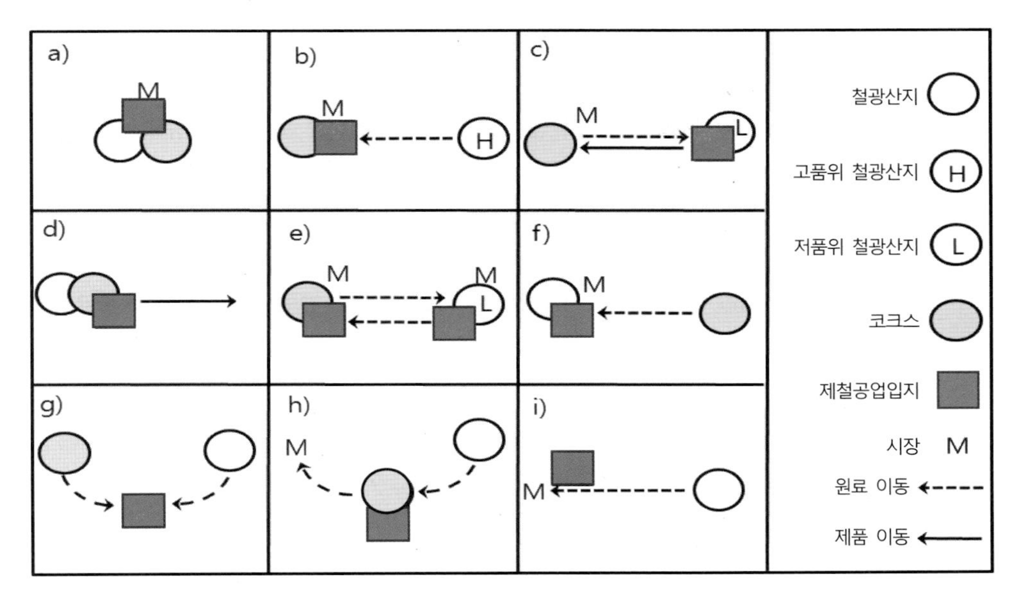

그림 10-13. 기술혁신에 따른 제철공업의 입지 다양성

시장지향적인 대표적인 예는 시카고에 입지한 번스 하버(Burns Harbor) 제철소이다. 최근 소규모 제철소가 대도시에 입지하여 제철을 생산하고 있다. 이러한 제철소의 경우 고철을 원료로 하고 있어 상대적으로 규모는 작지만 자동화된 방식으로 이루어지고 있으며, 상당히 전문화된 제품을 생산하여 틈새시장을 겨냥하는 포스트포디즘 방식으로 이루어지고 있다.

미국의 경우 제철공장은 주로 미네소타 메사비 철광산과 애팔래치아 산맥 지역의 역청탄을 이용하여 피츠버그, 영스타운, 클리블랜드에 이르는 북동부 공업벨트 지역에 입지하였다. 1900년 당시 미국의 카네기 제철회사는 미국 전체 생산량의 약 30%를 생산할 정도였다. 1950년대 미국은 세계 최대 제철생산국이었으나, 점차 생산량이 급격히 떨어지고 있다. 1973년 세계 제철생산은 미국을 비롯한 유럽국가의 비중이 약 90%를 차지하였다. 그러나 지난 30여년 동안 제철 생산국이 상당히 바뀌었다. 브라질을 위주로 한 라틴 아메리카, 중국과 한국을 중심으로 한 동아시아, 인도를 중심으로 한 남부아시아로 생산의 중심지가 이동하였다. 그 결과 2005년 미국이 차지하는 제철 생산 비중은 8.3%로 크게 줄어들었다. 세계 주요 제철 생산국을 보면 중국, 일본, 미국, 러시아, 한국, 독일, 인도 순으로 나타나고 있다.

우리나라는 세계 5위의 철강생산국이며, 포항제철소는 단일 공장규모로는 세계 4위를 차지한다. 우리나라의 제철 생산기술은 상당히 앞서 있으며, 특히 포스코는 Finex(Fine Ore Reduction Process) 공법을 세계 최초로 개발하여 경쟁우위를 차지하고 있다. Finex 공법이란 원료와 연료의 전처리 과정을 생략하고 분광석과 일반탄을 직접 사용하여 용선을 제조할 수 있는 용융환원제철법이다. 또한 2010년에 제철 생산을 시작한 당진의 현대제철소는 그린제철소로서 세계 최초로 밀폐형 원료처리 설비를 도입하여 비산 먼지나 철광석을 외부에 노출시키지 않으면서 먼지와 소음, 오폐수 발생도 줄이고 있다.

뿐만 아니라 포스코와 현대제철소는 일관제철소로서 제선·제강·압연의 세 공정 과정을 모두 갖추고 있다. 제선이란 원료인 철광석과 유연탄 등을 고로에 넣어 액체 상태의 쇳물을 뽑아내는 공정을 말하며, 제강이란 이렇게 만들어진 쇳물에서 각종 불순물을 제거하는 작업이며, 압연이란 쇳물을 슬라브(커다란 쇠판)형태로 뽑아낸 후 여기에 높은 압력을 가하는 과정이다. 특히 일관제철소인 현대제철소의 경우 쇳물에서부터 자동차를 생산하는 세계 최초의 수직계열화를 이루고 있다. 즉, 현대제철이 생산한 조강을 현대하이스코에서 자동차용 강판으로 만들고, 이를 자동차 생산에 사용하는 것이다. 그리고 남은 철스크랩은 다시 현대제철이 쇳물로 재활용하는 방식으로 수직적 계열과 작업이 이루어지고 있다.

(2) 제품수명주기에 따른 입지 변화

기업의 입지는 제품의 수명주기에 따라서도 영향을 받는 것으로 알려져 있다. 치열한 시장경쟁 하에서 기업은 지속적인 성장과 이윤을 창출하기 위해 끊임없이 신상품을 개발하려고 시도한다. 그러나 신제품이 소비자의 수요를 지속적으로 창출하지 못하는 경우, 특정 제품에 대한 수요는 시간이 지남에 따라 감소하는 것이 일반적이다. 이러한 개념을 모델화한 것이 제품수명주기모델(product life cycle model)이다. 이 모델의 핵심은 어떤 제품이라도 수명주기가 있으며, 신제품이 만들어지는 혁신이 일어나는 초기 단계를 거쳐 성장 단계와 성숙 단계를 지나고 최종적으로 쇠퇴하게 된다는 것이다(그림 10-14).

신제품이 처음 시장에 소개되는 경우 소비자들이 신제품에 대한 지식도 부족하고 신제상품에 대한 질과 신뢰도가 불확실하기 때문에 매출액은 상당히 낮다. 하지만 시간이 지나면서 신제품에 대한 수요가 어느 정도 궤도에 오르게 되면 수요가 증가하면서 급성장하게 된다. 신제품에 대한 수요가 늘어나게 되면 경쟁기업들도 제품 생산에 참여하면서 점차 대량생산이 이루어지고 해당 상품은 성숙단계를 맞게 된다. 그러나 성숙 단계를 지나게 되면 점차 제품에 대한 수요는 줄어들면서 쇠퇴 단계로 접어들게 된다. 이 모델이 시사하는 점은 모든 제품들은 한정된 수명을 갖고 있으며, 따라서 쇠퇴하는 것은 필연적이다. 그러나 제품의 수명주기는 제품 특성에 따라 상당히 달라질 수 있지만, 최근 소비자들의 기호가 상당히 민감해지면서 제품의 수명은 점점 더 짧아지고 있다.

이와 같은 제품수명주기 단계에 따라서 중요하게 고려되는 생산요소가 다르며, 그 결과 입지요인의 상대적 중요도 및 각 단계별로 최적 입지가 달라지게 된다. 제품이 처음 시장에 등장하는 초기에는 신제품 개발을 위해 과학적, 공학적 기술이 요구되고 많은 투

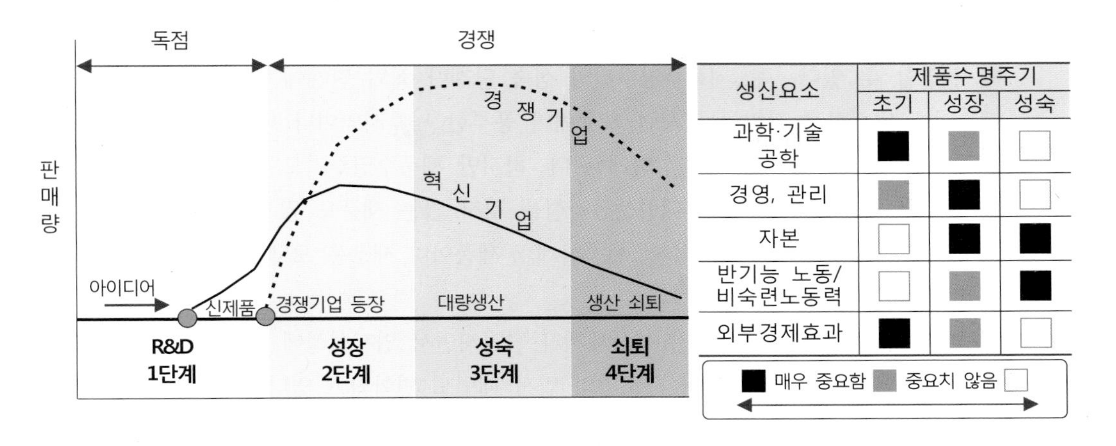

그림 10-14. 제품수명주기모델과 단계별 입지요인의 중요도 비교
출처: Vernon, R.(1966)과 Hirsch, S.(1967)를 토대로 재구성함.

자 자금이 필요하다. 즉, R&D 활동을 통해 특허가 창출되고 신제품이 개발되어 독점적 생산이 이루어지는 초기 단계에서는 과학·공학적 기술을 갖춘 고급인력으로의 접근성이 가장 중요한 요인이 되며, 전문화된 기업들과의 근접성을 통해 외부경제 효과를 누리는 것도 중요하다. 또한 풍부한 자본과 정보 수집의 용이성도 중요하게 고려된다. 따라서 초기단계에서는 대도시에 입지하려는 경향이 강하게 나타난다.

그러나 제품에 대한 수요가 증가하는 성장 단계에서는 자본과 경영이 가장 중요한 입지요인이 된다. 왜냐하면 많은 기업들이 제품 생산을 위해 경쟁하게 되므로 각 기업들은 가능한 효율적인 경영과 가격 경쟁에서 우위를 차지하기 위해 대량생산을 위한 적정한 생산기술방식을 도입하려고 한다. 따라서 기술도입에 필요한 투자(자본)와 경영능력이 탁월한 기업가를 필요로 하게 된다. 일반적으로 성장 단계에 있는 기업들은 주로 대도시 근교나 대도시와 인접한 지역에 입지하려는 경향을 나타내고 있다.

점차 제품에 대한 수요가 정점에 달하는 성숙 단계에 이르게 되면 기업 간 경쟁이 치열해지고 판매량을 증가시키기 위해 생산방식이 점차 표준화·대량화된다. 이 단계에 오면 이미 생산기술방식이 표준화되었기 때문에 기술의 중요도는 낮아지는 반면에 값싼 노동력과 자본으로의 접근성이 중요한 입지요인이 된다. 자본은 상당히 유동성이 크기 때문에 기업가는 가능한 비용을 감소시키기 위해 값싼 노동력이 풍부한 지역으로 입지하려는 경향을 나타내게 된다. 따라서 대도시보다는 중소도시 및 비도시지역(non-metropolitan area) 또는 낙후지역으로 입지하려고 한다. 마지막 쇠퇴 단계에는 생산활동이 다소 둔화되고 기술은 안정되며, 혁신, 외부경제, 대도시의 하부구조 등의 필요성은 낮아진다. 미숙련 노동력과 지가가 싼 비도시지역이나 낙후지역으로의 선호도가 높아지며, 분공장을 통한 생산이 이루어진다.

제품수명주기모델에 따르면 왜 비도시지역이나 낙후지역에 분공장이 설립되는가에 대해 설명할 수 있다. 즉, 제품수명주기의 성숙 단계나 쇠퇴 단계에 접어들면 기업 본사는 대도시에 입지하고 저임금-미숙련 노동력이 풍부한 낙후지역이나 비도시지역에 분공장을 설립하여 이들 공장을 통제·조정하게 된다. 하지만 제품수명주기모델의 한계성에 대해 많은 논의가 이루어지고 있다. 대량생산과정을 겪지 않는 제품도 많으며, 유연적 생산체계에서도 소비자들의 기호에 맞추어 신속하게 신제품이나 새로운 모델을 만들어내는 사례들이 많기 때문이다.

이와 같이 기술발달에 따른 생산체계가 달라지면서 입지선정에 영향을 주는 요인들의 중요도가 달라지며, 그에 따라 제조업의 입지 패턴도 변화되고 있다. 특히 포디즘의 대량생산 체계에서 포스트포디즘의 유연적 전문화 생산체계로 변화되면서 제품의 물량, 품질, 적응 속도 측면에서 매우 대조를 보이고 있다. 그러나 앞으로 인더스트리 4.0이 되면 제조업 자체 패러다임이 바뀌게 되며, 언제, 어디서나 생산할 수 있는 다품종 대량생산도 가능할 것으로 전망되고 있다(하원규·최남희, 2016).

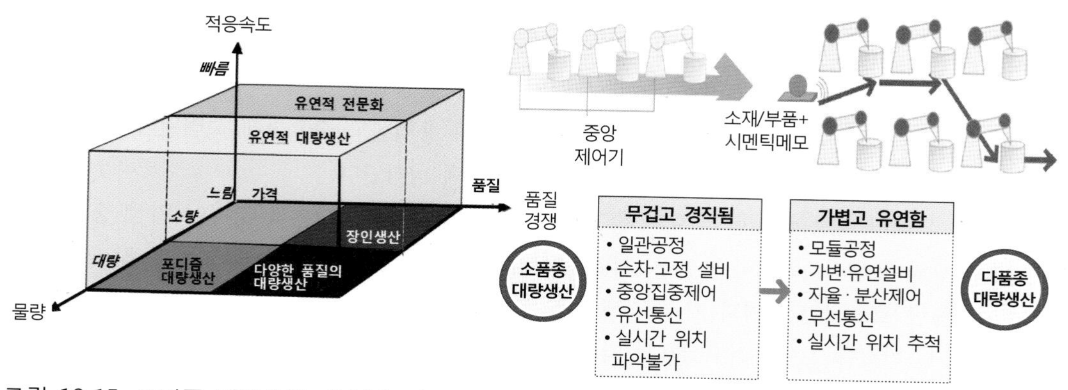

그림 10-15. 포디즘 대량생산, 유연적 전문화, 인더스트리 4.0 생산체계 특징 비교
출처: Dicken, P.(2015), p. 103; 김승현(2017), 발표자료를 참조하여 재구성.

(3) 기업성장에 따른 기업조직별 입지 변화

기업이 성장해 가면서 다양한 성장전략을 추구하게 된다. 기업이 성장하면서 밟게 되는 경로를 보면 사업의 다각화를 통해 다양한 업종에 참여하게 되고 또 공간적으로도 국가의 범위를 넘어 여러 나라로 진출하고 더 나아가 세계적 기업으로 성장하여 전 세계 시장을 대상으로 생산활동을 펼치게 된다.

기업이 지속적인 성장을 위해 생산능력을 높여 생산량과 판매량을 증가시키기 위해 여러 가지 전략을 수립하게 된다. 현재의 상권 내에서 기존 제품의 판매량을 증가시키는 시장침투(market penetration) 전략; 기존의 상품을 좀 더 개선시켜 현재 상권 내에서

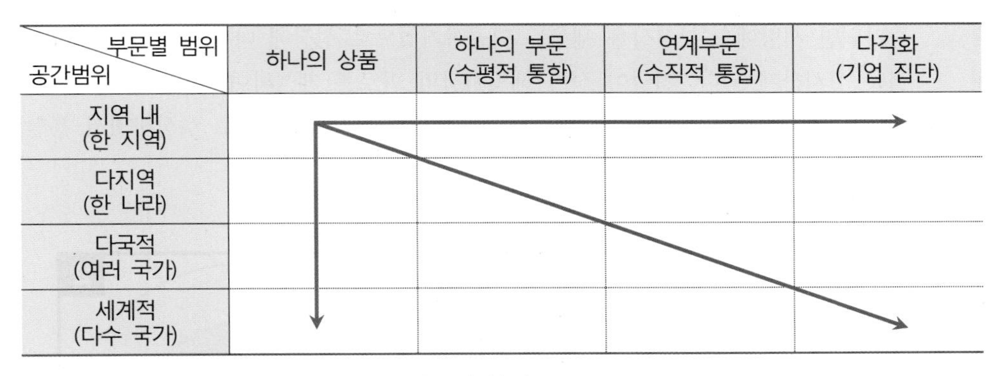

그림 10-16. 기업의 성장에 따른 공간영역의 확대

판매량을 늘리는 상품개발(product development) 전략; 기존 상품의 상권을 확장하기 위해 새로운 시장을 개척하여 판매량을 늘리는 시장개발(market development) 전략; 기존 상품과 기존 시장과는 별도로 새로운 상품과 새로운 시장개척을 통해 판매량을 증가시키는 다각화(deversification) 전략 등을 수립할 수 있다. 이와 같이 기업이 성장함에 따라 생산과 판매 전략을 구사하는 경우 입지 변화 및 기업조직의 특성별로 입지가 변화하게 된다.

일반적으로 기업이 성장하는 방법을 보면 내부적으로 기업을 확장시키는 방식과 외부적으로 확장시키는 방식이 있다. 내부적 성장방식으로는 분공장을 설립하거나 다른 입지로 이전하는 방법이 있으며, 외부적 성장방식으로는 다른 기업을 인수하여 합병하거나 다른 기업과 통합하는 방안이 있다(그림 10-17).

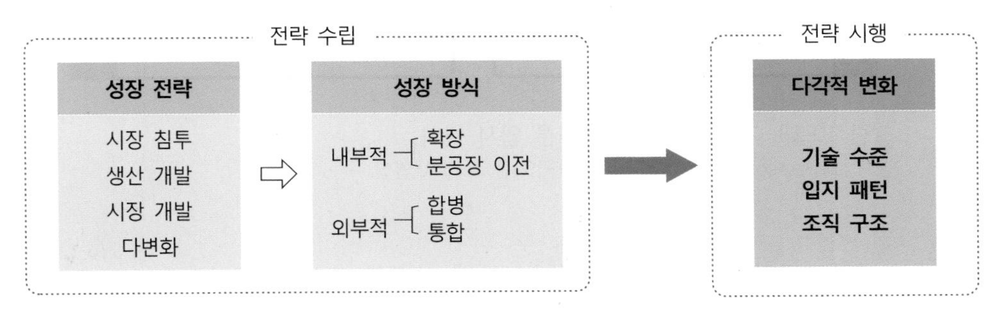

그림 10-17. 기업 성장의 개념적 모델

이렇게 기업이 성장해 나가기 위해 시장침투, 시장개발, 상품개발 등의 전략을 수립할 경우 입지 변화를 가져오게 된다. 기업의 창업 초기에는 생산요소를 고려하여 비용을 최소화하는 지역에 입지하려고 한다. 그러나 점차 기업이 커져감에 따라 단일공장 규모를 확대하거나 분공장을 핵심지역에 추가로 더 설립하며, 각 지방에 영업지점을 개설하여 판매하는 기업조직을 구축하게 된다. 분공장의 설립을 통해 생산능력이 제고되고 판매량이 증가되면 지방에도 분공장을 세우는 다공장기업으로 성장해 나가면서 해외에도 영업 대리점을 설치하게 된다. 기업이 점차 해외시장의 판로를 개척하여 상권이 넓어지게 되면 해외에 영업지점뿐만 아니라 분공장까지 설립하여 초국적기업으로 성장하면서 통합된 기업조직을 형성하게 된다(그림 10-18).

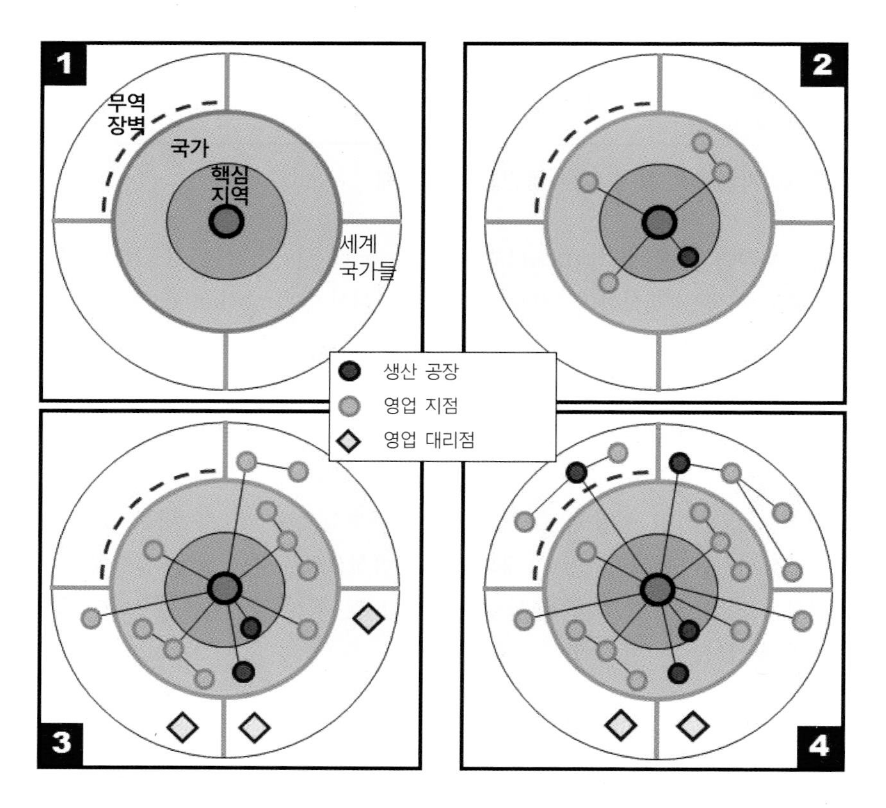

그림 10-18. 기업성장 단계에 따른 입지 변화
출처: Hakanson, H.(1979), pp. 131-135을 토대로 편집.

(4) 기업조직의 변화에 따른 입지요인의 차별화

소규모 단일공장기업에서 출발한 기업이 생산활동을 성공적으로 펼치면서 지속적으로 성장하게 되면 국가 내 다른 지역에 분공장을 설립하는 다공장기업으로, 또는 다른 국가에서 공장을 설립하는 다국적기업으로 성장하기도 하고 더 나아가 전 세계를 대상으로 하는 초국적기업으로 성장한다. 이렇게 기업이 성장하는 경우 지리공간상에서의 활동영역도 확대되지만 기업조직에도 커다란 변화를 가져오게 된다. 이는 기업의 규모가 커지고 활동영역이 확대될수록 기능이 복잡해지고 다양한 활동에 대한 경영, 행정, 통제를 위한 새로운 조직체계 구축이 필요하기 때문이다.

기업이 성장해 나감에 따라 기업들은 생산, 판매, 금융, 연구개발 등으로 기능을 분리하여 조직하는 경우도 있고, 생산 품목별로 나누어 조직을 구성하기도 하며, 지역별로 나누어 조직을 구성하거나, 모기업이 여러 개별기업들을 결합시키는 조직을 구성하기도 한다. 이렇게 기업조직이 변화되고 전 세계적인 차원에서 기업 활동을 영위함에 따라 제조업의 입지를 설명하는 데 있어서 고전적 입지요인과 생산요소만으로는 설명하기 매우 어려워지고 있다. 이는 단일공장기업이 이윤 추구를 목적으로 하여 비용의 최소화와 수익의 최대화를 추구한다는 전제 하에서 입지요인의 중요도를 고려하였지만, 초국적기업의 경우 이윤 극대화보다는 지속적인 성장을 목적으로 하여 생산 규모를 확장하면서 노동의 공간적 분업화를 통해 합리화를 추구하고 있기 때문이다.

이렇게 기업규모가 커지면 기업조직 내에서 수행하는 각 기능별로 고려되는 입지요인들이 달라지게 된다. 단일공장기업의 경우 생산시설과 의사결정이 이루어지는 본사가 분리될 필요가 없었으나, 기업의 규모가 커지면 관리기능이 본사로부터 분리되거나 생산시설이 분리되는 노동의 공간적 분업화가 이루어지게 된다. 경우에 따라 본사 기능과 연구개발 기능이 함께 있기도 하며, 생산시설과 관리기능이 독립적으로 분리되어 네트워크를 통해 통제받기도 한다. 이와 같이 기업조직의 위계에 따른 기능 분화는 입지에도 상당한 영향력을 미친다. 일례로 주로 전략적 기능과 통제 역할을 담당하는 최상위 본사의 입지는 다른 기업들과의 대면 접촉에 유리하고 정보가 풍부한 환경이 매우 중요한 입지요인이 된다. 그 결과 뉴욕, 런던, 도쿄 등과 같이 대도시에 입지하면서 네트워크를 통해 전 세계적으로 분산된 기업 활동을 통제한다. 이처럼 초국적기업의 본사가 밀집된 도시가 세계도시로 부상하며, 세계적인 차원에서 의사결정 및 통제·조정의 중심지가 된다. 세계도시에 입지한 기업 본사의 경영전략 및 의사결정은 해외 지사와 분공장, 협력업체들의 입지에 지대한 영향을 미치게 된다.

반면에 생산기능을 담당하는 가장 하층의 생산시설(공장)은 생산품의 특성에 따라 생산요소의 중요도가 달라지며, 입지요인의 상대적 중요도에 따라 최적 입지가 다양하게 나타난다. 또한 일상적인 관리 및 행정기능을 담당하는 중간 층의 경영 및 관리시설의 입지는 대면접촉의 빈도는 최상위 본사에 비해 적지만 정보통신시설과의 접근이 양호하고 행정 및 경영기능을 담당하는 데 필요한 사무직 노동력이 풍부한 환경을 선호하여 입지하게 된다.

일반적으로 초국적기업의 경우 본사와 연구개발활동은 선진국의 대도시에 입지하는 한편 신흥공업국이나 개발도상국에 해외 지사와 분공장을 입지시키는 노동의 공간적 분업을 통해 세계적인 생산·판매망을 구축한다. 최근 연구개발기능도 시장규모가 큰 개발도상국, 특히 중국이나 인도에 입지하는 경향이 나타나고 있다. 이는 구매력이 큰 시장에서 소비자들의 기호 변화를 즉각적으로 반영하여 제품을 개발하기 위해 소비지에 입지하는 것이 더 유리하기 때문이다. 이렇게 초국적기업의 기능 분화에 따른 공간적 분업화가 이루어지는 경우 순수한 생산요소나 전통적인 입지요인에 의해서 입지가 결정되기 보다는 기업의 세계적인 전략이나, 정부의 규제, 무역 및 투자 장벽 등 다양한 요인들을 고려하여 입지가 결정된다.

개발도상국에 입지한 초국적기업의 경우 대부분 노동집약적인 생산과정, 특히, 조립과정을 담당하여 값싼 노동력을 이용한 신국제노동의 분업화 과정이 이루어지고 있다. 수출가공지역에서 이루어지고 있는 생산 활동은 섬유, 의류, 전자제품 조립 및 자동차 조립이 주로 이루어진다. 섬유·의류산업의 경우 의류를 가공하는 노동집약적 작업은 주로 개발도상국가 및 신흥공업국에서 담당하고 있다. 자동차산업의 경우도 최종 부품을 조립하는 작업은 개발도상국에서 이루어지는 반면에 엔진이나 트랜스미션 등 기술집약적이고 자본집약적인 작업은 선진국에서 이루어진다. 마찬가지로 전자산업도 자본집약적이거나 기술집약적인 웨이퍼로부터 칩을 만들어내는 과정은 선진국에서 이루어지는 반면에 회로판으로부터 칩을 만들거나 칩을 회로판에 붙이는 저기술, 노동집약적인 작업은 개발도상국에서 수행되고 있다(그림 10-19).

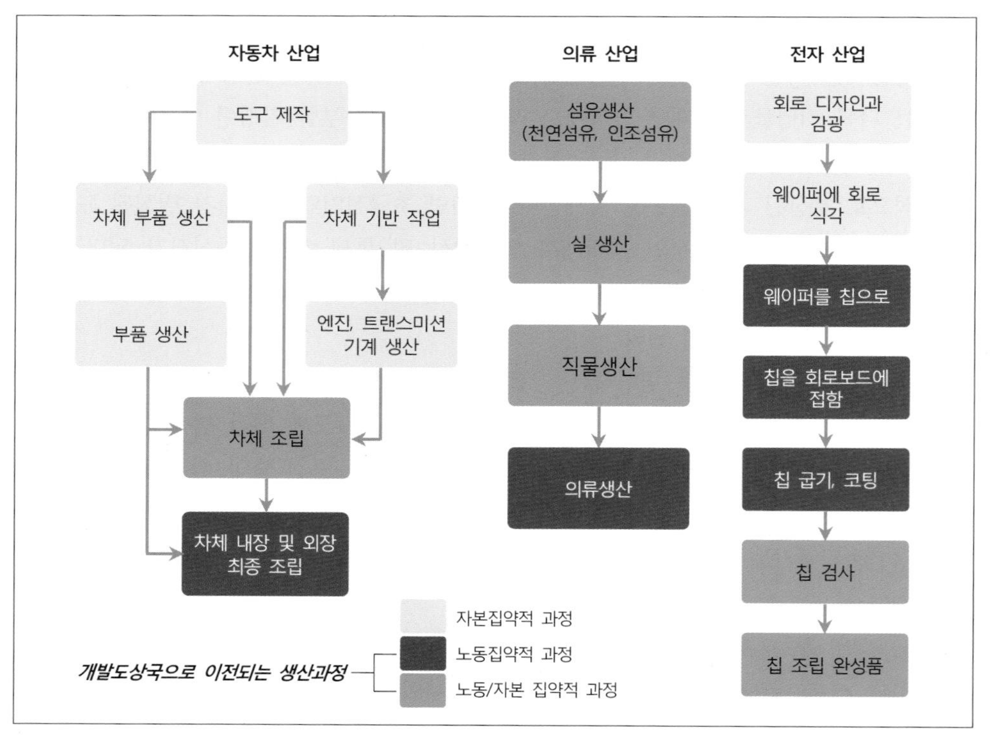

그림 10-19. 개발도상국에서 이루어지는 업종별 노동집약적 · 저기술 생산의 예시
출처: Knox, P. et al.(2008), p. 294.

2 공산품 소비의 선순환 과정

1) 소비의 관점에서 본 제조업

제조업은 주로 생산(공급) 측면에서만 논의되어 왔다. 제조업 부문의 중요성이 점차 줄어들고 후기산업화 시대가 진전되면서 제조업의 부가가치가 GDP에서 차지하는 비중이 감소되고, 제조업 부문의 고용 비율이 전 산업 고용에서 차지하는 비중도 감소되고 있다. 그러나 이러한 지표들은 제조업을 생산 및 공급 차원에서 본 것이며, 제조업을 수요 측면에서 본다면 상당히 다른 상황들이 나타나게 된다.

제조과정을 거쳐 생산된 공산품에 대한 소비 자체는 '제조업의 부가가치가 GDP에서 차지하는 비중'과 같은 직접적인 지표로는 잘 파악되지 않으나, 공산품 소비가 경제 전반에 미치는 영향은 복합적이며 간접적 효과도 상당히 큰 것으로 인지되고 있다. 일반적으로 공산품에 대한 수요가 늘어나는 경우 기업들 간 경쟁이 심화되어 제품의 품질이 좋아지거나 더 저렴한 가격으로 공급되거나 신상품을 개발하도록 추동하는 것으로 알려져 있다. 특히 대중적인 공산품에 대한 소비 증가는 제품의 가격 하락과 상품의 다양화를 가져오는 등 상당히 긍정적인 영향력을 미치는 것으로 파악되고 있다.

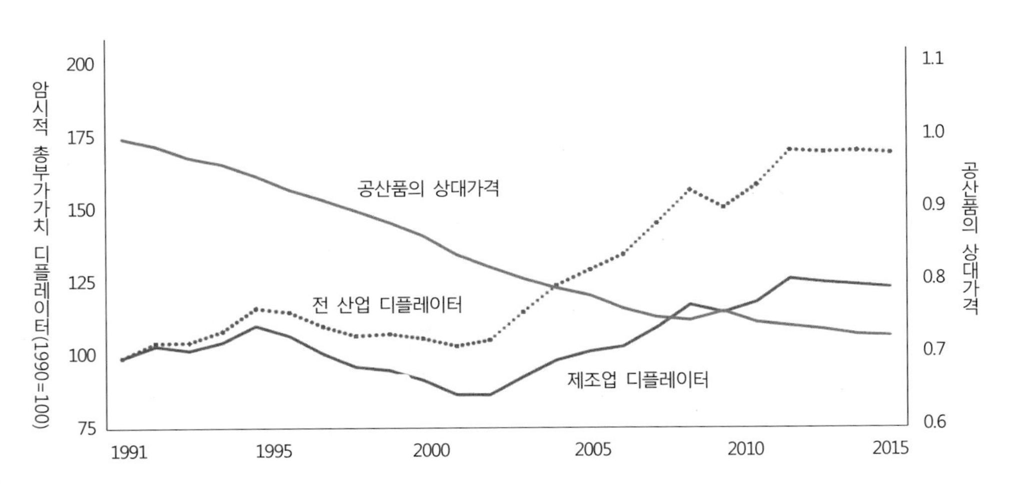

그림 10-20. 공산품의 상대가격 하락 추세, 1991-2015년

㈜: 암시적 총부가가치 디플레이터: 현 시점의 세계 부가가치와 2010년 불변가격 간 비율;
제조업의 상대 가격: 제조업과 전 산업의 디플레이터 간 관계에 따라 산출되었음.
출처: UNIDO(2017), Industrial Development Report 2018, p. 7.

실제로 지난 25년(1991~2015년) 동안 공산품의 가격 변화를 보면 공산품 소비의 특성을 엿볼 수 있다. 시간의 흐름에 따른 가격 변동을 통제(디플레이터)하여 불변가격으로 가격이 일정하다고 전제하는 경우 제조업 부문에서의 부가가치는 지속적으로 성장하고 있는 것으로 나타나고 있어, 세계적인 차원에서 볼 때 탈산업화가 진전되었다고 단정지을 수 없다. 오히려 제조업 부문의 부가가치가 실질 GDP에서 차지하는 비중은 1991년 14.8%에서 2015년 16.0%로 증가했다. 또한 가계 지출 데이터에 따르면 지구촌 사람 1인당 하루에 소비하는 재화의 약 50% 이상이 공산품인 것으로 알려져 있다(UNIDO, 2017). 또한 공산품에 대한 소비는 자국 내 소비뿐만 아니라 외부 수요(해외)가 유발되는 경우 상당한 물량이 수출되면서 자국의 제조업 성장을 촉진시키는 효과를 가져온다(그림 10-20).

한편 2001~2011년 동안 세계 189개 국가를 8개 그룹으로 분류하여 공산품에 대한 수요를 자국 내 수요와 해외 수요로 구분하고, 공산품 소비에 따른 1인당 GDP 성장과 세계 GDP에서 차지하는 비율의 성장을 비교해본 결과 전반적으로 공산품 수요가 증가할수록 GDP 성장도 증가하는 것으로 나타났다. 특히 공산품에 대한 자국의 수요가 GDP 성장을 훨씬 더 추동하는 것으로 파악되었다. 그러나 중국과 같은 수출주도형 제조업 국가의 경우 국내 시장뿐만 아니라 해외 수출시장에서의 수요도 유발시키는 것으로 나타나고 있다. 실제로 2001년 중국이 세계에서 차지하는 GDP 비중은 4.2%에 불과하였으나, 공산품 수요의 급성장으로 인해 2011년에는 세계 GDP의 9.7%를 차지할 정도로 중국의 점유율이 크게 증가하였다. 전환체제 국가들의 경우도 해외 수요로 인해 제조업이 성장하면서 세계 GDP에서 차지하는 비중이 증가하는 추세를 보이고 있다(그림 10-21). 다만 인도의 경우

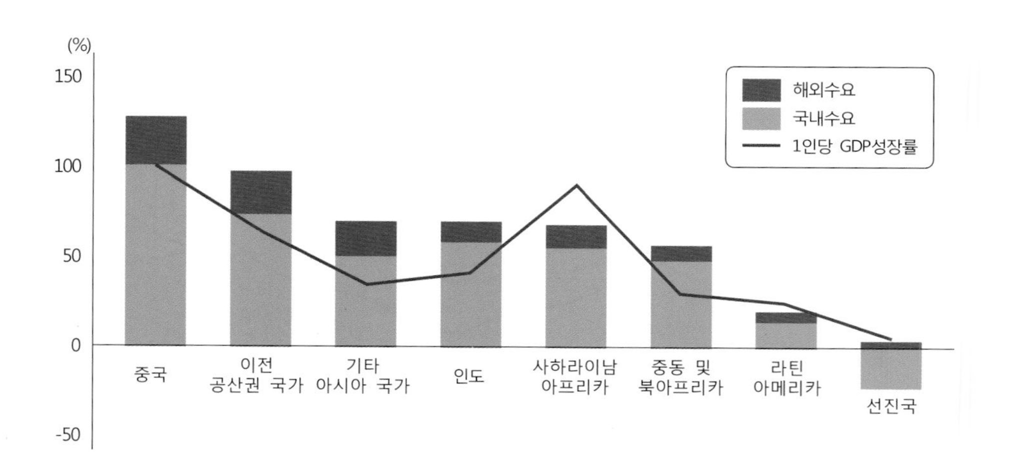

그림 10-21. 제조업 수요 특성과 그에 따른 1인당 GDP 성장률, 2001-2011년

㈜: • 기타 아시아 국가: 동아시아, 남부아시아, 동남아시아 국가들이 포함됨.
• 이전의 공산권 국가: 러시아를 비롯한 동부 유럽 국가들이 포함됨.
출처: UNIDO(2015), Figure 2.11.

예외적으로 1인당 GDP 성장률이 매우 빠르지만, 세계 GDP에서 차지하는 비중의 증가는 미미하게 나타났다. 그러나 선진국의 경우 공산품에 대한 국내 수요가 감소하면서 해외 수요에 기반한 제조업 성장도 매우 둔화되어 1인당 GDP 성장률이 상당히 낮게 나타나고 있다.

한편 공산품에 대한 총 수요와 생산성의 향상은 GDP 성장의 핵심 부문이며, 근로자의 임금은 공산품에 대한 수요를 유발하는 중요한 원동력이라고 볼 수 있다(그림 10-22). GDP가 증가하면 실질 임금의 상승을 가져오게 되며, 임금 소득의 증가는 공산품에 대한 소비에 자극을 주고 이는 다시 GDP 성장과 그에 따른 실질 임금을 높여주는 순환과정을 거치게 된다. 일반적으로 공산품에 대한 수요가 높을수록 실질 임금 상승률도 높아지는 양(+)의 상관관계를 보이는 것으로 알려져 있다(UNIDO, 2017, p. 73).

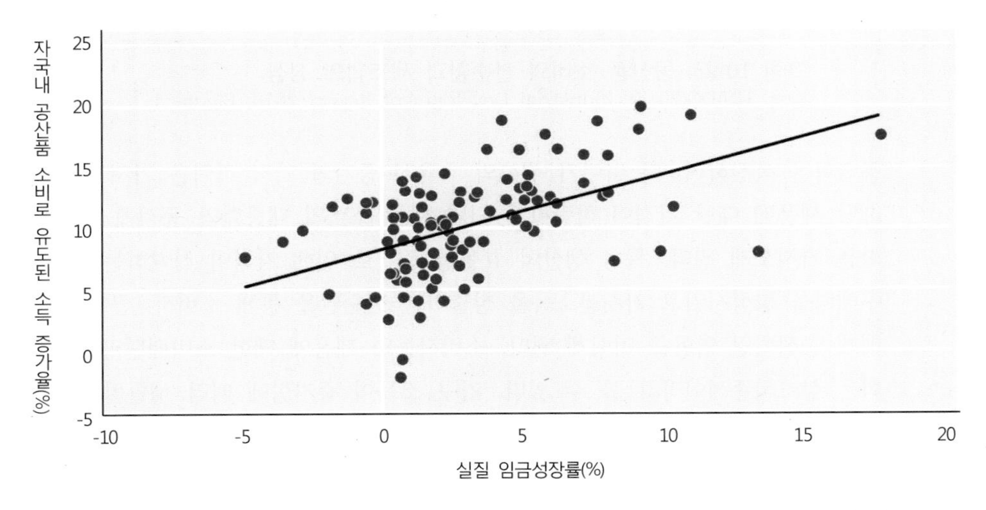

그림 10-22. 실질임금 성장과 자국 내 공산품 소비로 유도된 소득 증가 관계
출처: UNIDO(2017), Industrial Development Report 2018, Figure 3.10.

2) 공산품 소비의 선순환 과정과 공산품 소비의 추동력

소득이 증가하여 공산품에 대한 소비가 늘어나는 경우 공산품에 대한 수요 다변화→ 공산품에 대한 수요 대중화→ 대중화된 제품의 가격 하락을 유도하는 선순환을 가져오는 것으로 알려져 있다. 엥겔 법칙에 따르면 소득이 늘어날수록 생활필수품에 대한 수요보다는 고급스럽고 보다 다양한 제품에 대한 수요가 늘어나게 된다. 이런 경우 만일 제조업체들의 생산 역량이 갖추어져 있다면, 다양해진 소비자들을 위해 상품의 다양화와 함께 새로운 업종도 출현하면서 제조업의 성장을 추동하게 된다(그림 10-23). 특히 공산품에 대한 수요가 늘어나는 경우 기업 간 경쟁이 심화되며, 이에 따라 기업의 확장 및 업종 간

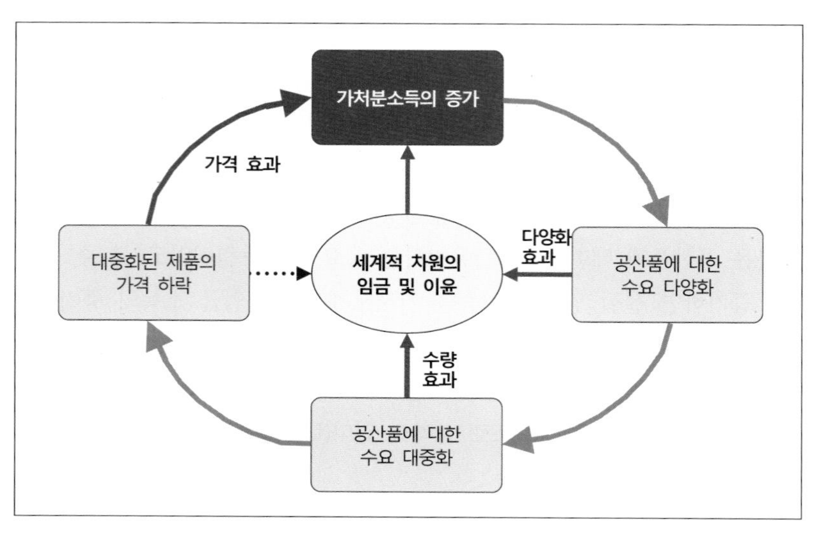

그림 10-23. 공산품 소비의 선순환과 제조업의 성장
출처: UNIDO(2017), Industrial Development Report 2018, Figure 1.

통합화를 촉진하며, 더 나아가 생산의 효율성 증가와 가격 하락을 가져오게 된다. 이렇게 해당 제품에 대한 가격이 하락하게 되면 제품 소비의 대중화와 동시에 판매 시장의 광역화를 가져오게 된다. 특히 생산의 효율성 증가로 인해 가격이 하락하는 경우 소비자들의 구매력을 향상시키고 가처분소득을 창출하는 선순환을 통해 소비자, 근로자, 기업가 모두에게 긍정적인 영향을 미치게 된다. 소비자들의 제품에 대한 소비패턴과 제조업의 구조변화는 상호의존적이라고 볼 수 있다. 가구 소득이 증가함에 따라 생활필수품 위주의 소비에서 점점 더 고급화된 제품에 대한 수요가 증가하면서 신상품 개발 및 창업 기회를 제공하여 시장 경쟁을 유도한다. 고급화된 제품이나 사치품의 경우 생산 초기에는 소수의 고소득층 가구들에게만 접근 가능하게 되지만, 해당 제품에 대한 수요가 늘어날수록 점차 생활필수품으로 인식하게 되며, 따라서 누구나가 다 소비하는 소비의 대중화(massify)를 가져오게 된다. 공산품에 대한 수요의 다양화와 소비의 대중화는 제조업 성장을 추동하는 핵심 요인이라고 볼 수 있다.

공산품에 대한 소비와 소비의 대중화는 전형적인 'S형' 확산 패턴을 따르는 것으로 알려져 있다. 즉, 신상품의 경우 초기에는 일부 소비자들만이 신상품을 구매하지만 점차 더 많은 소비자들로 확산되며, 소비의 대중화가 이루어지게 된다. 그러나 어느 일정수준에 도달하여 포화상태가 되면 더 이상 소비가 늘어나지 않고 거의 수평을 이루게 된다. 선진국과 개발도상국의 경우 특정 제품에 대한 소비패턴을 보면 시기적으로는 차이가 나지만 유사한 소비패턴을 보이고 있다. 특히 개인용 컴퓨터나 스마트폰의 경우 처음에는 일부 계층만 구입하였으나, 소비의 대중화가 이루어지면서 더 이상 사치품이 아닌 생활필수품으로 인식되어 소비가 대중화되어 가고 있다(그림 10-24).

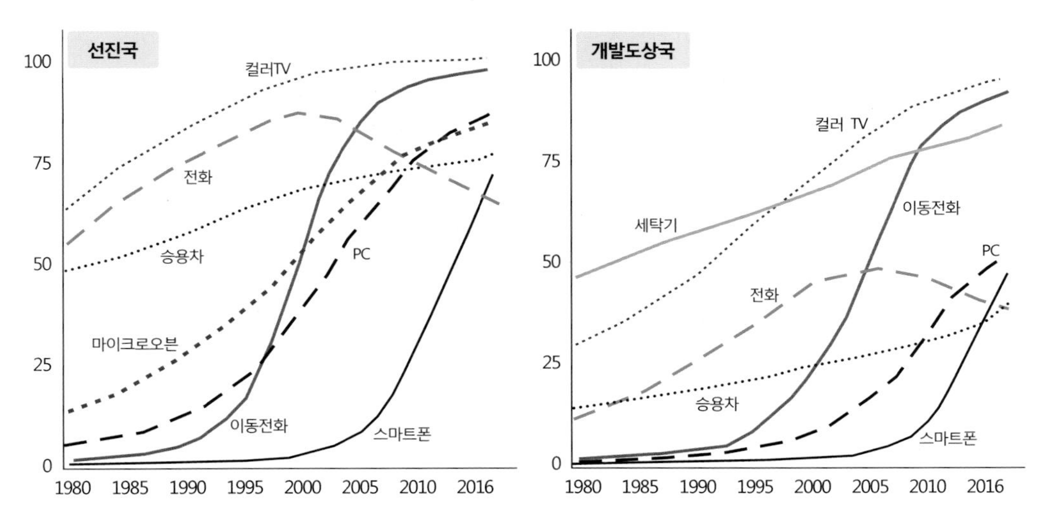

그림 10-24. 선진국과 개발도상국에서의 내구성 공산품 소비의 성장 패턴
출처: UNIDO(2017), Industrial Development Report 2018, Figure 4.

제조업의 구조 변화를 유발하는 촉발요인은 해당 제품에 대한 소비의 포화상태라고 볼 수 있다. 즉, 더 이상 해당 제품에 대한 추가 수요가 나타나지 않는 포화상태에 도달하게 되면 기업은 성장할 수 없게 된다. 따라서 기업들은 가용 자원을 이동하여 새로운 상품을 개발하기 위해 끊임없이 연구개발과 혁신을 수행하고자 한다.

그러나 신제품 생산뿐만 아니라, 기존 제품도 기술개발을 통해 생산성을 향상시키고자 노력한다. 기업 간 경쟁이 심화되는 경우 기업 간 인수·합병을 통해 규모경제의 혜택을 누리면서 가격 하락을 유도하는 경우도 나타나게 된다. 가격이 저렴해지면 더 많은 소비자들에게 제품을 더 많이 공급하게 되며, 이는 해당 제품에 대한 소비의 대중화를 가져오게 된다. 특히 동종기업 간 통합이나 전략적 제휴 등을 통해 신상품의 판로 개척과 가격 하락을 추동하면서 기업들은 지속적인 성장을 하게 된다. 기업이 이러한 전략을 구사하는 경우 소비자들의 구매를 유인할 수 있는 다양한 제품들이 개발되고, 제품의 대중화가 더 빠르게 이루어진다. 소비의 대중화가 나타나게 되면 새로운 기업들이 시장으로 진입하게 되며, 이는 다시 기업 간 경쟁 심화로 기술개발이 이루어져 추가적인 가격 하락의 순환 과정을 밟게 된다. 이와 같이 해당 제품에 대한 수요와 공급 간 긴밀한 상호작용을 통해 소비자들은 품질 좋은 제품을 더 저렴한 가격으로 소비하게 된다(그림 10-25).

이상에서 살펴본 바와 같이 개개인의 가처분소득 증가는 공산품에 대한 수요 증가로 이어지며, 이는 제품의 다양화와 신제품에 대한 수요를 유발한다. 제품에 대한 수요가 증가되는 경우 기업들은 생산성 향상을 통해 소비자들에게 고급 제품(사치품)을 보다 저렴한 가격으로 공급함으로써 소비의 대중화를 추동한다. 특히 연구개발투자로 인해 기업의 생산 효율성을 높이게 되어 제품 가격이 하락하는 경우 제품 소비가 추가적으로 증가하게 된다. 따라서 소비자의 가처분소득의 증가는 더 많은 구매력을 유발하여 이는 궁극적으로 기업의 기술혁신으로 인한 효율성 향상과 그에 따른 제품 가격 하락을 가져와 소비자들의 복지 증진에도 간접적으로 기여할 수 있음을 말해준다(UNIDO, 2017).

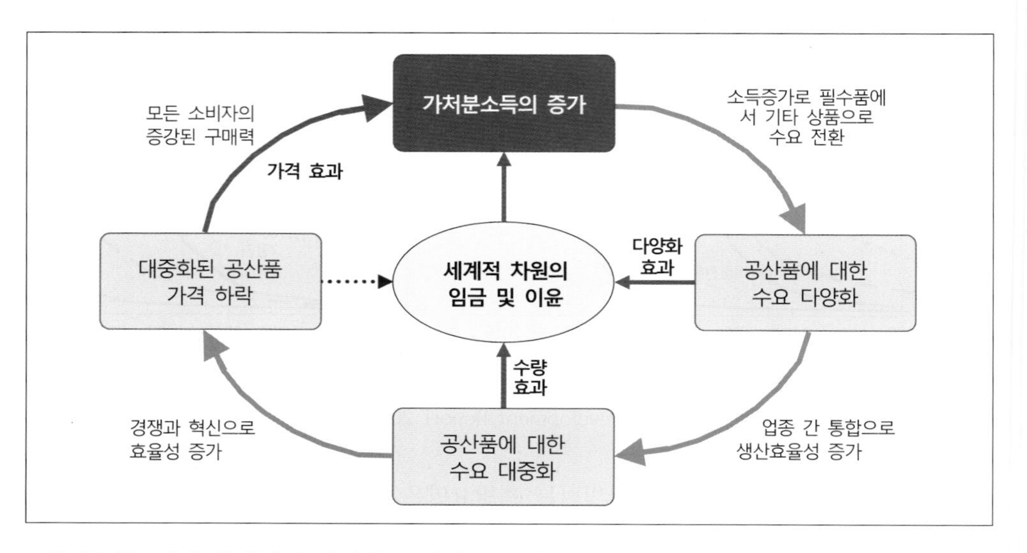

그림 10-25. 세계 경제에서 공산품 소비의 선순환
출처: UNIDO(2017), Industrial Development Report 2018, Figure 6.

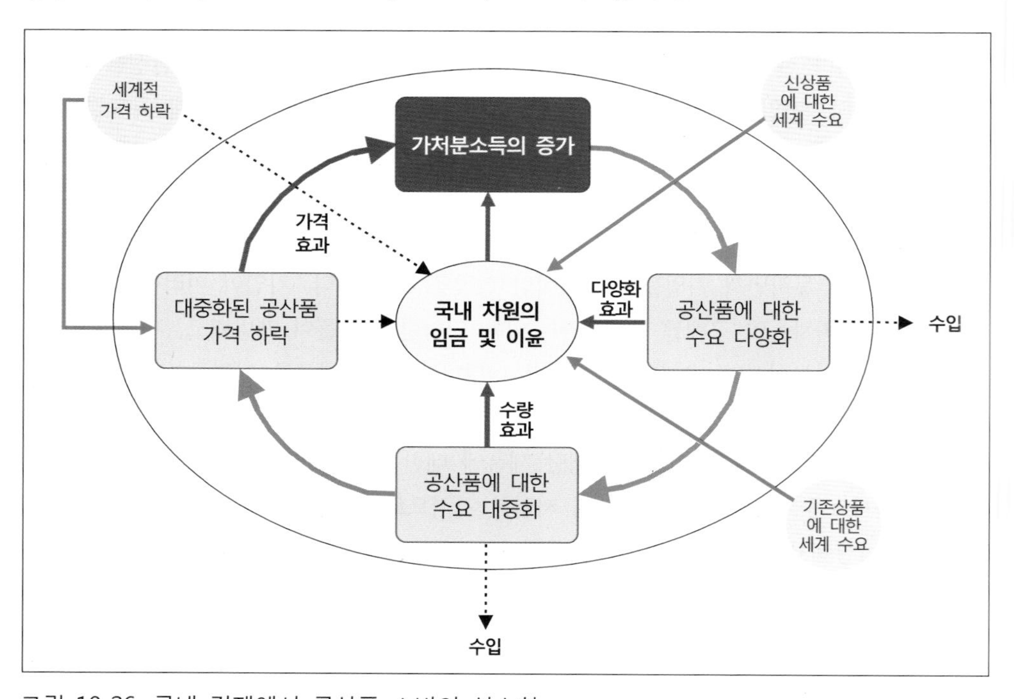

그림 10-26. 국내 경제에서 공산품 소비의 선순환
출처: UNIDO(2017), Industrial Development Report 2018, Figure 7.

그러나 공산품에 대한 소비가 선순환을 가져오기 위해서는 무엇보다도 현지에서 생산된 제품에 대한 수요 증가가 필수적이며, 이러한 수요는 국내시장뿐만 아니라 해외에서의 수요도 포함된다. 그러나 해당 제품에 대한 자국 내 소비가 보다 더 추진력이 있는 동력이 되며, 특히 개발도상국의 경우 생산된 제품에 대한 자국 내 수요가 무엇보다도 중요하다(그림 10-26). 만일 생산된 제품에 대한 자국 내에서의 수요가 충분히 크고 소비가 대중화되는 경우 일반적으로 해당 제품은 경쟁 우위를 누릴 수 있게 된다. 이는 앞에서 기술한 바와 같이 소비의 대중화는 기술혁신을 유도하여 품질이 좋은 제품을 보다 저렴한 가격으로 공급할 수 있는 기업의 역량을 키우기 때문이다. 이와 같이 자국 내에서 수요가 충분히 큰 제품의 경우 해당 제품에 대한 해외 수요도 커지게 되고, 그 결과 제조업 부문에서의 무역도 활발해진다. 이러한 추세는 1990~2000년에 개발도상국에서 가장 두드러지게 나타났으며, 2000년 이후에도 일부 개발도상국가의 경우 국내 수요(내수)가 제조업 성장을 추동하고 이는 제조업 부분의 교역의 성장도 가져오는 것으로 나타나고 있는데, 가장 대표적인 사례가 중국이다. 중국의 경제가 급성장하고 있는 것은 중국 경제가 성장하면서 중국의 내수가 급격하게 성장하였기 때문이라는 견해가 지배적이다.

이렇게 공산품에 대한 소비의 다양화는 제품의 다양화 및 품질 향상뿐만 아니라 해당 제품의 경쟁력을 높여서 제품 수출을 촉진시키고 구매력을 증대시킨다. 최근에 수행된 연구 결과에 따르면 '친환경 상품'에 대한 시장이 확대되면서 지속가능한 공산품 소비의 선

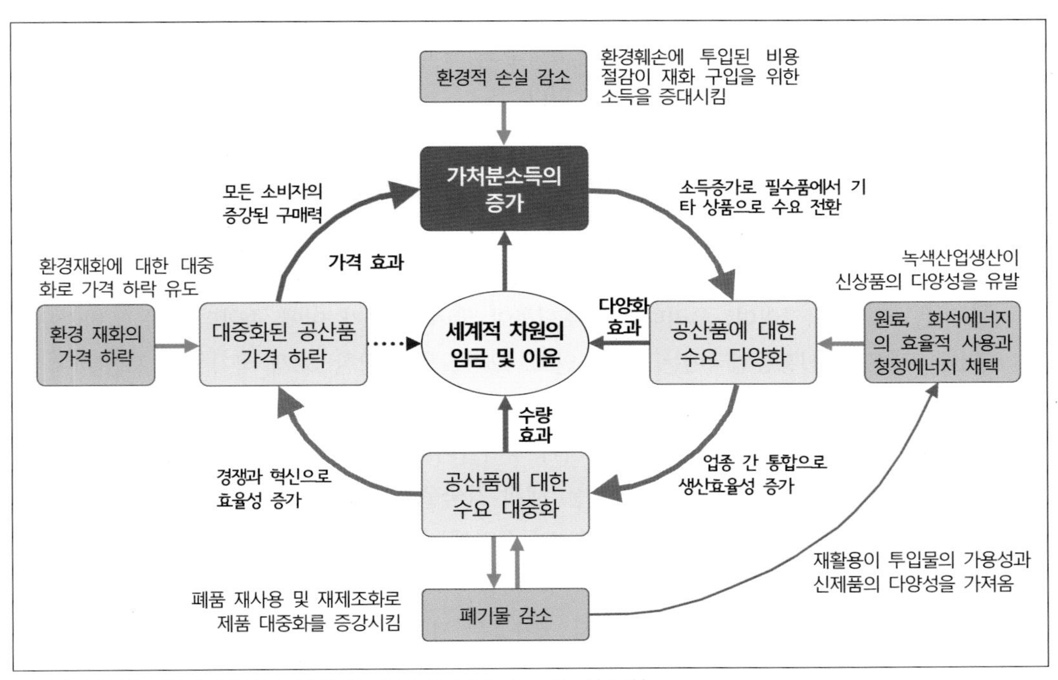

그림 10-27. 환경 친화적 공산품 소비의 지속가능한 선순환

출처: UNIDO(2017), Industrial Development Report 2018, Figure 17.

순환을 가져올 수 있다는 것이다(UNIDO, 2017). 그러나 이는 전적으로 소비자들의 환경 친화적 태도와 신뢰를 통해 친환경 제품(예: 에너지 효율적 제품)을 선택하고 소비하는 것이 무엇보다도 가장 중요하다. 그러나 아직 소비자들이 환경에 대해 심각하게 인지하지 못하고, 친환경 제품 및 비용에 대한 정보 부족(친환경 제품 인증 등)으로 인해 적실한 소비 행태를 하지 못하고 있는 상황이다. 따라서 소비자에게 친환경 제품을 구매하는 경우 이에 대응하는 혜택이 제공되고, 기업들도 생산한 제품에 대한 친환경성(예: 에너지 효율)에 대한 과장된 홍보를 시정하고 기업과 소비자 간에 신뢰 속에서 친환경 제품에 대한 소비가 증가된다면 지속가능한 소비의 선순환도 이루어질 수 있을 것이다(그림 10-27).

3 제조업의 국가 간 기술 격차와 경쟁력 비교

1) 기술 수준에 따른 제조업의 부가가치 격차

경제발전을 이룩하기 위해 산업화는 필수적이며, 산업화 과정을 거치지 않고 경제발전을 이룩하는 것은 거의 불가능하다. 또한 제조업 부문에서 경쟁력이 강한 국가일수록 고도의 경제성장을 누리는 것으로 알려져 있다. 경제의 세계화가 진전되고 국가 간 경쟁이 심화되면서 선진국뿐만 아니라 개발도상국들도 제조업에서의 부가가치 증대 및 경쟁력 강화를 위해 다각적인 노력을 기울이고 있다.

유엔산업개발국(UNIDO)에서는 세계 각국을 산업화된 국가(industrialized countries)와 개발도상국(industrializing countries)으로 구분하고, 개발도상국을 다시 신흥공업국(emerging industrial countries), 기타 개발도상국(other developing countries), 저개발국(least developed countries)으로 세분하고 있다. 산업화된 국가들은 선진국이라고 불리는 고소득국가이며, 우리나라를 포함하여 55개 국가가 이에 속한다(홍콩과 마카오도 이에 포함됨). 신흥공업국에는 중국, 인도, 브라질을 포함한 32개 국가들이 포함된다. 기타 개발도상국에는 주로 아프리카와 라틴 아메리카 국가들로 78개 국가가 포함된다. 저개발국에는 주로 사하라사막 이남 아프리카 국가들이며, 47개 국가가 포함된다.

한편 세계은행(World Bank)에서는 세계 각국을 고소득국가, 중상소득국가, 중하소득국가, 저소득국가로 분류하고 있다. 고소득국가에는 OECD 국가를 포함한 61개국이 포함되며, 중상소득국가에는 칠레, 브라질, 중국 등 48개국이다. 중하소득국가에는 인도, 인도네시아 등 54개국이 포함되며, 나머지 국가들은 저소득국가들이다. 세계 각국을 분류하는 기준이 소득수준이라고 볼 때 소득수준을 결정짓는 중요한 요인은 국가 경쟁력의 원천이라고도 볼 수 있는 기술 수준이라고 간주되고 있다.

2000~2005년 동안 131개 개발도상국을 대상으로 경제성장률과 제조업의 부가가치 성장률 간의 관계를 분석한 결과 제조업 부가가치 성장률이 높은 국가일수록 경제성장률도 높게 나타나는 양(+)의 상관관계가 나타났다(그림 10-28). 특히 이 기간 동안 개발도상국 간 경제성장률 차이의 약 41%는 제조업 부가가치 성장률에 의해 영향을 받은 것으로 나타났다. 또한 소득수준별로 제조업 종사자당 연평균 부가가치 성장률과 1인당 제조업 부가가치 성장률을 비교한 결과 중상소득국가 그룹과 중하소득국가 그룹에서 제조업에서의 성장률이 상당히 높게 나타났다. 뿐만 아니라 제조업 성장률이 높은 국가들의 경우 1980년에 비해 2005년에 1인당 국민소득이 상당히 증가한 것으로 나타나고 있어, 제조업에서의 성장이 국가의 경제성장을 주도하고 있음을 말해준다.

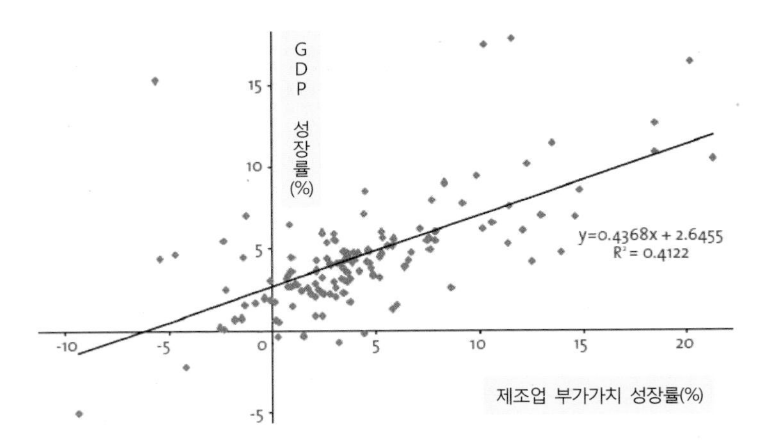

그림 10-28. 개발도상국의 제조업 성장에 따른 GDP 성장률 변화, 2000-2005년

출처: UNIDO(2009), Industrial Development Report, p. 4

1965년 동아시아와 라틴아메리카의 경우 제조업 부문이 GDP에서 차지하는 비율은 약 25%로 거의 유사하였다. 그러나 1980년 동아시아의 경우 제조업이 GDP에서 차지하는 비율은 35%로 증가하였으며, 1990년대에도 30%를 계속 상회하고 있다. 그러나 라틴아메리카의 경우 제조업이 GDP에서 차지하는 비율은 25%로 거의 변화하지 않았다. 2000년대에 들어오면서 이러한 차이는 더욱 커지고 있다. 2000~2005년 동아시아의 경우 제조업이 GDP에서 차지하는 비율은 30%를 상회하는 데 비해 라틴아메리카는 오히려 18%로 낮아졌다. 또한 저개발국인 사하라 사막 이남 국가들의 경우 제조업이 GDP에서 차지하는 비율은 12% 수준이며, 중동과 북아프리카 그리고 남부아시아도 그 비율이 13~15% 수준을 보이고 있다.

동아시아 국가들의 경제성장 패턴에 대하여 Akamatsu(1962)는 처음으로 안행형(flying geese pattern)이라는 용어를 사용하였다. 이는 일본이라는 기러기가 먼저 날아가면 그 뒤를 이어 네 마리 용이라 불리는 홍콩, 싱가포르, 대만과 한국이 따라서 날아가고 있고, 다시 그 뒤를 이어서 인도네시아, 말레이시아, 태국 등 아세안국가와 중국이 따라간다는 것을 지칭하는 것이었다. 이렇게 비유한 것은 동아시아 국가들의 경우 경제성장 패턴이 시차적인 차이를 두고 상당히 유사성을 보이고 있기 때문이다. 동아시아 국가들의 경우 제조업이 GDP에서 차지하는 비중은 세계 전체 평균치보다도 훨씬 높다. 최근 미얀마, 베트남, 캄보디아도 제조업이 GDP에서 차지하는 비중이 20%를 상회하고 있다. 이렇게 동아시아 국가들의 경제성장과 제조업이 GDP에서 차지하는 비중의 증가는 제조업이 성장하고 다양화될수록, 보다 기술집약적인 공산품 수출이 많아질수록 급속한 경제성장을 이루고 있음을 보여주는 실증적 사례이다.

제조업은 다른 산업에 비해 기술혁신이 가장 빠르게 나타나는 산업이다. 제조업에서의 기술수준 향상은 수확체증과 생산성의 향상을 유발하여 경제성장을 가져오는 원동력으로 평가되고 있다. 유엔산업개발국에서는 1975~2000년 동안 공산품의 기술수준의 세련도를 기준으로 기술수준이 낮은 공산품과 기술수준이 높은 공산품을 생산하는 국가들의 경제성장과 제조업 부가가치 증가율을 비교하였다.

먼저 공산품의 기술수준 세련도(sophistication)를 평가하기 위한 지수로 P-soph를 산출하였다. P-soph는 각 국가의 1인당 GDP에 생산 강도(production intensity) 가중치를 곱한 것이다. 여기서 생산 강도란 세계 총 제조업 부가가치에서 해당국가의 제조업 부가가치가 차지하는 비중을 말한다. 일반적으로 P-soph 지수가 높을수록 고소득국가이며, 이 지수가 낮을수록 저소득국가라고 볼 수 있다. 제조업 부문에서 기술수준 세련도 기준을 보면 1995년의 경우 P-soph 지수가 13,500달러 이상이면 세련도 수준이 높으며, 10,000~13,500달러는 중간수준, 그리고 10,000달러 미만이면 낮은 수준으로 분류하였다. 이렇게 소득수준별로 각 국가들을 그룹화한 후, 기술수준의 세련도가 과연 제조업 성장의 견인차 역할을 하고 있는지, 더 나아가 경제성장을 주도하는가를 실증 분석하였다.

그 결과 급성장하는 중소득국가의 경우 세계 평균수준에 비해 기술수준 세련도가 낮은 제품의 생산 강도를 줄이면서 기술수준 세련도가 보다 높은 제품으로의 생산 강도를 높이고 있는 것으로 나타났다. 뿐만 아니라 급성장하는 중소득국가의 경우 세계 평균수준의 약 60% 정도까지 기술수준 세련도가 높은 제품으로의 생산 강도를 보이고 있는데, 특히 전자기계 제품에서 이러한 경향이 두드러지게 나타났다. 반면에 저성장하는 저소득국가 또는 저성장하는 중소득국가의 경우 기술수준 세련도가 낮거나 중간 수준의 제품 생산의 집약도를 높이면서 오히려 반대방향으로 이동하는 것으로 나타났다. 반면에 급성장하는 저소득국가의 경우 기술수준의 세련도가 높은 제품의 생산 강도를 높이면서 다양화하는 경향을 보였다(그림 10-29).

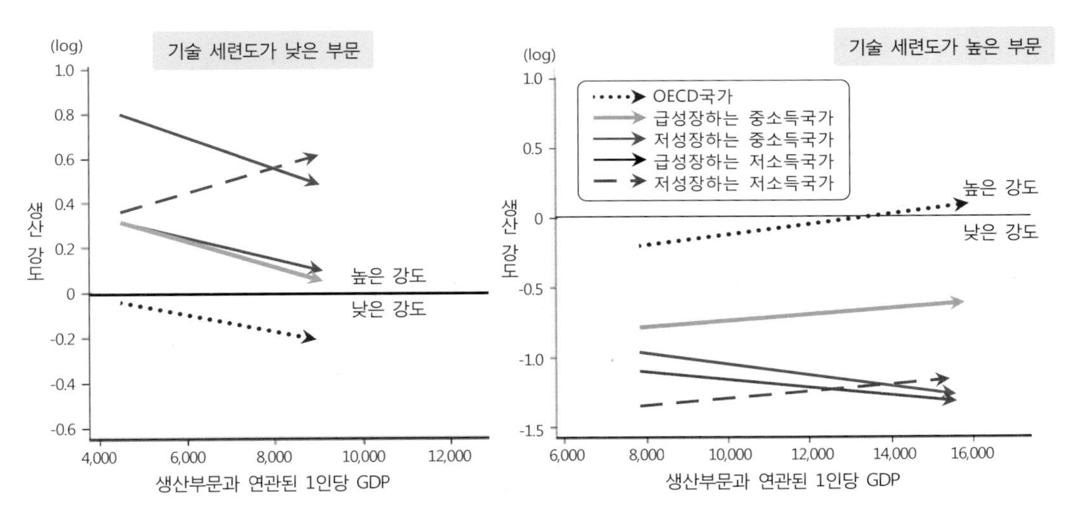

그림 10-29. 소득수준별 국가 간 기술수준의 복잡도와 제품의 생산 강도 비교

㈜: Y축은 생산 강도를 대수화시킨 것으로, 0은 세계 평균치임. 0.5는 세계 평균치의 165%를 말하며, -0.5는 세계 평균치의 61%에 해당된다. X축은 생산부문의 P-soph 지수임.

출처: UNIDO(2009), Industrial Development Report, p. 17.

이러한 경향을 모델화하면 소득이 높아지고 급성장하는 국가일수록 점점 더 세련도가 높은 기술수준을 요구하는 제품들을 생산하는 반면에 소득이 낮고 저성장하는 국가일수록 기술수준이 낮은 제품에 대한 전문화를 보이는 경향이 있음을 시사해준다(그림 10-30).

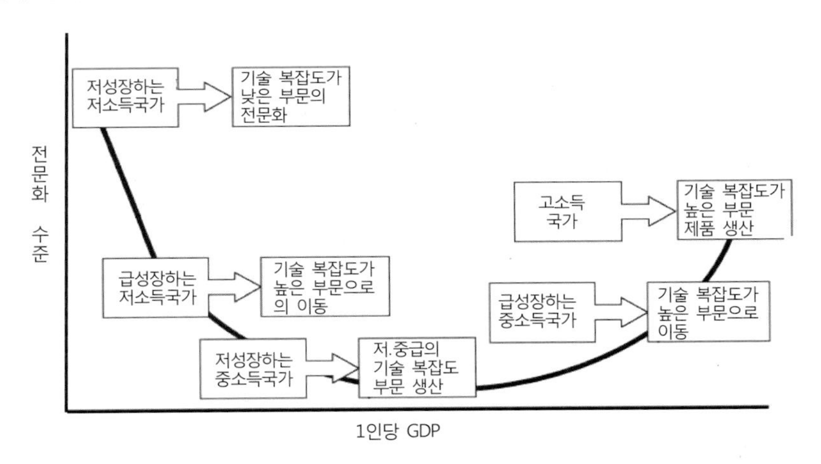

그림 10-30. 1인당 GDP와 U자형의 산업 전문화와 기술수준 복잡도 간의 관계

출처: UNIDO(2009), Industrial Development Report, p. 18.

한편 선진국의 탈산업화와 함께 신흥공업국의 급속한 성장으로 인해 1995~2007년 동안 개발도상국의 제조업 성장률은 4.7%로 상당히 높게 나타났다(선진국은 같은 기간에 2.6%를 나타냄). 그러나 선진국과 개발도상국의 제조업 성장의 촉발 요인은 상당히 다르

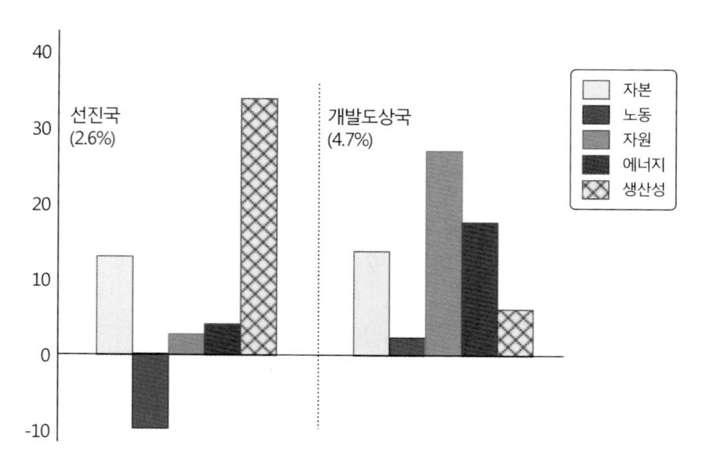

그림 10-31. 선진국과 개발도상국의 제조업 성장을 가져온 요인 비교
출처: UNIDO(2016), Industrial Development Report, Figure 1.12.

게 나타나고 있다. 선진국의 경우 생산성 향상을 통해서 제조업 성장이 이루어졌다. 특히 노동량을 감소시키고 자원을 절약하는 기술개발을 통해 투입요소를 추가하지 않고도 생산량을 증가시켰다. 반면에 개발도상국의 경우 제조업 생산량 증가에 기여한 요인들은 천연자원, 에너지, 자본 투자 순으로 나타났다(그림 10-31). 선진국과 비교해 볼 때 개발도상국의 경우 노동력을 투입하여 일자리를 증가시키지만, 자원과 에너지 투입이 많기 때문에 제조업 생산의 지속가능성 측면에서 볼 때 선진국에 비해 다소 불리함을 시사해준다.

지난 20여년 동안 제조업은 자원 중심의 저기술 업종에서 기술 중심의 첨단업종으로 구조적 변화를 겪어왔다. 특히 신기술 개발이 활발하게 이루어지면서 2015년 기술집약적 업종이 제조업 전체 부가가치에서 차지하는 비중은 44.7%로 나타났다. 선진국의 경우 첨단업종에서의 부가가치 점유율은 2005년 78.5%에서 2015년 65.4%로 다소 감소하였으나 여전히 세계 첨단업종에서 창출되는 부가가치의 약 2/3를 차지하고 있다(표 10-6). 개발도상국도 2005~2015년 동안 첨단업종에서의 부가가치가 약 2배 증가하여 첨단업종에서 창출되는 제조업 부가가치 점유율은 2005년 21.5%에서 2015년 34.6%로 증가하였다.

특히 각 국가별로 상위 또는 중위수준의 업종(첨단산업)이 창출하는 부가가치 비중을 비교해보면 매우 대조적으로 나타나고 있다. 미국과 유럽 선진국가들의 경우 첨단산업이 창출하는 부가가치 비중이 상당히 높게 나타나고 있다. 그러나 개발도상국뿐만 아니라 신흥공업국의 경우도 첨단산업에서 창출하는 부가가치 비중은 선진국에 비해 낮은 편이다(그림 10-32).

표 10-6. 선진국과 개발도상국의 기술수준에 따른 제조업의 부가가치 기여도의 변화

(단위: %)

구분	2005년			2010년			2015년		
	저기술	중저기술	중고, 첨단	저기술	중저기술	중고, 첨단	저기술	중저기술	중고, 첨단
세계	30.8	27.0	42.2	29.8	26.3	43.9	29.0	26.3	44.7
선진국	28.6	25.6	45.8	27.4	24.3	48.3	26.1	24.1	49.9
개발도상국	36.4	30.8	32.8	34.0	29.9	36.1	33.2	29.5	37.3
신흥공업국	35.0	30.8	34.2	32.6	29.7	37.7	31.4	29.9	38.8
기타 개발도상국	45.3	31.4	23.4	43.7	32.6	23.8	46.2	26.9	26.9
저개발국	61.4	25.9	12.7	70.2	20.8	9.0	73.3	19.4	7.3

출처: UNIDO(2017), Industrial Development Report 2018, Table 7.6.

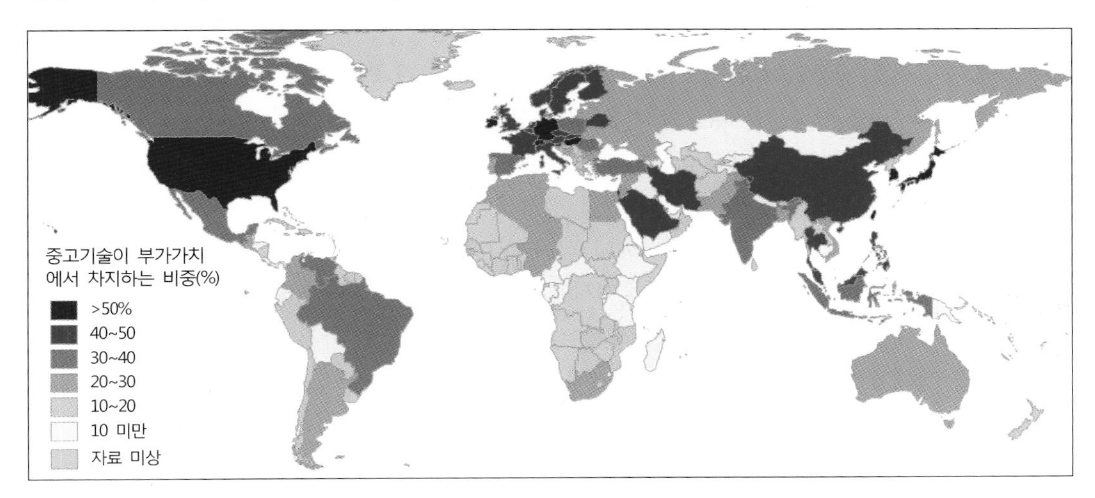

그림 10-32. 각국의 제조업 부가가치에서 중고 기술이 차지하는 비중
출처: https://www.unido.org/data1/Statistics/Research/cip.html.

2) 선진국과 개발도상국 간 제조업의 전·후방연계

제조업의 경우 업종 간에 상당히 많은 연관관계를 가지고 있다. 업종 간 연관관계가 강하게 나타나는 경우 특정한 업종의 성장은 이 업종과 연관성을 갖고 있는 다른 업종에도 파급효과를 가져오게 된다. 이러한 경제적 파급효과를 연관효과라고 지칭하며, 연관효과는 크게 전방효과와 후방효과로 구분된다.

후방효과(backward linkage)는 특정한 업종의 성장이 그 산업에 투입되는 중간재를 생산하는 업종의 성장을 유발하는 효과를 말한다. 대표적인 예로 자동차산업을 들 수 있다. 자동차를 생산하기 위해서는 많은 부품을 필요로 하게 되며, 따라서 자동차산업의 성장은 부품산업 성장에 긍정적인 영향을 미치게 되는데, 이를 후방효과라고 한다. 마찬가지로 제철을 생산하기 위해 철광석과 석탄 등의 원료를 필요로 하게 되므로, 제철산업의

성장은 철광석산업과 석탄산업 성장에 긍정적 영향을 주는 후방효과를 주게 된다. 그러나 후방효과가 큰 업종의 성장과 침체는 연관성이 큰 관련된 다른 업종들의 성장과 침체에도 지대한 영향을 주게 된다.

한편 전방효과(forward linkage)는 특정한 업종의 성장이 해당 업종의 생산물을 중간재로 투입하는 다른 업종을 성장시키는 효과를 말한다. 전방효과는 석유제품, 기초화학제품 등을 생산하는 기초 원자재 업종들에서 잘 나타난다. 또한 제철산업의 경우도 자동차산업이나 가전제품 산업 등에 중간재로 사용되기 때문에 제철산업의 전방효과도 상당히 크다고 볼 수 있다. 원자재산업과 같이 전방효과가 큰 산업이 규모경제, 기술혁신, 경영합리화 등을 통해 제품 가격을 인하하게 되면 이를 중간재로 투입하는 다른 산업들의 생산원가도 크게 절감되어 산업 전반적으로 경쟁력 향상에 기여하게 된다. 반면에 여러 산업에 중간재로 사용되어 전방효과가 큰 산업의 경우 경기 변동에 크게 영향을 받기 때문에 전방효과가 큰 제품들은 수요의 변동 폭이 상대적으로 크다고 볼 수 있다.

이와 같은 업종 간 연관효과는 국가 내에서 뿐만 아니라 국가 간에도 나타날 수 있다. 제조업의 세계화가 진전되면서 국가 간 제조업 교역이 활발하게 이루어지면서 국가 간 연관효과가 점차 강화되고 있으며, 해당 국가에서 창출되는 제조업 부가가치의 상당 부분이 다른 국가들과의 연계에 의해 이루어지고 있다. 특히 제조업의 경우 최종 산출물을 생산하기 위해 투입되는 원료 및 중간재를 상당히 많이 필요로 하기 때문에, 해당 국가의 제조업 생산이 다른 국가의 제조업 생산에 미치는 경제 효과도 전방효과와 후방효과로 구분될 수 있다.

한 국가의 특정 업종에서 생산 증가가 나타나는 경우 그 업종의 생산에 필요한 중간재나 원료를 공급하는 다른 국가의 제조업에 영향을 미치는 후방효과를 가져오게 된다. 산업연관표(업종 간 투입-산출표)를 바탕으로 글로벌 생산 시스템에서의 후방연계를 통해 각 국가의 제조업 최종 산출물의 부가가치가 어디로부터 발생하는가를 파악할 수 있다. 1990년과 2011년 시점에서 국가 간 제조업의 교역을 통해 나타나는 후방효과를 보면 그림 10-33과 같다. 북미, 서부 유럽, 동아시아의 세 지역에서 세계 제조업 생산의 대부분을 차지하고 있으며, 이들 지역에서의 세계 전체 제조업 생산량에서 차지하는 비율은 1990년에는 약 80%였으며, 2011년에는 73%를 차지하고 있다. 두 시기를 비교해보면 동아시아 지역의 제조업 생산량이 다소 증가한 것으로 나타나고 있다. 이들 지역의 경우 제조업 최종 산출물의 거의 대부분은 자국 내에서 창출된 부가가치이며, 전체 제조업 부가가치의 10%(1990년), 또는 15%(2011년)만이 다른 지역으로부터 수입한 중간재로부터 창출된 부가가치이다.

반면에 아프리카와 동남아시아의 경우 다른 지역으로부터 수입한 중간재 투입에 의해 부가가치의 상당 부분이 창출된 것으로 나타나고 있다. 2011년에는 사하라사막 이남 아프리카 국가들에서의 제조업 부가가치는 서부 유럽, 북미, 동아시아 국가들로부터의 중간재 수입에 따른 후방연계에 의해 창출되었음을 말해준다. 라틴아메리카와 남부아시아의 경우 자국 내에서 부가가치를 창출하지만 그 규모는 매우 작으며, 중간재 수입으로부터 창출된 부가가치 비중도 작은 편이다.

1990년 시점의 경우 전반적으로 개발도상국의 경우 북미, 유럽, 동아시아 지역들과의 후방연계가 강하게 나타나고 있는 가운데 서부 유럽의 경우 다른 여러 지역들과의 후방연

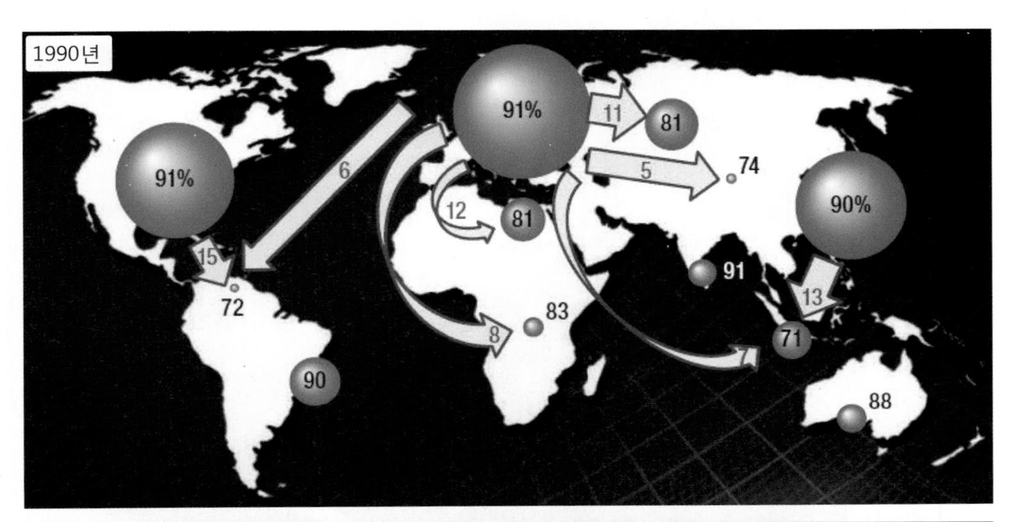

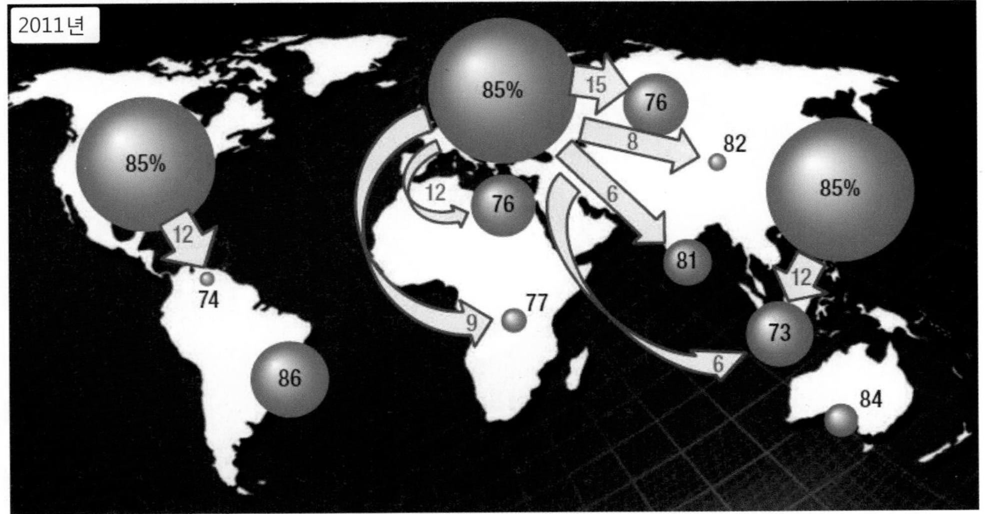

그림 10-33. 제조업 부가가치 창출을 유발하는 후방연계

㈜: 화살표는 제조업 최종 산출물을 생산하는 과정에서 창출된 부가가치가 발생한 목적지를 나타낸 것이며, 원의 면적은 총 부가가치 규모임; 원 안(또는 원 옆)에 있는 숫자는 해당지역에서 창출된 부가가치 비율을 나타낸 것으로, 화살표 안의 숫자는 후방연계를 통해 창출된 부가가치 비율로 5% 이상만의 거래를 나타내었음.

출처: UNIDO(2015), Industrial Development Report, Figure 2.17 & Figure 2.18.

계를 통해 중간재를 수출하고 있다. 북미는 주로 남미, 그리고 동아시아는 주로 동남아시아로 중간재를 수출하여 후방연계를 가지고 있다. 그러나 2011년 시점의 경우 개발도상국의 부가가치 창출에서 북미와 동아시아에 대한 의존도는 약간 감소되고 있으며 자국 내에서의 부가가치 창출 비중이 증가하고 있다.

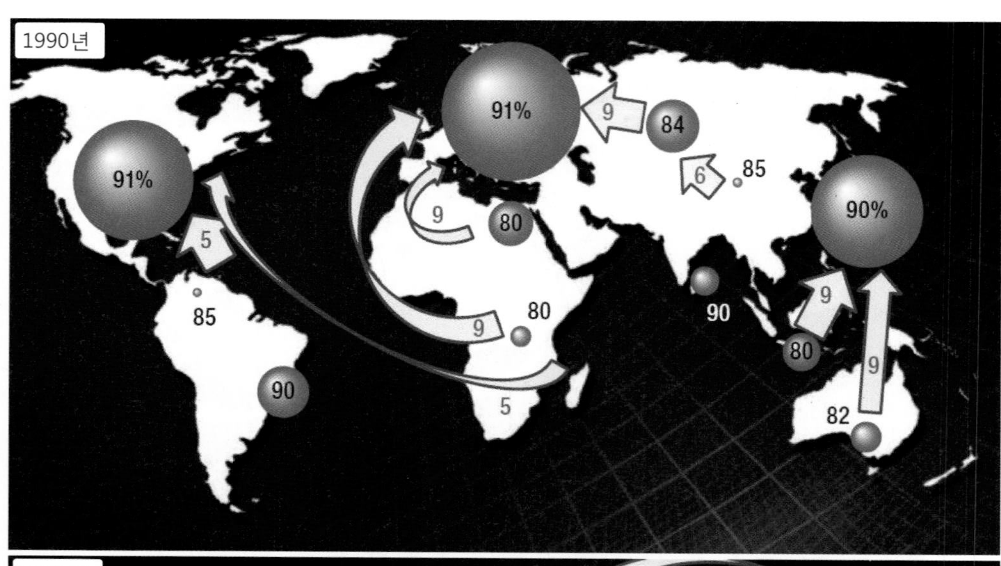

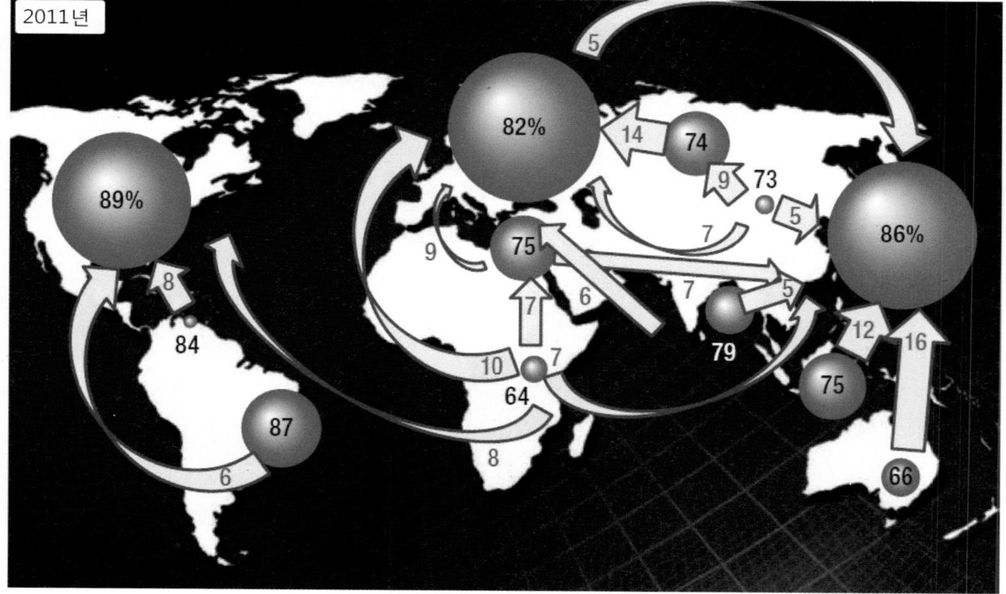

그림 10-34. 제조업 부가가치 창출을 유발하는 전방연계

㈜: 화살표는 제조업의 최종산출물을 생산할 때 창출된 부가가치가 발생한 출발지를 나타낸 것이며, 원의 면적은 총 부가가치 규모임: 원 안(또는 원 옆)에 있는 숫자는 창출된 부가가치 비율을 나타낸 것이며, 화살표 안의 숫자는 전방연계를 통해 창출된 부가가치의 비율을 나타낸 것임.

출처: UNIDO(2015), Industrial Development Report, Figure 2.19 & Figure 2.20.

한편 전방효과는 한 국가의 특정 업종의 성장이 그 생산물을 중간재로 투입하는 다른 국가의 제조업을 성장시키는 효과로, 예를 들면 한 국가의 제철산업의 성장은 다른 나라의 제철을 중간재로 투입하는 조선업, 제강업, 건설업, 자동차산업의 성장을 가져오는 효과이다. 만일 중간재 가격이 인하되는 경우 중간재를 수입하여 생산하는 전방효과가 강한 국가의 제조업 성장에 긍정적인 영향을 가져온다. 제조업의 전방효과를 나타낸 그림 10-34를 보면 제조업 부가가치 창출이 자국 내에서 이루어진 것인지, 또는 수출을 위한 중간재 생산에서 창출된 것인지를 보여준다. 후방연계와는 달리 개발도상국들의 제조업 부가가치 창출은 다양하게 나타나고 있다. 2011년 사하라사막 이남 아프리카 국가들의 경우 제조업 부가가치 창출은 서부 유럽, 북미, 북아프리카, 동아시아로의 중간재 수출에 기인하고 있다. 북아프리카와 중동 및 중앙 아시아도 서부유럽, 북미, 동아시아로의 중간재 수출에 상당히 의존적이다. 그러나 사하라사막 이남 아프리카와 오세아니아의 경우 중간재 수출로 창출되는 부가가치 비중은 1990년에 비해 2011년에 16%로 감소하였고, 남부 아시아, 중앙아시아 및 동유럽도 그 비율이 10% 이상 감소되었다.

국가 간 제조업 교역을 통해 중간재 및 최종 산출물 부가가치가 가장 크게 증가한 지역은 동아시아이다. 2011년 세계 제조업 부가가치의 1/4이 동아시아에서 창출되었음을 원의 크기를 비교해보면 잘 알 수 있다. 특히 동아시아와 전방연계를 갖고 있는 7개 지역의 경우 부가가치 창출을 위한 동아시아 국가들에 대한 의존도가 상당히 높게 나타나고 있다. 그러나 전반적으로 제조업의 글로벌 공급체인은 북미, 서부 유럽 및 동아시아가 주도하고 있다. 사하라사막 이남 아프리카의 경우 전후방 연계를 통해 제조업의 부가가치가 창출되고 있으나, 이들이 세계 제조업 부가가치에서 차지하는 비율은 1990~2011년 동안 0.13% 증가하는 데 그치고 있다.

3) 제조업의 국가별 경쟁력 비교

유엔산업개발국(UNIDO)에서는 제조업경쟁력지수(CIP: competitive industrial performance index)를 산출하여 매년마다 국가별로 제조업 경쟁력을 비교하고 있다. 제조업 경쟁력 지수는 각 국가의 제조업 경쟁력을 단적으로 보여주는 지표라고 볼 수 있다. 가장 최근에 발표한 2015년 제조업 경쟁력 지수는 148개국(이들 국가가 전 세계 제조업 수출 및 부가가치의 99%를 차지하고 있음)을 대상으로 하였다.

제조업경쟁력지수는 크게 세 영역으로 구성되어 있다. 첫 번째 영역은 각 국가의 제조업 역량(industrial capacity)을 나타내는 것으로 제조업 생산과 수출 역량(1인당 제조업 실질 부가가치, 제조업 수출능력을 나타내는 1인당 제조업 수출액)을 나타낸 것이다. 두 번째 영역은 제조업에서의 기술 개발과 기술 진보를 나타내는 영역으로, 제조업 강도를 측정하는 지표로 기술수준이 높은 제조업종이 차지하는 부가가치 비중과, 수출의 질적 수준을 나타내는 제조업 수출 비중, 그리고 기술수준이 높은 제조업종이 차지하는 수출 비중 지표들을 표준화하여 산출한다. UNIDO에서는 제조업을 자원기반 제조업, 저기술 제조업, 중기술 제조업, 고기술 제조업으로 분류하고 있으며, 총 수출은 서비스 수출을 제외한 상품 수출만을 대상으로 하고 있다. 세 번째 영역은 해당 국가의 제조업이 세계 경제에 미치는 영향력을 측정하는 것으로, 해당 국가의 제조업 부가가치가 세계 제조업 부가가치에서 차지하는 비중 및 해당 국가의 제조업 수출이 세계 제조업 수출에서 차지하는 비중을 통해 산출한다(그림 10-35).

우리나라의 제조업경쟁력지수 순위를 보면 1980년 107개국 가운데 23위를 차지하던 것이 1990년에는 108개국 가운데 18위를, 2000년에는 155개국 가운데 11위, 2005년에는 122개국 가운데 9위를 차지하면서 계속 상승하였다. 2013년에는 독일, 일본 다음으로 3위까지 올라갔으나, 2015년에는 148개국 가운데 5위를 차지하였다. 우리나라보다 제조업 경쟁력이 높은 국가들은 독일, 중국, 일본, 미국이다. 이와 같이 우리나라 제조업 경쟁력은 세계적 수준이라고 볼 수 있으며, 그동안 제조업 경쟁력을 높이기 위한 노력이 상당히

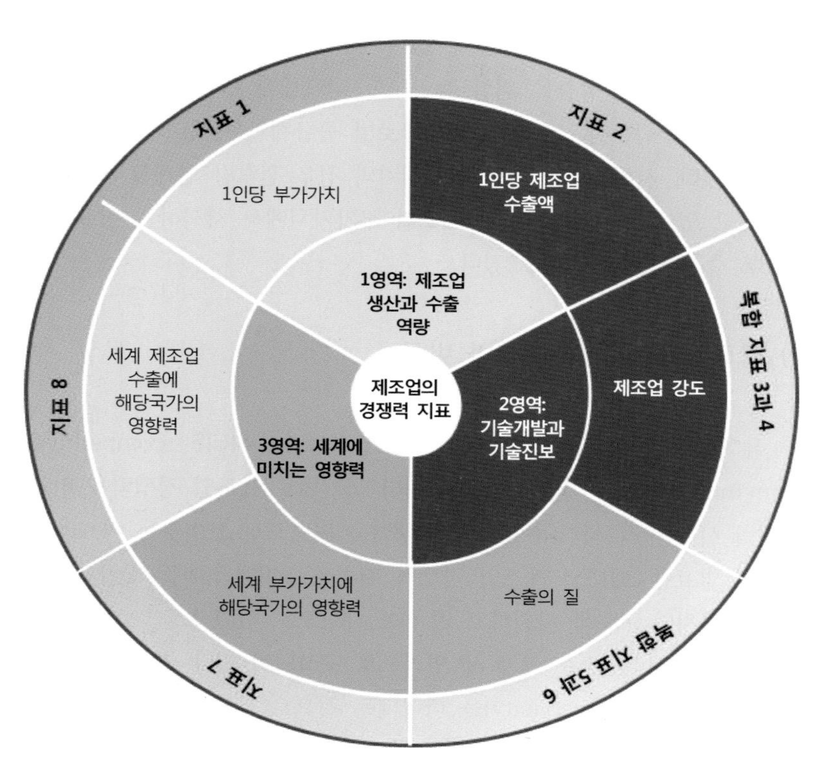

그림 10-35. 제조업 경쟁력 지수 구성부문 및 측정 지표
출처: UNIDO(2017), Industrial Development Report 2018, Figure 8.1.

이루어졌음을 보여주는 좋은 사례이다. 독일, 일본, 미국, 한국, 중국 5개국이 세계 제조업 부가가치의 58%를 차지하고 있다. 독일은 제조업 부문에서 세계에서 가장 경쟁력 있는 국가로 지난 10여년 동안 계속 선두를 지키고 있다. 독일의 경우 제조업경쟁력지수 3개 영역 모두에서 최고 점수를 받았다. 독일은 세계 제조업 교역의 약 10%를 차지하며, 세계 첨단기술 업종에서 창출되는 부가가치의 약 5%, 첨단제품 수출의 74%, 부가가치로는 64%를 차지하고 있다. 특히 독일의 경우 1995~2015년 동안 첨단업종에서의 부가가치 창출이 연평균 1.1% 증가율을 보이면서 성장하였다. 그 결과 2015년에는 첨단업종에서 창출되는 부가가치 비중이 61.0%를 차지하고 있다(표 10-7).

한편 중국의 제조업경쟁력지수 순위를 보면 2000년에 31위였으나, 2005년에는 26위로, 2013년에는 5위로 크게 상승하였고, 2015년에는 우리나라를 제치고 3위를 차지하였다. 중국의 제조업 경쟁력 성장속도는 유례를 찾아보기 힘들다. 세계 최대 공산품 생산국이자 수출국인 중국은 세계 제조업 무역의 18.4%, 세계 제조업 부가가치의 23.5%를 차지하며, 중국 총 수출량의 97%가 공산품이다. 그러나 급속한 경제성장에도 불구하고 워낙 인구수가 많아서 1인당 제조생산 및 1인당 제조업 수출은 상당히 뒤쳐진 편이다.

표 10-7. 제조업 경쟁력지수로 본 세계 상위 15위 국가

순위	국가명	경쟁력 지수	국가명	경쟁력 지수
		2005년		2015년
1	싱가포르	0.890	독일	0.541
2	아일랜드	0.689	일본	0.406
3	일본	0.679	중국	0.401
4	스위스	0.659	미국	0.394
5	스웨덴	0.603	한국	0.393
6	독일	0.602	스위스	0.339
7	핀란드	0.594	벨기에	0.288
8	벨기에	0.581	네덜란드	0.284
9	한국	0.575	싱가포르	0.282
10	대만	0.555	이탈리아	0.281
11	미국	0.533	프랑스	0.278
12	오스트리아	0.528	아일랜드	0.272
13	홍콩	0.500	대만	0.269
14	슬로베니아	0.486	영국	0.236
15	영국	0.474	오스트리아	0.236

출처: UNIDO(2009), p. 118 & UNIDO(2017), Table 8.2.

지난 25년 동안 제조업 경쟁력 상위 그룹(30개 국가)을 대상으로 하여 제조업경쟁력지수가 상승된 국가들과 하락한 국가들을 비교해보면 흥미로운 점을 발견할 수 있다(그림 10-36). 제조업경쟁력 지수가 크게 상승한 국가는 중국과 폴란드이다. 폴란드는 52위

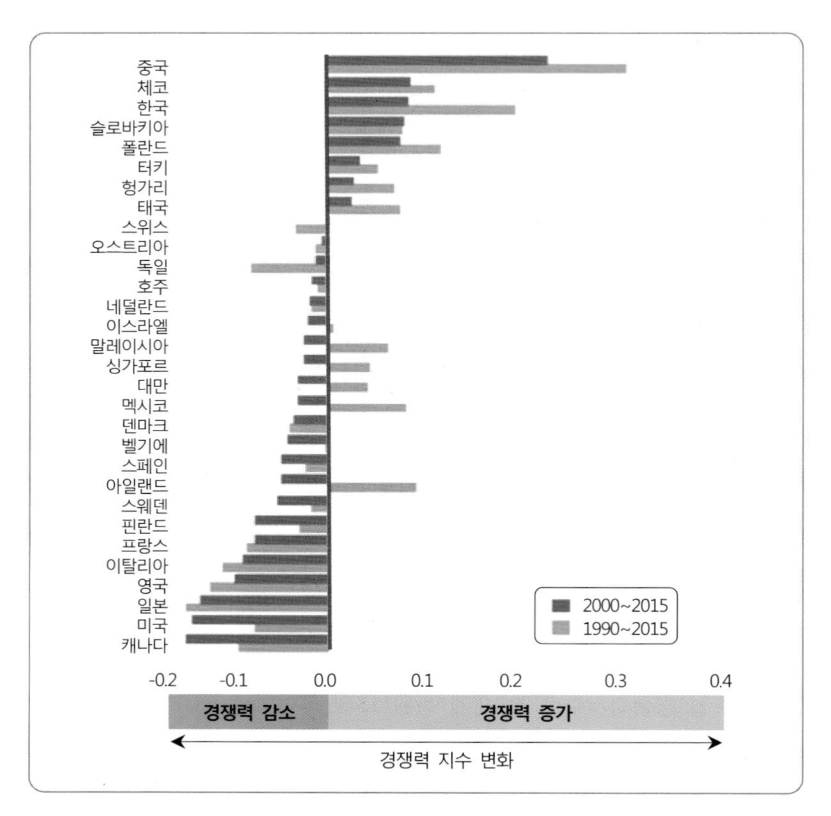

그림 10-36. 제조업 상위 30위 국가들의 제조업경쟁력 지수 변화
출처: UNIDO(2017), Industrial Development Report 2018, Figure 8.2.

에서 23위로, 중국은 32위에서 3위로 급상승하였다. 그 밖에도 체코, 슬로바키아, 터키, 태국, 멕시코, 말레이시아 등은 제조업경쟁력 지수가 상승하였다. 반면에 영국, 이탈리아, 캐나다, 핀란드, 호주 등은 제조업경쟁력 지수가 하락하였다. 미국의 경우 2008년 세계 금융위기를 겪으면서 10위 밖으로 물러났으나, 다시 경쟁력을 회복하고 2013년에는 4위, 2015년에도 4위를 유지하고 있다. 독일과 일본은 지속적으로 1위와 2위를 지키고 있다.

한편 2015년 148개 국가들의 제조업경쟁력 지수의 분포를 보면 선진국과 신흥공업국, 개발도상국 간에 대조를 보이고 있다. 서부 유럽, 미국, 동아시아 국가들의 제조업경쟁력 지수는 상대적으로 높게 나타나는 반면에 아프리카, 라틴아메리카, 동남아시아 국가들의 제조업경쟁력 지수는 매우 낮게 나타나고 있다(그림 10-37).

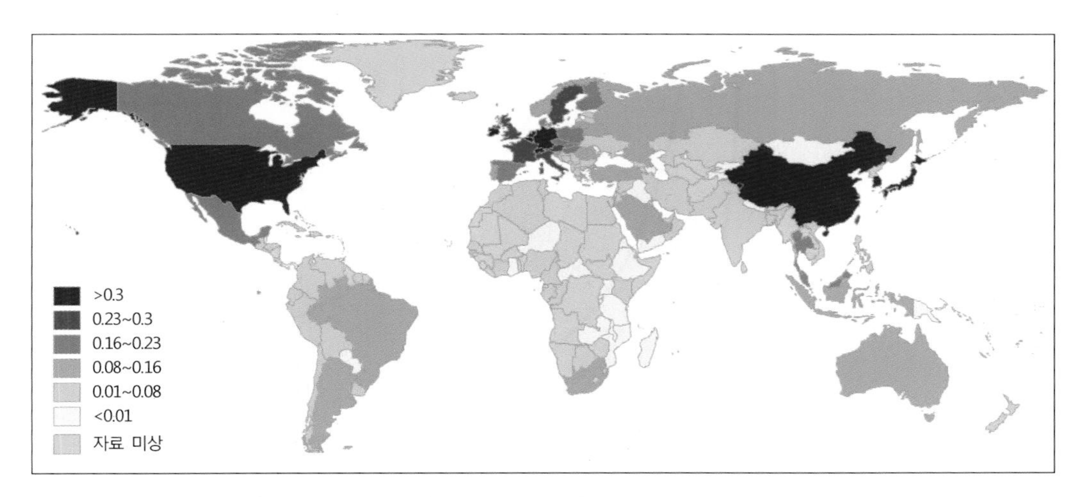

그림 10-37. 세계 각국의 제조업경쟁력 지수, 2015년
출처: https://www.unido.org/data1/Statistics/Research/cip.html.

표 10-8. 세계 제조업 경쟁력 순위 및 관련 지표 비교

그룹 순위	세계 순위		국가명	1인당부가가치 (2010년 불변가격)	1인당 제조업 수출액 (2015년 현시가격)	세계 제조업 부가가치에서 차지하는 비중(%)	세계 제조업 교역에서 차지하는 비중(%)
	2010	2015					
1	1	1	독일	9,429.7	14,625.5	6.3	9.8
2	2	2	일본	8,495.8	4,484.6	9.0	4.7
3	3	4	미국	6,072.6	3,000.5	16.3	8.0
4	4	5	한국	7,336.4	10,189.4	3.1	4.3
5	6	6	스위스	14,403.8	24,652.2	1.0	1.7
6	10	7	벨기에	5,961.3	31,031.2	0.6	2.9
7	11	8	네덜란드	5,507.6	23,069.0	0.8	3.3
8	7	9	싱가포르	9,536.5	27,476.0	0.4	1.3
9	8	10	이탈리아	4,840.0	6,837.9	2.4	3.4
10	9	11	프랑스	4,350.9	6,772.2	2.3	3.6
11	14	12	아일랜드	12,753.2	25,009.8	0.5	1.0
12	12	13	대만	4,643.9	11,528.8	0.9	2.2
13	15	14	영국	3,508.9	5,541.1	1.9	3.0
14	16	15	오스트리아	8,337.8	15,193.3	0.6	1.1
15	13	16	스웨덴	8,567.7	12,742.7	0.7	1.0

㈜: 중국은 고소득국가 그룹에 속하지 않기 때문에 제외되었음.
출처: UNIDO(2017), Industrial Development Report 2018, Table 8.3.

한편 우리나라의 제조업경쟁력 지수가 2000년대에 들어와 크게 상승한 것은 1인당 제조업 부가가치와 1인당 제조업 수출, GDP 대비 제조업 부가가치 비중, 첨단업종이 차지하는 부가가치 비중이 증가하였기 때문이라고 볼 수 있다(표 10-8). 이에 따라 우리나라는 제조업의 구조 변화를 통해 경제성장을 이룩한 대표적인 사례로 손꼽히고 있다. 1950년대

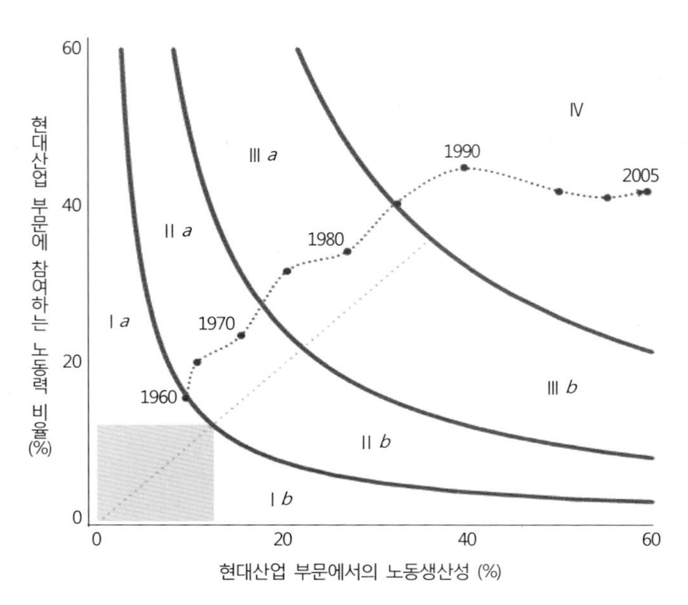

그림 10-38. 한국의 현대산업 부문에서의 성장 궤적
출처: UNIDO(2015), Industrial Development Report, Figure 3.11.

우리나라는 1인당 국민소득이 100달러 미만의 저소득국가였으나, 지난 50년 동안 연평균 7%씩 성장하면서 제조업 강국이 되었다. 즉, 1960~1985년 동안 저소득층 그룹(I)에서 고소득층 그룹(IV)에 속하는 국가로 성장하였다. 이는 현대산업 부문의 고용과 노동 생산성 증가에 기인한 것으로 분석되고 있다. 우리나라의 경우 1985년~2005년 동안 제조업 부문으로의 노동력 비중이 크게 증가하지 않았지만, 노동생산성은 지속적으로 향상된 것으로 나타나고 있다(그림 10-38).

우리나라의 제조업 성장 전략은 수출지향 정책이었다. 제조업 성장 초기에는 낮은 품질, 저렴한 가격의 상품을 국제시장에 소개하면서 선진국의 제품을 단순히 복제하는 수준이었다. 그러나 제조업 성장 초기의 모방 단계에서 획득한 외국의 기술을 기초로 하여 비교우위를 통해 급성장하였다. 또한 지속적인 제조업 경쟁력 강화 정책을 시행하면서 연구개발 및 인적자본에 대한 과감한 투자를 통해 기술을 향상시키면서 상품의 질을 높이고 수출 경쟁력도 갖추게 되었다. 제조업의 성장 단계에서는 해외 기술의 공식 이전과 함께 기업의 연구개발, 대학 및 공공 연구기관이 지식기반의 중요한 원천이 되었다. 특히 해외 수출시장의 경쟁 압력으로 인해 생산성을 높이기 위한 새로운 기술들을 창출하기 시작하면서 제조업 경쟁력 순위가 상승하게 된 것이다.

한편 지난 20여년 동안 중국과 우리나라의 제조업 경쟁력의 변화를 비교해 보면 중국이 얼마나 빠른 속도로 경쟁력을 강화해 왔으며, 앞으로도 잠재력이 상당히 큰가를 엿볼 수 있다(그림 10-39). 1995년 중국은 1인당 무역과 제조업 생산 모두에서 최저 수준이었다. 그러나 급속도로 제조업이 성장하면서 2013년 중국은 세계 제조업 부가가치의 18%, 세계 제조업 수출의 17%를 차지하게 되었고 현재 세계 최대 제조업 수출국이다. 뿐만 아니라 중국은 첨단기술 제품수출에 역점을 두면서 1995~2013년 첨단기술 제품의 수출이 거의 두 배로 증가했다. 중국의 제조업은 중국 GDP의 약 1/3 이상을 차지하면서 중국 경제의 견인차 역할을 하고 있다.

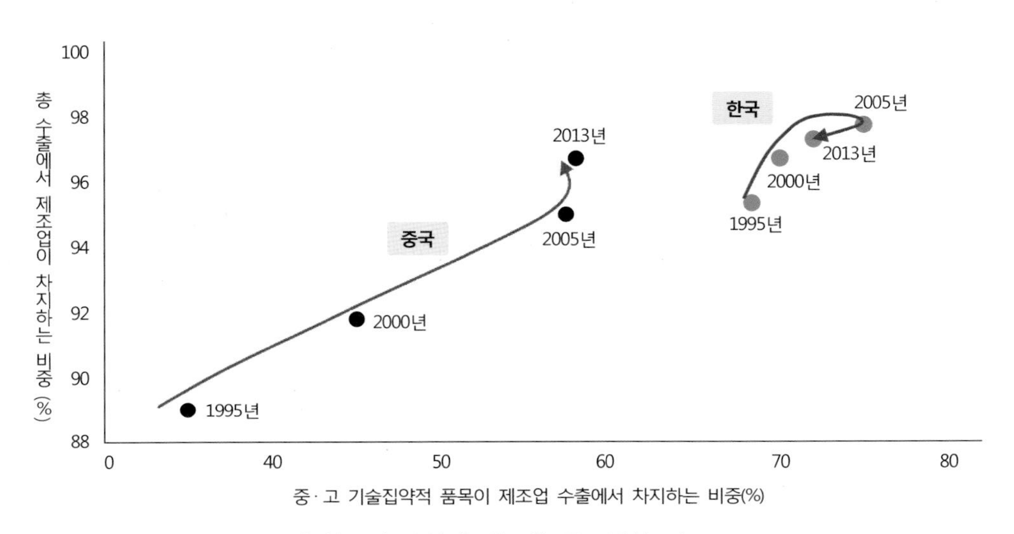

그림 10-39. 중국과 한국의 무역과 제조업 구조변화 비교
출처: UNIDO(2015), Industrial Development Report, Figure 8.2.

4 세계화되고 있는 제조업종 사례

1) 의류산업

의류산업은 비교적 단순한 기술과 많은 노동력을 필요로 하는 노동집약적 산업이기 때문에 선진국뿐만 아니라 개발도상국에서도 활발하게 이루어지고 있으며, 노동비가 저렴한 개발도상국의 경쟁력도 상대적으로 높다고 볼 수 있다. 그러나 최근 의류산업은 기업 조직과 기술 측면에서 매우 빠른 속도로 변화하고 있다. 미숙련노동력을 기반으로 하는 단순 의류업에서부터 높은 수준의 디자인과 패션을 기반으로 하는 고급 의류업까지 매우 다양하며, 의류산업의 공간분포도 특정 지역으로 집중되는 패턴을 보이는 가운데 전 세계적으로 보면 상당히 분산되어 있다.

(1) 의류산업의 특징

의류산업은 표준화되어 대량으로 생산하는 기초의류와 전문화된 패션의류 생산으로 대별될 수 있다. 특히 패션의류의 경우 소비자 수요에 즉각적으로 반응하는 시간절약형 기술인 EPOS(electronic point-of-sale) 도입으로 소비 기록이 실시간 모니터링되어 소비 성향을 반영한 생산이 이루어지면서 점점 다양해지는 소비자들의 수요에 맞추어 다양한 제품을 생산하는 소비자 유도적 산업(buyer-driven industries)으로 전환되고 있다.

의류산업은 순차적인 발달 단계를 거치면서 성장하고 있다. 첫 번째 단계는 저개발국가에서 천연섬유로부터 단순한 직물이나 의류를 생산하는 단계이다. 이 단계를 지나면 의류 수출을 위한 생산에 접어들게 되며, 저렴한 가격을 바탕으로 선진국 시장을 겨냥하여 경쟁하게 된다. 이렇게 의류산업이 발달하게 되면 의류생산도 질적으로 향상하게 된다. 의류산업의 성숙단계에 들어서면 의류제품의 기술 발달로 고급화를 이루게 된다. 성숙단계를 거치면서 의류산업은 자본집약도가 높아지고 전문화되지만, 의류생산 고용은 점차 줄어들게 된다. 마지막 단계에 이르면 고용뿐만 아니라 생산량도 감소하게 되고 경쟁력을 상실하게 되는 제품수명주기 모델을 적용할 수 있는 전형적인 산업이다.

의류산업은 노동집약적 산업이지만 해당 국가의 주어진 생산요소에 의해 생산방식이 좌우된다. 자본이 적은 나라의 경우 노동집약적 생산방식을 도입하여 공장규모가 작고 기술도 정교화되지 않는 경향이 있는 반면에 자본이 풍부한 국가의 경우 공장규모도 커지고 자동화 기술도 상당히 투입된다. 그러나 의류산업은 근본적으로 노동을 필요로 하며 생산비 가운데 임금이 가장 중요한 비중을 차지한다. 임금은 국가마다 상당한 차이를 보이고 있으며 개발도상국의 경우 임금이 저렴하기 때문에 의류산업에서 비교우위성을 누릴 수 있다. 의류산업에 종사하는 근로자들의 국가별 임금수준을 보면 노동력이 아주 저렴한 저소득국가의 경우 시간당 5달러 미만의 낮은 임금을 받는 반면에 노동력이 부족한 선진국의 경우 시간당 30달러를 상회하는 국가들도 상당히 많다(그림 10-40).

의류산업에 종사하고 있는 종사자를 보면 선진국의 경우 대부분이 이민자이거나 소수인종들이다. 개발도상국의 경우 대도시와 수출자유지역에서 일하고 있는 근로자들 가운데 여성과 미성년자들이 다수 포함되어 있으며, 과다한 노동시간과 나쁜 작업환경 속에서 일하고 있다. 개발도상국의 저렴한 임금을 비탕으로 선진국 대규모 소비시장 인근에 위치한 국가들에서 의류산업이 상대적인 경쟁력을 지니면서 발달하고 있다. 예를 들면 미국 주변의 멕시코와 카리브해 연안 국가들이나 유럽시장을 겨냥한 동부유럽 국가들, 그리고 일본시장을 겨냥한 아시아 국가들이다. 그러나 이러한 저임금의 이점은 패션의류보다는 저렴한 가격 경쟁에 초점을 둔 기초의류 제품 생산에서만 가능하다. 고급 패션의류의 경우 가격 경쟁에 덜 민감하며 거리의 제약성도 적게 받아 항공을 이용하여 빠르게 소비자의 주문에 맞추어 공급하고 있다. 따라서 패션의류 시장은 여전히 선진국이 주도하고 있다.

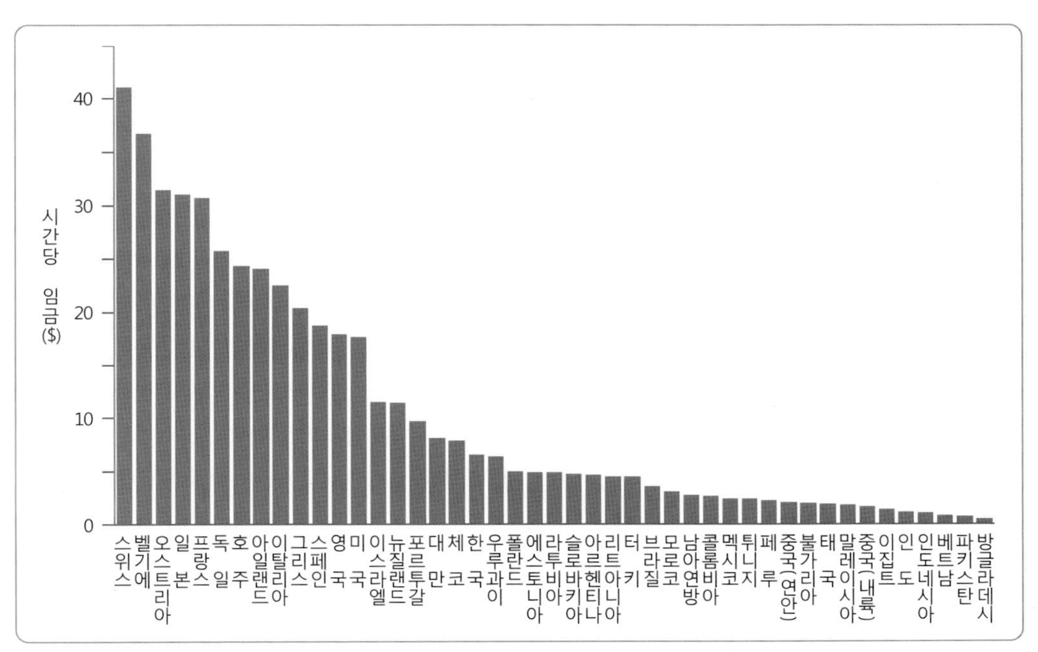

그림 10-40. 세계 각국의 시간당 임금 비교
출처: Dicken, P.(2015), p. 458.

후기산업사회로 접어들면서 의류산업에서도 상당한 기술혁신이 나타나고 있다. 컴퓨터 기술 도입으로 생산과정 시간을 단축시키고 처리과정도 자동화시키는 노동절약적 기술이 활용되고 있다. 그러나 재단과정에서 상당한 수준의 자동화 기술혁신에도 불구하고 바느질 및 의류 완성품 과정에 아직도 많은 노동력이 요구되고 있다. 이에 따라 의류산업은 국제적 하청조직 형태로 선진국의 초국적기업들과 개발도상국의 중소기업들로 연계되어 생산이 이루어지고 있다. 즉, 하청을 통해 개발도상국에서 생산된 의류는 다시 선진국으로 이동되고 있다.

의류산업의 입지와 생산규모는 시장 수요에 지배적인 영향을 받는다. 의류산업의 입지에 영향을 미치는 가장 큰 요인은 소비를 결정하는 소득 수준이지만, 의류는 소득에 대한 수요 탄력성이 '1' 미만을 보이는 재화로 소득 증가에 비해 의류 수요 증가는 완만하게 나타나는 비탄력적 재화이다. 의류 제품의 소비는 기초 의류, 패션-기초 혼합의류, 패션의류로 구분될 수 있다. 전 세계적인 소비 추세를 보면 기초 의류가 45%, 패션-기초 의류가 27%, 패션 의류가 28%를 차지하지만, 가장 빠른 성장세를 보이는 것은 패션-기초의류이다. 개인소득 격차가 크기 때문에 의류시장은 상당히 차별적으로 나타난다. 개발도상국의 경우 소득수준이 낮기 때문에 의류 내수시장 규모는 작으며, 따라서 의류산업은 강한 수출지향적 특성을 보인다. 반면 선진국의 경우 기초 의류보다는 소비자의 다양한 욕구를 충족시키는 패션의류에 대한 수요가 높게 나타난다. 이에 따라 패션을 창조하고 제품을 차별화시키는 전략을 통해 패션시장을 점유해 나가고 있다. 그 결과 의류시장은 점차 다양한 차별화된 시장으로 세분화되고 있으며, 디자이너 주도의 패션의류업이 성장하면서 유명한 의류 브랜드들이 등장하게 되었다.

(2) 의류산업의 세계화와 그에 따른 입지 변화

1973년에 다자간섬유협정(MFA: Multi Fiber Arrangement)이 체결된 이후부터 2005년 1월 전까지 의류산업의 교역은 강한 규제 속에서 이루어져왔다. 1970년대 선진국 의류 시장에 개발도상국의 의류 점유율이 높아지게 되자 선진국들은 다자간섬유협정을 통해 자국 산업을 보호하기 위해 의류 품목의 수입물량을 쿼터제로 정하도록 하였다. 그 결과 개발도상국의 의류 수출 물량은 제한받게 되었다. 그러나 1995년 WTO가 출범하면서 다자간섬유협정은 10년간 유예기간을 두었으며, 2005년에 완전 철폐되었다. 다자간섬유협정이 완전 철폐되면서 가장 큰 수혜를 보게 된 나라는 중국이며, 그 밖에 방글라데시, 스리랑카, 캄보디아, 인도네시아 등 개발도상국의 의류시장 점유율도 크게 늘어나게 되었다.

지난 40년간 선진국의 의류산업 고용자는 크게 감소되었다. 특히 유럽연합의 주요 5개국의 경우 1963~1987년 동안 의류산업 종사자가 약 75만명이 감소되었다. 이러한 고용 감소의 요인은 개발도상국으로부터의 값싼 의류제품 수입 때문이었다. 반면에 1980년 중국은 세계 의류생산의 약 4%를 차지하였으나, 2016년 세계 의류생산의 약 1/4을 차지하고 있다. 세계 의류산업 종사자 분포를 보면 중국이 가장 많으며, 인도네시아, 인도, 베트

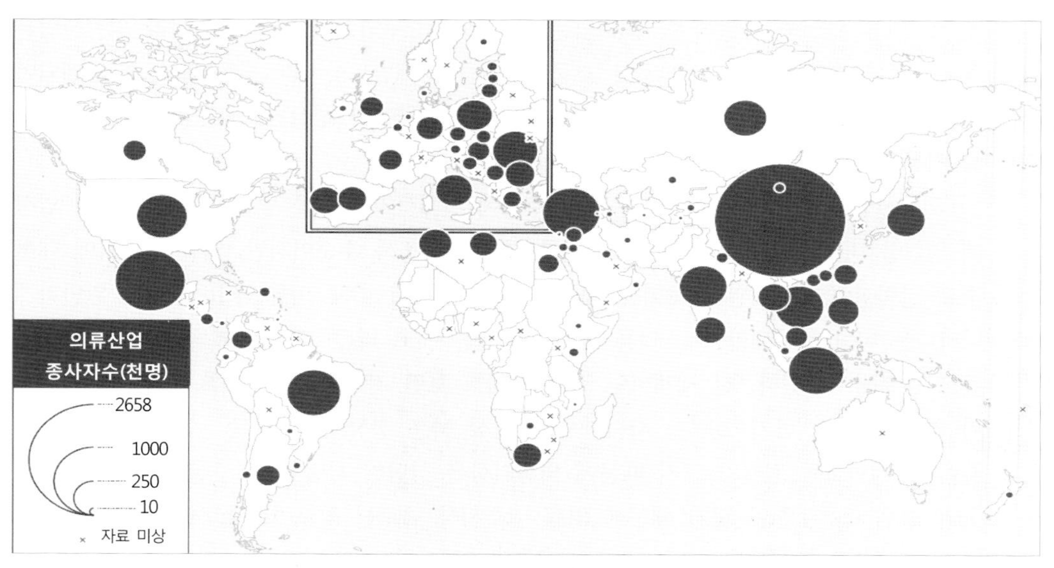

그림 10-41. 세계 의류산업 종사자의 공간 분포
출처: Dicken, P.(2011), p. 304.

남, 태국 순으로 나타나고 있다. 또한 멕시코, 미국, 브라질에서 의류 생산이 많으며, 유럽의 경우 루마니아, 폴란드, 러시아, 그리고 이탈리아가 주도하고 있다(그림 10-41).

2000~2016년 동안 세계 의류수출국의 변화를 보면 중국과 유럽연합이 세계 수출액의 약 60%를 차지하면서 계속 선두를 지키고 있으며, 방글라데시, 베트남, 인도, 터키, 캄보디아 등도 의류 수출 성장률이 높게 나타나고 있다. 반면에 미국의 의류 수출 비중은 크게 줄고 있다(그림 10-42). 주요 의류 수입국은 유럽연합, 미국, 일본이 약 69%를 차지하고 있다. 이들의 의류 수입국은 주로 중국이며, 인도, 방글라데시로부터도 수입하고 있다.

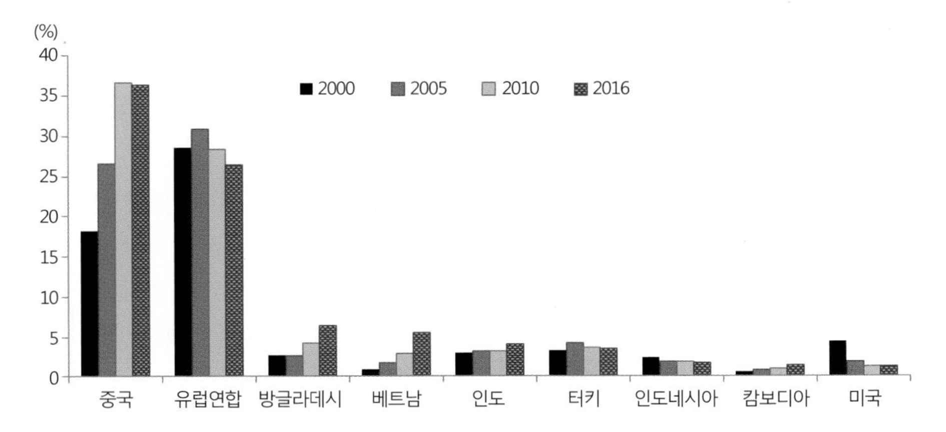

그림 10-42. 세계 의류의 주요 수출국의 시계열적 변화
출처: WTO(2017), World Trade Statistical Review, Table A 23.

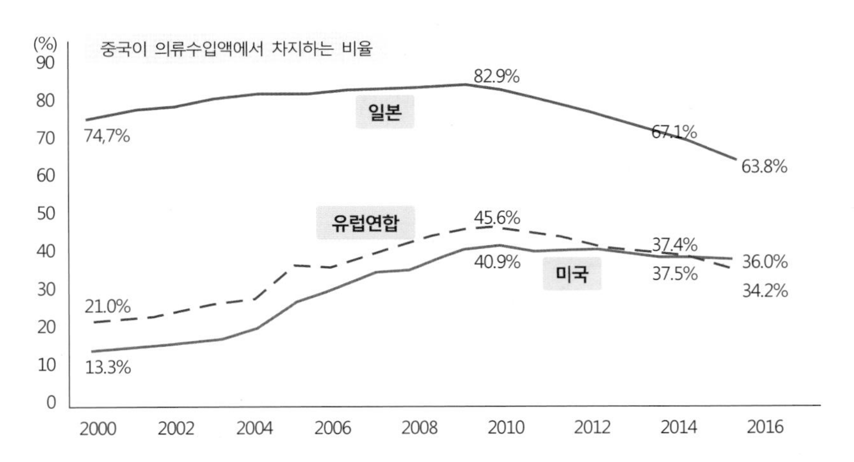

그림 10-43. 중국의 주요 의류수입국에서 시장 점유율 변화
출처: UNcomtrade, https://comtrade.un.org.

최근 중국으로부터의 의류 수입이 차지하는 비중은 점차 줄어들고 있는 추세이지만, 일본의 경우 여전히 중국이 일본 의류수입에서 차지하는 비중이 60%를 상회하며 유럽연합과 미국도 30%를 상회하고 있다(그림 10-43).

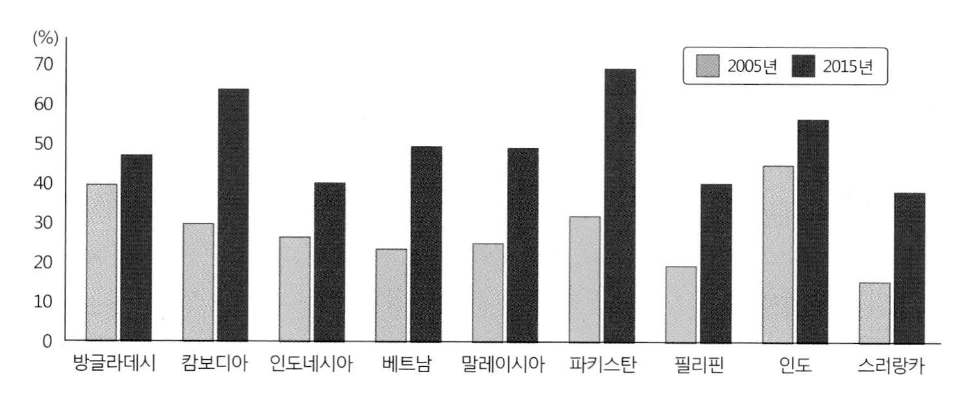

그림 10-44. 아시아 의류 수입시장에서의 중국의 점유율 변화
출처: UNcomtrade, https://comtrade.un.org

그러나 세계 최대 의류 수출국인 중국은 의류 수출시장을 확대, 변화시켜 나가고 있다. 미국, 유럽연합, 일본의 의류 수입시장에서 중국의 점유율은 점차 하향 추세를 보이는 있는 반면에 아시아에서 중국의 시장 점유율은 점점 더 커지고 있다. 방글라데시의 경우 2005년 중국으로부터 의류 수입 비중이 39%였으나 2015년 47%로 증가했다. 같은 기간 동안 캄보디아(30% → 63%), 파키스탄(32% → 68%), 말레이시아(25% → 49%), 인도네시아(26% → 40%), 필리핀(19% → 40%), 스리랑카(15% → 38%)도 증가 추세를 보이고 있다. 이와 같이 아시아 국가들에서 중국의 의류시장 점유율은 상당히 커지고 있다(그림 10-44).

한편 2016년도 세계 의류 수출국의 매출액과 연평균 증가율을 보면 국가마다 상당한 변이를 보이고 있다. 전반적으로 의류 수출액은 증가하고 있으나, 의류 산업 성장률은 감소추세를 보이는 국가들이 상당히 많이 나타나고 있다(그림 10-45).

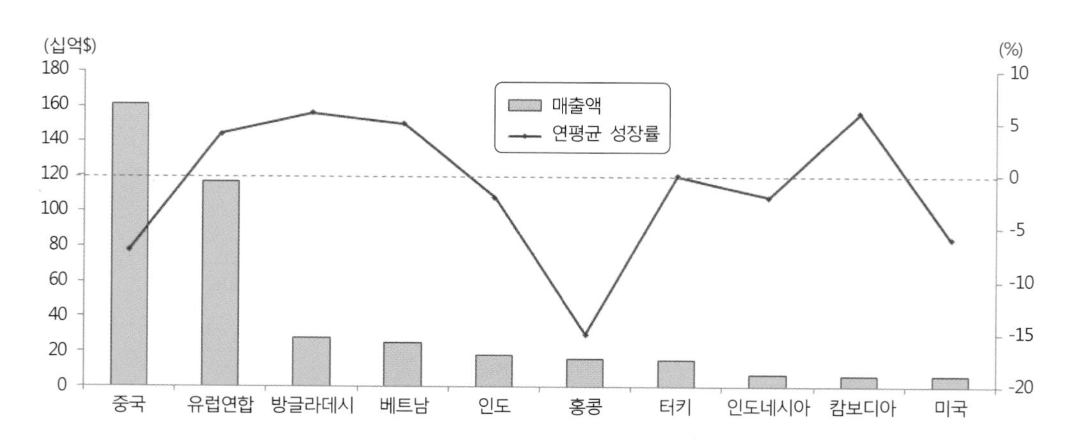

그림 10-45. 세계 주요 의류 수출국의 수출액과 성장률, 2016년
출처: WTO(2017), World Trade Statistical Review, Table A23.

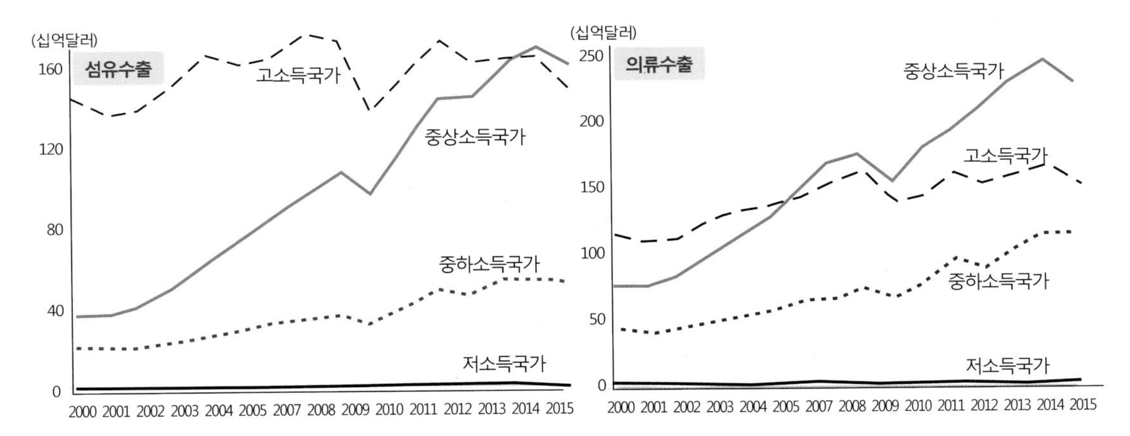

그림 10-46. 소득그룹별 섬유·의류수출액의 시계열적 변화
출처: WTO, World Textile and Apparel Trade Statistics, Database.

2000~2015년 동안 세계 섬유·의류 수출액 규모는 증가 추세를 보이고 있지만, 소득국가 그룹별로 상당한 차이를 보이고 있다(그림 10-46). 중상소득국가의 경우 섬유와 의류 수출에서 모두 급격한 성장 추세를 보이고 있으며, 특히 2015년 의류 수출의 시장 점유율은 46%를 차지하고 있다. 고소득국가의 경우 의류 수출에 비해 섬유 수출이 차지하는 비중이 높은 편이다. 고소득국가의 의류 수출시장 점유율은 2000년 50%에서 2015년 31%로 떨어졌으나, 2015년 섬유 수출 시장 점유율은 40%를 상회하고 있다. 그러나 저소득국가의 의류 수출시장 점유율은 매우 미미한 수준이다.

또한 2000~2015년 동안 소득국가 그룹별로 섬유·의류수출이 전체 상품 수출에서 차지하는 비중을 비교해보면 전반적으로 감소하는 추세를 보이고 있다. 그러나 소득수준이 낮은 국가일수록 섬유·의류 수출이 전체 상품 수출에서 차지하는 비중은 상대적으로 높은 편이다(그림 10-47).

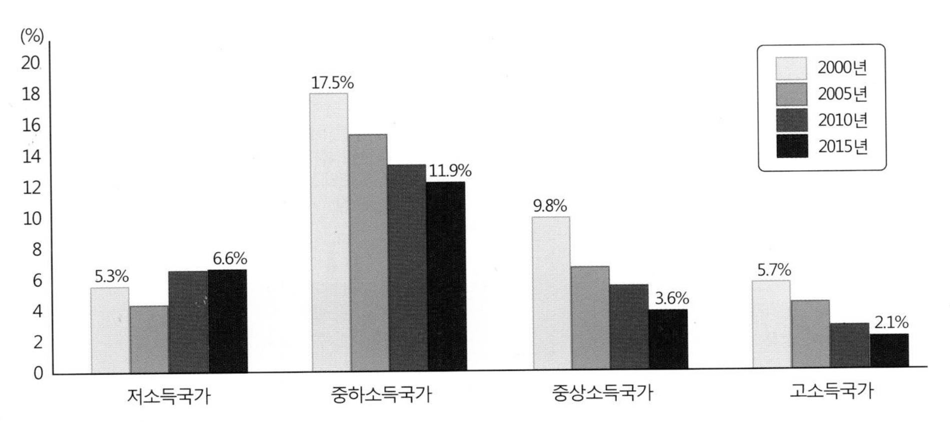

그림 10-47. 소득그룹별 섬유·의류가 전체 상품수출에서 차지하는 비율 변화
출처: WTO, World Textile and Apparel Trade Statistics, Database.

(3) 의류산업의 생산체계 변화와 기업의 성장 전략

의류산업이 세계화되어 가면서 초국적기업들이 단순히 노동비가 저렴한 지역을 찾아 입지하는 것만은 아니다. 의류업체들은 섬유업체들에 비해 상대적으로 규모는 작지만, 신기술을 도입하고 광고를 통해 브랜드 이미지를 강화시키면서 시장을 확대해 나가고 있다. 의류업체는 크게 세 유형으로 나누어질 수 있다. 첫째 유형은 규모경제를 이용하여 저렴한 비용으로 가격 경쟁을 통해 시장을 확대해 나가는 기업이다. 둘째 유형은 대도시에서 작은 규모로 공장을 운영해 나가면서 이민자나 비정규 근로자들을 고용하여 주로 하청 형태로 저품질 의류를 생산하는 기업이다. 셋째 유형은 의류의 생산체계를 조직화하는 공장 없는 기업이다. 이들은 세계적인 소매업체와 소비자 그룹이라는 거대한 구매력을 기반으로 하여 의류제조업체들을 지배하는 기업이다. 특히 세계적인 차원에서 구매력을 과시하면서 자신들의 세력을 키워 나가고 있다. 일례로 중국의 교역물류업체인 Li & Fung은 의류 공급의 전 단계를 통제·조정하고 있다. 즉, 원료부터 디자인, 의류 생산, 유통과 물류에 이르는 의류 공급체인의 전체 과정을 일괄적으로 조정하고 있다.

의류산업은 점점 일부 소매업체들의 구매 전략에 의존하는 경향이 높아지고 있다. 이는 소매업체들의 매출액에 상당 부분을 의류가 차지하기 때문이다. 실제로 미국의 5대 소매업체(Wal-Mart, Sears, JC Penny, Dayton, Hudson)의 경우 전체 매출액에서 의류 판매가 차지하는 비중이 상당히 높다. 일본과 독일도 미국과 유사하게 소수의 소매기업이 의류 매출을 좌우하고 있다. 이렇게 의류업체들이 소수 소매업체들에 의해 영향을 받게 되면서 저렴한 가격의 표준화된 대량생산 의류보다는 특정한 소비자를 대상으로 한 의류 생산이 더 활기를 띠게 되었다. 특히 1980년대 이후 의류시장이 차별화되고 패션이 자주

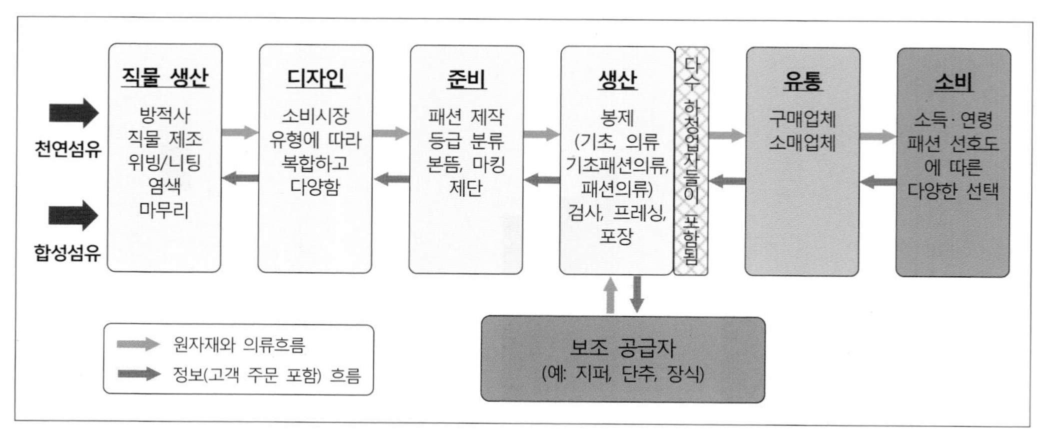

그림 10-48. 의류산업의 생산회로
출처: Dicken, P.(2015), p. 452.

변화되면서 의류업체들은 소비자들의 수요에 신속하게 반응하고 있다. 특히 패션의류의 경우 소비자 주문에 맞추어 의류를 공급하는 데 소요되는 시간이 비용만큼이나 중요하게 되자 소매업체들은 소비자들의 기호를 반영한 다양한 의류를 신속하게 공급받기 위하여 의류업체들에게 상당한 압력을 가하고 있다. 이러한 의류시장에서의 변화는 의류산업에서의 생산구조를 변화시키면서 점점 더 소비자 유도적인 생산회로로 바뀌어가고 있다(그림 10-48).

최근 전통적인 생산회로와는 달리 소매업체와 공급자 관계가 린(lean) 방식으로 유연하게 변화되고 있다. 실시간 판매정보를 토대로 재고들을 배송하며 소량의 다양한 신상품을 생산하고 있으며, 판매 정보가 공급자에게 실시간 전달되고 공급자는 소매업체 주문에 맞추어 배송하고 있다. 이에 따라 생산자와 소매업체 간 경계는 모호해지고 있으며, 원료 공급에서부터 제품 생산과 판매·유통에 이르기까지 수직적 통합을 하는 기업들도 늘어나고 있다. 특히 전 세계적인 생산망을 가지고 하청업체들과의 연계 속에서 의류 제품의 생산국보다는 의류 브랜드를 키워 나가면서 판매 전략을 세우고 있다(그림 10-49). 이러한 의류산업의 생산체계 변화로 인해 세계 의류산업의 입지 패턴은 두 가지 유형으로 대별된

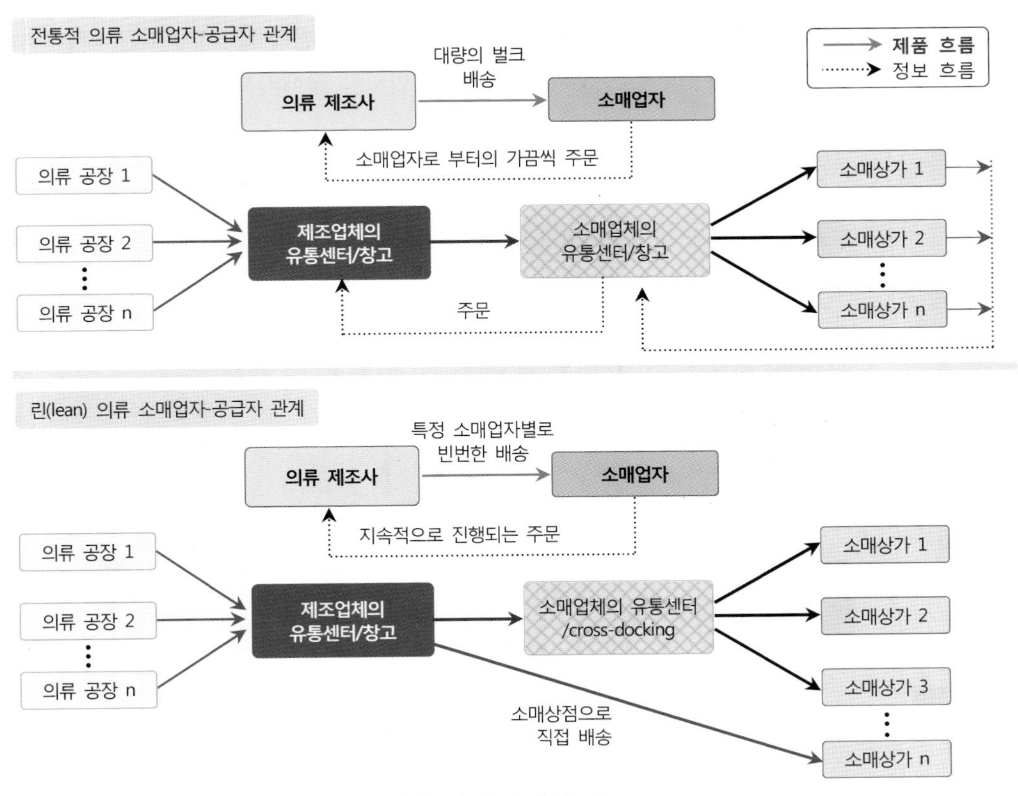

그림 10-49. 의류 제조업체와 소매업체 간의 관계 변화
출처: Dicken, P.(2015), p. 467.

다. 즉, 저렴한 노동비를 찾아 입지하는 유형과 소비자의 수요에 대응하기 위해 대규모 시장(대도시) 가까이에 입지하는 유형이다. 특히 소비자 지향적 의류 생산이 활발해지면서 의류산업은 점점 더 특정 대도시로 집적하는 경향을 보이고 있다.

이렇게 소비자 지향적 의류산업의 입지는 교역 패턴에도 변화를 가져오고 있다. 즉, 전체 의류 교역 가운데 점점 더 지역 내 교역 비중이 커지고 있다. 서부 유럽의 경우 지역 내 의류 교역비율이 77%를 차지하고 있으며, 북미도 지역 내 교역 비율이 35%를 차지하고 있다. 그러나 노동비가 상대적으로 저렴한 아시아와 라틴아메리카의 경우 지역 내 교역이 차지하는 비중은 25% 미만으로 상대적으로 낮으며, 다른 지역으로의 의류 수출 비중이 훨씬 더 높다.

의류업체들이 의류 공장을 해외에 입지시키는 것은 저렴한 인건비를 활용할 수 있다는 이점 때문이지만, 유행에 민감한 의류일수록 해외에 공장을 입지시켜 생산하는 것에 대한 부담감도 크게 갖고 있다. 특히 소매업체가 소비자 주문에 신속하게 대처하도록 압력을 가하는 상황이 커질수록 의류업체들은 생산 공장을 해외에 입지시키는 것이 효율적이며 수익성이 있는가를 재검하고 있다. 즉, 의류업체들이 저비용 이점을 누리기 위해 의류 공장을 역외(offshoring)에 두고 있으나, 의류 공장의 역외 입지의 수익성 여부는 저렴한 인건비뿐만 아니라 유행에 민감하게 대응하는 판매 전략 및 이에 따른 다른 비용들을 고려하여 결정된다. 일례로 멕시코 토레온에 입지한 풀패키지 의류산업의 발달과정을

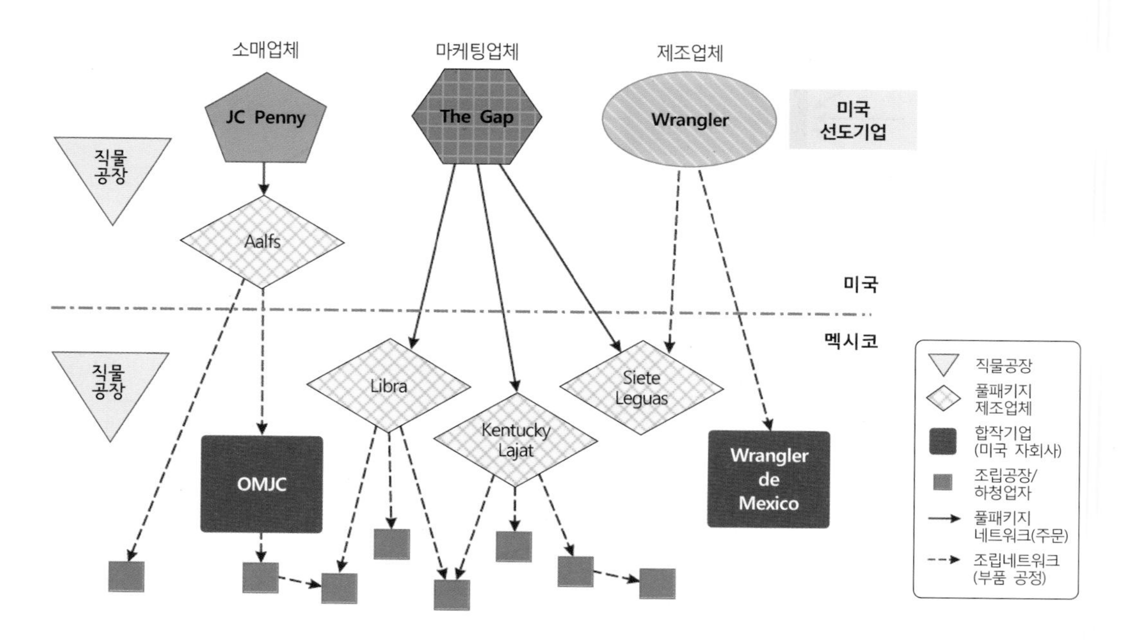

그림 10-50. 멕시코 토레온에서 풀패키지 공정을 통한 의류 제조업
출처: Dicken, P.(2015), p. 472.

보면 초국적 의류업체들이 노동의 공간적 분업화를 통해 적시적소에서 생산 활동을 펼치고 있는가를 잘 보여준다. 북미자유무역협정(NAFTA)을 통해서 미국과 멕시코는 각국이 지닌 비교우위를 누리면서 생산 네트워크를 구축하고 있다. 초기에는 저렴한 노동비를 바탕으로 멕시코는 전형적인 미국의 단순 봉제공장으로 분업화가 이루어지기 시작하였다. 그러나 점차 멕시코 현지 생산 공장에서 의류 생산 전체의 공정을 책임지는 풀패키지 생산으로 전환되고 있다. 이러한 변화는 멕시코가 미국 소비자와의 접근성이 양호하다는 이점을 살려서 소비자의 수요에 즉각적으로 대응하기 위한 전략적 변화라고 볼 수 있다(그림 10-50).

2) 자동차산업

20세기 중반에 등장한 자동차산업은 산업 간 연계성이 매우 크며 부가가치가 상당히 큰 중요한 제조업종의 하나이다. 한 대의 자동차를 생산하기 위해 제철, 구리, 유리 등의 원료와 약 12,000~20,000개의 부품을 필요로 한다. 따라서 자동차산업의 입지는 원료산지(또는 부품 생산지)에 얽매이지 않으며, 부품 공장은 전 세계적으로 분산되어 점점 더 자동차 생산은 세계화되고 있는 추세이다.

미국 디트로이트를 중심으로 오대호 연안에서 자동차산업이 발달하게 된 것은 무엇보다도 자동차산업의 창업가인 Henry Ford와 Rancom Olds의 출생지였기 때문이다. 물론 수운을 이용해 제철 및 원료를 값싸게 운송할 수 있고, 철도와 고속도로를 이용하여 조립부품과 자동차를 운송하기 쉽다는 이점도 있었다. 또한 부품 제조업체들과의 지리적 인접성과 대규모 소비시장과도 인접하여 있으며, 자동차 생산에 필요한 넓은 부지를 갖고 있었다. 이와 같이 디트로이트에 자동차산업이 입지하게 된 것은 경제적·비경제적 요인들에 의해서라고 볼 수 있다. 순수 경제적 요인만을 고려한다면 인접도시인 시카고에 비해 디트로이트가 더 양호한 입지라고는 볼 수 없다. 그러나 세계 자동차생산의 중심지였던 디트로이트는 자동차산업에서의 경쟁력을 잃어버리면서 경제 침체로 인해 미국 대도시 중 가장 대표적인 쇠퇴도시로 변화되었다.

자동차산업은 섬유·의류산업과는 달리 선진국에서 주도적으로 생산하고 있으며, 세계 10대 자동차기업이 세계 자동차 생산량의 약 80%를 차지하고 있다. 또한 대부분의 자동차 기업들은 해외에 조립공장을 갖고 있는 초국적기업들이다. 자동차산업은 국가 경제성장에도 매우 중요하기 때문에 관세나 비관세 장벽을 통한 국가의 규제와 영향력도 크게 작용하고 있다.

(1) 자동차산업의 특징

자동차산업은 대표적인 조립산업으로 자동차 생산회로는 자동차 조립과 부품 공급 간의 관계가 매우 복잡하게 연계되어 있다. 특히, 자동차 바디, 부품, 엔진, 트랜스미션 등은 자동차 조립단계에서 매우 중요하며, 자동차 조립은 수직적 통합 생산체계를 가지고 있다. 그러나 최근 탈수직화를 지향하면서 공급자와의 연계가 더 중요해지면서 생산회로의 변화도 나타나고 있다. 자동차 공급연계를 보면 제1차 공급자는 조립자에게 주요 부품을 공급하는 것으로, 연구개발이나 디자인 전문가들이 이 단계에서 중요한 역할을 한다. 제2차 공급자는 조립자로부터 또는 제1차 공급자로 부터 주문받은 디자인을 만들어내며, 제3차 공급자는 시장에 기본 부품을 공급한다(그림 10-51).

자동차산업은 일반적으로 네 단계를 거치면서 성장하는 것으로 알려져 있다. 첫 단계는 완성차를 수입하는 것으로, 높은 운송비로 인해 물량이 상당히 제한받는다. 두 번째 단계는 부품 전체를 수입하여 해당 지역에서 조립하는 단계로, 완성차 수입에 비해 운송비를 절감하게 된다. 또한 국내 시장에서 일부 생산품의 수정이 가능하다. 세 번째 단계는 국내에서 생산된 부품과 해외에서 수입한 부품을 혼합하여 조립하는 단계이다. 이 단계는 다음 단계로 가기 위한 발판이 되며, 마지막 네 번째 단계에 이르게 되면 완성품을 생산하고 조립하는 단계로 접어들게 된다.

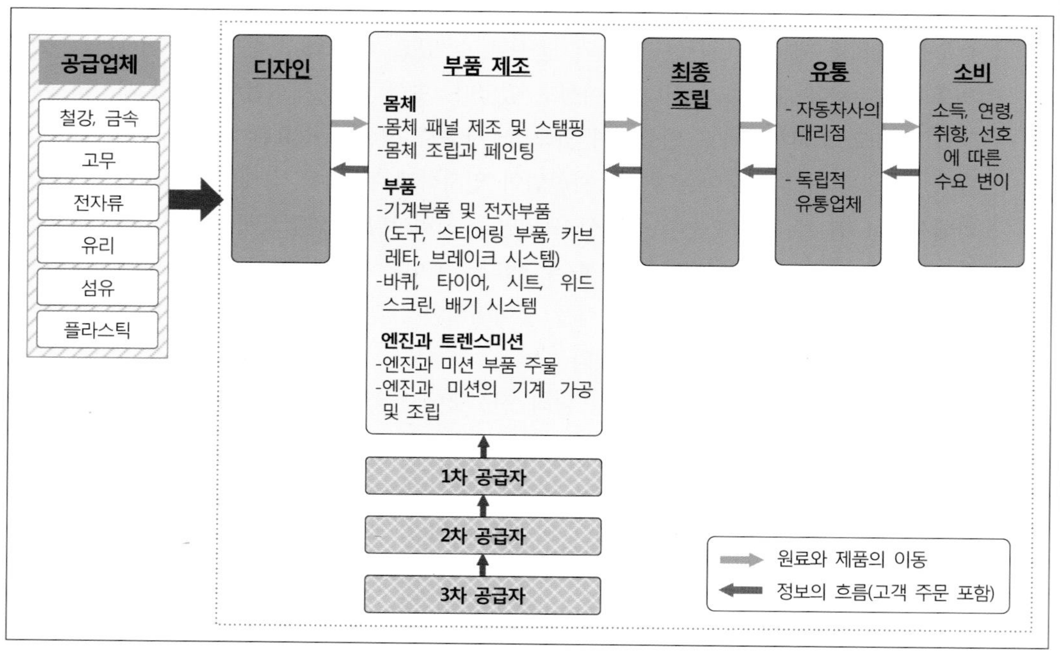

그림 10-51. 자동차산업의 생산회로 특징
출처: Dicken, P.(2015), p. 479.

자동차 생산기술은 전통적으로 포드 생산체제의 규모경제에 입각한 대량생산으로, 일관된 조립라인에서 철저한 노동 분업에 토대를 두고 있었다. 따라서 자동차산업의 발달 초기에는 부품 공급처가 가까운 지역으로의 입지를 선호하였으나 교통이 발달함에 따라 원거리에 있는 공급처와도 연계가 가능하게 되었다. 자동차 생산에서 노동비는 전체 생산비의 약 1/3~1/4을 차지하는데 특히 최종 조립단계에서 가장 집약적으로 노동력이 필요하다. 이에 따라 초국적기업의 경우 값싼 노동력을 이용하기 위해 개발도상국 내에 자동차 조립공장을 건설하고자 한다.

1908년 포드 회사에서 처음으로 자동차가 생산되었고, 1913년 자동 컨베이어 벨트를 이용한 대량생산 시스템이 도입되면서 자동차 1대당 조립시간은 630분에서 93분으로 줄어들었고, 2,100달러에 판매되던 자동차 가격도 825달러로 상당히 낮아졌다. 포드 생산시스템의 자동차 생산 공정은 직접부문, 준직접부문, 간접부문의 3단계로 나누어진다. 직접부문은 테일러주의가 가장 철저하게 적용되는 부문으로, 컨베이어 벨트에 종속되어 일정한 순환시간 내에 단순화된 작업을 반복적으로 수행하는 것이다. 간접부문은 기계설비 고장이나 문제가 발생하는 경우 이에 대한 대처를 하는 것이 주된 작업이다. 간접부문은 작업 내용을 표준화하기 힘들기 때문에 숙련된 기술을 요하며, 품질관리, 수리보전 등이 이에 해당된다. 준직접부문은 직접부문과 간접부문의 중간정도의 업무를 담당한다.

최근 자동차 생산에서 크게 달라지고 있는 것은 대량생산이 아닌 소비자 수요에 탄력적으로 대처할 수 있고 다양한 모델과 주문 생산까지 가능한 유연적 생산체계 도입이다. 새로운 모델로 생산라인을 바꾸기 위해서는 많은 시간과 비용이 드는 종전의 대량생산방식과는 달리 컴퓨터를 이용한 유연적 생산 방식은 노동과 기계의 비효율성을 줄이고 자동차 제조과정에서 필요한 부품을 제조공정 시간에 맞추어 공급 가능하도록 하였기 때문에 많은 재고량을 비축해 왔던 기존의 포드 생산 방식에 비해 훨씬 효율적이며, 대규모 표준화된 자동차 생산방식에서 소규모 전문화된 유연적 생산방식으로의 기술변화라고 볼 수 있다.

특히 1980년대 이후 린 생산방식(lean production), 또는 도요타 생산시스템으로 불리는 일본식 생산시스템이 자동차 생산에 도입되고 있다. '린(lean)'이란 말은 '여윈' 또는 '마른'이라는 뜻을 가지고 있다. 이는 원가를 절감하고 생산성을 향상시켜 수익 증대와 자원 절감을 내포하고 있다. 대량생산방식(소품종-저비용)과 수공업 생산방식(다양성과 유연성)의 장점을 합친 것이라고 볼 수 있는 린 생산 방식은 과거 대량생산 방식보다 훨씬 적은 자원을 가지고도 동일한 생산량을 생산한다는 의미에서 붙여진 이름이라고도 볼 수 있다. 린 생산은 과거 대량생산방식에 비해 훨씬 적은 노동력을 필요로 하며, 재고량을 최소화하고 필요한 부품을 필요한 시기에 생산라인에 공급하는 간소한 생산방식을 취하고 있기 때문에 더 작은 공간에서 더 적은 근로자들을 통해 제품을 생산할 수 있다는 장점을 갖고 있다.

더 나아가 도요타사는 재고를 줄이고 노동력을 효율적으로 이용하여 원가를 낮추기 위해 필요한 제품을 필요한 시기에 필요한 양만큼 생산하는 적기생산(JIT: Just In Time) 방식도 실현시켰다. 적기생산방식을 실현시킨 것이 일본의 칸반 시스템(kanban system)으로 이른바 슈퍼마켓 방식이라고도 불리운다. 칸반 시스템은 모든 공정에서 생산량을 조화롭게 통제하는 정보 시스템으로 적기생산을 눈으로 관리하기 위해 고안된 시스템이다.

최근 정보통신기술의 발달, 에너지 가격 상승, 자원의 희소성 및 환경문제를 해결하기 위해 자동차산업에서의 기술혁신이 상당히 빠르게 이루어지고 있다. 하이브리드(hybrid) 자동차가 등장하면서 두 가지의 동력원을 함께 사용하는 기술이 나타나고 있다. 즉, 기존 자동차에 사용되던 내연기관 엔진에 전기 모터를 결합하여 전기 모터는 차량 내부에 장착된 고전압 배터리로부터 전원을 공급받고, 배터리는 자동차가 움직일 때 다시 충전되도록 하는 시스템이다. 하이브리드 시스템은 가솔린 또는 디젤 엔진의 단점을 보완해 차량 속도나 주행 상태 등에 따라 엔진과 모터의 힘을 적절하게 제어함으로써 효율성을 극대화시킨 것이라고 볼 수 있다. 출발할 때는 전기 모터로 엔진 시동을 걸지만, 통상적인 주행이나 가속 시에는 엔진이 주된 동력원이 되고 모터가 보조 동력원으로 작동한다. 브레이크를 밟아 감속할 때는 차량의 운동에너지를 전기에너지로 전환해 배터리를 충전한다. 그리고 차를 멈추면 엔진과 모터가 모두 정지한다. 그러나 하이브리드 차는 기존 엔진에 모터까지 탑재되고 배터리도 얹어야 하기 때문에 부품 수가 늘어나고 차도 무거워지는 단점이 있다.

이에 비해 연료전지 자동차는 100% 전기 모터를 동력원으로 사용한다. 다만 충전지가 아니라 수소연료만 주유하듯 넣으면 되는 연료전지를 사용하기 때문에 연료전지 자동차라는 이름이 붙었다. 연료전지 자동차는 수소를 공기 중의 산소와 결합시켜 전기 에너지를 내며, 이 과정에서 물 이외의 불순물이 생기지 않기 때문에 친환경 자동차라고 할 수 있다. 그러나 수소는 폭발 위험성이 크고 한 번에 대량의 수소를 적재하기 힘들기 때문에 연료전지 자동차가 상용화되려면 우선적으로 수소 충전소 구축 등 인프라 설비를 갖추어야 하는 문제가 뒤따른다.

최근 자율주행차(autonomous vehicle) 기술이 도입되고 있다. 자율주행차란 운전자가 차량을 조작하지 않아도 스스로 주행하는 자동차이다. 운전자가 브레이크나 핸들, 가속 페달 등을 제어하지 않아도 도로의 상황을 파악해 차량을 제어함으로써 자동으로 주행하는 것이다. 일반적으로 자율주행자동차와 무인자동차(unmanned vehicle, driverless car)의 용어가 혼용되지만, 자율주행자동차는 운전자 탑승 여부보다는 차량이 독립적으로 판단하고 주행하는 자율주행기술에 초점을 맞추고 있다. 이런 자율주행이 가능하려면 운전자 보조시스템(ADAS: Advanced Driver Assistant System)의 인지, 판단, 제어의 구성요소가 유기적으로 작동해야 한다. 네트워크를 통해 정보를 주고받는 자율주행자동차는 교통 정체현상을 해소시키고 사고 발생률도 거의 없을 것으로 기대되고 있다.

(2) 자동차 주요 생산국과 국제 간 자동차 교역

자동차산업의 경우 입지를 결정하는 데 있어서 시장 수요는 매우 중요하다. 소득수준이 높은 선진국에서 자동차산업이 활발하게 이루어지고 있는 이유는 풍부한 소비시장 때문이다. 자동차 수요는 경제성장과도 밀접한 관계를 보이고 있다. 1980년대 서부 유럽과 북미에서의 자동차 수요는 매우 점진적인 증가추세를 보인 반면에 동아시아와 동남아시아에서의 자동차 수요는 크게 증가하였다. 일례로 한국의 자동차 수요는 1987~1990년 동안 연평균 40%의 성장률을 보였다. 최근 중국의 자동차 수요가 크게 증가하고 있는 것은 중국 경제가 성장하면서 국내 수요가 급속하게 증가하기 때문이다.

자동차 수요는 크게 두 가지로 구분될 수 있다. 새로이 자동차를 구입하는 경우와 기존 자동차를 대체하는 경우이다. 대기업의 경우 자동차 대체 수요를 창출하기 위해 생산 기술혁신으로 새로운 모델을 계속 출시하고 있다. 자동차는 단지 소유하는 것만이 아니라 차종을 통해 자신의 이미지와 사회적 지위를 나타내기도 하며, 라이프스타일에 따라 자동차 취향도 달라진다. 최근 유행인 SUV(Sport Utility Vehicle)는 원래 목적이 비포장지역을 달리는 데 편리하도록 만들었으나, 소비자들은 다른 목적으로 이용하고 있다. 이와 같이 자동차의 소유는 다른 사람들과 차별화시키는 재화로서 소득 수준, 취향, 기호에 따라 차별적인 수요를 창출하고 있으며 수요 변동도 심하다. 특히 자동차 수요는 주기성을 갖고 있으며(신차와 교환), 소비자들의 소득과 기호를 반영한 다양한 모델이 나타나면서 점차 자동차 시장은 세분화되어 가고 있다.

그러나 자동차시장이 성숙되어 갈수록 신차에 대한 수요는 상당히 줄어들게 되며, 선진국의 경우 신차 수요는 이미 포화상태이다. 따라서 자동차 시장이 성숙된 지역의 경우 자동차 수요의 약 85%는 자동차 대체 수요이다. 그러나 자동차 대체 수요는 매우 느리며, 상당히 가변적이기 때문에 과도한 자동차 생산시설 용량을 갖춘 기업들의 경우 경기가 침체되는 경우 심각한 경영난에 직면하게 된다.

지난 40여년 동안 자동차산업이 급성장하면서 국가별 자동차 생산량과 순위도 상당히 변화되고 있다. 1970~2000년 동안 세계 자동차 생산은 미국과 일본을 필두로 하여 독일, 프랑스, 스페인, 이탈리아 등 선진국에서 주로 생산되었다. 특히 이 기간에 가장 괄목할 만한 성장을 보인 국가는 일본이다. 1960년 일본은 16.5만대의 자동차를 생산하였으나, 1991년에는 1,300만대로 세계 자동차 생산의 약 1/4을 차지하게 되었다. 미국의 경우 1960년 세계 자동차의 약 1/2을 생산하던 것이 1990년에는 19%로 감소되었고, 영국도 같은 기간에 10%에서 3.9%로 크게 줄어들었다. 반면에 2000년대 들어와 중국, 한국, 인도, 브라질, 멕시코, 태국에서의 자동차산업은 급속도로 성장하였다. 또한 동유럽의 체코, 폴란드, 헝가리 등도 자동차 생산량의 증가세를 보이고 있다(그림 10-52, 그림 10-53).

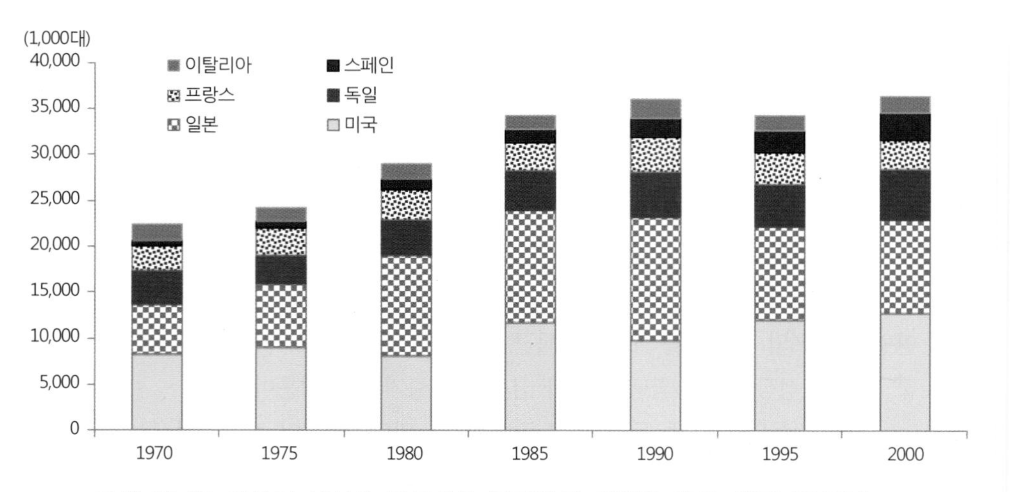

그림 10-52. 자동차 생산을 주도해온 국가들의 생산량 추이, 1970-2000년
출처: OICA(International Organization of Motor Vehicle Manufacturers) Statistics, http://www.oica.net/category/production-statistics.

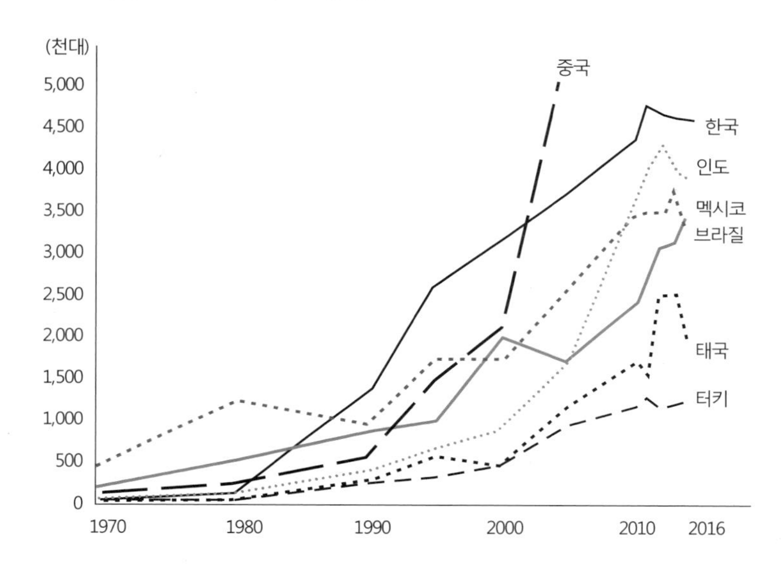

그림 10-53. 주요 개발도상국별 자동차 생산 추이, 1970-2016년
㈜: 중국의 자동차 생산대수는 2005년 571만대, 2010년 1,826만대, 2016년에는 2,812만대를 돌파하여, 상기 그래프상에 범위를 벗어나서 나타내지 못하였음.
출처: OICA(International Organization of Motor Vehicle Manufacturers) Statistics, http://www.oica.net/category/production-statistics.

한편 2000~2016년 동안 세계 자동차 생산 상위 10개국의 생산량(그림 10-54)과 그에 따른 시장 점유율을 보면 엄청난 변화가 나타나고 있다. 2016년 상위 10개국에서 세계 자동차 생산량의 79.3%를 생산하고 있을 정도로 매우 집중된 패턴을 보이고 있다. 2016년 세계 자동차 생산 1위인 중국의 경우 2000년의 시장 점유율은 3.5%로 매우 낮았으나,

2010년부터는 세계 자동차 생산 1위를 차지하면서 시장 점유율도 약 30% 수준으로 증가하여, 세계에서 생산되는 자동차 10대 가운데 3대는 중국에서 생산된 것이라고 볼 수 있다. 미국, 일본, 독일은 2005년까지 세계 1위, 2위, 3위로 자동차 생산국이었으나, 세계 자동차 생산에서 차지하는 비율은 3~9% 감소하였다. 반면에 인도와 멕시코의 경우 자동차 시장 점유율이 증가하고 있다(표 10-9). 우리나라의 경우 1980년대 초까지도 불과 2만대를 생산하던 것이 1991년에는 110만대를, 2016년에는 약 423만대를 생산하면서 시장 점유율도 4.5%로 세계 6위를 차지하고 있다.

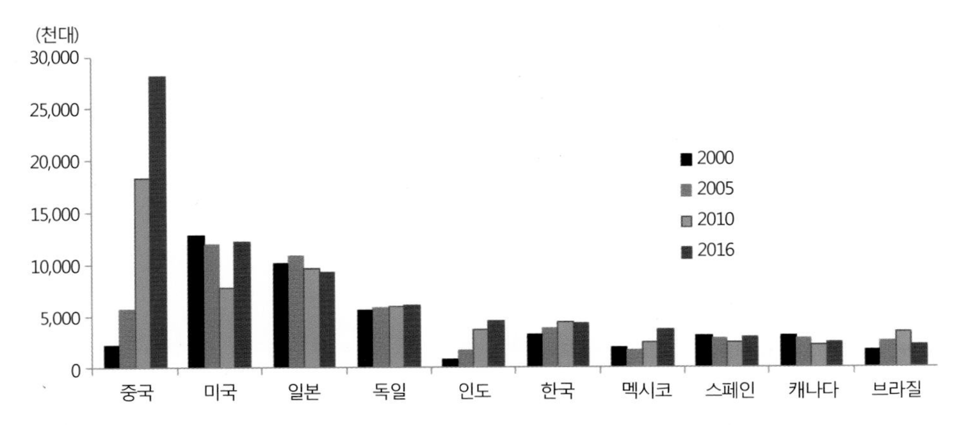

그림 10-54. 세계 자동차 생산 상위 10개국의 생산 추이, 2000-2016년

출처: OICA(International Organization of Motor Vehicle Manufacturers) Statistics, http://www.oica.net/category/production-statistics.

표 10-9. 자동차 생산의 상위 10개국의 시장 점유율 변화, 2000-2016년

순위	국가	2016	2010	2005	2000	시장점유율 변화(%)
1	중국	29.6	23.5	8.6	3.5	26.1
2	미국	12.8	10.0	17.9	21.9	-9.1
3	일본	9.7	12.4	16.2	17.4	-7.7
4	독일	6.4	7.6	8.6	9.5	-3.1
5	인도	4.7	4.6	2.5	1.4	3.4
6	한국	4.5	5.5	5.5	5.3	-0.8
7	멕시코	3.8	3.0	2.5	3.3	0.5
8	스페인	3.0	3.1	4.1	5.2	-2.2
9	캐나다	2.5	2.7	4.0	5.1	-2.6
10	브라질	2.3	4.4	3.8	2.9	-0.6
상위 10위 점유율(%)		79.3	76.8	73.8	75.5	-

출처: OICA(International Organization of Motor Vehicle Manufacturers) Statistics, http://www.oica.net/category/production-statistics.

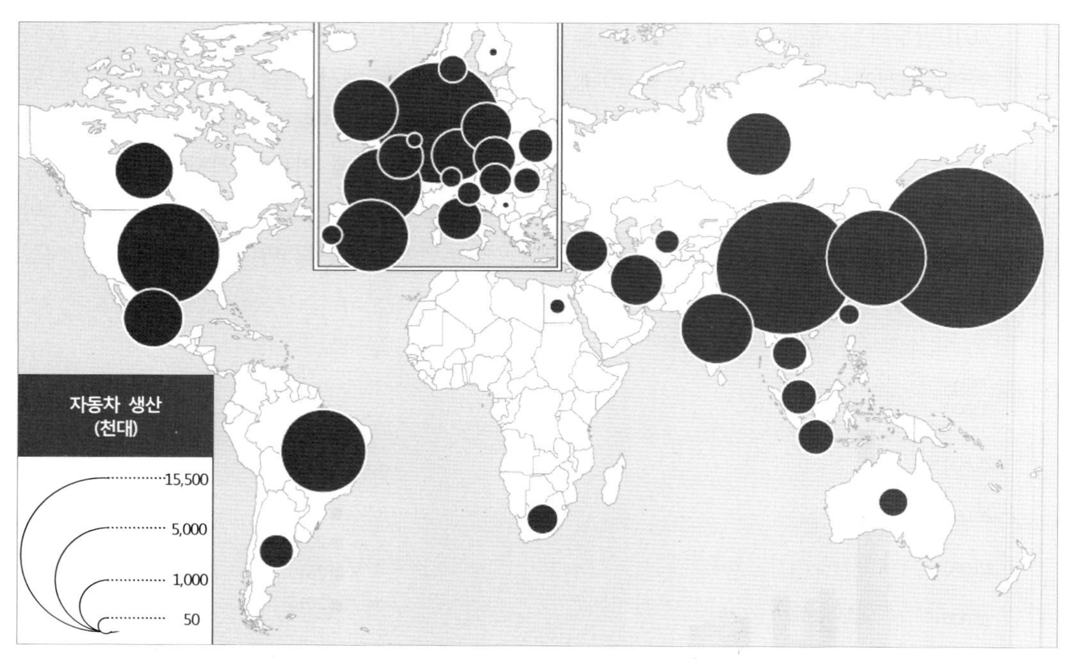

그림 10-55. 승용차 생산의 공간 분포
출처: Dicken, P.(2015), p. 481.

한편 세계 승용차(상업용 자동차를 제외) 생산의 공간 분포를 보면 전체 자동차 생산과 유사한 패턴을 보이고 있으나, 중국과 일본의 경우 승용차 생산 점유율이 전체 자동차 생산 점유율보다 높은 데 비해 미국의 경우 승용차 생산 점유율이 전체 자동차 점유율에 비해 더 낮은 편이다(그림 10-55).

자동차 생산국의 변화에 따라 자동차 교역 패턴도 상당히 변화하고 있다. 자동차 교역을 주도하는 국가는 일본, 미국, 독일이다. 특히 일본은 1963년 자동차 생산량의 7.6%를 수출하던 것이 1987년에는 일본 자동차 생산의 절반을 수출하였다. 특히 미국과 유럽으로의 수출이 크게 증대되면서 미국 자동차 시장에서 일본차 점유율은 약 25%를 차지하게 되었으며, 영국과 독일에서도 일본차 판매율은 10%, 15%를 각각 차지하였다. 오스트레일리아의 경우도 일본차 판매율이 50%를 상회하고 있다.

그러나 2000년대 들어오면서 자동차 교역 흐름에도 변화가 나타나고 있다. 유럽연합이 세계 자동차 수출의 약 절반을 차지하고 있으며, 미국과 일본이 10%~15%를 점유하고 있다. 우리나라는 약 5% 수출 점유율을 보이고 있다. 2016년 자동차 수출액 상위 10위 국가를 보면 독일, 일본, 미국, 캐나다. 영국 순으로 나타나고 있으며, 독일, 일본, 미국이 세계 전체 자동차 수출액의 42.7%를 차지하고 있다. 우리나라도 5.4%를 차지하고 있다.

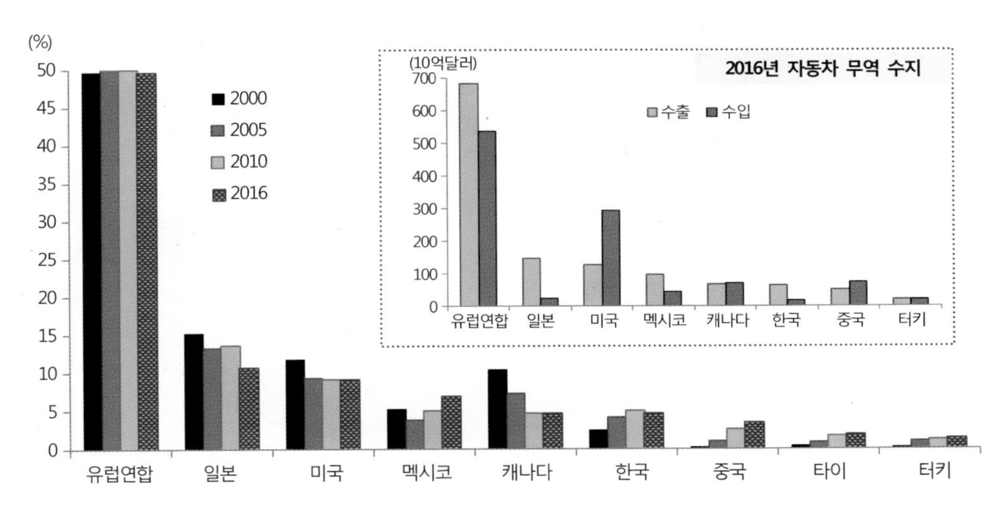

그림 10-56. 주요 자동차 수출국의 세계 시장 점유율 변화 및 자동차 무역 수지
출처: WTO(2017), World Trade Statistical Review, Table A 21.

반면에 세계 자동차 수입액 상위 10개국을 보면 미국, 독일, 영국, 중국 순으로 나타나고 있으며, 미국이 세계 자동차 수입액의 약 1/4을 차지하고 있다(표 10-10). 중국의 경우 자동차 생산 1위 국가이지만, 여전히 많은 자동차를 수입하고 있으며, 중국의 자동차 무역수지는 적자를 보이고 있다(그림 10-56).

세계적으로 자동차 교역의 중심지역은 아시아, 유럽, 북미 3개 지역이라고 볼 수 있다. 북미와 유럽의 경우 자동차 교역량 가운데 약 75%가 지역 내 교역이며 나머지 약 25%만이 다른 지역과의 교역이다. 즉, 북미와 유럽의 경우 해당 지역에서 생산된 자동차

표 10-10. 자동차 수출입 상위 10개국의 시장 점유율, 2016년

순위	수출(십억$)			수입(십억$)		
	수출국	수출액	점유율(%)	수입국	수입액	점유율(%)
1	독일	151.9	21.8	미국	173.3	24.7
2	일본	91.9	13.2	독일	51.3	7.3
3	미국	53.8	7.7	영국	46.1	6.6
4	캐나다	48.8	7.0	중국	44.0	6.3
5	영국	41.3	5.9	프랑스	31.9	4.5
6	한국	37.5	5.4	벨기에	31.4	4.5
7	스페인	35.6	5.1	이탈리아	27.5	3.9
8	멕시코	31.4	4.5	캐나다	26.4	3.8
9	벨기에	30.3	4.3	스페인	18.3	2.6
10	체코	18.8	2.7	호주	15.9	2.3

출처: WTO(2017), World Trade Statistical Review, Table A 21.

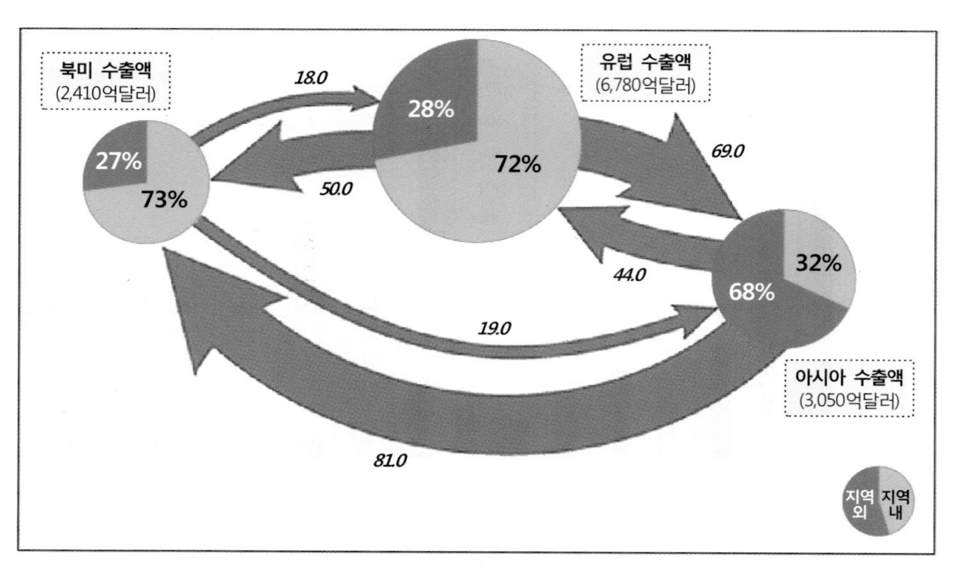

그림 10-57. 아시아-유럽-북미 간 자동차 교역의 흐름

㈜: 화살표의 숫자는 자동차 부가가치를 나타냄.
출처: Dicken, P.(2015), p. 500.

들 가운데 75%는 해당지역에서 판매되고 있음을 말해준다. 반면에 아시아의 경우 자동차 교역 가운데 지역 내 교역은 불과 32%에 지나지 않으며, 약 68%는 해외로 수출한다. 즉, 아시아에서 생산된 자동차는 북미(810억 달러)와 유럽(440억 달러)으로 주로 수출되고 있다(그림 10-57). 일본은 1980년까지만 해도 일본에서 생산된 자동차를 해외에 수출하였다. 그러나 북미와 유럽에서 일본 자동차에 대한 수입규제가 엄격해지자 1982년 혼다사는 미국에 공장을 건설하여 미국의 자동차 시장을 침투하게 되었다. 일본 자동차기업의 현지생산은 오히려 시장침투를 용이하게 하였으며, 미국 내 일본 자동차 회사는 노동조합의 영향을 최소화하기 위해 비도시지역과 자연녹지(greenfield)에 입지하였다.

(3) 자동차산업에서의 협력적 전략

자동차산업 초기에는 다수의 자동차 기업들이 생산에 참여하고 있었다. 1920년 미국에는 80여개의 자동차 회사가 있었고 프랑스는 150여개, 영국 40여개, 이탈리아도 30여개의 회사가 있었다. 그러나 1960년대 이후 자동차 기업 간 인수·합병이 이루어지면서 현재 소수의 대기업에 의해 자동차가 생산되고 있다. 미국의 경우 GM, Ford, Chrysler 3개사가 주축을 이루고 있으며, 프랑스와 스웨덴은 두 개의 회사에 의해서, 이탈리아는 피아트라는 한 회사에 의해 생산되고 있다. 우리나라도 삼성과 대우는 외국 자동차 화사에 인수되고 기아를 인수한 현대 자동차 회사가 주도하고 있다.

표 10-11은 소수 대기업에 의한 자동차 생산량을 순위화한 것이다. 세계 상위 15개 기업이 세계 자동차 생산량의 80%를 생산하고 있으며 2000년에는 그 비율이 88%에 달하였다. 세계 10대 기업이 자동차 총 생산의 약 2/3를 차지하고 있다. 제2차 세계대전 이후 2000년까지 미국의 GM과 Ford가 세계 1, 2위를 차지하고 있었으나 점차 점유율이 떨어졌다. 그러나 2010년에는 일본의 도요타사가 세계 1위를 차지하였다. 일본의 경우 1960년까지만 해도 세계 15위에 속하는 자동차 기업이 하나도 없었으나, 2010년에는 세계 15대 자동차 기업 가운데 5개 기업이 일본 자동차 기업이다. 한국의 현대기업의 자동차 생산 순위는 계속 상승세를 보이고 있으며, 2016년에는 세계 3위를 차지하고 있으며, 중국의 상해사가 12위를 차지하고 있다(그림 10-58).

지난 수년 동안 자동차산업의 경우 국가 간에 인수·합병이 활발하게 이루어졌다. 대표적인 예는 1998년에 독일의 벤츠사가 미국의 크라이슬러를 인수하였고, 1999년에는 포드사가 스웨덴의 볼보사를 인수한 것이다. 또한 프랑스의 르노는 일본 닛산사 지분의 44%를 갖게 되었고, 2002년 GM은 한국의 대우사를 인수하였다. 2006년에는 GM, 닛산, 르노가 연합을 시도하였다가 결렬되었으며, 2009년에는 이탈리아 피아트의 미국 크라이슬러 지분을 인수한 독일 폭스바겐과 일본 스즈키 자동차사가 제휴를 맺었다. 2010년에는 일본의 닛산과 프랑스의 르노, 독일의 다임러가 상호출자와 환경차 공동개발 등을 골자로 한 포괄적 제휴에 합의하였다. 이들 기업은 경영 독립성은 그대로 유지하면서 서로 부족한 부분을 보완하는 전략적 제휴를 맺은 것이다.

표 10-11. 자동차 생산의 상위 15위 기업의 생산량의 변화 추이, 2000-2016년

(단위: 1,000대)

2000년			2005년			2016년		
순위	회사명	생산량	순위	회사명	생산량	순위	회사명	생산량
1	GM	8,133	1	GM	9,068	1	도요타	10,213
2	포드	7,323	2	도요타	7,338	2	폭스바겐	10,126
3	도요타	5,955	3	포드	6,498	3	현대	7,890
4	그룹VW	5,107	4	폭스바겐	5,211	4	GM	7,793
5	크라이슬러	4,667	5	크라이슬러	4,816	5	포드	6,429
6	푸조	2,879	6	닛산	3,494	6	닛산	5,556
7	피아트	2,641	7	혼다	3,436	7	혼다	4,999
8	닛산	2,629	8	푸조	3,375	8	파아트	4,681
9	르노(삼성)	2,515	9	현대	3,091	9	르노	3,373
10	혼다	2,505	10	르노	2,617	10	푸조	3,153
11	현대	2,488	11	스즈키	2,072	11	스즈키	2,945
12	미츠비시	1,827	12	피아트	2,038	12	상해	2,567
13	스즈키	1,457	13	미츠비시	1,331	13	크라이슬러	2,526
14	마츠다	925	14	BMW	1,323	14	BMW	2,360
15	BMW	835	15	마츠다	1,288	15	창강	1,716

출처: http://www.oica.net/category/production-statistics.

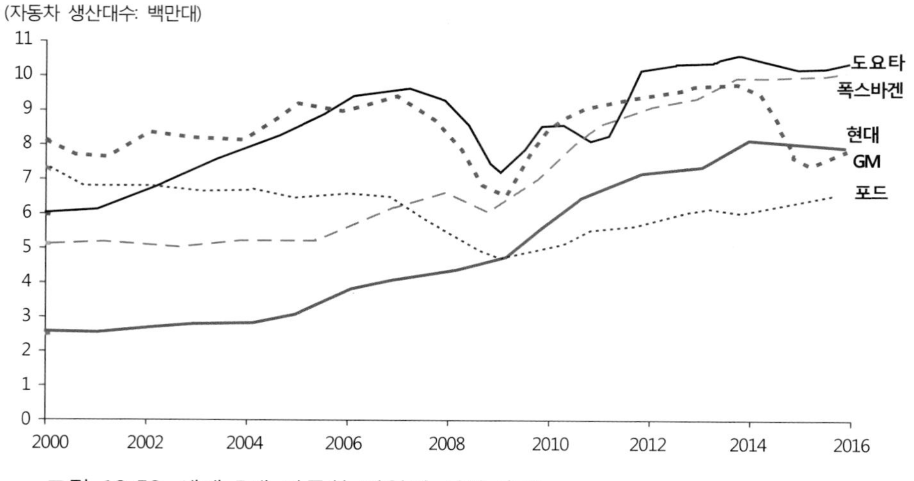

그림 10-58. 세계 5대 자동차 기업의 성장 추세

출처: OICA(International Organization of Motor Vehicle Manufacturers) Statistics, http://www.oica.net/category/production-statistics.

국가별 자동차 생산량에는 외국 자동차 기업들이 입지하여 생산한 물량까지 모두 포함하기 때문에 해외에 공장을 가지고 활동하는 초국적기업의 활동을 파악하는 것이 필요하다. 세계 주요 자동차기업 대부분이 초국적기업들이며, 자동차는 전 세계적으로 조립되고 있다. 최근 자동차기업들 간 국제경쟁이 심화되면서 초국적기업들의 경쟁 전략도 달라지고 있다. 세계 자동차산업의 성장 전략은 크게 두 가지로 구분되는데, 하나는 GM과 Ford사 등이 주력하고 있는 'world car' 전략이다. 이들은 해외에 다수의 생산공장과 조립공장을 건설하고 대량생산 체제 하에서 자동차를 생산하고 있다. 반면에 독일의 BMW, 벤츠나 볼보 등은 'luxury car' 전략을 수립하여 고급형의 자동차를 원하는 고객층들을 겨냥하여 차별화된 자동차를 생산하고 있다.

(4) 한국의 자동차산업

우리나라는 매우 짧은 기간에 세계적인 자동차산업 강국으로 부상하였다. 우리나라의 자동차산업은 1960년대 후반 수입대체전략의 일환으로 조립용 부품(knock down)을 수입하여 조립하는 것으로 출발하였다. 자동차산업의 후발주자인 현대자동차사는 외국 자동차 업체로부터 생산 및 제조기술을 도입하여 생산방식을 발전시켰다. 특히 1990년대 현대자동차사는 일본의 린 생산방식과 기존의 포드주의 생산방식을 혼합시켜 자동차를 생산하였다. 특히 현대는 대우가 외국 기업(일본과 미국 자동차 기업)과 합작하여 세계시장으로 진출한 것과는 달리 독자적인 자동차 제조사로 세계시장에 진출하였으며, 북미에 현지 생산

공장까지 설립하였다. 현대자동차사가 북미로 자동차 수출이 가능하였던 것은 자동차 생산 초기의 저렴한 노동비의 이점을 살린 가격 경쟁에서 비롯되었다. 현대자동차사는 1986년 처음으로 미국에 300,000대를 수출하였으며, 현지 공장을 세우는 전략을 실현하여 캐나다에 12,000대 생산이 가능한 공장을 세웠다. 그러나 이 공장은 1991년 폐쇄되었다. 1997년 금융위기를 겪으면서 현대자동차사는 기아차를 인수하고 현대그룹에서 분리·독립하였다. 현대는 고급차를 생산하고 기아는 저렴한 차를 생산하여 동남아 시장에 수출하는 차별화 전략을 통해 세계시장을 공략하면서 중국, 인도, 터키, 체코에 생산 공장을 세웠다. 특히 2005년에 앨라배마에 현대차 공장을, 2007년에는 조지아주에 기아차 공장을 세우면서 현대자동차사는 세계 3위의 자동차 기업으로 급부상하였다.

우리나라 자동차산업의 발달은 국가 정책과 매우 긴밀한 관계 속에서 성장해 왔다. 지난 15년간 우리나라 자동차산업은 세 단계(모방→내부화→혁신)를 거치면서 발달해 왔다. 특히 각 단계마다 국가 경제발전과 소득수준에 맞춘 맞춤형 수요와 공급의 균형을 이루는 정책과 병행하면서 수요지향적 정책을 펼쳐 나갔다(그림 10-59). 우리나라 자동차산업의 발달과정에 대해 유엔산업개발국 보고서(2017)에 자세하게 소개되어 있다.

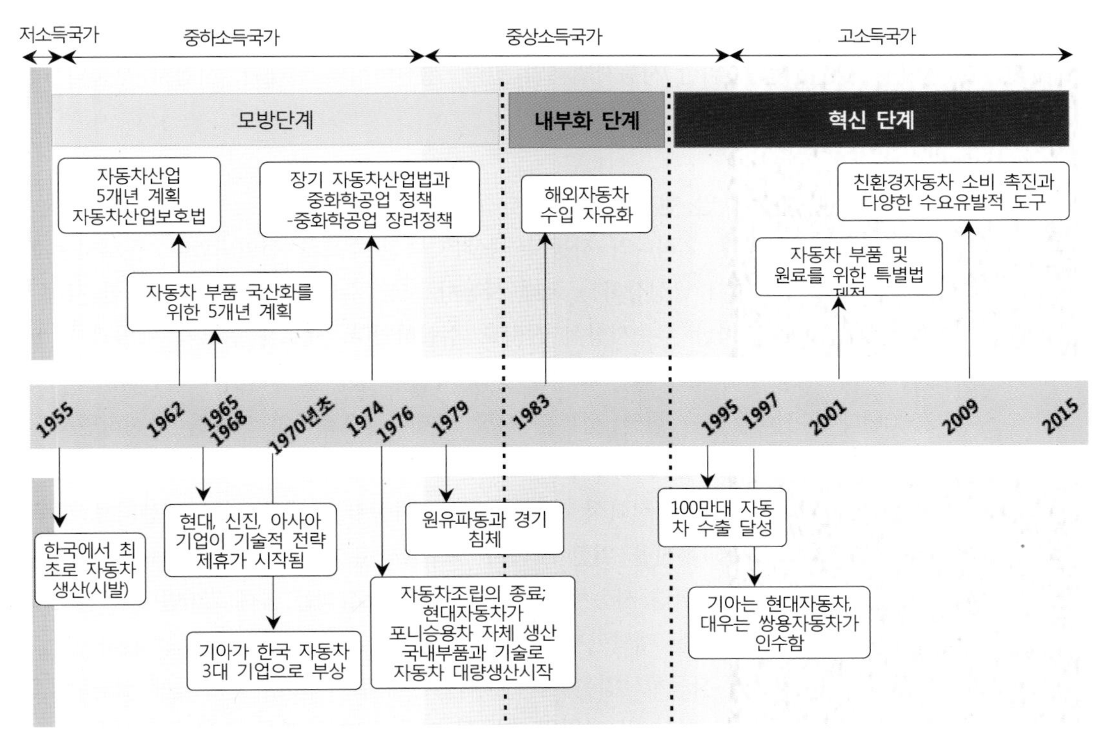

그림 10-59. 한국 자동차산업의 발달 단계: 모방에서 혁신까지
출처: UNIDO(2017), Industrial Development Report 2018, Figure 6.1.

❐ 1단계: 모방 단계(1955~1970년대 말)

1960년대부터 1970년대 말까지는 모방 단계였다. 정부는 국내 자동차산업을 육성하기 위해 다양한 정책적 지원을 하였다. 외국인 직접투자, 관세 및 비관세 장벽, 보조금 대출, 수출 보조금 및 세제 혜택, 라이센싱을 통한 기술학습 등 다각적인 정책이 시행되었다. 특히 자동차산업을 유아 산업으로 간주하고 국내 자동차 수요 확보를 위해 수입제한정책을 감행하였다.

❐ 2단계: 내부화 단계(1980년~1990년대 중반)

1980년대 부터 자동차산업은 내부화 단계로 진입하였다. 1979년 오일 쇼크 이후 정부는 구조조정을 추진하였다. 국내 제조업체 간 합병과 함께 단계적으로 자동차산업 발달을 위해 보호무역을 취하였다. 이 기간 동안 한국 자동차업체들은 과감한 투자를 통해 생산부문을 확장하였고, 기술역량을 기반으로 경쟁력을 갖추기 시작했다. 정부는 자동차 관련 세금 공제, 특별소비세 감면 등 자동차의 내수를 유발하기 위한 정책을 시행해 나갔다. 자동차업체들은 소비세 감소와 대형차 개발 및 다양한 차종 개발을 통해 가격 대비 품질을 향상시켜 경쟁력을 강화하였다. 1980년대 말부터 한국 자동차는 국내 시장에서의 판매량이 급증하기 시작했다. 이에 따라 자동차 유통체계 설립, 소비자 보호정책 강화와 더불어 자동차 대량생산을 위한 자동차업체의 전략, 생산방식의 현대화, 자동차 부품의 아웃소싱을 확대하고 발전시켰다.

❐ 혁신 단계(1990년대 말~현재)

1990년대 후반 이후 우리나라 자동차 생산은 혁신 주도로 전환되었다. 현대자동차사는 혁신 역량을 키우면서 급성장하는 국내 자동차 시장 수요에 대응하였다. 또한 자체 기술능력을 기반으로 강력한 수출지향적 전략도 수립하였다. 새로운 승용차 개발과 더불어 국내·외에서의 자동차 판매를 위한 노력을 통해 자동차 생산을 증가시켜 나갔다.

2000년대에 접어들면서 한국 정부는 시장 규제기관으로서의 역할을 유지하면서, 더 적극적으로 혁신과 녹색성장을 추동하기 시작했다. 2010년에 정부는 녹색 자동차 개발 전략, 친환경 기술개발 및 환경친화적 자동차 제조, 자동차 구매를 위한 인센티브 제공과 병행하여 신에너지 보급 촉진을 위한 소비자 보조금까지 지원하고 있다. 최근 신에너지 자동차 정책 및 로드맵 친환경 자동차 유통(2014-2020) 정책을 통해 220만대의 신에너지 차량을 2020년까지 보급하는 계획까지 수립하고 있다.

이와 같이 우리나라 자동차산업은 국가경제 전반에 걸쳐 고용 및 소득에 상당한 영향을 미쳐왔으며, 지속적인 혁신 및 자원의 효율적 사용 등으로 자동차 생산의 선순환을 가져온 것으로 평가되고 있다.

3) 반도체산업

반도체는 '현대산업의 쌀' 혹은 '제2의 석유'라고 일컬어지는 중요한 제품(이근 외, 1997)이며, '제조업 중의 제조업'이라고 볼 수 있는 반도체산업은 디지털시대의 중추적인 역할을 하고 있다. 뿐만 아니라 반도체산업은 기술혁신의 속도가 매우 빠르기 때문에 제품수명주기도 다른 업종에 비해 매우 짧으며, 막대한 초기 설비투자와 끊임없는 연구개발을 위한 투자가 요구되어 매출액 대비 연구개발비 비중이 다른 산업들보다 현저히 높다. 이러한 반도체산업의 특징으로 인해 반도체 세계 시장은 경쟁이 매우 치열하며, 반도체산업은 지구촌 공장이라고 할 만큼 세계 각국에서 반도체가 생산되고 있다. 반도체는 정보를 저장하는 메모리와 전자기기를 제어·운용하는 시스템반도체로 구분되며, 시스템반도체는 소프트웨어와 융합되어 전자기기의 부가가치를 결정한다. 스마트폰, 태블릿 PC 등 모바일기기의 기술의 가장 중요한 부분으로 전자기기의 발달에 지대한 영향을 미치고 있다. 특히 반도체는 고부가가치를 창출하며 생산성이 매우 높으며, 국가의 기술 경쟁력을 대표한다고도 볼 수 있다. 이에 따라 각 국가들은 반도체 분야의 기술 우위를 차지하게 위해 다각적인 노력을 기울이고 있다.

(1) 반도체산업의 특징

반도체산업은 1901년 라디오가 등장된 이후 시작되었다고 볼 수 있지만 본격적인 반도체산업의 성장은 1947년 미국의 벨연구소에서 진공관을 대체하는 트랜지스터 개발이 이루어지면서부터라고 볼 수 있다. 반도체는 휴대폰, 컴퓨터 등 전자장치의 입·출력 및 주요 기능을 수행하는 핵심부품으로 전자제품을 만드는 기본 요소이기 때문에 반도체 소자라고 부른다. 다이오드나 트랜지스터를 개별소자라고 부르는 것에 비해 소자들을 모은 반도체를 집적회로라고 한다. 1958년 미국의 텍사스인스트루먼트사에서 하나의 실리콘칩 위에 많은 트랜지스터가 연결된 집적회로(IC: Integrated Circuit)를 개발하였다. 집적회로는 플래너(planar) 기술이 개발되면서 눈부시게 발전하였다. 플래너 기술이란 웨이퍼라고 하는 평평한 반도체판 표면에 트랜지스터 등의 소자를 새겨 넣는 것을 말한다. 이와 같이 집적회로는 인화지에 해당하는 웨이퍼 위에 필름 역할을 하는 마스크를 놓고 빛 대신 자외선을 쬐어 아주 정밀하고 복잡한 회로를 새겨 넣는 것으로, 정보의 저장과 연산의 중추적 역할을 한다. 특히 컴퓨터 기억장치로 가장 많이 이용되는 것이 메모리반도체 DRAM (Dynamic Random Access Memory)이다.

1970년 미국의 인텔사에서는 1K DRAM을 개발하였고, 1974년 8bit CPU를 개발하여 출시하였다. 특히 1㎠도 안 되는 작은 실리콘칩에 수백만 개의 회로를 통합한 기술혁신은 반도체 산업의 획기적인 발달을 가져왔다. 1965년에는 하나의 칩 안에 1K(1000byte)의 정보를 전달하던 것이 1970년에는 10K, 1977년에는 16K로 증가되었다. 1980년대 들어와 칩의 메모리 용량이 크게 증가하여 1984년에는 4MB, 1992년에는 16MB, 64MB로 지속적인 증가를 보이고 있다. 반도체 생산의 국제 경쟁이 심화될수록 반도체 생산비용을 줄이기 위한 노력과 더불어 하나의 칩에 가능한 많은 회로를 담을 수 있는 기술개발이 빠르게 이루어지고 있다. 1983년 일본의 히다치사에서 1M DRAM을 개발하였고, 이어서 삼성전자가 세계 최초로 1G DRAM을 개발하였다. 또한 애플과 IBM사에서는 반도체를 이용하여 개인용 컴퓨터를 개발하여 보급하였다. 1990년대 개발된 마이크로프로세서에는 550만개의 트랜지스터가 포함되었고, 1990년대 말 Pentium 4에는 4,200만개의 트랜지스터가 탑재되었다. 이는 1971년에 인텔사에서 3,500개를 탑재한 것에 비하면 엄청난 기술개발이다. 1965년에 마이크로칩 기술의 발전을 보면서 무어(Moore)는 마이크로칩에 저장할 수 있는 데이터 용량이 매년 또는 적어도 18개월마다 두 배씩 증가하게 될 것이라고 예측하였다. 이를 무어의 법칙(Moore's law)이라고 불리어지고 있다. 인텔의 공동 설립자인 무어는 당시 경험적 관찰에 바탕을 두고 반도체 집적회로의 성능이 배가 되는 기간을 예측한 것이다. 그러나 실제 반도체 기술혁신은 무어의 법칙을 훨씬 더 뛰어넘고 있다. 마이크로칩의 비용과 용량 증가는 가속화되고 있는데, 이는 반도체 기업들의 지속적인 연구개발의 결과 이룩한 기술혁신 결과라고 볼 수 있다.

반도체 생산회로는 표준화된 대량생산에서부터 매우 전문화된 소비자 수요에 대응하는 제품생산에 이르기까지 생산 공정도 매우 다양하다. 일반적으로 반도체 생산회로는 디자인 단계→웨이퍼 제작단계→조립단계→소비단계로 나누어진다. 가장 기본이 되는 단계는 웨이퍼(wafer: 집적회로의 기판이 되는 얇은 판)를 제작하는 공정이라고 볼 수 있다. 웨이퍼 공정은 정교한 기술을 필요로 하며, 깨끗한 청정 환경(특히 순수한 용수와 유독성 화학물질을 위한 폐기물 처리시설)이 갖추어져야 한다.

(2) 세계적인 반도체 생산국과 거대기업들

전류의 흐름을 조절하는 반도체는 메모리칩과 마이크로프로세서로 구분되며, 반도체와 관련된 부품들은 전자장치부문과 소비재 전자제품으로 나누어진다. 이와 같은 반도체의 특성으로 인해 반도체 생산단계에 따라 입지가 달라지며, 반도체 생산에 필요한 노동력도 전문적이고 기술력이 높은 고급인력과 저임금의 생산인력까지 상당히 양극화되어 있다. 새로운 집적회로를 디자인하고 웨이퍼를 제조하는 공정단계까지는 고도의 과학적, 기술공학적 기능을 필요로 하지만, 반도체를 조립하는 단계에서는 단순 노동력을 필요로 한다. 또한 반도체 무게 자체가 가벼워 운송비가 문제시 되지 않기 때문에 인건비가 싸면서도 깨끗한 환경을 갖춘 지역을 선호하여 입지하게 된다. 이에 따라 선진국에서는 기술집약적이고 연구개발을 위한 고급 노동력을 필요로 하는 디자인 및 웨이퍼 공정과정이 전문화되고 있는 반면에 개발도상국에서는 반도체를 조립하는 과정을 전문화하여 담당하고 있다. 특히 반도체 조립 공장은 임금이 더 저렴한 지역으로 재입지하는 경향을 보이고 있으며, 동남아시아 수출자유지역이나 멕시코 등에서 단순 여성노동력을 활용하여 생산이 이루어지고 있다.

한편 반도체산업은 국가경제 전반에 지대한 영향을 미치므로 각국 정부가 깊이 관여하고 있다. 미국은 연방정부차원에서 방위와 우주개발부문을 위해 반도체 산업을 촉진시켰다. 일본도 초기에는 외국의 직접 참여를 억제하고 수입을 철저히 제한하면서 집적회로 개발을 위해 기업들이 공동연구를 수행하였고 정부는 총 비용의 40%를 지원하여 일본이 반도체산업에서 선두주자로서의 터전을 만들게 되었다. 한편 한국, 대만, 싱가포르의 경우 수출지향적 산업으로 소비재 전자부문을 전략적으로 육성하기 위해 정부가 적극적으로 개입하였다. 싱가포르와 대만은 초국적기업들에게 투자 기회를 제공하여 외국인 소유 공장에서 생산되고 있다. 우리나라의 경우 정부는 전자산업을 발달시키기 위하여 강력한 보호주의를 채택하였다. 외국산 전자제품에 대한 강력한 수입 규제, 전자산업에 대한 정부의 적극적인 R&D 투자 및 전자산업 관련 기업에 대한 자금 지원 등을 통해 전자제품을 생산할 수 있는 기반을 마련하는 데 크게 기여하였다.

반도체 생산은 1950년대 미국에서 시작되어 약 20년간 미국이 세계 반도체 생산을 독점해 왔다. 그러나 1980년대에 들어오면서 일본이 미국을 앞질러 세계 최고의 생산국으로 부상하였다. 1980년대 미국은 세계 반도체 생산의 42%를 차지하였으나, 2001년에는 29%로 감소하였다. 일본은 1985년에 세계 반도체 생산의 약 절반을 생산할 정도로 증가하였다. 그러나 아시아 신흥공업국에서 반도체 생산이 크게 증가하면서 미국, 일본뿐만 아니라 홍콩, 대만, 한국, 싱가포르, 말레이시아, 필리핀, 타이 등도 주요 생산국가로 부상하였다. 그러나 시스템 반도체는 여전히 미국, 일본, 유럽연합이 세계시장을 주도하고 있다.

최근 특정 국가 내에서도 반도체 생산 입지가 변화하고 있다. 미국의 경우 반도체 생산의 중심지였던 실리콘벨리의 점유율이 다소 낮아지면서 새로운 반도체 생산지로서 콜로라도, 오레곤, 유타주가 부상하고 있다. 유럽 내에서도 반도체 생산이 아일랜드와 웨일즈, 스코틀랜드 지역으로 이동하고 있으며, 아시아의 경우 한국, 대만, 싱가포르 등은 보다 기술집약적인 반도체를 생산하는데 비해 말레이시아, 태국, 필리핀 등에서는 낮은 기술의 반도체를 생산하고 있다.

지난 15년 동안 반도체 생산의 세계 10위 기업들을 보면 인텔이 반도체 시장 점유율 1위를 달리고 있으며, 삼성전자가 2위를 차지하고 있었다. 그러나 2017년 삼성전자가 반도체 매출액 656억 달러를 기록하면서 세계 반도체 시장 점유율 15%로 인텔을 제치고 세계 1위 기업이 되었다. SK 하이닉스도 2017년 세계 3위 기업으로 성장하여 한국의 2개 기업이 세계 반도체 시장의 18%를 차지하고 있다. 2017년도 상위 10위 기업이 세계 반

표 10-12. 세계 상위 10대 반도체 기업의 시장 점유율 추이, 1993-2017년

순위	1993		2000		2006		2017	
	기업명	비중	기업명	비중	기업명	비중	기업명	비중
1	인텔	9.2	인텔	13.6	인텔	11.8	삼성	15.0
2	닛폰(NEC)	8.6	도시바	5.0	삼성	7.3	인텔	13.9
3	도시바	7.6	닛폰(NEC)	5.0	텍사스인스트루멘트(TI)	5.1	SK하이닉스	6.0
4	모토롤라	7.0	삼성	4.8	도시바	3.7	마이크론	5.3
5	히타치	6.3	텍사스인스트루멘트(TI)	4.4	마이크로일렉트로닉스(ST)	3.7	브로드컴	4.0
6	텍사스인스트루멘트(TI)	4.8	모토롤라	3.6	르네사스	3.1	퀠컴	3.9
7	삼성	3.8	마이크로일렉트로닉스(ST)	3.6	SK하이닉스	2.8	텍사스인스트루멘트(TI)	3.2
8	미쓰비시	3.6	히타치	3.4	프리스케일	2.3	도시바	3.1
9	후지쯔	3.5	인피니온	3.1	NXP	2.2	엔비디아	2.1
10	파나소닉	2.8	필립스	2.9	닛폰(NEC)	2.1	NXP	2.1
상위 10위 점유율(%)		57.2	상위 10위 점유율(%)	49.4	상위 10위 점유율(%)	44.1	상위 10위 점유율(%)	58.5
총 매출액		$826억 (100%)	총 매출액	$2,190억 (100%)	총 매출액	$2,682 (100%)	총 매출액	$4,385 (100%)

출처: IC Insight(2017), Research Bulletin, http://www.icinsights.com/.

도체 시장의 58.5%를 차지하고 있을 정도로 반도체 생산의 집중도는 매우 심하다.

(3) 한국의 반도체산업의 성장

우리나라 반도체산업은 1965년 미국의 Commy사가 한국에 반도체 조립공장을 세우면서 최초로 시작하였다. 국내 기업으로는 최초로 아남산업이 1968년 3월 국내 자본에 의한 반도체 조립 사업을 시작하였다. 그 후 1970년 금성반도체, 1974년 한국반도체가 미국 기업과 기술 제휴로 미국산 반도체를 조립하였다. 이러한 반도체 단순 조립 및 개별소자 생산은 반도체에 대한 상당한 학습효과를 가져다 주었으며, 우리나라가 반도체 메모리 분야에서 선두를 달리는 데 큰 밑거름이 되었다고도 볼 수 있다.

한편 삼성은 1977년에 한국반도체를 인수하여 반도체 사업을 시작하였다. 1982년 한국전자통신연구원(ETRI)에서 32K ROM를 국내 최초로 자력으로 개발하였고 1983년 삼성전자가 64K D램을 국내 최초로 개발함으로써 상용화된 반도체를 생산하게 되었다. 1980년대 정부가 첨단산업 육성책을 전략적으로 제시하면서 삼성, 금성, 현대 등 대기업들이 반도체 사업에 진출하게 되었다. 이렇게 뒤늦게 출발한 한국의 반도체 산업은 1990년대 대한민국 최대 수출산업으로 부상하게 되었는데, 이러한 쾌거를 이루게 된 계기는 1980년

대 후반 국내 반도체 기업들의 256K D램 수출 성공과 과감한 설비투자라고 볼 수 있다. 1984년 말 256K D램 개발에 성공한 삼성은 1985년 기흥에 반도체 제2 공장을 건설하며 256K D램 생산에 본격적으로 뛰어들었다. 당시 최첨단 6인치 웨이퍼 생산공정을 통해 삼성은 D램을 수출하게 되었고, 특히 1980년대 중반 이후 세계경제가 회복되면서 반도체산업도 활기를 갖게 되면서 256K D램 가격은 급상승하였다. 1988년 금성과 현대도 256K D램 생산을 시작하게 되면서 한국 반도체가 상업적으로 성공하고 현재 세계 반도체 강국으로 자리잡게 되는 계기가 마련된 것이다. 그러나 1988년 당시 일본은 이미 1M D램을 생산하여 판매하고 있었다. 1989년 말 수많은 시행착오 끝에 자체 기술력을 쌓은 삼성은 4M D램 생산에 나서기 시작하면서 일본과 미국 선진기업체들과 거의 동시에 첨단 D램 제품시장에 진입하였다. 삼성은 1990년 16M D램 개발에 성공하고 1992년에는 세계 최초로 64M D램 생산을 하면서 선진 기업체들을 앞지르기 시작하여 D램 세계 시장 1위로 부상하게 되었고, D램 등 메모리 첨단기술은 삼성을 비롯한 한국 기업이 세계 시장에서 주도권을 갖게 되어 반도체 강국으로 도약하는 계기가 되었다.

한편 1994년 삼성은 도시바에 이어 세계에서 두 번째로 16M 플래시메모리를 개발하면서 D램과 함께 플래시메모리 시장에서도 선두를 차지하게 되었다. 삼성 등 국내 기업은 1990년대 말 1G 플래시메모리를 세계 최초로 개발하는 등 플래시메모리에서도 세계 정상에 진입하였다. 1997년 외환위기와 IMF 금융위기를 맞게 되면서 국내 반도체 산업은 커다란 위기에 처하게 되었다. 반도체산업 내 구조조정 일환으로 현대전자와 LG반도체라는 초대형 대기업 간 빅딜로 하이닉스 반도체가 탄생하였다. 또 메모리 편중의 생산구조에서 벗어나 비메모리 개발 전략을 본격적으로 추진, 사업영역을 다각화하려는 시도도 이루어졌다. 2001년 한국은 세계 D램 시장 점유율이 25.6%를 차지하게 되어 세계 1위로 급부상하였다. 삼성전자는 2001년 인텔에 이어 세계 2위의 반도체 기업으로 자리를 확고히 잡았으며, 2017년에는 인텔을 제치고 세계 1위 기업으로 성장하였다. 그러나 한국 반도체 산업은 메모리 생산 위주로 성장해 왔다. 메모리 반도체는 한국이 세계 시장의 50% 이상을 점유하며 세계 1위이지만, 시스템 반도체의 점유율은 매우 낮은 수준이다.

생산공장이 없고 반도체 설계만 하는 반도체 기업을 '팹리스(fabless)'라고 부른다. 이와 반대로 설계는 하지 않고 의뢰받은 제품을 생산만 하는 반도체 기업을 '파운드리(foundries)'라고 한다. 시스템반도체는 공정 기술 난이도가 증가하고 이에 따른 공정 설비 등의 비용이 증가함에 따라 디자인 전문 팹리스와 조립 전문 파운드리로 분화되고 있다. 공정 기술의 미세화에 따라 R&D 비용 및 공장설비 구축 초기 비용이 증가하면서 분업 구조를 통한 투자비용의 절감 및 제품 출시 시기 단축 등의 효과를 거두고 있다. 글로벌 팹리스 시장은 시스템 반도체의 지속적인 성장으로 인해 꾸준히 성장하고 있으며 그 비중도 증가하고 있다. 또한 규모경제, 생산의 유연성, 효율 경영 등의 이유로 반도체 제조만 담당하는 파운드리산업도 팹리스산업과 협력하며 성장하고 있다. 시스템 반도체는 메모리 반도체와는 달리 다품종 설계 및 생산 구조가 보편화되어 있어 설계, 제조 등 분업화가 가능하기 때문에 다양한 수요업체와의 연계가 강하다.

2016년 세계반도체무역통계기구(WSTS)에 따르면, 세계 반도체 시장규모(3,473억 달러) 가운데 메모리 반도체가 차지하는 비중은 23%이고, 77%는 시스템 반도체 시장이다. 앞으로도 시스템 반도체 성장이 메모리 반도체의 성장을 상회할 것으로 예상되고 있다. 반도체는 정보를 저장하는 메모리반도체와 정보기기를 제어하고 운용하는 시스템 반도체(비메모리)로 나뉜다. 메모리 반도체는 소품종 대량생산이 가능하기 때문에 제조공정이 정형화되어 있다. 그러나 시스템 반도체는 활용 분야가 다양하다. 마이크로컴포넌트(각종 전자제품 작동에 필요한 수많은 명령을 담고 있는 시스템 반도체)나 아날로그 신호를 디지털 신호로 바꾸는 아날로그 반도체 외에도 이미지 센서 등 여러 형태의 시스템 반도체가 있으며, 용도에 따라 설계와 생산공정이 모두 다르다. 애플의 아이폰5S의 경우 제품 하나당 반도체가 21개 들어있는데 18개가 시스템반도체이고 3개가 메모리반도체다. 스마트폰의 두뇌역할을 하는 모바일 애플리케이션 프로세서(AP)가 대표적인 시스템반도체다. 컴퓨터의 중앙처리장치(CPU)를 만드는 미국의 인텔이 시스템 반도체의 최고 강자이다. 또 최근 스마트기기에 들어가는 시스템반도체 칩을 만드는 미국의 퀄컴, 모바일용 AP의 설계도를 만드는 영국의 ARM도 새로운 강자로 떠오르고 있다. 인텔과 퀄컴 등 선진국 반도체 업체들은 시스템 반도체 분야에서 자신들의 영역을 견고하게 구축해 나가고 있다. CPU는 인텔이, 모바일 기기용 AP는 퀄컴이 가장 앞서 가고 있다. 컴퓨터 제작 업체들은 인텔이 만든 CPU에 가장 적합한 시스템을 설계하고 있다. 이동통신 칩 시장에서 주도권을 갖고 있는 퀄컴은 이동통신의 표준과 시스템을 주관하는 역할을 하고 있기 때문에 퀄컴을 대체해 통신 칩 시장에 뛰어들기란 사실상 불가능하다. 국내 시스템반도체는 메모리 반도체에 비해 경쟁력이 매우 취약하다. 시스템반도체 분야에는 2009년에야 삼성전자가 Top 10에 진입하여 2013년 현재 4위를 유지하고 있을 뿐이다.

메모리 반도체는 전체 반도체 시장의 30% 이상을 차지할 만큼 중요하지만 4차 산업혁명 시대를 맞아 새로운 기술과 제품을 필요로 하게 될 것이다. 메모리 반도체는 '적층'이라는 새로운 방법을 도입하려는 추세다. D램 칩을 적층하는 이유는 집적도 확대를 통한 원가절감과 병렬 데이터 처리방식을 통해 성능 개선을 하기 위해서다. 낸드플래시에서도 적층 기술개발이 진행 중이다. 우리나라가 강점을 가지고 있는 메모리 반도체의 경우 평면(2D)이 아닌 입체(3D) 설계가 적용된 낸드플래시다. 3D 낸드플래시는 기억 소자인 '셀'을 수평이 아닌 수직으로 쌓아올리는 개념이다. 지금까지 양산된 낸드플래시는 플로팅게이트(Floating Gate) 구조를 적용하고 있으며, 특히 인텔은 플로팅게이트(Floating Gate, FG)를 사용하고 있다. 그러나 삼성전자와 SK하이닉스는 3D 원통형 CTF를 사용하고 있어 향후 어떤 결과를 가져올 것인가도 관심사이다. 메모리 반도체는 3D와 같은 적층 구조, 그리고 D램과 낸드플래시를 결합한 새로운 형태의 하이브리드 제품이 출시될 것으로 예상된다.

삼성전자의 성장과 신화[1)]

• 1974년 12월 삼성전자의 반도체사업이 첫발을 내딛게 된다. 미국과 일본보다 27년 뒤쳐진 출발이다. 국내 최초로 반도체사업을 시작한 것은 아남산업이었다. 아남산업은 1970년부터 미국 앰코일렉트로닉스의 반도체를 조립하면서 급성장했다. 1974년 1월 우리나라 최초로 웨이퍼 가공 생산을 위해 '한국반도체'가 설립되어, 국내 기업으로는 처음으로 반도체 칩을 제조하였다. 하지만 1973년 말부터 시작된 오일쇼크로 인해 한국반도체는 파산 위기에 직면했다. 1974년 12월 삼성전자는 파산 직전인 '한국반도체'를 인수하였으나, 자체 기술이 없었던 삼성전자의 반도체사업은 상당한 고전을 겪게 되었다.

• 1983년 2월 8일은 삼성의 운명을 바꾸어 놓은 중대한 결정이 이루어진 날이다. 故 이병철 회장은 반도체사업에 대한 의지를 대내외적으로 공식 발표하고 64K D램 개발에 착수한다고 선언하였다. 삼성은 반도체사업이야말로 나라의 미래를 바꿀 수 있는 사업이라 확신하고 정면 돌파에 나선 것이다. 당시, 국내 반도체사업은 반제품을 들여다 가공·조립하는 수준이었으며, 64K D램 생산은 너무나도 무모한 도전이었다. 그러나 불과 6개월 후 1983년 12월 삼성은 64K D램 개발에 성공하면서 한국 반도체 신화를 전 세계에 알렸다. 미국, 일본에 이어 삼성전자가 세계 3번째로 개발한 역사적인 순간이었다. 64K D램은 손톱만한 칩 속에 64,000개의 트랜지스터 등 15만개의 소자를 800만개의 선으로 연결해 8,000자의 글자를 저장할 수 있는 첨단 반도체였다. 삼성은 선진국과 10년 이상 격차를 보이던 반도체 기술을 3~4년으로 단축시켰고, 선진국이 20년 걸렸던 개발과정을 3단계나 뛰어넘었다.

삼성 반도체 결정적 순간

1983년 2월	**'도쿄 선언'** 고 이병철 삼성 창업주 그룹 차원에서 반도체 사업 본격화
12월	**국내 최초 64K D램 개발** 착수 6개월 만에 국산화 성공, 미국·일본과 기술격차 4년으로 단축
1988년	**4M D램 설계에 스택 공법 채택** 불량 파악 쉽다는 경영진 판단, 트렌치 공법 도시바 경쟁력 상실
1992년	**64M D램 세계 최초 개발** 메모리 반도체 1위 일본 첫 추월 이후 D램 시장 선두 질주
2013년	**V낸드플래시 메모리 개발** 3차원 수직구조로 혁신, 기술력에 기반한 낸드 부동의 1위

삼성은 기흥에 공장부지를 선정하고 착공 6개월 만에 완공하였다. 당시 선진국에서 반도체 생산라인을 완공하는 데 평균 18개월이 걸렸다. 삼성은 폭설을 치워가며 공사를 진행해 1984년 3월 공장을 완공했다.
삼성이 세계적 기업으로 도약하게 된 결정적 순간은 1987년이다. 1980년대 반도체 제조는 2가지 방식(회로를 위로 쌓아 올리는 '스택'과 회로를 아래로 파 내려가는 '트렌치'라는 방식)이 있었다. 어떤 방식이 보다 더 우세한지 가늠하기 힘들 정도로 각각의 장점이 있었다. 4M D램 칩을 제조하기 위해 '스택/트렌치' 방식 중 하나를 선택해야 했다. 어느 누구도 선뜻 결단을 내리기 어려웠다. "지하로 파는 것보다 위로 쌓는 것이 쉽지 않겠나?"라는 CEO의 선택 결과는 대성공이었다. 당시 트렌치 방식을 선택했던 경쟁업체들은 선두 경쟁에서 밀려났으며, 이를 통해 삼성은 반도체 기술을 주도할 수 있었다.

• 삼성의 두 번째 결정적인 순간은 8인치 웨이퍼를 적용한 16M D램 생산이었다(당시 6인치 웨이퍼가 반도체 생산을 주도하였음). 8인치 웨이퍼는 6인치보다 생산성은 1.8배 높았지만 공정이 복잡하고 기술적 한계와 위험요소가 컸다. 그러나 삼성은 8인치 웨이퍼 투자를 결정하였고 성공을 거두었다.

• 1992년 삼성전자는 메모리 강국인 일본을 추월하고, 1994년 256M D램, 1996년 1Gb D램을 세계 최초로 연달아 개발하면서 반도체 시장을 주도하게 되었다. 2000년대 들어서면서 D램 분야에만 의존한 사업구조에서 탈피해 품목을 다각화했다. D램 의존도를 줄이면서 낸드플래시 등으로 시장을 확대하였다. 일본 도시바가 자사의 D램 부문 인수와 낸드플래시 분야에서의 합작을 제안해 왔으나, 삼성은 모두 거절했다. 안정적인 2위보다는 독자적으로 시장을 개척하기로 결정한 것이다. 그 결과 2001년 삼성은 세계 최고 집적도를 가진 1G 낸드플래시 메모리 개발에 성공하면서 낸드플래시 시장에서도 세계 1위에 올랐다. 낸드플래시 시장 장악은 모바일 시장에서 삼성의 대약진을 이끌어내는 동력이 되었다.

• 한편 삼성전자는 1990년대 중반부터 시스템반도체 LSI(비메모리) 분야도 적극 참여하여 신성장동력으로 삼기 시작했다. 1994년 멀티미디어용 정지화상과 동화상을 압축·재현할 수 있는 DSP(Digital Signal Processor) 개발, 1GHz 차세대 듀얼코어 모바일 AP(Application Processor) 출시와 모바일 AP브랜드 '엑시노스(Exynos)' 론칭으로 시스템반도체 사업에서도 삼성의 위상을 제고하고 있다. 또한, CMOS 이미지 센서는 2년 연속 휴대폰용 센서 분야에서 시장 점유율 1위를 차지하고 있다.

---

1) 김수연 외(2015), 한국 반도체산업의 성장사: 메모리 반도체를 중심으로; 신장섭·장성원(2006), 삼성 반도체 세계 일등 비결의 해부; 나경수(2016), 우리경제 성장동력 반도체 역사 50년; 나노시티(2012), 삼성 반도체 사업 40년, 도전과 창조의 역사; 스페셜 리포트(2015), 메모리 산업 30년사 빛낸 삼성 반도체 신화의 순간들을 참조하여 편집하였음.

5 우리나라 제조업의 구조적 변화와 입지 특성

1) 제조업의 발달과정과 구조 변화

우리나라의 공업화는 1962년 경제개발 5개년계획의 수립과 함께 시작되었다고 볼 수 있다. 공업화를 통한 경제성장 정책에 힘입어 우리나라의 제조업은 급속도로 성장하였으며, 한국 경제에서 제조업이 차지하는 위상이나 중요성에 대해서는 두말할 필요가 없을 정도이다. 1960년 1인당 국민소득이 100달러도 안되었던 우리나라는 2016년 1인당 국민소득이 27,500달러를 넘어섰으며, GDP 규모로는 세계 11위, 수출 8위, 무역 9위를 차지하는 세계 경제대국으로 부상하였다. 제조업이 국내총생산에서 차지하는 비중도 약 30% 수준으로 높은 편이다. 지난 50여년간 우리나라 제조업은 노동집약적 경공업으로부터 자본집약적 중화학공업 단계를 거쳐 기술집약적 첨단산업으로 엄청난 변화를 겪어 왔다. 여기서는 제조업의 발달과정을 시기별로 구분하여 간략하게 그 특징을 살펴보고자 한다.

(1) 1960년대 수출주도형 경공업의 육성과 산업단지 조성

1962년에 수립된 경제개발 5개년계획의 전략은 노동력이 풍부한 우리나라의 현황을 감안하여 노동집약적 수출산업의 신장을 통해 고용기회를 확대시키는 것이었다. 특히 경공업 중심의 공업화와 공업기반을 조성하기 위한 사회간접자본의 확충에 역점을 두었다. 이에 따라 1960년대는 섬유·합판·가전제품·신발류 등 노동집약적 경공업이 발달하기 시작하였다.

이렇게 공업화가 시작하면서 공업입지도 변화되었다. 기업가의 자유의사에 의해 결정되었던 입지행위가 지양되고 정부가 공업단지를 조성하여 기업을 집단적으로 유치시키는 계획방식이 도입되었다. 즉, 1960년대 이전에는 노동력 확보가 용이하고 시장과의 접근성이 좋은 서울, 부산, 대구 등에 공장들이 개별입지하였으나, 거점개발 방식의 공업입지 정책이 추진되면서 저렴한 비용의 공장 부지를 제공하는 산업단지가 조성되었다.

특정 지역에 공업을 집중시킴으로써 인프라 시설 관련 비용을 절감시키고 집적이익을 도모하기 위해 공업입지의 기본 방향은 ① 집적이익을 위한 적정 규모, ② 기간산업의 적정 배치, ③ 지역산업 육성, ④ 공업지구의 대단지화, ⑤ 공업의 계열화 등이었다. 1962년 최초로 울산공업단지가 지정되었고 1964년 제정된 「수출산업 공업단지 개발 조성법」에 근거하여 1965년 서울 구로와 인천 주안, 부평에 수출공업단지가 조성되었다. 이렇게 한국수출산업공단 조성을 시작으로 서울, 부산, 대구, 인천 등 대도시에 공업단지가 조성되었다. 구로공단으로 불리던 한국수출산업단지는 1960년대~1970년대의 한국 경공업의 대명사였다. 농촌의 젊은이들이 일자리를 찾아 구로공단으로 모여들었다. 1960년대 지정·조성된 공업단지는 서울, 인천, 대구 성서 및 검단, 울산, 여천, 포항, 사상, 춘천, 성남, 구미 등 15개였다.

1960년대 초반 수입대체정책에서 강력한 수출지향정책으로 전환하면서 제조업 허가 간편화 및 저금리 자금 대출 등 유아산업을 적극적으로 육성하였다. 그 결과 섬유, 의복, 신발 등 노동집약적인 업종이 발달하게 되었고 경쟁력도 갖추게 되었다. 제1차, 제2차 경제개발 5개년계획을 추진한 결과 1963년 18,310개이던 제조업체 수는 1971년에는 23,412개로 증가했으며 종업원수도 40만명 가량에서 85만명으로 2배 이상 증가하였다. 공업구조도 1961년 경공업과 중화학공업비율이 71:29이던 것이 1971년에는 61:39로 산업이 점차 고도화되기 시작하였다. 중화학공업 비중이 높아진 이유는 수입대체효과가 높은 비료, 정유, 시멘트, 화학공업 등을 집중적으로 발전시켰기 때문이다.

그러나 도로·항만·공업용수·동력 등 공업발달에 필요한 사회간접자본이 전국적으로 확충되지 못하였으며, 경인축과 경부축의 일부 지역에만 투자되었다. 이에 따라 공업도 경인축과 경부축을 따라 대도시에 편중하여 발달하게 되었다. 특히 경인지방의 공업 성장이 두드러지면서 서울로의 인구와 산업의 과밀로 인한 문제들이 대두되기 시작하였다.

(2) 1970년대 중화학공업의 육성과 전문 공업단지 조성

1970년대에 들어오면서 국제 경제여건은 크게 변화하였다. 1972년 석유수출국기구(OPEC)가 창설되었고 중동전이 일어났으며, 제1차와 제2차에 걸쳐 원유파동을 겪게 되었다. 그 결과 해외 원자재 가격이 급상승하게 되었고 원자재 공급도 불안정하게 되자 선진국에서는 보호무역주의 경향이 두드러지게 나타나게 되었다.

원유파동과 중동전쟁, 월남전 종식 등 국제 정치·경제적 상황의 격변 속에도 정부의 수출지향정책은 강력히 추진되어 1977년에는 수출 100억 달러를 달성하게 되었다. 그러나 경공업 수출의 한계 및 경공업 제품에 대한 선진국의 수입규제 조치가 강화되었다. 이에 따라 정부는 자주국방력을 강화시키려는 목적 하에서 경공업 중심에서 중화학공업을 육성시키는 정책적 전환을 하게 되었다.

이에 따라 중화학공업 육성을 위한 정부의 재정적·금융적 지원이 집중되었다. 1973년 「산업기지개발촉진법」이 제정되어 중화학공업 육성 계획이 수립되었고 공단 조성이 추진되었다. 특히 중화학공업 가운데 산업연관효과가 큰 철강, 기계, 조선, 석유화학 등이 전략산업으로 지정되어 임해지역을 중심으로 중화학산업단지가 조성되었다. 창원기계공업단지, 마산과 익산의 수출자유지역, 울산석유화학공업단지, 옥포산업기지, 반월공업단지, 군산공업단지, 순천공업단지, 포항공업단지, 진주상평공업단지, 칠서공업단지 등이 조성되어, 한국의 대표적인 산업도시들이 1970년대 후반에 등장하게 되었다.

한편 전국적인 차원에서 공업입지정책을 체계적으로 추진하기 위해 공업단지관리법(1975)과 공업배치법(1977)이 제정되었다. 수도권으로 인구와 산업의 집중을 막기 위해 지방공업개발법을 제정하여 지방도시에 지방공업개발 장려지구가 조성되었으며, 수도권에 소재하는 기업의 지방이전 촉진을 위해 각종 재정 지원 및 지방세법 개정도 이루어졌다. 또한 기술집약적인 산업을 육성하는 데도 박차를 가하였다. 특히, 조선산업을 집중적으로 성장시킨 결과 1970년 25,000톤급의 선박 제조가 가능하였던 것이 1975년에는 996,000톤에 이르게 되었다. 더 나아가 조선산업의 기술 경쟁력이 높아지면서 1980년대 한국의 조선산업은 국제적 경쟁력을 갖추게 되었으며, 세계 1위를 차지하게 되는 발판을 마련하였다. 이렇게 공업화가 진전되면서 1970년대 말에는 우리나라의 조선, 비료, 철강, 전자제품이 국제시장에서 경쟁하게 되었다.

제3차 5개년계획에 이어 제4차 5개년계획에서도 산업연관성의 제고, 기술혁신, 비교우위부문 개발에 역점을 두고 중화학공업을 중점적으로 육성시키려는 목표를 세웠다. 이에 따라 자동차·발전설비·종합기계·건설 중장비부문에 집중 투자가 이루어졌다. 그러나 당시 중화학공업 부문 제품에 대한 국내 수요가 저조하고 수출 경쟁력을 갖추고 있지 못하였기 때문에 과잉 공급현상이 나타나게 되었으며 그 결과 심한 인플레이션이 발생되는 등 경제적 불황을 겪게 되었다.

한편 제1차 국토종합개발계획(1972~1981년)이 수립되면서 입지조건이 양호한 지역에 전략적으로 대규모 공업단지를 조성하는 동시에 서울, 부산 등 대도시로의 공업화 집중현상을 억제하고자 하였다. 이 시기의 공업입지 정책의 기본 방향을 보면 다음과 같다.

첫째, 동남해안에 중화학공업벨트를 조성한다. 항만, 철도, 도로, 용수, 노동력 등 제반 공업입지조건이 양호한 동남해안의 포항, 울산, 마산, 창원, 여수 등 항구도시를 중심으로 제철, 정유·석유화학, 조선 및 기계 등 기간산업을 유치시킨다. 포항은 종합제철공장을 주축으로 하는 종합기계공업기지로, 울산은 정유, 비료 등의 석유화학산업단지로 조성하며, 부산은 기존 공업지역을 인접지구로 분산시키면서 대규모의 혼합공업단지를 조성한다. 또한 마산은 수출자유지역으로 섬유, 종합기계공업을, 창원은 기계공업단지로, 여수는 호남의 핵심적 석유화학산업단지를 형성하려는 것이었다.

둘째, 서울에 과도하게 집중된 공업을 분산시키고 이를 수용하기 위해 인천-평택 축을 형성한다. 인천은 경·중공업의 혼합지역으로 발전시키며, 수원-평택에 이르는 지역에는 넓은 공업용지를 확보하고 대규모 도시형 공업을 개발하도록 한다.

셋째, 임해공업단지를 개발한다. 군산은 인접한 장항·비인과 더불어 서해안 중부의 임해공업지로서 중화학공업을 개발하고, 목포는 혼합공업을, 삼척지구는 석회석, 무연탄 등을 기반으로 하는 화학·시멘트 공업을 개발하도록 한다.

넷째, 도시형 공업 및 내륙 공업지역을 개발한다. 대전, 청주, 대구, 광주, 전주, 이리 등 지방중심도시의 공업지역에 개발하여 대도시로의 산업 집중화를 억제하며 공업의 지방

분산화를 유도한다.

1970년대 국제 경제상황의 어려움 속에서도 우리나라의 중화학공업 육성책은 큰 성과를 거두었다. 1972년 25,248개이던 제조업체수가 1981년에는 33,431개로 증가하였고 종업원수도 2배 이상 증가하여 약 2백만명에 달하게 되었다. 1972년 64:36이던 경공업과 중화학공업의 비중이 1981년에는 48:52로 중화학공업의 비중이 크게 늘어났다. 또한 1970년대는 경부, 호남, 남해, 영동 고속도로가 건설되어 전국 1일 생활권이 되었고 사회간접자본시설이 전국적으로 확충되어 지방의 공업입지여건도 크게 개선되었다.

그러나 공업의 지방 분산화를 유인하기 위한 정부의 다양한 정책에도 불구하고 대도시로의 인구와 산업 집중화 현상은 더욱 가속화되었다. 특히 서울의 공업 비중은 다소 낮아진 반면에 경기도의 비중이 상대적으로 증가되었으며 경남지방도 크게 성장하였다. 1981년 이후 세계경제 회복에 힘입어 한국 경제는 다시 성장하게 되었지만, 보호무역주의가 강화되고, 다른 개발도상국들의 추격도 심해지고 있는 등 어려움을 겪게 되었다. 한편 1980년 10·26사태로 인한 정치적 격동과 사회적 불안이 고조되면서 우리나라의 경제정책도 큰 변화를 가져오게 되었다. 지금까지 추구해오던 고도성장 정책을 안정화 정책으로 전환하게 되었고 정부주도의 성장 방식에서 민간주도의 성장 방식으로 전환하게 되었다.

(3) 1980년대 산업합리화 정책과 지방 공업단지 조성

중화학공업 육성 정책은 동남해안지역에 주요 전략산업을 편중시키는 결과를 가져오면서, 1980년대에는 지난 20년간 추진되어 온 정부 주도의 성장 정책에 대한 비판과 함께 지역격차 문제가 심각하게 대두되면서 경제성장의 효율성보다는 형평성 제고에 중점을 둔 정책들이 마련되고 시행되었다. 특히 1980년대는 지역 간 불균형을 해소하는 데 역점을 두었다. 공업의 집중으로 인해 발생하는 비효율성을 줄이고 전국적 차원에서 산업입지 정책을 체계적으로 추진하기 위하여 공업배치법을 제정하였다.

그러나 1980년대 중반 이후 '3저 현상'으로 경기가 호전되어 중화학제품 수출이 크게 증가하였으며, 공업용지 부족 현상도 나타나게 되었다. 이에 따라 1986년부터 1990년까지 명지·녹산지구와 광주 첨단산업단지, 군장 국가산업단지, 대불 국가산업단지 등 대단위 산업단지들을 신규로 지정하였다. 특히 서남권 개발을 위해 대불과 군장에 대규모 산업단지를 개발하고 지방산업단지와 농공단지 개발도 병행하였다. 국토의 균형개발과 인구의 지방정착에 역점을 두면서 중소규모 공단을 지방에 분산·배치하는 지방중심의 입지정책을 추진하였다. 또한 1986년부터 농어촌에 농외 소득원 창출을 목적으로 농공단지가 조성되기 시작되었다. 농어촌에 중소 규모의 산업단지를 조성하고 기업을 유치하기 위하여 저렴한 부지 제공, 조세 및 금융지원, 각종 인허가 절차를 간소화하였다. 동시에 수도권정비계획법을 근거로 하여 수도권에서 공장의 신·증설 규제가 이루어졌다. 하지만 낙후지역 개발이라는 명분과 공업용지가 부족하다는 현실만 고려하여 성급하게 산업단지 조성을 추진된 결과 1990년대 들어와 산업단지의 미분양 문제들이 야기되었다.

1980년대는 자족적인 공업화 단계로 진입하면서 산업구조가 고도화되어 자동차 조립, 소비재 전자제품, 정밀기계 등의 공업이 발달하였다. 제5차 경제사회개발계획에서의 공업개발 방향을 보면 고용효과가 높은 기계·전자공업을 중심으로 공업구조를 고도화시키는 것이었다.

한편 제2차 국토종합개발계획(1982 ~ 1991년)의 공업입지 방향을 보면 대규모 산업단지 개발정책에 따른 거점개발이 지역격차를 확대시킨 결과를 초래하였다는 판단 하에 국토의 균형개발을 위해 공업을 지방에 배치하되 중소 규모의 공업단지를 각 지역에 확산·배치하며, 지방의 기존공업을 중심으로 계열화와 집적이익을 고려한 공업지대를 형성하고, 대도시 내의 부적합한 공업은 이전하여 도시환경을 개선하는 것이었다.

우리나라의 공업은 1983년 회복 국면을 맞이하면서 크게 성장하였다. 1982년 36,800개였던 제조업체 수는 1985년 44,066개로 늘어났으며 종업원 수도 210만명에서 244만명으로 늘어났다. 그러나 국가 전체적인 성장추세와는 달리 지역별 성장은 상당히 다르게 나타났다. 1982~1985년 동안 총 증가된 34만명의 종사자 중 46.2%가 경기도에서 증가된 고용이며, 경남(17.4%), 서울(11.4%), 부산(7.6%), 경북(7.2%) 순으로 나타났다. 이와 같이 경기도가 급격하게 공업이 성장한 것은 서울의 공업 분산화 정책에 따른 결과이며, 경남도 동남해안 산업단지 조성에 힘입어 성장한 것으로 풀이된다.

1980년대 중반 이후 제조업의 성장은 지속되었으나 성장 속도는 둔화되기 시작하면서 서비스산업의 성장이 두드러지게 나타났다. 1990년에는 서비스산업의 고용자수가 전 산업 고용자수의 50%를 상회하면서 '경제의 소프트화' 또는 '서비스 경제화'가 진전되었다. 뿐만 아니라 1980년대 말 노사분규에 따른 임금인상 및 3D 업종의 기피현상으로 인해 제조업에서의 생산직 노동력이 매우 부족하게 되었다. 반면에 값싼 노동력이 풍부한 인도네시아, 말레이시아, 태국, 필리핀 등과 중국의 급속한 공업화는 노동집약적 산업에서의 한국의 경쟁력을 약화시켰다. 오히려 1980년대 말부터 국내 임금수준이 급격히 높아지면서 섬유, 신발 등 노동집약적 생산업체들이 임금이 저렴한 해외로 공장을 이전하는 경향이 증가되면서 제조업의 공동화 현상도 나타나기 시작했다.

이러한 경제 환경 속에서 국제 경쟁력을 유지하기 위해서 정부는 산업구조 조정책을 시행하였다. 산업구조 조정책은 사양산업의 합리화, 성장·성숙산업의 국제경쟁력 강화, 첨단산업 육성이라는 세 가지 측면에 중점을 두었다. 1980년대 후반부터 급성장하기 시작한 전자산업은 1970년 1억 달러에 불과하던 생산액이 1986년에 100억 달러를 넘어섰으며 1991년 331.4억 달러에 이르게 되었으며, 수출도 1972년 1억 달러에서 1987년에 100억 달러를 넘어섰고, 1991년 193.4억 달러에 달하게 되었다. 그 결과 1988년 이후부터는 섬유·의류부문을 제치고 우리나라 수출 품목 1위로 부상하였고 총 수출에서 차지하는 비중도 거의 30%에 이르게 되었다.

(4) 1990년대 첨단기술산업의 육성과 첨단산업단지 조성

1990년대 산업입지정책은 1980년대의 정책을 이어받아 산업입지의 지역 간 균형을 더욱 강조하는 한편 산업의 국제경쟁력을 높이는 데 역점을 두었다. 산업입지의 지역 간 균형을 위해 수도권의 공업 집중 비율을 줄이고 낙후된 지역의 산업단지 개발을 확대하였다. 특히 중부와 서남부지역에 신산업지대를 개발하고 동남해안 공업벨트는 산업구조를 고도화하는 한편 낙후지역 개발을 위해 중소 공업단지 개발을 추진하였다. 아울러 첨단산업 육성을 위해 첨단산업단지 개발 정책이 수립되었다. 1990년에는 광주, 전주 부산, 대구, 강릉 등 권역별로 과학산업연구단지가 조성되었다. 또한 1990년대 들어와 산업입지 관련 법률의 통·폐합이 이루어져 현재의 산업입지 제도가 마련되었다.

1990년대 가장 역점을 둔 것은 산업구조의 고도화와 재구조화였다. 1990년대에 들어서면서 한국 경제는 기술경쟁의 심화, 지역경제 블록화 확산, 다른 개발도상국과의 경쟁 심화에 따라 산업경쟁력이 저하되는 상황에 직면했다. 특히 지식기반경제로 진입하기 위해 정보통신산업 등 고부가가치 첨단산업의 성장을 위한 제도적 장치가 필요하게 되었다.

이에 따라 산업입지정책에서 패러다임의 변화가 나타나게 되었다. 기존의 공업단지 조성이 산업구조 조정이나 생산 효율성을 높이는 데 한계가 있음을 감안하여 기존의 공업단지를 산업단지로 개편하였다. 또한 산업입지 정책도 제조업 위주에서 벗어나 다양한 서비스업종과 교육, 문화 등을 포함하여 집적경제 효과를 극대화하는 방향으로 바뀌었다. 이에 따라 산업단지는 생산·연구·물류·복지 등 다양한 업종과 지원시설이 연계·배치되어 기업을 지원하는 기능을 포함한 복합산업단지의 개념을 가지게 되었다.

한편 1995년 지방자치제도가 시행되면서 각 지자체들이 지방산업단지를 개발하려는 전략들이 가시화되었다. 군장, 아산 등 대규모 국가산업단지가 개발되었으며 외국인 기업을 유인하기 위해 천안, 광주 평동, 대불에 외국인 단지가 신규로 지정되었다. 또한 아산만권, 군산·장항권, 광주·목포권, 광양만권, 부산권, 대구·포항권, 청주권의 7개 광역개발권도 수립되었다. 그러나 기업의 입지수요를 무시한 이와 같은 산업단지 개발로 인해 상당수의 산업단지가 미분양 상태로 방치되는 결과를 초래하였다.

1990년대 후반 과학기술산업의 발전과 첨단산업 육성을 위해 지방과학단지개발이 시작되었으며 정보통신산업의 기반조성을 위한 「벤처기업육성에 관한 특별법」이 제정되어 벤처기업전용단지가 조성되기 시작하였다. 광주 첨단단지를 비롯하여 부산, 대전, 대구, 전주, 강릉, 오창에 지방과학산업단지 건설이 추진되었고 테크노파크, 벤처단지, 미디어단지, 영세 중소기업 임대전용단지 등이 개발되었다.

1990년대 반도체와 소비재 전자제품 등의 기술집약적 첨단산업과 자동차산업이 성장하면서 우리나라의 국제경쟁력은 상당히 높아졌다. 국제경쟁력을 갖춘 대기업의 성장과 함께 기업조직의 변화도 나타났다. 대기업들은 본사와 생산 활동을 분리시키고 전문기술직과 사무직 종사자 비중을 크게 증가시켰다. 그 결과 본사와 전문서비스 및 연구개발은 서울로 집중하는 한편 생산시설은 지방에 입지하는 노동의 공간적 분업화 현상이 가속화되었다. 뿐만 아니라 1980년대 후반 이후 수도권으로의 제조업 집중현상이 다시 나타나기 시작하였는데 이는 기술집약적인 첨단산업과 이들 산업과 연계성이 높은 정보서비스산업이 수도권에 집중하였기 때문이다. 이들 업종은 고급인력을 필요로 하기 때문에 자연스럽게 수도권으로 다시 집중하게 되었다.

(5) 2000년대의 지식기반산업의 성장과 복합산업단지 조성

2000년대는 지식기반경제로 진전되면서 요소투입형 체제에서 혁신창출형 체제로 전환하기 위한 산업입지 정책이 추진되었다. 특히 혁신창출을 위한 지역혁신체계 구축과 혁신클러스터 조성을 위한 노력이 이루어졌다. 2003년 공업배치 및 공장설립에 관한 법률이 산업집적활성화 및 공장설립에 관한 법률로 전면 개편되어 하드웨어 중심의 공업정책이 소프트웨어 중심의 산업클러스터 활성화정책으로 전환되었다. 2004년 산업단지의 혁신클러스터 사업이 국정 과제로 채택되어 7개 시범단지에 대한 사업이 추진되었다. 또한 문화산업단지, 정보통신산업단지 등 다양한 형태의 전문화된 산업단지 조성과 함께 복합산업단지 조성도 추진되고 있다. 이는 지금까지의 공장 입지위주의 산업입지정책이 신산업의 입지수요를 뒷받침하는 데 한계가 있기 때문에 산업진흥 관련 법률의 제·개정을 통해 첨단산업을 발전시키기 위한 제도적 장치를 마련한 것이다.

표 10-13. 신산업동력 사업의 추진 구조와 계획

단기 (3~5년 성장 동력화)	중기 (5~8년 성장 동력화)	장기 (10년 내외 성장 동력화)
• 신재생(조력, 폐자원) • 방송통신융합산업 • IT 융합시스템 • 글로벌 헬스케어 • MICE, 관광 • 첨단 그린도시	• 신재생(태양, 연료전지) • 고도 물처리 • 탄소저감에너지(원전플랜트) • 고부가 식품산업 • 방광다이오드(LED) 응용 • 글로벌 교육서비스 • 녹색금융 • 콘텐츠, 소프트웨어	• 신재생(해양바이오연료) • 탄소저감에너지(CO_2 회수활용) • 그린수송시스템 • 로봇 응용 • 신소재, 나노 • 바이오제약(자원), 의료기기
• 응용 기술개발 • 제도 개선, 투자환경 조성 등	• 핵심기술 선점 • 시장창출 등	• 기초원천기술 확보 • 인력 양성 등

출처: 기획재정부 외(2009), 신산업동력 비전 및 발전전략.

한편 신산업 육성을 위해 개발되는 다양한 유형의 산업단지는 환경과 개발의 공존, 생산환경과 생활환경을 함께 조성하는 것이다. 녹색경제에 대한 중요성이 커지면서 친환경·고효율 산업구조로의 전환과 새로운 동력이 되는 녹색산업 육성과 신기술의 개발이 요구되고 있다. 그러나 우리나라의 경우 녹색경제를 이끌어 나가는 핵심 원천기술이 부족한 상황이어서 신기술 개발을 통한 녹색산업을 육성하는 과제가 쉽지는 않을 것이다. 차세대 신산업동력 사업 육성을 위한 연차적인 계획도 수립되었다(표 10-13).

(6) 2010년 이후: 제조업의 융복합화와 산업단지의 경쟁력 제고

2008년 글로벌 금융위기를 겪으면서 선진국들의 경우 다시 제조업이 성장하기 시작하였고, 제조업 부문의 경쟁력 강화를 위한 산업·기술의 융복합화, 혁신주기 단축 등 다양한 정책들이 시행되고 있다. 글로벌 금융위기를 겪으면서 우리나라의 경우 오히려 제조업종 가운데 자동차, 반도체 등 주력업종들이 글로벌 경쟁력을 갖추고 경제발전의 선도적인 역할을 수행하고 있다. 정부는 기존 주력산업과 IT와의 융합을 통해 고부가가치 산업으로 재편하고, 다분야 간 융합을 통한 새로운 성장기반을 확보하고자 노력하고 있다. 특히 일자리 창출을 통해 지역경제 활력 제고를 최우선으로 하는 지역산업정책과 산업입지정책에 중점을 두고 있다. 또 혁신도시와 기업도시를 조성하여 이들 지역으로의 기업 유치를 위해 다양한 인센티브를 제공하고 있다.

지역의 산업기반을 고려한 맞춤형 도시첨단산업단지도 조성하고 있다. 2014년에 인천, 대구, 광주에 도시첨단산업단지를 조성하였고, 원주의 의료기기, 진주사천의 항공, 거제의 해양플랜트, 전주의 탄소, 밀양의 나노산업단지가 조성될 예정이다. 이와 더불어 2017년까지 노후산업단지 25개를 리모델링하여 문화, 보육시설을 확충하는 혁신산업단지 사업도 추진하였다. 도시재생사업과 산업단지 구조고도화사업이 서로 협력하여 추진될 수 있게 되었다. 또 산업단지에 토지용도별로 입주가능시설에 제한을 두었던 규제를 완화하고, 복합용지에 대한 용적률 적용과 용도규제를 완화하였다.

이상에서 살펴본 지난 50년간 우리나라 제조업 발달과정과 산업입지정책을 간략하게 요약하면 표 10-14와 같다. 또한 우리나라 경제성장에 따른 제조업의 구조적 변화를 보면 표 10-15와 같다. 1960년대에 경공업에서 중화학공업과 첨단산업으로 발달해 가면서 기술도 단순 모방에서 점차 기술을 소화하고 흡수하면서 기술 응용과 더 나아가 자체적으로 기술을 개발하면서 고부가가치 업종의 경쟁력이 크게 제고되었고 그에 따라 제조업의 경제성장 기여도도 크게 증가하였다. 1970년대 이래 제조업은 연평균 10%가 넘는 고성장을 지속해 왔다. 그 결과 우리나라의 경우 GDP 대비 제조업 비중은 세계 6위이며, GDP에서 제조업이 차지하는 비중도 약 30% 수준을 보이고 있다.

표 10-14. 우리나라 제조업의 발달과정과 산업입지정책 변화

구분	1960년대	1970년대	1980년대	1990년대	2000년대	2010년대
발전 단계	산업발전 기반형성기	중화학공업 기반확충기	산업구조 조정기	산업발전 도약기	산업발전 성장/확대기	신산업육성 확대기
산업 정책 기조	• 경공업 위주 수출정책 • 사회간접 자본의 확대	• 정부주도의 중화학공업 육성정책	• 중화학분야의 산업합리화 • 기술집약적 산업수출	• (전기)개방화와 민간주도 경제 • (후기)IMF 관리 체재와 산업 구조 조정	• 지식기반산업, 미래산업 육성 • 혁신주도형 경제로의 전환과 부문간 동반발전	• 창조경제 실현 • 융복합, 신성장 동력산업, 미래 산업
산업 구조	• 섬유, 합판, 신발, 전기 제품	• 석유화학, 철강, 기계, 선박, 자동차,	• 반도체, 전자공업 자동차	• 소프트웨어 산업 육성 • 반도체, 정밀 화학, 자동화 프로그램 개발	• 정보통신산업, 게임산업, 생명산업, 지식기반산업	• 녹색기술산업, 첨단융복합산업, 고부가서비스산업, 창조산업
입지 정책	• 계획입지 개발제도 • 수출위주 경공업입지	• 중화학공업 기지로서 대규모 산업 단지조성 • 수도권 개발 억제	• 산업단지 내실화 • 국토균형 개발추진 • 농공단지	• 입지규제 완화 • 산업단지 명칭 변경 • 개발절차 간소화	• 전문화집적지구 • 지식기반경제, 클러스터화 추진 • 기존단지의 경쟁력 제고	• 복합용도지구, 도시첨단단지, 특화산단 • 노후산단재생, 혁신클러스터 강화
관련 제도	• 국토건설 종합계획 • 수출산업 단지조성법 • 기계, 조선, 전자공업 진흥법	• 지방공업 개발법 • 산업기지 개발촉진법 • 공업배치법	• 수도권정비 계획법 • 중소기업 진흥법 • 농어촌소득원 개발촉진법 • 공업발전법	• 산업입지법 • 공업배치법 • 국토이용법 개정 • 산업기술단지 지원특별법	• 산업입지법개정 • 산업집적법개정 • 문화산업진흥법 • 국토의 계획 및 이용법	• 산업입지법 개정 • 산업집적법 개정
비고	• 울산공업 단지조성	• 지방공업개발 장려지구 • 동남권 산업 단지 조성 • 수출자유지역 개발	• 서남권대규모 산업단지 • 농공단지개발 • 아파트형공장 건설	• 개별입지 증대 • 테크노파크 조성	• 도시 첨단, 문화 산업단지 • 문화산업단지 • 외국인투자지역 • 첨단복합의료 단지	• 복합용도지구, 산학융합지구 • 노후산단재생 • 특화산업단지

출처: 한국산업단지공단(2014), p. 90.

표 10-15. 한국의 경제발전 단계별 제조업의 구조적 변화

구분		1960년대	1970년대	1980년대 전반	1980년대 후반~2000년대
주요 산업		경공업	중화학공업	중화학공업 및 일부 첨단산업	• 기존중화학공업(중점특화기술) • 첨단산업(선별적 기술전략)
주요 인재		기능·숙련공	기술자	기술자	기술자, 과학자
외국기술이전	대상기술	기능	사양기술	성숙 기술	• 초기단계 기술 • 연구개발 단계 기술
	이전형태	• 기술원조 • 기술도입	• 기술도입 • 차관	• 기술도입 • 외국인투자 • 해외직접진출	• 상호기술 도입 • 공동연구개발 • 기술 수출
	이전구조	일방적 제공	수직적 분업	수직·수평적 분업	수평적 분업
연구개발특성		단순 의존형	모방적 의존형	창조적 모방형	창조형
과학기술 역할		과학 : 전무함 기술 : 소극적	과학 : 전무함 기술 : 적극적	과학 : 소극적 기술 : 적극적	과학 : 적극적 기술 : 적극적

출처: 한국경제 60년사 편찬위원회(2010), 산업, p. 281 재인용.

2) 제조업종별 경쟁력 및 성장 기여도 변화

지난 50년 동안 우리나라의 제조업은 상당한 구조적 변화를 겪어 왔으며, 특히 요소 투입형의 양적 성장 중심에서 첨단기술과 지식을 기반으로 하는 질적 성장으로 변화되고 있다. 이와 같은 제조업에서의 고부가가치화로 인해 우리나라의 제조업의 국제경쟁력이 크게 향상되었으며, 제조업의 경제성장 기여도도 증가하였다. GDP에서 제조업이 차지하는 비중의 변화를 보면 1980년 15.2%에서 1990년 18.6%, 2000년 22.7%, 2010년 27.8%, 2017년 28.7%를 보이고 있다(그림 10-60).

그러나 전 산업에서 제조업이 차지하는 고용 비중을 보면 1990년대 이후 지속적으로 감소 추세를 보이고 있다. 1990년대 초 30%를 상회하였던 제조업 고용 비중이 1995년 27.2%, 2000년 24.5%, 2005년 22.8%로 낮아졌으며, 2010년대에는 19%를 약간 상회하고 있다. 제조업 종사자수도 1995년 371만 명에서 2005년 345만 명, 2009년 327만 명으로 감소하였다. 그러나 2010년부터 제조업 취업자 수가 증가 추세를 보이고 있으며, 2016년에는 405만 명으로 증가하였다(그림 10-60). 이는 단순노동력을 기반으로 하는 제조업종에서 고용감소가 이루어졌지만, 첨단기술 제조업종에서 고용 증가가 이루어지고 있기 때문으로 풀이할 수 있다.

한편 우리나라의 경우 중화학공업이 제조업에서 차지하는 비중이 매우 높은 편이다. 중화학공업이 발달한 독일이나 일본과 비교해도 중화학공업의 비중이 상당히 높은 편이다. 뿐만 아니라 우리나라의 경우 중화학공업 비중의 상승 추세가 여전히 지속되고 있다. 이러한 중화학공업 비중의 상승 추세는 내수와 수출 간 양극화에 기인한다고 볼 수 있다

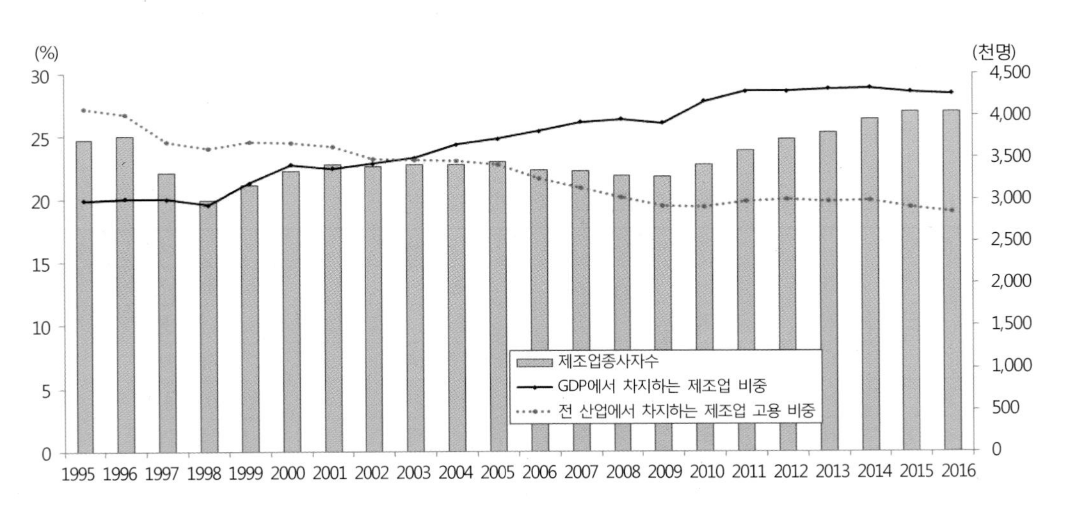

그림 10-60. GDP 대비 제조업 비중과 전 산업 대비 제조업 고용 비중의 변화, 1995-2016년
출처: 한국은행 국민계정, 통계청 전국사업체 조사 자료; 국가통계포털(KOSIS) 제공 자료.

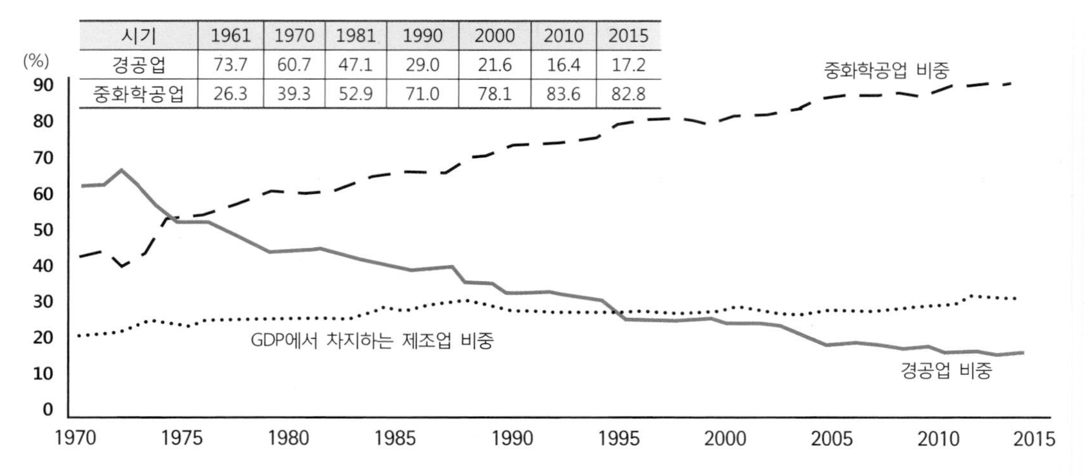

시기	1961	1970	1981	1990	2000	2010	2015
경공업	73.7	60.7	47.1	29.0	21.6	16.4	17.2
중화학공업	26.3	39.3	52.9	71.0	78.1	83.6	82.8

그림 10-61. 경공업과 중화학공업의 비중 증가추세
출처: 한국은행 ECOD 통계, 통계청 KOSIS를 참조하여 작성.

(그림 10-61). 즉, 공산품에 대한 국내 수요가 전반적으로 침체를 보이고 있으며, 특히 상대적으로 내수 비중이 큰 경공업 제품 수요가 더 침체되고 있기 때문이다. 또 다른 이유로는 저임금과 풍부한 노동력을 바탕으로 하는 중국의 경공업에 비해 국내 경공업 부문의 경쟁력이 약화되었고 오히려 국내 경공업 생산시설이 중국이나 동남아 현지로 이전하기 때문이다.

지난 40여년 동안 경제성장을 주도해온 제조업종도 상당히 변화되고 있다. 1970년 이후 제조업종별 경제성장에 기여한 성장 기여도를 5개년 이동평균을 산출하여, 성장 기여도 1위를 차지한 업종들을 보면 상당한 변화를 엿볼 수 있다. 1위의 성장 기여도를 보여준 업종은 섬유(1970~1982년, 1985~1986년), 음식료(1983, 1984년), 자동차(1987~1995년, 단 1991년 제외), 철강(1991년), 반도체 및 전자부품(1996년~현재)의 5개 업종이다. 이 가운데 음식료와 제철산업을 제외한다면, 1970년대~1980년대 중반은 섬유, 1980년대

표 10-16. 한국의 경제발전 단계별 제조업의 기술변화와 역할

	1970년대		1980년대		1990년대		2000년대	
1	섬유	0.38	섬유	0.20	자동차	0.23	반도체, 전자부품	0.84
2	식료품	0.23	금속제품	0.19	철강	0.17	영상, 음향, 통신기기	0.44
3	의복	0.17	식료품	0.16	반도체, 전자부품	0.16	자동차	0.17
4	철강	0.11	철강	0.16	산업용화합물	0.16	특수산업용 기계	0.13
5	금속제품	0.10	자동차	0.14	석유, 석탄제품	0.14	산업용화합물	0.12
5대 업종 기여도		1.00	5대 업종 기여도	0.86	5대 업종 기여도	0.86	5대 업종 기여도	1.71
5대 업종 기여율(%)		12.7	5대 업종 기여율(%)	10.8	5대 업종 기여율(%)	12.3	5대 업종 기여율(%)	32.2

출처: 산업연구원(2005), p. 231.

중반~1990년대 중반은 자동차, 그리고 1990년대 중반 이후는 반도체 및 전자부품이 가장 성장 기여도가 높은 업종이라고 볼 수 있다. 즉, 1970년대 이후 한국 제조업의 성장을 주도하면서 경제성장에 기여한 업종은 섬유, 자동차, 반도체 및 전자부품 순으로 변화하여 왔다(표 10-16).

한국의 제조업 경쟁력은 일부 업종을 중심으로 2000년대 이후 비약적으로 상승하고 있다. 공업화 초기에 저렴한 가격을 경쟁우위로 하였다면 최근 기술, 품질, 브랜드 등 실질적인 면에서의 경쟁력이 강화되고 있다. 이를 뒷받침해주는 지표가 우리나라 제조업 경쟁력지수가 세계 4위라는 것이다. 특히 생산 및 수출 역량과 고부가가치 업종으로 제조업의 구조적 변화를 성공적으로 추진해 왔다. 우리나라 경제가 1997년 IMF 이후부터 2008년 글로벌 금융위기에도 불구하고 지속적으로 성장할 수 있었던 것은 세계적 수준의 경쟁력을 갖춘 제조업종들이 있었기 때문으로 평가되고 있다. 우리나라 제조업의 선도업종으로 조선, 자동차, 철강, 석유화학, 정보통신산업을 들 수 있다.

2000년 이후 핵심 성장주도 업종의 성장 기여도는 더욱 높아지고 있다. 상위 5대 업종의 성장 기여율은 1980년대 10.8%, 1990년대 12.3%에서 2000년 이후에는 32.2%로 크게 높아지고 있다(표 10-16). 이는 정보통신기술에 기반을 둔 성장주도 업종이 과거의 성장주도업종에 비해 더 높은 성장을 하고 있기 때문으로 풀이할 수 있다. 정보통신기술에 기반한 업종의 성장 기여율이 높아진다는 점은 긍정적이라고 볼 수도 있지만, 다른 한편으로는 특정 업종에 의존도가 높은 제조업의 구조적 취약성을 가지고 있다는 점에서는 부정적일 수도 있다(그림 10-62).

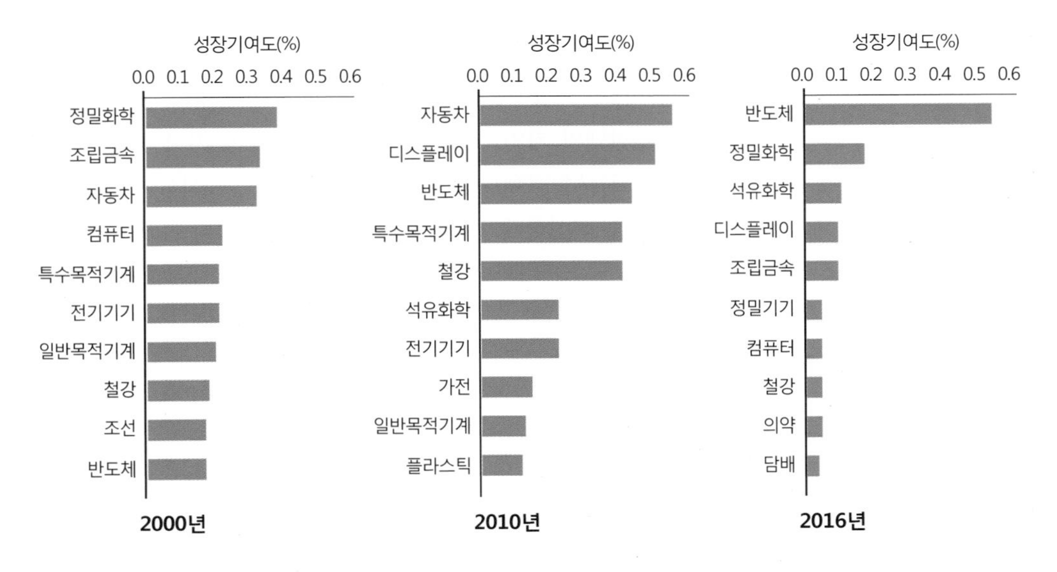

그림 10-62. 주요 제조업종의 성장기여도 추이, 2000-2016년
출처: 산업연구원(2017), p. 61.

표 10-17. 생산 순위로 본 상위 20위 제조업종의 변화 추이

(단위: %)

순위	1995년		2005년		2010년		2015년	
	업종	비중	업종	비중	업종	비중	업종	비중
1	음 식 료	10.1	자 동 차	10.7	자 동 차	9.5	자 동 차	11.4
2	자 동 차	8.1	철 강	6.8	석유정제	7.1	음 식 료	6.6
3	가 전	7.1	음 식 료	6.7	디스플레이	7.0	석유정제	6.2
4	섬 유	6.4	석유정제	6.2	철 강	7.0	조립금속	6.0
5	철 강	6.3	석유화학	5.9	석유화학	6.5	디스플레이	5.6
6	반 도 체	5.2	통신기기	5.9	음 식 료	5.7	철 강	5.5
7	조립금속	4.8	조립금속	5.7	조립금속	5.7	석유화학	5.4
8	일반목적기계	4.1	디스플레이	4.7	조 선	4.9	통신기기	4.8
9	석유화학	3.8	반 도 체	3.9	통신기기	4.5	반 도 체	4.2
10	의 류	3.2	일반목적기계	3.7	반 도 체	4.3	조 선	3.9
11	석유정제	2.8	전기기기	3.2	일반목적기계	3.6	일반목적기계	3.9
12	정밀화학	2.8	가 전	3.2	특수목적기계	3.4	플라스틱	3.7
13	특수목적기계	2.7	조 선	3.2	전기기기	3.4	특수목적기계	3.6
14	조 선	2.7	특수목적기계	3.2	플라스틱	3.1	전기기기	3.4
15	시 멘 트	2.6	플라스틱	3.1	비철금속	2.4	정밀화학	2.8
16	플라스틱	2.5	섬 유	2.9	섬 유	2.4	섬 유	2.5
17	제 지	2.4	기타 전자부품	2.5	가 전	2.0	비철금속	2.1
18	전기기기	2.3	정밀화학	2.3	정밀화학	2.0	의 류	1.9
19	비철금속	2.2	의 류	1.8	의 류	2.0	가 전	1.8
20	가죽·신발	1.9	비철금속	1.8	제 지	1.5	기타 전자부품	1.6

출처: 산업연구원(2017), p. 52.

우리나라 제조업의 구조적 변화는 2005년 이후 거의 고착화되어 가고 있다고 볼 수 있다. 각 2005~2015년 동안 해당연도별 가격 기준으로 업종별 생산량을 순위화하여 상위 10위 제조업종을 보면 거의 변화가 없음을 엿볼 수 있다. 자동차 업종이 가장 두각을 나타내고 있으며, 석유정제, 음식료, 조립금속, 디스플레이, 철강, 석유화학, 통신기기, 반도체 업종이 우리나라 제조업 생산액의 거의 55%를 상회하고 있다(표 10-17).

한편 산업통상자원부와 KOTRA는 2001년부터 '세계일류상품'을 선정하는 사업을 펼치고 있다. 매년 세계일류상품을 선정하게 된 배경은 우리나라 상품의 수출 경쟁력을 강화하고, 수출 업종의 다변화 및 중소기업과 중견기업의 수출 비중 확대와 미래 수출 동력을 창출하기 위한 목적에서 비롯된 것이다. 2009년에 세계일류상품으로 지정된 584개 품목 가운데 우리나라가 세계시장 점유율 1위를 차지하고 있는 품목은 121개로 나타났다. 물론 DRAM, TFT-LCD, 선박뿐만 아니라 TV산업도 세계시장을 석권하고 있다. 121개 세계시장 점유율 1위 품목 가운데 대기업 제품이 54개, 중소기업 제품이 67개로 중소기업 제품이 오히려 더 많다. 전통적으로 한국의 중소기업 경쟁력이 취약한 것으로 알려져 있었으나, 최근 중소기업의 기술 수준이 상당히 발달하였음을 시사해준다. 또한 우리나라 제조업의 경우 조립가공 분야가 강한 반면에 부품소재 분야가 매우 약하다는 평가가 지배적이었으나 최근 부품소재 분야에서의 경쟁력도 상당히 상승하고 있다. 2017년에는 우리

나라 기업이 생산한 93개 품목이 '세계일류상품'으로 선정되었다. 세계일류상품에는 세계시장 점유율이 5% 이상이면서 상위 5위 안에 들고, 연간 5백만달러(약 60억원) 이상 판매액을 올린 '현재 일류상품'과 7년 이내 세계시장 점유율 5위 안으로 들어갈 가능성이 있는 '차세대 일류상품'으로 구분된다. 2017년 현재 일류상품에 삼성전자의 디지털 사이니지를 비롯해 반응성 염료, 건재용 컬러 도금 강판, 모바일 장비용 카메라 모듈 등 37개 기업의 29개 품목이 선정되었으며, 차세대 일류상품으로는 69개 기업의 64개 품목이 선정되었다.

우리나라의 경우 제조업 상품 수출이 전체 무역의 약 70%를 차지하고 있으며, 따라서 제조업이 무역 1조 달러, 수출 7위의 주역이라고 볼 수 있다. 우리나라 경제가 다른 나라들에 비해 무역 의존도가 매우 높으며, 외환 위기 이후 제조업에서 무역흑자를 누리고 있다. 그러나 우리나라 제조업은 내수가 아닌 수출지향적이기 때문에 대외 환경변화에 크게 영향을 받는 취약성을 지니고 있다. 1985~2015년 동안 우리나라 제조업 생산 증가율이 높은 시기를 보면 대외 경제환경이 상당히 양호한 시기였음을 말해주고 있다(그림 10-63). 그러나 2012년 이후 세계 경제성장률이 둔화되고 있어 우리나라 제조업 생산도 둔화되고 있으며, 아직 회복되지 못하고 있다.

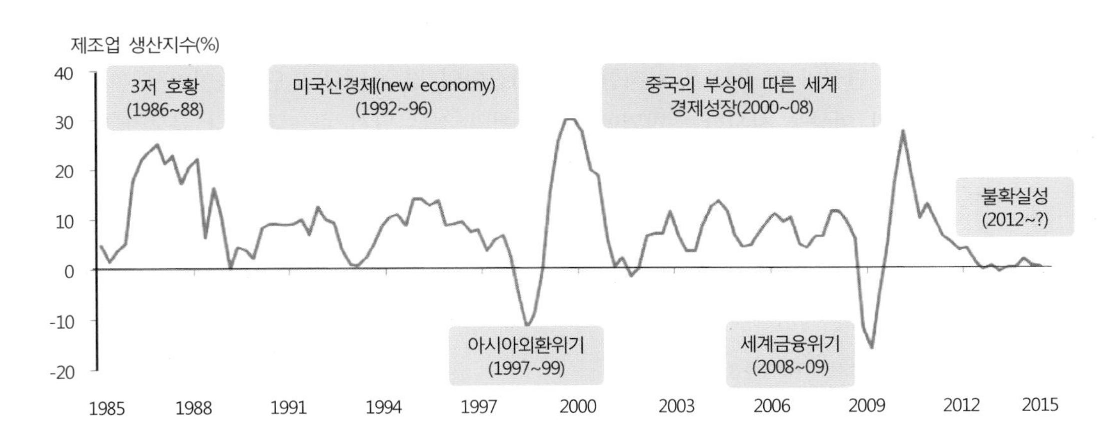

그림 10-63. 우리나라 제조업 생산에 영향을 미치는 대외적 환경
출처: 산업은행(2015), p. 6.

3) 산업단지 조성과 제조업의 공간분포 변화

(1) 산업단지 조성과정과 입지 특성

자원도 빈약하고 6.25 전쟁으로 인해 폐허가 되었던 우리나라가 불과 50여년 만에 세계 경제대국으로 도약하게 된 원동력은 1960년대 부터 추진해온 공업화 정책과 그에 따른 산업단지 개발이라고 볼 수 있다. 1962년 울산공업단지와 1964년 서울의 한국수출산업공업단지를 시작으로 다양한 유형의 산업단지가 조성되어 왔다. 시기별 산업단지 지정 현황을 보면 대단위 규모의 산업단지가 조성되었던 1970년대는 약 221.3km²에 달하는 면적이 개발되었다(이는 2017년 우리나라 전체 산업단지 면적의 약 16%를 차지하는 면적임). 이는 정부가 강력하게 중화학공업 육성을 위해 원료 수입에 유리한 항만에 대규모 산업단지를 조성하였기 때문이다. 1980년대 후반에 들어와 산업단지 개수가 급격하게 증가하였는데, 이는 농어촌소득원개발촉진법이 제정되어 각 시·군에 상당히 많은 농공단지가 조성되었기 때문이다. 1990년대 후반~2000년대 중반에는 지자체에서 지정하는 일반산업단지가 급격하게 증가되었다(그림 10-64). 1990년대 중반까지만 해도 이렇게 조성되는 단지를 공업단지라고 지칭하였다. 그러나 제조업을 위한 공장뿐만 아니라 지식기반산업과 교육·연구, 물류 등 지원서비스 기능도 입지하게 되면서 1996년부터는 일괄적으로 산업단지로 명칭이 변경되었다.

2017년 말 우리나라에는 1,180개의 산업단지가 있으며, 지정면적은 1,406km²에 달한다. 전국의 산업단지를 유형별로 보면 국가산단 44개(3.7%), 일반산단 645개(54.7%), 도시첨단산단 23개(1.9%), 농공단지 468개(39.7%)이다. 그러나 산업단지 지정면적으로 보면 국가산단이 전체 면적의 55.4%, 일반산단이 38.2%를 차지하여 국가산단과 일반산단이 전체산업단지 면적의 약 94%를 차지한다. 국가산단의 경우 대규모 단지들이어서 전체 산업단지의 절반 이상을 차지하는 반면에 농공단지의 경우 단지 수는 많으나 규모가 매우 작아서 농공단지가 차지하는 면적은 5.4%에 불과하다(그림 10-65).

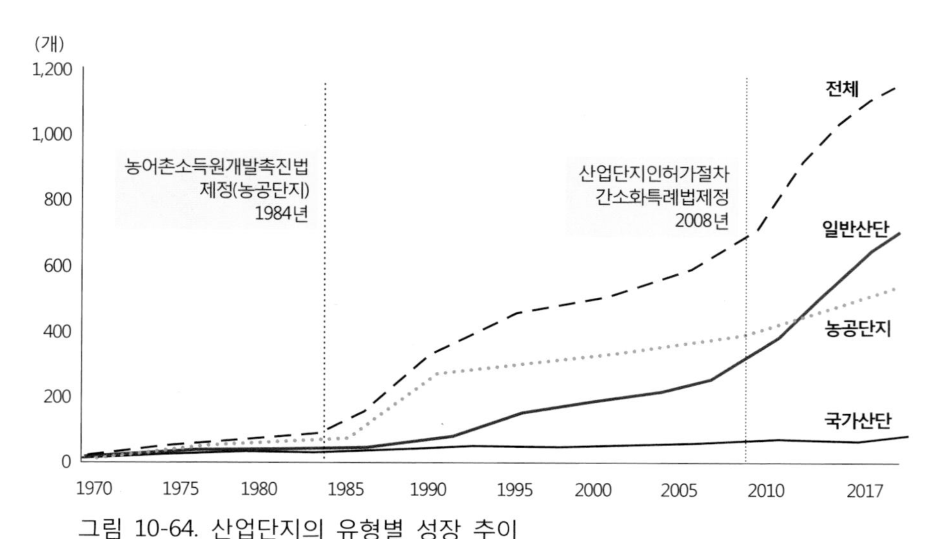

그림 10-64. 산업단지의 유형별 성장 추이

출처: 산업단지공단(2014), p. 23; 산업단지통계사이트 http://www.kicox.or.kr 데이터를 참조하여 작성.

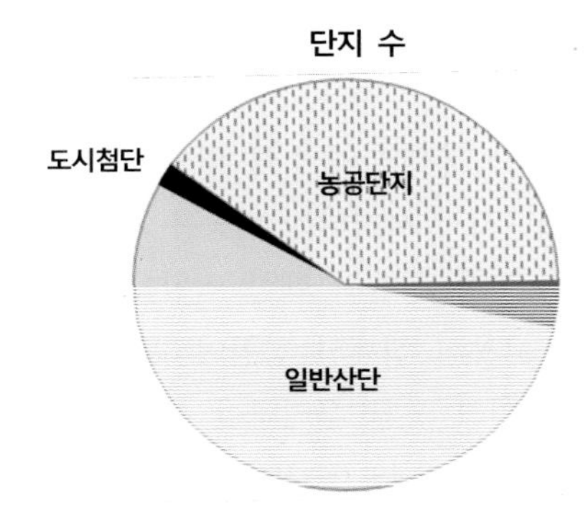

단지 유형	단지 수 (개)	지정면적 (1,000m²)
국가산단	44	786.2
일반산단	645	537.6
도시첨단	23	6.7
농공단지	468	75.7
계	**1,180**	**1,406.1**

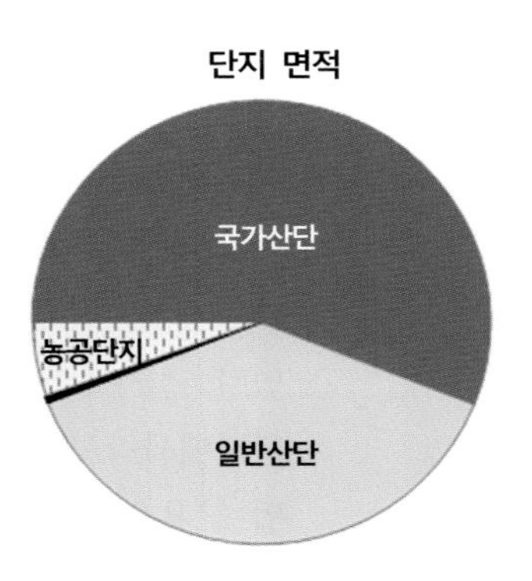

그림 10-65. 유형별 산업단지수와 지정면적, 2017년
출처: 산업단지통계사이트 http://www.kicox.or.kr.

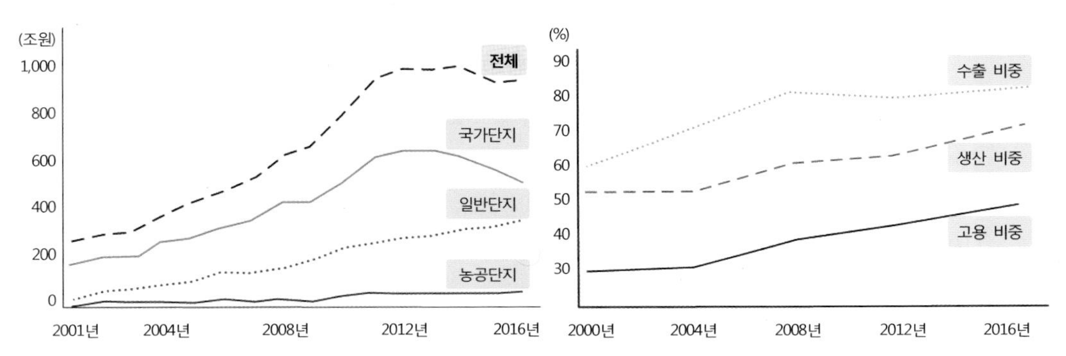

그림 10-66. 생산, 수출, 고용 부문에서 산업단지가 전체 제조업에서 차지하는 비중 추이
출처: 산업단지통계사이트 http://www.kicox.or.kr.

2017년 1,180개 산업단지에 95,050개 사업체가 입주하고 있으며, 약 217만명에 달하는 종사자가 일하고 있으며, 2016년 말 전국 산업단지 총 생산액은 약 984조원에 이르고 있다. 특히 전국 산업단지 총 수출액은 2001년 943억 달러에서 2016년 3,687억 달러로 증가하여 2001~2016년 동안 연평균 9.5%라는 높은 증가율을 보이고 있다. 금액 기준으로 2001~2016년 동안 약 4배 증가하였다. 2014년에는 4,464억 달러로 최대치를 보였으나, 2015년에는 유가 하락 및 부품소재 판매가 하락 등으로 수출이 감소하였다(그림 10-66).

사업체수와 종사자수 대비 생산과 수출 비중이 산업단지에서 상대적으로 더 높게 나타나고 있는데, 이는 산업단지 입주기업의 경쟁력이 개별입지 기업에 비해 높음을 말해준다. 특히 우리나라의 경우 제조업 총 수출에서 산업단지가 차지하는 비중이 다른 나라에 비해 상대적으로 매우 큰 편이다. 제조업 대비 산업단지 생산은 2001년 52.4%에서 2008년 59.2%, 2016년에는 68.5%로 지속적으로 증가하고 있다. 또한 산업단지가 제조업 수출에서 차지하는 비중도 2001년 64.5%에서 2016년 73.6%를 차지하여 산업단지가 국가 수출 증대의 기반이 되고 있음을 보여주고 있다. 산업단지가 전국 제조업에서 차지하는 비중은 해마다 약간 차이가 나지만 생산 부문의 경우 68~70%, 수출은 74~81%, 고용은 47~50%, 사업체는 18~20%를 보이고 있어 산업단지가 국가 경제의 중추적 역할을 수행하고 있음을 말해준다. 뿐만 아니라 제조업 고용에서 산업단지가 차지하는 비중은 2001년 28.6%에서 2015년 49.5%로 증가하여 산업단지가 제조업 고용 창출의 핵심 역할을 하고 있다. 실제로 우리나라가 전반적으로 제조업 부문에서의 고용이 정체된 상황이지만 산업단지에서의 고용은 지속적으로 증가하였다. 2001~2015년 기간 동안 우리나라 전체 제조업 고용은 연평균 1.2% 증가한 반면에 산업단지에서의 고용은 5.1% 증가하였다. 산업단지에 입주한 업종을 보면 전기전자(23.8%), 기계(21.9%), 운송장비(17.8%)가 산업단지 전체 고용의 63.5%를 차지하고, 그 외 석유화학(10.1%), 철강(4.9%), 섬유의복(3.7%), 음식료(3.6%) 순으로 나타나고 있다. 따라서 고부가가치의 주력업종들이 산업단지에 입주하고 있기 때문에 고용 창출도 자연스럽게 나타나고 있음을 말해준다.

한편 시·도별 산업단지 지정 현황을 보면 경남이 205개(17.4%)로 가장 많고, 경기 168개소(14.2%), 충남 151개소(12.8%), 경북 146개소(12.4%), 충북 115개소(9.7%), 전남 104개소(8.9%) 순으로 나타나며, 이들이 전체 산업단지 수의 75%를 차지한다. 그러나 산업단지 지정면적을 보면 전남 238.9㎢(17.0%), 경기 237.0㎢(16.9%), 경북 144.7㎢(10.3%), 경남 135.0㎢(9.6%), 전북 132.8㎢(9.4%) 순으로 나타나며, 이들이 전체 산업단지 면적의 71%를 차지한다(그림 10-67).

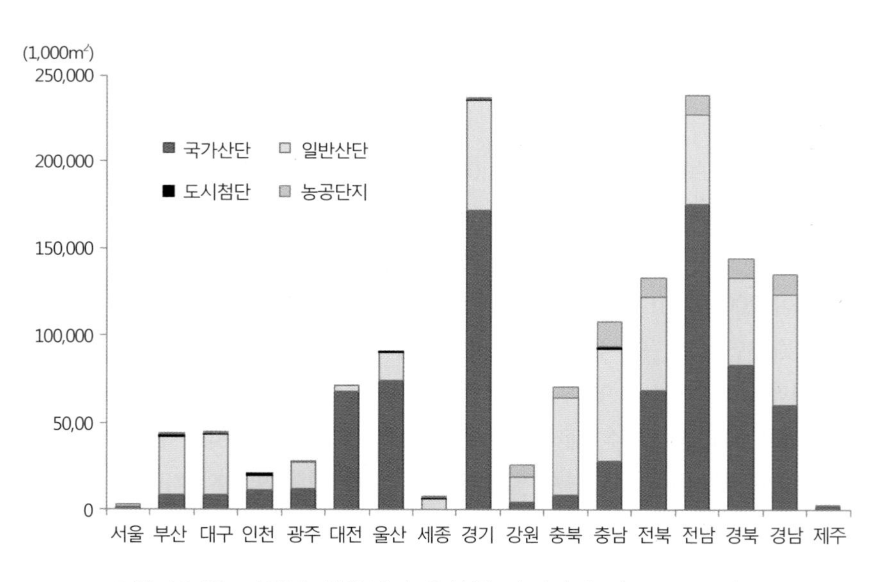

그림 10-67. 지역별 산업단지 유형별 지정면적 비교, 2017년
출처: 산업단지통계사이트 http://www.kicox.or.kr.

한편 우리나라의 공장용지는 1990년 350km²이었으나, 2003년 533km²로 증가하였고 2012년에는 699km²로 증가하여 지난 30년여 동안 거의 연평균 약 3%의 증가율을 보이고 있다. 이를 시·도별로 보면 상당한 차이가 나타나고 있다. 지난 30년 동안 가장 괄목할 만한 공업용지 증가를 보이고 있는 지역은 충남이다. 충청남도의 경우 1990년 공장용지 면적이 15km²로 전국의 4.3%를 차지하였으나, 2003년에는 55km²로 늘어났다. 이러한 추세는 2000년대 후반에도 지속되어 연평균 5%의 증가율을 보이면서 2012년에는 87km²로 증가하면서 전국에서 차지하는 비율은 12.4%로 크게 증가하였다. 반면에 서울의 경우 지속적으로 공장용지가 줄어들어 1990년 약 11km²이던 것이 2012년에는 불과 3.6km²로 감소되면서 전국에서 차지하는 비중은 0.5%로 매우 미미하다.

경기도의 경우 공장용지 면적은 1990년 72km²에서 2012년 137.3km²으로 늘어났으나 전국에서 차지하는 비중은 약 20% 수준으로 거의 변화가 없다. 수도권이 차지하는 공장용지 비중은 점차 줄어들고 있다. 이와 같이 수도권(서울, 경기, 인천)의 공장면적은 전국의 약 23%를 차지하지만, 공장등록수로는 48.9%를 점유하고 있다. 이는 수도권에 입지한 공장들의 경우 상대적으로 공장용지를 크게 필요로 하지 않은 업체들임을 시사해준다. 1990~2003년 기간 동안 증가된 산업용지의 약 2/3는 영남권과 충청권이 차지하고 있다. 또한 2003~2012년 동안 증가된 산업용지의 약 31%는 영남권에서, 27.2%는 충청권에서, 그리고 26.9%는 경기도가 차지하고 있다. 2012년 말 공장용지 규모면에서 보면 경기도가 137km²로 가장 넓으며, 경북, 경남, 충남 순으로 나타나고 있다(표 10-18).

표 10-18. 시도별 공장용지의 증가추세와 전국 대비 비중 변화

구분	1990		2003		2012		연평균 증가율(%)	
	천㎡	비율	천㎡	비율	천㎡	비율(%)	1990-2013	2003-2012
전국	**350,300**	**100**	**533,089**	**100**	**699,517**	**100.0**	**3.3**	**3.1**
서울	11,471	3.3	5,403	1.0	3,635	0.5	-5.6	-4.3
부산	14,811	4.2	17,022	3.2	21,731	3.1	1.1	2.8
대구	14,339	4.1	13,622	2.6	15,816	2.3	-0.4	1.7
인천	22,842	6.5	22,781	4.3	20,511	2.9	0.0	-1.2
광주	5,342	1.5	10,018	1.9	12,619	1.8	5.0	2.6
대전	5,474	1.6	7,535	1.4	8,268	1.2	2.5	1.0
울산	34,659	9.9	41,325	7.8	47,485	6.8	1.4	1.6
경기	72,154	20.6	100,893	18.9	137,347	19.6	2.6	3.5
강원	13,021	3.7	17,880	3.4	19,194	2.7	2.5	0.8
충북	14,253	4.1	38,830	7.3	52,824	7.6	8.0	3.5
충남	15,037	4.3	54,059	10.1	86,907	12.4	10.3	5.4
전북	13,084	3.7	28,375	5.3	39,690	5.7	6.1	3.8
전남	31,758	9.1	48,716	9.1	67,782	9.7	3.3	3.7
경북	38,823	11.1	65,989	12.4	81,838	11.7	4.2	2.4
경남	41,962	12.0	58,499	11.0	81,102	11.6	2.6	3.7
제주	1,270	0.4	2,143	0.4	2,768	0.4	4.1	2.9

출처: 한국산업단지공단, 기업의 입지동향과 산업용지 수급전망(2007); 산업입지정책 Brief, 제57호(2010)를 토대로 작성함; 공장등록통계로 본 10년 제조업(2013) 참조.

한편 산업단지에 입지한 업체들을 대상으로 현 위치에 공장을 설립한 이유를 설문한 결과 공장용지가 저렴하기 때문이라는 응답이 31.8%로 가장 많았고, 그 다음으로 관련기업의 집적(24.9%), 판매시장 인접(15.2%) 순으로 나타났다. 반면에 정주여건 우수(1.8%), 지자체의 유치 노력(2.0%), 원자재 조달 용이(2.8%) 등의 입지요인의 중요도는 상대적으로 낮았다. 또한 기업들이 공장입지를 결정하는 데 중요하다고 인지되는 요인으로 토지, 노동 등의 생산요소가 여전히 중요하다고 보고 있다. 즉, 지가 및 임대료 수준 등의 토지 확보 측면(3.9), 임금수준, 인력확보의 용이성 등의 노동 측면(3.9)을 가장 높이 평가하였고, 기반시설(3.8), 판매처와의 접근성(3.8), 행정지원(3.8), 조세/재정지원(3.8), 원료/부품 접근성(3.8) 등도 높은 순위를 보였다. 그러나 연구기반시설, 정주여건, 기술·경영지원 인프라, 유사업종 집적도는 평균 이하의 중요도를 보였다(그림 10-68).

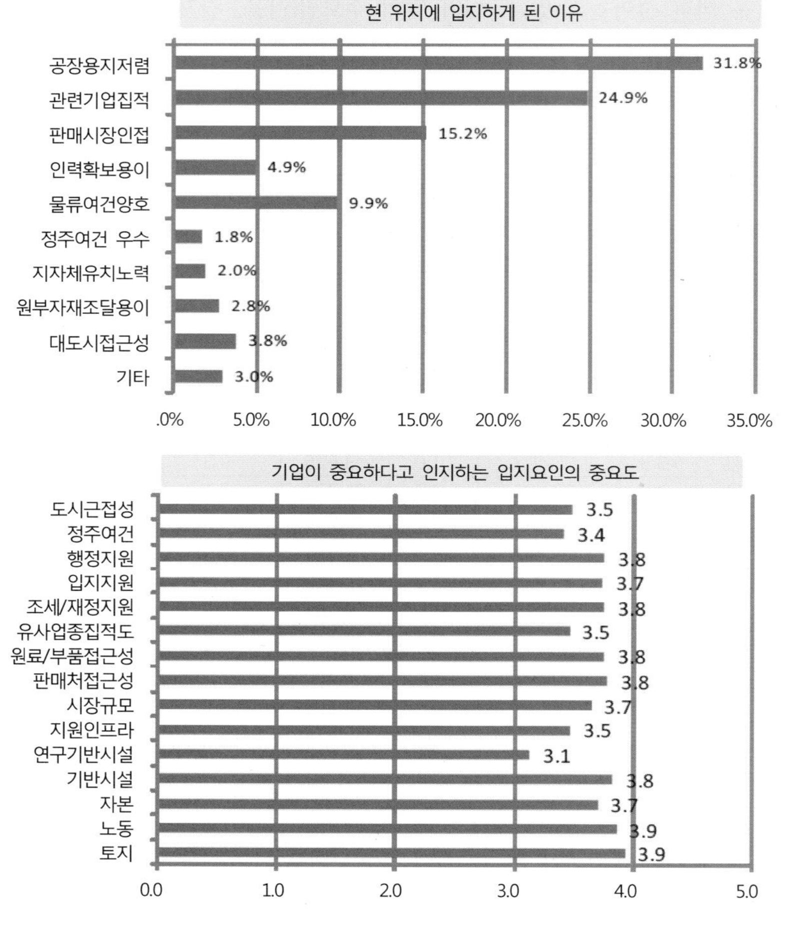

그림 10-68. 제조업 입지에 영향을 주는 요인들에 대한 인지도

출처: 한국산업단지공단(2013), p. 11.

2016년 말 산업단지에 입주한 기업체와 종사자수의 지역별 분포를 보면 경기도가 가장 많은 비중을 차지하고 있다. 특히 경기도의 경우 업체수 비중보다 종사자수가 훨씬 더 많은 비중을 차지하는데, 이는 대규모 업체들이 입주하고 있음을 말해준다. 또한 산업단지 수출액을 보면, 전자관련 대기업이 입주하고 있는 경기도가 707억 달러로 산업단지 전체 수출의 19.2%를 차지하고 있다. 그러나 경기도의 총 수출액 가운데 477억 달러는 국가산단이 아닌 일반산업단지에서의 수출액이다. 경기도 다음으로는 수출액이 많은 지역은 울산 591억 달러(16.0%), 충남 583억 달러(15.8%), 전남 413억 달러(11.2%), 경북 391억 달러(10.6%) 순으로 나타나고 있다(그림 10-69). 특히 울산은 울산미포와 온산국가산단이 울산 산업단지 전체 수출의 98.5%를 차지하고 있으며, 또한 이들이 전국의 국가산업단지 수출의 29.7%, 전국 산업단지 수출의 15.8%를 차지하고 있다.

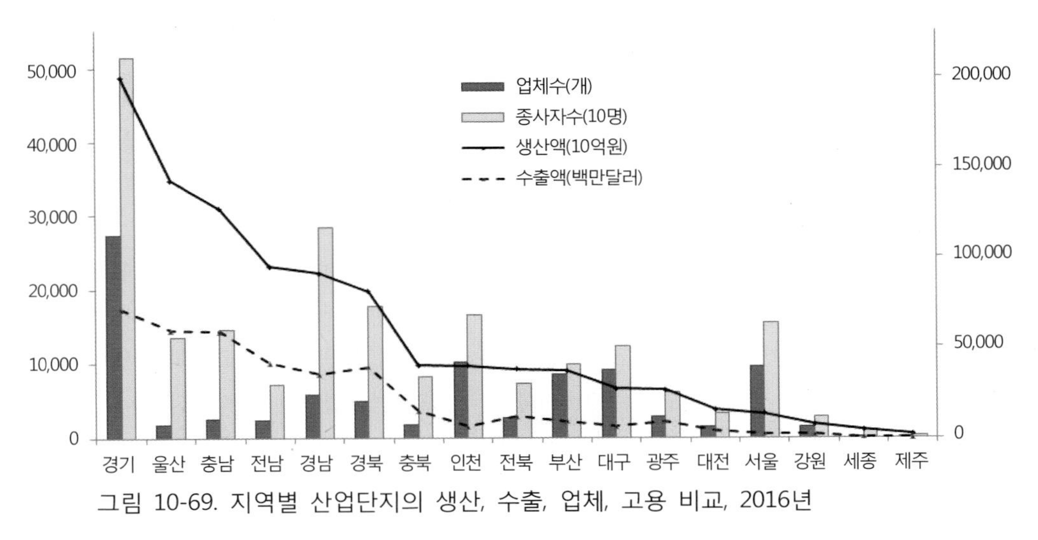

그림 10-69. 지역별 산업단지의 생산, 수출, 업체, 고용 비교, 2016년

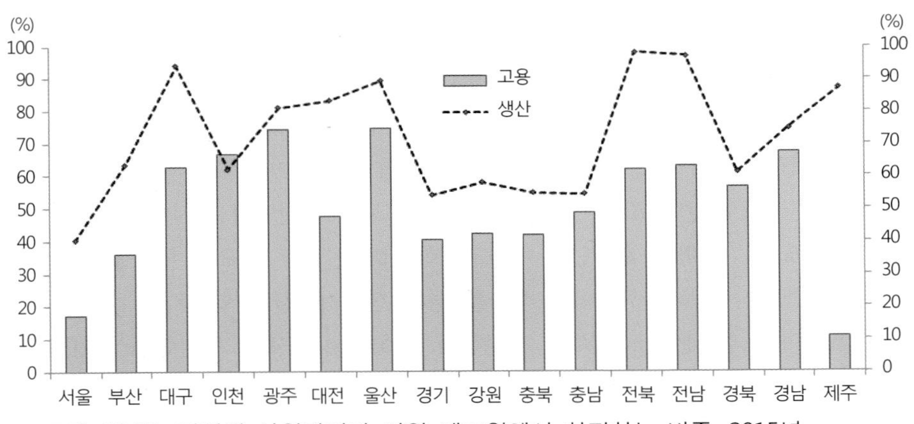

그림 10-70. 지역별 산업단지가 지역 제조업에서 차지하는 비중, 2015년

출처: 한국산업단지공단(2017), 한국산업단지통계(http://www.kicox.or.kr) 자료를 참조하여 작성.

한편 각 지역별로 조성된 산업단지의 생산과 고용이 해당 지역의 제조업에서 차지하는 비중을 보면 다양하게 나타나고 있다. 2015년 지역 제조업 생산에서 산업단지가 차지하는 비중은 전북이 98.2%로 가장 높고, 전남(97.1%), 대구(94.1%), 울산(89.4%), 제주(87.2%), 대전(83.2%), 광주(81.1%), 경남(74.7%)의 경우 70%를 상회하고 있다. 이는 국가산업단지에 대기업들이 입주해 있기 때문이며, 산업단지가 해당 지역경제에서 중추적인 역할을 수행하고 있음을 말해준다(그림 10-70). 반면에 경기, 서울, 강원도는 상대적으로 그 비중이 낮다. 경기도의 경우 산업단지가 차지하는 비중이 낮은 것은 산업단지에 입주하지 않은 개별입지에 입지한 대기업(예: 삼성전자)이 많기 때문으로 풀이할 수 있다. 서울의 경우 서울디지털산업단지가 첨단산업으로 변모함에 따라 기존 제조업체들이 다른 지역으로 이전함으로써 산업단지에서의 생산 비중이 상당히 낮아졌다.

고용 측면에서도 산업단지가 차지하는 비중이 상당히 높은 편이다. 울산과 광주의 경우 제조업 고용에서 산업단지가 차지하는 비중이 70%를 상회하여, 경남, 인천, 전남, 대구, 전북도 60%를 상회하고 있어 산업단지가 해당지역에서의 고용 분담력이 상당히 높음을 말해준다. 반면 서울의 경우 비제조업에 종사하는 인구가 상대적으로 많고, 부산의 경우 2000년대 중반까지 신규 산업단지 지정이 없었을 뿐만 아니라 개별입지 형태의 영세 중소기업들이 밀집해 있어 산업단지 고용 비중이 상대적으로 낮게 나타나고 있다.

그러나 2000년대 중반 이후 국가산업과 지역경제의 핵심 역할을 담당해 왔던 산업단지의 노후화 문제가 대두되기 시작하였다. 정부는 산업단지 노후화에 대응하기 위해 「산업입지법」과 「산업집적법」을 개정하였으며, 산업단지 재생과 구조고도화 사업이 2009년부터 본격적으로 시작되었으며, 2015년에는 「노후거점산업단지 활력증진 및 경쟁력강화를 위한 특별법(이하 노후거점산단법)」이 제정되었다. 「노후거점산단법」 제2조에 의하면 노후산업단지의 경쟁력 강화는 약화된 산업단지의 기능을 향상시키고 산업단지의 경쟁력을 높이는 것으로 정의하고 있다. 노후산업단지의 구조고도화사업은 산업단지의 경쟁력 향상을 위해 관련주체들 사이의 연계와 협력을 통해 시너지를 창출하고, 혁신역량을 강화하는 데 초점을 두고 있으며, 특히 입주업종의 고부가가치화, 기업지원서비스의 강화, 공공시설의 개선을 통한 기업의 경쟁력을 강화하려는 사업이다. 2017년 노후산업단지의 수는 146개에 달하며, 2025년에는 200개 이상으로 증가할 예정이다. 노후산단에 입주한 업체와 생산액이 전체 산단의 70% 이상을 차지할 정도로 노후산단이 차지하는 비중이 매우 크다는 점을 고려해 볼 때 노후산단의 구조고도화 사업은 매우 필요하다고 볼 수 있다. 산업단지의 노후화는 물리적 차원의 노후화를 넘어 산업기능을 약화시키는 것으로 알려져 있다. 인프라의 노후화는 입주업체의 생산성의 감소로 이어지며, 열악한 근무환경과 부족한 지원시설로 인해 젊은 인력의 취업 기피 현상까지 나타나고 있다. 이는 노후산단에 입주한 업체의 혁신역량을 감소시키고 더 나아가 산단의 경쟁력을 약화시킬 수도 있다. 우리나라 산업단지 유형과 노후 산업단지의 분포를 보면 그림 10-71과 같다.

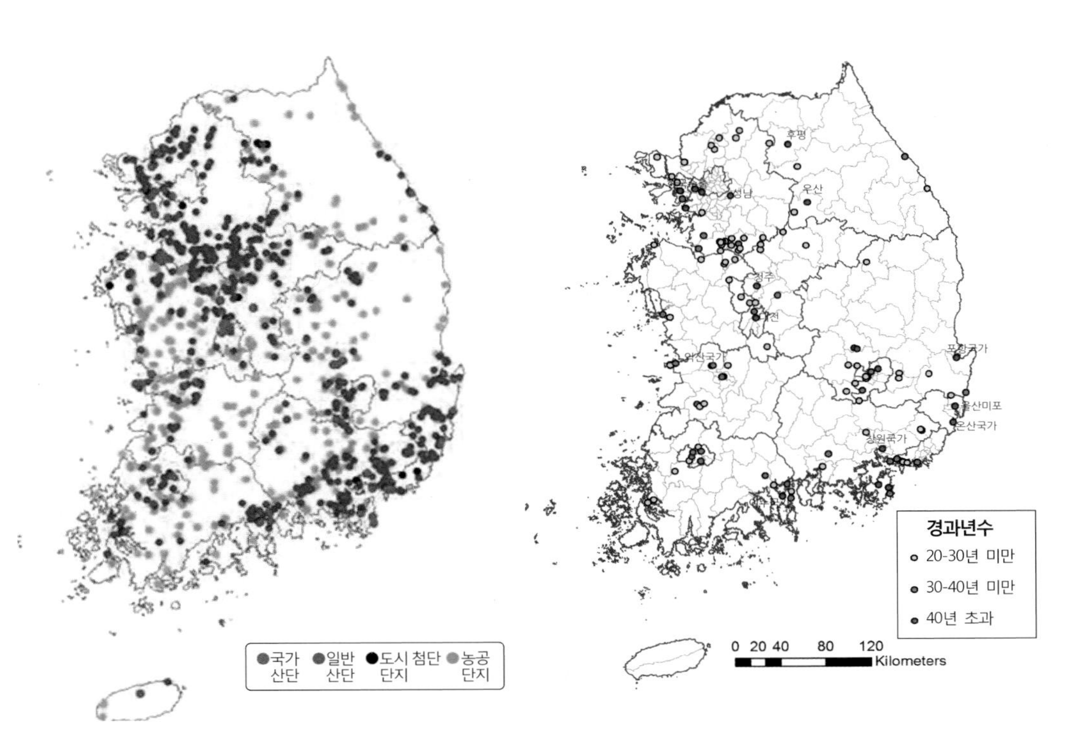

그림 10-71. 유형별 산업단지와 노후산단의 공간 분포
출처: 산업단지통계사이트 http://www.kicox.or.kr를 참조함.

지금까지 살펴본 지난 40여년 동안 시기별로 정부가 추진하였던 우리나라의 산업입지 정책의 특징을 비교, 요약하면 그림 10-72와 같다.

1960년대	수출 경공업 육성	서울 및 지방 중심도시	수출산업 공업단지
1970년대	대규모 공업기반 구축	임해 지역 중심	대규모 산업단지
1980년대	산업의 지방 분산	지방도시 및 내륙	중소 지방산업단지 농공단지
1990년대	산업구조 고도화	지방도시 및 서해안 지역	첨단 산업단지 서해안 대규모산업단지
2000년대	지식기반산업 육성과 소규모 산업단지 개발	대도시 및 복합단지	도시첨단산업단지 산업단지의 복합화

그림 10-72. 시기별 산업입지 정책의 특징
출처: 장철순(2013), p. 4.

(2) 제조업의 지역 간 성장격차와 공간분포

지난 50여년 동안 제조업의 괄목할 만한 성장 이면에서 가장 심각하게 나타나고 있는 문제점 중의 하나는 지역 간 불균형적 발전이다. 수도권과 동남권으로 제조업이 집중되면서 지역 성장격차가 심화되고 있다. 이는 지역별 제조업 종사자수와 생산액의 비중 변화를 보면 잘 나타나고 있다. 서울은 1960년대와 1970년대까지 제조업 종사자나 생산액 면에서 전국의 약 30%를 차지하였다. 그러나 서울의 인구집중을 억제하고 공업분산화 정책이 시행됨에 따라 서울이 제조업에서 차지하는 비중은 크게 줄어들었다. 2000년대에는 서울이 전국에서 차지하는 제조업 종사자 비중은 7% 수준으로 낮아졌으며, 2016년에는 3.8%를 보이고 있다.

서울의 제조업 비중 감소 추세와는 달리 경기도와 인천의 제조업 점유율은 오히려 지속적으로 증가 추세를 보이고 있다. 지역균형발전을 위해 지방에 산업단지를 조성하는 노력에도 불구하고 수도권으로의 제조업 활동은 여전히 지속적으로 이루어지고 있다. 수도권의 제조업 종사자 비율을 보면 1970년 43.3%에서 1980년 44.3%, 1990년에는 47%로 높아졌으나, 2000년에도 44.1%, 2016년에는 40.1%로 다소 낮아지고 있다. 제조업 생산액을 보면 1970년에는 수도권이 전국 제조업 생산액에서 차지하는 비율이 44.9%로 상당히 높았으나, 1980년에는 38.2%, 2000년에는 36.6%, 2016년에는 32.0%로 낮아졌다. 이는 2000년대 들어와 조선, 철강, 자동차, 석유화학, 반도체 등의 생산이 울산·경남과 대전·충남에서 증가하였기 때문으로 풀이된다(표 10-19). 또한 1990년대 후반 이후 수도권으로의 제조업 확산이 이루어지는 것만이 아니라 점차 충청남·북도까지 제조업이 확산되는 추

표 10-19. 제조업 생산활동의 시도별 점유율의 시계열 변화 비교, 1963-2016년

(비율: %)

시도	1963년		1970년		1980년		1990년		2000년		2010년		2016년	
	종사자	생산액	종사자	생산액	종사자	생산액	종사자	생산액	종사자	생산액	종사자	생산액	종사자	생산액
전국	100	100	100	100	100	100	100	100	100	100	100	100	100	100
서울	26.0	31.6	31.4	32.1	21.2	16.0	15.3	10.4	7.8	4.4	5.4	2.8	3.8	2.3
부산	14.9	16.9	14.7	16.0	15.2	11.2	12.0	7.6	6.6	3.2	5.1	3.2	4.8	3.1
인천·경기	9.2	10.5	11.9	12.8	23.1	22.2	31.7	33.1	36.3	32.2	35.9	25.6	36.3	29.7
강원	8.7	5.7	5.2	3.6	3.1	2.1	2.1	1.6	1.2	1.1	1.1	0.8	1.2	0.9
충북	3.2	4.1	2.7	3.0	2.1	2.1	2.8	3.0	4.3	4.1	4.8	3.8	5.5	5.3
대전·충남	6.1	4.7	5.7	5.9	4.5	3.9	4.1	4.1	6.7	8.5	8.8	12.5	9.7	12.9
전북	5.5	4.6	4.0	3.6	2.7	2.3	2.5	2.1	2.9	2.8	3.0	2.7	3.1	2.9
광주·전남	6.7	5.2	5.6	3.0	3.6	9.2	4.0	6.7	4.4	7.8	5.0	9.3	5.2	8.7
대구·경북	13.9	12.5	11.4	8.3	13.0	12.2	12.4	11.8	13.1	13.5	12.5	13.7	12.5	12.1
울산·경남	5.0	3.5	6.7	11.5	11.1	18.7	13.0	19.5	16.6	22.3	18.2	25.6	17.2	21.5
제주	0.7	0.5	0.6	0.3	0.2	0.1	0.2	0.1	0.1	0.1	0.2	0.1	0.2	0.1

출처: 통계청, KOSIS, 광공업센서스 해당연도.

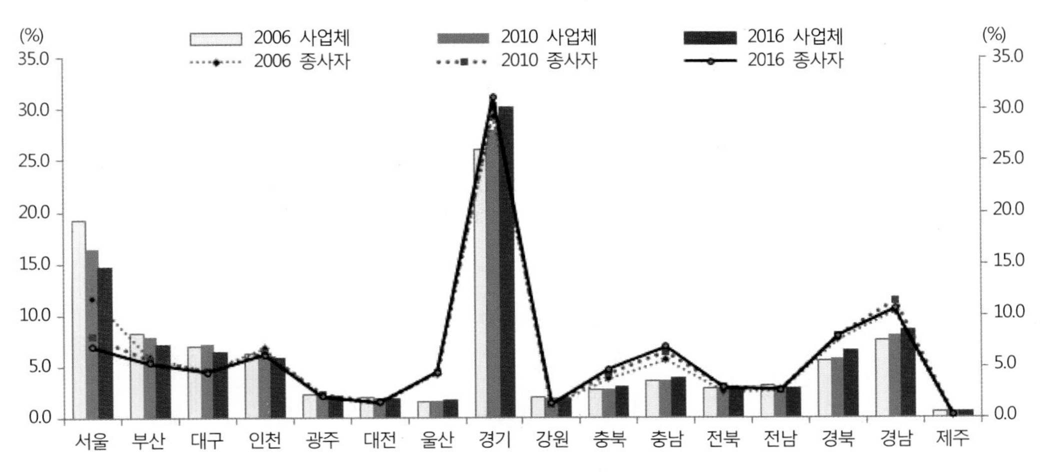

그림 10-73. 시도별 제조업 사업체수와 종사자수 추이, 2001-2016년
자료: 통계청, 사업체기초조사 자료, KOSIS.

세를 보이고 있다. 특히 2000년대 이후 수도권의 제조업 성장에 따른 파급효과가 교통 접근성이 양호한 충북과 충남으로 확산되어 이들 지역의 제조업 종사자 비중이 증가추세를 보이고 있다. 즉, 2000년에 종사자 비중 11.0%, 생산액 비중이 12.6%이던 것이 2010년에 13.6%, 16.3%로 각각 증가하였으며, 2016년에는 15.2%. 18.2%로 크게 증가하였다. 또한 2006~2016년 동안 제조업의 사업체수와 종사자수의 지역별 비중의 변화도 유사한 패턴을 보이고 있다(그림 10-73). 서울의 제조업체 감소 추세는 경기도의 사업체수 증가 추세와 상쇄되고 있으며, 여전히 수도권의 제조업 종사자 비중은 50%를 상회하고 있으며, 종사자 비중도 45% 수준을 보이고 있다.

한편 제조업의 기술수준에 따른 변화를 분석하기 위해 OECD(2003)의 산업분류 방법을 참조하여 산업연구원에서는 우리나라 제조업종을 고위기술(high-technology), 중고위기술(medium-high-technology), 중저위기술(medium-low-technology), 저위기술(low-technology)으로 분류하고 있다. 고위기술 업종에는 의약, 반도체, 컴퓨터, 통신기기, 가전, 정밀기기, 전지, 항공이 속하며, 저위기술 업종에는 음식료, 담배, 섬유, 의류, 가죽신발, 목재, 제지, 인쇄, 가구, 기타 제조업이 속하고 있다(그림 10-74).

산업연구원에서는 40개 제조업종에 초점을 두고 기술수준에 따른 업종별 제조업의 생산성과 부가가치 및 수출 역량을 분석하여 비교하고 있다. 지난 10년 동안 우리나라 제조업의 기술수준 변화를 보면 기술수준에 따라 사업체와 종사자 비중에서 상당한 차이를 보이고 있다. 사업체의 경우 저위기술 업종 비중이 2006년 49.2%에서 2016년 42.8%로 다소 감소하였으나 여전히 40%를 상회하고 있다(표 10-20). 그러나 종사자 비중으로 보면 저위기술 업종 비중이 2006년 28%에서 2016년 25.4%로 감소하면서 전체 종사자의 약 1/4을 차지하고 있다. 이는 저위기술 업종 업체들이 영세한 소규모임을 말해준다. 반

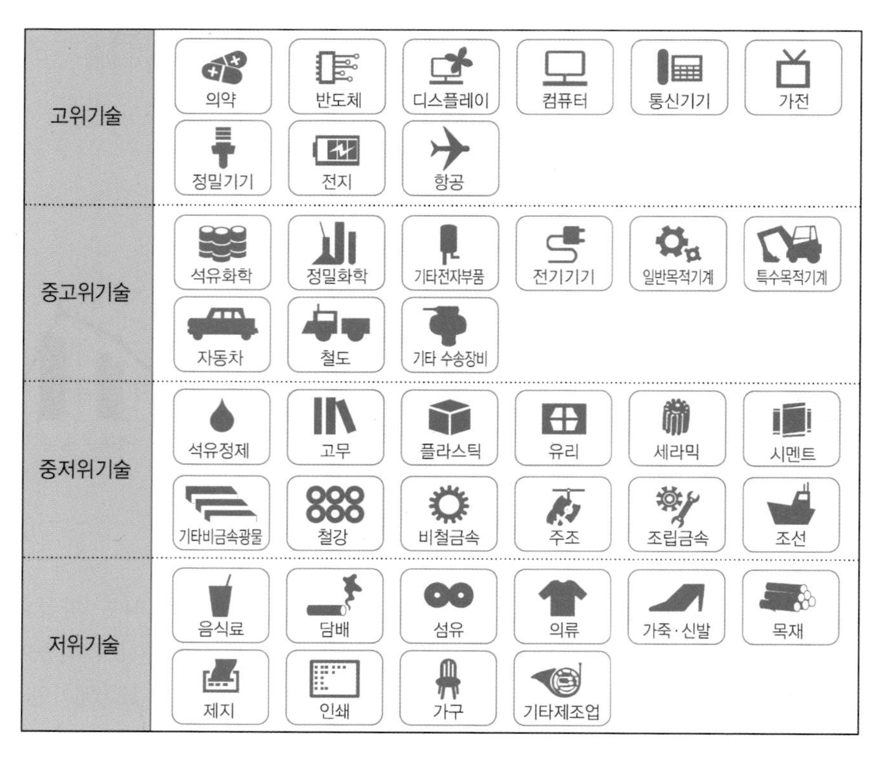

그림 10-74. 기술수준에 따른 제조업 업종 분류 예시
출처: 산업연구원(2017), p. 15.

면에 고위기술 업종의 점유율을 보면 2006년 사업체 5.3%, 종사자 15.9%에서 2016년 사업체 6.6%, 종사자 14.1%를 차지하고 있다. 이는 고위기술 업종 업체들의 규모가 대규모이기 때문에 종사자 비중이 훨씬 더 크게 나타나고 있다. 2016년 중고위 수준과 고위 기술수준에 종사하는 고용 비중이 49%를 차지하고 있어 우리나라 제조업 종사자들의 기술 역량이 상당히 높음을 시사해준다.

표 10-20. 제조업의 기술수준 업종별 성장 추이, 2006-2016년

기술수준에 따른 제조업종 분류	2006년				2010년				2016년			
	사업체수 (1,000개)		종사자수 (1,000명)		사업체수 (1,000개)		종사자수 (1,000명)		사업체수 (1,000개)		종사자수 (1,000명)	
전체	332	100%	3,341	100%	327	100%	3,418	100%	416	100%	4,045	100%
저위기술	163	49.2	936	28.0	155	47.4	886	25.9	178	42.8	1,026	25.4
중저위기술	84	25.4	808	24.2	87	26.8	876	25.6	112	26.9	1,047	25.9
중고위기술	66	20.0	1,066	31.9	66	20.2	1,130	33.1	98	23.6	1,401	34.6
고위기술	18	5.3	531	15.9	18	5.6	525	15.4	28	6.6	572	14.1

출처: 통계청, 사업체기초조사 자료, KOSIS.

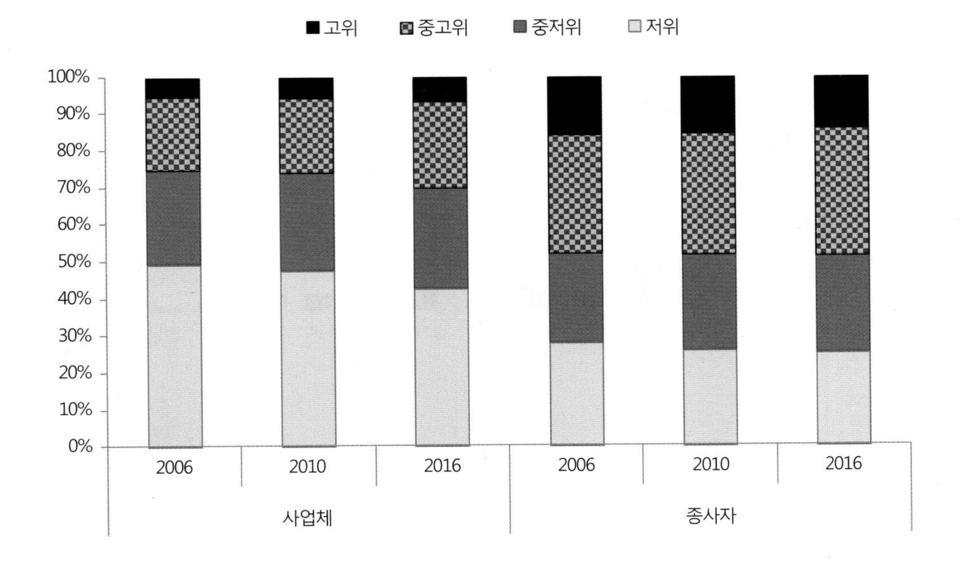

그림 10-75. 기술수준에 따른 제조업의 성장 추이, 2006-2016년
출처: 통계청, 사업체기초조사 자료, KOSIS.

이러한 전국적 차원에서의 제조업종별 기술수준의 변화를 시도별로 비교해보면 상당히 양극화되어 나타나고 있다. 지난 10년 동안 고위기술 업종 비중이 증가된 지역은 경기도로 나타나고 있다 경기도의 경우 2006년 고위기술 업종의 사업체 점유율이 38%였으나, 2016년에는 44%로 증가하였다. 반면에 서울의 경우 고위기술 업종 사업체 점유율이 21%에서 14%로 감소하였다. 이는 서울에 입지하였던 고위기술 업체들이 경기도로 이전하였음을 말해준다. 특히 판교를 비롯한 첨단산업단지가 조성되면서 고위기술 업체들이 상당히 이전하였다. 수도권의 고위기술업종 사업체 점유율이 전국의 약 2/3를 차지하고 있어, 제조업 전체 점유율보다 훨씬 더 높은 비중을 보여주고 있다(그림 10-76). 이는 수도권의 경우 기술 수준이 높은 고부가가치 업종들이 집중되어 있음을 시사해준다. 반면에 저위기술 업종의 지역별 점유율 변화를 보면 여전히 경기도의 점유율이 약간 증가하는 것으로 나타나고 있다. 그러나 저위기술 업종 사업체 점유율이 가장 큰 지역은 서울로, 전국의 약 1/4 사업체가 서울에 입지하고 있다. 저위기술 업종의 경우 음식료, 의류, 인쇄 등 대부분 소비자 지향적 업종이라는 점을 고려한다면 서울의 점유율이 높은 것은 당연하다고 볼 수 있다. 저위기술 업종의 사업체의 수도권의 점유율은 약 50% 수준이다. 전반적으로 광역시들의 저위기술 업종의 사업체 점유율이 지방보다 높게 나타나고 있다.

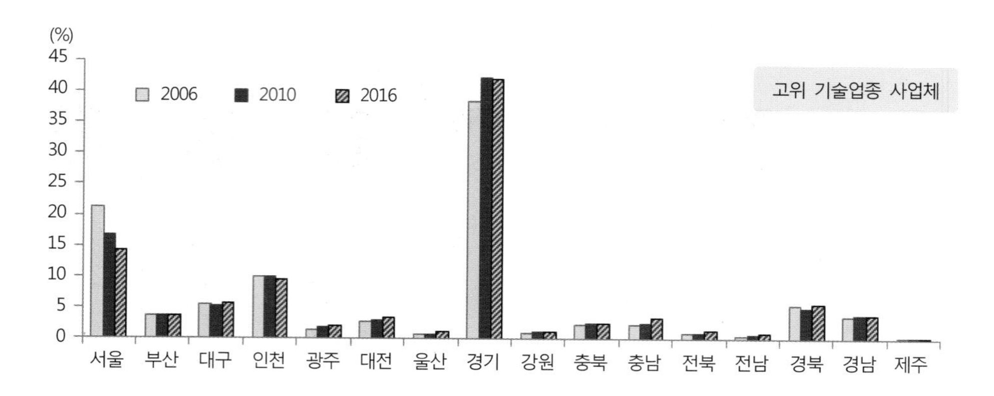

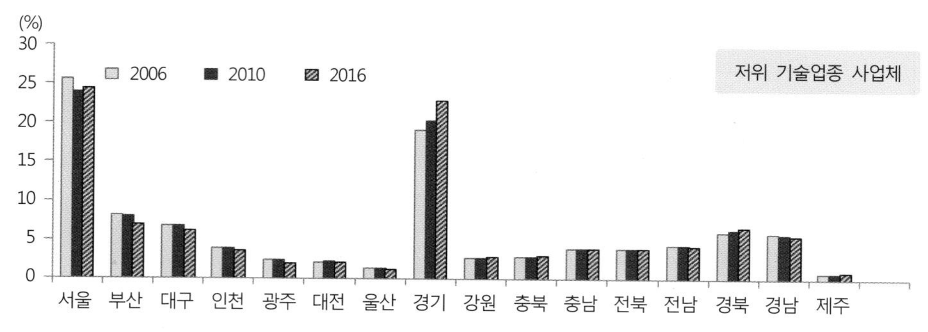

그림 10-76. 고위/저위 기술수준별 제조업종의 지역별 비중 추이
자료: 통계청, 사업체기초조사 자료, KOSIS.

그러나 제조업 사업체로 본 수도권의 점유율보다 현실적으로 더 문제가 되는 것은 노동의 공간적 분업화 현상이다. 1970년대에 중화학공업 육성책에 힘입어 동남해안에 산업단지가 조성되어 많은 기업들이 입주하였으나, 이들 대기업의 본사는 대면접촉이 용이한 서울에 입지하고 있다. 즉, 제조업의 생산 공장은 중화학공업단지가 조성된 동남권에 입지하지만, 의사결정 및 통제·관리기능은 서울에 입지하는 노동의 공간적 분업화가 점점 더 심회되고 있다.

또한 1980년대에 첨단산업 육성 정책이 추진되면서 첨단산업 입지에 지대한 영향을 주는 기술 인력, 연구개발기능, 정보로의 접근성 등이 유리한 서울 및 수도권으로 다시 첨단산업 업체들이 집중하게 되었다. 이에 따라 수도권은 첨단산업과 연구개발기능이 집중하고, 비수도권에는 전통적 제조업과 기술수준이 낮은 제조업종이 입지하는 또 다른 유형의 노동의 공간적 분업화가 등장하고 있다. 1980년대 후반 이후 제조업의 구조적 변화가 나타나고 전통적인 제조업보다 첨단산업이 발달하면서 첨단산업은 서울 및 경기·인천으로 확산되는 경향을 보이게 되었다. 2000년대에 들어와 이러한 추세는 더욱 강화되고 있다. 즉, 서울은 지식집약적, 정보집약적, 기술집약적 업종이 더욱 집적하는 동시에 이러한 기업들의 본사는 서울에 입지하고 생산 기능은 경기도로 확산시켜서 서울과 경기도의 공간적 분업화를 이루면서 점점 더 수도권은 첨단산업이 특화되고 지방은 일반 제조업의 생산기능이 특화되는 현상을 보이고 있다.

1997년 외환위기 이후 수도권으로의 첨단산업 집중화를 방지하고 지역의 자생력 있는 경제발전을 위하여 비수도권 전역에 지역산업진흥사업을 전개하였다. 특히 1999년에 시작된 4개 지역진흥사업은 지역혁신을 통한 산업클러스터 구축을 뒷받침하기 위한 목적으로 추진되었다. 지역별 전략산업을 중심으로 혁신주체 간 집적경제와 네트워킹을 통한 지역혁신체계를 구축하여 산업클러스터를 형성하도록 하는 전략이었다. 2002년에는 9개 광역시·도를 대상으로 2~3개의 전략산업을 선정하여 혁신 인프라, 인력 양성, R&D 지원을 통한 지역의 산업집적기반을 마련하도록 하였다. 4+9 지역산업진흥산업의 1단계에서는 지역의 R&D 기반과 장비 구축 등 혁신 인프라 구축에 중점을 두었다. 2단계에서는 구축된 인프라를 통하여 기술 개발 및 기업지원서비스 사업을 확충하고 전략산업의 성장 기반을 마련하였다. 뿐만 아니라 전국의 7개 산업단지를 시범단지로 선정하여 산학연 네트워크 구축, 공동 R&D 등 혁신활동 지원을 통해 산업단지를 생산과 연구가 조화된 혁신 클러스터를 형성하기 위해 노력하고 있다.

이와 같은 제조업의 성장에 따른 구조적 변화와 산업입지에 영향을 주는 다양한 정부 정책들에 영향을 받아 우리나라의 공업 분포 및 공업지대는 상당한 많은 변화를 경험하고 있다. 대규모 산업용지를 기반으로 중화학공업이 성장하였던 1980년대와 첨단산업과 지식기반제조업이 급성장하고 있는 2000년대 후반의 우리나라 공업지대의 분포를 비교해보면 이러한 변화를 잘 보여주고 있다. 공업지대를 제조업 생산액을 기준으로 하여 핵심공업지대, 주요 공업지대, 준공업지대로 구분하여 1984년과 2007년 두 시점에서 한국 공업지대의 분포를 보면 전국적으로 상당히 공업지대가 확산되었음을 엿볼 수 있다. 1980년대 중반 수도권과 동남권으로 집중되었던 공업지대는 2000년대 후반에는 충청지방에 공장용지가 크게 확충되면서 수도권의 공업지대와 거의 연결되어 나타나고 있다. 이는 수도권 공장 규제정책으로 인해 수도권의 공장들이 충청권으로 확산되어 갔음을 시사해주고 있다. 그 결과 충남과 충북으로 이어지는 충청내륙 공업지대가 한국의 주요 공업지대로 부상하고 있다. 이는 새로운 산업 거점이 등장하는 것이 아니라 기존의 산업활동이 이루어지던 거점을 중심으로 주변지역으로 확대되어 나가고 있음을 말해준다. 한편 남동임해 공업지대도 상당히 영역적으로 확산되어 나타나고 있다. 뿐만 아니라 호남공업지대와 영남내륙 공업지대도 뚜렷하게 공업지역으로 자리잡고 있다(그림 10-77).

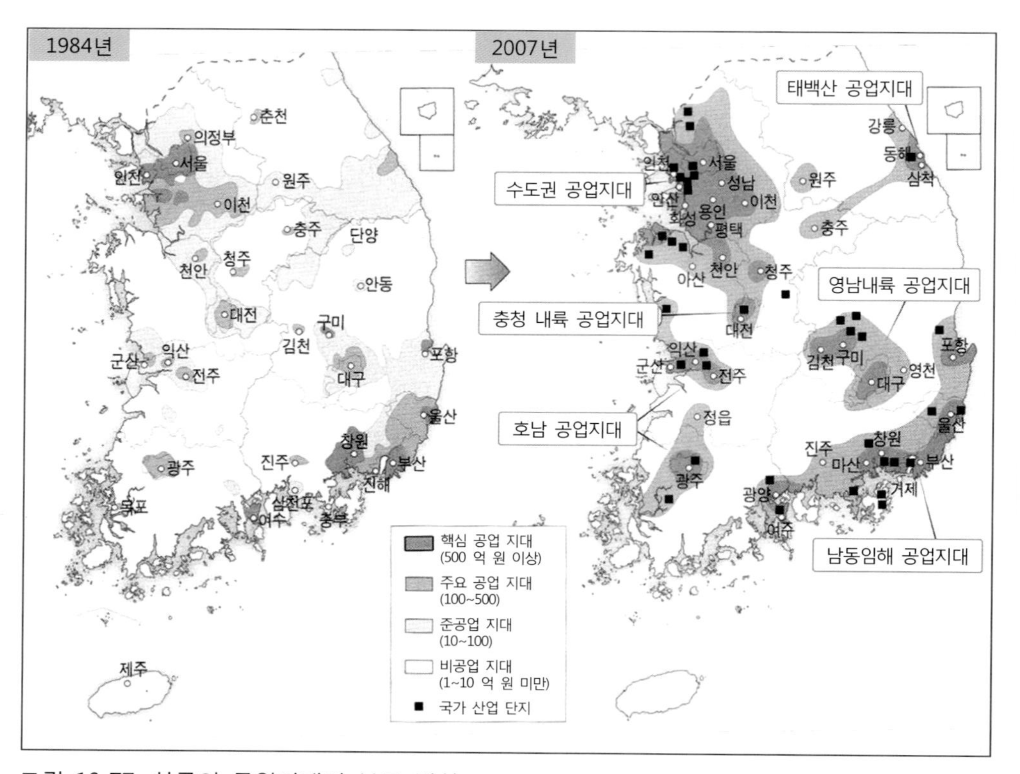

그림 10-77. 한국의 공업지대의 분포 변화

출처: 통계청, 광공업통계조사보고서; 한국산업단지 현황 통계를 토대로 작성.

지난 50여년간 한국 제조업의 입지변화와 그에 따른 공간분포를 보면 서울이 제조업에서 차지하는 비중이 크게 줄어들면서 수도권과 충청권으로 확산되어 가는 패턴이 나타나고 있다. 수도권과 동남해안 및 내륙권에서 기존의 공업 집적지로 부터 주변지역으로 공업활동이 확산되어 나가면서 공업발전은 공간적으로 경로의존적인 특성을 강하게 보이고 있다(박용규, 2004). 이러한 경로의존적인 발전과정에서 일반 제조업보다는 첨단산업이나 성장 잠재력이 높은 업종은 더욱 더 서울과 수도권으로 집중하고 있다. 제조업의 고도화 과정에서 서울은 매우 중요한 역할을 담당해오고 있다. 새로운 산업이 등장하고 신산업이 한국에 도입될 때마다 서울은 신산업의 인큐베이터 역할을 담당하고 있으며, 차츰 그 산업이 성장함에 따라 경기도로, 더 나아가 지방으로 점점 확산되고 있다. 이렇게 서울은 첨단산업이나 신산업을 창출시키는 역할을 수행하면서 한국의 경제공간을 지속적으로 변화시키고 노동의 공간적 분업화를 강화시키고 있다.

제 11 장

서비스산업의 성장과 유통물류체계의 변화

1. 서비스 경제화와 서비스산업의 특징
2. 생산자서비스업의 성장과 입지 특징
3. 소매업의 세계화와 유통물류체계의 변화
4. 우리나라 서비스산업의 성장과 공간분포

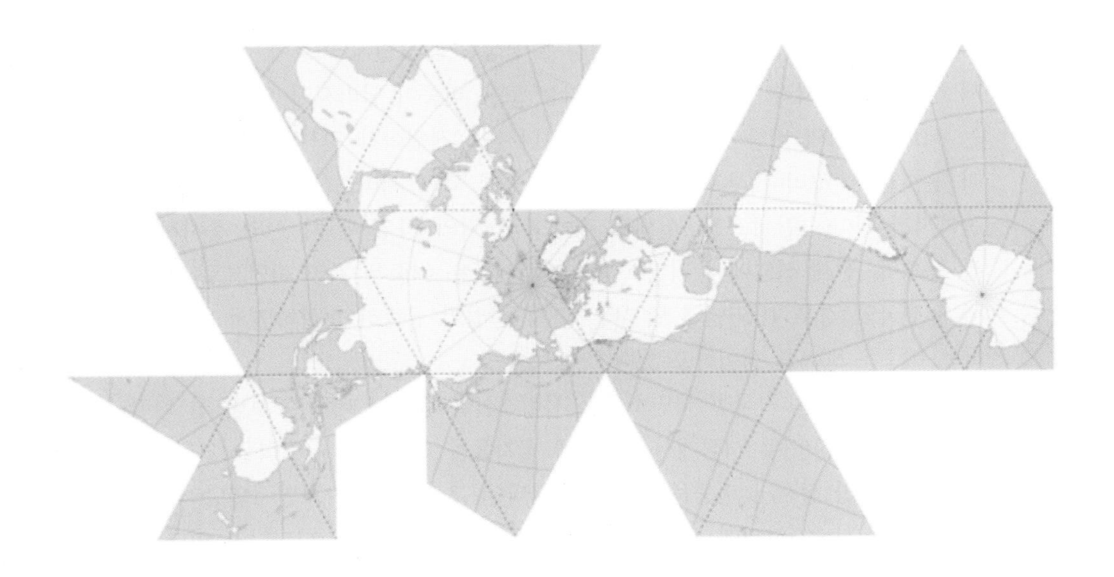

1 서비스 경제화와 서비스산업의 특징

1) 서비스 경제화

제1차 산업이 발달하여 잉여 농산물 생산으로 인해 도시가 발생·성장해 오면서 도시에서는 제2차 산업과 제3차 산업이 발달하고 있다. 특히 인구가 조밀한 대도시의 경우 사람들에게 필요한 각종 재화와 서비스를 제공하는 제3차 산업이 발달하게 된다. 소득이 증가할수록 사람들이 요구하는 서비스 종류는 더욱 다양화되며, 그 결과 도·소매업, 교통·통신업, 금융·보험·사업서비스업, 행정, 교육, 기타 개인 서비스업이 급속도로 성장하고 있다.

후기 산업사회로 접어들면서 제조업의 성장과 고용이 점차 둔화되는 반면에 서비스산업의 비중은 크게 증가하고 있으며, 서비스산업의 역할은 더욱 중요해지고 있다. 일반적으로 경제발전이 성숙 단계로 진전될수록 생산과 고용부문에서 서비스산업의 비중이 증가하게 된다. 고용과 생산 측면에서 서비스산업이 전 산업에서 차지하는 비중이 50% 이상이 되면 서비스 경제 사회로 접어들었다고 간주된다. 선진국의 경우 1960년대 후반에 서비스 경제사회로 진입하면서 제조업의 고용 비중이 절대적으로 감소하는 가운데 서비스산업의 고용 비중은 지속적으로 증가하여, 1970년대 이미 서비스산업은 총 고용의 60~75%를 차지하고 있다. 우리나라도 1980년대 후반 이후 서비스산업에 종사하는 고용 비율이 50%를 상회하면서 서비스 경제사회로 진입하였다.

서비스산업의 성장은 Rostow의 경제 성장단계 모델에 비추어 설명되고 있다. 즉, 경제 성장단계에 따라 산업부문에 종사하는 고용 비중이 달라지게 된다. 전산업화 단계에서는 제1차 산업의 비중이 가장 높게 나타나지만, 산업화가 진전되면서 제2차 산업의 비중이 높아진다. 그러나 후기산업사회로 접어들게 되면 서비스산업에 종사하는 비중이 가장 높아지게 된다(그림 11-1). 실제로 개발도상국가의 경우 제1차 산업 종사자의 비중이 가장 높으며, 전체 산업에서 서비스산업이 차지하는 비중은 30% 미만으로 매우 낮다. 그러나 선진국의 경우 1960년대 말부터 제3차 산업이 급속히 성장하면서 서비스산업이 차지하는 비중은 80%를 상회하고 있다.

이러한 현상은 각국별 국민소득과 서비스산업 종사자 비중을 보면 잘 나타나고 있다. 1990년과 2016년 두 시점에서 220여개 국가들을 대상으로 구매력을 고려한 1인당 GDP와 서비스산업 종사자 비중을 산포도로 나타낸 그림 11-2를 보면 1인당 국민소득이 높은 국가일수록 서비스산업에 종사하는 고용 비중이 상당히 높게 나타나고 있다. 국가별 소득 차이가 워낙 크기 때문에 소득 변수를 대수화시켜서 상관분석을 실시한 결과 1인당 국민소득과 서비스산업 종사자 비중의 상관계수는 0.96~0.98로 매우 높게 나타났다.

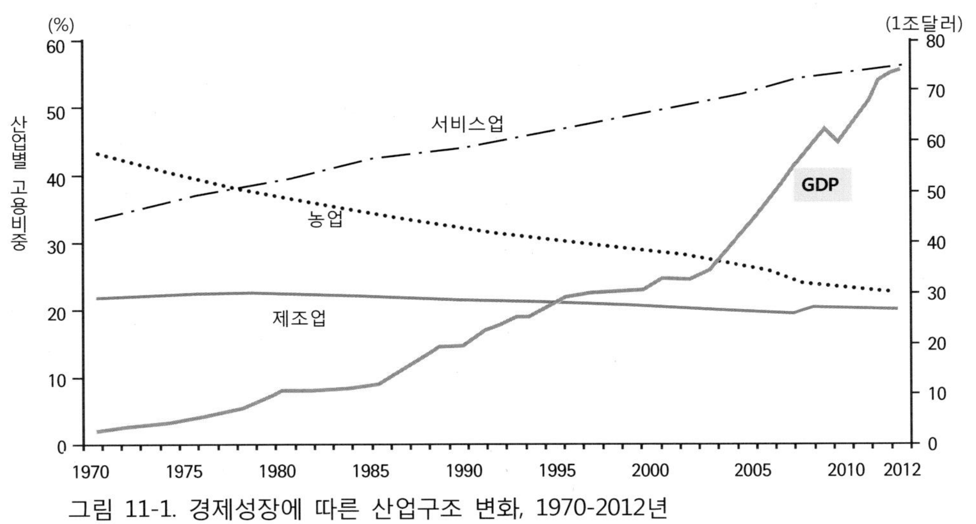

그림 11-1. 경제성장에 따른 산업구조 변화, 1970-2012년

㈜: 40개국(선진국 10개국, 개발도상국 30개국)을 대상으로 GDP 성장에 따른 산업별 고용비중을 평균한 것임.

출처: WTO(2017), World Trade Report, Figure A.1.

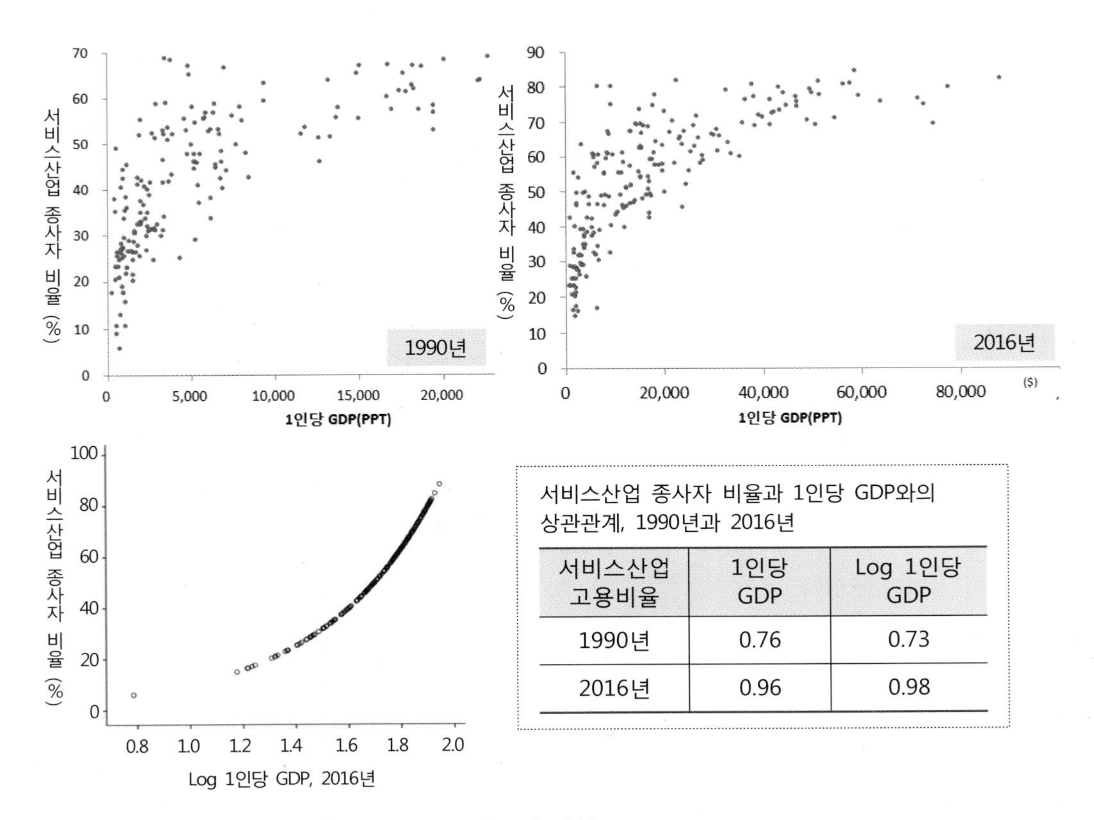

서비스산업 종사자 비율과 1인당 GDP와의 상관관계, 1990년과 2016년

서비스산업 고용비율	1인당 GDP	Log 1인당 GDP
1990년	0.76	0.73
2016년	0.96	0.98

그림 11-2. 소득수준에 따른 서비스산업 비중의 변화

출처: World Bank, World Development Indicator, DataBase를 토대로 분석하였음.

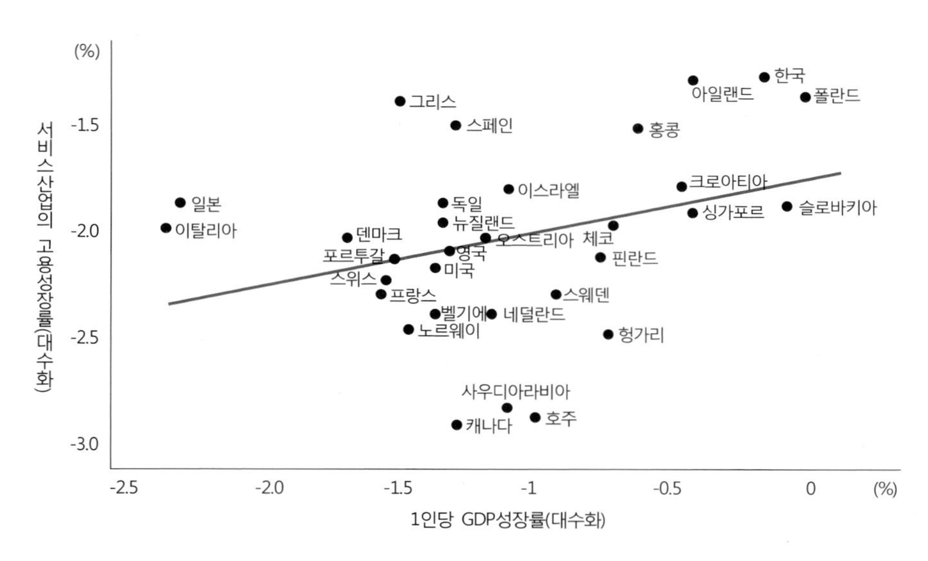

그림 11-3. 1인당 GDP 성장과 서비스산업 성장률 관계, 1995-2011년

㈜: 1995~2011년 동안 인구 400만 이상 고소득국가를 대상으로 1인당 GDP 성장에 따른 서비스산업 고용 성장률 간의 관계를 나타낸 것임.

출처: WTO(2017), World Trade Report, Figure D.5.

더 나아가 고소득국가들을 대상으로 하여 1995년부터 2011년 기간 동안 1인당 GDP 성장률과 서비스산업의 고용 성장률 간의 관계를 산포도로 나타낸 그림 11-3을 보면 전반적으로 1인당 GDP 성장률과 서비스산업 고용 성장률은 정(+)의 관계가 나타나고 있음을 엿볼 수 있다. 우리나라의 경우 1인당 GDP 성장률에 비해 상대적으로 서비스산업 고용 성장률이 더 높게 나타나고 있다. 반면에 캐나다와 호주의 경우 1인당 GDP 성장률에 비해 서비스산업 고용 성장률은 상대적으로 더 낮게 나타나고 있다.

이와 같이 국가별 소득수준과 서비스산업 비중 간의 다양한 실증 사례들을 분석한 결과 국민소득이 높아질수록 서비스산업 고용 비중이 증가하고 있음을 확실하게 보여주고 있다. 따라서 경제가 성장하고 소득수준이 높아짐에 따라 특히 고용 측면에서 서비스산업이 차지하는 비중이 높아지는 서비스 경제화가 진전되고 있는 이유를 설명하고자 하는 연구들이 활발하게 이루어졌다. 일반적으로 서비스경제화가 나타나는 이유에 대해 다음과 같이 설명되고 있다.

첫째, 개개인의 경우 소득이 증가될수록 서비스에 대한 수요가 크게 증대되기 때문이다. 이는 서비스 수요에 대한 소득의 탄력성이 재화 수요에 대한 소득의 탄력성보다 훨씬 커서 소득이 증가함에 따라 자연스럽게 서비스에 대한 수요가 증가된다는 것이다. 즉 서비스 수요에 대한 소득 탄력성은 '1'보다 크기 때문이다(그림 11-3, 11-4 참조).

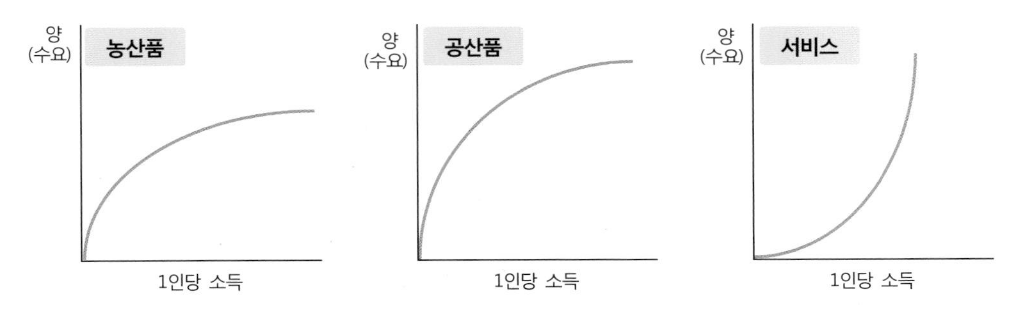

그림 11-4. 재화와 서비스 수요에 대한 소득 탄력성 비교
출처: Stutz, F. & Warf, B.(2012), p. 216.

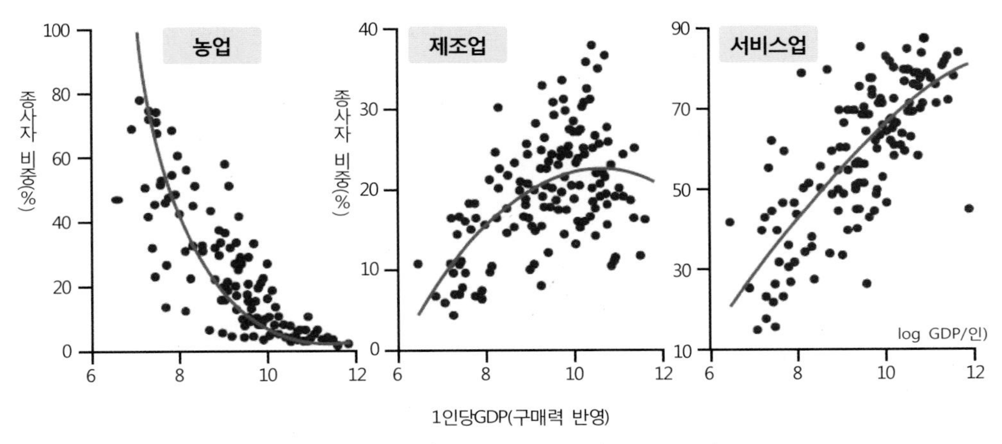

그림 11-5. 경제성장에 따른 산업별 고용 비중 비교, 2015년
출처: WTO(2017), World Trade Report, Figure B.11.

둘째, 노령화사회로 접어들면서 보건 및 각종 의료 서비스에 대한 새로운 수요가 나타나고 있으며, 포스트포디즘으로 이행되면서 단순 노동력을 필요로 하던 시기와는 달리 숙련된 노동력을 요구하는 노동시장의 구조 변화로 인해 교육 서비스에 대한 수요도 증가하고 있기 때문이다. 노령화사회로 접어들면서 건강, 보건, 의료 서비스에 대한 수요가 급증하고 있다. 특히 고령화가 빠르게 진전되면서 각 국가마다 노인 의료복지에 상당히 많은 비용을 지출하고 있으며, 의료비가 GDP에서 차지하는 비중도 상당히 증가되고 있다.

실제로 지난 40여년간 우리나라를 포함한 9개 국가들을 대상으로 의료비가 GDP에서 차지하는 비중의 변화 추세를 보면 1990년대 중반 이후 의료비 지출이 크게 증가하면서 의료비가 GDP에서 차지하는 비중도 증가하고 있다. 미국의 경우 2010년대 들어와 의료비가 GDP에서 차지하는 비중이 16%를 상회하고 있으며, 스웨덴, 프랑스, 일본, 캐나다의 경우 의료비가 GDP에서 차지하는 비중이 약 11%를 나타내고 있다(그림 11-6).

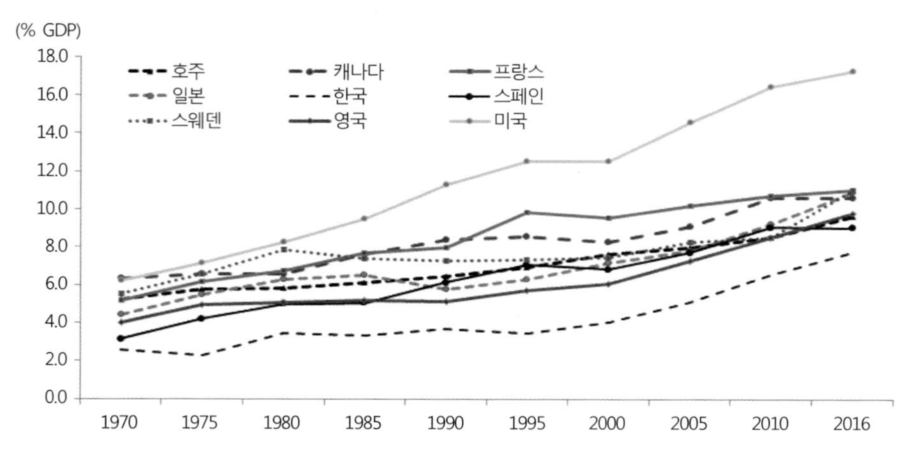

그림 11-6. 주요 국가들의 GDP 대비 의료비 지출이 차지하는 비중 추이
출처: OECD Health Statistics 2017; http://www.oecd.org/health/health-data.htm.

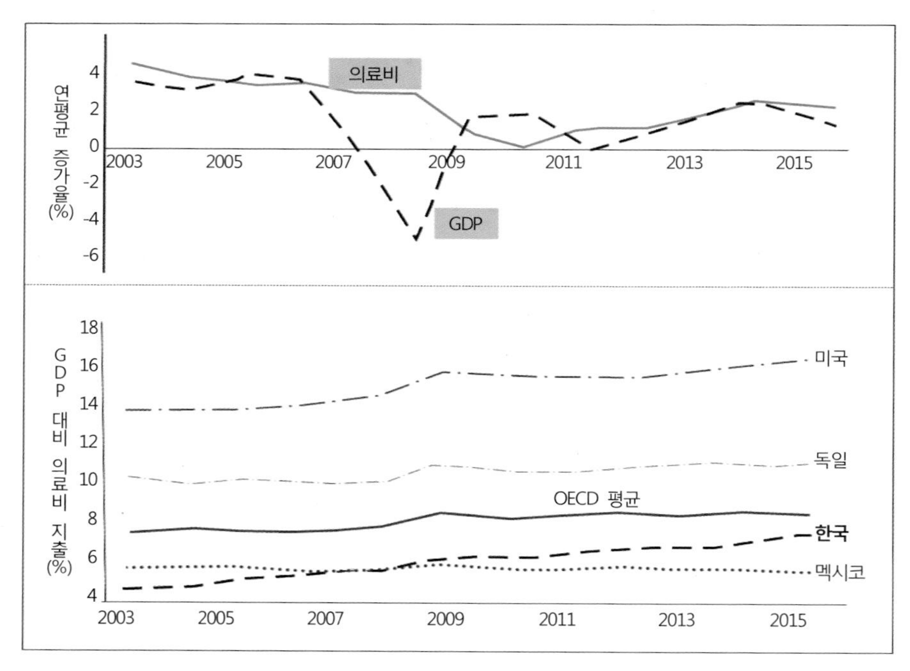

그림 11-7. GDP 대비 의료비 지출 비중의 추이, 2003-2016년
출처: OECD(2017), Health at a Glance: OECD Indicators, p. 135.

한편 2003~2016년 동안 연평균 GDP 성장률과 의료비 성장률을 비교해보면 상당히 불규칙한 패턴을 보이고 있다. 의료비 지출은 2000년대 중반 이후 지속적으로 감소 추세를 보이다가 2010년 이후 의료비 지출이 급격히 상승했다. 특히 2009년 GDP 성장률이 급속히 낮아졌지만 의료비 성장률은 약 3% 수준을 유지하고 있다. 2000년대 이후 OECD 국가의 경우 의료비 지출이 GDP에서 차지하는 비율은 평균 약 8.0~9.0% 수준으로 나타나고 있다(그림 11-7). 우리나라의 경우 의료비가 GDP에서 차지하는 비중은 2003년에 4.3%에 불과했으며, 2015년 7.2%로 증가하였지만 아직까지 OECD 평균 수준에 미치지 못하고 있다. 멕시코가 GDP 대비 의료비 비중이 6%로 우리나라보다 낮은 편이다.

한편 2016년 OECD 국가별 1인당 의료비 지출액을 해당국가의 구매력을 반영하여 비교해보면 그림 11-8과 같다. 미국의 의료비용은 1인당 $9,892로 OECD 평균 지출액($4,003)보다 2배 이상 많으며, 캐나다, 프랑스, 일본보다도 훨씬 더 1인당 의료비가 많은 편이다. 반면에 러시아와 신흥경제국들의 경우 1인당 의료비는 OECD 평균의 20% 수준으로 매우 낮다. 의료비 지출 항목을 정부·강제적 의료보험으로부터의 비용과 개인적·자발적인 의료 지출비로 구분하여 비교하여도 유사한 패턴으로 나타나고 있다.

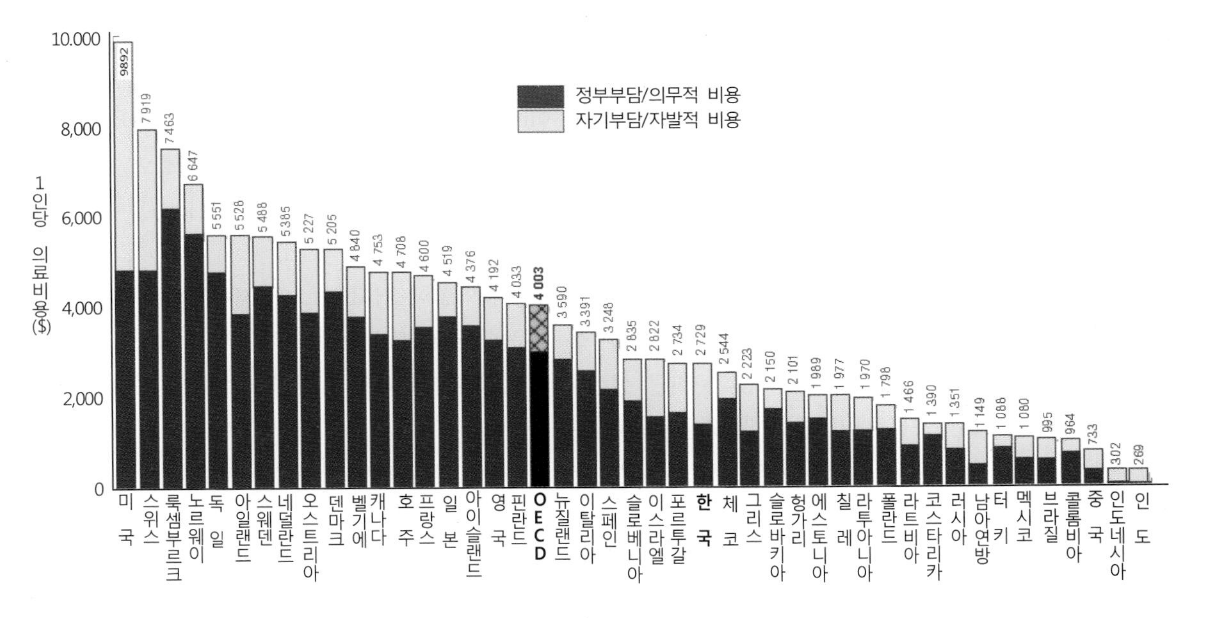

그림 11-8. OECD 국가들의 1인당 의료비 지출액, 2016년

㈜: 1인당 의료비 지출액은 각 국가의 구매력을 평가하여 조정된 지출액임.

출처: OECD(2017), Health at a Glance: OECD Indicators, p. 133.

셋째, 기업들, 특히 제조업체들의 서비스 수요가 증가하고 있기 때문이다. 기업환경이 급변하고 있는 제조업의 경우 경쟁이 치열해지고, 제품 서비스에 대한 소비자들의 기대수준이 높아짐에 따라 상품의 생산, 판매, 신제품 개발 및 품질 개선을 위한 연구개발 등 생산자서비스에 대한 수요가 크게 증가하고 있다. 특히 과거에는 기업 내부에서 처리하였던 생산자서비스를 기업들이 외부화하는 경향이 높아지고 있다. 즉, 기업들은 핵심 부문의 인력만을 채용하고, 나머지 인력은 외부화함으로서 기업 경영의 효율성을 높이고 있다. 생산자서비스 수요를 외부화하는 경우 상용 고용보다는 유연적으로 필요할 때마다 서비스를 공급받기 때문에 비용을 절감할 수 있을 뿐만 아니라 보다 전문화된 서비스를 제공받을 수 있기 때문이다. 특히 금융, 보험, 사업서비스 등 생산자서비스업이 빠르게 증가하는 추세를 보이고 있다.

이렇게 경제가 성장함에 따라 분업화와 전문화 추세가 나타나면서 기업 내부에서 해결하던 서비스 활동이 외부화하면서, 동일한 생산 활동이라고 하더라도 전에는 제조업 생산에 포함되던 것이 외부화되면서 서비스산업에 포함되기 때문에 서비스산업의 비중은 상대적으로 증가하게 되었다.

넷째, 서비스산업 자체가 기계화 수준이 낮은 노동집약적 산업으로, 노동생산성 증가가 다른 산업에 비해 낮기 때문이다. 따라서 서비스에 대한 수요가 증가될 경우 생산량의 증가 속도에 비해 고용 증가는 더 빠르게 나타나며 고용의 파급효과가 상대적으로 더 커지게 된다.

다섯째, 디지털 시대로 접어들면서 정보통신이나 유선방송과 같이 소비자의 잠재 욕구를 자극하는 새로운 서비스의 등장으로 인해 서비스산업이 성장하고 있다. 또한 소득 증가에 따라 사람들의 욕구가 고급화되고 다양화되면서 기존 서비스의 고급화와 서비스의 전문화도 이루어지고 있다. 특히 서비스의 전문화는 틈새시장(niche market)을 개척하면서 서비스산업의 발전을 가져오고 있다.

여섯째, 복지사회로 진입되면서 공공부문의 역할이 커지고 그에 따른 공공부문의 서비스 수요가 증가하고 있다. 또한 서비스 부문의 국제 교역이 증가하면서 수출산업으로 서비스산업이 성장하고 있다. 최근 선진국의 경우 세분화되고 숙련된 기술이나 노하우가 필요한 특정 서비스를 개발도상국으로 수출하고 있다.

간략히 요약한다면 경제가 발전하면서 서비스 경제화가 나타나는 이유는 소득이 증가함에 따라 서비스 수요에 대한 높은 소득의 탄력성으로 인해 서비스 수요가 확대되었고, 중간 투입재로서의 생산자서비스업에 대한 수요 증대 및 지식집약적인 서비스업이 발달하였기 때문이라고 볼 수 있다. 따라서 서비스 경제화란 단순히 서비스산업 비중의 증가하만을 의미하는 것이 아니라 서비스산업의 고도화·전문화 등 서비스 경제 전반에 걸친 기능의 변화까지 포함된다.

경제발전 단계 모델의 경우 경제가 발전하면서 서비스산업의 비중이 높아지고 서비스산업이 점점 더 중요한 부문으로 발전된다는 점을 기술해주지만, 왜 서비스산업이 국민경제에서 점점 더 중심적인 역할을 하는가에 대해서는 충분하게 설명해주지 못하고 있다. 이는 서비스산업 자체가 매우 다양하고 이질적인 특성을 갖고 있으며, 특히 최근에 들어와 제1차 산업과 제2차 산업에서도 제3차 산업의 특성을 가진 활동들이 혼재되어 있으며, 정보통신기술로 인해 재화와 서비스 간에 상호의존도가 높아졌기 때문이다.

2) 서비스산업의 특징과 서비스산업의 분류

(1) 서비스산업의 특징

서비스에 대한 개념은 서비스의 형태적 특성으로 설명될 수 있다. 서비스 상품은 무형으로 볼 수도 만질 수도 없고 일회성이며, 많은 경우 공급자와 수요자 간 개별접촉을 통해 이루어진다. 또한 고객은 구매하기 전에 서비스에 대한 효용을 정확히 알 수 없으며, 여러 가지 상황을 고려하여 효용을 추측할 수 있을 뿐이다. 서비스는 수혜자에 따라 품질이 다르며, 똑같은 서비스의 제공 과정에서도 공급자에 따라 소비자에게 주어지는 서비스가 다르므로 표준화하기 어렵고 대량생산하는 것도 매우 어렵다. 반면에 소비의 다양화·개성화가 촉진될 수 있고, 소비자에 따라 가격이 다양화될 수도 있다.

일반적으로 서비스는 노동집약적이며, 그 산출물이 이동되거나 저장, 운송, 재사용될 수 없으며 재고도 없다. 재화는 재고를 미리 만들어 놓고 고객의 수요에 대응할 수 있으나, 서비스는 수요가 발생할 때마다 맞춤형으로 대응해야만 한다. 따라서 서비스는 시간적 제한성과 공간적 제한성도 지니고 있다(Daniels, et al., 2005).

서비스산업은 전통적으로 생산 활동에 부수적인 경제활동으로 간주되어 왔다. 또한 제조업은 남성 노동력이 주도적인 데 비해 서비스산업은 여성 노동력을 필요로 하는 노동집약적 산업으로 인식되어 왔다. 최근 기혼여성들이 서비스산업에 종사하는 비율이 증가하고 있으며, 임시직이나 파트타임으로 일하는 기혼여성 수도 늘어나고 있다. 그 결과 서비스 업종에 종사하는 여성의 경우 임금 수준이 상대적으로 낮으며, 단순 노동력이나 저숙련 기술을 필요로 하는 직무를 담당하고 있다.

한편 서비스산업 내에서 업종 또는 직종별로 임금 격차가 매우 심하고 소득의 양극화 현상이 제조업에 비해 훨씬 더 큰 편이다. 즉, 높은 임금을 받고 있는 전문성을 지닌 화이트칼라의 서비스 일자리와 저숙련 단순 노동력을 제공하는 저임금 일자리로 양극화되어 있다. 특히, 서비스산업의 경우 파트타임이나 임시직으로 고용되는 경우가 제조업에 비하면 상당히 많다. 제조업의 경우 근로자들의 소득 분포는 어느 정도 정규분포를 보이고 있으며, 점점 더 임금이 평균화되어 가는 경향을 보이는 것으로 알려져 있다. 그러나 서비스산업의 경우 근로자들 간 소득 격차는 점점 더 커지면서 양극화 현상이 심화되는 것으로 알려져 있다(그림 11-9). 따라서 제조업은 중산층의 일자리를 제공하는 것이라면 서비스산업은 소득 격차를 심화시키면서 고소득층과 저소득층의 일자리를 제공하는 것으로 인지되고 있다.

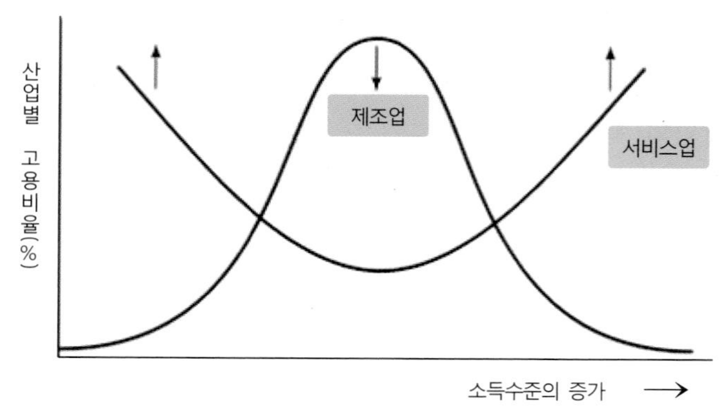

그림 11-9. 제조업과 서비스산업에서의 임금 격차
출처: Stutz, F. & Warf, B.(2012), p. 223.

(2) 서비스산업의 분류

서비스산업은 제1차 산업과 제2차 산업에 종사하는 사람들이 경제활동을 원활하게 할 수 있도록 보조 역할을 하는 산업이라는 차원에서 제3차 산업이라고 일컬어져 왔으며, 따라서 제1차 산업과 제2차 산업을 제외한 나머지 산업을 모두 서비스산업으로 분류하였다. 서비스산업의 분류에 대한 연구는 1960년대 중반 이후 서비스산업이 성장하게 되면서 시작하였다. 최초로 Clark(1940)는 제1차 산업(농업 및 수산업), 제2차 산업(광업, 제조업 및 건설업), 제3차 산업(사회간접자본 및 기타 서비스업)으로 산업을 분류하였다. 그 이후 Fuchs(1968)는 「서비스 경제(The Service Economy)」라는 저서를 통해 산업을 재화산업과 비재화(서비스) 산업으로 분류하였다. Fuchs는 제1차 산업과 제2차 산업을 재화산업으로, 제3차 산업을 서비스산업으로 분류하여 Clark의 분류와 거의 일치한다. 그러나 Fuchs는 운수, 통신업, 전기·가스·수도 산업을 재화산업에 포함시켰다.

제1차 산업과 제2차 산업을 제외한 나머지 모든 산업을 서비스산업으로 분류하는 경우 직접적으로 재화를 생산하지 않는다는 공통점을 제외하면 광범위하고 다양한 서비스산업들은 거의 아무런 공통점을 갖지 않는다고 볼 수 있다. 따라서 전통적 분류방법에 따를 경우 다양한 서비스산업의 산출물에 대한 평가가 어려우며, 특히 정보통신기술이 도입되고 새로운 산업이 등장하면서 서비스산업의 분류체계에 대한 연구들이 이루어졌다. 그러나 서비스산업에 대한 분류기준과 분류체계는 국가마다 다소 상이하다.

서비스산업의 비중이 증대하고 제조업에서의 서비스화, 관광산업이나 레저산업 등이 성장하면서 산업 대분류로는 산업구조를 파악하기 어렵다는 점이 지적되면서 산업을 소분류하여 다양한 서비스산업의 특성을 반영하여 분류하려는 시도들이 이루어졌다. Walker (1985)는 서비스산업을 세분류하는 기준으로 ① 소유권(공공/개인), ② 시장의 특성(최종의 수요/중간수요), ③ 생산품 품질, ④ 상품화 정도, ⑤ 생산과 순환과정에서의 기능, ⑥

교환의 특성을 제시하였다. 그러나 이러한 지표를 사용하여 서비스산업을 세분류하기 매우 어렵기 때문에 서비스를 공급하는 시장의 특성을 분류기준으로 하여 최종 수요에 대한 서비스는 소비자서비스업으로, 중간 수요에 대한 서비스는 생산자서비스업으로 분류하였다(Healy & Ilbery, 1990).

그러나 서비스산업을 생산자서비스, 개인서비스, 사회서비스, 유통서비스로 분류하는 것이 일반적인 추세이다(그림 11-10). 생산자서비스업은 재화나 다른 서비스를 생산하는 기업에게 중간 서비스나 중간수요를 제공하는 업종으로, 다른 산업의 최종 재화 및 최종 서비스의 생산과정에 중간 투입요소로 들어가는 서비스이다. 산업연구원의 분류체계에 따르면 생산자서비스업에는 출판, 방송, 통신, 정보, 금융·보험업, 부동산·임대, 전문과학기술, 사업시설관리, 사업지원(법무, 회계, 광고, 경영상담, 정보처리, 기술상담, 디자인, 연구개발업) 등이 포함된다. 반면에 개인서비스업은 가구나 개인에게 제공되는 최종 서비스로서 주로 최종 수요를 공급하는 업종으로, 인구 규모나 인구분포에 따른 구매력을 지향하여 입지하는 업종이라고 볼 수 있다. 개인서비스업에는 음식·숙박업, 예술, 스포츠, 여가 및 기타 개인 서비스 등이 포함된다. 또한 도·소매업운수, 운수보관업 들은 유통서비스업으로 분류된다. 더 나아가 공공행정 및 국방, 교육, 의료보건, 사회복지 등은 사회서비스라고 분류된다. 그러나 최종 수요시장의 특성에 따라 서비스 산업을 분류하는 데도 문제점들이 지적되고 있다. 생산자서비스업은 제조업체에게 제공되는 중간 서비스로 인식되지만, 많은 생산자서비스는 실제로 서비스 부문에 속한 기타 서비스 업체에게 서비스를 제공하는 경우도 많다. 특히 최근 정보통신기술에 따른 각 업체의 급속한 정보화와 관련하여 각종 정보처리 및 정보서비스업이 등장하면서 생산자서비스업체들은 생산자서비스의 공급자일 뿐만 아니라 생산자서비스의 주요 소비자이기도 하다.

그림 11-10. 서비스산업의 세분류와 업종들
출처: 산업연구원(2017), p. 15.

지식기반사회로 발전하면서 지식집약도가 높은 서비스업종을 지식기반서비스업종으로 분류하기도 한다. 그러나 지식기반서비스업종에 대한 분류기준이 명확하지 않으며, 생산자서비스업(통신, 금융보험, 부동산, 광고, 사업서비스, 방송), 사회서비스업(교육, 의료보건, 사회복지), 개인서비스(영화 및 연예, 기타 오락서비스, 문화서비스)가 포함된다.

3) 서비스 경제화와 소비에 대한 정치경제학적 관점

(1) 서비스 경제화에 대한 정치경제학적 관점

앞에서 살펴본 후기 산업사회로 진전되면서 왜 서비스 경제화가 이루어지고 있는가에 대한 신고전경제학적 관점은 정치경제학자들에게 많은 비평을 받게 되었다. 정치경제학자들은 서비스 경제화 현상이 산업구조적 변화라기보다는 자본주의 사회의 발전 과정에서 자연스럽게 나타나는 것으로 보고 있다. 정치경제학자들의 견해에 따르면 서비스산업의 성장은 산업사회에서의 제조업 성장과 유사한 과정이며, 자본주의 생산체제 하에서 자본이 새로운 형태의 생산을 찾는 과정에서 서비스산업이 성장한 것으로, 서비스산업에서 고용 증가가 이루어진다고 해도 근본적으로 부의 창출은 재화 생산이라는 것이다(Allen & Massey, 1988; Mandel, 1975).

이와 같은 서비스산업의 성장에 대한 인식은 Marx가 주장하던 물질 생산(제조업 중심), 블루칼라 노동력 중심에 토대를 두고 있기 때문에 서비스 활동을 비생산적 활동으로 간주하고 있다(Sayer, 1985; Sayer & Walker, 1992). 서비스산업의 성장은 대량생산에 따른 수익률이 쇠퇴함에 따라 새로운 이윤을 추구하여 투자를 찾는 돌파구로 나타난 것으로, 서비스산업은 재화 생산과 연관된 노동의 분화로 재화 생산을 지원하는 것이라는 입장을 취하고 있다. 따라서 후기 산업사회에서 화이트칼라들이 주도하고 있는 정보통신기술과 다양한 생산자서비스가 발달하지만 이를 후기 산업사회로의 변화라고 보는 것은 잘못된 견해라는 주장이다. 특히 정치경제학자들의 경우 서비스 경제화란 자본주의가 노동비용과 재화의 시장가격 간 차이인 잉여가치를 생산하고 분배하는 새로운 수단이라고 전제하고 있다.

특히 후기 자본주의의 위기는 재화 생산에서 축적된 잉여자본을 활용할 기회 부족으로 인해 나타나는 것이며, 치열한 국제경쟁 속에서 제조업 부문에 대한 투자가 위협받게 되면서 자본이 보다 이윤이 높은 금융투자나 소비 부문에 유입된 것이다. 따라서 현재 서비스산업은 매우 불안정한 것으로 소득과 부, 성(gender)과 계급 간의 갈등을 유발하면서 경제 전반에 새로운 부정적인 영향력을 주고 있다는 점을 강조하고 있다.

이와 같은 견해는 구조주의자들에게 상당히 영향을 주었으며, 구조주의 학자들이 보는 서비스산업의 역할은 신고전적 관점에 비하면 상당히 포괄적이었다(Allen, 1992; Sayer, 1985; Urry, 1990), 구조주의 학자들의 경우 제조업과 서비스산업을 산업부문으로 분류하기보다는 경제구조의 변화 속에서 심화되어 가는 노동의 분업화 현상에 초점을 두고 제조업과 서비스업을 연관시키고 있다. 따라서 서비스 부문의 생산을 통제하는 데 있어서 이윤을 추구하는 산업자본의 행태를 중요시하고 있다. 서비스 자체를 경제성장의 원동력으로 보는 신고전경제학자들과는 달리 장기적인 경제발전 과정에서 제조업 생산의 적응과정이라는 틀 속에서 서비스산업의 성장을 바라보고 있다. 이와 같은 견해의 차이는 서비스산업을 성장시키고 있는 정보통신이나 극소전자기술 혁신을 보는 관점까지 다르게 나타나고 있다. 전통적 접근에서는 이러한 기술혁신이 서비스 발달을 주도하는 핵심 역할을 하는 것으로 보는 반면에, 정치경제학적 접근에서는 투자한 자본에 대한 신속한 회전을 얻기 위해 새로운 기술혁신을 서비스 기능에 투입하는 것으로, 자본의 재구조화를 위한 새로운 기회를 제공하는 것이라는 견해이다.

(2) 소비의 세계화와 소비자의 역할 변화

생산과는 달리 소비에 대한 관심은 상대적으로 낮았다. 그러나 최근 소비에 대한 견해가 바뀌어가면서 소비 자체가 많은 주목을 받고 있다. 즉, 소비를 단지 수동적으로 이루어지는 행태로 보던 관점에서 오히려 소비가 생산을 주도하고 있으며, 생산과 소비는 연계된 하나의 순환과정으로 보게 되었다.

소비 자체가 사회생활의 다양한 측면을 표출하는 것이기 때문에 소비에 대한 관점도 상당히 다르다. 사회학적 관점에서는 사회·경제적 계층 간에 나타나는 소비 격차에 관심을 두고 있다. 일반적으로 여성이 남성에 비해 소비성향이 높으며, 연령에 따라 소비 수요도 달라지고 소비 성향도 차별화되어 나타난다는 것이다. 소비는 개인의 소득수준에 크게 영향을 받지만, 소비가 단순히 개인적인 욕구와 동기에 의해 추동되기보다는 소비 자체가 사회·문화적 과정으로 복잡한 메커니즘을 가지고 있다는 견해이다. 개개인들은 기본욕구 충족을 위해서만 소비하는 것이 아니며, 특히 특정 브랜드 제품의 소비는 소비자의 사회적 지위 또는 자기 과시를 위한 측면도 점차 중요해지고 있다. 따라서 사회학자들은 소비하는 상품에 사회·문화적으로 부여된 의미가 동반되고 있다는 점을 강조하고 있다.

한편 신고전경제학적인 관점에서는 소비란 소득의 제약 속에서 효용을 극대화하려는 개개인의 행태라고 전제한다. 그러나 개개인 소비자의 기호나 취향은 상당히 다르며 따라서 효용 곡선에 영향을 미치는 요인들도 매우 차별적으로 나타나기 때문에 소비에 대한 효용 곡선을 구축하는 것이 매우 어렵다는 관점이다.

반면에 마르크스적 관점에서 소비를 바라보는 시각은 매우 다르다. 상품이란 단순한 생산물이 아니라 사회적 관계가 체화된 것이며, 노동의 사회적 관계와 특성이 주어진 상품에 대한 소비와 선택에 영향을 준다는 것이다. 즉, 노동도 하나의 상품이며, 고용주에 의한 노동의 잉여가치 착취로 인해 고용주들에게는 과도한 소비를 유도하는 반면에 노동자들은 주어진 소득의 한계 내에서만 소비할 수밖에 없다는 주장이다.

경제의 세계화가 진전될수록 소비 패턴과 기호가 전 세계적으로 유사한 성향을 나타내면서 소비의 세계화가 이루어지고 있으며, 이는 문화와 상품의 세계화를 촉진하는 원동력이 되고 있다. 다양한 정보 매체를 통하여 세계적 상품이 등장하고 있다. 예를 들면 자동차는 독일의 BMW와 폭스바겐, 바바리코트는 영국의 버버리, 와인은 프랑스 보르도, 옷과 신발은 이태리산, 시계는 스위스산 등을 꼽는 상품의 글로벌화가 나타나고 있다. 뿐만 아니라 소비자들도 과거에는 제품의 기능성을 중요하게 여겼으나, 최근에는 브랜드와 디자인, 이미지 등 감성적 요소를 중요하게 여기고 있다. 이와 같은 감성적 경향은 유머스럽고 재미있는 광고 자체가 제품의 소비를 유발시키고 있으며, 이렇게 광고를 보면서 구매 욕구가 충동되기 때문에 소비자들은 멍청이(consumer as dope; dupe)라는 별명도 붙여지고 있다(Slater, 1997).

한편 소득수준 향상과 라이프스타일 변화에 따른 소비자들의 소비 기준의 변화는 소비의 고급화와 함께 개성적인 구매 패턴이 확산되면서 기존의 소매업태에 상당한 영향을 미치고 있으며, 소매업에서도 새로운 변화가 나타나고 있다. 소비자들은 사치품과 명품을 소유함으로써 다른 사람과의 차별화 및 경제적 지위와 신분을 나타내고 싶어 하는 소비성향으로 인해 소비문화는 과잉소비, 충동소비, 과시적 소비 양상을 보이고 있다. 더 나아가 이러한 소비 성향은 사회적 위화감 조성과 불건전한 소비행태 등의 문제점도 유발하고 있다. 또한 과거와는 다른 신 소비계층이 등장하고 있다. 예를 들면 네오싱글족이라 불리우는 30~40대 독신 직장인들은 패션, 외식, 레저 부문에서 소비를 주도하고 있으며, 자기중심적인 라이프스타일을 가진 10~20대 소비층인 미이즘(meism)도 등장하면서 개성적인 소비성향이 강화되고 있다. 또한 다른 사람들을 따라하는 모방소비와 유행과 품위를 중시하는 소비성향을 추구하는 감성적 소비와 과시적 소비, 소비의 고급화 등으로 소비의 양극화 현상도 심화되고 있다.

포디즘 시대에서 포스트포디즘 시대로 진전되면서 소비자도 수동적 소비자(passive consumer)에서 능동적 소비자(active role of consumer)로서 그 역할이 변화되고 있다(Crang, 2005). 점점 더 소비자들은 자신들이 사고자 하는 상품에 개입하여 생산과정에 영향을 미치면서 소비 패턴을 주도해 나가고 있다. 그 결과 생산자와 상품들이 소비자 지향적으로 변하고 있으며, 특히 특정한 소비계층을 겨냥한 특정 상품도 개발되고 있다. 이러한 경향은 정보통신기술이 발달하면서 더 강하게 나타나고 있는데, 이는 판매 과정에서 소비자 성향을 즉각적으로 파악하고 반영할 수 있게 됨에 따라 본사나 공장에서는 소비자의 소비 성향과 소비 패턴을 실시간적으로 모니터링하면서 상품을 출시하고 있다.

표 11-1. 포디즘 시대와 포스트포디즘 시대의 소비 특징 비교

포디즘의 대량소비 시대의 특징	포스트포디즘의 소비 특징
- 집합적 소비 - 소비자들로부터 친숙함에 대한 수요 - 무차별적인 제품과 서비스 - 표준화된 대량 생산 - 저렴한 가격 - 수명주기가 긴 안정된 상품 - 대규모 소비자수 - 기능적 소비	- 소비시장의 세분화 - 상당히 가변적인 소비자 기호 - 매우 차별화된 제품과 서비스 - 대량생산되지 않는 제품에 대한 선호도 증가 - 품질, 디자인, 가격 등이 구매 결정요인 - 짧은 수명을 가진 신상품의 급속한 회전 - 매우 다양한 소규모 틈새 시장 - 기능보다는 심미적 소비, 소비자 운동의 확대 및 대안적·윤리적 소비의 증가

출처: Coe, N. et al.(2013), p. 477.

이러한 소비자 지향적인 상품 개발 경향은 앞으로도 지속될 것으로 전망되는데, 이는 소비자들이 정보통신을 비롯한 다양한 매체를 활용하여 막강한 소비자의 힘을 갖게 되었기 때문이다. 즉, 소비자들은 인터넷을 통해 상당히 풍부한 정보력(omniscient)을 갖추고, 상호 실시간적 연결(omnipresent)을 통해 자신들의 요구를 관철시킬 수 있는 힘(omnipotent)을 갖추고 있다. 이러한 소비자를 가리켜 'Omni-Consumer'라고 일컬어지고 있으며, 글로벌 권력자(global dictator)라고까지 불리어지고 있다(Crang, 2005; Miller, 1995). 이와 같이 소비 선택의 힘을 가진 소비자들은 자신들이 누릴 수 있는 선택권을 점점 더 강하게 요구하고 있다. 실제로 자라(zara)가 고객 주도형 네트워크를 통해 타겟 고객층이 원하는 상품들로 진열하고 의류 품목 전환율을 단축시켜 세계 3대 의류업체로 성장할 수 있었던 것은 바로 고객 주도형 마케팅 전략 때문으로 풀이되고 있다. 유행을 타는 여성복 패션을 불과 3~4주의 짧은 회전 기간을 가지고 계속 신상품을 만들어 내는 동시에, 전 세계적으로 입지해 있는 864개 매장에서 소비자들의 소비 동향, 주문, 고객의견을 실시간적으로 본사로 전송한다. 이러한 실시간 고객 소비 행태 및 판매 데이터는 자라 본사의 디자이너들에게 제공되고 제조업체와 동일 장소에서 밀접한 네트워킹을 맺고 있는 200여명이 넘는 디자이너들은 새로운 패션을 디자인하여 이를 컴퓨터로 스캐닝하여 넘기면 자동화된 처리과정을 통해 염색, 재단, 마감처리를 하게 된다. 이렇게 만들어진 신상품은 육상 또는 항공편으로 전 세계 매장에 신속하게 배송되면서 유행을 주도해 나간다.

소비자의 힘이 더 커지게 된 또 다른 이유는 각국 정부가 소비자 보호정책을 강화하고 있기 때문이다. 최근 기업 규모가 세계화되면서 독과점 현상이 증가되고 있으며, 이 과정에서 끼워팔기와 같이 소비자의 선택권을 제한하는 사례가 빈번하게 발생하고 있다. 이에 따라 각국 정부는 이러한 끼워팔기를 불공정 행위로 규정하고 규제하고 있는데, 이는 고객의 선택권을 신장시키는 요인으로 작용하고 있다.

또한 세계적 차원에서 소비시장의 경쟁 심화와 신흥공업국의 초저가 상품의 출현 등

으로 인해 기업들도 보다 더 낮은 가격과 더 나은 가치를 제공하는 파괴적(disruptive) 혁신을 수행하고 있는 점도 소비자 선택권을 확대시키는 데 영향을 주고 있다. 오픈마켓, 저가항공 등과 같이 기업들은 소비자들에게 선택권을 넘기는 경쟁에 뛰어들고 있다. 실제로 스마트폰 시장이 급성장한 이유 중 하나는 일반 휴대전화 단말기와 달리 소비자 자신이 여러 가지 응용 프로그램을 직접 선택할 수 있다는 장점 때문이라고 볼 수 있다.

이상에서 살펴본 바와 같이 소비자들은 기업이 만들어 놓은 제품을 수동적으로 소비하던 데서 벗어나 점점 더 많은 영역에서 소비자들의 선택권을 확대해 가면서 생산 영역에영향을 미치고 있다. 이러한 소비자를 프로슈머(prosumer)라고 불리워지고 있다(Toffler, 1980). 기업들은 고객의 요구에 맞는 다양한 선택 대안을 제공하고 효율적이고 신속하게 다양한 소비자들을 충족시켜주는 '실시간 맞춤형(real-time customization)' 제품도 생산하고자 한다. 한편 온라인을 통해 제품의 품질과 가격을 비교하면서 소비자의 권력이 더욱 커지고 있는 가운데 특정 지역 소비자들의 취향과 선호도의 변화를 고려하여 차별화된 상품들도 더 많이 출시되고 있다. 이는 지구촌이 하나가 되면서 소비도 점점 더 동질화되고 있어 '글로벌 소비자 브랜드'가 부상하는 반면에 특정 지역 소비자들의 취향과 환경에 대응한 맞춤형 제품 생산도 이루어지고 있다.

(3) 소비 윤리와 소비에 따른 생태발자국

오늘날 소비되는 상품들, 특히 식탁에 놓인 음식들은 세계 각처에서 생산된 제품들이 복잡한 생산, 유통, 소비 과정을 거치면서 장거리를 이동해온 것이다. 소비의 세계화가 나타나고 글로벌 공급체인이 일상화되면서 로컬 푸드가 주목을 받고 있다. 소비자들이 먹는 음식 재료의 대부분이 수천~수만 km 떨어진 곳에서 생산되어 이동되는 것에 반해 로컬 푸드는 소비자가 거주하는 곳에서 반경 몇 km 이내에서 생산되어 단거리 이동으로 신선한 먹거리를 소비자에게 제공하는 것이다.

소비의 세계화가 이루어지면서 상품 네트워크는 특정 국가나 지역 차원이 아니라 전세계 수준에서 공급되고 있다. 패스트푸드, 노트북, 휴대폰 등과 같은 필수적으로 소비되고 있는 상품은 인간, 자연, 기계 사이의 생산 네트워크와 공급체인을 거치고 있다. '나'는 다양한 사람과 기계가 창출하는 복잡하고 광범위한 네트워크의 한 부분이며, 상품의 글로벌 네트워크 속에서 '나'는 여러 사람, 자연환경, 그리고 기계 등과 관계를 맺고 있다고 볼 수 있다. 따라서 '나'는 고정불변(being)의 존재가 아니라 변화하는(becoming) 존재, 혼종성(hybridity)의 존재라는 관계적 인식도 필요하다는 주장도 나타나고 있다(Cook, et al., 1998, 2007). 그러나 소비자는 자신이 소비하는 상품이 어떠한 과정을 거쳐 생산되고 유통되는지, 그리고 상품 생산지의 환경에 어떤 생태적 영향을 미치게 되는지에 대해 거의 관심을 기울이지 않는다. 소비자로서의 인간과 생산자로서의 인간, 소비자로서 생산지의 인간 이외의 다른 환경들과의 상호 관계성을 전혀 고려하지 않는다.

이와 같이 소비의 세계화가 진전되면서 저렴한 가격의 대량소비라는 측면을 부각시키고 있으나, 원료의 추출, 생산, 유통, 처리, 환경오염과 같은 소비와 연관된 과정들에 대한 정보는 전혀 알려주지 않는다. 또한 원산지를 표시한 상품이라도 해당 상품이 어떤 과정을 거쳐 생산, 유통, 소비에 이르고 있는지에 대한 정보는 제공하지 않는다. 따라서 소비자들은 소비를 둘러싼 사회적, 생태적 문제를 관계적으로 인식하지 못하고 있고, 소비자가 자신의 소비 행위에 대한 윤리 및 환경 문제와 연관시키지 못하고 있다(김병연, 2011).

환경주의자인 Myers(1981)는 '햄버거 커넥션(hamburger connection)'이라는 개념을 처음으로 소개하였다. 그에 따르면, 햄버거의 주 재료인 쇠고기 수출을 위해 엄청난 면적의 열대우림이 파괴되고 있다. 한 소비자가 맥도날드 매장에서 햄버거를 사먹는다면, 중남미 열대우림지역이 소 사육에 필요한 목초지나, 소에 먹일 콩을 재배하기 위한 경작지 조성에 영향을 주는 사람이라는 것이다. 현재 중남미 농경지의 약 2/3가 소 사육을 위한 목초지로 변하면서 열대우림이 파괴되어 지구 온난화를 야기시키고 있다. Myers는 소비자 개개인이 자신이 먹고 있는 햄버거 속에 들어 있는 고기, 치즈, 야채 등이 어떻게 사육, 재배되며, 생산지의 자연환경에 어떤 영향을 미치고 있는지, 그리고 얼마나 먼 거리에서 운송되어 왔는지 등을 인식하는 것이 중요하다는 점을 강조하고 있다.

Myers의 햄버거 커넥션

- 다국적 패스트푸드 회사들의 매장이 약 121개국에 25,000여개 있다. 햄버거를 아주 쉽게 구입하여 빠르게 먹을 수 있지만, 햄버거 한 개를 만들기 위해서 많은 자원이 소비되고 가공된다. 이렇게 햄버거가 만들어지는 과정을 햄버거 커넥션(Hamburger Connection)이라고 일컬어진다.

- 햄버거 커넥션은 1980년대 초 환경주의자 노르만 메이어(Norman Myers)에 의해 명명되었다. 햄버거 커넥션은 라틴아메리카에서 미국의 패스트푸드점으로 쇠고기가 수출되는 양이 급격히 증가하면서 열대우림의 자연환경이 파괴되고 있음을 알려주는 일종의 경종이라고 볼 수 있다. 햄버거의 가장 중요한 재료인 쇠고기를 생산하기 위해서는 소를 사육할 수 있는 목초지가 필요하며, 이에 따라 라틴 아메리카의 많은 지역이 소를 사육하기 위해 목초지로 개간되었다. 지난 10년 동안 브라질의 아마존강 유역의 열대림의 파괴는 상당히 심각한 것으로 알려져 있다. 콩을 생산하는 경작지 면적도 약 1/10로 줄어들었고 소를 사육하기 위한 목초지는 증가하였다. 목초지로 개간하기 위해서는 원래 있던 나무를 모두 베어내었다. 이에 따라 온실가스 배출량도 증가하였고 토양 침식도 나타나게 되었다.

- 아마존 유역에서 가축 사육이 꾸준히 증가하고 있는 이유는 바로 햄버거 커넥션으로 인한 쇠고기 수출 증가 때문이다. 쇠고기 소비가 많아질수록 소 사육에 따른 환경 피해가 심각해지고 있다. 소를 먹일 곡물을 생산하기 위해서 필요한 살충제, 비료, 농기계 등은 모두 화석연료를 이용하여 만들어진다. 한 마리의 소는 하루에 500리터의 메탄가스를 배출한다. 축산이 온실가스 배출에서 차지하는 비중이 18%나 된다. 이런 관점에서 볼 때 환경을 파괴하는 과다한 육류 소비를 줄여야 한다는 것이 Myers의 견해이다.

한편 소비는 윤리 및 환경과 긴밀한 연관성을 갖고 있다. 자기 과시를 위한 사치 및 과잉소비는 간접적으로 상품의 생산, 유통, 처리 과정에서 야기되는 온실가스 배출 및 환경파괴 문제와 연계된다. 더 나아가 선진국 국민들이 소비하는 상품 중에는 저개발국 노동자들이 생산한 저렴한 상품들이 상당히 많다. 특히 노동조건이 열악한 공장에서 비정규직 노동자, 여성과 아동이 낮은 임금을 받으며 생산된 제품들이 대부분이다. 소비자가 소비하는 상품 뒤에는 노동 착취나 생태계 파괴와 같은 사회적, 생태적 문제들이 숨겨져 있다. 이러한 관점에서 본다면 '소비자 시민성(consumer citizenship)'은 소비자에게 요구되는 사회적 덕목이라고 볼 수 있다. 비용과 수익 비교에 따른 합리적 소비판단이나 단순한 소비자와 생산자의 상호이익 존중보다는 상품 글로벌 네트워크의 사회적·생태적 관계를 고려한 관계적 윤리에 기초하여 소비자 시민성의 개념을 규정하는 것이 타당하다(김정은, 2007).

소비로 인한 문제점 중의 하나가 생태발자국을 크게 만든다는 점이다. 생태발자국은 인간이 삶을 영위하는 데 필요한 의·식·주 등을 제공하기 위한 자원의 생산과 폐기하는 데 드는 비용을 토지로 환산한 지수를 말한다. 생태발자국은 캐나다 경제학자 Wackernagel & Rees(1996)가 개발한 개념으로, 인간이 자연에 남긴 영향을 발자국 크기로 표출한 것하였다. 생태발자국을 보면 한 사람 한 사람이 지구에 얼마나 많은 흔적을 남기는지, 자연에 얼마나 영향을 미치는지를 쉽게 파악할 수 있다. 생태발자국이 크면 클수록 환경에 해로운 영향을 미친다는 것을 의미한다.

생태 발자국은 과일과 채소, 생선, 목재, 섬유, 화석 연료 사용으로 인한 이산화탄소 흡수 및 건물과 도로를 위한 공간 등 사람들이 사용하는 모든 것을 제공하는 데 필요한 생물학적 생산 영역으로 정의된다. 생태발자국 분석은 경제 전반에 걸쳐 자원의 사용을 측정하고 관리하고 개인의 라이프스타일, 상품 및 서비스, 조직, 산업 분야, 이웃, 도시, 지역 및 국가의 지속 가능성을 탐구하는 데 사용될 수 있다. 발자국 값은 탄소, 식품, 주택, 재화 및 용역뿐만 아니라 해당 소비수준에서 세계 인구를 유지하는 데 필요한 총 지구 발자국 수로 분류된다. 1인당 생태발자국 분석은 소비와 생활방식을 비교하고 소비에 대비하는 자연의 능력과 비교하는 수단이다. 지구가 기본적으로 감당해 낼 수 있는 면적 기준은 1인당 1.8ha이고 면적이 넓을수록 환경문제가 심각함을 말해준다. 선진국에 살고 있는 사람들 20%가 세계 자원의 86%를 소비하고 있다. 생태발자국의 크기가 선진국과 개발도상국 사이에 상당한 차이가 나고 있다. 일례를 들면 미국의 성인 한 사람의 일상적 삶은 모잠비크 어린이의 삶과 비교할 때 지구 환경에 비치는 부정적 영향력이 200배나 더 크다는 사실이다(Stutz & Warf, 2012). 세계 각 국가별 생태발자국을 보면 선진국의 생태발자국이 훨씬 더 크게 나타나고 있다. 최근 중국과 인도의 생태발자국 크기가 점차 증가추세를 보이고 있다(그림 11-11). 여기서 생태적 결핍이란 해당국가 인구의 발자국이 해당 인구가 이용할 수 있는 지역의 생물용량을 초과할 때 발생한 크기이다.

생산지의 환경과 생산자를 고려해서 공정무역 제품이나 친환경 먹을거리를 선택하는 것, 자원 낭비와 폐기물을 줄이기 위해 휴대폰 등 전자기기를 자주 바꾸지 않고, 옷이나 가방 등을 오래 사용하는 것 등은 모두 생태발자국을 고려한 소비의 실천이다. 생태발자국을 줄이기 위해서는 자원의 낭비를 최대한 줄이고, 대체에너지를 개발하여 환경오염의 가속화와 자원의 고갈을 막아야 한다. 한정된 자원을 가진 지구에서 인간이 자신의 편안함과 욕심을 채우기 위해 마구잡이로 자원을 사용한다면 지구가 감당할 수 없다.

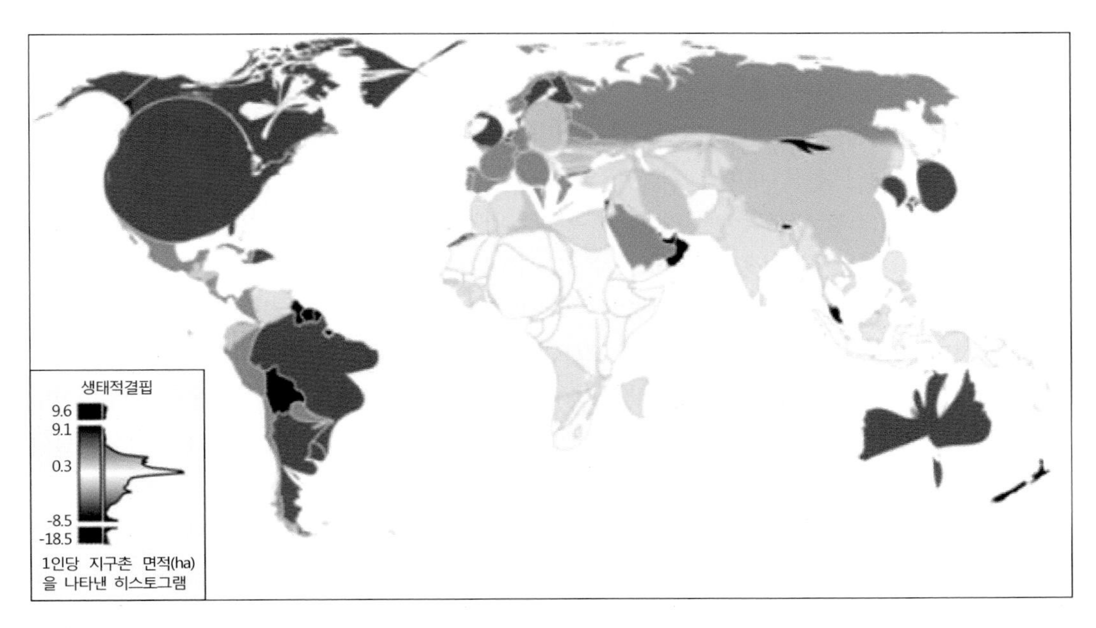

그림 11-11. 세계 각국의 생태발자국 결핍 수준
출처: Stutz, F. & Warf, B.(2012), p. 310.

2 생산자서비스업의 성장과 입지 특징

1) 생산자서비스업의 특징과 입지

(1) 생산자서비스업의 성장과 특징

생산자서비스업이란 재화나 서비스를 생산하는 기업에게 중간 서비스나 중간 수요를 제공하는 업종으로, 생산성 향상, 신제품 개발 및 제품의 고부가가치를 위해 생산과정의 다양한 단계에서 필요로 하는 전문 서비스를 공급하는 업종이라고 볼 수 있다. 특히 생산자서비스업은 기술혁신을 위한 많은 투자를 통해 기업의 생산성과 경쟁력을 향상시키기 때문에 시장경쟁이 심화되면서 생산자서비스업에 대한 수요가 점점 더 증가하고 있다.

생산자서비스업이 급성장하는 주된 요인은 기업에서의 서비스 수요가 증가하고 있기 때문이다. 기업 규모가 커지고 기업의 생산 활동이 더욱 확대되고 복잡해지면 생산과 경영조직을 상호 유기적으로 연결시켜 주는 전문 서비스에 대한 수요가 높아지고 있다. 즉, 기업 내 조직분화와 그에 따른 기능(관리, 통제, 생산, 판매) 차이에 따라 정보집약적인 전략적 서비스에서부터 생산과 직접 연관된 서비스 등 다양한 유형의 서비스 수요가 발생하게 된다.

이와 같은 서비스를 과거에는 기업 내부에서 해결해 왔으나, 경쟁이 치열해지는 경제환경에서 핵심 기능이나 전략적 기능은 기업 내부에서 해결하려고 하지만 생산과정과 연관된 부차적인 전문 서비스 기능은 외부화하려는 기업들이 점차 늘어나고 있다. 기업이 이러한 서비스를 외부화하는 가장 큰 이유는 외부환경의 변화 때문이라고 볼 수 있다. 즉 심화되어 가는 시장경쟁, 급변하는 수요, 시장의 예측성 위기 증가, 국경을 초월한 투자 확산, 국제교역 증가 등 외부 환경변화에 기업이 적실하게 대응하기 위해서이다. 특히 초국적기업으로 성장해 갈수록 기업이 필요한 전문 서비스를 외부화하여 보다 유연적 생산체계를 구축할 수 있고 기술의 한계성을 극복하기 쉽다. 일례로 마케팅, 광고, 경영컨설팅 등의 정보집약적 전문 서비스를 공급받아 기업은 새로운 시장을 개척하고 생산성을 향상시켜 나가고 있다.

뿐만 아니라 소비자들의 기호 변화와 제품수명주기 단축으로 인하여 대량생산에서 다품종 소량생산, 지식집약적인 생산으로 변화되고 있는 제조업의 경우, 혁신적인 제품 개발과 효율적 수요 관리를 위해 다양한 형태의 고차 서비스(과학적 경영기법, 효과적 광고, 새로운 기술에 의한 생산관리 등) 수요도 급증하고 있다. 특히 상품 경쟁의 요소가 상품 가격보다는 디자인이나 품질과 같은 비가격적인 요소에 의해 점점 더 결정되는 성향이 높아지면서 제품의 기획, 설계, 생산 등 제조활동 전반에 걸쳐 정보, 지식, 기타 전문 서비스의 투입이 증가하고 있다. 또한 세계시장의 개방화에 따른 기업 간 경쟁이 심화되면서 기업들은 제품 및 생산 공정의 혁신을 지속시켜야 하는 압박을 받고 있다. 이에 따라 기업은 연구개발에서부터 생산과 판매에 이르는 생산체계를 효율적으로 연계시키기 위해 전문 서비스에 대한 수요를 점점 더 많이 투입하고 있다.

한편 국가 내부의 규제나 국제적 규약의 신설과 변화에 적응하기 위해 제조업체들이 필요로 하는 법률, 회계, 경영상담, 정보통신 등의 전문 서비스를 공급하는 다국적 서비스 업체도 등장하고 있다. 이들 업체들은 범지구적 차원의 네트워크를 통해 전 세계 어느 지역에도 전문 서비스를 공급할 수 있는 시스템을 구축하여 세계적인 차원에서 다양한 전문 서비스 수요에 유연하게 대응하고 있다.

이와 같이 제조업과 서비스업 간의 상호의존도가 점차 심화되어 가면서, 생산자서비스업의 발달 없이는 제조업의 지속적인 성장도 이룰 수 없으며, 특히 연구개발, 금융, 보험, 지식정보, 사업서비스업이 없이는 지속적인 경제성장이 이루어질 수 없다는 주장까지 대두되고 있다. 기업의 생산 및 조직 활동을 지원하는 전문 서비스에 대한 수요가 증가함에 따라 생산자서비스업은 더욱 다양한 형태의 서비스 기능을 창출하면서 규모경제를 누릴 수 있는 수준으로 기업규모를 확대시키고 있다. 이러한 생산자서비스업의 규모경제화로 인해 서비스 비용이 줄어들면서 중소 제조업체들도 보다 싼 값으로 전문 서비스를 공급받을 수 있게 되었다.

생산자서비스업이 증가하면서 생산자서비스업 자체가 제조업을 유치시키며 도시의 경제성장을 선도하는 기반산업으로의 역할까지 수행하고 있다. 전통적으로 제조업은 도시경제를 주도하는 수출기반산업이며, 서비스산업은 비기반산업으로 분류되어 제조업에 종사하는 근로자들의 필요한 서비스를 제공하는 것으로 인식되어 왔다. 그러나 최근 지역의 기반산업이 반드시 제조업일 필요가 없다는 반론과 함께 기반산업으로 생산자서비스업이 부각되고 있다. 실제로 생산자서비스업은 생산요소에 투입되어 생산성 증가에 직접적인 영향을 미칠 뿐만 아니라, 수출기반산업으로 서비스 교역을 통해 도시경제 활성화에 이바지하고 있다. 즉, 도시의 생산자서비스업의 발달은 도시 내 기업의 경쟁력 향상뿐만 아니라 서비스산업의 전문화와 교역화를 통해 중요한 지역 기반산업으로 자리잡아 가고 있다.

뿐만 아니라 생산자서비스업의 입지 여부 자체가 제조업의 입지 선정에 많은 영향력을 미치게 되었다. 즉, 생산자서비스업에 대한 접근성 자체가 제조업의 입지 결정에 중요한 변수로 작용하며, 도시의 노동력 구조와 노동력의 질 및 직업구조에까지 영향을 미치고 있다. 더 나아가 고차위 수준의 생산자서비스업의 입지는 이 업종에 종사하는 사람들이 필요로 하는 다양한 소비자서비스업을 유발하는 승수효과도 가져온다. 따라서 생산자서비스업의 입지는 제조업과의 상호의존도를 심화시키고 서비스산업 내에서의 전·후방 연계를 통하여 고용창출을 가져오는 자기강화적이고 누적적인 순환과정을 통해 도시 경제성장의 견인차 역할을 하고 있다.

(2) 생산자서비스업의 입지와 세계도시 출현

도시경제에서 생산자서비스의 역할이 중요해짐에 따라 도시의 위상은 생산자서비스업의 발달 정도에 따라 달라지고 있으며, 많은 도시들이 생산자서비스업 성장을 위해 노력하고 있다. 정보통신기술의 발달은 생산자서비스의 입지를 보다 자유롭게 할 것으로 간주될 수 있으나, 실제 생산자서비스업체들은 특정 세계 도시들로 더욱 더 집중하는 양상을 보이고 있다. 그 이유는 생산자서비스업의 경우 소비자와 직접 대면하는 것이 가장 중요하며, 따라서 고객과 지리적으로 근접해야 한다. 특히 생산자서비스는 비형식적이고 비교역적인 특성을 지니고 있어 소비자들과의 인접성이 가장 중요하다.

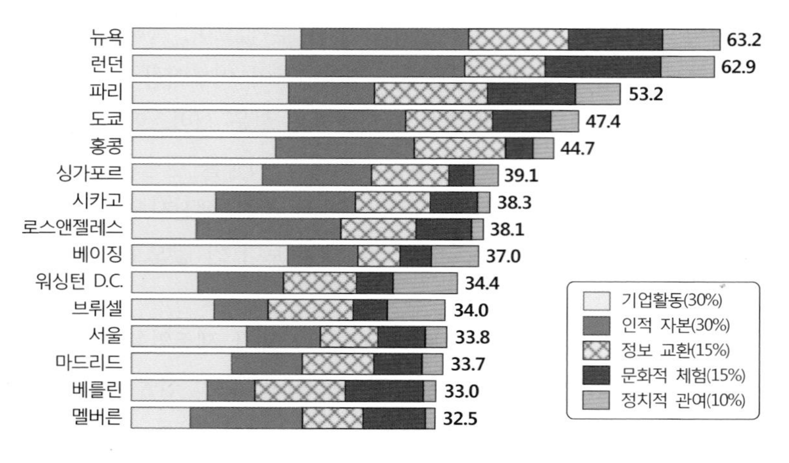

그림 11-12. 상위 15위 세계도시들의 기능 특성
출처: Kearney, A.(2017), Global Cities of 2017. Figure 1.

세계도시(global city)는 법률, 회계, 컨설팅, 헤드 헌팅, 광고 등 생산자서비스업의 서식지라고도 불리울 만큼 세계도시에는 초국적기업의 본사와 국제적 금융기관들이 집적하고 있다. 이와 더불어 법률, 보험, 회계, 엔지니어링, 광고 등 전문 서비스를 생산하고 수출을 주도하는 기업들도 집적하고 있다. 세계도시에 대기업 및 초국적기업의 본사가 집중하고 있는 이유는 정보통신 인프라를 바탕으로 신속하고 질이 높은 정보를 생산·확산·전달하는 중심지 역할을 수행할 수 있기 때문이다. 더 나아가 공간적으로 분산되어 있는 다양한 경제활동을 조정·관리·통제하는 데 필요한 전문적인 생산자서비스로의 접근성이 매우 용이하기 때문이다.

세계도시는 정치·경제·문화의 중추 기능이 집적해 있으며, 세계경제 시스템을 움직여 나가는 데 있어 매우 중요한 위치를 차지하고 있다. Kearney(2017)에서는 매년 세계적으로 가장 영향력 있는 도시들을 순위화하여 발표하고 있다. 세계도시 순위는 5개 영역으로 나누어서 산출하여 각 영역별로 가중치가 주어진다. 즉, 기업활동에 유리한 환경과 인적 자본 영역에 각각 30% 가중치가 부여되며, 정보 교환, 문화적 다양함을 통한 체험, 정치적 관여 수준에 각각 15% 가중치를 부여하고 이들을 합산하여 세계도시 지수를 산출하고 있다. 2017년 세계도시 순위를 보면 뉴욕, 런던, 파리, 도쿄, 홍콩 순으로 나타나고 있다. 특히 뉴욕과 런던은 기업활동 영역과 인적 자본이 다른 세계도시들보다 훨씬 경쟁력이 높게 나타나고 있다. 서울은 세계도시 지수 33.8로 12위를 차지하고 있다.

한편 금융, 경제, 정치, 문화, 교통, 연예, 산업, 인구의 세계적 영향력에 따라 최상위도시, 상위도시, 하위도시에 세계도시들을 세분하기도 한다. 일반적으로 최상위도시로 뉴욕, 도쿄, 런던을 손꼽으며, 이들을 세계 3대도시라고 한다. 상위도시로는 파리, 브뤼셀, 프랑크푸르트, 상하이, 홍콩, 싱가포르, LA 등이 포함된다.

2) 사업서비스업의 성장과 입지적 특성

(1) 사업서비스업의 특징과 성장

사업서비스업은 생산자서비스업종 가운데 금융, 보험, 부동산을 제외한 나머지 서비스업으로, 다른 조직이나 기업체에 법률, 회계, 조사, 정보관련, 광고, 인력 공급, 사업 경영상담, 연구개발 등 보다 전문적인 지식이나 서비스를 제공하는 업종이다. 사업서비스업은 기술변화의 속도가 빨라지고 경제구조가 복잡해짐에 따라 기존에 기업 내부에서 수행되던 업무들을 전문 외부 서비스업체들에게 위탁하게 되면서 급성장하고 있다. 사업서비스업종도 다른 기업들의 업무 전문성과 효율성을 높여주는 데 필요한 서비스를 제공해주는 정보처리 및 기타 컴퓨터 운영 관련업, 연구개발업, 전문·과학 및 기술서비스와 같은 지식집약적 사업서비스업과 기업의 일상적 업무를 지원하는 사업지원서비스업으로 분류된다. 정보처리 및 기타 컴퓨터 운영 관련업, 법무, 회계, 시장조사, 경영상담, 건축설계, 엔지니어링, 광고, 디자인, 연구개발, 전문·과학·기술서비스 등 지식집약적 사업서비스업은 고도의 전문지식과 인적 자본이 주요 투입요소이다. 반면에 사업지원서비스업은 기업 내부에서 수행해오던 일상적 업무, 예를 들면 사업시설 유지관리, 인력공급 및 알선, 경호 및 경비, 건물 및 사업장 청소, 텔레마케팅 등을 전문 사업체에 의뢰하는 것이 더 효율적인 것으로 인지되면서 사업지원서비스 수요도 증가하고 있다. 이와 같이 사업서비스업은 중간재로서의 특성을 가지고 있다는 점에서 생산자서비스 내에서 세분되고 있다(그림 11-13).

<table>
<tr><td rowspan="4">생산자
서비스</td><td rowspan="3">사업관련
서비스</td><td rowspan="2">사업
서비스</td><td>지식집약적
사업서비스</td><td>• 소프트웨어 및 컴퓨터 서비스
• 서비스 전략 및 경영자문
• 감사, 회계 및 법률서비스
• 마케팅 서비스 및 설문조사 서비스
• 기술지원 서비스
• 인력훈련 및 확보 서비스</td></tr>
<tr><td>사원지원
서비스</td><td>• 보안 서비스 • 장비 임대
• 시설관리 및 청소
• 행정, 부기
• 임시직 충원
• 기타 지원서비스
(운반, 번역, 콜센터 등)</td></tr>
<tr><td>네트워트
집약적
서비스</td><td colspan="2">• 도매, 수출입 서비스
• 운송 및 물류
• 은행, 보험, 주식거래
• 통신, 택배, 케이블 서비스
• 에너지 서비스</td></tr>
<tr><td colspan="4">기업에 의해 요구되는 소비자 서비스
(예: 기업여행 서비스, 기업건강관리 서비스, 사회보험 서비스 등)</td></tr>
</table>

그림 11-13. 사업서비스의 분류
출처: Rubalcaba, L. & Kox, H.(2007), Figure 1-1.

사업서비스는 주로 B2B 형태로 거래되는 서비스로, 소프트웨어 개발에서 임시 인력파견, 장비 임대에서 부터 법률자문, 번역서비스에서 엔지니어링 프로젝트의 관리까지 다양한 영역에 걸쳐 있다. 또한 사업서비스는 기업이나 정부에 중간재로서 제공되기도 하며, 기업 내부에서 수행되는 서비스를 대체하여 수행한다. 특히 사업서비스를 제공하는 업체 대부분은 고객인 기업이 수행해야 하는 다양한 생산 활동에서 요구되는 서비스들을 담당하고 있다. 예를 들면 계획, 디자인, 모니터링, 고객 대응, 평가와 같은 기능 서비스에서부터 청소, 인적 자원 관리, 직원 채용, 보안, 유지보수, 설비관리 및 운반과 같은 서비스까지 담당하고 있다. 이러한 서비스들은 기업이 직원을 채용해서 직접 수행할 수도 있고 외부 업체로부터 공급받을 수도 있다. 사업서비스는 기존의 기업 내부에서 이루어지던 서비스 기능을 대체하거나 보완함으로써 생산 활동의 품질과 효율성에 긍정적 영향을 주기 때문에 그 수요가 증가하고 있다.

사업서비스업의 성장은 제조업의 구조적 변화와 직결되고 있다. 제품 혁신과 시장 차별화가 중요한 경쟁우위 요소로 부상하고 자본집약적 생산방식이 도입되면서 생산과정 자체보다는 신제품의 개발 및 품질 개선을 위한 연구개발 등 제품의 고급화와 다양화가 중요하게 되면서 사업서비스에 대한 수요가 증가하고 있다. 특히 대량생산 체제에서 유연적 생산체제로 변화되면서 사업서비스업의 중요성은 더욱 커지고 있다. 따라서 유연적 생산체제를 주장하는 학자들의 견해에 따르면 사업서비스업의 급속한 성장은 유연적 생산체제의 등장에 따른 결과인 동시에 유연적 생산체제를 지속시키기 위한 핵심요인으로 사업서비스업이 지속적으로 성장하고 있다.

그러나 사업서비스업의 성장은 제조업의 수요에서만 발생하는 것은 아니며, 다른 서비스 부문에서도 사업서비스에 대한 수요가 증가하고 있다. 즉, 제조업뿐만 아니라 최근 급성장하고 있는 서비스 부문에서도 사업서비스 수요가 커지고 있다. 사업서비스업은 지식집약적이고 정보집약적인 업종이기 때문에 다른 서비스업종과는 달리 다른 지역으로 쉽게 서비스를 공급할 수 있는 교역성을 지니고 있어 소득을 창출하는 수출산업으로 지역경제의 견인차 역할을 할 수도 있다.

이와 같이 사업서비스는 제조업의 생산성과 경쟁력을 강화하는 데 도움을 줄 뿐만 아니라 새로운 산업을 지역 내로 유인하는 데도 기여한다. 과거에는 생산비 절감을 통한 가격 경쟁이 경쟁우위 요소로 중요하였으나, 최근 제품의 부가가치화 및 차별화 전략이 더 중요해지면서 사업서비스업의 입지는 기업 활동에 큰 영향을 미치는 것으로 알려져 있다.

(2) 사업서비스업의 입지적 특성과 백오피스 기능의 분산화

사업서비스업은 대도시 지향적인 입지 특성을 보이고 있는데, 이는 사업서비스업이 전문기술과 지식을 필요로 하기 때문에 숙련된 고급 노동력이 필수적이기 때문이다. 고급 노동력은 주로 다양한 어메니티 요소를 갖춘 대도시에 거주하는 것을 선호하기 때문에 사업서비스업도 자연히 대도시로 집중하게 된다. 또한 사업서비스업의 입지에 영향을 미치는 요인은 전·후방연계이다. 사업서비스업도 다양한 투입요소들이 필요하며, 사업서비스의 생산을 위해 지원 업종이나 연구기관, 정부조직과의 후방연계가 중요하다. 또한 전방연계도 입지 선택에 영향을 미치게 된다. 사업서비스의 주요 수요자는 제조업체 본사들이지만 다른 서비스업체들도 주요한 고객이 된다. 일반적으로 관리와 통제를 담당하는 기업 본사 대부분이 대도시에 입지하고 있으며, 사업서비스를 필요로 하는 서비스업체도 대부분 대도시에 입지해 있다. 따라서 사업서비스업은 전후방 연계성을 쉽게 구축할 수 있는 대소지를 선호하여 입지하는 경향을 보이게 된다.

대기업의 본사와 사업서비스업체 간 연계성은 접촉이론으로 설명될 수 있다. 즉, 기업의 본사는 중추관리 기능을 담당하기 때문에 공공기관의 업무나 제품 판매에 필요한 광고 전략, 경영정보 등을 위해 사업서비스업체와의 접촉이 용이한 곳에 입지하게 된다. 또한 대기업이 성장해 나가면서 필요한 비표준화된 서비스나 보다 특수한 서비스에 대한 수요가 발생할 경우 이러한 수요를 충족시키기 위한 새로운 사업서비스업체와도 접촉을 시도하게 된다. 따라서 가장 풍부한 정보환경을 가지고 있고 폭넓고 다양한 잠재적인 사업서비스업체들과 쉽게 접촉할 수 있는 대도시로 기업체의 본사들이 집적하게 된다.

그러나 사업서비스업도 대도시의 가장 중심부인 도심에 입지하는 업종과 점차 도시 주변부나 외곽으로 입지하는 두 가지 경향을 보이고 있다. 사업서비스의 입지로서 도심은 고객과의 사업상 연계가 편리할 뿐만 아니라 정보수집이 용이하고 사무·금융기능 등의 보완적인 경제활동이 집중해 있고 사업서비스를 공급하는 비용이 저렴하다는 집적경제의 이점을 지니고 있다. 하지만 이러한 도심의 이점이 높은 임대료, 교통혼잡과 주차난, 사무실 확장을 위한 오피스 공간부족 등 집적경제의 이점을 감소시키고 있다.

정보통신기술이 발달하면서 사업서비스를 수행하는 전문 고급인력들의 거주지에 대한 선호가 도심에서 도시 외곽으로 변화됨에 따라 대면접촉을 필요로 하는 고차위 사업서비스 기능은 도심에 남아 있고, 개인접촉을 필요로 하지 않는 표준화된 사업서비스 기능은 도심 밖으로 이전하는 경향이 나타나고 있다.

더 나아가 경제의 세계화가 진전되면서 사업서비스업도 하청과 역외 입지가 늘어나고 있다. 하청(outsourcing)은 국내 또는 해외에 있는 외부의 비계열사와 관계를 맺는 것인데 비해, 역외(offshoring)는 해외에 입지한 계열사 또는 비계열사와 주로 내부거래를 하는 것이다. 하청에도 외부 하청과 내부 하청이 있으며, 전속 하청업체는 주로 내부거래 형태로 이루어지며 일반적으로 해외에 입지한 업체들과 관계를 갖고 있다. 최근 가장 많은 관심을 불러일으키고 있는 것은 사업서비스업체들이 저임금 지역으로 입지를 이전하는 역외 입지이다. 계약에 의해 외부의 다른 기업들과 기능적 연계를 맺는 하청에 비해 역외 입지는 해외에 계열사나 자회사를 입지시켜 기능을 담당하도록 하는 내부화 과정이라고 볼 수 있다. 지리적인 관점에서 볼 때 역외(off-shore)는 연안(near shore)과는 매우 다른 이미지를 보여준다. 즉, 연안은 경제적 수준이 유사한 지역 간에서의 재입지를 말하며(예를 들면 미국과 캐나다, 영국과 아일랜드), 역외는 저임금 지역으로 재입지하는 경우를 지칭한다. 따라서 지리적인 거리에 따른 분류가 아니라 임금의 차이에 따라 구별되는 개념이라고 볼 수 있다.

사업서비스업의 역외 입지는 백오피스 기능이 분화되는 노동의 공간적 분업화라고 볼 수 있다. 정보통신기술이 발달하면서 등장한 백오피스 기능의 분산화는 도심에서 교외지로 이전하는 수준을 넘어 선진국에서 임금이 저렴한 개발도상국으로 단순하고 표준화된 업무 기능이 이전되고 있다. 가장 대표적인 예로는 뉴욕에 입지한 금융기업이 아일랜드 서부로 행정 업무를 이전하는 것이다. 뉴욕에서 피보험자들의 보험 신고관련 서류를 아일랜드의 섀넌 공항으로 항공편으로 보내면 처리된 문서들은 광케이블을 통해 뉴욕으로 다시 보내진다. 또 다른 예로는 미국의 카리브해에 입지한 수많은 백오피스 기능의 입지이다(그림 11-14).

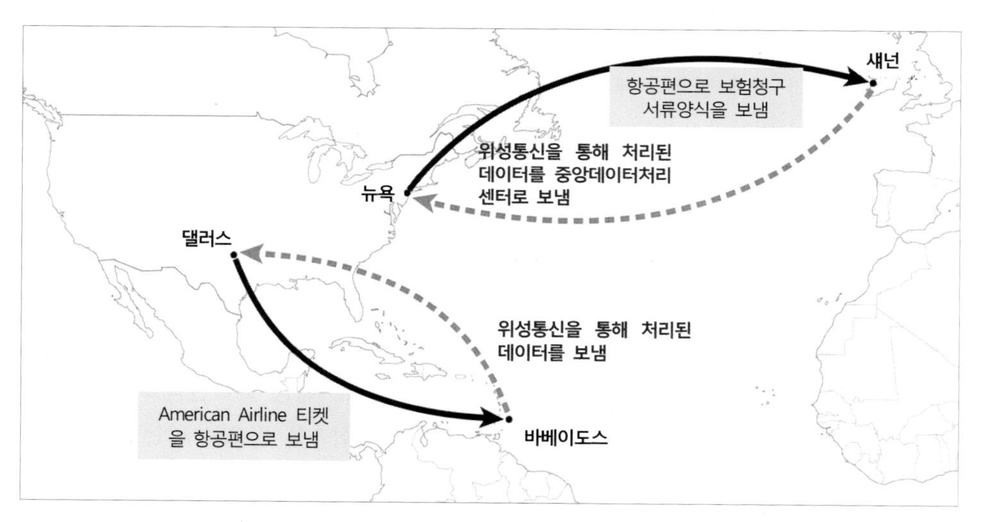

그림 11-14. 미국 백오피스 기능의 해외 입지
출처: Stutz, F. & Warf, B.(2012), p. 238.

최근 미국을 비롯한 선진국의 경우 정보통신 업무 및 사업서비스 업무 가운데 백오피스 기능 업무를 세계적인 차원에서 하청하는 경향이 급속히 확산되고 있다. 이러한 하청 현상은 단순히 양적 팽창뿐만 아니라 내용 면에서도 상당한 변화가 나타나고 있다. 세계 최대의 아웃소싱 국가인 미국의 경우 기업들의 90% 이상이 아웃소싱을 경영에 활용하고 있다. 과거 미국 기업의 아웃소싱의 대부분은 생산과 단순 업무 위주였으나, 최근 정보통신과 사업서비스 업무까지도 이전되고 있다. 1980년대와 1990년대 이루어진 아웃소싱은 데이터 및 신용카드 처리 등 비용 절감을 위하여 저임금 국가에서 단순 노동력을 이용하는 서비스업이 대부분을 차지하였다. 그러나 최근 시장조사, 회계, 세무, 고객관리 등 보다 복잡한 영역으로 아웃소싱이 확장되고 있으며, 엔지니어링, 관리, 출판, 금융서비스, 교육 등 복잡성이 높은 서비스 영역으로까지 아웃소싱이 확대될 것으로 전망되고 있다.

이와 같이 최근 사업서비스업에서 글로벌 아웃소싱이 확산되고 있는 요인으로는 ① 이전에는 공급자가 직접 이동해야만 가능했던 서비스 공급이 기술진보로 인해 인력의 이동 없이 국경 간 이동이 가능하게 되었으며, ② 일부 개발도상국의 경우 다수의 숙련 노동자가 양성되었으나 고용기회는 상대적으로 적어 임금이 저렴하며, ③ 최근 경영기법의 혁신으로 서비스 업무의 사외 배치(out-location)가 가능해졌다는 점 등을 들 수 있다. 미국 기업들이 아웃소싱을 활용하고 있는 비중은 1990년대 들어와 급속하게 높아지고 있다 이는 글로벌 경쟁이 심화됨에 따라 초기의 경비를 줄이려는 목적에서 한 걸음 더 나아가 주력사업을 성장시키기 위한 강력한 전략대안으로 활용되고 있다.

아웃소싱이 활발해지면서 조직 형태도 달라지고 있다. 초기 금융서비스 부문의 아웃소싱은 직접적으로 벤더 아웃소싱 방식으로 비용 절감이 주된 목적이었다. 그러나 기업들이 아웃소싱을 늘려가고 초국적 활동을 펼치면서 다른 국가에 자회사를 설립하는 직접적인 전속 아웃소싱 방식을 취하고 있는데, 이는 위험성을 줄이기 위해서였다. 그러나 점차 다양한 고객들에게 맞춤형 서비스를 제공하기 위하여 간접적인 벤더 아웃소싱 방식을 취하면서 초국적 네트워크를 구축해 나가는 경향이 강해지고 있다(표 11-2).

표 11-2. 아웃소싱 방식의 다양화

구분	직접적 벤더	직접 전속 벤더	간접 벤더
	특정 국가에 있는 전문기업과 관계 맺음	해외에 직접 영업점(지사) 설립	여러 국가에 유망 전문기업과 관계 확립
잠재적 이점	• 비용 절감 • 전문지식 활용 • 신속함	• 통제권한 증가 • 위험성 감소 • 보안성 증가	• 저렴한 비용 • 전문지식 활용 • 현지 벤더의 평판 활용
잠재적 비용	• 통제 권한 없음 • 보안 위험성	• 현지 설립 비용 • 통제에 수반되는 비용 증가	• 통제권한 문제 • 보안 위험성

출처: Dicken, P.(2015), p. 536.

인도 소프트웨어기업협회(NASSCOM)에 따르면, 2005년 인도는 세계 소프트웨어 및 백오피스 아웃소싱 서비스 분야가 전체 아웃소싱 물량의 44%를 차지하여 172억 달러의 매출을 기록한 것으로 나타났으며, 2008년에는 인도의 시장 점유율이 51%까지 증가하여 매출규모가 480억 달러로 늘어났다. 인도에는 선진국의 사업서비스 아웃소싱이 상당히 집중되고 있는데, 그 이유는 인도의 풍부한 인력과 저렴한 임금수준 때문이다. 실제로 인도의 소프트웨어 개발 담당자의 시간당 임금은 18~26달러로 미국 및 유럽의 시간당 임금 55~65달러에 비해 매우 저렴한 수준이다.

또한 인도는 북미와 12시간의 시차를 가지고 있다는 지리적 이점도 있다. 즉, 북미에 위치한 기업이 하루 일과를 마치면서 처리해야 할 일을 인도로 보내면 인도에서는 바로 작업하여 다음날 아침 북미에 있는 기업이 업무를 시작하기 전에 처리된 일을 받아볼 수 있다. 이렇게 인도에 하청을 주는 경우 북미에 있는 기업들은 쉬는 시간이 없이 사무를 연속적으로 처리할 수 있다. 이러한 시차는 인도가 24시간 가동되어야 하는 콜센터 등 IT 관련 서비스 사업을 유치하는 데 매우 유리한 요인으로 작용하고 있다. 더 나아가 인도에서 소프트웨어 개발업 하청에 유리한 이점은 미국으로 이민온 사람들 중 엔지니어링, 컴퓨터 등 과학기술 분야에 진출한 사람들이 많으며, 인도인이 경영하는 IT기업들은 인도에 입지한 소프트웨어 기업에 대한 친밀감이 높기 때문에 소프트웨어 관련 아웃소싱을 할 때 인도 기업을 선호하게 된다. 더 나아가 인도 정부가 1990년대 들어 개혁·개방정책을 실시한 이후 해외에서 활약하던 인도 IT 인력들이 귀국한 것도 소프트웨어 산업 성장에 중요한 역할을 했다. 이와 같은 선진국 기업들이 인도의 소프트웨어 산업 발달에 유리한 이점을 상당히 잘 이용하고 있다고 볼 수 있다(송민선, 2001). 특히 선진국 기업들은 소프트웨어 개발과 엔지니어링 설계를 비롯한 고객 상담을 위한 콜센터 등 일상적인 비즈니스 업무를 인도에 아웃소싱하는 경향이 더욱 커지고 있다.

3 소매업의 세계화와 유통물류체계의 변화

1) 소매업의 구조변화와 소매업의 세계화

교통수단의 발달과 함께 운송비가 저렴해지고 소득이 향상되면서 소매업의 입지는 상당히 변화되고 있다. 특히, 대규모 소매업체의 등장은 소매업 및 유통체계에 엄청난 변화를 가져오고 있다. 세계적인 규모로 움직이고 있는 거대한 소매업체들은 판매되는 상품가격 및 상권에 이르기까지 상당한 지배력을 가지고 있다.

소매업은 생산된 제품을 판매하는 생산회로의 최종 단계로 이들이 제공하는 상품들은 소비자의 특성에 맞추어야 한다. 각 지역에 따라 소비자들이 다른 개성을 갖고 있기 때문에 전형적으로 소매업체들은 자국 내 시장을 타겟 대상으로 하고 있으며, 외국 시장으로의 진입을 매우 꺼려했다. 그러나 경제의 세계화가 진전되면서 초국적 소매업체, 특히 대형 식품소매업체들이 등장하였다. 소매업체들은 인수, 합작 투자 및 계약 등 다양한 방법을 통해 해외 소비시장 진입에 성공하였으며, 해외시장에 적응할 수 있는 능력을 키워 나가면서 새로운 소비자 문화를 창조하고 라이프스타일의 변화까지 유도하고 있다.

정보통신발달과 유통시장 개방화로 인해 소매업의 구조가 재편되고 있다. 특히 다양화되고 개성화된 소비자들의 소비행태의 확산과 시장의 개방화에 따른 상품 및 유통시장의 세계화, 정부규제 완화로 인해 유통체계도 변화하고 있다. 제조업이 기술혁신에 의해서 영향을 받는 것과는 달리 유통업은 시장환경 변화에 의해 지대한 영향을 받는다.

최근 할인업태의 등장과 함께 저가의 다양한 상품으로 고객을 확보하기 위한 경쟁이 상당히 치열해지고 있다. 할인업태란 표준 상품을 저마진에 의한 저가격으로 소비자들에게 공급하는 대형 소매업태를 말한다. 우리나라에도 신세계백화점의 대형할인점 이마트가 1993년에 처음 출점한 이후 할인점, 회원제 창고형 클럽, 슈퍼센터, 하이퍼마켓 등 다양한 형태의 할인업태가 경쟁적으로 출점하면서 유통업계가 크게 변화하고 있다.

세계적으로도 월마트, 까르푸 등 대형 소매업체들의 경우 제품 출점단계에서부터 구매, 점포 운영, 물류에 이르기까지 전 과정을 일괄적으로 통합·운영하면서 저비용-고효율 전략을 취하고 있다. 초국적 유통기업들은 상품 공급력, 운영 노하우, 물류·정보시스템 측면에서 현지기업에 비해 강점을 가지고 있다. 특히, 초국적 유통기업들은 전 세계적인 차원에서 구축되어 있는 상품 공급 체인을 활용하여 우수한 상품을 저렴한 가격으로 조달하고 있다. 소비자들도 외국 유통기업들에 대해 더 이상 배타적이지 않으며, 오히려 선택의 폭과 서비스의 다양화로 인해 선호하는 경향도 나타나고 있다. 2017년 세계적인 소매업체들 거의 대부분이 초국적기업으로 세계 각국에 현지 점포를 가지고 있으며, 상당한 매출액을 올리고 있다.

매출액 기준으로 2017년 세계 10대 소매업체를 10년 전과 비교해보면 상당히 달라졌다. 월마트가 1위를 굳게 지켜 나가지만, 2위였던 까르푸는 7위로 하락하고 2014년 세계 굴지의 소매업체 Alliance Boots와 합병한 Walgreens이 5위로 상승하였다. 또한 전자상거래만 수행하는 아마존이 처음으로 세계 10위 소매업체로 부상하였다(표 11-3).

한편 정보통신기술의 발달과 인터넷 활용이 일상화되면서 등장한 온라인 쇼핑 전자상거래는 글로벌 소매환경을 급변화시키면서 소매업의 중요한 성장 동력이 되고 있다. 특히 온라인쇼핑을 통한 매출액이 계속 증가하면서 전자상거래 기업의 수익 성장이 매우 높게 나타나고 있다. Deloitte는 세계 250위 소매업체를 대상으로 이들 기업의 전자상거래 활동을 분석하여 세계 50대 전자상거래 소매업체를 순위화하였다(표 11-4). 여기서 집계한 매출액은 B2C 전자상거래만을 포함한 것이다. 즉, 기업이 소비자에게 직접 판매한 것을 집계한 것이다. 클릭 앤 콜렉트(click-and-collect) 서비스가 증가함에 따라 많은 오프라인 소매업체들은 온라인상에서도 상품을 판매한다. 그 결과 세계 상위 250개 소매업체들 가운데 전자상거래를 취급하지 않는 소매업체들의 순위는 계속 하락하는 추세를 보이고 있다. 전자상거래 소매업체의 경우 매출액 성장속도와 매출액 증가가 괄목할 만하다. 전자성거래가 활성화되면서 온라인 쇼핑소매업자들은 물리적 점유면적도 점점 늘리고 있다.

표 11-3. 매출액으로 본 세계 상위 10위 소매업체의 활동

(단위: 백만달러, %)

순위	업체명	국가	2015년 매출액(백만달러)	해외 진출국가 수	2010~2015 연평균 성장률	해외판매 비중
1	월마트	미국	482,130	30	2.7	25.8
2	코스트코	미국	116,199	10	8.3	27.4
3	크로거	미국	109,830	1	6.0	0.0
4	슈와츠	독일	94,448	26	6.0	61.3
5	월그린	미국	89,631	10	5.9	9.7
6	홈디퍼	미국	88,519	4	5.4	9.0
7	까르푸	프랑스	84,858	35	-3.1	52.9
8	알디	독일	82,164	17	8.0	66.2
9	테스코	영국	81,019	10	-2.3	19.1
10	아마존	미국	79,268	14	20.8	38.0
상위 10위 소계			1,308,065	-	4.2	28.7
상위 250위 소계			4,308,416	-	5.0	22.8

출처: Deloitte Touche Tohmatsu Limited. Global Powers of Retailing, 2017.

표 11-4. 매출액으로 본 세계 상위 10위 전자상거래 업체의 활동

(단위: 백만달러, %)

순위	소매업 매출액 순위	기업명	국가	전자상거래 매출액	전자상거래가 차지하는 매출액 비중	2010~2015 전자상거래 연평균 성장률
1	10	아마존	미국	72,628	100.0	17.2
2	36	JD	중국	26,991	100.0	68.3
3	33	애플	미국	24,368	46.5	26.9
4	1	월마트	미국	13,700	2.8	21.0
5	46	쑤닝상사	중국	8,095	37.1	70.9
6	92	오토	독일	7,181	68.0	5.1
7	9	테스코	영국	6,539	8.1	12.9
8	157	비프샵(vipshop)	중국	6,084	100.0	127.7
9	97	리버티	미국	5.146	51.5	7.1
10	35	메이시스	미국	4,850	17.9	-

출처: Deloitte Touche Tohmatsu Limited. Global Powers of Retailing, 2017.

세계 전자상거래 상위 10위 업체들 가운데 상당히 특이한 점은 중국이 상위 10위 안에 3개 업체가 포함되어 있다는 점과, 2010~2015년 동안 이들 업체의 매출액 연평균 성장률이 70~130%에 달하고 있다는 경이로운 점이다. 아마존이 전자상거래 업체로는 세계 1위를 달리고 있으며, 월마트와 테스코도 전자상거래 순위 10위 안에 포함되어 있다.

1945년 미국 중남부 지역에서 소규모의 조그만 잡화점으로 시작된 월마트는 1962년에 현재의 월마트 스토어를 개장하면서 급속히 성장하였다. 1983년에는 회원제 창고형 클럽인 샘스클럽을 개점하였으며, 1987년에는 유럽의 하이퍼마켓을 모방한 하이퍼마트, 1988년에는 월마트 슈퍼센터를 출점시키는 등 지속적인 변혁을 통해 성장하고 있다. 1980년대 이전까지만 하더라도 지방의 할인점 체인에 불과하던 월마트가 1990년에 들어와 미국 소매업 매출액 1위를 기록하였으며, 2000년대 들어와 세계 최대의 소매업체로 성장하였다. 월마트가 소매업계 최고 자리를 차지할 수 있었던 것은 '항시저가판매(every day low price)' 전략이었다. 월마트는 전자문서교환(EDI: Electronic Data Interchange) 도입, 크로스 도킹(cross-docking) 기술 도입 등으로 규모경제를 누리면서 효율적인 생산성을 기반으로 저가 정책을 실현하였다. 그 결과 1987년에 9%에 불과했던 월마트의 시장 점유율은 1995년에는 27%로 크게 증가하면서 도·소매업의 생산성 향상을 주도하였다. 이러한 월마트의 기술혁신에 자극받은 다른 경쟁업체들도 적극적으로 월마트의 혁신기법을 받아들여 월마트 효과(Wal-Mart Effect)라는 용어도 등장하게 되었다.

월마트는 저가 실현을 위해 저비용 체계를 구축하는 데 많은 노력을 기울였다. 월마트 성공의 핵심은 혁신적인 상품 공급을 위한 시스템 구축이었다. 상품 공급시스템의 지원이 없었다면 오늘날과 같은 월마트의 성공은 불가능하였을 것이다. 월마트는 공급업체들과의 관계 강화를 매우 중시하고 있는데, 이는 공급업체와의 유기적 관계가 상품 공급의 안정적 확보는 물론 납품가를 낮출 수 있기 때문이다. 월마트의 상품 공급시스템은 유통센터를 중심으로 구축되며, 출점 예정인 점포의 상권에 먼저 유통센터를 설립하여 물류기반을 구축한 후, 반경 300km(배송 편도 4시간 거리) 내에 점포를 출점하는 전략을 수립하고 있다. 월마트는 상품 공급시스템을 통해 재고관리 비용을 대폭 줄이는 한편 각 점포에 적시·적량의 상품을 공급하고 있으며, 최첨단화된 물류시설을 통해 물류 효율화를 달성하여 최고의 서비스를 최저의 비용으로 제공할 수 있었다. 또한 월마트는 정보시스템을 활용하여 전 세계에 흩어져 있는 자사 점포를 유기적으로 연결하고 값싸고 질 좋은 상품을 적기에 조달·공급할 수 있는 능력을 갖추고 있다.

세계 최대 기업으로 부상한 월마트는 여전히 해외시장을 적극적으로 공략하고 있다. 1997~2010년 동안 월마트는 미국 내보다는 해외에서의 점포 수를 훨씬 더 많이 늘렸는데, 주로 미국과 가까운 멕시코와 중남미 지역으로의 진출이 가장 두드러지게 나타나고 있다(표 11-5). 그러나 한국에 진출한 월마트는 현지화 전략을 잘 구사하지 못하여 2006년에 철수하는 예외적인 사례를 남겼다. 월마트와 까르푸 등 세계적인 소매업체가 한국 소비시장에서 철수한 이유는 경영수익 문제라기보다는 한국의 소매유통시장의 경쟁이 심화되는 한계 상황에 놓여 있었기 때문으로 풀이할 수 있다. 특히 종합슈퍼마켓과 재래시장 등 중·소 유통상인과의 대립도 점차 심화되면서 월마트는 한국 소매시장을 포기하였다고 볼 수 있다. 월마트가 우리나라 소매시장에서 철수했지만 기업의 재무구조를 보면 국내 다른 유통업체에 뒤지지 않는 경영수익을 올린 것으로 알려져 있다. 즉, 한국 소비시장에 더 이상 점포 출점이 어려울 뿐만 아니라 이마트나 롯데마트 등 국내 유통업체들과의 경쟁에서 독점적 지위를 얻지 못하게 되면서 새로운 시장침투를 위해 한국시장을 포기하는 경영전략을 선택하였다는 평가다. 실제로 월마트는 우리나라에서의 투자 수익으로 회수한 8천여억 원과 독일 등 일부 국가에서 철수하며 얻어진 대부분의 투자 회수금을 중국에 집중적으로 투자하였다. 까르푸도 한국에서 철수할 때 벌어들인 투자 수익금을 회수하여 중국에 투자하였다. 중국에서 월마트와 까르푸는 중국 소비시장을 상당히 장악하고 있는 것으로 알려지고 있다.

표 11-5. 월마트 소매업체의 세계화

미국	월마트			Sam's Club	합계
	슈퍼센터	디스카운트스토어	근린 소점포	클럽	
	3,522	415	735	660	5,322

지역	소매업체	도매업체	기타	소계
아프리카	326	86	-	412
아르헨티나	107	-	-	107
브라질	413	71	14	498
캐나다	410	-	-	410
중미	731	-	-	731
칠레	359	4	-	363
중국	424	15	-	439
인도	-	20	-	20
일본	341	-	-	341
멕시코	2,241	160	10	2,411
영국	610	-	21	631
합계	5,962	356	45	6,363

출처: Walmart(2017), Annual Report.

한편 세계 250대 소매업체 가운데 우리나라의 롯데가 42위로 24,346백만 달러 매출액을 보이고 있으며, 6개 나라에 진출하여 해외에서의 매출 비중도 9.0%이다. 또한 86위를 차지한 이마트의 매출액은 11,081백만 달러로 4개국에 진출해 있다. 국내 유통기업의 해외 진출은 주로 중국 시장에 집중되어 있었다. 이마트는 1997년 국내 유통업체로는 처음으로 중국 상하이에 1호점을 개점하고 해외로 진출하기 시작하였다. 그러나 1997년 말 IMF 외환위기와 함께 월마트, 까르푸 등 세계적인 소매업체들이 국내에 진출하게 되자 신세계는 다시 국내 사업에 역량을 집중하였으며, 그 결과 이마트는 국내 소비시장에서 1위 지위를 확보하게 되었다. 2002년부터 이마트는 중국으로의 진출을 재추진하여 2004년 상하이에 이마트 2호점을 오픈하였다. 한편 2006년에는 한국에 진출해 있던 월마트 코리

월마트의 성장

• 월마트의 창업자 샘 월턴은 1940년 6월 아이오와주 디모인의 J.C. 페니 잡화점에서 일하다가 독립하여 자신의 점포를 세우는 등 십수년간 유통업계에서 일하였지만 큰 성과를 내지 못했다. 그러나 샘 월턴은 1962년 7월 아칸소주의 작은 도시 로저스에 잡화점을 개점하였는데, 이것이 월마트의 시초다. 월마트 1호점은 대단한 성과를 내지는 못했으나 그는 아칸소주 서북부 일대에 월마트 점포를 계속 늘려 5년 만에 점포수가 24개로 늘어났으며, 1968년에는 인근 미주리주와 오클라호마주로도 진출했다. 1969년에 월마트 스토어스라는 기업으로 공식적으로 설립되었다. 1970년 로저스 인근 벤턴빌에 본사를 두고 38개 점포에 약 1500명의 직원을 둔 중견업체로 성장하였다. 월마트는 1980년대에 급격히 성장하여 1984년 Sam's Warehouse Club(창고형 매장)으로 도약하였고, 1988년 워싱턴주에 대형할인점 슈퍼센터(Supercenter) 점포를 개설했다. 해외로도 진출을 시작한 월마트는 1991년에 멕시코로, 1994년에 캐나다로 진출하였고, 1995년에 브라질과 아르헨티나에서도 개점하였다. 1996년에는 중국에, 1998년에 독일로도 진출했다. 또한 영국의 슈퍼마켓 체인 아스다를 인수하였다. 2002년 월마트는 처음으로 포춘이 선정한 500대 기업에서 1위를 차지하게 되었으며, 지속적으로 세계 1위를 지키고 있다.

• 지난 50년 동안 세계 최대 소매업체로 성장한 월마트는 매주 2.6억명의 고객들과 회원이 28개국 59개 배너와 11개국의 전자상거래 웹사이트를 통해 11,695개의 매장을 방문한다. 2017년 매출액이 4,859억 달러를 기록한 월마트는 세계에서 가장 많은 근로자(약 230만명)를 고용하고 있다. 월마트는 멕시코에서는 월멕스라는 이름으로 운영된다. 영국에서는 아스다라는 이름으로, 일본에서는 세이유 그룹이라는 이름으로 운영된다. 전액 출자한 자회사는 아르헨티나, 브라질, 캐나다, 푸에르토리코, 영국에 소재하고 있다. 북미 지역 외에서 월마트의 투자는 실패한 사례도 있으며, 2006년에는 계속 적자를 보던 독일과 브라질과 중국에서도 매장들이 철수되었다. 한국의 월마트는 이마트에게 인수되었다.

• 월마트의 급성장은 샘 월턴 창업자→데이비드 글래스→리 스콧으로 이어지는 CEO 승계를 완벽하게 이루었기 때문에 가능하였다는 것이 전문가들의 평가이다. 월마트의 CEO 승계 5대 비결은 매우 잘 알려져 있다. 특히 직원들로부터 보고받을 때는 CEO의 책상이 아닌 편한 장소를 택하여야 하고, 직원들을 통하지 않고는 아무 일도 이룰 수 없다는 경영 방침이 성공을 가져다 주었다.

• 월마트는 미국 내에서 월마트 스토어스, 샘스클럽, 월마트 인터내셔널의 세 부분으로 운영된다. 월마트 스토어 점포들은 대형할인점인 월마트 디스카운트 스토어(일반적으로 월마트라 함), 하이퍼마켓으로 식품분야를 강화한 대형할인점인 월마트 슈퍼센터(Walmart Supercenter), 지역 밀착형 소규모 슈퍼마켓인 월마트 네이버후드 마켓(Walmart Neighborhood Market)으로 나뉜다. 2017년 미국 내 점포수는 US 월마트 스토어스가 4,672개, 샘스클럽이 660개, 월마트 인터내셔널이 6,363개에 달한다. 샘스클럽은 창고형 회원제 할인매장으로, 브라질, 중국, 멕시코, 푸에르토리코에도 매장이 있다.

• 월마트는 수십 년에 걸친 전형적인 공급망 관리 이외에도는 새로운 기술투자를 통해 끊임없는 혁신을 이루어내고 있으며, 최근 전자상거래 시장에도 진출하기 시작했다. 온라인 쇼핑의 요구사항을 충족시키도록 설계된 유통센터를 통해 공급망을 구축한 월마트는 전자상거래 대형 소매유통업체 중 하나로 부상하였다. 끊임없이 월마트의 거대한 구매력이 공급업체의 행동양식을 형성하여 비용을 절감할 수 있는 기술혁신을 추동하고 있다.

아 점포 16개를 인수하였다. 이마트는 지속적으로 중국 현지에서 점포를 개점하여 1호점 개점 이후 10년 동안 중국에 10개 점포망을 구축하는 등 중국 전역에 28개 점포를 개설하였다. 그러나 이마트가 중국 현지에서 적자를 내면서 2011년부터 구조조정을 실시하여 현재 중국에 남아있는 이마트 점포는 8개에 불과하다.

그러나 이마트는 다시 해외시장 공략에 나서기 시작하여 2015년 12월 베트남 1호점 호치민 고밥점을 오픈했다. 중국 시장의 실패 요인으로 꼽혔던 '현지화'를 최대한 구현하고자 노력한 매장이다. 베트남 국민들의 오토바이 이용률이 80%가 넘는 점을 감안해 이마트는 오토바이 1,500대를 수용할 수 있는 주차장을 마련하고, 현지인 점장을 두고, 직원 95%를 현지인으로 고용하는 등 철저한 현지화를 실현하고 있다. 또한 이마트는 몽골 점포도 개설하였으며, 국내에서 인기를 검증받은 노브랜드와 피코크 등을 내세우며 한국 대형마트와 다름없이 운영하고 있다.

이마트보다 늦게 해외에 진출한 롯데는 2008년 러시아 모스크바 도심에 1호 백화점을 입점하였고, 해외 2호점은 중국 베이징에 개점하였다. 롯데마트는 중국, 인도네시아, 베트남에 진출해 있다. 롯데마트는 2007년 말 네덜란드계 중국 Makro사의 8개 점포를 인수하면서 중국 시장에 진출하였다. 2009년 칭다오에 그린필드 방식의 점포를 개설하면서 11개 점포로 증가되었다. 또한 2009년 말 중국 대형마트 TIMES 점포를 인수함으로써 중국에서만 총 79개 매장을 운영하는 소매업체로 급부상하였다. 이에 따라 롯데마트는 중국 대형마트 시장에서 매출액 기준으로 14위를 차지하고 있다. 또한 2008년 인도네시아 Makro사의 19개 점포를 인수하면서 인도네시아 시장에 진출한 이후 2010년에는 자카르타에 간다리아 시티점을 개점하는 등 인도네시아에서도 22개 점포를 운영하고 있다. 뿐만 아니라 롯데마트는 2008년부터 베트남 유통시장이 일부 개방됨에 따라 본격적으로 사업을 시작하였다. 2008년 말 남사이공점 개점을 시작으로 2010년에는 2호점을 개점하였고 호치민, 하노이 등 베트남 주요 지역을 중심으로 10년 내 30여개 점포를 개점할 계획을 세우고 있다. 2014년 롯데쇼핑·호텔롯데·롯데자산개발이 합작하여 개발한 하노이 롯데센터를 개관하면서 백화점 사업에도 진출하였다. 2016년 말 기준 15개(마트 13개, 백화점 2개)의 점포를 운영하고 있다.

이와 같이 롯데마트는 중국, 인도네시아, 베트남에 진출해 국내 유통업체 중에서 가장 활발한 해외 사업을 벌이고 있다. 특히, 2007년 네덜란드계 도매 할인점 Makro 지분 인수를 통해 중국시장에 진출하였다. 2008년 중국 대형마트 업체인 TIMES 지분을 인수하여 중국 진출 초기에 백화점 1개점 마트 79개점(슈퍼마켓 11개점 포함)을 확보하였다. 2007년 12월 중국 Makro, 2008년 10월 인도네시아 Makro, 2009년 10월 중국 TIMES를 연이어 인수함으로써 세계적인 소매업체로 성장하였다. 2010년 이후 중국의 각 성(省)마다 현지법인을 설립한 후, 추가 출점하면서 2013~2014년 점포수를 124개까지 늘렸다. 그러나, 저수익 점포를 폐점하여 2016년말 중국 내 점포수는 120개(마트 99개, 슈퍼마켓 16개, 백화점 5개)로 줄어들었다. 국내·외 점포수를 합치면 점포수로 볼 때 우리나라 유통업체 중 1위를 차지하지만, 국내 점포수보다 해외점포가 더 많다. 롯데마트는 4개국에 292개의 매장을 갖고 있으며, 매일 100만 고객이 방문하는 글로벌 유통업체라고 볼 수 있다.

2) 유통구조의 변화와 그에 따른 물류체계 변화

(1) 상품의 가치사슬 변화

경제의 세계화가 진전되면서 가장 큰 변화를 겪고 있는 것은 상품사슬(commodity chain)이라고 볼 수 있다. 상품사슬이란 생산원료 채굴에서부터 상품을 제조하고 최종 소비자에게 상품을 인도하는 일련의 과정이 기능적으로 통합된 네트워크를 말한다. 경제의 세계화가 진전될수록 상품 생산과정이 전 세계에 걸쳐져 이루어지고 있다. 즉, 원료 공급, 부품 제조, 부품 조립, 최종 상품의 조립까지 일련의 생산 활동이 초국적기업에 의해 이루어지면서 세계 여러 나라를 거쳐서 하나의 상품이 만들어지는 경우가 빈번하다. 뿐만 아니라 만들어진 최종 상품도 전 세계 소비자들을 대상으로 판매되고 있어 기존의 상품사슬과는 달리 가격과 수요 변화에 민감하게 반응하면서 생산체계를 조정·변화시키고 있다. 1985년 Porter는 전·후방으로 연결되는 일련의 생산체계에서 단계별로 가치가 증가되는 것을 가치사슬(value chain)이라고 정의하였다. 즉, 가치사슬이란 생산단계에서부터 최종 소비자가 소비한 후 재활용되기까지의 모든 과정에서 부가가치 창출과 직·간접적으로 관련된 일련의 연계를 말한다. 따라서 기업의 가치사슬은 원자재 부문의 경우 원료 공급업자의 가치사슬과 연계되고, 유통부문의 경우 소비자 부문의 가치사슬과 연결된다.

일반적으로 상품사슬을 움직이는 주체가 누구인가에 따라 생산자(공급자) 주도적 사슬과 구매자(소비자) 주도적 사슬로 분류된다(표 11-6). 생산자 주도적 사슬은 초국적기업이 생산체계를 통제하는 데 있어서 주도적인 역할을 하고 있는 산업에서 주로 나타난다. 자본·기술집약적 산업인 항공기, 자동차, 컴퓨터, 반도체, 자동차산업 등이 이에 속하며, 기술집약적인 생산체계와 고임금의 노동자를 필요로 한다. 또한 생산된 제품은 유통업자를 거쳐 소매업자에서 유통되는 전형적인 상품사슬 유형을 보이고 있다.

표 11-6. 생산자 주도와 구매자 주도의 세계 상품사슬의 차이 비교

구분	생산자 주도의 상품사슬	구매자 주도의 상품사슬
세계 상품사슬의 동인	공업자본	상업자본
핵심 능력	연구개발, 생산	디자인, 마케팅
진입 장벽	규모경제	범위경제
경제 부문	자동차, 컴퓨터, 항공	의복, 신발, 장난감
제조업체 소유	초국적 기업들	국지적 기업
주요 연계망	투자 기반	거래(교역) 기반
네트워크 구조	수직적	수평적

출처: Gereffi, G.(2001), p. 1622.

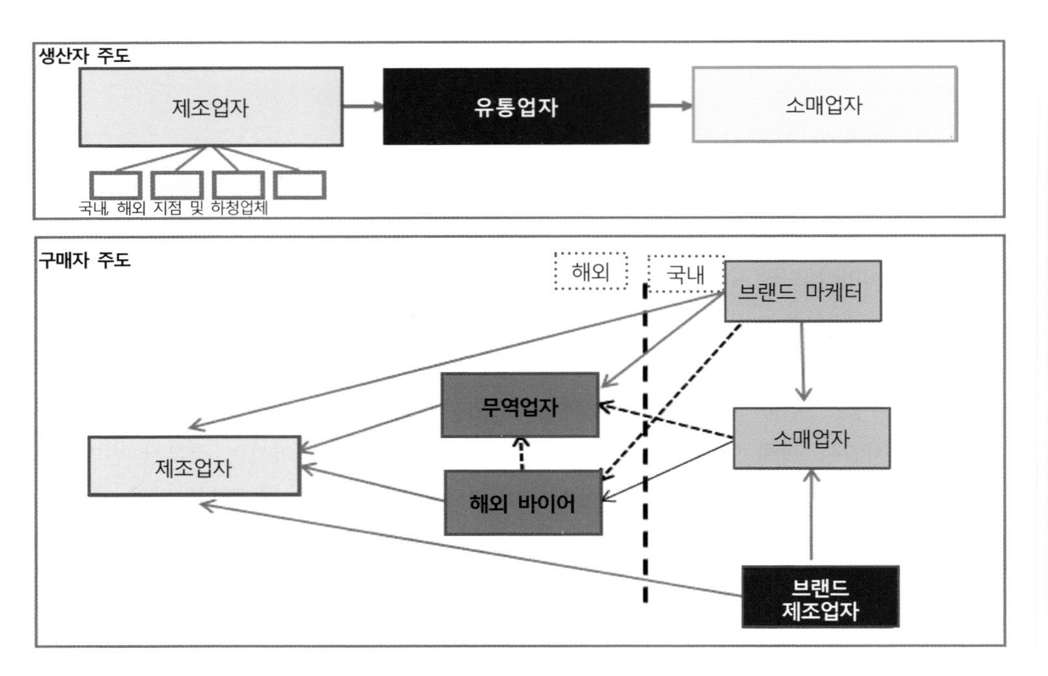

그림 11-15. 생산자 주도적 사슬과 구매자 주도적 사슬 비교
출처: Gereffi, G.(2001), p. 1619.

반면에 구매자 주도적 사슬은 제조업체보다는 월마트나 까르푸 등과 같은 대규모 소매업체 및 나이키, 아디다스 등의 브랜드 제품 판매상이 생산체계를 조절하는 데 있어서 중심 역할을 수행한다. 구매자 주도적 사슬은 의류, 신발, 인형 등의 노동집약적 소비재 제품 생산에서 흔히 나타나고 있으며, 고도의 기술이나 지식이 필요하지 않고 비숙련 노동자도 생산이 가능하기 때문에 개발도상국이나 신흥공업국에서 수출주도적 상품으로 생산하는 경우가 많다. 생산자 주도적 사슬과는 달리 구매자 주도적 사슬의 경우 제조업자는 중간의 무역업자나 해외 바이어로부터 주문을 받기도 하고, 브랜드 마케터나 브랜드 제조업자 또는 소매업체로부터 소비자의 수요를 반영한 주문을 받기도 한다. 이와 같은 생산자 주도적 상품사슬과 구매자 주도적 상품사슬의 특징을 보면 그림 11-15와 같다.

(2) 유통구조와 물류체계에서의 변화

제조업체는 제품을 생산하기 위한 R&D 투자와 고객 만족도와 수익성 증대를 위해서 좋은 제품을 생산하는 것으로만 그치는 것이 아니다. 생산된 제품에 대한 물류의 효율적 관리가 기업의 경쟁력을 향상시키는 데 매우 중요한 역할을 담당하고 있다. 특히, 패션의류의 경우 소비자의 선호에 의해 구매력이 좌우될 뿐만 아니라 유행이라는 시간적 제약을 민감하게 받게 되면서 물류부문이 제조부문을 압도하는 현상까지 발생하고 있다. 또한 엄청난 소비자층을 가진 유통업체들의 시장 지배력이 커지면서 기업의 경쟁력을 움직이는 힘이 제조업자에서 유통업자로 이전되는 현상까지 나타나고 있다.

경제의 세계화가 진전되면서 초국적기업들은 세계적으로 비용이 가장 적게 드는 지역에서 생산하고, 생산된 제품을 전 세계적인 유통망을 통해 판매한다. 따라서 기업이 세계화될수록 운송 및 보관 기능에 대한 의존도가 더 커지고 있으며, 기업의 제조원가 비율은 낮아지는 데 비해 상대적으로 물류비용 비율은 높아지고 있다. 특히, 고객의 취향이 점차 다양해지면서 소량이지만 배송 빈도가 잦은 제품들이 늘어나고 있으며 유통단계는 더욱 더 복잡해지고 있다. 이에 따라 제조업체의 경우 인건비 다음으로 판매비와 물류비가 큰 비중을 차지하고 있다.

1980년대까지만 해도 물류는 주로 원자재를 관리하는 부문과 제품을 유통하는 부문으로 구별되어 있었으며, 원자재 관리 부문에서는 수요를 예측하여 원료를 구입하고, 이를 토대로 생산한 후, 생산된 제품의 재고 관리에 초점을 두어 왔다. 한편 유통 부문에서는 제품의 재고량을 토대로 유통과 배송 계획을 세우고 주문에 맞추어 배송하면서 고객 서비스를 주로 담당하여 왔다.

그러나 1990년대에 들어서면서 원자재 관리 부문과 유통 부문을 통합한 로지스틱스(integrated logistics)가 등장하였다. 이는 전통적인 물류 개념에서 벗어나 전략적, 고객지향적 관점을 강조한 개념으로 물류라는 말이 운송이나 보관과 같은 제한적 활동에 국한되기 때문에 로지스틱스라는 용어를 사용하여 전통적 물류 개념에서 벗어나고자 하고 있다. 특히 정보통신기술이 발달하면서 구매, 원료 조달, 제조, 제품의 유통과정이 서로 연계되고, 원료에서부터 최종 제품이 만들어지는 모든 과정을 통합하고 통제할 수 있게 되었다. 그 결과 효율적인 물류 관리뿐만 아니라 적기 배송까지도 가능해졌다. 이러한 변화는 2000년대에도 지속되면서 개별 기업의 경계를 넘어 외부의 물류활동까지 영역을 확대하여 관리하는 공급체인관리(supply chain management)로 발전해 나가고 있다(그림 11-16).

공급체인관리란 새로운 물류관리 개념으로 개별적인 물류기능이나 참여주체별 물류관리를 벗어나 제품의 계획, 원료 조달, 생산과 이에 필요한 반제품의 이동, 완제품의 판매에 이르기까지의 모든 물류기능과 참여주체별 물류활동을 통합적으로 관리하여 물류 효율화를 도모하는 것으로, 이는 물류체계에서의 커다란 혁신이라고 볼 수 있다. 이렇게 공급체인관리로의 변화 및 물류산업의 등장으로 인해 물류수송은 공급체인관리에 수요까지 결합시킨 통합화도 이루어지고 있다. 그 결과 전통적으로 운송은 공간거리를 극복하는 수단으로만 여겨져 왔던 것이 점점 더 물류에서의 배송시간이 중요해지면서 물류 기능의 일부를 하청이나 외주로 넘기는 수직적 통합화가 이루어지고 있다. 뿐만 아니라 기존에는 주로 공급적인 관점에서 배송을 다루었지만, 수요의 관점에서 물류를 다루게 되었고, 공급사슬은 점점 더 수요에 의해 관리되는 경향을 보이고 있다.

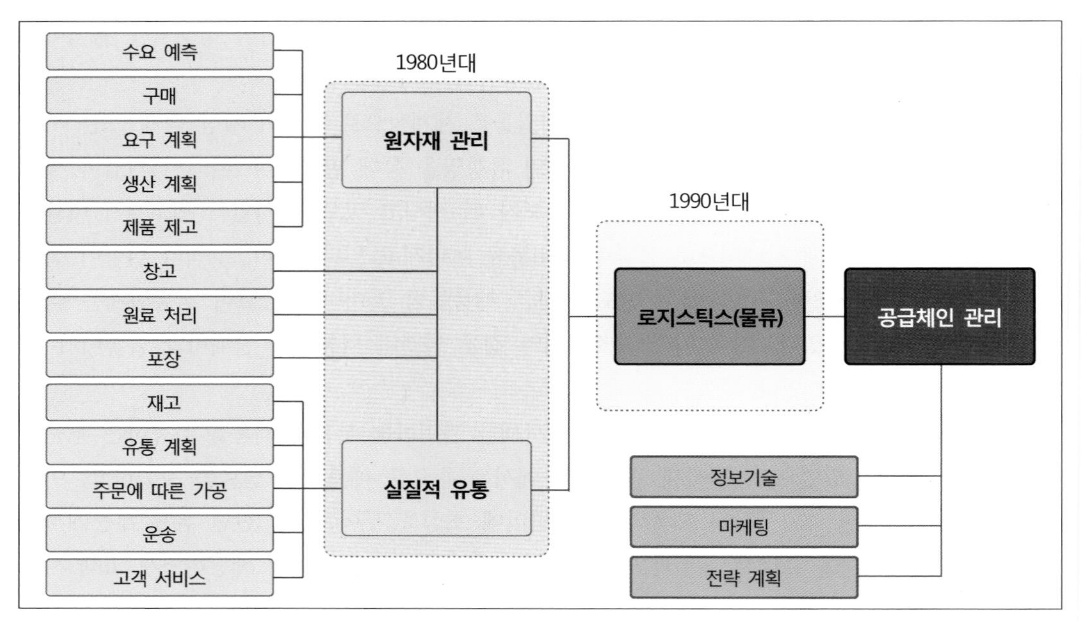

그림 11-16. 물류체계의 발달과 그에 따른 특징
출처: Hesse, M. and Rodrigue, J.(2004), p. 175.

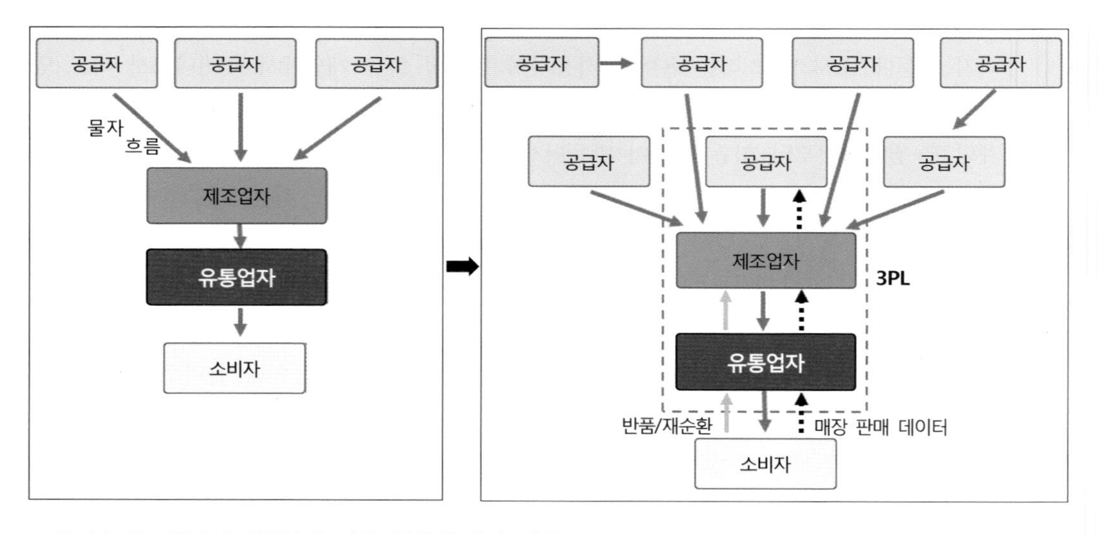

그림 11-17. 공급관리체인에 따른 물류체계의 변화

최근에는 생산에서 소비에 이르기까지 물류활동을 구성하고 있는 수송, 보관, 하역, 포장 등과 같은 일련의 화물유통의 다양한 기능과 조달, 생산, 유통, 금융, 무역 등과 같은 지원기능을 유기적으로 결합하여 전체적인 물류관리를 효율적으로 지원하는 통합 물류관리시스템이 구축되고 있다. 물류 서비스가 시·공간 차원에서 복잡화되면서 많은 기업들은 그들의 공급체인관리를 제3자 물류업자들(PLP: third-party logistics providers)에게 하청을 주고 있다(그림 11-17). 이렇게 등장한 PLP들은 물류배송에서 나타나는 수급의 불일치 문제를 해결하면서도 규모경제와 범위경제의 이점을 살려 물류 서비스의 효율화를 기하고 있다.

이와 같은 유통구조와 물류체계에서의 구조적 변화는 교통지리학에 상당한 영향을 주고 있다. 특히 물류 흐름에서 중요한 역할을 하는 결절점 간의 네트워크가 어떻게 구축되었는가에 따라 시·공간상에서의 상호작용은 상당히 달라지고 있다. 교통수단과 정보통신기술의 발달로 인해 시·공간의 수렴화를 가져왔지만, 물류 부문에서는 여전히 공간의 변화와 시간의 변화는 상충적 관계(trade-off)를 갖는 것으로 인식되어 왔다. 그러나 최근에 공급체인관리가 도입됨에 따라 보다 효율적인 시·공간의 수렴화가 이루어지고 있다. 즉, 공간 확장(ΔS)에 비해 소요되는 시간(ΔT)이 점차 줄어들고 있으며($\Delta T1 \rightarrow \Delta T2 \rightarrow \Delta T3$), 그 결과 유통체계도 DS1에서 DS3로 점차 확대되고 있다(그림 11-18).

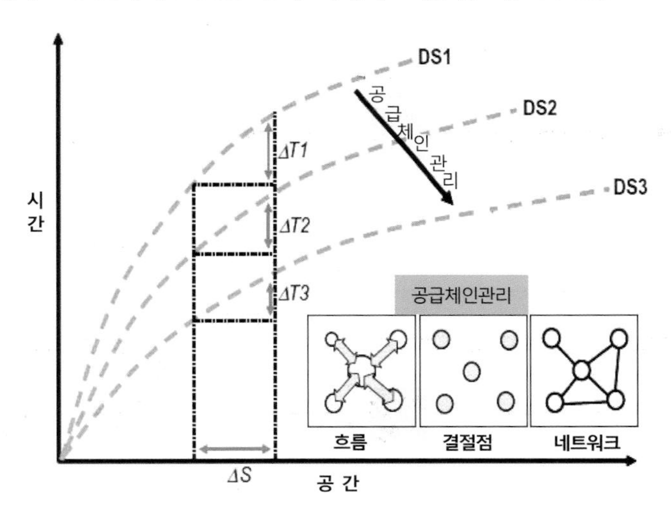

그림 11-18. 공급체인관리 도입에 따른 물류의 시·공간 확대
출처: Hesse, M. and Rodrigue, J.(2004), p. 176.

이러한 유통체계의 구조적 변화는 물류의 흐름도 바꾸어 놓고 있다. 전통적인 흐름에서는 원료와 부품을 저장·관리하고 제품이 생산되어 소비자에게까지 유통되는 데 버퍼 역할을 하였던 가장 중요한 기능은 보관(창고)기능이었다. 제조업자에서 도매업자를 거쳐 소매업자, 그리고 최종 소비자에 이르기까지의 물류 흐름에서 때때로 지체되는 일들은 흔하게 나타났다. 이는 최종 소비자로부터 공급체인에 이르는 정보의 흐름이 매우 제한되었기 때문이었다. 그러나 최근 공급체인관리가 이루어지면서 저장·관리·보관의 기능이 하나로 통합되면서 많은 양의 재고를 쌓아두는 창고나 저장시설을 위한 비용도 줄이면서도 물류

흐름이 효율화되도록 유통센터에서 그 기능을 담당하고 있다(그림 11-19). 최근 소량의 물동량을 빈번하게 배송하여야 하는 소비자들의 추세에 맞추기 위해 유통센터의 기능은 점점 더 중요해지고 있으며, 그에 따른 교통수단의 선택도 차별화되고 있다.

한편 정보통신기술의 발달은 유통구조에도 엄청난 변화를 가져왔으며, 새로운 형태의 소매업 형태를 출현시켰다. 가장 대표적인 것이 전자상거래이다. 전자상거래는 전자데이터 교환, 인터넷, 이메일, 웹을 기반으로 급성장하였다. 전자상거래의 대표적인 유형은 B2B와 B2C라고 할 수 있다(그림 11-20). 사업자-대-사업자 간 거래인 B2B의 경우 전자장터에서 기업 간 제품과 서비스를 구매하는 것이라고 볼 수 있다. 많은 기업들이 판매자와 구매자가 되어 전자상거래 체계를 통해 거래비용과 시간을 단축하면서 효율성을 기하고 있다.

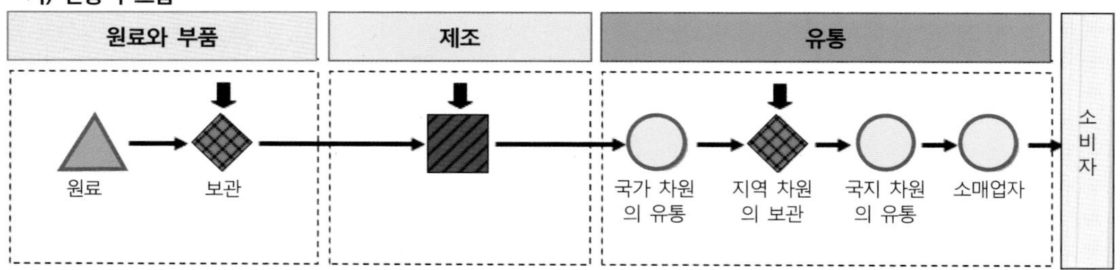

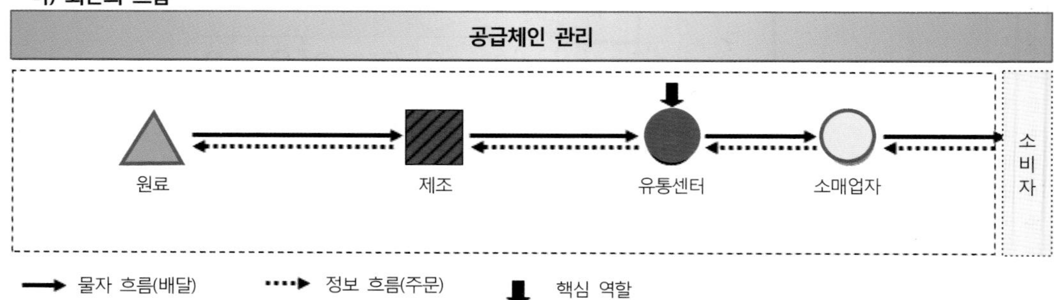

그림 11-19. 전통적 물류흐름과 최근의 물류흐름의 비교
출처: Rodrigue, Jean-Paul, et al.(2009), p. 211.

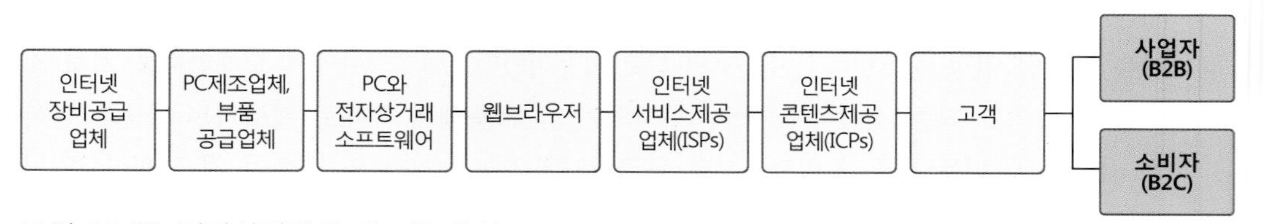

그림 11-20. 전자상거래의 대표적 유형
출처: Dicken, P.(2015), p. 547.

반면에 사업자-대-소비자 간 거래인 B2C는 소비자가 인터넷을 통해 기업으로부터 제품과 서비스를 직접 구매하는 것으로, 아마존, 델(Dell) 기업이 선구적 역할을 하였다. 온라인 쇼핑이 점차 확산되면서 제품과 가격을 비교해주는 웹사이트도 등장하여 소비자들은 동종의 제품 가격을 비교하여 보다 저렴한 가격으로 제품 구입이 용이해졌다. 특히 소비자의 입장에서 볼 때 보다 저렴한 가격으로 신속하게 공급받을 수 있다는 장점 때문에 온라인 쇼핑이 크게 성장하는 추세이다.

이렇게 전자상거래가 등장하면서 중개업자들이 수행하던 역할이 사라질 것으로 기대하였다. 특히 생산자와 소비자가 직접 거래하는 직거래의 경우 중개업자가 불필요하기 때문이다. 그러나 이러한 예상과는 달리 전자상거래가 활성화되면서 중개업자들의 역할이 오히려 더 넓어졌으며, 인터넷을 기반으로 하는 새로운 중개업자들이 나타났다. 특히 인터넷 서비스와 콘텐츠 제공자들이 정보 중개업자로서 생산자와 소비자 사이에서 상당한 영향력을 행사하고 있다. 특히 전자 상품의 경우 중개업자들의 역할이 필수적이며, 전통적 물류 시스템과 전자상거래가 얼마나 차별화되어 나타나는가를 잘 말해준다(그림 11-21).

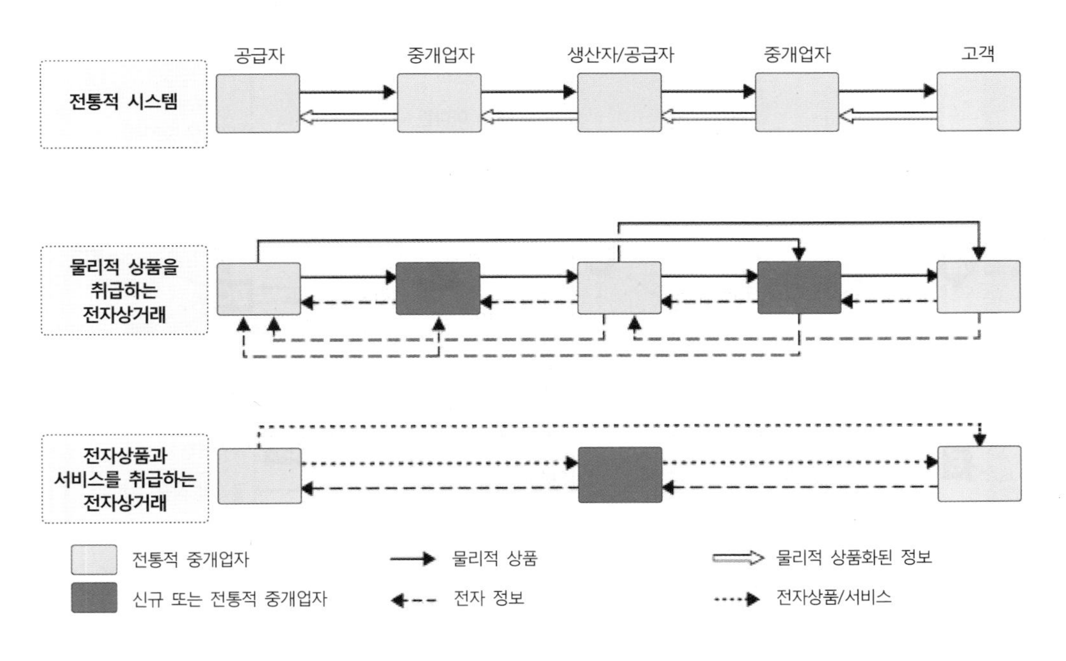

그림 11-21. 전자상거래에서 중개업자의 역할 및 영향력
출처: Dicken, P.(2015), p. 548.

전자상거래에서 주문받은 물품을 처리하는 방식도 매우 다르게 나타날 수 있다(그림 11-22). 델 모델의 경우 공급자가 주문받은 상품을 곧 바로 생산한다. 즉 고객의 주문이 공급사슬의 출발이 되고, 주문받은 제품을 생산하기 위해 다양한 공급자들로부터 부품을 공급받아 제품으로 조립하며 최종 제품은 물류서비스업체에 의해 소비자에게 배송된다. 생산자 직송모델의 경우 전자상거래 업체가 주문을 받아 제조업체에게 전달하고 제조업체는 생산하여 직접 소비자에게 배송한다. 한편 아마존 모델의 경우 제품 목록이 전자 형태로 인터넷을 통해 홍보된다. 소비자는 그 목록을 통해 주문하고 고객의 주문은 유통센터나 제조업체에 의해 소비자에게 직접 배송된다. 반면에 재래식 모델의 경우 전통적인 소매상점과 인터넷 웹사이트를 통해 유통센터로 부터 제품을 공급받는 결합형이다. 이 경우 소매상점으로부터의 제품 물량에 비해 인터넷 사이트를 통한 물량 주문이 훨씬 더 적다. 공동재고 모델의 경우 웹기반의 공급자가 특정 제품의 재고를 공동 관리, 통제하면서 고객 주문을 처리하는 모델이다. 가정배달 모델의 경우 식품이 대표적인 것으로, 정기적으로 배송받기를 원하는 가정으로 웹을 통해 주문을 받고 주문을 적시에 배송하는 모델이다. 이러한 다양한 유형의 전자상거래는 정보통신기술과 인터넷 이용 확산으로 인해 새롭게 등장한 소매업태의 유형이라고 볼 수 있다. 이러한 전자상거래는 4차 산업혁명이 진전되면 더욱 활성화될 것으로 전망된다.

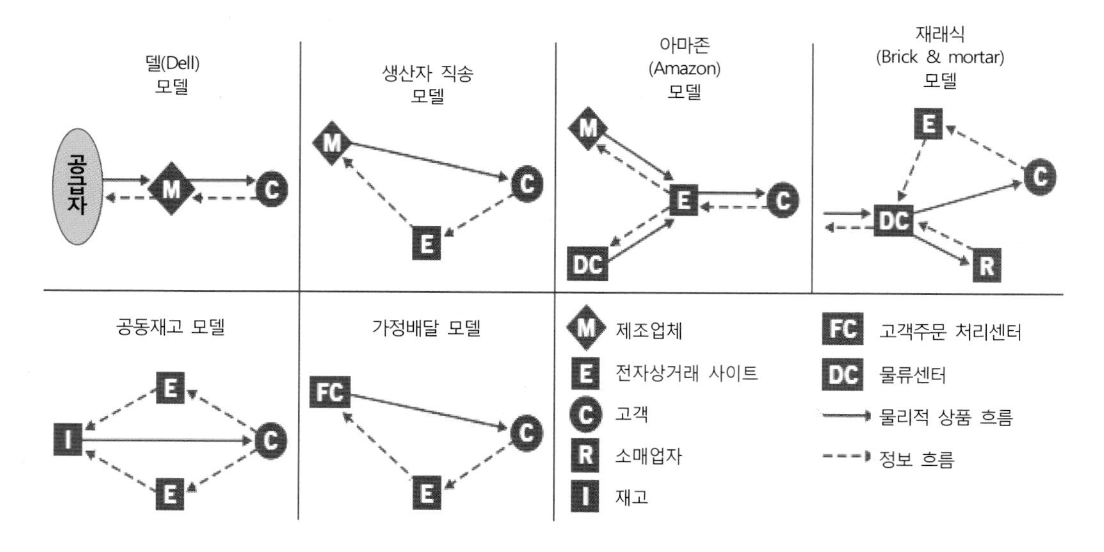

그림 11-22. 전자상거래를 통한 고객의 주문을 처리하는 방법들
출처: Dicken, P.(2015), p. 549.

4 우리나라 서비스산업의 성장과 공간분포

1) 서비스산업의 성장과 구조적 변화

우리나라는 새로운 서비스 산업이 계속 등장함에 따라서 그동안 여러 차례에 걸쳐 표준산업분류체계(SIC: Standard Industrial Classification)가 변경되었다. 이는 그만큼 다양한 서비스업종들이 나타나면서 서비스산업의 분류가 세분화되어야 할 필요성이 커졌기 때문이다. 1991년까지의 표준산업분류체계는 생산에 투입된 원료의 종류에 따라 순차적으로 분류하는 체계에 따라서 서비스산업을 분류하였기 때문에 서비스 활동의 다양성을 파악하는 데 어려움이 있었다. 이에 따라 1992년에 표준산업체계분류가 바뀌면서 서비스산업이 세분화되어 이질적인 서비스산업의 특징을 보다 반영할 수 있게 되었다. 하지만 2000년과 2007년에 다시 표준산업분류체계가 변경되었으며,[1] 특히 2017년에 개정된 분류체계는 거의 국제산업분류체계를 따르고 있다(표 11-7).

우리나라의 서비스 경제화는 1980년대 후반부터 진전되었다고 볼 수 있다. 소득수준 향상에 따른 여가시간의 확대, 문화·여가활동 증가, 고령화로 인한 의료·보건서비스 증대 등 다양한 생활패턴의 변화로 인해 서비스에 대한 수요가 확대되었기 때문이다. 이에 따라 서비스산업의 생산, 부가가치, 고용이 우리나라 산업 부문에서 차지하는 비중이 계속 높아지고 있고 서비스 경제화가 가속화되고 있다.

서비스산업이 우리나라 산업 전체에서 차지하는 비중을 부가가치 기준으로 보면 1985년 이후 전 산업에서 창출되는 부가가치의 약 절반을 차지하게 되었고, 2015년에는 약 60%를 차지할 정도로 지속적으로 증가하고 있다. 서비스산업이 GDP(명목 GDP기준)에서 차지하는 비중은 1970년 44.3%에서 1995년에는 54.6%, 2015년에는 59.4%에 이르고 있다(표 11-8).

그러나 생산액을 기준으로 보면 제조업의 생산액이 상대적으로 워낙 크기 때문에 서비스산업이 차지하는 비중은 1995년 이후 40%를 상회하였으며, 2015년에는 약 43%를 차지하고 있다. 우리나라 경제성장에 대한 서비스산업의 기여도를 보면 1980년대 이후 약 4% 수준으로 제조업의 기여도보다 더 높았으며, 2000년대에도 약 4% 수준의 기여도를 보이고 있을 정도로 서비스산업이 경제성장에 주는 영향 및 기여도는 상대적으로 크다고 볼 수 있다.

---

1) 2007년의 주요 개정내용을 보면, 문화, 정보통신관련 부분을 묶어 출판, 영상, 방송통신 및 정보서비스업과 폐기물 수집 운반, 처리 및 원료 재생업, 환경정화 및 복원업을 신설하였다. 사업서비스업 규모가 커짐에 따라 전문, 과학 및 기술 서비스업과 사업시설관리 및 사업지원 서비스업의 2개로 분할하였다.

표 11-7. 우리나라의 산업분류체계 개정과정 및 특징

1964.4~1970.3 (제정~2차 개정)	1970.3~1991.9 (3차~5차 개정)	1991.9~2000.1 (6차~7차 개정)	2000.1~2008.1 (8차 개정)	2008.1~2017.7 (9차 개정)
대분류 1 농업, 임업, 수렵업, 어업	대분류 1 농업, 임업, 수렵업, 수산업	A 농업, 수렵업 및 임업 B 어업	A 농업, 수렵업 및 임업 B 어업	A 농업, 임업, 어업
대분류 1 광업	대분류 1 광업 및 채석업	C 광업	C 광업	B 광업
대분류 2~3 제조업	대분류 3 제조업	D 제조업	D 제조업	C 제조업
대분류 4 건설업	대분류 4 전기, 가스 및 수도사업	E 전기, 가스 및 수도사업	E 전기, 가스 및 수도사업	D 전기, 가스 및 수도사업 E 하수, 폐기물처리, 환경복원업
대분류 5 전기, 가스, 수도, 위생시설 서비스	대분류 5 건설업	F 건설업	F 건설업	F 건설업
대분류 6 상업	대분류 6 도소매업 및 음식숙박업	G 도소매 및 소비자용품수리업 H 숙박 및 음식업	G 도매 및 소매업 H 숙박 및 음식업	G 도매 및 소매업 H 숙박 및 음식업
대분류 7 운수, 보관 및 통신업	대분류 7 운수, 보관 및 통신업	I 운수, 창고 및 통신업	I 운수업 J 통신업	I 운수업 J 출판, 영상, 방송통신 및 정보서비스업
대분류 8 서비스업	대분류 8 금융, 보험, 부동산 및 용역업	J 금융 및 보험업	K 금융 및 보험업	K 금융 및 보험업
		K 부동산, 임대 및 사업서비스업	L 부동산 및 임대업	L 부동산 및 임대업
			M 사업서비스업	M 전문과학 및 기술서비스업
				N 사업시설관리 및 사업지원서비스
	대분류 9 사회 및 개인서비스업	L 공공행정, 국방 및 사회보장행정	N 공공행정, 국방 및 사회보장행정	O 공공행정, 국방 및 사회보장행정
		M 교육서비스업	O 교육서비스업	P 교육서비스업
		N 보건 및 사회복지사업	P 보건 및 사회복지사업	Q 보건 및 사회복지사업
		O 기타 공공, 사회 및 개인서비스업	Q 오락, 문화 및 운동관련 서비스업	R 예술, 스포츠 및 여가관련 서비스업
			R 기타공공, 수리 및 개인서비스업	S 협회 및 단체, 수리 및 기타 개인서비스업
		P 가사서비스업	S 가사서비스업	T 가구 내 고용활용 및 달리 분류되지 않은 자가생산활동
		Q 국제 및 외국기관	T 국제 및 외국기관	U 국제 및 외국기관

㈜: 10차 개정은 2017.7월부터 다시 시행됨.
10차 개정의 특징은 미래 성장산업, 국가 기간, 동력산업 등 지원, 육성정책에 필요하여 통계작성이 시급한 바이오 연료·탄소섬유, 3D프린터, 무인항공기 등을 신설·세분하고, 저성장·사양산업 관련 분류는 통합, 부동산 이외 임대업, 수도업, 기계 및 장비 수리업 등은 국제분류를 반영하여 소속한 대분류를 이동하였음.

출처: 통계청, 한국표준산업분류(KSIC) 개정·고시 통계분류포털(http://kssc.kostat.go.kr).

표 11-8. 서비스산업의 국내총생산과 부가가치 비중, 성장기여도의 추이

(단위: %)

생산액*	1970	1975	1980	1985	1990	1995	2000	2005	2010	2015
농림어업	17.1	14.0	8.5	7.7	5.4	3.9	2.9	2.2	1.7	1.6
광업	1.0	0.9	0.8	0.8	0.5	0.3	0.2	0.2	0.1	0.1
제조업	37.5	44.4	48.6	48.1	46.5	43.9	45.4	45.5	49.0	46.8
전기, 가스, 수도	0.9	1.3	2.1	2.2	1.7	2.0	2.6	2.7	2.9	3.1
건설업	8.2	6.3	7.4	6.8	9.3	9.6	6.9	7.1	5.9	5.8
서비스	35.2	33.1	32.5	34.5	36.6	40.3	42.0	42.3	40.3	42.6
총 생산액(천억원) (비중)	58.5 (100)	243.2 (100)	938.7 (100)	1965.3 (100)	4169.7 (100)	8687.2 (100)	13292.9 (100)	19925.2 (100)	30480.7 (100)	35482.0 (100)

㈜ * : 당해연도 기준 가격으로 전체 산업을 100으로 하는 경우임.

GDP 비중*	1970	1975	1980	1985	1990	1995	2000	2005	2010	2015
농림어업	28.9	26.9	15.9	13.0	8.4	5.9	4.4	3.1	2.5	2.3
광업	1.6	1.5	1.4	1.2	0.7	0.5	0.3	0.2	0.2	0.2
제조업	18.8	21.9	24.3	26.6	27.3	27.8	29.0	28.3	30.7	29.8
전기, 가스, 수도	1.4	1.2	2.2	3.0	2.2	2.3	2.8	2.6	2.2	3.2
건설업	5.0	4.5	7.6	6.5	9.5	9.0	6.0	6.4	5.1	5.2
서비스	44.3	44.1	48.7	49.7	51.9	54.6	57.5	59.4	59.3	59.4
총 부가가치액 (천억원) (비중)	25.5 (100)	95.3 (100)	350.9 (100)	782.4 (100)	1784.0 (100)	3887.3 (100)	5702.2 (100)	8300.4 (100)	11451.2 (100)	14236.5 (100)

㈜ * : 당해연도 가격 기준으로 전체 산업 명목 부가가치에서 차지하는 각 산업의 비중.

산업별 성장기여도*	1970	1975	1980	1985	1990	1995	2000	2005	2010	2015
농림어업	-0.2	1.3	-3.1	0.7	-0.5	0.4	0.0	0.0	-0.1	0.0
광업	0.3	0.1	0.0	0.1	-0.1	0.0	0.0	0.0	0.0	0.0
제조업	2.7	2.7	-0.4	1.7	3.0	3.2	4.1	1.5	3.6	0.5
전기, 가스, 수도	0.2	0.1	0.1	0.5	0.4	0.1	0.3	0.2	0.1	0.1
건설업	0.2	0.2	-0.2	0.3	1.5	0.4	-0.3	0.0	-0.2	0.3
서비스업	5.4	3.1	2.2	3.8	4.4	4.4	3.8	2.1	2.4	1.5
총부가가치	8.6	7.5	-1.4	7.1	8.7	8.6	7.9	3.7	5.8	2.4
국내총생산	10.0	7.9	-1.7	7.7	9.8	9.6	8.9	3.9	6.5	2.8

㈜ * : 성장기여도=((해당연도 산업별 실질 부가가치-전년도 산업별 실질 부가가치)/전년도 실질GDP)×100
출처: 국가통계포털(www.kosis.kr).

또한 서비스산업 종사자가 전 산업 종사자에서 차지하는 비중도 1985년에 50%를 상회하여 명실공히 서비스 경제화에 진입하였음을 보여주었다. 이 수치는 1975년 32.1%에 비하면 10년 동안 매우 빠르게 증가한 것이다. 특히 1990년대 이후 제조업에서 서비스산업으로 노동력 이동이 급속하게 이루어지면서 서비스산업의 취업자 비중은 큰 폭으로 증

가하였다. 사업체 기초조사에 따르면 우리나라 서비스산업이 차지하는 비중을 사업체와 종사자수로 비교해보면 사업체 비중이 훨씬 더 높게 나타나고 있다. 1995년 서비스산업의 사업체 비중은 전 산업 사업체의 86%를 차지하였으며, 2015년에도 여전히 서비스산업의 사업체 비중은 85.5%를 보이고 있다. 이는 그만큼 서비스산업의 업체들이 영세하며 소규모임을 말해준다. 한편 서비스산업의 종사자수를 보면 1995년에 1,363만명으로 약 65%를 차지하였으며, 2005년에는 1,515만명으로 71.4%를 보였으며, 2015년에는 2,089만명으로 73.3%를 보이고 있다. 따라서 우리나라 근로자들 가운데 약 3/4은 서비스산업에 종사하고 있음을 말해준다. 반면에 제조업 종사자 비중은 1995년 26.7%에서 2015년 19.4%로 크게 줄어들었다(표 11-9 & 표 11-10). 이와 같이 지난 30여년 동안 서비스산업이 부가가치, GDP, 고용에서 차지하는 비중이 지속적으로 증가되면서 서비스 경제화가 급진전되고 있다.

표 11-9. 서비스산업의 취업자수 변화, 1975-1990년

(단위: 천명, %)

연도	취업자수	1차 산업	2차 산업	3차 산업	전기·가스·수도	건설업	도·소매, 음식·숙박업	운수·창고, 통신 서비스	금융, 보험 부동산, 사업 서비스	사회·공공, 교육, 개인 서비스
1975	11,692	50	18.1	32.1	0.3	3.8	13.4	3.4	1.2	10.1
1980	13,683	37.8	22.8	39.4	0.3	5.2	16.2	4.4	2.3	11.1
1985	14,970	25.4	24	50.4	0.3	6.1	24.1	4.7	5.1	10.1
1990	18,085	18.5	27.9	53.6	0.3	7.6	24.3	4.7	6.5	10.2

㈜: 경제활동인구조사에 따른 취업자수임.
출처: 국가통계포털(www.kosis.kr).

표 11-10. 서비스산업의 사업체수와 종사자수 변화, 1995-2015년

(단위: 천개, 천명, %)

사업체	1995년		2000년		2005년		2010년		2015년	
	사업체	종사자	사업체	종사자	사업체	종사자	사업체	종사자	사업체	종사자
농림어업	0.1	0.4	0.1	0.4	0.1	0.2	0.1	0.2	0.1	0.2
광업	0.1	0.3	0.1	0.2	0.1	0.1	0.1	0.1	0.1	0.1
제조업	11.1	26.7	10.2	24.0	10.4	22.3	9.7	19.4	10.7	19.4
전기, 수도	0.1	0.5	0.1	0.7	0.1	0.7	0.2	0.8	0.3	0.8
건설업	2.4	7.2	2.2	4.7	2.8	5.1	2.9	6.7	3.5	6.3
서비스	86.2	64.9	87.3	70.1	86.5	71.4	87.0	72.9	85.5	73.3
합계	2,771 (100%)	13,634 (100%)	3,013 (100%)	13,604 (100%)	3,205 (100%)	15,147 (100%)	3,355 (100%)	17,647 (100%)	3,874 (100%)	20,889 (100%)

㈜: 사업체기초조사에 따른 사업체수와 종사자수임.
출처: 국가통계포털(www.kosis.kr).

표 11-11. 서비스업종별 생산 변화, 1995-2015년

(단위: %)

순위	1995년		2000년		2005년		2010년		2015년	
	업종	비중	업종	비중	업종	비중	업종	비중	업종	비중
1	도·소매	18.1	도·소매	16.6	도·소매	14.7	도·소매	15.6	도·소매	15.5
2	부 동 산	11.3	부 동 산	12.0	부 동 산	10.7	금융·보험	10.6	금융·보험	9.8
3	금융·보험	10.8	금융·보험	10.5	금융·보험	10.3	운수·보관	10.5	공공행정	9.6
4	공공행정	9.5	운수·보관	9.9	운수·보관	10.0	공공행정	9.3	부 동 산	9.1
5	운수·보관	9.4	공공행정	8.9	공공행정	9.5	부 동 산	8.9	운수·보관	9.1
6	숙박·음식점	8.3	교 육	6.8	교 육	7.5	전문·과학기술	7.8	전문·과학기술	8.7
7	교 육	7.3	숙박·음식점	6.8	전문·과학기술	7.1	교 육	7.5	교 육	7.0
8	전문·과학기술	6.7	전문·과학기술	6.2	숙박·음식점	6.2	숙박·음식점	6.1	의료·보건	6.5
9	기타 서비스	3.9	통 신	4.9	의료·보건	5.1	의료·보건	5.8	숙박·음식점	6.4
10	의료·보건	3.3	의료·보건	4.1	통 신	4.4	출 판	3.6	출 판	3.8
상위 10위 비중		88.6	상위 10위 비중	86.7	상위 10위 비중	85.5	상위 10위 비중	85.7	상위 10위 비중	85.5

㈜: 당해년도 가격기준임.
출처: 산업연구원, 산업통계분석시스템(ISTANS).

이와 같은 서비스산업의 성장은 서비스산업의 커다란 구조적 변화를 가져왔다. 즉, 서비스업종 간에도 차별적 성장을 보여주고 있다. 1995~2015년 동안 서비스산업의 업종별 생산 점유율을 보면 상위 10위 업종이 서비스산업 총 생산액(매출액)의 85%를 차지하고 있다. 도소매업이 약 15%로 가장 높은 비중을 차지하며, 그 다음이 금융보험업, 공공행정, 부동산, 운수보관업 순으로 비중이 높게 나타나고 있다(표 11-11).

한편 서비스업종별 성장 기여도의 변화를 보면 1995년에는 금융보험업의 성장 기여도가 0.82%로 가장 높게 나타났으며, 부동산, 도소매업 순으로 성장 기여도가 높게 나타났다. 그러나 2000년에 접어들면서 도소매업의 성장 기여도가 가장 급격하게 증가하였다. 2000년에 0.88%, 2005년에는 0.72%를 보이면서 서비스 업종 가운데 도소매업은 가장 높은 성장 기여도를 보이고 있었으나 2010년 이후 도소매업의 성장 기여도는 급격하게 감소하였다. 2016년에는 의료보험업이 0.36%으로 가장 성장 기여도가 높은 업종으로 나타났으며, 도소매업이 0.29%로 2위이지만 성장기여도는 상당히 낮아졌다. 성장 기여도가 부가가치 성장률을 반영하는 것이라는 점을 고려해 볼 때 서비스산업의 부가가치 성장률이 전반적으로 감소하고 있음을 말해준다(그림 11-23).

그러나 업종별 부가가치율을 비교해 보면 생산자서비스업과 사회서비스업이 60%를 상회하면서 서비스산업의 경제성장을 추동하고 있는 데 비해 개인서비스업의 경우 부가가치율이 40% 수준으로 낮은 편이다. 특히 2015년 부동산업이 80.1%로 가장 높은 부가가치율을 보이고 있으며, 공공교육, 공공행정, 사업지원 순으로 높게 나타나고 있다.

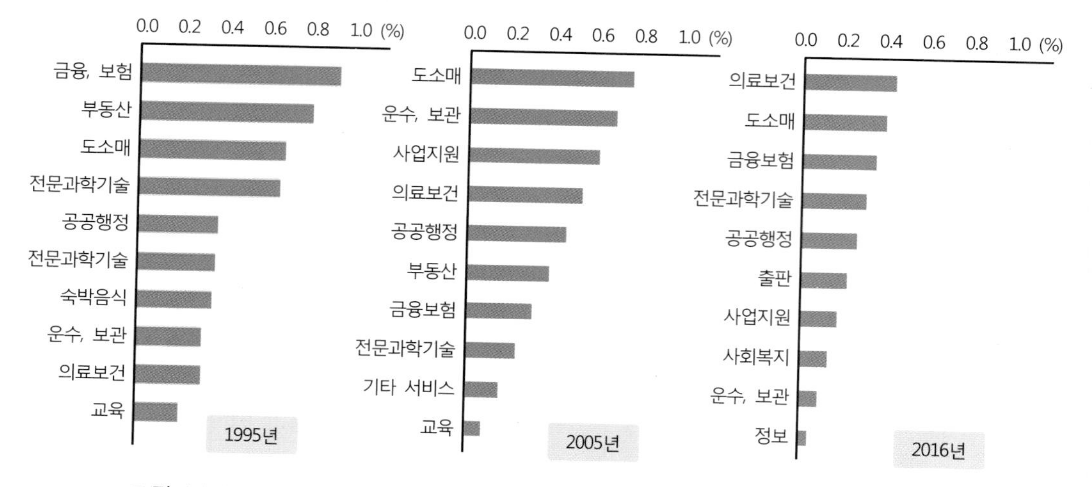

그림 11-23. 서비스업종별 성장기여도 변화

㈜: 성장 기여도=((해당연도 산업별 실질 부가가치-전년도 산업별 실질 부가가치)/전년도 실질GDP)×100

출처: 산업연구원, 산업통계분석시스템(ISTANS).

표 11-12. 서비스산업 세부 업종별 부가가치율 성장 추이, 1995-2015년

(단위: %)

산업	1995년	2000년	2005년	2010년	2015년
전 산업	**44.7**	**42.9**	**41.7**	**37.6**	**40.1**
제조업	**28.4**	**27.4**	**25.9**	**23.6**	**25.5**
서비스산업	**60.6**	**58.8**	**58.4**	**55.3**	**56.0**
유통서비스	**56.7**	**53.6**	**50.3**	**45.3**	**47.0**
도·소매	59.4	59.0	55.9	52.5	50.5
운수·보관	51.6	44.6	42.1	34.5	40.9
생산자서비스	**64.9**	**61.7**	**62.4**	**59.7**	**59.4**
출판	46.2	50.9	46.6	49.6	49.1
방송	61.3	48.7	43.5	47.0	39.9
통신	67.0	45.1	51.6	38.3	39.2
정보	48.6	55.8	52.0	45.7	40.1
금융·보험	61.1	55.1	61.8	55.2	53.1
부동산	76.1	78.5	78.2	80.5	80.1
임대	54.3	52.7	52.8	52.5	53.8
전문·과학기술	56.1	53.2	55.3	56.5	57.3
사업지원	89.2	85.6	69.0	65.0	65.8
사회서비스	**68.8**	**66.2**	**66.7**	**64.2**	**65.2**
공공행정	69.9	70.4	70.5	69.2	71.0
공공교육	n.a.	n.a.	n.a.	n.a.	n.a.
교 육	70.8	70.9	72.0	69.3	71.8
의료·보건	58.6	51.7	53.5	53.1	53.5
사회복지	86.0	53.1	54.0	45.4	45.8
개인서비스	**44.7**	**47.7**	**45.2**	**44.4**	**43.8**
숙박·음식점	38.2	45.3	41.7	39.8	39.8
예술·스포츠·여가	60.1	56.2	54.5	52.3	51.0
기타개인서비스	51.7	48.4	46.6	48.3	47.5

㈜: 부가가치율 = (부가가치/생산)×100으로, 창출된 부가가치액을 산출액(총매출액)으로 나눈 비율.

출처: ISTANS(원출처: 한국은행) 국민계정.

한편 1995~2015년 동안 서비스산업의 성장에 따른 세부 업종별 서비스산업의 구조적 변화를 사업체를 기준으로 살펴보면 전통적 서비스산업이라고 볼 수 있는 유통서비스와 개인서비스업의 경우 연평균 성장률이 상당히 낮게 나타나고 있다. 특히 2005~2015년 동안 유통서비스업과 개인서비스업의 연평균 성장률은 각각 1.5%, 1.0%를 보이고 있다. 반면에 생산자서비스업과 사회서비스업의 연평균 성장률은 각각 3.9%, 4.1%를 보이고 있다. 세부업종별로 자세히 비교해 보면 도소매업과 음식숙박업의 경우 2005~2015년 동안 연평균 성장률이 1.6%, 1.4%로 상당히 낮게 나타나고 있다. 반면에 정보서비스업의 경우 같은 기간 동안 연평균 성장률이 19.4%, 사업지원서비스업은 4.8%, 사회복지서비스업은 12%, 교육서비스업은 4.2%를 보이고 있다(표 11-12).

이와 같은 서비스 업종 간 차별적 성장으로 인해 각 업종이 서비스산업에서 차지하는

표 11-13. 서비스산업 세부 업종별 사업체 성장 추이, 1995-2015년

구분	사업체수			연평균성장률(%)		업종 비중(%)		
	1995	2005	2015	1995~2005	2005~2015	1995	2005	2015
서비스업	2,388,204	2,770,924	3,311,339	1.5	1.8	86.2	86.5	85.5
유통서비스	**1,147,147**	**1,199,997**	**1,394,505**	**0.5**	**1.5**	**48.0**	**43.3**	**42.1**
도·소매	944,131	864,687	1,015,074	-0.9	1.6	39.5	31.2	30.7
운수·보관	203,016	335,310	379,431	5.1	1.2	8.5	12.1	11.5
생산자서비스	**198,400**	**262,777**	**385,264**	**2.9**	**3.9**	**8.3**	**9.5**	**11.6**
출판	9,286	15,549	25,405	5.3	5.0	0.4	0.6	0.8
방송	861	856	829	-0.1	-0.3	0	0	0
통신	3,375	5,341	5,171	4.7	-0.3	0.1	0.2	0.2
정보	629	1,865	11,020	11.5	19.4	0	0.1	0.3
금융·보험	35,169	34,690	42,131	-0.1	2.0	1.5	1.3	1.3
부동산	49,094	99,061	131,079	7.3	2.8	2.1	3.6	4
임대	43,119	17,129	15,353	-8.8	-1.1	1.8	0.6	0.5
전문·과학기술	43,169	59,551	102,702	3.3	5.6	1.8	2.1	3.1
사업시설관리	1,963	3,316	10,769	5.4	12.5	0.1	0.1	0.3
사업지원	11,735	25,419	40,805	8.0	4.8	0.5	0.9	1.2
사회서비스	**156,770**	**213,296**	**320,266**	**3.1**	**4.1**	**6.6**	**7.7**	**9.7**
공공행정	13,760	12,570	12,364	-0.9	-0.2	0.6	0.5	0.4
공공교육	20,696	26,593	22,367	2.5	-1.7	0.9	1	0.7
교육	78,654	100,982	152,982	2.5	4.2	3.3	3.6	4.6
의료·보건	33,094	53,000	69,984	4.8	2.8	1.4	1.9	2.1
사회복지	10,566	20,151	62,569	6.7	12.0	0.4	0.7	1.9
개인서비스	**885,887**	**1,094,854**	**1,211,304**	**2.1**	**1.0**	**37.1**	**39.5**	**36.6**
숙박·음식점	522,323	621,279	710,699	1.8	1.4	21.9	22.4	21.5
예술·스포츠	82,836	124,228	101,063	4.1	-2.0	3.5	4.5	3.1
기타서비스	280,728	349,347	399,542	2.2	1.4	11.8	12.6	12.1

출처: 국가통계포털(www.kosis.kr).

표 11-14. 서비스산업 세부 업종별 종사자 성장 추이, 1995-2015년

구분	종사자수(천명)			연평균성장률(%)		업종 비중(%)		
	1995	2005	2015	1995~2005	2005~2015	1995	2005	2015
서비스업	8,851	10,815	15,315	2.0	3.5	64.9	71.4	73.3
유통서비스	**3,232**	**3,303**	**4,226**	**0.2**	**2.5**	**36.5**	**30.5**	**27.6**
도·소매	2,539	2,441	3,129	-0.4	2.5	28.7	22.6	20.4
운수·보관	693	863	1,096	2.2	2.4	7.8	8	7.2
생산자서비스	**1,713**	**2,334**	**3,898**	**3.1**	**5.3**	**19.3**	**21.6**	**25.5**
출판	104	203	282	6.9	3.3	1.2	1.9	1.8
방송	21	26	29	2.2	1.1	0.2	0.2	0.2
통신	79	116	94	3.9	-2.1	0.9	1.1	0.6
정보	13	43	159	12.7	14.0	0.1	0.4	1
금융·보험	711	592	743	-1.8	2.3	8	5.5	4.9
부동산	227	361	464	4.7	2.5	2.6	3.3	3
임대	75	43	63	-5.4	3.9	0.9	0.4	0.4
전문·과학기술	330	450	996	3.2	8.3	3.7	4.2	6.5
사업시설관리	45	98	253	8.1	9.9	0.5	0.9	1.7
사업지원	108	402	816	14.0	7.3	1.2	3.7	5.3
사회서비스	**1,692**	**2,378**	**3,751**	**3.5**	**4.7**	**19.1**	**22**	**24.5**
공공행정	564	539	688	-0.5	2.5	6.4	5	4.5
공공교육	539	782	1,013	3.8	2.6	6.1	7.2	6.6
교육	238	415	547	5.7	2.8	2.7	3.8	3.6
의료·보건	283	498	871	5.8	5.7	3.2	4.6	5.7
사회복지	67	144	632	8.0	15.9	0.8	1.3	4.1
개인서비스	**2,215**	**2,801**	**3,439**	**2.4**	**2.1**	**25.0**	**25.9**	**22.5**
숙박·음식점	1,289	1,696	2,118	2.8	2.2	14.6	15.7	13.8
예술·스포츠	199	344	367	5.6	0.6	2.2	3.2	2.4
기타서비스	727	761	954	0.5	2.3	8.2	7	6.2

출처: 국가통계포털(www.kosis.kr).

비중도 변화하면서 서비스산업의 구조적 변화를 잘 보여주고 있다. 1995년 유통서비스업이 차지하던 비중은 48.0%이었으나, 2015년에 42.1%로 감소하였다. 개인서비스업도 37.1%에서 36.6%로 약간 감소하였다. 반면에 생산자서비스업의 경우 1995년 8.3%에서 2015년 11.6%로 증가하였으며, 사회서비스업도 6.6%에서 9.7%로 증가하였다(표 11-13).

한편 서비스산업의 성장에 따른 구조적 변화를 종사자를 기준으로 하여 비교해 보면 훨씬 더 잘 나타나고 있다. 이는 도소매업이나 숙박음식업의 경우 자영업자도 많고 영세한 소규모 업체가 많기 때문이다. 전반적으로 사업체 성장 추이와 유사하지만 종사자 성장률이 사업체 성장률보다 더 높게 나타나고 있다. 2005~2015년 동안 생산자서비스업과 사회서비스업의 경우 연평균 5.3%, 4.7%라는 높은 성장률을 보이고 있다. 반면에 유통서비스업과 개인서비스업은 각각 2.5%, 2.1%의 낮은 성장률을 보이고 있다(표 11-14).

2005~2015년 동안 가장 높은 연평균 성장률을 보인 업종은 사회복지업으로 15.9%로 나타나고 있다. 이는 노령화 추세와 복지 서비스 수요가 증대하면서 사회복지업에 종사하는 노동력이 크게 증가하였음을 말해준다. 또한 사업서비스업에 속하는 전문과학기술, 사업시설관리, 사업지원서비스업도 2005~2015년 동안 연평균 7.3%와 9.9% 수준의 높은 성장률을 나타내고 있다.

이와 같은 세부 업종별 차별적 성장률에 따라 이들이 서비스산업에서 차지하는 비중도 크게 달라지고 있다. 1995년 전체 서비스산업 종사자의 36.5%를 차지하던 유통서비스업의 경우 2015년 그 비중이 27.6%로 크게 감소하였으며, 개인서비스 업종도 25%에서 22.5%로 감소하였다. 반면에 생산자서비스업의 경우 1995년 19.3%에서 2015년 25.5%로, 사회서비스업은 19.1%에서 24.5%로 각각 증가하였다. 2015년 서비스산업 종사자를 기준으로 비중을 보면 4개 업종의 비중이 거의 유사하게 나타나고 있다. 생산자서비스업과 사회서비스업 종사자가 각각 1/4을 차지하고 있으며, 유통서비스가 27%, 개인서비스가 23%를 차지하고 있다.

지난 10년 동안 서비스산업 종사자의 성장률을 보면 생산자서비스와 사회서비스업 종사자는 약 60%, 53%로 상당히 높게 나타나고 있다. 따라서 고부가가치 업종의 성장과 사회복지 차원에서 이루어지는 서비스산업 종사자 성장이 두드러지게 나타났음을 보여준다. 생산자서비스업이 차지하는 비중과 사회, 교육, 공공서비스업은 상대적으로 빠르게 성장하여 그 비중이 다소 높아졌다. 반면에 인구 규모와 구매력에 따라 성장하는 개인서비스업, 도소매업, 유통서비스업은 다소 낮은 증가추세를 보이면서 점유율이 미미하게 떨어지고 있다. 지난 10년 동안 유통서비스업 종사자는 약 88만명, 개인서비스업 종사자는 약 78만명이 증가되어 18.7%, 16.5%의 성장률을 보인 반면에 생산자서비스업 종사는 약 150만명, 사회서비스업 종사자도 약 155만명이 증가되어 30%를 상회하는 증가율을 보였다. 즉, 인구규모에 비례하여 성장하는 도소매업과 숙박·음식점업과 같은 전통적인 서비스업의 경우 둔화된 성장률을 보이고 있는 데 비해 다양한 정보통신기술을 활용한 생산자서비스업종과 사회 복지 및 교육, 행정 서비스 등이 사회서비스업 종사자의 성장이 상대적으로 빠르게 나타나고 있다.

서비스 경제화가 진전되면서 정보처리 및 컴퓨터 관련업, 전문과학·기술 서비스 등 고부가가치의 서비스 업종이 급성장하고 있으며, 이러한 추세는 앞으로도 지속될 것으로 전망된다. 더 나아가 사회복지 서비스업과 의료보건 서비스업의 경우 노령화가 진전되고 소득이 증가할수록 더 급속하게 증가될 전망이다.

한편 서비스산업이 발달하면서 여성 고용인력의 비중도 증가추세를 보이고 있다(그림 11-24). 서비스산업의 여성 종사자의 비중은 2006년 40.7%에서 2016년 42.6%로 높아졌다. 그러나 업종별로 여성 종사자 비중을 보면 상당한 차이를 보이고 있다. 남성이 주로 종사하는 운수업의 경우 여성 종사자 비율은 13%이며, 출판, 정보서비스업(30.6%), 공공행정(33.2%), 전문과학기술(32.7%), 부동산업(37.7%)으로 낮은 편이다. 반면에 여성 종사자 비율이 가장 높은 업종은 사회복지서비스업(79.8%), 숙박·음식점업(63.7%), 교육서비스업(62.9%), 금융·보험업(55.5%) 등으로 나타나고 있어 이러한 업종들은 여성 인력을 선호하는 업종이라고 볼 수 있다. 여성 종사자 비중이 매우 높은 업종을 세분화하여 보면 놀이방이나 노인복지시설 및 양로원과 복지시설 등으로 주로 여성의 노동력이 집약적으로 필요한 업종으로 나타나고 있다.

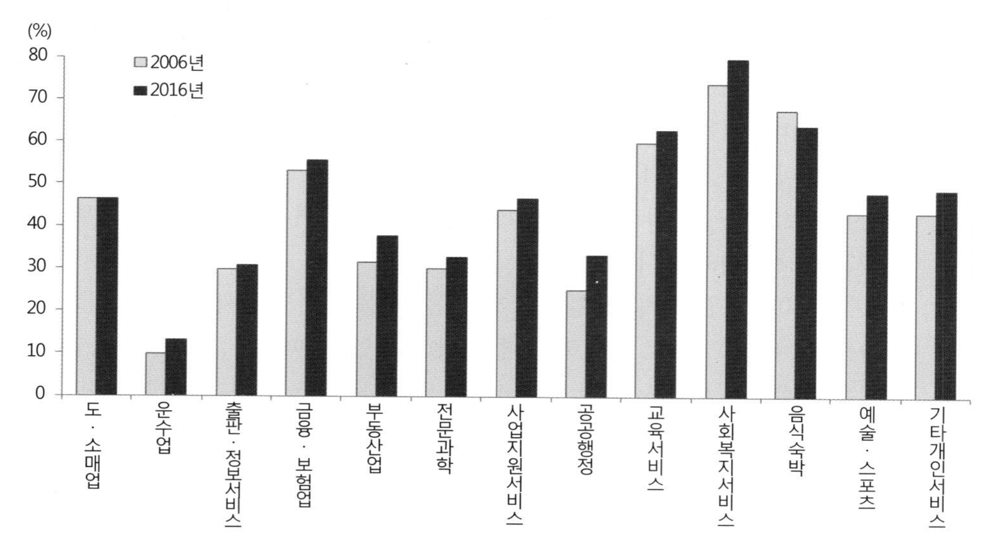

그림 11-24. 서비스 세부업종별 여성 종사자 비율 증가 추세, 2006-2016년
출처: 국가통계포털(www.kosis.kr).

표 11-15. 서비스 세부업종별 여성 종사자 비율

(단위: %)

업종	2016년	업종	2016년
전 산업	**42.6**	**서비스업**	**49.0**
유통서비스	**37.6**	**사회서비스**	**64.7**
도매 및 소매업	46.3	공공행정	33.2
운수업	13.1	교육서비스업	62.9
생산자서비스	**41.2**	사회복지서비스업	79.8
출판, 정보서비스업	30.6	**개인서비스**	**57.7**
금융 및 보험업	55.5	숙박·음식	63.7
부동산업	37.7	예술, 스포츠	47.9
전문, 과학	32.7	기타 개인서비스업	48.7
사업지원서비스업	46.7		

출처: 국가통계포털(www.kosis.kr).

2) 서비스산업의 공간분포와 공간적 집중화

서비스산업의 업종별 사업체당 매출액과 종사자 1인당 매출액을 비교해보면 상당히 큰 격차가 나타나고 있다(표 11-16). 이러한 업종별 매출액의 차이는 지역별 서비스업종의 사업체와 종사자 분포만 단순히 비교하는 것보다 지역별 업종별 생산성 및 서비스산업이 지역경제에 미치는 영향력을 파악하는 데 중요한 정보라고 볼 수 있다. 그러나 아직까지 지역별로 세부업종별 사업체당 매출액이나 종사자 1인당 매출액 자료를 제공하지 않기 때문에 지역별로 서비스산업의 세부 업종별 매출액 격차를 비교할 수 없다.

표 11-16. 서비스업종별 사업체당, 종사자 1인당 매출액 비교, 2016년

	사업체당 매출액(백만원)	종사자 1인당 매출액(백만원)
도·소매	1,129	366
숙박·음식점	181	61
출판·영상·방송	2,686	212
부동산·임대	781	219
전문·과학·기술	880	129
사업서비스	1,190	57
교육서비스	195	56
보건·사회복지	838	72
예술·스포츠·여가	425	118

출처: 통계청, 2016년 도소매업·서비스업조사 자료.

전국 차원에서의 서비스산업의 성장에 따른 서비스산업의 시·도별 성장 추세를 보면 2006~2016년 동안 모든 지역에서 서비스산업이 성장하고 있는 것으로 나타나고 있다(그림 11-25). 그러나 서비스산업이 성장하는 가운데 수도권으로의 집중화 현상이 심화되고 있다. 수도권의 사업체와 종사자 점유율이 증가 추세를 보이고 있으며, 특히 종사자 점유율이 더 높아지고 있다. 수도권의 점유율이 가장 높은 업종은 생산자서비스업으로 2016년 사업체는 전국의 56.5%, 종사자는 전국의 63.8%를 차지하고 있다. 유통서비스업도 수도권의 종사자 점유율이 2016년에는 55.5%를 차지하고 있다(표 11-17, 표 11-18).

특히 서울의 생산자서비스업의 집중화가 가장 크게 나타나고 있다. 2016년 서울의 생산자서비스업체의 경우 전국에서 차지하는 비중이 32%, 종사자는 41.9%를 보이고 있다. 사업체 비중보다 종사자 비중이 훨씬 더 높게 나타나고 있는 것은 서울에 입지하고 있는 생산자서비스업체들이 상대적으로 규모가 큰 업체임을 말해준다. 이는 서비스산업 가운데서도 고부가가치 업종, 또는 지식기반서비스업종이라고 볼 수 있는 생산자서비스업에 종사하는 근로자 10명 중 4명은 서울에서 일하고 있음을 말해준다. 수도권, 특히 서울로의 생산자서비스업의 집중화 추세는 고급인력, 연구기능, 정부하부구조, 생활편익시설, 어메니티 환경 등 생산자서비스업의 입지 매력도가 상당히 크기 때문으로 풀이할 수 있다.

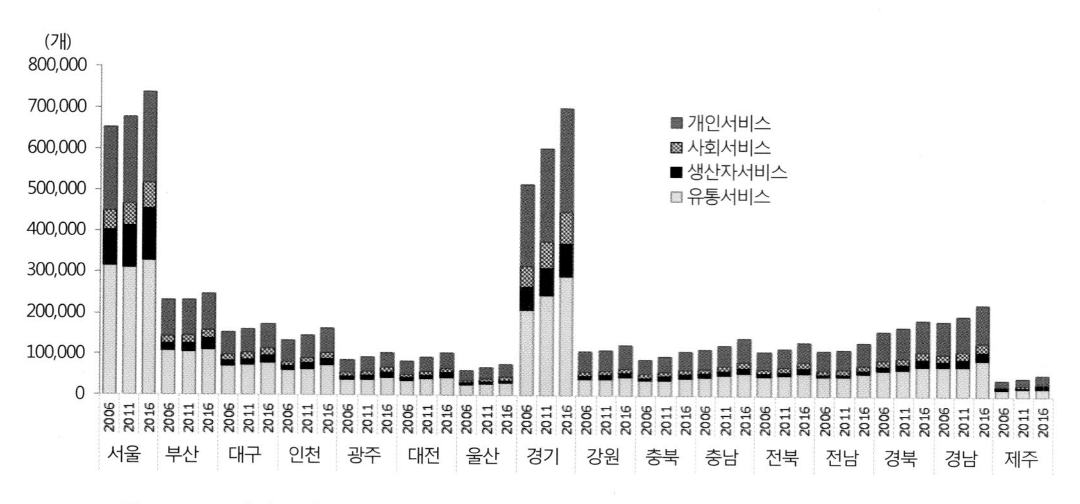

그림 11-25. 서비스산업 사업체의 지역별 성장 추이, 2006-2016년

표 11-17. 서비스산업 사업체의 지역별 점유율 변화, 2006-2016년

(단위: %, 개)

사업체	2006년				2016년			
	유통 서비스	생산자 서비스	사회 서비스	개인 서비스	유통 서비스	생산자 서비스	사회 서비스	개인 서비스
수도권	**47.8**	**57.4**	**44.0**	**42.3**	**48.6**	**56.5**	**46.4**	**42.9**
서울	25.8	32.5	19.3	18.9	23.2	32.0	18.9	17.7
인천	4.8	4.3	4.1	4.7	5.0	4.0	4.5	4.8
경기	17.2	20.6	20.6	18.7	20.4	20.5	23	20.4
부울권	**16.6**	**13.8**	**16.8**	**17.8**	**15.8**	**14.1**	**15.5**	**16.9**
부산	8.8	7.2	7.2	8.1	7.7	6.9	6.4	7.0
울산	1.9	1.7	2.5	2.3	2	1.9	2.3	2.4
경남	5.9	4.9	7.1	7.4	6.1	5.3	6.8	7.5
대경권	**10.8**	**8.3**	**11.6**	**11.7**	**10.4**	**8.3**	**10.7**	**11.2**
대구	5.7	4.7	5.7	5.2	5.3	4.4	5.3	4.9
경북	5.1	3.6	5.9	6.5	5.1	3.9	5.4	6.3
호남권	**10.6**	**8.1**	**12.4**	**11.1**	**10.6**	**8.3**	**11.8**	**11.2**
광주	3	2.9	3.6	3.0	3.0	3.0	3.5	3.0
전북	3.8	2.8	4.5	3.8	3.9	2.9	4.4	3.9
전남	3.8	2.4	4.3	4.3	3.7	2.4	3.9	4.3
강원제주	**4.7**	**3.9**	**4.9**	**6.1**	**4.5**	**4.0**	**4.7**	**6.4**
강원	3.3	2.8	3.5	4.6	3.1	2.6	3.3	4.6
제주	1.4	1.1	1.4	1.5	1.4	1.4	1.4	1.8
전국 사업체수	1,204,990	269,947	244,603	1,074,768	1,405,225	398,785	331,066	1,246,831

㈜: 통계청에서 제공되는 시도별 서비스산업 사업체 자료의 경우 2005년 시점까지와 2006년 이후 세부업종 분류 체계가 상이한 자료이기 때문에 시도별 점유율 비교는 2006년 이후만 비교하였음; 세종시의 경우 시계열적 일관성 비교를 위해 제외하였음.
출처: 국가통계포털(www.kosis.kr).

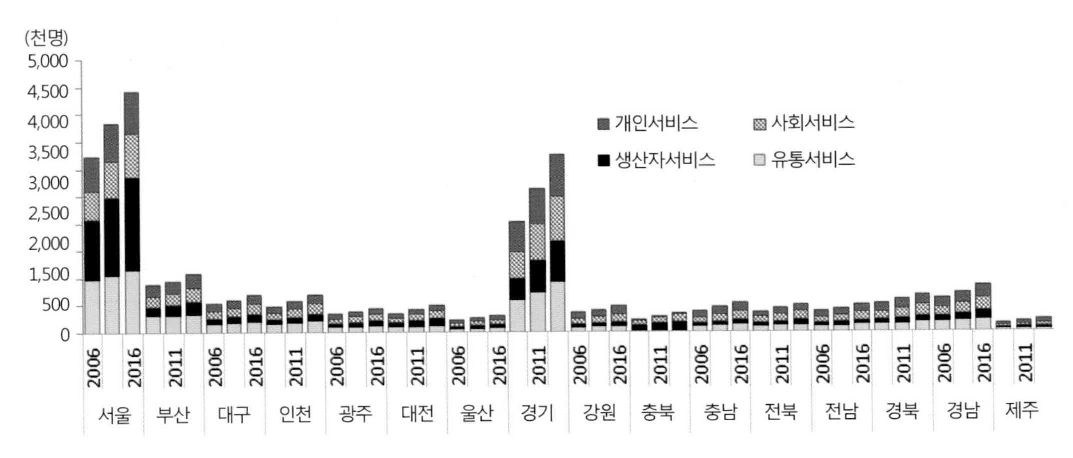

그림 11-26. 서비스산업 종사자의 지역별 성장 추이, 2006-2016년

표 11-18. 서비스산업 종사자의 지역별 점유율 변화, 2006-2016년

(단위: %, 명)

종사자	2006년				2016년			
	유통 서비스	생산자 서비스	사회 서비스	개인 서비스	유통 서비스	생산자 서비스	사회 서비스	개인 서비스
수도권	**53.0**	**61.9**	**45.4**	**48.3**	**55.5**	**63.8**	**47.0**	**49.3**
서울	30.0	43.0	21.6	23.3	28.1	41.9	21.0	22.2
인천	4.9	3.3	4.5	4.7	5.2	3.2	4.9	4.8
경기	18.1	15.6	19.3	20.3	22.2	18.7	21.1	22.3
부울권	**16.9**	**12.1**	**15.7**	**16.9**	**15.7**	**11.1**	**15.1**	**16.3**
부산	9.6	6.6	7.2	8	8.2	5.7	6.8	7.3
울산	1.9	1.8	2.1	2.2	2	1.7	2.1	2.3
경남	5.4	3.7	6.4	6.7	5.5	3.7	6.2	6.7
대경권	**9.5**	**6.9**	**10.7**	**10.5**	**9**	**6.1**	**10.2**	**10.1**
대구	5.2	4	5	4.9	4.8	3.5	4.8	4.7
경북	4.3	2.9	5.7	5.6	4.2	2.6	5.4	5.4
호남권	**9.7**	**6.9**	**12.2**	**10.3**	**9.3**	**6.3**	**11.7**	10.2
광주	3.1	2.7	3.3	3.0	2.9	2.4	3.3	3.0
전북	3.3	2.2	4.4	3.5	3.1	2.1	4.2	3.5
전남	3.3	2	4.5	3.8	3.3	1.8	4.2	3.7
강원제주	**4.1**	**2.9**	**5.1**	**6.4**	**4.1**	**2.9**	**5.1**	**6.7**
강원	2.8	2	3.7	4.5	2.8	2	3.7	4.5
제주	1.3	0.9	1.4	1.9	1.3	0.9	1.4	2.2
전국 종사자수	3,345,381	2,473,996	2,519,810	2,736,335	4,247,978	3,937,709	3,825,681	3,536,702

㈜: 통계청에서 제공되는 시도별 서비스산업 종사자 자료의 경우 2005년 시점까지와 2006년 이후 세부업종 분류 체계가 상이한 자료이기 때문에 시도별 점유율 비교는 2006년 이후만 비교하였음; 세종시의 경우 시계열적 일관성 비교를 위해 제외하였음.
출처: 국가통계포털(www.kosis.kr).

표 11-19. 서비스산업 종사자 증가의 지역별 점유율 변화, 2006-2016년

종사자	종사자수 증가(명)				증가된 종사자에 대한 점유율(%)			
	유통 서비스	생산자 서비스	사회 서비스	개인 서비스	유통 서비스	생산자 서비스	사회 서비스	개인 서비스
수도권	**566,406**	**1,005,766**	**653,318**	**409,481**	**64.3**	**67.0**	**42.2**	**52.8**
서울	183,463	601,745	256,521	141,668	20.8	40.1	16.6	18.3
인천	54,130	44,146	75,416	41,842	6.1	2.9	4.9	5.4
경기	328,813	359,875	321,381	225,971	37.4	24.0	20.7	29.1
부울권	**91,924**	**142,619**	**179,643**	**109,247**	**10.3**	**9.5**	**11.6**	**14.1**
부산	25,044	64,308	78,509	37,448	2.8	4.3	5.1	4.8
울산	18,044	22,454	24,875	20,750	2	1.5	1.6	2.7
경남	48,836	55,857	76,259	51,049	5.5	3.7	4.9	6.6
대경권	**61,868**	**74,597**	**123,775**	**64,388**	**7.1**	**5.0**	**8.0**	**8.3**
대구	27,065	43,067	59,296	29,556	3.1	2.9	3.8	3.8
경북	34,803	31,530	64,479	34,832	4	2.1	4.2	4.5
호남권	**69,243**	**83,394**	**142,452**	**75,750**	**7.8**	**5.6**	**9.1**	**9.8**
광주	18,678	30,074	43,924	22,940	2.1	2.0	2.8	3.0
전북	23,937	29,775	51,546	26,744	2.7	2.0	3.3	3.4
전남	26,628	23,545	46,982	26,066	3	1.6	3	3.4
강원제주	**28,755**	**41,507**	**65,635**	**52,796**	**3.3**	**2.8**	**4.2**	**6.8**
강원	15,768	28,136	48,409	27,694	1.8	1.9	3.1	3.6
제주	12,987	13,371	17,226	25,102	1.5	0.9	1.1	3.2

출처: 국가통계포털(www.kosis.kr).

2006~2016년 동안 지역별 서비스산업 종사자 변화를 세부적으로 보면 수도권으로의 생산자서비스업의 집중화 추세를 더욱 실감나게 보여준다. 지난 10년 동안 수도권의 생산자서비스업 종사자는 약 100만명이 증가되었는데, 이는 전국 생산자서비스업 총 종사자 증가의 67%를 차지한다. 이는 창출된 생산자서비스업 종사자의 약 2/3가 수도권에서 창출되었음을 말해준다(표 11-19). 특히 서울에서 창출된 생산자서비스업 종사자 비중이 40%를 차지하고 있어 지난 10년 동안 급성장한 생산자서비스업의 일자리 창출이 서울에서 주로 이루어졌음을 시사해준다. 서울에서 생산자서비스업의 일자리 창출 비율이 높은 것은 숙련된 노동력, 창의적 기업가 정신, 국제 금융기관의 입지, 정보통신서비스로의 접근성이 양호하여 생산자서비스업의 입지 매력도가 높기 때문으로 풀이할 수 있다. 즉, 지식기반사회로 진전되면서 고부가가치, 지식집약적 서비스업종들이 서울로 집중하는 이유는 서울이 갖고 있는 입지 우위성과 집적경제의 이익을 누릴 수 있기 때문이다. 뿐만 아니라 본사기능이 집중되어 있는 서울이 기술집약적이고 정보·지식집약적인 생산자서비스에 대한 수요가 상대적으로 높기 때문에 생산자서비스업체들이 집중하는 경향을 보이고 있다. 기업의 핵심적 기능을 담당하는 본사가 입지하려는 경우 우선적으로 기업을 운영하는데 필요한 제반 서비스(행정업무, 회계업무, 기술자문, 시장 전략 등)를 공급받을 수 있는 여건을 갖춘 지역으로 입지하려 한다는 점을 고려해 볼 때 지방 대도시보다는 서울을

선호하는 경향이 두드러지게 나타나고 있다. 이는 서울에 입지하는 경우 기업경영과 연구개발, 기술혁신 등에 필요한 정보를 신속하게 얻을 수 있고 고급인력을 구하기 쉽기 때문이라고 볼 수 있다.

유통서비스업의 경우 지난 10년 동안 약 57만명의 일자리가 창출되었다. 이 가운데 경기도가 차지하는 비중이 37%를 보이고 있다. 이는 경기지역으로의 도소매업과 운수업 종사자들이 크게 집중하고 있음을 말해준다. 그 결과 유통서비스업에 종사하는 고용자 증가의 64%가 수도권이 차지하고 있다. 반면에 최근 급성장하고 있는 사회서비스업의 경우 증가된 종사자의 42%만이 수도권이 차지하고 있어 상대적으로 수도권으로의 집중화 양상이 가장 약하다고 볼 수 있다. 이는 공공행정, 국방, 교육, 사회복지 서비스업의 경우 해당 지역별 형평성으로 고려하여 배분되며, 특히 노인인구 비중이 높은 지방에 사회복지서비스 종사자들이 증가하고 있음을 말해준다. 더 나아가 인구분포에 많은 영향을 받는 개인서비스업종에서 증가된 일자리의 53%도 수도권에서 타나고 있는데, 이는 수도권 거주민들이 상대적으로 소득수준이 높아 외식 및 예술, 스포츠 부문에서의 수요가 높기 때문으로 풀이할 수 있다.

2016년 광역시·도별 서비스산업의 업종별 종사자를 비교해 보면 생산자서비스업의 경우 서울의 점유율이 42.9%를 보이고 있어 생산자서비스업이 가장 집중되어 있음을 말해준다(그림 11-27). 경기도의 경우 유통서비스업, 사회서비스업, 개인서비스업 종사자 점유율이 전국의 약 21%를 차지하고 있으며, 생산자서비스업도 약 19%를 차지하여 다른 광역시들에 비해 경기도의 경우 서비스 세부업종 모두 상당히 발달하였음을 알 수 있다. 이는 서울의 서비스산업 성장 파급력이 경기도로 확산되고, 경기도에 많은 인구와 기업의 유입으로 인해 생산자서비스업 및 공공행정서비스, 사회서비스, 교육 서비스업 등에서 수요가 크게 늘어났기 때문으로 풀이된다.

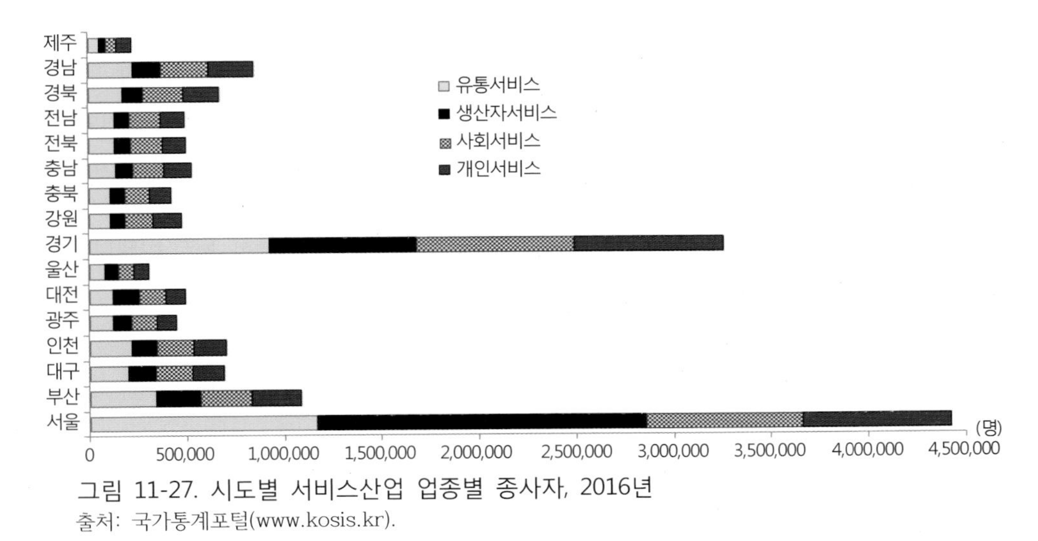

그림 11-27. 시도별 서비스산업 업종별 종사자, 2016년

출처: 국가통계포털(www.kosis.kr).

표 11-20. 시도별 서비스산업 업종별 구성비 비교, 2016년

(단위: %)

	유통 서비스	생산자 서비스	사회 서비스	개인 서비스		유통 서비스	생산자 서비스	사회 서비스	개인 서비스
서울	26.4	**38.2**	18.1	17.3	경기	**28.3**	23.2	**24.8**	23.6
부산	**31.4**	21.3	24.1	23.3	강원	22.9	16.6	**29.6**	**30.9**
대구	**28.8**	20.8	**26.9**	23.5	충북	25.8	18.0	**29.9**	26.3
인천	**31.0**	18.2	**27.0**	23.9	충남	26.3	16.7	**29.5**	27.5
광주	27.0	21.8	**28.2**	22.9	전북	26.1	17.3	**32.3**	24.2
대전	24.4	27.5	**27.4**	20.6	전남	27.3	14.7	**32.1**	25.8
울산	26.6	22.0	**25.8**	25.7	경북	26.1	15.6	**30.9**	27.5
					경남	26.8	17.7	**28.2**	27.3
전국	**27.3**	**25.3**	**24.6**	**22.7**	제주	25.5	16.7	23.7	**34.1**

출처: 국가통계포털(www.kosis.kr).

광역시·도별로 서비스산업의 구조를 비교해 보면 서울의 경우 생산자서비스업을 제외한 다른 업종의 구성비는 전국 평균에 비해 상당히 낮은 편이다. 생산자서비스 비중이 38.2%로 전국 평균 25.3%에 비하면 상당히 높은 편이다. 그러나 서울의 사회서비스업의 비중은 18.1%인데 비해 전국 평균은 24.6%를 차지한다. 또한 개인서비스업의 비중도 서울의 경우 17.3%인데 비해 전국 평균은 22.7%로 낮은 편이다(표 11-20). 따라서 서울의 경우 서비스산업의 구조는 인구수나 구매력에 비례하여 나타나는 숙박·음식업이나 공공행정, 교육, 사회복지 서비스업의 비중은 낮은 데 비해 고부가가치 업종으로 고급 노동력을 필요로 하는 생산자서비스업의 비중은 상당히 높아 서비스산업이 고도화되어 가고 있음을 말해준다.

반면에 부산, 대구, 인천의 경우 유통서비스업 비중이 전국 평균에 비해 상대적으로 높은 편이다. 거의 모든 지역에서 사회서비스업의 비중이 전국 평균치보다 매우 높게 나타나고 있다. 이는 사회서비스업의 경우 형평성을 기저로 이루어지는 서비스이며, 노인인구 비중이 상대적으로 높은 지방에 사회서비스에 대한 수요가 증가하고 있기 때문으로 풀이할 수 있다. 한편 우리나라 대표적인 관광지인 강원도와 제주도의 경우 숙박·음식업의 발달로 인해 개인서비스업종 비중이 전국 평균에 비해 상당히 높게 나타나고 있다.

제 12 장

세계 무역의 성장과 우리나라 무역구조의 변화

1. 국제무역 이론
2. 무역장벽과 자유무역
3. 세계 무역의 성장과 공간 패턴
4. 우리나라 무역의 성장과 구조적 변화

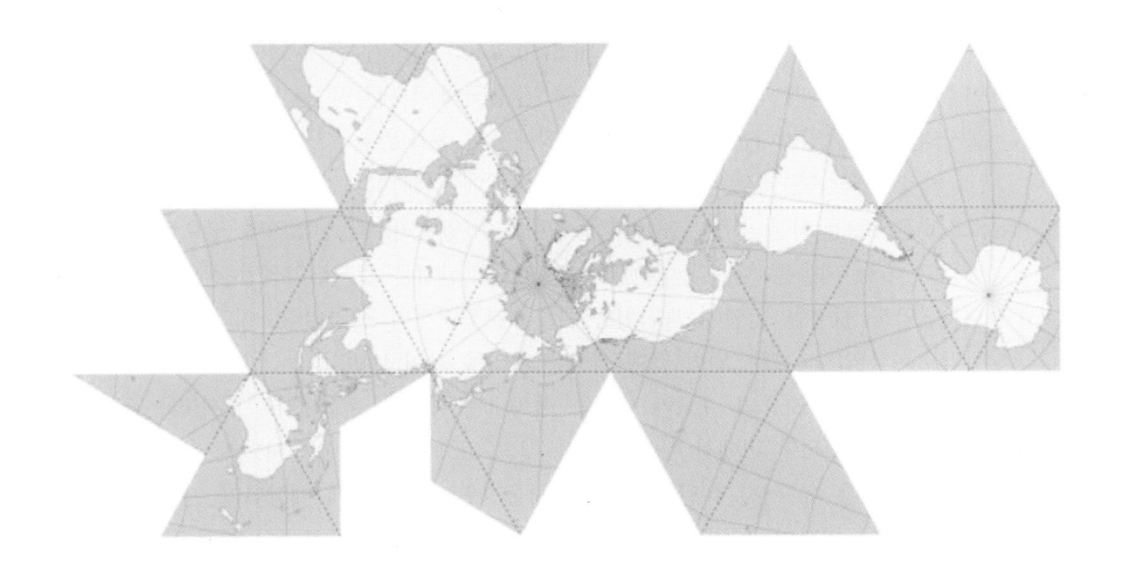

1 국제무역 이론

생산활동이 점차 전문화·분업화되고 교통이 발달하면서 지역 간 상품 교류가 한층 더 활발해지고 있다. 기후와 자원 부존량의 국가 간 차이는 공간적 분업화를 유발시키고 있으며, 그에 따라 국제교역이 이루어지고 있다. 경제의 세계화가 진전되면서 무역 자체가 국가 및 지역성장에도 영향을 미치며, 상품의 공간적 이동이라는 관점에서 무역은 경제지리 분야의 중요한 주제라고 볼 수 있다. 여기서는 무역이란 왜 발생하게 되며 무역을 통해 얻게 되는 이익이 무엇인가를 설명해주는 고전적 무역이론에서부터 최근 부각되고 있는 새로운 관점에서의 무역이론에 대해 살펴보고자 한다.

1) 고전적 국제무역 이론

(1) 무역의 발생원인

재화를 생산하는 데 필요한 생산요소들이 균등하게 분포되어 있지 못하므로 대다수 국가들의 경우 그들이 필요한 모든 재화를 다 생산하지 못하며, 따라서 국가 간 국제무역이 발생하는 것은 당연하다고 볼 수 있다. 특히, 무역은 생산비용의 공간적 차이로 인한 공급과 재화에 대한 수요의 공간적 차이에 따른 수·급의 불균형으로 인해 이루어진다고 볼 수 있다. 네덜란드 경제학자 Linneman(1966)은 국가 간 무역량에 영향을 주는 결정 변수로 수입국가의 잠재적인 총 수요량, 수출국의 잠재적인 총 공급량, 그리고 양국 간 물자의 흐름을 방해하는 자연적·인위적 장애물을 손꼽았다.

먼저 공급 측면에서 무역을 유발하는 요인에 대해 살펴보자. 생산활동에 필요한 생산요소들은 토지, 자본, 자원, 노동력 등을 들 수 있으며, 각 산업마다 필요로 하는 생산요소들의 투입 비율은 다르다. 일반적으로 제1차 산업은 토지집약적인 산업이며, 경공업은 노동집약적 산업인 반면에 중화학공업은 자본집약적인 산업이다. 이와 같이 생산요소의 집약도는 산업 간 또는 업종 간에 상당한 차이를 보이고 있다.

토지는 무역 흐름의 규모와 특성을 결정짓는 중요한 요소이다. '토지'라는 생산요소는 양적인 면과 질적인 면에서 다른 특성을 갖고 있으며, 특히 천연자원과 결부될 때 토지의 중요성은 한층 더 커지게 된다. 희소한 광물자원이 풍부하게 매장되어 있는 지역은 상당히 한정되어 있으며, 따라서 광물자원이 부족한 나라들은 풍부한 나라들로부터 수입해야 한다. 해양 운송화물의 상당한 비중을 차지하는 원유는 왜 국제 간에 무역이 이루어지는가를 잘 보여준다. 뿐만 아니라 토지는 기후를 비롯한 자연환경과 결합되어질 때 인간에게 주는 유용성이 크게 달라진다. 세계 각 지역의 기후, 토양, 지형이 서로 다르기 때문에 세계 각 지역의 농산물들이 국제적으로 이동되고 있다. 특히 열대성 작물의 이동이나 냉대 혼합림 지역의 목재 이동 등은 자연환경의 차이에 따른 상품 교역이라고 볼 수 있다.

노동력이 무역에 미치는 영향은 노동력의 양적인 면과 노동생산성 측면에서 찾아볼 수 있다. 노동력이 풍부한 나라의 경우 임금이 저렴하기 때문에 노동집약적 업종들이 발달하게 된다. 뿐만 아니라 같은 종류의 재화를 생산하는 데 있어서도 노동력이 풍부한 나라는 노동력으로 자본을 대체시키기도 한다. 그러나 노동력의 양보다는 노동생산성의 차이 때문에 국가 간에 무역이 더 활발하게 이루어지고 있다. 노동생산성이란 단위노동 투입량에 대해 생산된 상품 가치로, 일반적으로 노동생산성이 높은 나라들은 높은 노동생산성을 요구하는 상품을 생산하여 수출하고 있다.

한편 자본은 다른 생산요소와 결부되어 나타나기 때문에 무역에 미치는 영향력을 직접적으로 파악하기 어렵지만 무역을 발생시키는 중요한 결정요인이다. 자본이 풍부한 나라의 경우 자본집약적 상품을 생산함으로써 국제무역에서 비교우위를 차지하고 있다. 또한 산업이 고도화되어 감에 따라 자본으로 다른 생산요소들(예: 노동이나 토지)을 대체화시키는 경향이 나타나고 있다. 뿐만 아니라 자본이 풍부한 선진국의 경우 그들의 자본을 개발도상국에게 투자하여 상품 이동뿐 아니라 자본 이동도 이루어지고 있다. 선진국이 개발도상국에 자본을 투자하는 이유 중의 하나는 개발도상국가가 지닌 생산요소의 상대적 이점(값싼 노동력)을 이용하려는 전략이라고 볼 수 있다.

이렇게 생산요소의 부존 비율의 차이에 따라 국제무역이 이루어지지만, 수요적인 측면에서도 무역이 유발될 수도 있다. 즉, 생산량의 공간적 차이에 의해서만 무역이 발생하는 것만 아니라 동일한 생산가능곡선을 지닌 국가들 간에도 수요 구조가 다를 경우에 무역이 이루어지게 된다. 수요의 공간적 변이가 나타나는 가장 주된 요인은 소득수준이다. 엥겔의 법칙에 의하면 소득이 낮은 사람들의 경우 소득이 증가함에 따라 생활필수품에 대한 수요가 증가되나, 소득수준이 증가하여 기본적인 의·식·주가 충족되는 경우 생활필수품이 아닌 사치품에 대한 수요가 높아지게 된다. 이와 같이 소득이 증가함에 따른 재화에 대한 수요는 소득 탄력성(income elasticity of demand)에 따라 달라진다. 일반적으로 소득 탄력성이 0.3~0.7에 있는 재화들은 비탄력적인 재화로 생활필수품이며, 소득의 탄력성이 1보다 큰 재화들은 탄력성이 높은 주로 사치품들이다. 이렇게 재화마다 소득 탄력성이 다르기 때문에 국민소득이 다를 경우 국가마다 서로 다른 소비패턴을 나타내게 되며, 특정 상품에 대한 수요가 크게 증가하게 될 경우 무역은 더욱 활성화된다. 따라서 무역의 흐름은 국가 간 소득수준의 차이를 반영한다고도 볼 수 있다. 국가별 상품에 대한 수요가 다르게 나타나는 또 다른 이유는 각 국가들의 문화가 다르기 때문이며, 특히 종교의 차이에 따른 식품 수요나 기호식품에 대한 소비 습관도 무역에 영향을 주고 있다.

(2) 절대우위론

국가 간에 무역이 이루어지는 것은 두 나라 모두 무역을 통해 보다 더 큰 이익을 얻을 수 있기 때문이다. 즉, 무역은 상대방 모두에게 이익을 주며 나아가 사회 전체적으로나 세계적으로 이익을 발생시키는 경제 행위라고 볼 수 있다. 무역을 통해 어떻게 서로 이익을 얻게 되는가를 설명해 주는 무역이론 가운데 가장 단순한 이론이 절대우위론이다.

절대우위론(theory of absolute advantage)을 내세운 Adam Smith는 각 국가마다 주어진 가장 유리한 생산여건을 이용하여 생산을 전문화한다면 국제적으로 효율적인 분업화를 이끌어낼 수 있으며, 각국은 교역을 통해 자신의 이익을 극대화할 수 있다고 주장하였다. 일례로 A국가는 노동력이 풍부하여 B국가보다 섬유제품을 값싸게 생산할 수 있고 B국가는 자본·기술이 풍부하여 기계제품을 A국가보다 값싸게 생산할 수 있는 경우, 양국 간에 교역이 이루어질 경우 A나라는 섬유제품을 수출하고 B나라는 기계제품을 수출함으로써 두 나라 모두 교역을 통해 이익을 얻을 수 있게 된다는 것이다.

(3) 비교우위론

만일 B국가가 섬유제품이나 기계제품을 생산하는 데 있어서 A국가에 비해 싸게 또는 보다 효율적으로 생산할 수 있어 두 상품 모두 절대적 우위를 가지고 있는 경우에도 과연 양국 사이에서 교역이 일어날 수 있으며, 또 교역을 통해 양국이 다 이익을 얻게 되는가를 설명하기는 쉽지 않다. 이러한 경우에도 교역을 통해 두 나라 모두 이익을 얻을 수 있다는 이론이 Ricardo가 제시한 비교우위론(theory of comparative advantage)이다. 그의 이론에 따르면 양국은 각기 비교우위를 지닌 생산품을 전문화하여 생산·수출하고 비교열위를 가진 생산품을 수입하면 그만큼 이익을 얻게 된다는 것이다.

Ricardo는 다른 국가들과의 교역이 전혀 이루어지지 않는 A국가와 B국가에서 두 가지 종류의 재화만을 생산한다고 가정하였다. 또한 불변비용의 조건 하에서 생산규모에 대한 수확불변함수를 전제로 하였고, 동일 재화에 대한 생산함수는 생산기술의 차이에 의해서만 나타나며, 양국의 노동량은 동일하고, 국제 간 생산요소(자본)는 이동하지 않는다고 가정하였다. 또한 완전경쟁 하에서 시장균형이 이루어지는 상품 무역만을 고려하였다. 이와 같은 가정 하에서 무역을 통해 어떻게 양국이 이익을 얻게 되는가에 대해 살펴보자.

일례로 A국가와 B국가가 기계과 소맥을 생산하며, 이를 생산하는 데 필요한 생산요소는 오직 노동뿐이며, 각 나라 모두 동일한 40단위의 노동을 보유하고 있다고 가정하자. A국가의 경우 기계 1단위를 생산하는 데 노동 10단위가 필요하고 소맥 1단위를 생산하는 데 노동 20단위를 필요로 한다. 반면에 B국가는 기계 1단위를 생산하는 데 8단위의 노동,

소맥 1단위를 생산하는 데 2단위의 노동을 사용한다고 하자. 이런 경우 B국가는 기계와 소맥을 생산하는 데 보다 더 적은 노동력을 투입하여 생산할 수 있기 때문에 생산비가 저렴하여 두 제품 모두 절대우위를 지니고 있다. 반면에 A국가는 노동력 투입량이 모두 더 많아 생산비가 비싸므로 두 제품 모두 절대열위에 있다.

무역이 이루어지기 전 두 나라의 생산가능곡선을 보면 A국가의 경우 만일 노동력을 모두 기계 생산에 투입한다면 기계 4단위를 생산할 수 있으며, 소맥에 투입한다면 2단위를 생산할 수 있다. 반면에 B국가의 경우 노동력을 모두 기계 생산에 투입한다면 5단위를, 소맥에 투입한다면 20단위를 생산할 수 있다. 교역이 없는 경우 자국 내에서 두 제품을 모두 생산하고 소비하여야 하므로 생산가능곡선 상의 특정 지점에서 수요에 따라 두 제품의 생산이 이루어진다.

만일 양국 간 교역이 이루어지는 경우 두 제품에 대한 각국의 기회비용을 살펴보자. A국가의 경우 생산가능곡선의 기울기는 1/2로 이는 기계생산의 기회비용이다. 즉, 기계 1단위를 더 생산하기 위해서는 소맥 1/2단위를 포기하여야 한다. 이는 자국 내에서는 기계 1단위와 소맥 1/2단위가 교환될 수 있으며, 따라서 기계 1단위의 상대가격은 소맥 1/2단위이다. 한편 B국가의 경우 기울기가 4이기 때문에 기계 1단위를 더 생산하기 위해서는 소맥 4단위를 포기하여야 한다. 따라서 B국가의 경우 자국 내에서 기계 1단위의 상대가격은 소맥 4단위이다.

기회비용을 고려해 볼 때 A국가의 경우 기계 1단위를 추가로 더 생산하기 위해 소맥 1/2단위를 포기해야만 하며, B국가의 경우 기계 1단위를 더 생산하기 위해 소맥 4단위를 포기해야만 한다. 따라서 A국가는 기계 생산에 있어서 B국가보다 절대열위에 있으나 상대적 우위를 갖고 있다고 볼 수 있다. 한편 A국가의 경우 소맥 1단위를 더 생산하기 위해서는 2단위의 기계를 포기해야만 하며, B국가의 경우 소맥 1단위를 더 생산하기 위해서는 기계 1/4단위를 포기해야 한다. 따라서 B국가는 A국가에 비해 소맥생산에 있어 절대적인 우위에 있을 뿐만 아니라 상대적인 우위도 차지하고 있다. 바꾸어 말하면 B국가는 A국가보다 두 재화 모두 절대우위를 가지고 있지만 소맥이 비교우위를 가지고 있는 반면에, A국가는 B국가에 비해 두 재화 모두 절대열위에 있으나 기계는 비교우위를 가지고 있다. 만일 양국 간에 자유무역이 이루어진다고 가정해보자. 두 나라의 국내시장에서 소맥과 기계의 교환비율을 보면 다음과 같다.

$$A\text{국가의 경우}: \frac{1\text{단위 기계}}{1\text{단위 소맥}} = \frac{1}{2}$$

$$B\text{국가의 경우}: \frac{1\text{단위 기계}}{1\text{단위 소맥}} = 4$$

A국가의 경우 무역을 통해 소맥 1단위를 기계 1/2 단위가격(국내가격) 미만으로 수입할 수 있다면, A국가는 무역을 통해 이익을 얻게 된다. 마찬가지로 B국가도 소맥 1단위를 수출함으로써 기계 4단위 이상을 수입할 수 있다면 무역을 통해 이익을 얻게 될 것이다. 따라서 양국 간 교역을 통해서 소맥 1단위의 가격이 기계 1/2단위와 4단위 사이에서 결정된다면 양국은 교역을 통하여 서로 이익을 얻을 수 있게 된다. 다시 말하면 A국가는 1단위의 기계를 팔아서 1/2단위의 소맥을 얻을 수 있는 국내시장에 비해 국제시장에서는 최대한 4단위 미만까지의 소맥을 얻을 수 있으며, B국가의 경우 1단위의 소맥을 팔아서 1/4단위의 직물을 얻을 수 있는 국내시장에 비해 국제시장에 팔 경우 최대한 2단위 미만까지 얻을 수 있다.

이런 상황에서 양국 간 교역이 이루어지는 경우 비교우위에 있는 상품을 수출하고 비교열위에 있는 상품을 수입하게 된다. 따라서 A국가는 기계를 수출하고 B국가는 소맥을 수출하게 되며, 국제무역에서의 가격은 수요와 공급이 일치하는 수준에서 결정된다. 하지만 Ricardo의 이론에서는 수요 조건은 고려하지 않고 있기 때문에 주로 공급에 의해서만 가격이 결정된다. 기계 1단위의 국제가격을 결정해보자. A국가가 기계를 수출하기 위해서는 국제시장의 기계 가격이 최소한 자국 내 기계의 상대가격(1/2)보다 높아야 한다. 또한 B국가가 기계를 수입하기 위해서는 국제시장의 기계 가격이 자국 내 기계의 상대가격(4)보다 낮아야 한다. 따라서 국제시장에서 기계의 균형가격 범위는 $\frac{1}{2} < \frac{\text{기계}}{\text{소맥}} < 4$ 범위 내에서 이루어진다. 즉, 기계 1단위의 국제가격이 양국의 상대가격 상·하한($\frac{1}{2} \sim 4$)에서 결정된다면 교역을 통해 두 나라 모두 이익을 얻게 된다. 만일 양국 간 교역으로 기계 1단위에 대한 국제 교환비율이 소맥 2.5단위로 결정되었다고 하자. 즉, 소맥 1단위의 국제가격이 기계의 1/2.5단위가 되는 경우 양국의 생산과 소비의 변화를 보자.

교역이 이루어지기 전 A국가는 기계 2단위와 소맥 1단위를 소비하였고 B국가는 기계 2.5단위와 소맥 10단위를 소비하였다. A국가의 경우 기계 1단위의 기회비용은 소맥 1/2단위였다. 그러나 교역을 통해 기계 1단위를 수출하면 소맥 2.5단위를 얻을 수 있다. 따라서 자국의 기회비용보다 비싼 국제가격으로 기계를 팔고 자국의 기회비용보다 낮은 가격으로 소맥을 수입하는 것이 유리하다. 그러므로 A국가는 비교우위가 있는 기계 생산을 위해 40단위의 노동력을 전부 투입하여 기계 4단위를 생산한 후, 1단위를 B국가에 수출하면 2.5단위의 소맥을 얻을 수 있다. 결과적으로 교역 전에는 2단위의 기계와 1단위의 소맥을 생산·소비하였는데, 교역을 통해 기계 3단위와 소맥 2.5단위를 소비하게 되어 전체적으로 소비량이 증가된다(그림 12-1).

한편 B국가의 경우 교역이 이루어지 전 기계 1단위의 기회비용은 소맥 4단위였다. 그런데 기계 1단위의 국제가격은 소맥 2.5단위이므로 자국의 기회비용보다 낮은 가격으로 기계를 수입하는 것이 유리하다. 즉, 교역 전 소맥 1단위의 기회비용은 기계 1/4단위인데 비해 소맥 1단위의 국제가격은 기계 1/2.5단위 이므로 자국의 기회비용보다 비싼 가격으로 소맥을 팔 수 있다. 따라서 B국가의 경우 비교우위가 있는 소맥 생산을 위해 40단위의 노동력을 전부 소맥 생산에 투입하여 20단위의 소맥을 생산한 후, 10단위를 수출하면 4단위의 기계를 얻을 수 있다. 결과적으로 소맥 소비는 10단위로 변함없으나, 기계는 2.5단위에서 4단위로 소비가 증가된다. 만일 40단위의 노동력 가운데 8단위를 기계 1단위를 생산하는 데 투입하고 나머지 노동력 32단위로 소맥을 생산하여 소맥 16단위를 생산한 후, 소맥 5단위를 수출한다면 기계 2단위를 얻을 수 있다. 이런 경우 기계와 소맥 모두 소비량이 증가된다. 즉, 소맥은 11단위를 소비하면서도 기계는 3단위를 소비할 수 있게 되어 총 소비량은 증가한다(표 12-1).

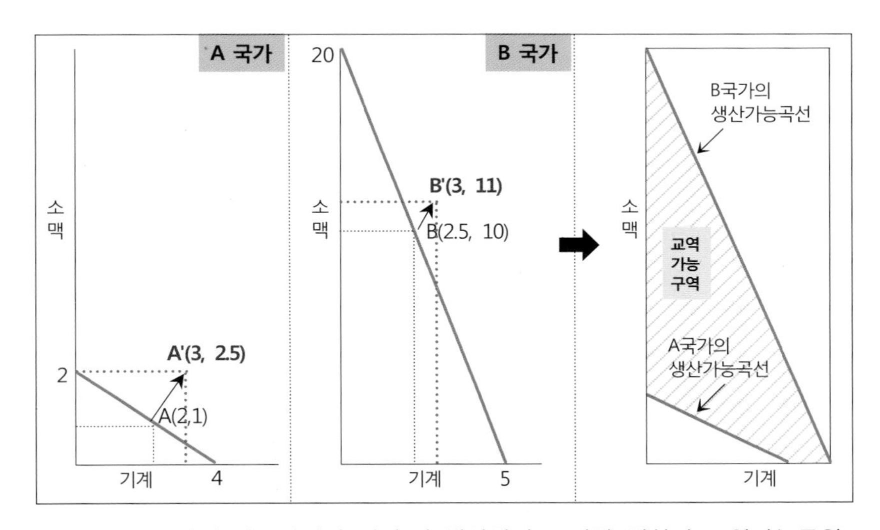

그림 12-1. 교역이 이루어지기 전·후의 생산량과 소비량 변화와 교역가능구역

표 12-1. 교역 전후의 양국의 생산과 소비 변화 비교

국가	교역 전	교역 후			
	생산, 소비	생산	교역	소비	무역을 통한 이익
A 국가	기계 2단위	기계 4단위	기계 1단위 수출	기계 3단위	기계 1단위
	소맥 1단위	소맥 0단위	소맥 2.5단위 수입	소맥 2.5단위	소맥 1.5단위
B 국가	기계 2.5단위	기계 1단위	기계 2단위 수입	기계 3단위	기계 0.5단위
	소맥 10단위	소맥 16단위	소맥 5단위 수출	소맥 11단위	소맥 1단위
	기계 2.5단위	기계 0단위	기계 4단위 수입	기계 4단위	기계 1.5단위
	소맥 10단위	소맥 20단위	소맥 10단위 수출	소맥 10단위	소맥 0단위

실제로 양국이 교역을 통해 얻는 이익은 국제교역에서 교환비율에 따라 달라지지만, 국제시장에서의 가격 범위가 양국의 생산가능곡선의 외곽부에서 결정된다면 두 나라 모두에게 이익이 될 수 있다. A국가의 생산가능곡선의 외곽부와 B국가의 생산가능곡선 외곽부에서 소맥과 기계의 교환비율과 가격이 결정된다면 양국 모두 교역을 통해 이익을 얻게 된다. 그러나 실제로 교역을 통해서 어느 나라가 얼마만큼의 이익을 얻는가는 국제시장에서 수출품과 수입품이 어떤 비율로 교환되는가에 달려 있다.

한편 기회비용이 증가하는 경우의 생산가능곡선의 변화를 살펴보자. 두 상품을 생산하는 경우 기회비용이란 다른 상품 1단위를 추가로 생산하기 위해 포기해야 하는 다른 상품의 단위를 말한다. 일반적으로 기회비용이 증가하는 경우 생산가능곡선은 대각선의 직선으로 나타나는 것이 아니라 원점으로부터 오목한 곡선형으로 나타난다. A국가의 경우 소맥의 기회비용은 생산가능곡선을 따라 A→B로 이동함에 따라 증가한다. 즉, 생산가능곡선을 따라 점 A에서 점 B로 이동하는 경우 기회비용의 기울기가 1/4에서 1로 증가하고 있어 기계를 더 많이 생산할수록 소맥의 기회비용이 더욱 증가되며, 이는 그만큼 더 많은 양의 소맥 생산을 포기해야 한다. 마찬가지로 B국가의 경우 기계의 기회비용은 생산가능곡선을 따라서 A'→B'로 이동할수록 점차 증가한다. 즉, 소맥 생산을 추가로 더 늘리기 위하여 생산가능곡선을 따라 점 A'에서 점 B'로 이동하는 경우 기계의 기회비용이 더 증가하게 되며, 그만큼 더 많이 기계 생산을 포기해야만 함을 말해준다.

생산가능곡선과 무차별곡선을 이용하여 무역을 통해 얻는 이익을 살펴보자. 생산가능곡선은 주로 공급에 초점을 두고 있는 데 비해 무차별곡선(indifference curve)은 수요를 반영한 여러 가지 조합을 나타낸 곡선이다. 원점에서 멀리 떨어진 무차별곡선일수록 높은 만족도를 나타내며, 원점에 가까운 무차별곡선일수록 낮은 만족도를 보여준다. 그러나 동일한 무차별곡선상에서는 동일한 만족도를 갖는다.

교역이 이루어지기 전 A국가는 생산가능곡선 TT, 무차별곡선 SIC_1, 가격선 AA가 접하는 E_1에서 접하는 OS_1의 기계와 OW_1의 소맥을 생산하고 소비하였다. 만일 기계보다 소맥 생산에 비교우위를 갖는 B국가와 교역이 이루어질 경우 소맥의 국제가격이 자국 내 가격보다 낮고 기계의 국제가격은 자국 내 가격보다 높게 결정되어 가격선 AA가 BB로 변화되었다고 하자. 이 경우 A국가는 생산요소를 재분배하여 생산가능곡선 TT와 새로운 가격선 BB가 접하는 E_2에서 OS_2의 기계와 OW_2의 소맥을 생산하고 기계를 수출하고 소맥을 수입하게 된다. 무역 후의 국제가격으로 인해 A국가는 S_2S_3만큼 기계를 수출하고 W_2W_3만큼의 밀을 수입한다. 이는 E_1에서 E_3로 소비점이 이동하여 효용이 증가하는데 이것이 바로 무역을 통해 얻게 되는 효용이 된다. 즉, 새로운 가격선 BB와 새로운 무차별곡선 SIC_2가 일치하는 E_3에서 OS_3의 기계와 OW_3의 소맥을 소비하게 되어 교역 이전보다 보다 높은 사회적 효용을 누릴 수 있게 된다(그림 12-3).

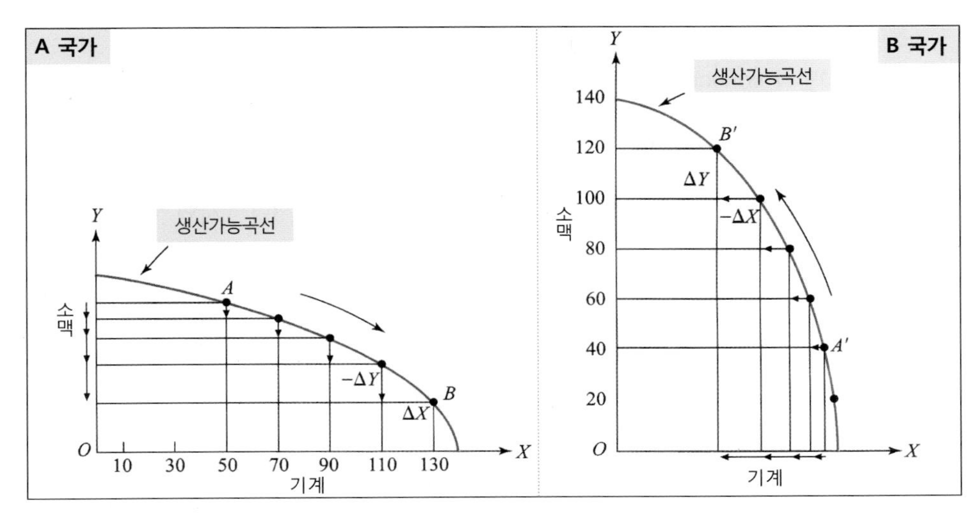

그림 12-2. 양국의 생산가능곡선에 따른 두 상품의 기회비용 변화

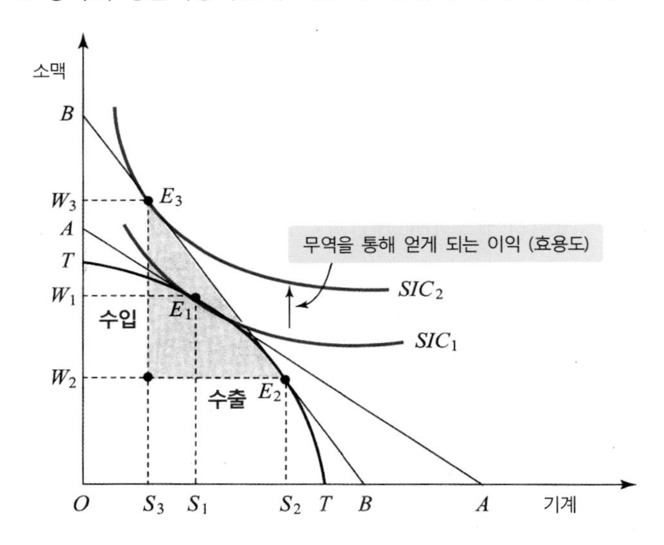

그림 12-3. 무역을 통해 얻게 되는 효용도의 증가
출처: 심경섭 외(2009), p. 44.

(4) 헥셔-오린의 무역 이론

무역이론의 기초가 되고 있는 Ricardo의 비교우위론에 따르면 노동생산성의 차이가 국가 간 비교우위를 발생시키는 핵심 요인이 된다. 그러나 상품을 생산하는 데 투입되는 생산요소가 노동만이 아니며 노동생산성의 차이가 없는 국가 간에도 교역이 이루어지고 있어 Ricardo의 이론을 적용하는 데 한계점이 있었다. 이러한 한계점을 극복하기 위해 스웨덴의 경제학자 Heckscher(1919)와 Ohlin(1933)은 다양한 생산요소를 고려한 무역이론을 제시하였다.

1919년 Heckscher는 "외국무역이 소득분배에 미치는 효과(The Effect of Foreign Trade on the Distribution of Income)"라는 논문을 발표하였으며, 1924년에 그의 제자인 Ohlin은 이 모델을 더 발전시키고 명료화하여 박사학위 논문으로 발표하였으나, 스웨덴어로 쓰여져서 널리 알려지지 못하였다. 그러나 1933년 「지역 간 무역과 국제교역(Interregional and International Trade)」이란 책이 영어로 출판되면서 이들의 이론이 '헥셔-오린의 국제교역이론(Heckscher-Ohlin theory of international trade)'이라고 불리워지게 되었다. 헥셔-오린의 무역이론은 생산요소의 차이가 어떻게 국가 간에 무역을 유도하는가를 설명하는 데 초점을 두었다. 오린은 국제무역이론을 발전시킨 공로로 1977년 노벨 경제학상을 수상하였다.

헥셔-오린은 무역이론을 전개하기 위해 다음과 같은 가정을 내세웠다. 즉, 두 나라, 두 상품, 두 생산요소(노동과 자본)가 존재하며, 두 나라 모두 동일한 기술을 사용하고 있으며, 사람들의 기호도 동일하다. 또한 X상품은 노동집약적이고 Y상품은 자본집약적이며, 두 상품 모두 규모불변적 생산을 하며, 국제 간 생산요소의 이동은 없고 국제무역은 자유롭게 이루어진다고 가정하였다. 이러한 상황 하에서 A국가는 노동력이 풍부하고 B국가는 자본이 풍부하다고 할 경우 노동집약적인 상품 X를 생산하는 데 있어서 A국가는 B국가에 비해 더 많은 상품을 생산할 수 있고 자본집약적인 상품 Y의 경우 B국가가 더 많은 상품을 생산할 수 있다. A국가와 B국가의 생산가능곡선을 보면 노동력이 풍부한 A국가의 생산가능곡선은 상품 X축 가까이에 치우쳐 있는 반면에 자본이 풍부한 B국가의 생산가능곡선은 상품 Y축 가까이에 치우쳐 있다. 무역이 이루어지기 전 두 나라의 생산과 소비를 보면 각각 A, A'이다. 즉, 두 나라의 기호가 같으므로 사회무차별곡선도 동일하여 A국가의 생산가능곡선과 사회무차별곡선 SIC_1과 만나는 점 A와 B국가의 생산가능곡선과 사회무차별곡선 SIC_1과 만나는 점 A'에서 생산과 소비가 균형을 이루고 있다. A국가는 X상품, B국가는 Y상품에 비교우위를 갖고 있다(그림 12-4).

양국 간에 교역이 이루어질 경우 A국가는 비교우위를 가진 노동집약적인 X상품을 수출하고 비교열위인 자본집약적인 Y상품을 수입하게 된다. 반면 B국가는 비교우위를 가진 자본집약적인 Y상품을 수출하고 비교열위인 노동집약적인 X상품을 수입하게 된다. 이렇게 국제무역이 이루어질 경우 A국가는 X상품 생산을 특화하고 B국가는 Y상품을 특화하게 되어 결국 두 나라의 생산가능곡선이 국제적 상대가격선 γ와 접하는 점 B, B'에서 생산량이 결정된다. 이에 따라 A국가는 X상품을 수출하여 Y상품을 수입하고 사회무차별곡선 SIC_2 상의 점 E에서 소비하게 된다. 마찬가지로 B국가는 Y상품을 수출하여 X상품을 수입하고 사회무차별곡선 SIC_2 상의 점 E'(E'=E)에서 소비하게 된다. 여기서 A국가의 X상품 수출량과 B국가의 X상품 수입량은 같으며(BC=C'E'), B국가의 Y상품 수출량과 A국

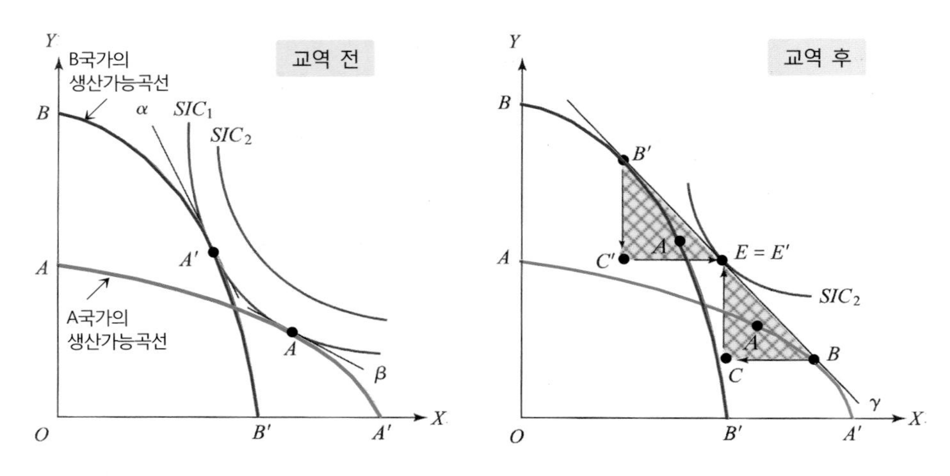

그림 12-4. 헥셔-오린에 따른 교역을 통한 양국의 이익
출처: 심경섭 외(2009), p. 76.

가의 Y상품 수입량은 같다(B′C′=CE).

헥셔-오린의 이론에 따르면 각 국가들은 그 나라가 부여받은 생산요소 가운데 가장 풍부하고 값싼 요소를 집약적으로 이용할 수 있는 상품을 생산하여 수출하는 반면에 그 나라에서 가장 부족한 생산요소를 집약적으로 이용하여 생산된 상품을 수입한다. 바꾸어 말하면 값싼 노동력이 풍부한 나라들은 노동집약적인 상품을 수출하는 한편 자본과 숙련 노동력이 풍부한 나라들은 정밀기계, 과학도구 등을 수출하며, 토지가 방대한 나라들의 경우 토지집약적인 목재, 펄프, 종이, 밀 등을 수출하게 된다는 것이다. 헥셔-오린은 국가 간 생산요소 부존량의 차이가 국제무역의 결정 요인이며, 이러한 요소의 상대 가격과 상품의 상대 가격의 차이가 무역을 발생시키는 직접적인 원인이 된다고 보았다. 따라서 전 세계적으로 자유무역이 이루어지는 경우 생산의 전문화가 더욱 조장되어 총 생산량이 극대화될 수 있다고 보았다.

핵셔-오린의 이론에서는 무역을 통해 얻게 되는 또 다른 혜택으로 생산요소 가격(예: 임금 수준)이 균등화되어 간다는 점을 들고 있다. 즉, 국가 간 생산요소의 이동이 없더라도 생산요소 가격이 교역국 간에 균등화된다는 것이다. 생산요소 가격이 균등화되는 이유는 다음과 같다. 교역이 이루어지면 A국가는 노동집약적인 재화를, B국가는 자본집약적인 재화를 더 많이 생산하게 되며, 그 결과 A국가에서는 노동 가격이, B국가에서는 자본 가격이 상대적으로 상승하게 된다. 이렇게 되면 A국가는 노동력을 줄이고 자본을 더 투입하려고 하므로 노동 가격은 하락하고 자본 가격은 상승하면서 두 요소의 가격은 점차 균등화되어 간다는 것이다. 마찬가지로 B국가는 자본을 줄이고 노동력을 더 투입하게 되므로 자본의 가격은 하락하고 노동의 가격은 상승하여 두 요소의 가격은 점차 균등화되어 간다. 그 결과 생산요소의 국제적 이동이 없이도 A국가에서는 노동 가격이, B국가에서는 자본 가격이 하락하면서 양국의 생산요소의 상대가격도 균등화되어 간다는 것이다.

Leontief(1956)는 헥셔-오린의 이론을 실증적으로 검증하려고 시도하였다. 그는 미국을 사례로 하여 요소의 부존비율 차이에 따라 교역이 실제로 이루어지고 있는가를 분석하였다. 1947년도 미국 산업연관표를 통하여 자본이 풍부한 미국이 자본집약적 제품을 수출하고 노동집약적 제품을 수입하고 있는가를 분석하였다. 그러나 분석 결과는 예상과는 반대로 오히려 미국의 수출산업은 노동집약적인 특성을 지니고 있는 것으로 나타났다. 이러한 결과는 여러 가지로 해석할 수 있다. 먼저 핵셔-오린의 이론은 노동의 동질성을 전제로 하였으나, 미국의 경우 노동의 질이 월등히 높기 때문에 노동집약적 제품을 수출할 수 있었다. 또한 자본의 범주에 인적 자본(특히 노동 생산성을 향상시키는 데 투입되는 자본)을 포함시키지 않았기 때문이며, 실제로 인적 자본을 포함시킬 경우 미국은 자본집약적 제품을 수출하는 것으로 나타날 수 있다. 뿐만 아니라 헥셔-오린의 이론은 생산요소를 노동과 자본으로 한정시켰지만 실제로 교역이 이루어지는 상당 부분은 천연자원이다. 하지만 레온티에프는 석유나 광물자원과 같은 천연자원들은 수입된 후에 많은 자본이 투입되기 때문에 이들을 자본집약적인 상품으로 간주하였기 때문에 나타난 결과라고도 풀이할 수 있다.

이런 점에서 볼 때 생산요소의 부존비율의 차이에 따라 무역이 이루어진다고 설명한 헥셔-오린의 이론은 다소 단순화된 이론이며, 노동력을 동질적으로 보고 있다는 점에서는 비평을 받았다. 하지만 이 이론이 등장하였던 제1차 세계대전 후 보호무역주의를 주장하였던 당시 상황에 비추어 볼 때 헥셔-오린의 이론은 자유무역의 중요성을 강조한 점에서 상당한 주목을 받았다.

2) 현대 무역이론

지금까지 살펴본 고전적 무역이론은 실제 세계에서 받아들이기 어려운 가정들(생산품의 동질성, 완전경쟁, 생산요소의 비이동성, 정부의 간섭으로부터의 자유로움 등)을 전제로 하고 있다. 그러나 상품의 종류도 상당히 다양화되고 있고 과점현상도 나타나며 자본, 기술, 경영, 노동력 등과 같은 생산요소의 국제적 이동이 활발하게 이루어지고 있는 오늘날의 상황에 비추어 볼 때 고전 무역이론은 매우 한계성을 지니고 있다. 뿐만 아니라 고전 무역이론은 규모경제의 개념과 운송비의 영향력을 고려하지 못하고 있다. 실제로 규모경제를 통해 생산요소 비용의 불리함을 극복하여 비교우위성을 높일 수 있으며, 부가가치에 비해 높은 운송비가 요구될 경우 고전 국제무역 이론으로 설명하기 어렵다.

특히 고전 무역이론의 가장 큰 약점은 초국적기업의 역할을 고려하지 않고 있다는 점이다. 실제로 국가 간 무역의 의사결정은 정부에 의해서 이루어지는 것이 아니라 미시적인 수준에서 기업들에 의해 이루어지고 있다. 특히 국적을 초월하여 전 세계적인 차원에서 생산활동을 전개하고 있는 초국적기업의 경우 다른 나라에 입지한 공장에서 생산된 제품들을 교역하는 경우가 상당히 많다. 이와 같이 초국적기업 내에서 이루어지는 교역(intra-multinational trade)은 국가 간 국제교역과는 다르며, 실제로 미국의 경우 초국적기업 내에서 이루어지는 교역이 전체 교역량의 40%를 상회하는 것으로 알려져 있다.

이와 같은 현실 세계의 국제무역 현상을 설명하기 위한 노력들이 1980년대 들어서면서 매우 활발하게 이루어졌으며, 다양한 국제무역 이론들이 등장하였다. 현대 무역이론은 산업 내에서의 교역과 유사한 국가(소득, 자원, 기술 수준 등)들 간에 교역이 활발하게 이루어지고 있다는 점에 초점을 두고 있다. 이는 고전 무역이론으로는 설명하기 매우 어려운 현상들이다. 즉, 현대 국제무역 이론에서는 생산요소의 부존량 차이나 생산기술의 차이가 없어도 국가 간 교역을 통해 이익을 얻으며, 소비자들은 더 낮은 가격으로 다양한 제품을 선택할 수 있고, 기업들은 세계시장을 대상으로 규모경제를 누릴 수 있다는 점을 설명하려고 시도하고 있다. 현대 무역이론의 핵심은 규모경제, 차별화된 제품 생산, 치열해지는 국제 간 경쟁에 토대를 두고 있다. 여기서는 현대 국제무역 이론 가운데 산업 내에서의 교역과 독점적 경쟁교역 이론들에 대해 간략히 살펴보고자 한다.

(1) 산업 내 교역이론

고전 무역이론으로 설명하기 어려운 점은 국제교역이 주로 선진국 간에 이루어지고 있으며, 산업 간 교역이 아니라 산업 내 교역(intra-industry)이 매우 활발하게 이루어지고 있는 현상이다. 특히 선진국과 개발도상국 간 교역은 산업 간 교역인 데 비해 선진국 간 교역은 산업 내 교역이 큰 비중을 차지하고 있다. 즉, 동종산업 내에서 수출·입이 이루어지고 있으며, 대표적인 사례로 미국과 독일은 자동차 주요 생산국이지만 자국산 자동차를 수출하면서 동시에 상당히 많은 자동차를 수입하고 있다.

Grubel-Lloyd(1975)는 산업 내에서 이루어지는 교역 수준을 측정하기 위해 다음과 같은 지수 산출 방법을 제시하였다.

$$B_i = (X_i + M_i) - |X_i - M_i| \quad \text{또는} \quad B_i = \frac{(X_i + M_i) - |X_i - M_i|}{X_i + M_i}$$

여기서 X_i와 M_i는 i산업의 수출액과 수입액이며, B_i는 산업 내 무역지수이다. 전체 무역($X_i + M_i$)은 산업 간 무역($|X_i - M_i|$)과 산업 내 무역으로 구성된다. B_i의 값이 '1'에 가까울수록 산업 내 교역이 상당히 큼을 말해준다. 실제로 미국과 독일의 경우 산업 내 교역이 활발하게 이루어지는 상위 10개 업종을 분석한 결과 Grubel-Lloyd 지수 값이

0.9를 상회하는 것으로 나타났다. 반면에 산업 내 교역 지수가 가장 낮은 하위 10개 업종들의 경우 지수값은 대부분 0.2~0.3 미만으로 나타났다. 그러나 미국과 독일의 경우 산업 내 교역이 활발하게 이루어지고 있는 업종들은 서로 다르게 나타나고 있다(표 12-2).

한편 산업 내 교역 수준의 시계열 변화를 보면 1960년대에 비해 점차적으로 높아지고 있으며, 경제의 세계화가 진전되면서 더욱 산업 내 교역 비중이 높아지고 있다. 특히 중간재의 경우 산업 내 교역 비율이 1960년대에 비해 2006년의 경우 거의 두 배 가량 높아지고 있다. 반면에 원자재 및 1차 생산물의 경우 산업 내 교역 비율이 가장 낮으며, 1960년대에 비해 증가 추세도 매우 미미한 편이다.

표 12-2. 미국과 독일의 산업 내 교역 비율 상위 10위 업종의 예시

미국		독일	
생산품	Grubel-Lloyd 지수	생산품	Grubel-Lloyd 지수
금속 기계	0.9980	천연 비료, 광물	0.985
낙농제품	0.9941	가죽 제조	0.975
가죽 제조	0.9915	철로/트램 장비	0.970
동력발전기기계	0.9876	설탕, 꿀	0.966
전자기기	0.9740	비철금속	0.953
향수, 화장품	0.9476	고기 및 프리파라트	0.947
천연 비료, 광물	0.9405	가구 및 비품	0.946
가공된 동식물 기름	0.9393	커피, 티, 카카오, 향신료	0.946
산업 특수기계	0.9186	동물 사료	0.937
가공된 플라스틱	0.9009	유기 화합물	0.935

출처: WTO(2008), World Trade Report, p. 40.

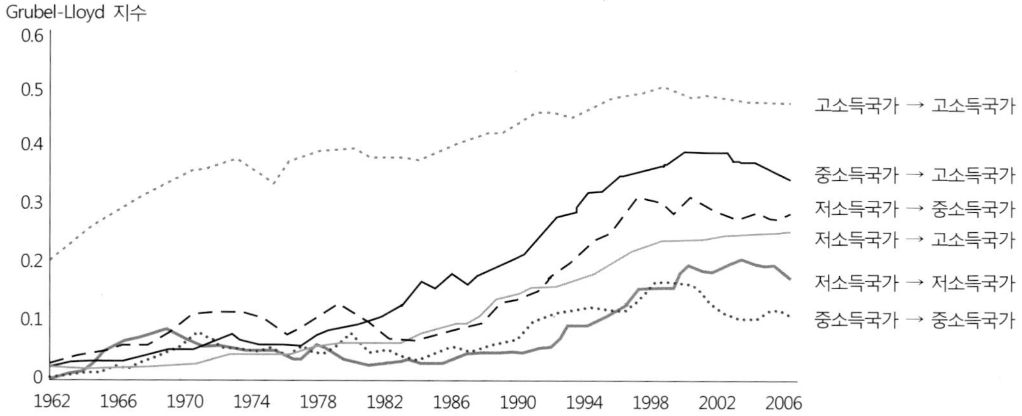

그림 12-5. 산업 내 교역지수 변화와 소득수준 변화의 시계열적 비교
출처: WTO(2008), World Trade Report, p. 40.

흥미로운 점은 저소득국가나 중소득국가의 경우 산업 내 교역 비율이 높아질수록 소득수준이 향상되어 가는 것으로 나타나고 있다는 점이다. 즉, 산업 내 교역 비중이 높아질수록 소득이 향상되는 경향을 보이고 있는 데 비해 산업 내 교역 비율의 변화가 매우 미미한 경우에는 거의 소득수준의 향상이 이루어지지 않는 것으로 나타나고 있다. 이러한 경향은 특히 1990년대 들어오면서 더 두드러지게 나타나고 있다. 특히 중소득국가에서 고소득국가로 소득수준이 향상된 경우나 저소득국가에서 중소득국가로 향상된 경우 모두 산업 내 교역 비율 증가가 상대적으로 매우 높게 나타나고 있다(그림 12-5).

이와 같이 동종산업 내에서 교역이 이루어지는 이유에 대해 Linder(1961)의 가설을 토대로 수요(소비) 측면에서 설명될 수 있다. 그는 국가 간 요소 부존량의 차이가 없는 경우에도 교역이 이루어지고 있는 점을 설명하기 위해 공산품의 무역패턴에 초점을 두었다. 그는 농산물의 교역은 헥셔-오린의 요소 부존비율의 차이로 설명이 가능하지만, 공산품 교역의 경우 각국의 수요 측면에서 설명되어야 한다는 점을 주장하였다. 즉, 국가 간에 수요가 서로 비슷한 수준이거나 시장규모가 유사한 국가 간에 공산품 교역이 이루어진다는 것이다. 그의 주장에 따르면 공산품의 비교우위를 결정하는 것은 기술수준, 경영능력, 규모경제 등이며, 자국 내에서 점유율이 높은 수요를 가진 상품이나 국내 시장규모가 큰 상품일수록 기술향상과 규모경제의 실현 가능성이 높기 때문에 경쟁력을 갖게 된다는 것이다.

한편 소득수준이 향상될수록 사람들은 다양한 기호를 갖게 되고 수요에 대한 소득 탄력성도 소득수준이 유사한 국가들 간에 유사하게 나타나기 때문에 기호의 유사성 또는 기호의 중복성으로 인해 차별화된 제품시장을 형성할 수 있게 된다. 이렇게 소득이 향상되고 소득수준이 높을수록 제품이 다양화되고 수요 구조도 다양화되기 때문에 무역이 활성화된다. 즉, 국민소득이 유사할수록 수요 구조도 유사하게 되며, 이런 경우 양국 간 교역량도 증가하게 된다는 것이다.

(2) 독점적 경쟁교역이론

고전 무역이론이 생산요소 부존비율의 차이나 생산기술의 차이에 초점을 맞춘 것에 비해 Krugman(1980)은 국가 간 생산기술이나 요소 부존비율의 차이가 없어도 교역이 이루어질 수 있다고 전제하였다. 그는 차별화된 제품이 생산되는 독점적 경쟁시장에서 규모경제 이익을 누리기 위해 국제교역이 발생한다는 이론을 Dixit-Stiglitz(1977)의 소비자 기호이론에 토대를 두고 새로운 무역이론을 제시하였다.

실제 세계에서 완전경쟁이나 독점이 존재하는 경우는 거의 없으며, 대다수의 생산자가 존재하지만 생산품의 질적 차이가 나는 독점적 경쟁 형태가 일반적이다. Krugman은 국제무역은 국내시장에만 제한되었던 시장규모를 확대시키는 효과가 있으며, 이러한 시장규모 확대가 독점적 경쟁기업에 미치는 효과를 분석하였다. 국제무역으로 인해 시장규모가 확대되면 수요가 증가하기 때문에 단기적으로 이윤도 증대될 것이다. 그러나 장기적으로는 기업의 이윤 증대는 새로운 기업의 진입을 유도하므로 결과적으로 독점 이윤을 소멸시키게 된다. 하지만 시장규모가 확대되어 시장에 참여하는 기업의 수가 늘어날수록 기업들은 더욱 더 차별화된 상품을 공급하려는 전략을 수립하게 되어 상대적으로 소비자는 상품 선택의 폭이 더 넓어진다. 따라서 소비자의 경우 수요의 가격 탄력성이 높아지게 되며 그에 따라 수요곡선의 기울기는 더욱 완만하게 된다.

독점적 경쟁시장에서 개별기업이 직면하는 비용과 수요 곡선을 보면 초과이윤을 얻게 되는 상황이 나타나게 되면 외국의 신규기업들이 진입하게 되므로 독점적 경쟁시장에서 장기균형은 e점에서 이루어지고 기업의 초과이윤은 '0'이 된다. 평균비용곡선 상의 e점은 평균비용이 하락하는 규모경제가 나타나는 경우 무역이 이루어지며 시장이 넓어져서 수요가 D_0에서 D_1으로 확대되어 개별기업은 초과이윤을 얻게 된다.

이렇게 초과이윤이 발생되면 본국과 외국의 기업들 간 경쟁이 더 치열하게 되어 수요곡선의 기울기는 완만해지면서 e_1으로 옮겨지면서 단기적인 균형이 이루어진다. 그러나 장기적으로 신규기업들이 진입하게 되면 수요곡선은 다시 이동하게 되고 최종적으로 e_3에서 균형을 이루게 된다. 이렇게 최종 균형점에 이르게 되면 소비자들은 다양한 제품을 보다 저렴한 가격으로 보다 많이 소비할 수 있게 된다. 제품 차별과 규모경제가 나타나는 경우 동종산업 내에서 수출과 수입이 동시에 이루어지게 된다.

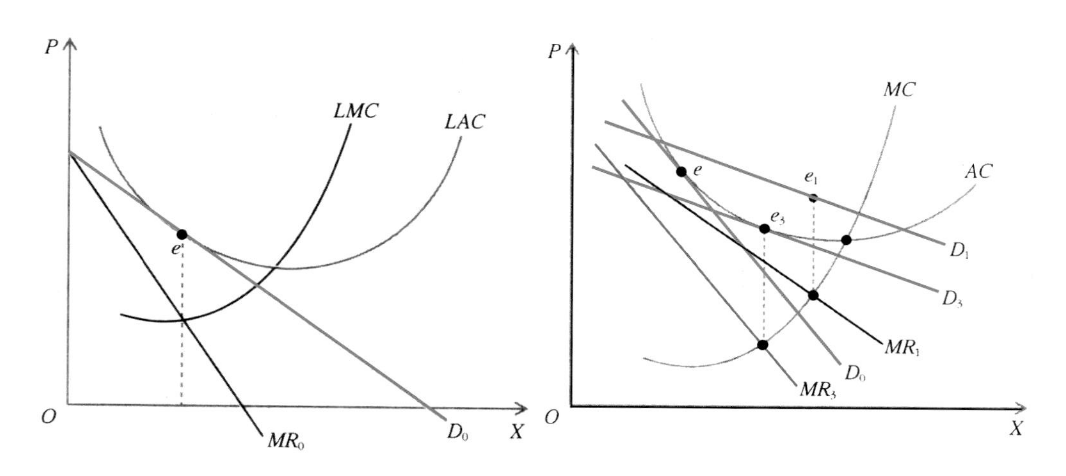

그림 12-6. 독점적 경쟁시장 하에서 수요와 공급의 변화
출처: Krugman, P.(1980), p. 954.

동종산업 내에서 수출과 수입이 동시에 나타나는 산업 내 교역의 경우 가격이 떨어지고 다양한 제품이 공급된다. 즉, 산업 내 교역은 시장규모를 확대시켜 규모경제의 실현을 가능하게 하는 동시에 제품의 다양성을 가져와 소비자에게 선택의 폭을 넓혀준다. 이렇게 독점적 경쟁모델에서는 차별화된 상품에 대한 소비자들의 수요가 국제무역을 발생시키게 된다는 점을 강조하고 있다. 또한 많은 기업들이 서로 차별화된 상품을 생산하고 이들 간교역이 이루어질 때 소비자가 얻는 이익은 크게 두 가지로 볼 수 있다. 첫째, 새로운 기업의 진입으로 다양한 상품의 선택 폭이 넓어진다. 둘째, 각 기업이 저렴한 생산비용으로 더 많은 생산을 하기 때문에 교역이 이루어지기 전보다 더 낮은 가격으로 소비할 수 있게 된다.

이와 같이 고전 국제무역 이론과 현대 국제무역 이론과는 상당히 다른 관점에서 왜 국제무역이 이루어지는가를 설명하고 있다. 이러한 차이를 비교하면 표 12-3과 같다.

표 12-3. 고전 국제무역 이론과 현대 국제무역 이론의 비교

항목		전통적 무역이론 (리카도, 헥셔-오린)	현대 무역이론 (크루그먼)
무역을 통해 얻는 이익 발생원인	전문화	O	X
	규모경제	X	O
	경쟁적 여건	X	O
	다양성	X	O
교역 패턴	산업 간	O	X
	산업 내	X	O
유통	무역자유화가 상대적 요소부존에 영향	O	X

출처: WTO(2008), World Trade Report, p. 75.

2 무역장벽과 자유무역

1) 무역장벽

(1) 무역을 통해 얻게 되는 이익

무역을 통해 무역 상대국 모두 이익을 얻기 때문에 고전경제학자들은 무역을 '경제성장을 주도하는 엔진(the engine of growth)'이라고 지칭하여 왔다. 무역을 통해 얻게 되는 이익은 직접적 이익과 간접적 이익으로 나눌 수 있다. 직접적 이익은 앞에서 설명한 바와 같이 각 국가마다 비교우위성이 있는 상품만을 전문화함으로써 양국 모두 소비수준이 증가되고, 보다 싼값으로 많은 물품을 소비할 수 있게 된다. 간접적 이익으로는 무역

을 통해 공간적 분업화가 이루어질 경우 효율적 생산을 위한 기술혁신이 일어나게 되며 숙련 노동력이 양적으로 증가될 수 있다. 공간적 전문화·분업화가 이루어질 경우 효율적인 생산방식이 도입되므로 과거 생산방식에 비해 단위자원에서 산출되는 생산량이 증가된다. 또한 무역은 새로운 산업을 창출시키고 생산성 향상을 촉진시키기 때문에 궁극적으로 경제 성장을 가속화시키며, 생산량이 증가됨에 따라 규모경제가 가능하게 되므로 단가도 저렴해진다.

요약한다면 국가 간 전문화·분업화는 각 국가가 지니고 있는 비교우위성을 더욱 조장시키게 되므로, 세계 자원을 보다 효율적으로, 보다 적정하게 사용할 수 있게 하고, 단위 생산품을 생산하는 데 보다 적은 양의 자원을 투입하게 한다. 따라서 무역이 이루어질 경우 같은 자원량을 가지고도 보다 높은 생활수준을 누릴 수 있게 된다. 그러나 교역을 통해 각 국가가 얻게 되는 이익은 아무런 제약없이 상품의 국제적 이동이 자유롭게 이루어지는 완전 자유무역 하에서만 가능하다.

(2) 교역조건이 악화되어 가는 개발도상국

앞에서 살펴 본 무역이론에 따르면 개발도상국도 선진국과 교역하는 경우 기술수준이 낮지만 풍부한 생산요소(노동력)를 집약적으로 투입하여 생산·수출하게 되므로 개발도상국들도 무역을 통해 소득이 증가하고 빈곤수준도 줄어들며 불평등도 감소될 것으로 기대될 수 있다. 그러나 지난 40여년 동안 선진국과 개발도상국 간의 남-북 교역이 활발하게 이루어지면서 개발도상국은 오히려 더 빈곤하게 되어 간다는 주장이 야기되고 있다. 즉, 국제무역을 통해 선진국은 많은 이익을 얻고 있는 반면에 개발도상국은 무역을 통해 경제성장을 추진하려고 하였지만 결코 무역자체가 경제발전의 원동력이 되지 못하고 불평등 수준이 악화되어 간다는 것이다. 실제로 지난 30년 동안 각 대륙별로 소득 불평등 수준의 변화를 비교해본 결과 대다수 개발도상국의 경우 불평등 수준을 나타내는 지니계수가 점점 증가하는 추세를 보이고 있으며 불평등 수준도 OECD 선진국에 비해 상당히 높게 나타나고 있다. 물론 소득 불평등의 원인은 여러 요인들에 의해 야기되는 것이지만, 교역을 통해 점차 개선될 것으로 기대되었었다. Cline(1997)은 개발도상국의 소득 불평등이 악화되어가는 요인의 약 20%는 국제무역으로 인한 것이라는 주장을 내세웠다. 그럼 왜 개발도상국가들이 무역을 통해 이익을 얻지 못하고 있는가에 대해 살펴보자.

개발도상국과 선진국 간 노동의 분업화에 기반을 둔 무역이 이루어지면서 개발도상국들은 1차 생산물 수출에 거의 의존해 오고 있으며, 특히 사하라사막 이남의 아프리카와 저소득국가의 경우 5개 미만의 수출 품목(농산물이나 광산물)이 전체 수출량의 70% 이상을 차지하고 있다. 나이지리아를 비롯한 몰디브, 알제리, 부탄, 수단 등의 경우 상위 5위 수출품목이 총 수출에서 차지하는 비중은 90%를 상회하고 있다.

이렇게 소수의 농산물만을 집중적으로 수출하는 개발도상국의 경우 무역을 통해 이익을 얻지 못하고 있는 이유는 1차 생산품에 대한 가격 변동이 매우 심하기 때문이다. 만일 농산물에 대한 국제시장 가격이 크게 변동되지 않고 계속 그대로 유지되어 왔다면 개발도상국의 경우 무역을 통해 훨씬 더 긍정적인 영향을 받았을 것이다. 그러나 지난 30여년간 사탕수수, 커피, 홍차, 면화, 카카오 등 농산물의 가격 변이가 상대적으로 매우 심하게 나타났다. 1차 생산품 가격의 불안정성은 자연환경(기상 변이)에 의한 공급량의 변화와 수입국의 경제수준에 따른 수요 변동에 기인한다. 특히 기호식품의 경우 경기 변동에 따라 수요가 달라져 가격 변동을 야기시킨다. 농산물의 가격 변동은 특히 소수 농작물만을 특화하여 수출하고 있는 개발도상국에게 큰 타격을 입히게 된다.

그러나 무역을 통해 개발도상국이 더 빈곤해지고 있는 가장 큰 이유는 교역조건이 점점 불리해지고 있기 때문이다. 교역조건이란 어떤 나라의 수출상품과 수입상품과의 교환 비율을 말한다. 예를 들어 동일한 단위의 제품을 수출하여 수입상품의 단위가 증가하고 있다면 교역조건이 개선되고 있는 것이며, 그 반대로 감소하고 있다면 교역조건이 악화되고 있는 것이다.

제2차 세계대전 이후 공업원료나 농산물의 가격에 비해 공산품의 가격이 상대적으로 상승하고 있기 때문에 개발도상국의 교역조건은 계속 악화되고 있다. 즉, 같은 양의 농산품을 수출하여 구입할 수 있는 공산품의 수입량은 지속적으로 줄어들고 있다. 1차 생산품의 수출 교역조건이 악화되고 있는 이유를 Griffin(1969)은 다음과 같은 세 가지 요인으로 설명하고 있다. 첫째, 엥겔의 법칙에 의하면 소득이 어느 수준 이상으로 증가되면 식료품 지출 비용은 상대적으로 감소하는데, 이러한 경향은 국제무역에도 잘 반영되고 있다. 무역 거래량이 증가됨에 따라 공산품에 대한 소비량은 늘어나는 데 비해 농산품에 대한 소비량은 줄어들고 있다. 이는 공산품의 경우 수요에 대한 소득 탄력성이 상당히 높은 데 비해 농산품은 비탄력적이기 때문이다. 더군다나 농산물에 대한 선진국의 수요 증가율보다 개발도상국의 농산물 공급 증가율이 더 빠르기 때문에 교역조건은 더욱 악화되고 있다. 또한 대부분 수출되는 농산물들은 많은 개발도상국에서 생산되고 있기 때문에 석유나 다른 공산품과는 달리 공급량을 통제하고 규제하기 어려우며, 따라서 가격을 조정하기란 거의 불가능하다.

둘째, 개발도상국 대다수의 경제가 상당히 경직되어 있으며 비유동적이어서 수출 상품의 가격 변동에 대처하여 수출 구조를 변경하지 못하고 있다. 경제구조의 경직성이란 가격 변화에 대해 비대칭적 반응 패턴을 나타내는 것을 의미한다. 가격이 상승하게 되면 투자를 늘려서 생산규모를 확대하기 때문에 생산량이 증가하게 되지만, 갑자기 가격이 하락될 경우에는 생산량을 감소시키고 다른 생산활동으로 구조적 변화를 해야 한다. 그러나 경제가 경직되어 있는 경우 공급곡선은 비탄력적이므로, 수요가 감소하는 변동이 나타나면 가격이 하락하게 된다. 실제로 개발도상국의 경우 수년 동안 가격이 높은 농산물을 수출해 오다가 갑자기 불경기로 인해 국제 수요가 격감되어 농산물 수출 가격이 큰 폭으로 떨어졌지만, 경제구조가 경직되어 있기 때문에 교역조건이 악화되는 것을 그대로 직면하고 있을 뿐 다른 대안적인 전환을 시도하지 못하고 있다.

셋째, 기술진보의 편향성을 들 수 있다. 선진국은 기술혁신을 통한 생산성 향상을 통해 경제가 성장하고 있으며, 선진국의 기술혁신은 그들이 부여받은 생산요소의 특성과 자원의 희소성을 반영하여 이루어지고 있다. 즉, 상대적으로 희소한 생산요소인 노동력과 기초 원료의 투입량을 줄이거나 상대적으로 풍부한 자본으로 대체시키는 방향으로 기술혁신이 이루어지고 있다. 이러한 선진국의 기술혁신은 노동력이나 천연원료가 비교적 풍부한 개발도상국의 비교우위성을 약화시키고 있다고 볼 수 있다. 1차 생산물에 대한 수요는 가격 하락에 대해서는 비탄력적이지만 가격 상승에 대해서는 장기적으로 볼 때 매우 탄력적이다. 따라서 원료 가격이 상승할 경우 그 상품을 경제적으로 만들거나, 또는 어떤 다른 원료로 대체화거나 때로는 그들 국가 내에서 스스로 생산해 낼 수 있는 방향으로 기술혁신이 유도되고 있다. 일례로 구리의 국제가격이 하락할 경우 수요량은 약간 늘어나지만 구리 가격이 상승할 경우에는 알루미늄으로 대체화시키고 있어 오히려 수요가 감소하는 경향을 나타낸다. 이로 인해 장기적으로 볼 때 1차 생산물의 가격은 하락하는 추세를 보이게 된다.

(3) 선진국의 관세 및 비관세 정책

개발도상국이 국제무역을 통해 이익을 얻지 못하고 있는 근본적 원인은 물론 개발도상국 자체가 지닌 경제구조 때문이지만, 선진국이 개발도상국과의 자유무역을 규제하는 다양한 정책들도 중요한 원인이 되고 있다. 선진국들이 취하고 있는 규제들을 보면 주로 관세부과(tariff), 물량제한(quota), 수출 보조금 및 비관세정책 등이다.

① 관세

관세(tariff)란 외국에서 수입되는 물품에 대해 일정한 비율을 적용하여 부과하는 세금을 말한다. 관세가 부과될 경우 수입품의 공급 가격은 상승하게 된다. 따라서 국내시장에서 국내 생산품과 수입품이 함께 소비되는 경우, 부과된 관세로 인해 수입품의 가격이 비싸지게 되므로 수입품에 대한 수요는 줄고 국내 상품에 대한 수요량이 늘어나게 된다. 만일 국내시장에서 공급량이 수요량을 충족시키지 못할 경우 국내 상품 가격도 상승될 것이다. 따라서 관세 부과는 국내시장에서의 제품 가격을 인상시키게 되기 때문에 일시적으로는 소비 억제와 소비자의 부담 증가를 가져오지만 중·장기적으로는 국내 생산을 촉진시키고 생산자의 이익을 증가시키는 경제적 효과를 누릴 수 있다. 반면에 관세가 부과된 수입품의 가격 경쟁력은 약화되므로 수입품에 대한 수요가 감소된다.

수입품에 대한 관세를 부가하면 수입품의 국내 가격이 상승하게 되지만, 관세가 부과되는 경우 국민경제에 미치는 영향력은 국가 경제규모에 따라 관세 부과효과가 달라진다. 경제 규모가 작은 국가의 경우 관세가 국내시장에 미치는 영향력에 대해 살펴보자. 그림 12-7에서 D와 S는 상품에 대한 수요 곡선과 공급 곡선이다. 관세가 부과되기 이전 국내 소비는 D_1에서 이루어지며, 국내 생산은 S_1에서 이루어지므로, 그 차이(D_1-S_1)는 수입에 의존하게 된다. 이 경우 실제 가격과 소비자가 기꺼이 지불하려고 하는 가격인 소비자 잉여(consumer surplus)는 (a+b+c+d+e+f)에 해당하는 면적이며, 생산자 잉여(producer surplus: 공급자가 얻는 수익)는 g면적이다. 그러나 수입품에 대한 관세를 t만큼 부과하는 경우 국내 시장가격은 국제 시장가격 P_w에서 P_{w+t}로 상승하게 된다. 이렇게 가격이 상승하는 경우 소비는 D_2로 줄고 생산은 가격 상승으로 인해 S_2만큼 증가하게 된다. 그 결과 수입량은 D_2-S_2로 감소하게 된다. 이 경우 소비자 잉여는 (a+b) 면적으로 줄어드는 반면에 생산자 잉여는 (g+c) 면적으로 증가된다. 또한 관세 부과로 인한 정부 수입은 e면적에 해당된다. 이렇게 관세를 부과하는 경우 국가경제의 총 잉여는 (d+f) 만큼 줄어들게 된다. 이는 가격이 증가함에 따라 일부 소비자들은 소비를 포기하였기 때문이며(f 면적), 또한 가격 상승으로 인한 국내 생산비용의 증가가 수입대체 비용을 초과함에 따라 나타나는 손실(d 면적) 때문이라고 볼 수 있다(그림 12-7-가).

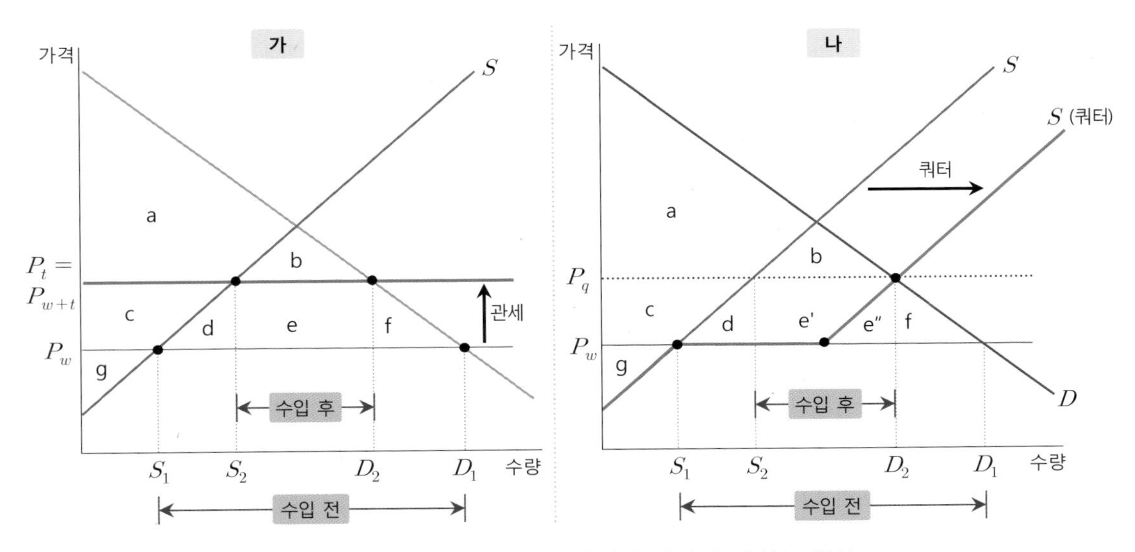

그림 12-7. 수입품에 대한 관세와 쿼터제가 국내시장 가격에 미치는 영향
출처: WTO(2009), World Trade Report, p. 60.

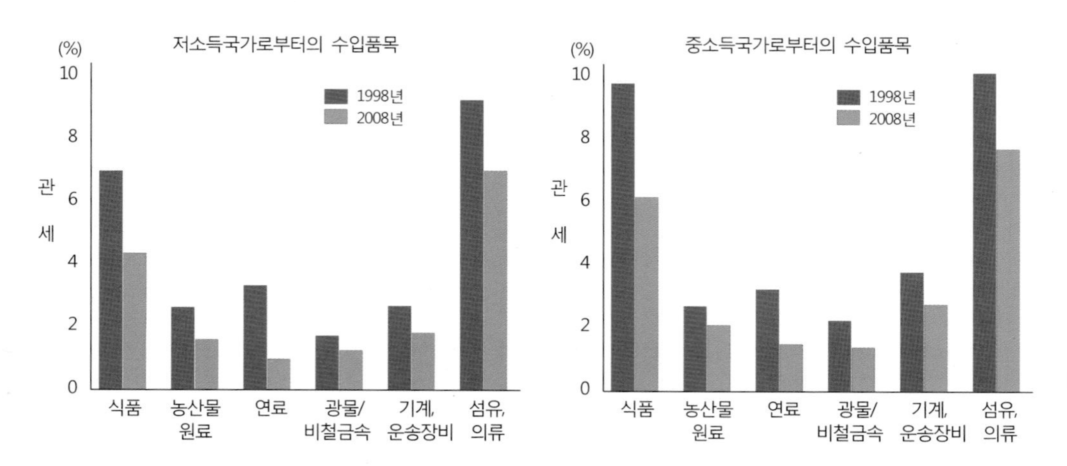

그림 12-8. 노동집약적 품목에 대해 상대적으로 높은 관세를 부과하는 선진국
출처: World Bank(2010), World Development Indicator, p. 348.

선진국의 관세 정책의 가장 큰 문제점은 관세 자체보다는 선진국이 수입품목에 부과하고 있는 차별적인 관세율이다. 특히 개발도상국에게 불리한 차별적인 세율을 적용하고 있다. 1차 생산물, 즉 가공되지 않은 원료를 수출할 경우 매우 낮은 관세를 부과하지만, 반제조품을 수출할 경우 더 높은 관세를 부과하며, 최종생산물을 수출할 경우 가장 높은 관세를 부과하고 있다. 이러한 관세 제도는 가공되지 않은 원료만을 수입하려는 선진국의 보호무역정책의 일환이라고 볼 수 있으며, 개발도상국의 공업화를 저해한다고 볼 수 있다. 뿐만 아니라 최종 생산물의 경우에도 노동집약적 상품에 대해 상대적으로 높은 관세율을 부과하고 있어, 저소득국가의 비교우위를 통해 수출하는 노동집약적 제품에 대해 차별적인 관세를 부과하고 있음을 말해준다(그림 12-8). 이러한 경향은 1998년에 비해 2008년에는 다소 줄어들고 있으나, 여전히 섬유·의류에 대한 관세율이 기계·운송장비에 비하면 높은 편이다.

② 물량제한

관세가 수입품의 공급 가격을 상승시킴으로써 수출국가의 가격 경쟁력을 약화시키는 간접적인 수입제한조치라고 볼 때, 물량제한(import quota)은 외국에서 수입되는 물량을 직접적으로 제한하는 규제 조치이다. 그러나 쿼터제도 국내시장에서 수입 상품의 가격인상을 가져오게 되기 때문에 국내 소비자의 부담을 증가시키고 국내 생산자를 보호하는 효과를 가져온다는 점에서 볼 때 관세와 같은 역할을 한다.

정부가 수입상품에 대한 물량을 제한하는 경우 국내시장에 미치는 영향력에 대해서 살펴보자. 수입 물량을 제한하기 전 수요곡선은 D_1을 이루고 공급곡선은 S_1을 이루면서 국제가격 P_w에서 균형가격이 이루어진다. 이 경우 수요와 공급의 차이인 D_1-S_1만큼 수입하게 된다. 이 경우 소비자 잉여는 (a+b+c+d+e′+e″+f)가 되며, 생산자 잉여는 g 면적이된다. 그러나 수입 물량제가 도입되면 국내 수요를 충족시키기 위해 국내 공급자들은 쿼터 물량을 초과하는 수요만큼을 더 생산하게 된다. 그러나 초과물량을 생산하는 비용이 수입제품 비용보다 비싸기 때문에 국내 가격은 P_q로 증가하게 된다. 이 경우 t관세를 부과하는 것과 마찬가지 효과를 가지게 된다. 즉, 수요는 D_2로 낮아지게 되며 공급곡선은 수입물량만큼 오른쪽으로 이동하게 되어 공급량은 S_2가 되며, 따라서 그 차이(D_2-S_2) 만큼 수입하게 된다. 이렇게 되는 경우 소비자잉여는 (a+b) 면적이 되며, 생산자 잉여는 (c+g) 면적이 된다. 관세를 부과하는 경우 정부의 수익이 되었던 (e′+e″) 면적은 수입 허가권을 가진 자에게 돌아간다. 그리고 국가 전체 총 잉여는 (d+f) 면적만큼 감소된다(그림 12-7-나 참조). 따라서 관세를 부과하는 경우나 수입물량을 부과하는 경우 총 잉여는 같다고 볼 수 있다. 그러나 수입면허를 배분하는 방식에 따라서 수입할당제도는 잠재적으로 더 큰 손실을 초래할 수 있다. 쿼터제를 실시할 경우 수입권을 할당받은 사람은 해외시장에서 구매하는 가격과 국내시장에서 판매되는 가격 차이에 따라 이윤을 얻게 된다. 따라서 수입 면허권을 갖기 위하여 정부에 대한 로비를 하게 되며, 수입권 배정 과정에 권력 개입이 따르고 수입 면허권을 둘러싼 비리와 부패가 발생할 수도 있다.

③ 비관세장벽

관세장벽이나 물량제한 이외에도 개발도상국의 수출을 규제하는 요인으로는 비관세(nontariff)장벽을 들 수 있다. 비관세장벽이란 농산품, 섬유·의복, 전자, 기계제품 등 주로 선진국의 제품과 경쟁하게 되는 개발도상국의 수출 상품에 대해 차별적인 품질허가수준제도나 위생규제를 통해 개발도상국의 수출 상품이 선진국 시장으로 수입되는 것을 막는 것이다. 또한 부피가 있거나 취급하기 어려운 상품을 수출할 경우 포장하여 수출하도록 하는 등 각종 규제조치를 취하고 있다. 비관세장벽은 일반적으로 비농산품에 비해 농산품이 훨씬 더 심하기 때문에 농산품을 주로 수출하는 저소득국가에게 미치는 영향력은 상대적으로 더 크다. 실제로 저소득국가의 경우 관세장벽에 따른 농산품의 무역 제한보다 비관세장벽에 따른 농산품의 무역제한이 훨씬 더 높은 것으로 알려져 있다. 그 밖에도 불합리한 국내 산업보호, 반덤핑 규제의 부당 운용, 안전보건기준에 의한 외국 상품 배척, 자국품 우선 선적 등 관세장벽은 아니지만 여러 방법을 통한 수입 장벽을 설정하고 있다. 이러한 비관세장벽도 개발도상국의 산업화에 간접적으로 부정적 영향을 미치고 있다.

무역거래에 있어 관세와 비관세장벽 이외에도 무역상품을 운송하는 해운업 정책도 개발도상국의 국제수지 개선에 어려움을 주고 있다. 해운업을 주로 담당하는 선진국의 선박회사들은 화물에 따라 운송비를 차별적으로 적용하고 있다. 부피가 큰 원료에 대한 운송비를 공산품의 운송비보다 더 낮게 책정하고 있다. 이는 해운업이 발달하지 못하여 주로 외국 선박을 이용하는 개발도상국이 공산품이나 최종 생산품을 수출하기 위해 선적할 때 상대적으로 더 높은 운송비를 부담하도록 하는 것이므로 개발도상국들이 공업화를 추진하는 데 부정적인 영향을 주고 있다.

2) 자유무역을 위한 노력과 제도화

선진국과 개발도상국 간에 이루어지는 남-북 무역에서 남부경제는 북부경제에 점점 의존적으로 되어 가고 있으며, 그 결과 개발도상국이 수출을 통해 경제성장을 이룩하는 것은 점점 더 어려워지고 있다. 무역을 통해 교역 상대국 모두 이익을 얻게 됨에도 불구하고 선진국이 무역 제한조치를 취하는 이유는 교역조건의 개선과 국제수지의 적자 조정 및 국내 산업과의 마찰을 최소화시키기 위해서이다. 특히 개발도상국에서 생산된 노동집약적 수입품이 싼값으로 선진국 시장을 침투하게 되자 선진국의 경우 도산되는 기업들이 증가되면서 실업률도 증가되었다. 이러한 현상을 막기 위해 선진국의 사양산업을 보호하려는 정책을 시행하고 있다. 이와 같은 남-북 간에 이루어지는 무역 문제를 해결하기 위해 보다 자유무역을 조장하고 개발도상국의 무역수지 개선을 위해 다양한 국제협정과 기구들이 등장하고 있다.

(1) GATT

제2차 세계대전 후 세계무역은 미국과 소련으로 그룹화되었다. 소련 블록은 코민테른이라는 국제무역 체계를 만들었으며, 구상무역(barter system)이라는 일종의 물물거래와 다자무역의 상호 결재체제가 이루어졌다. 반면에 미국과 유럽이 주도한 체계는 금과 달러를 연계한 현금거래 시스템이었다. 1945년 미국은 국제무역을 자유화하고 미국의 다자간 호혜무역협정을 확대하기 위해서 ITO(국제무역기구) 설립 안을 마련하였지만 합의되지 못하였다. 그 이후 1947년 아바나에 모인 각국 대표들은 ITO 설립 안을 유보하는 대신 국제무역에 관한 원칙을 약속하는 관세 및 무역에 관한 일반협정(GATT: General Agreement on Tariffs and Trade)을 채택하였다. 이에 따라 1948년 1월부터 GATT는 미국을 비롯한 25개 국가들이 각국의 보호무역장벽을 철폐하고 무차별원칙을 전제로 하는 자유무역체제를 구축하기 위해 관세를 줄이고 수입 물량제를 완화하게 되었다. 특히 GATT 협정에서 최혜국조항(most favored nations clause)을 설치하여, 한 가맹국이 다른 가맹국에 대한 관세나 쿼터를 포함한 무역 거래를 모든 가맹국에게도 똑같이 부여해야 한다는 원칙을 적용하게 되었다. 또한 가맹국 사이의 무역장벽 제거를 위하여 관세만을 인정하고 수출·입 상품의 양적 제한은 철폐하기로 하였다.

1960년대 중반에 들어와 GATT에서 처음으로 개발도상국이 당면한 무역문제를 다루게 되었고, 1971년에 일반특혜관세제도(GSP: Generalized System of Preferences)가 시행되어 개발도상국이 선진국으로부터 특정한 수출품목에 대한 관세 감면조치를 받을 수 있게 되었다. 따라서 개발도상국은 주로 GSP 품목들만을 수출 상품으로 수출하게 되었다. 그러나 GSP 품목 중 원료와 반제품의 경우 상당한 수준의 관세 감면 특혜를 받았으나, 공산품에 대해서는 별다른 특혜를 받지 못하였기 때문에 실제로 개발도상국들이 GSP 제도로부터 받는 혜택은 매우 제한적이었다.

이와 같이 자유무역 확대를 목적으로 GATT가 조직되었으나, 관세 인하의 교섭이 주로 선진국 간에 이루어졌기 때문에 선진국의 이익이 우선적으로 고려된 반면에 개발도상국의 이익은 경시되었다. 즉, GATT에서 관세 인하 대상품목은 주로 선진국의 수출품인 공산품이었으므로 GATT 원칙이 개발도상국의 무역구조를 개선하는 데 별로 도움을 주지 못하였다. 더군다나 최혜국대우에 대한 예외조항으로 GATT는 관세동맹과 자유무역지역 형성을 인정하였기 때문에, 비가맹국인 개발도상국에게는 관세 특혜가 적용되지 않았다.

그러나 GATT는 자유무역을 실현시키기 위하여 관세 인하를 위한 교섭회의를 그동안 7차에 걸쳐 시행하였다. 이 중 가장 괄목할 만한 성과를 가져온 것은 6차 케네디라운드와 7차 도쿄라운드이다. 특히 도쿄라운드 이전까지의 무역 협상은 주로 관세인하 협상으로 공산품에 대한 관세를 일괄적으로 낮추는 것이었으나, 도쿄라운드에서는 관세가 아닌 비관세 무역장벽까지도 철폐 내지 완화할 것을 협상하였다(표 12-4).

표 12-4. GATT 설립 이후 개최된 라운드와 다루었던 주제 및 회원국의 수

시기	지역 및 명칭	포괄 주제	참가국수
1947	제네바	관세	23
1949	안시	관세	13
1951	토키	관세	38
1956	제네바	관세	26
1960~1961	제네바(딜런라운드)	관세	26
1964~1967	제네바(케네디라운드)	관세 및 반덤핑	62
1973~1979	제네바(도쿄라운드)	관세, 비관세조치, 프레임워크 협정	102
1986~1994	제네바(우르과이라운드)	관세, 비관세, 서비스, 지적재산권, 분쟁해결, 섬유, 농업, WTO 창설	123

출처: WTO(2001), Trading into the Future(2nd ed.), p. 9.

(2) 신국제경제질서(NIEO: New International Economic Order)

1960년대 말~1970년대 초반 개발도상국은 세계 정치·경제 분야에서 상당한 지위를 차지하게 되었는데, 이는 선진국이 필요로 하는 원료나 자원을 부존하고 있는 개발도상국이 자원을 통제할 수 있게 되었기 때문이다. 1960년대 후반부터 선진국은 종전보다 더

많은 원료를 개발도상국에게 의존하게 되었다. 그 이유는 소득 향상으로 새로운 수요는 창출되었는 데 비해 선진국들의 자원이 고갈되기 시작하여 채굴비용이 상당히 상승하였기 때문이다. 특히 1970년대 초부터 원료 가격 상승과 원료 공급량 부족으로 인해 개발도상국에 대한 선진국의 원료 의존도는 상당히 높아지게 되었다.

한편 개발도상국은 그동안 기술 축적을 통해 선진국의 도움 없이도 자신들의 기술로 원료를 채굴할 수 있게 되면서 원료 공급량을 통제하기 시작하였다. 이러한 배경 하에서 결성된 조직체가 바로 석유수출국기구(OPEC: Organization of the Petroleum Exporting Countries)이다. 이렇게 개발도상국이 1차 생산품에 대한 교역권을 어느 정도 통제할 수 있게 되자 남-북 교역관계의 양상이 새로워지게 되었다. 개발도상국은 원료나 자원을 무기화하는 동시에 경제·정치력을 동원하여 국제경제체계를 재구조화하려고 하였다.

이러한 노력으로 1974년 유엔총회에서 신국제경제질서(NIEO: New International Economic Order) 수립을 위한 프로그램들이 논의되었으며, 그 핵심은 무역에 관한 것이었다. 즉, 선진국의 관세장벽을 낮추고, 개발도상국의 공산품에 대해 실시해온 일반특혜제도(GSP)를 더욱 개선하며, 개발도상국의 무역 적자에 따른 외채를 원조해 줄 것 등을 주장하게 되었다.

그러나 신국제경제질서를 구축하려는 개발도상국의 요구는 높았지만 이를 실현시킬 만큼의 힘이 적었기 때문에 실제로 효력을 발휘하지 못하였다. 더구나 서부 유럽국가들이 1970년대 후반에 들어와 높은 실업률을 경험하게 되었고, 미국도 매년 국제수지 적자 폭이 커지면서 GATT의 도쿄라운드 협정에서 이루어진 규제 조차도 준수하기 어려운 상황에 처하게 되었다.

반면에 개발도상국 가운데 1970년대 이후 눈부시게 경제성장을 경험하고 있는 신흥공업국(NIC: Newly Industrializing Countries)의 공산품 수출이 지속적인 성장세를 보이게 되었다. 특히 한국, 대만, 홍콩, 싱가포르, 브라질, 멕시코, 그리스, 포르투갈, 스페인, 터키, 유고슬라비아 등 신흥공업국들의 수출 경쟁력이 상당히 높아졌다. 이에 따라 상대적으로 국제 경쟁력이 약화된 선진국은 자국 산업을 보호하기 위해 보호무역주의 입장을 고수하고, 오히려 수입규제조치를 취하려는 움직임까지 보이게 되었다.

(3) 세계무역기구(WTO: World Trade Organization)

1947년부터 1993년 동안 GATT 체제 하에서 8차례의 라운드가 열렸다. 특히 7차에 걸친 다자간 협상(round)을 통해 선진국의 관세율을 낮추고 각국의 시장 접근을 확대하고 반덤핑 등 비관세분야의 규범을 제정하여 자유무역 질서를 유지하려는 노력이 지속되어 왔다. 그러나 1970년대 원유파동과 경기침체로 인해 선진국의 실업율이 상당히 높아지면서 신보호무역주의가 등장하게 되었다. 선진국이 신발, 철강, 자동차, 섬유 등 특정 산업을 보호하기 위한 조치를 취하게 되면서 남-북 무역은 무역분쟁이라는 갈등에 직면하게 되었다. 또한 세계 교역시장에서 상품 이외에도 서비스, 지적재산권 등의 교역 비중이 증가하고 산업의 첨단화와 소프트화 및 경제의 세계화 등으로 인해 새로운 국제무역의 질서가 필요하게 되었다. 이러한 배경 하에서 세계무역을 보다 공정하게 이끌어보려는 노력이 제8차 우루과이라운드의 출발점이 되었다고 할 수 있다.

1986년에 우루과이 수도인 몬테비데오에서 제8차 GATT가 개최되어 우루과이 라운드 협약이 이루어졌는데 그 핵심은 다음과 같다. 국제무역과 서비스에서 장벽을 제거하고, 해외 경제투자에 대한 목적을 제한시키며, 특히 복제권(copy right), 상표권(trade rights) 등 지적소유권을 정책화하고, 농업 무역장벽 철폐와 국내 보조지원을 감소하는 것이다. 1986~1993년에 걸친 우루과이라운드에서 무역 자유화를 위한 28개 협정이 체결되었으며, 농업, 섬유, 서비스, 지적재산권 및 외국인 투자 등이 자유화 대상이 되었다. 또한 비관세장벽 분야에서도 기술 장벽 및 기준을 평가하기 위한 규칙의 제정, 정부구매의 자유화 및 분쟁해결을 위한 새로운 규칙도 제정되었다.

그러나 국가 간에 상당히 다른 이해관계로 인해 협상에서 어려운 부문들이 나타나게 되었다. 특히 자국 내 농부들에게 정부의 막대한 보조정책을 펼치고 있는 유럽국가들은 농업 부문에서 국가의 보조를 줄이는 데 대해 반대하였다. 반면에 미국과 제3세계 국가들은 농업 부문에서의 유럽 정부의 보조는 세계시장에서 농산물 가격을 낮추는 인위적인 장벽을 유도하는 것이라고 강하게 반발하였다. 오랜 협상 끝에 1993년 12월 117개 국가들이 모인 제네바 회의에서 관세를 줄이고 정부 보조를 낮추며, 무역장벽을 제거하는 데 동의하게 되었다.

우루과이라운드를 통해 농업시장의 개방을 촉진시키게 되었고 공업제품에 대한 관세인하, 지적소유권 강화, 세계 서비스산업의 시장 개방화를 가져오게 되었다. 또한 1994년 4월 마라케시에서 세계무역기구(WTO: World Trade organization)의 출범을 가져왔다. 그동안 선진국의 경우 자신들이 비교우위를 가지고 있는 서비스와 지적재산권 분야에서 시장을 확대하려는 의도가 있었고, 개발도상국의 경우 수출 자율규제나 반덤핑 남용 등 비관세장벽 완화를 요구하는 시도가 서로 타협점을 찾으면서 WTO가 출범할 수 있었다.

WTO는 기존의 GATT가 수행해온 기능을 더 강화한 국제기구로, 각료회의와 일반 이사회 및 3개의 이사회로 구성되어 있다. 일반 이사회는 각료회의의 업무를 대행하며 그 아래 상품교역, 서비스, 지적재산권 이사회를 두고 있으며, 분쟁해결기구(DBS: Dispute Settlement Body)와 무역정책검토기구(TPRB: Trade Policy Review Body)를 관장하고 있다. GATT 체제가 단순한 협정에 불과하여 구속력을 갖고 있지 않았기 때문에 회원국들이 협상에서 규정한 의무를 준행하지 않아도 특별한 보복 조치를 취할 수 없었고 이를 해결할 장치도 없었다. 그러나 WTO는 분쟁해결을 전담할 상설기구인 분쟁해결기구를 두고 있으며, 회원국들이 의무를 불이행할 경우 다수결 표결원칙에 따라 강력한 보복조치를 취할 수도 있다. 또한 GATT는 상품 교역에 관한 협상만을 주로 하였으나 WTO는 상품 교역 외에도 서비스, 지적재산권, 농산물, 섬유류 등 거의 모든 분야를 관할하게 되었다.

WTO의 주요 조치들을 보면 첫째, 공산품 분야에서의 관세인하와 섬유부문의 수입제한 장벽철폐 및 회색지대 조치(수출자유규제 등) 철폐이다. 둘째, 농산물 분야에서의 예외없는 관세화, 관세의 단계적 감축, 최소시장접근(MMA) 및 현재시장접근(CMA)에 의한 수입기회 보장방법 등을 통한 시장개방 추진이다. 셋째, 155개 업종을 대상으로 한 서비스 분야의 자유화 추진이다. 국방, 치안 등 정부가 제공하는 서비스를 제외한 모든 서비스부문이 시장개방 대상이며 서비스 협정에서 외국인 투자도 규율 대상이며, 이와 관련된 토지취득 및 인력이동도 보장하는 것이다. 2016년 WTO는 164개 회원국과 23개 참여국(observer)으로 구성되어 있어 거의 모든 국가가 WTO 회원국이라고 볼 수 있다.

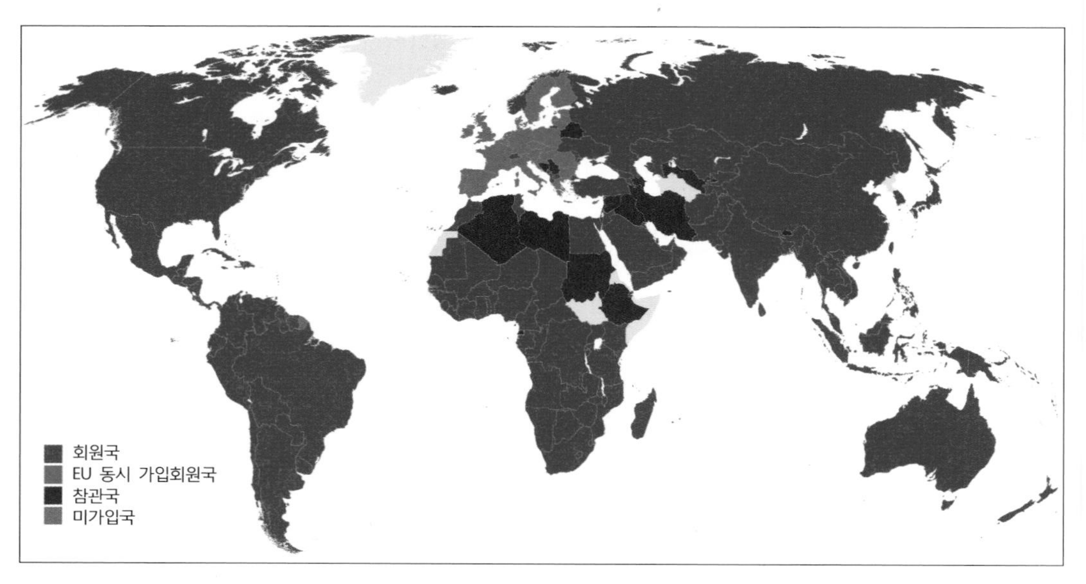

그림 12-9. 세계무역기구의 회원국과 참여국
출처: WTO 홈페이지 https://www.wto.org.

(4) 도하개발아젠다

도하개발아젠다(DDA: Doha Development Agenda)는 2002년부터 세계무역기구에서 진행되고 있는 새로운 다자간 무역협상이다. WTO 회원국들은 우루과이라운드 협상을 타결하면서 농산물과 서비스 분야의 시장개방 내용이 미흡하다고 판단하여 2000년부터 추가 협상을 시작하기로 하였다. 그러나 많은 회원국들은 공산품 분야에도 아직 상당한 무역장벽이 남아있고, 우루과이라운드 협상에서 합의된 결과를 이행하는 과정에서도 많은 문제점들이 나타나게 되자 다른 분야도 추가협상을 하길 원하게 되었다. 이에 따라 WTO 회원국들은 1998년 제네바에서 개최된 제2차 각료회의에서 폭넓은 분야에서의 무역 자유화를 위한 새로운 다자간 무역협상을 준비하기로 합의하였으며, 2001년 카타르의 수도 도하에서 개최된 제4차 WTO 각료회의에서 DDA 협상 출범을 선언하는 각료 선언문을 채택하였다.

DDA 협상은 1995년 WTO가 출범한 이후 처음으로 열리는 다자간 무역협상으로, 과거라운드들이 주로 선진국의 이익을 반영했다고 주장하는 개발도상국의 입장을 반영하여 DDA 협상에 대해서 라운드라는 명칭을 사용하지 않고 '도하개발아젠다'라는 명칭을 사용하기로 합의하였다. 2002년부터 농산물, 비농산물시장접근법(NAMA: non-agricultural market access), 서비스, 규범(반덤핑, 보조금, 지역협정), 환경, 지적재산권, 분쟁해결, 무역원활화, 개발분야에 대한 협상그룹이 구축되어 본격적인 협상이 시작되었다. NAMA 협상은 WTO 회원국 간에 농산물이 아닌 모든 품목에 대한 관세 및 비관세장벽을 완화하거나 제거하기 위한 협상이다. DDA 협상은 상당히 폭넓은 의제를 다루고 있다. 농산물 및 서비스 시장의 추가 개방, 공산품과 임수산품의 시장 개방, 기존 무역규범의 개정뿐만 아니라, 무역과 환경, 무역과 투자, 무역과 경쟁정책, 정부조달의 투명성, 무역 원활화와 같은 새로운 무역 의제들을 포함하고 있다.

2001년에 처음으로 DDA 협상을 시작하였을 당시의 계획은 2005년 이전에 협상을 일괄타결하는 방식으로 종료하는 것이었다. 그러나 농산물에 대한 수입국과 수출국의 대립, 공산품의 시장 개방에 대한 선진국과 개발도상국 간의 대립 등으로 아직까지도 협상이 계속되고 있다. 농산물과 비농산물에 대해서는 우선관세와 보조금의 감축 정도 등과 같은 시장개방의 정도를 결정하는 자유화 세부원칙(modalities)에 합의하고 이에 따라 각국이 구체적인 품목과 보조금 프로그램별 감축 수준을 제시하는 이행계획서를 제출하고 이를 최종적으로 합의하는 방식으로 협상을 진행하였다. 그러나 협상 세부원칙에 대한 합의도출이 계속 미루어지면서, 2003년도 칸쿤에서 개최된 제5차 WTO 각료회의도 성과없이 끝났다. 하지만 2004년 8월 자유화 세부원칙의 윤곽을 결정하는 기본골격합의(Framework Agreement)가 타결되면서 다시 협상은 진행되었다. 그러나 '투자, 경쟁정책, 정부조달 투명성, 무역 원활화'의 4개 논제에 대해 개발도상국의 반발이 커지면서 무역 원활화를 제외한 나머지 이슈에 대해서는 논의를 중단하고, 무역 원활화만 협상의제로 다루기로 합의하였다.

2005년 12월 홍콩에서 제6차 WTO 각료회의가 개최되었지만 자유화 세부원칙에 대한 타결을 이끌어내지 못하였다. 2007년부터 가속화된 DDA 협상은 농업, NAMA 및 규범 의장들이 각각 자유화 세부원칙의 초안을 제출하고 이를 개정하면서 조금씩 진전을 이루어나갔다. 그러나 몇몇 쟁점에 대한 이견을 해소하지 못해 합의를 도출하지 못하였다. 2009년 제네바에서 개최된 제7차 WTO 각료회의에서는 2010년 DDA 협상 타결을 목표로 협상하기로 합의하였으나, 미국과 유럽, 중국과 인도, 신흥공업국 간에 농촌 보조금 감축과 관련하여 합의를 도출해내지 못한 채 무기한 연기 상태로 들어갔다.

DDA 협정을 통해 무역장벽이 1/3 정도 줄어들 경우 세계경제에 6,100억 달러의 이익을 가져다 줄 것이라는 연구결과도 있으며, 완전한 무역자유화가 이루어질 경우 전 세계적으로 2.8조 달러의 후생증대효과가 있다는 연구결과도 있다(World Bank, 2010). 이는 한국과 같이 대외 무역의존도가 90% 이상인 국가들의 경우 자유무역체제의 확대 및 강화가 국가경제에 긍정적인 효과를 가져올 수 있음을 시사해주는 결과라고 볼 수 있다.

3) 국제 간 지역 통합화

(1) 통합화 개념과 통합화 유형

제2차 세계대전이 끝날 무렵부터 세계 여러 지역에서는 국가 간에 서로 경제적으로 통합하려는 움직임이 나타나게 되었다. '통합화(integration)'란 선택적으로 차별한다는 의미로, 통합된 경제체제에 속해 있는 국가 간에는 보다 자유무역을 강화하는 한편 비회원국가들과는 보다 강력하게 보호무역을 시행하는 것을 말한다. 경제 통합화를 추구하는 목적은 무역뿐만 아니라 더 나아가 경제 전반에 걸쳐 지속적인 성장을 도모하기 위해서이다.

통합화할 경우 경제발전 수준이 비슷한 국가들끼리 통합하는데 이는 생산방식의 효율성을 가져올 수 있기 때문이다. 즉, 각 국가만의 수요로는 규모가 작지만 통합화함으로써 시장규모를 확대하여 규모경제를 기대할 수 있으며 분업화와 전문화가 이루어질 수 있다. 또한 지리적으로 인접한 국가들끼리 통합화하는 경우 국민들의 취향이나 선호도도 유사하게 나타나며, 운송비도 줄일 수 있다는 이점도 있다. 특히 서로 상호보완적 관계에 놓여 있는 국가들이나 또는 세계 무역량의 상당한 부분을 차지하고 있는 국가들끼리 통합하는 경우 그동안 관세장벽으로 인해 자유롭게 이루어지지 못하였던 교역이 활발해지면서 하나의 경제권을 형성하게 된다.

경제 통합은 시장 규모의 확대를 통한 경제적 이익(규모경제)과 무역을 통한 자원배분의 효율성을 가져올 수 있다는 점에서 가맹국 간에 경제성장을 가져오는 추동력이 되지만, 비가맹국에 대한 차별 조치를 하게 되므로 비가맹국 입장에서는 역차별을 받게 되는 것이다. 그러나 세계화에 따라 개방화와 자유화 압력을 받는 상황 속에서 자국의 산업을 보호해야만 하는 절충 수단으로 경제 통합화를 시도하고 있다.

지역 간 통합화 유형에는 여러 유형이 있으며, 가장 보편적인 통합화 유형은 회원국 간에 관세와 다른 무역장벽을 없애고 자유무역지역(free-trade area)으로 통합화하되, 각 회원국과 비회원국 간의 무역 관계는 각 국가마다 독자적인 무역정책을 시행하는 것이다.

이 유형보다 한 단계 통합화의 정도가 더 높은 유형은 관세동맹(customs union)으로 이는 회원국 간에 관세 없는 자유무역을 실시하는 것은 물론 더 나아가 비회원국들과의 교역에 있어서도 서로 공동적인 보호무역정책을 실시하는 것이다.

통합화의 정도가 매우 높은 공동시장화(common market)는 관세동맹과 마찬가지로 회원국들 간에 자유무역뿐만 아니라 회원국 내에서 자본과 노동력의 생산요소까지도 자유롭게 이동하도록 하는 것이다. 또한 비회원국들에 대해서는 공동 무역장벽을 설정하는 것이다. 통합화의 정도가 가장 높은 경제연합(Economic Union)은 회원국 간의 재화와 생산요소의 자유로운 이동뿐만 아니라 정치적으로도 연합하여 슈퍼국가의 통제 하에서 회원국들이 연합하고 있는 것으로 유럽연합이 이에 속한다(표 12-5).

이렇게 회원국들 간 무역장벽이 없어지면 각 회원국은 비교우위성이 가장 큰 상품만을 집중적으로 생산할 수 있게 된다. 특히 이러한 전문화·분업화는 보다 확장된 시장을 대상으로 대규모 생산이 가능하기 때문에 상품을 더 효율적으로 생산해 낼 수 있다. 한편 회원국 간에 관세 없는 자유무역이 이루어지게 되면 산업의 입지패턴도 변화된다. 즉, 서로 관련된 업종끼리 입지여건이 양호한 지역에 집적하려는 경향이 나타나며, 수직적인 연합이 이루어지고 지역 간 전문화가 더욱 활성화된다. 또한 통합화 이전에 각 나라마다 독자적으로 생산 활동이 이루어지던 지점들도 통합됨에 따라 바람직한 입지 지점이 아니라고 평가될 경우 생산 활동이 중단되기도 한다.

표 12-5. 지역경제통합 유형

	관세 및 지역 내 교역 제한 철폐	역외 무역에서의 공동관세	요소이동의 자유화	경제정책의 조화	공통조직에 의해 정치적 단일화
자유무역지역	◆				
관세동맹	◆	◆			
공동시장	◆	◆	◆		
경제통합	◆	◆	◆	◆	
정치적 통합	◆	◆	◆	◆	◆

출처: Stutz, F. & Warf, B.(2012), p. 337.

(2) 통합화에 따른 지역무역협정 및 무역 블록화

① EU(유럽연합)

유럽의 여러 나라들이 유럽연합을 결성하기 전에도 유럽에는 다양한 통합조직이나 기구들이 구축되어 있었다. 1944년 베네룩스 3국이 관세동맹을 결성한 이후 1953년에 프랑스, 서독, 이탈리아가 합세한 7개국이 경제적 통합을 목적으로 하는 유럽석탄철강공동체

(ECSC: European Coal and Steel Community)를 결성하였다. 이에 따라 철강과 석탄이 관세 없이 자유롭게 이동되었다. 이 조직이 성공을 거두게 되자 1957년 모든 경제조직을 통합화하려는 시도로 유럽경제공동체(EEC: European Economic Community)를 결성하게 되었다. 기존에 결성되어 왔던 ECSC, EEC, EAEC(유럽원자력공동체)의 공동체를 유럽공동체(EC: European Community)라고 명명되고 있다. 이 조직은 공동시장화를 목적으로 하였으나 실제로는 그 이상의 조직력을 갖게 되었다. 경제정책의 단일화, 사회적 문제에 대한 공동해결, 초국가적인 통제기구 설치 등으로 통합화의 단계를 높여 나갔다. 그에 따라 동맹국 간 교역의 장애물은 점차 제거되어 갔고 비동맹국들에 대한 공동관세법이 제정되었다. 특히 EEC는 경제통합에 의해 유럽의 거대한 공동시장을 형성하는 것을 목표로, 관세동맹을 결성하여 지역관세와 무역제한을 철폐하고 회원국 내에서 노동력과 자본의 자유이동과 경제정책의 통일, 유럽 및 해외속령의 자원공동개발 등을 공동으로 도모하였다.

EEC가 통합화(공동시장화)를 통해 경제적으로 큰 이익을 얻을 수 있었던 것은 EEC 회원국들이 서로 상호보완적인 자원을 보유하고 있었기 때문이다. 프랑스와 룩셈부르크는 철광석의 산지이며, 독일은 석탄산지, 이탈리아는 풍부한 노동력을 지니고 있으며, 벨기에와 네덜란드는 원예·낙농업이 발달하였기 때문에 회원국 간에 서로 혜택을 줄 수 있었다. 특히 EEC 회원국들이 서로 인접하여 있고 교통체계가 발달되어 있어 통합화가 용이하였다. 통합화됨에 따라 다른 나라들과의 무역이 중단되고 회원국 간의 교역량은 상당히 증가되었다. 일례로 독일은 덴마크로부터 수입해 오던 야채와 축산품을 네덜란드로부터 수입하고 있으며, 미국으로부터 수입해 오던 밀은 프랑스로부터 수입해 오고 있다. 또한 EEC 회원국들은 최종 생산물을 생산하는 데 있어 초기에는 상당히 경쟁적인 입장이었으나 무역이 활성화되면서 점차 전문화, 분업화되어 가고 있다. 일례로 EEC 회원국 모두 제철산업이 발달하고 있었지만, 각 국가별로 구조용 철강, 압연판, 합금화된 철강도구 생산 등 특정한 강철제품 생산만을 각기 전문화하여 생산하고 있다.

EC 회원국들은 유럽자유무역연합(EFTA)과 통합유럽경제지역(EEA)을 결성하여 거대한 유럽단일시장을 이루려고 하였다. 1980년대 중반 유럽단일시장 프로그램 추진 및 유럽단일의정서(SEA: Single European Act)가 채택되었다. Single Act의 주요 목적은 유럽을 국내시장화(internal market)하자는 것이었다. 핵심 내용은 국내 시장화를 위해 인력, 자본, 재화, 서비스의 이동을 자유롭게 하며 유럽의 경제적, 사회적 결속을 강화하는 것이었다. EU가 창설되게 된 시점은 1992년 유럽연합조약(Treaty on European Union), 일명 마스트리히트(Masstricht) 조약이 체결되면서부터이다. 여기서 경제통합 및 정치통합을 추진하기 위한 유럽연합조약을 체결하고 각국의 비준절차를 거쳐 1994년부터 EC는 EU로 공식 명칭을 바꾸면서 유럽연합은 명실공히 유럽의 정치·경제 공동체로 부상하였다. 처음에는 15개국으로 출발하였으나, 점차 남부유럽과 동부유럽 국가들이 합세하여 현재 28개

국가로 결성되어 있다. 유럽연합은 위원회, 각료이사회, 유럽의회, 유럽사법재판소 등 4대 기구와 보조성격을 지닌 기관으로서 유럽회계검사원, 유럽투자은행 등을 두고 있다.

② NAFTA(North American Free Trade Area)

1970년대 이후 대내·외 경제환경이 급변하게 되자 미국은 보호무역주의 통상정책을 추진하였지만 무역적자는 심화되었다. 이에 따라 미국은 수입규제조치, 우루과이라운드 협상의 적극 추진 및 대미 교역 흑자국에 대한 시장 압력을 가하는 한편 미국과 밀접한 이해관계를 갖고 있는 이스라엘과 캐나다와는 자유무역협정을 체결하였다. 1990년 초 멕시코와 미국 간의 자유무역협정이 체결되면서 미국, 캐나다, 멕시코 3개국의 공동협정으로 발전되었다. 1993년 8월 북미자유무역협정(NAFTA: North American Free Trade Area)이 타결되어 유럽시장을 능가하는 거대한 단일시장이 탄생되었다. NAFTA의 목적은 상품 교역과 서비스 교역에서 장벽을 제거하고 국가 간 자유로운 투자 허용, 지적소유권 보호 및 환경규제를 효율적으로 실시함으로써 경제성장을 가속화하는 것이다.

NAFTA는 경제수준의 격차가 있는 국가들 간의 생산요소의 상호보완적 결합을 기반으로 경쟁력을 높이기 위한 경제통합이라고 볼 수 있다. 즉, 3개국 간에 존재하는 무역장벽을 철폐함으로써 미국은 서비스 및 첨단산업, 캐나다는 자원 관련 산업, 멕시코는 노동집약적 산업을 특화함으로써 서로 간의 협력을 통해 경쟁력을 높이는 것이다. 또한 EC와는 달리 NAFTA는 역외국에 대한 통상협상 및 관세제도는 각 국가마다의 독립성을 유지하도록 함으로써 각국이 최대한 자신의 이익을 신축적으로 추구하도록 하고 있다.

③ APEC(Asia-Pacific Economic Cooperation)

아태경제협력체는 지역무역블록 그룹과는 특징이 다른 경제협력체이다. GATT의 다자간 자유무역체제가 약화되고 보호무역주의가 강화되며, 경제적 지역주의가 대두되는 등 국제 경제환경이 변화됨에 따라 아시아·태평양 국가들이 공동 대처할 필요성이 대두되면서 APEC이 출범하게 되었다. APEC은 '개방적 지역주의에 기초한 경제협력'을 목표로 하고 있으며 가장 개방성을 강조하고 있다. 1991년 서울에서 열린 제3차 각료회의에서 채택된 서울 APEC 선언에서 APEC의 목적, 조직, 활동범위를 위한 제도들을 마련하였고, 무역, 투자 및 기술이전, 인적자원개발, 에너지, 수산업, 해양자원보존 등 다양한 부문에 걸친 대화기구의 협력체로서의 역할을 수행하고 있다.

회원국으로는 미국, 캐나다, 필리핀, 말레이시아, 인도네시아, 브루나이, 태국, 싱가포르, 호주, 뉴질랜드, 일본, 중국, 대만, 홍콩, 한국, 멕시코, 파푸아뉴기니, 칠레 등으로 다른 경제블록에 비해 훨씬 규모가 크다. 2020년까지는 APEC 내의 교역 자유화와 경제 공동체로서의 결속을 위해 박차를 가하고 있다.

표 12-6. 지역별 경제통합 현황

	지역	형태	설립연도	참가국	주요 내용
지역	유럽	EU	1958 EEC 1967 EC 1993 EU	벨기에, 네덜란드, 룩셈부르크, 프랑스, 독일, 이탈리아, 영국, 아일랜드, 덴마크, 그리스, 스페인, 포르투갈, 스웨덴, 오스트리아, 핀란드, +지중해(몰타, 키프로스) + 동유럽(헝가리, 체코, 폴란드, 발트3국, 루마니아, 불가리아, 크로아티아) 총 28개국(영국이 2016년 브렉시트 선언으로 탈퇴함)	• 1993년 마스트리히트 조약에 의해 EU로 발전 • 1999년 역내 공동 통화(EURO)도입 • 2007년 리스본 조약 (유럽이사회상임의장, 공동대외업무담당 대표직 도입)
		EFTA	1960	아이슬란드, 리히텐슈타인, 노르웨이, 스위스	• EEC에 대응하여 설립된 영국 중심의 자유무역협정이었으나, 영국, 스웨덴, 오스트리아 등이 EU에 가입함에 따라 4개국만 남아 있음
	북미	NAFTA	1994	미국, 캐나다, 멕시코	• 자유무역협정, 자본 이동 자유화, 노동 및 환경에 대한 보완협정, 분쟁처리기구 설치
	중남미	CACM	1960	과테말라, 온두라스, 니카라과, 엘살바도르, 코스타리카	• 중미공동시장으로 관세동맹으로 출발, • 1993년 공동시장 형성조약 체결
		ANCOM	1969	콜롬비아, 에콰도르, 볼리비아, 베네수엘라, 페루, 칠레(1977년 탈퇴)	• 안데스공동체; 자유무역지역으로 출발 • 1995년 역외공통관세 도입, 관세동맹, 공동외자정책 실시
		CARICOM	1973	쿠바를 제외한 카리브해 13개국	• 카리브공동체로 공동시장을 정비하여 1994년 자유무역권 설립, 공동시장으로 전환
		MERCOSUR	1991	브라질, 아르헨티나, 파라과이, 우르과이, 베네수엘라 (준회원국 5개국이 더 있음)	• 관세동맹으로 출범, 공동시장 목표, 거시경제정책 공조
	남아시아	SAPTA	1995	인도, 파키스탄, 방글라데시, 스리랑카, 네팔, 부탄, 몰디브	• 남아시아특혜무역협정으로, 운송, 우편, 농업협력 및 무역 자유화 추진, 내정 불간섭 등 지역평화 유지
	동아시아	ASEAN	1967	싱가포르, 말레이시아, 인도네시아, 필리핀, 태국+브루나이, 베트남, 라오스, 미얀마, 캄보디아 총 10개국	• 1960년대 인도차이나의 공산화에 공동대처하기 위해 출발 • 2015년 경제공동체 • 2020년까지 정치안보, 사회문화, 경제분야의 3개 공동체 형성 목표
	중동	아랍연맹	1945	이집트, 사우디아라비아, 이라크, 레바논, 시리아, 요르단 +페르시아만 지역 국가들이 참가 총 21개국	• 아랍제국의 독립과 주권 옹호 • 아랍권 국가들 간 정치, 경제, 문화의 공동 협력
		GCC(걸프만 협력위원회)	1981	바레인, 쿠웨이트, 오만, 카타르, 사우디아라비아, 아랍토후국	• 지역집단 안전보장 • 2005년 역외공통관세 설치, 공공시장 목표
		아랍 자유무역	1997	이집트, 튀니지, 모로코, 바레인, 쿠웨이트, 오만, 카타르, 사우디아라비아, 아랍토후국, 요르단, 시리아, 이라크, 리비아, 레바논	• 아랍연맹 가맹국 간 자유무역지대 창설 목적 • 2007년 역내 관세 철폐
		경제협력 기구(ECO)	1985	이란, 파키스탄, 터키, 아프가니스탄	• 상호 경제협력 및 무역 자유화 추진
	아프리카	SACU	1970	남아공, 나미비아, 스와질란드, 레소토, 보츠와나	• 남아공 중심의 관세동맹 및 공동통화 도입
		SADC	1992	앙골라, 보츠와나, 레소토, 말라위, 모잠비크, 나미비아, 남아공, 스와질란드, 탄자니아, 잠비아, 짐바브웨, 모리셔스, 콩고	• 남부아프리카 개발공동체로 자원개발, 인프라 분야의 공동사업 추진, 무역투자 교류촉진 • 2012년 역내관세철폐, 지역평화, 안전보장 연대
		UEMOA	1994	베냉, 부르키나파소, 코티디브아르, 말리, 니제르, 세네갈, 토고, 기니비사우	• 서아프리카 경제통화동맹으로 역내 관세철폐, 대외공통관세 추진, 지역공동의 증권거래소 개설
		COMESA	1994	앙골라, 부룬디, 코모로, 콩고, 지부티, 에티오피아, 케냐, 말라위, 마다가스카르, 모리셔스, 나미비아, 루완다, 세이셸, 수단, 스와질랜드, 잠비아, 탄자니아, 짐바브웨, 우간다, 이집트	• 동남부 아프리카 공동체로 공동시장을 목표로 하고 있음

대륙 간 협정	APEC	1989	한국, 중국, 일본, 대만, 홍콩, 브루나이, 인도네시아, 말레이시아, 필리핀, 싱가포르, 태국, 호주, 뉴질랜드, 파푸아뉴기니, 미국, 캐나다, 멕시코, 칠레, 러시아, 베트남, 페루 총 21개국	• 역내 무역, 투자의 자유화 추진 역내 선진국은 2010년, 개도국은 2020년까지 무역자유화 조치, 개방적 지역주의 실현 • 2007년 아태자유무역지대(FTAAP) 연구보고서 채택 • 2010년 18차 정상회의 FTAAP 창설 의지 확인 • 역내의 TTP와 RCEP를 FTAAP로 흡수하는 것이 과제
	ASEM	1996	ASEAN + 한국, 중국, 일본과 EU 간의 대화; 매 2년마다 개최	• 미국-유럽, 미국-아시아와 대등한 수준으로 아시아-유럽 관계를 확대시키기 위한 회의
	TPP	2010 협상 개시 2015 타결	미국, 캐나다, 멕시코, 칠레, 페루, 콜롬비아+일본, 호주, 뉴질랜드, 싱가포르, 말레이시아, 베트남, 브루나이, 12개 국가 간 다부문 FTA 협정	• 높은 수준의 무역자유화 추진, 관세, 비관세 철폐, 상품, 서비스 투자, 지적재산권, 경쟁, 환경, 노동 등 21세기 무역 규범 선도 • 미국 주도의 아태지역 무역 질서 창출의도; 일본은 미일관계 구축과 아베노믹스 성장 전략과 연계 추진
	RCEF	2012 협상개시	ASEAN 10개국 + 한국, 중국, 일본 + 호주, 뉴질랜드, 인도 등 16개국 간 동아시아 차원의 다목적 자유무역지대, 개방적 자유주의 원칙 2011년 제9차 ASEAN 정상회의에서 동아시아 정상 16개국 RCEP 기본틀 수용	• 상품, 서비스, 투자, 지적재산권, 경제협력, 위생검역, 기술표준 원산지 기준, 통관, 무역규제, 법률, 경쟁, 정부조달 등 공동규범 설정과 자유화 목표, 참가국의 경제여건 차이로 높은 수준의 자유화 목표를 유연적으로 설정; 중국이 관심을 보이고 있는 통합영역이며, 2015년 TPP 타결로 인해 RCEP협상도 가속화될 전망
	TAFTA	1990년대 부터 논의 되어옴	EU 회원국과 미국 간 자유무역협정 2000년대 초까지 DDA 라운드 진전이 없자 독일을 위시한 유럽국가와 미국 간에 제기된 대륙 간 경제협력 추진 구상	• 2000년대 들어 동아시아 시장통합 움직임이 가시화되고 아시아태평양권의 시장 조직 강화로 오바마 정부는 아태지역에서는 TPP를 촉구하고 대서양권에서는 TAFTA 대신 TTIP형태의 협력조직을 강조함
	TTIP	2013 협상 개시 2015 11차 협상 진행	EU와 미국 간 무역 및 투자 자유화 협정; 2013년 협상 개시 후 11차례에 걸쳐 협상이 개최되었음 TTIP(미국+EU28개국)의 경제 규모는 세계 GDP의 46%, 상품 무역의 33%, 서비스무역의 42%를 차지함	• TPP에 상응하는 대서양 경제권 구축 목표; 농업, 환경, 비관세 등에서 양측 간 견해 차가 커서 협상의 장기화 전망 • 2010년 TAFTA의 대안적 성격으로 논의되기 시작 • 아시아 중심의 세계질서 창출보다는 유럽 중심의 경제질서를 창출하여야 한다는 사상이 지배적임

출처: 손병해(2016), pp. 38~46 정리 요약.

이와 같이 지역경제통합은 다자간 협정뿐만 아니라 대륙별 통합으로 확대되고 있다. 특히 EU에 이어 동아시아에서 RCEF와 TPP가 결성되면서 각 국가의 실정들을 반영하는 무역질서를 창출해 나가고 있다. 이러한 대륙별 통합은 ASEM, APEC, TTIP와 같은 대륙 간 협력조직을 통해 상호개방성이 확대되고 있다(그림 12-10). 세계 경제체계는 대륙별 경제통합에 의한 다극 체계로 발전해 나갈 것임을 시사해준다.

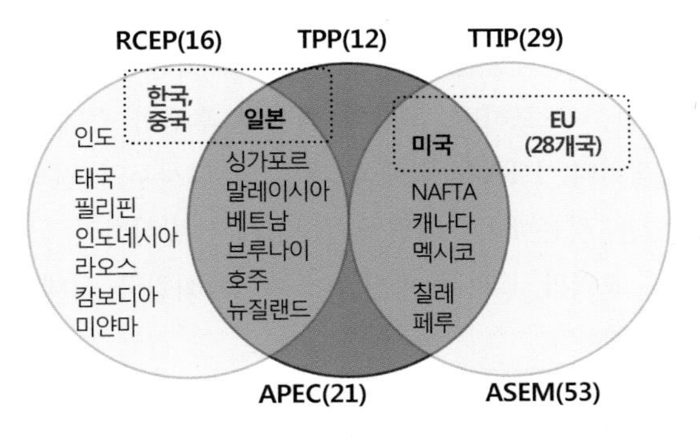

그림 12-10. 지역경제통합 광역화
출처: 손병해(2016), p. 60.

(4) 자유무역협정

최근 인접한 지역 간에 통합화뿐만 아니라 멀리 떨어진 국가들 간에 자유무역협정(Free Trade Agreement)이 매우 활발하게 이루어지고 있다. 자유무역협정이란 특정국가 간에 관세·비관세 장벽을 완화·철폐하여 상호 교역을 증진하는 특혜무역협정이라고 볼 수 있다. 지역무역협정(RTA: Regional Trade Agreement)에는 FTA를 비롯하여 경제동반자 협정, 무역촉진협정, 서비스협정, 관세동맹 등이 모두 포함되지만, 가장 대표적인 것이 FTA이다. WTO가 모든 회원국의 다자간 협상을 위주로 하면서 비차별적 무역 자유화를 강조하고 있다. 그러나 무역자유화가 추진될수록 FTA를 근간으로 하는 지역무역협정이 더욱 활성화되고 있다. 실제로 1947~1994년 GATT 체제 하에서 체결된 FTA는 91건에 불과하였으나, 1995~2010년 동안 체결된 FTA는 194건에 달하고 있다. 특히 2003년 칸쿤 WTO 각료회의가 결렬된 이후 세계 각국은 더욱 FTA에 의존하게 되었다. FTA 발효 수를 보면 1970년대 14개에서 1980년대 9개, 1990년대 124개, 2000년대 이후에는 약 200여개로 확대되고 있다. 2010년 FTA 가운데 상품무역 협정은 427건이며, 서비스무역 자유화만 대상으로 한 GATS(General Agreement on Trade in Services) 서비스협정은 92건이다. WTO가 출범하면서 FTA가 증가하고 있는 것은 국제경쟁의 심화 속에서 경쟁력 확보를 위해 국가 간 협력의 필요성이 커지면서 WTO에 따른 다자주의의 한계를 보완하고 안정적인 해외시장을 확보하기 위해서라고 볼 수 있다.

WTO와는 달리 FTA는 최혜국 대우 및 다자주의 원칙을 벗어난 양자주의 및 지역주의적인 특혜무역체제이다. FTA 회원국 간에는 무관세나 낮은 관세를 적용하지만 비회원국에게는 WTO에서 유지하는 관세를 그대로 적용한다. 또한 FTA 회원국 간에 이루어지는 상품의 수출입은 자유롭게 교역할 수 있게 허용하지만 비회원국의 상품에 대해서는 WTO에서 허용하는 수출입의 제한조치를 그대로 유지한다. 따라서 FTA를 체결한 회원국들은 역내국가에 특혜적 관세를 부여하는 것이 되므로, WTO 회원국이라면 최혜국 대우 원칙을 정면으로 위배하게 되는 셈이다.

그러나 WTO와 FTA의 공통점은 각 회원국의 무역장벽을 완전히 철폐하고, 각 회원국의 지속적인 경제발전을 도모하며, 고용과 경제적 후생이 증대되도록 하는 것을 주요 목표로 하고 있다는 점이다. FTA가 최혜국 대우 및 다자주의 원칙에 벗어남에도 불구하고 FTA를 허용하고 있는 것은 FTA 회원국 간 경제가 발전하면 궁극적으로는 FTA 회원국과 비회원국 간에도 교역과 투자가 촉진되어 WTO 회원국 전체에도 유리한 여건을 조성할 것이라는 기대 때문이다.

각 국가들이 FTA를 체결하려는 동기는 크게 세 가지라고 볼 수 있다. 첫째, 시장 확대를 위해서이다. FTA가 체결되어 국가 간 관세가 철폐되면 교역량이 증가하게 된다. 중남미 및 아프리카의 발전 단계가 비슷한 나라들끼리 FTA를 체결한 이유도 시장 확대를 위한 것이라고 볼 수 있다. 둘째, WTO 출범 이후 개방화가 계속 요구되기 때문에 각 국가들은 개방과 보호의 절충적인 면에서 FTA를 채택하고 있다. 즉, 국내시장 개방을 통해 국내 기업들을 국제 경쟁에 노출시킴으로써 새로운 기술 및 제품개발을 유도하면서 체결국 간의 배타적 호혜조치를 통해 경제적 이익을 제고하려는 것이다. 셋째, 국내 경제개혁을 촉진시키기 위해서이다. 특히 개발도상국이 선진국과 FTA를 체결하는 이유의 하나는 투자유치, 기술이전, 경제구조 조정 등을 목적으로 하는 경우가 많으며, 멕시코와 칠레가 그 대표적인 사례이다.

이와 같이 세계 각국은 경제성장을 위한 수출 증대를 위해 FTA를 비롯한 지역무역협정을 추진하여 수출시장 확보와 경제협력 강화를 도모하고 있다. 앞으로도 FTA는 더 늘어날 것으로 전망되고 있는데, 이는 지역화·블록화와 동시에 국가 차원에서 FTA 추진이 늘어나고 있으며 경제위기 이후 보호무역주의 기조 속에서 수출 확대를 위해 양자협상의 중요성이 더 부각되고 있기 때문이다. 지금까지 상당히 많은 국가들 간에 FTA가 체결·발효되었으며, 앞으로도 FTA를 체결하기 위해 협상 중인 국가들도 상당히 늘어나고 있는 추세이다. 2017년 말 WTO를 통해 파악된 지역무역협정 발효 건수는 총 455건이며 이 가운데 자유무역협정(FTA)은 251건(55%), 경제통합이 151건(33%)을 차지한다. 그러나 실제 발효 중인 RTA 건수는 284건으로 그 가운데 상품과 서비스가 동시에 포함된 협정이 143건으로 절반 이상을 차지한다(그림 12-11 & 그림 12-12).

우리나라는 1999년 말 칠레와 처음으로 FTA 협상을 시작하여 2004년 4월에 발효되어 중남미 시장 진출의 교두보를 확보하였다. 그 이후 싱가포르, 아세안, 인도, 유럽연합, 페루, 미국, 터키, 호주, 캐나다, 중국 등과 FTA 협상을 지속적으로 추진해 나간 결과 체결국가수는 52개국이며, FTA 발효건수는 15건으로 상당히 증가되었다(그림 12-13).

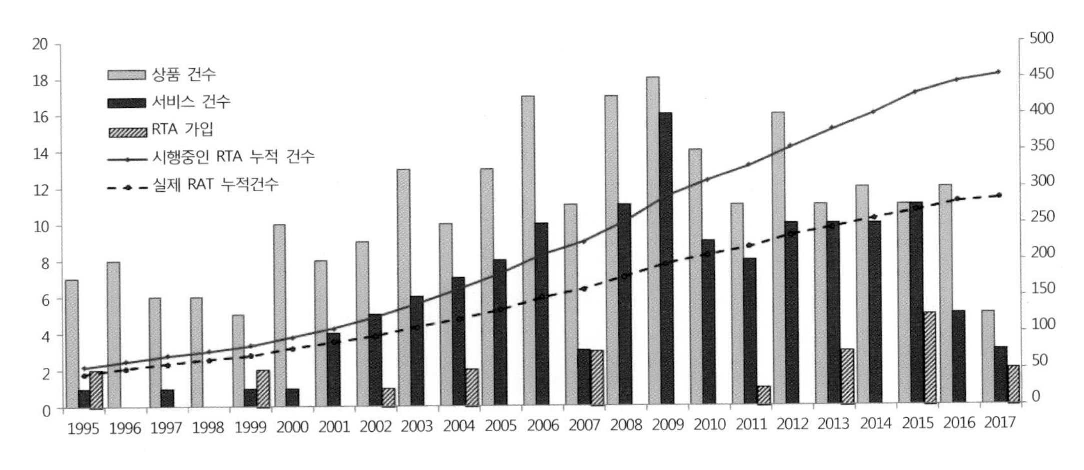

그림 12-11. 지역무역협정의 성장 추세, 1995-2017년
출처: WTO, Regional Trade Agreements Information System(RTA-IS), Evolution of RTAs.

개도국간 특혜협정 5%
관세동맹 7%
경제통합 33%
자유무역협정 55%

RTA 협정 유형	총 455건수
관세동맹(CU)	30
경제통합(EI)	151
자유무역협정(FTA)	251
특혜협정(PSA)	23
실제 RTA	총 284건수
상품	140
서비스	1
상품과 서비스	143

그림 12-12. RTA(Regional Trade Agreement) 협정 유형과 건수
출처: WTO, Regional Trade Agreements Information System(RTA-IS).

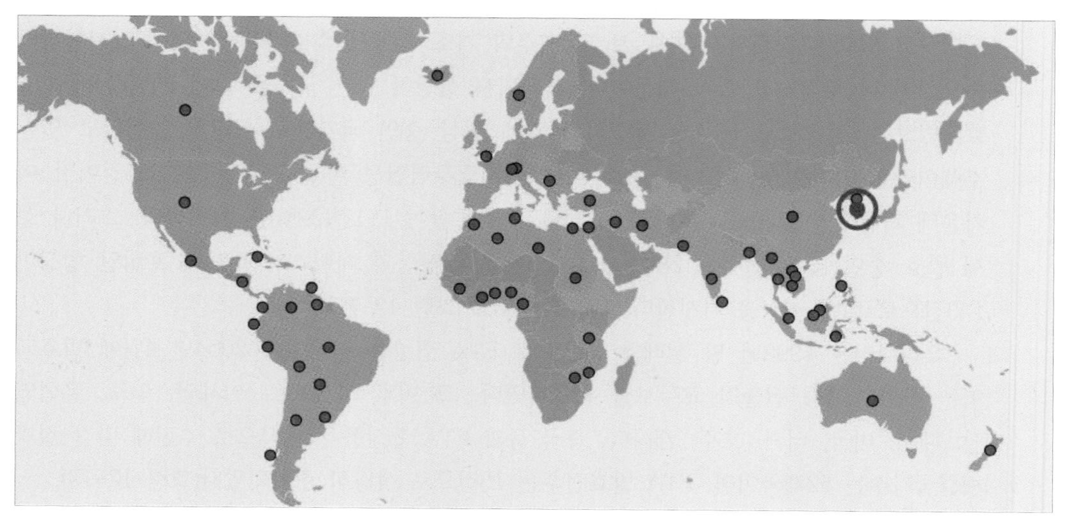

그림 12-13. 우리나라와 자유무역협정을 맺고 있는 국가들
㈜: 지도 상에 나타난 RTA는 실제 RTA 수가 아니며, 상품과 서비스를 모두 포함하는 RTA이므로, 실제 하나의 RTA임에도 불구하고 상품과 서비스 2건수로 집계됨.
출처: WTO, Regional Trade Agreements Information System(RTA-IS).

표 12-7. 세계 주요 국가의 FTA 체결국가 수 및 발효건수

	국가 수	건수
한국	52	15
일본	17	15
중국	22	14
미국	20	14
캐나다	16	11
EU	62	40
ASEAN	6	5
호주	10	10

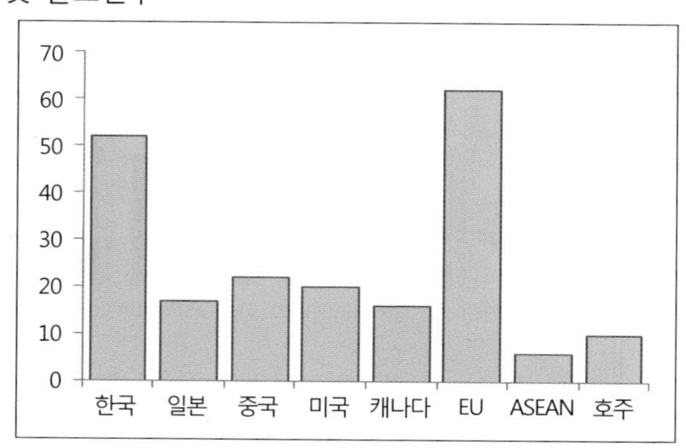

3 세계 무역의 성장과 공간 패턴

1) 세계 무역의 성장과 구조적 변화

(1) 경제성장에 따른 무역 거래량의 증가

국제무역은 산업혁명 이후 활발하게 이루어지기 시작하였다. 세계무역의 성장 과정은 크게 네 시기로 나누어 볼 수 있다. 첫 번째 시기는 1850년부터 1913년 제1차 세계대전이 일어나기 직전으로 새로운 교통수단의 발달로 인해 국제무역이 크게 증가하였다. 1880년대 냉동선의 발명은 오스트레일리아에서 영국까지 냉동된 육류를 공급할 수 있게 하였다. 이 기간 동안 무역은 연평균 3.8% 증가율을 보인 반면에 GDP 성장률은 2.1% 수준을 나타내었다. 그러나 제1차 세계대전과 제2차 세계대전을 겪으면서 경제가 어려워지자 각국의 보호무역은 강화되었으며, 경제성장률이 저하되면서 무역 성장률도 크게 둔화되었다(표 12-8).

두 번째 시기는 제2차 세계대전 이후 1950년부터 1973년 대량생산과 대량소비의 포디즘 생산체제 기간으로, 세계경제가 급속도로 성장하면서 국제교역도 급성장하게 되었다. 특히 1950년부터 제1차 원유파동이 일어나기 직전인 1973년 동안 세계경제는 연평균 5.1% 증가하였으며, 국제교역도 사상 최대의 연평균 8.2%의 증가율을 나타내었다. 1950~1973년 동안 교역량이 급격하게 증가된 것은 유럽과 일본 등의 경제가 회복되었고 GATT 협약에 따라 자유무역이 이루어졌기 때문이다. 이 기간 동안 무역 성장을 주도해 온 부문은 제조업이었다. 제조업 부문에서의 교역 증가는 세계시장의 통합화를 가져왔으며, 교통·통신수단에서의 기술혁신은 운송비용과 통신비용을 크게 절감시키면서 경제의 세계화를 촉진시켰다.

그러나 1973년 원유파동 이후 포디즘의 위기와 함께 세계경제는 어려움을 겪게 되었다. 1970년대 원유가 인상과 브레튼우즈 협정의 붕괴 및 공업원료 가격 상승으로 인해 세계경제는 크게 위축되었다. 이렇게 경제성장이 둔화되자 보호무역주의가 강화되면서 세계 무역환경은 악화되어 갔다. 특히 선진국의 경기침체로 인한 수입품에 대한 수요 감소는 개발도상국의 수출에도 큰 타격을 주었다.

이렇게 침체된 세계경제는 정보통신기술과 극소전자기술의 발달로 인해 포스트포디즘 체제로 전환되면서 1980년대 중반 이후 3저 현상이 나타나면서 세계경제가 회복되었다. 세 번째 시기인 1974~2007년 동안 세계경제는 2.9%의 성장률을 보였으며, 국제교역도 연평균 5.0%의 높은 성장률을 보였다. 그러나 2008년에 글로벌 금융위기를 겪으면서 세계경제는 다시 심각하게 침체되었다. 그에 따라 2008~2009년 GDP 성장률과 수출 성장은 오히려 (-) 성장을 보였으며, 특히 공산품 수출은 큰 타격을 입게 되었다. 2010년 이후 세계경제가 점차 회복하면서 수출 규모도 증가하고 있으나, 아직까지 그 이전 시기들에 비하면 경제성장과 수출 규모 모두 낮은 편이다.

표 12-8. 세계화 추세에 따른 무역 성장 추세

세계	1850~1913	1950~1973	1974~2007	2008~2016
인구성장률	0.8	1.9	1.6	1.3
GDP 성장률	2.1	5.1	2.9	1.2
1인당 GDP 성장률	1.3	3.1	1.2	0.93
무역 성장률	3.8	8.2	5.0	3.2

출처: WTO, World Trade Report 2008, 2017, p. 15.

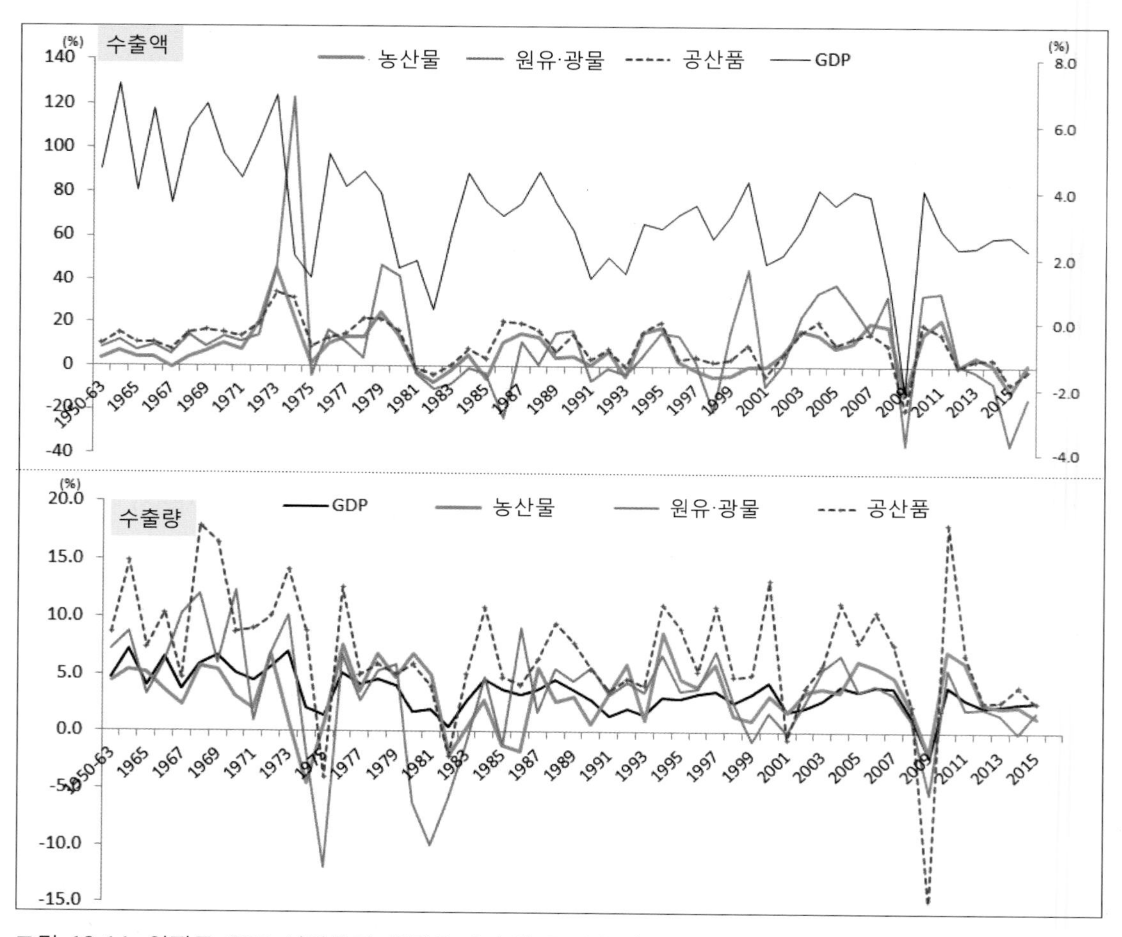

그림 12-14. 연평균 GDP 성장률과 연평균 수출액 증가율 추세, 1950-2016년

출처: WTO(2017), World Trade Statistical Review, Table 55b.

한편 경제성장률과 세계 수출 증가율의 시계열적 변화를 비교해 보면 상당한 변이가 나타나고 있음을 엿볼 수 있다. 전반적으로 수출 증가율이 경제성장률보다 높게 나타나고 있으나, 원유파동이 일어난 시점이나 1980년대 초 세계경제가 침체기에서 수출은 오히려 (-) 증가율를 보이고 있으며, 경제성장률 변동에 비해 수출 증가율 변동이 훨씬 더 심하게 나타나고 있다. 또한 세계경제가 성장하던 시기에는 경제성장률에 비해 수출 증가율이 상대적으로 훨씬 더 높게 나타나고 있는 데 비해 세계경제가 침체되었던 1980년대 전후 시기에는 경제성장률과 수출 증가율의 차이가 별로 나지 않고 있다. 1990년대에는 경제성장률에 비해 수출 증가율이 매우 높게 나타나고 있는데, 이는 WTO 출범 이후 무역자유화가 진전되면서 수출 거래량이 크게 늘어났기 때문으로 풀이된다(그림 12-14).

전반적으로 경제성장률 변동에 따라 가장 민감하게 수출량이 달라지는 것은 공산품이며, 농산물과 연료 및 광물은 훨씬 변동 폭이 작게 나타나고 있다. 이는 농산물이나 연료 및 광물이 공산품에 비해 생활필수품으로 비탄력적 재화이기 때문이다. 이러한 경향은 시기별 GDP 성장률과 수출 성장률 간 상관관계를 품목별로 비교해 보면 잘 나타나고 있다. GDP 성장률과 가장 상관관계가 높은 상품은 공산품이며, 농산물과 원유 및 광물의 경우 가격 변동에 따라 영향을 많이 받지만, 경제성장률 변동에는 덜 민감하게 반응하고 있다. 특히 공산품의 경우 세계경제가 침체된 1974~1997년 기간에는 상관계수가 가장 낮게 나타나고 있다(표 12-9). 상품 수출량에 비해 상품 수출액의 상관계수가 전반적으로 더 낮게 나타나는 것은 가격 변동이 매우 심하기 때문이다. 상품 수출량 지수는 거래되는 상품 수출가격의 변동과 환율을 토대로 현 시점의 수출액을 조정하여 거래되는 상품의 수출 물량을 파악하도록 한 것이다. 따라서 무역의 변화를 파악하고자 하는 경우 상품 수출량 지수로 파악하는 것이 실질 거래를 더 잘 반영한다고 볼 수 있다.

표 12-9. 연평균 GDP 성장률과 연평균 수출액 증가율의 시계열적 상관관계

시기	GDP 성장률과 **수출량** 증가율			GDP 성장률과 **수출액** 증가율		
	농산물	원유·광물	공산품	농산물	원유·광물	공산품
1964~1973	0.19	0.25	0.80	0.42	0.46	0.55
1974~1997	0.36	0.63	0.67	0.40	-0.01	0.37
1998~2008	0.55	0.44	0.92	0.06	0.54	0.58
2009~2016	0.74	0.78	0.94	0.47	0.67	0.80

㈜: WTO 데이터를 토대로 하여 산출된 상관계수임.
출처: WTO(2017), World Trade Statistical Review, Table 55b.

1961~2005년 동안 세계 각국을 소득수준에 따라 4개 그룹으로 분류한 후, 각 소득그룹별로 5년 간격으로 수출 증가율과 경제 성장률을 산출하여 산포도로 나타내면 상관성이 상당히 높게 나타나고 있으며, 대다수 국가들의 경우 수출 증가율이 경제 성장률보다 더

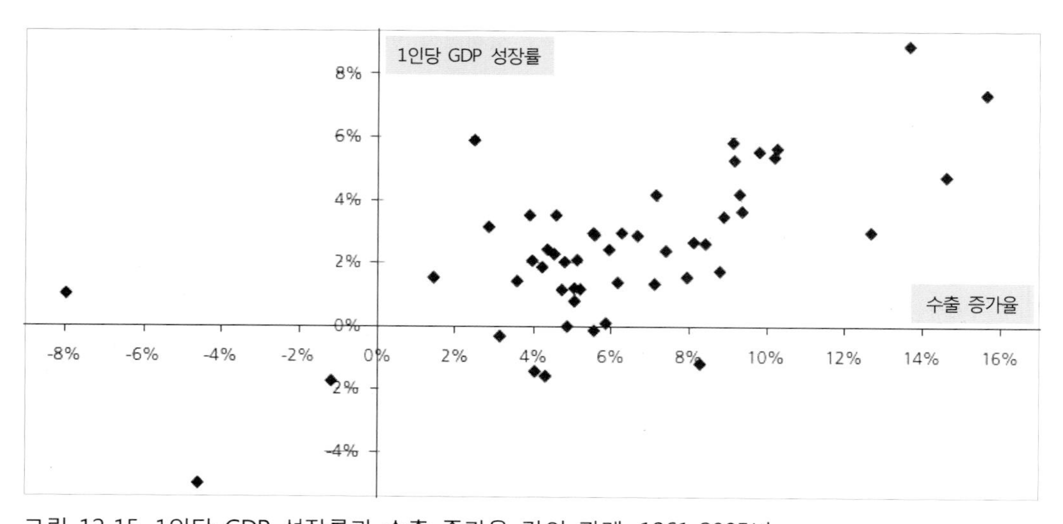

그림 12-15. 1인당 GDP 성장률과 수출 증가율 간의 관계, 1961-2005년
㈜: World Bank에서 분류한 소득수준별 그룹으로, 성장률은 1961-2005년 동안 5년 간격의 성장률의 평균치임
출처: World Bank (2007), World Development Indicator.

높게 나타나고 있다(그림 12-15). 각 소득그룹별 1인당 GDP 성장률과 수출 증가율(상품과 서비스 교역 포함) 간의 높은 상관관계를 통해 수출 증가율이 높은 국가일수록 경제성장률도 높게 나타나고 있음을 말해준다.

(2) 무역구조의 변화와 품목별 성장 추세

1950~2016년 동안 수출 증가율은 연평균 5.7%로 상당히 높았으나, 이를 품목별로 비교해 보면 상당히 차별적으로 나타나고 있다. 이 기간 동안 가장 높은 수출 증가율을 보인 품목은 공산품으로 연평균 6.9%를 보이고 있다. 반면에 농산물은 연평균 3.5%, 원유 및 광산물의 경우 연평균 3.8%의 증가율을 보이고 있다. 2005년을 100으로 하여 지난 66년간 수출액을 품목별로 보면 대조적인 패턴을 엿볼 수 있다. 농산물 가격과 원유 및 광산물 가격의 변동 폭이 매우 커서 수출액의 시계열 변이가 매우 심하게 나타나고 있다. 반면에 공산품 가격은 수요가 지속적으로 증가되고 있음에도 불구하고 가격 변동 폭은 상대적으로 낮게 나타나고 있다. 이는 기후변화에 따른 농산물 공급량 변화 및 국제 원유 가격 변동이 수출에 상당히 영향을 주고 있음을 시사해주며, 품목별 수출량보다 수출액이 훨씬 변동성이 심하게 나타나는 무역구조로 전환되고 있음을 시사해준다(그림 12-16).

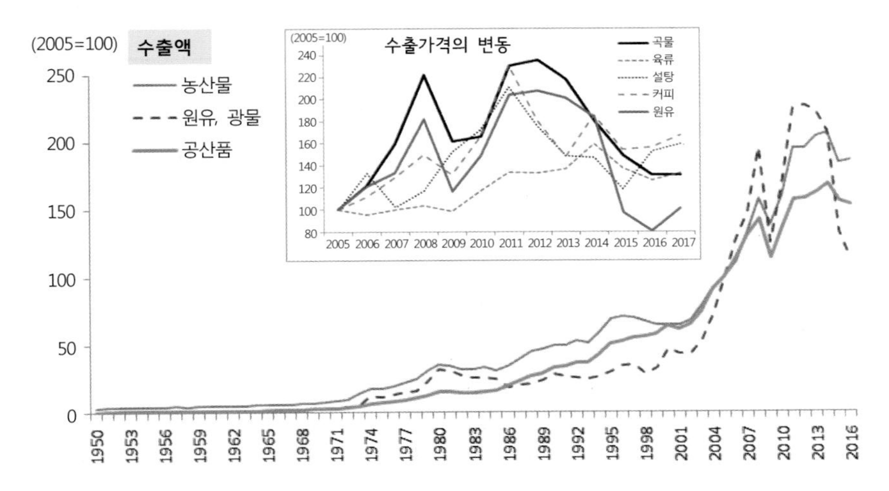

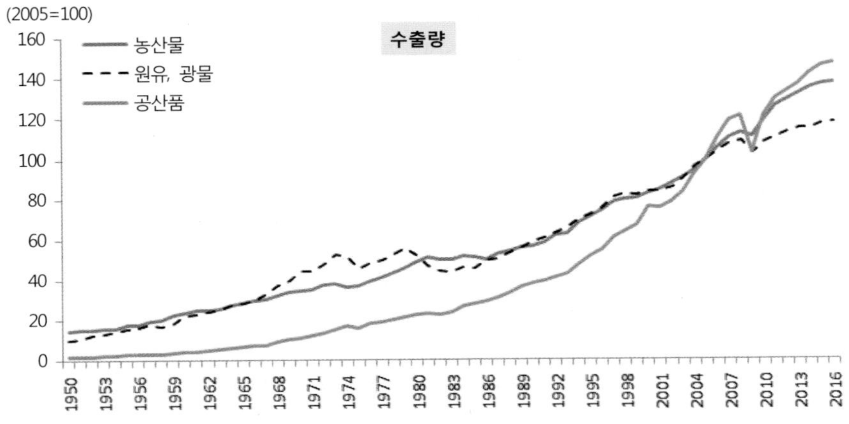

그림 12-16. 농산물, 광산물, 공산품의 수출 증가추세 비교, 1950-2016년
출처: WTO(2017), World Trade Statistical Review, Table 55a & Table 67.

한편 지난 30년간 품목별 수출 증가율을 비교해 보면 공산품의 수출 증가율은 지속적으로 증가하는 추세를 보이는 반면에 농산물에 대한 수출 증가율은 상당한 변이를 보이고 있다. 그러나 2000년대 이후 공산품의 수출 증가율보다 오히려 농산품 및 원유와 광산물의 수출 증가율이 다소 높게 나타나고 있다(표 12-10). 이는 인구증가에 따른 식량 수급 문제와 에너지 가격 상승에 기인하는 것으로 풀이할 수 있다. 공산품 가운데 오피스, 정보통신기기 및 화학제품의 수출이 상당히 높은 반면에 섬유 및 의류 수출 증가추세는 다소 낮은 편이다. 2009년 농산물이 총 상품 수출에서 차지하는 비중은 9.6%, 연료 및 광산물의 비중이 18.6%인 반면에 공산품의 비중은 68.6%로 나타나고 있어 세계무역의 약 2/3 이상은 공산품의 교역이라고 볼 수 있다(표 12-10).

표 12-10. 품목별 수출 성장추세와 비중 변화

구분	농산물	원유 및 광산물		공산품						
		계	원유	계	철, 강철	화학 제품	정보통 신기기	자동차	섬유	의류
수출액 (십억달러)	1,169	2,263	1,808	8,355	326	1,447	1,323	847	211	316
비중(%)	9.6	18.6	14.8	68.6	2.7	11.9	10.9	7.0	1.7	2.6
연평균 성장률(%)										
1980-85	-2.3	-5.3	-5.4	1.5	-2.1	1.2	9.1	5.0	-0.9	3.5
1985-90	9.3	2.7	0.5	15.2	8.9	14.5	17.9	13.9	14.7	17.5
1990-95	7.1	2.2	0.7	9.2	7.9	10.4	15.0	7.6	7.9	7.9
1995-00	-1.1	9.7	12.4	4.7	-1.7	3.8	10.0	4.7	0.3	4.5
2000-09	8.7	11.4	11.8	6.6	9.6	10.6	3.5	4.3	3.3	5.3

출처: WTO(2010), International Trade Statistics, Appendix Table.

이러한 추세는 최근 10년(2006~2016년) 동안 품목별 수출량 변화에서도 잘 나타나고 있다(그림 12-17). 공산품 수출은 지속적으로 증가 추세를 보이고 있다. 공산품 수출 신장세를 보면 2006년 8조 달러에서 2016년 11조 달러로 크게 성장하였다. 그러나 이를 지수화하여 2006년을 기준으로 공산품의 수출 추이를 보면 경기 변동에 따라 상당한 변이를 보이고 있고, 2015년 이후 공산품 교역규모는 매우 작아지고 있다. 반면에 농산물의 경우 지난 10년 동안 연평균 5%의 높은 수출액 신장세를 보이면서 꾸준히 증가하고 있으며, 2006년을 기준으로 농산물 수출 지수의 변화도 증가 추세를 보이고 있다. 원유 및 광산물의 성장 추세는 농산물에 비해 낮은 편이며, 2006년 이후 약 10% 수출량이 감소되었다(그림 12-18).

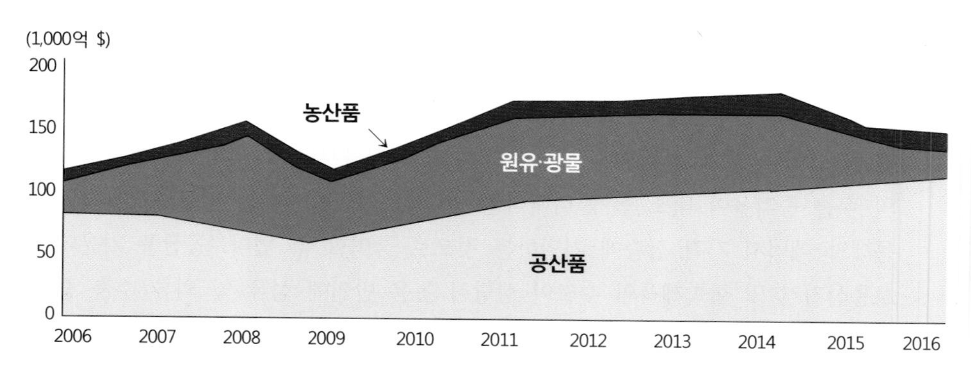

그림 12-17. 세계 상품 교역량 변화, 2006-2016년
출처: WTO(2017), World Trade Statistical Review, p. 10.

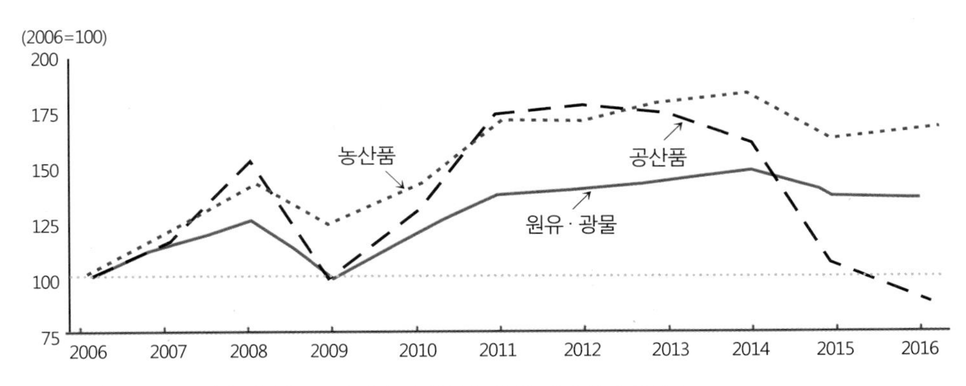

그림 12-18. 세계 상품 교역량의 품목별 변화, 2006-2016년
출처: WTO(2017), World Trade Statistical Review, p. 10.

또한 공산품의 수출 품목도 경제가 성장함에 따라 섬유, 의복 등의 경공업 제품에서 점차 철강, 화학제품, 정보통신기기 등 첨단산업 제품의 수출 비중이 늘어나고 있다. 공산품의 수출 증가율이 크게 높아진 것은 신흥공업국의 섬유, 의류 수출뿐만 아니라 전자제품 수출이 크게 증대되었고 개발도상국의 소득 증가에 따른 공산품에 대한 수요가 늘어나면서 수출물량이 증가하였기 때문으로 풀이할 수 있다.

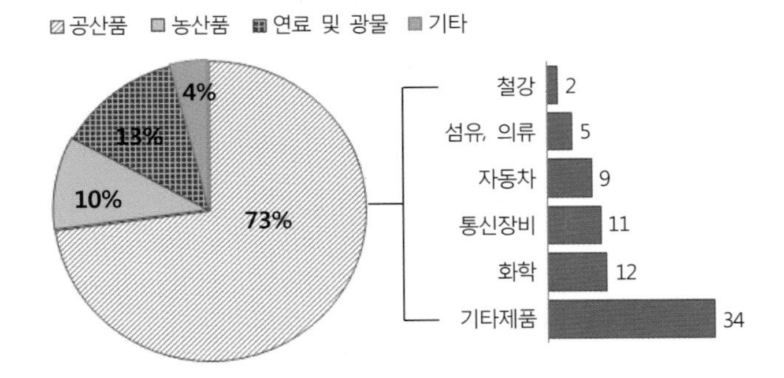

그림 12-19. 상품 수출 품목의 구성
출처: WTO(2017), World Trade Statistical Review. p. 30.

이렇게 세계무역이 활발해지는 가운데 세계무역의 흐름과 무역구조는 상당한 변화를 겪고 있다. 특히 선진국은 공산품을 수출하고 개발도상국은 제1차 생산품을 수출하는 전통적인 무역구조가 바뀌고 있다. 그동안 저렴한 임금을 바탕으로 이루어진 노동의 공간적 분업화는 신흥공업국의 급격한 경제성장을 가져오면서 선진국의 노동집약적 공산품에 대한 경쟁력을 상실하게 만들었다. 뿐만 아니라 초국적기업들은 국제생산에 토대를 둔 기업 내 교역과 월드카(world car)와 같이 세계 여러 나라에서 분업에 의한 생산이 이루어지면서 산업 내부 간의 거래가 활성화되고 있다.

이러한 무역구조의 변화는 지난 50여년 동안 선진국과 개발도상국의 주요 수출품목의 변화추세를 비교해 보면 잘 나타나고 있다. 선진국의 경우 1960년경에는 거의 모든 품목에서 차지하는 수출 비중이 70%~95%로 주도적인 역할을 하였다. 그러나 노동집약적 품목인 의류와 섬유의 경우 1980년대 이후 급격하게 그 비중이 낮아졌으며, 특히 의류의 경우 그 비중이 40% 수준으로 낮아졌다. 또한 오피스, 정보통신기기도 1990년대 후반 이후 급격하게 그 비중이 떨어지고 있다. 하지만 자동차와 화학제품의 비중은 여전히 선진국이 차지하는 비중은 80% 수준에 이르고 있다.

한편 개발도상국의 경우 선진국과는 대조적인 양상을 보이고 있다. 1980년대 초에는 의류와 섬유를 제외하고는 개발도상국이 차지하는 비중은 매우 미미하였다. 그러나 1990년 개발도상국은 의류의 경우 총 수출의 40%를 차지하게 되었고 섬유도 30%에 이르게 되었다. 이러한 경공업 위주의 공업화가 더욱 추진되면서 2000년에는 의류의 경우 개발도상국이 차지하는 비중은 60%를 넘어섰으며, 섬유도 45% 수준으로 높아졌고, 그 비중이 지속적으로 높아지고 있다. 1990년대 들어와 개발도상국에서 가장 두드러진 수출 증가를 보인 품목은 오피스, 정보통신기기이다. 1980년대 중반 개발도상국이 차지하던 비중은 20% 미만이었으나 2000년대 후반에 들어와 50%를 상회할 정도로 괄목할 만한 성장을 보이고 있다. 반면에 자동차와 화학제품의 경우 여전히 개발도상국이 차지하는 비중은 20% 미만에 머물러 있다. 전반적으로 볼 때 개발도상국의 경우 1990년대 들어오면서 세계교역에서 차지하는 비중이 상당히 증가하고 있으며, 이는 특히 소수의 신흥공업국가 및 중국과 인도의 수출 증가가 두드러지게 나타났기 때문으로 풀이된다.

2) 무역 성장의 지역별·국가별 격차

(1) 무역 성장의 지역별 격차

세계 수출액 추이를 보면 1948년 590억 달러이던 것이 1973년에는 5,790억 달러로 증가하였으며, 1993년에는 36,880억 달러, 2003년에는 73,800억 달러, 2008년에는 사상 최고의 157,170억 달러를 기록하였다. 그러나 2008년에 세계적인 금융위기로 세계경제가 침체되면서 수출액은 크게 줄어 2009년에는 121,780억 달러로 줄어들었으며, 점차 회복되면서 2016년 154,640억 달러를 보이고 있다. 세계 지역별, 주요 국가별 수출액 점유율의 변화를 보면 1960년대에는 북미와 유럽이 세계 수출액의 약 2/3를 차지하고 있었다. 그러나 1970년대 후반 이후 북미, 특히 미국이 차지하는 수출 비중은 점차 줄어드는 추세를 보이는 반면에 아시아가 차지하는 비중은 증가추세를 보이고 있다. 1991년 세계 경기침체와 더불어 동유럽과 구소련의 붕괴로 인해 세계무역 거래량은 다소 줄어들었으나 이러한 상황 속에서도 동아시아 국가들은 지속적으로 수출 증가를 보이고 있다. 일본과 동아시아 신흥공업국 6개국과 중국은 지난 20여년 동안 놀라운 경제성장과 그에 따른 수출신장을 경험하였다. 그 결과 2016년 시점에서 수출액의 점유율을 보면 유럽이 38.4%로 가장 높으며, 그 다음이 아시아로 34% 수준을 보이고 있다. 반면에 북미의 수출 점유율은 약 14.3% 수준으로 크게 낮아졌다. 이렇게 유럽연합의 회원국 간 교역으로 수출 점유율이 가장 높지만, 단일국가로는 중국이 세계 상품교역에서 차지하는 점유율이 13.6%로 가장 높게 나타나고 있다. 한편 아프리카의 수출 점유율은 지속적으로 감소하면서 1960년대에는 5.7% 수준을 유지하던 것이 2016년에는 2.2% 수준으로 낮아졌다. 또한 중동의 경우 원유 파동 이후 수출 비중이 증가하면서 1983년 6.7%까지 높아졌으나, 1990년대 후반 이후 점유율이 점차 감소하는 추세를 보이고 있다가 최근 다시 수출 점유율이 다시 회복되어 5%를 차지하고 있다.

1995년 WTO 창설 이후 회원국 수가 증가하면서 WTO 회원국이 세계 전체 상품 수출액에서 차지하는 비중이 크게 늘어나 2003년에 94% 수준을 넘었으며, 2016년 98.4%를 보이고 있다(표 12-11). 이는 보다 자유로운 무역을 주창하는 WTO의 회원국 수가 늘어났기 때문이며, 세계무역 수출은 WTO 회원국 간의 교역이라고도 볼 수 있다.

표 12-11. 대륙별, 주요 국가별 세계 상품수출에서 차지하는 비중의 변화, 1948-2016년

(단위: 십억 달러, %)

구분	1948	1953	1963	1973	1983	1993	2003	2008	2016
세계 상품수출	59	84	157	579	1,838	3,688	7,380	15,717	15,464
(비율)	100	100	100	100	100	100	100	100	100
북미	**28.1**	**24.8**	**19.9**	**17.3**	**16.8**	**17.9**	**15.8**	**13.0**	**14.3**
미국	21.6	14.6	14.3	12.2	11.2	12.6	9.8	8.2	9.4
중남미	11.3	9.7	6.4	4.3	4.5	3.0	3.0	3.8	3.3
유럽	**35.1**	**39.4**	**47.8**	**50.9**	**43.5**	**45.3**	**45.9**	**41.0**	**38.4**
독일	1.4	5.3	9.3	11.7	9.2	10.3	10.2	9.3	8.7
프랑스	3.4	4.8	5.2	6.3	5.2	6.0	5.3	3.9	3.2
영국	11.3	9.0	7.8	5.1	5.0	4.9	4.1	2.9	2.6
아프리카	7.3	6.5	5.7	4.8	4.5	2.5	2.4	3.5	2.2
중동	2.0	2.7	3.2	4.1	6.7	3.5	4.1	6.5	5.0
아시아	**14.0**	**13.4**	**12.5**	**14.9**	**19.1**	**26.0**	**26.1**	**27.7**	**34.0**
중국	0.9	1.2	1.3	1.0	1.2	2.5	5.9	9.1	13.6
일본	0.4	1.5	3.5	6.4	8.0	9.8	6.4	5.0	4.2
인도	2.2	1.3	1.0	0.5	0.5	0.6	0.8	1.1	1.7
호주, 뉴질랜드	3.7	3.2	2.4	2.1	1.4	1.4	1.2	1.4	1.4
아세안	3.4	3.0	2.5	3.6	5.8	9.6	9.6	9.0	9.9
WTO 회원국	63.4	69.6	75	84.1	77	89	94.3	93.4	98.4

출처: WTO, International Trade Statistics(2010), Table 1.6;
World Trade Statistical Review(2017), Table A4.

한편 세계 상품 수입액 추이를 보면 수출액 추이와 유사한 패턴을 보이고 있다. 1948년 620억 달러이던 것이 1973년에는 5,940억 달러로 증가하였으며, 1993년에는 38,050억 달러, 2003년에는 76,960억 달러, 2008년에는 사상 최고의 161,270억 달러를 기록하였다. 그러나 2008년 금융위기로 세계경제가 침체되면서 수입액은 크게 줄기 시작하였으나 점차 회복하여 2016년에는 157,990억 달러로 줄어들었다(표 12-12).

표 12-12. 대륙별, 주요 국가별 세계 상품 수입에서 차지하는 비중의 변화, 1948-2009년

(단위: 십억 달러, %)

구분	1948	1953	1963	1973	1983	1993	2003	2008	2016
세계	62	85	164	594	1,883	3,805	7,696	16,127	15,799
(비율)	100	100	100	100	100	100	100	100	100
북미	**18.5**	**20.5**	**16.1**	**17.2**	**18.5**	**21.3**	**22.4**	**18.1**	**19.4**
미국	13.0	13.9	11.4	12.4	14.3	15.9	16.9	13.5	14.3
중남미	10.4	8.3	6.0	4.4	3.9	3.3	2.5	3.7	3.4
유럽	**45.3**	**43.7**	**52.0**	**53.3**	**44.1**	**44.5**	**45.0**	**42.3**	**37.5**
독일	2.2	4.5	8.0	9.2	8.1	9.0	7.9	7.5	6.7
영국	13.4	11.0	8.5	6.5	5.3	5.5	5.2	4.4	4.0
프랑스	5.5	4.9	5.3	6.4	5.6	5.7	5.2	3.9	3.6
아프리카	8.1	7.0	5.2	3.9	4.6	2.6	2.2	2.9	3.2
중동	1.7	2.2	2.3	2.7	6.2	3.3	2.8	3.6	4.2
아시아	**13.9**	**15.1**	**14.1**	**14.9**	**18.5**	**23.5**	**23.5**	**26.4**	**30.3**
중국	0.6	1.6	0.9	0.9	1.1	2.7	5.4	7.0	10.0
일본	1.1	2.8	4.1	6.5	6.7	6.4	5.0	4.7	3.8
인도	2.3	1.4	1.5	0.5	0.7	0.6	0.9	1.8	2.3
호주, 뉴질랜드	2.9	2.3	2.2	1.6	1.4	1.5	1.4	1.5	1.4
아세안	3.5	3.7	3.2	3.9	6.1	10.2	8.6	8.9	8.9
WTO 회원국	58.6	66.9	75.3	85.5	79.7	89.3	96.0	95.8	98.1

출처: WTO, International Trade Statistics(2010), Table 1.7;
World Trade Statistical Review(2017), Table A5.

세계 지역별, 주요 국가별 수입액의 점유율을 보면 수출액 점유율과는 달리 비교적 큰 변화를 보이지 않고 있다. 북미와 유럽의 경우 2000년대 후반에 들어오면서 수입액 점유율이 다소 낮아지는 반면에 아시아의 수입액 점유율이 지속적으로 증가 추세를 보이고 있다. 이는 동아시아 신흥공업국들과 중국의 급속한 경제성장에 힘입어 수출 증가와 함께 수입도 크게 증가하고 있기 때문으로 풀이된다. 유럽이 통합화되면서 회원국 간의 자유무역으로 인해 유럽연합이 세계 총 수입액에서 차지하는 비중은 37.5%로 가장 높으며, 단일국가로는 미국이 14.3%로 가장 수입 점유율이 높다. 한편 아시아가 차지하는 수입 비중은 약 30.3%로 중국이 10%를 차지하고 있다. WTO 회원국이 세계 전체 상품 수입액에서 차지하는 비중이 크게 늘어나 2003년에 이미 96% 수준을 넘었으며, 2016년에는 98.1%를 보이고 있다.

(2) 세계 무역의 국가별 비중

국가별로 상품의 무역 거래량을 수출액과 수입액으로 나누어 살펴보면 각국의 무역수준은 경제발전 수준과 상관성이 매우 높으며, 수출을 많이 하는 국가들이 수입도 많이 하는 것으로 나타나고 있다. 먼저 상품 수출액 상위 15위 국가를 보면 2000년 이전까지는 미국이 세계 1위를 지켜왔으나, 2008년 독일이 세계 1위를 차지하였다가 2009년 이후 중국이 세계 1위를 지키고 있으며, 2016년 중국이 세계 수출액의 13.2%를 차지하고 있다. 그 다음이 미국, 독일, 일본, 네덜란드, 홍콩, 프랑스, 한국 순으로 나타나고 있다. 한국은 2009년에 세계 상품 수출액의 2.9%(세계 9위)를 차지하면서 처음으로 세계 10위권 내에 속하게 되었으며, 2016년에는 세계 수출액의 3.1%를 차지하면서 8위를 지키고 있다. 상위 15위 국가들이 세계 상품 수출액에서 차지하는 비중은 2016년 64.5%이며, 세계 수출액 규모 상위 50위 국가가 차지하는 비중은 약 93.8%이다. 따라서 세계 상품 수출은 50개 국가들 간에 이루어지고 있음을 말해준다. 또한 개발도상국도 세계 상품 수출의 41%를 차지하고 있다(표 12-13).

한편 수입액을 기준으로 세계 상위 15위 국가를 보면 미국이 줄곧 세계 1위를 차지하지만, 점유율은 감소하고 있어 2016년 세계 전체 수입액의 13.9%를 차지하고 있다. 그 다음으로는 중국, 독일, 영국, 일본, 프랑스 순으로 나타나고 있다. 한국의 수입액 규모는

표 12-13. 세계 상품 수출·입에서 차지하는 비중으로 본 상위 15위 국가 변화, 2000-2016년

순위	상품 수출(%)						상품 수입(%)					
	2000년		2008년		2016년		2000년		2008년		2016년	
1	미국	12.3	독일	9.1	중국	13.2	미국	18.9	미국	13.2	미국	13.9
2	독일	8.7	중국	8.9	미국	9.1	독일	7.5	독일	7.3	중국	9.8
3	일본	7.5	미국	8	독일	8.4	일본	5.7	중국	6.9	독일	6.5
4	프랑스	4.7	일본	4.9	일본	4.0	영국	5.0	일본	4.6	영국	3.9
5	영국	4.4	네덜란드	3.9	네덜란드	3.6	프랑스	4.6	프랑스	4.3	일본	3.7
6	캐나다	4.4	프랑스	3.8	홍콩	3.2	캐나다	3.7	영국	3.8	프랑스	3.5
7	중국	3.9	이탈리아	3.3	프랑스	3.1	이탈리아	3.5	네덜란드	3.5	홍콩	3.4
8	이탈리아	3.7	벨기에	3.0	한국	3.1	중국	3.4	이탈리아	3.4	네덜란드	3.1
9	네덜란드	3.3	러시아	2.9	이탈리아	2.9	홍콩	3.2	벨기에	2.9	캐나다	2.6
10	홍콩	3.2	영국	2.9	영국	2.6	네덜란드	3.0	한국	2.7	한국	2.5
11	벨기에	2.9	캐나다	2.8	벨기에	2.5	멕시코	2.7	캐나다	2.5	이탈리아	2.5
12	한국	2.7	한국	2.6	캐나다	2.4	벨기에	2.6	스페인	2.4	멕시코	2.5
13	멕시코	2.6	홍콩	2.3	멕시코	2.3	한국	2.4	홍콩	2.4	벨기에	2.3
14	대만	2.3	싱가포르	2.1	싱가포르	2.1	스페인	2.3	멕시코	2.0	인도	2.2
15	싱가포르	2.2	사우디 아라비아	2.0	스위스	1.9	대만	2.1	싱가포르	1.9	스페인	1.9
	소계	**68.8**	**소계**	**62.5**	**소계**	**64.5**	**소계**	**70.6**	**소계**	**63.9**	**소계**	**64.2**

출처: WTO(2017), World Trade Statistical Review, Table A6.

세계 수입액의 약 2.5%를 차지하면서 세계 10위를 차지하고 있다. 상위 15위 국가가 세계 상품 수입액에서 차지하는 비중은 2016년 64.2%이며, 상위 50개국이 차지하는 비중은 약 91.3%에 이르고 있다. 2016년 세계 주요 국가로의 수입 흐름을 보면 가장 큰 흐름은 미국과 중국, 독일로의 흐름으로 나타나고 있다. 특히 북미 국가들 간의 교역 흐름과 동아시아 국가들 간 교역 흐름이 두드러지게 나타나고 있다(그림 12-21).

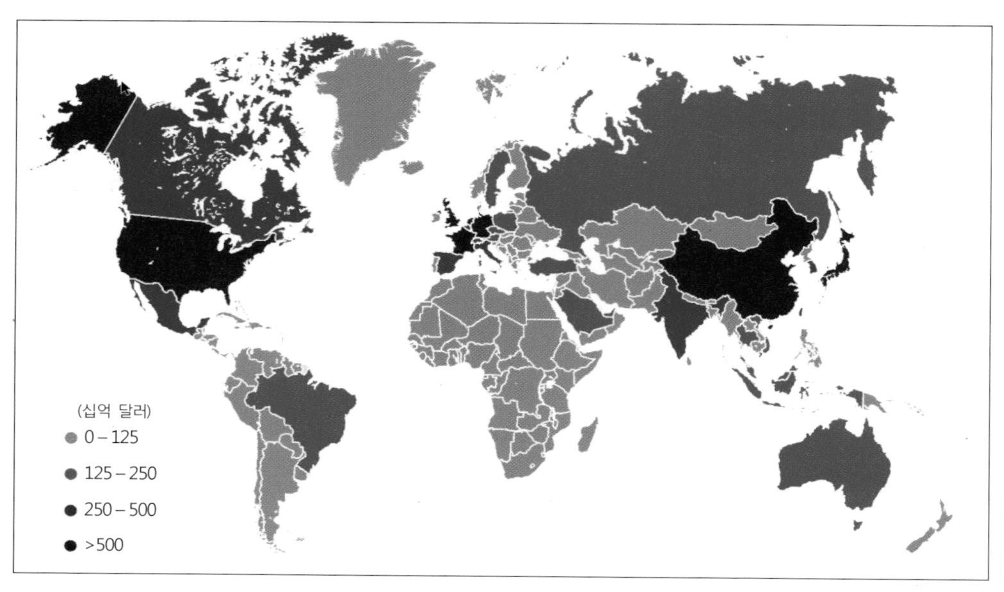

그림 12-20. 세계 각 국가별 상품 수출 교역액 분포, 2016년
출처: WTO(2017), World Trade Statistical Review, p. 14.

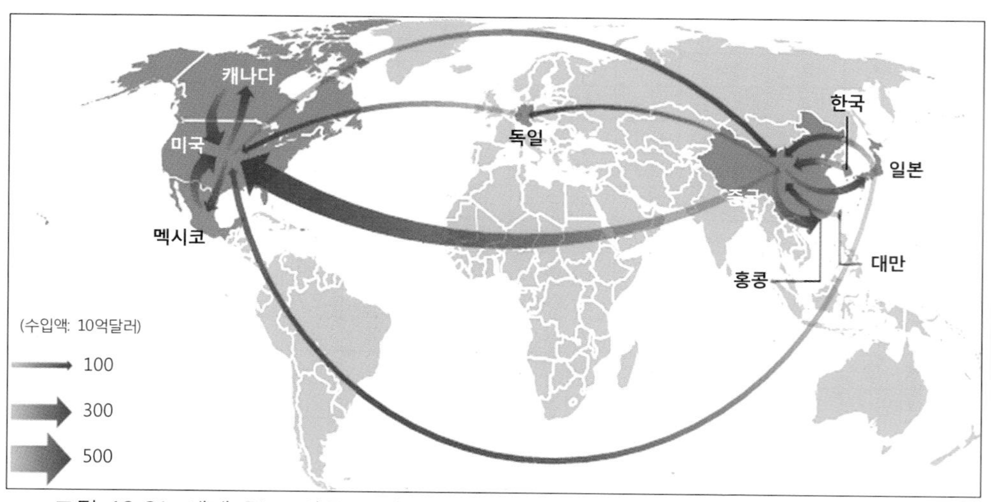

그림 12-21. 세계 주요 상품 수입국가로의 흐름, 2016년
출처: UNCTAD(2017), Handbook of Statistics, map 1.2.

또한 국가별로 상업 서비스의 수출액과 수입액에서 차지하는 비중 추세를 보면 상품 수출·입 패턴과 매우 유사하게 나타나고 있다. 그러나 상품 수출입과 비교해볼 때 선진국이 상업 서비스 부문 수출입에서 비교우위를 차지하고 있다. 상업 서비스의 수출액은 미국이 지속적으로 세계 1위를 달리고 있으며, 영국이 2위를 차지하고 있다. 2016년 상업 서비스 부문의 수출액 규모는 48,080억 달러로 미국이 2016년 세계 상업 서비스 수출의 15.2%를 차지하고 있다. 중국의 경우 영국, 독일, 프랑스 다음으로 상업 서비스 수출에서도 두각을 나타내고 있다. 한국은 2016년 세계 19위로 세계 상업 서비스 수출의 1.9%를 차지하고 있다. 상위 15개국이 차지하는 비중은 전체의 64.8%이며, 세계 상위 50개국이 차지하는 비중은 89.2%로 나타나고 있다(표 12-14).

한편 상업 서비스 부문의 수입액 규모는 46,940억 달러로, 미국이 세계 1위를 지속적으로 차지하고 있으며, 2016년 세계 전체 상업서비스 수입액의 10.3%를 차지하고 있다. 그 다음으로 중국, 독일, 프랑스, 영국 순으로 나타나고 있다. 한국의 상업 서비스 수입규모를 보면 세계 11위로, 그 비중은 2.3%를 차지하고 있다. 2016년 상위 15개국이 세계 상업 서비스 수입액에서 차지하는 비중은 64.2%이며, 세계 상위 50개국이 차지하는 비중은 88.7%이다.

표 12-14. 세계 상업서비스 수출·입 비중으로 본 상위 15위 국가 변화, 2000-2016년

순위	상업 서비스 수출(%)						상업 서비스 수입(%)					
	2000년		2008년		2016년		2000년		2008년		2016년	
1	미국	19.3	미국	13.8	미국	15.2	미국	14.2	미국	10.5	미국	10.3
2	영국	7.1	영국	7.5	영국	6.7	독일	9.0	독일	8.1	중국	9.6
3	프랑스	5.5	독일	6.4	독일	5.6	일본	8.2	영국	5.6	독일	6.6
4	독일	5.3	프랑스	4.2	프랑스	4.9	영국	5.9	일본	4.8	프랑스	5.0
5	일본	4.8	중국	3.9	중국	4.3	프랑스	4.1	중국	4.5	영국	4.1
6	이탈리아	4.2	일본	3.9	네덜란드	3.7	이탈리아	4.1	프랑스	4.0	아일랜드	4.1
7	스페인	3.7	스페인	3.8	일본	3.5	네덜란드	3.6	이탈리아	3.8	일본	3.9
8	네덜란드	3.6	이탈리아	3.2	인도	3.4	캐나다	3.0	아일랜드	3.0	네덜란드	3.6
9	홍콩	3.1	인도	2.7	싱가포르	3.1	벨기에	2.8	스페인	3.0	싱가포르	3.3
10	벨기에	2.8	네덜란드	2.7	아일랜드	3.0	중국	2.5	한국	2.6	인도	2.8
11	캐나다	2.6	아일랜드	2.6	스페인	2.6	한국	2.4	네덜란드	2.6	한국	2.3
12	중국	2.1	홍콩	2.4	스위스	2.3	스페인	2.1	캐나다	2.5	벨기에	2.3
13	한국	2.1	벨기에	2.3	벨기에	2.3	오스트리아	2.0	인도	2.4	이탈리아	2.2
14	오스트리아	2.0	싱가포르	2.2	이탈리아	2.1	아일랜드	1.9	벨기에	2.3	캐나다	2.1
15	싱가포르	1.9	스위스	2.0	홍콩	2.0	대만	1.8	싱가포르	2.3	스위스	2.0
	소계	**70.1**	**소계**	**63.6**	**소계**	**64.8**	**소계**	**67.6**	**소계**	**62.0**	**소계**	**64.2**

출처: WTO(2017), World Trade Statistical Review, Table A86.

2016년 세계 서비스 수출 구조를 선진국과 개발도상국으로 구분하여 비교해 보면 운송, 여행, 상품 관련 및 기타 서비스 수출이 증가하고 있으나, 지역별로 다르게 나타나고 있다. 북아메리카, 라틴 아메리카의 경우 여행서비스 수출이 증가하였다. 특히 2016년 여행은 개발도상국의 전체 서비스 수출의 1/3을 차지한다. 한편 선진국의 경우 보험, 연금 및 금융 서비스가 지속적으로 성장하고 있다(그림 12-22).

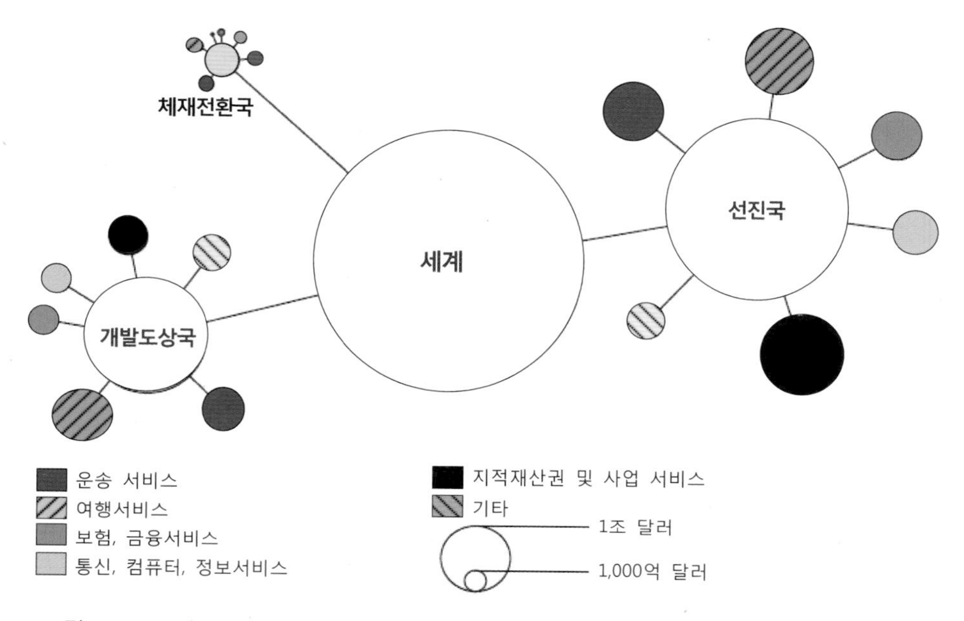

그림 12-22. 서비스 수출구조, 2016년
출처: UNCTAD(2017), Handbook of Statistics, Figure 2.21.

2008년 글로벌 금융위기 이후 세계경제가 침체되면서 세계무역도 상당히 줄어들었다. 그러나 중국은 높은 경제성장을 경험하면서 2009년에는 독일을 제치고 세계 1위의 상품 수출국이 되었다. 독일은 그동안 지켜오던 1위를 내주었으며, 미국이 2위, 독일이 3위를 차지하고 있다. 한편 상품 수입을 보면 중국이 수입액 규모가 늘어나면서 미국 다음으로 2위를 차지하고 있다. 이렇게 중국, 독일, 미국의 3개국의 수출입 규모는 다른 나라들에 비하면 월등하게 차이가 나고 있다. 2016년 상위 50개 국가들의 수출액과 수입액 간의 상관관계는 0.99로 나타났는데, 이는 국제무역을 통해 전문화와 분업화가 상당히 이루어지고 있음을 시사해준다.

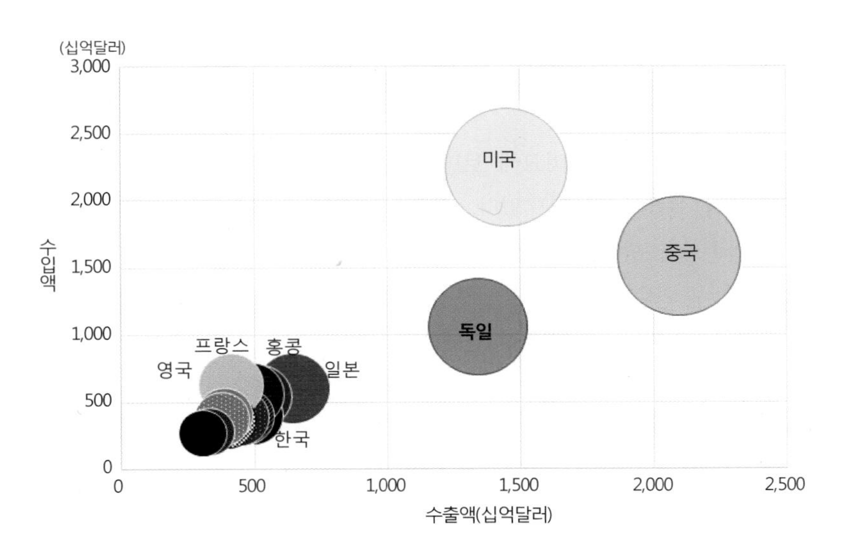

그림 12-23. 세계 상위 15위 국가들의 상품 수출·입 규모 비교
출처: https://www.wto.org/english/statis을 참조하여 작성함.

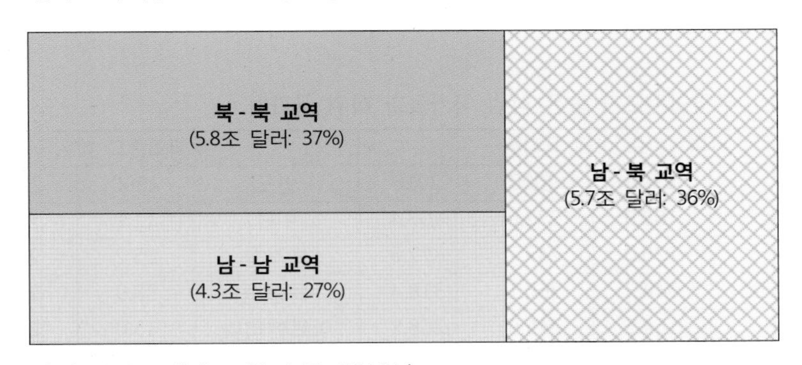

그림 12-24. 세계 교역 흐름, 2016년
출처: UNCTAD(2017), Handbook of Statistics, Figure 1.2.2.

2016년 총 16조 달러의 세계 상품무역액 가운데 선진국 간 교역(북-북 교역)이 5.8조 달러로 약 37%를 차지하는 것으로 나타났다. 또한 개발도상국 간 남-남 교역은 4.3조 달러로 세계 상품 무역액의 27%를 차지하였다. 나머지 36%(5.7조 달러)는 선진국과 개발도상국 간에 이루어지는 남-북 교역이 차지하고 있다(그림 12-24).

(3) 국가별 무역의존도

무역의존도란 한 나라가 무역에 의존하는 정도를 나타내는 지표로, 상품과 상업 서비스를 포함하는 수출액과 수입액을 GDP로 나눈 것으로, GDP에서 무역이 차지하는 비율을 말한다. 따라서 무역의존도가 높은 국가일수록 국제 경기변동에 큰 영향을 받게 되며, 세계 금융위기나 경기침체가 장기간 지속될 경우 그 나라의 경제는 상당히 위축될 가능성이 높아지게 된다.

각 국가별 무역의존도를 비교해 보면 국토면적이 작고 자원부존량이 빈약한 나라일수록 무역의존도가 높게 나타나고 있다. 주로 아프리카와 중동 및 중앙아시아에 위치한 국가들의 무역의존도가 상당히 높다. 세계에서 가장 무역의존도가 높은 나라는 룩셈부르크, 싱가포르, 홍콩 순으로 300 이상을 보이고 있다. 2016년 무역의존도가 120 이상인 국가들은 17개 국가들이며, 대부분 1990년에 비해 2016년에 무역의존도가 더 높아지고 있다. 반면에 국토면적이 넓고 자원이 비교적 풍부한 국가들의 경우 무역의존도는 상당히 낮다. 브라질(24.8), 아르헨티나(26.3), 미국(26.6), 일본(31.2), 중국(37.1), 인도(39.8), 호주(40.0) 등의 무역의존도는 40 미만으로 낮은 편이다. 특히 미국, 중국, 일본의 경우 세계 주요 무역국이지만, 무역의존도는 상당히 낮은 편이다(표 12-15). 이에 비해 한국의 무역의존도는 1996년 50.2%이던 것이 1998년에는 65.1%, 2004년에는 70%를 넘었으며, 2011년도에는 최고치인 110을 기록하였다. 그러나 점차 줄어들어 2016년에는 77.7 수준까지 낮아졌다.

표 12-15. 무역의존도가 높은 상위 국가들과 하위 국가들

무역의존도 상위 국가들				무역의존도 하위국가들			
연도	1990	2000	2016	연도	1990	2000	2016
룩셈부르크	182.9	272.0	407.4	수단	11.1	29.4	22.4
홍콩	226.0	247.7	372.6	브라질	15.2	22.6	24.6
싱가포르	344.3	366.1	318.4	파키스탄	38.9	28.1	25.1
몰타	164.5	245.9	268.2	아르헨티나	15.0	22.6	26.3
아일랜드	104.9	175.1	221.2	미국	19.8	25.0	26.6
슬로바키아	58.3	110.7	185.7	예멘	29.4	75.4	28.4
베트남	81.3	111.4	184.7	이집트	52.8	39.0	30.0
벨기에	120.6	141.1	164.4	일본	19.8	19.8	31.2
네덜란드	104.6	126.5	153.9	콜롬비아	35.4	32.7	34.9
체코	63.8	98.2	151.6	중국	24.7	39.8	37.1
바레인	210.2	135.8	139.4	인도네시아	49.4	67.1	37.4
콩고	70.8	123.9	136.5	케냐	57.0	53.3	37.9
키프로스	108.6	137.5	131.4	인도	15.7	27.2	39.8
말레이시아	146.9	220.4	128.6	호주	32.2	40.9	40.0
불가리아	69.8	78.3	123.6	우루과이	41.6	36.7	41.5
타이	75.8	121.3	123.1	이란	37.1	41.3	43.2
스위스	83.7	98.1	120.4	페루	29.5	35.5	44.8

출처: WTO, https://data.worldbank.org/indicator를 참조하여 작성함.

4 우리나라 무역의 성장과 구조적 변화

1) 무역 성장과 무역구조의 변화

(1) 무역의 성장 추세

1962년 경제개발계획을 추진하면서 대외지향적인 경제성장 정책을 추진한 결과 우리나라의 수출은 엄청난 속도로 증가하였으며, 수출은 우리나라 경제발전에 견인차 역할을 수행해오고 있다. 우리나라의 수출 증가추세를 살펴보면 제1차 경제개발계획(1962~1966년) 기간에는 연평균 44.0%의 증가를 보였으며, 제2차 경제개발계획(1967~1971년) 기간에는 33.8%, 제3차 경제개발계획(1972~1976년) 기간에는 51.0%라는 고도의 성장률을 나타내었다. 이러한 추세를 수출액 규모로 보면 1964년에 처음으로 수출이 1억 달러를 넘었으며, 1971년에 10억 달러, 1977년에는 100억 달러, 1995년에는 1,000억 달러를 훨씬 상회하게 되어 불과 30년 만에 수출액이 1,000배 증가하여 세계에서 최단시간에 가장 높은 수출 증가라는 기록을 세웠다. 이러한 수출 증가추세는 2000년대에도 지속되었으며, 2008년도에 4,220억 달러를 상회하게 되었다. 2009년에는 세계 경제침체로 인해 수출액이 다소 감소되었으나, 2010년에는 다시 회복되어 2017년 사상 최대치 5,750억 달러를 기록하였다(그림 12-25).

한편 우리나라의 수입 증가추세를 보면 수출 증가추세와 유사한 패턴을 보이고 있다. 수출의 신장과 함께 수입도 증가되어 1962~1981년 동안 연평균 22.9%의 증가율을 보였다. 그러나 1980년대 들어와 세계 경기침체로 인해 수출 증가율이 낮아지면서 수입 증가율도 다소 둔화되었지만, 1980년대 중반 이후 경기 회복으로 수출 신장세가 회복됨에 따라 수입도 다시 급증하게 되었다. 수입액 규모로 보면 1968년 14억 달러이던 수입액은 1977년에는 100억 달러를 상회하게 되었고 1995년에는 1,351억 달러로 크게 증가하였으며, 2008년에는 4,352억 달러로 증가되었고 2017년도에는 4,780억 달러로 증가되었다.

이와 같이 수출과 수입 모두 급속한 증가추세를 보이는 가운데 우리나라는 전형적으로 국제수지 적자를 보여왔다. 1980년대 후반에 일시적으로 무역수지가 흑자가 되었으나, 1990년대 말까지 무역수지는 100억 달러 내외의 적자를 기록하였다. 그러나 1999년부터 우리나라의 무역수지는 흑자를 보이게 되었으며, 흑자 규모도 점차 증가되어 2009년에는 400억 달러 흑자를 기록하였고, 2017년에는 사상 최대의 970억 달러의 흑자를 보이고 있다(표 12-16).

이렇게 무역량이 급증하면서 우리나라는 세계 주요 무역국가로 부상하게 되었다. 우리

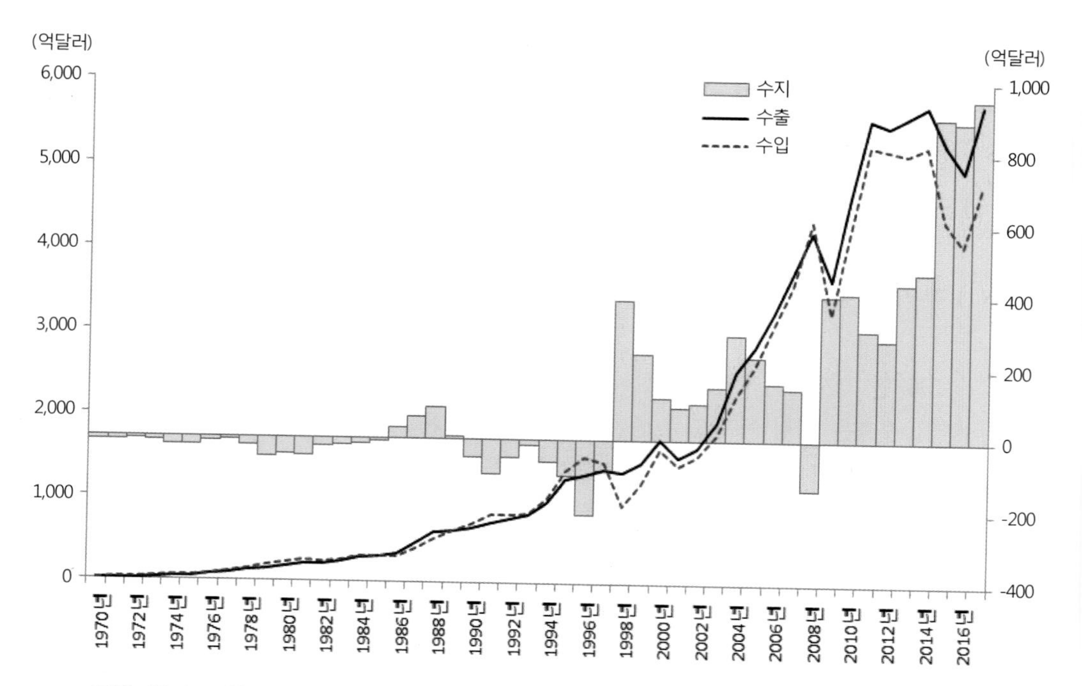

그림 12-25. 한국의 수출·입과 무역수지의 추이, 1970-2017년
출처: 한국무역협회, KITA.net, K-stat.

표 12-16. 한국의 수출·입과 무역수지의 추이, 1960-2017년

(단위: 백만 달러)

연도	수출	수입	수지	연도	수출	수입	수지
1960	33	344	-311	1995	125,058	135,119	-10,061
1965	175	463	-288	2000	172,268	160,481	11,787
1970	835	1,984	-1,149	2005	284,419	261,238	23,181
1975	5,081	7,274	-2,193	2010	466.384	425212	41,171
1980	17,505	22,292	-4,787	2014	572,665	525,515	47,150
1985	30,283	31,136	-853	2016	495,426	406,193	89,233
1990	65,016	69,844	-4,828	2017	573,717	478,414	95,303

출처: 한국무역협회, KITA.net, K-stat.

나라 무역 순위를 보면 1960년 4억 달러로 세계 51위이던 것이 1984년에 599억 달러로 세계 12위를 차지하게 되었다. 그 이후 우리나라의 무역 순위는 세계 11위~13위를 보이다가 2009년에는 상품 수출 규모에서 세계 9위를, 2016년에는 세계 8위로 세계 10위권 내에 진입하게 되었다. 이에 따라 우리나라가 세계에서 차지하는 무역 비중도 계속 증가하여, 1960년대 0.3% 수준이던 것이 1970년대 1% 수준으로 증가하였고, 1990년대에는 2% 수준으로, 2000년대에는 2.5%로 진입하였고, 2016년 3.1%를 보이고 있다.

무역 거래량이 증가하면서 수출·입 품목수와 무역대상국도 상당히 증가되었다. 1965년 수출품목 712개, 수입품목 1,439개, 무역대상국이 50여개국이었다. 그러던 것이 1975년에는 수출품목은 2,800여개, 수입품목은 4,500여개로 증가되었고 무역대상국도 160여개 국가로 늘어났다. 2000년에는 수출품목은 8,120개, 수입품목은 9,795개로 증가되었고 무역대상국도 230여개 국가로 늘어났다. 2017년 수출품목은 9,328개, 수입품목은 10,762개로 증가되었으며, 수출대상국은 238개, 수입대상국은 244개국으로 늘어나 세계 모든 국가들과 교역하고 있다고 볼 수 있으며, 지구촌 어디에서도 한국 상품을 찾아볼 수 있다.

한편 우리나라의 무역의존도 변화를 보면 무역거래량이 증가함에 따라 무역의존도도 지속적으로 증가하고 있다(그림 12-26). 특히 2000년대 후반에 들어오면서 무역의존도는 급증하고 있다. 이는 무역거래량은 증가하는 데 비해 국내총생산 규모는 크게 증가되지 않았기 때문으로 풀이된다. 이와 같이 무역의존도가 높은 경제구조를 가진 우리나라의 경우 대외 경제환경 변화에 상당히 민감하게 반응하게 되는 취약성을 갖고 있다. 따라서 향후 보다 무역의존도를 낮추는 전략을 모색하는 것이 경제 안정을 위해 필요할 것이다.

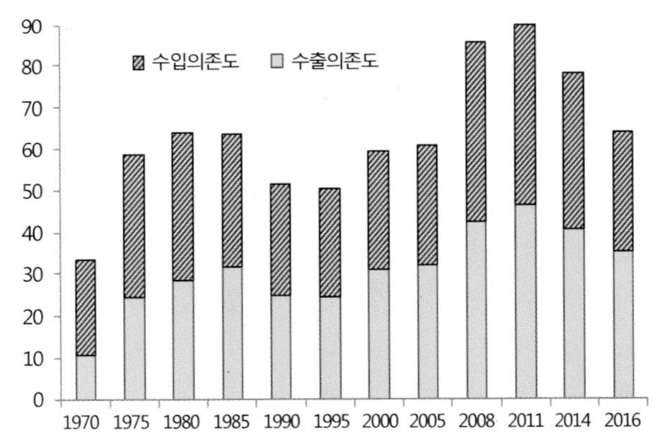

	수출의존도	수입의존도	무역의존도
1970	10.5	22.7	33.2
1975	24.1	34.5	58.6
1980	28.1	35.8	63.9
1985	31.3	32.2	63.5
1990	24.7	26.5	51.2
1995	24.2	26.1	50.3
2000	30.7	28.6	59.2
2005	31.7	29.1	60.8
2008	42.1	43.5	85.6
2011	46.2	43.6	89.8
2014	40.6	37.2	77.8
2016	35.1	28.8	63.9

그림 12-26. 우리나라의 무역의존도 변화 추이
출처: 한국무역협회, KITA.net, K-stat.

우리나라의 무역성장은 경제발전의 원동력이었으며, 국민소득 2만 달러 시대 진입을 앞당기는 견인차 역할을 하였으며, 특히 상품 수출 성장이 경제성장을 추동하는 데 상당히 크게 기여하였다. 수출증가액 대비 GDP 증가액은 수출의 성장 기여율을 말해주는 지표이다. 수출의 성장 기여도를 보면 2000년대 들어와 상품 수출 성장이 경제성장에 기여하는 비율이 매우 높게 나타나고 있다(그림 12-27). 1985~2016년 동안 상품 수출 성장이 경제성장에 기여한 평균 비율은 55.5%로 나타나고 있다(국제무역연구원, 2017).

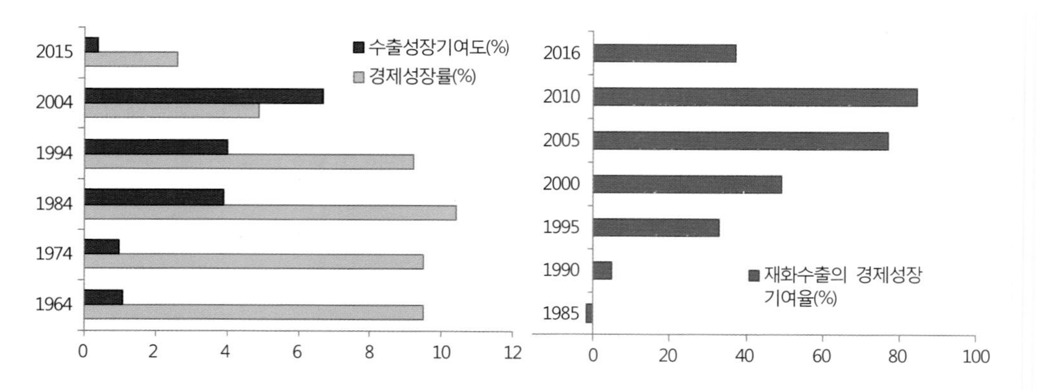

그림 12-27. 경제성장의 견인차 역할을 하는 수출(재화)의 경제성장 기여율 추이
출처: 국제무역연구원, Trade Focus, 2017년 45호, p. 12; Trade Brief, 2016년 No.22. p. 3.

2) 무역구조의 변화

지난 50여년 동안 무역거래량의 증가와 함께 무역구조도 커다란 변화를 겪어 왔다. 특히 수출·입 상품 수와 품목에서 상당한 변화를 보이고 있다. 먼저 수출 상품의 변화를 보면 1964년에는 주로 농수산물·광산물 등의 제1차 상품 수출이 48.4%, 공산품 수출이 51.6%를 차지하여 전형적인 개발도상국의 무역구조를 보였다. 그러던 것이 1970년에는 공산품의 비중이 82.5%로 크게 증가하였으며 1985년에는 95%로 거의 대부분을 차지하고 있다. 1960년대 초반에 불과 40%를 차지하였던 공산품 수출이 1985년 이후 95% 수준의 비중을 차지하게 된 것은 중화학제품의 수출 신장에 힘입은 것이었다. 1970~1985년 동안 중화학제품의 연평균 수출 증가율은 25.4%였으며, 그에 따라 1970년 13%를 차지하던 중화학제품의 수출 비중은 1985년에는 57%로 크게 증가되었다.

한편 경공업 제품의 수출 비중은 지속적으로 감소되고 있다. 이는 섬유, 신발류 등의 주요 품목이 1980년 이후 노동력이 저렴한 중국 및 동남아 개발도상국들과 치열한 경쟁을 벌이면서 국제 경쟁력이 약화되었기 때문이다. 1970년 총 수출의 약 70%를 차지하던 경공업의 비중은 1985년에는 그 절반으로 크게 감소되었으며, 2000년에 접어들면서 16.3% 낮아졌으며, 2015년에는 경공업이 총 수출에서 차지하는 비중이 10.4%로 크게 떨어졌다(그림 12-28).

한편 우리나라 수출을 주도하고 있는 정보통신 관련 제품의 수출 비중을 보면 1990년 14%를 차지하였으나, 1995년에는 경공업 수출비중과 같았으며, 2000년에는 32.2%로 가장 높은 비중을 보이고 있다. IT 제품 수출은 우리나라 제조업 수출 신장을 유도하는 견인차 역할을 하면서 우리나라가 무역 강국으로 부상하는 데 큰 공헌을 하였다.

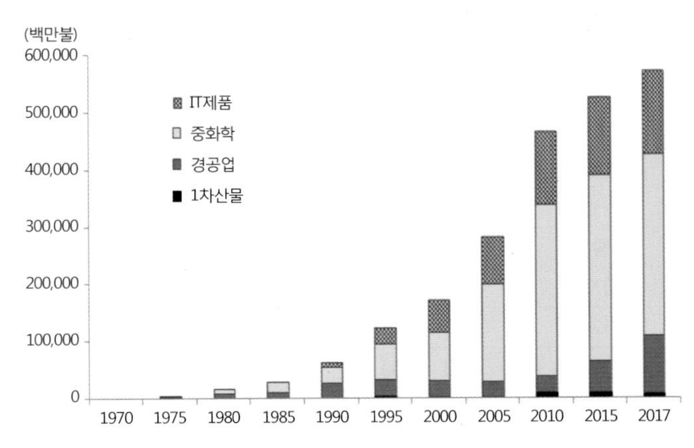

	1차 산물	경공업	중화학	IT 제품
1970	17.5	69.7	12.8	-
1975	17.6	57.4	25.0	-
1980	11.7	46.4	41.8	-
1985	5.2	37.7	57.0	-
1990	4.9	38.5	42.2	14.4
1995	4.9	22.5	50.7	22.0
2000	2.8	16.3	49.3	32.2
2005	1.5	8.9	60.6	29.0
2010	2.5	6.3	64.1	27.1
2015	2.3	10.4	61.6	25.7
2017	1.8	17.4	55.4	25.3

그림 12-28. 우리나라의 수출 구조의 변화 추이
출처: 한국무역협회, KITA.net, K-stat.

이러한 추세는 우리나라 제조업의 수출이 세계 수출시장에서 차지하는 점유율의 변화에서도 잘 나타나고 있다. 1990년도만 해도 우리나라 경공업 제품 수출이 세계 시장에서 차지하는 비중이 7% 수준으로 매우 높았으나, 1992년 이후 경공업 제품이 차지하는 비중은 급속도로 낮아져 현재는 1~2% 수준에 머물고 있다. 반면에 중화학공업 제품이 세계 수출시장에서 차지하는 비중을 보면 1990년 3% 수준이었으나 지속적으로 점유율의 증가를 보이면서 현재는 5% 수준으로 높아지고 있다.

1960년 이후 우리나라의 수출을 주도하여온 10대 상품을 보면 수출구조의 고도화 및 수출증가에 따른 품목별 비중에서 많은 변화가 나타났음을 엿볼 수 있다(표 12-17). 1960년대의 수출품목은 철광석, 중석, 무연탄 등 광산물과 생사 및 어류가 주종을 이루었으나, 공업화가 진전됨에 따라 1970년대 이후에는 공산품이 주축을 이루게 되었다. 1970년대 초에는 섬유류, 합판, 가발 등의 경공업 제품이 수출품목의 주종을 이루었다. 1970년에는 섬유류 수출이 전체 수출의 약 40%를 차지할 정도로 경공업 제품이 수출을 주도하였으며, 10대 수출상품이 총 수출에서 차지하는 비중도 81%에 달하였다. 그러나 1970년대 후반부터 중화학공업이 발달하면서 1980년대 이후 수출품목이 크게 달라지고 있다. 특히 선박 및 해상구조물, 전자제품, 철강제품, 기계류, 자동차, 전기기기 등이 10대 수출품목에 들고 있으며, 1990년대에 들어와서는 1960년대의 10대 수출품목은 전혀 찾아볼 수 없다. 특히 반도체는 단일 품목으로는 처음으로 100억 달러를 돌파하였고, 1995년 이후로는 수출품목 1위를 지키면서 총 수출에서 차지하는 비중도 2000년에는 15%까지 높아졌다. 이러한 추세는 더욱 확대되어 2017년 반도체 수출 비중은 17%까지 증가되었다. 또한 10대 수출품목이 총 수출에서 차지하는 비중은 2000년대 이후 다시 높아지고 있어 2017년에는 58.8%를 차지하고 있으나, 수출품목은 다변화되고 있다.

표 12-17. 한국의 10대 수출품목의 변화, 1961-2017년

(단위: 백만 달러, %)

순위	1961		1970		1980	
1	철광석	5.3 (13.0)	섬유류	341.1 (40.8)	의류	2,778(16.0)
2	중석	5.1 (12.6)	합판	91.9 (11.0)	철강판	945 (5.4)
3	생사	2.7 (6.7)	가발	90.4 (10.8)	신발	908 (5.2)
4	무연탄	2.4 (5.8)	철광석	49.3 (5.9)	선박	620 (3.6)
5	오징어	2.3 (5.5)	전자제품	29.2 (3.5)	음향기기	593 (3.4)
6	활선어	1.9 (4.5)	과자제품	19.5 (2.3)	인조장섬유직물	564 (3.2)
7	흑연	1.7 (4.2)	신발	17.3 (2.1)	고무제품	503 (2.9)
8	합판	1.4 (3.3)	연초·동제품	13.5 (1.6)	목재류	485 (2.8)
9	미곡	1.4 (3.3)	철강제품	13.4 (1.5)	영상기기	446 (2.6)
10	돼지털	1.2 (3.0)	금속제품	12.2 (1.5)	반도체	434 (2.5)
10대 상품		**25.3 (62.0%)**	**10대 상품**	**677.5 (81.1%)**	**10대 상품**	**8,276 (47.6%)**
전 품목		**40.9 (100%)**	**전 품목**	**835.3 (100%)**	**전 품목**	**17,370 (100%)**
순위	1990		2000		2015	
1	의류	7,600 (11.7)	반도체	26,006 (15.1)	반도체	97,940(17.1)
2	반도체	4,541 (7.0)	컴퓨터	14,687 (8.5)	선박해양구조물	42,184(7.4)
3	신발	4,307 (6.6)	자동차	13,221 (7.7)	자동차	41,691(7.3)
4	영상기기	3,627 (5.6)	석유제품	9,055 (5.3)	석유제품	34,954(6.1)
5	선박해양구조물	2,829 (4.4)	선박해양구조물	8,420 (4.9)	평판디스플레이	27,544(4.8)
6	컴퓨터	2,549 (3.9)	무선통신기기	7,882 (4.6)	자동차부품	23,137(4.0)
7	음향기기	2,480 (3.8)	합성수지	5,041 (2.9)	무선통신기기	22,093(3.9)
8	철강판	2,446 (3.8)	철강판	4,828 (2.8)	합성수지	20,440(3.6)
9	인조장섬유직물	2,343 (3.6)	의류	4,652 (2.7)	철강판	18,114(3.2)
10	자동차	1,971 (3.0)	영상기기	3,667 (2.1)	컴퓨터	9,205(1.6)
10대 상품		**34,693 (53.4%)**	**10대 상품**	**97,459 (56.6%)**	**10대 상품**	**337.303 (58.8%)**
전 품목		**65,016 (100%)**	**전 품목**	**172,268 (100%)**	**전 품목**	**573.717 (100%)**

출처: 한국무역협회, KITA.net, K-stat.

1990~2000년대 초반에 걸친 수출품목의 변화는 우리나라의 수출구조가 얼마나 고도화되고 있는가를 잘 보여주고 있으며, 이러한 구조적 변화는 2000년대 중반 이후 어느 정도 정착되어 가고 있다. 1990년대 초반까지도 의류 및 신발이 5대 수출품목에 포함되었으나 1990년대 후반에는 반도체, 컴퓨터, 자동차, 선박의 수출 비중이 증가하면서 수출구조는 완전히 변화되었다. 특히 우리나라가 IT 강국으로 부상하면서 IT 관련 제품의 수출

물량이 크게 늘어나고 있고 선박, 자동차도 수출품목 상위 5자리를 지키고 있고 그 비중도 증가하고 있다. 특히 2000년대 중반 이후 5대 수출품목의 변화를 보면 선박, IT제품(반도체, 휴대폰, 디스플레이), 자동차가 주요 수출품목으로 확고한 지위를 차지하고 있다.

이상에서 살펴본 바와 같이 우리나라 수출품목은 1960년대는 중석, 철광, 생사→ 1970~1980년대는 섬유류, 합판, 가발→1990~2000년대는 자동차, 선박, 합성수지, 컴퓨터 → 2010년 이후에는 반도체, 자동차, 휴대폰, 석유화학 제품이 주요 수출품목으로 변화되고 있다. 특히 2000년대 후반 이후 고부가가치의 IT제품 및 기술집약적 첨단제품의 비중이 상당히 증가하고 있다.

한편 우리나라 수출상품도 제조업 제품 위주에서 소비재, 문화콘텐츠 분야로 확대되고 있다(그림 12-29). 한류 열풍으로 한국 브랜드에 대한 선호도가 높아지면서 뷰티제품, 핸드백 및 신발, 패션의류 및 식료품 수출도 2010년 이후 호조를 보이고 있다. 또한 상업서비스 수출도 꾸준히 증가하여 2016년도에는 총 수출의 18%를 차지하였다. 서비스 수출 백만 달러당 유발되는 직·간접적인 고용인원은 21.3명으로 상품 수출 8.2명에 비해 2배 이상 높아 일자리 창출효과도 크다(국제무역연구원, 2017). 서비스 수출은 부가가치가 높아 항만에서 환적 시 컨테이너 1개당 200달러의 소득이 창출되고, 관광객 10명을 유치하면 자동차 1대를 수출하는 것과 같은 외화가 유입된다(한국무역협회, 2003). 서비스 수출이 경제성장에 미치는 효과가 이와 같이 상당히 큼에도 불구하고 우리나라의 경우 아직까지 총 수출에서 서비스 수출이 차지하는 비중은 상대적으로 낮은 편이며, 세계 9위의 상업 서비스 적자국이다. 또한 다른 선진국들의 경우 사업서비스, 지식재산권, 금융 등 고부가가치 산업에서 서비스 교역의 흑자를 보이고 있는 반면에 우리나라는 정보·통신 등 일부 서비스에서만 흑자를 보이고 있다.

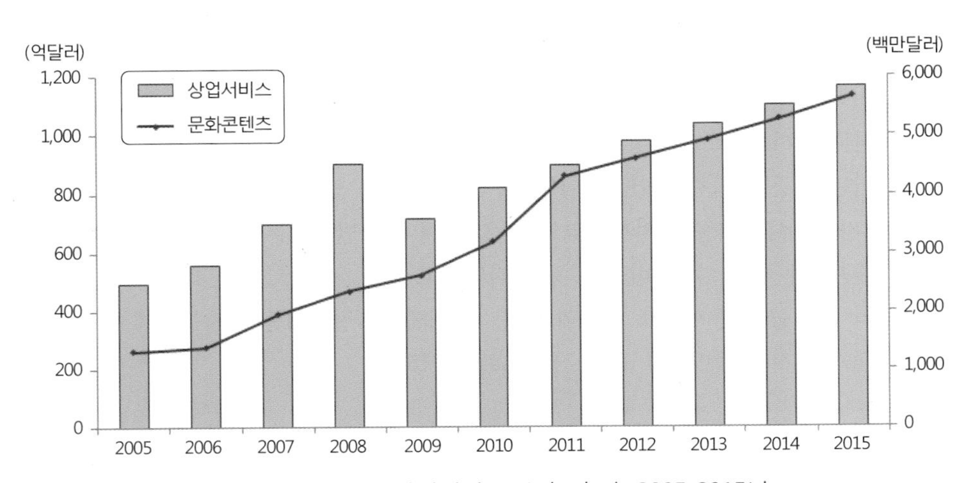

그림 12-29. 문화콘텐츠 및 상업서비스 수출 추이, 2005-2015년

출처: 문화콘텐츠진흥원, 콘텐츠산업통계; 한국무역협회, KITA.net, K-stat.

한편 우리나라는 1963년 GATT에 가입하면서부터 무역관리제도를 포지티브리스트(positive list)시스템에서 네거티브리스트(negative list)시스템으로 전환하였다. 따라서 특정 품목을 수입할 때 허가를 얻도록 하는 수입개방체제를 갖추게 되었고 1977년 경상수지가 균형을 이루게 되면서 수입 자유화가 이루어졌다. 그 결과 1978년 52.7%에 불과하던 수입 자유화율이 1983년에는 80%를 상회하게 되었고 1988년에는 95%에 이르렀고 현재는 거의 전면적으로 개방화되었다.

공업화가 진전되면서 수입규모도 크게 증가되고 있는 이유는 전자제품의 수출 호조에 따른 기계류, 기계 부품 등 자본재 수입이 늘어나고, 중화학공업 발달을 위해 필요한 설비투자 및 원유, 곡물, 펄프, 수지 등 수입 원자재의 국제 가격 상승 등으로 인하여 수입액이 증가되고 있다. 우리나라 공산품의 수출·입 품목을 비교해 보면 첨단기술 수준이 비교적 낮은 소비재 상품의 국제 경쟁력은 높은 편이나, 첨단기술 수준이 비교적 높은 자본재 상품의 국제 경쟁력은 낮은 편이다. 특히, 기계류 부문의 기술 수준이 상대적으로 낮아 부품·소재 등은 해외로부터의 수입에 의존하고 있다.

우리나라의 수입품목의 구조를 보면 1970년 원자재 수입 비중이 53%, 자본재 수입이 23%, 소비재 수입이 24%를 차지하였다. 이러한 수입품목의 비중은 현재까지도 크게 달라지지 않고 있다. 원자재 수입은 원자재 국제가격 변동에 따라 그 비중이 다소 달라지지만 전반적으로 전체 수입액의 50~60% 수준을 차지하고 있으며, 2008년에는 원유가 인상으로 인해 62%로 비중이 높아졌다. 한편 자본재 수입 비중은 2000년에 40%에 달할 정도로 높았으나, 2000년대 후반 이후 점차 줄어들어 현재 28% 수준을 나타내고 있다. 그러나 소비재 수입 비중은 크게 줄어들고 있으며, 현재 10% 미만을 보이고 있다.

우리나라의 10대 수입품목을 보면 1970년대 이후 수입구조도 변화되고 있다. 1961년의 수입품목은 주로 생활필수품이었으나, 1970년에는 각종 기계, 곡물, 목재, 석유 등이 10대 수입품목에 포함되었다. 그러나 1970년대 원유파동이 일어나고 자원 국유화로 인해 공급이 줄어들면서 원유는 수입 품목 1위를 차지하면서 총 수입액의 약 1/4을 차지하였다. 원유는 지속적으로 우리나라 수입품목 1위를 지키고 있으나, 전체 수입액에서 원유가 차지하는 비중은 점차 줄어들어 15% 수준을 보이고 있다. 1980년대 초에는 원료·연료 수입이 가장 높은 비중을 차지하였으나, 1980년대 중반부터는 화학제품, 일반기계, 전기기계, 수송기계 등의 수입 비중이 높게 나타나고 있다. 또한 1980년대 이후 반도체나 기계부품의 수입량이 증가되고 있는데, 이는 반도체 등 전자제품 수출증가에 따라 필요한 부품이 늘어났기 때문이라고 볼 수 있다(표 12-18).

표 12-18. 한국의 10대 수입품목의 변화, 1961-2017년

(단위: 백만 달러, %)

순위	1961		1970		1980	
1	양모	42.1 (23.0)	일반기계	306 (15.4)	원유	5,633 (25.7)
2	어패류	30.2 (16.5)	곡물	245 (12.3)	곡식류	967 (4.4)
3	원면	29.4 (16.1)	운반기기	151 (7.6)	목재류	899 (4.1)
4	광물연료	27.4 (15.0)	전기기기	133 (6.7)	기호식품	656 (3.0)
5	곡물	24.0 (13.1)	석유	133 (6.7)	기타농산	620 (2.8)
6	대두	8.3 (4.5)	섬유사	128 (6.5)	기타잡제	594 (2.7)
7	목재	7.2 (3.9)	목재	125 (6.3)	선박	545 (2.5)
8	생고무	5.8 (3.2)	직물	120 (6.0)	철강판	540 (2.5)
9	설탕류	5.6 (3.1)	철·강철	90 (4.5)	석유제품	510 (2.3)
10	펄프	5.0 (2.7)	금속광물	50 (2.5)	석탄	448 (2.0)
10대 상품		**185 (65.4%)**	**10대 상품**	**1,481 (74.6%)**	**10대 상품**	**11,412 (52.0%)**
전 품목		**283 (100%)**	**전 품목**	**1,984 (100%)**	**전 품목**	**21,950 (100%)**

순위	1990		2000		2017	
1	원유	6,386 (9.1)	원유	25,216 (15.7)	원유	59,595 (12.5)
2	반도체	4,222 (6.0)	반도체	19,923 (12.4)	반도체	41,176 (8.6)
3	석유제품	2,384 (3.4)	컴퓨터	7,890 (4.9)	반도체제조장비	19,323 (4.0)
4	화학 기기	1,880 (2.7)	석유제품	4,911 (3.1)	천연가스	15,621 (3.3)
5	가죽	1,793 (2.6)	천연가스	3,882 (2.4)	석탄	15,193 (3.2)
6	컴퓨터	1,719 (2.5)	반도체제조장비	3,748 (2.3)	석유제품	15,112 (3.2)
7	철강판	1,656 (2.4)	금, 은·백금	2,698 (1.7)	무선통신기기	13,284 (2.8)
8	항공기, 부품	1,624 (2.3)	유선통신기기	2,544 (1.6)	컴퓨터	11,698 (2.4)
9	목재류	1,619 (2.3)	철강판	2,463 (1.5)	자동차	10,902 (2.3)
10	계측제어분석	1,455 (2.1)	정밀화학원료	2,317 (1.4)	정밀화학원료	9,874 (2.1)
10대 상품		**24,725 (35.4%)**	**10대 상품**	**75,592 (47.1%)**	**10대 상품**	**211,779 (44.3)**
전 품목		**69,844 (100%)**	**전 품목**	**160,481 (100%)**	**전 품목**	**478,414 (100)**

출처: 한국무역협회, KITA.net, K-stat.

2) 주요 무역 대상국과 무역 대상국의 다변화

(1) 우리나라의 주요 수출 대상국

지난 50여년 동안 지속적인 수출 증가와 더불어 수출시장에도 많은 변화가 나타났다.

표 12-19. 한국의 10대 수출 대상국의 변화, 1961-2017년

(단위: 백만 달러, %)

순위	1961년		1980년		2000년		2008년		2017년	
1	일본	19.4 (47.4)	미국	4,607 (26.3)	미국	37,611 (21.8)	중국	91,389 (21.7)	중국	142,115 (24.8)
2	홍콩	7.4 (18.1)	일본	3,039 (17.4)	일본	20,466 (11.9)	미국	46,377 (11.0)	미국	68,611 (12.0)
3	미국	6.8 (16.6)	사우디 아라비아	946 (5.4)	중국	18,455 (10.7)	일본	28,252 (6.7)	베트남	47,749 (8.3)
4	영국	1.4 (3.4)	독일	876 (5.0)	홍콩	10,708 (6.2)	홍콩	19,772 (4.7)	홍콩	39,116 (6.8)
5	독일	1.0 (2.4)	홍콩	823 (4.7)	대만	8,027 (4.7)	싱가포르	16,293 (3.9)	일본	26,827 (4.7)
6	이탈리아	0.6 (1.5)	이란	618 (3.5)	싱가포르	5,648 (3.3)	대만	11,462 (2.7)	호주	19,851 (3.5)
7	대만	0.5 (1.3)	영국	573 (3.3)	영국	5,380 (3.1)	독일	10,523 (2.5)	인도	15,066 (2.6)
8	싱가포르	0.5 (1.2)	인도 네시아	366 (2.1)	독일	5,134 (3.0)	러시아	9,748 (2.3)	대만	14,885 (2.6)
9	태국	0.2 (0.5)	네덜란드	350 (2.0)	말레이 시아	3,515 2.0)	멕시코	9,090 (2.2)	싱가포르	11,649 (2.0)
10	필리핀	0.1 (0.3)	캐나다	343 (2.0)	인도 네시아	3,504 (2.0)	인도	8,977 (2.1)	멕시코	10,932 (1.9)
10 개국	37.9 (92.7%)		12,541 (71.6%)		11,468 (68.8%)		251,883 (59.7%)		396,792 (69.2%)	

출처: 한국무역협회, 무역연감 해당연도, KITA.net.

1962년 33개국에 불과하던 우리나라의 수출 대상국은 전 세계 모든 국가라고 볼 수 있을 정도로 확대되어 수출시장의 폭이 상당히 넓어졌다. 우리나라의 수출시장의 분포를 보면 1970년에는 아시아(주로 일본)와 북미(주로 미국) 시장으로 편중되어 두 지역이 차지하는 비중이 86.7%에 달하였다. 이러한 지역별 편중도는 1980년대 들어서면서 점차 변화되었다. 북미 시장이 차지하는 비중이 28.3%로 크게 줄어든 반면에 유럽으로의 수출 시장이 넓어지면서 유럽 시장이 18%를 차지하게 되었다. 또한 중동으로의 시장개척으로 인해 중동이 차지하는 비중도 15%에 달하고 있어 한국의 수출시장은 1980년대 들어와 크게 다변화되었음을 알 수 있다(표 12-19).

1960년대 이후 우리나라의 10대 수출국가를 보면 2000년도까지 미국과 일본이 계속 1위와 2위를 차지하는 가운데 홍콩, 독일, 영국, 싱가포르, 사우디아라비아 등이 주요 수출 대상국이었다. 그러나 미국이 차지하는 수출 비중은 1970년 47.3%에서 2000년 21.8%로 크게 줄어들었고, 일본도 같은 기간에 28%에서 12%로 줄어들었다. 2000년대 이후 우리나라의 수출시장은 크게 다변화되기 시작하였다. 2005년 이후에는 중국이 수출 대상국 1위로 부상하였다. 2016년 말 중국은 우리나라 수출시장의 약 1/4을 차지하고 있으며, 그 뒤를 이어 미국이 12%, 베트남이 약 8.3%를 차지하고 있다. 또한 1961년 10대 수출

대상국이 총 수출에서 차지하는 비중이 92.7%였으나 2000년에는 68.8%로 낮아졌으며, 2008년에는 60% 미만으로 가장 낮아졌으나, 2017년 말에는 69.2%로 약간 상승하였지만, 수출시장의 다변화가 이루어지고 있음을 말해준다.

특히 2005년 이후 우리나라의 주요 수출시장이 선진국에서 개발도상국으로 비중이 옮겨지고 있다. 중국뿐만 아니라 BRICs에 속하는 인도가 10대 수출 대상국에 포함되었으며, 멕시코, 홍콩, 대만, 싱가포르도 중요한 수출 대상국으로 자리잡고 있다. 이는 우리나라 주요 수출국으로 알려진 미국, 유럽, 일본 등에서 벗어나 거대 소비시장을 겨냥한 중국, 인도, 멕시코, 러시아 등으로 확대되고 있음을 시사해준다. 베트남은 물가 안정, 내수 개선, 외국인투자 확대 등에 힘입어 높은 경제성장을 경험하고 있으며, 베트남 FTA 발효(2015.12월 발효)로 의류, 가전제품, 화장품류 등의 수출품목이 증가되고 있으며, 베트남의 경우 30대 이하 연령층이 전체 인구의 60%를 차지하고 있어 소비 잠재력이 높기 때문에 잠재적 수출 시장으로 주목받고 있다.

(2) 우리나라의 주요 수입 대상국

우리나라의 수입시장도 점차 다변화되어 가는 추세를 보이고 있다. 지난 40년 동안 수입시장의 지역별 비중을 보면 1970년에는 아시아(주로 일본)와 북미(주로 미국) 시장으로 편중되어 두 지역이 81.8%를 차지하였다. 이러한 지역별 편중도는 1980년대 들어서면서 점차 변화되었다. 원유 수입으로 인해 중동의 비중이 크게 증가하여 26%를 차지하였던 시점도 있었으며, 현재도 여전히 중동의 수입 비중은 20%를 넘고 있다. 아시아에 대한 수입 의존도는 약간 감소되고 있으나 여전히 45%를 상회하고 있다. 아시아로부터의 수입 비중이 높은 이유는 일본으로부터의 자본재 수입과 말레이시아, 인도네시아 등으로부터 원자재 수입이 늘고 있기 때문이다. 반면에 북미 시장이 차지하는 비중은 점차 줄어들어 2000년에는 20% 미만으로 낮아졌으며, 2008년 말 10% 미만으로 더욱 낮아졌다. 유럽 시장에 대한 수입 비중은 12% 수준으로 크게 변하지 않고 있다.

한편 우리나라의 10대 수입 대상국가를 시기별로 보면 별다른 변화를 보이지 않고 있으나, 수입지역 다변화 노력에 힘입어 10대 수입국이 차지하는 비중은 점차 낮아지고 있다. 우리나라의 수입품목 자체가 주로 원자재와 자본재이기 때문에 주요 수입국가들도 선진국과 자원 보유국으로 대별된다. 즉, 설비 기자재의 도입 및 국내 취약산업의 기계 부품들은 주로 선진국으로부터 수입하고 있으며, 원유, 원목, 원면 등의 원료는 자원 보유국으로부터 수입하고 있다.

1970년 우리나라의 주요 수입 대상국은 일본(40.8%)과 미국(29.5%)이었다. 두 나라에 대한 수입 편중화는 매우 심하여 약 70%를 차지하였다. 이렇게 높은 편중화 현상을 보이게 된 것은 경제개발이 시작된 이후 경제적으로 또는 지리적으로 가까운 국가로부터의 수입은 불가피하였으며, 특히 기술도입과 시설재의 수입은 양국에 전적으로 의존하였기 때문이다. 그러나 일본과 미국에 대한 수입 의존도는 점차 낮아지고 있으며, 2000년에는 각각 20% 미만으로 낮아졌고, 2017년도에는 10%를 약간 상회할 정도로 낮아졌다. 반면에 1990년 불과 3% 수준이던 중국에 대한 수입 의존도는 계속 상승하여 2017년에는 20.5%로 상승하면서 한국의 수입 대상국 1위를 차지하고 있다. 따라서 중국은 한국의 수출·입 대상국 1위를 차지하고 있다. 그 밖에 원유를 수입해 오는 사우디아라비아, 아랍에미리트, 카타르, 쿠웨이트 및 원자재를 수입해오는 말레이시아, 인도네시아 등도 주요 수입 대상국이다(표 12-20).

표 12-20. 한국의 10대 수입 대상국의 변화, 1970-2017년

(단위: 백만 달러, %)

순위	1970년		1980년		2000년		2008년		2017년	
1	일본	809 (40.8)	일본	5,858 (26.3)	미국	31,828 (19.8)	중국	76,930 (17.7)	중국	97,857 (20.5)
2	미국	585 (29.5)	미국	4,890 (21.9)	일본	29,242 (18.2)	일본	60,956 (14.0)	일본	55,134 (11.5)
3	독일	67 (3.4)	사우디 아리비아	3,288 (14.7)	중국	12,799 (8.0)	미국	38,365 (8.8)	미국	50,741 (10.6)
4	말레이시아	58 (2.9)	쿠웨이트	1,753 (7.9)	사우디아 리비아	9,641 (6.0)	사우디 아리비아	33,781 (7.8)	독일	19,747 (4.1)
5	프랑스	52 (2.6)	호주	680 (3.1)	호주	5,959 (3.7)	아랍에 미리트	19,248 (4.4)	사우디 아라비아	19,561 (4.1)
6	필리핀	42 (2.1)	이란	643 (2.9)	인도 네시아	5,287 (3.3)	호주	18,000 (4.1)	호주	19,126 (4.0)
7	이란	39 (2.0)	독일	637 (2.9)	독일	4,878 (3.0)	독일	14,769 (3.4)	대만	18,072 (3.8)
8	사우디 아리비아	38 (1.9)	인도 네시아	485 (2.2)	말레 이시아	4,703 (2.9)	카타르	14,375 (3.3)	베트남	16,176 (3.4)
9	중국	34 (1.7)	말레 이시아	472 (2.1)	대만	4,701 (2.9)	쿠웨이트	12,129 (2.8)	러시아	12,049 (2/5)
10	영국	33 (1.7)	캐나다	378 (1.7)	아랍에 미리트	4,625 (2.9)	인도 네시아	11,320 (2.6)	카타르	11,264 (2.4)
10 개국	1,740 (87.7%)		19,084 (85.6%)		113,663 (70.8%)		300,233 (69.0%)		319,727 (66.8%)	

출처: 한국무역협회, 무역연감 해당연도, KITA.net.

우리나라의 주요 수출·입 대상국의 변화는 2000년대 들어서면서 두드러지게 나타나고 있다. 이러한 변화는 중국이 WTO 회원국으로 가입하면서 중국과의 무역거래량이 급증하였으며, 특히 중국이 2000년대 중반 이후 괄목할 만한 경제성장을 경험하면서 소득 증가와 함께 수요가 크게 증가하였기 때문으로 풀이할 수 있다. 이와 같이 중국이 우리나라의

주요 무역 대상국으로 부상하면서 그동안 주요 무역 대상국이었던 미국과 일본과의 교역 비중은 지속적으로 낮아지고 있다.

한편 우리나라, 중국, 일본의 최대 수출시장으로 알려진 미국으로의 수출 점유율을 보면 일본의 경우 미국 시장 점유율은 급격하게 감소하고 있는 데 비해 중국의 경우 미국 시장 점유율은 급증하고 있다. 그러나 우리나라의 미국 시장 점유율은 커다란 변화를 보이지는 않으나 미미하지만 점차 줄어들고 있다.

우리나라의 수출·입 대상국 1위, 2위, 3위를 차지하고 있는 중국, 미국, 일본과의 지난 50여년 동안 수출·입 변화와 무역수지 변화를 비교해 보면 미국과의 무역수지는 1980년대 중반 이후 지속적으로 흑자를 기록하고 있으며, 흑자 폭도 증가하고 있다. 반면에 일본과의 무역수지는 전형적으로 적자를 보이고 있으며, 적자 폭도 계속 증가추세를 보이고 있다. 반면에 중국과의 무역수지는 1995년 이후 흑자를 보이고 있으며, 특히 2000년대 후반에 들어와 교역량도 늘어나면서 흑자폭도 커지고 있다(그림 12-30).

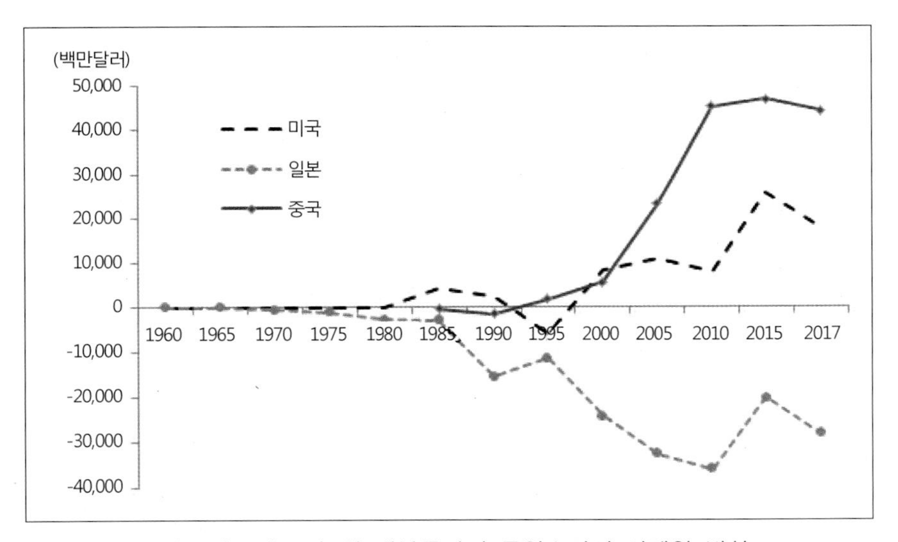

그림 12-30. 한국의 3대 수출·입 대상국과의 무역수지의 시계열 변화
출처: 한국무역협회, 무역연감 해당연도, KITA.net.

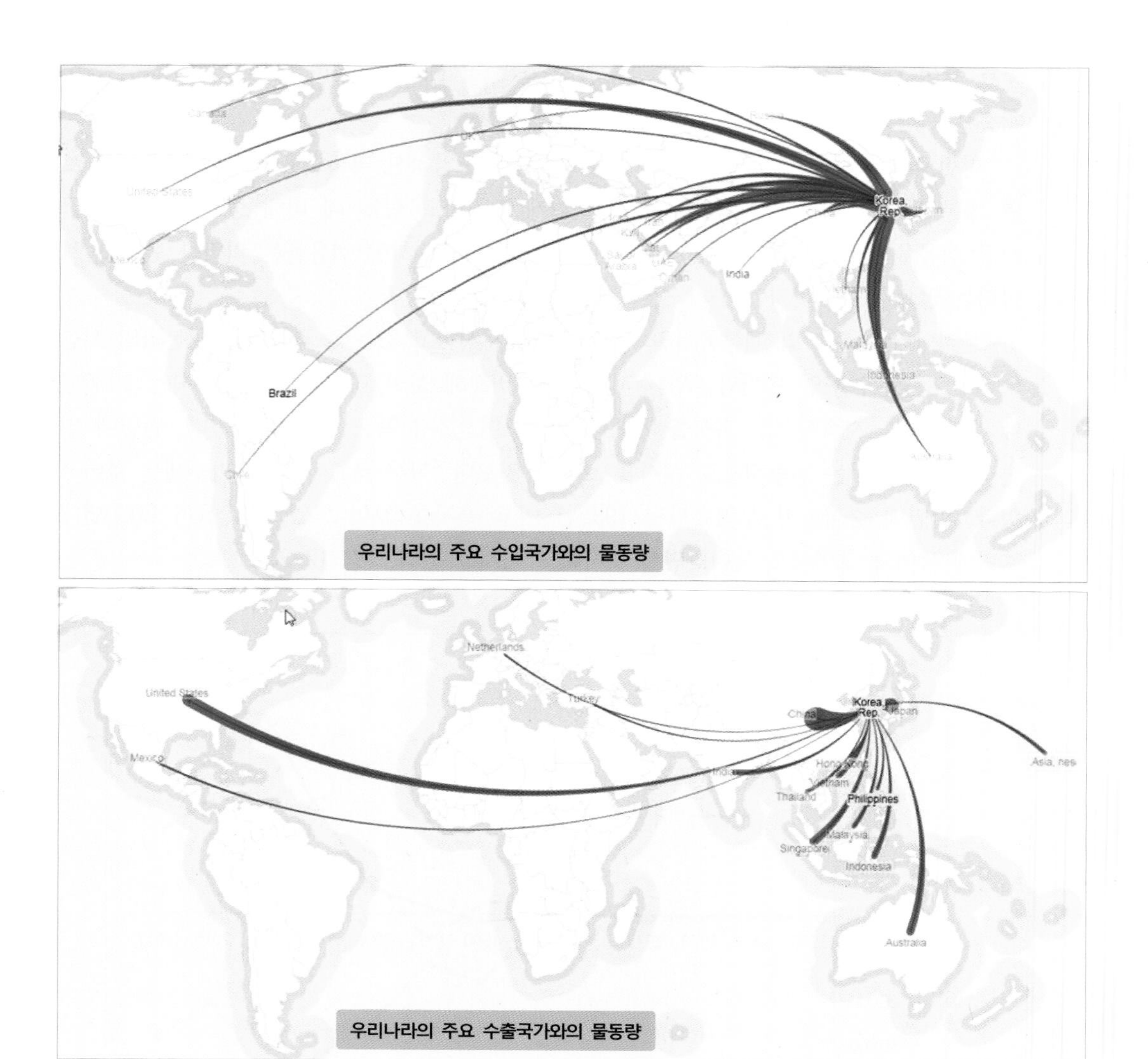

그림 12-31. 우리나라 주요 수출입국들과 교역량의 흐름

㈜: UNCTAD에서는 UN Comtrade Database 홈페이지를 통해 사용자가 원하는 무역과 관련된 모든 자료를 지도나 그래프 등으로 분석하여 가시화할 수 있도록 다양한 기능을 메뉴를 통해 제공하고 있음. 그림 12-31은 우리나라의 주요 수출입국과의 교역량 자료를 유선도로 나타낸 지도임.

출처: UNCTAD, https://comtrade.un.org/labs/data-explorer/.

우리나라는 2017년 무역 1조 달러를 달성하면서 세계 시장 점유율 3.3% 신기록을 달성하였다. 2017년 우리나라의 주요 수출국과의 교역 흐름과 주요 수입국과의 교역 흐름을 보면 그림 12-31과 같다. 주요 수출국은 중국, 미국, 일본뿐만 아니라 아세안·인도 등으로의 시장이 다변화되고 있음을 보여주고 있다. 반면에 우리나라 주요 수입국은 원유, 석유제품, 석탄 등 에너지 수입이 증가되면서 중동 및 사우디아라비아, 호주, 러시아, 이란 등 원유 및 원자재 수출국으로부터의 수입 비중이 상당히 크게 나타나고 있다.

(3) 우리나라 반도체 수출 성장과 특징[1)]

우리나라의 반도체 수출액이 비약적으로 증가하면서 '한국=수출 강국'이라고 일컬어질 정도로 우리나라가 수출 강국으로 발돋움하는 견인차 역할을 수행해온 것이 반도체이다. 1970년 아남반도체가 21만 달러를 미국으로 수출한 이후 1977년 3억 달러, 1994년 100억 달러, 2010년 500억 달러, 2014년 600억 달러를 돌파하고 2017년에는 반도체 수출액이 단일 품목으로는 사상 최고치인 900억 달러를 돌파하였다(그림 12-32). 반도체는 고부가가치의 기술집약형 제품으로 정보기술 제품의 경쟁력을 뒷받침해주며, 4차 산업혁명에 대비하는 지렛대 역할을 수행하고 있어 반도체 성장이 수출 신장세에 미치는 영향은 매우 지대하다고 볼 수 있다.

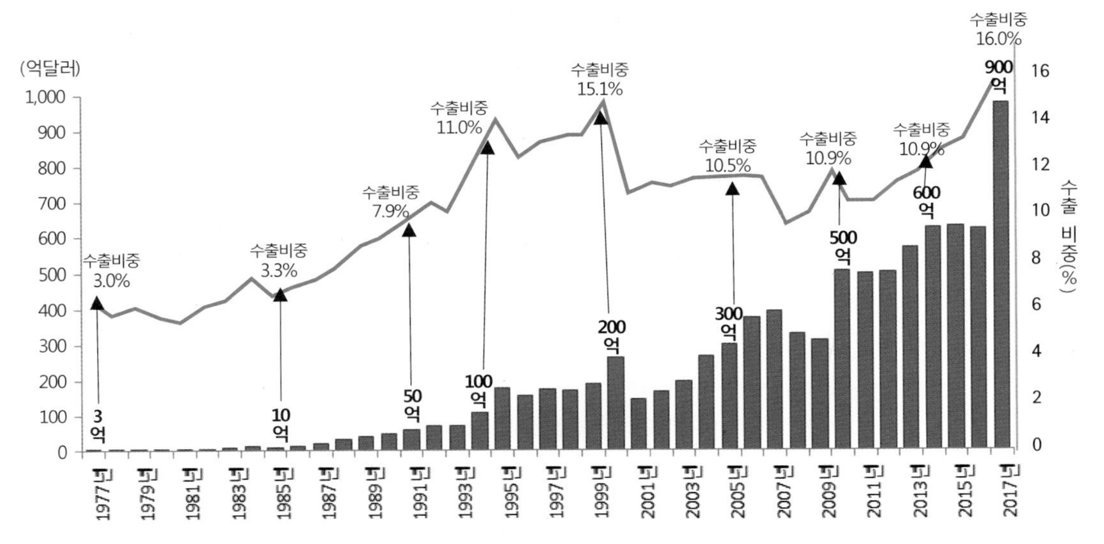

그림 12-32. 반도체 수출 40년 동안의 성장 추이

출처: 국제무역연구원(2017b), p. 4.

반도체 수출이 우리나라 전체 수출에서 차지하는 비중은 1977년 3.0%이었으나, 1994년 반도체 수출이 100억 달러를 초과하면서 수출 비중도 11.0%를 나타내었으며, 2017년에는 16.0%를 차지할 정도로 우리나라 수출 신장의 핵심 역할을 하고 있다. 그에 따라 수출품목에서 반도체의 위상은 매우 굳건하다. 1977년 수출품목 중 9위를 기록한 반도체는 1992년 처음으로 수출품목 1위로 자리잡은 이후 지난 26년 동안 총 21번 수출 1위 품목을 차지하였다(단 5차례만 1위 자리를 지키지 못하였음). 1980년대 후반 수출품목 다변화와 1990년대 전자와 자동차에 대한 대규모 투자로 인해 수출품목의 세대교체가 이루

1) 국제무역연구원(2017b), 「반도체의 수출 신화와 수출경쟁력 국제비교」 내용의 일부를 축약한 것임.

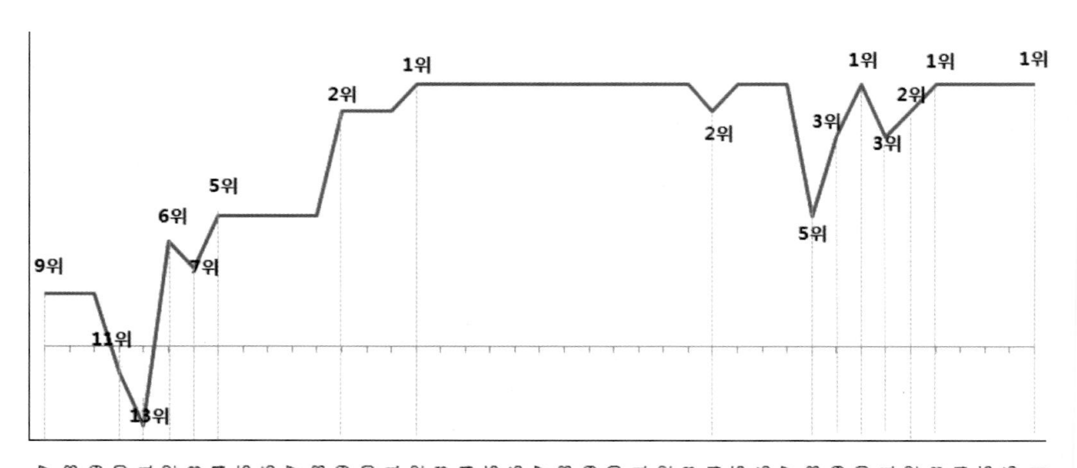

그림 12-33. 반도체가 수출품목 1위를 차지한 기간들
출처: 국제무역연구원(2017b), p. 5.

어지며 수출 상위권에 반도체, 컴퓨터, 자동차 등이 부상하였다. 반도체는 2004년 자동차에게 1위를 내주고 2008년에는 5위로 밀려났지만 2009년에 2위, 2011년에는 3위를 각각 기록한 데 이어 2013년부터 다시 1위로 올라와서 1위 자리를 지키고 있다(그림 12-33). 또한 반도체는 우리나라 전체 무역 흑자액의 약 절반 정도를 차지하여 안정적인 국제수지 유지에도 크게 기여하고 있다.

한편 우리나라 반도체 수출의 세계시장 점유율은 꾸준히 상승세를 보이면서 2016년 8.3%로 세계 5위(홍콩을 중국에 포함하면 4위)를 차지하고 있다. 중국(홍콩 포함)이 28.8%의 가장 큰 세계시장 점유율을 기록하고 있으며, 그 뒤를 이어 대만, 싱가포르, 한국, 미국, 일본 순이다. 우리나라의 세계 반도체 수출 시장 점유율은 2011년 7.4%에서 2016년 8.3%로 상승하였으며, 2012년부터 일본을 앞서기 시작하였다. 그러나 메모리 반도체 분야만 비교한다면 우리나라는 세계 수출 1위로 27%의 반도체 세계시장 점유율을 기록하고 있다.

제 13 장

해외직접투자의 성장과 초국적기업의 네트워킹

1. 해외직접투자의 개념과 이론
2. 초국적기업의 조직과 내부·외부와의 네트워킹
3. 해외직접투자의 성장과 투자 흐름
4. 해외직접투자와 지역경제발전
5. 우리나라 해외직접투자의 성장과 투자 흐름

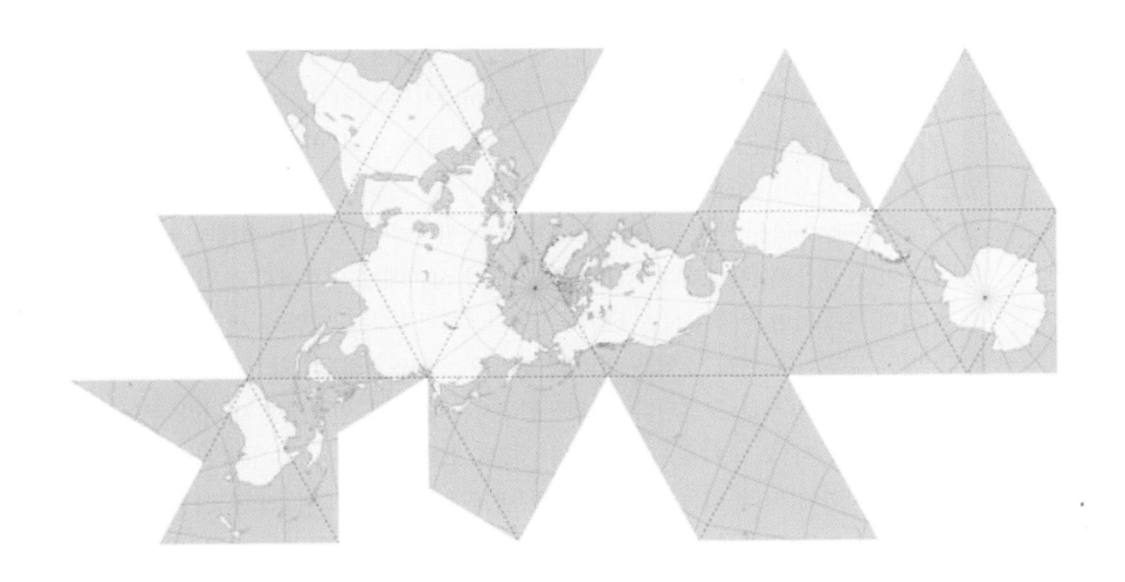

1 해외직접투자의 개념과 이론

1) 해외직접투자와 초국적기업

(1) 해외직접투자의 개념

고전 국제무역 이론을 통해서 설명하기 어려운 현상들이 1970년대 후반 이후 두드러지게 나타나게 되었다. 헥셔-오린이 제시한 각 국가 간 요소 부존비율의 차이에 따라 국제무역이 이루어질 뿐만 아니라, 생산요소의 이동을 통해 국제적 차원에서 제품이 생산되고 있기 때문이다. 이렇게 국제 간 생산요소의 이동이 나타나게 되는 이유는 무역과 마찬가지로 국가 간 자원 가용성의 차이를 극복하고 이윤과 경제적 효율성을 추구하기 위해서라고 볼 수 있다. 자국 내의 생산요소들을 활용하여 자국에서 생산된 제품을 국경을 넘어 해외로 이전시키는 것이 국제무역(특히 수출)이라고 한다면, 해외직접투자는 자국 내의 생산요소인 자본, 생산기술, 경영기술 등을 해외로 이전하여 해당국의 생산요소인 노동이나 자원 및 토지 등과 결합하여 제품을 생산하는 것이라고 볼 수 있다.

최근 국제교역에 비해 더 활기를 띠는 것은 국제 간 생산요소의 이동이다. 특히 초국적기업에 의한 해외직접투자가 지속적으로 증가하고 있다. 전통적으로 초국적기업과 해외직접투자는 거의 동의어처럼 사용되어 왔다. 그러나 초국적기업은 생산에 필요한 투입요소와 생산된 제품을 팔기 위해 다양한 방법들을 통하여 세계 각국을 자유롭게 넘나드는 기업이며, 이들이 시행하는 다양한 방법 중의 하나가 해외직접투자라고 볼 수 있다.

기본적으로 자본은 이자율이 높거나 투자에 대한 기대 이윤이 가장 많이 창출될 수 있는 유리한 장소를 행해 이동한다. 자본의 국제 간 이동은 크게 두 가지 형태로 나눌 수 있다. 첫 번째 유형은 자본을 빌려주고 빌리는 형태이다. 이러한 형태의 자본 이동은 개인 부문이나 공공 부문(정부나 국제기관을 통합) 사이에서 이루어지고 있다. 두 번째 유형은 기업이 주도하여 이루어지는 해외투자이다. 해외투자는 기업이 경영에 직접 참여하지 않고 배당 수익이나 이자 수익을 바라고 투자하는 해외간접투자와 기업이 경영에 직접 참가하는 해외직접투자로 구분된다. 해외직접투자는 자본과 인력뿐만 아니라 무형의 경영관리상의 경험과 지식, 노하우, 기술 등의 생산요소를 해외에 이전시킨다는 측면에서 국가 간 이자율 차이에 따라 이동하는 해외간접투자와는 매우 다르다. 또한 자본, 기술, 경영의 복합이전이라는 측면에서 수출이나 라이선싱의 개념과도 구별된다. 외국기업이 투자국 내에 투자하는 경우를 외국인직접투자(inward foreign investment)라고 하고, 투자국이 외국으로 투자하는 것을 해외직접투자(outward foreign investment)라고 지칭한다.

해외로의 유가증권형 투자는 19세기부터 이루어져 왔으며, 주로 자원 채굴과 플랜테이션 농업 부문에서 이루어졌다. 그러나 해외직접투자는 1920년대 이후 국제경제의 흐름 속에서 관심을 끌게 되었다. 왜 기업들이 해외로 투자하는가를 하나의 이론으로 설명하기는 매우 어렵다. 초국적기업이 해외로 투자하는 동기는 다양하며, 또 투자국(home country)과 투자유치국(host country)의 특성들도 상이하기 때문에 해외직접투자의 입지를 설명할 수 있는 하나의 정교한 이론은 아직 정립되지 못한 편이다.

(2) 초국적기업의 특성

기업은 크게 초국적기업-국내 기업, 대기업-소기업, 공기업-사기업으로 분류될 수 있으며, 이렇게 분류된 서로 다른 유형의 기업들이 수행하는 활동과 지리적 범위도 상당히 다르다. 이러한 기업 유형 가운데 경제의 세계화를 주도하고 있는 기업이 바로 초국적기업이다(그림 13-1). 경제의 세계화 초기에는 다국적기업(MNC: Multi-National Cooperations)과 초국적기업(TNC: Trans-National Cooperations)이 함께 사용되어 왔다. 그러나 경제의 세계화가 진전되면서 이들을 구분하여야 한다는 주장이 대두되었다. Dunning(1993)은 다국적기업이란 '해외직접투자를 통해 한 나라 이상에서 조직적인 생산 네트워크를 통해 상품이나 서비스를 생산하고 있는 기업'이라고 정의하면서, 이는 초국가적인 영역에서 활동하고 있는 세계기업의 특성을 제대로 반영하지 못한다고 주장하였다. 초국적기업은 해외에 자회사를 두고 있는 국가의 수와 자회사의 수, 외국에서의 활동이 전체 기업활동에서 차지하는 비중, 소유와 경영의 세계화 정도, 중심행정과 연구활동의 세계화 수준 등 여러 측면에서 다국적기업과는 질적인 차이를 보이고 있다.

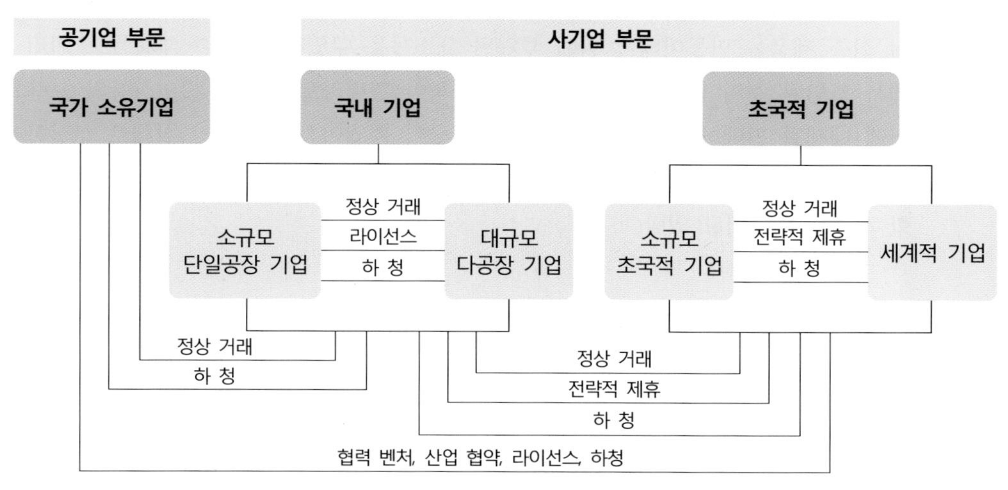

그림 13-1. 기업의 분류와 기업 간 거래 유형
출처: Dicken, P.(2015), p. 59.

이와 같이 다국적기업은 소유권, 경영, 생산, 판매활동을 여러 국가의 관할권을 넘어 펼치고 있는 기업으로, 다국적기업의 목적은 세계시장을 대상으로 최저 비용으로 상품을 생산하는 것이라고 볼 수 있다. 이를 위해 생산시설의 가장 효율적인 입지조건을 찾으며, 투자유치국 정부로부터 받는 세제 혜택을 매우 중요하게 여긴다. 그러나 경제의 세계화가 점점 더 진전되면서 다국적기업들은 초국적기업으로 변화되고 있다. 초국적기업의 출현은 무엇보다도 다국적기업 간 경쟁이 심화되면서 나타났다고 볼 수 있다. 즉, 세계시장을 대상으로 하는 선진국의 기업 간 경쟁이 심화되면서 다국적기업들이 점차 초국적기업으로 전환되고 있다.

초국적기업이란 단순히 해외로 진출하는 기업만을 의미하는 것이 아니며, 전 세계에 흩어진 자회사들 간 통합된 생산 네트워크를 구축하여 불확실한 세계시장 환경에 효율적으로 대처할 수 있는 조직 자원을 극대화하면서 경쟁력을 신장시키고 있는 기업이다. 따라서 초국적기업은 경제논리에 따라 특정한 국가의 정체성을 고집하지 않으며, 최고의 안정성과 수익이 보장되는 곳이면 기꺼이 입지를 옮기는 것도 가능하다는 것이다. 또한 범지구적 네트워크를 구축하고 있기 때문에 필요하다면 초국적기업의 본사(headquarter)도 다른 나라로 이전하려는 성향도 갖고 있다. 이에 비해 다국적기업은 명확한 국적을 갖고 있으며, 자국의 규제에 따르고 있다.

그러나 세계적 차원에서 활동하는 초국적기업도 지역화된 현지 시장에 대응하면서 국지적 차원에서 소비자들의 다양한 수요에 따라 금융자본의 이동뿐만 아니라 현지 생산시설 유형까지 결정한다. 특히 초국적기업은 서로 다른 나라에서 서로 다른 생산활동을 하는 전 세계에 입지하고 있는 자회사들을 하나의 조직체 관리시스템 구축을 통해 세계적 차원에서 기업 내 노동 분업을 실현하고 있다. 이와 같은 생산의 글로벌 네트워크로 인해 세계시장에서 거래되는 다수의 상품들은 점점 무국적화되고 있다. 이는 여러 나라들로부터 최종 제품을 만들어내기 위해 투입된 요소들을 구입하고, 또한 부품들도 여러 나라들에서 조립된 것이 많기 때문이다. 또한 국적이 있더라도 국적보다는 상품의 브랜드를 전면에 내세워 판매하는 경우가 많다. 이와 같이 기업이 초국가적인 실체로 부상하게 되면서 세계 경제구조는 국가 중심의 상호의존적 시대에서 국가와 기업이 같이 공존하는 세계화 시대로 이행되고 있다.

2) 해외직접투자에 대한 이론

해외직접투자가 이루어지는 가장 근본적인 이유는 세계적 차원에서 성장하려는 기업 전략 때문이라고 볼 수 있다. 세계경제를 주도하고 있는 초국적기업은 경쟁이 심화되고 있는 자본주의 경제체제 하에서 이윤을 최대화하고 지속적인 성장을 위해 다양한 전략을 구사한다. 해외직접투자 이론은 다음과 같은 세 가지 질문에 대해 설명하고자 하는 이론이라고 볼 수 있다. 첫째, 해외직접투자의 동기에 대한 질문으로 기업들은 왜 직접투자를 통해 해외에 진출하려고 하는가?, 둘째, 익숙하지 않은 해외의 기업환경에서 현지 기업과 경쟁하여 우위를 차지할 수 있는 원천은 무엇인가?, 셋째, 왜 기업들은 수출이나 라이선싱 방법을 택하지 않고 직접투자 방식으로 해외에 진출하려고 하는가이다.

(1) 독점적 우위이론

독점적 우위이론(monopolistic advantage theory)의 핵심은 초국적기업이 현지기업에 비해 여러 가지 불리함에도 불구하고 해외에 직접 투자하는 것은 그 불리함을 충분히 극복할 수 있을 정도로 불완전 경쟁시장에서 독점적 우위를 지니고 있기 때문이라는 가설을 내세우고 있다. Hymer(1976)에 따르면 독점적 우위를 지닌 기업들은 이윤을 극대화하기 위해 해외직접투자를 통하여 해외생산을 시도한다는 것이다. 현지기업에 비하면 언어, 문화, 제도 측면에서 비교열위에 있음에도 불구하고 초국적기업이 해외직접투자를 하는 것은 기업자체가 지닌 특유한 우위성(firm-specific advantages)을 갖고 있기 때문이다. 독점적 우위이론에 따르면 만약 시장이 완전경쟁 상태(상품의 동질성, 다수의 기업, 자유로운 진입 및 퇴출, 완전한 정보) 하에 있다면 비교우위의 논리에 따른 무역이 최적의 전략이 된다. 그러나 현실적으로 시장은 매우 불완전하며, 이러한 시장의 불완전성은 외국기업에게는 비용부담을 강요하면서 동시에 자신만의 독점적 우위를 누리려고 한다. 따라서 외국시장에 진출하려는 기업은 현지기업에 비해 외부비용을 추가 부담해야 하는 불리한 위치에 처하게 된다. 특히, 현지 시장환경에 대한 정보 부족, 현지 원자재 조달에 관한 정보 부족, 불리한 법적·제도적 장치, 외국기업에 대한 차별 등을 감수하게 된다. 이러한 외부비용 부담에도 불구하고 현지에서 경영활동을 성공적으로 수행하기 위해서는 외부비용 부담을 극복하기에 충분한 독점적 우위를 보유하고 있어야 한다는 것이다. 바꾸어 말하면 해외로 진출하는 기업은 현지기업이 갖고 있는 우위성(예를 들면 현지 소비자의 기호, 사업 활동에 관한 법률·제도, 현지 경영관습 등에 대한 지식)을 상쇄할 수 있을 만큼 충분한 기업특유의 우위요소를 소유하고 있다는 것이다. 여기서 기업특유의 독점적 우위요소란 기업이 장기간 기업 내부에 축적해 놓은 기업특유의 자산적 노하우를 의미한다.

Kindleberger(1969)는 기업특유의 독점적 우위 원천으로 ① 제품 차별화, 마케팅 기술, 관리가격의 책정 등에 따른 제품시장의 불완전 경쟁, ② 특허기술, 경영기술, 자본 조달력 등에 의한 생산요소 시장의 불완전 경쟁, ③ 규모경제에 따른 시장의 불완전성, ④ 정부의 간섭 등에 따른 시장의 불완전성의 네 가지를 손꼽았다. 무역이론에서의 비교우위 개념은 국가 또는 장소 특유적인 특징을 기반으로 하고 있으나, 독점적 우위이론에서의 우위 개념이란 기업이 가진 특유한 속성이다. 즉, 초국적기업은 생산기술, 제품 차별화 능력, 마케팅 노하우, 경영관리능력, 상표 및 특허권, 규모경제, 자본조달, 수직적 통합의 경제성 등과 같은 기업특유의 우위성 기반 위에서 해외의 이질적 환경에서 부딪치게 되는 여러 가지 불리함을 상쇄시키게 된다.

그러나 이 이론은 외국기업이 현지기업에 비해 경쟁우위를 가졌기 때문에 해외직접투자가 이루어진다고 설명하지만, 기업특유우위가 왜 라이선싱이나 수출이 아닌 해외직접투자로 이용되는가에 대해서는 설명하지 못하고 있다. 또한 이 이론은 독과점적 기업의 성장을 위해 해외직접투자가 이루어진다는 논리에 기초하고 있어 대기업의 해외직접투자는 어느 정도 설명 가능하나 중소기업의 해외직접투자를 설명하는 데 한계를 지니고 있다.

(2) 내부화 이론

이러한 문제점을 극복하고자 제시된 이론이 내부화 이론이라고 볼 수 있다. 내부화 이론은 Anderson & Gatlgnoon(1986), Buckley & Casson(1976), Casson(1983), Rugman(1982) 등에 의해 발전된 이론으로, 시장이 불완전하기 때문에 기업이 시장을 통하여 수행하던 기능을 내부화하기 위해 해외직접투자를 시행한다는 것이다. 바꾸어 말하면 국제시장은 국내시장보다 시장 불완전 요소가 더 많기 때문에 기업은 외부시장을 이용하여 상품을 판매하기 보다는 이를 내부화하려고 하기 때문에 해외직접투자가 이루어진다는 것이다.

일반적으로 초국적기업은 해외생산을 통해 기업특유의 우위를 최대한 활용함과 더불어 기업 내부화 전략을 통해 기업특유의 우위를 유지하려고 한다. 특히 시장의 불완전성이 클수록 기업은 시장거래를 내부화하려는 경향이 더 심화되며, 수직적 또는 수평적 통합을 시도하게 된다. 해외시장에서 불완전한 시장거래가 이루어지는 요인은 다양하지만 가장 기본적인 것은 생산자와 소비자가 지리적으로 분리되어 있기 때문이다.

내부화 이론에서도 독점적 우위이론에서 설명하는 바와 마찬가지로 해외로 진출하는 기업의 경우 기업특유의 독점적 우위를 가지고 있다고 전제한다. 기업특유의 독점적 우위를 제품에 체화시켜 해외시장을 점유하려고 하지만, 시장의 불완전성으로 인해 거래비용이 과다하게 발생하는 경우 내부화 전략을 더 구사하게 된다. 특히 기업특유 우위를 통해 해외시장을 점유하는 데 있어 시장/계약 거래구조가 비효율적(예: 시장실패로 인한 시장거래비용의 증가)이거나 거래비용이 과다하게 발생될수록 초국적기업은 수직적·수평적 통합 또는 다각화를 시도하면서 내부화하려는 경향이 더 높아진다. Rugman(1980)은 초국적기업을 내부자(internalizer)라고까지 지칭하였다.

이와 같이 기업 내부화 전략은 초국적기업이 기업 내부시장을 만들어 자원 배분과 유통을 연결시키는 것으로, 저렴한 이전가격(transfer price)은 기업의 사업활동을 원활하게 해주며, 내부시장을 잠재 가능성이 있는 시장과 똑같이 효율적으로 관리할 수 있게 한다.

수출이나 라이선싱은 법적으로나 실체적으로 독립된 두 기업 간 거래이지만, 해외직접투자를 통해 해외에 법인 자회사를 설립하는 경우 모기업과의 거래는 법적으로는 독립적이나 실체적으로는 하나인 기업 내부거래가 된다.

내부화 이론을 통해 초국적기업이 무역거래나 라이선싱보다 왜 해외직접투자를 선호하는가를 어느 정도 설명할 수 있다. 즉, 초국적기업이 해외에 자회사를 설립하여 내부화하면 최종 생산물의 생산부터 판매에 대한 통제가 가능하면서도 기업특유 우위를 방어할 수 있고 우위의 지식이 확산되는 것을 막을 수 있게 된다. 따라서 지식의 우위를 확산시키는 위험을 내포하는 라이선싱에 비해 해외직접투자를 더 선호하게 된다. 특히 기업특유 이점을 갖고 있을 경우 현지 기업에게 허가제, 프랜차이징, 하청, 기술서비스 협약 등의 유형으로 팔거나 빌려주는 것보다는 해외 지사를 통해 시장거래를 내부화하는 것이 훨씬 더 이익을 창출하는 것으로 알려져 있다. 그러나 해외직접투자가가 행해지는 조건이 원료기반, 무역대체, 수출전진기지, 비용감소 기반 등 다양하기 때문에, 이를 내부화 이론으로 다 설명할 수 없다. 일반적으로 기업은 현지생산에 따른 추가 생산비와 상품 수출 시에 운송에 따른 한계비용을 비교하여 수출전략 또는 해외직접투자 전략에 대한 의사결정을 내리게 된다. 즉, 현지의 한계 생산비가 한계 수출비용보다 적을 경우 해외직접투자가 이루어지지만, 그 반대로 한계 수출비용이 더 싼 경우에는 수출을 선택하게 된다.

(3) 절충 이론

지금까지 연구되어온 해외직접투자 이론들 가운데 Dunning(1980, 1988, 1993)의 절충적 접근(eclectic approach)이 가장 많이 인용되고 있다. Dunning은 기업이 비교우위적 이점을 갖고 있지 못하다면 해외에 직접투자하지 않는다는 전제 하에서 기업이론, 조직이론, 무역이론, 입지이론 등을 절충하여 기업이 왜 해외직접투자를 통해 국제적인 생산 네트워크를 구축하는가를 설명하였다. Dunning은 앞에서 설명한 독점적 우위이론과 내부화 이론에 입지이론을 추가하여 OLI라는 세 가지 우위 요소가 존재하여야 기업이 해외직접투자를 하게 된다고 주장하였다(그림 13-2). 여기서 OLI는 독점적 소유에 따른 우위(**o**wnership-specific advantage), 입지에 따른 우위(**l**ocation-specific advantage), 내부화 우위(**i**nternalization advantage)에서 따온 영어 첫머리 글자이다. 두 가지 요소에 대해서는 앞에서 다루었으므로 여기서는 입지우위요소에 대해서만 살펴보고자 한다.

기업이 기업특유의 이점을 갖고 있고 내부화할 충분한 경쟁력이 있다고 판단되면 최종 단계에서 결정하는 것은 입지선정이다. 즉, 어떤 나라(지역)에 입지하는 것이 가장 이윤을 극대화할 수 있는가를 결정하는 것이다. 입지우위이론은 해외직접투자가 투자 대상국에서 기업 활동을 영위하는 데 영향을 미치는 입지요인으로, 초국적기업을 특정 국가로

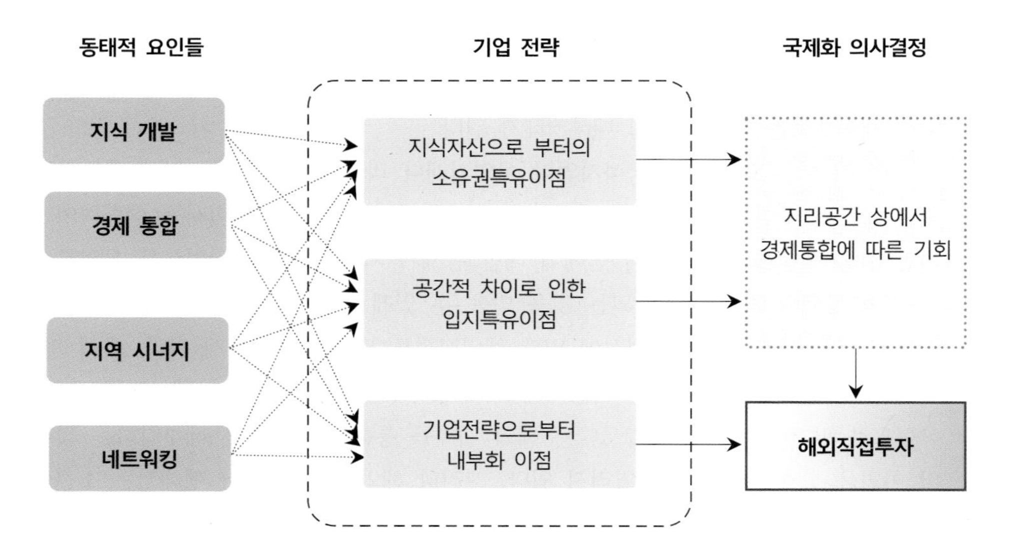

그림 13-2. 해외직접투자 발생 원인에 대한 절충이론
출처: Morsink, R.(1998), p. 30.

끌어들이는 매력도라고 볼 수 있다. 따라서 투자의 목적에 따라 입지특유 우위의 중요도는 달라질 수 있다. Dunning에 따르면 기업이 해외로 투자할 경우 고려하는 투자유치국의 입지요인으로 ① 시장규모와 시장성장 잠재력, 기업 본사와 지사 간에 시장성장의 잠재력, 기존의 시장 점유율을 유지하고 교역을 증진시킬 수 있는 능력까지 고려한 시장요소; ② 관세와 비관세장벽 등의 무역장벽 정도; ③ 생산비용에 영향을 주는 다양한 생산요소(천연자원, 임금, 노동 생산성, 규모경제 실현 가능성 등); ④ 투자환경을 손꼽았다. 여기서 고려되는 투자환경에는 정치적 안정성, 투자유치국 정부의 해외직접투자에 대한 태도, 투자유치국에서 제공하는 각종 혜택과 제한요소 등이다. 요약한다면 기업이 기업특유 이점을 갖고 있으며, 그 이점을 내부화할 수 있고, 투자유치국의 입지요인으로부터 수익을 얻을 수 있는 경우 해외직접투자가 이루어진다고 볼 수 있다. 그러나 해외직접투자를 통해 해외생산이 이루어지고 있는 투자유형에 따라 각 기업이 누리는 특유이점과 투자유치국의 입지이점, 내부화 이점이 다소 차이가 나고 있다.

이와 같이 해외직접투자는 기업들의 투자목적과 투자행태에 따라 유형화할 수 있으나, 기업이 여러 가지 동기나 목적을 가지고 해외에 투자하는 경우가 많으며, 해외투자의 목적도 시간이 경과하면서 변화하고 있다. 투자의 초기에는 주로 자원개발, 시장유지 혹은 접근, 비용절감 등을 목적으로 하고 있으나, 시간이 경과하고 해외직접투자가 점차 누적되면 효율성이나 경쟁력 제고를 위해 투자 목적을 변경하는 것이 일반적이다.

일반적으로 자원기반형 해외투자는 주로 광산물, 석유 등의 천연자원과 농산품 등과 같은 제1차 생산품의 공급원을 확보하려는 목적으로 이루어지는 해외투자이다. 따라서 대

표 13-1. 투자유형에 따른 OLI 비교우위 요소

투자 유형	소유권특유이점	입지특유이점	내부화 이점	다국적기업이 선호하는 업종사례
자원 기반형	자본, 기술, 시장 접근성	자원 보유	시장 통제와 적정 가격에서의 공급 안정성 확보	석유, 구리, 주석, 바나나, 파인애플, 코코아, 차 등
수입대체 제조업	자본, 기술, 관리 및 조직 기술 숙련, R&D, 규모경제, 상표	원료 및 노동비, 시장, 정부정책(수입장벽, 투자 인센티브)	기술우위 활용 희망, 높은 거래·정보 비용, 구매자 불확실성	컴퓨터, 의학, 자동차, 담배 등
수출기반 제조업	자본, 기술, 관리 및 조직 숙련, R&D, 규모경제, 상표, 시장 접근성	저렴한 노동비, 투자국 정부의 인센티브	수직적 통합 경제화	소비자 전자제품, 섬유, 의류, 카메라
무역 및 유통	생산에서 유통	지역 시장, 소비자와의 근접성, 사후 판매 서비스	판매처 확보 및 회사 지명도 보호	소비자와의 긴밀성을 요구하는 다양한 제품들
보조적 서비스	시장 접근성	시장	기술우위 활용 희망, 높은 거래·정보 비용, 구매자 불확실성, 판매처 확보, 회사 지명도 보호	보험, 금융, 상담 서비스
기타	지리적 다변화를 포함한 다양화	시장	기술우위 활용 희망, 높은 거래·정보 비용, 구매자 불확실성, 판매처 확보, 회사 지명도 보호	다양한 종류들 • 포트폴리오 투자 (자산) • 공간적 연계 필요 (항공사, 호텔)

출처: Dunning, J.(1980), p. 13.

규모 자본이 투자되며, 유럽, 미국, 일본 등 선진국 기업들이 천연자원과 제1차 생산품의 안정적 공급을 위해 제2차 세계대전 전까지 주로 이루어진 투자유형이다(표 13-1).

한편 비용절감형 해외투자는 생산 및 영업비용을 줄이기 위해 보다 값싼 생산요소를 제공하는 지역으로 진출하는 것이다. 국내에서 생산하는 경우 비교우위가 없는 상품이지만 생산비용이나 영업비용을 절감하기 위해 해외에서 생산활동을 함으로써 경쟁력을 유지하려는 것이 주된 목적이다. 비용절감형 투자는 낮은 임금으로 비숙련 노동력을 이용하는 경우가 대부분이며, 투자유치국은 자유무역지대나 수출가공지역을 지정하여 이러한 형태의 투자를 유인하고 있다.

또한 시장확보형 해외투자는 규모가 큰 시장을 침투하거나 빠르게 성장하는 시장을 선점하기 위해 해외투자에 나서는 경우이다. 거대시장 인접국가에 대한 투자도 여기에 포함된다. 예를 들면 NAFTA가 결성된 이후 일본, 유럽, 한국기업들이 미국시장을 겨냥하여 멕시코에 투자를 늘린 것이 대표적인 예이다. 시장확보형 해외투자의 가장 전통적인 형태는 관세나 쿼터 등의 수입제한정책을 회피하기 위한 목적에서 이루어진다. 또한 해외에 생산기지를 설립함으로써 공급자와 수요자를 연계시키기 위해 해외에 투자하는 형태도 여기에 포함된다. 예를 들면 일본 완성차업체의 미국 진출에 따른 일본 자동차 부품업체의 미국 투자, 한국 가전업체 및 자동차업체의 중국의 동반진출 등이다.

또 다른 유형의 해외투자는 기업의 인수 및 경영참가를 통해 현지기업의 경영 및 생산기술, 마케팅 전문성 등을 습득하거나 기술개발을 목적으로 투자하는 경우이다. 일례로 미국 실리콘밸리와 같은 첨단산업단지에 투자하는 목적은 특정한 기술개발이나 정보를 습득하기 위해서이다. 더 나아가 지리적으로 분산된 기존의 자원 혹은 투자구조를 합리화하고 활동을 조정·통제하여 이익을 얻고자 해외에 투자하는 경우도 있다. 표준화 제품의 생산 경험이 많은 초국적기업이 규모경제와 범위경제를 실현하기 위해 기존의 투자에 따른 생산 및 영업망을 구축하여 효율을 최대화하는 경우가 많다. 최근 초국적기업들은 해외투자의 시작 단계에서부터 제품별, 국가별로 전략을 차별화하여 해외투자에 나서는 사례가 증가하고 있다.

한편 World Bank(2018)에서 실제로 기업가들이 어떤 목적에서 해외직접투자를 시행하고 있는가에 대해 조사하였다. 초국적기업 임원 754명을 대상으로 하여 Dunning의 투자 목적과 동기들을 문항으로 예시하고 어떤 목적으로 해외에 투자하였는가를 설문조사하였다(그림 13-3). 투자 동기와 목적은 복수 선택하도록 하였다. 설문 조사 결과 기업가들이 해외직접투자를 시행하는 동기 가운데 시장 개척을 위해서라는 문항이 71%로 가장 높은 비중을 차지하였다. 복수 문항을 선택하도록 한 동기 목적에서도 투자자들의 87%가

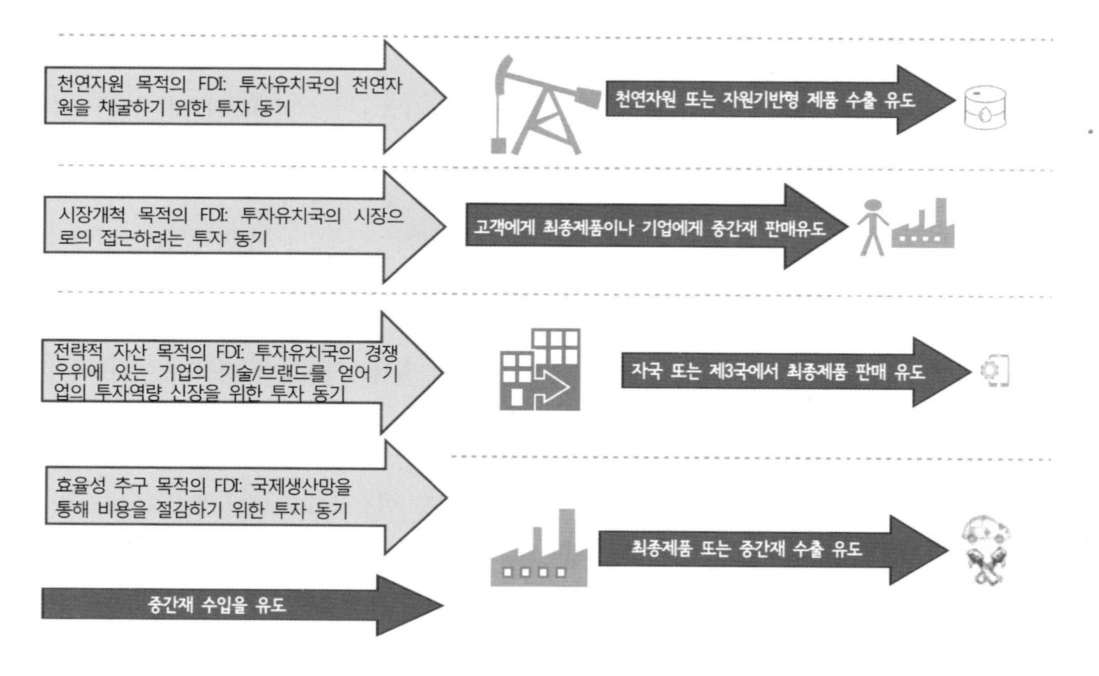

그림 13-3. Dunning의 해외직접투자 동기와 목적 분류화
출처: World Bank(2018), Global Investment Competitiveness Report 2017/2018, p. 22.

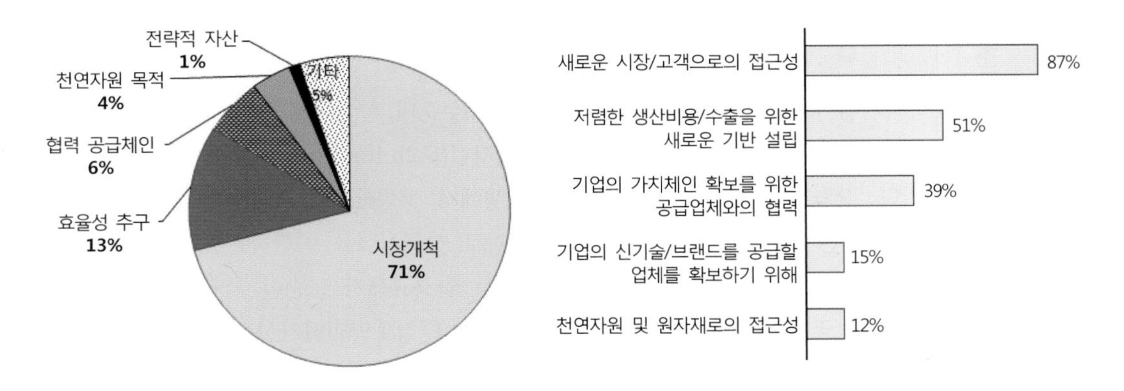

그림 13-4. 해외직접투자 동기와 목적에 대한 설문 조사 결과
출처: World Bank(2018), Global Investment Competitiveness Report 2017/2018, p. 23.

주로 해외에 새로운 시장이나 새로운 고객에 접근하는 것이 중요한 동기라고 응답하였다. 또한 응답자의 약 절반이 생산 원가를 낮추거나 수출을 위한 새로운 기반을 마련하기 위한 것으로 응답하였다. 전략적 자산 및 신기술 습득 동기 부여(15%), 천연자원 및 원자재로의 접근(12%) 순으로 나타났다. 이와 같이 해외직접투자의 동기와 목적은 상당히 다양하게 나타나고 있었다(그림 13-4).

한편 실제로 해외에 투자하려고 하는 경우 고려되는 현지 상황 요인들의 중요도를 조사한 결과 항목에서는 정치적 안정, 법적 규제환경, 시장 규모, 거시경제적 안정과 유리한 환율, 인력 순으로 나타났다. 현지의 저렴한 노동비와 세율에 대한 중요성보다 정치, 경제적 안정성을 훨씬 더 중요하다고 인지하고 있는 것으로 나타났다(그림 13-5).

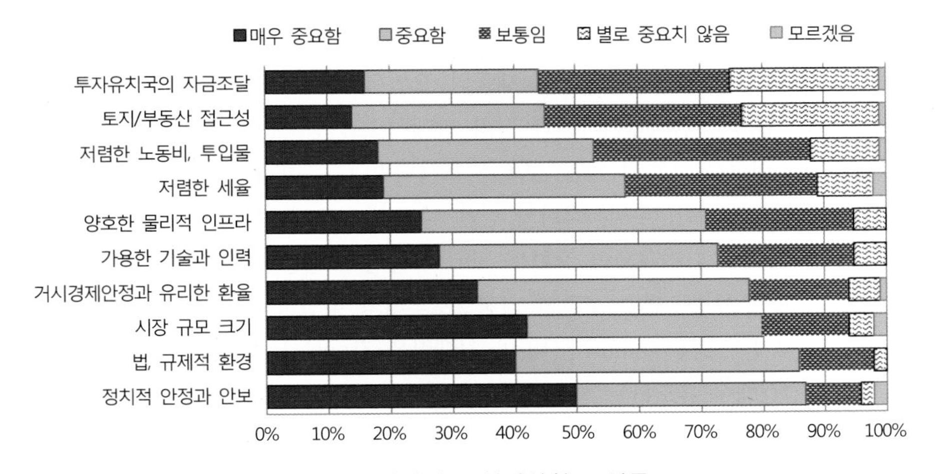

그림 13-5. 투자자들이 중요하게 평가되는 현지상황 요인들
출처: World Bank(2018), Global Investment Competitiveness Report 2017/2018, p. 25.

(4) 오염피난처가설

초국적기업이 해외에 투자하는 이유로 높은 수준의 환경규제를 벗어나기 위한 목적으로 시도되고 있다는 전제 하에서 오염피난처가설(pollution havens hypothesis)이 대두되고 있다. 오염피난처가설은 상품의 생산과정에서 발생하는 오염물질이 환경에 끼치는 부정적 영향이 큰 기업이 환경규제가 낮은 국가로 산업시설을 이전하는 행태를 설명하고자 한다. 노상환(2000)은 자국의 환경규제 강화는 환경규제가 느슨한 국가로 자국의 산업체를 이전하여 국내 산업을 공동화시킬 것이라는 환경오염회피가설 혹은 산업이전가설(industrial flight hypothesis)을 주장하였다. Copeland & Taylor(2004)는 오염피난처가설을 공해발생 산업이 환경정책의 강도가 약한 국가나 지역으로 집중하는 현상으로 정의하였다. Neumayer(2001)는 오염피난처가설을 환경오염규제 기준을 사회적으로 효율적인 수준보다 낮게 설정하거나 외국자본을 끌어들이기 위해 환경오염규제정책의 이행을 그들이 정한 수준보다 낮은 수준으로 행함으로써 공해산업이 해당 국가 또는 지역으로 집중하는 현상으로 정의하였다. 이와 같은 오염피난처가설은 아직까지 정교하게 이론으로 자리잡지 못하고 가설로 남아 있으며, 실제로 해외직접투자 동기나 목적에서 오염회피행동이 나타나는지 여부를 밝혀내기 위한 연구가 이루어지고 있다.

특히 오염도에 따라 환경비용을 부과하는 방식은 환경규제가 상대적으로 느슨한 국가의 경쟁기업과 견주었을 때 불리한 입장에 놓일 우려가 높다. 환경규제가 강한 국가의 기업들은 높은 생산단가로 인해 경쟁에서 손해를 보기 마련이고, 이 때문에 환경규제가 상대적으로 낮은 국가로 사업장을 이전하게 된다는 오염피난처가설은 아직 입증되지 않고 있다. 이러한 배경에서 '환경정책은 글로벌 가치사슬에 영향을 미치는가?'라는 주제로 연구가 수행되었다. 특히 이 연구는 국제적으로 파편화된 가치사슬의 관점에서 교역 흐름을 설명하는 부가가치 데이터를 사용해 오염피난처가설의 타당성 검증하고자 하였다(OECD, 2016). OECD 23개국과 6개 신흥경제국의 오염집약산업과 저오염산업에 대한 데이터를 비교·분석한 결과 오염피난처가설과 달리 상대적으로 엄격한 환경 법률을 적용하는 국가들이 별다른 어려움을 겪지 않는 것으로 조사되었다. 특히 환경정책이 수출에 미치는 영향은 시장규모, 세계화, 무역자유화와 같은 다른 요인들에 비해 크지 않은 것으로 나타났다. 특정 국가에서 환경규제의 강화는 'dirty' 산업의 생산 비용을 증가시켜 수출의 감소와 더불어 약한 환경규제를 보유한 타국으로부터의 수입을 증가시킨다. 반면에 환경규제가 강화된 국가의 경우 'clean' 산업의 경쟁력을 강화시켜 수출을 증대시키는 것으로 나타났다. 환경정책이 유도하는 산업구조 변화는 무역 자유화 등 다른 요소에 비해 그 영향이 적으며, 환경정책이 유도하는 산업 간 비교우위 변화는 오염산업에서 청정/혁신 분야로 자원을 재배치하는 능력에 의존적일 수 있음을 시사해주고 있다.

3) 기업의 성장단계와 전략에 따른 해외직접투자

(1) 기업의 성장단계에 따른 해외직접투자

지금까지 기업의 특유 우위요소들에 의해 왜 기업이 해외직접투자를 통해 생산을 세계화하는지에 대해 살펴보았다. 그러나 기업의 성장과정에서 해외직접투자가 이루어지는 것이 일반적인 것인가에 대해서는 확실하게 규명되지 않았으며, 또 모든 기업이 이러한 단계를 거치게 되는가에 대해서도 정확하게 파악되지 못하고 있다.

일반적으로 기업의 성장과정은 4단계 모델로 예시되고 있다. 이 모델에 따르면 기업은 처음에 국내시장만을 대상으로 생산과 판매를 하게 된다고 가정한다. 실제로 대다수 기업들은 국내기업이며, 기업의 창업 시에 생산요소를 고려하여 비용을 최소화하는 지역에 입지하려고 한다. 그러나 점차 기업이 성장해감에 따라 공장규모를 확대하거나 분공장을 핵심지역에 추가로 더 설립하며, 지방에 영업지점을 개설하여 판매하는 기업조직을 구축하게 된다. 분공장 설립을 통해 생산능력이 제고되고 판매량이 증가되면 지방에도 분공장을 세우는 다공장기업으로 성장해 나간다. 그러나 만일 기업이 국내시장 규모에 한계를 느끼게 되면 해외시장을 개척하려고 시도하게 된다. 초기에는 해외에 판매지점을 통해 수출하게 되지만 점차 수요가 증대하게 되면 해외 판매를 활성화하기 위해 해외시장에 판매망을 구축하게 된다. 이런 경우 현지기업을 매수하거나 새로운 시설을 설립한다. 일반적으로 친숙하지 않은 현지에서 새로운 판매시설을 세우는 것보다는 현지기업을 매수하는 것이 위험부담을 줄이며, 기존 기능을 수행할 수 있기 때문에 더 선호된다(그림 13-6).

그러나 기업이 성장함에 따라 해외에 직접 생산시설을 설립하여 생산하려고 시도하게 된다. 이 경우에도 현지기업을 매수하여 그 입지에서 생산을 계속하거나 또는 새로운 입지(흔히 비도시지역의 greenfield)에 공장을 세우게 된다. 실제로 초국적기업들이 이와 같은 4단계의 성장과정을 다 거쳐서 해외에 공장을 세우는 경우도 있으나 중간단계를 거치지 않고 직접 해외에 생산시설을 세우기도 하며, 현지기업들에게 허가 협약을 통해 특정 기술이나 특정 상품에 대한 제조권을 부여하는 경우도 있다.

기업의 성장단계에 따라 해외직접투자가 이루어진다는 주장은 다양한 기업환경에서 야기되는 동태적인 메커니즘을 설명하기에는 부족하다. 이에 따라 Vernon(1966)의 제품수명주기(product life cycle) 개념으로 이러한 메커니즘을 설명하려는 시도가 나타나고 있다. 즉, 제품수명주기 개념을 적용하여 상품이 개발된 후 상품의 수명주기에 따라 비교우위 요소가 변화하는 과정을 설명함으로써 왜 해외직접투자가 이루어지는가를 설명하고 있다. 제품의 수명주기는 초기 개발단계, 성장단계, 성숙(표준화)단계로 구분될 수 있다.

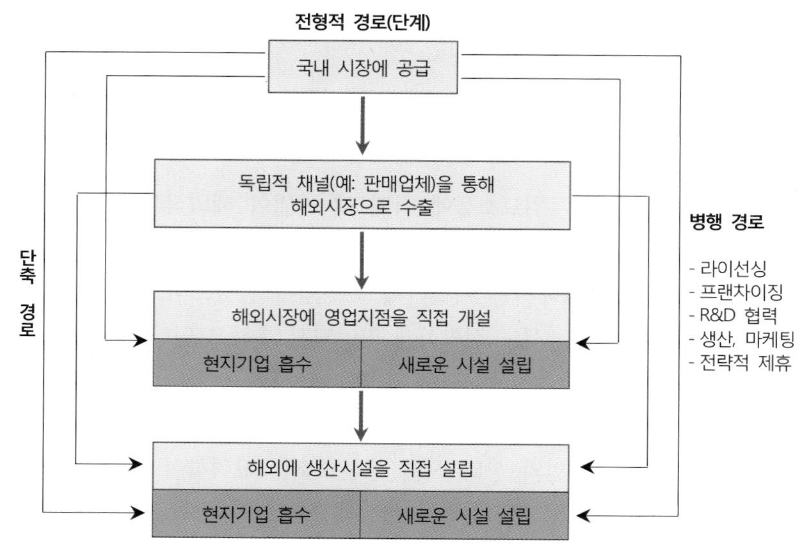

그림 13-6. 초국적기업의 다양한 성장 경로
출처: Dicken, P.(2015), p. 126.

이 모델에 따르면 각 단계별로 비교우위요소가 다르기 때문에 각 단계별 최적 생산입지가 달라지게 되며, 그 결과 해외직접투자가 발생하게 된다. 제품의 초기 개발단계에서는 개발기업이 독점적 시장권을 가지고 있으며 생산비용이 비교우위 요소가 될 수 없으나, 대량소비와 생산의 표준화 단계가 되면 생산비용이 비교우위 요소가 된다. 따라서 기업이 표준화된 제품을 생산하는 단계에 이르게 되면 생산비용에서 우위에 있는 개발도상국으로 직접투자를 하게 된다.

미국의 초국적기업이 해외에 직접투자하게 되는 과정을 예시해보면 그림 13-7과 같다. 1단계에서는 생산시설은 미국에 입지하게 되고 해외시장을 침투하려고 시도한다. 그러나 이 상태는 오래 지속되지 않는데 그 이유는 비용을 절약하기 위해서, 또는 무역장벽에 따른 위험을 줄이기 위해서 해외에 생산시설을 입지하게 된다. 미국 기업들의 경우 투자대상국으로는 문화적, 지리적 거리가 비교적 가까운 유럽을 선택하게 된다. 제3단계에 들어가면 유럽에 설립된 해외공장에서의 생산비용 이점으로 인해 미국 기업만이 아니라 유럽의 현지기업들도 제3세계시장으로 침투하게 된다. 심지어 유럽에서의 생산비 이점으로 인해 유럽에서 생산된 제품이 다시 미국으로 역수출하는 경우도 발생된다. 마지막 5단계인 제품이 표준화되는 단계에 이르게 되면 임금이 저렴한 개발도상국으로 생산시설이 이전되고, 제3세계에서 생산된 제품이 다시 미국으로의 역수출이 이루어진다. 그러나 초국적기업의 생산활동의 세계화를 제품수명주기 개념으로 설명하는 데 제한점이 많다. 특히 개발도상국 기업의 해외직접투자 행위를 설명하는 데는 더 한계성을 갖는다.

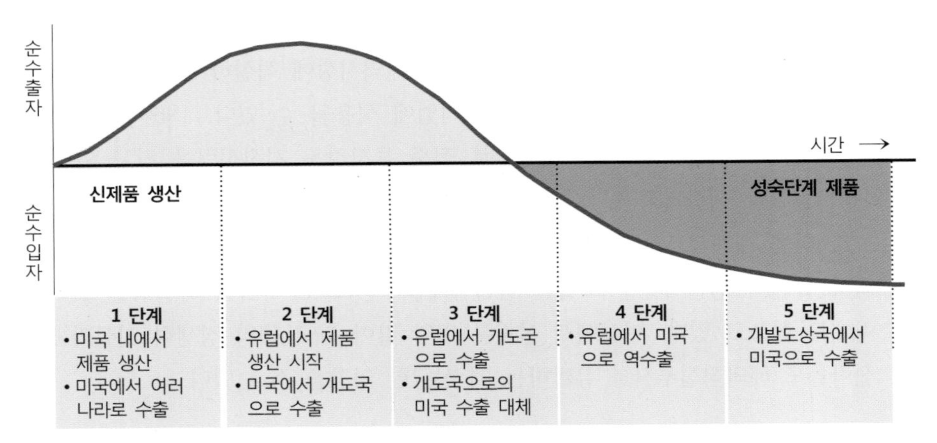

그림 13-7. 제품수명주기 모델에 따른 기업의 해외직접투자 과정
출처: Dicken, P.(2015), p. 124.

(2) 기업의 경쟁전략에 따른 해외직접투자

해외직접투자에 관한 이론과 실증 분석은 주로 초국적기업과 투자유치국과의 관계에 초점을 두고 있으며, 특히 해외직접투자와 연관되어 투자유치국의 다양한 흡인요소(pull factor)에 관해서 연구되고 있다. 따라서 초국적기업들이 해외직접투자를 활발하게 하고 있는 이유는 자국의 기업환경이 상당히 불리하여 자국이 아닌 해외로 투자하는 것이라고 전제하게 된다. 그러나 실제로 해외직접투자가 활발하게 이루어지고 있는 국가의 경우 자국의 여건이 반드시 부정적인 면을 갖고 있는 것은 아니다. 이러한 관점에서 해외직접투자를 새롭게 설명하고 있는 이론이 Porter(1990)의 '다이아몬드(Diamond)이론'이다. Porter는 국제무역과 해외직접투자를 설명하는 데 있어서 자국(home country)의 여건들을 중요하게 다루고 있다. 그는 「국가들의 경쟁적 이점(The Competitive Advantage of Nations)」이라는 저서를 통해 왜 특정한 산업부문에서 특정 국가가 주도권을 갖는가를 설명하고자 하였다. Porter는 각 국가가 갖고 있는 특정 부문에서의 국제 경쟁적 이점(예: 미국은 항공기와 영화산업, 일본은 반도체와 동영상기기, 독일은 자동차와 화학산업, 스위스는 은행과 제약, 이탈리아는 신발류와 섬유)이 자국의 높은 생산성과 부를 증진시키는 핵심이 된다고 보았다. 뿐만 아니라 Porter는 해외직접투자는 자국의 경쟁성을 높이는 데 상당히 공헌하고 있으며, 세계시장을 대상으로 하여 성장하고 있는 초국적기업은 자국 내에서 누리고 있는 이점을 해외에서도 성공적으로 펼쳐 나가고 있는 기업이라고 보았다. 특히 초국적기업들이 자국 내에서 갖고 있는 경쟁적 이점을 기반으로 하여 해외직접투자를 통해서도 이윤을 얻고 있다.

Porter는 생산의 세계화를 위한 의사결정은 초국적기업의 경쟁전략에 따라 시행된다고 보았다. 기업이 특정 산업에서 경쟁적 이점을 달성하기 위해 추구하는 전략은 상품이나 서비스 부문에서 낮은 비용으로 생산하려는 비용절감 전략과 경쟁자들의 상품과 차별화하는 전략, 또는 이 두 전략들을 특정한 지역시장에 적절하게 배치하는 전략 등으로 구분할 수 있다. 이러한 전략들은 모든 기업에 적용될 수 있다. 1960년대까지 대다수의 초국적기업은 특정 국가 또는 지역으로 집중 투자하는 시장전략을 갖고 있었으나, 교통·통신의 발달과 생산과정 및 기업조직에서의 기술변화가 이루어지면서 규모경제를 실현시키고자 더욱 세계적으로 통합된 경쟁전략을 펼쳐나가고 있다. 그러나 최근 국제경쟁이 심화되자 유연적 생산기술을 도입한 범위경제를 바탕으로 국지적 차별성을 고려한 국지화 전략에도 힘쓰고 있다. 이상에서 살펴본 바와 같이 자국 내의 경쟁적 이점과 기업의 경쟁적 전략들도 해외직접투자를 유발하는 데 상당한 영향을 주고 있다.

2 초국적기업의 조직과 내부·외부와의 네트워킹

1) 초국적기업의 성장 방식과 네트워킹 구조

(1) 초국적기업의 성장 방식

소규모의 단일공장에서 다공장기업, 다국적기업, 초국적기업으로 성장해 나가면서 기업들은 전 세계를 대상으로 하여 기업활동을 펼치고 있다. 기업의 성장은 공간적으로 활동영역을 확대시킬 뿐만 아니라 기업조직에도 커다란 변화를 수반한다. 이는 기업규모가 커지고 활동영역이 확대될수록 기능이 복잡해지고 다양한 활동에 대한 경영과 행정, 통제를 위한 조직체계가 중요해지기 때문이다. 기업의 성장방식을 보면 계열기업이나 해외에 현지법인 설립을 통해 내부적으로 기업을 확장시키는 방식과 외부적으로 다른 기업을 인수하거나 또는 다른 기업과 통합하는 방안이 있다. 기업이 직접적으로 소유권을 갖고 경영, 관리하는 기업 내부에서의 네트워크와 기업 간 거래로 전략적 제휴나 합작투자 및 하청, 프랜차이즈 등의 다양한 유형으로 확장해 나가는 방식이 있다. 이에 따라 기업 내부 간 거래와 기업 간 거래에 따른 네트워크 구축 및 기능 분화도 상당히 다르게 나타나게 된다.

초국적기업이 생산라인을 세계화하는 가장 중요한 이유는 세계시장을 대상으로 하여 표준화된 상품을 만드는 규모경제 효과를 누리기 위해서이며, 범지구적인 생산라인 구축을 통해 생산비용에서의 지리적 차이(예: 임금 격차)를 최대한 이용하고 더 나아가 세계적 조립라인을 통해 특정 지역에 대한 원료 의존도를 줄여 보다 안정적인 기업활동을 하기 위해서라고 볼 수 있다. 그러나 기업 간의 경쟁이 더욱 심화되면서 초국적기업들은 부품 조달, 생산위탁 등의 조달제휴와 생산비용 절감 및 시장 지배력 강화 등의 생산제휴, 상대국 시장접근 및 판매 강화를 위한 판매제휴, 그리고 상호 기술교환 및 공동 기술개발 추진을 위한 기술제휴와 같은 다양한 형태의 공동협력을 강화하고 있다. 이는 초국적기업이 해외의 자회사를 설립하고 소유권을 갖고 통제하던 성장 전략에서 벗어나 보다 적극적으로 다른 국적을 가진 회사들과의 공동 협력을 통해 상생하려는 전략으로 전환하고 있음을 시사해준다.

뿐만 아니라 초국적기업은 사업다각화와 인수·합병에 역점을 두고 있다. 사업다각화가 사업부문의 다양화를 추구하는 범위경제에 초점을 두는 것이라면 인수·합병은 외형 확대를 추구하는 규모경제에 초점을 두는 것이라고 볼 수 있다. 일반적으로 초국적기업이 사업 다각화를 추구하는 것은 시장의 다양한 영역에 진출하고자 하는 목적에서 출발하였지만 첨단산업부문의 급속한 기술변화와 첨단기술을 기반으로 한 범세계적 차원에서 기업의 거대화와 독점화 추세 때문이다. 즉, 초국적기업들이 사업 다각화를 추구하는 이유는 신기술 개발을 통해 새로운 투자업종에 진출하며 고부가가치를 획득할 수 있는 기회를 누리기 위해서라고 풀이할 수 있다.

반면에 초국적기업이 인수·합병을 시도하는 이유는 해외시장이 차별화되어 있고 다양한 해외 소비시장에 가장 빠르게 접근하기 위해서이다. 최근 인수·합병이 초국적기업에 의한 해외직접투자의 상당한 부문을 차지하고 있다. 인수·합병의 대부분은 주로 유망사업부문과 우량주식을 보유한 기업들에 집중되고 있다. 1990년대 이후 인수·합병이 급속하게 성장할 수 있었던 것은 무역 및 투자정책의 자유화 등을 통해 생산시설의 유기적 통합이 가능해졌기 때문이다. 초국적기업들의 인수·합병 추세는 신제품과 서비스를 개발하기 위한 기술교류와 투자위험의 분산 및 막대한 투자분담을 줄이기 위한 목적도 있다. 이러한 맥락에서 일부 기업들은 브랜드 가치가 높거나 세계적인 유통망을 확보하고 있는 초국적기업들과 자발적으로 합병하려고 시도하는 경우도 있다. 이렇게 인수·합병을 통해 초국적기업은 기업규모를 확대시켜 안정된 토대를 구축하고, 더 나아가 기업의 경쟁력을 강화시키면서 세계적 차원에서 과점체제를 구축해 나가게 된다.

(2) 초국적기업의 중첩된 네트워킹 구조

초국적기업이 글로벌 차원에서 생산, 거래, 판매 등을 효율적으로 운영하기 위해서는 기업 네트워크 구축이 필수적이다. 초국적기업이 구축하는 네트워킹은 기업 내부의 자회사들뿐만 아니라 기업 외부의 다양한 조직들과의 네트워킹도 필수적이다. 특히 다른 나라들에서 현지 기업들과 네트워크를 구축하는 경우 기업들과의 착근 관계를 구축하는 것은 매우 중요하다. 따라서 초국적기업이 구축하는 내부 네트워킹과 외부 네트워킹의 경계는

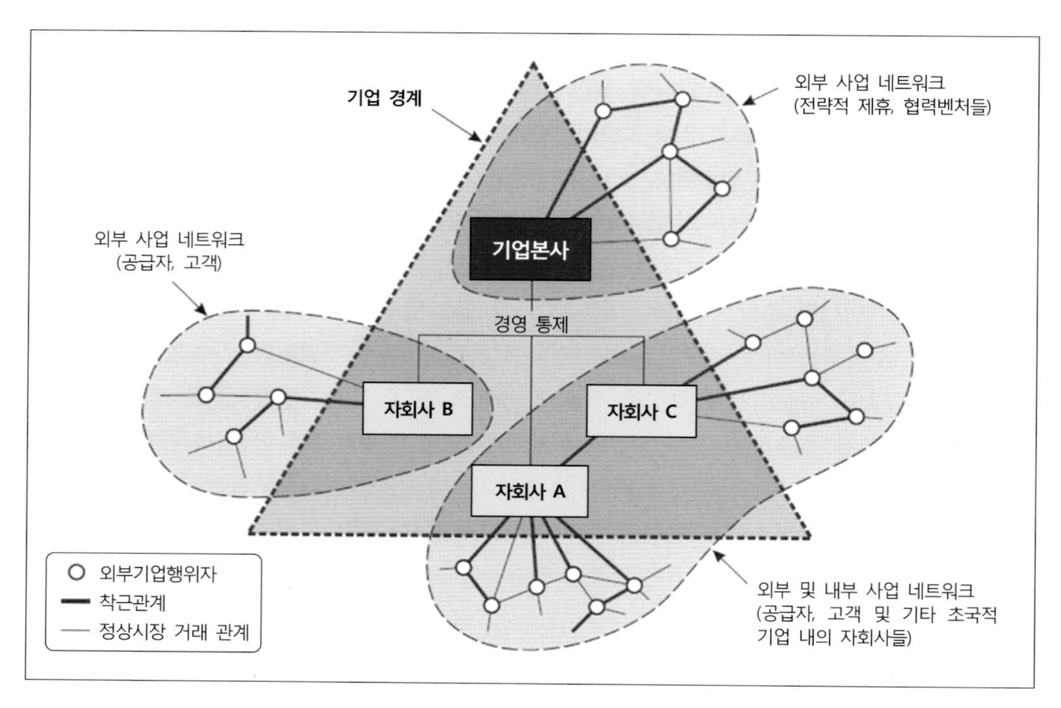

그림 13-8. 초국적기업이 구축하고 있는 중첩적 네트워킹 구조
출처: Dicken, P.(2015), p. 131.

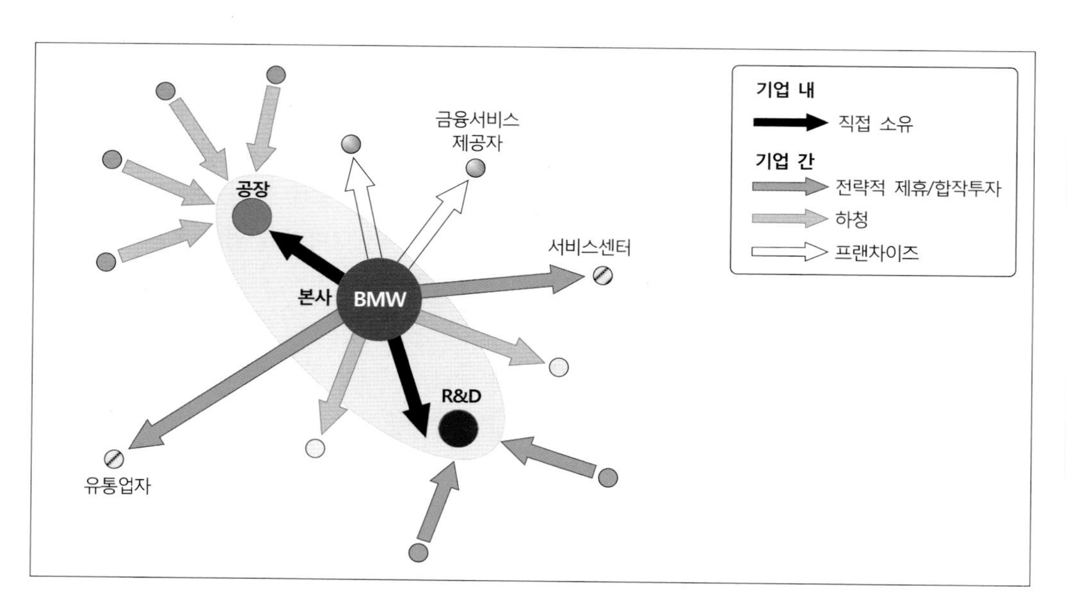

그림 13-9. 초국적기업이 구축하는 네트워킹의 다양한 형태
출처: Coe, N. et al.(2013), p. 305.

명확하지 않으며, 끊임없이 변화하고 있다. 그러나 초국적기업의 경영 및 통제를 받는 자회사들이라도 현지에서 구축하는 외부 네트워킹은 초국적기업 본사의 통제보다는 자회사가 단독적으로 외부 기업들과의 네트워킹 구축을 통해 착근 관계를 구축해 나가는 경우도 나타나고 있다(그림 13-8).

이와 같이 초국적기업이 성장하면서 구축하는 내부 네트워크와 외부 네트워크는 상당히 다양하고 복잡하다. 일반적으로 초국적기업이 구축하는 기업 조직과 네트워크는 크게 3개 영역으로 구분할 수 있다. 첫 번째 영역은 기업 본사 및 지역 본부로, 가장 중요한 기능을 수행하는 조직으로 의사결정이 이루어지는 기업의 핵심이다. 특히 기업 본사(headquarter)는 기업의 재무와 투자 결정, 시장조사와 판매 전략, 제품 개발 및 인력 확충 등 기업 전반에 걸친 핵심 기능을 수행하며, 지역 본부는 기업 본사의 기능이 잘 운영되도록 지역 단위에서 중추 역할을 한다. 두 번째 영역은 연구개발이다. 경쟁이 심화될수록 초국적기업들은 연구개발 부분에 집중 투자하고 연구개발을 통해 신상품과 개발 및 새로운 공정기술 도입, 판로 개척 등 기업의 글로벌 경쟁력을 강화시키는 데 필요한 지식과 혁신 및 전문기술을 제공한다. 세 번째 영역은 생산활동이 이루어지는 제조활동(공장) 및 판매시설과 사후 서비스 센터 등이다. 이러한 생산 기능은 세계 여러 지역의 입지여건을 고려하여 배치시키고 있으며, 특히 현지 소비시장과의 관계도 고려하여 현지 유통업체와의 연계 구축도 매우 중요하게 고려된다(그림 13-9).

2) 초국적기업의 내부 네트워크 구조

초국적기업으로 성장하게 되면 기업의 조직구성이나 기술수준 및 입지적 특성에 따라 기업 내부에서의 노동의 공간적 분업화와 생산 네트워크를 구축하게 된다. 이런 경우 기업들은 생산, 시장, 금융, 연구개발 등으로 기능을 분리하여 조직화하는 경우도 있고, 생산품별로 나누어 조직을 구성하기도 하며, 지역별로 나누어 생산조직을 구성하거나, 모기업 산하에 여러 개별 기업들을 결합시키는 조직을 구성하기도 한다(그림 13-10).

초국적기업의 성장 초기에는 해외에 새로운 사업 부서를 추가하는 경우가 일반적이다. 그러나 이러한 조직구조는 단기적이며, 장기적으로 보면 국내에서의 생산활동과 해외에서의 생산활동 간에 조정과 갈등 문제를 야기할 수도 있다. 이러한 문제를 해결하기 위해 기업을 하나의 글로벌 제품을 생산하는 기능으로 조직을 새롭게 구성하거나, 지역을 기반으로 하는 생산부문 자체를 분리하는 조직을 구축하기도 한다. 그러나 생산기능을 분리하든지 또는 지역적으로 생산기반을 분리하든지 간에 근본적인 갈등은 존재하므로, 최근에 들어와 초국적기업들은 생산기능 분리구조와 지역 분리구조를 함께 혼합하여 서로 연계시키는 그리드 망과 같은 조직구조를 구축하고 있다(가→나→다→라 조직으로 변화됨).

(가) 독립된 국제 생산단위를 가진 생산부문 구조

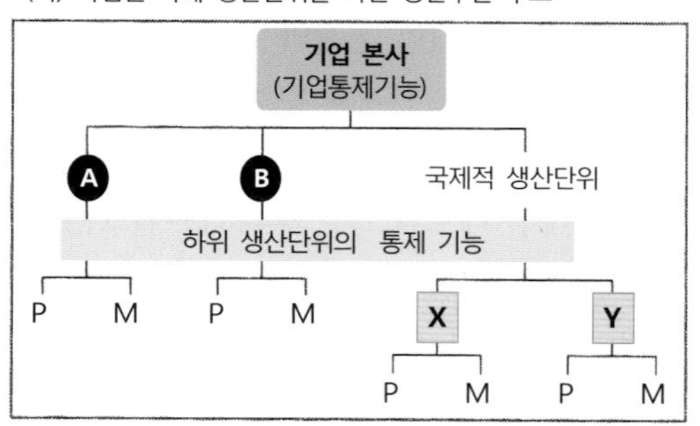

(나) 세계적 차원에서의 생산부문 구조

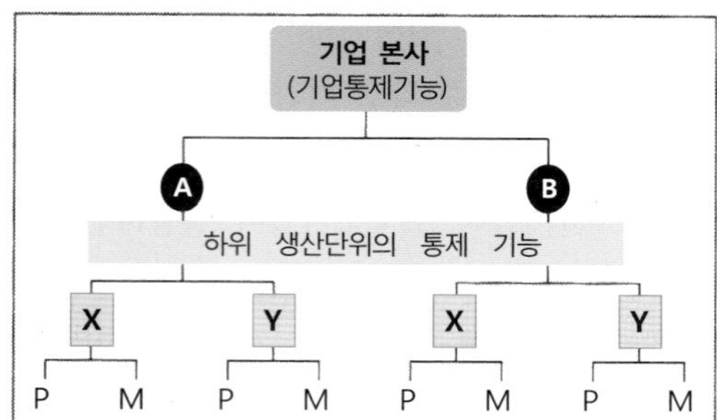

(다) 지역적 차원에서 구축되는 생산부문 조직

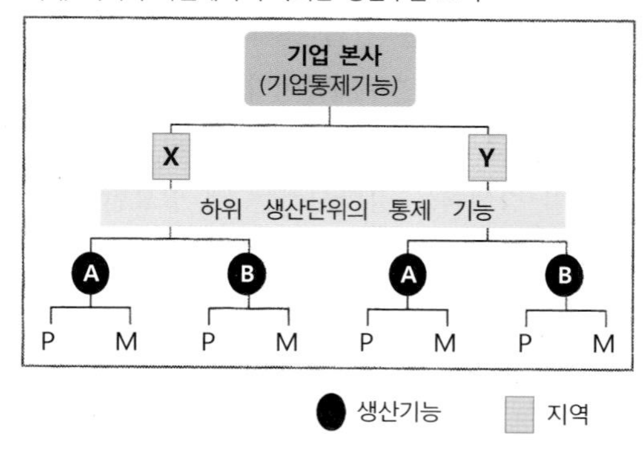

(라) 단순화된 글로벌 메트릭스 구조

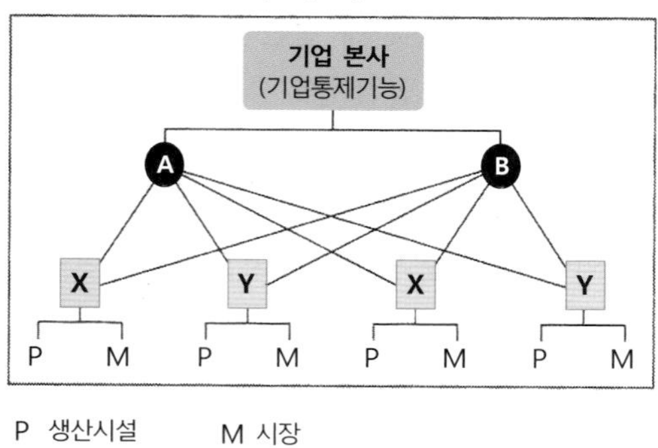

생산기능 지역 P 생산시설 M 시장

그림 13-10. 초국적기업의 조직 구조 유형
출처: Dicken, P.(2015), p. 137.

그러나 초국적기업이 성장해 나가면서 구축하는 기업조직의 형태들은 매우 다양하고 복잡하다. Barlett & Ghoshal(1998)은 초국적기업의 조직을 유형화하는 기준들을 제시하고 4가지 유형으로 분류하였다. 이들은 기업조직의 구조적 배치, 행정관리 및 통제, 해외 법인에 대한 경영방식과 해외 법인의 역할, 그리고 지식의 개발 및 확산의 영역에서 4개 유형을 구분하고 각 유형별 특성을 비교하였다(그림 13-11).

다국적 조직 모델은 1930년대 출현한 전형적인 기업 조직으로 특히 유럽이 기업들이 해외로 기업 활동을 확대하는 경우 구축하였던 기업조직 형태이다. 세계에 흩어져 있는 현지 법인들은 상당한 수준의 자율권을 가지고 있으며, 독립된 사업체로 간주되었다. 또한 본사와 자회사 간의 관계도 비공식적, 사적으로 관리되는 단순한 금융관리 시스템으로 연계될 정도였다. 한편 국제적 모델의 경우 1950~60년대 미국 대기업들이 주로 조직한 유형으로, 해외 자회사는 기업 본사로부터 공식적인 조정 및 통제를 받는 관계로, 국내 부속 부서로 간주한다. 따라서 자회사는 모기업에 상당히 의존적이며, 현지에서의 대응이 느린 편이며, 비효율적인 측면이 나타나고 있다.

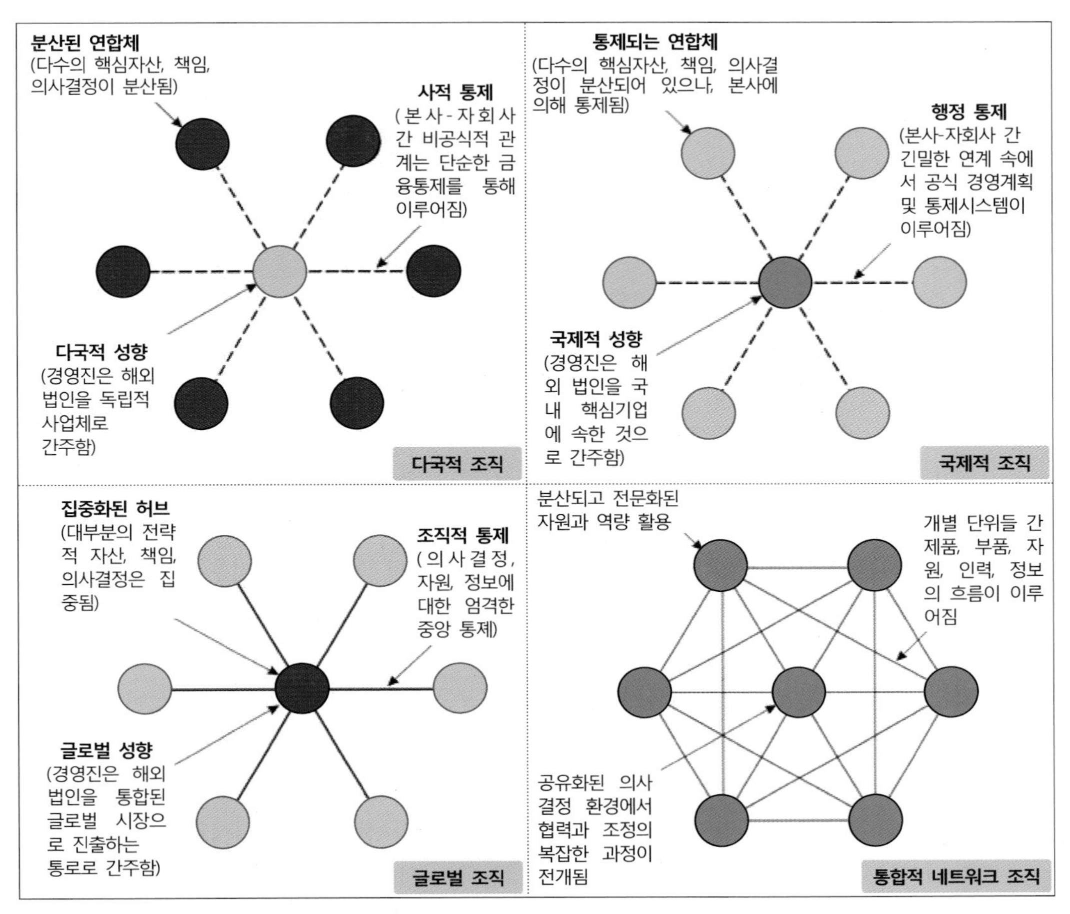

그림 13-11. 초국적기업들의 조직 유형화

출처: Bartlett & Ghoshal(1998)의 그림들을 인용한 Dicken, P.(2015), pp. 138~140을 편집하였음.

이에 비해 최근에 나타나는 글로벌 조직 모델의 경우 1970년대 일본 기업들이 주로 조직한 유형으로, 거의 모든 기능이 본사가 가지고 있으며, 해외 현지 기업은 주로 제품을 조립, 생산하고 판매하며 본사의 해외시장 개척의 통로 역할을 수행한다. 마지막 유형은 앞에서 언급한 세 가지 유형이 혼합된 것이라고 볼 수 있다. 초국적기업이 글로벌 차원에서 기업 활동을 효율화하기 위해 해결하여야 하는 과제는 현지에서의 적실한 대응과 더불어 기업 전체의 전략과도 잘 조화를 맞출 수 있는 유연적 조직이 필요하다. 통합 네트워크 모델의 특징은 분산된 네트워크 속에서도 자회사들의 전문성과 역량을 충분히 발휘하도록 하며, 의사결정을 공유하는 매우 바람직한 조직 모델이라고 볼 수 있다.

이상에서 살펴본 바와 같이 초국적기업의 조직 유형은 고정된 것이 아니며, 성장 과정에서 당면한 문제를 해결해 나가면서 기업 조직도 변화하고 있다. 그러나 일반적으로 기업 조직의 형태는 상당히 경로의존적이며, 기업 조직의 위계성도 상당히 존재하고 있다.

(1) 생산시설 부문 조직 유형과 네트워킹

기업의 규모가 커지면 기업 조직 내에서 수행하는 기능들은 점차 각각 분화되기 시작한다. 단일공장기업의 경우 의사결정이 이루어지는 본사와 생산시설이 분리될 필요가 없으나, 기업규모가 커지면 관리기능이 본사로부터 분리되거나 생산시설이 분리되는 노동의 공간적 분업화가 나타나게 된다. 이런 경우 본사와 연구개발 기능이 함께 있고, 생산시설과 관리 기능이 독립적으로 분리되어 연계망을 통해 본사로부터 통제받게 된다. 이와 같이 기업 조직에 따른 기능 분화는 각 기능이 필요로 하는 생산요소에 따라 입지도 상당히 변화하게 된다.

초국적기업의 가장 핵심인 본사의 기능은 주로 기업의 전략수립과 중추적 의사결정을 내린다. 특히, 기업의 재정 및 투자 결정과 시장과 관련된 연구개발, 제품선택과 전문화, 인력자원 개발 등 기업의 핵심적 역할을 수행한다. 이러한 기능들을 잘 담당하기 위해 본사의 입지는 양질의 사업 서비스(관리 컨설팅이나 광고 등)를 제공받을 수 있으며, 다른 기업들과의 대면접촉에 유리하고 정보가 풍부하며 고급인력으로의 접근성이 좋은 지역을 선호하게 된다. 그 결과 대부분의 본사는 뉴욕, 런던, 도쿄, 프랑크푸르트, 시카고, 파리 등과 같은 대도시에 입지하면서 통합된 네트워크를 통해 전 세계적으로 분산된 생산기능들을 통제하고 있다. 이렇게 초국적기업의 본사가 집적된 도시는 세계도시로 부상하여 범세계적인 의사결정의 명령, 통제, 조정 등의 기능을 수행한다. 세계도시에 입지한 거대기업의 외부 통제와 경영전략적 의사결정은 해외 지사와 분공장 및 협력업체의 성장과 쇠퇴, 나아가서는 이들이 입지한 지역의 경제성장에도 지대한 영향을 미치게 된다.

반면에 주로 생산을 담당하는 생산시설은 생산품의 특성에 따라 생산요소의 비중이 달라지므로 입지요인의 상대적 중요도에 따라 입지가 다양해진다. 본사나 R&D 기능과 같은 시설에 대한 입지는 어느 정도 일반화가 가능한 데 비해 생산시설의 입지는 기업의 조직구조, 기술 수준 및 입지 특성 등에 따라 상당한 차이를 보이고 있다. 일반적으로 초국적기업이 채택한 생산시설의 조직은 크게 네 가지 유형으로 구분된다(그림 13-12).

첫 번째 유형은 집중화된 생산 조직이다. 모든 생산은 자국 내에서만 이루어지고 이를 초국적기업이 구축한 마케팅과 판매망을 통해 수출하는 것이다. 이런 경우 초국적기업은 자회사들에게 매우 엄격한 통제력을 발휘하게 된다. 일반적으로 초국적기업의 초기 단계에서 가장 많이 나타난다.

두 번째 유형은 현지에서 생산활동을 수행하는 조직이다. 이는 현지로 수출하는 데 있어 무역장벽(특히 관세 및 비관세장벽)이 상당히 있는 경우나 상품 수출이 비효율적이거나, 또는 소득수준이나 시장규모가 달라 현지의 소비자의 기호나 수요 및 선호도가 매우 민감하게 반응하는 경우에 이루어지는 조직이다. 특히, 서비스 부문에서 많이 나타나고 있는데, 예를 들면 법률이나 회계와 같은 전문적인 서비스나 호텔이나 소매업과 같은 소

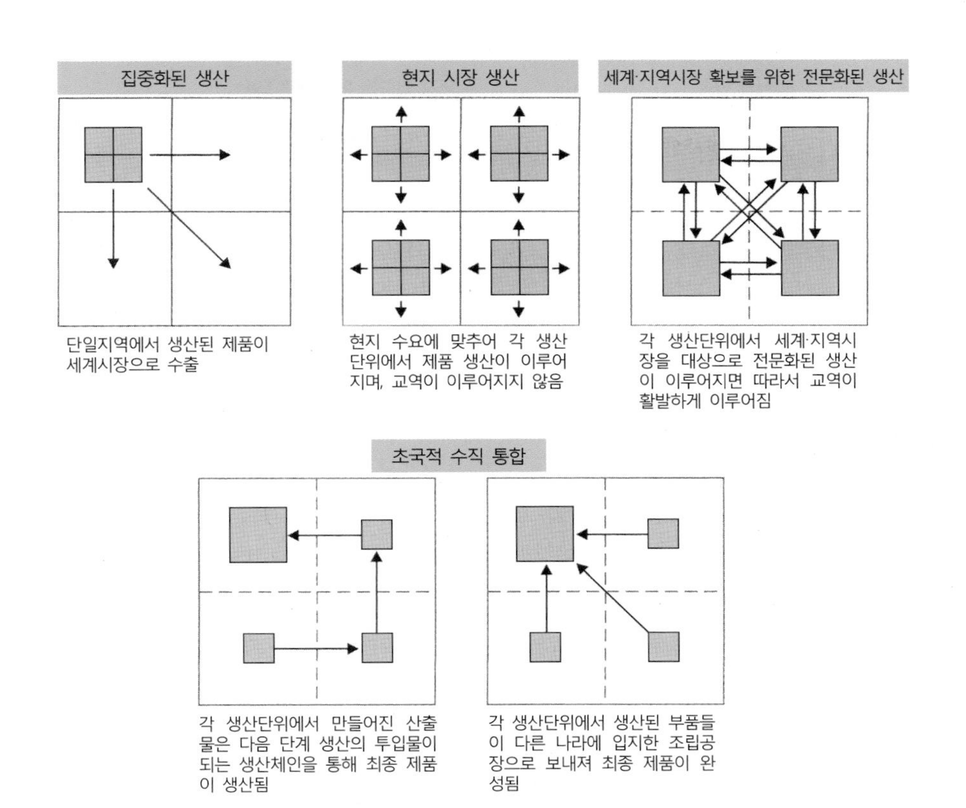

그림 13-12. 초국적 생산방식에 따른 국지적 생산 네트워크 유형
출처: Dicken, P.(2015), p. 149.

비자 서비스의 경우와 같이 현지 수요자를 겨냥한 맞춤형 생산이 이루어진다.

세 번째 유형은 지역시장을 겨냥한 생산의 전문화 조직이다. 이는 주로 전자, 자동차 및 석유화학 산업에서 잘 나타난다. 이 경우 보다 큰 지역시장(예를 들면 EU, 아시아 등)을 겨냥하여 생산하기 위해 소수의 대규모 공장에서 규모경제를 실현하면서 생산하는 방법을 택하거나, 각 국가별로 조립하거나 제품을 분담하여 만든 다음 최종적으로 지역시장으로 운송하는 방법을 선택하고 있다.

네 번째 유형은 초국적인 수직적 통합유형으로 생산비의 공간적 차이를 이용하는 조직이다. 예를 들면 노동비가 싼 지역에서는 노동집약적인 단순 조립과정을 기능을 수행하며, 각 생산단계 별로 생산비용을 가장 절감할 수 있는 지역으로 생산과정을 분담한 후 최종제품을 완성하는 것이다. 주로 1960~1970년대 개발도상국을 지향한 초국적기업의 진출은 노동비 절감을 위한 조립생산 공장이었다. 가장 대표적인 유형은 월드카 생산으로 전 세계적인 수직적 통합을 통해 수많은 부품들이 세계 각국에서 생산되고 또 조립되는 과정을 통해 자동차가 생산된다.

그러나 초국적기업의 내부 조직과 생산 네트워크도 외부적인 시장 변화나 내부적인

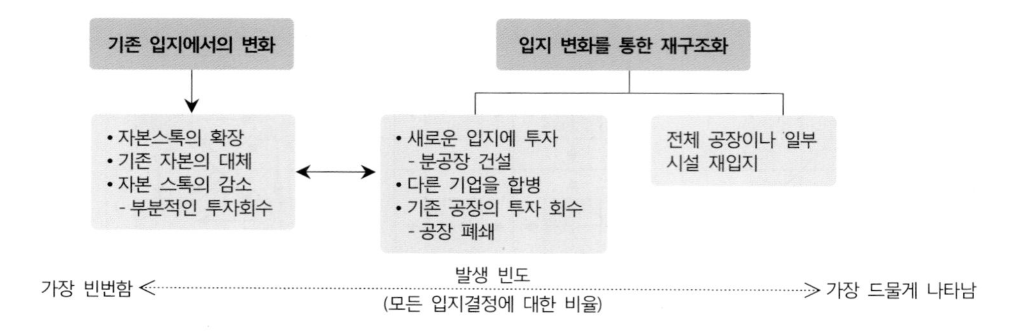

그림 13-13. 기업의 재조직화와 재구조화에 따른 생산시설의 입지 변화
출처: Dicken, P.(2015), p. 167.

문제가 발생되면 기업의 재조직화와 재구조화를 겪게 된다. 이런 경우 재조직화 또는 재구조화 전략에 따라 각 생산시설의 입지에 미치는 영향은 달라진다. 입지변화는 크게 두 가지 유형으로 구분된다. 가장 전형적인 재구조화 방법은 주어진 입지에서 생산증가를 위해 투자하거나 반대로 투자를 줄여서 생산량을 유연적으로 변화시키는 전략이다. 또 다른 방법은 직접적으로 입지변화를 가져오는 전략으로, 새로운 입지에 분공장을 추가로 설립하거나 반대로 기존의 공장을 폐쇄하거나 다른 지역으로 재입지하는 전략이다(그림 13-13).

(2) 연구개발 부문의 조직 유형과 네트워킹

기술혁신의 속도가 빨라지고 연구개발(R&D; Research & Development) 투자 규모가 커지면서 투자유치국의 입장에서 외국인직접투자를 통한 간접적인 기술이전과 기술 확산의 중요성이 한층 부각되고 있다. 또한 R&D의 세계화 추세가 진전될수록 선진국의 초국적기업들은 해외에 설립한 자회사의 R&D 기능을 더욱 확대하거나 해외에 R&D를 수행하는 연구소를 직접 설립하는 행태까지 보이고 있다.

지금까지 해외 R&D 활동의 동기와 행태에 관한 연구들에 따르면 해외에 R&D 거점을 설립하는 이유는 투자유치국에 입지한 생산 공정을 보조하거나 투자유치국 시장의 제품을 개선하기 위한 것으로 알려져 왔다(Abernathy & Utterback, 1978; Hymer, 1976; Vernon, 1979). 그러나 최근에 수행된 일련의 연구들을 보면 해외에서 R&D 활동이 이루어지고 있는 것은 지식을 습득하기 위한 목적이 더 크다는 것이다(Cantwell and Piscitello, 2000, 2005; Dunning, 1998; Le Bas & Sierra, 2002; Patel & Vega, 1999). 즉, 해외에서 R&D 활동을 펼치는 이유는 외국의 신기술 개발동향을 모니터링할 필요성이 있거나 투자유치국 자회사를 통한 신기술과 제품 개발능력 확보하기 위해 이루어지고 있다는 것이다. 특히 신기술개발 동향을 모니터링할 필요성이 큰 기업의 경우 본국에서의 기술적 우위와 투자유치국의 기술적 우위 간에 보완성이 있는 기술에 대한 지식 습득을 위해 해외에 R&D 투자를 하게 된다. 한편 투자유치국의 자회사를 통해 신기술과 제품 개발능력을 확보하려는 기업의 경우 본국에서의 기술적 열위를 해결하기 위해 해외에서 R&D 활동을 수행하는 것으로 알려져 있다.

Kuemmerle(1999)은 초국적기업이 기술적 우위를 가지고 있는 경우에도 해외에 R&D 투자를 하는 목적을 두 가지로 구분하였다. 첫째, 본사를 지원하기 위한 본사지원형 연구소(home-base augmenting laboratory site)로, 초국적기업의 R&D 본부에서 필요한 추가적인 지식을 현지 R&D 활동을 통해서 습득하는 것으로, 이는 본국의 연구소 연구활동을 보조하는 것이다. 둘째, 현지적응형 연구소(home-base exploiting laboratory site)로, 본국의 R&D 연구소에서 수행된 연구결과를 투자유치국에서 활용하는 것으로, 본국에서 개발한 기술을 이용해서 투자유치국의 수요 성향을 감안하여 제품을 현지에 알맞게 적응하도록 하는 역할을 수행하는 것이다(김기국, 2003).

Dunning(2000)도 초국적기업의 해외 R&D 투자 목적을 자산증대(asset-augmenting)형과 자산개발(asset-exploiting)형으로 구분하였다. 초국적기업이 해외에서 R&D 활동을 펼치는 목적과 그에 따른 전략을 Patel & Vega(1999)와 Le Bas & Sierra(2002)를 토대로 크게 4가지 전략으로 유형화할 수 있다(그림 13-14). Patel & Vega(1999)는 미국, 일본, 독일, 프랑스, 영국, 네덜란드, 스위스, 스웨덴을 사례로 1990~1996년 동안 초국적기업들이 해외에서 어떠한 유형의 R&D 활동을 펼치고 있는가를 분석하였다. 그 결과 기술추구형 전략(전략 1)이 차지하는 비중은 전체의 10.5%로 나타났으며, 현지적응형 전략(전략 2)이 36.9%, 본사지원형 전략(전략 3)이 39.2%, 시장추구형 전략(전략 4)이 13.2%를 차지하는 것으로 나타났다. 따라서 본국에서 기술적 우위를 보유하고 있으면서 이를 활용하여 투자유치국 시장의 제품이나 생산 공정을 개선하기 위한 목적과, 투자유치국 자회사와의 기술적 보완을 도모하기 위한 목적이 초국적기업이 해외에서 R&D 활동을 수행하는 중요한 목적임을 말해주고 있다.

표 13-2. 해외에서의 R&D 활동의 목적과 특징

목적	규모	본국 및 투자유치국의 기술적 우위	입지요인
현지시장에 맞게 제품과 공정 개선; 현지공장에 기술보조 제공	소규모	본국 우위	투자 유치국의 시장 규모
해외 신기술개발 동향 모니터링	소규모	본국 및 투자유치국 동시 우위	본국과 투자유치국의 과학기술 수준과 규모
본국 이외에서 신제품 및 핵심기술개발 능력 확보	대규모	본국 열위, 투자유치국 우위	투자 유치국의 과학기술 수준과 규모

출처: Patel, P. and Vega, M.(1999), p. 147.

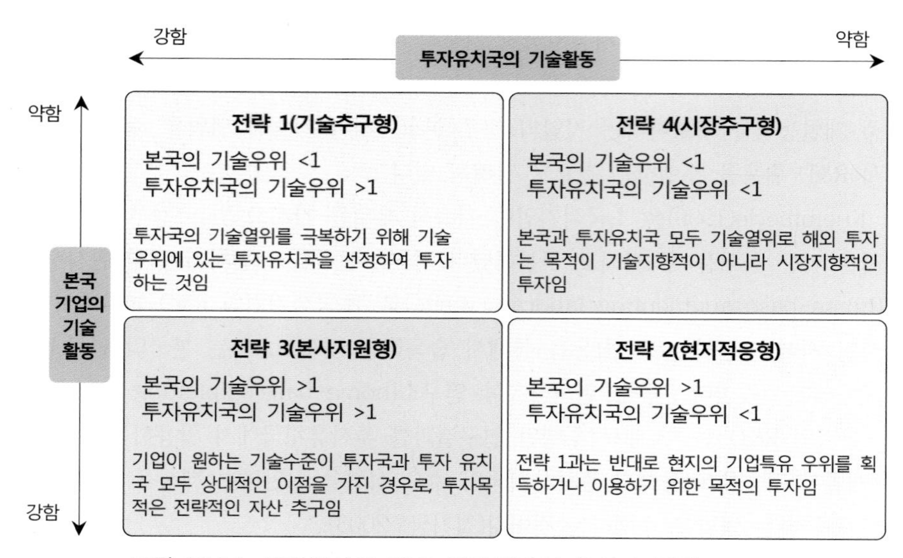

그림 13-14. 해외에서의 R&D 투자전략의 유형과 특징

출처: Patel, P & Vega, M.(1999)와 Le Bas, C. & Sierra, C.(2002)를 토대로 작성.

심화되어 가는 세계시장에서 지속적으로 성장하고 경쟁력을 갖추기 위해 초국적기업은 신상품이나 서비스 개발, 새로운 공정기술 개발, 제품의 다양화를 위해 연구개발 기능을 더욱 신장시키고 있다. 일반적으로 R&D 기능은 3가지 유형으로 구분될 수 있으며, R&D 기능에 따라서도 입지가 차별적으로 나타나고 있다(표 13-3). 첫 번째 유형은 하나 또는 소수의 대규모 업체가 있는 곳에 R&D 기능을 집중시켜 규모경제의 이점을 얻으려고 하는 경우이며, 두 번째 유형은 R&D 기능을 본사나 생산공장이 있는 곳에 입지시켜 정보 공유 및 아이디어를 공유하고자 하는 경우, 그리고 세 번째 유형은 대규모 시장이 있는 곳에 입지하여 소비자들의 기호와 수요 및 선호도를 보다 잘 파악하고자 하는 경우이다(그림 13-15).

전통적으로 R&D 기능은 본사가 입지한 곳에 함께 입지하는 경향을 보였다. 그러나 최근 연구개발 기능이 아시아(특히, 중국과 인도)에 입지하는 경향이 두드러지게 나타나고 있다. 이는 주로 생산개발과 관련된 R&D 기능이 입지하는 것으로, 이들 국가에 R&D 기능이 입지하는 이유는 크게 두 가지로 설명될 수 있다. 첫째, 시장규모가 큰 중국이나 인도에 입지하는 이유는 구매력이 큰 시장에서 소비자들의 기호변화를 즉각적으로 반영한 제품 개발을 하기 위해서 현지에 R&D 연구소를 설립하는 것이다. 둘째, 중국이나 인도의 경우 서구에서 공부한 유능한 과학자나 공학자들이 많으며, 따라서 미국이나 유럽에 본사를 둔 기업들은 아시아의 고급 노동력을 활용하기 위하여 R&D 연구소를 현지에 설립하려고 한다. 특히 선진국 기업들이 관심을 갖는 것은 무엇보다도 아시아 인재들의 임금수준이 자국의 고급인력의 임금수준에 비해 1/4~1/2 수준으로 상당히 저렴하기 때문이다.

표 13-3. 초국적기업의 성장에 따른 R&D 기능 유형 및 특징

유형	특징	기능	설립 이유
1 유형 (1 단계)	국제적으로 상호의존적 R&D 연구소	핵심연구소로 기초지식과 기술공급처; 국제연구 프로그램과 연계됨; 혁신기능을 수행하는 중추적 역할	세계시장에서 세계상품 전략을 세우기 위해 세계 R&D 프로그램과 협력, 단독연구소 유형
2 유형 (2 단계)	지역적으로 통합된 R&D 연구소	핵심연구소로부터 제공받은 기초 지식과 기술을 이전 또는 응용하여 지역시장에서 혁신 및 신상품 개발	해외 자회사의 기업기회 창출 및 성장을 위한 목적; 때때로 지원연구소로 변화됨
3 유형 (3 단계)	지원 연구소	R&D 기능의 하위시설, 기술서비스 센터, 모기업의 기술을 현지시장에 적용, 기술을 백업해주는 기능	시장성장에 반응, 현지시장에 반응 및 차별화, 기술서비스 프로젝트의 지속적인 지원

출처: Dicken, P.(2015), p. 144를 편집.

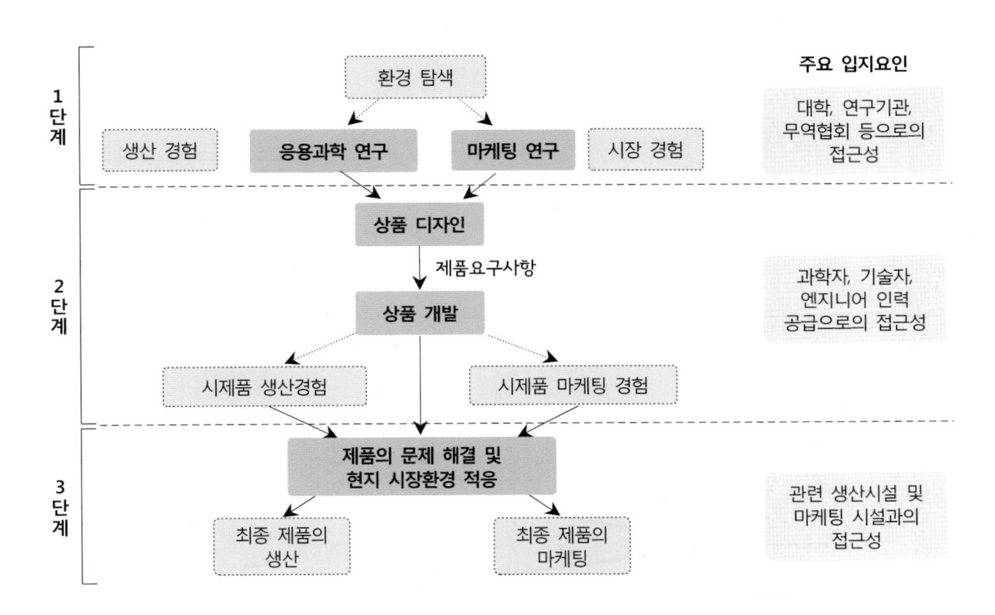

그림 13-15. R&D 기능의 발달단계와 각 단계별 특징에 따른 입지 특성
출처: Dicken, P.(2015), p. 145.

일례로 BMW 기업의 R&D 기능 유형에 따른 입지를 살펴보면 각 기능에 따른 입지의 차별화가 잘 나타나고 있다(그림 13-16). 새로운 혁신과 기술 및 자동차 IT 연구를 수행하는 핵심 연구소는 본사가 있는 뮌헨에 입지하면서 세계시장을 겨냥한 기초 연구를 수행한다. 한편 캘리포니아에 입지한 R&D 연구소는 자동차 디자인과 대기배출가스 실험과 같은 연구를 수행하며, 도쿄에 입지한 R&D 연구소는 그룹 차원에서 수행된 기초 R&D 연구를 일본 자동차 시장에 적용시키기 위해 혁신적·기술적 환경에 접할 수 있는 기능에 대한 실험을 한다. 최근에 설립된 싱가포르 R&D 연구소는 아시아 시장을 겨냥하여 주로 디

자인 개발에 초점을 둔 연구를 수행한다(Coe et al., 2007). 이와 같이 차별화된 R&D 기능을 수행하면서 그 기능에 따라 입지하는 지역도 달라지고 있다.

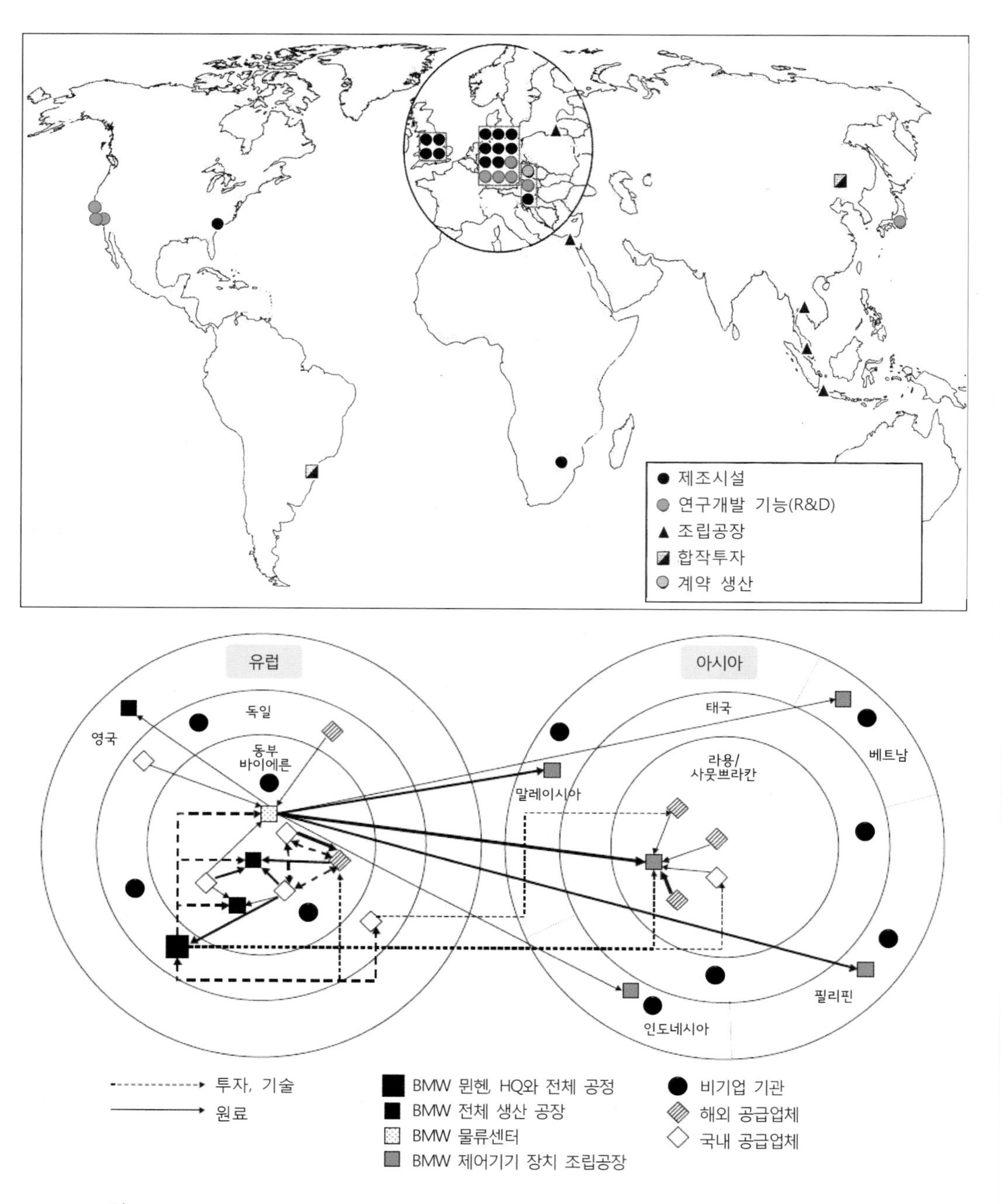

그림 13-16. BMW의 R&D 기능의 입지와 기능의 차별화

출처: Coe, N. et al.(2007), p. 230; Coe, et al.(2004), p. 481을 참조하여 작성함.

3) 초국적기업의 외부 네트워크 구조

자동차나 컴퓨터 및 이동전화기를 생산하는 데 필요한 부품은 수십 개에서 수만 개의 부품을 필요로 한다. 따라서 해외 현지법인과 자회사를 통한 초국적기업의 내부거래로 모든 부품들을 완전하게 공급받고 판매하는 것은 거의 불가능하다. 따라서 초국적기업들은 기업 내부거래를 통해서 뿐만 아니라 독립적인 하청업체나 부품 공급업체들과의 외부거래도 활발하게 하고 있다. 특히 호텔 운영과 같은 서비스 부문의 경우 소유권은 초국적기업이 가지고 있지만 식·음료 및 기타 서비스 공급은 현지 업체와의 거래를 통해 운영된다.

일반적으로 초국적기업이 외부와 맺는 거래관계는 크게 하청과 외주를 통한 연계, 전략적 제휴와 합작투자, 프랜차이즈, 라이선스 협정의 3가지 유형으로 나누어 볼 수 있다. 1990년대~2000년대에는 하청 및 외주 생산거래 유형이 가장 지배적이었다. 그러나 투자비용이 매우 높거나 사업 전망이 불투명한 경우, 그리고 국제경쟁이 너무 심화되면서 급변하는 업종의 경우 전략적 제휴와 합작투자 방식이 늘어 가고 있다. 그리고 호텔, 소매업, 패스트푸드 등의 경우 프랜차이즈와 라이선스 협약이 핵심을 이루고 있다.

(1) 하청을 통한 생산 네트워크 유형

국제적으로 하청 또는 외주 생산이란 독립적인 기업이 초국적기업의 상표를 달고 제품을 생산하는 것으로, 상업적 하청과 제조업 하청으로 나누어질 수 있다. 먼저 상업적 하청(commercial subcontracting)의 특징으로 가장 대표적인 사례가 주문자상표부착(OEM: Original Equipment manufacturing) 방식이다. 이는 초국적기업이 하도급 기업에게 자사 상품의 제조를 위탁하여 생산하게 하고, 그 제품을 자사의 브랜드로 판매하는 방식이다. 따라서 초국적기업과 도급 계약을 맺은 하청사는 초국적기업의 상표를 부착한 상품을 생산한다. 이러한 하도급 생산은 비교적 규모가 작은 기업이 채택하고 있는 방식이다. 이렇게 OEM 방식으로 생산하는 경우 하도급 업체는 이미 초국적기업이 확보한 시장(초국적기업은 이미 기존의 고객층을 가지고 있음)을 이용할 수 있어 시장 판로개척 문제를 피할 수 있고, 생산기술 축적을 통해 국제경쟁력을 강화시킬 수도 있다.

한편 초국적기업의 입장에서 볼 때 OEM 방식의 장점은 자체 생산설비를 갖추지 않아도 되므로 생산 비용이 절감되고 재고 부담이 없으며, 해외시장에 진출할 때 소요되는 여러 가지 마케팅 비용(광고비, 시장조사비) 및 유통망 확보를 위한 투자를 줄이게 된다. 이 방식은 컴퓨터를 비롯한 전기, 정밀 기계 제품 등의 분야에서 가장 잘 나타나는 하청 유형이다.

그러나 OEM 방식의 경우 구매자의 강력한 교섭력에서 오는 가격 하락의 가능성 및 생산자의 독자적 기업 운영이 어렵고, OEM 상표를 부착한 상품은 자사의 상품이라는 인식을 주지 못한다는 문제점을 안고 있다. 가장 대표적인 OEM 생산은 대만의 컴퓨터 생산이다. 우리나라 전자제품 중에서 중국이나 말레이시아 생산제품이 많은 것도 이런 방식을 통해 생산된 것이다.

그러나 대만의 노트북 제조업체들의 경우 디자인 기술이나 설계 측면에서의 노하우를 바탕으로 하여 제조업자설계방식(ODM: Original Design Manufacturing)으로도 제품을 생산하고 있다(예: Qunata, Compel, Wistron). ODM은 하청업체가 보유하고 있는 기술력을 바탕으로 제품을 개발해 초국적기업에게 공급하면 초국적기업은 자사에 맞는 제품을 선택하여 고객에 수요에 맞춰 마케팅 및 유통에 핵심 역량을 집중하는 방식이다. 세계 10대 노트북을 판매하는 브랜드 이름을 가진 회사들의 사례를 보면 APPLE사의 경우 대만에서 OEM 또는 ODM으로 생산되는 제품이 거의 100%에 달하며, HP사나 IBM사도 거의 90%가 OEM 또는 ODM으로 생산되는 제품에 의존하고 있다(Coe et al., 2007).

두 번째 유형은 제조업 하청(industrial subcontracting)으로 순수하게 OEM방식으로만 생산된다. 이는 전 세계적으로 표준화된 제품을 초국적기업의 브랜드 상표를 부착하여 생산하는 방식이다. 가장 대표적인 사례가 나이키 신발 생산이다. 나이키 기업의 본사는 오래곤주의 Beaverton에 입지하면서 세계적인 생산라인을 통해 나이키 상표를 가진 신발을 생산하고 있다. 즉, 나이키는 매우 대규모의 수직적 분산(vertical disintegration) 방식을 통해 다단계의 하청생산 네트워크를 구축하고 있다(그림 13-17). 미국 본사는 연구개발과 제품 디자인만을 담당하고 있다. 미국에 입지한 공장에서는 나이키의 모든 신발에 핵심 부품으로 첨단기술이 요구되는 에어백만 생산한다. 이와 같이 나이키는 하청업체에게 제품생산을 맡기고 회사의 역량을 생산 이전의 R&D 부문과 생산 이후의 유통, 판매 단계에 집중하고 있다. 나이키의 생산 시설은 아메리카, 아시아·태평양, 유럽에 분포되어 있고, 각 지역에 있는 나이키 현지법인들은 미국 본사와 네덜란드, 홍콩에 있는 지역본부의 전략에 맞추어 제품 개발부터 마케팅 전략을 수립하지만, 현지법인들은 각국 사정에 맞는 신발을 디자인하고 생산·판매하는 전략을 실천하고 있다. 나이키 제품을 생산하고 있는 협력업체들은 기술수준 및 역할에 따라 세 가지로 구분된다. 첫째, 고기술 파트너 업체로 소량의 나이키 제품을 생산하며 본사와 신제품을 공동 개발하거나 새로운 기술에 공동 투자한다. 둘째, 중간 파트너 업체로 고기술 파트너에 비하여 비교적 규모가 큰 업체로, 다른 기업들과도 하청관계를 갖고 있는 경우가 많다. 셋째, 저기술 파트너 업체로, 저임금을 바탕으로 오직 나이키 제품만을 생산하고 있는 업체이다.

홍콩, 대만, 한국은 나이키 회사와는 고기술 파트너로서의 관계를 맺고 있으며, 생산시설을 방글라데시, 스리랑카, 중국, 인도네시아, 말레이시아, 태국, 베트남에 공장을 세우고 생산을 주도한다. 또한 일본의 무역회사인 Sogo Shoha는 아시아에서 생산된 나이키 신발의 물류 유통을 담당한다. 최근 남미의 브라질, 엘살바도르, 에콰도르, 멕시코와도 하청을 통해 나이키 신발을 생산하고 있으며, 동유럽의 포르투갈, 불가리아와 터키와도 하청관계를 통해 신발을 생산하여 유럽시장에 판매하고 있다. 나이키 기업은 약 700여개의 하청업체를 통해 전 세계적으로 신발을 생산되고 있다(그림 13-18).

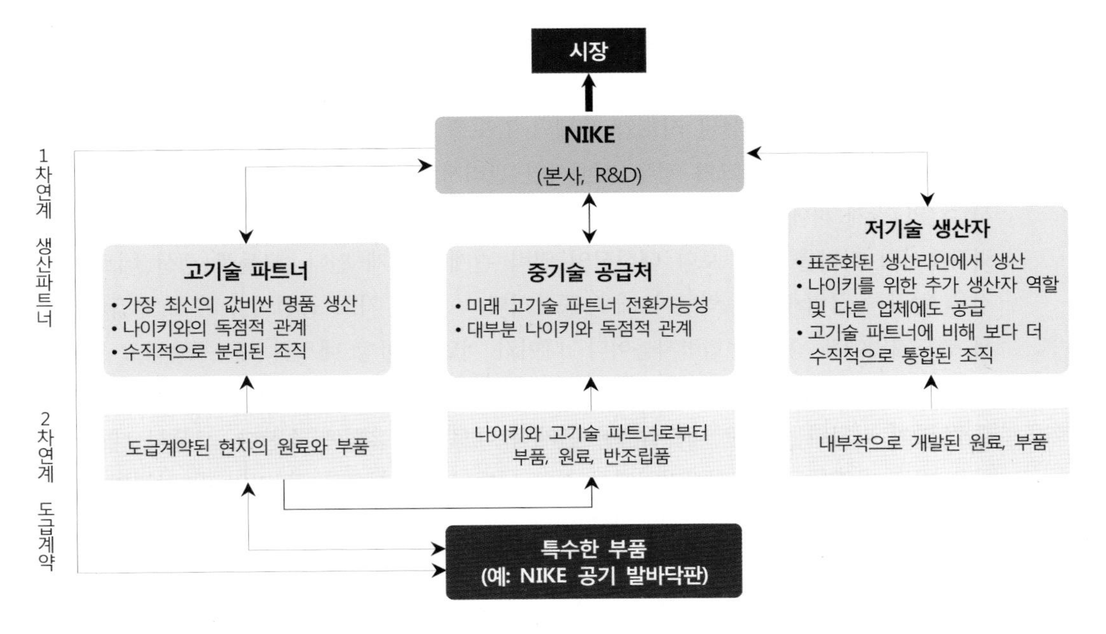

그림 13-17. 나이키 신발생산의 세계적 생산 네트워크 조직
출처: Dicken, P.(2015), p. 159.

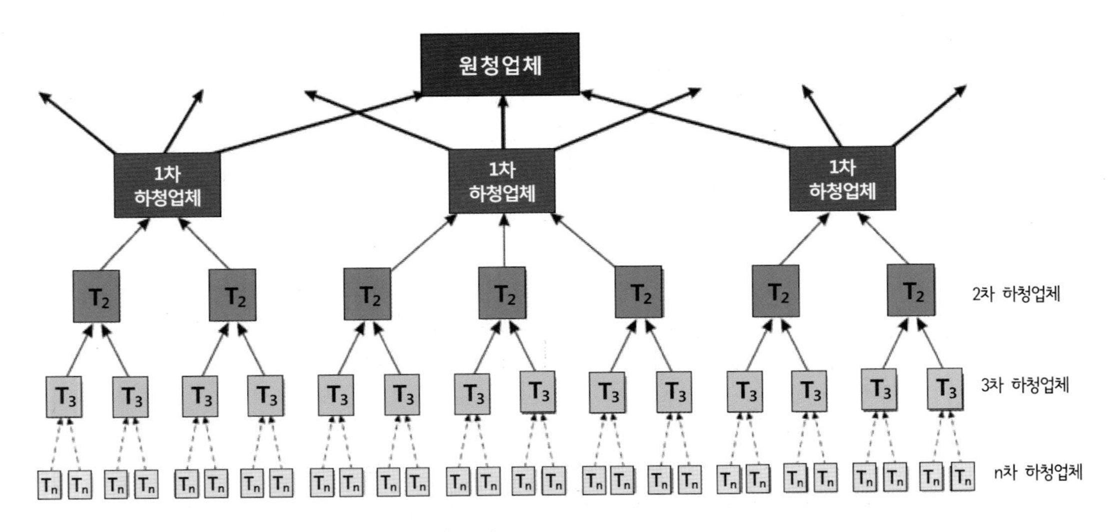

그림 13-18. 다단계의 하청을 통한 생산조직
출처: Dicken, P.(2015), p. 154.

한편 초국적기업이 구축한 생산 네트워크의 관리 방식도 다양하게 나타날 수 있다. Gereffi et al.(2005)은 글로벌 생산 네트워크에서 기업 간 연계 특성과 거버넌스에 초점을 두고 특히 거래의 복잡성, 거래 관계의 형식화, 공급업체의 역량 및 하청업자와의 권력의 비대칭성을 기준으로 초국적기업의 생산 네트워크를 5가지 유형으로 분류하였다. 즉, 위계적, 전속적, 관계적, 모듈식, 시장으로 유형화하였다(표 13-4).

그림 13-19에서 가는 선의 화살표는 가격을 바탕으로 한 교환을, 굵은 화살표는 명시적 관리수준을 통해 조절된 정보와 통제의 강도를 나타낸 것이다. 전속적 생산 네트워크나 위계적 생산 네트워크의 경우 지배적인 관리자로부터 권력이 약한 공급자(또는 종속자) 간의 관계 하에서 생산이 이루어지는 데 비해 관계적 네트워크의 경우 하청업자는 협력자로서의 지위를 갖고 보다 대칭적인 권력 관계를 갖게 된다. 모듈식 생산 네트워크의 경우 턴키 공급업체들의 역할이 매우 중요하며, 이들은 기초 공정이나 기초 부품 생산에서 선도기업에게 중요한 협력자들이다. 나이키 기업과 하청 네트워크를 구축하고 있는 한국과 일본 기업의 관계는 전속적 네트워크 유형에 속한다. 유럽의 독일이나 이탈리아에서 주로 많이 나타나는 생산 네트워크는 관계적 네트워크 유형에 속한다. 모듈식 네트워 유형은 미국 기업들, 특히 전자기업에서 주로 나타나는 유형으로 각 기업 간 상호의존성 보다는 상대적 개방성을 중요시하는 유형이다.

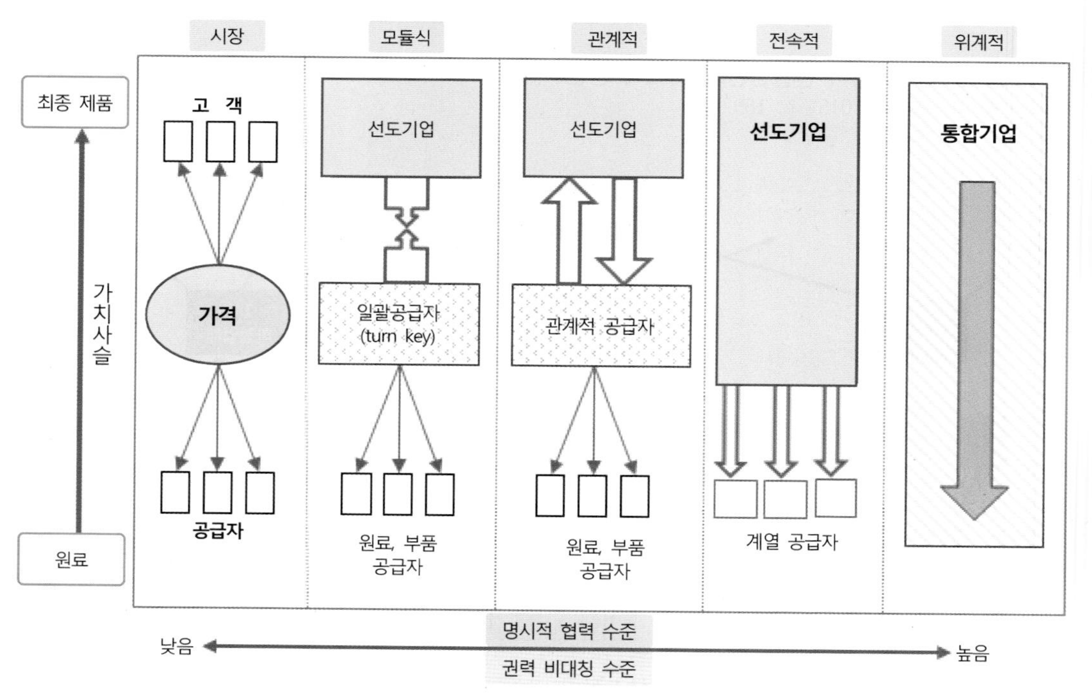

그림 13-19. 초국적기업의 생산네트워크 관리 유형
출처: Gereffi, G. et al.(2005), p. 89.

표 13-4. 생산 네트워크의 관리 및 거버넌스의 결정요인들

거버넌스 유형	거래의 복잡성	거래를 공식화(문서화)하는 능력	공급업체의 잠재 역량	명시적 관리 수준 및 권력의 비대칭 수준
시장	낮음	높음	높음	낮음
모듈	높음	높음	높음	▲
관계적	높음	낮음	높음	↕
전속적	높음	높음	낮음	▼
위계적	높음	낮음	낮음	높음

출처: Gereffi, G. et al.(2005), p. 87.

(2) 전략적 제휴와 합작 투자

전략적 제휴란 국적이 다른 두 개 이상의 기업이 경영자원의 일부를 상호 교환하거나 상호 투자를 통해 기업소유 자체를 공유하는 것을 말한다. 이렇게 둘 이상의 기업이 각자의 전략적 목표를 달성하기 위해 협력하는 방법에는 공동 투자, 공동 개발, 공동 마케팅, 공동 유통, 공동 서비스 등 매우 다양하다. 기업들이 전략적 제휴를 맺는 이유는 시장 확대(해외시장 진출 등), 자금 조달, 위험 분담, 기술 도입 등 매우 다양하다. 특히, 소비자의 수요가 다양화되고 있는 세계시장에서 전략적 제휴는 서로 경쟁관계에 있는 기업들이 기존의 경쟁관계는 그대로 유지하면서도 서로 협력하여 새로운 시장 및 수요를 창출해내는 상생전략이라고 볼 수 있다. 기업들은 이러한 전략적 제휴를 통해 공동으로 자원투자와 분배를 통한 규모경제를 달성할 수 있으며, 심화되는 시장경쟁 속에서 위험을 줄이고, 기술 습득을 통한 생산성 및 혁신을 경험할 수도 있다.

일반적으로 전략적 제휴는 설비 투자비용이 크고 규모경제를 바탕으로 하고 있으며, 기술변화가 매우 빠르고 기업운영의 위험 부담이 큰 업종에서 주로 이루어져 왔다(Amin et al., 1995; Hagerdoorn & Schakenraad, 1992; Hagerdoorn, 1993). 그러나 최근에는 정보기술과 신소재 기술을 포함한 첨단 응용기술을 갖고 있는 중소업체들 간에도 전략적 제휴들이 이루어지고 있다. 이는 기술혁신이 매우 넓은 범위에 걸쳐서 빠르게 일어나는 분야의 경우 경쟁업체들과 협력하지 않으면 기술변화에 뒤쳐지기 때문이다. 이렇게 볼 때 전략적 제휴는 급변하는 국제환경에 대응하기 위해 기업이 필수적으로 선택하는 기업전략이라고 볼 수 있다. 즉, 기업은 자신의 경쟁전략을 효율화하기 위해 기업 각자의 경쟁우위를 바탕으로 하면서도 상호보완적이고 지속적인 협력관계를 구축하여 경쟁우위를 확보하기 위해 전략적 제휴를 하고 있다. 이러한 전략적 제휴는 연구 지향적 제휴, 기술 지향적 제휴, 시장 지향적 제휴의 세 가지 유형으로 나누어질 수 있으며, 각 유형에 따라 공동협력의 유형들이 차별화되고 있다(그림 13-20). 한편 전략적 제휴도 합작투자와 기능별 제휴에 따라서 협력 수준과 부문이 매우 다양하게 나타나게 된다(그림 13-21).

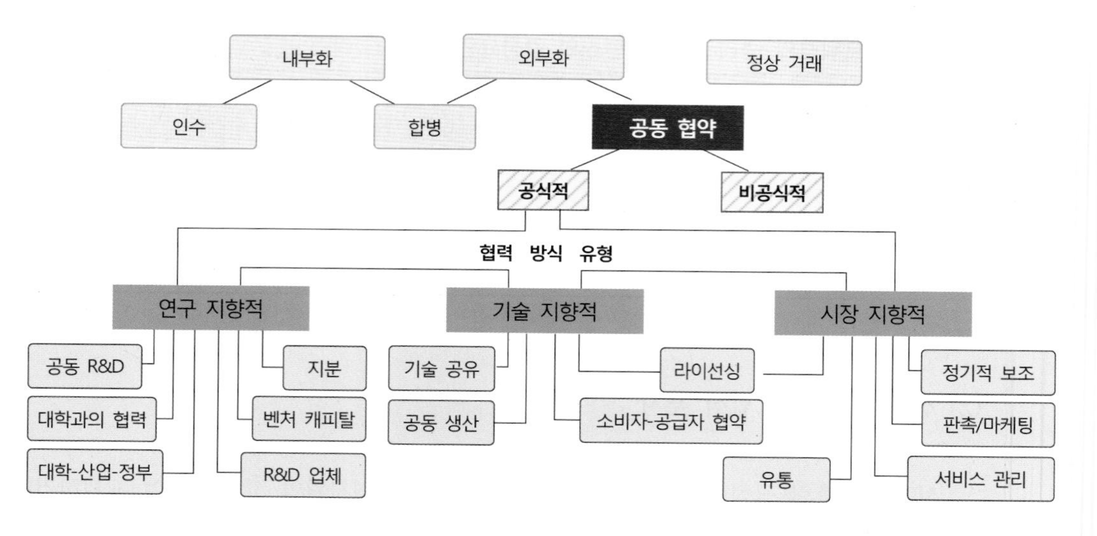

그림 13-20. 기업 간에 이루어지는 협력 방식 유형
출처: Dicken, P.(2015), p. 164.

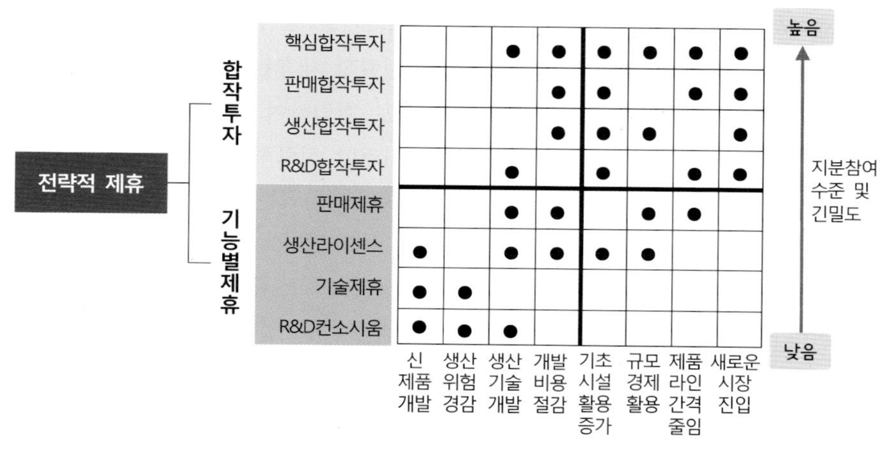

그림 13-21. 합작투자와 기능별 제휴에 따른 협력 부문과 지분 참여 차이

1980년대 이후 기업 간 전략적 제휴는 크게 늘어나고 있다. 1989~1999년 동안 전략적 제휴는 약 7배 이상 증가되었다. 즉, 1989년 100개에 불과하였던 전략적 제휴는 1999년에 7,000여개로 증가되었으며, 이 가운데 약 70%는 국제 간에 이루어진 전략적 제휴이다. 최근에는 소비자들의 다양한 욕구를 충족시키기 위해 경쟁기업 상호 간의 제품교환을 통한 시장 확대를 목적으로 하는 새로운 전략적 제휴도 나타나고 있다. 세계 500대 기업들은 평균적으로 60개의 전략적 제휴를 체결하고 있다. 최근 5년 동안기업의 전략적 제휴 건수는 매년 25% 이상의 증가하고 있다. 기업 경영에 있어서 전략적 제휴가 지닌 그 중요성을 짐작할 수 있다. 전략적 제휴는 경영전략 측면에서 인수나 합병보다는 리스크나

수익성이 낮은 편이지만 라이선스보다는 상대적으로 높은 경쟁우위 확보전략이다.

전략적 제휴가 가장 활발하게 진행되고 있는 분야로 자동차 업계를 들 수 있다. 1996년 세계 40대 자동차 업체들 사이에 맺어진 전략적 제휴는 244개이다. 일례로 프랑스의 푸조사(Puegeot)는 22개 협약을 갖고 있으며 타이완의 공장에서 Citroen C15s를 생산하고 있다. 한편 GM과 도요타는 1989년 미국의 캘리포니아에 '누미(NUMMI)'라는 이름의 자동차공장을 공동 설립했다. 두 회사는 디자인과 생산만 공동으로 하고 마케팅은 독립적으로 하는 전략적 제휴를 맺었다. 도요타는 누미에서 생산된 자동차를 코롤라(Corolla)라는 브랜드로, GM은 지오프리즘(Geo Prizm)이라는 브랜드로 미국에서 판매하고 있다.

또 다른 전략적 제휴의 예로 보잉사와 일본 항공업체 간의 상업용 항공기 신기종 보잉767 공동개발, 제너럴 일렉트릭과 프랑스의 스네마사의 상업용 소형 항공기 엔진 공동개발, 지멘스와 필립스 간의 새로운 반도체 기술 공동개발 등을 들 수 있다. 그 밖에도 일본 캐논이 생산한 중형 복사기를 코닥의 상표로 판매하는 경우, 모토롤라와 도시바는 마이크로프로세서 개발을 위해 상호 노하우를 공유하는 경우 등 다양한 전략적 제휴를 체결하고 있다. 삼성전자도 약 30여개 컴퓨터 및 전자 관련 외국 기업들(예를 들면 IBM, INTEL, Microsoft, Sony, HP 등)과 전략적 제휴를 맺고 있다.

한편 서비스 분야에서 전략적 제휴가 가장 잘 이루어지고 있는 분야는 항공사 간의 전략적 제휴이다. 예를 들면 Star Alliance, One World Alliance, Sky Team Airline Alliance이다. 전략적 제휴는 예상되지 않았던 부분에서도 일어나고 있다. 일례로 컴퓨터 본체만을 생산하던 IBM은 마이크로소프트, 인텔, 로터스와 연합하여 개인용 컴퓨터를 발달시켰고, 현재는 공통의 소프트웨어 체계를 발달시키기 위하여 심지어 APPLE사와도 협력하고 있다. 또 다른 예로 네슬레 식품사는 스위스의 미생물학 분야의 업체인 치바-게이지(Ciba-Geigy AG)와 전략적 제휴를 맺고 콩과류의 유전공학과 코코아 버터와 다른 식물성 기름의 대체식품을 개발하는 데 주력하고 있다. 뿐만 아니라 네슬레 기업은 코카콜라사와도 판매 전략을 맺고서 코카콜라가 유통되는 곳에 네스카페 커피도 유통되도록 하고 있다(Knox & Marston, 2007).

최근 전략적 제휴의 특징은 과거와는 달리 지분 참여 없이 연구개발, 생산, 마케팅, 조달 등 다양한 업무 분야에 걸친 단기적 협력 관계를 갖는다. 특히 연구개발비용과 생산비용이 큰 산업에서의 전략적 제휴는 높은 고정비용에 대한 투자와 그에 따른 위험을 낮추는 효과를 갖고 있다. 일례로, 차세대 메모리형 반도체의 생산라인 설치비용은 1~2조원의 막대한 비용이 소요된다. 이러한 연구개발비용과 생산비용이 큰 산업에서의 전략적 제휴는 상당한 효과를 가져온다. 독일의 Siemens와 일본의 Toshiba, 미국의 IBM이 256K DRAM을 공동 개발한 이유도 각 개별기업이 충분히 자체적으로 디자인하여 생산할 수 있는 능력을 보유하고 있으나, 만약 개별 기업이 독립적으로 개발을 하려고 할 경우에 다른 경쟁기업들보다 훨씬 늦게 시장에 진출할 것이 우려되기 때문이다.

우리나라 기업들의 전략적 제휴 사례[1]

❐ 현대캐피탈과 GE의 제휴: 안정적 투자재원 확보 및 대외 신인도 향상

2004년 9월 GE소비자금융이 현대캐피탈 지분 38%를 약 4,300억원에 인수하면서 GE는 다수의 실무진을 현대캐피탈에 파견하는 전략적 제휴를 맺었다. 전략적 제휴 이후 현대캐피탈의 신용등급은 AA3에서 AA1로 상승했다. 제휴 당시 GE소비자금융은 전 세계 47개 국가에 3만2,000명의 임직원을 보유하고 2004년 자산규모 1,512억 달러, 순이익 25억 달러의 AAA 신용등급을 보유한 초우량 업체였다. GE소비자금융 입장에서는 성장하는 한국 금융시장 진출의 교두보 마련이 시급했다. 당시 자동차 할부 및 오토리스 시장 점유율 1위이며 신용등급이 AA3 등급인 현대캐피탈이 가장 적합한 파트너였다. 현대캐피탈 입장에서도 다국적 초우량 업체인 GE와 제휴를 통해 대외 신인도를 제고하고 동시에 GE의 선진 할부 금융기법도 획득할 수 있는 좋은 기회였다. 현대캐피탈은 지분출자에 의한 전략적 제휴를 통해 추가자금을 확보하게 됐고 시장 신뢰도를 향상시켰다.

❐ 삼성전자 & IBM의 제휴: 상호특허 공유를 통한 신제품 개발에 역량 집중

2011년 2월 삼성전자와 IBM은 상호 보유한 특허를 공동 사용하는 '포괄적 상호 특허사용 계약'을 체결했다. 각 사는 미국 내 특허 보유 건수 1·2위를 차지하는 거대 특허 보유 기업으로 이 제휴를 통해 양 사는 차세대 제품 개발 주기 단축, 특허료 관련 비용절감 효과 창출을 추구할 수 있게 됐다. 삼성전자는 반도체, 휴대전화, 디스플레이, 생활가전 등 광범위한 분야에 10만 건에 달하는 특허를 보유하고 있다. IBM은 자체 보유 연구소인 왓슨연구소의 7,000명 연구 인력을 바탕으로 18년 연속 미국 최다 특허를 취득하고 있는 굴지의 특허 취득업체다. 이 제휴를 통해 삼성전자는 전자업계의 특허 소송을 통한 견제를 회피하고 경쟁사에 비해 상대적 열세 분야인 통신·소프트웨어 중심의 역량 확보가 가능하게 됐다. IBM은 제품 다양화 및 성능 업그레이드를 위해 필요한 메모리 반도체 기본 특허 확보가 가능했다. 삼성전자와 IBM의 경우처럼 기술 제휴를 통해 차세대 제품 개발에 역량을 집중하는 것은 전략적 제휴를 통해 얻을 수 있는 효과다.

❐ 포스코 & 신일본제철의 제휴: 공동구매를 통한 비용절감 달성

국내 제일의 철강업체인 포스코와 일본의 신일본제철이 저가 양질의 원료탄과 철광석을 안정적으로 확보하기 위한 공동 구매 프로젝트를 추진하기 위해 제휴하였다. 제휴 당시 세계 1위의 조강 생산업체인 포스코와 세계 2위의 조강 생산업체인 신일본제철은 유럽·중국 업체들의 경쟁 속에서 원가 경쟁력 유지를 위해 호주, 캐나다, 인도 등지의 탄광 및 광산의 조업 통합과 신규개발 및 확장을 위한 공동 출자를 실시했다. 이를 통해 안정적 원료 구매처 확보와 더불어 원료 구매 비용을 감소하는 등 철강산업의 성공 요인인 가격 경쟁력 제고를 위한 기반을 마련할 수 있었다.

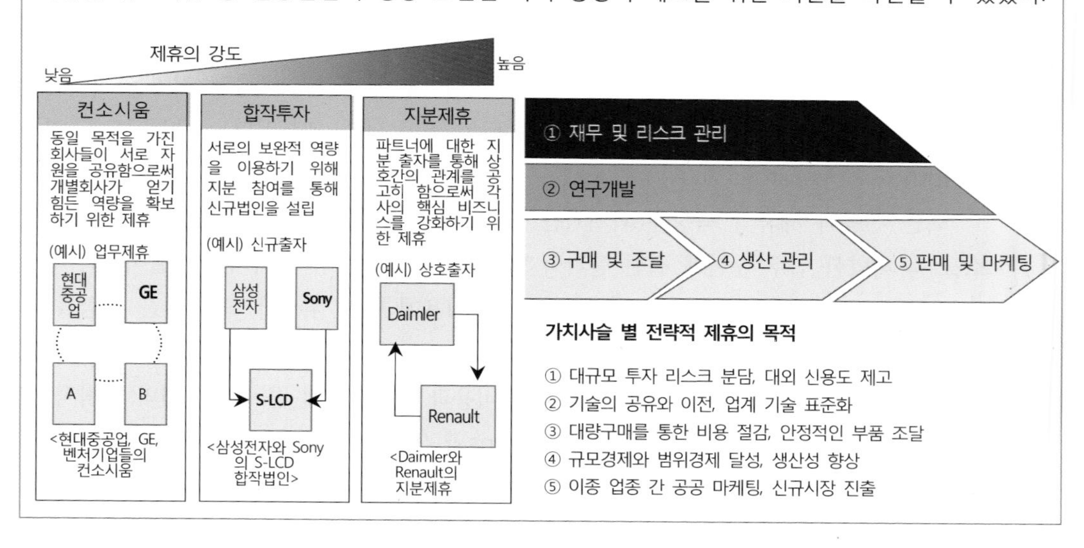

1) 김태형, 전략적 제휴를 통한 경쟁우위 확보방법, 매일경제 Luxmen 제9호(2011년 6월) 기사일부 요약.

4) 초국적기업의 성장과 공간 분포

(1) 초국적기업의 성장과 초국적활동의 변화

경제의 세계화가 진전되면서 등장한 초국적기업은 갑작스럽게 나타난 것이 아니며, 자본주의 발전과정 속에서 진화되어 왔다. 제2차 세계대전 이전의 국제적 자본주의(1875~1945년) 시기에도 기업들은 자원개발을 위해 시장을 개척하는 투자행위를 펼쳐 왔으며, 이 시기에 국제적 카르텔이 성장했다. 또한 다국적 자본주의(1945~1960년) 시기에서도 미국이 해외직접투자를 주도하면서 경제적 제국주의를 확장하였고 다국적기업들이 성장하게 되었다. 그러나 1960년대 이후 본격적으로 기업들은 세계적 차원에서 분산된 생산단위들 간의 생산 네트워크 구축을 통해 생산비용을 절감하는 동시에 수요에 신축적으로 대응할 수 있는 기업 활동을 펼치게 되었다. 이렇게 성장한 초국적기업은 생산과 이윤 창출 기회를 공간적으로 극대화하면서 전략적 제휴와 합작 투자 및 부품의 해외 아웃소싱을 지속적으로 증가시키고 있다.

1970년 초국적기업 수는 약 18,000여개에 불과하였으나, 1994년에는 약 25,000여개로 늘어났고 1998년 말에는 60,000여개로 증가되었다. 2003년 초국적기업 수가 77,000여개로 증가되었고, 해외 자회사의 수도 약 77만개로 증가하여 약 6,200만명의 근로자가 초국적기업 자회사에서 일하는 것으로 나타났다. 이러한 추세는 글로벌 금융위기 직전까지 증가 추세를 보이면서 2009년 세계 초국적기업 수는 약 82,000개에 달하며 해외 자회사의 수도 약 81만개로 증가하였고 종사자 수도 약 8,000만명에 달할 정도로 증가되었는데, 이는 1980년에 비해 약 4배 이상 증가된 수이다. 이러한 종사자의 약 20%(약 1,600만명)가 중국 현지에서 일하는 근로자이며, 미국의 경우 2001~2008년 동안 초국적기업에서 일하던 종사자가 약 50만명이 오히려 줄어들었다. 초국적기업은 주로 선진국가 기업들이었지만, 최근에는 개발도상국가의 초국적기업들도 증가하고 있다. 1992년 세계 초국적기업에서 개발도상국 초국적기업이 차지하는 비율이 8%에 불과하던 것이 2000년에는 21%로 크게 증가하였으며, 2009년에는 28%를 차지하고 있다. 또한 세계 500대 초국적기업의 해외 매출액과 해외 자산에서 개발도상국 초국적기업이 차지하는 비중도 1995년에는 불과 1~2%이던 것이 2009년에는 약 10%를 차지할 정도로 크게 증가하였다.

초국적기업의 초국적 수준을 측정하기 위해 기업 활동을 모국과 해외로 구분한 후 기업의 전체 자산에 대한 해외자산 비율, 총 매출액에 대한 해외 매출액 비율, 전체 고용자에 대한 해외 고용자 비율을 종합하여 초국적지수(TNI: Transnationality Index)를 산출하고 있다. 초국적기업의 초국적지수는 1990년대 이후 지속적으로 증가하고 있다. 1999년 53.4%이던 초국적지수는 2003년에는 56.1%로 증가하였으며, 2008년에는 63.4%로 증가하였으며, 2016년에는 65%를 보이고 있어 초국적기업들은 점점 더 기업 활동을 해외에서 펼치고 있음을 말해준다. 2008년 이후 세계경제가 둔화되는 상황 속에서도 초국적기업들은 점점 더 세계적 차원에서 활동하고 있었음을 말해준다.

1990~2015년 동안 100대 초국적기업의 초국적지수의 변화를 보면 1993~1997년과 2003~2010년 동안 초국적지수가 상승 곡선을 보이고 있다(그림 13-22). 이 두 시기의 초국적기업의 해외 활동은 주로 기업 인수와 합병 및 그린필드 개발로 인한 것이었다. 전반적으로 초국적기업의 해외 매출액 비중과 자산 비중은 지속적인 증가 추세를 보이고 있는 데 비해 해외에서의 고용비율은 글로벌 금융위기 이후 안정적이지만 증가 추세는 나타나지 않고 있다.

한편 개발도상국의 초국적기업들도 상당히 활발하게 활동하고 있다. 2008년 말 개발도상국 100대 초국적기업의 해외 매출액은 전체 매출액의 45%를 차지할 정도였다. 개발도상국 초국적기업의 해외에서의 기업 활동이 지속되면서 2015년 개발도상국의 100대 초국적기업의 초국적지수는 43.5로 상당히 높은 수준을 보이고 있다(표 13-5).

표 13-5. 세계 100대 초국적기업의 해외 활동 추이, 1999-2016년

(단위: 십억달러, 천명, %)

구분		자산		매출액		고용자 수(천명)		평균 초국적지수
		해외	전체	해외	전체	해외	전체	
1999		1,793(42.6)	4,212(100)	2,133(53.5)	3,984(100)	5,981(51.3)	11,621(100)	53.4
2003		4,728(53.4)	8,852(100)	3,407(55.8)	6,102(100)	7,379(49.7)	14,850(100)	56.1
2008	전체	6,172(57.4)	10,760(100)	5,173(61.9)	8,354(100)	8,905(57.8)	15,408(100)	63.4
	LDCs	907(34.0)	2,680(100)	997(45.0)	2,240(100)	2,652(39.0)	6,779(100)	48.9
2015	전체	8,014(62.0)	12,891(100)	4,856(64.0)	7,612(100)	9305(57.0)	16,273(100)	65.0
	LDCs	1,717(29.0)	5,966(100)	1,769(47.0)	3,780(100)	3,954(33.0)	12,044(100)	43.5

출처: UNCTAD, World Investment Report, 해당연도.

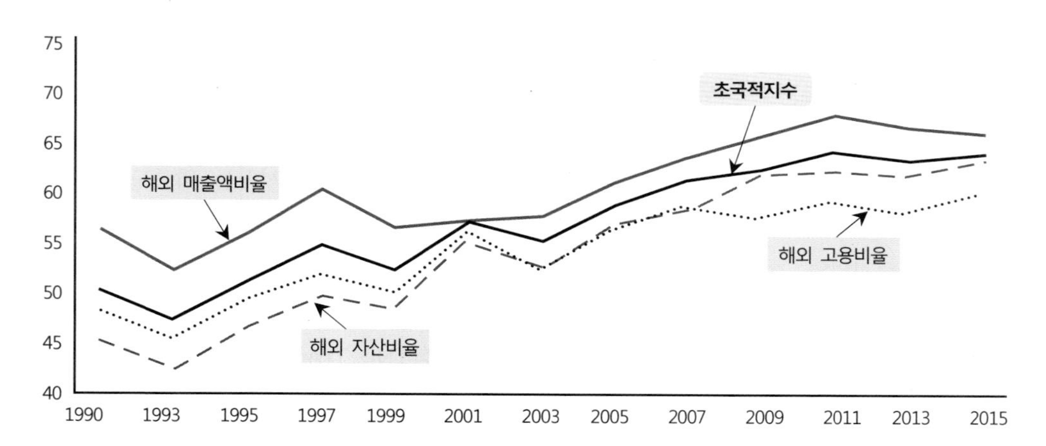

그림 13-22. 100대 초국적기업의 해외활동 추이, 1990-2015년
출처: UNCTAD(2017), World Investment Report, Figure 1.23.

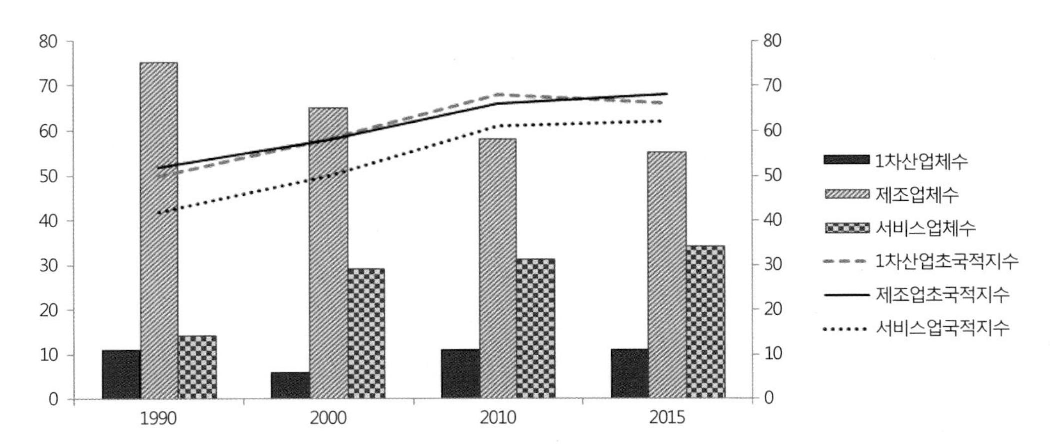

그림 13-23. 세계 100대 초국적기업의 산업 부문별 초국적활동의 추이

출처: UNCTAD(2017), World Investment Report, Figure 1.24를 참조하여 작성.

한편 세계 100대 초국적기업의 해외 투자부문을 보면 서비스 부문의 비중이 지속적으로 높아지고 있다(그림 13-23). 이는 세계 산업구조의 변화를 반영한다고도 볼 수 있다. 특히 정보통신기술과 인터넷서비스 및 서비스 부문의 규제 완화로 인해 초국적기업의 서비스 부문으로의 해외활동이 상당히 진전되고 있다. 특히 최근 서비스 부문의 공공과 민간 파트너십에 의한 해외진출이 급증하고 있는 추세를 보이고 있다.

(2) 초국적기업의 국가별 분포와 업종 분포

1993년에 UNCTAD에서 처음으로 100대 비금융 초국적기업에 대한 자료를 구축하였다. 따라서 100대 초국적기업에 대한 정보는 1993년 이후부터 파악할 수 있다. 1993년 세계 100대 초국적기업의 국가별 분포를 보면 미국과 일본이 100대 초국적기업의 절반을 차지할 정도로 집중되어 있었다. 유럽은 프랑스, 독일, 영국이 주도하였다. 5개국이 당시 100대 초국적기업의 80%를 차지하였다. 그러나 점차적으로 미국과 일본이 차지하는 100대 초국적기업 수는 줄어들면서 유럽 국가들의 초국적기업 활동이 활발하게 이루어졌다. 그 결과 2015년 100대 초국적기업의 국가별 분포를 보면 미국(21개), 영국(17개), 독일(13개), 일본(11개), 프랑스(9개) 순으로 나타나고 있으며, 여전히 5개 국가의 비중이 100대 초국적기업의 71%를 차지하고 있다. 스위스, 스페인, 네덜란드, 이탈리아의 초국적기업들도 최근 등장하고 있다. 100대 초국적기업 가운데 개발도상국이 차지하는 비중은 7%에 불과하다(표 13-6). 주로 신흥공업국가 기업들이며, 중국이 2개 기업, 한국도 삼성이 해외자산 순위 53위로 100대 기업에 속하고 있다(현대자동차의 경우 2008년에는 세계 100대 초국적기업에 포함되어 있었음).

표 13-6. 100대 초국적기업의 국가별 분포 추이, 1993-2015년

국가별 100대 초국적기업			1993		1998		2003		2008		2015	
			초국적 지수	기업수	초국적 지수	기업수	초국적 지수	기업수	초국적 지수	기업수	초국적 지수	기업수
선진국	유럽	프랑스	56.2	9	58.8	12	60.9	15	65.6	15	70.2	9
		독일	54.0	11	51.4	11	47.3	14	64	13	60.7	13
		영국	45.7	8	75.7	10	69.2	10	70.1	15	75.3	17
		네덜란드	65.6	3	73.1	5	73.9	4	83.4	2	69.8	2
		이탈리아	35.6	3	48.2	4	45.1	3	59	2	67.4	2
		스웨덴	73.8	3	72.8	4	73.8	1	73.1	3	76.5	2
		핀란드	-	-	29.9	1	69.9	2	90.3	1	-	-
		스페인	-	-	-	1	45.5	3	60.2	4	64.6	3
		벨기에	88.3	1	-	-	-	-	-	-	93.1	1
		아일랜드	-	-	-	-	95.5	1	79.5	1	77.3	1
		스위스	84.6	5	88.1	4	74.6	4	78.3	5	75.9	5
		노르웨이	-	-	-	-	50.6	2	36.4	1	30.8	1
		덴마크	-	-	-	-	-	-	-	-	63.4	1
		룩셈부르크	-	-	-	-	-	-	87.2	1	85.4	1
		포르투갈	-	-	-	-	-	-	43.1	1	43.1	1
	북미	미국	36.7	31	41.6	26	44.9	24	58.7	18	45.1	21
		캐나다	79.2	3	86.7	3	91.2	2	-	-	-	-
		호주	28.7	1	69.5	1	81.1	2	57.8	1	65.0	1
		뉴질랜드	57.2	1	-	-	-	-	-	-	-	-
		일본	33	21	38.7	17	42.8	9	51.7	9	49.9	11
		이스라엘	-	-	-	-	-	-	84.4	1	77.6	1
선진국 소계			56.8	100	61.2	99	64.4	96	67.2	93	66.2	93
개발도상국	아시아	홍콩	-	-	-	-	71.4	1	82	1	85.8	1
		중국	-	-	-	-	-	-	35.4	2	37.3	2
		한국	-	-	-	-	44.1	1	43.7	2	62.9	1
		말레이시아	-	-	-	-	25.7	1	29.6	1	39.1	1
		싱가포르	-	-	-	-	65.3	1	-	-	-	-
	남미	멕시코	-	-	-	-	-	-	81.6	1	56.5	1
		베네수엘라	-	-	29.7	1	-	-	-	-	-	
		브라질									48.6	1
개발도상국 소계			-	-	29.7	1	51.6	4	38.9	7	47.2	7

출처: UNCTAD, World Investment Report, 해당연도.

한편 100대 초국적기업의 업종별 분포를 보면 주요 업종은 크게 변하지 않고 있으나, 2000년대 후반 이후 새로운 업종의 초국적기업들이 등장하고 있다. 가장 많은 비중을 차지하는 업종은 석유정제업종으로 세계 굴지의 원유를 공급하는 기업들이다. 그 다음이 자동차 업종이며, 최근 의약품과 인프라 업종(전기, 가스, 수도 등)이 활발하게 초국적기업 활동을 펼쳐나가고 있다. 또한 스마트폰의 보급으로 인해 통신업체들의 해외활동도 상당히 증가추세를 보이고 있다(표 13-7).

표 13-7. 100대 초국적기업의 업종별 분포 추이, 1993-2015년

업종	1993	1998	2003	2008	2015	업종	1993	1998	2003	2008	2015
원유, 석유정제	12	11	13	14	19	사업 서비스				1	1
자동차	13	14	11	11	12	통신 장비					1
의약품	3	8	8	9	11	전기 장비	21	17	11	9	1
전기, 가스, 수도	0	3	8	10	9	전자 부품					1
통신	3	8	12	7	8	건강관리 서비스					1
음식료	11	10	4	7	7	금속 제품	7	2	3	3	1
컴퓨터, 데이터마이닝					6	유리, 세라믹					1
도매업				4	4	섬유, 의류, 가죽					1
화학 제품	7	8	3	2	3	건설 및 부동산	3	1	1	1	
산업, 상업 기계					3	다양화	2	6	5	4	
항공				3	2	엔지니어링서비스	1	0	1	1	
컴퓨터 장비					2	비금속광물 제품				5	
소매업	7	7	9	4	2	기타 소비재				2	
담배제조					2	기타 미분류	10	5	11		
운송 및 창고				2	2						

출처: UNCTAD, World Investment Report, 해당연도.

(3) 세계 상위 15위 초국적기업과 개발도상국의 상위 15위 초국적기업

① 세계 상위 15위 초국적기업의 분포

2015년 해외 자산규모를 기준으로 세계 15위 초국적기업을 보면 석유정유사들이 압도적인 우위를 차지하고 있다(표 13-8). 세계 1위의 초국적기업은 영국의 로열더치셸 정유사로 나타났으며, 4위~7위까지가 정유회사들이다(프랑스의 토탈, 영국의 BP, 미국의 엑슨과 쉐브론 정유사). 자동차기업으로는 일본의 도요타(2위), 독일의 폭스바겐(8위), 일본의 혼다(13위), 독일의 다임러(15위)가 차지하고 있다. 지속적으로 세계 1위를 차지하던 미국의 제너럴 전자사는 3위로 물러났다. 통신사로는 영국의 보다폰과 일본의 소프트뱅크, 그리고 컴퓨터 장비사로 애플사가 세계 10위를 차지하고 있다. 음식료품 기업으로는 유일하게 벨기에의 앤하이저부시 인베브가 세계 11위 초국적기업에 속하고 있다.

2015년말 해외에 자산이 가장 많은 기업은 로열더치셸로 2015년 말 2,883억 달러에 이르고 있다. 2위가 일본의 도요타사로 2,733억 달러, 3위가 미국의 제너럴사로 2,577억 달러를 보유하고 있다. 그러나 해외에서의 매출액이 가장 많은 기업은 폭스바겐으로 2015년말 약 1,898억 달러에 이르고 있다. 또한 해외에 가장 많은 근로자를 고용하고 있는 기업은 미국의 월마트로 해외 종업원수가 약 80만명에 이르고 있으며, 대만의 전자부품회사인 폭스콘도 약 67만명에 이르고 있다. 우리나라 삼성 전자사의 경우 해외 매출액 순위는 5위(1,588억 달러)이며, 해외 고용자 순위는 7위(약 22만명)를 차지하고 있다(표 13-9).

표 13-8. 해외자산 순위로 본 세계 상위 15위 초국적기업, 2015년

(단위: 백만 달러, 명)

해외자산순위	TNI 순위	초국적기업			해외 자산	해외 매출액	해외 고용자수	TNI (%)
		기업명	국가	업종				
1	37	Royal Dutch	영국	석유 정체	288,283	169,737	68,000	74.0
2	64	Toyota Motor	일본	자동차	273,280	165,195	148,941	59.1
3	67	General Electric	미국	산업 기계	257,742	64,146	208,000	56.5
4	19	Total SA	프랑스	석유 정제	236,719	123,995	65,773	81.0
5	40	BP plc	영국	석유 정제	216,698	145,640	46,700	68.9
6	59	Exxon Mobil	미국	석유 정제	193,493	167,304	44,311	60.7
7	75	Chevron	미국	석유 정제	191,933	48,183	31,900	53.7
8	61	Volkswagen	독일	자동차	181,826	189,817	334,076	59.5
9	18	Vodafone	영국	통신	166,967	52,150	75,666	81.2
10	65	Apple Computer	미국	컴퓨터 장비	143,652	151,983	65,585	58.0
11	5	Anheuser-Busch InBev NV	벨기에	음식료	129,640	39,592	140,572	93.1
12	51	Softbank	일본	통신	125,485	42,437	45,036	63.9
13	34	Honda Motor	일본	자동차	125,270	102,204	138,942	76.3
14	66	Enel SpA	이탈리아	전기·가스·수도	124,603	41,619	34,874	57.3
15	63	Daimler	독일	자동차	123,881	141,456	113,606	59.2

출처: UNCTAD(2017), World Investment Report, Annex Table 24.

표 13-9. 해외 매출액과 해외 고용자수를 기준으로 본 세계 상위 10위 초국적기업, 2015년

(단위: 백만 달러, 명)

	기업명	업종	매출액	기업	업종	종사자수
1	Volkswagen	자동차	189,817	Wal-Mart	소매유통	800,000
2	Royal Dutch Shell	석유정제	169,737	Hon Hai Precision	전자부품	667,318
3	Exxon Mobil	석유정제	167,304	Volkswagen	자동차	334,076
4	Toyota Motor	자동차	165,195	Nestlé	음식료	324,115
5	Samsung Electronics	통신장비	158,756	Robert Bosch GmbH	자동차	243,000
6	Apple Computer	컴퓨터장비	15,983	CK Hutchison Holdings	소매유통	239,552
7	BP plc	석유정제	145,640	Samsung Electronics	통신장비	219,822
8	Daimler AG	자동차	141,456	General Electric	산업기계	208,000
9	Hon Hai Precision	전자 부품	139,633	International Business Machines co.	컴퓨터, 데이터 처리	205,361
10	Total SA	석유정제	123,995	WPP PLC	사업서비스	166,162

출처: UNCTAD(2017), World Investment Report, Annex Table 24.

한편 2015년 100대 초국적기업들 가운데 초국적지수 90 이상을 보이는 기업들은 9개 기업으로 나타났다(표 13-10). 초국적지수가 90을 상회하는 기업들이야말로 진정한 의미

의 초국적기업이라고 할 수 있다. 2015년 세계에서 가장 초국적으로 활동하는 기업은 영국의 광산업체인 Rio Tinto PLC로 초국적지수가 99.2로 나타났다. 이 기업은 주로 해외의 광산 개발에 앞장서고 있는 기업으로, 기업의 모든 활동이 해외에서 이루어지고 있음을 말해준다. 특히 세계 소비자들을 대상으로 하는 음식료업체들의 초국적지수가 상당히 높게 나타나고 있다. 네덜란드 맥주회사인 하이네켄, 벨기에의 맥주회사인 앤하이저부시인베브, 그리고 스위스의 네슬레 기업도 초국적지수가 90 이상으로 상당히 높게 나타나고 있다. 세계 100대 초국적기업과 Fortune사가 자산 규모를 바탕으로 선정한 세계 500대 기업들을 비교해 보면 상당히 일치되고 있다. 이는 세계적으로 자산 규모가 큰 500대 기업 가운데 상당수가 초국적기업임을 말해 준다.

표 13-10. 초국적지수가 90 이상인 진정한 초국적기업들, 2015년

(단위: 백만 달러, 명)

	기업명	국가	업종	해외자산	해외 매출액	해외 종사자수	TNI
1	Rio Tinto PLC	영국	광업, 채석, 석유	91,209	34,490	54,346	99.2
2	Altice NV	네덜란드	통신	68,354	15,752	36,273	97.0
3	Heineken NV	네덜란드	음식료	39,911	22,372	69,714	96.6
4	Anglo American plc	영국	광업, 채석, 석유	50,059	18,481	89,000	94.8
5	Anheuser-Busch InBev NV	벨기에	음식료	129,640	39,592	140,572	93.1
6	Nestlé SA	스위스	음식료	101,977	90,607	324,115	92.3
7	Schneider Electric SA	프랑스	전기, 가스, 수도	43,241	27,665	161,411	91.9
8	Linde AG	독일	화학물질	36,762	18,465	56,524	91.9
9	British American Tobacco PLC	영국	담배	40,868	19,734	74,932	90.5

출처: UNCTAD(2017), World Investment Report, Annex Table 24.

② 개발도상국의 상위 15위 초국적기업

개발도상국만을 대상으로 100대 초국적기업의 국가별 분포를 보면 홍콩, 중국, 대만의 3개 국가가 초국적기업의 40%를 차지하고 있다. 한국 기업으로는 삼성전자, 현대자동차, LG전자, 두산, 하이닉스, 포스코의 6개 기업이 100대 초국적기업에 포함되어 있다. 브라질과 멕시코, 중동의 쿠웨이트, 아프리카의 남아연방과 러시아를 제외한 나머지는 모두 아시아의 신흥공업국에 입지하고 있는 초국적기업들이다. 이는 신흥공업국가들이 급속한 공업화를 통해 성장하면서 개발도상국 기업들이 경쟁력을 갖추게 되어 해외로 진출하여 기업 활동을 펼치고 있음을 말해준다. 개발도상국 100대 초국적기업의 업종들을 보면 전자 관련기업이 13개 기업으로 가장 많으며, 석유(12), 기타 소비재(11), 음식료, 통신(9)이 주종을 차지하고 있다(표 13-11).

표 13-11. 개발도상국의 100대 초국적기업의 국가별, 업종별 분포, 2015년

국가별				업종별			
국가	개수	국가	개수	업종	개수	업종	개수
홍콩	18	아랍에미리트	3	전자 장비	13	자동차	2
중국	12	터키	2	석유, 천연가스	12	건설 및 부동산	2
대만	10	알제리	1	기타 소비재	11	기타 서비스	2
싱가포르	9	아르헨티나	1	음식료 및 담배	9	도매업	2
남아연방	8	이집트	1	통신	9	항공	1
인도	7	쿠웨이트	1	다양화	8	사업서비스	1
한국	6	필리핀	1	금속 및 제품	8	에너지	1
브라질	5	카타르	1	전기가스수도	6	광업 및 채굴	1
말레이시아	4	사우디아라비아	1	건설	4	비금속광물	1
멕시코	4	베네수엘라	1	화학	3	목재펄프	1
러시아	4	계	100	운송 및 창고	3	계	100

출처: UNCTAD(2017), World Investment Report, Annex Table 29.

한편 아시아의 6개 신흥공업국의 초국적기업이 개발도상국 초국적 활동의 대다수를 차지하고 있다. 즉, 6개 신흥공업국의 초국적기업들이 개발도상국 100대 초국적기업의 총 해외자산의 68.7%, 해외 매출액의 64%, 해외 종사자의 83.7%를 차지하고 있다. 특히 개발도상국 100대 초국적기업의 해외 자산규모를 보면 홍콩(19.3%), 중국(15.8%), 대만(9.3%), 싱가포르(7.4%), 한국(5.5%)이 약 60%를 차지하고 있다. 또한 개발도상국 100대 초국적기업 가운데 BRICs(브라질, 러시아, 인도, 중국)가 차지하는 비율은 28%에 달하고 있는데, 이들이 차지하는 해외 자산비중도 32%, 해외 매출액 비중도 39%에 달하고 있다.(표 13-12).

표 13-12. 6개 아시아 개발도상국의 100대 초국적기업의 비중, 2015년

국가		해외 자산(%)	해외 매출액(%)	해외 종사자(%)
아시아 신흥국	홍콩	19.3	13.3	21.9
	중국	15.8	16.0	6.0
	대만	9.3	14.5	37.0
	싱가포르	7.4	5.0	8.9
	인도	5.7	4.5	2.8
	말레이시아	5.7	5.4	2.0
	한국	5.5	5.6	5.1
	비율	**68.7**	**64.3**	**83.7**
BRICs 비율		**32.0**	**39.0**	**13.4**
전체		**150,6097.9**	**1,690,474.8**	**4,102,715**

㈜: BRICs : 브라질, 러시아, 인도, 중국을 통칭함.
BRICS : 브라질, 러시아, 인도, 중국, 남아프리카공화국을 포함하여 통칭함.
출처: UNCTAD(2017), World Investment Report, Annex Table 29.

표 13-13. 개발도상국의 상위 15위 초국적기업, 2015년

해외자산순위	TNI 순위	초국적기업			해외 자산	해외 매출액	해외 고용자수	TNI (%)
		기업명	국가	업종				
1	19	Hutchison Whampoa	홍콩	다양화	85,721	24,222	206,986	80.9
2	93	CITIC Group	중국	다양화	78,602	9,561	25,285	17.1
3	16	Hon Hai	대만	전기, 전자 장비	65,471	128,650	810,993	84.3
4	70	Petronas	말레이시아	석유정제	49,072	71,939	5,244	39.2
5	63	Vale SA	브라질	광산업	45,721	38,326	15,680	44.5
6	59	China Ocean Shipping	중국	운송, 창고	43,452	19,139	4,400	48.9
7	91	China National Oil	중국	석유 정제	34,276	21,887	3,387	18.6
8	58	América Móvil SAB	멕시코	통신	32,008	37,395	67,525	49.4
9	67	Lukoil OAO	러시아	석유, 천연가스	31,174	113,801	18,144	42.8
10	20	Cemex S.A.B.	멕시코	비금속광물	30,730	11,717	35,387	80.1
11	92	Petróleos	베네수엘라	석유 정제	27,462	46,899	4,877	18.2
12	80	Samsung	한국	전자, 전기 장비	26,077	19,294	123,563	26.9
13	39	Singapore Telecomm.	싱가포르	통신	25,768	9,541	10,496	63.5
14	83	Hyundai Motor	한국	자동차	25,443	11,754	38,318	25.6
15	44	Jardine Matheson Holdings	홍콩	다양화	24,284	29,732	217,556	57.9

출처: UNCTAD(2017), World Investment Report, Annex Table 29.

한편 개발도상국의 100대 초국적기업 가운데 해외 자산규모 순위로 본 15위 초국적기업을 보면 홍콩의 Hutchison Whampoa사가 해외자산이 가장 많으며, 중국의 CITIC 기업, 대만의 Hon Hai 순으로 나타나고 있다(표 13-13). 개발도상국의 초국적기업 가운데 해외에서 가장 많은 매출액과 고용자를 가지고 운영하는 기업은 대만의 Hon Hai 전자사로 해외 종사자 수가 약 81만명에 이르고 있으며, 매출액도 1,286억 달러에 달하고 있는 세계적인 초국적기업이다. 초국적지수를 기준으로 개발도상국에서 가장 세계적으로 활동하는 초국적기업은 싱가포르의 팜오일 회사로 초국적지수가 100으로 나타났다. 2015년 초국적지수가 90이 넘는 기업은 12개 기업으로 나타났으며, 이 가운데 대만과 싱가포르 기업 4개를 제외한 나머지 8개 기업은 모두 홍콩 기업들이다(표 13-14). 이는 홍콩, 싱가포르, 대만과 같이 국가 규모가 작아서 자국 시장이 매우 협소하기 때문에 적극적으로 해외에서 기업 활동을 펼쳐나가고 있음을 시사해준다.

표 13-14. 초국적지수가 90 이상인 개발도상국의 초국적기업, 2015년

기업명	국가	TNI	기업명	국가	TNI
Golden Agri-Resources	싱가포르	100.0	Guangdong Investment	홍콩	95.1
China Resources Power	홍콩	99.9	Shenzhen International Holdings	홍콩	93.7
First Pacific	홍콩	98.5	Inventec	대만	93.1
Galaxy Entertainment	홍콩	97.3	Shangri-La Asia Lt	홍콩	93.0
Road King Infrastructure	홍콩	96.2	Flextronics International	싱가포르	91.9
Noble Group	홍콩	95.5	Li & Fung	홍콩	90.8
Pou Chen	대만	95.3			

출처: UNCTAD(2017), World Investment Report, Annex Table 29.

3 해외직접투자의 성장과 투자 흐름

1) 해외직접투자의 성장과 지역별 분포

(1) 해외직접투자의 성장

국제 간 유가증권형 투자가 이루어진 역사에 비하면 해외직접투자는 상당히 최근에 이루어진 것이라고 볼 수 있다. 1920년대 들어와 해외직접투자가 국제경제에서 비로소 중요하게 인식되기 시작하였다. 제2차 세계대전 이후 활성화되기 시작한 해외직접투자는 1950년대까지 미국이 가장 적극적으로 해외에 투자하는 투자국이었으며 그 다음이 영국이었다. 이 시기의 해외직접투자는 주로 원료기반형 투자였다. 그러나 1960년대 말부터 1970년대에 이루어진 해외직접투자는 상당히 변화되었다. 첫 번째 변화는 투자대상국의 변화로, 생산비용을 감소시킬 목적으로 개발도상국으로의 투자가 이루어졌다. 두 번째 변화는 주요 투자국의 변화로, 일본과 독일이 주요 투자국으로 부상하였으며, 그 밖에도 프랑스, 네덜란드, 스위스 등도 투자국으로 등장하였다. 세 번째 변화는 해외직접투자에서 제1차 산업부문이 차지하는 비중이 크게 줄어든 반면에 제조업과 서비스업 부문에서의 투자가 상당히 증가되었다.

1980년대에 들어와 해외직접투자는 매우 급속하게 성장하였는데, 이는 경기 회복과 더불어 교통·통신분야에서의 기술혁신이 이루어졌기 때문이다. 1970년대 원유 값이 인상되었음에도 불구하고 운송비는 감소되었고 공업원료의 무게는 가벼워졌고 컨테이너화된 화물 수송, 본사와 해외지사 간 생산과 유통의 통제를 용이하게 해주는 정보통신기술의 발달 등은 초국적기업으로 하여금 생산의 세계화를 위한 해외직접투자를 촉진시키는 촉매가 되었다.

이러한 해외직접투자의 증가추세를 수출 증가추세와 비교해 보면 1980년대 중반까지는 세계교역의 증가가 해외직접투자 증가보다 더 빠르게 나타났다. 그러나 1980년대 중반 이후 경제의 세계화가 가속화되면서 수출 증가에 비해 해외직접투자 증가가 가속화되면서 점차 그 격차가 커지고 있으며, 1980년대 말에는 엄청난 성장속도의 차이를 보이고 있다. 특히 세계 50위 초국적기업들은 1975~1990년 동안 연평균 3.5%의 성장률을 기록하였는데, 이는 같은 기간 OECD 국가들의 평균 성장률인 2.9%보다 더 높다. 1990년대 이후 해외직접투자의 성장추세를 보면 1990년 2,005억 달러에서 2000년 1조 2,700억 달러로 10년간 약 6배가 증대하였다. 그러나 2000년대 초반에 접어들면서 해외직접투자 흐름은 감소 추세로 돌아서면서 2005년에는 다시 1조 달러 미만으로 감소되었다. 하지만 2007년

표 13-15. 해외직접투자의 성장 추세, 1982-2016년

(단위: 십억 달러)

	1982년	1990년	2000년	2005년	2008년	2010년	2016년
FDI 유입(inflows)	59	205	1,271	946	1,771	1,309	1,746
FDI 투자(outflows)	28	244	1,150	837	1,929	1,451	1,452
인수·합병형 투자	-	151	1,144	716	707	344	869
해외지사 수출	637	1,166	3,572	4,197	6,663	6,267	6,812
해외지사 매출액	2,465	5,467	15,680	21,394	31,069	25,622	37,570
해외지사 자산	1,188	5,744	21,102	42,637	71,664	75,609	112,833

출처: UNCTAD. World Investment Report 해당연도.

에는 해외직접투자가 급증하면서 사상 최대치인 약 1조 9,090억 달러에 달하였다. 그러나 2008년 경제위기를 맞이하면서 해외직접투자는 둔화되어 2008년에는 1조 7,700억 달러로, 2009년에는 더 떨어져 1조 1,140억 달러를 기록하였다. 그러나 2010년에 들어와 경기가 회복세를 보이면서 약 1조 3,090억 달러를 돌파하였고, 2016년에는 1조 7,464억 달러를 기록하였다(표 13-15).

이와 같이 해외직접투자의 성장추세는 세계경제 성장추세와 밀접한 연관성을 보이고 있는데 최근에 올수록 세계 경제성장률과 해외직접투자 증가율 간 상관관계가 더 높아지고 있다. 세계경제 성장률과 해외직접투자 증가율 간의 상관계수를 보면 1980년대에는 0.32였으나, 1990년대에는 0.45로 높아졌으며, 2000년대에는 0.98로 매우 높아져 세계경제가 해외직접투자를 점차 주도해 나가고 있음을 시사해준다.

2000년대 들어와 해외직접투자가 상당히 증가하고 있는 요인은 해외기업의 인수·합병(M&A: Mergers and Acquisitions) 투자가 늘어나고 있기 때문이다. 두 개 이상의 기업이 결합하여 하나의 기업이 되는 것을 합병(mergers)이라고 하며, 대상 기업의 자산이나 주식을 취득하여 경영권을 획득하는 것을 기업의 매수 혹은 인수(acquisitions)라고 한다. 보다 넓은 의미에서의 인수·합병은 경영권 획득을 수반하지 않는 지분참여, 합작투자 등도 포함된다. 인수·합병형 투자가 증가하고 있는 이유는 경제의 세계화가 진전될수록 국내의 제한된 시장에서의 내부 역량강화만으로는 경쟁우위를 확보하기 힘들게 되었으며, 해외에서 기업의 위험부담을 줄이고 보다 투자 효과를 높이기 위한 전략으로 해외에 신설기업을 설립하는 대신에 현지기업을 인수하거나 합병하기 때문으로 풀이된다.

특히 2000년대 전체 투자에서 인수·합병 투자가 차지하는 비중이 약 70%에 달하였으나, 2008년 글로벌 금융위기로 인해 인수·합병형 투자는 크게 감소하였으며, 2010년에는 더욱 줄어들었다. 그러나 2010년 중반 이후 인수·합병형 투자는 다시 증가하기 시작하여 2016년에는 8,690억 달러에 달하고 있다. 또한 그린필드(green field) 투자도 그 비중이 증가하고 있으며, 그 결과 초국적기업의 해외직접투자로 인한 해외 매출액과 수출 및 해외 자산도 급증하는 추세이다.

(2) 해외직접투자의 지역별 성장 추세

1990년부터 2016년까지 약 30여년 동안 해외직접투자의 성장추세를 선진국과 개발도상국, 그리고 전환경제국(구 소련과 동부 유럽국가를 포함)으로 구분하여 살펴보면 FDI 유입과 FDI 유출이 거의 유사한 패턴을 보이고 있다. 세계경제가 상당히 급변하였기 때문에 해외직접투자의 흐름과 투자량도 상당한 변이를 보이고 있다. 2000년과 2007년 두 차례에 걸쳐 해외직접투자가 크게 증가되는 추세를 보이고 있는데, 이는 규제완화와 민영화에 따른 것으로 특히 기업의 인수·합병으로 인한 투자가 상당 부분을 차지하고 있다.

먼저 FDI 유입 패턴을 보면 1990년대 후반까지 개발도상국으로의 FDI 유입 비중이 늘어나는 추세를 보였으나, 1997년 이후 개발도상국의 금융위기와 경제 침체로 인해 다시 선진국으로의 FDI 유입이 이루어졌다. 즉, 선진국이 전체 FDI 유입에서 차지하는 비중은 1980년 86%였으며, 1990년 초까지 80% 수준을 유지하였다. 그러나 1990년대 중반에 들어와 선진국이 차지하는 비중이 낮아지면서 1997년 59%까지 낮아졌으나 1997년 아시아 국가들의 금융위기로 인해 다시 비율이 높아졌다. 2000년 세계 해외직접투자의 82%가 선진국을 지향한 투자였고, 나머지 17% 정도가 개발도상국을 지향한 투자로 개발도상국의 비중은 상당히 줄어들었다.

그러나 세계경제가 회복되면서 FDI 유입은 늘면서 개발도상국으로의 FDI 유입 비중도 늘어나고 있다. 2000년대 중반 이후 개발도상국이 FDI에서 차지하는 비중이 높아지고 있다. 사상 최대의 1.9조 달러의 FDI 유입량을 기록하였던 2007년의 지역별 분포를 보면 선진국으로의 유입이 67%를 차지하였고, 개발도상국 가운데 아시아(18.8%), 라틴아메리카(6.1%), 전환경제국(4.6%), 아프리카가 3.2%로 가장 낮게 나타나고 있다. 2008년 글로벌 금융위기로 인해 FDI 유입량도 줄어들면서 선진국으로의 FDI 유입은 더 크게 줄어들어 2010년에는 선진국이 차지하는 비중이 사상 최저로 낮은 49%를 보였다. 이는 세계 전체 FDI 유입액의 절반이 선진국이 아닌 개발도상국과 전환경제국으로 유입되고 있음을 말해준다. 이에 따라 2010년 전체 FDI 유입에서 아시아가 차지하는 비중은 약 30%로 상당히 높아졌으며, 라틴아메리카의 비중도 12.2%로 높아졌다. 그러나 아프리카와 전환경제국으로의 FDI 유입은 증가 추세를 보이지 않고 있다.

2010년 이후 세계 경제가 회복되면서 FDI 유입량도 증가하면서 다시 선진국으로의 비중도 늘어났으며, 2016년 선진국의 비중이 59.1%를 차지하고 있다. 여전히 아시아의 비중이 약 1/4을 차지하고 있으며, 특히 동아시아가 약 15%를 차지하고 있다. 그러나 라틴아메리카가 차지하는 비중은 오히려 감소하여 8%를 차지하고 있으며, 아프리카와 전환경제국으로의 FDI 비중은 감소 추세를 보이고 있다(그림 13-24 & 표 13-16).

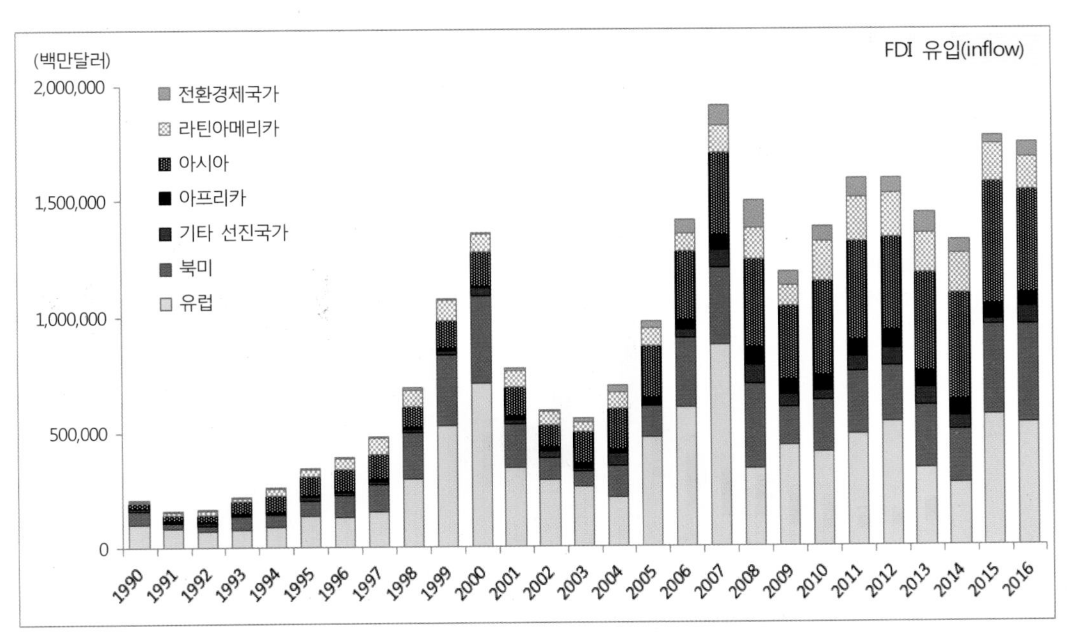

그림 13-24. 해외직접투자 유입의 지역별 시계열적 추세, 1990-2016년

출처: UNCTAD(2017), World Investment Report, Annex Table 01.

표 13-16. 해외직접투자 유입의 지역별 비중의 시계열적 추세, 1990-2016년

(단위: %)

유입(FDI inflow)	1990	1995	2000	2005	2007	2010	2016
선진국	**83.1**	**64.3**	**82.4**	**61.3**	**67.2**	**49.0**	**59.1**
유럽	50.1	39.7	52.1	49.7	45.8	29.6	30.5
유럽연합	46.6	38.3	50.0	49.2	43.2	26.2	32.4
북미	27.3	19.9	28.0	13.6	17.4	16.4	24.3
미국	23.6	17.2	23.1	10.9	11.3	14.3	22.4
기타 선진국	5.6	4.7	2.3	-2.0	4.0	3.0	4.3
일본	0.9	0.0	0.6	0.3	1.2	-0.1	0.7
개발도상국	**16.9**	**34.5**	**17.2**	**35.5**	**28.2**	**46.4**	**37.0**
아프리카	1.4	1.7	0.8	3.9	3.2	4.4	3.4
아시아	11.2	23.9	10.5	23.5	18.8	29.7	25.3
동아시아	4.5	14.0	8.2	12.8	8.4	14.6	14.9
중국	1.7	11.0	3.0	7.6	4.4	8.3	7.7
한국	0.5	0.7	0.8	1.4	0.5	0.7	0.6
동남아시아	6.3	8.4	1.7	4.5	4.4	8.0	5.8
남부아시아	0.1	0.8	0.4	1.5	1.8	2.5	3.1
서부아시아	0.4	0.7	0.3	4.6	4.1	4.6	1.6
라틴아메리카	4.2	8.7	5.9	8.0	6.1	12.2	8.1
전환경제국	**0.0**	**1.2**	**0.4**	**3.2**	**4.6**	**4.6**	**3.9**

출처: UNCTAD(2017), World Investment Report, Annex Table 01.

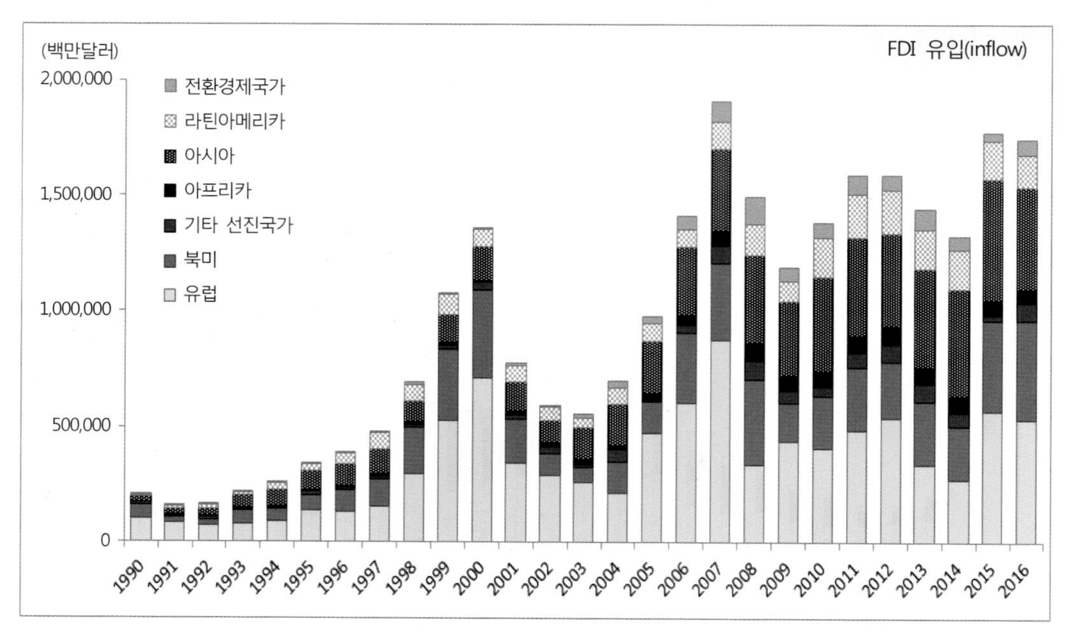

그림 13-25. 해외직접투자 유출의 지역별 시계열적 추세, 1990-2016년
출처: UNCTAD(2017), World Investment Report, Annex Table 02.

표 13-17. 해외직접투자 유출의 지역별 비중의 시계열적 추세, 1990-2016년

(단위: %)

유출(FDI outflow)	1990	1995	2000	2005	2007	2010	2016
선진국	**94.6**	**85.2**	**92.0**	**83.8**	**84.7**	**69.4**	**71.9**
유럽	57.8	48.4	72.6	77.3	59.2	40.7	35.4
유럽연합	54.2	44.2	67.9	67.6	55.9	33.0	32.4
북미	14.9	29.0	16.1	5.1	21.0	22.5	25.2
미국	12.7	25.8	12.2	1.8	18.1	20.0	20.6
기타 선진국	22.0	7.7	3.3	1.4	4.5	6.2	11.3
일본	20.8	6.3	2.7	5.4	3.4	4.1	10.0
개발도상국	**5.4**	**14.7**	**7.7**	**14.1**	**13.0**	**27.0**	**26.4**
아프리카	0.3	0.8	0.2	1.2	1.0	1.8	1.3
아시아	4.5	12.8	6.8	10.6	11.0	21.0	25.0
동아시아	4.0	9.5	5.7	6.4	5.7	14.0	20.1
중국	0.3	0.6	0.1	1.5	1.2	5.0	12.6
한국	0.5	1.1	0.4	1.0	1.0	2.0	1.9
동남아시아	1.0	3.4	0.8	2.3	2.9	4.5	2.4
남부아시아	0.0	0.0	0.0	0.4	0.8	1.2	0.4
서부아시아	-0.4	-0.2	0.3	1.5	1.6	1.3	2.1
라틴아메리카	0.6	1.1	0.7	2.2	1.1	4.1	0.1
전환경제국	**0.0**	**0.2**	**0.3**	**2.1**	**2.3**	**3.6**	**1.7**

출처: UNCTAD(2017), World Investment Report, Annex Table 02.

한편 FDI 유출 패턴도 FDI 유입 패턴과 다소 유사하게 나타나고 있으나, 해외로의 투자는 선진국이 주도하기 때문에 선진국이 차지하는 비중이 상당히 높다. 1990년 선진국이 차지하는 비중이 95%로 상당히 높았으나, 1990년대 중반 개발도상국의 FDI 투자가 늘어나면서 선진국의 FDI 유출 비중이 90% 미만으로 일시적으로 낮아졌다. 1997년 이후 개발도상국의 금융위기와 경제침체로 인해 선진국이 차지하는 FDI 유출 비중이 다시 상승하여 2000년에는 92%로 상승하였다. 그러나 2004년 이후 개발도상국의 FDI 투자가 크게 늘어나면서 선진국이 전체 FDI 유출에서 차지하는 비중은 지속적으로 낮아지고 2010년에는 사상 최저로 낮은 69.4%를 보였다. 2016년에는 다시 선진국의 FDI 유출 비중이 증가하여 72%를 보이고 있으며, 여전히 세계 전체의 FDI 투자액의 약 70%는 선진국 기업이 담당하고 있으며, 약 30%만이 개발도상국 기업이 차지하고 있다. 특히 아시아 기업들의 FDI 유출 투자는 계속 증가하여 2016년에는 세계 전체 FDI 유출의 25%를 담당하고 있어 개발도상국의 FDI 유출의 거의 대부분을 차지하고 있는데, 이는 특히 동아시아 국가들의 비중이 크게 증가하고 있기 때문이다(그림 13-25 & 표 13-17).

2) 해외직접투자의 주요 투자국과 투자대상국 및 투자 흐름의 변화

(1) 해외직접투자의 주요 투자국과 투자대상국

1990년부터 2016년 동안 해외직접투자 유출·입 상위 15위 국가를 보면 상당한 변화가 나타나고 있다(표 13-18). 미국은 전형적인 투자유치국으로 지속적으로 투지유치국 1위를 지키고 있다(2005년에는 영국이 1위를 차지함). 1990년 미국의 투자유치액은 484억 달러로 전체 FDI 유입의 23.3%를 차지하여 해외직접투자의 약 1/4이 미국을 지향한 투자임을 말해준다. 그러나 점차 미국을 지향한 투자 비중이 감소되면서 2005년에는 약 10.6%로 가장 낮아졌고 2010년에는 14.3%로 매우 낮았다. 그러나 최근 다시 미국으로의 투자 유입이 증가하면서 2016년 미국으로의 투자유입액은 3,900억 달러로 미국이 차지하는 비중도 다시 22.4%로 높아졌다. 영국, 프랑스, 독일, 네덜란드, 캐나다, 스위스 등도 주요 투자유치국이지만, 이들이 차지하는 비중도 점차 줄고 있다. 2016년 상위 3개 투자유치국(미국, 영국, 중국)이 차지하는 비중은 약 45%이며, 네덜란드, 홍콩을 포함한 5개국이 차지하는 비중은 약 56%를 보이고 있다.

한편 2000년대 이후 BRICs는 주요 투자유치국으로 등장하고 있으며, 특히 중국의 경우 2000년 세계 8위의 투자유치국으로, 2005년에는 세계 4위로 부상하였으며, 2010년에는 미국 다음으로 세계 2위의 투자유치국으로 총 FDI 투자의 8.3%를 차지하였다. 러시아와 인도도 각각 3% 수준을 유지하면서 투자유치국으로 주목을 받고 있다. 2016년 BRICs

표 13-18. 해외직접투자 유입액 상위 15위 국가의 시계열적 변화, 1990-2016년

순위	1990년		2000년		2005년		2010년		2016년	
	국가	금액	국가	금액	국가	금액	국가	금액	국가	금액
1	미국	48,422	미국	314,007	영국	176,006	미국	198,049	미국	391,104
2	영국	30,461	독일	198,277	미국	104,773	중국	114,734	영국	253,826
3	프랑스	15,614	영국	118,764	프랑스	84,949	브라질	83,749	중국	133,700
4	스페인	13,294	캐나다	66,795	중국	72,406	홍콩	70,541	홍콩	108,126
5	네덜란드	10,516	네덜란드	63,854	네덜란드	47,791	독일	65,643	네덜란드	91,956
6	호주	8,479	홍콩	61,938	독일	47,439	영국	58,200	싱가포르	61,597
7	캐나다	7,582	프랑스	43,250	벨기에	34,370	싱가포르	55,076	영국령 버진아일랜드	59,097
8	이탈리아	6,345	중국	40,715	홍콩	33,625	영국령 버진아일랜드	50,491	브라질	58,680
9	싱가포르	5,575	스페인	39,575	캐나다	25,692	벨기에	43,231	호주	48,190
10	스위스	5,484	덴마크	33,823	스페인	25,020	아일랜드	42,804	케이먼제도	44,968
11	중국	3,487	브라질	32,779	멕시코	22,351	스페인	39,873	인도	44,486
12	홍콩	3,275	아일랜드	25,779	이탈리아	19,975	룩셈부르크	39,129	러시아	37,668
13	독일	2,962	스웨덴	23,430	싱가포르	15,460	호주	36,443	캐나다	33,721
14	포르투갈	2,902	스위스	19,255	브라질	15,066	러시아	31,668	벨기에	33,103
15	멕시코	2,633	멕시코	18,098	러시아	12,886	사우디	29,233	이탈리아	28,955
비율(%)		**80.4**	**비율(%)**	**78.5**	**비율(%)**	**74.8**	**비율(%)**	**69.3**	**비율(%)**	**81.8**
총 투자액(백만달러) 207,697			총 투자액 1,401,466		총 투자액 985,796		총투자액 1,383,779		총투자액 1,746,423	

표 13-19. 해외직접투자 유출액 상위 15위 국가의 시계열적 변화, 1990-2016년

순위	1990년		2000년		2005년		2010년		2016년	
	국가	금액	국가	금액	국가	금액	국가	금액	국가	금액
1	일본	50,775	영국	233,371	네덜란드	131,816	미국	277,779	미국	299,003
2	프랑스	36,233	프랑스	177,449	프랑스	114,978	독일	125,451	중국	183,100
3	미국	30,982	미국	142,626	영국	80,833	홍콩	86,247	네덜란드	173,658
4	독일	24,235	네덜란드	75,635	독일	75,893	스위스	85,701	일본	145,242
5	영국	17,948	홍콩	59,374	스위스	51,118	중국	68,811	영국령 버진아일랜드	94,820
6	스웨덴	14,746	스페인	58,213	일본	45,781	네덜란드	63,944	캐나다	66,403
7	네덜란드	13,660	독일	56,557	스페인	41,829	일본	56,263	홍콩	62,460
8	이탈리아	7,614	캐나다	44,678	이탈리아	41,826	영국령 버진아일랜드	54,249	프랑스	57,328
9	스위스	7,176	스위스	44,673	벨기에	32,658	프랑스	48,155	아일랜드	44,548
10	대만	5,243	스웨덴	40,964	캐나다	27,538	영국	48,092	스페인	41,789
11	캐나다	5,237	영국령 버진아일랜드	34,459	홍콩	27,196	러시아	41,116	독일	34,558
12	스페인	3,349	일본	31,557	스웨덴	26,211	스페인	37,844	룩셈부르크	31,643
13	핀란드	2,708	덴마크	26,549	노르웨이	21,966	싱가포르	35,407	스위스	30,648
14	홍콩	2,448	핀란드	24,030	덴마크	16,192	캐나다	34,723	한국	27,274
15	뉴질랜드	2,363	이탈리아	12,316	미국	15,369	이탈리아	32,685	러시아	27,272
비율(%)		**93.1**	**비율(%)**	**86.2**	**비율(%)**	**84.1**	**비율(%)**	**79.1**	**비율(%)**	**90.9**
투자액(백만달러) 241,493			**총 투자액 1232,888**		**총 투자액 893,093**		**총투자액 1,386,061**		**총투자액 1,452,463**	

출처: UNCTAD(2017), World Investment Report, Annex Table 01 & Table 02.

가 차지하는 비중은 약 15%에 달하고 있다.

또한 투자유치국 상위 15개국이 차지하는 비중은 1990년에는 80.4%로 상당히 높았으나, 점차 그 비중이 낮아져 2010년에는 69.3%로 낮아졌다. 이는 FDI 투자유치국이 점차 분산되고 있음을 말해준다. 즉, 선진국 상위 15개국이 주요 투자유치국이었으나 2000년대 들어와 개발도상국의 신흥공업국가(특히 중국, 인도 등)를 지향한 해외직접투자가 이루어지면서 특정국가로의 해외직접투자의 집중도는 다소 낮아지고 있다. 그러나 2016년도에는 다시 상위 15개국이 차지하는 비중이 82%로 높아져서 다시 집중화 현상을 보이고 있다. 특이한 점은 역외금융센터로 알려진 국가들로의 투자가 점차 증가하고 있다는 점이다. 2016년 영국령 버진아일랜드와 케이먼제도가 투자유치국 순위 7위와 10위를 각각 차지하고 있다. 또한 도시국가인 홍콩과 싱가포르도 4위와 6위를 차지하고 있다.

한편 해외직접투자를 주도하는 투자유출국 상위 15위 국가들을 보면 1990년에는 일본이 해외에 투자를 가장 많이 하였으며 투자액은 약 508억 달러로 세계 FDI 유출액의 21%를 차지하였다(표 13-19). 1990년에는 일본, 프랑스, 미국이 세계 FDI 유출액의 약 절반을 차지할 정도로 집중되어 있었다. 그러나 일본의 경제가 침체되면서 일본의 투자비중은 점차 낮아져 2000년에는 2.6%를 차지할 정도로 상당히 줄어들었다. 그러나 점차 회복세를 나타내면서 2010년에는 세계 7위의 투자국으로, 2016년에는 다시 세계 4위 국가로 투자액은 1,452억 달러로 약 10%의 비중을 차지하고 있다. 한편 미국은 전형적인 투자유치국이면서도 활발하게 해외직접투자를 시행하는 국가로 부상하고 있다. 1990년대 이후 미국은 순투자유치국이었으나, 다른 나라들로 투자도 활발하여, 2010년 미국이 해외에 가장 투자를 많이 하는 국가로 투자액은 278억 달러로 세계 FDI 유출액의 약 20%를 차지하였다. 이러한 추세는 2016년에도 지속되고 있다. 전통적으로 미국, 영국, 독일, 네덜란드는 여전히 주요 투자국의 지위를 유지하고 있으나, 이들이 차지하는 비중도 점차 낮아지고 있다. 중국의 경우 세계 주요 투자유치국이지만 다른 나라들로의 투자를 늘려가면서 2010년에는 세계 5위의 투자국으로 부상하면서 세계 FDI 유출액의 5%를 차지하였다. 2016년에는 미국 다음의 투자국으로 지위를 굳히면서 세계 FDI 유출액의 13%를 차지하는 투자국으로 변화하였다. 2016년 3개 상위 투자국이 차지하는 비중도 다시 45%로 높아졌으며, 상위 15개 투자국의 비중도 다시 90%를 상회하고 있다. 이는 경제의 세계화가 진전되면서 해외직접투자가 활발해지지만 일부 상위국가들에 더 집중화되어 가고 있음을 시사해준다. 특이한 점은 영국령 버진아일랜드가 주요 투자국으로 부상하고 있다.

이렇게 1990년~2016년 동안 해외직접투자의 공간적 패턴을 보면 전반적으로 해외로 투자하는 국가와 투자를 유치하는 국가 간의 상관성은 매우 높게 나타나고 있다. 실제로 1990년 투자유치국과 투자국 간의 상관계수는 0.77로 매우 높게 나타났다(Dicken, 1998). 이러한 추세는 더욱 강화되어 2010년 145개 국가를 대상으로 FDI 유출·입의 상관계수를 산출한 결과 0.84로 상당히 높아졌으며, 2016년에도 상관계수가 0.72로 여전히 높게 나타나고 있다. 이는 다른 국가로 해외직접투자를 활발하게 하는 국가가 외국인직접투자도 상당히 많이 유치하고 있음을 말해준다.

한편 세계 주요 투자국과 주요 투자유치국 간 해외직접투자의 흐름을 보면 여전히 주요 투자국이면서 투자유치국인 미국, 일본, 유럽의 영국, 독일, 프랑스 간의 흐름이 활발하게 나타나고 있다. 또한 미국의 경우 유럽과 라틴아메리카로의 흐름이 탁월하며, 유럽의 경우 주로 미국 및 동유럽과 독립국가연합으로의 흐름이 탁월하다. 한편 일본의 경우 동아시아로의 흐름이 가장 많아 비교적 인접한 국가나 문화적 장벽이 적은 국가로 투자가 이루어지고 있음을 엿볼 수 있다. 하지만 러시아, 인도, 중동, 브라질을 향한 해외직접투자의 흐름도 나타나고 있어 자원이 풍부한 지역으로의 투자도 중요하게 이루어지고 있음을 말해준다.

러시아와 중국이 주도해 나가는 가운데 점차 브라질과 인도의 기업들도 해외직접투자를 늘리고 있다 주로 개발도상국을 상대로 한 M&A형 투자비중이 상대적으로 높은 편이다. 중국과 러시아 기업들은 소유권 특유우위를 누리면서 문화적으로 유사한 개발도상국으로 집중 투자하는 경향을 보이고 있다. 특히 국영기업이거나 국가에서 통제하는 기업형태로 세계적인 브랜드 이름이나 관리기술 및 경쟁적 기업모델을 기업의 특유우위로 삼고 개발도상국에 투자하고 있다. 2000년 중국기업의 해외직접투자액은 10억 달러에 불과하였으나 2008년 중국의 해외직접투자 총액은 559억 달러로 늘어나 약 50배가 넘게 증가되었다. 2009년 중국의 해외직접투자 누계액은 2,200억 달러에 이르고 있다. 이와 같이 중국이 적극적으로 해외에 투자하고 있는 것은 해외의 자원 확보와 기술 및 브랜드를 사들이는 것이다. 중국의 경우 지난 5년 동안 FDI의 유출·입이 가장 활발하게 나타난 국가이다. 선진국으로부터 많은 FDI가 유입되지만, 중국 자체는 개발도상국으로의 투자를 상당히 늘리고 있다. 특히 아프리카로의 투자를 최근에 들어와 상당히 증가시키고 있는데, 이는 자원 확보를 목적으로 하는 전형적인 사례라고 볼 수 있다. 뿐만 아니라 아세안 국가들로의 투자도 대규모로 늘리고 있다. 뿐만 아니라 최근 중국은 브라질을 향한 투자를 상당히 확대해 나가고 있다. 2007년부터 시작된 중국의 브라질에 대한 투자는 100억 달러가 넘고 있어 지금까지 브라질에 많은 투자를 해오던 미국, 스페인, 독일 등을 제치고 투자 순위를 높여가고 있다. 중국이 브라질에 투자하는 이유는 주로 자원 확보 차원이다. 예를 들면 중국의 우한제철은 브라질의 MMX 철광석회사 지분의 21%를 매입하고 EBX사가 리우에 건설 중인 제철소에 35억 달러를 투자할 계획을 세우고 있다. 중국 장수성 산하 국영기업인 ECE는 브라질 광산업체인 Itaminas 지분 및 철광산을 매입하였다.

한편 중국에 투자하는 외국인 기업들은 중국에 현지공장만을 건설하는 것이 아니라 R&D 센터를 건립하고 있다. 중국으로의 투자 초기에는 현지화를 위해 생산공장만 건립하였으나 2008년 말 외국인 기업들은 중국 내에 R&D 센터를 설립하기 시작하여 그 수는 1,200개를 넘고 있다. 더 나아가 외국인 기업의 경우 초기에는 원가절감의 목적으로 중국에 R&D 센터를 설립했으나 최근에는 시장개척을 위한 목적으로 바뀌고 있다. 즉, 외국인 기업이 중국 내 설립하는 R&D 센터는 중국의 대소비지를 겨냥하여 중국 내수시장 진출을 위한 현지화의 전초기지 역할을 하고 있다.

(2) 해외직접투자에서의 새로운 변화

산업부문별로 해외직접투자의 비중을 보면 점차 제조업부문에서의 해외직접투자의 비중은 줄어드는 데 비해 농업부문과 서비스부문에서의 비중은 증가추세를 보이고 있다. 특히, 농업부문의 경우 1990년대 초에는 매년 10억 달러에 불과하였으나 2005년 이후에는 3배나 증가한 매년 30억 달러씩 투자되고 있다. 이는 식량 수입에 대한 수요가 증가하였을 뿐만 아니라 바이오연료 생산에 대한 증가, 토지와 물 부족에 따른 식량문제가 심각하게 대두되고 있기 때문으로 풀이된다. 비록 전체 투자액에서 농업부문이 차지하는 비중은 낮지만, 농업부문에서의 외국인직접투자로 인한 자본형성은 농업에 의존하고 있는 소국가의 경제성장에 상당한 영향을 미치고 있다.

식량부족과 식량위기를 직면하게 되면서 남-남(south-south) 간 농업부문의 해외직접투자가 늘고 있다. 즉, 농업부문에서 개발도상국가 간에 FDI 투자가 증가하고 있다. 대표적인 예로 말레이시아의 Sime Darby's 기업은 2009년 플랜테이션 목적으로 리베리아에 8억 달러를 투자하였고, 중국도 메콩강 지역의 라오스와 캄보디아에 사탕수수, 고무, 옥수수 생산을 위해 투자하고 있으며, 잠비아의 Zambeef's 기업도 생산확대를 위해 가나와 나이지리아에 투자하고 있다.

이렇게 서로 인접한 지역으로의 농업생산을 위한 투자만이 아니라 최근에는 식량확보 차원에서 전형적인 식량수입국가인 한국을 비롯한 중동의 여러 국가들의 경우 정부 차원에서 식량의 안정적 공급을 위해 인구에 비해 경작지가 넓은 해외 지역에 직접투자를 늘리고 있다. 이러한 투자를 통해 투자유치국의 식량생산을 늘리고 이를 통한 수출물량 확보 및 통제를 시도하려는 것이다. 더 나아가 중동국가들의 경우 과소하게 이용되고 있는 농경지를 확보하기 위한 투자도 상당히 많은 관심을 보이면서 투자액을 늘리고 있는데, 이는 단지 경작지뿐만 아니라 토지에 필요한 관개용수를 확보하기 위해서이다. 중국도 농업생산에 필요한 물 부족으로 인해 농업부문에 투자를 늘려나가고 있다. 그림 13-26은 2006~2009년 동안 해외에 농업 생산을 위해 양자 간에 협정을 체결하였거나 시행되고 있는 사례 수를 나타낸 것으로 세계 전체적으로 48개 사례가 나타나고 있다. 한국도 해외에서의 농업생산을 위해 2개의 투자협정을 맺고 있다(UNCTAD, 2009).

한편 전통적으로 저개발국가는 해외원조를 통해 자본을 형성하여 왔다. 그러나 1990년대 중반 이후 특히 2000년대 들어서면서 저개발국가로의 해외직접투자가 늘어나고 있다. 그 결과 2005년에는 전형적인 정부 차원에서 이루어지는 선진국의 양자간 개발원조

(ODA: Official Development Assistance) 금액을 능가할 정도로 외국인직접투자가 증가하였다(그림 13-26). 1990~2009년 동안 대부분의 저개발국가의 경우 외국인직접투자액이 증가하였다(부르나이, 네팔, 사모아 등의 소수 국가는 예외임). 이렇게 저개발국가를 향한 해외직접투자가 늘어나고 있는 것은 이들 국가의 입지적 우위성, 예를 들면 대규모 시장, 저렴한 비용의 자원보유 및 저렴한 생산비용 등으로 인해서이다.

해외직접투자와 정부개발원조와는 밀접한 관계를 가질 수 있다. 원조를 통해 인적자본과 각종 인프라를 지원받아 개발이 어느 정도 수준에 오르게 되면 해외직접투자를 유인하게 된다. 즉, 정부개발원조를 통해 해외직접투자를 유치할 수 있는 여건으로 개선되어 해외직접투자를 유치하게 되면 저개발국가의 경제발전에 도움이 될 수 있다. 그러나 해외직접투자로 인해 나타나는 긍정적인 효과와 경제발전에 미치는 영향력은 투자유형 및 외국기업에 대한 현지국의 상황에 달려 있다.

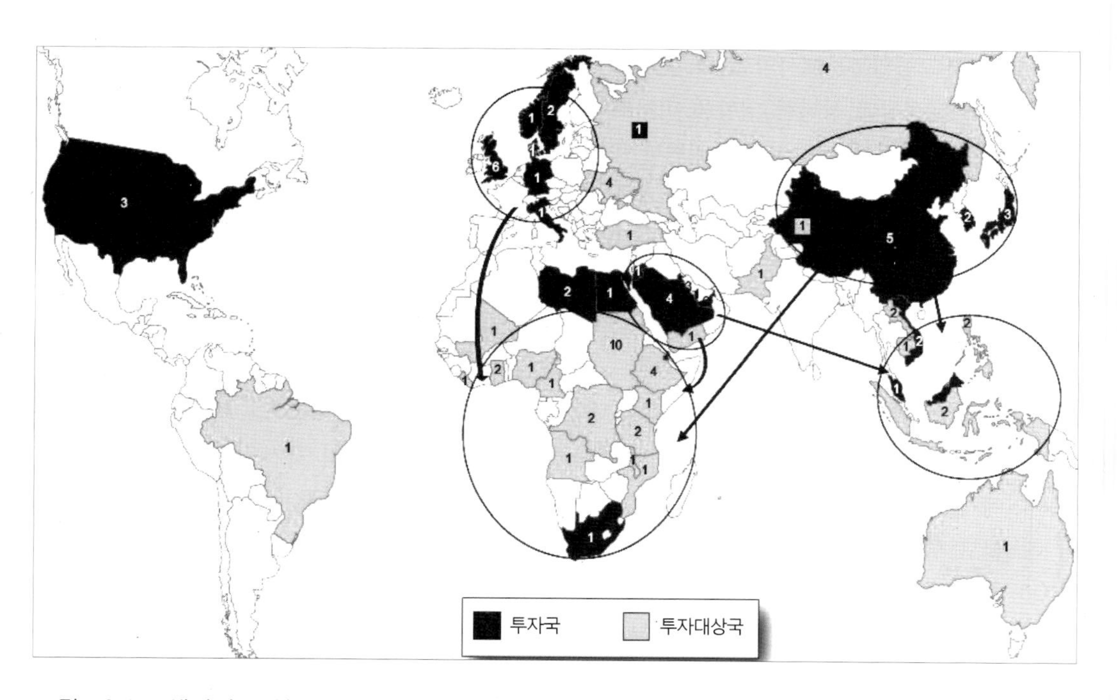

그림 13-26. 해외의 농업생산을 위한 주요 투자국과 투자대상국의 분포
출처: UNCTAD(2009), World Investment Report, p. 123.

3) 해외직접투자 정책의 발달 과정

경제의 세계화가 진전되면서 세계 각국들은 외국 기업을 유치하기 위해 국가의 규제 정책을 바꾸어가고 있다. 1992~2016년 동안 각 국가들이 해외직접투자의 흐름에 장애를 주는 규제들을 완화하는 추세를 살펴보면 해외직접투자 흐름에 유리한 방향으로 자유화를 촉진시키는 방향으로 규제를 완화한 국가의 수는 1992년 43개 국가에서 2006년에는 사상 최대의 70개국으로 늘어났다. 또한 자유화를 추진하는 방향으로 규제를 변경한 수도 1992년 77개이던 것이 2006년에는 126개로 증가되었다(표 13-20). 전반적으로 해외직접투자 흐름이 유리한 방향으로 규제를 바꾸어 나가고 있으나, 일부 규제를 더 강화하는 방향으로 규제를 변경하는 사례도 나타나고 있다. 2016년 해외직접투자에 관한 정책은 124가지로 나타나고 있다. 이 가운데 약 70%는 자유화, 개방화를 통해 해외투자를 유인하려는 정책이다. 반면 약 30% 가량의 정책은 오히려 보다 해외투자를 억제 또는 통제하는 정책이다. 선진국의 경우 자유화가 거의 다 이루어졌기 때문에 자유화를 위한 정책으로 규제정책을 바꾸고 있는 국가들은 주로 아프리카와 아시아 국가들이다(그림 13-27).

표 13-20. 투자유치를 위한 국가 규제의 시계열적 변화, 1992~2016

구분	1992	1998	2002	2006	2008	2010	2012	2014	2016
변화를 가져온 국가 수	43	60	43	70	40	54	57	41	58
규제 변화 수	77	145	94	126	68	116	92	74	124
자유화/촉진	77	136	79	104	51	77	65	52	84
규제/제한	-	9	12	22	15	33	21	12	22
중립/미결정	-	-	3	-	2	6	3	10	18

출처: UNCTAD, World Investment Report, 해당연도.

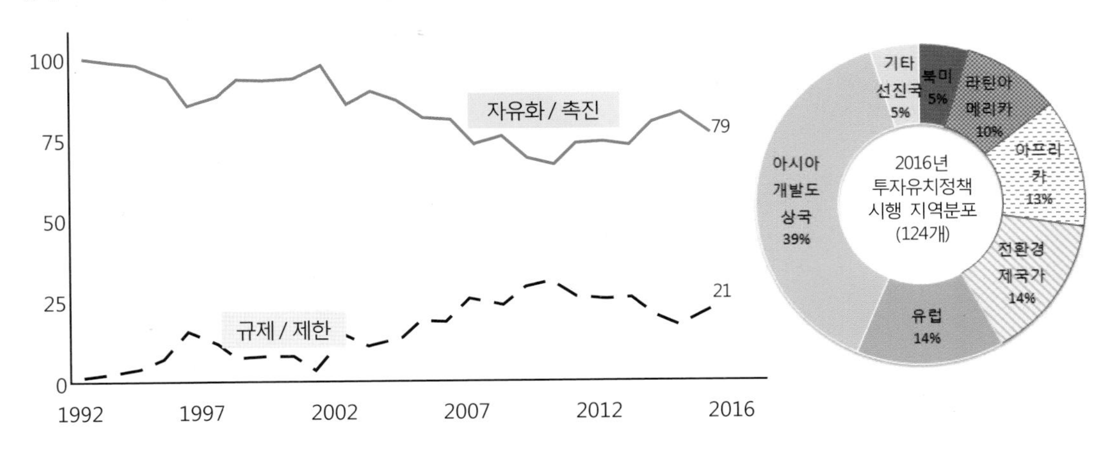

그림 13-27. 투자유치를 위한 규제 유형별 변화와 해당국가 분포
출처: UNCTAD(2017), World Investment Report, p. 99~100.

해외직접투자는 투자국과 투자유치국 모두 정부의 정책에 영향을 받게 된다. 최근 개발도상국으로 투자가 늘고 있는 것은 개발도상국들이 외국인 투자에 대한 각종 인센티브와 규제 완화를 적극적으로 시행하고 있기 때문이라고 볼 수 있다. 이렇게 세계 각국이 심화되어 가는 경쟁 속에서 외국인 투자유치를 위해 투자제도를 보다 자유화하는 방향으로 옮겨가고 있는 동시에 한쪽에서는 보다 공공정책의 목적을 위하여 해외직접투자를 규제하여야 한다는 방향으로 이분화되어 가고 있다. 즉, 점차적으로 투자기업과 투자정책 간에 권리와 의무를 균형 있게 조정해 가려는 노력이 이루어지고 있다.

이러한 정책방향의 이분화는 투자정책의 진화과정을 통해 발전되어 왔다고 볼 수 있다. 해외직접투자에 대한 정책의 초기단계인 1950년대에서 1970년대에의 규제 정책은 주로 국가가 주도하는 성장기(state-led growth)였다. 이 시기에는 정부가 해외직접투자를 위한 법을 제정하고 실행하며 필요한 조건을 마련하였다. 그러나 1980년대 이후 2000년대 초기에는 시장이 주도하는 성장기(market-led growth)로 바뀌었다(그림 13-28). 특히, 1970년대 말 세계경기 침체로 인해 민영화와 자유화가 이루어지면서 시장의 메커니즘에 맡기게 되었다. 이에 따라 민간기업이 해외직접투자정책에 주도권을 가지게 되었고 초국적기업들이 등장하면서 해외직접투자는 상당히 증가하였다. 그러나 해외직접투자 정책의 3단계로 접어든 2010년부터 점차 시장을 동력화한 발전(market-harnessing development)을 추구하려는 목적을 수립하게 되었으며, 이에 따라 민간부문과 공공부문 간의 이해관계를 재균형화하는 시도가 이루어지고 있다. 특히 지속가능한 개발을 보다 잘 달성하기 위하여 시장 행위자들에게 인센티브와 역량을 제공할 뿐만 아니라 필요·인식하며, 적절한 규제와 제도적 틀 안에서 투자활동이 이루어져야 한다는 관점이 지배적이다.

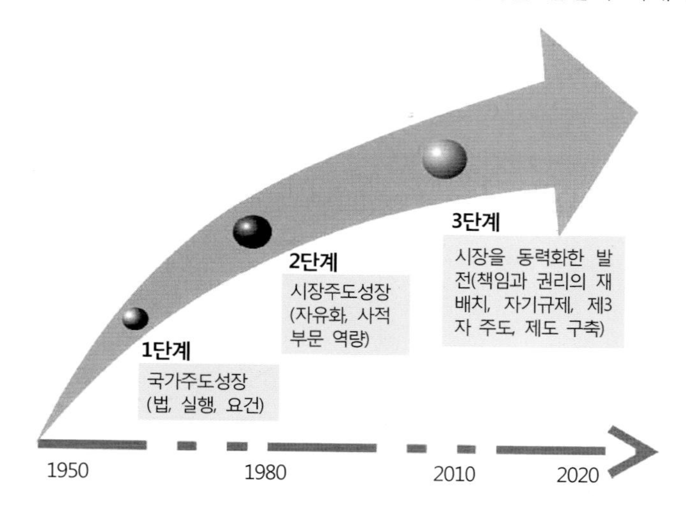

그림 13-28. 해외직접투자 정책의 발달과정
출처: UNCTAD(2010), World Investment Report, p. 156.

4 해외직접투자와 지역경제발전

초국적기업의 해외직접투자는 생산의 세계화를 통해 핵심국가들과 주변국가들을 통합시키고 있다. 특히 초국적기업의 활동은 문화적 장벽이나 지리적 거리감 등을 극복하고 주변국가들을 세계시장으로 연계시키는 중요한 역할을 하고 있다. 그러나 초국적기업의 해외직접투자가 투자유치국의 경제발전에 어떠한 영향을 미치고 있으며, 또한 자국의 경제성장에는 어떠한 영향을 주고 있는가에 대해서는 정확하게 파악되지 못하고 있다. 해외직접투자가 투자유치국의 경제발전에 긍정적인 역할을 하고 있다는 주장과 함께 한편에서는 오히려 경제발전에 크게 기여하지 못하고 부정적인 영향을 주고 있다는 주장도 대두되고 있다. 이와 같이 많은 논쟁에도 불구하고 최근 개발도상국뿐만 아니라 선진국에서도 해외직접투자를 유치하기 위해 다양한 인센티브를 제공하고 있다. 여기서는 초국적기업에 의한 해외직접투자가 투자유치국(host country)과 자국(home country)의 경제발전에 어떠한 영향을 주는가에 대해서 살펴보고자 한다.

1) 초국적기업과 투자유치국 간 관계의 역동성

초국적기업이 투자유치국에 미치는 영향력은 양자가 생산 네트워크에 어떻게 연계되어 있는가에 따라 달라질 수 있다. 즉, 해외 생산시설이 현지에서의 생산을 통한 가치사슬 창출과 그로부터 얻게 되는 수익의 흡수 및 수익 누출 수준에 따라 투자유치국에 미치는 영향력은 달라지게 된다. 또한 현지 지역의 경제 행위자들이 그들이 가지고 있는 지역의 지식, 기술, 노동력 및 지역의 고유한 특성과 같은 지역자산을 어떻게 활용하는가에 따라서도 초국적기업이 현지 기업에게 미치는 영향력은 달라질 수 있다.

초국적기업은 지속적인 기업 성장을 위해 기존 시장이나 새로운 시장에 제품을 공급하기 위해 필요한 생산요소 비용의 지리적 차이를 활용하는 입지의 유연성을 최대화하려는 전략을 구사하게 된다. 반면에 투자유치국의 입장에서는 자국 내에서의 생산 활동을 통해 창출된 부가가치를 자국에서 가능한 최대한도로 보유하기 위해 초국적기업의 활동을 자국 내에서 뿌리내리게 하는 정책을 강구하게 된다(그림 13-29). 초국적기업의 입장에서는 여러 나라들에서 기업 유치를 위해 제공하는 유인 요소들을 비교하고 투자유치국에서 유인하는 투자기회에 대한 매력도를 평가한다. 또한 투자대상국의 시장 규모도 고려하여 투자대상국을 결정하게 된다. 투자유치국의 경우 해외에 투자하려는 초국적기업들 가운데 기업특유 우위성을 고려하고 외국 기업이 투자유치국에 주는 긍정적인 영향력 및 자국 내 기업들의 요구에 어느 정도 부합되는가를 고려하면서 외국 기업을 유치하려고 한다.

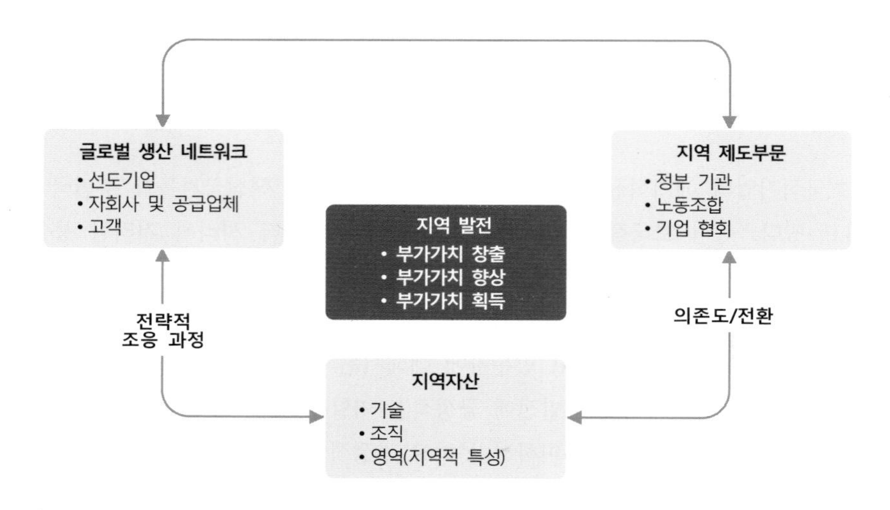

그림 13-29. 초국적기업의 생산 네트워크 속에서의 투자유치국의 지역발전
출처: Dicken, P.(2015), p. 273.

이와 같이 초국적기업과 투자유치국 간 서로 다른 이해관계 속에서 이루어지는 기업 유치를 위한 협상은 양자가 갖고 있는 제약조건과 발휘할 수 있는 힘의 원천(권력자원)에 의해 좌우된다고 볼 수 있다. 즉, 양자는 주어진 제약조건 하에서 각자가 발휘할 수 있는 힘의 원천을 최대한 사용하여 협상하려고 한다. 이러한 초국적기업과 투자유치국 간의 협상력을 비교해 볼 때 일반적으로 투자유치국은 초국적기업에 비해 보다 더 다양한 제약요소에 민감할 수밖에 없다. 반면에 초국적기업은 대안적인 여러 투자대상국 가운데서 자신들이 선호하는 입지를 선택할 수 있는 유연성과 권한을 갖고 있다. 하지만 초국적기업이 세계적으로 통합된 전략을 시행하는 수준은 투자유치국의 행태에 의해서도 제약을 받게 된다. 만일 투자유치국이 보유한 자원이 희소할수록 투자유치국은 그 자원을 기반으로 하여 자신의 협상력을 더 크게 발휘하려고 한다(그림 13-30).

일례로 투자유치국이 풍부한 국내 시장을 가지고 있는 경우(예: 중국) 초국적기업으로 하여금 보다 시장지향적인 전략을 추구하도록 협상력을 발휘하게 된다. 이런 경우 투자유치국은 자국 내 상황에 맞는 조건을 제시하게 되며, 단지 생산시설뿐만 아니라 보다 상위 수준의 투자(예를 들면 R&D 시설의 입지)를 유치하기 위해 힘을 발휘하게 된다. 그러나 만일 초국적기업의 투자 목적이 투자유치국의 시장 규모가 아니라 값싼 노동력을 이용하려는 경우라면 투자유치국의 협상력은 상당히 제한적일 수밖에 없다. 왜냐하면 값싼 노동력은 세계적인 차원에서 보면 희소자원이 아니기 때문이다. 반대로 투자유치국이 힘을 발휘하는 것이 제한되거나 매우 축소되는 경우 초국적기업은 제조와 유통 네트워크를 전 세계적으로 통합하여 투자와 시장 접근에서 더 많은 규제와 제약을 발휘하게 된다.

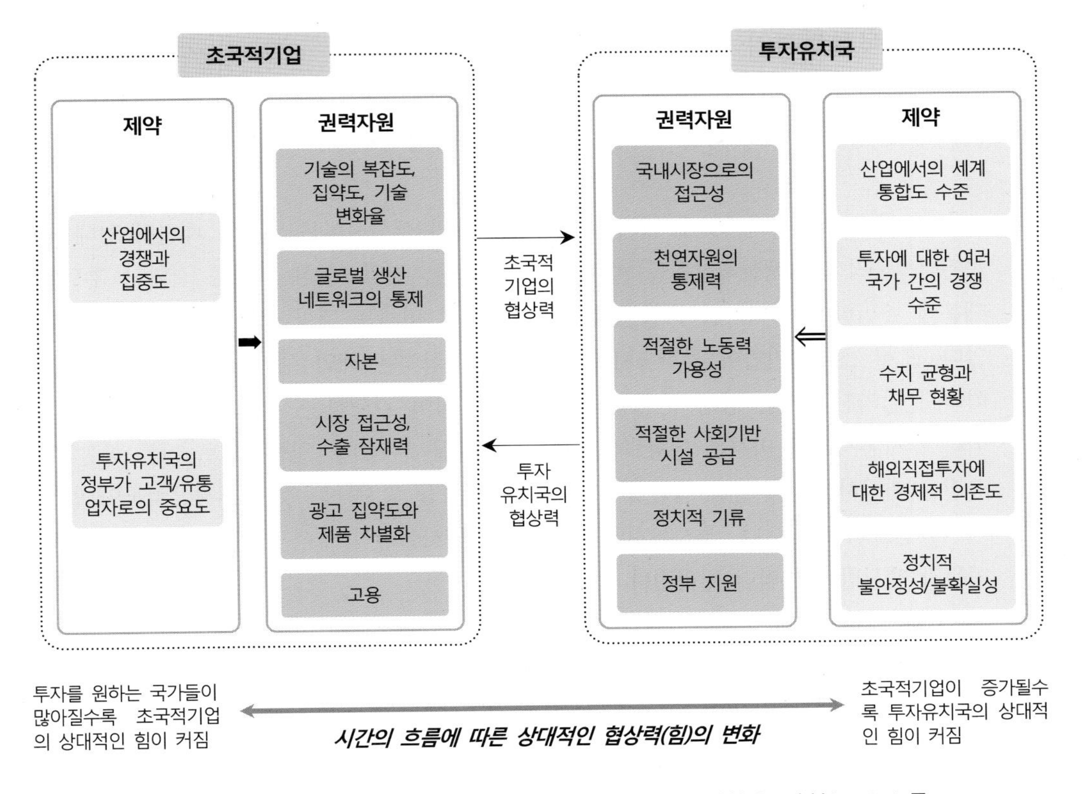

그림 13-30. 초국적기업과 투자유치국 간의 협상관계에 영향을 미치는 요소들
출처: Dicken, P.(2015), p. 244.

이렇게 초국적기업과 투자유치국 간의 협상력은 궁극적으로 양자 간에 주어진 제약조건을 최소화하고 얼마나 힘을 더 발휘하는가에 따라 달라지게 된다. 그러나 이러한 양자 간 협상 관계도 동태적으로 변화하게 된다. 투자의 초기 단계에서는 초국적기업의 힘이 더 크게 발휘되어 다소 유리한 조건 하에서 투자유치국에 투자하게 된다. 그러나 일단 고정자본이 매몰비용이 되고 나면 투자유치국의 협상력은 점차 강화된다. 즉, 투자유치국 내에서 생산이 이루어지게 되면 투자에 대한 위험수준도 감소되고, 외국인 기업이 가지고 있었던 기업특유 우위의 자산이나 소유권이 강화되었던 기술도 이전되기 때문이다. 특히 시간이 지남에 따라 외국인 기업으로부터 상품 개발과 기술 이전을 통해 경쟁력을 갖추게 되면 투자유치국의 지위는 더 높아지게 되면 양자 간 협상에서 투자유치국의 힘은 점차적으로 더 커지게 된다. 물론 그 반대의 양상도 나타날 수도 있다.

2) 해외직접투자가 투자유치국에 미치는 영향

(1) 해외 생산시설의 특성과 기능에 따른 영향력

일반적으로 초국적기업에 의해 이루어지는 해외 생산시설은 일련의 패키지 형태로 제공된다. 물리적인 생산시설뿐만 아니라 금융, 기술, 경영, 시장 부문을 결합한 투자이기 때문에 이러한 초국적기업의 활동이 투자유치국에 미치는 영향력을 파악하는 것은 쉽지 않다. 또한 초국적기업이 투자유치국에 미치는 영향력은 해외 생산시설의 특성과 기능에 따라서 달라진다. 즉, 공장이 설립되는 방법, 공장이 수행하는 기능, 공장의 생산방식에 따라 투자유치국에 미치는 영향력은 상당히 달라질 수 있다. 일반적으로 기존 공장의 소유권을 이전하는 매수형의 설립보다는 새로운 공장을 입지하는 것이 투자유치국의 입장에서 더 선호되고 있으나, 투자유치국 경제에 어떤 시설방식이 더 이익을 주는가는 공장의 기능과 생산방식에 따라 달라진다.

해외 생산시설이 수행하는 기능에 따라서도 투자유치국의 경제에 미치는 영향력은 달라진다. 해외 생산시설의 설립 목적은 투자유치국의 원료를 개발하려는 목적, 수입대체의 전략으로 시장침투를 위한 목적, 또는 최종 상품 또는 부품을 수출하는 전진기지로 활용하고자 하는 목적 등 매우 다양하다. 또한 이러한 설립 목적에 따라 생산방식, 업종 유형, 도입되는 기술, 생산 규모, 본사와 분공장과의 통합수준도 차이가 나게 되며 그에 따라 투자유치국의 경제에 미치는 영향력은 달라질 수 있다.

한편 투자유치국에 이전되는 기술의 적합성에 따라서도 그 영향력이 달라진다. 외국기업에 의해 개발도상국으로 이전되는 기술이 과연 개발도상국의 생산 환경에 얼마나 적합하며, 또 쉽게 적용할 수 있는가는 매우 중요하다. 외국 기업에 의해 이전된 생산기술이 자본이 부족하고 미숙련 노동력이 풍부한 개발도상국의 주어진 상황에 적합하지 못한 경우 투자유치국의 경제성장에 별로 도움을 주지 못하게 될 것이다.

이와 같이 해외 공장의 설립 방법, 설립 목적, 생산방식에 따라 해외직접투자가 투자유치국에 미치는 영향은 달라질 수 있다. 그러나 초국적기업의 해외 생산시설의 특성뿐만 아니라 투자유치국의 특성에 따라서도 그 영향력은 달라질 수 있다. 또한 모국과 투자유치국 간의 경제발전 수준과 사회·문화적 차이에 따라서도 해외직접투자의 영향력은 달라지게 된다(그림 13-31).

해외직접투자로부터 투자유치국이 어느 정도 혜택을 얻는가는 자본이동의 순 수지(net balance)와 무역으로부터의 순 소득을 통해 파악될 수 있다. 만일 투자유치국이 해외직접투자를 유치하기 위해 금융 지원이나 세제 특혜를 부여하거나, 공장 설립에 필요한 사회간접자본을 제공하여 사전에 많은 자금을 투입하였다면 투자유치국 경제에 미치는 영향력

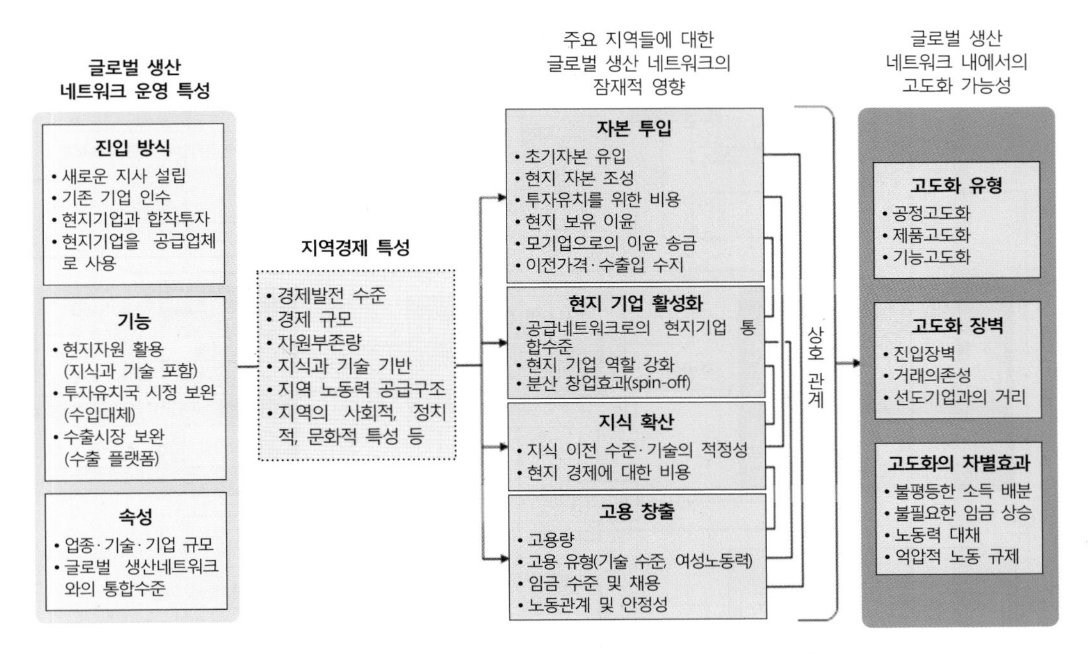

그림 13-31. 글로벌 생산 네트워크가 투자유치국 지역경제에 미치는 영향
출처: Dicken, P.(2015), p. 256.

을 파악하기 더욱 어렵게 된다. 이런 경우 해외직접투자를 유치하기 위해 사전에 투입된 자금보다 해외직접투자의 유치 결과 기대되는 수익이 많아야만 투자유치국에게 긍정적인 영향을 주게 될 것이다.

초국적기업에 의한 해외직접투자가 투자유치국의 경제에 미치는 영향력을 평가할 때 가장 중요한 항목 중 하나는 세계교역에서 초국적기업의 역할과 해외 생산시설의 현지 기업과의 연계수준이다. 즉, 초국적기업의 투자가 현지 기업과 어느 정도 통합되고 있으며, 기술이전과 고용창출 및 지역 내 창업에 어느 정도 영향을 미치고 있는가이다. 특히 초국적기업과 현지 기업 간의 연계성은 기술이 이전되는 가장 중요한 통로가 되며, 이렇게 습득된 기술은 그 지역의 생산성과 경쟁력을 높여주는 촉매역할을 하게 된다(그림 13-32). 초국적기업의 해외직접투자가 투자유치국에 미치는 영향력을 정확하게 측정하는 것은 매우 어려우며, 외국인 분공장의 설립이 투자유치국에 미치는 영향력은 분공장의 설립목적과 생산방식 및 투자유치국의 경제적 특성에 따라서도 달라진다. 초국적기업에 의한 해외직접투자가 투자유치국에 미치는 영향력을 평가하는 데 관련되는 요인들 간의 직·간접적 연계성을 보면 투자유치국 경제에 초국적기업이 깊이 침투하여 의존성이 커져서 투자유치국의 통제력과 권위가 감소될 위험성이 있다는 점은 매우 확실하다.

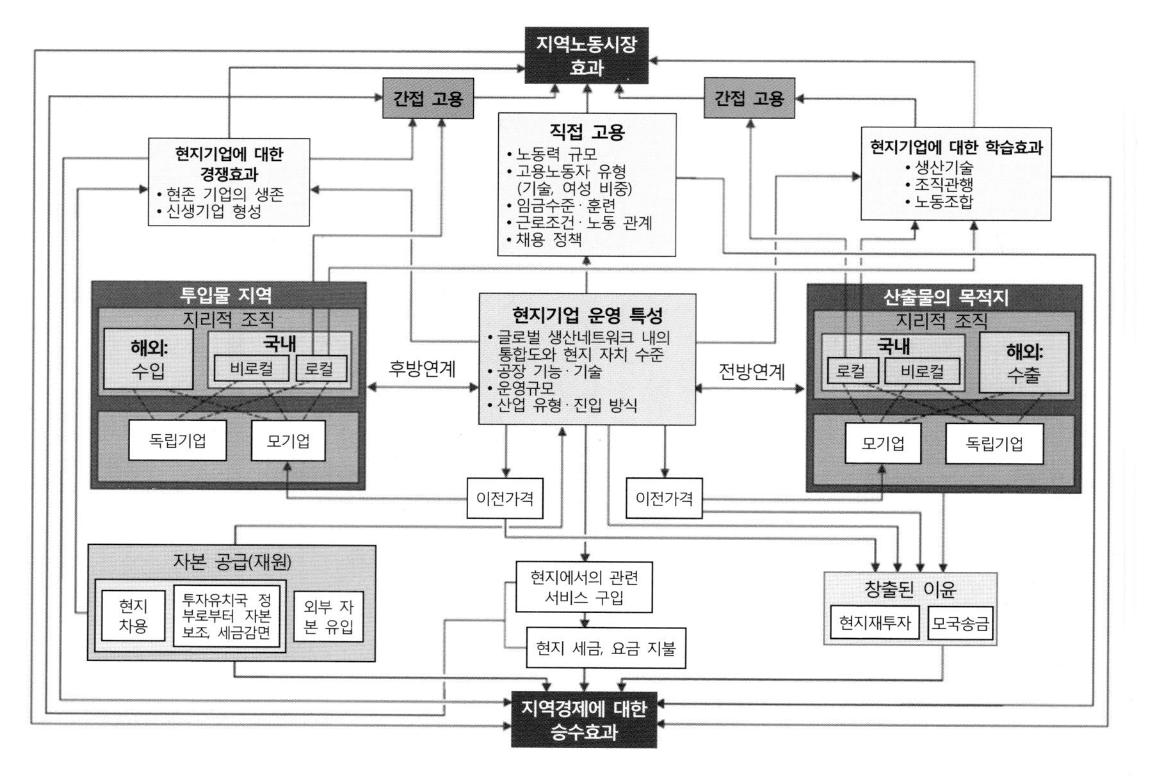

그림 13-32. 글로벌 생산 네트워크가 투자유치국 지역경제에 미치는 직·간접적 연계
출처: Dicken, P.(2015), p. 257.

(2) 초국적기업이 투자유치국에 미치는 영향력

개발도상국의 경우 추가적인 외채부담 없이 필요한 자본을 안정적으로 유치할 수 있다는 점에서 외국인직접투자를 유치하려고 노력한다. 초국적기업을 유치하는 경우 투자자금뿐만 아니라 경영관리나 기술도 함께 투자유치국 내로 들어오게 된다. 이렇게 도입된 해외기술은 투자유치국 내 부품업체나 하청기업으로 확산되며, 이러한 기술을 활용하여 생산된 제품이 중간재 형태로 다른 완제품 생산에 사용되는 경우 다른 분야에도 상당한 파급효과를 가져올 수 있다. 이와 함께 해외직접투자는 현지에서 연구개발 활동이나 기술연수 프로그램을 통해 현지의 기술 인력을 양성하기도 한다. 이런 경우 현지 인력의 생산능력이 향상되어 생산성이 향상될 수도 있다. 또한 초국적기업의 투자 유치는 직접적인 고용창출 효과 이외에도 초국적기업을 위해 원자재나 중간재를 납품하는 기업들과 완제품의 유통·판매에 관여하는 기업의 고용까지 늘리는 간접적인 고용창출 효과도 나타날 수 있다.

이와 같이 투자유치국으로의 초국적기업의 분공장 설립은 직접적인 노동력 창출뿐만 아니라 현지 기업과의 연계성을 통해 간접적으로 고용기회를 창출하게 된다. 해외 분공장이 현지 기업들로부터 원료나 부품을 구입하거나 생산된 제품의 시장판매 및 운송을 위해 현지 기업과 긴밀한 연계성을 가질 경우 전·후방 연계효과로 인해 고용승수 효과도 경험할 수 있게 된다.

그러나 일반적으로 투자유치국인 개발도상국으로의 투자는 수출 플랫폼으로 활용되는 경우가 많다. 이렇게 플랫폼으로 활용되는 경우 현지 지역경제와의 연계성이 적으며, 여성 노동력 또는 저기술의 단순 노동력을 이용하는 생산방식이 도입되고 선진국에서 필요한 제품을 생산하는 생산기지로서 역할을 수행하게 되므로 자국 내에서는 다소 고립된 섬(enclaves)으로 발전하게 된다. 초국적기업의 분공장이 현지의 토착기업과의 전·후방 연계성을 갖고 있지 못하고 투자유치국 내에서 고립된 섬과 같이 생산 활동을 하는 경우 직접적 고용 이외에 간접적인 새로운 고용은 창출하지 못하게 된다. 더 나아가 외국인 투자로 인해 창출되는 직·간접 고용효과도 있지만 초국적기업의 진입으로 인해 토착기업이 파산되거나 경쟁력이 약화되어 고용감소가 초래될 수도 있다. 또한 초국적기업에 의해 창출되는 직종은 주로 미숙련 생산직이 대부분이어서 전문직, 경영직 등의 화이트칼라직의 창출은 매우 적게 된다. 이와 같은 초국적기업이 투자유치국에 미치는 긍정적인 영향력과 부정적인 영향력을 요약하여 정리하면 표 13-21과 같다.

표 13-21. 초국적기업이 투자유치국 지역에 미치는 긍정적·부정적 영향력

	긍정적 영향력	부정적 영향력
지역 경제	• 투자 투입으로 소득 기회 증가 • 세계적 지식과 관리기술로 인해 경쟁적 우위를 가져옴 • 훈련, 고용 정책으로 인해 기술 향상 • 지역의 자금기반, 자립도 향상	• 외부 통제에 의존적 • 공장 폐쇄나 일자리 감소에 보다 취약함 • 지역경제의 탈기술화 또는 하향화 • 세계 생산과의 연계로 인해 국지적으로 생산의 고립화로 현지와의 연계성 미약 • 다른 부문과의 연계 부족으로 인해 발달경로 좁아짐
지역 기업	• 내부 투자가를 공급하는 새로운 기회 창출 • 초국적기업의 수출시장으로의 피드백 • 해외직접투자 실행의 모방을 통한 학습	• 지역시장에서의 경쟁 심화 • 생산요소 가격을 올리는 노동, 토지, 자본 경쟁 심화 • 공급자로서의 지배적인 고객 기업과 밀착화
지역 커뮤니티	• 교통 및 통신의 인프라 확충 • 해외직접투자의 사회적 투자 (학교 및 커뮤니티 서비스)	• 지역문화 및 사회의 파괴/간섭 • 자원의 불일치: 커뮤니티 프로젝트보다는 해외 직접투자 지향적 인프라로의 투자 경향
고용	• 지역주민들에게 새로운 고용, 일자리 창출 • 인적자원 관리를 위한 보다 적극적인 훈련	• 위압적인 관리 전략 도입 • 일상적이거나 낮은 수준의 일자리 • 기업 특유의 훈련에 한정, 비전환적임
정치적 합의	• 강력한 외부행위자의 영향으로 국가 자원에 대한 지역 간 경쟁으로 인해 지역 역량 신장	• 지역개발 아젠다는 다국적기업 관심에 주도됨 • 대안적 정치 논의는 한계적, 민주화 약화됨

출처: Mackinnon, D. and Cumbers, A.(2014), p. 139.

5 우리나라 해외직접투자의 성장과 투자 흐름

1) 해외직접투자의 성장과 투자국의 분포

(1) 해외직접투자의 성장

우리나라에서 최초로 이루어진 해외직접투자는 합판산업을 위해 필요한 목재를 생산하는 공장을 설립하려고 1968년 인도네시아에 285만 달러를 투자한 것이었다. 1970년대까지 우리나라 기업의 해외투자는 삼림개발과 광업, 수산업에 집중되었다. 1980년대에 들어오면서 산업원료 부족에 따라 자원개발을 위한 목적으로 해외직접투자가 본격적으로 이루어지게 되었다. 당시 해외직접투자의 40% 이상이 주로 광업이었고 임업도 15% 내외를 차지하였으며, 주요 투자지역도 라틴아메리카와 오세아니아였다.

그러나 1980년대 중반 이후 노사분규가 일어나고 임금이 상승되면서 외국의 저임금 노동력을 이용하기 위한 목적으로 제조업 부문의 해외투자가 본격적으로 시작되었다. 특히 이러한 추세는 1980년대 후반 무역수지 흑자에 따른 원화절상이라는 외부 영향과 산업구조 변화로 인해 더욱 가속화되었다. 1972년 15건의 2.7백만 달러이던 해외직접투자는 1990년에는 906건에 투자액도 23.8억 달러로 급증하였다. 1996년에는 3,213건으로 증가하였고 투자액도 71.2억 달러로 증가하였다. 그러나 1998년대 외환위기로 인해 해외직접투자는 주춤했으나 외환위기 극복 후 다시 증가하고 있다. 1995년 세계무역기구가 창설되면서 자유무역협정으로 지역 블록화 경향이 심화되자 한국 기업들은 무역장벽을 피하기 위한 목적으로 현지에 공장을 세우는 간접수출형 투자도 늘어나게 되었다. 그 결과 2001년에는 3,994건에 64.8억 달러이던 해외직접투자는 2006년에는 10,147건에 신고금액도 196.2억 달러로 증가하였다. 2007년 해외직접투자 신고건수는 12,973건으로 사상 최고 건수를 기록하였으며, 신고금액도 390.3억 달러를 나타내었다. 2010년대에도 한국 기업의 해외직접투자는 지속적으로 증가하고 있는 추세이며, 2016년 해외직접투자 신고금액은 492.4억 달러로 사상 최대 투자금액을 기록하였다(그림 13-33). 이는 우리나라 기업들의 활동이 세계화되어 가고 있음을 말해준다.

이와 같이 우리나라 기업의 해외투자는 원자재 확보 목적으로 시작되어 해외시장 접근을 위한 시장개척 단계를 거쳐 저임금의 생산비용 절감을 위한 목적으로 발전했으며, 최근에는 현지시장 접근전략으로 발전해 나가고 있다. 전반적으로 해외직접투자 신고 금액에 비하면 실제로 투자금액은 다소 낮으며, 특히 최근에 들어올수록 신고 금액과 실제 투자 금액 간에 격차가 더 벌어지고 있다.

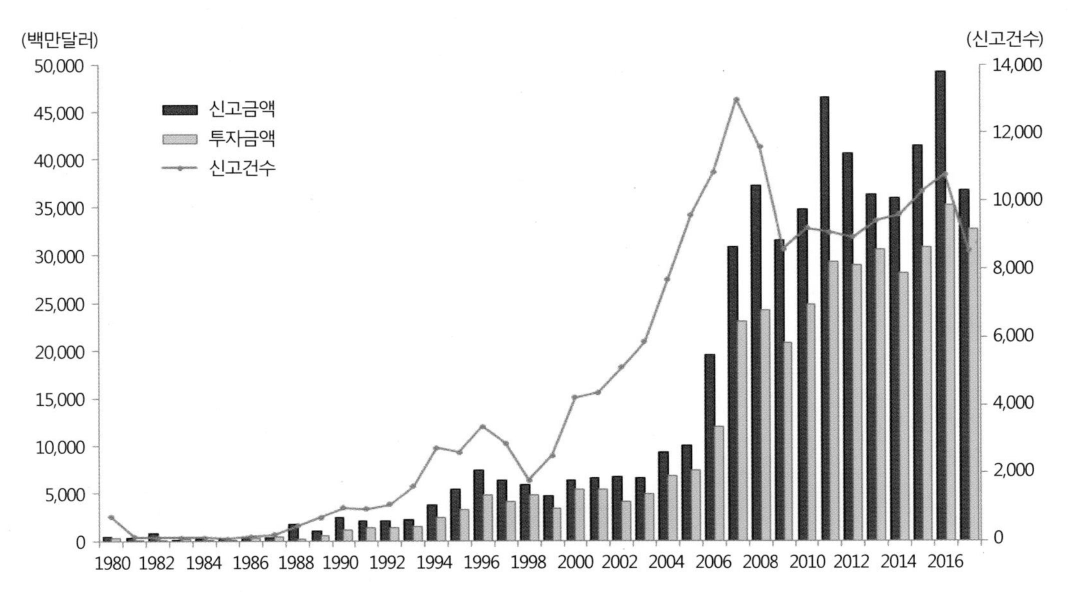

그림 13-33. 우리나라 해외직접투자의 성장 추이
출처: 한국수출입은행, 해외투자통계, www.ois.go.kr.

우리나라 기업의 해외투자가 증가하면서 해외직접투자가 GDP에서 차지하는 비중도 증가하고 있다. GDP 대비 해외직접투자액 비중은 2000년에는 약 5%였으나, 2008년에는 10%를 넘어섰으며, 2010년대에는 평균 14% 수준을 기록하고 있다. 그러나 프랑스, 영국, 독일, 미국 등 선진국에 비하면 해외직접투자가 GDP에서 차지하는 비중은 아직 낮은 편이다.

한편 우리나라 기업의 업종별 해외직접투자를 보면 상당한 변화가 이루어졌음을 알 수 있다(표 13-22). 1970년대 초까지 임업이 위주였으며 1980년대에 들어와 광업 부문의 투자가 급속히 증가하였다. 그러나 1990년대 들어서면서 제조업 및 도소매업의 비중이 지속적으로 증가하고 있다. 제조업 부문의 해외직접투자는 1980년대 후반 노사분규로 인해 국내 인건비가 상승하였고, 원화절상 및 선진국의 수입규제 강화 등에 따른 대응으로 지속적으로 증가하고 있다. 특히 IMF 이후 정부의 해외투자 활성화 정책에 힘입어 첨단산업이나 자동차 부문에서의 해외직접투자가 늘어나고 있다. 제조업의 해외직접투자 비중은 약 1/4을 차지하고 있는데, 이는 우리나라 대표적인 초국적기업 삼성전자와 현대자동차의 해외진출이 상당히 활발하게 이루어지고 있기 때문이다. 특이할 점은 2005년 이후 해외에서의 에너지 및 광물자원 확보를 위한 투자가 활발하게 이루어지고 있다. 2005년에 불과 9%를 차지하던 광업 부문의 투자는 2008년에는 25%로 증가하였으며, 2009년에는 가장 비중이 높은 37.6%를 보였으며, 2010년에도 약 30%를 보이고 있다. 반면에 도소매업에서의 투자 비중은 상당히 감소추세를 보이고 있다. 2000년대 후반 금융보험업과 부동산

표 13-22. 업종별 해외직접투자의 비중 변화, 1980-2017년

(단위: 백만불, %)

	1980	1990	2000	2010	2017
농업, 임업 및 어업	14.9	2.1	0.5	0.5	0.4
광업	11.9	14.9	5.7	29.9	3.9
제조업	13.3	59.1	30.2	27.9	24.0
전기, 가스, 수도사업	-	-	1.4	1.4	2.5
하수, 폐기물, 환경복원업	-	-	-	0.02	0.01
건설업	8.4	0.4	2.2	1.2	1.7
도, 소매업	8.1	11.3	13.2	5.1	16.6
운수업	0.5	0.3	1.7	2.3	2.9
숙박, 음식점업	0.5	2.8	4.9	1.1	0.7
출판, 영상, 정보서비스	0.0	0.0	5.4	1.5	6.0
금융보험업	38.5	6.3	1.9	16.7	23.8
부동산업, 임대업	2.3	2.7	8.3	6.9	11.4
전문, 과학, 기술 서비스	0.0	0.0	22.9	4.5	3.8
사업시설, 사업지원서비스	0.5	0.1	0.6	0.3	0.2
공공행정, 사회보장	-	-	-	0.02	0.8
교육서비스	-	-	0.03	0.1	0.3
보건, 사회복지서비스	0.3	0.0	0.1	0.1	0.4
예술, 스포츠, 여가			0.5	0.5	0.5
협회 및 단체, 개인 서비스	0.4	0.0	0.6	0.1	0.1
미분류	0.5	0.0	0.0	0.0	0.0
투자액(백만달러)	**470.3**	**2454.4**	**6,328.8**	**34,796.0**	**36,691.1**

출처: 한국수출입은행, 해외투자통계, www.ois.go.kr.

임대업의 해외진출도 상당히 증가 추세를 보이고 있다. 이와 같이 지난 40여 년간 한국 기업이 해외에서 투자한 누계금액을 기준으로 업종별 비중을 보면 제조업이 약 40%로 가장 높으며, 그 다음이 광업으로 약 20%를 차지하고 있다.

(2) 해외 투자국의 지역별·국가별 분포

한국 기업의 해외투자 지역들을 보면 투자 목적에 따라 상당한 차이를 보이고 있다. 해외직접투자의 지역별 비중을 보면 임업이나 광산자원 개발을 위한 투자가 주된 목적이었던 시기에는 동남아시아로의 비중이 높았으며, 1980년대 초반에는 중동으로의 투자가 주도하였다. 그러나 1980년대 후반 이후 제조업의 비중이 늘어나면서 중국을 비롯한 동남아시아로의 투자가 급격히 증가되면서 전체 해외투자의 절반을 차지하였다. 그러나 1990년대 들어서면서 북미로의 투자가 증가되면서 북미가 차지하는 비율이 30%를 차지하게 되었고, 유럽으로의 투자도 증가되고 있다. 중남미로의 투자는 2000년대 이후 상당히 증가추세를 보이고 있다. 그러나 2000년대 후반에는 다시 중국 및 아시아로의 투자가 늘어

표 13-23. 지역별 우리나라 기업의 해외직접투자 비중 변화

(단위: %)

지역	1980	1985	1990	1995	2000	2005	2010	2017
아시아	30.2	3.2	51.3	50.7	37.6	57.5	40.9	29.8
중동	16.2	59.1	0.1	0.1	0.8	5.2	1.0	1.4
북미	16.6	12.8	30.9	29.1	23.6	15.4	17.3	30.9
중남미	8.6	0.6	3.7	4.7	26.3	8.3	13.0	19.3
유럽	20.3	17.6	6.5	12.9	5.7	9.1	23.7	15.2
아프리카	5.9	0.1	0.7	0.6	3.5	2.7	1.2	0.7
대양주	2.3	6.5	6.8	2.0	2.6	1.8	2.9	2.8
투자액 (백만달러)	470.3	219.4	2454.4	5433.4	6328.8	9973.4	34796.0	36691.1

출처: 한국수출입은행, 해외투자통계, www.ois.go.kr.

나는 추세를 보이고 있으나, 2008년 후반 이후 세계 금융위기를 맞으면서 2009년 아시아로의 투자 비중은 줄어든 반면에 북미, 중남미, 유럽으로의 투자가 증가하는 추세를 보이고 있다. 2017년 시점의 지역별 해외직접투자액 비중을 보면 북미가 31%로 가장 높으며, 아시아(30%), 중남미(19.3%), 유럽(15.25) 순으로 나타나고 있다(표 13-23).

한편 국가별로 해외직접투자 비중의 변화를 보면 1980년대 초기 자원개발 목적으로 투자가 이루어진 시기에는 인도네시아를 필두로 하여 브라질, 사우디아라비아, 가봉, 수단에 집중 투자가 이루어졌다. 그러나 1990년대 들어와 미국으로의 투자가 가장 많아지는 가운데 여전히 자원개발을 위한 투자가 이루어져 인도네시아, 스리랑카, 캐나다, 호주로의 투자와 노동비가 싼 중국 및 동남아시아로의 투자가 나타나기 시작하였다. 1995년에는 여전히 미국으로의 투자가 많은 가운데 중국이 2위를 차지할 정도로 중국으로의 투자가 크게 늘어나면서 중국이 전체 해외투자의 약 1/4을 차지하게 되었다. 또한 베트남과 인도로의 투자 비중도 늘어나고 있다. 2000년대 들어서면서 중국으로의 투자가 가장 많은 비중을 차지하는 가운데 투자국도 다양화되고 있다. 중국으로의 투자비중이 높아지고 있는 것은 중국 현지의 저렴한 임금을 이용하려는 목적에서 국내 기업이 진출하였으나, 중국 경제가 성장하면서 중국의 현지시장을 개척하기 위한 목적으로 투자를 늘려나가고 있는 것이다. 2000년대 들어오면서 미국과 중국 외에도 홍콩, 호주, 베트남, 캐나다의 비중이 커지고 있다. 2010년 이후 한국기업의 해외직접투자는 미국이 계속해서 1위를 차지하고 있는 가운데 투자국들이 다소 변하고 있다. 케이만군도로의 투자가 집중되면서 2017년에는 투자국 2위를 보이고 있다.

이상에서 살펴본 바와 같이 한국 기업의 해외직접투자는 그동안 중국과 미국에 편중되고 있는 경향을 보였으나, 2000년대 후반 이후 홍콩과 베트남이 중요한 투자대상국으로 부상하고 있다. 광업 부문의 투자는 캐나다, 미얀마, 네덜란드가 주요 투자국이며, 제조업 분야는 중국, 미국, 러시아가 주요 투자대상국이다. 한편 최근 투자가 증가되기 시작한 부

표 13-24. 국가별 해외직접투자의 비중 변화, 1980-2017년

(단위: 백만달러, %)

	1980		1985		1990		1995	
1	인도네시아	25.5	예멘	58.8	미국	25.3	미국	27.1
2	네덜란드	20.0	네덜란드	17.3	인도네시아	19.3	중국	24.1
3	미국	12.7	미국	6.5	스리랑카	16.2	인도네시아	7.0
4	브라질	8.7	캐나다	6.4	캐나다	5.1	베트남	4.1
5	사우디아라비아	8.6	호주	6.1	호주	4.4	인도	3.5
6	가봉	3.5	인도네시아	2.1	필리핀	3.0	네덜란드	3.4
7	수단	2.9	홍콩	0.6	말레이시아	3.0	캐나다	2.6
8	괌	2.3	버뮤다	0.5	홍콩	2.7	홍콩	2.5
9	모리타니아	1.8	북마리아나	0.3	미얀마	2.5	케이만군도	2.4
10	일본	1.0	사우디아라비아	0.3	중국	2.3	폴란드	2.4
	소계	87.1	소계	98.8	소계	83.9	소계	79.2
	총액	275 (100%)	총액	219 (100%)	총액	2,380 (100%)	총액	5,310 (100%)

	2000		2005		2010		2017	
1	버뮤다	22.9	중국	37.9	미국	14.6	미국	40.1
2	미국	22.2	미국	14.8	중국	12.7	케이만군도	11.1
3	중국	16.3	홍콩	5.0	영국	10.6	홍콩	4.7
4	홍콩	5.0	버뮤다	4.2	베트남	6.4	중국	5.5
5	싱가포르	3.4	베트남	4.0	네덜란드	6.0	베트남	4.3
6	필리핀	3.0	슬로바키아	3.0	케이만군도	5.4	룩셈부르크	3.8
7	일본	2.3	브라질	2.6	인도네시아	5.2	아일랜드	4.1
8	알제리	2.0	일본	2.2	말레이시아	4.9	영국	2.8
9	호주	2.0	리비아	2.1	브라질	4.5	싱가포르	2.1
10	인도네시아	1.8	파나마	1.7	홍콩	4.4	인도네시아	1.7
	소계	81.0	소계	77.5	소계	74.7	소계	80.3
	총액	6,204 (100%)	총액	9,661 (100%)	총액	34,796 (100%)	총액	36,691 (100%)

출처: 한국수출입은행, 해외투자통계연보, 해당연도 참조.

동산 임대업은 영국, 호주, 미국 등으로 투자하고 있으며, 금융보험업은 홍콩, 케이만군도, 일본으로, 도소매업은 미국, 중국, 네덜란드로 집중 투자하고 있다. 해외투자규모로 본 상위 10위 국가들이 전체 해외투자액에서 차지하는 비중을 보면 1985년 99%에서 2005년에는 77.5%로, 2010년에는 74.4%로 낮아졌다. 이는 한국 기업들이 해외투자규모를 확대하면서 투자대상국도 점차 다변화되어 가고 있음을 시사해준다. 그러나 2017년에는 다시 상위 10개국의 비중이 80% 수준으로 상승하였다(표 13-24).

우리나라 기업의 해외직접투자는 자원개발 목적의 투자는 점차 줄어들고, 수출 촉진을 위한 투자 비중도 크게 낮아지고 있다. 해외직접투자 목적을 유형화하면 '저임금 활용' 목적(예: 베트남, 말레이시아 등 동남아시아 국가들로의 투자), '현지시장 진출' 목적(예: 현대차 중국 법인), '보호무역 장벽'을 피하기 위한 목적(예: 미국이나 영국으로의 투자), 그

리고 '생산거점 확보'를 위한 제3국으로의 진출(예: 현대차를 터키법인에서 생산해서 유럽에 판매)로 유형화할 수 있다. 특히 제3국으로의 진출은 수송비 및 생산비 절감을 위해 생산거점을 이전하여 현지생산을 하는 것이다. 최근 동남아시아 국가들의 경제개방 확대로 현지기업과의 공동 투자가 활발해지면서 현지시장 진출 목적이 부상하고 있다(표 13-25).

실제로 우리나라 기업의 해외투자 동기를 설문한 결과를 보면 가장 핵심 투자요인은 수출촉진을 위한 시장개척이며, 자원개발, 저임금 활용, 보호무역 장벽 순으로 나타나고 있다. 제조업의 경우 현지의 저임금을 활용하기 위한 것이 가장 중요한 동기로 나타나고 있다. 중소기업의 경우 인건비 등 비용 절감이 가장 주된 요인인 데 비해 대기업의 경우 현지시장 개척이 가장 중요하며, 그 다음이 비용절감, 제3세계 시장진출, 현지자원 확보, 현지기업과의 전략적 제휴 등으로 나타나고 있다(이동기 외, 2006).

표 13-25. 우리나라 기업의 해외직접투자 동기

투자유형	투자동기
시장 지향형	• 기존의 시장과 판매망 유지 • 제3국의 수출시장 개척을 위한 현지 진출 및 현지 생산(유럽 현지법인 설립: 자동차)
생산 효율지향형	• 생산요소 가격이 상대적으로 저렴한 지역으로 진출 • 노동집약적 산업(동남아, 중남미 등 개발도상국과 합작: 전자산업)
원료 지향형	• 생산원료가 풍부하고 저렴한 지역에 투자 • 생산물 현지수요 충당 또는 수출(자원 개발 투자: 원유, 광업, 농업, 임업 등)
지식 지향형	• 선진 기술 및 경영관리 기법 습득을 위한 투자 • 유럽계, 미국계 회사와 인수·합병(현지법인 설립: 현대, 삼성, LG 등 전자산업)

출처: 국토연구원·건설교통부(2000), p. 90.

삼성전자 핸드폰 해외 생산지역 비중, 2016년

현대자동차 중국 현지 생산

베이징 현대차 1~3차공장
창저우 현대차 4공장
쓰촨 현대차 상용차 공장
충칭 현대차 5공장
옌청 기아차 1~3차공장

현대 · 기아차 중국 내 승용차 생산 능력
※출처: 현대 · 기아차

베이징현대(105만대)

	1공장	2공장	3공장
생산능력	30만대	30만대	45만대
가동시기	2002년	2008년	2012년

둥펑위에다가기아(74만대)

	1공장	2공장	3공장
생산능력	14만대	30만대	30만대
가동시기	2002년	2007년	2014년

삼성전자 핸드폰(스마트폰 + 피처폰) 생산의 93.7%가 해외에서 생산되며 구미공장의 6.3%만이 국내생산이다.

현대·기아자동차도 해외생산 비중이 증가하여 준공 중인 중국 4, 5공장, 멕시코공장 등이 완공되면 약 70% 정도가 해외에서 생산될 예정이다. 특히 2018년 중국 현지 공장이 모두 준공되면 연간 270만대 생산능력을 갖추게 된다.

국내 제조업체들의 해외 생산공장 이전으로 인해 2006~2015년 동안 344억 4천만 달러(약 39조 6,000억 원) 규모의 국내 투자 및 이로 인해 신규 일자리 24만 2,000여개가 창출되지 못한 것으로 알려져 있다(현대경제연구원, 2015).

그림 13-34. 삼성전자와 현대자동차의 초국적 생산 활동 예시

2) 외국인직접투자의 성장과 투자국의 분포

(1) 외국인직접투자의 성장

우리나라에 최초로 투자한 외국인 기업은 미국의 Chemtax 기업으로 1962년에 나일론 사업에 57.9만 달러를 투자하였다. 그 이후 외국인투자가 증가하기 시작하여 1972년에 외국인 투자액이 1억 달러를 돌파하였다. 그러나 우리나라로의 외국인 투자는 1986년까지 연간 5억 달러 미만으로 상당히 저조한 편이었다.

우리나라로 외국인직접투자가 본격화된 것은 외국인직접투자가 자유화된 1986년 이후로, 1987년에 비로소 외국인직접투자액이 10억 달러를 돌파하였으며, 1995년까지는 매년 10억 달러 내외의 외국인직접투자를 유치하였다. 그러나 1990년대 이후 경제의 세계화가 진전되면서 전 세계적으로 해외직접투자가 크게 증가되었다는 점을 고려한다면 우리나라로의 외국인직접투자 규모는 매우 작은 편이었다. 이는 우리나라가 1997년 중반까지 점진적인 FDI 개방정책을 시행해 왔기 때문으로 풀이할 수 있다. 그러나 1997년 말 외환위기에 직면하면서 적극적인 FDI 유치 정책으로 전환되었으며, 외국인직접투자 유치를 도모하기 위해 1998년에 「외국인투자촉진법」까지 제정되었다. 이에 따라 조세, 재정지원, 외국인투자지역에 대한 인센티브 등 보다 다양한 외국인투자 인센티브를 제공하게 되었다. 더 나아가 그동안 국내에 투자가 금지, 제한되던 업종들이 대부분 개방되어 외국인투자 자유화율이 2001년에는 거의 100%에 달하고 있다.

이러한 외국인투자유치 정책에 힘입어 IMF 이후 외국인 투자가 급증하였으며, 1999년 외국인투자 규모로는 사상 최대치인 110억 달러를 기록하였다. 그러나 미국 9·11사태로 인해 세계적으로 투자가 위축되면서 감소되었으나, 다시 증가하여 2004년에는 93억 달러로 확대되었다. 1997년 외환위기 이후 지난 10년 동안 유치한 외국인 직접투자 규모는 1962~1997년 동안 누계된 외국인 투자액(246억 달러)의 4배 수준인 1,126억 달러에 달하고 있다. 그러나 2000년대 후반 우리나라로의 외국인직접투자는 연간 100억 달러 내외에서 정체 수준을 보이고 있어, 다른 경쟁국들에 비해 우리나라가 외국인직접투자에 불리한 환경을 가지고 있음을 시사해준다.

외국인직접투자 통계는 투자의향이 반영된 신고액 기준통계와 실제 이루어진 투자를 나타내는 도착액 기준통계가 동시에 집계되고 있다. 1990년대에는 신고액에 비해 실제 도착액 비중은 약 70% 수준을 보이고 있었으나, 2003년 이후 세계경제가 차츰 회복되면서 외국인직접투자 신고액 대비 도착액 비중도 다시 증가하여 2005년에 83.1%를 보였으나, 그 이후 다소 감소하여 2010년대는 70% 수준으로 낮아졌다. 이는 외국인 투자가들이 투자 계획에 비해 투자를 실행하는 비율은 다소 낮은 편임을 말해준다.

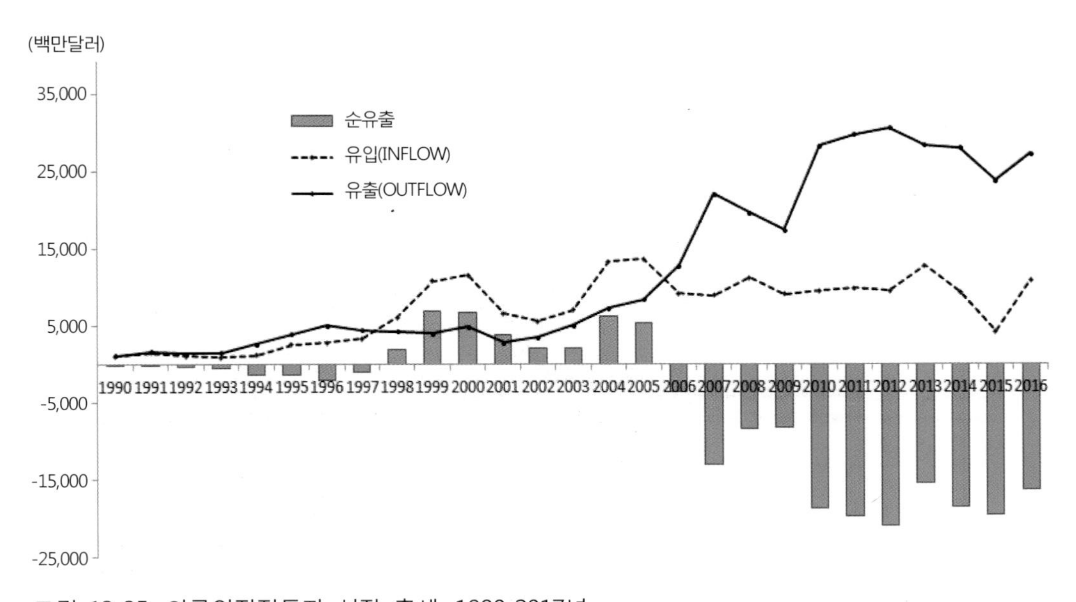

그림 13-35. 외국인직접투자 성장 추세, 1980-2017년
출처: 산업통상자원부, 외국인직접투자통계 http://www.motie.go.kr/motie/in/it/investstats/investstats.jsp.

지난 26년간 우리나라 FDI 유출·입의 성장 추이를 비교해 보면 상당한 변이가 나타나고 있다. 1990~1997년 외환위기를 겪기 전까지 외국인직접투자보다 해외직접투자가 더 많았으나 IMF를 겪으면서 외국인직접투자가 해외직접투자보다 더 많아졌다. 그러나 2005년을 정점으로 하여 외국인직접투자보다 해외직접투자가 상당히 증가하면서 순유출액이 더 커지고 있다(그림 13-35). 특히, 최근 들어 기존에 투자하였던 외국인 기업의 투자지분 회수가 증가하면서 외국인투자 유입 규모가 감소되는 한편 우리나라 기업의 해외 진출이 활발하게 이루어지면서 해외직접투자가 급증하였기 때문이다.

세계적인 차원에서 볼 때 FDI 유입 저량(stock)이 각 국가 GDP에서 차지하는 평균 비중은 1980년 6.0%에서 1995년 9.8%로 증가되었다. 특히 1990년대 후반부터 급격하게 증가하여 2000년 22.4%, 2010년에는 30.7%로 높아졌으며, 2016년 34% 수준을 보이고 있다. 우리나라의 경우 외국인직접투자 저량이 GDP에서 차지하는 비중은 1990년에는 2% 수준으로 매우 낮았다. 그러나 외국인직접투자가 급격하게 증가된 1998년 이후 그 비중도 증가되어 2000년에는 7.1%, 2005년 12.4%, 그리고 2016년에는 13.3%로 높아졌다(그림 13-36). 하지만 이 비중은 세계 평균의 절반에도 못 미치고 있으며, 영국이나 프랑스 등 선진국 평균(약 35%)에 비하면 상당히 낮은 편이다.

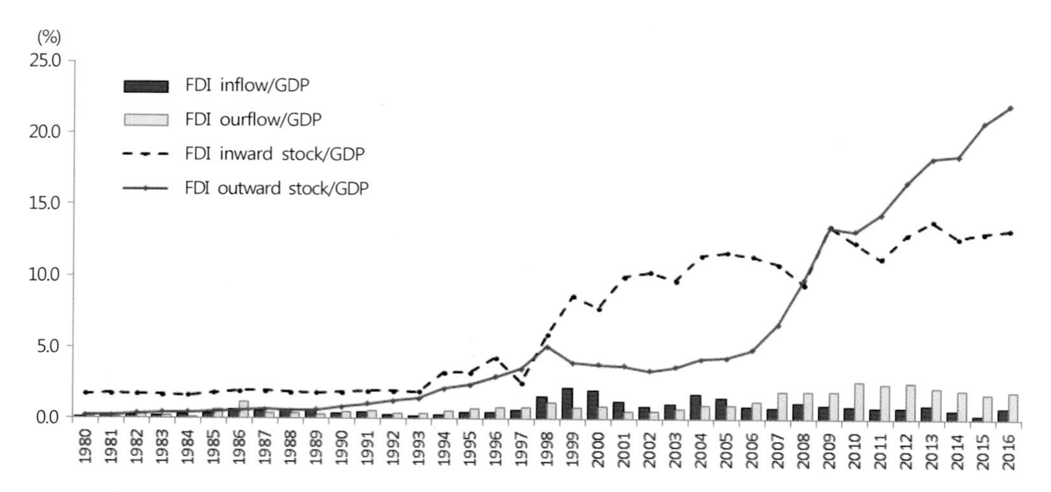

그림 13-36. FDI 유량(flow)과 저량(stock)이 우리나라 GDP에서 차지하는 비중 추이
출처: UNCTAD, FDI Statistics, http://unctad.org/en/Pages/DIAE/FDI%20Statistics.

한편 업종별로 외국인직접투자 비중을 보면 1990년대까지는 제조업 중심의 투자였으나, 2000년대에 들어서면서 서비스업이 주된 투자 분야로 바뀌고 있다. 1980~1989년 외국인직접투자에서 차지하는 제조업의 비중은 55.5%로 서비스업의 41.5%보다 높게 나타났다. 제조업 중에는 운송용 기계, 전기·전자 부문의 비중이 높았으며, 서비스업 중에는 음식·숙박, 도·소매업 부문의 투자 비중이 높게 나타났다. 1990~1999년 기간에도 제조업이 53.1%, 서비스업 43.6%로 나타나, 1980~1989년 기간보다 제조업 비중이 다소 감소하였다. 제조업 중에는 전기·전자, 화공 부문의 비중이 높았으며, 서비스업 중에는 금융·보험, 도·소매 부문이 여전히 높은 비중을 차지하였다. 그러나 2000~2017년에는 서비스업 비중이 60.4%로 제조업 비중(35.9%)보다 훨씬 높게 나타났다(그림 13-37). 특히 사업서비스업과 부동산·임대 부문의 투자가 크게 증가하였다. 특히 금융보험업과 도소매업은 외환위기 이후 금융시장 개방화 확대와 우루과이 라운드 이후 유통서비스 시장의 전면 개방이 이루어짐에 따라 외국인직접투자가 급격히 증가되었다.

한편 우리나라에 투자하고 있는 외국인직접투자의 유형을 보면 전형적으로 공장 또는 사업장을 신설·확장하는 그린필드(Greenfield)형 투자였다. 외국인직접투자 유형별 시기별 투자추세를 살펴보면, 1980~1989년에는 M&A 형태의 투자가 전혀 이루어지지 않았으며, 그린필드 형태의 투자만 이루어졌다. 그린필드 형태의 투자는 1986년 3억 5,000만 달러에서 1987년 10억 6,000만 달러로 크게 증가하였다. 그러나 IMF를 겪으면서 외국인투자에 대한 개방화로 인해 인수·합병형 투자가 증가하고 있다. 1997년에 처음으로 M&A형 투자가 이루어졌으며, 외국인직접투자 신고액의 10%를 차지하였다. 1998년 외환위기에 따른 기업 구조조정 정책에 의해 M&A형 투자가 50.8억 달러로 증가하면서 전체 투자의

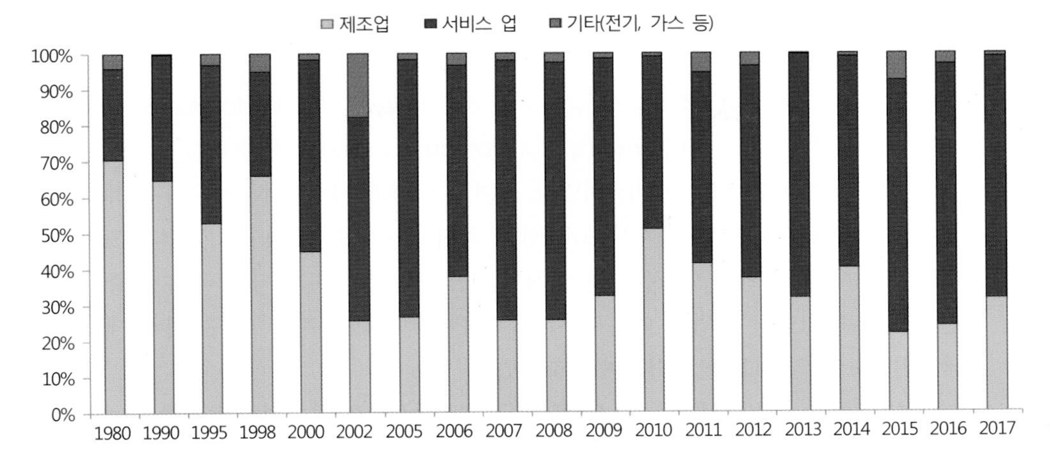

그림 13-37. 외국인직접투자의 업종별 성장 추이, 1980-2017년
출처: 산업통상자원부, 외국인직접투자 통계
http://www.motie.go.kr/motie/in/it/investstats/investstats.jsp.

57.3%를 차지하였다. 2000~2009년 동안 M&A형 외국인직접투자는 약 331억 달러로 전체 외국인직접투자의 32.3%를 차지하였다. 여전히 총 외국인직접투자의 약 2/3가 그린필드형 투자이지만 M&A 투자는 지속적으로 증가추세를 보이고 있다. 2000~2017년 기간에는 M&A 형태의 투자액이 약 410억 달러로 28.9%를 차지하고 있다. 특히 2013년의 경우 M&A 투자액이 약 80억 달러로 42%의 비중을 차지하였다. 한편 2000년 124억 달러의 높은 투자를 기록했던 그린필드 형태의 투자는 점차 하락세를 보이다가 2014년부터 회복세를 보이면서 2017년 157억 달러로 약 70%의 높은 비중을 차지하고 있다(그림 13-38).

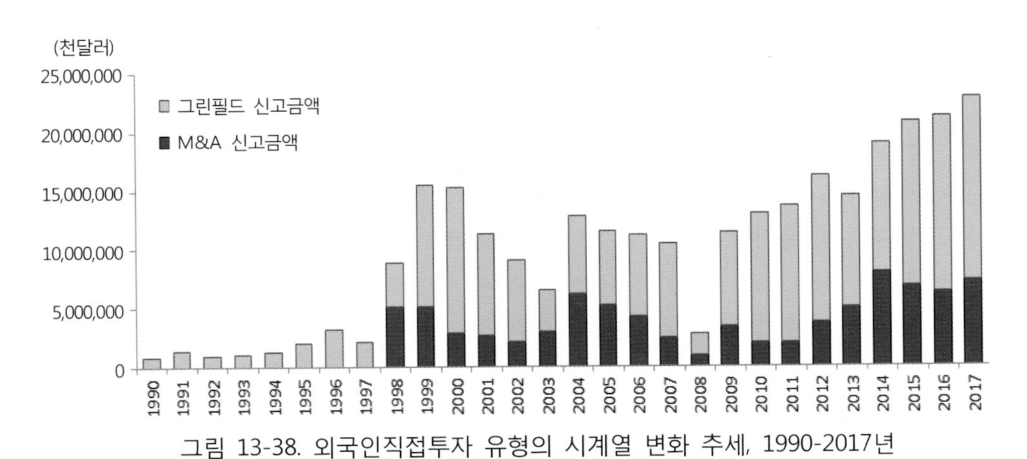

그림 13-38. 외국인직접투자 유형의 시계열 변화 추세, 1990-2017년
출처: 산업통상자원부, 외국인직접투자 통계
http://www.motie.go.kr/motie/in/it/investstats/investstats.jsp.

우리나라로의 외국인직접투자 유치가 부진하게 나타나는 양상은 UNCTAD(2008)가 해외직접투자 유치 잠재력 대비 유치 실적평가를 분석한 결과에서도 잘 나타나고 있다. UNCTAD는 각국의 해외직접투자 유치성과 지수(Inward FDI Performance Index)와 해외직접투자 유치잠재력 지수(Inward FDI Potential Index)를 산출하고, 이를 통해 FDI에서 각국의 상대적인 위치를 비교하였다. FDI 유치성과 지수는 해당 국가가 세계 총 FDI 유치액에서 차지하는 비중을 세계 GDP에서 차지하는 비중으로 나눈 것이다. 또한 FDI 유치잠재력 지수는 1인당 GDP, GDP 성장률(최근 10년간), GDP 대비 수출 비중, 정보통신 인프라 수준, 1인당 상업용 에너지 사용, GDP 대비 R&D 지출, 인구 대비 대학생 비중, 국가위험도 등의 지표를 고려하여 산출하였다.

UNCTAD는 해외직접투자 유치잠재력과 해외직접투자 유치성과가 모두 우수한 국가는 '선두주자(front-runners)' 그룹으로, 해외직접투자 유치잠재력은 우수하나 해외직접투자 유치성과가 부진한 국가는 '잠재력 미달(below potential)' 그룹으로, 해외직접투자 유치잠재력은 낮으나 해외직접투자 유치성과가 우수한 국가는 '잠재력 초과(above potential)' 그룹으로, 해외직접투자 유치잠재력과 해외직접투자 유치성과가 모두 낮은 국가는 '낙후주자(under-performers)' 그룹으로 분류하였다(김준동 외, 2009).

우리나라는 해외직접투자 유치잠재력은 우수하나 해외직접투자 유치성과는 저조한 '잠재력 미달' 그룹에 속하는 것으로 나타났다. 우리나라의 FDI 유치잠재력 지수는 2000년대 이후 최근까지 0.37~0.38로 140여개 국가 가운데 17위~20위를 보이면서 상위 그룹에 속하고 있다. 그러나 FDI 유치성과 지수는 2002~2004년 이후 순위가 지속적으로 하락하여 2005~2007년에는 141개국 중 130위로 낮아졌을 뿐만 아니라 지수 값 자체가 급격히 감소하는 양상을 보이고 있다. 이는 우리나라의 경우 외국인 기업의 진출 동기 가운데 지리적·전략적 위치나 시장성, 기술수준 등은 양호한 편에 속하지만 과다한 규제 및 불리한 정주환경, 노사관계의 경직성 등의 투자환경이 다른 경쟁국가들에 비해 불리하다는 평가를 받고 있으며, 따라서 유치성과 지수가 낮게 나타난 것이다.

한편 2015년에 발표된 외국인투자를 유인하는 글로벌 기회지수에 따르면 136개 국가 중 우리나라의 순위는 28위를 보이고 있다. 그러나 2010년의 21위 순위에 비해 순위가 더 떨어진 것이다. 글로벌 기회지수는 4개 영역을 합성하여 산출된 지수로, 경제기반, 기업 활동의 용이함, 투자 규제, 법적 보장의 영역에 4개 하위지표들로 구성된다(그림 13-39). 싱가포르, 홍콩, 뉴질랜드, 핀란드, 스웨덴, 덴마크, 노르웨이, 네덜란드 등이 글로벌 기회지수가 높은 국가들로 지속적으로 투자 유치우위를 누리고 있다(표 13-26). 이 연구에 따르면 경제기반이나 기업 활동의 용이성이 높은 국가일수록 1인당 FDI 유입액이 증가하는 것으로 나타나고 있다. 세계 1위인 싱가포르에 비해 우리나라의 경우 외국인직접투자를 유인하는 데 있어서 투자에 대한 규제의 질적 측면과 규제 장벽, 그리고 투자자를 보호, 지원하는 법적 측면에서 상당히 뒤떨어지는 것으로 평가되고 있다.

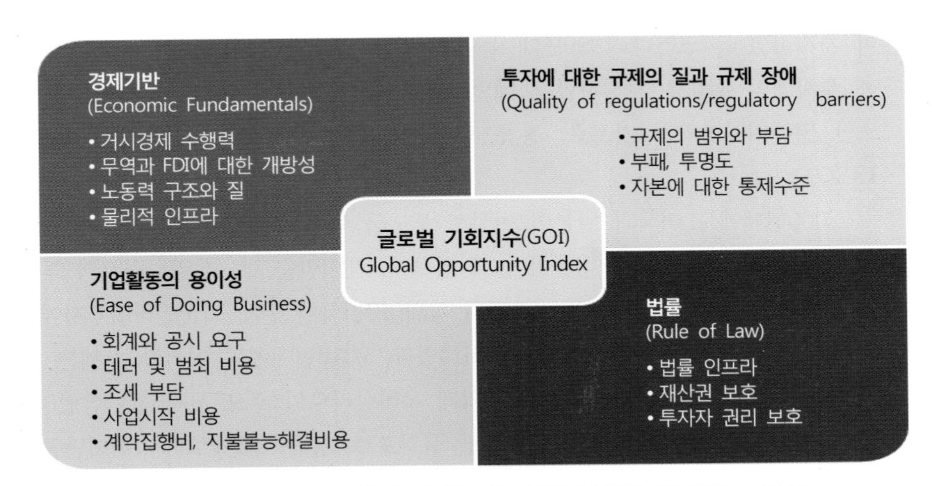

그림 13-39. 외국인투자유치 환경 평가를 위한 글로벌 기회지수 구성
출처: Wickramarachi, H. & Savard, K.(2015), pp. 7~8 내용을 참조하여 작성.

표 13-26. 글로벌 기회지수 상위 10위 국가

2010년			2015년		
순위	국가	글로벌 기회지수	순위	국가	글로벌 기회지수
1	싱가포르	8.57	1	상가포르	8.70
2	홍콩	8.52	2	홍콩	8.47
3	뉴질랜드	8.11	3	판란드	7.88
4	아일랜드	7.90	4	뉴질랜드	7.81
5	핀란드	7.88	5	스웨덴	7.79
6	덴마크	7.87	6	캐나다	7.73
7	노르웨이	7.86	7	노르웨이	7.64
8	캐나다	7.83	8	영국	7.64
9	스웨덴	7.76	9	아일랜드	7.61
10	이이슬란드	7.69	10	말레이시아	7.57
21	한국	**7.25**	28	한국	**6.60**

출처: Wickramarachi, H. & Savard, K.(2015), 부록을 참조하여 작성.

(2) 외국인직접투자의 주요 투자국

국가별 신고액을 기준으로 우리나라로의 주요 투자국을 시계열적으로 보면 미국, 일본, 네덜란드가 주요 투자국이며, 영국, 독일, 말레이시아, 싱가포르 등도 주요 투자국이다. 1980년 말까지 상위 10위 투자국이 전체 외국인직접투자액의 96%를 차지할 정도로 매우 집중되어 있었다. 1980년대까지 주요 투자국은 일본으로 1970년대에는 60%를 차지할 정도로 그 비중이 매우 높았으며, 1980년대에도 47.6%를 차지하고 있다. 그 뒤를 이어 미국이 28.4%로 나타나고 있어 1980년대 우리나라 외국인투자의 76%를 일본과 미국이 차지하였다. 그러나 1990년대 들어와 일본 경제가 침체되면서 미국이 투자국 1위로 총 투자액의 31%를 차지하였고 네덜란드가 일본을 제치고 2위 투자국으로 부상하였다. 또한 말레이시아와 싱가포르, 홍콩, 아일랜드도 투자국 상위 10위에 속하고 있었다(표 13-27).

2000년대에도 미국과 일본이 여전히 투자국 1위와 2위를 차지하는 가운데 점차 유럽과 아시아 국가들의 투자 비율이 늘고 있으며, 케이만군도도 우리나라로의 투자를 늘리면서 상위 10위를 차지하고 있다. 그러나 상위 10위국이 전체 외국인직접투자에서 차지하는 비중은 점차 줄어들어 78%를 차지하고 있다. 2010년대에도 이러한 추세는 지속되고 있다. 전반적으로 볼 때 미국, 일본 이외에 우리나라로의 주요 투자국은 유럽(네덜란드, 영국, 독일, 프랑스)과 아시아(말레이시아, 싱가포르, 홍콩), 조세도피지(케이만군도, 버뮤다), 캐나다 등이다. 중국의 한국에 대한 투자규모는 작은 편이며, 중국이 우리나라 전체 외국인직접투자에서 차지하는 비중도 매우 미미하다.

표 13-27. 국가별 외국인직접투자 비중 변화, 1962-2017년

(단위: %)

	1962~1979년		1980~1989년		1990~1999년		2000~2009년		2010~2017년	
1	일본	60.2	일본	47.6	미국	31.1	미국	24.0	미국	20.0
2	미국	23.0	미국	28.4	네덜란드	16.0	일본	14.2	일본	13.6
3	파나마	2.1	독일	3.8	일본	10.8	네덜란드	10.7	싱가포르	7.8
4	홍콩	2.0	스위스	3.8	말레이시아	8.7	영국	7.8	네덜란드	7.5
5	네덜란드	1.9	홍콩	3.5	독일	6.3	독일	5.5	홍콩	6.9
6	영국	1.8	영국	2.8	프랑스	4.4	싱가포르	3.6	몰타	6.2
7	독일	1.6	네덜란드	2.5	싱가포르	4.3	프랑스	3.4	중국	5.5
8	국제협력기구	1.4	프랑스	2.4	영국	2.7	말레이시아	3.0	영국	4.8
9	이란	1.1	국제협력기구	1.6	아일랜드	2.7	캐나다	3.0	캐나다	3.2
10	스위스	1.0	싱가포르	0.6	홍콩	2.4	케이만군도	2.6	독일	3.2
	소계	**96.2**	**소계**	**96.9**	**소계**	**89.5**	**소계**	**77.9**	**소계**	**78.6**

출처: 산업통상자원부, 외국인직접투자 통계 http://www.motie.go.kr/motie/in/it/investstats/investstats.jsp.

(3) 외국인직접투자의 지역별 분포

외국인직접투자의 지역별 분포를 보면 수도권으로의 집중화가 가장 두드러지게 나타나고 있다. 지난 1993~2007년 말까지 외국인직접투자 건수를 기준으로 지역별 비중을 보면 서울이 63%를 차지하고 있으며, 수도권이 86%를 차지하고 있어 외국인직접투자의 86%가 수도권에 집중되었음을 말해준다. 2001년 수도권이 전체 외국인직접투자 기업의 58.6%, 제조업의 경우 50.7%를 차지하였으나, 2008년 말 국내 외국인직접투자기업의 86%, 투자액의 약 70% 이상이 수도권에 분포하고 있으며, 서울이 차지하는 비중도 약

60%에 달하고 있어 수도권으로의 집중화 현상이 점점 더 심화되고 있다(표 13-28).

그러나 이를 업종별로 비교해 보면 제조업의 경우 서울의 비중은 31.7%로 상당히 낮은 편인데 비해 서비스업종의 비중은 70.8%로 매우 높게 나타나고 있다. 특히 지식기반서비스업의 경우 서울의 비중은 85.8%를 차지하고 있으며, 수도권의 비중은 94.2%로 나타나고 있어 지식기반서비스업에 투자하는 외국인 투자기업은 수도권, 특히 서울에 거의 대다수 기업이 입지하여 있음을 말해준다. 2000년대로 접어들면서 외국인 투자기업이 서비스업 위주로 변화되어 수도권으로의 집중화 경향은 더욱 심화되고 있다. 외국인직접투자기업의 수도권 집중도를 비교하기 위해 간단한 지표로 지방에 입지한 외국인 투자기업을 1.0개로 하고 수도권에 입지한 외국인 투자기업수를 시기별로 보면 1990~1997년 5.19개이던 것이 1998년 이후 7.12개소로 늘어나 수도권으로의 집중화가 심화되고 있음을 확실하게 보여준다(차미숙·정윤희, 2002).

표 13-28. 외국인직접투자의 지역별 분포, 1993-2007년 누계

(단위: 건수, %)

구분	지역	제조업						서비스업					
		전체		경공업		중공업		전체		지식기반		일반	
수도권	서울	817	31.7	228	52.1	589	27.5	7,498	70.8	1,689	85.8	5,809	67.3
	인천	166	6.4	15	3.4	151	7.0	649	6.1	18	0.9	631	7.4
	경기	743	28.8	88	20.1	655	30.6	1,482	14.0	148	7.5	1,344	15.5
	소계	1,726	66.9	331	75.6	1,395	65.1	9,629	90.9	1,855	94.2	7,774	90.1
비수도권	부산	95	3.7	19	4.3	76	3.5	354	3.3	33	1.7	321	3.7
	대구	57	2.2	6	1.4	51	2.4	149	1.4	9	0.5	140	1.6
	광주	79	3.1	2	0.5	77	3.6	21	0.2	4	0.2	17	0.2
	대전	33	1.3	3	0.7	30	1.4	56	0.5	19	1.0	37	0.4
	울산	26	1.0	1	0.2	25	1.2	22	0.2	2	0.1	20	0.2
	강원	17	0.7	2	0.5	15	0.7	45	0.4	6	0.3	39	0.5
	충북	78	3.0	12	2.7	66	3.1	48	0.5	8	0.4	40	0.5
	충남	136	5.3	13	3.0	23	5.7	55	0.5	9	0.5	46	0.5
	전북	29	1.1	7	1.6	22	1.0	36	0.3	5	0.3	31	0.4
	전남	89	3.4	8	1.8	81	3.8	39	0.4	5	0.3	34	0.4
	경북	85	3.3	14	3.2	71	3.3	26	0.2	7	0.4	19	0.2
	경남	128	5.0	18	4.1	110	5.1	87	0.8	6	0.3	81	0.9
	제주	3	0.1	2	0.5	1	0.0	28	0.3	1	0.1	27	0.3
	소계	855	33.1	107	24.4	748	34.9	966	9.1	114	5.0	852	9.9
전국 합계		2,581	100	438	100	2143	100	10,595	100	1969	100	8,626	100

출처: 여택동·이민환(2009), p. 347.

여택동·이민환(2009)의 연구결과에 따르면 외국인직접투자의 공간분포에 영향을 주는 요인으로는 경공업과 지식기반서비스업의 경우 지역경제규모(GRDP가 높은 지역으로 투자하는 경향)이며, 중공업의 경우 지역의 인적자본이 정적(+) 영향을 미치는 것으로 나타났다. 또한 외국인투자기업이 집적된 지역일수록 외국인직접투자가가 많아지는 영향을 보이고 있어 산업의 집적 수준도 중요한 요인이 되고 있다. 즉, 외국인직접투자 기업의 집적지로의 투자가 이루어지는 자기강화현상이 나타나고 있다. 반면에 해당지역 내 국내기업의 집적은 오히려 외국인 투자기업의 투자에 부적(-) 영향을 미치는 것으로 나타났다. 수도권은 다른 지역에 비해 모든 업종에서 외국인직접투자의 입지에 긍정적인 영향을 주고 있어 수도권이라는 지역적 특성이 외국인직접투자를 유인하고 있음을 시사해준다.

이와 같이 외국인 투자기업은 집적경제 이점이 크고, 정보 획득이 용이하고, 해외 모기업과 교류가 편리한 수도권을 선호하는 경향이 높으며, 제조업종의 경우 외국인 기업전용산업단지 및 계획입지 선호 경향이 뚜렷하게 나타나고 있다. 또한 외국인 투자기업들은 저렴한 지가 및 임대료, 고객 및 시장과의 접근성, 양호한 교통접근성 등을 주요 입지요인으로 고려하고 있지만, 입지 선정 및 이동경로는 단계적이고 점진적인 이동패턴을 보이는 것으로 분석되었다. 즉, 투자 초기단계에는 투자대상국에 대한 정보 부재와 위험 최소화를 위해 서울을 비롯한 수도권에 입지하다가 생산활동을 확대하면서 수도권 주변지역이나 중부권으로 이전하는 입지 행태를 보이는 것으로 나타났다(차미숙·정윤희, 2002).

한편 2009년을 기점으로 외국인투자기업의 경우 서비스업은 줄어들고 제조업이 증가하고 있으며, 2010년에는 제조업이 서비스업보다 높은 투자 비중을 차지하였다. 우리나라의 투자환경이 중국이나 동남아시아 개발도상국과 비교하여 낮은 임금이나 풍부한 자원을 갖고 있지 않음에도 불구하고, 외국계 제조업체들이 우리나라로 제조업 부문의 투자를 증가시킨 것이었다. 이들은 주로 그린필드형 외국인직접투자 제조업체들이며, 특히 각 지자체가 이들 기업을 유치하기 위한 경쟁을 벌이면서 외국인투자기업에게 생활환경개선 등 다양한 서비스와 제도적 지원을 시행하였기 때문으로 풀이할 수 있다.

외국인투자지역은 개별형, 단지형, 서비스형으로 구분된다. 단지형은 국가산업단지 또는 일반산업단지 중에서 외국인투자기업에게 전용으로 임대 또는 양도해주는 지역으로, 각 지자체에서 외국인투자지역으로 지정하며, 중소규모의 외국인기업들이 입주하고 있다. 개별형 외국인투자지역은 제조업체의 업종 특수성이 인정되거나 규모가 커서 단지형에 입주할 수 없는 경우 개별 부지를 선정하는 지역이다. 외국 대기업의 투자 유치를 위해서 기업이 원하는 지역에 사업장 단위로 조성한다. 개별형은 생산과 연구시설이 동시에 입주 가능하며 단지형에 비해 세제감면 혜택의 폭이 넓다. 단지형으로 지정된 산업단지는 총 18개이며, 당동, 오성, 장안1, 장안2, 창원 5개 산업단지는 전체가 외국인투자지역으로 조성되어 있다. 평택시 포승에는 임대단지가 운영되고 있다(그림 13-40). 또한 총 60개 개별형 외국인투자지역 중에 제조업체가 입주한 투자지역은 54개로 90%로 나타났다.

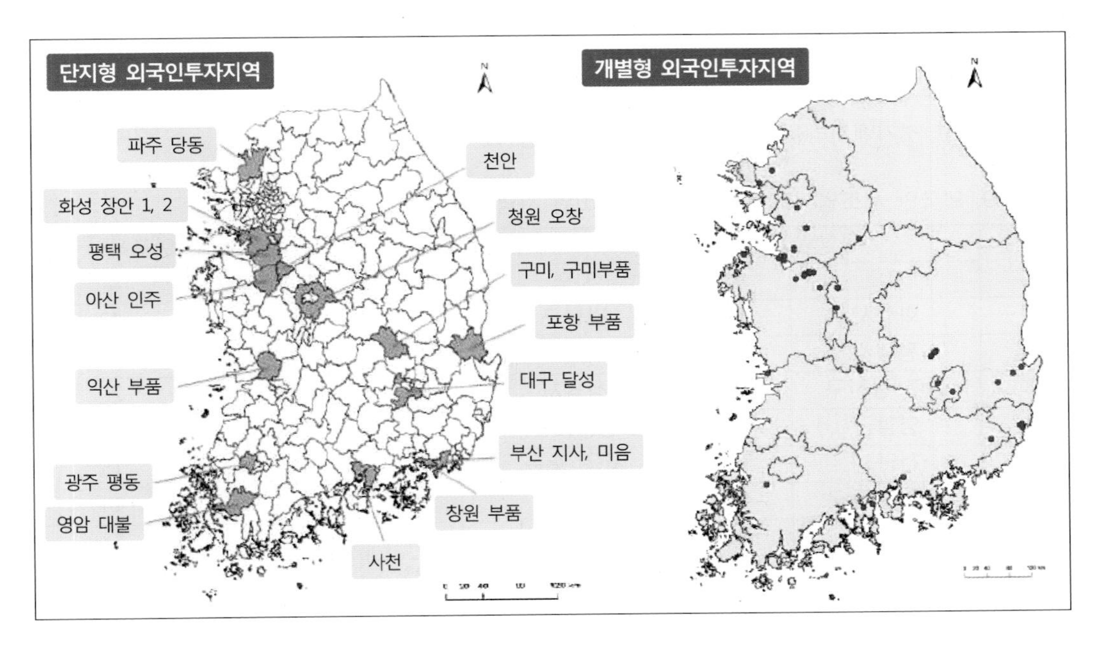

그림 13-40. 외국인제조업체 기업의 입주 지역 분포
출처: 김정아(2013), p. 19.

1999년부터 2012년까지 산업통상자원부에 신고한 외국인직접투자 제조업체 2,474개 사업장의 공간분포를 보면 표 13-29와 같다. 외국인직접투자 제조업체의 사업장 형태별로 보면 화성, 평택, 오성, 광주 평동 등 외국인투자지역과 군산, 대불, 마산 자유무역지역 등 산업단지가 조성된 지역에 대부분의 외국계 제조업체 공장형 사업장이 분포하는 것으로 나타났다. 외국인투자지역과 자유무역지역이 아닌 인천 남동구, 안산시, 김해시 등에 입지한 외국 제조업체 공장들도 국가산업단지 또는 일반산업단지가 조성된 지역이다. 이는 외국인투자지역은 임대료 감면과 조세혜택 등 경제적 인센티브와 사회적 인프라가 제공되기 때문으로 풀이할 수 있다(김정아, 2013).

한편 사무실형 제조업체가 많이 입지해 있는 지역들은 서울과 경기 지역으로, 서울의 강남구, 서초구, 영등포구, 중구 등 서울의 대표적인 도심 사무실 밀집구역이다. 서울 강남구와 서초구에는 사무실형 외국인직접투자 제조업체의 약 35%가 입지해 있다. 사무실형제조업체는 외국인직접투자 기업의 한국 본사 또는 지사로서 역할을 수행하기 위해 공장은 설립하지 않고 사무실만 서울에 개설하거나, 혹은 공장은 지방에 입지하고 별도의 사무실을 수도권에 입지하는 경우이다. 사무실형 제조업체들은 수출입, 임대 업무를 하기 때문에 접근성이 뛰어나고 네트워크 및 시장접근성이 양호한 도심에 입지하고 있다.

한편 아파트형 공장 제조업체들은 주로 경기도에 밀집해 있다. 성남시, 안양시, 부천시 및 금천구, 구로구에 입지하고 있다. 이들 지역은 사무실 구조의 제조 및 연구설비가 갖추어져 있는 곳으로 전기·전자와 운송용 장비 업종이 주로 입주하고 있는 것으로 나타났다. 가장 많은 아파트형 공장과 연구실 형태의 외국계 제조업체들이 입지해 있는 성남시는 벤처집적지 조성사업에 따라 성남시 판교 일대에 20만평 규모의 지식집적단지를 조성하고 경기벤처타운이 만들어진 곳이다(그림 13-41).

표 13-29. 외국인 제조업체의 사업장별 상위 10위 지역

순위	공장형		사무실형		아파트형 및 연구시설	
	지역	수	지역	수	지역	수
1	화성시	83	강남구	159	성남시	62
2	평택시	81	서초구	81	금천구	42
3	광주 광산구	66	성남시	61	구로구	20
4	영암군	57	영등포구	39	안양시	17
5	천안시	54	서울 중구	37	부천시	15
6	인천 남동구	47	안양시	27	수원시	14
7	안산시	44	마포구	27	안산시	13
8	부산 강서구	41	금천구	23	강남구	8
9	시흥시	36	송파구	23	서초구	7
10	창원시	35	수원시	20	마포구	7
소계	544 (37.4%)		497 (71.1%)		205 (63.9%)	

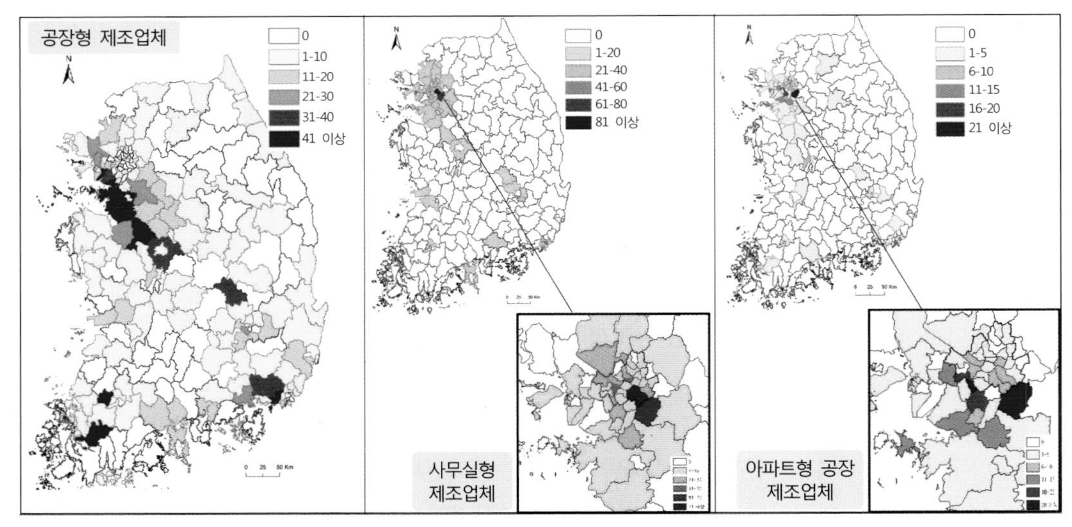

그림 13-41. 사업장 형태별 외국인 제조업체 분포
출처: 김정아(2013), p. 31.

한편 투자건수를 기준으로 제조업종별 분포를 보면 전기·전자, 기계장비제조, 운송용장비, 화학공학 순으로 외국인 제조업체들이 많으며 이들은 주로 외국인투자지역과 경제자유구역에 분포하고 있다. 이는 외국인투자를 유치하기 위해 지자체가 외국인투자지역에 입주하는 기업들에게 토지세 부담을 완화시켜 주거나 임대지원 등 경제적 혜택을 제공하

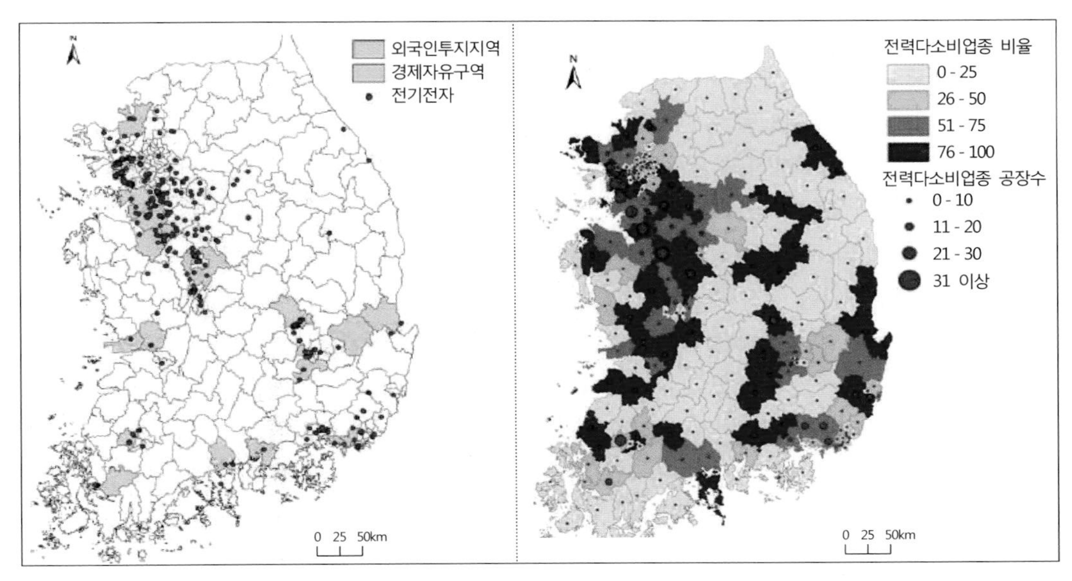

그림 13-42. 사업장 형태별 외국인 제조업체 분포
출처: 김정아(2013), p. 34, 38.

고 있기 때문으로 풀이할 수 있다. 특히 유사한 업종의 대기업이 입지해 있는 지역으로 외국인투자기업들도 입지하는 경향이 두드러지게 나타났다. 이는 동종업종의 산업집적단지 형성을 통해 시너지효과를 누리기 위함으로 볼 수 있다. 전기·전자 제조업은 경기도 화성시(27.2%)와 경기도 평택시(38.3%), 충북 청원군(50%)에 주로 분포하는 것으로 나타난다. 이는 화성시와 평택시 일대에 전기·전자 동종 산업의 대기업이 밀집해 있을 뿐만 아니라 평택 항만을 이용한 물류 이동이 자유롭고, 이 일대 배후단지가 자유무역지역으로 지정되어 있기 때문에 전기·전자 제조업 입지조건이 양호하다고 볼 수 있다(그림 13-42).

한편 전기·전자, 기계·장비, 화공 및 금속, 비금속광물 제조업의 경우 일반적으로 전력다소비 업종으로 간주된다. 우리나라에 입지해 있는 외국인직접투자 기업 가운데 전력다소비업종의 공간분포를 파악한 결과 외국인투자지역이 아닌 지역 가운데 경기도 및 수도권 인접지역에서 전력다소비 업종 비율이 높은 것으로 나타났다. 특히 경기도 광주시와 이천시에는 전체 외국인 제조업체 공장에서 전력다소비업종 공장이 차지하는 비중이 90%가 넘는 것으로 나타났다. 전력다소비 제조업체들이 우리나라를 선호하여 투자하는 것은 우리나라의 산업용 전기요금이 주변 국가들에 비해 저렴하기 때문으로 알려져 있다. 전기요금 가격이 저렴할 뿐만 아니라 안정적으로 전력을 공급받을 수 있다는 점이 외국인직접투자 유치에 중요한 인센티브로 작용하고 있는 것으로 조사되었다. 전기 공급이 중요한 업종의 경우 우리나라가 다른 국가들에 비해 매력도가 큰 것으로 인지하고 있다(김정아, 2013).

외국인 기업들은 보다 유리한 환경으로 옮겨 다니는 특성을 갖고 있다. 1980년대 후반 이후 동유럽이 개방화되면서 동유럽 국가들은 외국인직접투자를 유치하기 위하여 각종 세금혜택과 조세제도로 유인하였다. 투자 초기에는 동유럽의 값싼 노동력과 양호한 접근성이 매력도로 작용하여 많은 외국인 기업들이 입지하였다. 그러나 최근 비용 측면에서 동유럽의 매력도가 낮아지면서 헝가리나 체코에 입지하였던 기업들이 중국 및 동남아로 떠나가고 있다. 이런 상황을 고려해 볼 때 수도권이 아닌 비수도권으로의 외국인직접투자를 유치하기 위한 지자체의 적극적인 노력이 그 어느 때보다도 더 필요하다. 정부는 지방에 외국인 기업의 투자유치를 위해 외국인투자지역, 자유무역지역, 경제자유구역, 제주국제자유도시를 지정하였다(표 13-30). 그러나 아직까지 이들 지역으로의 외국인 투자유치의 가시적 효과는 나타나지 못하고 있으며, 여전히 수도권을 향한 외국인 투자가 지속되고 있다. 따라서 지방으로의 외국인 기업유치를 위해 지방으로 투자하려는 외국인 기업의 현지화를 도와줄 수 있는 기업설립 관련 서비스 지원과 외국인 기업의 초기 진입 시에 국내 지방기업과 연계시키는 노력이 절실히 필요하다.

표 13-30. 외국인 투자 유치를 위한 제도적 장치

구분	외국인투자지역 (Type A)	외국인투자지역 (Type B)	자유무역지역	경제자유구역	제주국제자유도시
지정 위치	제한없음	산업단지 내	항만, 공항주변, 산업 단지	항만, 공항 주변 산업 단지	투자진흥지구, 지유무역지역, 첨단과학기술단지
지정 현황	8개 지역 (천안, 연기, 평택, 음성, 전주, 여수, 사천, 양산)	6개 지역 (광주 평동, 천안, 오창, 대불, 진사, 구미)	8개 지역 (마산, 익산, 군산, 대불, 부산항, 광양항, 인천항, 인천 공항)	6개 지역 (부산, 진해, 인천, 광양, 황해, 새만금 군산, 대구 경북)	제주
임대료	임대로 100% 지원	투자 금액에 따라 50~100% 감면	최대 100% 감면	외국기업에 임대 부지 조성, 토지에 임대료 감면	투자시설용 국공유지는 50년간 임대료·사용료 감면
세제 지원	법인세, 소득·지방세(5년간 100% 감면, 이후 2년간 50% 감면)	고도기술수반사업, 산업지원서비스업은 Type A와 같음	제조업 천만 달러, 물류업 5백만 달러 이상 법인세, 소득·지방세 (3년간 100% 감면, 2년간 50% 감면)	법인세, 소득·지방세(3년간 100% 감면, 2년간 50% 감면)	법인세, 소득·지방세 (3년간 100% 감면, 이후 2년간 50% 감면)
특징	저렴한 가격으로 공장부지 제공	외국인이 원하는 곳을 지정하여 운영	수출을 목적으로 하는 외국인 투자기업 중심	외국인이 생활하기 편한 도시 형태로 개발	금융·물류, 첨단산업과 관광이 결합한 지역으로 개발

㈜: Type B는 종전에 외국인기업전용단지로 불렸던 특구제도로서 원래 산업집적활성화 및 공장설립에 관한 법률에 의해 규정되어 왔으나 2004. 12월 외국인투자촉진법으로 이관되어 규정됨.
출처: 대한상공회의소(2008), p. 21.

제 14 장

지역성장 이론과 지역개발 정책

1. 지역성장 격차 이론
2. 지역개발 정책과 개발 전략
3. 우리나라 경제성장에 따른 국토공간의 불균형
4. 우리나라 국토개발계획과 지역개발 정책의 전개와 성과

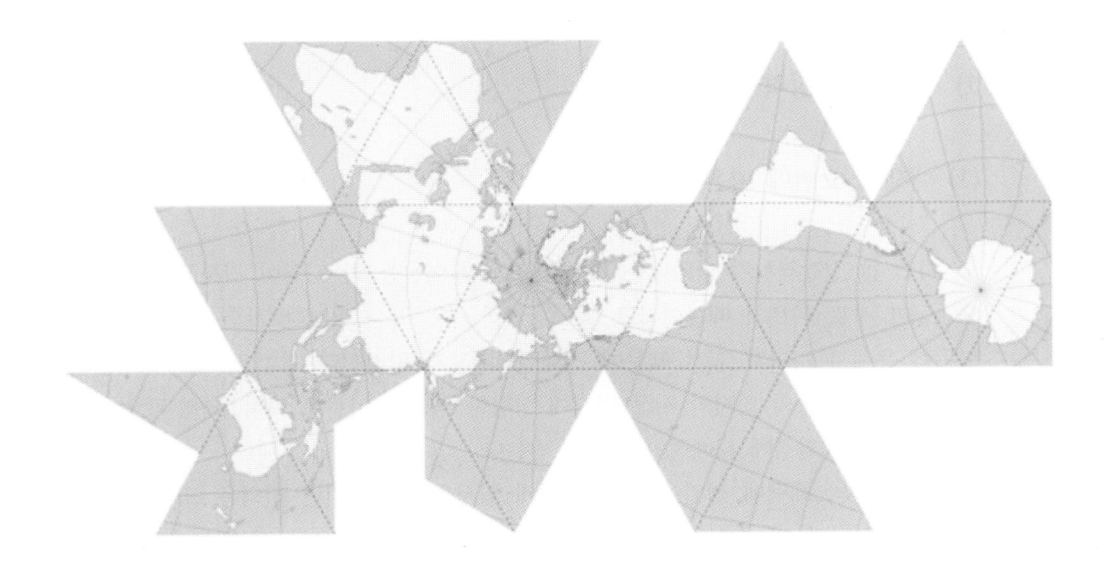

1 지역성장 격차 이론

앞에서 세계무역과 해외직접투자의 성장과 공간분포를 통해 선진국과 개발도상국 간 상당한 격차가 나타나고 있음을 알 수 있었다. 이러한 국가 간 성장격차뿐만 아니라 국가 내에서도 자연환경, 자원분포, 역사적 발전과정 등에 의해 지역 간 성장격차도 나타나고 있다. 그러나 한 국가 내에서의 지역격차는 국가 간 격차보다 훨씬 더 민감하며 불평등 수준도 상대적으로 더 크게 인지하게 된다. 이에 따라 지역 간 불균형, 공간적 불평등, 지역균형발전은 지난 50여년 동안 지역성장과 지역개발 분야에서 중점적으로 다루어지고 있는 주제이다. 지금까지 지역성장격차에 관한 연구들이 상당히 많이 이루어졌으나 아직까지 지역 성장격차가 점차 완화되는지, 아니면 점점 더 격차가 심화되는 것인지에 대한 논의는 계속되고 있다.

지역 간 경제적 격차는 사회·정치적 차원에서의 격차와 함께 어느 나라, 어느 시대에서나 불가피하게 초래되는 현상이며, 따라서 낙후지역 발전을 위해 정부가 지역개발정책을 수립하는 것은 당위적인 것으로 받아들여지고 있다. 그러나 아직까지 낙후된 지역을 어떻게 개발시켜야 하는가에 관해 적실한 정책과 전략이 구축되어 있지 못하다는 평가를 받고 있다. 이는 왜 지역 성장격차가 발생하는가에 대한 이론 정립이 아직 미흡하기 때문이기도 하다. 여기서는 지역 간 성장격차의 원인과 그 격차 추이를 설명하는 지역성장격차 이론들에 대하여 살펴보고자 한다.

1) 지역 간 성장격차의 발생 원인

(1) 내재적 요인에 따른 격차

지역 간 성장격차가 나타나는 가장 근본적인 이유는 각 지역이 가지고 있는 내재적인 요인들이 서로 다르기 때문이라고 볼 수 있다. 즉, 각 지역마다 기후, 환경, 자원, 자본, 노동력 등에서 차이가 있기 때문에 경제성장속도가 달라진다. 일반적으로 편재된 자원의 분포는 생산 활동의 입지와 시장 입지에 상당한 영향을 미치게 되며, 특히 광업이나 농업의 발달은 자연환경에 지배적인 영향을 받는다.

천연자원의 혜택에 힘입어 성장 초기에 입지우위성을 지닌 지역은 그 우위성이 누적적으로 축적된다. 즉, 자원혜택 자체가 자본의 축적을 가져오고 자본의 축적은 경제발전을 이루는 원동력이 된다. 특히 노동의 자본 포장률(노동 1단위당 자본의 결합도)에 따라 노동생산성이 달라진다는 점을 고려해 볼 때 지역의 자본 축적 차이는 지역경제 성장격차와 직결된다고 볼 수 있다.

그러나 자원이 부존되어 있는 지역이라고 해서 반드시 그 지역이 자원의 혜택으로부터 이익을 얻어 성장한다는 것을 의미하는 것은 아니다. 실제로 일부 개발도상국의 경우 자원이 풍부하게 부존되어 있음에도 불구하고 경제성장을 이룩하지 못하고 있는 나라들도 있다. 또한 한 국가 내에서도 자원 혜택을 입은 지역이지만 성장속도가 느리게 나타나고 있는 지역도 있다. 그 대표적인 사례로 미국의 애팔래치아 산지지역을 들 수 있다. 이 지역은 역청탄이 풍부하게 매장되어 있고 임산자원도 매우 양호하다. 그러나 애팔래치아 지역에 부존되어 있는 자원을 이용할 수 있는 소유권을 갖고 있는 사람들은 애팔래치아 지역에 거주하는 주민들이 아니었다. 따라서 자원 이용에 따른 수익은 외부로 누출되었으며, 그 결과 애팔래치아 지역은 미국 북동부에서 가장 낙후된 지역으로 알려져 있다. 이와 같이 자원의 혜택을 입은 지역이라도 자원의 소유권을 갖고 있지 못할 경우 성장하지 못하게 된다.

한편 자원의 의미도 기술혁신에 따라 달라지기 때문에 자원의 유용성과 경제성도 변하게 된다. 현대 기술혁신은 희소한 자원의 사용량을 줄이고, 풍부한 자원으로 대체시키며, 또한 값비싼 자원보다는 값싼 자원을 많이 이용하는 방향으로 발전되고 있다. 따라서 특정한 자원이 매장되어 있어 성장한 지역이라 하더라도 그 자원의 가치가 떨어지거나 자원이 고갈될 경우 과거와 같은 성장 속도를 유지하기 어렵게 된다.

자원과 마찬가지로 자본이 축적되어 있다고 해서 반드시 발전하는 것은 아니며, 자본이 없기 때문에 발전하지 못한다고 단정지을 수 없다. 이는 낙후된 지역에 자본의 공급량을 증가시킨다고 해서 자동적으로 그 지역이 경제성장을 이룩하게 되는 것은 아님을 말해준다. 자본 투자로 인해 생산성이 향상되기 위해서는 자본이 투자되는 지역의 사회적 환경이 중요하다. 일례로 자본 부족을 충당하기 위해 외자를 도입한 경우 그 자본이 생산적 부문에 효율적으로 투자되는지 아니면 소비적인 부문에 투자되는지에 따라 경제성장 속도는 달라질 수 있다.

지식기반사회로 접어들면서 천연자원이나 자본에 비해 지역 간 성장격차를 추동하는 요인이 바로 인적 자원이다. 특히 물리적 자원이 부족할수록 인적 자원의 중요성은 더욱 커지게 된다. 노동의 질적 수준은 교육수준과 직결되며, 따라서 교육이란 경제·사회발전의 원동력이라고 볼 수 있다. 노동의 생산성을 결정짓는 또 다른 요인으로는 기업 경영기술과 기업가 정신으로, 특히 새로운 기업경영과 새로운 생산방식을 개발하려는 기업가 정신은 경제성장을 유도해 나가는 견인차 역할을 하는 것으로 알려져 있다.

이렇게 비교우위성을 지니고 있어 우선적으로 개발된 지역은 다른 지역보다 빠르게 경제성장을 하게 된다. 그 이유는 재화나 서비스를 생산하는 데 필요한 사회간접자본과 각종 공공시설이 먼저 그 지역에 집중되기 때문이다. 경제성장 과정을 통해 그 지역의 인구와 기업이 늘어나게 되면 규모경제와 외부경제 효과를 누리면서 생산비를 절감하게 된다. Thompson(1965)의 'size ratchet'의 개념은 도시가 어느 정도 규모에 도달하게 되면 규모경제 효과로 인해 점점 대도시로 성장하게 됨을 말해준다. 더 나아가 경제력이 집중되어 있는 지역에 정치력까지 집중되는 경향이 있어 이미 성장한 지역은 더욱 급속한 경제성장을 경험하게 된다. 따라서 성장 초기에 발생된 지역 간 미미한 성장격차는 시간이 흐름에 따라 누적적으로 그 격차가 심화되는 경향이 높다.

(2) 지역 간 상호의존성(Interregional Interdependencies)

지역 간 격차를 유발하는 요인들 가운데 지역의 내재적 요인이 차지하는 비중은 작은 편이다. 바꾸어 말하면 지역의 내재적 요인의 차이는 지역 간 성장격차를 설명하는 데 충분조건이지만 필요조건은 아니다. 지역 간 교통·통신망이 잘 발달되어 있고 지역 간 상호작용이 활발하게 이루어지고 있는 경제의 세계화 시대에서 지역 간 격차는 지역 간 상호교류를 통해 발생되고 심화되어 간다는 견해가 지배적이다.

각 지역마다 부여받은 자원의 종류가 다르기 때문에 지역 간 교역이 이루어지게 된다. 즉, 각 지역이 지닌 자원을 기초로 비교우위적인 상품만을 전문화하여 생산한 후 다른 지역과 교역하고 있다. 지역 간 상품 교역뿐만 아니라 노동력, 자본, 생산기술, 기업정보의 교환 등 지역 간에 활발한 상호교류가 이루어지고 있다. 특정 지역에서 초기 우위성으로 인해 경제성장을 하게 되면 그 지역 내의 다른 성장요인을 자극하여 성장을 더욱 가속화시키며 더 나아가 다른 지역으로부터 필요한 생산요소를 끌어들이면서 더욱 성장하게 된다. 반면에 생산요소가 유출된 지역의 경우 성장이 둔화되면서 지역 간 성장격차는 점차 커지게 된다.

지역 간 상호의존성이 발생되는 이유는 생산요소(자원, 노동력, 자본, 기술 등)가 다르고 소비자들의 수요가 다르기 때문이다. 생산요소의 지리적 이동은 이론적으로 한계생산성이 낮은 지역에서 한계생산성이 높은 지역으로 이동한다고 볼 수 있다. 그러나 실제로 지역 간 생산요소의 이동을 보면 이미 경제가 성장하고 있는 지역으로 이동하는 경향이 있으며, 지역 간 교역도 경제성장이 이루어진 지역이 그렇지 못한 지역에 비해 유리한 입장에서 교역을 통해 혜택을 누리고 있다. 따라서 지역 간 상호작용과 지역 간 상호의존도가 높아질수록 지역 간 성장격차가 심화되어 간다는 주장이 훨씬 설득력을 얻고 있다.

2) 지역성장 격차에 관한 이론들

지역성장 격차 이론이란 왜 지역 간에 경제성장률이 다르게 나타나며, 또 지역 간 성장격차가 점차 줄어드는가 아니면 더 커져가는가에 대해 설명해주는 이론이라고 볼 수 있다. 여기서는 지역 성장격차 이론 가운데 가장 대표적인 신고전적 균형이론과 불균형적 성장이론을 중심으로 살펴보고자 한다.

(1) 신고전적 균형이론(Neoclassical Balanced Growth theory)

지역성장 이론은 신고전적 균형모델에 기초를 두고 있으며, 지난 반세기 동안 서구의 지역성장 이론은 신고전적 경제이론의 영향을 받아왔다. 이 이론은 국가경제의 성장모형을 지역에 적용한 것으로 생산을 위한 투입요소의 공급적 측면에서 경제성장을 설명하고 있다.

신고전적 균형이론의 경우 생산요소는 동질적이며, 자본과 노동력은 완전한 대체관계로, 자본의 생산 탄력성과 노동력의 생산 탄력성과의 합은 1이라고 가정하고 있다. 또한 규모 불변의 수익률(returns to scale), 완전경쟁, 완전고용이 이루어지며, 노동 증가율은 항상 일정하다는 가정을 토대로 하여 지역 간 생산요소의 이동에 따른 지역 성장격차를 설명하고 있다.

신고전적 균형모델의 이론적 배경은 Cobb-Douglas의 생산함수를 이용한 것으로, 한 지역의 생산(Y)은 생산요소인 자본(K)과 노동력(L)에 의해 결정된다.

$$Y = L^{\alpha} K^{1-\alpha} \quad (0 < \alpha < 1)$$

신고전적 균형모델에서 노동자 1인당 산출량은 1인당 자본장비율에 따라 달라진다. 즉, 1인당 자본투입이 많을수록 1인당 산출량이 많아지는 (+)의 관계가 성립된다(그림 14-1). 그러나 자본이 무한대로 증가할수록 산출량이 증가하는 것은 아니며, 수확체감의 법칙을 따라 어느 수준이 넘어가면 자본 투입량에 비해 산출량의 증가율은 오히려 둔화된다. 이러한 관계 속에서 자본과 노동의 투입 비율은 장기적으로 보면 균형상태에 도달하게 되고, 균형상태에 도달하는 경우 노동에 대한 자본 비율(k^*)과 1인당 산출량(y^*)이 결정된다.

그러나 중기적인 차원에서 노동자 1인당 생산량이 증가하는 경우, t기간 동안 투입된 자본과 노동력의 스톡(stock), 그리고 기술진보(A)가 주어진 기간 동안 생산량의 증가를 가져온다는 의미에서 생산함수 식을 성장률 개념으로 바꾸면 다음과 같다.

$$\frac{\triangle Y}{Y} = \alpha \frac{\triangle L}{L} + (1-\alpha)\frac{\triangle K}{K}$$

여기서 $\frac{\triangle Y}{Y}$는 생산량 증가이며, $\frac{\triangle K}{K}$는 자본 스톡의 증가, $\frac{\triangle L}{L}$은 노동력의 증가이다. 만일 α=0.6일 경우 자본이 연평균 2.5%로 성장하고 노동력은 1%씩 성장한다면 연평균 생산량은 2.6% 성장하게 될 것이다.

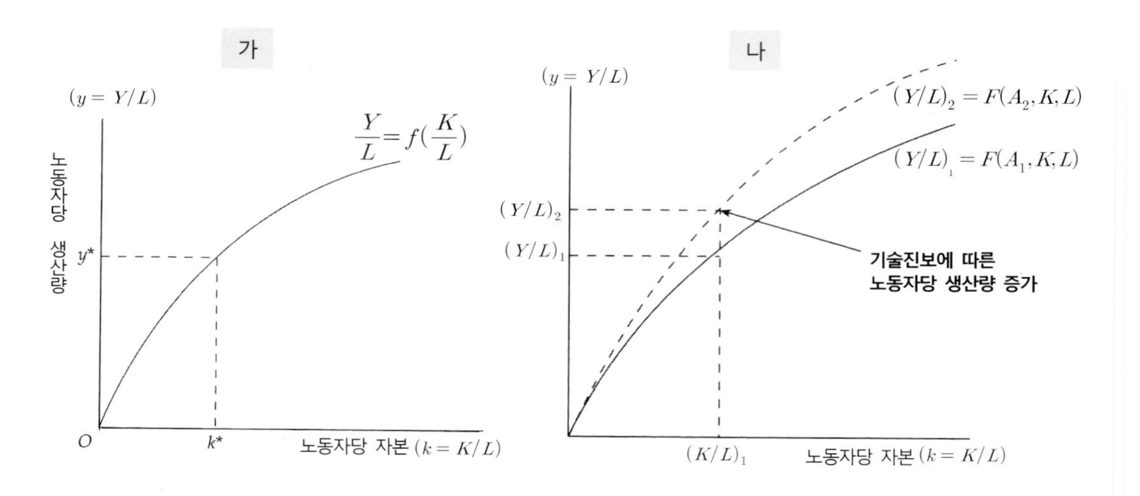

그림 14-1. 신고전적 균형모델에서 자본/노동 비율과 생산량과의 관계
출처: Armstrong, H. & Taylor, J.(2000), p. 68 & p. 70.

Cobb-Douglas의 생산함수에서 기술변화가 일어나는 경우 1인당 생산량이 어떻게 변화하는가를 살펴보자. 기술진보는 시간의 흐름에 따라 일정하게 증가한다고 가정하는 경우 생산함수 식은 아래와 같이 나타낼 수 있다.

$$\frac{\Delta Y}{Y} = g + \alpha \frac{\Delta L}{L} + (1 - \alpha) \frac{\Delta K}{K}$$

만일 기술진보로 인해 새로운 기계가 도입되고 노동자들의 생산지식과 기술도 향상되는 경우 기술진보에 따라 생산량도 증가하게 된다. 따라서 동일한 자본/노동 비율 하에서도 1인당 생산량은 $(Y/L)_1$에서 $(Y/L)_2$로 증가된다.

신고전적 균형모델에 따르면 지역 간 성장격차가 일어나는 요인은 지역 간 자본스톡의 성장 차이, 노동력의 성장 차이, 그리고 기술진보의 차이 때문으로 설명할 수 있다. 따라서 지역 간 노동자 1인당 생산량의 차이는 자본/노동 비율의 성장과 기술진보의 성장 차이에서 기인한다. 즉, 지역의 생산량은 세 가지 공급요소들에 의해 달라진다. 첫째, 지역 내 저축 증가에 따른 투자와 자본 수익률 차이에 따라 다른 지역으로부터 순 자본유입으로 인해 자본 스톡이 증가할수록 생산량이 증가한다. 둘째, 지역의 자연적 인구증가와 다른 지역과의 임금 수준 차이에 따른 순 인구이동으로 인해 노동력이 증가할수록 생산량도 증가하게 된다. 셋째, 기술진보를 위해 교육과 R&D 투자를 늘리거나 다른 지역으로부터 진보된 기술이 유입되어 기술진보가 나타날수록 생산량은 증가하게 된다(그림 14-2).

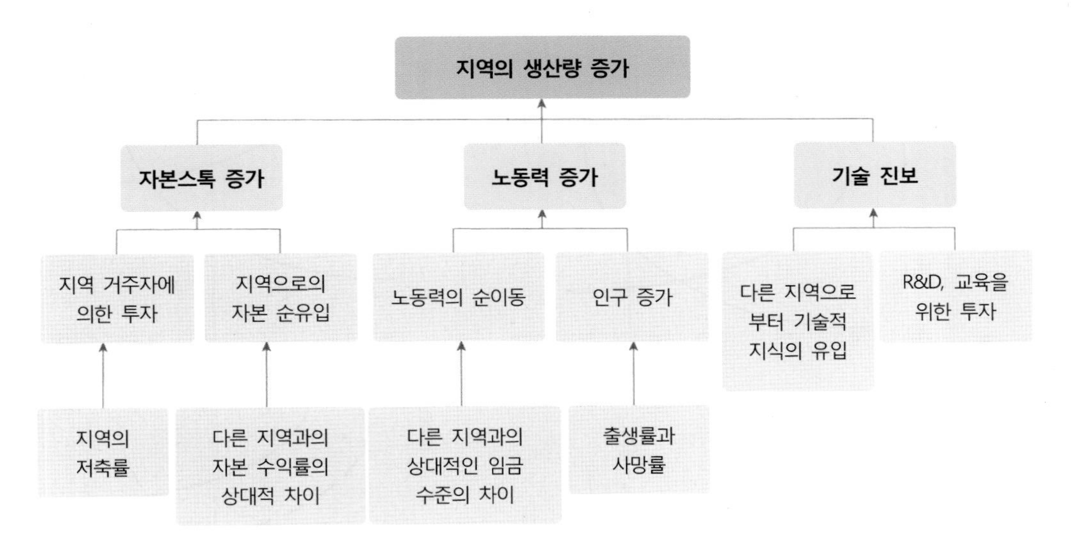

그림 14-2. 지역 생산량 증가에 영향을 미치는 생산요소
출처: Armstrong, H. & Taylor, J.(2000), p. 72.

Cobb-Douglas의 생산함수를 이용한 지역성장모델의 경우 자본과 노동력의 비율이 일정하기 때문에 지역 내에서 산업부문 간 생산요소의 재배분은 일어나지 않으며, 따라서 생산요소의 이동은 지역 간에서만 나타난다. 즉, 지역 간 서로 다른 자본/노동력의 비율에 따라 한계생산과 생산요소들의 차이가 나타나게 되며, 그 결과 생산요소는 한계생산이 낮은 지역에서 한계생산이 높은 지역으로 이동하게 된다.

신고전적 균형모델의 핵심 가설을 보면 자본과 노동력은 수익률(factor return)의 차이에 따라 이동하며, 따라서 다른 지역으로부터 자본과 노동력을 유인할 수 있는 지역은 상대적으로 빠른 성장을 경험하게 된다는 것이다. 신고전적 균형모델은 지역 간 소득 균형화 메커니즘이라고 볼 수 있다. 즉, 지역성장률은 자연증가율 및 순이동률과는 (-)의 관계를 가지는 반면에 자본 증가율과는 (+)의 관계를 갖는다. 한편 순인구이동율은 1인당 소득수준과 (+)의 관계를 가지며, 자본증가율은 1인당 소득수준과 (-)의 관계를 갖는다.

만일 A지역은 저임금 지역이고 B지역은 상대적으로 고임금 지역일 경우 노동력은 A지역에서 B지역으로 이동하게 된다. 그 결과 A지역의 노동 공급곡선은 L_s'가 되며 노동력이 줄어들게 되면 임금은 상승하여 A지역의 임금은 W_a'가 된다. 반면에 B지역의 경우 노동력 유입으로 인해 노동 공급곡선이 L_s'로 이동하게 되며, 따라서 노동력 증가로 인해 임금은 W_b'로 낮아지게 된다. 그림 14-3에서 볼 수 있는 바와 같이 두 지역 간 노동력의 이동은 두 지역의 임금수준이 같아질 때까지 이루어진다($W_a' = W_b'$).

신고전적 균형모델의 장점은 논리적 간결성과 명확한 예측가능성을 지니고 있다는 점

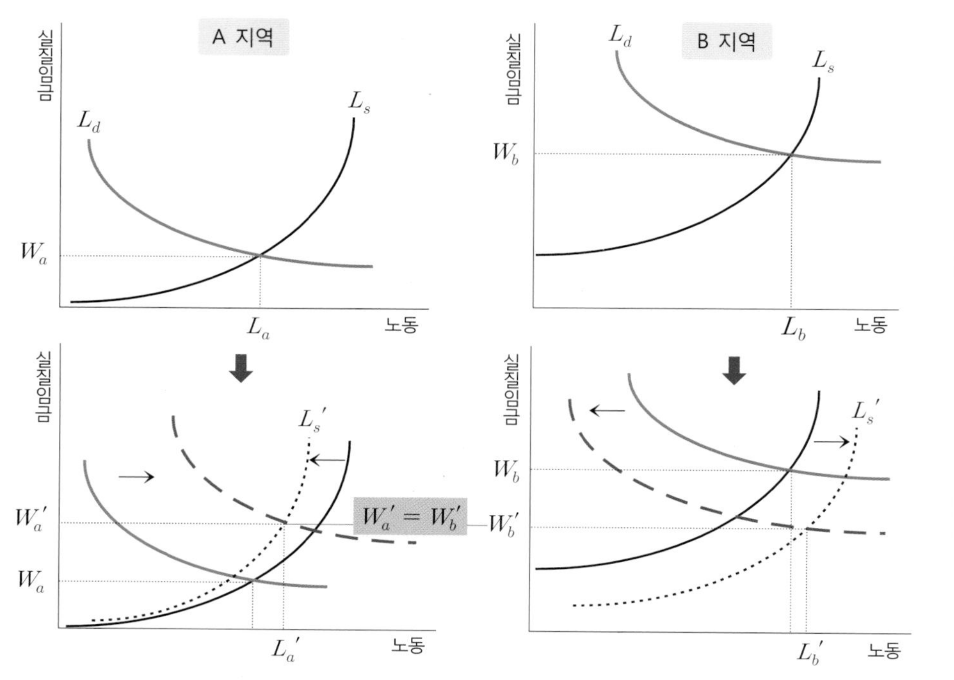

그림 14-3. 노동력 이동으로 인한 두 지역 간 임금의 균등화

이다. 즉, 노동력은 저임금지역에서 고임금지역으로 이동하며, 자본은 그 반대 방향으로 이동하며, 두 지역 간 노동력과 자본 비율이 동일해져서 노동력과 자본의 수익률이 같아질 때까지 생산요소의 이동이 이루어지게 된다는 것이다. 이러한 메커니즘에 따라 지역 간 생산요소의 불균형은 완화되고 임금과 이자율의 차이는 없어지게 되며, 그 결과 지역 간 성장격차는 줄어들어 균형을 이루게 된다고 예측하고 있다.

신고전적 균형모델을 적용하여 실증분석한 결과 지역 간 성장격차가 완화되고 균형을 이루어간다는 사례연구들도 나타났다(Borts & Stein, 1964; Fabricant, 1970; Perloff et al., 1960; Raimon, 1962). 특히, Borts & Stein(1964)이 분석한 미국의 경우 1880년 이후 각 주의 1인당 소득은 점차 균형화되어 가고 있음을 보여주었다. 또한 Barro et al.(1991)도 1880년~1988년 동안 미국 48개 주를 대상으로 각 주의 1인당 소득과 성장률 간 상관관계를 분석한 결과 매년 2% 내외의 속도로 지역 소득수준이 수렴하고 있음을 보여주었다. 뿐만 아니라 일본, 캐나다, 호주, 스웨덴, 독일 등의 실증분석에서도 국가 내 지역 간 소득수준의 절대적 수렴화가 나타나는 것으로 분석되었다(허문구 외, 2004).

한편 Gallaway et al.(1967)와 Olsen(1968)은 사례연구를 통하여 신고전적 균형모델이 예측하는 결과와는 상반되는 결과가 나타나고 있음을 보여주었다. 이들의 연구결과에 따르면 지역 간 임금격차가 균형화되어 가는 경향을 찾아볼 수 없으며, 지역 간 노동력 이동은 경제적 요인뿐만 아니라 비경제적 요인들에 의해 크게 영향을 받고 있다. 더군다나 인구이동은 선택적이어서 교육수준이 높은 젊은 연령층이 이동하는 경향이 높아 전입지역은 노동력이 풍부해져서 상대적으로 임금이 하락하여 기업가는 초과이윤을 얻고 있다는 것이다. 또한 이러한 초과이윤은 재투자되어 경제규모가 확대되기 때문에 경제성장이 가속화된다는 것이다.

지역 간 자본 이동도 신고전적 균형모델의 예측과는 상반되는 결과를 보이고 있다. 즉, 지역 간 자본 흐름을 보면 보다 발전된 지역으로 자본이 집중화하는 경향을 보이는 것으로 나타났다. 또한 일단 자본 축적이 이루어진 지역에 계속적으로 투자가 이루어지는 성향도 나타났다. 이와 같은 자본 이동패턴을 토대로 Richardson(1973)은 일단 지역 간 투자자본의 이동이 이루어지게 되면 균형적 성장이란 현실적으로 불가능하다는 견해를 피력하고 있다. 그 이유는 어떤 지역으로 자본을 유치시킬 수 있는 힘은 기대되는 이자율에 보다는 투자에 대한 위험도가 더 크게 작용하며, 따라서 투자 위험도가 클 경우 비록 이자율이 저렴하더라도 보다 안정된 지역에 투자하려는 투자심리가 작용하기 때문이다.

무엇보다도 신고전적 균형모델의 가장 큰 약점은 이 모델에서 내세운 가정들이 비현실적이라는 점이다. 생산요소들은 동질적이지 않으며, 자본과 노동력의 비율도 가변적이어서 임금(노동력)이 상대적으로 높아질 경우 전에 사용하던 생산방식보다 노동력 집약적인 새로운 생산방식으로 전환하고 있다. 따라서 실제 세계에서 생산요소의 수익성 차이에 따라 생산요소가 이동하여 지역 성장격차가 점차 균형을 이루게 될 것이라는 예측은 매우 불확실하며 부정적이라고 평가되고 있다. 더군다나 이 모델은 초국적기업이 전 세계적인 차원에서 생산요소의 지역적 차이를 활용하여 생산 네트워크를 구축하고 있는 상황에는 적용하기 매우 어렵다.

이와 같이 신고전적 균형모델은 지역 간 생산요소의 이동에만 초점을 두었을 뿐 왜, 어떻게 하여 노동력과 자본의 이동이 일어나게 되는가에 관해서는 거의 설명하지 못하고 있다. 또한 최근 지역경제성장에 상당한 기여를 하고 있는 기술진보와 혁신에 대해서는 거의 언급하지 않고 있다. 더 나아가 개발도상국가의 지역성장을 설명하기 위해 신고전적 균형모델을 적용할 경우 정부의 간섭이 왜, 어떻게 하여 지역성장에 중요한 역할을 하고 있는가를 설명하기 매우 어렵다. 따라서 신고전적 균형모델이 기대하고 있는 지역성장의 균형화 경향은 매우 예외적인 것이라고 볼 만큼 지역성장이란 불균형을 이루게 된다고 보는 견해가 일반적이다. 신고전적 균형모델은 지역성장을 모델화하는 도구로는 유용하지만 경험적으로 볼 때 타당성 있는 이론이라고는 볼 수 없다(Sheppard, 1980).

(2) 순환적·누적적 성장이론(Circular Cumulative Growth Theory)

순환적·누적적 인과이론은 Perroux(1950)와 Lampard(1955)에 의해 토대가 마련된 후 Myrdal(1957)과 Hirschman(1958)에 의해 정립되었고, Pred(1965), Kaldor(1970),

Dixon & Thirlwall(1975)이 더욱 발전시켰다. 이 이론은 경제성장을 이룬 발전된 지역과 저개발지역 간 경제적 불평등이 점점 증가되고 있는 경험적 사실에 기초하여 순환적·누적적 인과원리를 도입하여 지역 간 경제성장은 불균형을 이루게 됨을 설명하는 것이라고 볼 수 있다. 여기서 순환적·누적적 인과원리란 한 요소의 변화는 그 변화를 강화시켜 주는 방향으로 또 다른 요소들의 변화를 유인함으로써 초기 변화와 같은 방향으로 그 체계가 더욱 더 변화된다는 원리이다.

모든 지역에서 동시에 경제성장이 이루어지는 것은 아니며, 일반적으로 경제력은 한 지역으로 집중하게 된다. 한 지역에서의 초기 성장은 점차 누적적인 발전을 이루게 되는데 그 이유는 상호강화적인 승수효과(multiplier effects), 연관효과, 규모경제, 기술혁신 등에 의해서이다. 누적적 인과과정에 대하여 Myrdal은 개념적 모델을 제시하였다. 즉, 새로운 산업이 입지하는 경우 관련산업과의 연계효과를 가져오며, 새로운 고용기회 창출로 인해 인구가 증가하고, 이에 따라 제3차 산업이 활성화되며 사회간접자본도 확대된다. 이와 같은 연계를 통해 특정지역으로의 산업 입지는 지역성장을 가속화시키는 승수효과를 가져오게 된다(그림 14-4 참조).

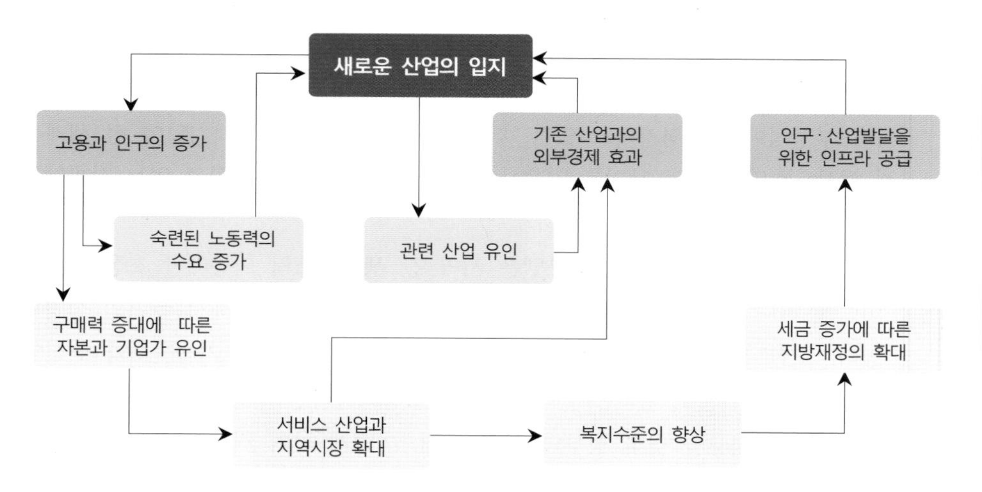

그림 14-4. Myrdal의 순환적·누적적 인과과정 모델
출처: Keeble, D.(1967), p. 258.

Pred(1965)도 지역의 누적적 성장과정을 승수효과 개념을 이용하여 설명하였다. 경제성장에 유리한 여러 가지 요인을 지닌 지역은 자생적인 성장 추진력을 갖고 누적적으로 성장하게 된다. 즉, 새로운 기업이나 기존 기업의 확장은 그 지역에 고용기회를 창출시키고 구매력을 증대시키는 초기 승수효과(initial multiplier effects)를 가져온다. 이렇게 새로이 창출된 고용기회는 소비 수요를 증대시켜 서비스산업이 성장하게 되며 그에 따라 새로운 투자 자본을 유인하게 된다. 이와 같이 새로운 산업의 입지는 인구성장과 산업구조

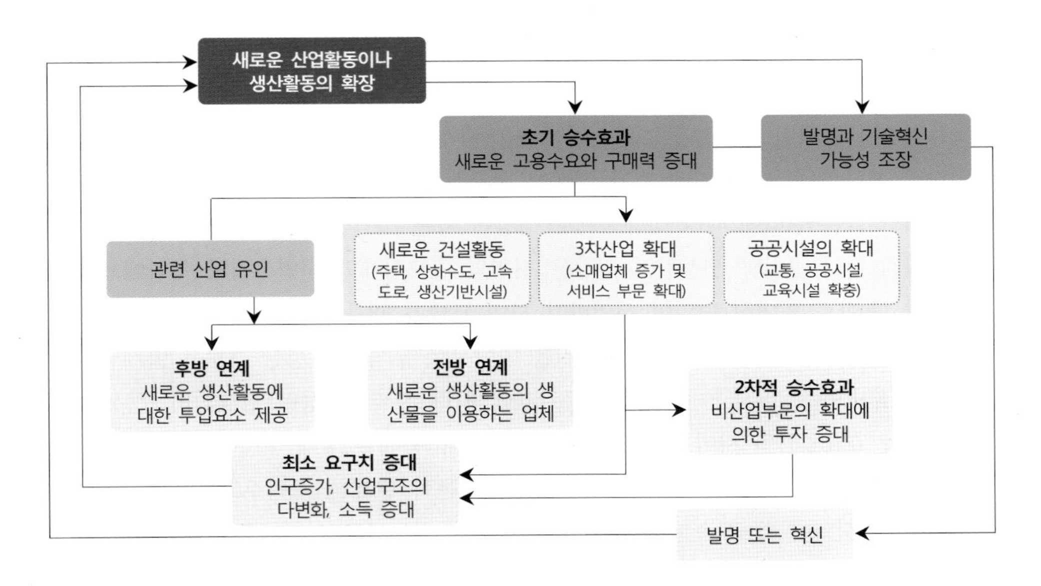

그림 14-5. Pred가 제시한 초기 승수효과와 누적적 인과과정 모델
출처: Pred, A.(1965), p. 25.

의 다양화 및 경제활동의 확대를 가져오는 이차 승수효과(second multiplier effects)를 가져오게 된다(그림 14-5).

순환적·누적적 인과이론의 핵심은 지역 간 불균형의 원인이 무엇이며 그와 같은 불균형적 성장이 지속되고 있는 이유를 설명하고 있다. 그러나 Myrdal과 Hirschman은 그들의 견해를 단지 언어적으로만 제시했을 뿐 실증적으로 적용시킬 수 있는 모델을 제시하지는 못하였다. Kaldor(1970)는 이들의 견해를 바탕으로 왜 성장지역이 낙후지역에 비해 누적적으로 비교우위성을 누리게 되는가를 모델을 통해 설명하였다. 그는 특정지역의 생산량 증가가 어떻게 노동생산성에 영향을 미치는가를 통해 지역의 누적적 성장이 유발되는 과정에 초점을 두었다. 그는 지역의 1인당 생산 증가속도는 그 지역의 규모경제와 특화(전문화) 수준에 따라 달라진다고 보았다. 일례로 제조업이 특화된 지역과 토지를 기반으로 하는 산업이 특화된 지역을 비교하면 제조업이 특화된 지역이 보다 성장속도가 빠르며 생산성이 높다는 것이다. 이러한 생산성에서의 비교우위는 수출 경쟁력을 확보하면서 누적적 인과과정을 거치게 된다.

Kaldor는 효율임금모델(efficiency wage model)을 제시하였는데, 효율임금(W/T)이란 해당지역의 생산성지수(T)에 대한 화폐임금지수(W)를 말한다. Kaldor는 화폐임금이란 모든 지역에서 동일하게 나타나기 때문에 생산성이 높은 지역일수록 효율임금지수는 낮아진다고 보았다. 그는 효율임금모델을 이용하여 누적인과의 원리를 설명하였다. 즉, 규모경제효과에 따라 수익이 증가하기 때문에 규모가 크고 성장한 지역일수록 더욱 부유하게 되는 반면에 규모가 작고 빈곤한 지역은 더욱 빈곤하게 되므로 성장격차가 커진다고 보았다. 일반적으로 고성장지역은 규모경제 효과에 따른 수익 때문에 보다 높은 생산성의 증가를 경험하게 되며, 그 결과 효율임금은 떨어지게 된다. 효율임금의 저하는 또 다시 지역생산의 성장률을 증가시키게 되기 때문에 궁극적으로는 효율임금을 더 낮추게 된다는 것이다. 이와 같은 원리에 따라 상대적으로 성장이 빠른 지역일수록 누적적 이점을 지속적으로 누리게 된다. 1인당 생산량의 성장은 지역의 규모경제와 지역산업의 특화에 의해 이루어지며, 특화로 얻어진 편익이 지역마다 차이가 나기 때문에 높은 편익을 얻은 지역일수록 빠르게 성장하고 지역의 경쟁력 우위를 바탕으로 누적적인 성장 경로를 밟게 된다.

Kaldor의 모델은 지역생산 증가율에 따라 지역생산성이 향상되며, 생산성 증가율 차이가 효율임금의 차이를 가져오는 메커니즘을 통해 어떻게 누적적 인과과정이 지속되는가를 설명해 주었지만, 그의 모델도 역시 이론적 한계를 보여주고 있다. 그의 모델에서는 고성장지역이 왜 계속 높은 성장을 유지하게 되는가를 설명해주었지만, 무엇이 이러한 누적적 인과과정을 발생시키는가에 대한 설명은 부족하다. 그는 생산성의 증가가 어떻게 하여 높은 성장률을 유인하게 되는가를 설명하기 위해 효율임금의 개념을 도입하였지만, 이 개념도 문제점을 안고 있다. Kaldor의 견해에 따르면 효율임금이 하락하지 않을 경우 그 지역의 경제성장률은 둔화되고 있다고 볼 수 있다. 그러나 실제로 물가 상승 때문에 경제성장률의 변화가 나타나지 않는 사례들이 많으며, 또한 성장률이 높고 부유한 지역일수록 다른 지역에 비해 화폐임금이 높게 상승할 수도 있다.

이러한 문제를 해결하면서 누적적 인과과정에 따른 불균형 성장이론을 발달시킨 학자는 Dixon & Thirlwall(1975)이다. 이들은 누적적 인과과정이 지역성장에 미치는 영향을 주목하면서 지역 간 성장격차에 대한 Kaldor의 견해를 정교화시켰다. 이들은 수출 부문에서의 경쟁력에 대한 지역성장의 피드백 효과를 고려한 누적적 인과과정 모델을 구축하였다. 즉, 세계소득의 증가→지역수출의 증가→지역생산량 증가→노동생산성 증가→지역 내부의 가격수준 하락→지역수출 경쟁력 향상이라는 순환적인 메커니즘을 갖는 모델을 제시하였다. Dixon & Thirlwall의 모델에 따르면 세계적 차원에서 소득이 증가하여 해당지역의 수출 물량이 증가하게 되면 지역의 생산량 증가를 위해 R&D 투자가 증가되고 그에 따른 기술진보가 나타나면서 노동에 대한 자본 비율이 높아진다. 이러한 변화는 노동생산성의 증대를 가져오게 되고, 이는 다시 지역 수출품의 가격 경쟁력을 높이게 되고 지역수출 증대로 이어지게 된다. 이와 같이 노동생산성 증대는 기술 진보율과 자본/노동의 비율에 의해 결정되고, 이는 다시 지역 수출에 의해 결정되기 때문에 지역생산 증대에 의존된다. 수출 증대는 지역 수출품 가격에 따라 달라지며 지역의 수출품 가격은 생산성 이익에 의해 결정되므로 순환적인 인과관계가 나타나게 되는 것이다(그림 14-6).

이와 같이 Dixon & Thirlwall은 누적적 성장과정의 핵심을 노동생산성의 향상에 초점을 두었는데, 이는 생산량이 증가할수록 노동생산성의 증가속도가 빨라진다는 버돈의

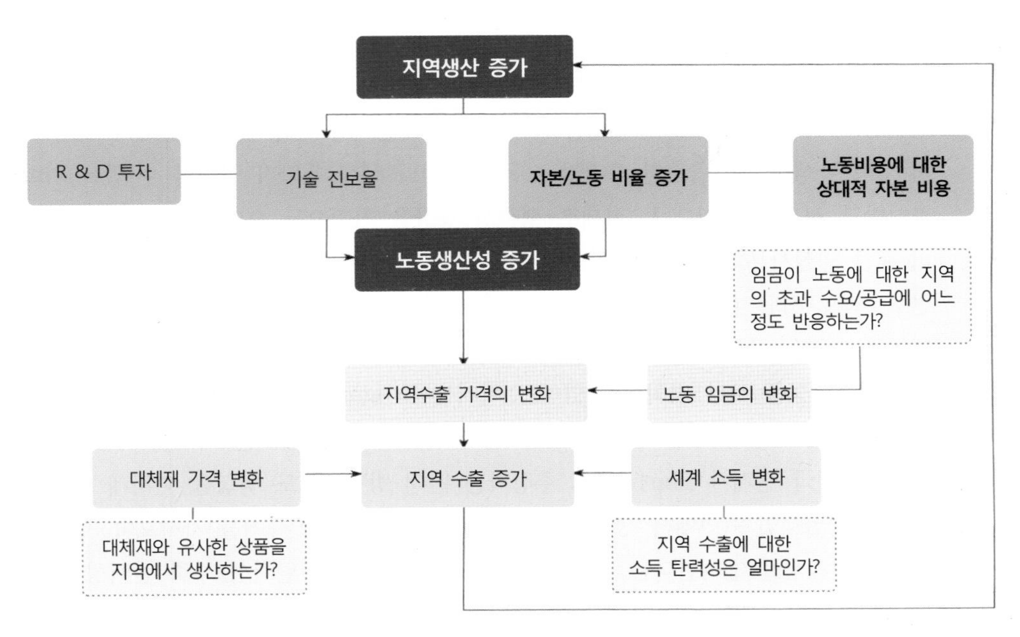

그림 14-6. Dixon & Thirlwall 지역성장 모델의 누적적 순환과정
출처: Armstrong, H. & Taylor, J.(2000), p. 95.

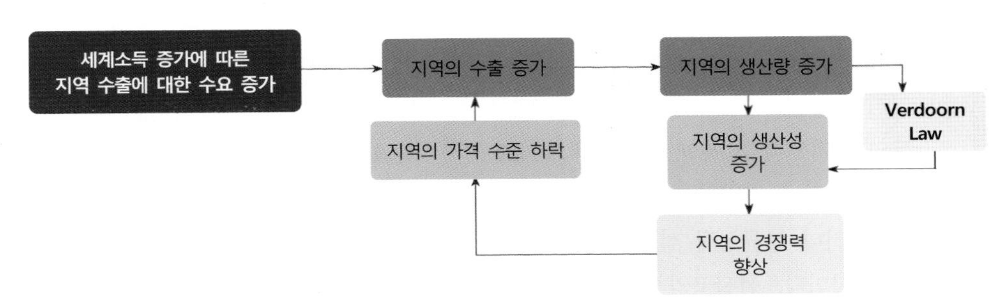

그림 14-7. 세계소득 증가로 인해 유발된 누적적 성장과정
출처: Armstrong, H. & Taylor, J.(2000), p. 97.

법칙(verdoorn law)에 기초한 것이다. 즉, 노동생산성은 정체하거나 하락하는 생산부문보다는 성장되고 있는 부문에서 더 빠르게 증가하는 경향이 있으며, 생산량이 빠르게 증가하는 경우 수확체증효과로 인해 생산성도 증가한다는 것이다(그림 14-7). 그러나 이 모델도 문제점을 안고 있는데, 수출 품목이 정해져 있는 경우 세계 경제성장에 따른 소득 증가에 따른 추가 수요로 인해 수출량이 증가하는 것으로 설명하고 있지만, 어떻게 그 지역이 주어진 품목에 대한 수출 특화가 이루어졌는가에 대해서는 설명하지 못하고 있다. 또한 수출 부문이 지역 생산량 증가의 유일한 원천이라는 가정을 하고 있지만, 실제로는 지역의 생산량 증가는 지역 내부 수요로 인해 성장하는 경우도 상당히 많다. 특화로 인한 생산성 향상이 수출 부문에만 한정되는 것은 아니며, 서비스 부문에서의 생산성 향상으로부터도 이윤을 얻을 수 있다. 더 나아가 버돈 법칙에 지나치게 의존하고 있으며, 지역의 생산량 증가가 어떻게 노동생산성 증가로 이어지는가를 분명하게 설명하지 못하고 있다. 이 법칙은 생산량의 급속한 증가가 노동력 분화나 생산 특화가 일어날 수 있는 기회를 창출한다고 전제하고 있으나, 실제로 생산성 향상을 가져오는 요인들은 매우 다양하다. 특히 최근 인적자본의 외부효과로 인해 기술진보가 빨라지면서 생산성의 향상을 가져온다는 연구결과도 상당히 많다. 따라서 이 모델은 지나치게 수요에 의존하고 있으나, 세계시장에서의 가격은 공급에 의해서도 영향받고 있다.

이러한 점을 보다 명확하게 밝혀준 학자는 Krugman(1980)이다. 그는 지역의 생산량 증가와 수입 탄력성/수출 탄력성 비율 간의 관계에 대해 새로운 해석을 하였다. 그는 이 둘 간의 인과 관계가 Thirlwall의 주장과는 반대 방향으로도 영향을 미치게 된다고 보았다. 즉, 공급적인 측면에서 생산요소 투입의 증가가 산출량 증가를 가져오며, 이는 수출과 수입의 탄력성을 결정한다는 것이다. 생산량 증가와 수입 탄력성/수출 탄력성 비율에 대한 Krugman의 해석을 보면 다음과 같다. 첫째, 산출량의 증가는 수입 탄력성과 수출 탄력성에 의해 결정되며, 투입요소의 공급 증가가 생산량 증가를 가져온다. 즉, 지역의 생산량이 빠르게 증가하게 되면 품목이 다양화되고 더 넓은 시장에 공급할 수 있게 되며, 따라서 수출 역시 빠르게 증가하고 품목의 범위도 늘려 나가게 된다. 둘째, 지역의 수출성장은 세계소득 증가에 비해 상대적으로 빠르게 증가하며, 따라서 수요의 수출 탄력성이 커지게 된다. Krugman은 수출에 대한 수요 탄력성을 내생적으로 보았는데, 이는 세계소득의 증가보다 지역의 수출기반 확대로 인한 지역성장 속도가 더 빠르기 때문이다.

누적적 인과법칙에 따를 경우 지역 간 성장격차는 더욱 심해질 것이라고 전망하게 된다. 그러나 불균형적 성장이론의 가장 큰 쟁점은 과거 20여 년간 선진국에서 나타난 경험적 사실이다. 선진국의 경우 집중화된 경제활동이 점차 분산화되면서 주변지역이 핵심지역보다 빠른 속도로 성장하는 경향을 보이고 있어 불균등한 성장의 역전(reversal) 현상이 나타나고 있다. 미국이나 영국의 경우 전통적 핵심지역의 성장률이 다른 지역에 비해 더 낮게 나타나고 있어, 누적적 인과이론으로 지역성장격차를 설명하는 데 한계점이 있음을 말해준다. 특히 누적적 성장과정의 역전현상이 왜 일어나며, 또 무슨 요인 때문에 이러한 현상들이 나타나는가는 이 이론을 통해 설명하기 매우 어렵다.

(3) 내생적 성장 이론

지식기반사회와 그에 따른 신경제체제로 진입되면서 기존의 지역성장이론들은 상당한 제약성을 갖게 되었다. 전통적으로 지역이 가지고 있는 자원이 지역성장의 기반이 되는 것으로 보았으나 최근 지역경제성장에 지대한 영향을 미치고 있는 요인으로 물적 자원만이 아니라 이전에는 별로 주목받지 않았던 인적 자원 및 위락자원(amenity resource)이 부상하고 있다. 전통적 신고전 경제에서는 생산활동을 위한 비용이나 물리적 환경, 특정 자원 및 기술에 대한 경쟁우위가 매우 중요하게 고려되었으나, 신경제체제에서는 인적 자원 및 고급 인적 자원을 유인하는 위락자원 및 혁신환경이 중요시되고 있다.

이렇게 지식의 창출과 활용역량 및 학습능력이 중요해지면서 지역성장이론도 지역의 지식 창출과 확산 및 활용이 어떻게 지역성장에 영향을 주는가에 관심을 두게 되었다. 특히 인적 자본(human capital)이 지역경제성장의 원동력으로 주목받고 있다(Glaeser et al., 2001; Lucas, 1988; Moretti, 2004). 특히 교육수준이 높은 인적 자본이 특정 지역에 밀집하는 경우 그 지역은 지식의 창조와 확산, 교환 및 축적이 이루어지고, 이로 인해 지역의 생산성이 증대되는 효과를 가져온다는 것이다. 즉, 교육수준이 높거나 숙련된 인재들이 특정 지역에서 대면접촉을 통해 새로운 아이디어를 교류하는 가운데 아무런 대가를 지불하지 않고서도 누리는 인적 자본의 외부효과(human capital externalities)로 인해 생산성이 증대된다는 것이다(Lucas, 1988). 따라서 사람들은 지식 확산을 경험할 수 있는 특정 지역(대도시)로 이동하고 싶은 강한 동기를 갖게 되며, 이렇게 모여든 인적 자본은 해당 지역에서 높은 생산성을 나타내면서 더 많은 보상을 받게 된다(Glaeser et al., 2001).

인적 자본의 중요성과 그 역할은 Schultz(1961)가 교육을 통한 인적 자본 형성이 개인의 소득과 경제성장의 원천으로서 기여할 수 있다는 점을 일찍부터 강조하였다. 그의 견해를 따라 Becker(1964)와 Mincer(1974)는 경제학적 관점에서 인적 자본을 분석할 수 있는 인적 자본론을 구체화하였고, Lucas(1988)는 인적 자본의 외부효과라는 개념을 처음으로 제시하였다.

1990년대에 접어들면서 Barro(1991)를 필두로 내생적 성장론자들은 Cobb-Douglas의 생산함수 모델 안에 기술진보 개념을 내생적으로 투입하여 인적 자본이 지역의 내생적 경제성장을 주도하는 요인으로 주목받게 되었다. Rauch(1993)는 인적 자본의 외부효과 크기에 관한 실증분석을 시도하였고, 그 이후 다양한 방법으로 인적 자본의 외부효과를 측정하는 연구들이 활발하게 이루어지고 있다.

더 나아가 기술혁신이 경제주체들 간 지식 네트워크를 통해 이루어진다는 점이 부각되면서 지역성장 요인을 기존의 물리적 축적과 집적경제 관점보다 지식 네트워크 관점에서 분석하려는 연구들이 수행되고 있다. 지식 네트워크를 기반으로 지역경제성장을 분석하는 경우 지역 간 지식과 정보의 생산, 교환, 활용 등 학습(learning)을 둘러싼 상호작용이 일어나는 동태적 집적경제 개념을 중요하게 다루고 있다.

특히 내생적 성장모델에서는 인적 자본의 외부효과 개념을 도입하여 외생적으로 주어지는 기술진보가 없이도 경제성장이 이루어질 수 있다는 견해를 피력하고 있다(Lucas, 1988; Romer, 1986). 내생적 성장이론에서는 자본을 물적 자본(physical capital)과 지

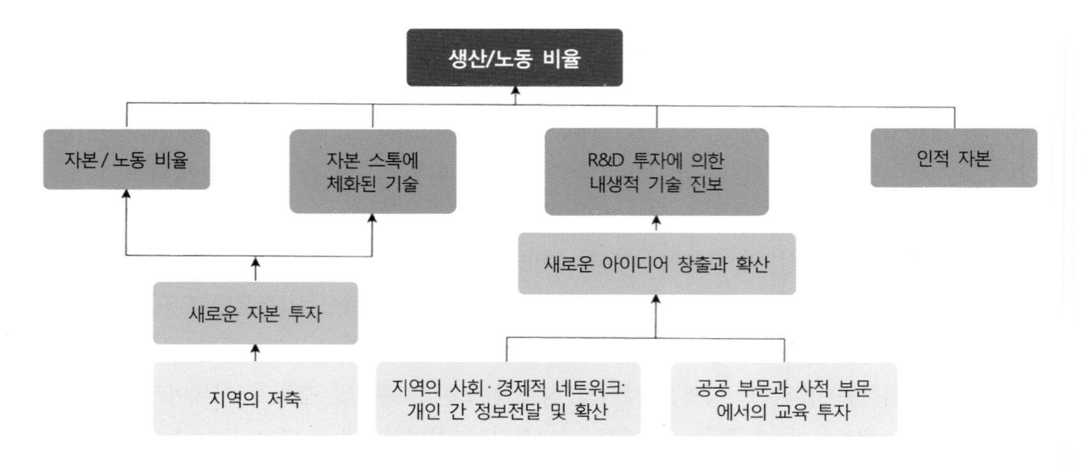

그림 14-8. 내생적 성장모델에서 기술진보와 인적 자본의 역할
출처: Armstrong, H. & Taylor, J.(2000), p. 97.

식 자본(knowledge capital) 또는 인적 자본(human capital)으로 구분하고 있다(그림 14-8). 물적 자본과 구별되는 인적 자본은 다음과 같은 특징을 가지고 있다. 첫째, 지식 자본은 어느 때나 어느 장소에서나 동시에 사용될 수 있는 비경쟁적인 특성을 갖고 있다. 즉, 다른 장소에서 같은 시각에 이용가능한 비경쟁적이며, 인적 자본도 이와 같은 비경쟁성을 지니고 있다.

둘째, 물적 자본은 소유주 외에는 사용할 수 없는 배타적인 특징을 갖고 있으나, 지식 자본은 누구에게나 비배타적으로 사용될 수 있어 공공재(public good) 특징을 지니고 있다. 이렇게 공공재로서의 지식자본은 외부효과를 가지기 때문에 지식확산이 나타나게 된다. 또한 지식자본은 한계수확이 체감하지 않으며, 오히려 수확체증을 가져오는 경우도 많다. Romer-Lucas 모델에서 장기적 성장은 규모에 따른 수익체증으로 나타나는데, 이것의 원천을 지식이라고 보았다. 이렇게 지식은 계속해서 재사용할 수 있고 무제한으로 재결합될 수 있으며, 지식은 계속해서 증가할 수 있는 속성을 가지고 있다.

3) 지역성장 격차의 동태적 이론

앞에서 살펴본 지역성장이론들은 지역 간 성장격차의 원인과 이러한 격차가 점차 균형화되는지 아니면 더욱 심화되는지에 초점을 두었다. 그러나 지역 간 성장격차는 시간의 흐름에 따라 균형화될 수도 있고 더 심화될 수도 있는 동태적 특징을 지니고 있다. 즉, 지역 간 성장격차는 고정된 것이 아니라 역동적으로 변화해 나간다. 여기서는 동태적 관점에서 지역 간 성장격차를 설명하고 있는 이론들에 대하여 간략하게 살펴보고자 한다.

(1) 핵심-주변 공간모델(Core-Periphery Spatial Model)

경제성장력의 집중화 현상은 이중적인 공간구조를 만들어낸다. 즉, 핵심지역이 나머지 주변지역을 지배하는 핵심부와 주변부의 이중구조가 형성된다. 핵심-주변 모델은 경제성장 과정을 공간적 관점에서 이해하는 데 있어서 유용한 모델이라고 볼 수 있다. 이 모델은 지리공간이란 상호의존적 체계로, 공간상에서 성장과정은 본질적으로 불균형하게 된다는 것을 전제로 하고 있다. 또한 핵심지역과 주변지역의 이중적 구조는 집중화 과정과 분산화 과정의 상호작용으로 형성된 것이며, 서로 반대방향으로 움직이는 집중력과 분산력의 상호작용은 끊임없이 유동적이기 때문에 핵심-주변의 이중적 공간구조는 역동성을 지니고 있다고 볼 수 있다.

핵심-주변 모델의 개념은 원래 Meier & Baldwine(1957)에 의해 처음으로 제시되었다. 그들은 세계적인 차원에서 핵심-주변의 이중구조가 실재하고 있음을 기술하였으며, 그 후 Wallerstein(1974)이 세계를 핵심, 준주변, 주변지역으로 구분하고 그들의 동태성을 분석한 결과 세계경제체계는 핵심-주변의 양극화(polarization) 현상이 심화되고 있다고 주장하였다. 이러한 핵심-주변의 이중구조 모델은 세계적인 차원에서부터 국지적 차원에까지 적용되고 있다.

핵심-주변의 이중 구조체계를 국가 차원에서 적용할 경우 가장 경제적으로 활성화된 핵심지역은 정치·사회·문화적인 면에서도 주변지역을 지배하게 된다. 이러한 핵심-주변의 이중구조는 산업화 초기의 개발도상국에서 잘 나타나고 있다. Friedmann(1972)은 「극화발전의 일반이론(The General Theory of Polarized Development)」에서 극화발전이론을 설명하기 위해 핵심-주변 모델을 도입하였다. 그는 핵심부와 주변부의 관계는 네 가지 상호작용(의사결정과 통제과정, 자본흐름, 기술혁신, 인구이동)을 통해 지배/종속적인 관계를 형성하게 된다고 보았다. Friedmann은 발전이란 기술혁신으로 간주하였으며, 따라서 혁신이 일어나는 중심지가 핵심지역이라고 보았다. 핵심지역은 6가지의 자기강화적인 피드백 효과에 의해 주변지역을 지배하게 된다. 즉, ① 자원의 이전(분극효과), ② 높은 혁신율 유지(정보효과), ③ 변화의 분위기(심리적 효과), ④ 발전지향적 가치와 태도(근대화 효과), ⑤ 높은 상호관련성(연계효과), ⑥ 경제적 수익의 증대(생산효과)의 피드백 과정에 의해 핵심지역의 지배력은 더욱 강화되며 주변지역의 의존성도 더욱 높아진다는 것이다.

그러나 Friedmann(1966)은 시간이 경과함에 따라서 핵심지역으로부터 주변지역으로 혁신이 확산되어 주변지역도 발전한다고 보았으며, 핵심-주변의 이중적 공간조직도 변화된다고 주장하였다. 그는 국가경제가 발전함에 따라 공간조직이 어떻게 변화되어 가는가를 설명하기 위하여 네 단계로 공간조직의 형성과정 모델을 제시하였다.

제1단계는 공업화 이전단계로 많은 수의 소규모 자족적 중심지가 농업지역에 고르게 분포되어 있으며, 이들 중심지는 배후 농촌지역에 서비스를 공급한다. 이 단계에서 중심지들 간 상호작용은 거의 이루어지지 않는다. 제2단계는 초기 공업화 단계로 공업화가 진전됨에 따라서 종주형의 정주패턴이 형성된다. 흔히 종주도시는 식민지 시기에 자원채굴의 거점으로 성장해 왔으며 종주성은 중앙집권적 정치·경제하에서 더욱 강화되는 것으로 알려져 있다. 종주도시는 주변지역으로부터 유입된 자본과 노동력으로 성장하게 되며 혁신의 중심지가 된다. 국가 전체적으로 볼 때 대규모 인구이동으로 인하여 정주패턴은 매우 불안정하게 나타난다. 제3단계는 공업화의 성숙단계로 공간조직은 과도기적 형태를 나타낸다. 아직도 어느 정도의 종주성은 남아 있지만 점차 주변지역의 도시가 부차적 중심지로 성장하게 되며, 그에 따라 배후지에 대한 종주도시의 지배력이 약화된다. 또한 기술혁신이 활발하게 이루어져서 주변지역에 입지한 도시들의 성장 잠재력이 커지게 된다. 그러나 종주도시와 소수의 중심도시 사이에 낙후지역들이 존재하며 공간구조는 아직도 불안정한 상태에 있다. 제4단계는 탈공업화 단계로 도시의 계층원리에 따른 공간조직이 형성되며, 기능적으로는 상호의존적 도시체계가 형성된다. 혁신의 확산에 의해 공간경제가 통합되고 경제성장 잠재력이 극대화되고 지역 간 균형이 이루어지는 단계이다(그림 14-9).

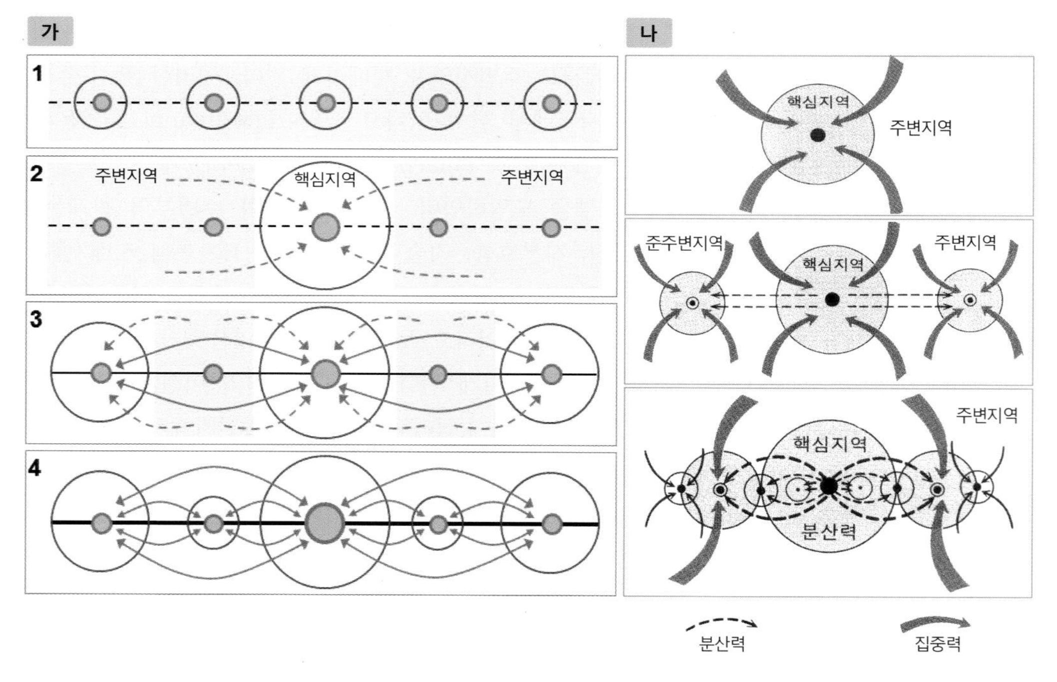

그림 14-9. 핵심-주변지역 간 단계별 통합화 모델(가)과 집중된 공간분산 모델(나)
출처: Friedmann, J.(1966) p. 36; 이희연(1983), 지역성장의 공간적 이론을 토대로 작성함.

Friedmann은 경제성장뿐만 아니라 정치·사회·문화적인 측면까지 포함하는 보다 넓은 의미의 발전과정에 관심을 갖고 있었으며, 혁신은 핵심지에서 발생하여 그 주변지역으로 확산된다고 보았다. 혁신의 확산 이외에도 인구이동, 자본투자, 의사결정의 상호작용에 의해 발전과정이 이루어지며, 자본투자도 핵심지역에서 주변지역을 향해 외연적·하향적으로 이동하게 되며, 의사결정형태도 보다 분권적인 형태로 변하게 된다. 그는 이와 같은 변화과정을 통해 보다 지역 간 균형적인 발전이 이루어질 것으로 기대하였다.

이렇게 Friedmann은 핵심-주변의 이중적 공간구조가 경제가 발전함에 따라 하나의 통합화된 공간조직으로 변화되면서 지역균형발전이 이루어진다고 보았다. 그러나 Myrdal과 Hirschman이 제시한 파급효과(spread effects/trickling down effects)와 역류효과(backwash effects/polarizing effets)의 개념을 도입한다면 핵심지역과 주변지역의 성장격차는 심화되기도 하고 완화되기도 한다. 바꾸어 말하자면 핵심지역과 주변지역 간 상호의존성은 파급효과를 창출하여 주변지역이 성장하기도 하며, 반면에 역류효과를 가져와 주변지역이 침체되기도 한다.

여기서 파급효과와 역류효과가 나타나는 상황에 대해 고찰해 보자. 핵심지역의 성장력이 주변지역으로 확산되는 파급효과가 나타나는 경우를 보면 다음과 같다. 다공장기업의 경우 R&D 센터와 본사는 핵심지역에 입지하고 생산시설인 공장이 주변지역에 입지하게 된다. 이런 경우 저렴하고 풍부한 노동력을 갖고 있는 주변지역에 새로운 고용기회가 창출되므로 주변지역은 성장할 수 있는 기회를 갖게 된다. 또한 주변지역에 천연자원이 풍부하게 매장되어 있는 경우 핵심지역의 자원이 고갈되면 주변지역에 새로운 자원을 이용하기 위하여 주변지역으로 자본 투자가 이루어진다. 더 나아가 핵심지역에서 집적의 비경제(agglomeration diseconomies) 현상이 나타나게 되면 주변지역으로 기업들이 이동하게 된다. 즉, 노동력 부족, 고임금, 높은 주거비, 교통 혼잡, 공해 등이 심각하게 나타나는 집적의 비경제 현상이 핵심지역에서 나타나게 되면 핵심지역의 비교우위성은 감소되고 오히려 주변지역이 산업입지에 유리한 지역으로 부상하게 된다. 더 나아가 정부의 지역정책에 따라 주변지역으로 파급효과가 확산되는 경우도 발생한다. 핵심지역으로의 인구와 산업이 과도하게 집중하여 핵심지역과 주변지역 간의 성장격차가 심화되는 경우 정부는 지역격차를 완화하기 위하여 낙후된 주변지역을 개발하려는 정책을 실시하게 된다.

반면에 핵심지역으로 인구와 산업이 집중함으로써 주변지역의 성장잠재력마저 감소시키는 역류효과도 나타날 수 있다. 핵심지역 주민들의 소득이 증가되어도 주변지역의 1차 생산물에 대한 수요는 크게 증가되지 않는 반면에 주변지역 주민들의 소득은 핵심지역으로 누출되는 경향이 높다. 일반적으로 주변지역의 중심지들은 저차위중심지이므로 제공하고 있는 재화의 종류가 제한되어 있다. 따라서 주변지역 주민들은 저차위중심지에서 제공하지 못하는 재화를 구입하기 위해 핵심지역의 고차위중심지를 이용하게 된다. 이와 같은 상호교류의 결과 핵심지역은 규모경제를 누리며 누적적으로 성장하는 반면에 주변지역은 재화와 서비스를 생산할 수 있는 잠재력마저도 낮아지게 된다. 또한 젊고 교육수준이 비교적 높은 숙련된 노동력이 이동하는 인구이동의 선별성으로 인해 주변지역 성장을 위해 가장 필요한 활력적인 노동력이 유출되는 경우 주변지역의 소득은 떨어지게 되며, 소비수준(구매력)도 저하되고 결국 주변지역으로 입지하려는 기업의 최소요구치도 충족시키지 못하게 되는 경우도 발생된다. 뿐만 아니라 핵심지역과 주변지역 간 자본 이동도 역류효과를 가져온다. 기업가들은 핵심지역의 투자기회에 대해서는 높게 평가하는 반면에 주변지역의 투자기회에 대해서는 상대적으로 낮게 평가하고 있는데, 그 이유는 사회간접자본의 질적인 면과 이미 기존에 축적되어 있는 자본의 규모를 비교해 볼 때 핵심지역이 주변지역보다 훨씬 더 유리한 투자대상지라고 인지하기 때문이다. 핵심지역에 대한 투자 선호도는 주변지역의 자본을 유출시키는 결과까지 유도하게 된다.

Richardson(1976)은 파급-역류효과는 비대칭적이며, 파급효과가 역류효과보다 커서 순파급효과(net spillover effect)가 나타나기까지 오랜 시간이 걸린다고 보았다(그림 14-10). 따라서 주변지역의 개발을 위한 정부의 정책은 순파급효과를 가져오는 촉진제 역할을 하게 된다.

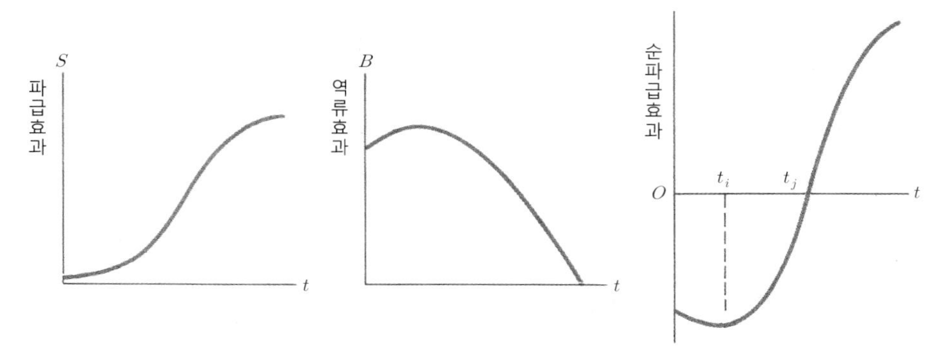

그림 14-10. 파급효과와 역류효과의 상쇄에 따른 지역성장 격차의 변화
출처: Richardson, H.(1976), p. 3.

(2) 집중된 공간분산이론(Theory of Concentrated Spatial Dispersion)

경제활동의 공간패턴과 그러한 패턴의 형성과정은 비교우위성을 지닌 지역의 입지요인과 지역 간 동태적 상호의존성에 의해 이루어진 것이다. 성장 또는 발전이란 시간의 흐름에 따라 공간상에서 각기 다른 강도와 속도로 진행된다. 따라서 발전과정에 있어서 공간적 상호의존도(spatial interdependence) 개념은 최근 지역성장이론에 새로운 시각을 제공해주고 있다.

상호의존도에 따른 지역의 발전 과정은 여러 차원에서 동시에 일어날 수 있다. Brookfield(1975)는 생산요소(자본, 기술, 노동력 등)의 공급과 최종 생산품의 수요에 대한 외부 의존 등 경제활동의 상호의존도를 강조하였고, Sheppard(1980)는 공간구조와 공간형태는 상호의존도에 따라 변화되며, 상호의존도 자체는 공간적 상호작용으로부터 유래된다는 공간적 상호작용의 피드백 메커니즘(spatial interaction feedback mechanism)을 주장하였다. 따라서 공간적 상호의존도 개념은 언제, 어디서든지 찾아볼 수 있는 공간상에서 경제성장의 불균형 특성을 설명해주는 핵심적인 개념이라고 볼 수 있다.

상호의존성 개념을 바탕으로 제3세계의 공간적 발전과정을 설명하려는 이론이 바로 집중된 분산이론이다. 핵심지역과 주변지역의 이중구조는 집중력(concentration)과 분산력(dispersion)의 상호작용의 결과 형성된 구조라고 볼 수 있다. 서로 반대방향으로 끌고 있는 집중력과 분산력은 항시 유동적이므로, 한 힘의 비중이 상대적으로 증가할 경우 다른 한 힘의 비중은 상대적으로 약화된다. 따라서 지리공간상에서 두 힘의 상대적인 비중의 변화는 핵심-주변의 공간구조를 역동적으로 변화시키고 있다. 일반적으로 성장과정에서 가장 주도적인 힘은 집중력이지만, 집중력의 중요성은 시간의 흐름에 따라 점차 약화되며 이에 따라 분산력이 상대적으로 강화된다. 그 결과 현존하는 핵심-주변의 이중적 공간구조는 지속적으로 변화되어 간다고 볼 수 있다.

집중된 공간분산 성장모델은 Richardson(1980)의 극화과정의 역전(polarization reversal) 가설과 Friedmann의 극화발전이론과 핵심-주변 모델을 기초로 이희연(1983)이 재정립한 것이다. 집중된 공간분산 이론은 개발도상국이 실제로 경험하게 될 것으로 예상되는 공간경제의 성장과정을 설명할 수 있는 이론이라고 볼 수 있다. 집중된 공간분산 성장모델은 다음과 같은 단계적 과정으로 설명될 수 있다.

제1단계는 개발도상국의 도시화·공업화 과정의 초기로, 이 시기에는 비교우위성을 지녔거나 혹은 식민지 기간 동안 외부로부터 개방된 소수의 도시에서 경제성장이 이루어지게 된다. 이러한 초기 성장은 제2단계에 들어와 초기이익(initial advantages), 누적적 인과관계(cumulative causation), 공간적 상호의존성(spatial interdependence)의 원리 하에서 양극화적 성장을 경험하게 되며, 그 결과 지배적인 핵심지역과 나머지 종속적인 주변지역의 공간구조가 형성된다. 제3단계에서는 시장경제 메커니즘과 정부의 간섭으로 인해 핵심지역의 경제성장력은 분산된다. 그러나 분산력은 주변지역의 한정된 소수의 대도시로 집중하게 되어 지방의 소수 대도시들이 성장하게 된다. 그 결과 하나의 국가 핵심도시와 소수의 지방 대도시들로 이루어진 국토 공간구조가 형성된다. 경제성장의 후기단계에 접어드는 제4단계에서는 지역 간 분산과정(inter-regional dispersion)과 함께 지역 내 분산(intra-regional decentralization)도 진행되어 보다 통합된 도시체계가 형성되며, 국가 핵심도시(수위도시)-지방 대도시-지역 중심도시의 계층적 도시체계가 형성된다. 마지막 단계에 접어들면 기능적으로 상호의존적인 도시체계 내에서 핵심-주변의 지배적/의존적 관계는 시간의 흐름에 따라 변화한다. 핵심지역이 지니고 있던 비교우위성이 주변지역에 비해 상대적으로 불리할 경우 주변지역이 새로운 핵심지역으로 성장할 수도 있다.

공간적 집중력과 그 누적적 성장과정의 결과 핵심지역-주변지역의 이중적 공간구조가 형성되지만 이러한 체계는 성장의 분산력이 상대적으로 크게 작용할 경우 변화된다. 분산이란 극화된 성장이 역전되는 것으로, 분산력의 비중이 커질 경우 종전까지 빠른 경제성장을 경험하였던 지역은 상대적으로 그 성장속도가 둔화되는 반면에 성장속도가 침체되었던 지역이 급성장하게 된다.

극화과정의 역전 현상(polarization reversal) 또는 반전과정이란 핵심지역으로부터 인구와 산업의 유출로 인해 핵심지역의 인구와 산업이 감소되는 것으로, 불균등한 성장추세가 역전되는 과정이라고 볼 수 있다. 즉, 주변지역이 성장하는 반면에 핵심지역은 정체되는 현상을 말한다. 분산을 나타내는 'decentralization'과 'dispersion'이 혼용되고 있으나 지리적인 관점에서 볼 때 두 용어는 구분되어야 한다. 'decentralization'은 인구와 산업이 비교적 한정된 지역 범위, 즉 핵심지역 내에서 중심도시로부터 주변지역으로 분산되는 경우를 가리킨다. 일반적으로 성장은 궁극적으로는 그 주변의 배후지역으로 인구와 경제활동의 분산화를 촉진시킴으로써 배후지역의 성장을 촉진시키게 된다. 따라서 핵심지역 내에서의 지역 내 분산화(intra-regional decentralization) 과정은 여전히 핵심지역이 다른 주변지역보다 빠르게 성장하고 있음을 보여준다.

반면에 'dispersion'이란 핵심지역에서 다른 주변지역으로 성장자극이 확산되는 경우로 'decentralization'에 비해 보다 넓은 지역에까지 성장잠재력이 유입되는 것을 말한다. 따라서 'dispersion'이란 국가 차원에서 경제성장의 변화를 말하며 'dispersion'과정은 극화된 성장패턴을 역전시켜 지역 간 불균형이 완화되어 가는 과정이라고 볼 수 있다.

공간적 분산화 수준은 그 나라의 경제성장 단계와 밀접하게 관련되어 있으며, 일반적으로 선진국의 경우 절대적 의미의 분산화과정이 진행되어 주변지역이 성장하고 핵심지역이 쇠퇴하는 반면에, 개발도상국가의 경우 상대적 의미의 분산화과정이 진행되어 핵심지역과 주변지역 모두 성장하고 있으며 단지 주변지역의 성장률이 핵심지역보다 높게 나타난다. 절대적이든 상대적이든 간에 분산화과정의 결과 주변지역의 상대적 지위는 높아지게 되며, 만일 핵심지역의 비경제성이 크게 나타나게 되어 인구와 경제활동이 주변지역으로 이동하게 되면 핵심지역을 지배하게 되는 역전 현상이 나타날 수 있다. 핵심지역으로 집중하려는 힘을 저항하는 요인들이 많을수록 분산력이 커지게 되며, 이러한 저항요인들은 상호작용 피드백 효과로 누적적 인과과정을 가속화시켜 분산화를 더욱 추동시킨다.

핵심지역으로 경제활동이 집중하게 되는 주요 요인은 효율성 때문이다. 집적경제효과로 인한 이익이 생산비용을 훨씬 초과할 경우 집중력은 지속적으로 우세하게 작용하게 된다. 그러나 너무 과도하게 집적될 경우 집적경제의 비경제성이 나타나게 되어 1인당 생산량이 감소된다. 즉, 핵심지역 내에서 사회적 이익보다 사회적 비용이 훨씬 크게 나타날 경우 집중력은 약화된다. 규모가 클수록 규모경제 효과가 나타나 유리하게 되지만, 너무 규모가 커질 경우 오히려 비효율적이 된다. 그러나 어느 정도가 적정한 규모인가를 규명하는 것은 매우 어렵다. 일반적으로 대도시에서 발생하는 교통 혼잡, 대기·수질오염, 사회 무질서, 도심지의 물리적 환경의 악화, 범죄 등이 크게 대두될 경우 그 도시는 적정규모를 넘어선 것으로 판단되며, 이런 경우 집적경제와 규모경제의 비경제성이 나타나게 된다. 최근 대도시의 정체 또는 쇠퇴현상을 설명한 연구 결과들을 보면 핵심지역에서 주변지역으로 인구와 산업이 이동하는 주된 이유는 입지우위성을 지닌 핵심지역의 경쟁력이 약화되었기 때문이며 또한 기호와 취향의 변화에 따른 결과라고 풀이되고 있다.

이와 같이 분산화과정을 통해 국가적 차원에서는 핵심지역에서 주변지역으로의 지역간 분산화와 더불어 지역적 차원에서는 주변지역의 대도시를 지향한 지역 내 집중화 현상이 나타나게 된다. 한편 분산화과정의 후기단계에서 지역 중심지로부터 성장자극이 그 주변의 배후지역으로 확산되어 나갈 것으로 기대된다. 이는 핵심지역 내에서의 지역 내 분산화 과정이 주변지역 내에서도 진행될 수 있기 때문이다. 핵심-주변의 이중적 공간구조 하에서 서로 반대방향으로 작용하고 있는 집중력과 분산력은 상호작용적이고 역동적이어서 이 두 힘의 상대적 비중에 따라 핵심-주변의 이중적 공간구조는 동태적으로 변화되어 나간다고 볼 수 있다.

2 지역개발 정책과 개발 전략

1) 지역개발 정책의 필요성

일반적으로 선진국보다 개발도상국의 지역격차는 더 심한 것으로 알려져 있다. 개발도상국의 지역성장의 양극화 현상 및 수위도시의 종주화 현상은 정부의 간섭 없이 시장경제의 메커니즘에 맡겨둘 경우 더욱 심화될 것으로 전망되고 있다. 지역 간 경제적 불균형은 사회적·정치적 불균형까지 유발시키는데, 사회적 측면에서 나타나는 지역 간 불균형이란 문화, 예술, 오락, 보건위생, 교육 등에 대한 접근기회가 불균등하게 나타나는 경우를 말한다. 또한 정치적 측면에서의 지역 간 불균형이란 정치적 권한의 불균형으로, 지역 간 사회간접자본이나 산업시설 등 개발 요인들이 정치적 권력의 편중에 따라 지역 간에 편중적으로 투자되는 경우를 포함한다.

성장(growth)과 성장률 자체가 국가의 경제발전을 의미하는 것이 아니라는 비판과 함께 진정한 의미에서의 발전(development)이란 보다 많은 사람들에게 보다 높은 수준의 인간의 기본욕구를 충족시키는 것이며, 따라서 불평등, 실업, 빈곤 등이 감소되지 않는 한 그 국가는 발전하였다고 볼 수 없다는 주장들도 나타나고 있다. 지역 간 불균형은 어느 시대나 어느 나라에서든지 불가피하게 초래되는 현상이므로 이러한 불균형 상태 모두가 지역개발 정책의 대상이 되는 것은 아니며, 불균형이 지역문제로 크게 대두될 경우 정부

정책이 필요하게 된다. 여기서는 지역정책이 필요한 경제적·사회적·지리적 상황에 대해 간략히 살펴보고자 한다.

일반적으로 국가 내에서 과밀·과소지역의 발생과 지역 간 노동력 수급이 불균등하게 나타나는 경우 경제적 관점에서의 지역정책이 요구된다. 특히, 노동력의 과잉공급으로 인해 실업률이 높게 나타나는 지역이 있을 경우 정부는 지역 간 노동력 수급이 균형화되도록 정책을 펼치게 된다. 또한 과도하게 밀집함으로써 집적의 비경제가 나타나서 사회비용(social cost)이 크게 발생되는 경우도 정부의 개입이 필요하다. 인구와 산업이 특정지역에 밀집하는 경우 어느 단계까지는 규모경제나 집적경제 효과를 누리면서 성장하게 되지만, 너무 과밀하게 집적될 경우 공해와 교통 혼잡, 자원고갈, 기술진보의 정체 등이 나타나게 되며, 이에 따른 손실은 사회 전체적으로 지불해야 하는 사회비용이 된다. 이런 경우 정부가 개입하여 과밀화를 억제하고 인구와 산업을 분산시키는 정책을 펼치게 된다.

한편 사회적·정치적 관점에서도 정부의 간섭이 필요한 경우도 있다. 경제적 측면에서의 지역개발 정책의 필요성이 주로 효율성(efficiency)에 바탕을 둔 것이라면 사회적 측면에서의 지역개발 정책의 필요성은 형평성(equity)이나 사회정의에 입각한 것이다. 지역 간 소득수준 격차가 심하고 실업률 차이도 크게 나타날 경우 주민생활의 복지수준은 더욱 더 불균등하게 된다. 이렇게 지역 간 소득수준과 복지수준의 격차가 심화되고 대중매체를 통해 낙후지역 주민들이 그 격차를 심각하게 인지하게 되는 경우 격차에 따른 불만감은 고조되어 폭발하기 쉽다. 지역 간 성장격차가 사회적 형평의식과 사회정의감에 크게 벗어날 정도로 심화된다면 사회·정치적 기반이 흔들리게 되며 경제성장 자체도 위태로울 수 있다. 이런 경우 정부는 사회적 형평성에 입각하여 지역 간 불균형을 감소시키려는 정책을 수립하게 된다.

근본적으로 지역 간 불균형은 지역 간 과밀·과소와 관련된 것으로 국토공간상에 불균형적인 개발패턴을 가져온다. 인구와 산업이 소수 특정지역에 과밀하게 집중될 경우 시장경제의 자율적 힘에 의해 분산화가 이루어지기는 매우 어렵다. 지역이 지니고 있는 자원의 수용능력에 맞는 적정한 인구와 산업이 분포되어 있을 경우 자원이 효율적으로 이용된다고 볼 수 있다. 따라서 과밀·과소의 공간패턴은 자원이 과도하게 이용되거나 또는 과소하게 이용되고 있어 희소한 자원이 비효율적으로 이용되고 있음을 시사해준다. 국토공간상에 산업과 인구의 불균등한 분포패턴은 자원의 효율적 이용이라는 관점에서 바람직하지 못하므로, 희소한 자원을 효율적으로 이용하기 위해 지역개발 정책이 요구된다.

최근 지역개발 정책이라는 용어 대신 지역정책 또는 지역발전 정책이라는 용어들이 빈번하게 사용되고 있다. 이는 지역개발보다는 보다 포괄적이라고 볼 수 있으며, 근본적으로 지역정책이란 지역 간 격차 해소를 위한 정책과 낙후지역의 발전 잠재력 강화를 통한 정책으로 구분할 수 있다(그림 14-11). 지역정책은 장소에 기반을 둔 정책을 통한 형평 및 효율 추구적 정책이며, 따라서 모든 지역정책의 궁극적 목표는 지역 간 격차 해소 및 지역자원과 특성에 맞는 맞춤형 정책 수립이며, 따라서 지역정책의 부문별 정책수단들의 장소 통합(integration)이라고 할 수 있다(장재홍 외, 2012).

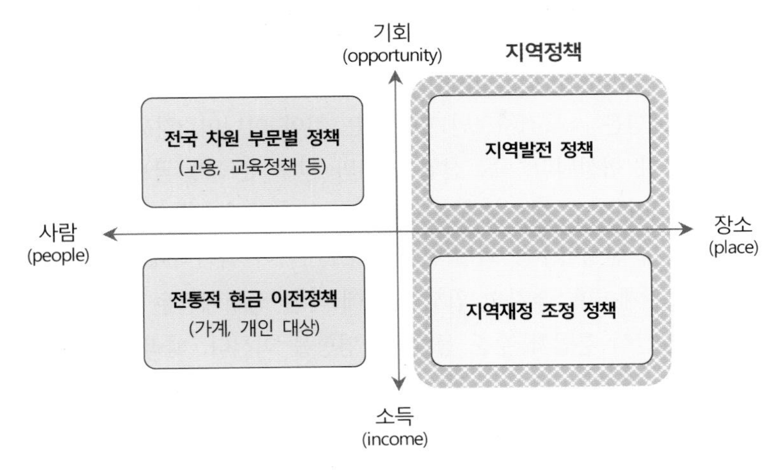

그림 14-11. 정부정책 영역 중 지역정책의 영역
출처: 장재홍 외(2012), p. 25.

2) 지역개발의 목표와 지역개발 목표 선정의 쟁점

(1) 지역개발의 목표

지역개발의 목표는 각 지역의 사회·경제적 특성, 당면한 지역문제 성격, 주민의 욕구 및 국가의 발전단계에 따라 지역개발의 내용과 성격이 달라진다. 따라서 각 국가마다 지역개발의 목표가 다르고, 또 같은 나라에서도 시대에 따라 달라질 수 있다. 그러나 각 국가에서 공통적으로 지향하는 지역개발 목표를 보면 다음과 같다.

첫째, 지역의 실업해소이다. 지역의 실업해소 목표는 유휴 생산요소의 완전고용을 통한 국가경제를 성장시키려는 목표와도 일치하는 것으로, 유럽 국가들이 역점을 두었던 목표이다. 1950년대까지만 해도 영국, 프랑스, 네덜란드 등 선진국의 경우 실업률을 기준으로 낙후지역을 선정할 정도로 지역 간 실업문제가 지역정책의 중심 과제였다. 경제적으로 번성하였던 지역이었으나 산업구조 문제로 인해 높은 실업률에 시달리고 있는 침체지역이나 낙후지역의 실업문제는 경제적인 측면뿐만 아니라 오히려 사회정책적인 관점에서도 문제가 되고 있다. 이를 해결하기 위해 주로 보조금이나 정부의 지원으로 문제지역의 빈곤을 해소하였다. 그러나 1960년대부터 실업해소를 위한 전략으로 단순한 보조금 지급보다는 낙후지역 개발을 통해 국가 성장률을 증대시키려는 시도가 이루어지고 있다.

둘째, 지역 간 소득격차 완화도 지역개발의 중요한 목표가 되고 있다. 지역 간 부존자원의 차이, 집적경제와 외부경제 영향, 산업구조의 차이 등으로 인해 지역 간 불균형적 성장으로 인해 지역 간 소득격차가 커지게 된다. 이러한 격차를 완화시키는 것이 지역개발정책의 목표이며, 이는 경제적인 관점에서도 중요할 뿐만 아니라 사회적 형평성의 입장에서도 중요시되고 있다.

셋째, 인구와 생산의 균형배치를 통한 공간구조 개선도 지역개발의 목표가 되고 있다. 지역 간 불균형은 소득격차로만 나타나는 것이 아니며, 경제발전 단계에 따라 그에 상응한 공간조직이 형성된다. 즉, 산업 입지와 인구 분포가 국토공간상에 균형적으로 분포되는 것이 아니라 일부 대도시에 집중함으로써 정주패턴의 불균형이 나타나며, 산업화·도시화가 급격하게 진행될수록 과밀지역과 과소지역이 나타나게 된다. 경제활동과 정주패턴은 상호의존적 관계이며, 투자의 입지와 그에 따른 정주패턴은 경제성장속도, 생산의 효율성, 소득배분, 공간적 통합화 수준 등에 큰 영향을 미친다. 따라서 지역개발 정책은 바람직한 경제활동의 입지와 인구의 지역 간 배분을 중요한 목표로 삼게 된다.

넷째, 주민의 복지수준 균등화도 지역개발 목표가 되고 있다. 이 목표는 지역 간 소득격차와도 연관되지만 사회개발 의미를 내포한다. 어느 지역에 거주하더라도 의료, 주택, 상수도, 교육 등 인간다운 생활에 필요한 최소 기본수요가 충족되어야 한다는 것이다.

(2) 지역개발 목표 선정에서의 쟁점

지역개발의 목표는 지역 간 불균형을 시정하고 공간구조를 효율적으로 구축하려는 데 있다. 따라서 인구와 산업이 과도하게 집중된 지역의 성장을 억제하는 한편 낙후된 지역의 경제성장을 촉진하기 위한 정책을 수립하게 된다. 그러나 이러한 지역개발 정책을 수립할 때 당면하게 되는 문제는 개발정책의 방향 선택으로, 가장 중요하게 대두되는 문제는 ① 인구이동 대비 산업이전, ② 집중투자 대비 분산투자, ③ 효율성 대비 형평성이다.

① 인구이동 대비 산업이전

낙후지역 개발을 위한 정책을 수립하는 경우 당면하게 되는 문제 중의 하나는 낙후지역에 새로운 산업을 입지시켜 일자리를 창출할 것인가 아니면 낙후지역의 실업자들을 일자리가 있는 다른 지역으로 이동하도록 권장할 것인가의 선택이다. 이 문제는 선택에 따른 비용/편익과 인구와 산업의 이동성향에 따라 달라질 수 있다.

우선 사람들이 있는 곳으로 일자리를 이동시킬 경우를 생각해 보자. 일반적으로 기업들은 입지를 결정할 때 이윤을 극대화할 수 있는 지역을 선택하려고 한다. 따라서 기업의 입지에 변화를 주는 공장이전 정책은 최적지점이 아닌 지역으로 공장을 입지하도록 유인하는 것이므로 기업의 이윤을 저하시켜 국가 전체적으로는 경제성장의 둔화를 가져올 가능성도 있다. 따라서 사람들을 일자리가 있는 곳으로 이동하도록 하는 것이 보다 바람직하다고도 볼 수 있다. 더구나 낙후지역일수록 공장의 입지조건이 양호하지 못하기 때문에 낙후지역으로 공장을 이전시키려면 상당한 재정적 지원이 필요하므로 경제적 손실이 가중될 수도 있다.

그러나 일자리가 있는 곳으로 낙후지역 주민들을 이동시키려는 정책을 시행하는 경우 일자리를 따라 이동하려는 지역에 노동력이 부족하지 않다면 실효성 있는 정책이 되지 못한다. 또한 노동자를 배출시키는 낙후지역의 경우 인구 유출로 인하여 구매력이 감소되고, 서비스 부문의 고용이 감소되는 문제점도 수반되다. 더 나아가 낙후지역의 노동력이 감소되기 때문에 산업을 유치할 수 있는 잠재적 가능성마저도 감소되므로 이 정책도 합리적이라고 볼 수 없다.

사람이 있는 곳으로 일자리를 옮기는 정책은 여러 지역에 분산 투자하는 것이므로, 투자 배분은 그 지역의 개발 잠재력에 의해서 결정되기보다는 형평성에 입각하여 배분된다. 이 정책은 잉여 노동력이 있는 지역에 일거리를 창출하는 것이므로 낙후지역으로 이전하는 공장들에 대하여 보조금 지원, 노동자들에 대한 임금 보조, 기업에게 유리한 조건으로 자금 대부, 세금 혜택 및 공장부지 제공, 새로운 도로시설과 환경개선 등 여러 측면에서 정부가 지원하게 된다. 그러나 이러한 정책도 이미 발전된 지역에 공장 신설이나 증설을 억제하는 정책을 병행하여 수행하는 경우보다 실효성을 거둘 수 있다.

현실적으로 인구이동과 산업이전이라는 두 가지 정책 가운데 어느 하나만을 선택하여 실시하는 것보다는 두 가지 정책을 효율적으로 결합시키는 것도 필요하다. 즉, 자금 지원은 지역의 개발 잠재력과 주민의 필요성에 따라 배분하는 것이 바람직하며, 인구의 지방 정착을 위하여 산업의 지방 분산책도 함께 실시하는 것이 보다 효과적일 수 있다.

② 집중투자 대비 분산투자

집중개발과 분산개발에 관한 문제는 지역개발정책에서 가장 많이 논의되고 있다. 일반적으로 자원이 부족하고 개발 잠재력이 미약한 지역에 집중 투자하여 중심지를 개발시킨 후 개발의 파급효과를 주변지역으로 분산시키는 것이 더 효과적일 수 있다. 그러나 개발 잠재력도 있고 자원도 풍부한 지역에서 불균형이 심화된 경우라면 여러 곳으로 분산투자하여 여러 지점을 동시에 개발하는 것이 보다 효과적일 수 있다.

집중투자 전략은 한정된 자원의 투자 효율성을 높일 수 있다는 장점을 지니고 있다. 즉, 집중투자를 통해 규모경제와 집적경제를 누리도록 하는 것으로, 일례로 성장거점에 집중투자할 경우 거점과 그 배후지 간에 전·후방 연계효과를 통해 성장 자극을 배후지역으로 파급·확산시킨다는 것이다.

반면에 분산투자를 주장하는 견해에 따르면 성장 중심지로부터의 성장 파급력은 예상보다 매우 적거나 거의 없으며, 만일 파급된다고 하더라도 파급효과에 의해 주변지역이 개발되는 데 너무나 긴 시간이 소요된다는 것이다. 따라서 낙후지역 주민들의 불만이 고조되며 성장 중심지와 낙후지역 간 경제적 불균형이 오히려 사회·정치적 불안정을 야기하기 때문에 집중투자 전략으로는 문제를 해결할 수 없다는 주장이다.

③ 효율성 대비 형평성

경제적 효율성과 사회적 형평성은 서로 상충되는 특성을 갖고 있기 때문에 정책입안자들 사이에서 오랫동안 논의되어온 과제이다. 즉, 지역 간 소득격차를 줄이는 대가로 국가경제 성장률이 얼마나 낮아지느냐 하는 문제와, 특정지역에 집중투자하는 것이 국가 전체적으로 볼 때 얼마나 경제적 효율성을 높일 수 있느냐 하는 문제이다. 이 문제는 집중투자와 분산투자와도 관련이 있다.

국가경제성장의 효율성과 지역 간 형평성 가운데 양자택일을 하는 경우 다른 하나가 얼마나 희생되는가를 밝히기 위한 연구들이 많이 이루어졌으나, 연구 결과는 매우 다양하게 나타나고 있다. 일본경제계획청(Japan Economic Planning Agency) 연구 결과에 따르면 공업자본의 분산을 통해 지역 간 소득격차가 줄어든 것으로 나타났다. 즉, 공업자본을 분산시킴으로써 지역 간 격차를 나타내주는 변이계수가 0.212에서 0.145로 줄어들었으나 GNP도 4.1%가 줄어든 것으로 분석되었다. 반대로 공업자본을 집중시킬 경우 GNP는 매년 1%씩 증가되지만 지역격차는 0.229로 늘어나서 효율성과 형평성은 서로 상충됨을 밝혔다. 그러나 영국이나 프랑스를 사례로 한 연구결과로 보면 지역균형개발이 GNP를 증가시키는 것으로 나타났다. 특히, 프랑스의 경우 파리에서 다른 지역으로의 제조업체를 분산시킴으로써 낮은 인플레이션, 높은 성장률, 실업 저하, 공공재정의 개선 및 국제수지의 개선 등 국가 전반적인 효율성뿐만 아니라 지역 간 형평성도 개선시키는 것으로 분석되었다. 따라서 지역격차를 줄이는 형평성 정책이 국가발전을 촉진시켜 효율성을 증진시키는 정책과 상호보완적임을 밝혀주었다.

이와 같이 서로 상반되는 결과가 나타나는 이유는 연구자들이 적용한 분석모형의 이론적 전제가 서로 차이를 보이고 있기 때문이다. 효율성과 형평성 간에도 여러 가지 조합이 있을 수 있으므로 반드시 양자택일의 대립된 목표 선정보다는 지역균형개발은 사회·정치적 측면뿐만 아니라 경제적 효율성과 경제안정 측면에서도 바람직하도록 목표를 적정하게 배합해야 할 것이다.

그 밖에도 지역개발 목표를 선정할 때 대두되는 문제로는 지역 자체의 번영을 위한 개발인가 또는 지역 주민의 번영을 위한 개발인가이다. 지역 자체의 발전에 관심을 두고 투자할 경우 그 개발이 지역 주민의 복지수준과는 거리가 먼 비생산적인 사업이 될 수 있으며, 투자효과도 지역 주민들에게 고용기회나 소득증가에 별다른 영향을 미치지 못하게 될 수도 있다. 그러므로 누구를 위한 개발이며 개발의 혜택을 누가 받게 되는가 하는 문제도 중요한 과제라고 볼 수 있다.

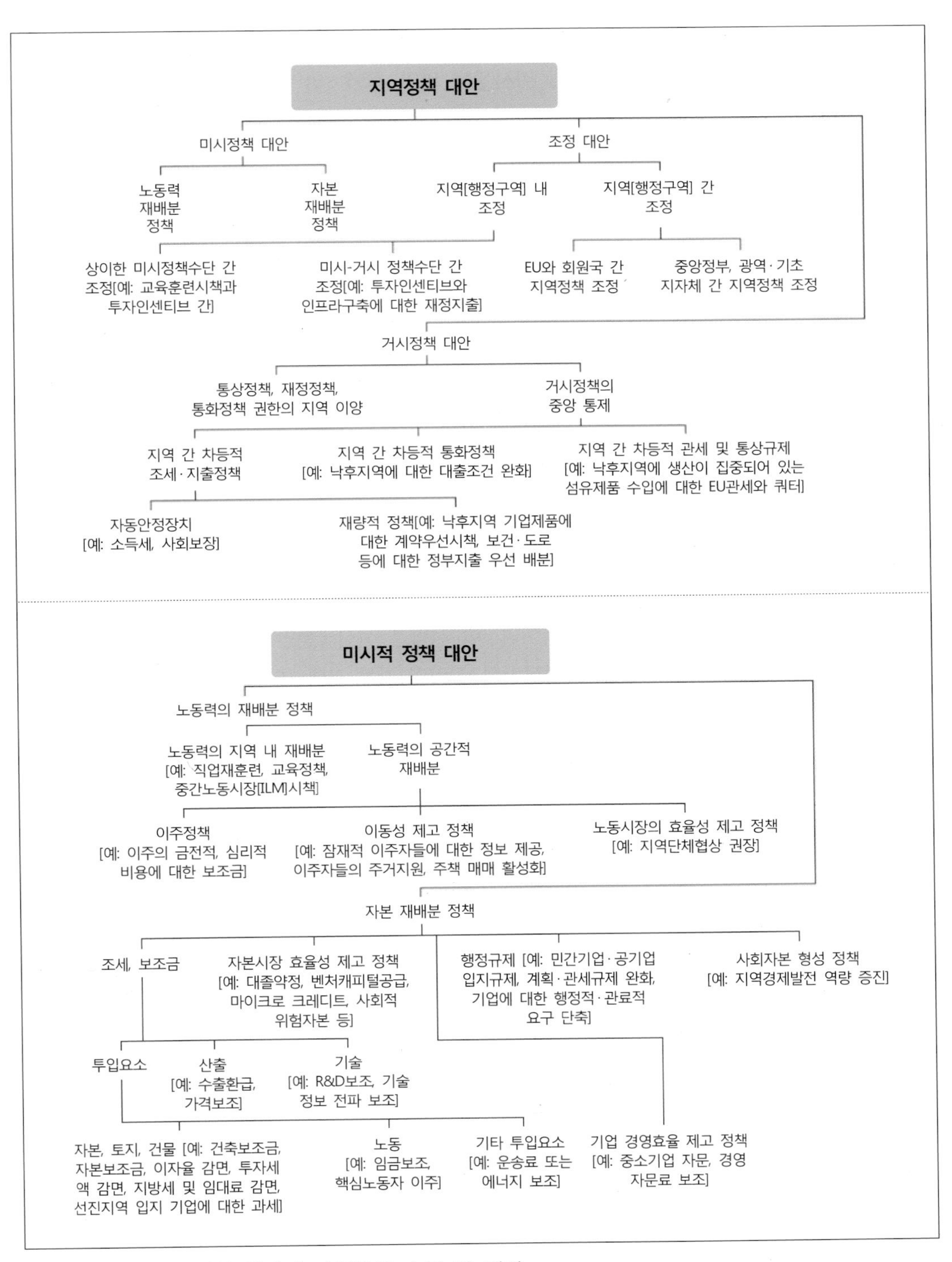

그림 14-12. 지역정책 체계와 지역정책 수단 및 대안
출처: Armstrong, H. and Taylor, J.(2000), p. 235.

한편 지역정책의 체계와 수단은 각 국가마다 또 연구자마다 상이하다. Armstrong & Taylor(2000)는 지역정책을 크게 미시정책 영역, 조정 영역, 거시정책 영역으로 나누고 있다(그림 14-12). 특히 거시정책 영역 가운데 지역 간 차등적 조세, 지출 이외의 부문, 즉 통상정책, 통화정책, 관세 및 통상규제 등도 포함시키고 있다(우리나라의 경우 지역정책 영역에 속하지 않는 부문들임). 하지만, 지역정책 수단의 대부분은 미시정책 영역과 조정 영역에 속한다고 볼 수 있다. 미시정책 영역은 노동력, 자본, 기술, 사회간접자본 등 자원 및 생산요소의 배분과 관련되어 있으며, 조정 영역은 지역 내 및 지역 간 정책 조합과 관련된 부문이라고 볼 수 있다.

3) 지역개발 전략의 접근방법

(1) 하향식 개발전략

하향식 개발전략(development from Above)은 중앙정부가 낙후지역 개발을 위해 펼치는 전략을 말한다. 하향식 개발전략의 가장 대표적인 예는 1950년대 말부터 1970년대 말까지 시행되어 온 성장거점 전략이다. 이 전략은 선진국뿐만 아니라 개발도상국에서 채택·적용되어 왔다. 여기서는 왜 성장거점 전략이 채택·시행되었으며, 실제로 성장거점 전략이 지역개발에 어떤 영향을 주었는가에 대해 간략히 살펴보고자 한다.

① 성장거점 전략 선택의 합리성

대다수 개발도상국이 직면하고 있는 문제는 극심한 지역격차이다. 특히 핵심지역으로의 인구유입으로 인해 종주도시의 과밀화 현상은 각종 도시문제를 심각하게 유발시키고 있다. 1970년대 중반까지 개발도상국에서는 낙후지역 개발을 위해 성장거점 전략이 규범적으로 채택되어 왔는데, 이 전략이 채택된 이유는 다음과 같은 세 가지 합리성에 근거하고 있었다.

첫째, 낙후지역 개발을 위해 희소한 자원을 가장 효율적으로 이용하는 방법이기 때문이다. 즉, 성장잠재력이 가장 크고 기대되는 투자수익성이 가장 높으리라고 예상되는 지역에 집중 투자함으로써 국가 성장을 크게 저해시키지 않고도 지역 간 소득격차를 줄일 수 있는 전략이기 때문이다. 집중투자에 의한 거점도시의 고용기회 창출은 과밀한 수위도시로의 인구유입을 감소시킬 수 있어 핵심-주변지역의 이중적 공간구조도 개선할 수 있는 가능성도 있다.

둘째, 성장거점 전략이 정치적으로 수용된 까닭은 성장력의 파급효과로 인해 주변지역을 개발시킬 수 있다는 점 때문이다. 즉, 파급효과의 발생지로서의 성장거점이 대도시로부터 새로운 지식이나 기술혁신을 받아들여서 그 배후지에 확산시키는 가교적인 역할을 수행할 수 있기 때문에 정주패턴을 보다 바람직하게 개선시킬 수 있는 정책이라고 간주되었기 때문이다.

셋째, 성장거점 전략은 도시화·공업화에 초점을 두고 있는데, 선진국의 경제성장이 도시화·공업화의 결과라는 실증적 사례 때문이다. 또한 서구학자들이 개발도상국의 지역개발을 위해 공업화·도시화 전략을 채택하도록 조언해 주었다. 따라서 개발도상국의 발전을 위해 도시화·공업화 정책을 채택하는 것은 당위적인 것으로 간주되었다.

그동안 성장거점 전략에 대한 찬·반론이 많은 학자들에 의해 거론되어 왔다. 주요 쟁점은 낙후지역의 성장을 촉진하는 전략으로 어떻게 성장거점을 합리적으로 선정하며, 또 어떤 경제활동을 투입하여야 성장을 촉진시킬 수 있는가이다. 이는 성장거점이론이 지역개발을 위한 합리적 기틀을 제공하는가라는 이론 자체에 대한 논의라고도 볼 수 있다.

② 성장거점 이론의 특징

그동안 많은 학자들이 성장거점(growth pole, growth center, growth point, development pole)에 대해 연구하여 왔다. 성장거점 이론은 중요한 핵심 개념들을 통해 쉽게 이해될 수 있다. 성장거점 개념은 1950년대 경제발전과정의 관찰로부터 귀납적으로 유도된 것으로, 성장거점의 기본 개념은 매우 간단하다. 경험적 관찰을 통해 Perrox는 성장이란 어느 곳에서나 동시에 나타나는 것이 아니며, 경제발전이란 본질적으로 불균형적 과정이라고 간주하였다. 그는 Schumpeter의 주장과 같이 혁신이 경제성장을 주도한다고 보았으며, 성장거점을 설명하기 위해 경제성장을 추동하는 선도업체나 산업을 거점의 기본요소로 보았다. 여기서 선도산업이란 비교적 규모가 크고 혁신 가능성이 높으며 급성장하는 부문의 동태적 산업으로, 다른 산업들과의 상호작용을 통해 다른 산업의 성장자극을 유도하고 촉진시킬 수 있는 연계성과 외부경제 효과가 큰 산업이라고 정의하였다.

그러나 Perrox의 성장거점 개념은 경제적이고 기능적인 측면에서만 고려되었을 뿐, 공간적 측면은 전혀 고려되지 않았다. 극화된 성장이나 선도산업이 공간상에 나타날 것이라는 것은 직관적으로 알 수 있지만, Perrox의 성장거점 개념은 거점의 위치나 거점체계의 공간분포에 대해서는 어떤 시사점도 제시하지 않았다. 즉, Perrox는 경제공간에서 성장의 극화현상을 유발시키는 선도산업에 대해 초점을 두었을 뿐, 지역개발에 있어 가장 중요한 '어떤 장소(where)'라는 입지를 고려하지 않았다.

이렇게 Perrox의 이론은 지역개발 정책과 전혀 연관성이 없었다. 그러나 1950년대 말 프랑스의 농촌과 주변지역들이 경제적으로 상당히 정체되고 있는 반면에 파리지역은 경제적 지배력을 갖고 급속도로 성장함에 따라 심각한 지역격차가 나타나게 되었다. 이에 따라 지역계획가들은 규범적인 지역개발 모델로 성장거점 이론을 적용하기 시작하였고, 그 이후 정체되거나 낙후된 지역개발을 위해 성장거점 전략이 채택되었다.

성장거점 개념을 지리공간상에 적용하려고 시도한 Boudeville(1966)는 경제공간상에서 '극'의 존재에 대한 여러 조건들을 지리공간상에서 기능적 변형을 통한 '거점'으로 입지에 대한 여러 조건들과 연결시켰다. Boudeville는 성장거점이란 도시 내에 입지하는 산업들을 확대시키고 그의 영향권(zone of influence) 내에서 경제활동을 발전·촉진시키는 하나의 지점이라고 정의하였다. 그는 '극화된 공간(polarized space)'의 경계는 재화와 서비스의 흐름과 상호작용이 서로 다른 극(중심점)을 구심점으로 하여 다른 방향으로 나타나는 곳이라고 보았다. 그가 정의한 성장거점이란 지리적 집적, 즉 선도적 산업복합체를 갖고 있으며, 거점 내의 선도산업과 다른 산업 간의 보완적인 상호작용을 통해 거점은 더욱 성장하게 되고 더 나아가 그 배후지역과의 상호작용을 통해 배후지의 경제활동을 유도할 만큼 충분히 성장하고 있는 도시임을 강조했다.

Perroux의 성장거점 개념은 부정확하고 유동적이었기 때문에 성장거점 이론 자체는 상당히 포괄적이고 복합된 통합체로써 경제학자, 사회학자, 지리학자들이 서로 다른 측면에서 그들 나름대로의 강조점을 두고 연구되었다. 성정거점 이론에서 나타나고 있는 성장 메커니즘을 보면 다음과 같다. 성장거점이란 연속적으로 혁신을 유발하며 급성장하는 부문의 선도산업을 가지고 있으며, 이 선도산업은 전·후방 연계를 통해 승수효과 및 집적경제를 통해 누적적으로 성장하여 극화된 성장을 유도하게 된다. 따라서 성장을 유도하는 선도산업은 매우 중요하며, 선도산업을 선정하는 데 투입-산출(input-output) 모델이 많이 이용되고 있다. 성장거점 이론의 규범적 가치를 '경제성장이 일어날 수 있는 조건들을 제시해주는 조건적 지역성장이론'이라고 말하지만, 실제로 성장거점 이론은 '왜, 어떻게, 어디'에서 성장거점이 나타나며, 거점 내의 다른 산업들과 밀접한 연계성을 가진 선도산업의 선정에 대한 지침을 제시해주지 못하고 있다.

한편 많은 학자들은 어느 지역을 성장거점으로 선정하며, 또한 거점의 규모와 간격을 어떻게 결정하느냐 등 성장거점 체계에 관해 연구하면서, 대부분 중심지 이론에 입각하여 도시계층성과 중심지와 배후지와의 공간적 상호의존성을 설명하였다. 그러나 성장거점 체계를 수립하는 데 있어서 중심지 이론의 설명적 가치는 상당히 한계적이다. 중심지 이론은 연역적으로 유래된 정태적이며 균형적 이론이므로 귀납적이고 동태적이고 불균형적인 성장거점을 설명하는 데 적합하지 못하다. 또한 소비자 지향적인 제3차 산업의 입지패턴을 설명하는 중심지 이론으로 선도산업의 제조업 입지를 설명하기는 매우 어렵다. 뿐만 아니라 중심지 이론은 중심지의 기능이나 중심성이 배후지의 수요에 의존되고 있다고 전제하는데 비해 성장거점 이론에서는 배후지에 대한 영향력이 거점 자체의 성장력에 달려 있다고 전제하기 때문에 중심지 이론의 적용은 매우 한계성을 지니고 있다.

성장거점 이론의 매력은 배후지에 대한 성장 파급효과 때문이라고 볼 수 있다. 파급효과란 거점과 배후지와의 상호보완성, 특히 배후지역으로의 원료에 대한 수요 증가, 거점의 인구증가로 인한 서비스업의 고용기회 증가 등으로 배후지역이 성장하게 되는 것이다.

Hirschman은 낙관적으로 시간이 지남에 따라 순 파급효과가 더 커지리라고 기대한 반면에 Myrdal은 그 반대로 역류효과가 더 강할 것이라고 보았다. Parr(1973)도 성장의 공간적 영향력은 시간의 흐름에 따라 파급→역류→파급효과가 각각 더 우세하게 나타날 것이라고 주장하였다. 지금까지 연구되어 온 성장의 파급효과는 주로 거점과 그 배후지와의 관계에만 초점을 두어 왔다. 그러나 실제로 거점으로부터의 성장자극력은 다른 거점이나 혹은 대도시들과의 상호작용에 의해 달라질 수 있다. 동일한 조건으로 동시에 개발된 성장거점이라도 다른 지역과의 상호의존도에 따라 시간이 경과하면서 성장 격차가 달라질 수 있다.

③ 성장거점 이론의 경험적 쟁점과 반론

성장거점 이론에서 야기되는 문제들은 주로 성장거점을 선정하는 과정에서 나타난다. 효율적인 정책 수행을 위해서 어떤 도시를 성장거점으로 개발시켜야 하는가? 어떤 산업부문의 투자가 성장을 유도·촉진할 수 있는가? 또는 가장 효율적으로 성장의 파급효과를 배후지로 확산시키기 위해서는 어떻게 해야 되는가? 등에 대한 정확한 지침이 요구되고 있다. 그러나 아직까지 성장거점의 적정한 수, 규모, 간격, 입지, 투자규모 등에 대해서는 많은 논란이 있어 성장거점 이론은 더욱 제한적이다.

성장거점을 정확하게 선정할 수 없다는 문제보다 더 근본적인 문제는 성장거점의 공간적 파급효과에 대한 가설이다. 아직까지 계량적인 측면에서 성장의 파급효과가 전파되는 방식과 확산의 범위나 속도에 대해 알려진 바가 없으며, 파급효과에 대한 긍정적·부정적인 견해들이 있다. 따라서 과연 성장거점으로부터의 파급효과가 배후지로 확산되어 배후지의 소득과 고용기회를 증대시킬 수 있는지에 대해서도 불확실하다.

지역개발전략의 유용성에 대한 평가는 그 전략을 뒷받침하고 있는 이론이나 방법론의 합리성보다는 궁극적으로는 전략을 시행함으로써 나타나는 결과를 통해 검증된다고 볼 수 있다. 개발도상국의 경우 성장거점에 대한 이론적 쟁점의 해결을 기다리지 않은 채 그대로 선진국의 성장거점 전략을 무비판적으로 이식하였으며, 그 결과 성장거점 전략은 개발도상국에서 심각한 반론을 야기시키고 있다. 그 이유는 성장거점의 파급효과 가설 때문이다. 자료 수집과 모형 설정의 어려움 때문에 파급효과에 대한 실증분석 결과는 매우 적은 편이나, 소수의 사례연구 결과를 보면 파급효과는 기대한 것보다는 훨씬 작거나, 또는 역류효과가 압도적이어서 배후지에 부정적 영향을 초래한 것으로 나타났다. 심지어 저차위중심지에서의 소득 증가는 고차위중심지의 소득승수 효과를 유발시켜 상향식으로 성장 자극력이 전달되는 사례도 나타났다.

개발도상국에서 경험한 결과를 보면, 성장거점으로의 집중투자는 성장거점과 그 배후지와의 누적적 인과관계의 악순환을 되풀이하여 심각한 역류효과를 초래하고 있는 것으로 나타났다. 계획된 성장거점도시들은 종주도시와 긴밀하게 연결되어 마치 고립적으로 발전된 섬(enclave)으로 성장하는 사례도 나타났다. 거점도시와 배후지 간 교통발달은 미약한 반면에 거점도시와 대도시와의 접근도는 매우 높아 성장의 파급효과가 오히려 상향적으로 전달되는 등 파급효과의 가설과는 상반되는 결과들을 보여주고 있다.

또한 성장거점 전략에서 역점을 두고 있는 집중투자에 의한 고용과 소득의 승수효과가 성장거점 내에서 정착화·내부화되지 못하였다. 산업의 분산화로 생산시설의 물리적 이동은 이루어졌으나 투자이익이나 그 승수효과는 누출되었고, 지역성장을 위한 재투자가 이루어지지 못하는 것으로 나타났다. 사례연구 결과를 보면 다국적기업의 자본투자에 의한 생산활동은 그 지역의 소수 엘리트들을 중심으로 이루어졌으며, 이들 산업은 지역 내 다른 산업과의 연계성이 미약한 것으로 나타났다. 또한 공업화에 필요한 전제 조건이 미비된 성장거점의 경우 다국적기업의 힘에 전적으로 의존되어 공업화가 이루어지기 때문에 공업화는 그 지역주민의 발전과는 상당히 차이가 있는 것으로 평가되고 있다.

개발도상국에서 성장거점 전략이 비판받는 또 다른 이유는 도시화·공업화 지향적이라는 특성 때문이다. 성장거점 전략이 공업의 분산화는 유도했지만 지역 간 생활수준의 격차는 해결하지 못했다. 해외자본에 의존된 자본집약적인 거점도시의 공업화는 현지 노동력의 흡수력이 제한되어, 아직도 농업이 지배적이며 노동력이 풍부한 개발도상국의 실정에 비추어 볼 때 성장거점 전략은 낙후지역 개발을 위한 전략이라기보다는 극화발전을 조장시키는 수단이 되었다는 비판을 받고 있다. 이와 같이 성장거점 전략은 상당한 사회적 비용을 수반하였으며, 지역개발을 위한 문제 해결보다는 오히려 더 심각한 문제들을 야기시켰다는 주장까지 있다. 이에 따라 성장거점 전략에 대한 규범적 가치는 부정적 평가를 받고 있으며, 1980년대 이후 성장거점 이론에 대해 연구하는 학자들의 수는 격감되고 있다.

(2) 상향식 개발전략

① 상향식 개발전략의 개념

불균형적 지역발전은 어느 시대, 어느 사회에서나 다 관찰될 수 있는 현상이지만, 개발도상국에서 경험하고 있는 심각한 지역 간 성장격차는 '개발(development)'에 대한 새로운 개념과 그에 따른 새로운 전략의 필요성을 부각시켰다. 상향식 개발은 개발도상국의 빈곤과 불평등이 심화되고 있다는 데 초점을 두고 개발도상국의 경제성장으로부터 실제로 누가 혜택을 받으며, 또한 무엇이 성장하고 있는가?라는 근본적인 문제를 다루고 있다. 즉, 개발의 목적은 인간의 삶에 초점을 두어야 하며, 가장 빈곤한 사람들과 가장 빈곤한 지역이 혜택을 받지 않고는(개발에 참여하지 않고는) 진정한 의미에서의 개발이란 이루어지지 않았다는 점을 강조한다.

상향식 개발 원리는 지역주민의 욕구와 참여에 바탕을 둔 복지지향적인 영역개발

(territorial development)이다. 영역개발이란 그 지역의 자원을 지역주민의 욕구를 충족시키기 위해 효율적으로 사용하는 것으로, 모든 사람이 개발의 열매로부터 마땅히 할당된 몫을 가져야만 한다는 분배적 형평성을 내포하고 있다. 그러나 상향식 개발방식은 아직까지 이를 시행시키기 위한 전략을 뒷받침해 줄 수 있는 정립된 이론이 없다. 상향식 개발방식에서는 지역 간 불균형을 감소시키고 기본수요(basic needs) 충족, 내발적 개발, 외부에 대한 의존도와 역류효과를 감소시키기 위해 자립(self-reliance), 선택적 공간폐쇄(selective spatial closure) 전략을 강조하고 있다. 이런 방식을 통해서 지역개발이 이루어질 경우 개발을 위한 지역 자체의 능력이 향상되고, 지역이 갖고 있는 모든 생산요소의 효율성이 증대되며, 그 결과 잉여수익이 창출된다는 것이다. 또한 이 수익은 다시 그 지역의 경제활성화를 위해 재투자되고, 그에 따라 고용기회가 증가되고 소득이 향상되어 점차적으로 지역발전을 경험하게 된다는 것이다. 더 나아가 이러한 발전과정은 연속적으로 규모가 더 큰 지역으로 확대되어 지역적→지방적→국가적으로 성장자극과 개발역량이 상향적으로 전달될 것이라고 전제하고 있다.

② 영역개발을 위한 기초수요 충족 전략

농업이 주된 산업이고, 다양한 사회·문화·역사·제도적 상황에 놓여 있는 개발도상국의 낙후지역개발을 위해 형평성을 지향하는 기본수요 충족전략은 지금까지 부정적인 두 가지 측면(실업, 불평등)을 감소시키려는 전략에서 긍정적인 측면(기본수요 충족)을 제공하는 전략으로의 전환이라고 볼 수 있다. 개발전략으로서 기본수요 지표는 성장위주의 총량적 지표(GDP)로는 나타나지 않는 빈곤한 사람들의 물질적 결핍수준을 반영하고 있으며, 또한 기본욕구를 충족시키는 데 대두되는 장애물을 나타낼 수 있다는 장점을 갖고 있다.

기본수요 충족전략이 대두되기 전에 '성장과 함께 재분배(redistribution with growth)'라는 균형 추구의 개발모형이 소개되었지만, 소득분배가 이루어지는 근원적인 불평등의 원인을 다루지 못하기 때문에 개발도상국의 지역개발전략으로는 유용성이 낮다고 평가되었다. 특히, 경제력과 정치력이 결탁되고 있는 상황에서 이 전략이 실효성을 거두기 위해서는 권력의 재분배, 생산적 부의 재분배 등의 구조적 개혁이 먼저 이루어져야 하기 때문이다.

기본수요 충족 전략은 불평등을 야기시키는 원천적 요인을 제거하며 전반적인 생활수준 향상에 우선권을 두고 있다. 특히, 노동집약적인 소규모 농촌 공업화를 통하여 고용기회를 증대시킬 경우 이중적 효과가 나타날 것이라는 주장이다. 즉, 소득 증가로 구매력이 향상되어 어느 정도 기본수요를 충족시킬 뿐만 아니라 소득 증가로 인해 영양개선과 질병퇴치가 이루어짐으로써 노동력의 질도 개선되어 생산성을 향상시킬 수 있다는 견해이다.

기본수요 충족 전략은 빈곤, 영양실조, 주택부족, 보건위생 등의 기초수요 부문의 개선을 목적으로, 지역주민의 사회적·정치적 참여와 지자체의 계획 및 시행을 강조하는 상향적 접근방법(bottom up approach)을 취하고 있다. 그러나 상향식 개발전략으로 기본수요 충족 전략을 시행하는 경우 기본수요를 명시하고 계량화하는 데 문제가 있다. 기본수요에 대한 정의는 그 지역에 처해 있는 경제·사회·문화·기후 등에 따라 달라지며, 기본수요란 상대적이며 저차위부터 고차위의 욕구 등이 다 포함될 수 있기 때문에 기초수요의 최저 수준을 나타내는 객관적 기준을 설정하는 것이 매우 어렵다.

기본수요 충족 전략에 대한 또 다른 비판은 이 전략이 농촌·소비지향적이라는 점이다. 이 전략을 시행함으로써 농촌의 복지수준은 개선될 수 있지만 대부분의 자원배분이 생산적 목적으로 사용되는 것이 아니어서 장기적으로 볼 때 국가경제 성장속도가 둔화될 것이라는 우려이다. 기본수요 충족 전략에 있어서 가장 근원적인 문제는 암시적으로 개혁을 불러일으키고 있다는 점이다. 현재 내재하고 있는 불평등한 구조 자체가 '누구를 위해, 무슨 방법으로, 무엇이, 얼마나 생산되며, 또 누가 무엇을 어느 정도 소비할 수 있는가'를 결정하고 있기 때문에 기본수요를 충족시키는 전략을 시행하기 위해서는 형평성이 전제조건으로 대두된다. 이는 현재의 지배적인 불평등한 구조에서 기본수요 충족을 시행하기 위한 형평적 구조로 개혁되어야 함을 시사한다. 이런 점을 고려한다면 개발전략으로서의 기본수요 충족전략의 규범적 가치는 상당히 관념적이라고 볼 수 있다.

상향식 개발전략의 시행을 위한 도구로 Friedmann & Douglas(1978)는 도·농 통합지구(agropolitan districts)의 개념을 제시하였다. 도·농 통합지구 전략은 농촌배경에 도시적 요소를 투입하는 것으로, 농촌 도시에 공업활동을 투입하여 주변지역과 하나의 통합된 소단위 생활권을 조성하는 것이다. 이렇게 하나의 통합된 자치단위로서 도·농 통합지구의 개념은 의사결정과 정책결정 시에 주민 모두가 참여하여 자기발전이나 자아실현을 실천할 수 있는 기회가 균등하게 보장될 수 있는 자치권 개념도 포함하고 있다. 그러나 도·농 통합지구 개념에 내재하는 '형평성'의 전제조건이 이루어져야 하며, 지역사회 내에서 재화와 서비스를 생산·소비하는 데 있어 균등한 접근기회가 제공되어야 한다. 이런 점을 감안해 볼 때 도·농 통합지구는 원리만을 내세운 이상적인 전략이라고 볼 수 있다. 지금까지 논의한 하향식 개발과 상향식 개발 방식을 비교·정리하면 표 14-1과 같다.

표 14-1. 하향적 개발방식과 상향적 개발방식의 비교

구분	하향적 개발접근론	상향적 개발접근론
개발의 기본과정	• 외부수요와 혁신에 기초한 선도산업의 승수효과 • 공간상에서 성장 자극력의 파급효과 • 개발효과가 높은 계층에서 낮은 계층으로 파급	• 선택적 폐쇄공간에서 내부 수요, 기술, 자원을 동원하여 주민의 기초수요 충족 • 개발효과가 낮은 계층에서 높은 계층으로 전달
의사결정 형태	• 중앙집권적	• 지방분권적
공간범위, 통합체계	• 국가 전체 혹은 국제적 수준 • 공간기능적 통합	• 선택적 하위단위의 공간수준 • 정주 공간적 분할
주요 개발방식	• 외향적, 수출지향적 • 도시 · 공업개발 • 자본 · 기술집약적 • 대규모 사업방식 • 외부자원 의존	• 내향적, 내부수요충족 • 농촌 · 농업개발 • 노동집약적 • 소규모 비공식부문의 사업방식 • 내부자원 의존
지역계획 유형	• 국가적 지역계획(national regional planning)	• 지방적 지역계획(local regional planning)
관련된 주요이론	• 근대화론 • 신고전경제이론 • 성장거점이론 • 중심지이론 • 혁신전파이론	• 종속이론 • 신마르크스이론 • 분배와 성장론 • 기초수요 충족론 • 도 · 농 통합개발론

출처: 조명래(1985), p. 61.

3 우리나라의 경제성장에 따른 국토공간의 불균형

1) 수도권으로의 인구 집중과 지역 격차

(1) 급속한 도시화 현상

지난 50년간 우리나라의 인구는 총 인구의 증가, 인구구조의 변화 및 인구의 공간분포에서 커다란 변화를 겪었다. 특히 공업화에 힘입어 진행된 도시화는 유례없는 속도로 진행되었으며, 우리나라의 도시화율은 2000년에 이미 선진국 수준에 도달하였다. 도시화율은 1960년 28.0%에서 1970년에는 41%를 보였고, 1980년 57.2%, 1990년에는 74.4%로 국민의 약 3/4이 도시에 거주하는 것으로 나타났다. 이러한 도시화추세는 더욱 진전되어 2000년에는 80%에 도달하였고 2010년대에는 약 82% 수준으로 선진국의 평균 도시화율보다 훨씬 높다(표 14-2 & 그림 14-13).

표 14-2. 우리나라의 도시화 추이

(단위: 천명, %)

연도	전국 인구	동부 인구	도시화율	연도	전국 인구	동부 인구	도시화율
1960	24,989	6,997	28.0	1995	44,554	34,992	78.5
1970	31,435	12,931	41.1	2000	45,985	36,642	79.7
1975	34,679	16,773	48.4	2005	47,041	38,338	81.5
1980	37,407	21,409	57.2	2010	47,991	39,363	82.0
1985	40,420	26,418	65.4	2015	51,069	41,678	81.6
1990	43,390	32,290	74.4				

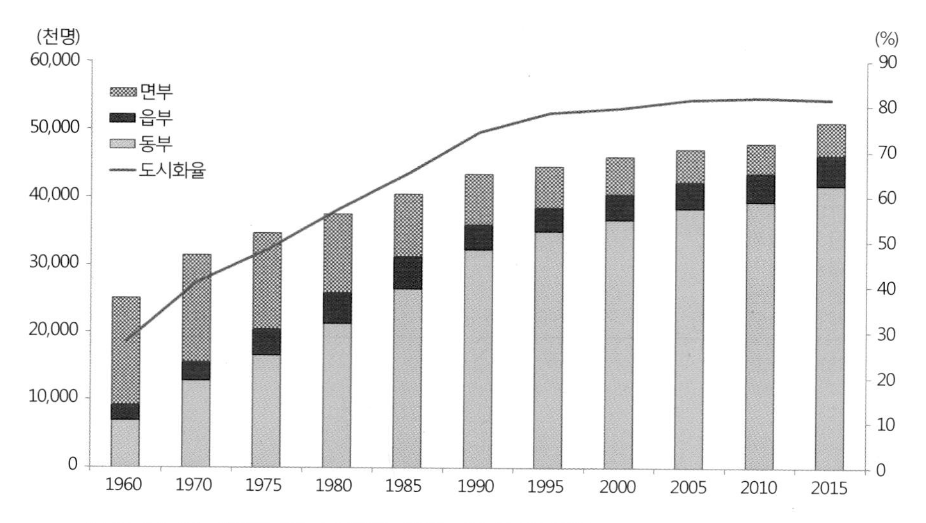

그림 14-13. 우리나라 도시화 추이, 1960-2015년

출처: 통계청, KOSIS, http://kostat.go.kr.

이와 같이 급속한 도시화 현상은 이촌향도의 인구이동에 의한 것으로 도시인구의 연평균 성장률은 전국 평균치보다 2~3배나 높게 나타났다. 특히 도시화가 가장 급속하게 진행되었던 1960~1970년 동안 도시인구는 연평균 7%로 증가된 반면에 농촌 인구는 절대 감소를 보이면서 연평균 -1.1%라는 감소율을 나타내었다.

(2) 수도권으로의 인구 집중화

우리나라의 도시화 과정에서 나타나는 가장 두드러진 특징은 서울을 중심으로 한 대도시로의 과도한 인구집중 현상이다. 도시화의 초기에는 수위도시 또는 거대도시가 제공하는 여러 가지 편익 때문에 인구와 산업이 대도시에 집중하는 경향이 나타나는 것이 일반적이다. 그러나 우리나라의 도시화 과정은 국토공간의 정주체계를 완전히 바꾸어 놓을 만큼 매우 짧은 시간에 수위도시로의 과밀화현상을 야기시켰다. 특히 공업화가 진전되기 시작한 1960~1966년 동안 전국의 연평균 인구증가율이 2.7%인 데 반해 서울은 7.6%라는 높은 인구증가율을 보였으며, 서울로의 인구집중현상이 가장 두드러지게 나타났던 1966~1970년 동안 전국의 연평균 인구증가율이 1.9%인 데 비해 서울시는 약 5배나 높은 9.4%의 연평균 인구증가율을 보였다.

그러나 1960년대 말부터 서울의 인구분산정책이 시행됨에 따라 서울의 연평균 인구증가율은 감소하고 있다. 이에 따라 서울의 전국 인구에 대한 점유율은 1970년 9.8%에서 1970년 17.6%, 1980년 22.3%, 그리고 1990년 24.4%로 최고치를 기록한 이후 지속적으로 낮아지고 있다. 이는 서울로의 과도한 인구와 산업의 집중으로 인하여 교통 혼잡, 주택난, 환경오염 등의 외부경제의 불이익이 나타나고 서울 주변에 신도시가 개발되면서 서울은 1990년대 들어오면서 인구의 절대 감소를 경험하게 되었다. 그 결과 1995년 서울의 인구점유율은 22.9%로 낮아졌으며, 2005년도에는 20.8%로, 2010년에는 20.1%, 2015년에는 19.4%로 낮아져 서울만을 본다면 인구의 분산화가 이루어졌다고 볼 수도 있다.

그러나 서울의 전국 대비 인구 점유율 감소와는 대조적으로 경기도의 인구 점유율은 지속적으로 증가하고 있다. 경기도는 1980년대 후반부터 급격하게 인구가 성장하고 있는데, 이는 서울의 인구분산정책으로 인해 서울 주변에 신도시 건설로 인해 인구가 유입되었기 때문으로 풀이할 수 있다. 그 결과 경기도가 전국에서 차지하는 인구비중은 2005년도에는 22.2%를 보이면서 서울의 점유율을 능가하게 되었고, 이에 따라 서울과 인천, 경기도를 포함한 수도권의 인구 점유율은 1960년 20.8%에서 1990년 42.7%로 증가되었으며, 2000년에는 46.3%로 증가되었으며, 2005년에는 48.2%, 2010년에는 49.0%, 2015년에는 49.5%로 높아져 우리나라 국민의 절반은 수도권에 거주하는 것으로 나타났다.

한편 수도권으로의 인구집중이 가속화되기 시작한 1970~1980년 동안 증가된 우리나라 전체 증가수의 73.6%, 1980~1990년에는 증가된 전체 인구수의 88.5%가 수도권에서 증가하였다. 그러나 1990~1995년 기간에는 오히려 전국의 총인구 증가수보다도 많은 133.7%가 수도권에서 증가한 것으로 나타나 비수도권의 경우 절대적인 인구 감소가 나타났음을 말해준다. 1995~2000년에 다소 수도권으로의 인구집중이 약화되었으나, 2000~2005년에는 다시 증가하여 같은 기간 중 전국 총인구 증가수의 123%를 차지하여 비수도권에서 절대적 인구감소가 나타났음을 보여준다. 여전히 2005~2010년 동안 수도권은 전국 총인구 증가수의 90%를 차지하면서 수도권의 인구 점유율을 높여가고 있다. 2010~2015년 동안 혁신도시로의 인구이동이 이루어지면서 전국 증가 인구 수에 대한 수도권의 점유율은 61%로 낮아졌지만 여전히 수도권으로의 인구집중은 지속되고 있음을 말해준다(표 14-3).

표 14-3. 전국 총 인구증가에 대한 수도권의 인구증가 점유율의 시계열 변화

(단위: 천명, %)

구 분		1960~1970	1970~1980	1980~1990	1990~1995	1995~2000	2000~2005	2005~2010	2010~2015
시기별 증가된 인구수	서울	3,080	2,839	2,249	-382	-336	-75	-112	-160
	경기·인천	605	1,580	3,040	1,984	1,501	1,487	961	995
	수도권	3,685	4,419	5,289	1,602	1,165	1,412	850	835
	전국	6,445	6,002	5,975	1,198	1,527	1,143	940	1,359
증가된 인구수 비중	서울/전국	47.8	47.3	37.6	-31.9	-22.0	-6.6	-11.9	-11.8
	경기·인천/전국	9.4	26.3	50.9	165.6	98.3	130.1	102.2	73.2
	수도권/전국	57.2	73.6	88.5	133.7	76.3	123.5	90.4	61.4

출처: 통계청, KOSIS, http://kostat.go.kr.

2) 수도권으로의 경제력 집중과 지역 격차

(1) 수도권으로의 생산활동의 집중화

1960년대부터 1970년대 중반까지 경공업 중심의 수출지향적인 정책이 시행되면서 대도시 중심으로 경공업이 발달하게 되었다. 그러나 1970년대 중반 이후 중화학공업 육성정책을 펼치면서 우리니라의 경제공간은 상당히 변화하였다. 집적이익을 추구하고 산업연관효과를 높일 수 있도록 공업지구를 계열화 또는 단지화하려는 전략이 수립되면서 중화학공업의 입지적 이점을 지닌 동남해안에 임해공업단지가 조성되었다. 특히 동남해안지역은 수입원료인 원자재의 공급지와 비교적 가까운 거리에 있으며, 항만의 입지조건이 매우 양호하고 대규모 공단을 유치할 수 있는 미개발 공업용지가 풍부하여 중화학공업 발달에 유리한 입지조건을 지니고 있었다. 이에 따라 동남해안지역은 급속한 공업성장을 경험하게 되었으며, 1978~1989년 동안 전국 공장용지 공급의 60%가 수도권과 동남임해지역에 집중되었다. 이렇게 1980년대 중반까지 서울을 비롯한 부산 등 대도시와 산업기지 및 공업단지를 중심으로 경제성장이 급속도로 이루어진 반면에 다른 지역은 공업화가 진전되지 못하여 지역 간 경제성장 격차가 커지게 되었다.

1980년대 후반에 들어와 우리나라의 산업구조는 전자부품, 영상, 음향 및 통신장비 제조업, 의료, 정밀, 광학기기 등 첨단산업 분야가 급속도로 성장하게 되었다. 첨단산업과 정보·지식산업이 발달하면서 고급인력이 풍부하고 새로운 정보와 신지식으로의 접근성이 양호한 수도권으로의 산업 집중화가 다시 심화되었다. 이에 따라 전국 고용자수 증가에 대한 수도권의 점유율도 크게 증가하였다.

제조업이 첨단산업을 중심으로 성장추세를 보이는 가운데 서비스산업의 성장도 두드러지게 나타났으며, 특히 사업서비스업을 포함하는 생산자서비스업의 성장 추세가 가장

빠르게 이루어졌다. 이렇게 서비스산업이 급속도로 성장하면서 수도권으로의 집중화 추세는 심화되었으며, 특히 생산자서비스업 서울 및 수도권으로의 집중화는 매우 심각한 수준이다.

지식기반경제로 접어들면서 새로운 노동의 공간적 분업화가 진전되고 있다. 1970년대 중화학공업 성장 시기에는 대기업의 본사는 서울에 입지하고 있고 생산공장은 중화학공업단지가 조성된 동남권에 입지함으로써 의사결정, 관리기능과 생산기능을 공간적으로 분리하는 노동의 공간적 분업화가 나타났다. 그러나 1980년대 후반 이후 첨단산업과 생산자서비스업이 발달함에 따라 서울과 수도권에는 첨단산업과 연구개발기능이 집중하는 한편, 비수도권에는 전통산업과 저기술산업이 입지하는 새로운 노동의 공간적 분업화가 나타나고 있다.

우리나라 전체 산업의 기업 본사의 지역별 분포와 본사의 매출액 변화를 보면 서울의 비중이 증가하고 있음을 알 수 있다. 2010년 서울에 본사를 두고 있는 사업체 비중은 34.6%였으나, 2015년에는 41.2%로 증가하였으며, 서울에 입지한 본사의 매출액 비중은 더 증가하여 55.6%를 차지하고 있다(표 14-4). 또한 수도권에 본사를 두고 있는 사업체와 종사자 비중은 2015년 70%를 넘고 있으며, 또한 수도권에 입지한 본사에서의 매출액 비중도 74.3%에 달하고 있다. 이는 우리나라 전체 기업의 본사 매출액의 약 3/4은 수도권에서 이루어지고 있음을 말해준다. 더 나아가 생산자서비스업의 경우 서울의 비중이 워낙 높으며, 2010년에 비해 2015년에는 지방에 입지한 본사의 비중이 약간 증가하고 있다. 생산자서비스업의 경우 서울에 입지한 본사들이 상대적으로 대기업이어서 사업체 비중보다 종사자 비중이 훨씬 더 높으며, 이들의 매출액 비중은 더 높게 나타나고 있다. 2015년 서울의 생산사서비스업 본사의 매출액이 전국 본사에서 창출하는 매출액의 3/4을 차지하고 있으며, 수도권의 비중은 83%를 차지하고 있다. 기업의 본사가 서울 및 수도권에 입지하여 의사결정과 통제기능을 수행하고 있으면서 창출하는 매출액도 상당히 많음을 시사해준다. 제조업의 경우도 수도권의 본사 사업체 점유율이 50% 수준을 유지하고 있으며, 본사의 종사자와 매출액이 전국 본사에서 차지하는 비중은 오히려 2010년에 비해 증가하는 추세를 보이고 있다. 특히 매출액 순위로 본 우리나라 100대 기업 본사의 약 90%는 서울에 있으며, 500대 기업 본사의 약 80%, 그리고 3,000대 기업 본사의 약 70%는 서울에 입지하고 있다. 본사 사업체보다 종사자수의 집중도는 더욱 높게 나타나고 있다. 2000년에 우리나라 3,000대 기업의 본사에서 근무하는 종업원 수의 비중이 81.5%를 차지하는 것으로 나타났다. 이는 기업의 본사뿐만 아니라 성장하는 대기업의 본사는 더욱 더 서울 및 수도권에 입지하는 경향이 있음을 말해준다.

표 14-4. 서울과 수도권의 본사의 비중 추이

(단위: 십억원, %)

산업	지역	연도	사업체(개)	종사자(명)	매출액(십억원)
전산업	서울	2015	41.2	46.4	55.6
		2010	34.6	43.4	52.3
	수도권	2015	71.1	70.0	74.3
		2010	58.9	64.1	67.8
	전국	2015	37,058(100)	2,271,456(100)	1,117,715(100)
		2010	41,222(100)	2,292,606(100)	1,021,938(100)
제조업	서울	2015	11.4	7.1	5.7
		2010	12.0	6.6	4.8
	수도권	2015	50.1	46.1	40.0
		2010	50.0	42.2	32.5
	전국	2015	8,946(100)	601,205(100)	327,888(100)
		2010	9,042(100)	635,702(100)	341,416(100)
생산자 서비스업	서울	2015	37.4	59.8	75.3
		2010	41.8	65.8	80.6
	수도권	2015	55.1	73.3	82.6
		2010	61.2	79.3	89.7
	전국	2015	14,803(100)	918,128(100)	412,376(100)
		2010	12,525(100)	776,063(100)	287,884(100)

출처: 통계청, 경제총조사, 2010, 2015. http://kosis.kr.

한편 수도권이 전국에서 차지하는 GRDP 비중을 보면 상당한 변이를 보이고 있다. 1993년까지 전국 GRDP에서 수도권이 차지하는 비중은 계속 증가하였다. 그러나 1993년을 정점으로 수도권이 전국에서 차지하는 GRDP 비중은 낮아지기 시작하였다. 그러나 1998년 이후 전국 GRDP 대비 수도권의 비중이 다시 증가하여 2002년 전국의 48.7%를 차지하였다. 수도권의 GRDP 비중은 다시 약간 감소하는 추세를 보이고 있었으나, 2013년 이후 다시 증가추세를 보이고 있다. 2016년 전국 GRDP에서 수도권이 차지하는 비중

표 14-5. 전국 GRDP에서 서울과 수도권이 차지하는 비중 변화 추세

(단위: 십억원, %)

	1985	1990	1995	2000	2005	2010	2015	2016
서울	73,285	122,357	177,047	215,613	252,141	289,719	325,245	331,666
인천	12,423	22,159	35,053	38,193	49,381	60,708	67,761	70,368
경기도	32,498	63,346	103,593	143,678	200,388	266,562	324,595	339,943
수도권	118,206	207,863	315,693	397,484	501,909	616,989	717,601	741,977
비수도권	142,309	219,075	324,560	431,851	538,813	648,157	745,100	762,167
수도권 비중	45.4	48.7	49.3	47.9	48.2	48.8	49.1	49.3

㈜: 2010년 기준가격으로 환산됨.
출처: 통계청, KOSIS, http://kosis.kr.

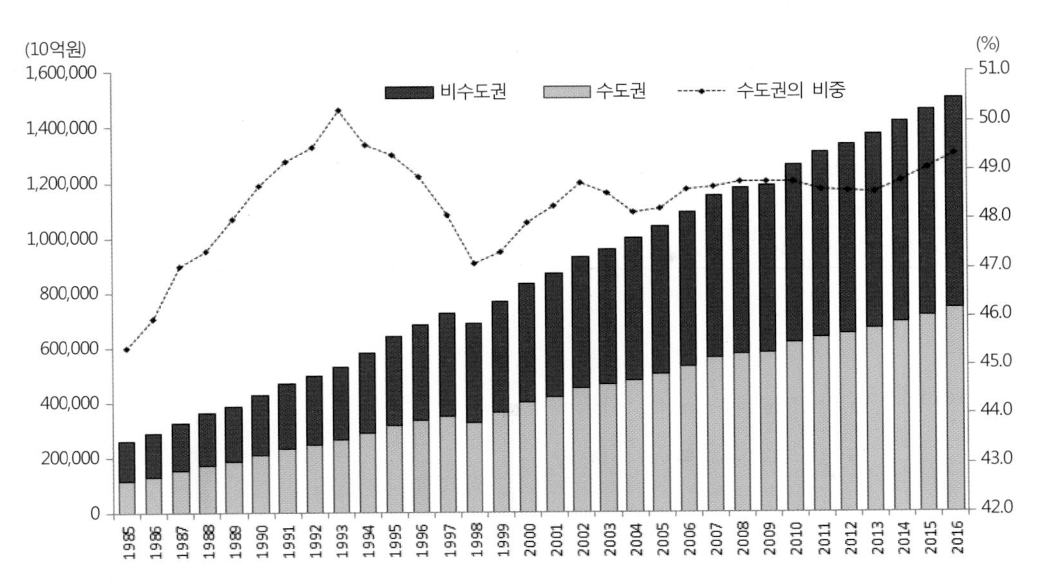

그림 14-14. 수도권이 전국에서 차지하는 GRDP 비중의 변화 추이
㈜: 2010년 기준가격으로 환산됨.
출처: 통계청, KOSIS, http://kosis.kr.

은 49.3%로 인구 비중과 거의 유사하다. 이와 같이 지난 30년간 전국 GRDP에서 수도권이 차지하는 비중은 약간의 변동을 보이고는 있으나 지속적으로 증가추세를 보이고 있음을 엿볼 수 있다(표 14-5 & 그림 14-14).

또한 각 지역별 1인당 GRDP의 변화를 보면 1997년 IMF 금융위기 이후 2002년까지 1인당 GRDP의 지역 간 격차는 심화되다가 2002년 이후 약간 완화되었지만 오히려 2003년 이후 격차는 지속적으로 증가 추세를 보이고 있다. 정부의 지역균형발전 정책에도 불구하고, 1인당 GRDP 격차가 확대되고 있다. 수도권과 전국 평균은 거의 유사한 성장 추세를 보이고 있으나, 비수도권의 경우 전국 평균에 비하면 상당히 낮은 편이다. 충청권과 동남권에 우리나라 대표적인 자동차산업, 석유화학산업, 제철업 등 부가가치가 상당히 높은 기업들이 입지하여 있어, 울산의 1인당 GRDP가 전국에서 가장 높으며, 충남, 전남, 경북도 서울보다 높게 나타나고 있다. 울산과 충남의 1인당 GRDP가 전국 평균을 크게 상회하고 있다. 울산은 1인당 GRDP가 지속적으로 전국에서 가장 높은 수준을 유지하는 가운데 2015년에는 1인당 GRDP가 5,987만원을 나타내고 있다. 그러나 2015년 서울과 경기도의 1인당 GRDP는 각각 3,465만원, 2,840만원 수준에 불과하다(표 14-6 & 그림 14-15). 따라서 1인당 GRDP를 기준으로 보면 서울 및 수도권의 경제 집중화 현상이 별로 심각하지 않다고도 볼 수 있다. 그러나 1인당 GRDP는 각 시·도에서 경제활동을 통한 생산측면의 부가가치이며, 사업장 단위로 추계된 지역내총생산을 인구수로 나눈 것이다. 따라서 지역주민의 소득 수준이나 소비수준을 나타내주지 못한다.

표 14-6. 서울과 수도권, 비수도권의 1인당 GRDP 변화 추이

		전국	서울	부산	대구	울산	경기	충남	전남	경북	경남
1인당 GRDP (천원)	2000	13,573	15,849	9,554	8,953	29,984	13,106	16,972	15,066	15,431	14,133
	2005	19,094	21,961	14,097	12,262	40,493	17,485	26,746	23,187	23,316	20,386
	2010	25,531	28,717	18,333	15,558	57,189	22,942	40,030	33,704	30,732	27,172
	2015	30,682	34,646	22,663	19,795	59,872	28,403	48,733	36,433	35,473	31,228

출처: 통계청, KOSIS, http://kosis.kr.

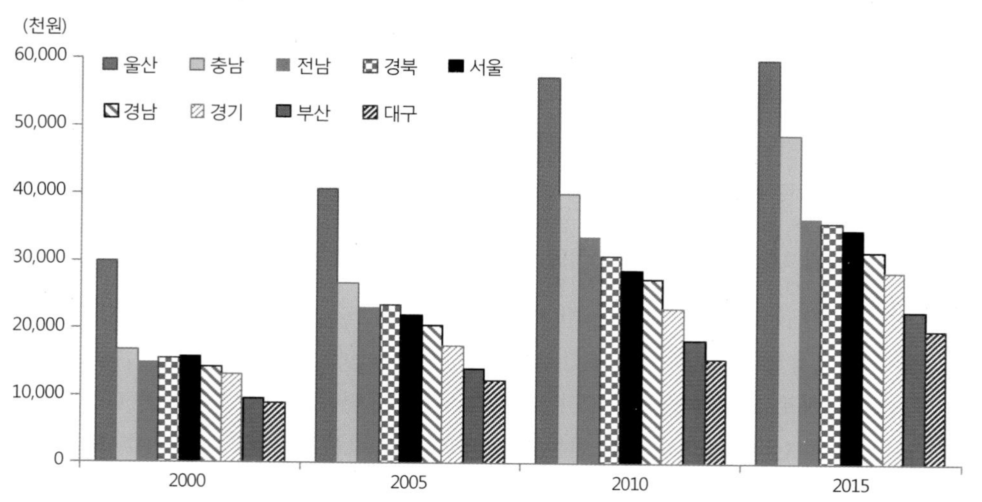

그림 14-15. 수도권과 비수도권의 1인당 GRDP의 시계열적 비교
출처: 통계청, KOSIS, http://kosis.kr.

한편 통계청에서는 2000년부터 시·도별 1인당 개인소득을 추정한 자료를 제공하고 있다. 또한 1인당 민간소비액도 제공하고 있다. 개인소득이나 민간소비는 시·도별 생산 측면이 아닌 소비 측면의 경제활동을 보여주는 것이라고 볼 수 있다. 1인당 개인소득과 민간소비 금액이 1인당 지역소득수준에 대한 대리지표라고 볼 때 서울과 경기도 및 전국 평균과의 격차가 매우 크게 나타나고 있다. 서울의 1인당 개인소득은 울산과 더불어 전국 평균치보다 훨씬 더 높다. 더 나아가 1인당 민간소비 금액을 보면 서울에서 가장 소비가 활발하게 이루어짐을 엿볼 수 있다. 특히 서울의 1인당 민간소비 금액은 전국 평균치와 격차가 점점 더 커지면서 다른 광역시들과도 상당한 격차를 보이고 있다. 특히 1인당 개인소득에서 서울과 거의 비슷한 수준을 보이고 있는 울산과도 1인당 민간소비 금액 격차가 커지고 있다(표 14-7 & 그림 14-16). 이러한 현상은 지방에서 생산 활동이 상대적으로 활발하게 이루어지고 있으나, 소비는 수도권, 특히 서울에서 이루어지고 있는 부의 역류 현상이 나타나고 있음을 시사해준다.

표 14-7. 서울과 전국의 1인당 개인소득과 민간소비의 격차 추이

		전국	서울	부산	대구	울산	경기	충남	전남	경북	경남
1인당 개인 소득 (천원)	2000	8,602	10,119	8,231	8,253	9,714	8,865	8,092	7,148	7,938	7,855
	2005	11,198	13,453	10,581	10,482	13,555	11,181	10,171	9,495	10,332	10,425
	2010	14,068	16,495	13,672	13,376	17,329	13,592	13,299	12,429	12,883	13,431
	2015	17,222	19,962	17,170	16,686	19,963	17,130	16,303	14,703	15,462	16,293
1인당 민간 소비 (천원)	2000	7,319	8,174	7,364	7,352	7,221	7,247	6,811	6,780	7,040	6,821
	2005	10,002	12,560	9,456	9,510	10,064	9,911	9,319	8,240	8,664	8,989
	2010	12,872	15,932	12,628	12,036	13,052	12,826	11,468	10,840	11,197	11,640
	2015	15,157	18,637	15,122	14,624	15,434	14,938	13,510	13,165	13,303	13,878

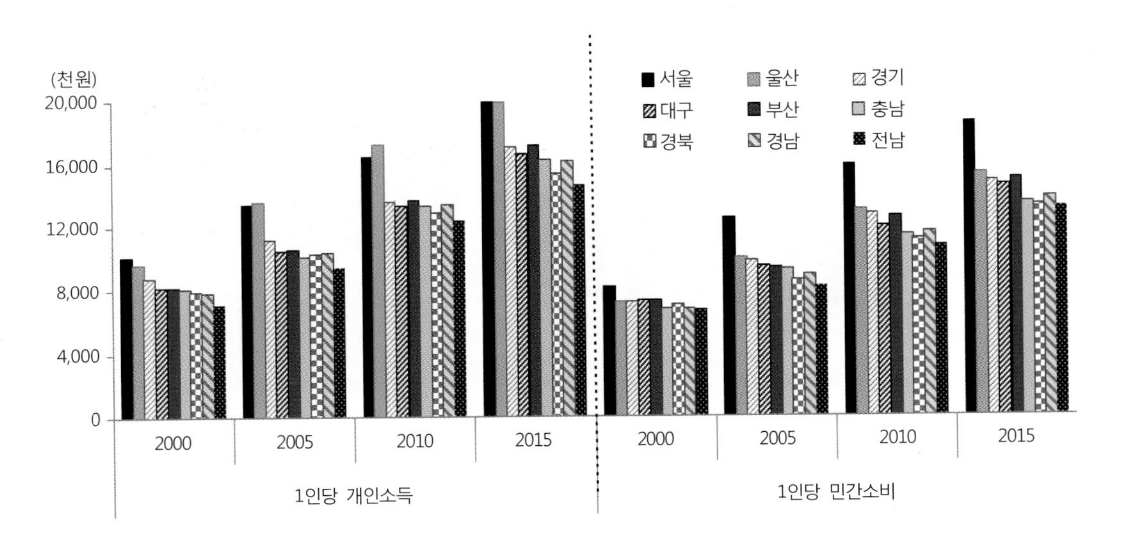

그림 14-16. 서울과 전국의 1인당 개인소득 및 민간소비의 시계열적 비교
출처: 통계청, http://kosis.kr.

한편 서울의 경제적 우위와 경제력을 간접적으로 보여주는 지표 가운데 하나는 일반 은행 예금이라고 볼 수 있다. 은행 대출액에 비해 예금액은 해당 지역의 경제적 잠재력을 보여준다는 점에서 예금액 비중도는 매우 중요한 지표라고 볼 수 있다. 지역별 예금액 비중 변화를 보면 서울로의 경제력이 얼마나 집중되고 있는가를 잘 말해준다. 지난 15년 동안 서울이 전국에서 차지하는 예금액 비중은 약 50% 수준이며, 수도권은 약 70% 수준을 보이고 있다(표 14-8 & 그림 14-17).

표 14-8. 서울과 수도권이 전국 예금액에서 차지하는 비중 추이

(단위: 십억원, %)

	2000	2005	2010	2015
서울	209,820.4	279,343.7	484,568.5	600,391.1
수도권	275,394.1	381,040.4	629,515.6	805,286.5
기타 지역	129,266.8	180,905.2	244,375.0	358,440.9
서울 비중	51.9	49.7	55.4	51.6
수도권 비중	68.1	67.8	72.0	69.2

출처: 통계청, KOSIS, http://kosis.kr.

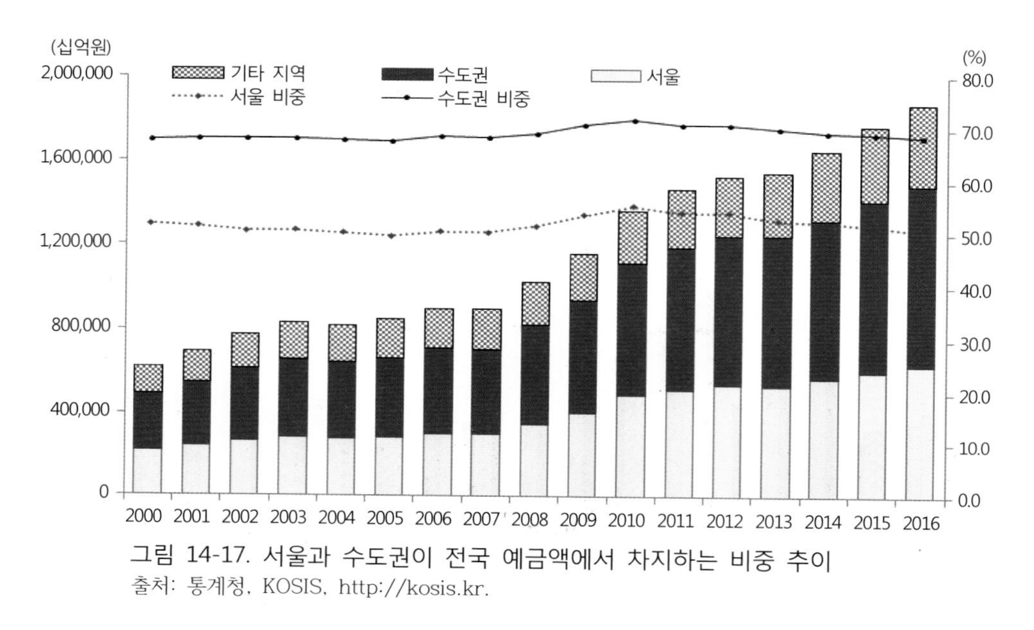

그림 14-17. 서울과 수도권이 전국 예금액에서 차지하는 비중 추이

출처: 통계청, KOSIS, http://kosis.kr.

(2) 수도권으로의 연구역량 집중화

한편 지역의 경쟁력을 유지, 강화하기 위해서는 무엇보다도 혁신을 창출할 수 있는 연구개발비와 연구조직 구축이 우선적이라고 볼 수 있다. 1995~2015년 동안 서울과 수도권이 전국 연구개발비와 연구조직 부문에서 차지하는 비중의 변화를 보면 수도권으로의 혁신역량이 강화되어 가고 있음을 엿볼 수 있다. 연구개발비의 경우 서울의 비중은 줄어들고 있지만 수도권의 비중은 증가하고 있다. 2015년 수도권이 차지하는 연구개발비는 전국의 약 2/3에 해당한다. 이는 1995년 약 절반을 차지하던 비중에 비해 상당히 증가된 것이다. 연구조직 비중도 1995년 59%에서 2015년에는 63%로 증가하였다(표 14-9 & 그림 14-18). 정부 정책에 힘입어 2000년 58개였던 공공 연구기관수가 2007년 약 170여개로, 2015년에는 약 1,000개에로 증가하였다. 그러나 비수도권에 소재한 공공연구기관의 R&D 재원의 상당 부분을 중앙정부에 의존하고 있으며, 비수도권 연구기관의 경우 해당 지자체

표 14-9. 연구개발비와 연구조직의 수도권 비중의 추이

(단위: 십억원, 개소, %)

	연구개발비					연구개발조직*				
	1995	2000	2005	2010	2015	1995	2000	2005	2010	2015
서울	20.4	32.7	19.2	18.8	15.2	26.0	33.9	29.7	25.2	24.4
수도권	52.2	61.0	63.9	64.3	67.3	58.7	62.4	62.3	61.4	63.2
비수도권	47.8	39.0	36.1	35.7	32.7	41.3	37.6	37.7	38.6	36.8
전국	9,437 (100)	13,849 (100)	24,155 (100)	43,854 (100)	65,959 (100)	2,996 (100)	5,227 (100)	8,979 (100)	17,863 (100)	37,373 (100)

㈜: 연구개발조직에는 공공연구기관, 대학, 기업체를 포함한 것임.
출처: 과학기술통계서비스, 과학기술연구개발활동조사.

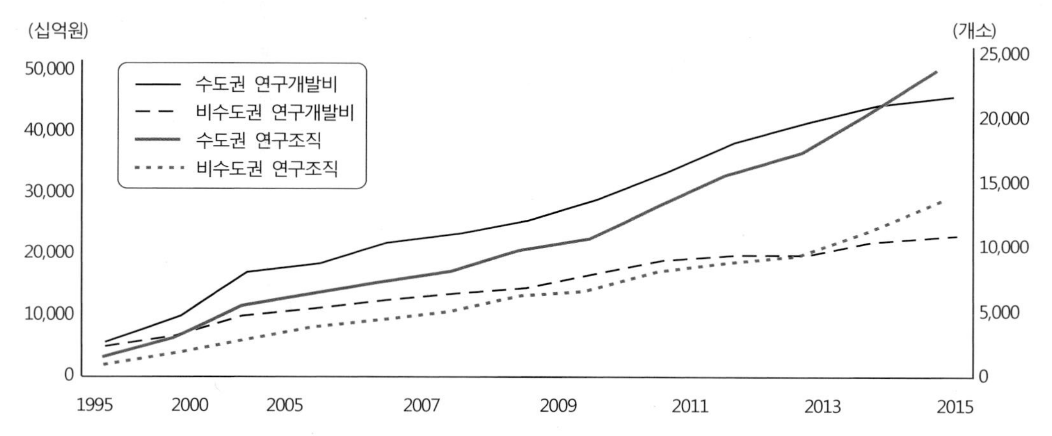

그림 14-18. 연구개발비와 연구조직의 지역별 격차 추이
출처: 과학기술통계서비스, 과학기술연구개발활동조사.

로부터 R&D 재원 공급이 용이하지 않다는 점도 연구역량 향상에 어려움을 시사해준다.

연구개발비와 특허 출원 간의 상관관계는 상당히 높은 것으로 알려져 있다. 이는 혁신을 위한 연구개발을 통해 특허가 출원되기 때문이라고 볼 수 있다. 특허등록건수의 서울 및 수도권의 비중을 보면 점차 줄어들고 있다. 1995년 수도권이 차지하는 비중이 80% 수준이었으나 2016년에는 63%로 감소하였다. 이는 대전과 포항 등 주요 연구기관이 비수도권에 입지하여 있기 때문으로 풀이할 수 있으며, 우리나라의 경우 특허출원의 대부분이 기업에서 이루어지기 때문에 기업의 연구소가 입지한 지역에서 특허출원이 상당히 활발하게 나타나고 있다. 따라서 특허등록건수를 기준으로 보면 수도권의 비중이 줄어들고 있어 비수도권의 지역혁신역량이 강화되고 있음을 시사해준다(표 14-10). 그러나 여전히 수도권의 특허출원건수 비중은 약 2/3 수준으로 높은 편이다. 또한 고등교육기관의 수도권 점유율은 약 1/3로 상대적으로 낮다. 그러나 대학원의 점유율은 약 1/2을 차지하고 있어 연구인력의 수도권 점유율도 상당히 높은 수준임을 말해준다(표 14-11).

표 14-10. 특허등록수의 수도권 비중의 변화

(단위: 건, %)

	1995	2000	2005	2010	2016
서울	43.8	37.6	41.9	30.7	30.6
수도권	80.1	77.2	75.8	67.0	63.2
비수도권	19.9	22.8	24.2	33.0	36.8
전국	6,572 (100)	22,926 (100)	53,229 (100)	51,115 (100)	81,909 (100)

출처: 특허청, 지식재산권 통계.

표 14-11. 고등교육기관의 수도권 비중

(단위: 개교, %)

		서울	경기	인천	수도권	부산	대구	광주	대전	울산	비수도권	전국
고등교육기관		48	60	7	115	22	11	17	15	4	224	339
대학원		401	174	25	600	79	33	44	66	11	595	1195
비중	고등교육	14.2	17.7	2.1	33.9	6.5	3.2	5.0	4.4	1.2	66.1	100
	대학원	33.6	14.6	2.1	50.2	6.6	2.8	3.7	5.5	0.9	49.8	100

출처: 교육통계서비스, 교육통계연보, 2016.

4 우리나라의 국토개발계획과 지역개발 정책의 전개와 성과

1) 국토개발계획과 지역개발 정책의 도입

(1) 경제개발 5개년계획의 전개와 특징

우리나라의 국토개발과 지역개발 정책을 이해하기 위해서는 먼저 국가 경제성장을 목표로 시작된 경제개발계획을 살펴보아야 한다. 왜냐하면 국토종합개발계획은 경제개발계획을 실현화시키고 경제성장에 따른 문제점을 보완하는 데 초점을 두고 이루어졌으며, 지역개발 정책도 성장위주의 경제 정책의 보완적 수단으로 수립되었기 때문이다. 1962년부터 시작된 제1차 경제개발 5개년계획부터 제3차에 이르는 경제개발 5개년계획의 핵심은 성장전략이었다. 특히 제2차 경제개발 5개년계획 기간에는 산업의 근대화와 자립경제 확립을 위한 식량 자급화, 화학·철강·기계공업 발달에 의한 산업의 고도화, 7억 달러 수출 달성, 고용 확대, 국민소득 증대, 과학기술 진흥, 기술수준과 생산성 향상을 추진하기 위해 노력하였다. 또한 제3차 경제개발 5개년계획 기간에서는 '안정·성장·균형의 조화'라는 목표 하에서 중화학공업을 적극적으로 추진하였고, 사회기반시설을 확충하였다(표 14-12).

표 14-12. 경제개발 5개년계획의 시기별 목표와 이와 관련된 국토관련 정책

단계	목표	성장률 계획/(실적)	정책 과제	국토관련 정책 및 국토개발사업
제1차 (1962~1966)	• 사회경제적 악순환 시정 • 자립경제개발 구축	7.1% / (7.9%)	• 농업 생산력 증대 • 에너지 공급원 확보 • 기간산업 육성 • 국제수지 개선	• 사회간접자본 확충 • 울산 개발사업
제2차 (1967~1971)	• 산업구조 근대화 • 자립경제 촉진	7.0% / (9.6%)	• 식량의 자급화 • 공업고도화의 기틀 마련 • 수출 활성화 • 기술수준과 생산성 향상	• 공업화 기반 조성 • 고속도로 사업
제3차 (1972~1976)	• 성장, 안정, 균형의 조화 • 자립적 경제구조 실현 • 국토종합개발과 지역개발의 균형	8.6% / (9.2%)	• 주곡의 자급화 • 중화학공업 육성 • SOC 확대	• 중화학공업기반 구축 • 국토자원 효율적 개발 • 인구, 산업의 적정분산
제4차 (1977~1981)	• 자력성장구조의 실현 • 사회개발을 통한 균형증진 • 기술혁신과 능률향상	9.2% / (5.8%)	• 투자재원의 자력조달 • 국제수지의 균형 • 산업구조의 고도화	• 생활환경개선 • 새마을사업 확대
제5차 (1982~1986)	• 안정기조 정착 • 고용기회 확대 • 계층간, 지역간 균형발전	7.6% / (9.8%)	• 물가 안정, 개방화 • 시장경쟁의 활성화 • 지방 및 소외부문의 개발	• 국토의 균형개발 • 아시안게임/올림픽준비 인프라 조성
제6차 (1987~1991)	• 형평성 제고와 공정성 확보 • 균형발전과 서민생활 향상 • 경제의 개방화	7.3% / (9.9%)	• 시장경제질서의 확립 • 소득분배 개선과 사회개발 확대 • 고기술부문을 중심으로 산업구조 개편	• 부동산 투기억제 토지제도 개선 저소득층 주거개선 • 200만호 주택건설사업 • 지역 균형개발
제7차 (1992~1996)	• 경쟁력을 갖춘 경제체제 구축 • 사회적 균형발전 • 국제화, 자율화, 통일기반 조성	7.5% / (6.7%)	• 개방화, 국제화 • 기술개발 촉진 • 사회간접자본 확충	• SOC 시설 확충 • 지역균형개발 • 인천국제공항 경부고속전철 사업 • 남북협력 기반 조성

출처: 김용웅 외(2009), p. 406; 한국경제 60년사(2010), IV. 국토·환경, p. 8.

그러나 제4차 경제개발 5개년계획 이후 사회개발을 통하여 지역균형발전을 증진시키며, 기술혁신을 통해 효율성을 향상시키는 것을 목표로 하였다. 또한 1970년대 고도 경제성장이 도시와 농어촌 간 불균형 발전, 토지이용의 무질서, 농경지의 지나친 잠식, 자연자원 훼손 등 여러 측면에서 부작용이 심각하게 나타남에 따라 1980년대는 효율성 위주의 정책에서 성장과 복지를 조화시키는 방향으로 전환되었다. 이에 따라 제5차 경제사회발전 5개년계획 기간에서는 안정·능률·균형을 정책 기조로 물가 안정, 개방화, 시장경쟁의 활성화, 지방 및 소외 지역 개발을 주요 전략으로 채택하였다. 제6차 경제사회발전 5개년계획에서도 효율과 형평을 토대로 경제선진화와 국민복지증진을 목표로 21세기 선진사회에 진입하기 위한 계획으로 수립되었다. 그리고 마지막으로 시행된 제7차 경제사회발전 5개년계획에서는 사회적 균형발전뿐만 아니라 국제화와 개방화, 통일기반 조성을 위한 사회간접자본 확충에도 초점을 두었다.

(2) 국토종합개발계획의 전개와 특징

우리나라의 국토계획은 국토종합계획, 도종합계획, 시군종합계획, 지역계획 및 부문별 계획으로 구분된다. 국토종합계획은 국토 전역을 대상으로 국토의 장기적인 발전방향을 제시하는 계획으로 도종합계획 및 시군종합계획의 기본이 되며 부문별 계획과 지역계획은 국토종합계획과 조화를 이루어야 한다. 1972~1981년까지 제1차 국토종합개발계획을 시작으로 2001~2020년까지 제4차 국토계획이 실행 중이다. 제2차 국토종합개발계획은 수정계획이 다시 수립되었으며, 제4차 국토종합계획의 경우 2006년에 수정계획이 세워졌으나, 2009년부터 다시 재수정계획을 수립하였다(표 14-13). 2018년부터 제5차 국토종합계획 수립에 착수하게 된다. 인구감소와 그에 따른 인구구조 변화, 4차 산업혁명, 분권화, 안전·포용성 강화 등 대내·외 여건 변화에 대응하는 적실한 제5차 국토종합계획 수립을 위해 다각적인 노력을 기울이고 있다.

표 14-13. 국토종합개발계획의 변천

구분	제1차 국토계획 (1972~1981)	제2차 국토계획 (1982~1991)	제3차 국토계획 (1992~1999)	제4차 국토계획 (2000~2020)
1인당 GNP	319불('72)	1,824불('82)	7,007불('92)	10,841불('00, GNI)
배경	• 국력의 신장 • 공업화 추진	• 국민생활환경의 개선 • 수도권의 과밀완화	• 사회간접자본시설 미흡에 따른 경쟁력 약화 • 자율적 지역개발전개	• 21세기 여건변화에 주도적으로 대응 • 국민의 삶의 질 확보, 새로운 국토비전과 전략 필요
기본 목표	• 국토이용관리 효율화 • 사회간접자본 확충 • 국토자원개발과 자연보전 • 국민생활환경의 개선	• 인구의 지방정착 유도 • 개발가능성의 전국적 확대 • 국민복지수준의 제고 • 국토자연환경의 보전	• 지방분산형 국토골격 • 생산적·자원절약적 국토이용체계 구축 • 국민복지 향상과 국토환경 보전 • 남북통일 대비한 국토 기반의 조성	• 더불어 잘사는 균형 국토 • 자연과 어우러진 녹색 국토 • 지구촌으로 열린 개방 국토 • 민족이 화합하는 통일 국토
개발 전략 및 정책	• 대규모 공업기반 구축 • 교통통신, 자원 및 에너지 공급망 정비 • 부진지역 개발을 위한 지역기능 강화	• 국토의 다핵구조 형성과 지역생활권 조성 • 서울, 부산 양대 도시의 성장억제 및 관리 • 지역기능 강화를 위한 교통·통신 등 사회간접자본 확충 • 후진지역의 개발 촉진	• 지방의 육성과 수도권 집중억제 • 신산업지대 조성산업 구조의 고도화 • 종합고속교류망 구축 • 국민생활과 환경부문의 투자증대 • 국토계획의 집행력 강화 및 국토이용 관련 제도 정비 • 남북교류지역 개발 관리	• 개방형 통합국토축 형성 • 지역별 경쟁력 고도화 • 건강하고 쾌적한 국토 환경 조성 • 고속교통, 정보망 구축 • 남북한 교류협력 기반 조성
특징 및 문제점	• 거점개발방식의 채택 • 경부축 중심의 양극화 초래	• 양대도시의 성장 억제, • 성장거점도시 육성에 의한 국토균형발전 추구 • 집행수단의 결여로 국토 불균형 지속, 올림픽 개최 확정 등으로 1987년 계획 수정	• 세계화·개방화·지방화 등 여건반영 미흡 • WTO 출범 등 국토개발의 기조 변화	• 개방형의 π형 연안 국토축과 10대 광역권 개발로 지역균형발전을 촉진 • 국토환경의 적극적인 보전을 위해 개발과 환경의 조화 전략 제시

출처: 건설교통부, 국토균형발전본부, 2007 국토업무편람, p. 75.

국토종합개발계획은 해당 시점의 시대적 여건과 필요성을 반영하여 수립되고 있다. 1960년대는 제1차와 제2차 경제개발 5개년계획을 시행하면서 국가발전을 추진하던 시기였다. 따라서 국토개발의 정책수단은 특정지역의 자원개발과 공업단지 조성에 치중하였으며, 제1차 국토종합개발계획은 국토이용관리의 효율성, 개발기반의 확충, 국토의 자원개발과 자연보전, 국민생활 환경개선 등을 기본 목표로 삼았다. 국토정책은 대규모 공업단지 개발, 교통·통신·수자원·에너지 개발 및 공급망 확충 등 경제성장을 위한 국토기반 확충에 초점을 두었다. 1980년대 국토개발정책은 1970년대 경제성장기에서 나타난 서울과 부산의 과밀화에 따른 성장억제 및 개발가능성의 전국적 확대를 위해 국토의 다핵구조 형성과 지역생활권 조성이 주요한 과제였다. 또한 개발위주의 정책에서 자연환경보전에 대한 관심도 기울이게 되었다. 1990년대 국토개발정책은 심화된 국토 불균형과 지가상승, 환경오염 심화 등의 문제 해결을 위해 지방 육성과 수도권으로의 집중억제, 신산업지대 조성과 산업구조 고도화 정책이 추진되었다. 특히 지방분산형 국토골격의 형성, 생산적 자원절약형 국토이용체계 구축, 남북통일에 대비한 국토기반 조성을 기본 목표로 하였다. 2000년대는 세계화·분권화·다양화 등으로 대표되는 대내·외적 여건 변화 속에서 국토의 대통합을 위한 정책이 요구되었다. 그에 따라 국토개발정책도 세계화 시대에서 경쟁력을 확보하고 통일시대에 대비하며, 지역 간 갈등을 해소하기 위해 보다 적극적인 전략을 수립하였다(표 14-14).

국토종합계획은 국토를 공간적·시간적 차원에서 효율적으로 운영하기 위한 계획이기 때문에 국토종합개발계획의 효과를 극대화하기 위하여 국토공간을 권역으로 나누어 추진하여 왔다. 제1차와 제2차 국토종합개발계획에서는 주로 성장거점형 개발전략을 추진하였으나, 1990년대 이후 국내·외 급격한 여건 변화에 대응할 수 있는 지역경쟁력 확보를 위해 제3차 국토종합개발계획부터는 광역권 개발전략을 시행하였다.

이를 좀 더 구체적으로 살펴보면 제1차 국토종합개발계획의 경우 공업화·도시화로 인한 서울로의 인구집중이 문제시되었기 때문에 이에 대한 해결책으로 국토를 대·중·소 권역으로 세분하여 4대권, 8중권, 17소권에 대한 성장거점개발방식과 권역별 개발방식을 동시에 추진하였다(그림 14-19). 그러나 한정적인 개발 능력과 자원 부족으로 인하여 성장거점에 대한 지원이 어려워지면서 서울과 부산의 양대 도시는 급성장하고 지방도시들은 침체되어 지역 간 격차가 심화되었다.

제2차 국토종합개발계획에서는 인구의 지방정착 유도, 개발가능성의 전국 확대, 국민복지수준의 제고 등 형평성을 추구하면서 지역생활권 개발방식을 도입하였다. 즉, 전국을 28개 지역생활권으로 나누어 성장거점과 배후 주변지역의 생활권 형성을 도모하였다. 그러나 너무 많은 지역생활권을 지정함에 따라 투자가 분산되어 실효성을 거두지 못하였다. 지역 간 격차가 심화되면서 제2차 국토종합개발계획 수정계획에서는 규모경제를 살리면서 지역개발을 추진하기 위하여 '지역경제권'을 설정하였다. 지역경제권은 지역경제의 자족성을 높이고 지방분권의 경제적 단위로 설정한 것이다. 이에 따라 부산, 대구, 대전, 광주를 중심으로 하는 지역경제권 육성을 도모하였으며 이는 광역시를 조성하는 기반이 되었다. 그러나 서울 및 수도권을 견제할 만한 지방 대도시로 성장하지는 못하였으며 1980년대 후반 이후 인구와 산업이 다시 서울과 수도권으로 집중되었다. 이에 따라 제3차 국토종합개발계획에서는 다핵개발과 지역경제권 구상을 접합시킨 광역권 개발전략이 시도되었다. 국제 경쟁력 확보와 수도권으로의 집중을 견제할 수 있는 잠재력이 높은 산업단지를 연계하여 규모경제화하는 것이었다. 제4차 국토종합계획에서는 제3차 국토종합계획에서 추진된 8개 광역권을 육성시키면서 제주도와 수도권을 추가시켜 10대 광역권을 설정하였다. 또한 제4차 국토종합계획의 수정계획에서는 기존의 시·도중심의 광역권 개념을 한 차원 더 발전시킨 다핵연계형 국토구조를 형성하고자 7+1의 경제권역을 설정하였다. 그리고 이명박 정부의 출범 이후 5+2 광역경제권을 핵심으로 기초생활권과 초광역권으로 권역을 구분하였다(표 14-15).

표 14-14. 국토계획의 시대적 상황과 그에 따른 국토계획의 목표 변화

구분	시대적 상황	국토계획의 추진상황	국토계획의 지향점(목표)
1960년대 (발아기)	• 1950년대부터 누적된 국가의 불안정성 계속 • 빈곤, 실업해소를 위한 체계적 국가발전전략 수립 착수	• 국토건설종합계획법 제정 • 제1, 2차 경제개발 5개년계획 실시 • 특정 지역 추진, 지정	• 산업구조의 근대화 • 경제의 고도 성장 • 사회간접자본 확충
1970년대 (부흥기)	• 산업구조의 변화로 효율성은 증대되었으나 사회적 불균형 대두	• 제1차 국토종합개발계획의 추진 • 제3, 4차 경제개발 5개년계획 실시	• 국토의 효율적 이용 • 환경보전, 대도시 인구집중 억제
1980년대 (성숙기)	• 고도 경제성장 달성 • 대도시 인구집중 • 난개발, 부동산 투기 심화	• 제2차 국토종합개발계획 실시 • 제5, 6차 경제사회발전 5개년계획 실시	• 개발가능성의 전체 확대 • 인구의 지방 분산 • 자연환경 보존
1990년대 (안정기)	• 국토개발의 불균형 심화 • 지가 상승 • 환경오염의 확산 • 기반시설 취약	• 제3차 국토종합개발계획의 추진 • 제7차 경제사회발전 5개년계획 실시	• 수도권과밀억제, 지역격차 해소 • 환경보존 • 국가경쟁력 고도화 • 국토기반시설의 확충
2000년대 (총체적 융합기)	• 다양성 시대 • 첨단화 및 지식정보화 시대 • 세계화 시대 • 환경 및 삶의 질 중시 • 지방화 본격화 • 남북 교류의 확대	• 제4차 국토종합계획 추진(수정계획) • 제4차 국토종합계획 수정계획 실시 • 제1차 국가균형발전 5개년계획 추진	• 세계화, 동북아 성장에 대응 • 지방화에 부응한 개발전략 • 지식정보화에 적합한 국토여건 조성 • 안정 성장기로 전환에 대응한 국토정비
	• 글로벌 경쟁력 요구 증대 • 지구환경문제, 에너지·자원 위기 도래	• 지역발전 5개년계획 추진 • 광역경제권, 초광역권 개발 추진 • 저탄소 녹색성장 추진	• 글로벌 개방 국토 실현 • 창의적 선진 국토 실현 • 저탄소 녹색국토 실현

출처: 건설교통부(2007). 2007년도 국토의 계획 및 이용에 관한 연차보고서. p. 49; 국토연구원 (2009). 제4차 국토종합계획 재수정계획 수립(기초자료).

표 14-15. 국토종합개발계획에서의 권역구분

구분	기본 전략	권역 구분	계획 추진 내용
1차 국토계획	성장거점 도시개발	• 8중권 수도권(서울), 태백권(강릉), 충청권(대전) 전주권(전주), 광주권(광주), 대구권(대구) 부산권(부산), 제주권(제주)	• 4대권(유역중심), 8중권(도행정구역), 17소권(소규모 경제권)으로 구분
2차 국토계획	지역생활권 성장거점 도시개발	• 대도시: 서울, 부산, 대전, 광주, 대구 • 지방도시: 춘천, 원주, 강릉, 청주, 충주, 제천, 천안, 나주, 전주, 남원, 순천, 목포, 안동, 포항, 영주, 진주, 제주 • 농촌도시: 영월, 서산, 홍성, 강진, 점촌, 거창	• 28개 지역생활권 육성 : 5개 대도시 생활권 17개 지방도시 생활권 6개 농촌 도시 생활권 • 자족적인 지역생활권을 형성하도록 중심도시 거점 개발
2차 국토계획 수정	지역 경제권 육성	• 3대 지역경제권 중부지역경제권(대전), 서남지역경제권(광주) 동남지역경제권(부산, 대구)	• 수도권에 대응할 수 있는 지역경제권 육성: 인구 100 이상 지방 대도시 중심 부산과 대구를 1개의 지역 경제권으로 설정
3차 국토계획	광역권 육성	• 8개 광역권 아산만권, 군산·장항권, 대전·청주권, 광주·목포권, 광양만·진주권, 대구·포항권, 부산·경남권, 영동권	• 지방대도시와 산업단지를 묶어서 광역권으로 육성: 규모경제 추구, 독자적 국제 경쟁력을 갖춘 광역권 육성
4차 국토계획	광역권 개발	• 10대 광역권 수도권, 아산만권, 전주·군장권, 대전·청주권, 광주·목포권, 광양만·진주권, 대구·포항권, 부산·경남권, 영동권, 제주권	• 3×3 개방형 국토축: 연안축(환황해축, 환동해축, 남해안축), 동서 내륙축 (인천-강릉축, 군산-포항축, 평양-원산축) • 10대 광역권을 대상으로 국토축의 거점 권역 개발
4차 국토계획 수정계획	다핵 연계형 국토구조 (자립형 지역발전)	• 7+1 경제권역 수도권, 강원권, 충청권, 전북권, 광주권, 대구권, 부산권, 제주권(특수지역)	• 3개 개방형 국토축: 남해안축, 서해안축, 동해안축 • 다핵연계형 국토구조: 수도권의 효율적 관리가 가능하고 지자체간 질서의 유지

출처: 건설교통부, 국토균형발전본부, 2007 국토업무편람을 재구성함.
진영환 외(1998), p. 142; 국토해양부(2009), 국토의 계획 및 이용에 관한 연차보고서 자료 재구성.

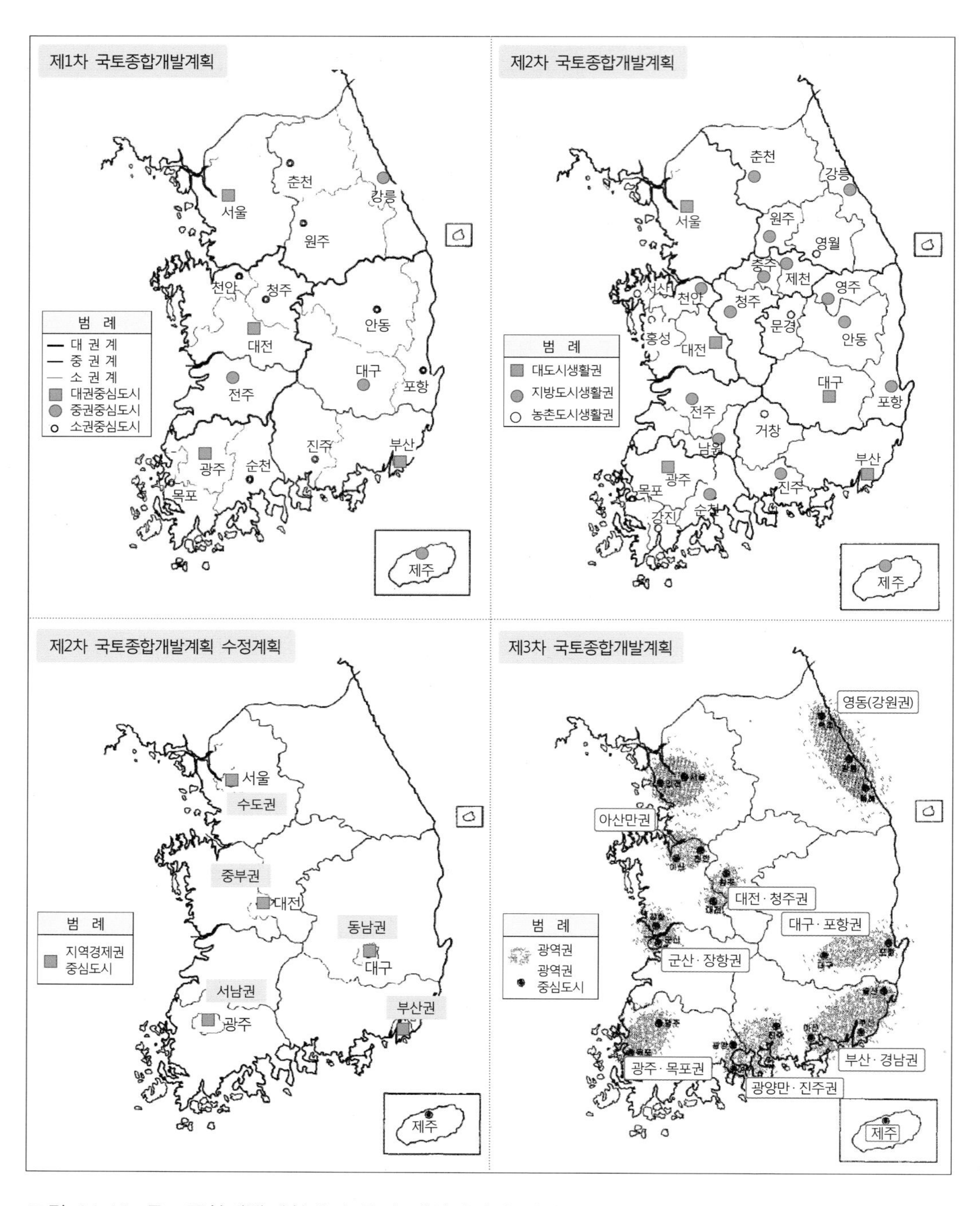

그림 14-19. 국토종합개발계획에서 공간 권역설정의 변화
출처: 진영환 외(1998), p. 143; 건설교통부, 국토균형발전본부, 2007 국토업무편람을 재구성함.

(3) 지역개발 정책의 도입과 특징

우리나라 지역개발 정책은 국가경제성장 정책의 보완적 기능을 수행해 왔다고 볼 수 있다. 즉, 성장위주의 총량적 부의 증진을 우선으로 하는 경제개발정책의 보완적 수단으로 지역개발 정책이 수립되었다. 따라서 우리나라 지역개발 정책은 전형적인 하향식 개발방식이며, 지역개발 방식도 국가적 지역계획방식을 취하게 되었다. 또한 지역개발은 국토개발과 불분명하게 구분되어 왔으며, 오히려 국토개발이 지역개발의 대명사로 사용되기도 하였다. 이렇게 국토개발이 지역개발의 기능을 담당하게 된 이유는 크게 두 가지 측면에서 설명될 수 있다.

첫째, 중앙정부에 의한 총량적 경제개발정책이 공간적 효율성을 제고시키는 데 초점을 두었기 때문이다. 중앙정부가 지역 간 투자 배분력을 소유하고 있는 상황 하에서 진행된 제1차 국토종합개발계획은 지역균형발전을 위한 목표보다는 국가의 총체적 효율성을 증진하기 위해 성장거점전략을 시행하였다고 볼 수 있다.

둘째, 개발행정체계 때문이다. 우리나라의 계획체제는 국토건설종합계획법 제정에 따라 전국 계획→특정지역계획→도(道)계획→군(郡)계획(도시계획은 별도의 법에 의함)으로 이루어져 있다. 그러나 하위계획은 중앙정부가 마련하는 국가 개발목표를 지역적으로 수용하는 계획이기 때문에 지방주도 하에서 독자적인 개발계획이 수립되지 못하고 있다. 즉, 우리나라의 지역계획은 국가적 지역계획(national regional planning) 방식으로 시행되고 있을 뿐 지방적 지역계획(local regional planning) 방식은 거의 도입되지 못하였다. 1995년 지방자치제도가 도입되면서 지자체에서 지역개발계획을 수립하고 있으나 여전히 중앙정부의 재정적 지원이 뒤따라야 하기 때문에 지방분권적인 개발계획은 활성화되지 못하고 있다.

우리나라 지역개발 정책의 변화과정을 간략히 살펴보면 1960년대에는 국가 경제성장을 위한 전략으로 지역개발을 추구하였으며, 1970년대 중반 이후 수도권으로의 집중억제, 지방 발전 및 낙후지역 개발에 역점을 두어왔다. 특히 우리나라의 지역개발 정책은 서울 및 수도권의 과밀문제를 해결하기 위한 도구였다고 볼 수 있다. 이러한 정책은 낙후지역이나 저개발지역의 사회·경제적 개발을 통해 주민 복지를 향상시키려는 서구 여러 나라에서 시도되고 있는 지역개발 정책과는 상당히 다르다고 볼 수 있다. 우리나라 지역개발 정책은 수도권으로의 집중을 억제하는 정책과 지방의 경제 활성화를 위한 정책을 동시에 추진하여 균형있는 국토공간을 구축하려는 데 역점을 두고 있다. 즉, 수도권에 대해서는 집중억제 및 규제 위주의 정책을 시행하는 한편 지방에 대해서는 각종 지원 및 개발촉진 위주의 정책이 지역개발의 양대 축이었다.

이렇게 우리나라 지역개발 정책의 목표는 지역격차 해소와 지역균형발전이었다. 그러나 이러한 목표를 달성해 나가기 위한 구체적인 전략과 정책수단은 상당히 변화되고 있다. 1980년대까지 지역격차 해소에 역점을 두었으나, 세계화가 진전되면서 1990년대에는 지역의 경쟁력 제고에 역점을 두었다. 2000년대에 들어와서는 지역의 자립적·내생적 발전을 위한 지역의 혁신역량 제고를 통해 지방은 물론 국가 경쟁력을 강화시키는 전략을 추진하고 있다(표 14-16).

표 14-16. 지역개발 정책의 목표와 전략 변화

구분		1960~70년대	1980년대	1990년대	2000년대
목표		산업화/경제성장 촉진	1,824달러(1982)	7,007달러(1992)	10,841달러(2000, GNI)
투자기준		효율성	형평성	효율성과 형평성 (지방경쟁력 강화)	효율성과 형평성
공간전략		상대적 우위지역 집중형 거점 개발	지방대도시 위주 분산형 거점 개발	대규모 집적경제 구축 지방광역권 개발	공간적 분산전략 (행복, 혁신, 기업도시) 5+2 광역경제권 발전전략
공간 개발 전략	수도권	대도시 집중 억제(1960년대 중반)	지역균형 발전	대도시권 정비 및 성장 관리	대도시권 정비 및 성장 관리
	지방	특정지역 개발	지역균형 발전	광역 개발 방식	선택과 집중 개발 광역경제권 개발

출처: 김용웅 외(2009). 신지역발전론, p. 461.

2) 시기별 국토개발계획과 지역개발(발전) 정책의 전개

(1) 1960년대 국토개발과 지역개발

① 시대적 배경

1960년 우리나라 1인당 국민소득은 세계 최빈국 수준인 79달러였다. 당시 제조업은 소비재 생산과 원료의 단순 가공업 중심이었으며, 경제성장과 소득수준은 매우 낮은 반면에 인구증가율은 연평균 3%에 이르러 1960년 실업률이 24.2%를 보였다. 이에 따라 1960년 초반에 가장 중요한 국정과제는 6·25 전쟁으로 인한 경제적 혼란과 빈곤을 타파하고 국민소득을 증대시키는 것이었다. 정부는 저성장과 고실업의 경제 난국을 타개하기 위해 1962년 제1차 경제개발 5개년계획을 수립하게 되었다.

1962년부터 시작된 경제개발 5개년계획의 목표는 전력과 석탄을 포함한 에너지 공급의 확대, 농업 생산량과 농민소득 증대, 주요 산업과 사회간접자본의 확대, 국토보전과 인력 양성, 수출 증대, 기술 개발 등이었다. 이러한 목표를 달성하기 위하여 1963년 공업단지 개발의 효시로 울산 석유화학공업단지가 착공되었다. 이어서 1964년에 제정된 '수출산업공업단지개발조성법'에 의해 서울 구로와 인천 부평에 수출산업단지가 조성되었다. 또한 수출산업육성을 위한 기반시설로 경인·경부 고속도로 건설, 의암댐·남강댐 등의 다목적 댐 건설이 추진되었다. 1960년대 국토개발은 국토종합개발계획이 수립되기 이전이었기 때문에 별도의 국토계획이 없이 경제개발 5개년계획에 통합되어 국토개발이 추진되었다.

② 국토개발의 태동과 국토계획의 기본 구상 수립

1962년 국토개발의 체계적 추진을 위한 법적 근거가 마련되어 도시계획법과 건축법이 제정되었고, 1963년에 국토건설종합계획법이 제정되었다. 이외에도 토지수용법, 간척법, 특정 다목적댐법, 토지구획정리사업법, 공원법, 지방공업개발법 등과 같은 법령들이 이 시기에 정비되어 국토개발 추진체계의 확립을 위한 기틀이 마련되었다. 수출위주의 산업정책을 추진함과 동시에 종합적이고 체계적인 국토개발 추진에 대한 필요성도 인식되었다. 자원의 효율적 이용과 산업단지 조성, 지역 간 균형발전 및 각종 재해방지 등을 도모하기 위해 1967년에 '대국토건설계획'을 수립하였다. 이어서 1968년에는 장기적인 국토개발의 기본 방향과 지침이 되도록 20년을 기간으로 하는 '국토계획기본구상'을 마련하였다. 이 구상안을 보면 1986년을 목표로 국토의 미래상을 설정하고, 공단조성, 고속도로 건설, 다목적댐 건설, 항만개발, 수리간척, 공업용수 및 생활용수 개발 등의 사업을 계획하였다. 이 계획은 실행에 옮겨지지 못하였으나, 1970년대부터 시작된 국토종합개발계획의 모태가 되어 기본 구상과 주요 내용이 제1차 국토종합개발계획에 승계되었다.

③ 특정지역에 대한 개발정책

1960년대 지역개발 정책은 경제발전을 위한 정책실현의 수단으로 특정지역 개발이 우선시되었다. 압축적 고도성장을 위해 경제적 효율성을 목표로 하여 산업입지를 지역별로 배치하고 특정지역에 자원을 집중시키는 것이 핵심 지역개발 정책이었다. 울산 석유화학공업단지, 구로와 부평 수출산업단지 외에도 제주도, 태백산(강원 남부, 충북 북부, 경북 북부 일부), 영산강, 아산~서산이 특정지역으로 지정되었다.

특히 이 시기의 지역개발 정책은 공업화를 통한 경제성장이라는 국가정책 목표 달성을 위한 것이었으며, 경제개발계획의 효율성을 극대화하기 위해 한정된 자원을 발전 잠재력이 높은 지역(비교우위를 지니고 있는 지역)에 집중 투자하는 전략을 채택하였다.

(2) 1970년대 국토개발과 지역개발

① 시대적 배경

1960년대 수출지향적 공업화와 사회간접자본 확충으로 인해 우리나라의 경제규모는 확대되었고 약 10%에 달하는 높은 경제성장률을 기록하게 되었다. 이렇게 1960년대 경공업 위주의 공업화는 생산 확대 및 수출 증대에 크게 기여하였지만 원료와 중간재의 대외의존도가 커지면서 여러 가지 문제들이 야기되었다. 특히 국제 원유파동과 원자재 가격 인상 및 다른 개발도상국의 값싼 노동력으로 인해 우리나라의 국제적 비교우위는 위협을 받게 되었다.

한편 효율성 위주의 경제개발은 총량적 측면에서 볼 때 경제성장을 이룩하였으나, 서울, 부산 등 대도시로의 인구집중을 심화시켰고, 산업입단지의 지역적 편중으로 인해 지역 간 격차와 도·농 간 성장 격차를 초래하였다. 특히 농촌으로부터 서울 및 수도권으로의 인구집중이 심화됨에 따라 지역 간 격차가 중요한 국정 과제로 부각되었다. 이에 따라 수도권으로의 인구집중을 억제하고 지역균형발전을 유도하는 정책의 필요성이 한층 더 요구되었으며, 경제성장 과정에서 파생된 환경오염 문제도 인식하게 되었다.

정부는 급격한 공업화와 도시화 과정에서 나타난 여러 가지 문제들을 해결하는 동시에 장기적으로는 경제성장의 합리적 기반과 국토의 효율적 이용을 목표로 하여 제3차 경제개발 5개년계획을 수립하였으며, 철강, 기계, 자동차, 전자, 조선, 석유화학 등 6개 부문을 포함하는 중화학공업 육성 전략을 추진하였으며, 이는 제4차 경제개발 5개년계획에서도 계속되었다.

② 국토개발의 계획적 추진 기반 조성

1971년에 시작된 제1차 국토종합개발계획은 당시 진행되고 있던 경제개발 5개년계획을 보조하여, 국토이용관리의 효율과, 사회간접자본의 확충, 국토자원개발과 자연보전, 국민생활환경 개선이라는 기본 목표를 설정하였다. 특히 제1차 국토종합개발계획은 고도 경제성장을 위한 기반시설 조성을 위해 수도권과 동남해안 공업벨트 중심의 거점개발을 추진하는 계획을 수립하였다. 즉, 제1차 국토종합개발계획은 공업화를 위한 산업단지 개발과 성장거점의 집중개발, 수송과 용수 및 에너지 공급을 위한 사회간접자본시설 확충 등 공업화를 추진하기 위한 생산공간으로서의 국토를 개발하는 계획이었다고 볼 수 있다.

서울, 부산, 대구 등 대도시로의 집중된 인구 및 공업을 분산화하고 국토의 균형발전을 촉진하기 위하여 1970년에 지방공업개발법을 제정하여 수도권으로의 과밀을 방지하고 지방의 공업 육성을 위한 지역개발 정책을 추진하였다. 1973년 중화학공업단지 조성을 위한 '산업기지개발공사'를 설립하고 동남임해공업 벨트를 중심으로 창원, 여천, 온산, 포항, 옥포 등지에 대규모 산업단지와 배후도시를 건설하였다. 특히 적은 자본의 투입으로 효율성을 올릴 수 있는 거점개발방식이 채택되어 입지조건이 양호한 동남해안지대에 공업단지가 집중적으로 건설되었으며 주로 제철·정유·석유화학·기계·조선·화학공업의 기반을 마련하여 경제발전의 선도적 역할을 담당하도록 하였다. 또 권역별로 인천, 성남, 춘천, 원주, 청주, 대전, 광주, 목포, 대구, 구미 등 14개 지방공업단지 조성을 통해 공업용지를 확충하였다. 이와 더불어 서울을 비롯한 대도시에 입지한 제조업 분산정책도 추진하였다. 서울에 과도하게 집중된 제조업의 분산을 위해 반월신공업도시건설계획(1976)을 수립하고 반월공업단지를 조성하여 서울의 공장들을 이전시켰다. 1977년에는 공업배치법을 제정하여 공업지구제(industrial zoning)를 도입하였다. 또한 서울 및 한강 이북지역의 공장을 지방으로 이전시키고 지방에 공장을 유치하기 위한 정책을 추진하였다.

또한 대도시와 산업단지 중심지를 효율적으로 연결하기 위하여 교통통신망이 정비되었고 수자원 및 에너지 공급망 확충을 통하여 생산의 능률화를 도모하였다. 이 기간 동안 원자력발전소를 건설하는 등 에너지의 대체화 전략도 추진되었고, 수자원의 효율적 이용을 위하여 소양강 다목적댐, 대청 다목적댐, 안동 다목적댐을 비롯하여 연천댐, 장성댐, 담양댐, 나주댐과 영산강 하구언, 남양·아산·삽교천 방조제 등을 완성하였다. 또한 4대강 유역 종합개발계획을 추진하여 홍수에 의한 수해와 과소지역의 물 문제가 어느 정도 해소되었다. 특히 이 기간 중에 추진된 수리간척 및 대단위 농업종합개발, 영농의 근대화 등을 통한 녹색혁명으로 1973년에 이른바 '보릿고개'를 극복하게 되었고, 1976년에는 미곡의 자급화를 실현하였다. 이 기간 중에 간척사업, 수력자원 개발 등 국토포장자원도 많이 개발되었으며, 자연경관의 보호와 국민의 휴식공간을 확보하기 위해 국립공원들을 지정하였으며 환경보전에 관한 제도도 마련하였다.

이렇게 1970년대 시행된 제3차와 제4차 경제개발 5개년계획과 제1차 국토종합개발계획의 시행으로 경제성장을 위한 공업기반과 사회간접자본이 크게 확충되었다. 특히 경인고속도로가 1968년 개통된 이래 경부고속도로, 호남고속도로, 영동고속도로, 남해고속도로, 구마고속도로, 언양-울산 간 고속도로 등이 1970년대에 건설되었다. 그 결과 고속도로 총연장이 1,225km로 증가되어 전 국토가 1일 생활권으로 되었다. 경제성장에 따른 수출·입 물동량 증가에 부응하기 위해 항만도 지속적으로 확충되었다. 부산항과 인천항, 마산항 등이 확장되었고, 공업항인 울산항, 포항항, 광양항, 동해항이 건설되기 시작하였다.

제1차 국토종합개발계획에서는 권역 구분에 의한 국토이용 방식을 채택했다. 전국을 4대권(한강, 금강, 낙동강, 영산강 유역권)과 8중권(도 단위 행정구역), 그리고 17소권(8~10개의 군단위가 모인 경제권)으로 구분하여 개발하고자 했다. 특히 제1차 국토종합개발계획에서는 8중권을 권역의 개발방향 기준으로 하였는데, 이는 국토공간의 합리적 이용을 위해 권역별로 조화로운 국토공간의 질서를 확립하기 위해서였다. 서울, 부산, 대구 등 거대화되어 가는 대도시로의 인구 및 공업 분산화를 촉진하기 위하여 토지용도제를 한층 강화하는 한편 개발예정지역의 지정과 도시의 무질서한 평면적 확산을 방지하기 위해 개발제한구역(Green Belt)을 지정하게 되었다.

③ 서울로의 집중 억제와 성장거점 개발

1970년대 지역개발 정책은 국토의 균형발전을 위해 수도권의 성장을 억제하는 동시에 지방에 공업단지와 지방 중추도시를 개발하는 것이었다. 특히 경제성장과 균형개발을 동시에 추구하기 위해 하향식의 성장거점전략이 시행되었으며, 이는 공업단지 조성으로 표출되었다. 그러나 공업단지의 입지 선정이 지역격차 해소를 위해 선정되기보다는 입지의 비교우위성이 우선적으로 고려되었다.

이 시기에 수립된 지역개발 정책은 1971년에 제정된 '지방공업개발법', 1973년에 제정된 '산업기지개발촉진법' 및 1977년에 제정된 '공업배치법' 등에 잘 나타나고 있다. 1970년대 경공업 중심의 산업구조가 중화학공업 육성 정책으로 전환됨에 따라 대규모 산업단지 조성과 배후도시 개발이 이루어졌다. 또한 서울을 포함한 수도권의 과밀화를 완화하고 지방에 제조업 육성을 위하여 '지방공업개발법'을 제정하였다. 이는 서울 및 수도권, 부산, 대구 등 대도시에서 지방으로 이전하는 기업과 지방공업단지에 새로이 입주하는 기업에게 법인세를 비롯하여 취득세, 등록세, 재산세 등 각종 세제 혜택을 제공하는 것이었다. 한편 공업배치법은 지방에 공장을 유치시키기 위한 방안으로 이전촉진지역, 제한정비지역, 유치지역 등 공업지구제를 도입하여 동남해안 공업벨트의 중화학공업 육성과 서울 등 대도시로부터 제조업의 분산화를 유도하였다.

이와 같이 1970년대 국토개발계획과 지역개발 정책은 성장거점 전략을 통하여 공업화의 기반을 구축하였으나, 수도권과 동남권에 개발이 집중되어 국토의 불균형 구조를 고착화시키는 계기가 되었다. 또한 공업화가 성장거점 도시를 중심으로 전개되었기 때문에 인구의 도시 집중화로 인한 도시환경 악화, 도시와 농촌 간 격차, 토지자원의 남용문제가 대두되었다. 또한 낙후지역개발을 위한 투자가 거의 이루어지지 못하였기 때문에 지역 간 소득격차뿐만 아니라 생활환경수준 격차도 심각하게 나타났다.

한편 지방공업단지 육성 정책은 대도시로부터의 공업의 분산화를 시도한 것이었으며 인구분산을 위한 정책은 아니었다. 울산, 여천, 포항에 유치된 자본집약적 중화학업종의 경우 해당지역 주민들에게 제공하는 고용 기회는 매우 적었으며, 숙련된 기술을 필요로 하였기 때문에 오히려 다른 대도시로부터 노동력이 유입되는 현상을 초래하였다. 따라서 공업도시로는 성장하였지만 성장에 따른 파급효과가 주변지역으로 확산되지 못하였다. 또한 자본집약적 중화학공업의 경우 외국에서 수입된 원료에 의존하는 경우가 대부분이었기 때문에 현지 지역의 산업들과 전·후방 연계에 따른 승수효과는 매우 적었다.

한편 1969~1979년 동안 총 15회에 걸쳐 서울의 인구집중 억제를 위한 각종 대응책이 제시되었으나 그에 대한 집행은 미미하였다. 이와 같이 1970년대 지역개발은 서울의 인구집중 억제 및 인구과밀·과소에 따른 불균형을 완화하려는 전략이었으며, 진정한 의미에서 지역 간 소득격차를 완화시키려는 지역개발전략은 아니었다고 볼 수 있다.

(3) 1980년대 국토개발과 지역개발

① 시대적 배경

국가경제의 고도성장을 목표로 추진된 경제개발계획과 제1차 국토종합개발계획이 완료된 직후 우리나라의 경제규모는 1971년 18조 5,640억원(1980년 불변가격)에서 1981년 39조 890억원으로 약 2.1배 확대되었다. 그러나 효율성 위주의 경제성장으로 인해 서울과 부산 등 대도시로의 과밀화와 동남해안지역의 산업단지 집중개발로 인해 경제성장축에 속하지 못한 강원, 충북, 전남, 전북을 연결하는 호남~태백축 지역의 경우 인구의 절대적 감소가 나타났다. 대외적으로는 세계경제 회복과 미국 달러가치의 급락, 일본과 유럽 각국의 통화가치 상승, 원유가격 및 국제금리 하락 등 이른바 3저시대로 인해 우리나라의 경제성장은 가속화되었다.

제1차 국토종합개발계획은 성장거점 개발방식을 도입함으로써 국토개발이 경제성장을 효율적으로 뒷받침하였으나, 대도시로의 인구 집중과 지역 간 성장격차 문제는 시급히 해결되어야 할 부작용으로 더욱 크게 부각되었다. 1970년대 말 경제개발계획과 국토개발계획 및 지역개발 정책에 따라 야기된 국토이용의 양극화와 불균형 문제뿐만 아니라 경제규모 확대와 국민생활수준 향상에 따른 자원수요 증가로 인한 가용 토지자원의 감소, 토지에 대한 용도 경합이 심화되어 개발수요 증가에 따라 생산성이 낮은 용도에서 높은 용도로 토지 전용이 이루어지면서 1970년대에 약 1,000㎢의 농경지가 감소하였다.

대도시의 택지공급 부족, 시가지의 평면적 확산, 토지용도 간 경합 증대에도 불구하고 토지이용계획과 토지정책이 미흡하여 토지이용의 혼란과 부동산 투기가 성행하게 되었다. 또한 경제성장을 위한 공업화 정책을 우선적으로 추진한 결과 생산부문의 사회간접자본 시설 투자에 비하여 주택, 상하수도 등 생활환경시설과 교육, 의료 등 사회복지시설에 대한 투자는 상대적으로 부진하였다.

1980년대는 지난 20여년 동안 축적된 경제성장과 고도의 산업구조 기반 위에서 국토를 체계적이고 효과적으로 개발, 관리할 필요성이 크게 대두된 시기이다. 그동안 지속적인 경제성장으로 절대 빈곤의 문제가 어느 정도 해소되었고, 산업기반이 정착단계에 이르게 되면서 국가의 정책목표도 경제성장 위주에서 사회발전으로 전환되었고 안정·능률·형평을 중요시하게 되었다. 환경훼손 및 지역격차 문제에 대한 사회적 인식과 관심도 증대되었다. 즉, 제2차 국토개발계획은 그동안 파생되었던 문제점들을 해결하고 1980년대 경제·사회변화에 부응하는 계획을 수립하였다. 1980년대는 우리나라 정치·사회적 격변과 민주화로의 전환기였으며, 수도권의 과밀화, 토지 공개념 도입에 따른 토지규제, 북방정책에 따른 서해안 개발의 필요성 등이 중요한 과제로 등장하였다(국토연구원, 1996).

② 지방생활권 중심의 거점 개발

제2차 국토종합개발계획도 당시 시대적 수요와 대내외적 환경 변화에 부응하는 방향으로 수립·시행되었다. 특히 성장위주의 정책으로 인해 초래된 국토 불균형 해소와 지역 간 균형발전을 촉진하는 데 역점을 두었다. 따라서 제2차 국토종합개발계획은 인구의 지방정착 유도, 개발가능성의 전국적 확대, 국민복지수준의 제고, 국토 자연환경의 보존을 목표로 하였으며, 이러한 목표를 달성하기 위해 다핵구조 형성, 중심도시와 배후지역이 통합된 광역개발방식 도입, 공공투자의 도-농 간, 지역 간 적정배분, 낙후지역 육성, 지방정부와 주민의 참여확대를 추진하였다.

제2차 국토종합계획의 중심을 이루고 있는 지역생활권 형성과 인구의 지방정착 개발전략은 과거의 하향식 개발 및 거점개발 방식이 초래한 지역 간 불균형을 시정하고 각 지역 단위별로 생산공간과 생활공간이 융합된 생활권을 형성하고자 한 것이다. 특히 지역생활권은 지역의 균형있는 발전을 통해 수도권의 과밀을 방지하고 지방의 경제발전을 도모하는 데 역점을 두었으며, 인구의 지방정착기반 조성을 위한 새로운 거점전략이라고 볼 수 있다. 더 나아가 지역생활권은 지역단위로 취업기회를 확대하고 각종 편익시설을 확충하고 지역생활권 내에 배후 농촌지역을 결합시켜 지역의 생산·생활·자연환경을 종합적으로 개발하려는 권역개발 전략이었다. 전국을 28개의 지역생활권으로 분류하고 이들 생활권을 성격과 규모에 따라 5개 대도시생활권, 17개 지방도시생활권, 6개 농촌도시생활권으로 구분하였다. 이와 같은 지역생활권 개발전략은 성장보다는 분배, 효율보다는 형평, 집중보다는 분산이라는 논리에 근거하였으며, 집적이익 추구에서 광역개발 정책으로 전환하고, 생산환경 개발 중심에서 생활환경 개발에 중점을 두었다.

③ 분산된 집중개발 전략에 따른 지역경제권 형성

1982～1991년을 계획기간으로 하고 있는 제2차 국토종합계획의 전반기인 1986년에 수정계획을 수립하게 되었다. 1986년까지 전반기 국토종합계획을 시행한 결과 수도권 집중억제책에도 불구하고 국토의 11.8%에 불과한 수도권에 전국 인구의 42.7%, 제조업 종사자의 48.8%, 자동차의 52.7%, 금융대출액의 63.9%, 대기업 본사의 96%가 집중된 반면에 지방 중소도시와 농어촌은 더욱 낙후되는 등 지역 간 불균형이 매우 심화되었다.

1980년대 후반기(1987～1991)는 제6차 경제사회발전 5개년계획기간으로 1987년 6·29 선언과 더불어 국민들의 정치·경제에 대한 민주화 요구가 확산되었고, 1986년 아시안 게임에 이어 개최된 1988년 서울 올림픽 개최와 같은 외부적 환경 변화가 매우 크게 나타났다. 이에 따라 1987년 제2차 국토종합개발계획 수정계획이 수립되었다. 수정계획이 필요하게 된 직접적인 원인은 1986년 아시안게임, 1988년 서울올림픽 개최 등으로 서울과 주변지역에 대한 투자 수요가 발생하였을 뿐만 아니라 수도권 집중억제책에도 불구하고 수도권으로의 집중화가 심화되어 국토 불균형이 더 심각해졌기 때문이었다.

제2차 국토종합개발계획 수정계획에서는 지역생활권과 성장거점도시 육성 전략 대신에 수도권에 대응하는 지방거점을 육성하기 위해 대전, 광주, 대구를 중심으로 하는 지역경제권을 설정하여 국토의 다핵적 이용을 유도하고자 하였다. 즉, 제2차 국토수정계획에서는 지방대도시를 중심으로 한 지역경제권 육성을 새로이 도입하였고, 따라서 1987년부터 수도권에 대응한 중부권, 동남권, 서남권의 지역경제권에 대한 구체적인 개발계획이 수립·시행되었다. 수도권에 대응할 수 있는 지역경제권을 구축하지 않고는 수도권으로의 집중과 국토의 균형발전이 어렵다는 판단 하에서 중부권, 동남권, 서남권의 지역경제권을 설정하고 광역종합개발계획을 수립하여 권역별로 생산기능과 생활기능을 확충하도록 하였다. 지역경제권 전략은 수도권 중심의 국토골격을 개편하여 다핵적인 국토 공간구조를 유도하기 위한 것으로 지방에서도 고급인력을 흡수할 수 있는 취업권을 형성하여 '지방 인력의 지방정착'과 수도권에 편중된 일자리를 지방으로 분산하는 데 역점을 두었다. 특히, 고소득직종을 유치하기 위해서는 지역경제의 핵심이 될 수 있는 인구 100만 이상의 지방대도시에 행정, 업무, 금융, 정보, 국제교역, 교육문화 등 중추관리기능을 보강하는 계획도 수립하였다.

지역경제권 전략은 당시 상당한 설득력을 지니고 있었다. 서울로의 집중을 견제하기 위해서는 부산, 대구, 대전, 광주 대도시가 어느 정도 경쟁력을 갖추어야 했기 때문이다. 또한 국토공간구조 측면에서 볼 때도 국토의 효율적 이용을 위해서도 매우 필요한 전략이었다. 지역경제권역은 수도권, 중부권, 동남권, 서남권으로 구분되었으며, 이와 함께 다른 지역에 비해 개발이 뒤져 있는 태백산 및 88고속도로 주변과 제주도, 다도해 도서지역 등 4개 지역을 특정지역으로 정하여 중앙정부가 직접 투자·개발하려고 하였다.

또한 1980년대 후반 부동산 투기를 방지하기 위한 종합토지세제, 개발부담금제, 택지소유상환제 등이 포함된 토지공개념 및 관련 법규가 대폭 정비되었다. 국토이용관리체계도 확립되었고 수도권 정비계획법, 특정지역개발촉진법, 오지개발법등과 농공지구조성 등 농어촌 종합대책들도 수립되었다. 뿐만 아니라 개발제한구역의 설정으로 대도시의 외연적 확장 억제와 자연환경 보전에도 많은 관심이 기울여졌다.

④ 수도권으로의 집중 억제에 초점을 둔 지역개발

1980년대는 그동안 성장위주 정책이 지역균형발전 정책으로 변화되는 확고한 발판을 만든 시기라고 볼 수 있다. 이는 성장위주의 정책이 사회적·지역적 불균형과 환경오염 등을 초래하여 국가발전의 장애요인으로 등장하였고, 경제발전과 더불어 국민의식이 변화하면서 국가 경제발전에서 사회발전의 중요성이 부각되었기 때문이었다.

1980년대 지역균형개발 목표를 달성하기 위해 지역생활권 구상과 성장거점 개발방식을 채택하였다. 그러나 제2차 국토종합개발계획에서 제시한 성정거점 전략이 입법화되지 못한 채, 수정계획에서 제시한 지역경제권 전략을 도입하게 되었다. 1987년 이후 동남권,

서남권, 중부권 종합개발계획이 수립되었으나, 행정구역의 불일치 및 제도적인 미흡으로 구체적으로 실행되지 못하였다. 이렇게 지역균형개발을 위한 성장거점 육성정책이 제대로 추진되지 못하였고 지역개발을 위한 투자가 이루어진 지역과 그렇지 못한 지역으로 양분되어 국토의 불균형이 개선되지 못하였다. 또한 1986년 아시안게임과 1988년 올림픽이 개최됨에 따라 수도권에 대한 투자가 다시 이루어지면서 수도권과 비수도권의 격차가 지속되었다. 수도권 규제 정책들이 지방 균형발전을 목표로 하고 있음에도 불구하고 수도권 집중 억제와 지방 육성을 연계할 수 있는 추진체제를 갖추지 못하였다. 하지만 지방 대도시 및 주요 거점에 대한 집중투자와 개발사업이 추진됨으로서 국토의 균형발전에 대한 인식이 상당히 부각되었으며, 그동안 양적 성장보다는 생활수준 향상에 따른 질적 성장을 중요하게 인식하는 계기를 마련해 주었다.

한편 1980년대 지역개발 정책은 지역별 성장잠재력에 따라 지방에 공업단지를 배치하고 각 지역이 지닌 부존자원과 입지 특성을 바탕으로 공업지대를 구축하여 제조업 유치와 인구의 지방정착을 도모하고자 하였다. 이는 1970년대의 중화학공업 육성을 위한 거점개발방식의 대규모 공업단지 조성이 과도한 사회비용 지출과 함께 지역 간 격차를 초래하였기 때문이었다. 1980년대 초 중화학공업에 대한 투자조정으로 대규모 공업단지의 유휴면적이 증가하였고 공장용지의 미분양 사태가 나타나기 시작하면서 입지정책의 변화가 불가피하였다.

이러한 부작용을 완화하고 국토의 균형발전을 위하여 정부는 중소규모의 공업단지를 전국에 분산·배치하도록 산업입지 정책을 전환하였다. 1982년 '중소기업진흥법'의 제정과 동시에 중소기업의 육성과 지방 유치를 추진하여 인구의 지방정착을 도모하였다. 이에 따라 광주 하남과 소촌, 충남 아산과 조치원, 전북 전주와 군산의 제2 공업단지, 경남 진해와 마천 등이 지방공업단지로 지정되었다. 이와 함께 산업구조의 고도화를 위하여 기술집약적 첨단산업을 적극적으로 육성하기 위해 광주, 대전, 부산, 대구, 전주, 청주, 강릉, 춘천 등 지방도시에 첨단기술산업단지를 조성하였다.

1980년대 말에 시행된 매우 중요한 정책의 하나는 1989년 '서해안 종합개발사업계획'이다. 이는 서남권을 집중적으로 개발하기 위한 계획으로, 서해안고속도로, 아산만, 군장, 대불, 광주첨단산업단지, 광양만 개발이 추진되었다. 뿐만 아니라 1980년대에는 대전 3공단, 전주, 군산 2공단, 군장산업기지, 대불공단, 광양공단을 비롯하여 20여개의 공업단지가 지정되었다.

한편 농어촌에 공업 및 서비스산업을 유치하여 농어촌 소득원을 창출하고, 농어촌의 소득구조를 고도화하여 농어촌의 경제발전을 도모하고자 '농어촌소득원개발촉진법'이 1983년에 제정되었다. 이와 더불어 농어촌 지역에 소규모 농공단지 조성사업이 적극적으로 추진되었다. 그러나 기반시설의 미비, 숙련 및 비숙련 노동력 공급의 부족, 제품의 시장 개척 등의 문제점이 나타나면서 1990년대에는 농공단지개발이 급속히 감소하였다.

한편 1980년대에는 주택 200만호의 건설계획과 수도권 5개 신도시 건설, 광역하수도, 하수처리장의 건설 등 생활환경부문에 대한 투자도 확대되어 국민의 복지증진에 기여하였다. 제2차 국토종합계획 기간 동안에는 제도적으로도 많은 발전이 있었다. 낙후지역 활성화를 위해 특정지역종합개발촉진에 관한 특별조치법, 농어촌지역개발기본법 등이 정비되었다.

이상에서 살펴본 바와 같이 1980년대에는 총량적 성장위주의 하향식 개발방식에서 성장과 복지를 조화시킬 수 있는 지역균형개발을 목표로 하는 상향식 개발방식이 도입되었다. 그러나 1988년 올림픽 개최 등으로 수도권에 투자가 이루어졌고 지식·정보화사회로 진전되면서 수도권으로의 첨단산업과 정보집약적 산업의 집중화가 다시 가속화되었고 신도시 개발로 인해 수도권으로의 집중화는 여전히 지속되었다.

(4) 1990년대 국토개발과 지역개발

① 시대적 배경

1990년대 우리나라는 정치·경제·사회적으로 큰 변화를 겪었다. 문민정부가 들어서면서 민주화가 급속히 진행되었으며, 1995년 지방자치제도가 실시되고 지방화시대로 진입하면서 국토정책 수립이나 지역개발사업 추진에 있어서 지방정부의 적극적 참여와 지역주민의 요구가 높아지게 되었다.

제2차 국토종합개발계획에서 지역생활권, 지역경제권 개발전략 등을 내세웠음에도 국토의 불균형 발전은 지속되었다. 수도권은 과도한 집중으로 인하여 교통난에 시달렸고, 토지·주택가격은 지속적으로 상승했다. 반면 비수도권에서는 주민들의 소외감과 불만이 고조되어 갔다. 또한 1990년 수돗물 파동, 1991년 낙동강 페놀 방출사건 등 대규모 환경오염사건들이 발생함에 따라 환경에 대한 국민들의 인식도 새롭게 정립되었다.

대외적 여건도 상당히 변화하여 1994년에 우루과이라운드 협상이 타결되고 1995년 WTO가 출범하였다. 우루과이라운드 협상이 이루어짐에 따라 개방화에 대한 압력이 높아져 농수산업 및 서비스업 분야의 개방화를 피할 수 없게 되었고, 국제적인 기술경쟁이 심화되었다. 또한 환경에 대한 관심이 전 세계적으로 높아지면서 오존층 보호를 위한 프레온가스와 온실가스 규제가 강화되었다.

이와 같은 경제의 세계화로 인해 우리나라도 세계화에 대응한 국가 경쟁력 강화가 중요하게 부각되었으나, 1990년대 들어와 경제성장률 저하, 물가 상승, 국제수지 적자 증가, 중소기업의 부도율 증가, 실업률 증가 등 경기침체 국면에 들어섰다. 이는 정부 주도의 생산요소 투입을 통한 성장 지향적 경제체제가 한계에 달하였음을 보여주는 것이었다. 반면에 세계경제는 미국·일본·EU를 중심으로 하는 3극 체제로 재편되면서 보호주의와 지역주의 경향이 커지면서, 초국적기업의 전략적 제휴와 함께 수직적 분업구조에서 수평적 분업구조로 변화하였다.

이러한 대내·외적인 변화 속에서 문민정부는 개혁적인 경제계획을 수립하게 되었다. 이는 이전의 경제개발계획에 비해 그 내용과 성격이 다르다는 점에서 신경제정책이라고 불리워진다. 이 정책은 정부주도의 성장계획과는 달리 민간부문의 창의와 선도를 바탕으로 경쟁력 있는 시장경제 체제 구축을 목표로 하였다. 이를 위해 공정경쟁체제 도입, 시장기능 활성화, 정부규제 완화 등의 경제개혁을 추진하였고, 환경 및 생활여건을 개선하여 국민의 삶의 질을 높이는 데 중점을 두었다.

하지만 1997년 IMF 경제위기를 맞게 되면서 산업경제의 구조조정이 불가피하게 되었으며, 시장개방과 경쟁원리를 우선하는 '신자유주의' 정책기조로 전환되었다. IMF 외환위기 이후 침체된 경기를 되살리기 위해 대대적인 규제완화와 투자·개발촉진정책들을 펼쳤고, 지역균형발전보다는 국가경쟁력 확보에 더 비중을 두었다. 이에 따라 수도권 규제완화 성격을 가진 법률 개정과 개발제한구역 해제 및 외국인투자 촉진정책이 수립되었다.

② 세방화에 대응한 지방분산형 국토개발

1990년대 국토개발은 지난 20여 년간 발생한 국토의 불균형을 해소하는 한편 세계화에 대응하여 국토의 국제경쟁력을 강화시키는 데 역점을 두었다. 즉, 세계화와 개방화, 지방화, 자율화를 주도적으로 선도해 나갈 수 있는 공간전략과 물리적 기반을 마련하는 데 중점을 두었다. 개발 추진방식도 중앙정부의 주도적인 추진방식에서 벗어나 지방자치단체와 민간부문이 주도하는 분권화와 자율적 방식을 도입하였으며, 중앙정부 권한의 지방 이양과 민간자본의 참여 촉진을 위한 행정적, 제도적 조치가 마련되었다.

제3차 국토종합개발계획은 2000년대의 새로운 변화에 대응하기 위해 지방분산형 국토골격 형성, 선진국형 국민생활환경 조성 및 국토자원관리에 초점을 맞추어 추진되었다. 특히 수도권으로의 과도한 집중 방지와 지방의 상대적 낙후를 해소하기 위한 지방분산형 국토골격을 형성하는 데 초점을 두었다. 제1차 국토종합개발계획이 생산공간으로서의 국토개발계획이었고, 제2차 국토종합개발계획이 생활공간으로서의 국토개발계획이었다면 제3차 국토종합개발계획은 균형개발을 추구하는 국토개발이라고 할 수 있다. 또한 첨단기술 발전을 통해 고부가가치형 산업구조로의 변화를 시도하였고 생산적이고 자원절약적인 국토이용체계를 구축하고, 국민복지 향상, 국토환경 보전 및 남북통일에 대비한 국토기반을 조성하는 것이었다.

또한 각 지역의 특수성과 잠재력을 반영한 효율적인 국토균형개발을 촉진하기 위해 8개 광역개발권을 설정했다. 8개 광역권은 아산만권, 군산·장항권, 대전·청주권, 광주·목포권, 광양만·진주권, 대구·포항권, 부산·경남권, 영동(강원)권이다. 광역개발권은 중심도시를 개발하고 배후지역과의 연계를 통해 지역전체를 개발하는 방식이다. 수도권에 대응할 수 있는 지방 중추도시를 육성하기 위한 전략도 수립되었다. 부산, 대구, 광주, 대전을 수도권의 비대화를 견제할 수 있도록 중추관리기능도시로 육성했다. 부산은 국제무역 및 금융 중심지로, 대구는 업무, 첨단기술, 패션산업 중심지로, 광주는 첨단산업과 예술·문화의 중심지로, 대전은 행정 및 과학·연구, 첨단산업 중심지로의 특화를 유도했다.

뿐만 아니라 간선교통망을 확충하였고 대구-춘천 간 고속도로와 서해안 고속도로 1,500㎞를 4차선 이상으로 신설하고, 기존 고속도로 700㎞와 국도 5,500㎞를 확장하여 남북 7개축과 동서 9개축을 연결하는 격자형 간선망을 구축하는 계획을 세웠다. 또 고속전철 도입을 통한 상호연계망을 구축하여 전국이 반나절 생활권이 되도록 하는 교통망의 합리적 분담체계도 구상하였다.

③ 지역경쟁력 기반구축을 위한 지역개발

1990년대는 세계화에 대응하기 위해 지역개발 정책도 지역경쟁력 기반을 구축하는 데 역점을 두었다. 이는 형평성만을 강조하던 것과는 달리 국가 경쟁력 강화를 위해 무엇보다도 지역의 내생적 발전과 지방의 경쟁력 기반 구축이 필요하다고 인식되었기 때문이다. 이러한 지역개발전략은 「신경제장기구상」에 나타난 지역발전정책 방향에도 잘 반영되어 있다. 신경제장기구상을 보면 첫째, 지역 간 배분적인 지역개발전략에서 벗어나 자율적인 지역 간 경쟁과 협력을 바탕으로 하는 지역개발전략으로 전환한다. 둘째, 획일적인 제조업 육성 전략에서 벗어나 다원적인 지역개발전략으로 전환한다. 셋째, 거시적이고 물리적인 시설공급 위주 전략에서 벗어나 미시적이고 소프트한 경제·사회·문화 여건의 개선 전략으로 전환한다. 넷째, 중앙정부 주도적인 지역개발 접근방법에서 벗어나 지방 자율 및 민간주도 접근방식으로 전환한다는 것이다. 이를 위해 신국토축 형성, 수도권 정책개선, 지역균형개발 정책, 낙후지역 개발, 지역개발제도 개선의 5대 과제가 제시되었다.

이러한 지역개발 정책에 따라 수도권 규제정책도 변화되었다. 1994년 수도권의 공간구조를 재편하여 국제화에 부응하고 서울의 국제적 기능을 보강하기 위해 「수도권정비계획법」을 개정하여 지금까지의 물리적 규제에서 경제적 규제로 전환하고 과밀부담금 제도를 도입하였다. 즉, 수도권 내 인구집중을 유발하는 시설에 대해서는 부담금을 부과하였다. 대형 건축물의 신·증축 규제방식을 물리적 규제에서 경제적 규제로 전환하는 시장경제 원리를 도입하였다. 수도권 내에 공장, 업무, 판매, 서비스시설의 신·증설 시에 과밀부담금을 부과하며 징수된 부담금은 지역균형발전 기금의 일부로 조성하여 지방의 지역개발사업을 지원하는 데 사용하도록 하였다.

한편 반도체, 컴퓨터, 통신, 신소재, 로봇산업, 생명공학과 같은 첨단산업이 빠르게 발전하는 추세 속에서 첨단기술을 활용한 고부가가치 업종의 투자가 수도권으로 집중하게 되었다. 이에 따라 수도권 내 신규공장에 대한 총량규제방식을 도입하고, 수도권의 국제경쟁력 확보를 위해 첨단산업의 입지제한은 완화하였다. 이는 수도권을 관리하여 합리적인 발전을 유도함과 동시에 지방을 육성하여 국가경제발전을 극대화하려는 시도였다. 뿐만 아니라 수도권의 국제경쟁력 확보를 위해 국제기능 관련시설의 유치를 장려하였다. 서울에 위치한 국내 중추관리기능은 지방에서 담당하도록 유도하는 한편 국제경제의 블록화 및 국제교류기능은 수도권에 입지하게 함으로서 국제적 위상을 강화하도록 하였다. 이를 위해 신국제공항, 국제전시장, 컨벤션센터 등은 수도권에 입지시켜 국제적 기능을 보강하였으며 국제도시로 서울의 위상을 높이는 장기계획도 수립하였다.

한편 지방의 지역경쟁력 기반을 구축하기 위해 1994년 지역균형개발법 및 지방중소기업육성에 관한 법률을 제정하여 광역권 개발, 낙후지역의 개발촉진지구사업을 추진하기 위한 제도적 기반을 마련하였다. 특히 지방의 공업기반 구축을 위해 신산업지대라는 새로운 개념을 도입했다. 신산업지대는 기존의 공업단지 위주의 개발방식에서 더 발전된 방식으로 연구기능과 국제공항, 항구, 철도, 고속도로 등의 기반시설과 배후도시를 연계하여 종합적으로 개발을 추진하는 방법이다. 이를 위해 국토의 중부와 서남부 지역에 신산업지대를 조성하고 첨단기술 산업단지와 연구단지를 조성하는 계획을 수립하였다. 아산만-대전-청주 신산업지대는 수도권으로부터 이전하는 공장을 우선적으로 유치하여 수도권의 산업집중 압력을 분산·수용하도록 하였다. 군장-이리-전주 신산업지대는 군산과 장항을 중심으로 기초소재형 임해산업을 육성하고, 전주와 이리에는 조립가공형 내륙공업의 거점으로 성장시키는 계획을 수립하였다. 목포-광주-광양만 신산업지대는 광주를 중심으로 기술집약적 내륙공업, 광양만과 목포는 임해 기간산업 거점으로 성장시키고자 하였다.

(5) 2000년대의 국토개발과 지역개발

① 국가균형발전 5개년계획과 지역발전 5개년계획의 등장

지난 40년간 수도권 분산정책에도 불구하고 수도권으로의 인구와 산업의 과도한 집중으로 인해 교통혼잡, 환경오염 등 막대한 사회적 비용 부담이 커졌으며, 비수도권 지역의 경우 경제적 낙후와 투자부진으로 인해 인구 유출이 지속되면서 수도권의 과밀과 지방의 침체라는 이중구조는 점점 더 고착화되었다. 이를 극복하기 위한 다양한 시책이 지속적으로 추진되었지만 수도권으로는 집중화는 여전히 지속되었다. 2000년대 들어와 중앙행정기관의 83.9%, 정부투자기관, 출연기관, 출자기관 및 개별 공공기관의 86.8%가 수도권에 입지하고 있는 것으로 나타났다. 더욱 심각한 것은 한국의 3,000대 기업의 본사가 수도권에 집중되어 있고, 방송사와 신문사의 본사는 100% 수도권 내에 입지해 있었다.

이렇게 수도권과 비수도권 간의 격차는 단순히 형평성의 문제가 아니라 국가경쟁력을 저하시키는 요인으로 작용한다는 인식도 부각되었다. 즉, 수도권과 지방 간 격차 확대로 인해 형성된 '고비용·저효율의 국토구조'는 국토 전체의 생산성과 경쟁력을 떨어뜨린다는 것이다. 뿐만 아니라 지방의 사회적 소외감, 경제적 박탈감을 심화시키고 갈등을 야기하여 사회 통합력을 약화시킨다면 국가발전도 상당한 위협을 받게 될 것이라는 것이다.

대외적으로는 WTO 체제 하에서 무한경쟁시대가 전개되면서 초국적기업이 세계 방방 곡곡을 찾아다니면서 기업 활동을 전개하고 있으며, 세계경제는 갈수록 지역 블록화되고 있고 중국의 급격한 성장과 함께 동북아 국가들과의 경쟁도 더 심화되고 있었다. 이에 따라 참여정부는 경제성장 동력의 약화와 지역 불균형의 심화라는 구조적 문제를 해결하고 우리나라를 선진국 대열에 진입시키려는 목표 달성을 위해 국가균형발전정책을 핵심 정책 과제로 선정하게 되었으며 이를 위해 핵심전략으로 창신형(창조+혁신) 발전전략, 다극 분산형 균형발전 전략, 개방형 국가 경영전략, 세계화 전략을 수립하였다. 국가균형발전정책의 기본 취지는 수도권 외에 전국 모든 지방의 혁신역량·경쟁력·잠재력 극대화 전략을 통해 성장 동력을 새롭게 확보하여 세계화에 적극적으로 대응하는 것이다. 즉, 지역의 내생적 발전을 기저로 하는 창신형 지역발전전략을 추구하고, 각 지역의 특성있는 발전과 지역 간 연계발전을 통해 국토 전체의 성장 동력을 확충함으로써 대외 개방과 세계화에 대응하고자 하였다.

국가균형발전의 핵심 원칙은 혁신주도형 경제로의 발전 전략 하에서 먼저 지방을 육성한 후 수도권의 계획적 관리를 도모하는 것이다(표 14-17). 7대 과제 중 특별법 제정과 국가균형발전 5개년계획 수립은 참여정부의 국가균형발전정책을 추진하기 위한 기반을 마련한 것이었다. 또한 공공기관의 지방이전 정책은 행정중심복합도시 건설과 함께 참여정부의 대표적인 분산정책을 뒷받침하는 것이었다. 또한 R&D의 지방지원 비율 확대, 지역혁신체계 시범사업 등은 지역혁신을 통해 지역의 자립적 기반을 확충하는 역동적 균형정책을 시행하기 위한 것이었으며, 지역특화발전특구 설치 및 낙후지역 정책 등은 형평성 차원의 통합적 지역균형정책 실행을 위해 추진되었다.

표 14-17. 국가균형발전정책의 특징과 3대 원칙

	경제개발 5개년계획	국가균형발전 5개년계획
배경	• 빈곤의 악순환 • 농업중심 경제구조 • 저성장 함정	• 지역 간 격차의 심화 • 요소투입형 경제구조 한계 • 저기술-저혁신 함정
계획의 특성	• 행정계획 • 지자체 배제-중앙 정부 주도 • 투입주도형 성장 모델 • SOC위주의 물리적 인프라 확충	• 법정계획 • 중앙과 지방의 파트너십 • 혁신주도형 지역특성화발전 • 지역혁신체계 구축 등 소프트웨어적 인프라 강화

	과거의 지역균형 발전정책	국가균형발전정책
접근 방법	• 부처별 개별적 접근	• 지역 단위의 종합적 접근
발전 전략	• 요소투입형 경제	• 혁신주도형 경제
지방·수도권	• 수도권 집중 억제	• 선 지방 육성 후 수도권 계획적 관리를 통한 수도권과 지방의 상생 발전

출처: 국정홍보처(2008), 참여정부 국정운영백서 ⑥ 균형발전, p. 37, 86을 참조.

국가균형발전특별법에 따라 중앙행정기관의 장은 관계기관의 장 및 시·도지사와 협의하며, 시·도지사는 해당 시·도의 혁신역량을 강화하고 특성 있는 발전을 위하여 5년 단위의 지역혁신발전계획을 수립하여야 한다. 이를 기반으로 정부는 5년 단위로 국가균형발전계획을 수립한다. 국가균형발전계획은 법정계획으로 중앙과 지방의 파트너십을 강조하고, 지방의 역량을 토대로 지방이 주도적으로 수립한 최초의 상향식 계획이며, 수도권과 지방의 상호발전을 도모하는 상생적 계획으로, 지속가능한 발전을 위해 개발과 보전을 동시에 고려하는 계획이라는 특성도 갖고 있다.

2003년부터 정부의 총괄계획, 중앙부처의 부문별 계획, 16개 광역시·도의 지역혁신발전계획을 수립하고, 여러 차례의 검토·심의·조정을 통해 2004년 8월 제1차 국가균형발전 5개년계획이 수립되었다. 제1차 국가균형발전 5개년계획에는 혁신주도형 발전기반 구축, 낙후지역의 자립기반 조성, 수도권의 질적 발전 추구, 네트워크형 국토구조 형성 등 부문별 국가균형발전계획, 지역전략산업, 시·도별 지역혁신발전계획, 지역 연고산업 등이 포함되어 있다.

표 14-18. 국가균형발전정책의 7대 과제

과제명	추진내용
특별법 제정	국가균형발전, 신행정수도, 지방분권 등 3대 특별법 제정 및 특별회계 설치
공공기관 지방이전	245개 공공기관 이전계획 확정 발표
R&D 지방지원 비율 확대	국가 R&D의 중앙: 지방 배분 비율 확대로 지방대학 집중 육성
지역혁신체계 시범사업	지역혁신체계를 토대로 지역발전계획 수립
국가균형발전 5개년계획	지방주도 지역발전계획 종합
지역특화발전 특구 설치	지역별 개성 살릴 핵심규제 1~2개 개혁
낙후지역대책	농어촌, 산촌 등 낙후지역 특별대책

출처: 국정홍보처(2008), 참여정부 국정운영백서 ⑥ 균형발전, p. 38을 참조.

2003년 4월 참여정부 시기에 대통령 자문기관으로 출범한 국가균형발전위원회는 2009년 4월 이명박 정부 시기에는 지역발전위원회로 명칭을 변경하였다. 참여정부의 국가균형발전정책이 지역 간 불균형 해소와 자립형 지방화를 명분으로 수많은 시책과 사업을 동시다발적으로 추진했으나, 실질적인 지역발전과 국가경쟁력 강화에 기여하지 못한 것으로 평가되었다. 특히 참여정부의 국가균형발전정책은 세계적 수준의 경쟁력 강화보다는 수도권과 지방 간 대립구조 격화, 행정구역 간 형평성 확보에 치중하고 지역특화발전을 저해하였다는 비판을 받게 되었다(국가균형발전위원회, 2008). 이에 따라 이명박 정부는 지역균형발전과 국가경쟁력을 높여 글로벌 경쟁력을 갖추기 위해 새로운 지역발전정책을 구사하게 되었다. 특히 지역발전위원회는 광역경제권 선도 프로젝트, 지역 간 연계 협력사업을 지역의 자율과 책임 하에서 추진할 수 있도록 국가균형발전특별법에 근거한 새로운 지역발전추진체계를 구축하였다. 새로운 추진체계의 핵심은 5+2 광역권별로 시·도 간 협력조정기구로 광역경제권 발전위원회를 설치·운영하도록 하였다. 광역경제권 발전위원회는 광역경제권 사업을 효율적으로 추진하기 위하여 설치하며, 주요 업무는 광역계획 및 광역 시행계획의 수립, 광역경제권 내 시·도 간 협력사업의 발굴, 광역경제권 내 시·도 간 연계·협력사업에 대한 재원부담, 광역경제권 사업의 관리·평가 등이다.

한편 국가균형발전특별법에 근거하여 지역발전정책을 구체화하는 지역발전 5개년계획이 수립되었다. 지역발전 5개년계획은 중앙부처가 수립하는 '부문별 발전계획'과 광역경제권발전위원회가 수립하는 '광역경제권 발전계획'으로 구성되어 있다. 부문별 발전계획에는 지역발전의 비전과 목표를 달성하기 위한 중앙부처의 추진전략을 제시하고 있으며, 광역경제권 발전계획은 7개 광역경제권별 비전과 전략, 시·도 간 연계·협력 사업, 추진체계 등을 포함하고 있다. 지역발전 5개년계획은 유사계획 간의 혼선을 방지하기 위해 국가재정운용계획(국가재정법), 국토계획(국토기본법) 등과 연계하여 계획을 수립하고 있다.

지역발전 5개년계획은 중앙과 지역이 협력·추진할 지역발전과제를 총망라한 종합계획이라고 볼 수 있다. 특히 지역의 글로벌 경쟁력 확보를 위한 전략계획으로 지역 경쟁력 강화를 위한 산업육성, 인력양성, 과학기술진흥, 발전거점, 문화관광산업 육성 등 분야별 정책을 체계화하였다. 국가균형발전 5개년계획과 지역발전 5개년계획의 차이를 비교하면 표 14-19와 같다.

표 14-19. 국가균형발전 5개년계획과 지역발전 5개년계획

	국가균형발전 5개년계획	지역발전 5개년계획
배경	수도권과 지방 간 발전격차 심화	지역의 글로벌 경쟁력 취약
기조·특징	지역균형발전의 추구	지역경쟁력 강화를 통한 국가발전
	기계적·산술적 균형정책 강조	연계·협력에 기반을 둔 광역화 추구
	시도 행정단위를 계획단위로 설정	기초, 광역, 초광역을 계획단위로 설정
	계획기간: 2004~2008	계획기간: 2009~2013
주요 전략	지역혁신체계 구축	기초, 광역, 초광역 3차원 지역발전
	혁신도시, 행정중심복합도시 등 분산정책	중앙의 권한이양 및 지방분권
추진 계획	국가균형발전위원회	지역발전위원회(중앙)
	지역혁신발전위원회(지방)	광역경제권발전위원회(지방)
	균형발전특별회계	광역·지역발전특별회계

출처: 지역발전위원회(2009), p. 155.

② 글로벌 경쟁력 강화를 위한 국토개발

2000년에는 제3차 국토종합개발계획을 조기에 종료하고 제4차 국토종합계획(명칭도 '개발'이라는 단어를 삭제하여 국토종합계획으로 변경함) 수립이 시작되었으며, 계획기간도 종전과 달리 20년(2000~2020년)으로 연장하였다. 제4차 국토종합계획은 수도권 집중과 지역 간 불균형의 심화, 환경훼손에 따른 삶의 질 저하, 인프라 부족에 따른 국가경쟁력 약화, 국토의 안정성 결여 등 1990년대까지 나타난 국토의 전반적인 문제를 해결하고자 하였다. 또한 환경과 개발의 조화를 중요시하고, 중앙정부 주도의 계획방식에서 탈피하여 국가, 지자체, 주민이 함께 참여하는 상향식 방식을 채택하였다.

그러나 제4차 국토종합계획(2000~2020)이 2001년에 수립되었으나, 2005년에 제4차 국토종합계획 수정계획(2006~2020)이 수립되었고, 2009년에 제4차 국토종합계획 재수정계획(2009~2020)으로 변경되었다. 특히 국토종합계획의 변경 시기가 정부 교체와 일치하고 있어 새 정부가 들어서면서 정책 기조가 달라짐에 따라 국토종합계획이 재수정되고 있음을 시사해준다.

❒ 제4차 국토종합계획의 특징

제4차 국토종합계획은 한반도가 세계로 도약하기 위한 새로운 국토발전의 마스터플랜을 제시하고자 경제·사회 공간융합을 통한 '21세기 통합국토 실현'을 기본 이념으로 하여 「균형국토」, 「녹색국토」, 「개방국토」, 「남북한의 통합」을 골자로 하고 있다. 즉, 국토의 균형개발을 통해 지역 간 통합을 도모하고, 국토계획 전 분야에서 개발과 환경의 조화를 지향하여 지속가능한 국가발전을 도모하고, 더 나아가 21세기 세계경제의 핵심지역으로 부상할 동북아지역의 중심 국가 및 세계경제의 주도 국가로 도약하며, 남북의 조화로운 통일을 지향하기 위한 남·북 협력기반을 조성하는 것이다.

제4차 국토종합계획은 21세기 통합국토 실현목표를 달성하기 위하여 5가지 추진전략을 마련하였다. ① 개방형 통합국토축을 형성한다. 한반도가 지닌 동북아의 전략적 관문기능을 살려 동북아 교류 중심국으로 도약할 수 있는 개방형 국토골격의 구축을 도모한다. ② 지역별 경쟁력을 고도화한다. 수도권 기능의 지방 분산과 지방대도시의 산업별 특성화 전략, 중소도시의 전문기능화, 농산어촌의 활성화 및 다양한 형태의 산업입지 공급과 전략산업 육성을 추진한다. ③ 건강하고 쾌적한 국토환경을 조성한다. 질서 있는 토지이용 및 관리체계를 구축하여 난개발을 방지하고 계획에 입각한 친환경적 토지이용을 도모하는 등 국토환경관리체계를 강화한다. ④ 고속교통·정보망 구축으로 동북아 관문 역할을 수행하기 위한 국제교통인프라의 체계적 구축과 전국의 단일 생활권 및 디지털 국토를 향한 정보통신 인프라를 조속히 구축한다. ⑤ 남·북한 교류협력기반 조성을 위해 교류협력거점 사업을 적극적으로 발굴하고 단절된 남·북 연계교통망을 단계적으로 복원하는 등 남·북교류의 물리적 기반을 조성한다.

그동안 국토종합계획이 대내적 발전에만 국한되어 있었다는 점에 비해 제4차 국토종합계획의 가장 큰 특징은 국토 골격구조를 대외적 관계를 고려하여 설정한 것이다. 국가간 경쟁이 심화되는 21세기를 대비하여 한반도가 지닌 지리적 강점인 환태평양과 대륙의 관문이라는 점을 활용하여 해양과 대륙의 양쪽으로 뻗어나가는 동북아 교류 중심국가로서의 위상을 정립하고자 한 것이다.

개방형 국토골격을 구축하기 위해 국토축을 연안 국토축과 동서 내륙축으로 구성하였고, 연안축은 부산-광양-진주-목포-제주를 연결하는 환남해축, 부산-울산-포항-강릉-속초를 연결하는 환동해축, 목포-광주-군산-전주-인천을 연결하는 환황해축으로 이루어져 있다. 이 축은 통일 이후의 발전가능성까지 염두에 두고 있는데, 통일 이후 환동해축은 나진·선봉으로 이어져 유라시아를 향해 뻗어나가고, 환황해축은 신의주로 이어져 극동 러시아와 만난다는 계획이다. 한편 동서 내륙축으로는 인천-원주-강릉-속초를 잇는 중부 내륙축, 군산-전주-대구-포항을 잇는 남부 내륙축을 구상했고, 통일 이후에는 평양-원산을 잇는 북부 내륙축을 고려했다. 동북아를 겨냥하는 신산업지대망, 국제 허브공항·항만 등의 국제적 생산·교류기반을 새로운 국토축 중심으로 구축하는 것이다.

서해안과 남해안으로 이어지는 신산업지대망을 구축하고, 지역 특성에 따라 테크노파크, 미디어밸리, 벤처단지 등 지식산업단지를 조성하며, 이를 연결하는 전국적 네트워크를 구축하도록 하였다. 동북아 관문으로의 기능 수행이 가능하도록 국제 교통인프라를 구축을 위해 인천국제공항을 2020년까지 동북아 허브공항으로 육성함과 아울러 부산항과 광양항을 동북아 중심항만으로 육성하는 것이다. 고속철도를 장기적으로 남·북간, 시베리아횡단철도(TSR), 중국횡단철도(TCR) 등 대륙교통망과 연계하려 했다. 격자형의 고속도로망을 건설하여 전국 어디에서나 30분 이내로 고속도로망에 접근할 수 있는 체계를 마련하여 전국을 하나의 생활권으로 묶을 수 있는 기간교통망 계획도 수립하였다.

또한 신개방 전략거점으로 무관세 「자유항 지역」을 육성하고, 외국인 투자유치 활성화를 위해 「외국인투자지역」을 육성하고자 하였다. 그리고 지역발전의 선도적 역할을 수행할 10대 광역권을 개발하여 수도권에 대응하는 지방의 성장과 세계화의 전진기지로 육성하여 분산되고 균형잡힌 국토공간구조를 형성하고자 하였다.

❒ 제4차 국토종합계획 수정계획에서의 국토개발

참여정부가 들어서면서 제4차 국토종합계획으로는 새로운 국가경영 패러다임을 반영하기 어렵다는 판단 하에서 국토계획의 수정이 필요하게 되었다. 제4차 국토종합 수정계획은 국내외 여건의 변화를 반영하여 미래지향적이고 개방적인 국토기반을 구축하기 위한 목적으로 이루어졌다. 특히 중국이 빠른 속도로 성장하고 있고, FTA의 확대, 경제공동체의 확대 등 대외 환경변화에 대응하는 국토 전략이 새롭게 필요해졌다. 뿐만 아니라 2000년 6·15 공동선언 이후 확대되고 있는 남북 교류협력을 위한 국토기반을 조성해야 할 필요성도 높아졌기 때문이다.

제4차 국토종합계획 수정계획에서는 '약동하는 통합국토의 실현'을 위해 대외적 개방과 국내 지역 간 연계를 지향하는 새로운 국토구조를 구상하였으며 「상생하는 균형국토」, 「경쟁력있는 개방국토」, 「살기좋은 복지국토」, 「지속가능한 녹색국토」, 「번영하는 통일국토」를 골자로 하고 있다. 상생하는 균형국토를 위해 다핵분산형 국토구조를 형성하고 지역별로 특화된 발전기반을 구축하며, 수도권과 비수도권, 권역간, 도농 간 연계와 협력을 통한 상생적 발전체계 전략을 구상하였다. 또한 우리나라를 동북아의 물류·금융·교류 중심지로 도약시키기 위해 개방거점을 확충하고 상생적 국제협력을 선도하는 기반을 조성하며, 지역혁신체계를 구축하고 혁신클러스터를 육성하여 혁신주도형 국토발전 기반을 마련하는 것이다. 뿐만 아니라 도시 및 농촌의 정주환경을 개선하고 국민 모두가 풍요롭고 쾌적한 삶을 누리는 국토를 조성하며, 취약계층 및 사회적 약자의 삶의 질을 배려하여 주거복지를 증진하고 도시환경 및 교통시설을 개선한다. 더 나아가 환경친화적 개발을 강화하고 국토생태망을 구축하여 아름다운 국토를 조성하며, 깨끗한 물의 안정적 공급체계를 확보하고 전방위 재난관리체제를 구축하여 재해의 걱정이 없는 안전한 국토를 조성한다. 마지막으로 번영하는 통일국토를 위해서는 접경지역의 평화벨트 조성과 남·북한 경제협력과 국토통합을 촉진할 수 있도록 한반도 통합인프라 구축과 국내·외 지원체제를 확립한다.

대외적 개방을 위해 제4차 국토종합계획의 국토골격을 토대로 유라시아 대륙과 환태평양을 지향하는 개방형(π형) 국토 발전축을 구상하였다. 제4차 국토종합계획의 연안 국토축이 크게 달라진 점은 없으나 중국, 일본, 러시아와의 관계에 좀 더 적극적으로 다가서는 개방형 국토축을 형성하고자 하였다. 한편 국내 지역 간 연계는 다핵연계형 국토구조로 크게 수정하였다. 다핵연계형 구조란 지방의 대도시와 그 주변지역을 묶어 행정구역을 초월하는 공간단위를 구축하고 자립형 지방화를 지향하는 경제권역을 만드는 전략이다. 자립형 지방화와 지역의 국제경쟁을 위한 기본단위로 7+1 경제권역을 설정하였다.

제4차 국토종합계획과 비교해 볼 때 수정계획에서는 세계화시대에 경쟁력 있는 개방국토를 형성하기 위해서 우리나라를 동북아 경제협력의 거점으로 개발하려는 전략을 세우고 있다. 동북아 핵심 도시로 서울을 육성하고, 경제자유구역, 자유무역지역, 국제자유도시 등 국토의 개방거점을 개발하여 동북아 경제교류협력 기반을 강화하고, 동북아 교통·물류체계를 구축하는 방안으로 한반도종단철도(TKR)와 대륙철도(TCR, TSR, TMR, TMGR)와의 연계를 발전시켰고, 아시안 하이웨이(Asian Highway)가 새롭게 제시되었고, 서해안 고속도로의 해주-남포-신의주-중국의 대련-상해-홍콩 등과 연결시키는 환황해 고속도로망의 확충의 필요성도 강조하였다.

또한 남·북한 관계가 안정적으로 접어드는 추세 속에서 접경지역을 평화벨트로 구축하여 남·북 교류 협력기반을 강화하고자 하였다. 평화벨트는 군사대치지역에서 평화적 분위기를 고조시키기 위한 국가 정책적 공간이자, 남·북한과 세계가 만나는 화합과 번영, 평화의 상징지역으로 조성하고자 하였다. 전반적으로 볼 때 제4차 국토종합수정계획은 그 이전의 국토종합계획보다도 남·북 협력기반 구축을 위한 적극적인 전략을 구상하고 있다.

❐ 제4차 국토종합계획 재수정계획에서의 국토개발

참여정부의 국가균형발전정책이 실질적인 지역발전과 국가경쟁력 강화에 기여하지 못한 것으로 평가되었다. 반면에 세계적으로는 국경없는 무한경쟁시대가 펼쳐지면서 지역경쟁력이 국가경쟁력을 결정하게 되자 'Megacity Region', 'Global City Region'이라 불리우는 거대 도시권이 글로벌 경제의 핵심 거점으로 등장하게 되었고, 세계 각국은 거대도시권 육성에 관심을 기울이고 있었다. 뿐만 아니라 세계적으로 지역 간 협력에 기반을 둔 통합적 개발이 활성화되고 있으며, 중앙주도의 하향적 통치문화와 관행에서 벗어나 지방분권을 통해 지방의 자주적 발전을 추구하는 지방화가 진행되었다.

이러한 대외적 환경변화에 대응하고자 이명박 정부가 들어서면서 일자리와 삶의 질이 보장되는 경쟁력 있는 지역창출을 위한 새로운 지역정책 수립의 필요성이 부각되었으며, 이를 위해 수정된 4차 국토계획의 재수정이 필요해졌다. 즉, 대내·외 환경변화에 따른 새로운 국가경쟁력의 제고와 기존 정책의 문제점을 극복하고자 이명박 정부는 국토균형발전정책 기조에서 탈피해 국가경쟁력 제고를 추구하기 위해 제4차 국토종합 재수정계획의 수립을 추진하게 되었다. 또한 글로벌 경제위기 이후 지구 온난화와 기상이변에 대응한 저탄소 녹색성장에 대한 국가전략이 필요해졌으며, 특히, 미래 신성장동력으로 녹색성장과 녹색국토의 중요성이 부각되었다. 또한 G20 개최국에 걸맞는 국토의 글로벌 경쟁력 확보와 인구감소 및 고령화에 대응한 국토기반을 조성하여야 할 필요성이 크게 부각되었기 때문이다. 지역발전정책의 패러다임으로 '경쟁과 잠재력 발굴을 통한 발전', '수도권과 비수도권 간의 상생발전', '지방분권적 차별성', '열려진 글로벌리제이션'을 기본방향으로 삼았다. 이를 위해 세계화에 대응하는 광역경제권의 구축, 지역 개성을 살린 특성화된 지역발전, 지방분권·자율을 통한 지역주도의 발전, 지역 간 협력·상생을 통한 동반발전 전략을 제4차 국토종합계획의 재수정계획(2011~2020년)에 반영하였다.

제4차 국토종합계획의 재수정계획의 비전은 동북아시아 중심에 위치한 한반도의 장점을 최대한 활용하고 FTA 시대의 글로벌 트렌드를 수용하여 유라시아-태평양 지역을 선도하는 글로벌 국토를 실현하고, 정주환경, 인프라, 산업, 문화, 복지 등 전 분야에 걸쳐 국민의 꿈을 담을 수 있는 국토공간을 조성하고, 저탄소 녹색성장의 기반을 마련하는 녹색국토를 실현하고자 하는 것이다. 이를 위해 국토경쟁력 제고를 위한 지역특화 및 광역적 협력 강화; 자연친화적이고 안전한 국토공간 조성; 쾌적하고 문화적인 도시·주거환경 조성; 녹색교통·국토정보 통합네트워크 구축; 세계로 열린 신성장 해양국토 기반 구축; 초국경적 국토경영 기반 구축이라는 5개 추진전략을 수립하였다(표 14-20).

표 14-20. 제4차 국토종합계획 수정계획과 제4차 국토종합계획 재수정계획 비교

	제4차 국토종합계획 수정계획 (2006-2020)	제4차 국토종합계획 재수정계획 (2011-2020)
기조	• 약동하는 통합국토의 실현	• 대한민국의 새로운 도약을 위한 「글로벌 녹색 국토」
인구	• 인구 증가와 고령화사회	• 인구 감소 및 초고령사회 • 다문화사회 형성
지역균형 및 국토경쟁력	• 지역 간 균형발전에 중점 • 수도권 과밀 억제	• 광역경제권 중심의 특성화발전 및 글로벌 경쟁력 강화에 중점 • 수도권의 경쟁력 강화 및 계획적 성장관리
대외개방 및 국토골격	• 한반도 육지(경성국토) • 행정구역별 접근(7+1 경제권역) • 점적 개방(3개축)에 중점	• 한반도 육지와 해양, 재외기업 활동 공간을 포함(연성국토) • 행정구역을 초월한 광역적 접근(5+2 광역경제권) • 대외개방 벨트 및 접경벨트 개축(4) 글로벌 개방거점 육성 등 개방형 국토 형성 추진
기후변화 및 자원확보	• 기후변화를 환경 보호 및 재해 대응 측면에서 접근 • 국내 자원 관리에 중점	• 기후변화 대응 및 녹색성장을 국토계획의 기조로 설정 (환경, 산업, 교통, 도시개발, 재해 등 종합적 차원에서 접근) • 해외 자원 확보 및 공동개발 추진
지역개발 산업입지	• 지역혁신체계 구축을 통한 자립적 지역발전 기반 마련 • 지역분산형 개발 정책 (행정도시, 혁신도시 · 기업도시 건설) • 혁신클러스터 형성	• 광역경제권 형성을 통한 지역별 특화발전 및 글로벌경쟁력 강화 • 지역특성을 고려한 전략적 성장거점 육성 (대도시 및 KTX 정차도시를 중심으로 도시권 육성) • 신성장동력 육성 및 녹색성장을 위한 新산업기반 조성
교통체계	• 7×9 간선도로망 구축 • 행정중심복합도시와 각 지역의 연결성 강화	• 철도 중심의 교통체계 구축, 기존 시설의 운영 효율화 • 광역경제권 및 초광역개발권 연계 인프라 확충
도시, 주택, 토지	• 기초적 삶의 질 보장, 네트워크형 도시체계 형성 • 주거복지 향상, 임대주택 공급 확대 계획적 토지이용 관리강화 (선계획-후개발)	• 도시재생, 품격있는 도시조성·한국형 녹색콤팩트도시 조성 • 주거수준의 선진화 • 계획적 토지이용의 제고를 위한 개발행위허가제도 운용 • 계획적 토지이용을 전제로, 수요 변화에 대응하는 유연한 토지이용 체계 구축
수자원, 방재, 정보	• 수자원의 안정적 공급 및 수질 관리 중심 • 예방적·통합적 방재체계 구축	• 하천의 다목적 이용 및 새로운 하천문화 창출·수변공간의 적극적 활용 • 기후변화에 대응한 선제적·예방적 방재 • 도시형 재난 대책 강화
유라시아-태평양 협력	• 경제자유구역, 자유무역지역 중심의 개방·협력거점 육성 • 접경지역 협력사업 추진	• 다변화된 글로벌 개방거점 육성 (새만금, 경제자유구역, 국제자유도시, 국제과학비즈니스벨트, 첨단의료복합단지 등) • 한국형 도시개발 수출 • 남북교류·접경벨트 종합관리계획 수립, 북한자원 공동개발 및 인적·물적 자원 지원
계획의 관리 및 집행	• 지방분권과 갈등조정시스템 구축 • 투자재원의 다양화와 운영 효율화	• 효율적인 지역개발시스템 구축 (지역개발사업 남발 방지) • 재원 조달방식 다양화 및 재정 분담 원칙 정립

출처: 대한민국정부, 제4차 국토종합계획 수정계획(2011-2020), 부록 2.

③ 지역 역량 강화에 초점을 둔 지역개발 정책

❐ 참여정부의 지역개발 정책

2000년대 초반 경제의 세계화가 급속도로 진전되는 가운데 1995년 지방자치단체장 직선과 함께 지방자치의 기대가 커지고 있었다. 그러나 지방이 자주적으로 할 수 있는 재원과 권한의 제약으로 지방자치 실현은 상당히 거리가 있었다. 이 시기에 참여정부가 들어서면서 우리나라 지역개발 정책은 커다란 전환기를 맞게 되었다. 참여정부는 수도권으로의 집중화에 따른 지역 간 불균형, 요소투입형 성장전략의 한계로 인해 국민소득 1만 달러 수준에서의 정체 등을 주요한 지역문제로 인식하였다. 이에 대응하여 지역정책의 목표를 '다핵형·창조형 선진국가 건설'로 설정하고, 혁신주도형 발전, 다극분산형 발전, 삶의 질을 정책목표로 제시하였다. 특히 수도권과 지방 간 발전 격차를 완화하기 위해 '先지방발전 後수도권 질적 발전 기조'를 강조하였다. 또한 참여정부는 혁신정책, 산업정책, 균형정책을 제시하고 국가균형발전 5개년계획(2004~2008년)을 수립하였다. 참여정부는 정책목표를 실천하기 위한 정책 수단으로 국가균형발전위원회를 중심으로 한 추진체계와 국가균형발전 특별회계를 설치하였다.

참여정부의 지역개발 정책은 성장과 균형이 병행하는 새로운 분권-분산 발전모델로의 패러다임 전환이었다. 즉, 지방분권·지방분산·분업의 3분(分) 정책을 통해 수도권과 비수도권이 함께 번영할 수 있는 상생(win-win)전략을 추구하며, 내생적 발전전략을 통해 자립형 지방화 실현을 정책목표로 하였다(한국경제60년사, 국토·환경, 2010). 분권정책으로 재정적인 신 중앙집권주의의 대두, 분산정책으로 행정중심복합도시, 혁신도시, 기업도시 건설, 분업정책으로 시·도 전략산업 육성(4+9정책)과 지방대학 혁신역량 강화사업이 진행되었다.

수도권의 기능을 지방에 분산하는 동시에 지역이 자립적으로 발전할 수 있는 기반을 마련하기 위해 공공기관 및 행정기관을 지방으로 이전하고, 민간기업 이전도 장려하였다. 충남 연기·공주지역에 행정도시 건설을 계획하였으며 2006년에 세종시로 명칭이 확정되었다. 특히 지방으로의 공공기관 이전을 통해 공공기관과 지역전략산업을 연계하여 지역발전의 토대를 구축하고자 혁신도시를 건설하였다. 특히 공공기관의 지방이전을 촉매로 하여 혁신성과 역동성을 갖춘 특성화된 도시를 지역발전거점으로 육성하기 위한 목적에서 이루어졌다. 전국 11개 시·도에 10개 혁신도시(부산, 대구, 나주, 울산, 원주, 진천, 음성, 전주·완주, 김천, 진주, 서귀포)의 총면적은 6,600만㎡에 달한다. 이전 대상 공공기관은 154개이며, 혁신도시로 115개, 개별이전 19개, 세종시 20개이다(표 14-21 & 14-22). 혁신도시 건설은 3단계에 걸쳐 이루어진다. 즉, 1단계(2007~2014, 이전 공공기관 정착단계) → 2단계(2015~2020, 산·학·연 정착단계) → 3단계(2021~2030, 혁신확산 단계)를 거치면서 공공기관 지방 이전을 계기로 일자리와 유발인구 증가로 성장 파급효과를 기대하고 있다.

표 14-21. 공공기관 이전 인원 현황

(2017년 7월 기준)

구분	이전 기관수	이전인원(명)	이전인원 규모별 현황(개)		
			200명 초과	200~50 이상	50 미만
계	154*(29)	51,106(4,673)	83(10)	61(14)	10(5)
혁신도시	115(13)	41,548(1,812)	64(3)	44(7)	7(3)
세종시	20(15)	4,098(2,601)	9(6)	9(7)	2(2)
개별이전	19(1)	5,460(260)	10(1)	8	1

㈜: (　　)는 청사 임차 이전기관임.
출처: 국토교통부, 혁신도시별 사업추진현황, http://innocity.molit.go.kr/.

한편 내생적 지역발전전략과 혁신주도형 발전전략을 동시에 추구하기 위해 지역혁신체계를 수립하였다. 즉, 지자체, 기업, 대학, 연구소, NGO 등의 경제주체들이 다양한 형태의 수평적 협력관계를 수립하고 활발한 의사소통과 공동학습이 이루어지는 가운데 지역발전을 위해 필요한 지식과 정보를 창출하고 혁신활동을 전개하도록 유도하였다. 2007년 말 총 128개 지역혁신사업단(대형 37개, 중형 32개, 소형 59개)이 선정되어 사업을 추진하고 있으며, 100개의 대학이 참여하고 있다.

참여정부는 지방으로의 분권, 분산, 분업의 3분 정책을 균형 있게 추진하려고 하였다. 그러나 행정중심복합도시 건설, 혁신도시 건설은 중앙정부가 추진하는 분산정책에 치중된 것이며, 분권을 위한 정책은 실현되지 못하였다. 참여정부는 국가균형발전을 위해 지방으로의 공공기관 이전과 기업 분산을 통해 지방의 경쟁력을 강화시키는 정책을 시행함과 동시에 국제경쟁력 강화를 위해 수도권에 동북아 경제 프로젝트 추진 및 첨단산업 입지에 대한 수도권 규제완화 정책을 동시에 추진하였다. 참여정부가 제시한 수도권과 지방의 상생발전을 위한 4단계 연동화 전략을 보면 수도권 인구의 안정화(신행정수도 건설, 공공기관의 지방이전) 및 적정화, 수도권 규제 개혁, 수도권의 과학적 도시계획 및 관리, 수도권의 경쟁력 증진 등이다. 한편으로는 수도권 집중을 억제하기 위한 다양한 분산정책을 시행하면서 함께 수도권 관리에 대한 정책 기조 변화를 통해 민간부문의 수도권 집중을 초래한 것은 국가균형발전정책의 딜레마를 보여주는 일면이라고 볼 수 있다.

참여정부의 국가균형발전특별법은 지방의 자율과 책임 하에서 지역특성과 우선순위에 따라 지역혁신사업을 추진하는 데 역점을 두었다. 그러나 대부분의 공모사업들이 중앙부처에서 결정되었기 때문에 여전히 중앙정부의 통제를 받았으며, 재원조달도 중앙정부 예산에 의존하였기 때문에 지방의 자립적, 자율적 개발계획의 집행에는 한계가 있었다. 참여 정부의 지역개발 정책은 국가균형발전을 핵심 국정과제로 지역정책의 위상 격상, 지역정책 추진을 위한 제도적 기반 구축을 시행하였으나, 중앙정부 주도의 정책 추진, 균형발전 정책에 대한 지방의 체감도 미흡, 소규모 분산투자, 유사 중복사업 발생 등 비효율적인 사업 추진 등 여러 가지 문제들을 안고 있었다.

표 14-22. 혁신도시로 이전한 공공기관 분포

지역	소속기관	지방이전 공공기관(110개)		
		공기업	준정부기관	기타공공기관
154개	44개	16개	48개	46개
혁신도시 115개	32개	13개	44개	26개
부산(13)	국립해양조사원, 국립수산물품질관리원	주택도시보증공사, 한국남부발전㈜	한국자산관리공사, 한국주택금융공사, 한국해양과학기술원, 한국청소년상담복지개발원, 영화진흥위원회	한국예탁결제원, 한국해양수산개발원, 게임물관리위원회, 영상물등급위원회
대구(11)	중앙신체검사소, 중앙교육연수원	한국감정원, 한국가스공사	한국장학재단, 신용보증기금, 한국교육학술정보원, 한국산업단지공단, 한국산업기술평가관리원, 한국정보화진흥원	한국사학진흥재단
광주·전남(16)	국립전파연구원, 농식품공무원교육원, 우정사업정보센터	한국전력공사	한국전력거래소, 한국방송통신전파진흥원, 한국인터넷진흥원, 한국농어촌공사, 한국농수산식품유통공사, 한국문화예술위원회, 사립학교교직원연금공단, 한국콘텐츠진흥원, 농림수산식품기술기획평가원	한전KDN㈜, 한전KPS㈜, 한국농촌경제연구원
울산(9)	고용노동부고객상담센터, 국립재난안전연구원	한국석유공사, 한국동서발전㈜	한국산업인력공단, 한국에너지공단, 근로복지공단, 한국산업안전보건공단	에너지경제연구원
강원(12)	국립과학수사연구원	한국관광공사, 한국광물자원공사, 대한석탄공사	한국광해관리공단, 도로교통공단, 국립공원관리공단, 국민건강보험공단, 한국보훈복지의료공단, 건강보험심사평가원	대한적십자사, 한국지방행정연구원
충북(11)	국가기술표준원, 법무연수원, 국가공무원인재개발원		정보통신산업진흥원, 한국소비자원, 한국고용정보원, 한국가스안전공사	한국교육개발원, 정보통신정책연구원, 한국교육과정평가원, 한국과학기술기획평가원
전북(12)	농촌진흥청, 국립농업과학원, 국립원예특작과학원, 국립식량과학원, 국립축산과학원, 한국농수산대학, 지방행정연수원		한국전기안전공사, 한국국토정보공사, 국민연금공단	한국식품연구원, 한국출판문화산업진흥원
경북(12)	기상통신소, 국립농산물품질관리원, 농림축산검역본부, 국립종자원, 조달청 조달품질원, 우정사업조달센터	한국도로공사	교통안전공단	㈜한국건설관리공사, 한국전력기술㈜, 한국법무보호복지공단, 대한법률구조공단
경남(11)	중앙관세분석소	한국토지주택공사, 한국남동발전㈜	한국산업기술시험원, 한국세라믹기술원, 중소기업진흥공단, 한국시설안전공단, 한국승강기안전공단	한국저작권위원회, 주택관리공단㈜, 국방기술품질원
제주(8)	국토교통인재개발원, 국세공무원교육원, 국세청국세상담센터, 국세청주류면허지원센터, 국립기상과학원		공무원연금공단	한국국제교류재단, 재외동포재단
개별이전(19) 오송(5)	질병관리본부, 식품의약품안전평가원, 식품의약품안전처		한국보건산업진흥원	한국보건복지인력개발원
개별이전(19) 아산(4)	경찰대학, 국립특수교육원, 경찰교육원, 경찰수사연수원			
개별이전(19) 기타(10)	국방대학교(논산), 관세국경관리연수원(천안), 산림항공본부(원주), 해양경비안전교육원(여수), 중앙119구조본부(대구)	한국수력원자력㈜(경주), 한국중부발전㈜(보령), 한국서부발전㈜(태안)	한국원자력환경공단(경주) 농업기술실용화재단(전북)	
세종(20)			선박안전기술공단(준정부기관) / 농림수산식품교육문화정보원, 축산물품질평가원, 가축위생방역지원본부	국토연구원, 한국법제연구원, 한국개발연구원, 한국조세재정연구원, 과학기술정책연구원, 한국교통연구원, 대외경제정책연구원, 산업연구원, 한국보건사회연구원, 한국환경정책평가연구원, 한국직업능력개발원, 한국청소년정책연구원, 경제인문사회연구회, 기초기술연구회, 산업기술연구회, 한국노동연구원

출처: 국토교통부, 혁신도시별 사업추진현황, http://innocity.molit.go.kr/.

❒ 이명박 정부의 지역개발 정책

이명박 정부는 대외적으로 글로벌 금융위기를 겪으면서 우리나라의 글로벌 경쟁력 취약성, 행정구역 단위의 소규모 분산투자와 특화발전의 실효성 문제, 지역주도의 발전역량 미흡, 지역 간 소모적 경쟁과 갈등을 해결해야 하는 우선적인 지역문제로 인식하였다. 이를 위해 '일자리와 삶의 질이 보장되는 경쟁력 있는 지역창조'를 정책 목표로 제시하였다. 이러한 지역정책 목표를 달성하기 위해서 광역권 개발과 지방분권을 연계하여 추진하고자 시도하였다. 이명박 정부의 지역발전정책은 광역경제권 구축, 특성화된 지역발전, 지방분권과 자율, 지역 간 협력·상생이다. 이를 추진하기 위한 전략으로 전 국토의 성장잠재력를 극대화, 신성장동력 발굴 및 지역특화발전, 중앙정부권한의 지방이양 및 분권 강화, 수도권과 지방의 동반 상생발전, 기존 시책 발전과 보완을 제시하였다. 전 국토의 성장잠재력 극대화하기 위해 3차원적 지역발전정책을 구상하였다. 즉, 기초생활권(163개), 광역경제권(5+2), 초광역개발권(4+α)을 공간단위로 설정하고, 이러한 3차원적 공간개발전략을 상호보완적으로 추진하여 전 국토의 성장잠재력을 극대화하고 지역의 특성화 발전을 실현하고자 하는데 역점을 두었다. 이러한 계획과 구상은 지역발전5개년계획(2009~2013년)에 잘 나타나있다.

실행적 정책수단으로 지역발전위원회를 중심으로 한 추진체계와 광역·지역발전특별 회계를 설치하였다. 16개 광역시·도를 7개(5+2) 광역경제권으로 설정하고 광역경제권 단위에서 선도산업, 인재양성 사업, 30대 SOC 사업을 전개하였고, 7개(4+3) 초광역개발권 벨트를 통해 광역경제권 간의 연계 협력, 해외 인접국가와의 글로벌 협력을 촉진하고자 하였다. 이렇게 기존 행정구역 단위에서 벗어나 기초생활권, 광역경제권, 초광역개발권 등 새로운 지역정책의 공간단위를 설정하였다. 이명박 정부가 내세운 지역발전정책은 전 국토의 모든 지역이 성장잠재력을 극대화할 수 있도록 효율성과 경쟁력을 갖춘 공간경제 단위를 육성하는 데 목적이 있었다. 그동안 행정구역 단위의 분산투자와 지역 간 개발경합과 지역이기주의가 지역발전 투자의 효율성과 경쟁력을 약화시키는 요인으로 이미 알려져 있었다. 이명박 정부는 이를 극복하고 지역 간 협력과 상생발전을 도모하기 위해 기능적 연계와 보완이 가능하도록 여러 행정구역을 하나의 공간단위로 삼아 육성하는 광역경제권 전략을 도입한 것이다. 특히 지역 간 협력이 용이하도록 역사·문화적으로 비교적 동질성을 가진 광역경제권 육성을 핵심 지역발전전략으로 채택하였다. 인구 500만명 내외인 5대 광역경제권과 인구 100만명 수준의 2개의 특별광역경제권으로 구분하여 '5+2 광역경제권'을 설정하고 각 권역별로 정책방향을 제시하였다. 광역경제권 선도 프로젝트의 원활한 추진을 위해 광역경제권의 핵심 사업지역을 지역특구로 지정하며, 사업 추진에 걸림돌이 되는 규제를 일시에 완화하는 방안을 강구하도록 하였다. 선도 프로젝트 추진은 국가가 선도하는 성장 잠재력 확충사업을 최우선적으로 추진하여 광역경제권 단위별 지역발전의 추동력이 되도록 하는 데 목적을 두었다.

한편 기초생활권이란 지역주민의 삶의 질 향상을 효율적으로 추진하기 위하여 주민의 일상생활이 이루어지는 권역이며, 전국 어느 시·군에 살든지 주민의 기본적 삶의 질이 보장되도록 하는 것이다. 기초생활권 정책을 효율적으로 추진하기 위해 163개 시·군을 농산어촌형, 도농연계형, 도시형으로 유형화하여 유형별 특성화 발전을 유도하는 한편, 성장촉진지역, 특수상황지역, 신발전지역 등 발전단계별로 차등 지원계획을 수립하였다. 개별 시·군 또는 공동으로 기초생활권 계획을 수립하게 하고, 광역·지역발전특별회계의 지역계정을 통해 포괄보조금 형태로 재정적 뒷받침을 하였다.

초광역개발권은 서해안신산업벨트, 남해안선벨트, 동해안에너지·관광벨트, 남북교류접경지역벨트(4개벨트)와 내륙벨트(α) 등 4+α를 대상으로 국내 광역권 간 일본·중국·러시아 등 인근 국가와 초국경적 연계·협력을 통해 국가경쟁력 제고를 목표로 하였다. 초광역개발권의 비전은 대외개방형 국토개발로 국가경쟁력을 강화하기 위해서였다. 초광역개발권의 법적 개념은 지역경쟁력을 향상시키기 위하여 광역경제권 간 또는 다른 광역경제권에 속하는 지방자치단체 간의 산업·문화·관광 및 교통의 연계·협력사업을 추진하는 것이다. 초광역개발권의 주요 전략을 보면 동북아·유라시아 연계 교통망 확충 및 주요 도시 간 교류협력 활성화, 'ㅁ'자형 고속화철도망 구상 등 국토의 초광역적 인프라 구축과 초광역권역별로 글로벌 경쟁력을 보유한 산업벨트 및 관광벨트 조성, 국토공유자원(강, 산, 바다)과 역사문화유산 기반을 통한 지역발전을 추구하며, 한반도 통일시대에 대비하여 남북교류지대 등 국토기반을 조성하는 것이다(그림 14-20).

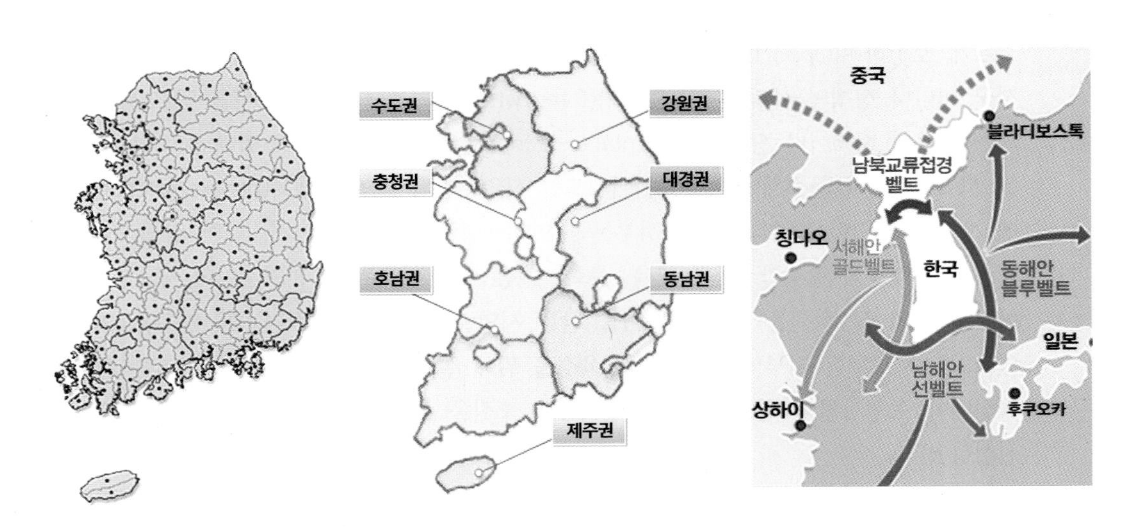

그림 14-20. 3차원의 지역발전정책(기초생활권-광역경제권-초광역권)
출처: 지역발전위원회 홈페이지.

한편 국가경쟁력 차원에서 수도권을 세계 대도시권으로 육성하기 위해 수도권 규제 개편도 제시하였다. 2009년 10월 국토이용효율화 방안을 통해 '선 지방발전 후 수도권 규제 완화' 원칙을 수립하였다. 단기적으로는 기존의 정책 틀 내에서 과도하고 불합리한 규제를 개선하여 기업투자를 활성화시켜 일자리 창출과 경기 회복을 지원하는 한편 중장기적으로 규제 중심의 관리체계를 개선하여 수도권의 글로벌 경쟁력 극대화를 위한 기반 조성과 삶의 질 제고를 위한 계획적 관리방식 도입을 모색하였다(지역발전위원회, 2009).

❐ 박근혜 정부의 지역발전 정책

박근혜 정부는 시급한 핵심적 지역문제로, '수도권과 지방 간에 경제적 측면과 삶의 질 측면에서 격차가 지속되는 가운데, 지역주민들의 낮은 행복도'에 주목하였다. 2000년대 들어 참여정부 시기부터 지역 간 균형발전을 위해 다양한 정책을 추진해 왔지만 수도권과 지방 간 경제적 격차가 지속되는 가운데, 지역주민들의 체감도가 높은 주거, 교육, 문화, 생태, 보건, 의료 등 삶의 질 분야에서도 지역 간 격차가 확대되는 상황에 주목하였다. 이와 더불어 지방자치제도를 근간으로 하여 지역문제를 해결하는 데 있어서 지역주민의 참여의식과 지역역량을 강화하고자 하였다.

박근혜 정부는 국민의 행복과 지역통합을 선도하는 살기좋은 지역이라는 비전을 갖고 지역발전 정책목표로 '국민행복, 지역희망: HOPE 프로젝트'를 제시하고, 하위목표로 지역행복생활권 구현, 맞춤형·패키지 지원, 지역주도 및 협력 강화를 설정하였다. HOPE 프로젝트는 주민이 실생활에서 행복과 희망을 체감하고(Happiness), 행복한 삶의 기회를 고르게 보장하며(Opportunity), 자율적 참여와 협업의 동반자관계를 통해(Partnership), 전국 어디나 정책의 사각지대가 없도록(Everywhere) 하겠다는 정책의지를 담고 있다. 이전 정부들이 지역이나 장소의 번영(place prosperity)에 초점을 두고 있다면 박근혜 정부는 지역발전정책의 주체이고 수혜자이기도한 지역주민의 번영과 행복(people prosperity)에 초점을 두었다. 또한 박근혜 정부는 지역행복생활권 중심의 연계, 협력 정책, 일자리 창출과 지역경제 활성화 정책, 교육, 문화, 환경, 복지, 의료 등 지역주민의 체감도를 옾여주는 삶의 질 정책을 제시하고 이를 담은 지역발전5개년계획(2014~2018년)을 수립하였다. 또한 노무현 정부의 시·도 전략 육성을 위해 설립된 지역혁신센터와 이명박 정부의 거점대학 육성사업의 일환으로 설립된 R&D 조직을 통합하여 18개 창조경제혁신센터를 신설하였다.

지역발전정책 목표를 달성하기 위한 정책수단으로 지역행복생활권 활성화, 일자리 창출을 통한 지역경제 활력 제고, 교육여건 개선 및 창의적 인재양성, 지역문화 융성 및 생태복원, 사각 없는 지역복지·의료, 지역균형발전 시책의 지속화를 제시하였다. 지역행복생활권 활성화 정책은 주민생활에서 불편을 해소하고 주민행복 증진에 필수적인 기초생활 인프라 확충을 위해 63개 생활권에서 연계사업 추진, 지역중심지 활력 증진, 취약지역 생활여건 개조사업(새뜰마을사업) 등을 실행수단으로 하고 있다. 일자리 창출을 통한 지역경제 활력 제고정책은 지역산업정책의 전환, 지역투자촉진을 통한 일자리 창출, 산업단지의 창조경제거점화, 농어촌 일자리 확충을 세부수단으로 하고 있다.

교육여건 개선 및 창의적 인재양성 정책은 지방 초중고교 교육여건 개선, 지방명품대학 육성, 지역인재와 기업의 선순환 성장을 세부수단으로 정하였다. 지역문화 융성 및 생태복원 정책은 지역 문화역량 강화 및 특성화 지원, 맞춤형 문화서비스를 통한 문화격차 해소, 지역 관광산업 육성, 생태·자연환경 보전과 활용을 세부수단으로 하고 있다.

사각 없는 지역복지·의료 정책은 주민밀착형 복지전달체계 구축, 수혜자 특성을 반영한 맞춤형 복지시책 추진, 취약지역 응급의료체계 구축 및 응급의료 인프라 확충을 세부수단으로 포함하였다. 그동안 지역복지·의료정책은 주로 개별 부처차원에서 추진되었는데, 박근혜정부에서는 지역복지, 의료정책이 지역발전정책의 영역에 포함되어 다른 정책과 연계하여 추진되게 되었다. 한편 지역균형발전 시책의 지속화 정책은 참여정부에서 시작되었던 세종시, 혁신도시의 보완적 발전 내용을 포함하고 있다.

지역발전정책의 목표와 실질적 정책수단을 실행하기 위해 지역발전위원회를 중심으로 지역발전정책의 추진체계를 구축하고, 지역발전특별회계를 도입하였다. 추진체계로는 중앙단위에서는 지역발전위원회, 지역발전기획단, 지역발전지원단, 지역발전지원팀을 구성하였고, 지방단위에서는 17개의 광역시도에 생활권발전협의회를 구성하여 생활권 사업과 관련된 심의·관리·평가 기능을 수행하도록 하였다.

박근혜 정부는 기존 행정구역인 시·도와 시·군·구 외에 지역행복생활권 정책을 추진하기 위해 지역에서 자율적으로 구성한 63개 생활권을 핵심으로 하고 있다. 63개 생활권에는 중추도시권, 도농연계권, 농어촌생활권으로 구분되며, 수도권도 8개 지역이 포함되어 전국의 거의 모든 시군을 포함하고 있다(그림 14-21).

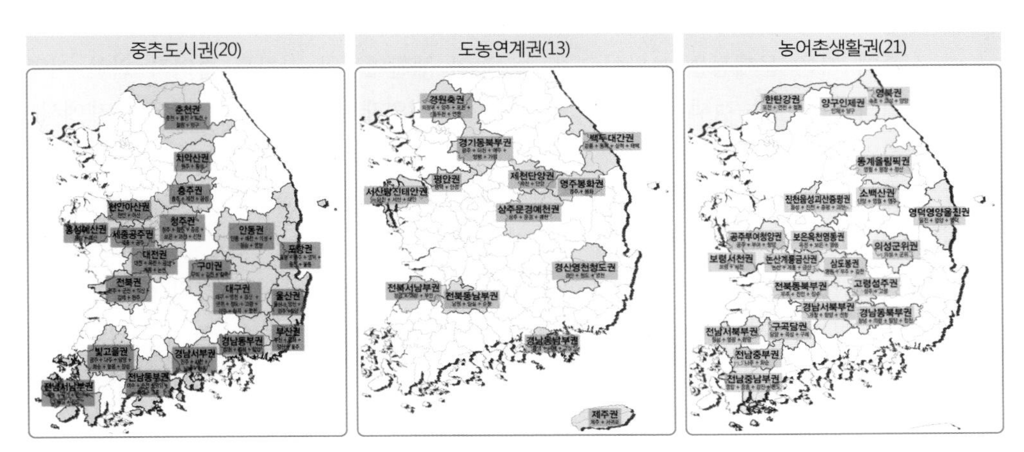

그림 14-21. 지역행복생활권의 유형
출처: 지역발전위원회 홈페이지.

3) 우리나라 국토개발계획과 지역개발 정책의 평가 및 과제

지난 50년 동안 우리나라는 괄목할 만한 경제성장과 국민소득의 향상을 가져오는 성과를 거두었으며, 그 결과 우리나라는 세계 10위권의 경제 강국이 되었다. 이러한 성과를 거두는 데 있어서 경제개발계획과 함께 국토종합개발계획이 중요한 역할을 담당해 왔다고 볼 수 있다. 네 차례에 걸친 국토종합계획을 수립·집행한 결과 국토개발 측면에서 괄목할 만한 발전을 이룩하였다(그림 14-22 & 그림 14-23).

제1차 국토종합개발계획에서부터 서울 및 수도권으로의 집중을 억제하기 위해 다양한 정책을 통해 지방 분산화를 추진해 왔으나 제5차 국토종합계획을 수립하고 있는 현 시점에서도 국토 불균형 문제는 해결되어야 하는 가장 심각한 문제로 대두되고 있다. 특히 참여정부 시기에 지역균형발전을 위해 다양한 국가균형발전시책들이 추진되었으나 무리한 추진과 경제적 타당성 문제 등으로 인하여 오히려 논란의 대상이 되고 있다. 또한 도시화와 공업화 전략에 따라 농촌은 상대적 박탈감과 함께 도·농 격차는 지속적으로 심화되고 있다. 특히 수도권과 지방, 도시계층 간 및 도·농 간의 격차가 상존하고 있으며, 이에 따른 과밀·과소지역의 발생으로 인한 사회적 비용이 가중되고 있다. 국토개발과 더불어 토지수급의 불균형으로 인한 지가상승과 토지투기와 이에 대응하기 위한 투기억제시책 및 개발규제 등으로 토지시장의 왜곡 및 난개발을 초래하고 있다. 이와 같은 국토의 불균형 발전과 이로 인한 국토이용의 비효율 문제는 아마도 제5차 국토종합계획에서 풀어나가야 할 최대 과제라고 볼 수 있다.

한편 지역개발 정책은 시대적 요구와 발전단계 따라 정책적 이슈가 변화하게 된다. 우리나라 지역개발 정책을 시기적으로 보면, 1970년대 후반부터 1980년대 초반까지의 지역개발 정책은 사실상 경제개발을 위한 사회간적자본시설 지원계획이었다. 경제적 효율성에 중점을 두고 성장거점을 중심으로 한 산업입지 정책이 추진되었으며, 과도한 수도권 인구집중에 따른 문제점을 보완하고 도·농 간의 생활여건의 격차를 줄이기 위한 지역생활권 중심의 지역개발 정책이 추진되었다. 이러한 지역개발 정책은 경제발전 단계에서는 불가피하였다고도 볼 수 있다. 즉, 제한된 자원을 효율적으로 활용하기 위한 산업화·도시화 과정에서 일부 대도시로의 인구 집중현상은 자연스러운 결과라고도 볼 수 있다.

이에 따라 1980년대 후반부터 1990년대 중반까지 수도권 과밀화 문제를 해결하기 위해 수도권 규제 정책들이 시행되었다. 그러나, 수도권 억제와 지방의 산업육성을 연계시킬 수 있는 추진체제는 다소 미약하였으며, 특히 산업기반이 취약한 지방의 산업화를 위한 지역산업 육성책도 미흡하였다는 평가를 받고 있다.

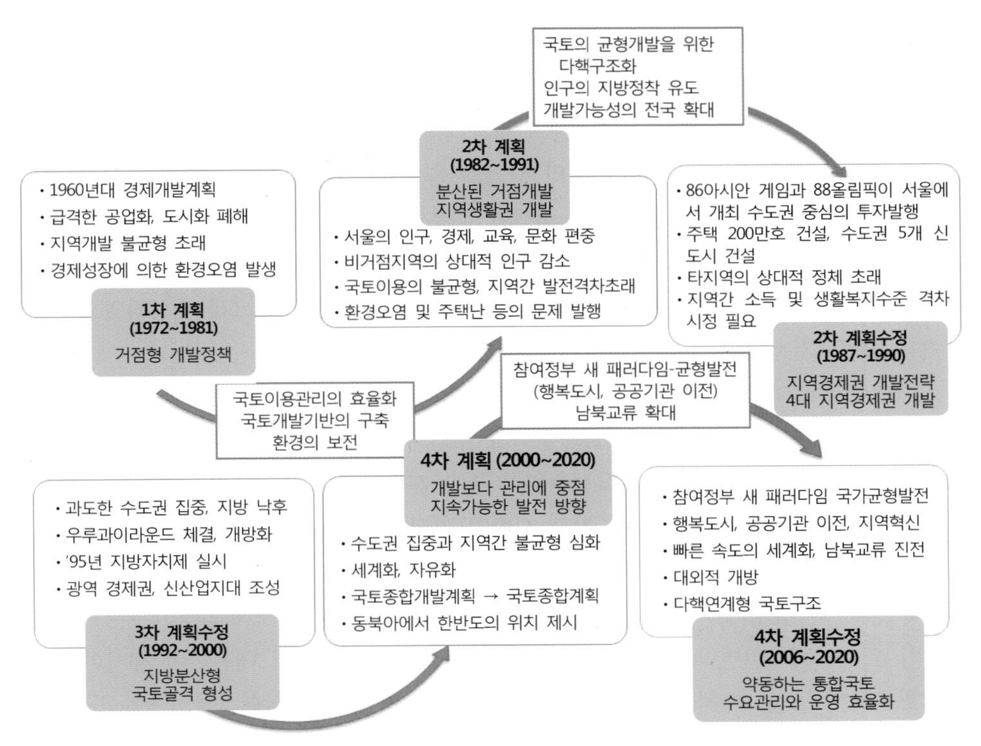

그림 14-22. 국토종합개발계획의 전개과정과 시기별 특징

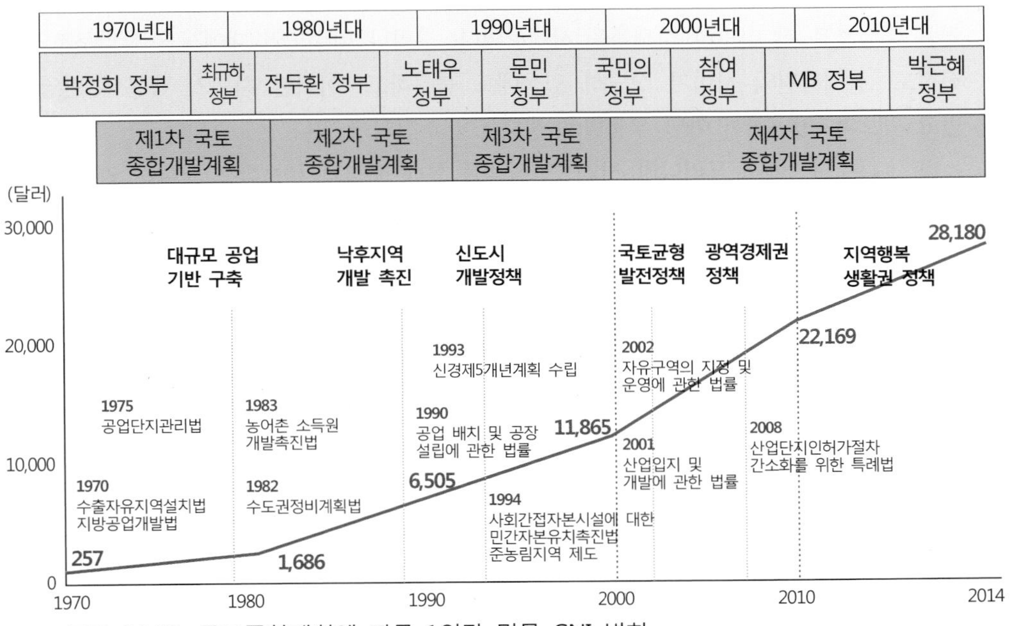

그림 14-23. 국토종합계획에 따른 1인당 명목 GNI 변화

출처: 권영섭 외(2015), p. 97.

1990년대 말 이후 광역권별로 발전계획을 수립하고 항만, 산업단지, 물류단지 등 생산지원 인프라를 중심으로 많은 투자가 이루어졌다. 그러나 지역의 고유한 특성과 잠재력이 고려되지 않은 채 과거 지역개발 방식과 유사하게 산업단지 확충과 인프라 구축에 초점을 두고 이루어졌기 때문에 지방의 산업을 육성하는 데 한계가 있었다. 실제로 이 시기에 조성된 상당수의 산업단지들은 심각한 미분양사태를 겪게 되어 지역경제에 부담으로 작용하기도 하였다. 또한 낙후지역을 개발하기 위한 지역개발 정책들도 정주여건 개선과 생활 인프라 확충에 초점을 두었기 때문에 지역의 생활여건은 크게 개선되었으나 낙후지역을 발전시키는 동력을 창출하기에는 미흡하였다.

2000년대 이후 참여정부, 이명박 정부, 박근혜 정부는 당시 직면한 지역문제들을 인식하고 지역문제에 대응한 지역발전정책을 수립하였다. 특히 당시에 직면했던 지역문제들 중에서 정책적 대응이 시급한 우선순위가 높은 지역문제를 중심으로 지역발전정책을 구성하고자 하였다. 참여정부는 수도권과 지방의 발전 격차, 이명박 정부는 지역의 글로벌 경쟁력 취약, 박근혜 정부는 지역주민의 낮은 삶의 질 만족도를 각각 주요한 지역문제로 인식하였다. 각 정부가 주요한 지역문제로 채택한 이슈는 당시 국내·외적인 환경 변화와 지역의 요구 등을 반영한 것이라고 풀이할 수 있다. 지역문제에 대응하여 제시한 지역발전정책목표를 보면, 다핵공간형 구축, 지역의 글로벌 경쟁력 강화, 국민행복·지역희망으로 변화되어 왔다(그림 14-24).

그러나 아직도 지역발전정책의 가장 큰 과제는 수도권 과밀로 인한 문제점을 해결하는 것이다. 지난 20여 년간 우리나라 지역개발 정책은 수도권의 집중 억제를 위해 비수도권을 대상으로 한 다양한 정책들을 시행하였다. 그러나 비수도권 내에서도 산업구조와 발전정도, 잠재자원의 차이가 상당히 있음에도 불구하고, 이러한 차이가 충분히 반영되지 않고 있으며, 영역별이 아닌 부문별로 정책들이 추진되어 왔다.

또 다른 관점에서 우리나라 지역발전정책을 통해 해결되어야 하는 커다란 과제는 지역감정 해소이다. 지역감정 문제는 영남지역과 호남지역의 지역감정 문제에서 비롯되었지만, 오히려 수도권과 비수도권 간의 발전 격차로 인한 지역 감정이 더 부각되고 있다. 따라서 수도권과 비수도권 간 경제발전 격차를 줄이고 지역 간 동반성장과 상생발전을 이끌어내야 하는 것이 매우 중요한 과제다.

세계경제는 지역블록화와 지역경제통합 및 초광역경제권화가 추진되고 있다. 이미 세계는 하나의 지구촌으로 되고 있으며, 우리나라는 지속적으로 주변국가의 영향 및 세계시장의 영향을 받고 있다. 따라서 세방화 시대의 공간적 전략계획으로서 국토계획이 위상을 갖기 위해서는 보다 장기적인 안목에서 세계적 정세와 세계시장에 대처하는 방안을 모색하는 것도 필요하다. 글로벌 시대에 국가 경제발전과 지속가능한 발전을 위한 국토공간을 조성하기 위해서는 보다 적극적인 전략계획의 수립이 필요하다고 볼 수 있다.

공업화, 성장거점 개발

자립경제기반, 공업화,
수출산업단지 구축에 역점

- 제1차 경제개발 5개년계획과 지방공업개발법 제정
- 수도권, 동남권 중심의 성장 거점 개발로 지역간, 산업간 불균형 구조 형성

수도권 입지규제 도입

수도권 인구 및 산업 집중을 억제하는 규제, 지방의 산업화 및 낙후지역 개발촉진 방안

- 수도권 정비계획법과 서해안종합개발사업계획법, 제2차 국토종합개발계획 수립

지역경쟁력 강화 시책

지역균형발전이 중요한 정책 아젠다로 자리매김

- 제3차 국토종합개발계획, 제2차 수도권정비계획, 지역균형개발 및 지방 중소기업육성법 제정, 지방분산형 국토골격 형성

1998년 이전의 지역정책 → 수도권 집중 억제를 위한 다양한 입지 정책

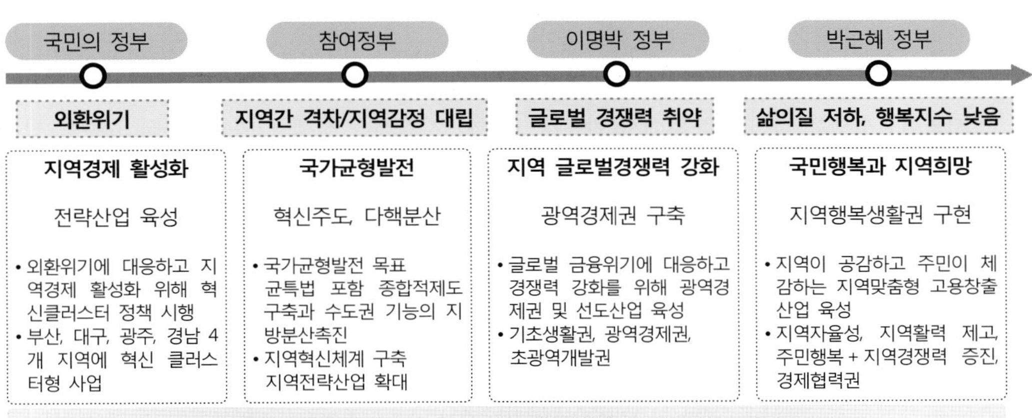

2000년 이후의 지역정책→수도권 집중 억제와 지역 역량 강화

구분	국민의 정부 1999~2002	참여정부 2003~2007	이명박 정부 2008~2012	박근혜 정부 2013~2016
지역간			광역선도산업	광역선도산업
시도	4개 지역사업	4개 지역사업 / 9개 지역사업	지역전략산업	신특화사업 / 협력사업 주력사업 전통사업
시군구	지역특화산업	지역특화산업	지역특화산업	신특화사업 / 협력사업 주력사업 전통사업
예산	8,706억원	24,679억원	26,786억원	11,472억원(13~14)
특징	전략산업육성 착수	시도 중심 지역사업 지원체계 확립	광역 경제권 중심 지역산업정책 추진	지역행복생활권 구현 HOPE 프로젝트 추진
주요 내용	'99년부터 4개 지역 사업추진 - 대구(섬유), 부산(신발), 광주(광), 경남(기계)	• 균특법 제정 • 균특회계 신설 • 균형발전위원회 신설 • 지역별 4개 전략산업선정	• 지역발전위원회 • 광특회계 • 5+2 광역경제권 • 선도사업, 연계협력사업	• 균특법 개정 • 지특회계 • 지역행복생활권 • 주력사업, 경제협력권

그림 14-24. 우리나라 지역개발 정책의 전개과정과 특징 비교
출처: 김성진(2015), 산업통상자원부, 정부의 지역경제발전정책 발표자료(2015. 7. 23) 참조.

향후 수립하게 되는 지역발전정책은 규범적인 정책방향 제시가 아니라 구체적으로 실천할 수 있는 실행방안을 제시하여야 한다. 참여정부가 추진한 지역혁신체계나 혁신클러스터 정책은 해당 지역에서 구체적인 실행방안을 수립하거나 집행하는 데 매우 어려움이 있었다. 특히 참여정부의 지역혁신정책은 지방대학의 역할은 중요시하고 있는 데 비해 가장 핵심이 되는 민간기업의 역할이 상대적으로 간과되었다. 이명박 정부가 추진하고자 한 광역경제권의 육성, 지역개성을 살린 특화된 지역발전, 지역 간 협력과 상생 발전전략 등은 상당히 선언적이고 규범적이다. 광역경제권 육성과 지역특화발전 등 새로운 지역정책이 성공적으로 추진되기 위해서는 이와 연관된 다양한 분야의 정책과 제도, 그리고 실행체계가 종합적으로 개선되어야만 한다. 일례로, 광역경제권 육성도 단순히 광역경제권 관련 법률과 제도를 도입한다고 해서 실효성을 거둘 수 있는 것은 아니다. 지방행정구역의 개편, 광역자치단체의 역할 조정, 지역개발계획 제도의 정비, 중앙과 지방정부의 역할 조정과 분권화 추진 등이 함께 병행되어야만 한다.

우리나라의 경우 지난 40여 년간 다양한 지역발전정책을 추진해 왔기 때문에 새로운 지역발전정책을 추진하기 위해서 반드시 과거의 지역개발 정책 경험으로부터 교훈을 찾는 노력이 필요하다. 새로운 지역발전정책은 그동안 유사한 정책 목적 하에서 다양한 시책이 수립되었지만, 제대로 추진되지 못한 제약과 장애요인을 파악하고 이를 극복할 수 있는 구체적인 실천방안을 제시하여야만 할 것이다. 지역의 진정한 발전을 위해서는 어떤 시책과 사업을 추진하느냐가 중요한 것이 아니라 지역 스스로 어떤 시책과 사업이 효율적이고 효과가 있는지를 파악하고 자율적으로 실천할 수 있도록 제도 정비와 실천 역량을 갖추도록 하는 것이 무엇보다도 중요하다. 진정한 지역발전을 위해서는 대규모 시책이나 사업의 추진보다는 지역의 자율적인 역량을 강화할 수 있는 제도적 기반을 구축하는 데 더욱 큰 관심을 기울여야 한다. 지역발전에 관한 지방정부의 정책 결정권 확대, 재정분권, 경직적인 예산제도의 개편 및 창의적인 지역발전정책 수립을 위한 기획능력을 강화하여야 한다. 지역의 제도적 역량구축은 단순한 정책적 의지와 제도적 장치만으로는 이루어지지 않을 것이다. 지역이 자율적으로 지역의 문제와 지역발전의 필요성을 인식하고 스스로 해결할 수 있는 제도적 기반을 중요시하는 정책 패러다임으로 변화되어야 할 것이다.

최근 서구 여러 나라에서는 지역개발을 위해 도입한 정책들이 효율적이고 효과적인가를 평가하는 시스템을 구축하고 이를 적극적으로 활용되고 있다. 특히 지역정책에 대한 평가 수요가 점점 증가하면서 과거보다 더 많은 모니터링을 통해 지역정책의 성과를 평가하고 있다. 지역정책 평가는 지역정책의 유용성을 평가하는 것으로 평가 내용들을 보면 다음과 같다. 지역정책은 무엇을 성취하기 위한 것인가? 지역정책은 어떤 효과를 가지며 이러한 효과들을 평가하기 위한 방법들은 무엇인가? 어떠한 정책 메커니즘들이 지역정책의 목표를 달성하기 위해 가장 효율적인가? 등이다. 이와 같은 평가 내용에 비추어볼 때 우리나라도 지역개발 정책에 대한 평가 시스템이 구축되어 정책에 대한 평가가 제대로 이루어져야 할 필요성이 그 어느 때 보다도 시급히 요청된다.

'EU 2020 전략'이 지향하는 '스마트(smart)하고, 함께 하는 포용적(inclusive)이며, 지속가능한(sustainable) 성장'은 우리나라 지역발전정책에도 상당히 적합하다고 볼 수 있다(EUROPE 2020: A European strategy for smart, sustainable and inclusive growth). 4차 산업혁명시대가 도래하면서 지역발전정책을 구현할 수 있는 원천은 지역별 지식 창출, 확산, 활용 시스템의 강화 및 활용이 필수적이다. 우리나라의 경우 인적자원과 지식창출역량의 지역 간 격차가 매우 심하다. 지역의 산업생산기반과 혁신역량 간의 부정합 현상도 두드러진다. 이러한 격차와 부정합 현상의 완화는 국가경제성장에도 매우 중요하다. 따라서 향후 지역발전정책은 비수도권의 기업환경 개선, 우수인재 양성 및 정착기반 구축을 위해 노력하여야 할 것이다. 수도권과 비수도권이 지니고 있는 각각의 잠재력에 적합한 지역발전전략을 추구하고, 부족한 부분을 상호보완해 가는 것이 국가경제성장과 지역균형발전을 동시에 달성하기 위한 관건이라고 볼 수 있다.

지역발전정책의 목표는 당면한 지역문제 해결을 통해 달성하고자 하는 미래상을 제시하는 것이므로, 어떠한 지역문제를 우선적으로 해결하기 위한 정책을 결정하는가는 매우 중요하다. 최근 우리 사회가 직면하고 있는 복합적인 지역문제(인구절벽 및 고령화, 지역 간 경제적·삶의 질 격차 심화, 지역쇠퇴, 저성장 기조, 주력산업의 구조조정 등)와 주민들이 체감하고 있는 복지, 웰빙, 건강, 행복수준 등을 포괄하는 새로운 지역발전정책 구상이 그 어느 때보다도 절실하다. 따라서 새로운 지역발전정책의 목표로 지역균형발전, 지역경쟁력 강화와 일자리 창출, 지역 간 상생 협력을 기반으로 해야 할 것이다.

문재인 정부의 국정운영 5개년계획에는 '고르게 발전하는 지역'을 국정목표로 제시하고 '골고루 잘사는 균형발전', '사람이 돌아오는 농산어촌' 등을 주요 전략으로 제시하고 있다. 특히 지역발전정책과 관련한 국정과제로 혁신도시 중심의 클러스터 육성, 산업단지 혁신, 도시재생뉴딜, 조선산업 경쟁력 제고, 농어업 6차산업화, 친환경 농축산업과 스마트 농업 등이 제시되어 있다. 향후 지역발전정책을 구체화하는 과정에서 균형발전, 경쟁력 제고, 삶의 질과 직결되어 있는 일자리와 소득 기반을 확충하고 지속가능성을 높이기 위해서는 지역별 비교우위의 지역산업을 육성하는 것이 매우 중요하다는 인식의 공유가 필요하다. 이러한 인식 하에서 4차 산업혁명과 연계한 미래형 신산업 육성 및 제조업 중심의 주력산업에 대한 구조조정 및 경쟁력 제고를 위한 실천성 있는 세부 정책들이 구상되어야 할 것이다.

참 고 문 헌

■ 국내 문헌

건설교통부(2000), 외국인 투자의 효율적인 유치를 위한 산업입지 공급 방안 연구.

_______(2007), 2007년도 국토의 계획 및 이용에 관한 연차보고서.

경기개발연구원(1999), 수도권 인구이동 특성에 관한 연구, 연구보고서 99-18.

고석찬(2003), 지역혁신 이론과 전략: 과학기술단지와 테크노폴리스 조성, 대영문화사.

고영선(2008), 한국경제의 성장과 정부의 역할 : 과거, 현재, 미래, 한국개발연구원.

곽수종(2010), 한미 FTA 추가협상타결 의미와 향후과제, Issue Paper, 삼성경제연구원.

구종서(1996), 동아시아 발전모델과 한국, 한국정치학회보, 30(2), 209~224.

국가균형발전위원회(2004), 신활력지역 발전구상.

_______(2007), 참여정부의 지방분권과 국가균형발전정책 보고자료.

_______(2008), 상생·도약을 위한 지역발전정책 기본 구상과 전략.

국정홍보처(2008), 참여정부 국정운영백서.

국제무역연구원(2017a), 우리나라 서비스산업의 국제적 위상과 일자리 창출 효과, Trade Focus, 40호.

_______(2017b), 반도체의 수출 신화와 수출경쟁력 국제비교, Trade Focus, 36호.

국토개발연구원(1982), 제1차 국토종합개발계획의 평가분석.

_______(1986), 제2차 국토종합개발계획 수정안.

국토계획연구단(2010), 제4차 국토종합계획 수정계획(2011~2020)(안) 공청회 자료.

국토연구원(2008), 상전벽해 국토 60년.

국토연구원·건설교통부(2000), 외국인투자의 효율적인 유치를 위한 산업입지 공급방안 연구.

국토해양부(2009), 국토의 계획 및 이용에 관한 연차 보고서.

권영섭·김동주(2002), 지식기반산업의 입지특성과 지역경제 활성화 방안 연구, 국토연구원.

권영섭·김선희·하수정·정우성·한지우(2015), 미래 국토를 선도하는 국토종합계획의 발전 방안 연구, 국토연구원.

권영섭·임상연·구정은(2008), 미래 국토균형발전을 위한 다핵도시체계 확립과 육성방안, 국토연구원.

권오혁(1999), "지방도시의 문화산업지구 조성전략", 한국지방자치학회보, 11(1), 223~239.

_______(2004), "지역혁신체계론의 이론적 전개와 정책적 함의," 한국응용경제학회 토론회 자료집, 5~24.

_______(2017), "산업클러스터의 개념과 범위", 대한지리학회지, 52(1), 55~71.

구문모(2005), "창조산업의 경제적 기여와 서울시의 정책적 함의", 서울도시연구, 6(4), 101~120.

글로벌 금융위기 극복백서 편찬위원회(2012), 글로벌 금융위기와 한국의 정책대응.

기상청(2012), 2012년 이상기후 보고서.

기획재정부 외 관계부처 합동 미래기획위원회(2009), 신성장동력 비전 및 발전전략.

김갑성·김경환·남기범·주성재·황주성(2002), "지식기반산업의 입지행태와 정책방향", 지역연구, 18(1), 25~47.

김기국(2003), 외국인투자기업의 R&D 현황 및 과제, 과학기술정책연구원

김동주·권영섭·김선배·김영수·황주성·임기철·이정협(2001), 지식정보화시대의 산업입지 및 군집체계연구, 국토연구원.

김두섭(2005), "한국의 제2차 출산력변천과 그 인과구조", 인구와 사회, 1(1), 23~53.
김병연(2011), "관계적 사고를 통한 상품의 지리교육적 의미", 대한지리학회지, 46(4), 554~566.
김선배(2001), "지역혁신체제 구축을 위한 산업정책 모형," 지역연구, 17(2), 79~97.
_______(2008), 광역경제권 발전의 핵심전략: 글로벌 경쟁거점과 지역 경쟁거점의 연계육성, KIET 산업경제.
김선배·정준호·이진면(2005), 산업클러스터의 효율성 진단(모형) 연구, 산업연구원.
김선희·김현식·이문원·백경진·이지원(2009), 한국형 국토발전모형 정립 연구, 국토연구원.
김성진(2015), 정부의 지역경제발전정책 발표자료(2015. 7. 23.), 산업통상자원부.
김수연·백유진·박영렬(2015), "한국 반도체산업의 성장사: 메모리 반도체를 중심으로", 경영사학, 30(3), 145~166.
김순양(2015), "동아시아의 발전국가와 사회정책: 한국의 사례를 통한 발전주의 복지체제론의 주장들에 대한 재검토", 행정논총, 53(2), 27~68.
김승택(1998), 신산업의 발전비전 및 육성방안: 지식기반산업으로의 구조개편, 산업연구원.
김승현(2017), 4차 산업혁명을 대비한 제조업 혁신정책과 도전과제, 과학기술정책연구원 발표자료.
김영수(2003), 지식기반산업의 지역별 발전동향과 정책시사점, 산업연구원.
김영식·박윤규(2003), 경제발전과 시장 및 정부의 역할, KDB 산업은행 연구보고서.
김용웅·차미숙·강현수(2009), 신지역발전론, 한울아카데미.
김재연(2013), 21세기에 다시 읽는 조지프 슘페터-블로터 https://test-www.bloter.co.kr/archives/category/platform
김정아(2013), 외국인직접투자 제조업체의 공간분포와 입지요인 분석, 서울대학교 환경대학원 석사학위 논문.
김정은(2007), 소비자 시민성의 개념화를 통한 척도 개발 및 적용에 관한 연구, 서울대학교 박사학위논문.
김정은·이기춘(2009), "소비자시민성의 구성요소와 소비생활영역별 차이", 소비자학연구 20(2), 27~51.
김준동·강준구·김혁황·김민성·이성봉(2009), 국내 외국인직접투자의 경제적 효과 및 투자환경 개선방안, 대외경제정책연구원 연구보고서 09-04.
김종일(2002), 복지에서 노동으로, 일신사.
김진철(2000), "신자유주의 세계질서와 한국", 세계정치경제, 7, 1~12.
김진하(2016), 제4차 산업혁명 시대, 미래사회 변화에 대한 전략적 대응방안 모색, 한국과학기술기획평가원, KISTPEP InI(15호).
김창길·김배성·김태영·김만근·자슨 앤더슨(2007), 교토의정서 이행에 따른 농업부문 대응 전략, 연구보고서, R541호, 농촌경제연구원.
김창길·김윤형·정학균(2010), 주요국의 농업분야 탄소배출권 거래제도, 농정연구속보, 66권.
김창길·문동현(2009), "미국 시카고 기후거래소의 운용실테 및 시사점", 세계농업, 110호.
김태성·류진석·안상훈(2005), 현대복지국가의 변화와 대응, 나남출판.
김태환(2005), "공공기관 지방이전과 지역균형발전: 프랑스 사례를 중심으로", 한국지역지리학회지, 11(1), 71~82.
김현호(2003), "지역개발전략으로서 장소마케팅의 특성과 정책적 함의", 지방행정연구, 17(2), 153~176.
_______(2005), "낙후지역정책의 추진현황과 과제," 국토, 48~58.
김형국(2002), 고장의 문화판촉, 학고재.
김형기(2016), "동아시아 발전모델의 원형과 변형: 한·중·일 3국의 공통점과 차이점", 경제발전연구, 22(1), 1~25.
나경수(2016), 우리경제 성장동력, 반도체 역사 50년-이코노미톡뉴스.
나노시티(2012), 삼성 반도체사업 40년, 도전과 창조의 역사.
노상환(2000), "환경규제 강화로 인한 산업재배치 효과에 관한 연구", 자원·환경경제연구, 11(1), 121~145.
노희진(2010), 녹색금융의 발전방향과 추진전략, 자본시장연구원.
녹색성장위원회(2009), 녹색성장국가전략 및 5개년 계획.

대외경제정책연구원(2011), 자본이동 변동성의 원인 분석과 정책 시사점, KIEP 오늘의 세계 경제, 11(31).
대한민국정부(1971), 제1차 국토종합개발계획.
_______(1982), 제2차 국토종합개발계획.
_______(1987), 제2차 국토종합개발계획 수정계획(1987-1991).
_______(1992), 제3차 국토종합개발계획(1992-2001).
_______(2001), 제4차 국토종합개발계획(2002-2011).
_______(2006), 제4차 국토종합계획수정계획(2006-2020).
대한상공회의소(2008), 최근 FDI 동향과 우리의 대응.
독일 인공지능센터(DFKI), 2011. Industries 4.0 Working Group.
박길성(1996), 세계화: 자본과 문화의 변동, 사회비평사.
박번순(2010), 하나의 동아시아, 삼성경제연구소.
박병원(2013), 제6차 장기혁신파동(6th Innovation Wave): 우리는 무엇을 할 것인가? Future Horizon, 제15호.
박복영·안지영(2011), 자본이동 변동성의 원인 분석과 정책 시사점, KIEP 오늘의 세계경제, 11(31), 대외경제정책연구원.
박삼옥(1994), "첨단산업발전과 신산업지구: 이론과 사례", 대한지리학회지, 29(2), 117~136.
_______(2006), "지식정보사회의 신경제공간과 지리학 연구의 방향", 대한지리학회지, 41(6), 639~656.
_______(2008), "경제지리학의 패러다임 변화와 신경제지리학", 한국경제지리학회지, 11(1), 8~23.
박상우(1997), "수도권정비계획의 기본 골격", 국토, 6~14.
박양호·김창현(2002), 국토균형발전을 위한 중추기능의 공간적 재편방안, 국토연구원.
박영철·김상욱·김광익·장철순·박세훈(2003), 지식기반산업 입지정책 연구, 국토연구원.
박용규(2004), 입지경쟁력 제고를 위한 정책제언, 삼성경제연구원.
박정호·이희연(2008), "위계선형모형을 이용한 인적자본의 외부효과 분석", 한국경제지리학회지 12(4), 627~644.
박형준(1997), 21세기의 이해, 동아대학교 출판부.
배준구(2004), "참여정부 지역균형발전정책의 추진과제: 국가균형발전특별회계를 중심으로", 서울행정학회 학술대회 발표논문집, 445~463,
백선혜(2004), 장소마케팅에서 장소성의 인위적 형성: 한국과 미국 소도시의 문화예술축제를 사례로, 서울대학교 박사학위논문.
베리타스알파(2013), 필독서 따라잡기-거대한 전환.
산업연구원(2004), 지역산업정책의 기본방향과 부문별 과제연구-지역혁신을 위한 산업정책적 접근.
_______(2005), 한국산업의 발전비전 2020.
_______(2017), 주요산업동향지표, 통권 제31호.
산업은행(2015), 한국 제조업의 위협요인 분석 및 대응방향.
산업자원부·국가균형발전위원회·한국산업단지공단(2007), 2007 한국 산업클러스터 백서.
산은경제연구소(2010), 금융이슈: 세계 50대 은행의 국가별 분포 현황 및 시사점.
서태성(2005), "제4차 국토종합계획의 수정계획 배경과 특징", 도시문제, 1월호, 11~20.
설동훈(2007), "국제노동력과 외국인노동자의 시민권에 대한 연구", 민주주의와 인권, 7(2), 369~420.
송미령(2013), 창조경제시대 농촌지역개발정책의 방향과 과제, 산업연구원, 지역경제 6월호.
송민선(2001), 인도 소프트웨어 산업, LG 경제연구원.
손병해(2016), 국제경제통합론, 시그마프레스.
신장섭·장성원(2006), 삼성 반도체 세계 일등 비결의 해부, 삼성경제연구소.
신창호·정병순(2002), "서울시 정보통신(ICT) 산업클러스터의 공간적 특성", 지역연구, 18(1), 1~23.

심경섭·박유순·이명중·이태화·정상진·황희정(2009), 국제무역의 이론과 정책, 범한서적주식회사.

스페셜 리포트(2015) 메모리 산업 30년사 빛낸 삼성 반도체 신화의 순간들, 삼성 Newsroom.

안건혁(2000), “도시형태와 에너지 활용과의 관계 연구”, 국토계획, 35(2), 9~17.

여택동·이민환(2009), “우리나라 외국인직접투자의 지역별, 산업별 특성 및 결정요인에 관한 연구”, 무역학회지, 34(4), 339~367.

우천식 외(2007), 선진 한국을 위한 정책방향과 과제: 6대 전략분야를 중심으로, 한국개발연구원.

이강국(2005), 다보스, 포르투 알레그레 그리고 서울: 세계화의 두 경제학, 후마니타스.

이공래(2000), 기술혁신이론 개관, 과학기술정책연구원.

이금숙·이희연(1998), “A New Algorithm for Graph-theoretic Nodal Accessibility Measurement”, *Geographical Analysis*, 30(1), 1~14.

이동기·김동희·박남규·조영곤(2006), 한국기업 해외직접 투자전략의 변천, 서울대학교 출판부.

이무용(2006), 지역발전의 새로운 패러다임 장소마케팅 전략, 논형.

이번송·김용현(2004), “도시의 인적자본, R&D 및 기타 특성이 도시의 임금과 주택가격에 미치는 영향분석 -도시 삶의 질 측정을 중심으로-”, 경제학연구, 52(2). 115~150.

이병호(2000), 산업경쟁력 강화를 위한 시장과 정부의 역할, 산업연구원.

이상대·이상훈(1999), 수도권 정비 및 규제관련 법제의 개선에 관한 연구, 경기개발연구원.

이양수(2009), “참여정부와 신정부의 지역개발정책 평가와 전망”, 한국지방자치연구, 10(10), 25~46.

이원섭(2006), 낙후지역 활성화를 위한 지역개발법인 활용방안 연구: 개발촉진지구를 중심으로, 국토연구원.

_______(2008). 광역경제권 구축방향과 과제”, 「광역경제권중심의 신지역경제 심포지엄」 발표 자료.

이용균(2017), “공정무역에서 생산자의 하위주체성 극복과 생산자 주도 지역 발전”, 한국지역지리학회지, 23(1), 47~61.

이윤석(2009), “글로벌 금융위기 추이 및 전망”, 한국경제포럼, 2(2), 71~89.

이정식(2007), “지역균형발전정책의 추진과 한계”, 국가균형발전의 이론과 실천, 12~57.

_______(2009), “광역지역발전정책의 전개와 과제, 지역발전과 광역경제권 전략, 108~136, 지역발전위원회.

이정협(2010), 2009년 미국지리학대회를 통해서 본 경제지리학 동향, 한국경제지리학회 e-newletter, No.3.

이제민(2016), “한국 외환위기의 성격과 결과-그 논점 및 의미”, 한국경제포럼, 9(2), 79~135.

이종호·이철우(2008), “집적과 클러스터: 개념과 유형 그리고 관련 이론에 대한 비판적 검토”, 한국경제지리학회지, 11(3), 302~318.

이주일(2007), 공간구조 및 교통수단의 변화가 교통에너지 소비에 미치는 영향, 서울시정개발연구원.

이지훈(2009) 탄소배출권 거래제의 경제적 효과, 삼성경제연구원

이철우(2004), “지역혁신체계 구축과 지방정부의 과제”, 한국지역지리학회지, 10(1), 9~22.

이현욱(2017), “한국의 경제발전에 따른 도시순위규모분포의 변화: 1995~2015년”, 한국도시지리학회지, 20(2), 45~57.

이희연(1983), “지역성장과정에 있어서의 상호의존적 체계”, 지리학, 28, 18~34.

_______(1984), “성장거점이론과 거점개발전략, 지리학회보, 제 21호.

_______(1994) “서울의 정보집약적 서비스산업의 성장과 집중요인에 관한 연구”, 국토계획, 29(4), 73~93.

_______(1999), 공간구조 개념과 공간구조 변화 메커니즘에 대한 소고, 지리·환경교육, 7(2), 583~610.

_______(2008), 창조도시: 개념과 전략, 국토, 322, 6~15.

이희연·황은정(2008), “창조산업의 집적화와 가치사슬에 따른 분포특성: 서울을 사례로”, 국토연구, 58, 71~93.

장수명·이번송(2001), “인적자본의 지역별, 산업별 분포와 그 외부효과,” 노동경제논집, 24(1), 1~33.

장재홍(2003), 국가균형발전을 위한 지역혁신체계 구축 방향 월간 KIET 산업경제.
_______(2005), 지역혁신정책과 지역균형발전간의 관계 분석 및 정책 대응, 산업연구원.
_______(2008), "지역경제발전을 위한 새로운 정책 패러다임 모색", 응용경제, 10(2), 145~175.
장재홍·송하율·김찬준·김동수·변창욱·서정해·정준호(2012), 한국 지역정책의 새로운 도전, 산업연구원 연구보고서 2012-639.
장철순(2013), "산업단지 1,000개 시대와 산업입지 정책과제", 국토정책 Brief, No. 420.
장필성(2016a), "다보스포럼: 다가오는 4차 산업혁명에 대한 우리의 전략은?" 과학기술정책, 211호, 12~15.
_______(2016b), 4차 산업혁명을 위한 글로벌 동향, 그리고 우리가 나아가야 할 방향, 스마트 디바이스 트렌드 매거진 SDTM, 22호.
정규호·허남혁(2005), "정보기술과 자원, 환경의 관리", 공간과 사회, 24, 120~153.
정성호(2009), "산업국가에서의 제2차 인구변천", 한국인구학 32(1), 139~164.
정연승(2004), "국내 문헌에 나타난 외환위기 원인에 대한 비판적 고찰", 경제학연구, 52(3), 33~64.
정의룡(2010), 국가별 근로연계복지정책의 특성에 관한 비교 연구, 서울행정학회 춘계학술대회 발표논문집. 61~78.
정준호(2000), "폴 크루그먼의 신경제지리학을 비판적으로 읽는다", 공간과 사회, 13, 312~328.
_______(2008), "공간문제에 대한 신경제지리학의 해석: 그 논의와 비판적 이해", 공간과 사회, 30, 5~35.
조명래(1985), 대안적 방식으로서의 상향적 지역개발, 지방의 재발견, 사회과학총서 11, 민음사.
지식경제부(2009), 세계 일류상품에 58개 품목 추가 지정, 지식경제부 보도자료(2009.12.15.).
지역발전위원회(2009), 지역발전과 광역경제권 전략.
진영환·김창현(1998), 국토정책의 평가와 발전방향, 국토연구원.
차미숙·정윤희(2002), 외국인직접투자기업의 유형별 입지특성과 지역연계 연구, 국토연구원.
최두열(1998). 아시아 외환위기의 발생과정과 원인. 한국경제연구원.
최요한수(2009), 대중교통지향형 도시개발을 위한 지표설정과 잠재지역 분석, 서울대학교 환경대학원 석사학위논문.
최윤기·장재홍·허문구·변창욱(2007), 한국경제의 발전경로와 지역정책, 산업연구원.
최윤식(2016), 2030 대담한 도전: 앞으로 20년, 세 번의 큰 기회가 온다, 지식노마드.
최혁(2009), "글로벌 금융위기의 전개과정," 한국경제포럼, 2(1), 35~43.
포스코경영연구소(2014), 인더스트리 4.0, 독일의 미래제조업 청사진-ICT와 제조업 융합 지향.
폴라니(저)/홍기빈(역),(2009), 거대한 전환: 우리 시대의 정치·경제적 기원, 길.
하원규·최남희(2016), 제4차 산업혁명: The 4th industrial revolution, 콘텐츠하다.
하혁진(2013), 글로벌 금융위기 이후 우리나라 자본유출입 동향 및 특징, 한국은행 금요강좌 발표자료.
한국경제 60년사 편찬위원회(2010), 한국경제 60년사, IV. 국토·환경. VI. 산업
한국공정무역연합(역)(2010), 공정무역: 시장이 이끄는 윤리적 소비, 책으로 보는 세상.
한국금융연구원(2009), 국제금융 이슈 : 최근 탄소배출권 거래시장 동향 및 향후 전망.
한국농촌경제연구원(2004), 기업농의 가능성과 조건. 정책연구보고.
한국능률협회(1990), 한국의 3000대 기업.
_______(2003), 한국 무역, 40년 발자취와 비전.
_______(2008), 글로벌 탄소시장 현황 및 주요국의 대응사례, Global Business Report, 08-40.
한국무역협회·국제무역연구원(2010), 한-칠레 FTA 6주년 평가.
_______(2010), 세계 주요국의 지역무역협정 추진현황과 2010년 전망.
한국산업단지공단(2006), 전국 산업단지 현황 통계.
_______(2007), 기업의 입지동향과 산업용지 수급현황.

_______(2009), 산업단지 요람.
_______(2010), 산업입지정책 Brief, 제 57호.
_______(2013), 제조업의 입지결정 요인분석.
_______(2014), 산업단지 50년의 성과와 발전 과제.
_______(2017), 통계로 본 한국의 산업단지 15년 2001~2016.
한국은행(2016), 한국의 금융시장.
한국정보화진흥원(2014), 인더스트리 4.0과 제조업 창조경제 전략, IT & Future Strategy 보고서, 2호.
한국증권연구원(2008), 세계 신용파생상품시장의 혁신과 시사점.
허문구·최윤기·장재홍(2004), 경제성장과 지역 간 격차, 산업연구원.
허찬국(2009), 1997년과 2008년 두 경제위기의 비교, 한국경제연구원.
현대경제연구원(2015), 해외직접투자 증가의 특징과 시사점-해외투자자의 국내 유턴 '유인책' 필요, VIP리포트.
황금회(2001), 교통에너지절약형 도시성장 패턴구축을 위한 토지이용 전략, 경기개발연구원.
황주성(2000), "소프트웨어 산업의 입지와 산업지구에 관한 연구", 대한지리학회지, 35(1), 121~139.
홍일영(2008). "소프트웨어 산업의 집적지 변화와 기업이동 특성", 한국경제지리학회지, 11(2), 175~191.

▪ 외국 문헌

Abernathy, W. and Utterback, J.(1978), "Pattern of Innovation in Technology", *Technology Review*, 80(7), 40~47.
Abler, R., Adams, J. and Gould, P.(1971), *Spatial Organization: The Geographers`s View of the World*, Englewood Cliffs, N.J.: Prentice-Hall.
Acemoglu, D. and Angrist, J.(2000), "How Large Are Human-Capital Externalities? Evidence from Compulsory Schooling Laws", *NBER Macroeconomics Annual*, 15, 9~59.
Ackerman, E.(1976), "Population, Natural Resources, and Technology," *Annals of the American Academy of Political and Social Science,* 369, 84~97.
Aglietta, M.(1979), *A Theory of Capitalist Requestions: the US Experience*, London: NLB.
Agnew, J.(2002), "Review of A Companion to Economic Geography and The Oxford Handbook of Economic Geography," *Annals of the Association of American Geographers*, 92, 584~588.
Akamatsu, K.(1962), "A Historical Pattern of Economic Growth in Developing Countries", *Journal of Developing Economies,* 1(1), 3~25.
Aksoy, M. and Beghin, J.(eds.)(2005), *Global Agricultural Trade and Developing Countries*, World Bank.
Alexandratos, N. and J. Bruinsma.(2012), *World Agriculture towards 2030/2050: the 2012 Revision,* ESA Working paper No. 12-03. Rome: FAO.
Allen, J. and Massey, D.(eds.)(1988), *Restructuring Britain: the Economy in Question*, London: Sage.
Allen, J.(1992), "Services and the UK Space Economy: Regionalization and Economic Dislocation", *Transactions of Institute of British Geographers*, 17, 292~305.
Allianz Global Investors(2010), *The Sixth Kondratieff-long Waves of Prosperity*, Allianz Knowledge site– http://www.knowledge.allianz.com
Alonso, W.(1964), *Location and Land Use*, Cambridge, Mass: Harvard University Press.
Amin, A. (1997), Globalization, Socio-Economics, Territoriality, in Lee, R. and Willes, J.(eds.), *Geographies of Economies*, Arnold: New York, 147~157.

______(1999), "An Institutionalist Perspective on Regional Economic Development", *International Journal of Urban and Regional Research*, 23, 65~78.

______(2002), "Spatialities of Globalisation", *Environment and Planning A*, 34, 385~399.

Amin, A. and Cohendet, P.(2004), *Architectures of Knowledge: Firms, Capabilities and Communities*, Oxford.: Oxford University Press.

Amin, A., Hagen, A. and Sterrett, C.(1995), "Cooperating to Achieve Competitive Advantages in a Global Economy: Review and Trends", *S.A.M. Advanced Management Journal*, 60(4), 37~41.

Amin, A, and Malmberg, A.(1992) "Competing Structural and Institutional Influences on the Geography of Production in Europe", *Environment and Planning A*, 24, 401~416.

Amin, A. and Thrift, N.(1994), Living in the Global, in Amin, A. and Thrift, N.(eds.), *Globalisation, Institutions and Regional Development in Europe*, Oxford: Oxford University Press, 1~22.

______(2000), "What Kind of Economics for What Kind of Economic Geography?", *Antipode*, 32, 4~9.

Armstrong, H. and Taylor, J.(2000), *Regional Economics and Policy*(3rd ed.), Malden, MA: Blackwell.

Armstrong, P., Glyn, A. and Harrison, J.(1991), *Capitalism Since 1945*, New Jersey: Blackwell.

Anderson, E. and Gatignoon, H.(1986), "Mode of Foreign Entry: A Transaction Cost Analysis and Propositions", *Journal of International Business Studies*, 17(3), 1~26.

Andersson, M. and Karlsson, C.(2004), Regional Innovation Systems in Small & Medium-Sized Regions: A Critical Review & Assessment, CESIS Working Paper, No. 10.

Appleman, P.(1976), *Thomas Robert Malthus: An Essay on the Principle of Population: Texts, Sources and Background Criticism*, New York: W.W. Norton.

Arnott, R. and Wrigley, N.(2001), "Editorial", *Journal of Economic Geography*, 1, 1~4.

Arthur, W.(1989), "Competing Technologies, Increasing Returns and Lock-in by Historical Events", *Economic Journal*, 99, 116~131.

Ausubel J., Marchetti, C. and Meyer, P.(1998), "Toward Green Mobility: the Evolution of Transport", *European Review*, 6(2), 137~156.

Authur, W.(1994), *Increasing Returns and Path Dependence in the Economy*, Ann Arbor: University of Michigan Press.

Bagchi-Sen, S. and Lawton Smith, H.(eds.)(2007), *Economic Geography: Past, Present and Future,* London: Routledge.

Balassa, B.(1980), "The Developing Countries and the Tokyo Round", *Journal of World Trade Law*, 14, 93~118.

Banister, D., Watson, S., and Wood, C.(1997), "Sustainable Cities: Transport, Energy, and Urban Form", *Environment and Planning B*, 24, 125~143.

Barnes, T.(1996), *Logics of Dislocation: Models, Metaphors, and Meanings of Economic Space*, New York: Guilford Press.

______(2000), Inventing Anglo-American Economic Geography, 1889-1960, in Sheppard, E. and Barnes, T.(eds.), *A Companion to Economic Geography*, Oxford: Blackwell, 11~16.

______(2001), "Retheorizing Economic Geography: From the Quantitative Revolution to the Cultural Turn", *Annals of the Association of American Geographers*, 91(3), 546~565.

Barnes, T., Peck, J., Sheppard, E. and Tickell, A.(eds.)(2003), *Reading in Economic Geography*, Oxford: Blackwell.

Barro, R. and Salai-Martin, X.(1991), "Convergence acorss States and Regions", *Brookings Papers*, 1, 107~182.

Barro, R.(1991), "Economic Growth in a Cross Section of Countries", *The Quarterly Journal of Economics*, 106, 407-443.

Bartlett, C. and Ghoshal, S.(1998), *Managing Across Borders: The Transnational Solution*, Harvard Business Press.

Bathelt, H. and Glückler, J.(2003), "Toward a Relational Economic Geography", *Journal of Economic Geography*, 3, 117~144.

Batten, D.(1995), "Network Cities: Creative Urban Agglomerations for the 21st Century", *Urban Studies*, 32(2), 313~327.

BCC Research,(2014), http://www.siemens.com/innovation/en/home/pictures-of-the-future/digitalization-and-software/artificial-intelligence-facts-and-forecasts.html.

Beaver, S.(1975), *Demographic Transition Theory Reinterpreted*, Lexington, Mass: Lexington Books.

Beavon, K.(1977), *Central Place Theory: A Reinterpretation*, London: Longman.

Becker, G.(1964), *Human Capital: A Theoretical and Empirical Analysis, with Special Reference to Education*, Chicago: University of Chicago Press.

Beckmann, M.(1958), "City Hierarchies and the Distribution of City Size", *Economic Development and Cultural Change*, 6, 243~248.

_______(1961), "City Size Distributions and Economic Development", *Economic Development and Cultural Change*, 9, 573~588.

Bečvářová, V.(2002), "The Changes of the Agribusiness Impact on the Competitive Environment of Agricultural Enterprises", *Agricultural Economics,* 48(10), 449~455.

_______(2005), "Agribusiness – a scope as well as an opportunity for contemporary agriculture.", *Agricultural Economics,* 51, 285-292.

Berger, S. and Dore, R.(eds)(1996), *National Diversity and Global Capitalism*, Ithaca, New York: Cornell University Press.

Berry, B.(1961), "City-Size Distribution and Economic Development", *Economic Development and Cultural Change*, 9, 573~588.

_______(1971), City-size Distributions and Economic Development: Conceptual Synthesis and Policy Problems with Special Reference to South and Southeast Asia, in Jakobson, L. and Prakash, V.(eds.), *Urbanization and National Development,* 111-156. Beverly Hills: Sage.

Berry, B., Barnum, H. and Tennant, R.(1962), "Retail Location and Consumer Behavior", *Regional Science Association, Papers and Proceedings*, 9, 65~106.

Berry, J., Conkling, E. and Ray, D.(1997), *The Global Economy in Transition*(2nd ed.), Upper Sadler, NJ: Prentice-Hall.

Berry, B. and Karsarda, J.(1977), *Contemporary Urban Ecology*, New York: John Wiley & Sons.

Bertaud, A.(2002), The Spatial Organization of Cities, World Development Report Background Paper, The World Bank.

_______(2003), Metropolis: A Measure of the Spatial Organization of 7 Large Cities, In Watson, D., Plattus, A. and Shibley, R., *Time-Saver Standards for Urban Design*, New York: McGraw-Hill.

Bertaud, A. and Malpezzi, S.(1999), The Spatial Distribution of Population in 35 World Cities: the Role of Markets, Planning and Topography, The Center for Urban Land and Economic Research, The University of Wisconsin.

Bloom, D. and Williamson, J.(1998), "Demographic Transitions and Economic Miracles in Emerging Asia", *World Bank Economic Review*, 12, 419~456.

Bloom, D., Canning, D. and Malaney, P.(2000), "Demographic Change and Economic Growth in Asia", *Population and Development Review,* 26(Suppl.), 257~290.

Borts, G.(1970), "The Equalization of Returns and Regional Economic Growth", in Mckee, D., Dean, R, and Leahy, W.(eds.), *Regional Economics*, New York: Free Press.

Borts, G. and Stein, J.(1964), *Economic Growth in a Free Market,* New York: Colombia University Press.

Boschma, R.(2009), "Some Notes on Institutions in Evolutionary Economic Geography", *Economic Geography*, 85, 151~158.

Boschma, R. and Frenken, K.(2006), "Why is Economic Geography not an Evolutionary Science? Towards an Evolutionary Economic Geography", *Journal of Economic Geography*, 6, 273~302.

Boschma, R. and Lambooy, J.(1999a), "The Prospects of an Adjustment Policy based on Collective Learning in Old Industrial Regions", *GeoJournal*, 49(4), 391~399.

_______(1999b), "Why Do Old Industrial Regions Decline? An Exploration of Potential Adjustment Strategies", Paper Presented at European RSA-congress.

Boschma, R. and Martin, R.(2007), "Constructing an Evolutionary Economic Geography", *Journal of Economic Geography*, 7, 537~548.

Boudeville, J.(1966), *Problems of Regional Economic Planning*, Edinburg: Edinburg University Press.

Bourdais, C. and Beaudry, M.(1988), "The Changing Residential Structure of Montreal 1971-81", *Canadian Geographer*, 32(2), 98~113.

Bourne, L.(1982), Unban Spatial Structure: An Introductory Essay on Concepts and Criteria, in Bourne, L.(ed.), *Internal Structure of the City*, Oxford: Oxford University Press.

Brackett, J.(1968), "The Evolution of Marxist Theories of Population: Marxism Recognize the Population Problem", *Demography,* 5, 158~173.

Bradley, A., Hall, T. and Harrison, M.(2002), "Selling Cities: Promoting New Images for Meeting Tourism", *Cities*, 19, 61~70.

Brenner, N.(1998), "The Role of European Super Region", *Review of International Political Economy*, 5(1), 1~37.

_______(1999), "Globalisation as Reterritorialisation: the Re-scaling of Urban Governance in the European Union", *Urban Studies*, 36(3), 431~451.

Briones, R. and Rakotoarisoa, M.(2013), Investigating the Structures of Agricultural Trade Industry in Developing Countries, FAO Cmmodity and Trade Policy Research Working Paper No. 38.

Brittan, L.(1997), *Globalisation vs. Sovereignty? The European Response,* Cambridge: Cambridge University Press.

Brookfield, H.(1975), *Interdependent Development*, London: Metheun.

Brown, L.(1976), "World Population Trends: Signs of Hope, Signs of Stress", World Watch Paper, 8, 15~19.

_______(1990), State of the World, Washington, D.C.: Worldwatch Institute.

Bryson, J., Daniels, P. and Warf, B.(2004), *Service Worlds. People, Organizations, Technologies,* London: Routledge.

Buckley, P. and Casson, M.(1976), *The Future of the Multinational Enterprise*, London: Macmillan.

Bukeviciute, L., Dierx, A., Ilzkovitz, F. and Roty, G.(2009), Price Transmission along the Food Supply Chain in the European Union, European Commission, Directorate-General for Economic and Financial Affairs.

Burgess, E.(1925), "The Growth of City", In Park, R., Burgess, E. and Mckenzie, R.(eds.), *The City*, Chicago: University of Chicago.

Burrett, R.(2009), Renewables: Global Statue Report 2009 Updata, REN 21(Renewable Energy Policy Network for the 21st Century).

Burton, I.(1963), "The Quantitative Revolution and Theoretical Geography", *Canadian Geographer*, 7, 151~162.

Cabus, P. and Vanhaverbeke, W.(2006), "The Territoriality of the Network Economy: Evidence from Flanders", *Entrepreneurship and Regional Development*, 18, 25~53.

Cairncross, F.(1997), *The Death of Distance: How the Communications Revolution Will Change Our Lives*, Cambridge, MA: Harvard Business School Press.

Camagni, R.(1991), *Innovation Networks: Spatial Perspectives*, London: Belhaven Press.

Cantwell, J. and Janne. O.(1999), "Technological Globalisation and Innovative Centers: the Role of Corporate Technological Leadership and Locational Hierarchy", *Research Policy,* 29, 119~144.

Cantwell, J. and Piscitello, L,(2000), "Accumulating Technological Competence: Its Changing Impact on Corporate Diversification and Internationalization", *Industrial and Corporate Change*, 9(1), 21~51.

______(2005), "The Recent Location of Foreign R&D Activities by Large MNCs in the European Regions: The Role of Spillovers and Externalities", *Regional Studies*, 39(1), 1~16.

Capello, R.(1999), "Spatial Transfer of Knowledge in High Technology Milieux: Learning Versus Collective Learning Processes", *Regional Studies*, 33(4), 353~365.

Carroll, W. and Carson, C.(2003), "The Network of Global Corporations and Elite Policy Groups: a Structure for Transnational Capitalist Class Formation? Global Network", *Journal of Transnational Affairs*, 3(1), 29~57.

Carroll, W. and Sapinski, J.(2010), "The Global Corporate Elite and the Transnational Policy Planning Network, 1996~2006 : A Structural Analysis", *International Sociology*, 25(4), 501~538.

Casetti, E.(1967), "Urban Population Patterns: An Alternative Explanation", *Canadian Geographer*, 11, 96~100.

Casetti, E., King, L., and Oland, J.(1971), "The Formalizing and Testing of Concepts of Growth Poles in a Spatial Context", *Environment and Planning,* 3. 377~382.

Casson, M.(ed.)(1983), *The Growth of International Business*, London: Allen & Unwin.

Castells, M.(1985), High Technology, Economic Restructuring and the Urban-Regional Process in the United States, in Castells, M.(ed.), *High Technology, Space and Society*, Beverly Hills: Sage Publications, 11~40.

______(1989), *The Informational City*, Oxford: Blackwell.

______(1996), *The Rise of the Network Society*, Oxford: Blackwell.

Caves, R.(2004), *Creative Industry: Contacts between Art and Commerce*, Cambridge: Harvard University Press.

CEDA(Committee for Economic Developement of Australia)(2015), Australia's Future Workforce.

Chisholm, G.(1889), *Handbook of Commercial Geography*, London: Longman.

Chisholm, M.(1967), "General System Theory and Geography," Transactions of the Institute of British Geographers, 42, 45~52.

Christaller, W.(1966), *Central Places in Southern Germany*, trans. by Baskin, C.W., Englewood Cliffs, N.J.; Prentice-Hall.

CISG(Creative Industries Strategy Group)(2003), *Economic Contributions of Singapore's Creative Industries,* Economic Survey of Singapore First Quater, Ministry of Information, Communications and the Arts.

Clark, C.(1940), *The Conditions of Economic Progress*, London: MacMillan.

______(1951), "Urban Population Density", *Journal of the Royal Statistical Society Series A*, 14, 490~496.

Clark, G., Feldman, M. and Gertler, M.(eds.)(2000), *The Oxford Handbook of Economic Geography*, Oxford: Oxford University Press.

Clark, G. and Kim, W.(1995), *Asian NIEs and Global Economy,* New York: John Hopkins Press.

Cleaver, H.(2000), *Reading Capital Politically*(2nd ed.), Antithesus: AK Press.

Cline, W.(1997), Trade and Income Distribution, Washington DC: Institute for International Economics.

Coe, N., Hess, M.., Yeung, H., Dicken, P. and Henderson, J.(2004), "Globalizing' Regional Development: a Global Production Networks Perspective", *Transactions of the Institute of British Geographers, New Series*, 29, 468~484.

Coe, N, Kelly, P. and Yeung, H.(2007), *Economic Geography: A Contemporary Introduction*(1st ed.), Malden, MA: Blackwell.

______(2013), *Economic Geography: A Contemporary Introduction*(2nd ed.), Malden, MA: Blackwell.

Coleman, J.(1998), "Social Capital in the Creation of Human Capital", *American Journal of Sociology*, 45, 95~120.

Conroy, M.(1973), "Rejection of Growth Center Strategy in Latin America Regional Development Planning", *Land Economics*, 59, 371~380.

Cook, I., Crang, P., Thorpe, M.(1998), "Biographies and Geographies: Consumer Understanding of the Origins of Foods", *British Food Journal,* 100(3), 162~167.

Cook, I., Evans, J., Griffiths, H., Mayblin, L., Payne, B. and Roberts, D.(2007a), "Made in …?Appreciating the Everyday Geographies of Connected Lives", *Teaching Geography,* 80~83.

Cook, I., Evans, J., Griffi ths, H., Morris, R. and Wrathmell, S.(2007b), "'It's More Than Just What It Is': Defetishizing Commodities, Expanding Fields, Mobilizing Change …", *Geoforum*, 38, 1113~1126.

Cooke, P.(1998), Introduction in Regional Innovation System, in Braczyk, H., Cooke, P. and Heidenreich, M.(eds.), *Regional Innovation Systems*, London: UCL Press, 2~27.

_______(2003), Strategies for Regional Innovation Systems : Learning Transfer and Applications, Vienna: UNIDO.

Coombes, M., Charles, D., Raybould, S. and Wymer, C.(2005), City Regions and Polycentricity: the East Midlands Urban Network, CURDS, Center for Urban and Regional Development Studies, Newcastle University.

Coperland, B. R. and Taylor, S.(2003), *Trade and the Environment*, Princeton: Princeton University Press.

Coy, P.(2000), "The Creative Economy", *Business Week.* 2000 August 28.

Craig, P.(1957), "Location Factors in the Development of Steel Centers", *Papers of the Regional Science Association,* 3, 250~265.

Crang, P.(2005), Consumption and Its Geographies, in Daniels, P., Bradshaw, M., Shaw, D. and Sidaway, J.(eds.), *Human Geography: Issues for the Twenty-first Century*(2nd ed.), Harlow: Pearson, 359~379.

Crang, P., Dwyer, C. and Jackson, P.(2003), "Transnationalism and the Spaces of Commodity Culture", *Progress in Human Geography*, 27(4), 438~456.

Cunningham, S.(2002), *From Cultural to Creative Industries: Theory, Industry, and Policy Implications*, Creative Industries Research and Applications Center, University of Technology Brisbane, Australia.

Darwent D.(1969), "Growth Poles and Growth Centers in Regional Planning-A Review", *Environment and Planning,* 8, 5~32.

da Silva, C., Baker, D., Shepherd, A., Jenane, C. and Miranda-da-Cruz, S.(eds.)(2009), Agro-industries for Development, FAO and UNIDO.

Davis, J. and Goldberg, R.(1957), "A Concept of Agribusiness", *American Journal of Agricultural Economics*, 39(4), 1042~1045.

DCMS(Department of Culture, Media and Sport)(1998), Creative Industries Mapping Document, London.

Deevey, E.(1960), "The Human Population", *Scientific American*, 203, 195~204.

Desai, M.(1979), *Marxian Economics*, Oxford: Blackwell.

de Souza, A. and Foust, J.(1979), *World Space Economy*, Columbus: Charles E. Merrill Pub.

Diaz-Bonilla, E., Thomas, M., Robinson, S. and Cattaneo. A.(2000). Food Security and Trade Negotiations in the World Trade Organization: a Cluster Analysis of Country Groups. TMD Discussion Paper 59, Washington, DC, IFPRI.

Dicken, P.(1992), *Global Shift: The Internationalization of Economic Activity*(2nd ed.), London: Paul Chapman.

_______(2007), *Global Shift: Mapping the Changing Contours of the World Economy*(5th ed.), New York: Guilford Press.

_______(2015), *Global Shift: Mapping the Changing Contours of the World Economy*(7th ed.), New York: Guilford Press.

Dicken, P., Kelly, P., Olds, K. and Yeung, H.(2001), "Chains and Networks, Territories and Scales: Towards an Analytical Framework for the Global Economy", *Global Networks,* 1, 89~112.

Dicken, P. and Lioyd, P.(1990), *Location in Space: Theoretical Perspectives in Economic Geography*(3rd ed.), New York: Harper & Row.

Dickinson, R.(1964), *City and Region: A Geographical Interpretation*, London: Routledge.

Dikhanov, U.(2005), *Trends in Global Income Distribution, 1970-2000, and Scenarios for 2015*, Human Development Report.

Dixit, A. and Stiglitz, J.(1977), "Monopolistic Competition and Optimum Product Diversity", *The American Economic Review*, 67(3), 297~308.

Dixon, R. and Thirlwall, A.(1975), "A Model of Regional Growth rate Differentials along Kaldorian Lines", *Oxford Economic Papers,* 27, 211~214.

Drake, G.(2003), "This Place Gives Me Space': Place and Creativity in the Creative Industries", *Geoforum* 34(4), 511~524

Dunford, M.(1988), *Capital, the State and Regional Development,* London: Pion.

Dunning, J.(1980), "Towards an Eclectic Theory of International Production: Some Empirical Test", *Journal of International Business Studies*, 11, 9~31.

_______(1988), "The Eclectic Paradigm of International Production: A Restatement and Some Possible Extentions", *Journal of International Business Studies*, 19, 1~32.

_______(1993), *Multinational Enterprise and the Global Economy*, Reading MA: Addison Wiley.

_______(1997) Introduction, in Dunning J.(ed.), *Governments, Globalization, and International Business,* Oxford University Press, 1~28.

_______(1998), Location and the Multinational Enterprise: a Neglected Factor?", *Journal of International Business Studies,* 29(1), 45~66.

EcoNexus(2013), AGROPOLY-A Handful of Corporations Control World Food Production, Berne Declaration & EcoNexus.

Ehrenreich, B. and Hochschild, A.(2002), *Global Woman: Nannies, Maids and Sex Workers in the New Economy*. New York: Henry Holt & Company.

Ehrlich, P.(1970), Population Resources Environment: Issues in Human Ecology, New York: W.H. Freeman & Co.

EIA(2009), World Energy Projection Plus, World Energy Outlook.

Elis, V.(2008), The Impact of the Ageing Society on Regional Economies, in Coulmas, H., Conrad, F., Schad-Seifert, A. and Vogt, G.(Eds.), *The Demographic Challenge: a Handbook about Japan,* Leiden: Brill, 861~878.

El-Shaks, S.(1972), "Development, Primacy, and System of Cities", *The Journal of Developing Areas*, 7, 11~36.

Essletzbichler, J.(2007), Diversity, Stability and Regional Growth in the United States, 1975-2002, in Frenken, K.(ed.), *Applied Evolutionary Economics and Economic Geography*, Cheltenham: Edward Elgar, 203~229.

_______(2009), "Evolutionary Economic Geography, Institutions, and Political Economy", *Economic Geography*, 85, 159~165.

_______(2011), Locating Location Models, in Leyshon, H., Roger, L., McDowell, L., Peter, S.(eds.), *The Sage Handbook of Economic Geography*, Washington D.C. Sage Publications, 23~38.

Essletzbichler, J. and Rigby, D.(2004), "Competition, Variety and the Geography of Geographical Evolution", *Tijdschrift voor Economische en Sociale Geografie,* 96, 48~62.

_______(2007), "Exploring Evolutionary Economic Geographies", Journal of Economic Geography, 7, 549~571.

Essletzbichler, J. and Winther, L.(1999), "Regional Technological Change and Path Dependency in the Danish Food Processing Industry", *Geografiska Annaler,* 81, 179~195.

Ettinger, N.(1981), "Dependency and Urban Growth: A Critical Review and Reformulation of the Concepts of Primacy and Rank-Size", *Environment and Planning A,* 65, 1389~1400.

European Central Bank(2016), Dealing with Large and Volatile Capital Flows and the Role of the IMF, Occasional Paper Series, IRC Task Force on IMF Issues. No 180.

European Commission(2009), The Functioning of the Food Supply Chain and Its Effect on Food Prices in the European Union, Occasional Papers 47.

Evans, A.(1973), *The Economics of Residential Location,* London: Macmillan.

Evans, P.(1995), *Embedded Autonomy: States and Industrial Transformation,* Princeton: Princeton University Press.

_______(1997), "The Eclipse of the State? Reflections on Stateness in an Era of Globalization", *World Politics,* 50, 62~87.

Fabricant, R.(1970), "An Exceptional Model of Migration", *Journal of Regional Economics*, 10, 13~24.

Fair, T.(1974), "Decentralization, Dispersal and Dispersion", *South Africa Geographical Journal*, 1, 94~96.

Faludi, A.(ed.)(2002), *European Spatial Planning,* Cambridge MA: Lincoln Institute of Land Policy.

FAO(Food and Agriculture Organization)(2008), Soaring Food Prices; Facts, Perspectives, Impacts and Actions Required.

_______(2009), Undernourishment around the World.

_______(2015a), The State of Agricultural Commodity Markets, 2015~16.

_______(2015b), Statistical Pocketbook World Food and Agriculture.

_______(2017a). The Future of Food and Agriculture: Trends & Challenges.

_______(2017b), The State of Food Security and Nutrition in the World.

_______(2017c), Food Outlook, Biannual Report on Global Food Markets.

_______(2017d), What Did We Learm from the Bout of High and Volatile Food Commodity Prices, 2007~2013?, FAO Commodity AND Trade Policy Research Working Paper series, No.54

Faudi, A.(2004), "Territorial Cohesion: Old(French) Wine in New Bottles?", *Urban Studies*, 41, 1349~1365.

Fields, G.(2004), *Territories of Profit: Communications, Capitalist Development, and the Innovative Enterprises of G.F. Swift and Dell Computers,* Stanford: Stanford University Press.

Filby, M.(1992) "The Figures, the Personality and the Bums: Service Work and Sexuality", *Work, Employment & Society,* 6(1), 23~42.

Financial Center Future(2017), The Global Financial Centres Index.

Findlay, A. and Garrick, L.(1990), "Scottish Emigration in the 1980s: A Migration Channels Approach to the Study of Skilled International Migration", *Transactions of the Institute of British Geographers,* 15(2), 177~192.

Firth, S.(2000), "The Pacific Islands and the Globalization Agenda", *The Contemporary Pacific*, 12(1), 178~192.

Florida, R.(1997a). "Foreign Direct R&D Investment in the United States", *Research Policy,* 26(1), 85~103.

_______(1997b), "The Globalization of R&D Results of a Survey of Foreign-Affiliated R&D Laboratories in the USA", *Research Policy*, 26(1), 85~103.

_______(2002), *The Rise of the Creative Class*, New York: Basic Books.

_______(2005), *Cities and Creative Class,* New York: Rouledge.

Ford, L.(1996), "A New and Improved Model of Latin American City Structure", *The Geographical Review*, 86, 437~440.

Freeman, C.(1982), *The Economics of Industrial Innovation*(2nd ed.), London: Pinter Publishers.

_______(1987a), The Challenge of New Technologies, in Interdependence and Co-operationin Tomorrow's World, A Symposium marking the Twenty-Fifth Anniversary of the OECD. Paris, OECD, 123~156.

_______(1987b), *Technology Policy and Economic Performance: Lessons from Japan*, London: Frances Pinter.

_______(1995), "The National Systems of Innovation in Historical Perspective", *Journal of Economics*, 19, 5~24.

Frenken, K. and Boschma, R.(2007), "A Theoretical Framework for Evolutionary Economic Geography", *Journal of Economic Geography*, 7, 635~649.

Friedmann, J.(1966), *Regional Development Policy: A Case Study of Venezuela,* Cambridge, Mass.: The MIT Press.

_______(1972), A General Theory of Polarized Development, in Hansen, N.(ed.), *Growth Centers in Regional Economic Development*, New York: Free Press.

_______(1979), “Basic Needs, Agropolitan Development, and Planning from Below”, *World Development,* 7, 607~613.

Friedmann, J. and Douglass, M.(1978), Agropolitan Development: Toward a New Strategy for Regional Planning in Asia," in Lo, F. and Salih, K.(eds.), *Growth Pole Strategy and Regional Development Policy: Asian Experience and Alternative Approaches,* Oxford: Pergamon Press.

Friedmann, J. and Weaver, C.(1979), *Territory and Function: The Evaluation of Regional Planning,* London: Edward.

Friedmann, T.(2005), *The World is Flat: A Brief History of Twenty-First Century*, New York: Picador.

Fröbel, F., Heinrichs, J. and Kreye, O.(1980), *The New International Division of Labour*, Cambridge: Cambridge University Press.

Fu, S.(2007), “Smart Cafe Cities: Testing Human Capital Externalities in the Boston Metropolitan Area”, *Journal of Urban Economics,* 61(1), 86~111.

Fuchs, V.(1968), *The Service Economy,* New York: National Bureau of Economic Research.

Fujita, M., Krugmann, P. and Venables, A.(1999), *The Spatial Economy: Cities, Regions and International Trade*, Cambridge, MA: MIT Press.

Gaile, G.(1979), “Spatial Models of Spread-Backwash Process”, *Geographical Analysis*, 11, 273~288.

Gallaway, L., Gilbert, R. and Smith, P.(1967), “The Economics of Labor Mobility: an Empirical Analysis”, *Western Economics Journal*, 5, 211~223.

Garrison, W.(1960), “Connectivity of the Interstate Highway System”, *Papers of the Regional Science Association*, 6, 121~138.

Garten, J.(1995), “Is America Abandoning Multilateral Trade?”, *Foreign Affairs*, 74(6), 50~62.

Gauthier, H.(1970) “Geography, Transportation, and Regional Development”, *Economic Geography*, 46, 612~619.

Gereffi, G.(2001) “Shifting Governance Structures in Global Commodity Chains, With Special Reference to the Internet”, *American Behavioral Scientist*, 44(10), 1616~1637.

Gereffi, G., Humphrey, J. and Sturgeon, T.(2005), “The Governance of Global Value Chains”, *Review of International Political Economy*, 12(1), 78~104.

Gertler, M.(2003), A Cultural Economic Geography of Production, in Anderson, K., Domosh, M., Pile, S. and Thrift, N.(eds.), *The Handbook of Cultural Geography*, London: Sage, 131~146.

Getis, A. and Getis, J.(1966), “Christaller`s Central Place Theory”, *Journal of Geography*, 65, 220~226.

Getis, A., Getis, J. and Fellmann, J.(1981), *Geography*, New York: MacMillan.

Ghai, D., Khan, A., Lee, E. and Alfthan, T.(1977), *The Basic Needs Approach to Development: Some Issues Regarding Concepts and Methodology*, Geneva: ILO.

Gilbert, A.(1976), *Development Planning and Spatial Structure*, London: John Wiley & Sons.

Gibson, W.(1984), *Neuromancer*, London: Harper Collins.

Gibson, J. and Graham, A.(2006), *The End of Capitalism(As We Knew It): A Feminist Critique of Political Economy,* Minneapolis, University of Minnesota.

Giddens, A.(1998), *The Third Way: The Renewal of Social Democracy*(한상진, 박찬욱 옮김, 제3의 길, 생각의 나무).

Giovannucci, D., Scherr, S., Nierenberg, D., Hebebrand, C., Shapiro, J., Milder, J. and Wheeler, K.(2012), *Food and Agriculture: the Future of Sustainability*, New York: United Nations Department of Economic and Social Affairs, Division for Sustainable Development.

Glaeser, E. and Mare, D.(2001), “Cities and Skills”, *Journal of Labor Economics,* 19(2), 316~342.

Global Business Policy Council(2017), Global Cities of 2017, *AT*Kearney.

Gold, J. and Ward, S.(1994), *Place Promotion: The Use of Publicity and Marketing to Sell Towns and Regions*, New York: John Wiley and Sons.

Gordon, D.(1988), "The Global Economy: New Edifice or Crumbling Foundatio", *New Left Review*, 168, 24~64.

Gordon, I. and McCann, P.(2000), "Industrial Clusters, Complexes, Agglomeration and/or Social Networks?", *Urban Studies*, 37, 513~32.

Gorman, S. and Malecki, E.(2000), "The Networks of the Internet: an Analysis of Provider Networks in the USA", *Telecommunications Policy,* 24(2), 113~134.

Gottman, J. and Harper, R.(eds.)(1990), *1990 Since Megalopolis*, Baltimore: Johns Hopkins University Press.

Grabher, G.(1993), The Weakness of Strong Ties: The Lock-in of Regional Development in the Ruhr Area, in Grabher, G.(ed.), *The Embedded Firm: On the Socioeconomics of Industrial Networks*, London: Routledge, 255~277.

______(2009), "Yet Another Turn? The Evolutionary Project in Economic Geography", *Economic Geography*, 85(2), 119~127.

Graham, S. and Marvin S.(1996), *Telecommunications and the City: Electronic Spaces, Urban Places*, London: Routledge.

______(2001), *Splintering Urbanism*, London: Routledge.

Granovetter, M.(1985), "Economic Action and Social Structure: The Problem of Embeddedness", *American Journal of Sociology*, 91, 481~510.

Greco, L. and Di Fabbio, M.(2014), "Path-dependence and change in an old industrial area: the case of Taranto, Italy", *Cambridge Journal of Regions, Economy and Society*, 7(3), 413~431.

Gresser, C. and Tickell, S.(2002), *Mugged: Poverty in Our Coffee Cup*, Oxfarm International.

Grievink, J.(2002), The Changing Face of the Global Food Industry, Paper Presented at OECD Conference, The Hague, February.

Griffin, K.(1969), *Underdevelopment in Spanish America*, London: George Allen Unwin.

Griffin, P., Singh, A., White, W. and Chatham, R.(1976), *Culture, Resource, and Economic Activity*(2nd ed.), Boston: Allyn & Bacon.

Grubel, H. and Lloyd, P.(1975), *Intra-Industry Trade: The Theory and Measurement of International Trade in Differentiated Products*, London: Macmillan.

Hagedoorn, J,(1993), "Understanding the Rationale of Strategic Technology Partnering: Inter-organizational Modes of Cooperation and Sectoral Differences", *Strategic Management Journal*, 14, 371~385.

Hagedoorn, J. and Schakenraad, J.(1992), "Leading Companies and Networks of Strategic Alliances in Information Technologies", *Research Policy*, 21, 163~190.

Haggett, P.(1965), *Locational Analysis in Human Geography*, New York: St. Martin's Press.

______(1967), Network Models in Geography, in Chorley, R. and Haggett, P.(eds.), *Models in Geography*, London: Methuen.

______(1983), *Geography: Modern Synthesis*(rev. 3rd. ed.), New York: Harper & Row.

Haggette, P. and Chorley, R.(1970), *Network Analysis in Geography*, New York: St, Martin`s Press.

Hakanson, H.(1979), Toward a Theory of Location and Cooperative Growth, in Hamilton, F. and Linge, G.(eds.), *Spatial Analysis, Industry and Industrial Environment, I: Industrial System*, London: Wiley, 115~138.

Halás, M. and Klapka, P.(2009), Grafické Modely Regiónov [Graphical Models of Regions], *Acta Geographica Universitatis Comenianae,* 53, 49~57.

Halfdanarson, B., Heuermann, D. and Suedekum, J.(2008). "Human Capital Externalities and the Urban Wage Premium: Two Literatures and Their Interrelations", IZA Discussion Papers 3493, Institute for the Study of Labor.

Hall, P.(1998), *Cities in Civilization*, London: Weidenfeld.

Hansen, N.(1975), "An Evaluation of Growth Center: Theory and Practice", *Environment and Planning A*, 7, 821~832.

Hansen, R.(1980), "North-South Policy: What is the Problem?", *Foreign Affairs*, 58, 1104~1128.

Hardoon, D.(2016), *An Economy for the 1 Percent*, Oxfarm Briefing Paper, Oxfarm International.

Harris, C. and Ullma, E.(1945), "The Nature of Cities", *Annals of the American Academy of Political and Social Science*, 242, 7~47.

Harris, K. and Norris, R.(1986), *Human Geography: Culture, Interaction and Economy*, Columbus: Merrill Pub.

Harrison, B.(1994), *Lean and Mean: the Changing Landscape of Corporate Power in the Age of Flexibility*, New York: Basic Books.

Harshone, R.(1939), *The Nature of Geography: A Critical Survey of Current Thought in Light of the Past*, Lancaster, PA: Association of American Geographers.

Hartley, J.(2004), "The Value Chain of Meaning and the New Economy", *International Journal of Cultural Studies*, 7(1), 129~141.

______(ed)(2005), *Creative Industries*, Malden, MA: Blackwell.

Harvey, D.(1974), "Population, Resources, and Ideology of Science", *Economic Geography*, 50, 256~277.

______(1982), *The Limits to Capital*, Oxford: Blackwell.

______(1989) *The Condition of Postmodernity*, Oxford: Blackwell.

Hassink, R.(1997), "What Distinguishes 'Good' from 'Bad' Industrial Agglomerations?", *Erdkunde*, 51(1), 2~11.

______(2005), "How to Unlock Regional Economies from Path Dependency? From Learning Regions to Learning Cluster", *European Planning Studies*, 13, 521~535.

Hay, C.(1996). *Re-stating Social and Political Change,* Buckingham :Philadelphia.

Healey, M. and Ilbery, B.(1990), *Location and Change: Perspectives on Economic Geography*, Oxford: Oxford University Press.

Heckscher, E.(1919) The Effect of Foreign Trade on the Distribution of Income, in Ellis, H. and Metzler, L.(eds.)(1949), *Readings in International Trade*, Philadelphia: The Blakiston Co.

Held, D., Mcgrew, A., Goldblatt, D. and Perraton, J.(1999), *Global Transformations: Politics, Economics and Culture*, Cambridge: Polity Press.

Hendriks, F.(2006). "Shifts in Governance in a Polycentric Urban Region: The Case of the Dutch Randstad", *International Journal of Public Administration,* 29. 931~951.

Herod, A.(1997), "From a Geography of Labour to a Labour Geography: Labour's Spatial Fix and the Geography of Capitalism", *Antipode,* 29, 1~31.

Hesse, M. and Rodrigue, J.(2004), "The Transport Geography of Logistics and Freight Distribution", *Journal of Transport Geography*, 12(3), 171~184.

Hicks, N.(1979), "Growth Versus Basic Needs: Is There a Trade-off?", *World Development,* 7, 985~994.

Hirsch, S.(1967), *Location of Industry and International Competitiveness*, Oxford: Clarendon Press.

Hirschmann, A.(1958), *The Strategy of Economic Development*, New York: Yale University Press.

Hirst, P. and Thompson, G.(1992) "The Problem of 'Globalization': International Economic Relations, National Economic Management and the Formation of Trading Blocs", *Economy and Society*, 24, 408~442.

______(1999), *Globalization in Question: The International Economy and the Possibilities of Governance*(2nd ed.), Cambridge: Polity Press.

Hochschild, A.(1983), *The Managed Heart: Commercialization of Human Feeling*, Berkeley: University of California Press

_______(2003), *The Second Shift*, New York: Penguin Book.

Holland, S.(1976), *Capital versus the Regions*, New York: St Martin's Press.

Holt-Jensen, A.(1999), *Geography: History and Concepts: A Student's Guide*, New York: SAGE Publications.

Homer-Dixon, T.(2007), *The Upside of Down; Catastrophe, Creativity and the Renewal of Civilisation,* Washington: Island Press.

Hoover, E.(1948), *The Location of Economic Activity*, New York: McGraw-Hill.

Hotelling, H.(1929), "Stability in Competition", *Economic Journal*, 39, 41~57.

Howells, W.(1960), "The Distribution of Man", *Scientific American*, 23, 113~127.

Howkins, J.(2002), *The Creative Economy; How People Make Money from Ideas*, London: Penguin Global.

Hoyle, B. and Knowles, R.(eds)(1992), Modern Transport Geography(2nd ed.), Chichester: John Wiley & Sons.

Hoyt, H.(1939), *The Structure and Growth of Residential Neighborhoods in American Cities*, Washington DC: Federal Housing Administration.

Hudson, R.(1994), Institutional Change, Cultural Transformation, and Economic Regeneration: Myths and Realities from Europe's Old Industrial Areas, in Amin, A. and Thrift, N.(eds.), *Globalisation, Institutions and Regional Development in Europe*, Oxford: Oxford University Press, 196~216.

_______(2001), "Institutions and Dialogue", *European Urban and Regional Studies,* 8, 187~188.

Hymer, S.(1976), *The International Operations of National Firms: A Study of Direct Foreign Investment*, Cambridge, MA: MIT Press.

IC Insight(2017), Research Bulletin, The McClean Report.

IEA(International Energy Agency)(2010), Key World Energy Statistics 2010.

ILO(International Labor Organization)(2015), ILO Global Estimates on Migrant Workers: Result and Methodology.

_______(2017), Addressing Governance Challenges in a Changing Labour Migration Landscape.

IMF(2016), Understanding the Slow down in Capital Flow to Emerging Markets, in World Economic Outlook.

ING Commercial Banking(2015), The World Trade Comeback, ING Global Markets Research.

IPCC(Intergovernmental Panel on Climate Change), Climate Change 1995, 1996, 2001, 2007, 2016, Cambridge: Cambridge University Press.

Isard, W.(1956), *Location and Space Economy,* Cambridge: MIT Press.

_______(1975), *Introduction to Regional Science,* Englewood Cliffs, N.J: Prentice-Hall.

ITU(International Telecommunication Union), World Telecommunication/ICT Development Report, 2003, 2010, 2016.

_______, ICT Facts and Figures, 2017.

_______, Measuring the Information Society Report, 2010, 2015, 2016. 2017.

Jackson, R.(1970), "Some Observations on the Von Thünen Method of Analysis: with Reference to Southern Ethiopia", *East African Geographical Review*, 8, 39~46.

Jacobs, J.(1961), *The Death and Life of Great American Cities,* New York: Random House.

_______(1984), *Cities and the Wealth of Nations*, New York: Random House.

Janelle, D.(1968), "Central Place Development in a Time-Space Frame", *Professional Geographer*, 20, 5~10.

_______(1969), "Spatial Reorganization: A Model and Concept", *Annals of Association of American Geographers*, 59, 348~364.

Janelle, D. and Hodge, D.(eds.)(2000), *Information, Place and Cyberspace: Issues in Accessibility*, Berlin: Springer-Verlag.

Jessop, B.(1993), "Toward a Schumpeterian Workfare State? Preliminary Remarks on Post-Fordist Political Economy", *Studies in Political Economy*, 40, 7~39.

______(1994), Post-Fordism and the State, in Amin, A.(ed.), *Post-Fordism: A Reader*, Oxford: Blackwell.

______(1998), The Enterprise of Narrative and the Narrative of Enterprise: Place Marketing and the Entrepreneurial City, in Hall, T. and Hubbard, P.(eds.), *The Entrepreneurial City*, Chichester: Wiley, 7~99.

Johnson, C.(1982), *MITI and the Japanese Miracle: The Growth of Industrial Policy, 1925-1975*, Stanford: Stanford University Press.

Johnson, G.(1980), "Rank-Size Convexity and System Integration: A View from Archeology", *Economic Geography*, 56, 234~247.

Johnston, J.(1971), *Urban Residential Patterns: An Introductory Review*, New York: John Wiley.

Kaldor, N.(1970), "The Case for Regional Policies", *Scottish Journal of Political Economy*, 17, 337~347.

Kaminsky, G. and Reinhart, C.(1999), "The Twin Crises: The Causes of Banking and Balance-of-Payments Problems", *American Economic Review*, 89(3), 473~500.

Kearns, G. and Philo, C.(1993), *Selling Places: The City as Cultural Capital, Past and Present*, Oxford: Pergamon Press.

Keeble, D.(1967), Models of Economic Development, in Chorley, R and Haggett, P.(eds.), *Models in Geography*, London: Methuen.

Keeble, D., Lawson, C., Moore, B. and Wilkinson, F.(1999), "Collective Learning Process, Networking and Institutional Thickness in the Cambridge Region", *Regional Studies*, 33(4), 319~332.

Keynes, J.(1936), *The General Theory of Employment, Interest and Money*, London: Macmillan.

Kindleberger, C.(1969), *American Business Abroad*, New Haven, CT: Yale University Press.

King, L.(1976), "Alternatives to a Positive Economic Geography", *Annals of the Association of American Geographers*, 66, 293~308.

Klapka, P., Frantál, B., Halás, M., Kunc, J.(2010), "Spatial Organisation: Development, Structure and Approximation of Geographical Systems", *Moravian Geographical Reports*, 18(3), 53~65.

Klippel, A.(2003). Wayfinding Choremes, in Kuhn, W., Worboys, M., and Timpf, S.(eds.), *Spatial Information Theory: Foundations of Geographic Information Science*, Berlin: Springer, 320-334.

Knox, P., Agnew, J. and McCarthy, L.(2008), *The Geography of the World Economy*(5th ed.), London: Hodder Education.

Knox, P. and Marston, S.(2007), *Human Geography*(4th ed.), Upper Sadler River, NJ: Pearson.

Knox, P. and McCarty, L.(2005), *Urbanization*(2nd ed.), Upper Saddle River, NJ: Pearson.

Kolars, J. and Nystuen, J.(1974), *Human Geography: Spatial Design in World Society*, New York: McGraw-Hill.

Kongstad, P.(1974), "Growth Poles and Urbanization: A Critique of Perroux and Friedmann", *Antipode*, 6, 114~123.

Konstantinov. O.(1962), *Soviet Geography :Accomplishments and Tasks,* New York: American Geographical Society.

Kotler, P. and Gertner, D.(2002), "Country as Brand, Product, and Bbeyond: A Place Marketing and Brand Management Perspective", *Brand Management,* 9(4-5), 249~261.

Kotler, P., Hamlin, M., Rein, I. and Haider, D.(2002), *Marketing Asian Places: Attracting Investment, Industry, and Tourism to Cities, States and Nations*, New York: John Wiley & Sons.

Kray, H.(2011), Farming for the Future: the Environmental Sustainability of Agriculture in a Changing World, World Bank Group(ppt 발표자료).

Kremer, M.(1993), "The 0-ring Theory of Economic Development", *The Quarterly Journal of Economics,* 108(3), 551~575.

Krugman, P.(1980), "Scale Economies, Product Differentiation, and the Pattern of Trade", *The American Economic Review,* 70(5), 950~959.

______(1991a), "Increasing Returns and Economic Geography", *Journal of Political Economy,* 99, 483~499.

______(1991b), *Geography and Trade*, Cambridge, MA: MIT Press.

______(1995), *Development, Geography, and Economic Theory*, Cambridge, Mass: MIT Press.

______(2000), Where in the World is the 'New Economic Geography'?, in Clark, G., Feldman, M. and Gertler, M.(eds.), *The Oxford Handbook of Economic Geography*, Oxford: Oxford University Press, 49~60.

Krugman, P. and Venables, A.(1996), "Integration, Specialisation and Adjustment", *European Economic Review*, 40, 959~967.

Kuemmerle, W.(1997), "Building Effective R&D Capabilities Abroad", *Harvard Business Review*, March-April, 61~70.

______(1999), "The Drivers of FDI into Research and Development: An Empirical investigation", *Journal of International Business Studies*, 30, 1~24.

Lagendijk, A.(1997), From New Industrial Spaces to Regional Innovation Systems and Beyond: How and From Whom Should Industrial Geography Learn, EUNIT Discussion Paper 10, CURDS, University of Newcastle.

Lampard, E.(1955), "The History of Cities in Economically Advanced Area", *Economic Development and Change*, 3, 81~137.

Landary, C.(2000), *The Creative City: A Toolkit for Urban Innovators*, London: Earthscan.

Lasen, J.(1969), "On Growth Poles", *Urban Studies*, 6, 137~161.

Lash, S. and Urry, J.(1994), *Economies of Signs and Space,* London: Sage.

Lazzeretti, L., Boix, R. and Capone, F.(2008), Do Creative Industries Cluster? Mapping Creative Local Production Systems in Italy and Spain, Working Paper 08.05, Department d'Economia Aplicada, UAB.

Le Bas, C. and Sierra, C.(2002) "Location versus Home Country Advantages in R&D Activities: Some Further Results on Multinationals' Locational Strategies", *Research Policy*, 31, 589~609.

Lee, R. and Wills, J.(1997), *Geographies of Economics*, London: Arnold.

Lefebvre, H.(1974), *The Production Of Space,* translated by Smith, N.(1991), Oxford, Basic Blackwell.

Leontief, W.(1956), "Factor Proportions and the Structure of American Trade: Further Theoretical and Empirical Analysis", *Review of Economic and Statistics*, 38, 385~407.

Lesthaeghe, R.(1995), The Second Demographic Transition in Western Countries: An Interpretation. In Gender and Family Change in Industrialized Countries, in Mason, K. and Jensen, A.(eds.), *Gender and Family Change in Industrialized Countries*, 17~62. Oxford, UK: Clarendon Press.

______(2010), "The Unfolding Story of the Second Demographic Transition", *Population Development Review*, 36(2), 211~251.

Linder, S.(1961), *An Essay on Trade and Transformation*, Stockholm: Almqvist & Wicksell.

Linnemann, H.(1966), *An Econometric Study of International Trade Flows*, Amsterdam: North-Holland Pub.

Lloyd, P. and Dicken, P.(1977), *Location in Space: A Theoretical Approach to Economic Geography*(2nd ed.), London: Harper & Row, Pub.

Lødemel, I. and Trickey, H.(2001), A New Contract for Social Assistance, in Lødemel, I. and Trickey, H.(eds.), *An Offer You Can't Refuse: Workfare in International Perspective*, Bristol: The Policy Press, 1~40.

Lösch, A.(1954), *The Economies of Location*, New Heaven: Yale University Press.

Lucas, R.(1988), "On the Mechanics of Economic Development", *Journal of Monetary Economics,* 22(1), 3~42.

Lundvall, B.(1992), *National Systems of Innovation: Towards a Theory of Innovation and Interactive Learning*, London: Pinter.

Lundvall, B. and Johnson, B.(1994), "The Learning Economy", *Journal of Industry Studies*, 1(2), 23~42.

Lundvall, B., Pataparong, I. and Vang Lauridsen, J.(eds.)(2006), *Asia's Innovation Systems in Transition*, London: Elgar.

Mabogunje, A.(1980), "The Dynamics of Center-Periphery Relations: The Needs for a New Geography of Resource Development", *Transactions of the Institute of British Geographers, New Series*, 11, 277~296.

Mackinnon, D. and Cumbers, A.(2014), *Introduction to Economic Geography: Globalization, Uneven Development and Place*(2nd ed.), Essex: Pearson Education.

Maertens, M. and Swinnen, J.(2014), Agricultural Trade and Development and Environment: A Value Chain Perspective, WTO Working Paper ERSD-2015-04.

Malecki, E.(2002), "Hard and Soft Networks for Urban Competitiveness", *Urban Studies*, 39, 929~945.

Malecki, E. and Gorman, S.(2001), May be the Death of Distance, but Not the End of Geography: the Internet as a Network, in Brunn, S. and Leinbach, T.(eds.), *The World of Electronic Commerce*, New York: John Wiley, 87~105.

Mandel, E.(1975), *Late Capitalism*(Trans. Joris de Bres), London: NLB.

Markusen, A.(1996) "Sticky Places in Slippery Space: A Typology of Industrial Districts", *Economic Geography*, 72(3), 293~313.

Marshall, A.(1890), *Principle of Economics*, London: Macmillan.

Martin, R.(1999), "The New 'Geographical Turn' in Economics: Some Critical Reflections", *Cambridge Journal of Economics,* 23, 65~91.

_______(2000), Institutionalist Approaches to Economic Geography, in Sheppard, E. and Barnes, T.(eds.), *Companion to Economic Geography,* Oxford: Blackwell, 77～97.

_______(2001), "Geography and Public Policy: The Case of the Missing Agenda", *Progress in Human Geography*, 25, 189~210.

_______(2006), Economic Geography and the New Discourse of Regional Competitiveness, in Bagchi-Sen, S. and Lawton S.(eds.), *Economic Geography: Past, Present and Future*, London: Routledge, 159~172.

Martin, R. and Morrison, P.(eds.)(2003), *Geographies of Labour Market Inequality*, London: Routledge.

Martin, R. and Sunley, P.(2001), "Rethinking the 'Economic' in Economic Geography: Broadening or Losing Our Focus?", *Antipode*, 33, 148~161.

_______(2003), "Deconstructing Clusters: Chaotic Concept or Policy Panacea", *Journal of Economic Geography*, 3, 5~35.

_______(2006), "Path Dependence and Regional Economic Evolution", *Journal of Economic Geography*, 6, 395~437.

_______(2011), "Conceptualizing Cluster Evolution: Beyond the Life Cycle Model?", *Regional studies,* 45(10), 1299~1318.

Marx, K.(1967), *Capital: A Critique of Political Economy*, Volume 2: The Process of Circulation of Capital, New York: International Publishers Company.

Massey, D.(1984), *Spatial Divisions of Labor: Social Structures and the Geography of Production*, London: Macmillan.

_______(2003), "Patterns and Processes of International Migration and Economic Development in the 21st Century", Paper presented at the Conference on African Migration in Comparative Perspective, Johannesburg.

McCann, P.(2001), *Urban and Regional Economics*, Oxford: Oxford University Press.

McCarty, H.(1959), "Toward a More General Economic Geography", *Economic Geography,* 35, 283~289.

McCarty, H. and Lindberg, J.(1966), *A Preface to Economic Geography*, Englewood Cliffs, N.J.: Prentice-Hall.

McHale, J.(1969), *The Future of the Future,* New York: George Braziller.

McMichael, P.(2004), *Development and Social Change: A Global Perspective*(3rd ed.), Thousand Oaks, CA: Pine Forge.

Meier, G. and Baldwin, R.(1957), *Economic Development: Theory, History, Policy,* New York: Wiley.

Meijers, E.(2007), "From Central Place to Network Model: Theory and Evidence of a Paradigm Change", *Tijdschrift voor Economische en Social Geografie*, 98, 245~259.

_______(2008). "Clones or Complements? The Division of Labour between the Main Cities of the Randstad, the Flemish Diamond and the Rhein-Ruhr Area", *Regional Studies*, 41(7), 889~900.

Menshikov, V., Lavrinenko, O., Sinica, L. and Simakhova, A.(2017), "Network Capital Phenomenon and Its Possibilities under the Influence of Development of Information and Communication Technologies", *Journal of Security and Sustainablity Issues,* 6(4), 585~604.

Mera, K.(1979), "Basic Human Need Versus Economic Growth Approach for Coping with Urban-rural Imbalance: An Evaluation Based on Relative Welfares", *Environment and Planning A*, 11, 1129~1145.

Milanovic, B.(2012), "Global Inequality Recalculated and Updated: the Effect of New PPP Estimates on Global Inequality and 2005 Estimates", *The Journal of Economic Inequality*, 10, 1~18.

Miller, D.(1995), Consumption as the Vanguard of History: A Polemic by Way of Introduction, in Miller, D.(ed.), *Acknowledging Consumption: A Review of New Studies*, London: Routledge, 1~57.

Mills, E.(1969), The Value of Urban Land, in Perloff, H.(ed.), *The Quality of the Urban Environment,* Washington, DC: Resources for the Future, 231~253.

Mincer, J.(1974), *Schooling, Experience, and Earnings*, New York: National Bureau of Economic Research Press.

Mitter, S.(1986), Common Fate, Common Bond: Woman in the Global World. London: Pluto Press.

Monsted, M.(1974), "Francois Perrox's Theory of 'Growth Pole' and 'Development Pole'; A Critiq", *Antipode*, 6, 106~113.

Moretti, E.(2004), "Estimating the Social Return to Higher Education: Evidence from Longitudinal and Repeated Cross-sectional Data", *Journal of Econometrics*, 121, 175~212.

Morrill, R. and Dormitzer, J.(1979), *The Spatial Order: An Introduction to Modern Geography,* North Scituate, Mass.: Duxbury Press.

Morsink, R.(1998), *Foreign Direct Investment and Corporate Networking: A Framework for Spatial Analysis of Investment Conditions,* Cheltenham: Edward Elgar.

Moseley, M.(1974), *Growth Centers in Spatial Planning*, Oxford: Pergamon Press.

Moulaert, F. and Sekia, F.(2003), "Territorial Innovation Models: A Critical Survey", *Regional Studies*, 37(3), 289~302.

Mukharaev, A.(2017), *Capital Flows Volatility and Subsequent Financial Crises in EMEs: New Perspectives in the Changing Landscape of Economic Globalisation*, Helsinki Metropolia University of Applied Sciences.

Murdie, R.(1969), The Factorial Ecology of Metropolitan Toronto; 1950 and 1961, Department of Geography, University of Chicago, Research Paper, No. 116.

Murray, W. and Overton, J.(2015), *Geographies of Globalization*(2nd ed.), London: Routledge.

Muth, R.(1969), *Cities and Housing: The Spatial Pattern of Urban Residential Land Use*, Chicago: University of Chicago.

Mydral, G.(1957), *Economic Theory and Underdeveloped Region*s, London: DuckWorth.

Myers, N.(1981), "Hamburger Connection: How Central America's Forests Became North America's Hamburgers", *Ambio*, 10(1), 2~8.

Nelson, R.(ed.)(1993), *National Innovation Systems: A Comparative Analysis*, Oxford: Oxford University Press.

Neumayer, E.(2001), "Pollution Havens: An Analysis of Policy Operation for Dealing with an Elusive Phenomenon", *Journal of Environment and Development,* 10(2), 147~177.

Newling, B.(1969), "The Spatial Variation of Urban Population Densities", *Geographical Review*, 59, 242~252.

Newman, P. and Kenworthy, J.(1989), "Gasoline Consumption and Cities: A Comparison of US Cities with a Global Survey", *Journal of American Planning Association*, 55(1), 24~37.

Nichols, V.(1969), "Growth Poles: an Evaluation of the Propulsive Effect", *Environment and Planning,* 1, 193~208.

NOIE(2003), Australia''s Broadband Connectivity, The Broadband Advisory Group's Report to Government. http://www.noie.gov.au/publications/NOIE/BAG/report/326_BAG_report_setting_2.pdf

_______(2005), The National Office for the Information Economy, Australia. http://www.noie.gov.au/
O'Brien, R.(1992), *Global Financial Integration: the End of Geography*, London: Pinter Publishers.
OECD(1999a), Boosting Innovation: The Cluster Approach, Paris: OECD.
_______(1999b), Managing National Innovation Systems, Paris: OECD.
_______(2012), Economic Surveys: Korea, Paris: OECD.
_______(2016), Do Environmental Policies Affect Global Value Chains?: A New Perspective on the Pollution Haven Hypothesis", OECD Economics Department Working Papers, No. 1282.
_______(2017), Health at a Glance 2017: OECD Indicators, Paris.: OECD.
OECD Science & Information Technology(2001), Korea and the Knowledge-based Economy: Making the Transition, Paris: OECD.
OECD/FAO(2016), Guidance for Responsible Agricultural Supply Chains, Paris: OECD.
OECD/FAO(2017), Agricultural Outlook 2017-2026, OECD Agriculture statistics, http://dx.doi.org/10.1787/agr-data-en.
Ohlin, B.(1933), *Interregional and International Trade*, Boston: Harvard University Press.
Ohmae, K.(1990), *The Borderless World: Power and Strategy in the Interlinked Economies*, New York: Free Press.
_______(1993), *The Rise of Region State*, Spring: Foreign Affairs.
_______(1995), *The End of The Nation State: The Rise of Regional Economies,* London: Harper Collins.
Olsen, E.(1968), "Regional Income Differences: A Simulation Approac", *Papers of the Regional Science Association*, 20, 7~17.
O'Neill, P.(1997), Bring the Qualitative State into Economic Geography, in Lee, R. and Wills, J.(eds.), *Geographis of Economies*, London: Arnold, 290~301.
Paddison, R.(1993), "City Marketing, Image Reconstruction and Urban Regeneration", *Urban Studies*, 30(2), 339~350.
Park, R., Burgess, E. and McKenzie, R.(1925), *The City*, Chicago, IL: University of Chicago Press.
Park, S. O.(1991), "High-technology Industries in Korea: Spatial Linkages and Policy Implications", *Geoforum*, 22(4), 421~431.
Parr. J.(1973), "Growth Poles, Regional Development and Central Place Theory", *Papers of the Regional Science Association,* 31, 173~212.
Parr, J. and Denike, K.(1970), "Theoretical problems in Central Place analysis", *Economic Geography*, 46, 568~586.
Patel, P. and Vega, M.(1999), "Patterns of Internationalization of Corporate Technology: Location vs Home Country Advantages", *Research Policy*, 28(2~3), 145~155.
Peck, J.(2000), Places of Work, in Sheppard, E. and Barnes, T.(eds.), *Companion to Economic Geography*, Oxford: Blackwell, 113~148.
_______(2005), "Economic Sociologies in Space", *Economic Geography*, 81, 129~178.
Peck, J. and Tickell, A.(1992), "Local Modes of Social Regulation? Regulation Theory, Thatcherism and Uneven Development", *Geoforum*, 23, 347~364.
_______(1994), Searching for a New Institutional Fix: the After-Fordist Crisis and the Global-Local Disorder, in Amin, A.(ed.), *Post-Fordism: A Reader*, Oxford: Blackwell, 280~315.,
_______(2002), "Electronics, Long Waves and World Structural Change", *World Development*, 13, 441~463.
Peet, R.(1977), *Radical Geography: Alternative Viewpoint on Contemporary Social Issues*, London: Methuen.
Perloff, H., Dunn, E., Lampard, E. and Muth, R.(1960), *Regions, Resources, and Economic Growth*, Bartimore: Johns Hopkins University Press.
Perroux, F.(1950), "Economic Space, Theory and Application", *Quarterly Journal of Economics*, 64, 89~104.

Petrella, R.(1995), “A Global Agora vs. Gated City-Regions”, *New Perspectives Quarterly*, 12(Winter), 21~22.
Pickering, K. and Owen, L.(1997), *An Introduction to Global Environmental Issues*(2nd ed.), New York: Routledge.
Pierce, B.(2007), Geological Endowment, Topic Paper No.10, Working Document of the NPC Global Oil & Gas Study.
Piore, M. and Sabel, C.(1984), *The Second Industrial Divide: Possibilities for Prosperity*, New York: Basic Books.
Polanyi, K.(1957), *The Great Transformation*, Boston, MA: Beacon Press.
______(1958), *Personal Knowledge: Towards a Post-Critical Philosophy*, Chicago: University of Chicago Press.
Ponte, S.(2002), “The ‘Latte Revolution’? Regulation, Markets and Consumption in the Global Coffee Chain”, *World Development*, 30(7), 1099~1122.
Porter, M.(1985), *Competitive Advantage: Creating and Sustaining Superior Performance*, New York: Free Press.
______(1990), *Competitive Advantage of Nations*, New York: Free Press.
______(1994), “The Role of Location in Competition”, *Journal of the Economics of Business*, 1(1), 35~39.
______(1998), *On Competition,* MA: Harvard Business School Press.
______(2000), Locations, Clusters, and Company Strategy, in Clark, G., Feldman, M. and Gertler, M.(eds.), *The Oxford Handbook of Economic Geography*, Oxford: Oxford University Press, 253~274.
Pratt, A.(2004), “Creative Clusters: Towards the Governance of the Creative Industry Production System?”, *Media international Australia Incorporating Culture and Policy*, 112, 50~66.
Pred, A.(1965), “Industrialization, Initial Advantages, and American Metropolitan Growth”, *Geographical Review*, 55, 158~185.
______(1967), *Behavior and Location: Foundations for a Geographic and Dynamic Location Theory*, Part I, Lund: The Royal University of Lund, Department of Geography Studies in Geography Series B, No. 27~28.
______(1977), *City Systems in Advanced Economics*, New York: John Wiley & Sons.
Putnam, R.(1993), *Making Democracy Work: Civic Traditions in Modern Italy*, Princeton, NJ: Princeton University Press.
______(1995). “Bowling Alone: America's Declining Social Capital”, *Journal of Democracy*, 6(1), 65~78.
Raham, N.(2005), “From Cultural to Creative Industries: An Analysis of the Implication of the ‘Creative Industries’ Approach to Arts and Media Policy Making in the United Kingdom”, *International Journal of Cultural Policy*, 11(1), 15~29.
Raimon, R.(1962), “Interstate Migration and Wage Theory”, *Review of Economics and Statistics*, 44, 428~438.
Rauch, J.(1993), “Productivity Gains from Geographic Concentration of Human Capital: Evidence from the Cities”, *Journal of Urban Economics*, 34(3), 380~400.
Rees, J.(1991), *Natural Resources; Allocation, Economics and Policy*(2nd ed.), New York: Routledge.
Rees, P.(1970), The Urban Envelop: Patterns and Dynamics of Population Density, in Berry, B. and Horton, F.(eds.), *Geographic Perspectives on Urban Systems*, Englewood Cliffs, NJ: Prentice-Hall.
Ricardo, D.(1821), *Principles of Political Economy and Taxation*, London: John Murray.
Richardson, H.(1973), *Regional Growth Theory*, New York: John Wiley & Sons.
______(1976), “Growth Pole Spillovers: The Dynamics of Backwash and Spread”, *Regional Studies*, 10, 1~9.
______(1978), “Growth Centers, Rural Development and National Urban Policy: A Defence”, *International Regional Science Review*, 3, 133~152.
______(1980), “*Polarization Reversal in Developing Countries”, Papers of the Regional Science Association*, 45, 67~85.
Rigby, D. and Essletzbichler, J.(1997), “Evolution, Process Variety, and Regional Trajectories of Technological Change in U.S. Manufacturing”, *Economic Geography*, 72, 269~284.
Robertson, R.(1992), *Globalization: Social Theory and Global Culture,* London: Sage.

Robinson, W. and Harris, J.(2000), "Towards A Global Ruling Class? Globalization and the Transnational Capitalist Class", *Science and Society*, 64(1), 11~54.

Rodrigue, Jean-Paul, Comtois, C. and Slack, B.(2009), *The Geography of Transport System*(2nd ed.), New York: Routledge.

Romer, P.(1986), "Increasing returns and Long Run Growth", *Journal of Political Economy,* 94, 1002~1037.

Roodhouse, S.(2006), The Creative Industries: Definitions, Quantification and Practice, in Eisenberg, C., Gerlach, R. and Handke, C.(eds.), *Cultural Industries:The British Experience in International Perspective,* Berlin :Humboldt University.

Rosenau, J.(1990), *Turbulence in World Politics: A Theory of Change and Continuity,* New York: Harvester Wheatsheaf.

Rosenthal, S. and Strange, W.(2008), "The Attenuation of Human Capital Spillovers", *Journal of Urban Economics,* 64, 373~389.

Rosing, K.(1966), "A Rejection of the Zipf Model(Rank-Size Rule) in Relation to City Size", *The Professional Geographer*, 18(2), 75~82.

Rubalcaba, L. and Kox, H.(2007), *Business Services in European Economic Growth,* Palgrave: MacMillan.

Rubenstein, J.(2005), *The Cultural Landscape: An Introduction to Human Geography*(8th ed.), Upper Saddle Lake, NJ: Prentice Hall.

Rugman, A.(1980), "A New Theory of Multinational Enterprise: Internationalization versus Internalization", *Columbia Journal of World Business*, 15(1), 15~27.

_______(1982), *New Theories of the Multinational Enterprise*, New York: St. Martin's Press.

Rutherford, M.(1994), *Institutions in Economics: The Old and the New Institutionalism,* Cambridge: Cambridge University Press.

Sack, R.(1992). *Place, Modernity and the Consumer's World*. Baltimore: Johns Hopkins.

Sandefur, R. and Laumann, E.(1998), "A Paradigm for Social Capital", *Rationality and Society*, 10(4), 481~501.

Santacoloma, P., Rottger, A. and Tartanac, F.(2009), Agrofood Systems and Chains, in Course on Agribusiness Management for Producers' Associations, Training Materials for Agricultural Management, Marketing and Finance, FAO.

Sauvant, K. and Hasenpflug, H.(1977), *The New International Economic Order: Confrontation or Cooperation Between North and South?*, Boulder, Colo.: Westview.

Saxenian, A.(1994), *Regional Advantage: Culture and Competition in Silicon Valley and Route 128*, Cambridge, Mass.: Harvard University Press.

_______(1999), *Silicon Valley's New Immigrant Entrepreneurs*, San Francisco: Public Policy Institute of California.

Sayer, D.(1985), "The Critique of Politics and Political Economy: Capitalism, Communism, and the State in Marx's Writings of the Mid-1840s", *The Sociological Review*, 33(2), 221~253.

Sayer, D. and Walker, R.(1992), *The New Social Economy: Reworking the Division of Labour*, Oxford: Oxford University Press.

Scanlan, S.(2013), "Feeding the Planet or Feeding Us a Line? Agribusiness, 'Grain washing' and Hunger in the World Food System", *International Journal of Sociology of Agriculture and Food*, 20(3), 357~382.

Schaefer, F.(1953), "Exceptionalism in Geography: A Methodological Examination", *Annals of the Association of American Geographer,* 43, 226~249.

Schnell, G. and Monmonier, M.(1983), *The Study of Population :Elements, Patterns, Processes*, Columbus: Charles E. Herrill Pub.

Schultz, T.(1961), "Investment in Human Capital", *American Economic Review*, 1(2), 1~17.

Schumpeter, J.(1934). *The Theory of Economic Development*. Havard: Harvard University Press.

Schwab, K.(2014), "The Fourth Industrial Revolution: What It Means, How to Respond", World Economic Forum., https://www.weforum.org/agenda/2016/01/the-fourth-industrial-revolution-what-it-means-and-how-to-respond.

Scott, A.(1988), "Flexible Production Systems and Regional Development: The Rise of New Industrial Spaces in Europe and North America", *International Journal of Urban and Regional Research*, 12, 171~186.

_______(2001) "Globalization and the Rise of City-Regions", *European Planning Studies*, 9, 813~826.

_______(ed.)(2001), *Global City-Regions: Trends, Theory, Policy*, Oxford: Oxford University Press.

_______(2004), "A Perspective of Economic Geography", *Journal of Economic Geography,* 4(5), 479~499.

_______(2009), Global City-Regions: Economic Motors and Political Actors on the World Stage, 글로벌 서울포럼발표자료집.

Seers, D.(1977), "The New Meaning of Development", *International Development Review*, 3, 2~7.

Setterfield, M.(1993), "A Model of Institutional Hypothesis", *Journal of Economic Issues*, 27, 755~774.

Shapira, P., Youtie, J., Yogeesvaran, K. and Jaafar, Z.(2006), "Knowledge Economy Measurement: Methods, Results and Insights from the Malaysian Knowledge Content Study", *Research Policy*, 35, 1522~1537.

Sheppard, E.(1980). Spatial Interaction in Dynamic Urban Systems. IIASA Working Paper. IIASA, Laxenburg, Austria: WP-80-103.

_______(2006), The Economic Geography Project, in Bagchi-Sen, S. and Lawton S.(eds.), *Economic Geography: Past, Present and Future*, London: Routledge, 11~23.

Sheppard, E. and Barnes, T.(eds.)(2000), *Companion to Economic Geography*, Oxford: Blackwell.

Sinclair, R.(1967), "Von Thünen and Urban Sprawl", *Annals of the Association of American Geographers*, 57, 72~87.

Slater, D.(1997), *Comsumer Culture and Modernity*, Cambridge: Polity Press.

Smith, D.(1975), "Neoclassical Growth Models and Regional Growth in the U.S", *Journal of Regional Science,* 15, 164~181.

_______(1981), *Industrial Location:: An Economic Geographical Analysis*(2nd ed.), New York: John Wiley & Sons.

Smith, N.(1984), *Uneven Development: Nature, Capital and the Production of Space,* Oxford: Oxford University Press.

Sokol. M.(2011), *Economic Geographies of Globalization: A Short Introduction*, Cheltenham: Edward Elgar Pub.

Sonker S. and Hudson M.(1999), "Why Agribusiness Anyway?" *Agribusiness an International Journal,* 14, 305~314.

Standing, G.(1989), "Global Feminization through Flexible Labour", *World Development*, 17(73), 1077~1096.

_______(1999), "Global Feminization through Flexible Labour: A Theme Revisited", *World Development*, 27(3), 583~602.

Stevens, C.(1998), The Knowledge-Driven Economy, in Neef, D.(ed.), *The Knowledge Economy*, Boston: Butterworth-Heinemann.

Stewart, C.(1958), "The Size and Spacing of Cities", *Geographical Review*, 48, 222~245.

Stewart, T.(1997), *Intellectual Capital*, London: Nicholas Brealey Publishing.

Stöhr, W. and Tödling, F.(1987), "Spatial Equity: Some Antithesis to Current Regional Development Strategy", *Paper of Regional Science Association,* 38, 33~53.

Stöhr, W. and Taylor, D.(eds.)(1981), *Development from Above or Below*, New York: John Wiley & Sons.

Storper, M.(1995), "The Resurgence of Regional Economies, Ten Years Later: The Region as a Nexus of Untraded Interdependencies", *European Urban and Regional Studies,* 2, 191~222.

_______(1997), *The Regional World: Territorial Development in a Global Economy*, London: Guilford Press.

Storper, M. and Walker, R.(1989), *The Capitalist Imperative: Territory, Technology and Industrial Growth*, Oxford: Blackwell.

Streete, P. and Burki, S.(1978), "Basic Needs: Some Issues", *World Development*, 6, 401~421.

Stutz, F. and Warf, B.(2007), *The World Economy: Resources, Location, Trade and Development*(5th eds.), Upper Saddler River, NJ: Prentice Hall.

Stutz, F. and Warf, B.(2012), *The World Economy: Geography, Business, Development*(6th eds.), Upper Saddler River,

NJ: Prentice Hall.
Sullivan, P.(ed.)(1998), *Profiting from Intellectual Capital Extracting Value from Innovation*, New York: John Wiley & Sons.
_______(2000), *Value-driven Intellectual Capital; How to Convert Intangible Corporate Assets into Market Value*, New York: John Wiley & Sons.
Swyngedouw, E.(1997), Neither Global nor Local: 'Glocalisation' and the Politics of Scale, in Cox, K.(ed.), *Spaces of Globalization: Reasserting the Power of the Local*, New York: Guilford Press, 137~166.
Taaffe, E.(1974), "The Spatial View in Context," *Annals of the Association of American Geographers*, 64, 1~16.
Taaffe, E., Gauthier, H. and O'Kelly, M.(1976), *Geography of Transportation*(2nd eds.), Upper Saddle River, NJ: Prentice Hall.
Taaffe, E., Morrill, R. and Gould, P.(1963), "Transport Expansion in Underdeveloped Countries", *Geographical Review*, 53, 503~529.
Taylor, F.(1911), *The Principles of Scientific Management*, New York: Harper & Brothers.
Teitelbaum, M.(1975), "Relevance of Demographic Transition Theory for Developing Countries", *Science*, 188, 420~425.
Thomas, M.(1969), "Regional Economic Growth: Some Conceptual Aspects", *Land Economics*, 46, 43~51.
Thompson, W.(1965), *Preface to Urban Economics*, Baltimore: John Hopkins University Press.
Thrift, N.(1996), *Spatial Formations*, Thousand Oaks, CA: Sage.
_______(2001), How should We Think about Place in a Globalizing World?, in Madanipour, A., Hull, A. and Healey., P.(eds.), *The Governance of Place: Space and Planning Process*, Ashgate, Hampshire.
Tickell, A. and Peck, J.(1992), "Accumulation, Regulation and the Geographies of Post-Fordism: Missing Links in Regulationist Research", *Progress in Human Geography*, 16(2), 190~218.
Toffler, A.(1980), *The Third Wave*, New York: Bantam Books.
Trewartha, G.(1969), *A Geography of Population: World Patterns*, New York: John Wiley & Sons.
Trickery, H. and Lødemel, I.(eds)(2000), *An Offer You Can't Refuse: Workfare in International Perspective*. London: Polity.
Trivedi, M., Papageorgiou, D. and Moran, D.(2008), *What are Rainforests Worth?* Forest Foresight Report 4, Global Canopy Program.
Turner, R., Pearce, D. and Bateman, I.(1994), *Environmental Economics: An Elementary Introduction*, New York: Harvester Wheatsheaf Publisher.
Ullman E.(1941), "A Theory of Location for Cities", *American Journal of Sociology*, 46, 853~864.
_______(1958), "Regional Development and the Geography of Concentration", *Papers of Proceedings of the Regional Science Association,* 4, 179~198.
_______(1980), *Geography as Spatial Interaction,* Seattle: University of Washington Press.
UN(United Nations)(1987), Our Common Future: Report of the World Commission on Environment and Development.
UNCTAD(United Nations Conference on Trade and Development)(2004), Creative Industries and Development, UN: Geneva. http://www.unctad.org/en/docs/tdxibpd13_en.pdf
UNCTAD, World Investment Report, 2008, 2009, 2010, 2016, 2017.
UNCTAD, Trade and Development, 2009, 2016.
UNCTAD(2017), Handbook of Statistics.
UNDP(United Nations Development Programme), Human Development Report, 2010, 2015, 2016, 2017.
UNFCCC(United Nations Framework Convention on Climate Change)(2014), Issues Relating to Agriculture,

http://unfccc.int/documentation/documents/items/3595.php

UNIDO(United Nations Industrial Development Organization)(2006), Global Value Chains in the Agrifood Sector, Working Paper.

UNIDO, Industrial Development Report, 2009, 2015. 2016, 2017.

Urry, J.(1990), *Restructuring. Place, Class and Gender*, New York: Sage Pub.

U.S. National Intelligence Council(2017), Global Trends: Paradox of Progress.

USDA(United States Department of Agriculture)(2008a), Agricultural Projections to 2017.

USDA(2008b), Global Agricultural Supply and Demand: Factors Contributing to the Recent Increase in Food Commodity Prices, WRS-0801.

van de Kaa, D.(1987), "Europe's Second Demographic Transition", *Population Bulletin,* 42(1), Washington, The Population Reference Bureau.

_______(1994). The Second Demographic Transition Revisited: Theories and Expectations. in Beets, G. et al.(eds.), *Population and Family in the Low Countries 1993: Late Fertility and Other Current Issues*, NIDI/CBGS Publications, 81~126.

_______(1999), Europe and Its Population: the Long View, in van de Kaa, D., Leridon, J., Gesano, G. and Okolski, M.(eds.) *European Populations: Unity in Diversity,* Dordrecht: Kluwer Academic Publishers.

_______(2004), "Is the Second Demographic Transition a Useful Research Concept? Questions and Answers", *Vienna Yearbook of Population Research*, Vienna Institute of Demography, Austrian Academy of Sciences, 4~10.

van den Berg, L., Drewett, R. and Klaassen, L.(1982), *Urban Europe: A Study of Growth and Decline.* Oxford: Pergamon.

van den Berg, L. Burns, L. and Klaassen, L.(eds.)(1987), *Spatial Cycles*, Aldershot: Gower.

van Oort, F., Burger, M. and Raspe, O.(2010), "On the Economic Foundation of the Urban Network Paradigm: Spatial Integration, Functional Integration and Economic Complementarities within the Dutch Randstad", *Urban Studies*, 47(4), 725~748.

Vernon, R.(1966), "International Investment and International Trade in the Product Cycle", *Quarterly Journal of Economics,* 80, 190~207.

_______(1979), "The Product Cycle Hypothesis in a New International Environment", *Oxford Bulletin of Economics and Statistics*, 41, 255~267.

von Thünen, J.(1826), Der Isoliert Staat in beziehung auf Landschaft und Nationalokonomie, Hamburg, trans. by Wartenberg, C.(1966), Von Thunen's Isolated State, Oxford: Pergamon Press.

Wackernagel, M. and Rees, W.(1996), *Our Ecological Footprint: Reducing Human Impact on the Earth*, Gabriola Island: New Society Publishers.

Walker, R.(1985) "Is There a Service Economy? The Changing Capitalist Division of Labour", *Science and Society*, 49, 42~83.

_______(1999), "Welfare to Work Versus Poverty and Family Change: Policy Lessons from the USA", *Work, Employment and Society*, 13(3), 539~553.

Wallerstein, I.(1974), *The Modern World System,* New York: Academic Press.

Walters, R. and Blake, D.(1992), *The Politics of Global Economic Relations*, Englewood Cliff, NJ: Prentice-Hall.

Warf, B.(1995), "Telecommunications and the Changing Geographies of Knowledge Transmission in the Late 20th Century", *Urban Studies*, 32(2), 361~378.

Warren, K.(1973), *The American Steel Industry, 1850~1970: A Geographical Interpretation*, London: Bell.

Waters, M.(2001), *Globalization*(2nd ed.), London: Routledge.

Weaver, C.(1978), "Regional Theory and Regionalism: Towards Rethinking the Regional Question", *Geoform,* 9, 397~413.
WEF(World Economic Forum)(2008), Global Risks 2008: A Global Risk Network Report.
_______(2010), The Global Information Technology Report.
_______(2016), Internet for All: A Framework for Accelerating Internet Access and Adoption.
Weiss, L.(1998), *The Myth of the Powerless State: Governing the Economy in a Global Era*, Cambridge: Polity Press.
Wheaton, W., and Shishido, H.(1981), "Urban Concentration, Agglomeration Economies and Economic Development", *Economic Development and Cultural Change,* 30(1), 17~30.
Whittlesey, D.(1936), "Major Agricultural Regions of the Earth", *Annals of the Association of American Geographers* 26, 199~240.
Wickramarachi, H. and Savard, K.(2015), *Global Opportunity Index: Attracting Foreign Investment*, Milken Institute.
Wilenius, M.(2014), "Leadership in the Sixth Wave-Excursions into the New Paradigm of the Kondratieff Cycle 2010~2050", *European Journal of Futures Research,* 2(36), 1~11.
Williams, D.(2014), "Making Sense of 'Place': Reflections on Pluralism and Positionality in Place Research", *Landscape and Urban Planning,* 131, 74~82.
Williamson, J.(1965), "Regional Inequality and the Process of National Development", *Economic Development and Cultural Change,* 13, 1~14.
WIPO(World Intellectual Property Organizations)(2003), *Guide on Survey the Economic Contribution of the Copyright-Based Industries,* World Intellectual Property Organizations.
World Bank, World Development Report, 1995, 1997, 2008, 2016, 2017, Washington, DC: World Bank.
World Bank(2016a). Shaping the Global Food System to Deliver Improved Nutrition and Health.
World Bank(2016b) Global Economic Prospects: Divergences and Risks, Washington, DC: World Bank.
World Bank, World Development Indicator, 2010, 2017, Washington, DC: World Bank.
World Bank(2018), Global Investment Competitiveness Report 2017/2018: Foreign Investor Perspectives and Policy Implications. Washington, DC: World Bank.
WTO(World Trade Organization), World Trade Report, 1998, 2008, 2009, 2017.
_______(2001), Trading into the Future(2nd ed.).
_______(2017), World Trade Statistical Review.
Yla-Anttila, P.(1994), "Industrial Clusters-A Key to New Industrialization?", *Economic Review*, 1(4), 4~9.
Yves Madre and Pieter Devuyst(2015), How will We Feed the World in the Next Decades? An Analysis of the Demand and Supply Factors for Food, Farm EUROPE Policy Paper.
Zaidi, B. and Morgan, P.(2017), "The Second Demographic Transition Theory: A Review and Appraisal", *Annual Review of Sociology,* 43, 473~492.
Zipf, G.(1949), *Human Behavior and the Principle of Least Effort*, Reading, Mass: Addison Wesley.

찾아보기

ㄱ

ㅋ

■ 약력

서울대학교 사범대학 지리교육과(B.A.)
미국 미네소타대학교 대학원 지리학과(M.A.)
미국 미네소타대학교 대학원 지리학과(Ph. D.)
전 서울대학교 환경대학원 교수

■ 주요 저서 및 논문

- 고급통계분석론 · GIS: 지리정보학
- 인구학 · 지도학 · 지리학사
- 길잃은 축소도시: 어디로 가야 하나
- 인구감소·기후변화 시대의 공지의 재발견
- Spatial Theory of Regional Development in Third World Countries: A Case of Korea
- 지역성장의 공간적 이론과 지역개발 정책
- 도시성장관리를 위한 계획지원시스템의 활용방안 연구
- 네트워크 분석을 통한 수도권의 공간구조 변화
- 공공시설물 입지선정에 있어서 다기준 평가기법의 활용
- 주거이동을 통한 주거 불안정성 변화에 관한 연구
- 위계선형모형을 이용한 인적자본의 외부효과 분석
- 창조산업의 집적화와 가치사슬에 따른 분포특성
- 지식창출활동과 지역경제성장 간의 인과관계 분석
- 직종특성별 과잉학력에 따른 임금효과 및 지역 간 비교
- 지식기반산업 창업기업의 고용창출 효과
- 수도권 비도시지역으로의 개별입지 제조업체 유입 실태 분석

이희연

경제지리학 [제4판]

1988년 8월 5일 초 판 발행
1996년 7월 10일 제2판 발행
2011년 3월 5일 제3판 발행
2024년 7월 20일 제4판 4쇄 발행

저 자 이 희 연
발행인 배 효 선
발행처 도서출판 法 文 社
주 소 10881 경기도 파주시 회동길 37-29
등 록 1957년 12월 12일/제2-76호(윤)
전 화 (031)955-6500~6 FAX (031)955-6525
E-mail (영업) bms@bobmunsa.co.kr
(편집) edit66@bobmunsa.co.kr
홈페이지 http://www.bobmunsa.co.kr
조 판 법 문 사 전 산 실

정가 47,000원 ISBN 978-89-18-25081-6